世界农药大全

A COMPLETE COLLECTION
OF
WORLD AGROCHEMICALS
FUNGICIDE

U0222788

杀菌剂

卷

第二版

主编

化学工业出版社
·北京·

内容简介

本书在第一版的基础上，精选农药品种 261 个（收集至 2021 年 3 月），其中杀菌剂 215 个、植物活化剂 10 个、杀细菌剂 23 个、杀线虫剂 13 个，系统介绍了新药创制经纬、产品简介（包括化学名称、理化性质、毒性、制剂、作用机理与特点）、应用（包括适宜作物与安全性、防治对象、应用技术、使用方法）、专利与登记（包括专利名称、专利号、申请日期及其在世界其他国家申请的相关专利、工艺专利、登记情况等）、合成方法（包括最基本原料的合成方法、合成实例）、参考文献等。另外，本书还较为详细地介绍了相关重要病害知识，供读者以市场需求为导向进行研发时参考。需要特别指出的是，本书中每个农药品种均给出了美国化学文摘主题索引或化学物质名称供检索，书后还附有"不常用的杀菌剂""重要病害拉英汉名称对照表"等附录以及杀菌剂中英文通用名称索引，供读者进一步检索。

本书具有实用性强、信息量大、内容齐全、重点突出、索引完备等特点，可供从事农药管理、专利与信息、科研、生产、应用、销售、进出口等有关工作人员、高等院校相关专业师生参考。

图书在版编目（CIP）数据

世界农药大全. 杀菌剂卷 / 刘长令，刘鹏飞，李淼主编. —2 版. —北京：化学工业出版社，2021.12
（世界农药大全）
ISBN 978-7-122-39871-0

Ⅰ.①世… Ⅱ.①刘… ②刘… ③李… Ⅲ.①农药-世界-技术手册②杀菌剂-技术手册 Ⅳ.①TQ45-62

中国版本图书馆 CIP 数据核字（2021）第 184314 号

责任编辑：刘 军 孙高洁   文字编辑：李娇娇
责任校对：王鹏飞   装帧设计：王晓宇

出版发行：化学工业出版社（北京市东城区青年湖南街 13 号 邮政编码 100011）
印 装：河北鑫兆源印刷有限公司
787mm×1092mm 1/16 印张 40½ 字数 1031 千字 2022 年 4 月北京第 2 版第 1 次印刷

购书咨询：010-64518888   售后服务：010-64518899
网 址：http://www.cip.com.cn
凡购买本书，如有缺损质量问题，本社销售中心负责调换。

定 价：298.00 元

版权所有 违者必究

本书编写人员名单

主　　编：刘长令　刘鹏飞　李　淼

副 主 编：杨吉春　芦志成　吴　峤　关爱莹

编写人员：（按姓名汉语拼音排序）

柴宝山	迟会伟	关爱莹	郝树林	李慧超
李　林	李　淼	李学建	李　洋	李志念
梁　爽	刘长令	刘鹏飞	刘淑杰	刘彦斐
刘玉猛	刘允萍	芦志成	马　森	任兰会
单中刚	宋玉泉	孙金强	孙旭峰	王立增
王帅印	王秀丽	魏思源	吴　峤	伍　强
夏晓丽	徐　英	许磊川	杨　帆	杨　浩
杨吉春	杨金龙	杨　萌	姚忠远	叶艳明
于春睿	张国生	张金波	张　静	张静静
张鹏飞	张　茜	赵　平		

前言

目前，国内外虽有许多介绍农药品种方面的书籍，如 *The Pesticide Manual*、《新编农药手册》等，但尚未有较详尽介绍杀菌剂、植物活化剂、杀细菌剂、杀线虫剂多方面情况，如品种的创制研究、开发、专利、应用、合成方法等的书籍。为此编写了本书，旨在为涉及工业、农业、工商、农资、贸易多部门的从事农药（如杀菌剂、杀病毒剂、杀细菌剂、杀线虫剂）管理、专利与信息、科研、生产、应用、销售、进出口等有关工作人员，提供一本实用的工具书。

随着时代的发展，很多农药新品种出现，同时也有很多品种因为抗性、毒性等原因退出了市场。自《世界农药大全》（第一版）（2006 年）出版以来，农药行业经过十年的发展，又有很多新品种问世。

本书在《世界农药大全——杀菌剂卷》的基础上，补充了此前没有收录的成熟品种 15 个，如烯效唑（uniconazole）、三唑酮（triadimefon）、氧化萎锈灵（oxycarboxin）、异噻菌胺（isotianil）、福美锌（ziram）、三苯锡（fentin）、消螨通（dinobuton）、壬菌铜（cupric nonyl phenolsulfonate）、叶枯唑（bismerthiazol）、噻森铜（saisentong）、络氨铜（cupricamminiumcomplexion）、拌种灵（amicarthiazol）、乙蒜素（ethylicin）、辛菌胺（xinjunan）、香芹酚（carvacrol）；增加新近开发的品种 58 个，如丁吡吗啉（pyrimorph）、吡唑萘菌胺（isopyrazam）、苯并烯氟菌唑（benzovindiflupyr）、inpyrfluxam、氟茚唑菌胺（fluindapyr）、联苯吡菌胺（bixafen）、氟唑菌酰胺（fluxapyroxad）、pyraziflumid、氟苯醚酰胺（flubeneteram）、氟唑菌苯胺（penflufen）、氟唑环菌胺（sedaxane）、isofetamid、氟唑菌酰羟胺（pydiflumetofen）、isoflucypram、氟吡菌酰胺（fluopyram）、氟醚菌酰胺（fluopimomide）、霜霉灭（valifenalate）、tolprocarb、氟噻唑吡乙酮（oxathiapiprolin）、fluoxapiprolin、苯噻菌酯（benzothiostrobin）、metyltetraprole、mandestrobin、丁香菌酯（coumoxystrobin）、氟菌螨酯（flufenoxystrobin）、氯啶菌酯（triclopyricarb）、唑胺菌酯（pyrametostrobin）、唑菌酯（pyraoxystrobin）、ipfentrifluconazole、氯氟醚菌唑（mefentrifluconazole）、fenpicoxamid、florylpicoxamid、pyriofenone、aminopyrifen、唑嘧菌胺（ametoctradin）、quinofumelin、tebufloquin、ipflufenoquin、申嗪霉素（phenazine-1-carboxylic acid）、四唑吡氨酯（picarbutrazox）、pyribencarb、胺苯吡菌酮（fenpyrazamine）、中生菌素（zhongshengmycin）、宁南霉素（ningnanmycin）、噻唑锌（zinc thiazole）、噻菌铜（thiodiazole-copper）、喹啉铜（oxine-copper）、松脂酸铜（resin acid copper salt）、吲唑磺菌胺（amisulbrom）、氟唑活化酯（FBT）、毒氟磷（dufulin）、甲噻诱胺（methiadinil）、 tioxazafen、fluensulfone、imicyafos、fluazaindolizine、三氟杀线酯、cyclobutrifluram；删除了一些因毒性或抗性等原因不再开发或禁用的品种，如 UBF-307、KZ 165、myxothiazol、pseudomycin、PSF-d、benclothiaz、GY-81、NKI-42650、zopfiellin、吲哚酯（OK-9601）、线虫磷（fensulfothion）、治线磷（thionazin）、除线磷（dichlofenthion）、氯唑磷（isazofos）、丁环硫磷（fosthietan）、二氯丙烯（1,3-dichloropropene）、二氯异丙醚（DCIP）、二硫化碳（carbon disulfide）、糠醛（furfural）、磷虫威（phosphocarb）、克百威（carbofuran）、灭线磷（ethoprophos）、涕灭威（aldicarb）、碘甲烷（methyl iodide）、溴甲烷（methyl bromide）、苯线磷（fenamiphos）、硫线磷（cadusafos）等。

本次修订还对众多品种的内容进行了更新和完善，如 mandestrobin、氟噻唑吡乙酮（oxathiapiprolin）、tolprocarb 等。

第二版编排方式与第一版基本一致，不仅增加了新品种，而且对第一版保留品种的内容进行了更新，具有如下特点。

（1）实用性强　精选品种 261 个，按照产品类型依次系统而又详细地介绍了杀虫、杀螨剂品种的创制经纬，产品简介（包括化学名称、理化性质、毒性、制剂、作用机理与特点）、应用（包括适宜作物与安全性、防治对象、应用技术、使用方法）、专利与登记（包括专利名称、专利号、申请日期及其在世界其他国家申请的相关专利、工艺专利、登记情况等）、合成方法（包括最基本原料的合成方法、合成实例）、参考文献等，内容系统丰富，数据翔实。

（2）信息量大、内容权威、重点突出　本书不仅介绍了重要的农作物病害及其相关知识，包括大田作物、蔬菜、烟草、油料作物、果园、园林、草坪、花卉、食用菌、中草药中的主要病害，以及农药品种的名称、理化性质、毒性、制剂、作用机理与特点、合成方法、应用技术、使用方法等，还介绍了专利概况、登记等，且重点介绍了合成方法、作用机理与特点、应用技术、使用方法及创制经纬等。对于产品名称，编者尽可能多地收集商品名，包括国外常使用而在我国未使用的商品名及其他名称等。收集了相关的专利尤其是较新品种的专利，包括其在世界许多国家申请的专利，目的是为进出口部门提供参考，有些品种在我国不受《中华人民共和国专利法》保护，而在其他国家有可能受保护。

本书编写过程中，刘远雄、陈高部、刘若霖、彭永武、马士存、何晓敏、姜美锋、朱敏娜、范玉杰、李青、焦爽、李新等也参与了部分工作，在此表示衷心感谢。

由于编者水平所限，加之书中涉及知识面广，疏漏之处在所难免，敬请读者批评指正。

编者

2021 年 8 月

第一版前言

目前国内外虽有许多介绍农药品种方面的书籍如 *The Pesticide Manual*、《新编农药手册》等，但尚未有较详尽介绍杀菌剂多方面情况，如品种的创制研究、开发、专利、应用等的书籍。为此编写了本书，旨在为从事杀菌剂管理、专利与信息、科研、生产、应用、销售、进出口等有关工作人员，涉及工业、农业、工商、农贸、贸易多部门提供一本实用的工具书。

本书是《世界农药大全》（除草剂卷）的续卷，编排方式与除草剂卷基本一致。本书与现有其他书籍比较具有如下特点：实用性强、信息量大、内容齐全、重点突出、索引完备。

实用性强 书中精选品种 209 个（世界杀菌剂、杀细菌剂、杀病毒剂、杀线虫剂共约 450 个），其中杀菌剂、杀细菌剂、杀病毒剂 188 个，杀线虫剂 21 个。这些品种主要选自我国生产和进口的农药品种和我国未生产亦没有进口的国外重要品种以及在开发中的新品种（内容收集至 2005 年 11 月）；还收集了常见的混剂品种 29 个。国外曾生产但停产且国内从未使用的老品种或应用前景欠佳或对环境不太友好或抗性严重的品种等均未收入。对每一个化合物本书均给出美国化学文摘（CA）主题索引名称或化学物质名称，利于读者进一步查找，这是目前其他任何已有书籍中所没有的。*The Pesticide Manual* 中给出的美国化学文摘名称（系统名称）并不都与 CA 主题索引或化学物质名称相同，有时两者差别很大，如乙霉威的美国化学文摘系统名称为 1-methylethyl(3,4-diethoxyphenyl)carbamate，而主题索引（化学物质）名称为 carbamic acid—，(3,4-diethoxyphenyl)-1-methylethyl ester；乙嘧酚磺酸酯的美国化学文摘系统名称为 5-butyl-2-(ethylamino)-6-methyl-4-pyrimidinyl dimethyl-sulfamate，而主题索引名称为 sulfamic acid—，dimethyl-5-butyl-2-(ethylamino)-6-methyl-4-pyrimidinyl ester。

信息量大、内容齐全、重点突出 书中不仅介绍了农作物重要病害、杀菌剂产品的名称、理化性质、毒性、制剂与分析、作用机理与特点、合成方法、应用技术、使用方法等，还介绍了专利概况与创制经纬（供创新参考）。且重点介绍了新药创制、专利概况、合成方法、作用机理与特点、应用技术、使用方法等。对于产品名称，编者尽可能多地收集商品名，包括国外常使用、在我国未使用的商品名及其他名称等。对于相关专利的收集，即收集某一杀菌剂在世界许多国家申请的专利，目的是为进出口部门提供些参考，有些品种在我国不受《专利法》保护，而在其他国家有可能受保护。主编认为重要品种中的某些品种后有必要给出部分合成实例。书后附有重要杀菌剂品种、杀菌剂市场概况、杀菌剂的作用机理与抗性、抗性与治理等内容供进一步参考与检索。

索引完备　不仅具有常规的如 CAS 登录号、分子式、试验代号、英文通用名称、中文通用名称等索引，而且还有英文商品名称索引、外商在国内销售用中文商品名称索引等。由于编排新颖如在查找试验代号时即可知道通用名称和商品名称；在中文名称索引中不仅列出中文名称，而且包括试验代号、英文名称等，故更利于检索。

由于编者水平所限，加之书中涉及知识面广，疏漏在所难免，敬请读者批评指正。

刘长令

2005 年 5 月　于沈阳

目录

第一章

中国农作物病害概述

编者按：编写此部分内容的主要目的是让有关从事管理、信息、科研、生产、应用、销售、进出口等工作中对农田病害了解不多的人员对农田病害本身有一定的了解，具体问题具体分析，针对农田病害找到适宜的杀菌剂或杀菌剂组合物，达到防治病害之目的。编写的方式：首先对中国农田病害予以概述，然后对部分农田重要病害的发病规律和病害症状予以简要的介绍。如欲了解更详细的内容请参考有关专业书，包括文献[1～7]等。

植物病害一般是指在植物生长、发育、贮藏、运输的过程中受到外界不良环境因素的影响或有害生物的侵染，使植物在生理和形态上发生了一系列的变化，从而使植物的经济价值受到影响，这种变化即称为病害。这种变化不是机械的，而是经过由生理变化到形态变化的全部过程。因此，植物病害往往不是从一开始就能发现，而是经过一段时间后才能发现。此外，植物的病变必影响到植物的经济价值且对人类造成不良影响的才能称之为病害，例如有些寄生物可使花卉美丽多姿，有些菌类寄生后增加了某种蔬菜的可食性，这些病变就不能说是病害。

病害的发生通常是寄主植物和病原物在一定环境条件下相互竞争的复杂过程。当环境有利于植物而不利于病原物时，植物不会发生病害；而当环境不利于植物而利于病原物时，植物病害才会发生。

在自然界，寄主植物、寄生物与病原物等各种生物的生存往往不是孤立的，生物与生物之间都有一定的关系。这种关系可以分为如下四个方面：

（1）共生 两种不同的生物紧密结合在一起生活，而且双方在营养、空间等方面有获益的一种互利关系称为共生。例如根瘤细菌与豆科植物共生而形成根瘤，在根瘤中，根瘤细菌依赖植物组织中的营养物质得以生存和繁殖，而又通过其固氮作用为植物提供氮素。

（2）共栖 两种不同的生物生活在一起，对双方均无害处；或一方可从对方得益但对对方无害，这种现象称为共栖。例如植物表面通常生有许多非病原微生物，它们只是利用植物表面渗出的营养物质，并不影响植物正常的生长和发育。

（3）拮抗 两种不同的生物不能生活在一起，若在一起，对一方或双方都有害，这种现象称为拮抗。例如土壤中的绿色木霉可以产生抗菌物质影响丝核菌等许多真菌的生存和活动。

（4）寄生 一种生物生活在其他活的生物上，从中获取赖以生存的主要营养物质，且前者对后者没有任何益处或有害，这种现象称为寄生。绝大多数病原物与植物之间都是一种寄生关系。

一种生物从其他活的生物中获取养分的能力称为寄生性，这种生物称为寄生物，而被寄生的生物称为寄主。一种生物从死的生物或有机质中获取养分的能力称为腐生性，这种生物称为腐生物。在植物病理学中，过去人们把寄生物分为三类：第一类是专性寄生物，指只能寄生不能腐生的生物；第二类是兼性腐生物，指以寄生为主兼能腐生的生物；第三类是兼性寄生物，指以腐生为主兼能寄生的生物。

一种生物具有导致植物产生病害的能力称为致病性，这种生物称为病原物。由此可见，生物的寄生性与致病性是两个不同的概念。前者强调从寄主中获取营养的能力，后者强调破坏植物的能力，两者既有联系又有区别。总的来说，绝大多数病原物都是寄生物，但不是所有的病原物都是寄生物。例如有些土壤中植物根际的微生物并不进入植物体内进行寄生，但可分泌一些有害物质，使植物根部扭曲，引起植株矮化，这种致病方式称为体外致病。另外，也不是所有的寄生物都是病原物。例如，有些病毒虽然寄生植物，但对植物并无明显的影响，不引起病害，因而不能说是病原物。

在植物病原物中，寄生性与致病性的强弱也没有一定的相关性。例如，病毒都是活体营养生物，但有些并不引起严重的病害。而一些引起腐烂病的病原物都是死体营养生物，寄生性较弱，但它们对寄主的破坏作用却很大，如大白菜软腐病菌。

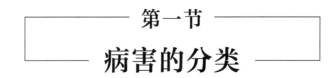

第一节
病害的分类

一、侵染性病害和非侵染性病害

植物病害根据其病原可以分为性质不同的两大类，即侵染性病害和非侵染性病害。

（1）非侵染性病害 由非生物因素即不适宜的环境条件而引起的植物病害称为非侵染性病害。这类病害没有病原物的侵染，不能在植物个体间互相传染，所以也称非传染性病害或生理性病害。引起非侵染性病害发生的环境因素很多，主要涉及温度、湿度、光照、土壤、大气和栽培管理措施等。例如氮、磷、钾等营养元素缺乏形成缺素症；土壤水分不足或过量形成旱害或渍害；低温或高温形成冻害或灼伤；光照过弱或过强形成黄化或叶烧；肥料或农药使用不合理形成的肥害或药害；大气污染形成的毒害等。尽管非侵染性病害的诊断有时比较复杂，但一般诊断时可以依据以下特征：独特的症状，且病部无病征；田间往往大面积同时发生，无明显的发病中心；病毒表现症状的部位有一定的规律性；与发病的环境条件密切相关，若采取相应的措施，改变环境条件，植株一般可以恢复健康。

（2）侵染性病害 由生物因素而引起的植物病害称为侵染性病害。由于这类病害可以在植物个体间互相转换，因此也称传染性病害。引起植物病害的生物因素称为病原物，主要有真菌、细菌、病毒、类病毒、寄生性种子植物、线虫、放线菌和类菌原体等。侵染性病害的种类、数量和重要性在植物病害中均居首位，是植物病理学研究的重点；尤以真菌病害最为重要，占植物病害的 80% 以上，其次是细菌和病毒；其他所占的比例很小。

侵染性病害和非侵染性病害之间时常可以相互影响、相互促进。例如长江中下游地区早春的低温冻害，可以加重由棉霉引起的水稻烂秧；由真菌引起的叶斑病，造成果树早期落叶，削弱了树势，降低了寄主在越冬期间对低温的抵抗力，因而染病果树容易发生冻害。

二、主要病原物简介

真菌是一类营养体通常为丝状体，具细胞壁，以产生孢子的方式繁殖的真核生物。真菌种类多，分布广，可以存在于水和土壤中以及地上的各种物体上。大部分真菌腐生，少数共生和寄生。寄生性的真菌中，有些可以在人和动物体上引起"霉菌病"，但更多的寄生在植物上，引起各种病害。在所有病原物中，真菌引起的植物病害最多，农业生产上许多重要的病害如霜霉病、白粉病、锈病、黑粉病等都是由真菌引起的。因此，真菌是最重要的植物病原物类群。

细菌是一类有细胞壁但无固定细胞核的单细胞的原核生物。细菌的种类很多，但所致植物病害的数量和危害性远不如真菌。尽管如此，有些细菌病害也是农业生产上值得重视的，如水稻白叶枯病、茄科植物青枯病、大白菜软腐病等。

病毒侵染植物，有的引起病害，有的对寄主基本没有影响，例如许多寄生花卉植物的病毒则为人们所利用。因此，只有侵染植物而又引起明显病害的病毒才是植物病原病毒，有时简称为植物病毒。从引起的病害数量和危害性来看，病毒是仅次于真菌的重要病原物。大田作物和果树、蔬菜上的许多病毒病都给农业生产造成重大的损害，如水稻条纹叶枯病、小麦梭条斑花叶病、大麦黄化花叶病、大豆花叶病、油菜病毒病、番茄病毒病、烟草花叶病等。

线虫又称蠕虫，是一种低等动物，在数量和种类上仅次于昆虫，居动物界第二位。线虫分布很广，多数腐生于水和土壤中，少数寄生于人、动物和植物中。寄生植物的线虫可以引起许多重要的植物线虫病害，如大豆胞囊线虫病、花生根结线虫病、甘薯茎线虫病和水稻干尖线虫病等。此外，有些线虫还能传播真菌、细菌和病毒，促进它们对植物的危害。植物线虫病害因线虫的穿刺吸食对寄主细胞的刺激和破坏作用，使得其症状常常表现为植株矮小、叶片黄化、局部畸形和根部腐烂等。一般在植物的受害部位，特别是根结、种瘿内有线虫虫体，可以直接或分离后镜检诊断。有些线虫还与真菌、细菌等一起，引起复合侵染。

种子植物绝大多数是自养的，少数由于缺少足够叶绿素或因为某些器官的退化而成为寄生性的。寄生性种子植物大多寄生在山野植物和树木上，其中有些是药用植物。少数寄生性种子植物寄生于农作物上，如大豆菟丝子、瓜类列当等，给农业生产造成较大的危害。

三、病原物的侵染过程

植物侵染性病害发生需要一定的过程。病原物需经过与寄主植物感病部位接触、侵入寄主和在植物体内繁殖扩展等过程，表现出致病作用；相应地，寄主植物对病原物的侵染也产生一系列的反应和变化，最后显示病状而发病。因此，病原物的侵染过程，也是植物个体遭受病原物侵染后的发病过程，有时也称病程。侵染过程是一个连续的过程。为了便于说明病原物的侵染活动以及分析环境条件的影响，一般将侵染过程划分为侵入前期、侵入期、潜育期和发病期（图1-1）。

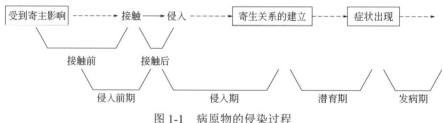

图1-1　病原物的侵染过程

四、真菌的传统分类

真菌在生物界占据非常重要的地位。生物分为动物和植物两个界，植物界则进一步分为藻菌植物、苔藓植物、蕨类植物和种子植物四个门。藻菌植物门是许多营养体没有根、茎、叶分化的低等植物，它们以裂殖、芽殖或产生孢子等形式繁殖，其中包括藻类、真菌、黏菌、放线菌和细菌等。由于藻类植物门中包括许多性状很不相近的低等植物，作为一个分类单元的意义不大，就有人主张取消藻类植物门而将这些低等植物分为许多门。除藻类植物外，细菌、黏菌和真菌分别列为裂殖菌门、黏菌门和真菌门。至于真菌与其他植物的关系，则认为真菌与藻类植物相近，它们的形态有些相似，主要的区别在于能否进行光合作用。

生物中最低等的是原核生物界，其中包括细胞状态的没有固定细胞核的低等生物，主要

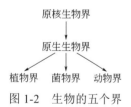

图1-2　生物的五个界

是细菌、放线菌、蓝绿藻、立克次体、菌原体和类菌原体等。其次是原生生物界，其中主要有固定细胞核的原核生物如眼虫、肉足虫、孢子虫等。原生生物界向三个方向演化，形成营养方式不同的植物界、菌物界和动物界（图1-2）。

关于真菌的分类，传统的方法是根据营养体的形状分为植物界的两个门，即营养体是变形体或原质团的黏菌门和营养体是菌丝体的真菌门。这里应该指出，"真菌"这一名词的含义和用法不一，广义的真菌包括黏菌，狭义的真菌则指上述真菌门的真菌，也有人称它们为真正的真菌。绝大多数真菌属于真菌门，根据它们营养体的形态和有性阶段形成的孢子类型进一步分为三纲一类，即藻菌纲、子囊菌纲、担子菌纲和半知菌类，这也是经常采用的分类方法。其主要区别如下：

（1）藻菌纲　菌丝体没有隔膜，或者不形成真正的菌丝体；

（2）子囊菌纲　菌丝体没有隔膜，有性阶段形成子囊孢子；

（3）担子菌纲　菌丝体有隔膜，有性阶段形成担孢子；

（4）半知菌类　菌丝体有隔膜，未发现有性阶段。

其中藻菌纲比较复杂，进一步分类的意见很不一致。传统的划分方法是根据营养体的性质和有性阶段的孢子类型分为三个亚纲。营养体不是真正的菌丝体，或者是原质团的属于古生菌亚纲；营养体是没有隔膜的菌丝体，有性阶段形成卵孢子的属于卵菌亚纲；营养体是没有隔膜的菌丝体，有性阶段形成接合孢子的属于接合菌亚纲。古生菌亚纲和卵菌亚纲的真菌，无性阶段一般都能产生游动孢子；接合菌亚纲则不再产生游动孢子。经过进一步的研究和分析，认为藻菌能否产生游动孢子和游动孢子鞭毛是系统发育上的主要标志，更为合理的是将

藻菌分为单鞭毛菌、双鞭毛菌和无鞭毛菌三个组。单鞭毛菌和双鞭毛菌组大致包括古生菌亚纲和卵菌亚纲的真菌，无鞭毛菌组则相当于接合菌亚纲。

五、真菌的其他分类

真菌的主要分类单元是界、门（-mycota）、亚门（-mycotina）、纲（-mycetes）、亚纲（-mycetidae）、目（-ales）、科（-aceae）、属、种，必要时在两个分类单元之间还可增加一级，但常见的是以上这些。各个分类单元学名的字尾是规定的（以上括号内即相应的字尾），属和种的学名则没有统一的字尾。

界以下分为黏菌门和真菌门。黏菌门的真菌一般称作黏菌，它们的营养体是变形体或原质团。

真菌门真菌的营养体不是变形体或原质团，典型的是菌丝体，但有的是单细胞。真菌门分为鞭毛菌亚门、接合菌亚门、子囊菌亚门、担子菌亚门和半知菌亚门，它们的主要特征如下：

（1）鞭毛菌亚门　营养体是单细胞或没有隔膜的菌丝体，孢子和配子或者其中一种是可游动的。

（2）接合菌亚门　营养体是菌丝体，典型的没有隔膜，有性生殖形成接合孢子，没有游动孢子。

（3）子囊菌亚门　营养体是有隔膜的菌丝体，极少数是单细胞，有性生殖形成子囊孢子。

（4）担子菌亚门　营养体是有隔膜的菌丝体，有性生殖形成担孢子。

（5）半知菌亚门　营养体是有隔膜的菌丝体或单细胞，没有有性阶段，但有可能进行准性生殖。

其中鞭毛菌亚门分为四个纲，主要区别如下：

① 根肿菌纲。游动孢子前端有两根长短不等的尾鞭。根肿菌纲真菌为数不多，只有一个根肿菌目，都是寄生细胞内专性寄生物，寄生高等植物根部、水生真菌和藻类植物。其中最主要的植物病原物是芸薹根肿菌。还值得提出的是马铃薯粉痂菌和禾谷多黏霉，后者虽然不是主要的病原物，但它的游动孢子是传染小麦土传花叶病毒的介体。芸薹根肿菌是细胞内的专性寄生物，危害植物引起根肿病。它的寄主范围很广，可危害油菜、大白菜、芥菜、甘蓝、萝卜、荠菜等100多种栽培的和野生的十字花科植物，尤其是芸薹属的蔬菜受害最重。

② 壶菌纲。游动孢子后边有一根尾鞭。壶菌纲真菌大都是藻类植物和水生真菌上的寄生物，或者是水上和土壤中有机质上的腐生物，少数是孑孓的寄生物。只有少数壶菌目真菌是寄生高等植物上的寄生物，较主要的如引起玉米褐斑病的玉蜀黍节壶菌、马铃薯癌肿病的内生集壶菌和引起车轴草冠瘿病的车轴草尾囊壶菌。此外，芸薹油壶菌是许多高等植物根部的专性寄生菌，对植物生长的直接影响虽然不大，但它的游动孢子是传染一些土壤中病毒的介体。节壶属是高等植物上的专性寄生物，我国较常见的玉蜀黍节壶菌可引起玉米褐斑病。

③ 丝壶菌纲。游动孢子前端有一根茸鞭。

④ 卵菌纲。游动孢子有一根尾鞭和一根茸鞭。

第二节

病害的识别

一、植物病害的识别

植物患病后表现的病态称为症状（symptom）。植物病害的症状由病状和病征两部分构成。病状是指植物本身外部可见的异常状态。病征是指在植物病部表面形成的各种形态各异的病原体。有些病害如许多真菌病害和细菌病害既有病状，又有明显的病征；但有些病害如病毒和类菌原体病害，只能看到植物病状，而没有病征。各种病害大多有其独特的症状，因此常常作为田间诊断的重要依据。但是，需要指出的是，不同的病害可能有相似的症状，而同一病害发生在不同寄主部位、不同生育期、不同发病阶段和不同环境条件下，也可表现不同的症状。

（1）病状类型　主要有如下五种类型：①变色。植物患病后局部或全株失去正常的绿色或发生颜色变化，称为变色。植物绿色部分均匀变色，即叶绿素的合成受抑制褪绿或被破坏呈黄化。有的植物叶片发生不均匀褪色，呈黄绿相间，称为花叶。有的叶绿素合成受抑制，而花青素生成过多，叶色变红或紫红，称为红叶。②坏死。植物的细胞和组织受到破坏而死亡，称为坏死。植物患病后最常见的坏死是病斑。病斑可以发生在植物的根、茎、叶、果等各个部分，形状、大小和颜色不同，单轮廓一般都比较清楚。有的病斑受叶脉限制，形成角斑；有的病斑上有轮纹，称为轮斑或环斑；有的病斑呈长条状坏死，称为条纹或条斑；有的病斑可以脱落，形成穿孔。病斑可以不断扩大或多个联合，造成叶枯、枝枯、茎枯、穗枯等。另外，有的病组织木栓化，病部表面隆起、粗糙，形成疮痂；有的树木茎干的皮层坏死，病部开裂凹陷，边缘木栓化，形成溃疡。③腐烂。植物细胞和组织发生较大面积的消解和破坏，称为腐烂。腐烂和坏死有时是很难区别的。一般来说，腐烂是整个组织和细胞受到破坏和消解，而坏死则多少还保持原有组织和细胞的轮廓。腐烂可以分为干腐、湿腐和软腐。若细胞消解较慢，腐烂组织中的水分能及时蒸发而消失，则称为干腐。如细胞消解较快，腐烂组织不能及时失水，则称为湿腐。若胞壁中间层先受到破坏，出现细胞离析，后再发生细胞的消解，则称为软腐。植物的根、茎、花、果都可以发生腐烂，而幼嫩或多肉的组织更容易发生。根据腐烂的部位，可分为根腐、基腐、茎腐、花腐、果腐等。幼苗的根或茎腐烂，导致地上部迅速倒伏或死亡，通常称为立枯或猝倒。④萎蔫。植物由于失水而导致枝叶萎垂的现象称为萎蔫。萎蔫有生理性和病理性之分。生理性萎蔫是由于土壤中含水量过少或高温时过强的蒸腾作用而使植物暂时缺水，若及时供水，则植物可以恢复正常。病理性萎蔫是指植物根或茎的维管束组织受到破坏而发生供水不足所出现的凋萎现象，如黄萎、枯萎、青枯等。这种凋萎大多不能恢复，甚至导致植株死亡。⑤畸形。由于病组织或细胞生长受阻或过度增生而造成的形态异常称为畸形。植物发生抑制性病变，生长发育不良，可出现植株矮缩，或叶片皱缩、卷叶、蕨叶等。病组织或细胞也可以发生增生性病变，生长发育过度，病部膨大，形成瘤肿，枝或根过度分枝，产生丛枝或发根；有的病株比健株高而细弱，形成徒长。此外，植物花器变成叶片状结构，使植物不能正常开花结实，称为变叶。

（2）病征类型　主要有六种：①霉状物。病部形成的各种毛绒状的霉层，其颜色、质地和结构变化较大，如霜霉、绵霉、青霉、绿霉、黑霉、灰霉、赤霉等。②粉状物。病部形成的白色或黑色粉层，分别是白粉病和黑粉病的病征。③锈状物。病部表面形成小疱状突起，破裂后散出白色或铁锈色的粉状物，分别是白锈病和各种锈病的病征。④粒状物。病部产生大小、形状及着色情况差异很大的颗粒状物。有的是针尖大的黑色或褐色小粒点，不易与寄主组织分离，如真菌的子囊或分生孢子囊；有的是较大的颗粒，如真菌的菌核、线虫的胞囊等。⑤索状物。患病植物的根部表面产生紫色或深色的菌丝索，即真菌的根状菌索。⑥脓状物。潮湿条件下在病部产生黄褐色、胶黏状、似露珠的脓状物即菌脓，干燥后形成黄褐色的薄膜或胶粒，这是细菌病害特有的病征。

二、真菌病害的特点及诊断

真菌病害的主要症状是坏死、腐烂和萎蔫，少数为畸形。特别是在病斑上常常有霉状物、粉状物、粒状物等病征，这是真菌病害区别于其他病害的重要标志，也是进行病害田间诊断的主要依据。

鞭毛菌亚门的许多真菌，如绵霉菌、腐霉菌、疫霉菌等，大多生活在水中或潮湿的土壤中，经常引起植物根部和茎基部的腐烂或苗期猝倒病，湿度大时往往在病部生出白色的棉絮状物。高等的鞭毛菌如霜霉菌、白锈菌，都是活体营养生物，大多陆生，危害植物的地上部，引致叶斑或花穗畸形。霜霉菌在病部表面形成霜状霉层，白锈菌形成白色的疱状突起。这些特征都是各自特有的病征。另外，鞭毛菌大多以厚壁的卵孢子或休眠孢子在土壤或病残体中度过不良环境，成为下次发病的菌源。

接合菌亚门真菌引起的病害很少，而且都是弱寄生，症状通常为薯、果的软腐或花腐。

许多子囊菌及半知菌引起的病害，一般在叶、茎、果上形成明显的病斑，其上产生各种颜色的霉状物或小黑点。它们大多是死体营养生物，既能寄生，又能腐生，但是，白粉菌则是活体营养生物，常在植物表面形成粉状的白色或灰白色霉层。多数子囊菌或半知菌的无性繁殖比较发达，在生长季节产生一至多次的分生孢子，进行侵染和传播。它们常常在生长后期进行有性生殖，形成有性孢子，以度过不良环境，成为下一生长季节的初侵染源。

担子菌中的黑粉菌和锈菌都是活体营养生物，在病部形成黑色或锈色的粉状物。黑粉菌多以冬孢子附着在种子上、落入土壤中或在粪肥中越冬，有的如大、小麦散黑粉菌则以菌丝体在种子内越冬。越冬后的病菌可以从幼苗、植株或花期侵入，引起局部或系统侵染。锈菌形成的夏孢子量大，可以通过气流作远距离传播，所以锈病常大面积发生。锈病的寄生专化性很强，寄主品种间抗病性差异明显，因而较易获得高度抗病的品种，但这些品种也易因病菌发生变异而丧失抗性。

诊断真菌病害时，通常用湿润的挑针或刀片将寄生病部表面生出的各种霉状物、粉状物和粒状物挑出或刮下来，或进行切片，放置于玻片上，在显微镜下观察，就可以清楚地看到真菌的各种形态。如果病部没有子实体，则可进行保湿培养，以后再作镜检。有时病部观察到的真菌，并不是真正的病原菌，而是与发病无关的腐生菌。因此要确定真正的病因，必须按照柯赫氏法则进行人工分离、培养、纯化和接种等一系列工作。

三、细菌病害的特点及诊断

细菌病害的症状主要有坏死、腐烂、萎蔫和瘤肿等。在田间，这些症状往往有如下三个特点：受害组织表面常为水渍状或油渍状；在潮湿条件下，病部有黄褐或乳白色、胶黏、似水珠状的菌脓；腐烂型病害患部往往有恶臭味。

细菌一般通过伤口和自然孔口（如水孔或气孔）侵入寄主植物。侵入后，通常先将寄主细胞或组织杀死，再从死亡的细胞或组织中吸取养分，以便进一步扩展。在田间，病原细菌主要通过流水（包括雨水、灌溉水等）进行传播。由于暴风雨能大量增加寄主伤口，有利于细菌侵入，而且促进病害的传播，创造有利于病害发展的环境，因而往往成为细菌病害流行的一个重要条件。

诊断细菌病害时，除了根据症状特点外，比较可靠的方法是观察是否存在溢菌现象。具体做法是：切取小块病组织放在玻片上，加一滴清水，加上盖玻片后立即置于显微镜下观察。若是细菌病害，则可见从病组织切口处有大量细菌呈云雾状流出，即溢菌现象。另外，也可用两块载玻片将小块病组织夹在其中，直接对光进行肉眼观察，若是细菌病害也可见溢菌现象。

四、植物病毒病害的特点及诊断

植物病毒病害症状往往表现为花叶、黄化、矮缩、丛枝等，少数为坏死斑点。在田间，一般心叶首先出现症状，然后扩展至植株的其他部分。绝大多数病毒都是系统侵染，引起的坏死斑点通常较均匀地分布在植株上，而不像真菌和细菌引起的局部斑点在植株上分布不均匀。此外，随着气温的变化，特别是在高温条件下，植物病毒病时常会发生隐症现象。

植物病毒主要通过昆虫等生物介体进行传播。因此，病害的发生、流行及其在田间的分布往往与传毒昆虫密切相关。大多数真菌或细菌病害随着湿度的增加而加重，但病毒病害却很少有这种相关性，有时干燥反而有利于传毒昆虫的繁殖和活动，从而加速病害的发展。

病毒病害的诊断及鉴定往往比真菌和细菌引起的病害复杂得多，通常要依据症状类型、寄主范围（特别是鉴别寄主上的反应）、传染方式、对环境影响的稳定性测定、病毒粒体的电镜观察以及血清学反应等进行诊断。

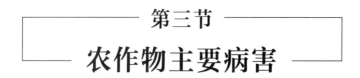

第三节

农作物主要病害

一、水稻

水稻是我国主要粮食作物之一，种植面积约占全国耕地面积的 1/4，年产量约占全国粮食总产量的 1/2。然而，水稻病害一直严重地影响着水稻生产。全国各种水稻病害如不进行防治，每年平均减产的稻谷可达 300 亿公斤；即使在现行防治条件下，年平均损失仍可能达

200 亿公斤，因此，研究和防治水稻病害具有十分重要的意义。

水稻病害（包括真菌、细菌、病毒、线虫等引起的）种类很多，全世界有近百种，我国正式记载的达 70 余种，其中具有经济重要性的有 30 余种，如稻瘟病、水稻纹枯病、水稻白叶枯病、水稻菌核病、稻小黑菌核病、稻恶苗病、水稻胡麻斑病、水稻烂秧、稻曲病、水稻粒黑粉病、水稻条叶枯病、水稻叶尖枯病、水稻云纹病、水稻叶黑粉病、水稻鞘腐病、水稻霜霉病、水稻苗疫霉病、水稻细菌性基腐病、水稻细菌性褐条病、水稻细菌性褐斑病、水稻黄矮病、水稻矮缩病、水稻黄萎病、水稻条纹叶枯病、水稻黑条矮缩病、水稻瘤矮病、水稻干尖线虫病、水稻赤枯病等。

其中稻瘟病、纹枯病和白叶病发生面积大，流行性强，危害严重，是水稻上的"三大病害"。我国对稻瘟病和白叶病采取以抗病品种为主的综合防治措施，对纹枯病运用肥水管理和药剂防治相结合的对策，均能控制其危害。但由于三种病害流行规律复杂，防治上难度较大，加上稻瘟病菌易发生变异，品种抗病性往往不能持久稳定，防治白叶枯病尚缺乏高效化学药剂，纹枯病尚无高抗品种，所以，今后三大病害仍将是主要的监控对象。

水稻病毒病是由病毒和类菌原体所致的一类水稻病害，其发生种类日益增多，至今我国已发现 10 多种，其中普通矮缩病、黄矮病、黑条矮缩病等曾是我国南方稻区的主要病害，20 世纪 60～70 年代在苏、浙、皖一带多次流行成灾。近 20 多年来水稻病毒虽然发生甚少，但其流行的间歇性和爆发性原因尚不明确，仍应重视加强流行预测和防治研究，以防发生突发流行，而陷于被动。

水稻细菌性条斑病是国内检疫对象，近年来随着一些新品种和杂交稻的推广，其发生日趋广泛和严重，目前已蔓延至长江以北的若干地区，因此必须加强防治。细菌性基腐病是水稻上的一种新病害，自 1980 年初在浙江发现以来，其病区不断扩大，苏、浙等省局部地区危害较重，应引起重视。

水稻恶苗病、干尖线虫病等均为种传病害，20 世纪 50～60 年代基本得到了控制。但自 70 年代以来，由于栽培制度及品种的改变，在一些地区种传病害又有所回升，局部地区发生严重。

20 世纪 70 年代以来，随着杂交稻的推广，杂交稻制种田的不育系黑粉病发生严重，同时杂交稻后期的叶尖枯病、云纹病等病害发生日益严重，成为杂交稻生产的一个问题。

此外，在土壤状况不良、肥水供应不足和管理不当的情况下，水稻胡麻斑病、赤枯病以及烂秧等也常造成危害，应因地制宜，注意防治。

1. 稻瘟病

【发病规律】病菌以分生孢子或菌丝体在病谷和病稻草上越冬。种子上的病菌在温室或薄膜育秧的条件下容易诱发苗瘟，露天堆放的稻草为第二年发病的主要侵染源。病菌发病最适温度为 25～28℃，高湿有利于分生孢子形成、飞散和萌发，高湿度持续达一昼夜以上，有利于病害的发生与流行。长期灌深水或过分干旱，污水或冷水灌溉，施氮肥过量均易诱发稻瘟病。

【病害症状】①秧苗　发病后变成黄褐色而枯死，不形成明显病斑，潮湿时，可长出青灰色霉。②叶片斑点　有四种情况即急性型和慢性型病斑、白点型和褐点型病斑，前两种是主要的，分述如下：急性型病斑呈暗绿色，多数近圆形或椭圆形，斑上密生青灰色霉层；慢性型病斑为梭形或长梭形，外围有黄色晕圈，内部为褐色，中心灰白色，有褐色坏死线贯穿病斑并向两头延伸，这是稻瘟病的一个重要特征。在气候潮湿、施氮肥过量、生长嫩绿的稻田易发生急性型病斑；而空气干燥，病害扩展慢，一般急性型病斑发展成慢性型病斑。白点型，为白色圆形病斑，在发病初期，环境条件不适情况下产生；褐点型，为褐色小点，多局限于叶脉间，常发生在抗病品种上；白点型和褐点型病斑都不产生分生孢子。③叶鞘斑点　常发生在叶鞘与叶片相连接的部分，向叶片和叶鞘两方扩展，即叶枕瘟。④茎节病斑　在茎节上生黑褐色或黑色斑点，病斑在节上成环状蔓延后整个节变黑色，致使茎节折断，穗干枯。⑤穗颈病斑　常在穗下第一节穗颈上发生淡褐色或墨绿色的变色部分，影响结实，形成白穗。分枝或小枝也可发病，影响病枝结实。⑥谷粒病斑　发病早的易辨认，病斑椭圆形，边缘暗褐色，中部灰白色。

2. 纹枯病

【发病规律】纹枯病主要以菌核在土壤里越冬。第二年飘浮水面的菌核萌发抽出菌丝，侵入叶鞘形成病斑，从病斑上再长出菌丝向附近蔓延形成新病斑。当菌核落入水中又可借水流传播。温度 28～32℃ 和饱和湿度为 97% 有利于病害流行。过量施氮肥，高度密植，灌水过深过多或偏迟均为诱发病害的主要因素。水稻从分蘖期开始发病，孕穗期前后达到发病高峰，乳熟期后病情下降。

【病害症状】一般在分蘖期开始发病，最初在近水面的叶鞘上出现水渍状椭圆形斑，以后病斑增多，常互相愈合成为不规则形的云纹状斑，其边缘为褐色，中部灰绿色或淡褐色。叶片上的症状和叶鞘上基本相同。病害由下向上扩展，严重时可扩至剑叶，甚至造成穗部发病，大片倒伏。

3. 白叶枯病

【发病规律】白叶枯病菌主要在稻种、稻草和稻桩上越冬，据研究，重病田稻桩附近土壤中的细菌也可越年传病。播种病谷，病菌可通过幼苗的根和芽鞘侵入。病稻草和稻桩上的病菌，遇到雨水就渗入水流中，秧苗接触带菌水，病菌从水孔、伤口侵入稻体。用病稻草催芽，覆盖秧苗、扎秧把等有利于病害传播。早、中稻秧田期由于温度低，菌量较少，一般看不到症状，直到孕穗前后才爆发出来。病斑上的溢脓，可借风、雨、露水和叶片接触等进行再侵染。最适宜白叶枯病流行的温度为 26～30℃，20℃ 以下或 33℃ 以上病害基本不发生。雨水多、湿度大，特别是台风暴雨造成稻叶大量伤口并给病菌扩散提供极为有利的条件，秧苗淹水、本田深水灌溉、串灌、漫灌、施用过量氮肥等均有利于发病。

【病害症状】白叶枯病主要发生于叶片及叶鞘上。初起在叶缘产生半透明黄色小斑，以后沿叶缘一侧或两侧或沿中脉发展成波纹状的黄绿或灰绿色病斑，病部与健部分界线明显，数日后病斑转为灰白色，并向内卷曲，远望一片枯槁色，故称白叶枯病。白叶枯病的诊断方法：将枯心株拔起，切断茎基部，用手挤压，如切口处溢出涕状黄白色菌脓，即为白叶枯病。如为螟害枯心，可见有虫蛀眼。

4. 黑条矮缩病

【发病规律】由灰飞虱、白背飞虱和白带飞虱传毒。最短获毒时间 1 h，最短传毒时间 1min，在虫体内循回期 15～24 d，稻株内潜育期为 10～14 d。若虫、成虫均可传毒，一旦获毒可终身保毒，但不能经卵传毒。带毒灰飞虱越冬、迁飞、传播等情况同条纹叶枯病。该病自然寄主除水稻外，还有玉米、大麦、小麦、谷子、高粱、看麦娘、稗、早熟禾、野燕麦、狗尾草、马唐等。

【病害症状】病株叶背及茎秆表面出现蜡白色沿叶脉的短条状突起，后期变黑褐色。

5. 稻曲病

近几年在广东、福建、广西、四川、江苏、湖北等地发生严重，流行面积逐年增加。

【发病规律】病菌以菌核在土壤中及厚垣孢子在病粒上越冬，次年夏秋之间，菌核抽出子座，内生子囊孢子；厚垣孢子萌发产生分生孢子。子囊孢子与分生孢子借气流传播，侵害花器和幼颖。水稻生长后期嫩绿，抽穗前后遇多雨、适温（26～28℃最适宜），易诱发稻曲病；若偏施氮肥、深水灌溉，田水落干过迟均使病情加重。

【病害症状】水稻主要在抽穗扬花期感病，病菌危害穗上部分谷粒。初见颖谷合缝处露出淡黄绿色块状物，逐渐膨大，最后包裹全颖壳，形状比健谷大3～4倍，为墨绿色，表面平滑，后开裂，散出墨绿色粉末，即病菌的厚垣孢子。

6. 恶苗病

【发病规律】病菌主要以分生孢子或菌丝体在种子上越冬。播种后，病菌随着种子萌发而繁殖，引起苗枯；以后在病株和枯死株表面产生的分生孢子，借风雨传播进行再次侵染。在水稻开花时，分生孢子落到花蕊上，萌发侵入，又使种子带病。病菌易从伤口侵入，播了受机械损伤的稻种或秧苗，或秧苗根部受伤重的，发病较重。旱育秧发病常比水育秧重。

【病害症状】水稻从秧苗期到抽穗期都有发生。发病秧苗常枯萎死亡。未枯死的病苗为淡黄绿色，生长细长，一般高出健苗三分之一左右；根部发育不良，分蘖少，甚至不分蘖。移栽后一个月左右开始出现症状，病株叶淡黄绿色，节间显著伸长，节部弯曲，变淡褐色，在节上生出许多倒生须根。发病重的病株，一般在抽穗前枯死，在茎秆叶鞘上产生白色或淡红色霉状物，即病菌的分生孢子；后期则在病株茎下部附近或叶鞘上生小黑点，即病菌的子囊壳。轻病株虽能抽穗，但穗小粒少，或成白穗，谷粒受害重的变褐色不饱满，在颖壳上生霉层。

二、麦类作物

麦类作物是我国主要粮食作物之一，其种植面积和产量仅次于水稻。病害的危害一直严重地影响着麦类生产。例如，1950年小麦条锈病大流行；1985年全国小麦赤霉病大发生，仅河南省就损失小麦8.5亿公斤。因此研究和防治麦类病害具有重要意义。麦类病害的种类很多，全世界正式记载的小麦病害约200种，我国发生较重的有20余种如小麦锈病、小麦白粉病、麦类赤霉病、小麦纹枯病、小麦黄矮病、小麦丛矮病、小麦土传花叶病、小麦条纹花叶病、小麦根腐病、小麦雪霉叶枯病、小麦全蚀病、小麦霜霉病、小麦叶枯病、小麦秆黑粉病、大小麦散黑穗病、大麦网斑病、大麦条纹病、小麦线虫病等。

其中锈病是我国最重要的麦类病害，20世纪50～60年代曾多次大流行。由于培育和推广了抗病品种，因而近30年来未发生全国性流行，但条锈病在西北、华北等局部地区某些年份仍发生较重，叶锈病发生面积有所扩大，秆锈病基本未发生严重危害。尽管如此，但由于锈病经常发生变异，并可通过气流远程传播，繁殖速度快，因此仍应加强对病菌生理小种及主栽品种抗病性的监测，掌握病害发生动态，以防病害爆发。

赤霉病、白粉病和纹枯病是长江中下游地区小麦上的三大病害。赤霉病一直是该地区及东北春麦区的常发病害，流行频率高，目前病害有向北推移的趋势。防治上除利用抗病品种外，主要在穗期进行化学药剂防治。白粉病的危害逐渐加重，成为全国主要病害之一。在利用抗病品种的同时，用内吸性杀菌剂进行防治即可控制其危害。纹枯病是20世纪80年代长江中下游地区新发展的重要病害，危害逐年加剧，急需研究其防治技术，目前提倡选用抗（耐）病品种、使用内吸性杀菌剂进行种子处理、生长期施药与农业防治结合等措施。

麦类黑穗病、大麦条纹病、小麦粒线虫病等种传为主的病害，近年来部分地区由于放松种子处理工作，因而病害有所回升，应加强防治，抑制病情。

小麦全蚀病等根腐型病害，以前主要发生在淮河以北地区，近年来逐渐扩展至长江中下游，如江苏北部部分地区发生严重，苏南局部地区也有发生，应引起重视，加强监测与防治。

麦类病毒病种类多，但多分布于北方麦区。长江中下游地区，小麦梭条斑花叶病、大麦黄花叶病发生普遍且较严重，应加速抗病品种的选育与推广，并采取轮作等农业措施，控制其危害。此外，各地区不断发现一些新的病害，如湖北省局部地区发生的小麦禾谷类胞囊线虫病等，因此应加强对新病害的调查、研究工作，及时控制其危害。

1. 小麦白粉病

【发病规律】传播途径和发病条件：病菌靠分生孢子或子囊孢子借气流传播到感病小麦叶片上，遇温湿度条件适宜，病菌萌发长出芽管，芽管前端膨大形成附着胞和侵入丝，穿透叶片角质层，侵入表皮细胞，形成初生吸器，并向寄主体外长出菌丝，后在菌丝丛中产生分生孢子梗和分生孢子，成熟后脱落，随气流传播蔓延，进行多次再侵染。病菌在发育后期进行有性繁殖，在菌丛上形成闭囊壳。该病菌可以以分生孢子阶段在夏季气温较低地区的自生麦苗或夏播小麦上侵染繁殖或以潜育状态度过夏季，也可通过病残体上的闭囊壳在干燥和低温条件下越夏。病菌越冬方式有两种：一是以分生孢子形态越冬，二是以菌丝体潜伏在寄主组织内越冬。越冬病菌先侵染底部叶片呈水平方向扩展，后向中上部叶片发展，早期发病中心明显。冬麦区春季发病菌源主要来自当地春麦区，除此之外，还来自邻近发病早的地区。该病发生适温 15～20℃，低于 10℃发病缓慢，相对湿度大于 70%有可能造成病害流行。少雨地区当年雨多则病重，多雨地区如果雨日、雨量过多，病害反而减缓，因连续降雨冲刷掉表面分生孢子。

【病害症状】该病可侵害小麦植株地上部各器官，但以叶片为主，发病重时颖壳和芒也可受害。初发病时，叶面出现 1～2 mm 的白色霉点，后逐渐扩大为近圆形至椭圆形白色霉斑，霉斑表面有一层白粉，遇有外力或震动立即飞散。这些粉状物就是该菌的菌丝体和分生孢子。后期病部霉层变为灰白色至浅褐色，病斑上散生有针头大小的小黑粒点，即病原菌的闭囊壳。

2. 小麦锈病

包括条锈、叶锈、秆锈。

【发病规律】三种锈菌在我国都是以夏孢子世代在小麦为主的麦类作物上逐代侵染而完成周年循环，是典型的远程气传病害。当夏孢子落在寄主叶片上，在适宜的温度（条锈 1.4～17℃、叶锈 2～32℃、秆锈 3～31℃）和有水膜的条件下，萌发产生芽管，沿叶表生长，遇到气孔，芽管顶端膨大形成附着胞，进而侵入气孔在气孔下形成气孔下囊，并长出数根侵染菌丝，蔓延于叶肉细胞间隙中，并产生吸器伸入叶肉细胞内吸取养分以营寄生生活。菌丝在麦叶组织内生长 15 d 后，便在叶面上产生夏孢子堆，每个夏孢子堆可持续产生夏孢子若干天，夏孢子繁殖很快。这些夏孢子可随风传播，甚至可通过强大气流带到 1599～4300m 的高空，吹送到几百公里以外的地方而不失活性进行再侵染。锈病发生危害分秋、春季两个时期。小麦条锈病，在高海拔地区越夏的菌源随秋季东南风吹送到冬麦地区进行危害。在我国黄河、秦岭以南较温暖的地区，小麦条锈菌不需越冬，从秋季一直危害到小麦收获前；但在黄河、秦岭以北冬季小麦生长停止地区，病菌在最冷月日气温不低于−6℃，或有积雪不低于−10℃的地方，主要以侵入后未及发病的潜育菌丝状态在未冻死的麦叶组织内越冬，待第二年春季温度适合生长时，再繁殖扩大危害。小麦叶锈病对温度的适应范围较大，在所有种麦地区，夏季均可在自生麦苗上繁殖，成为当地秋苗发病的菌源。冬季在小麦停止生长但最冷月气温不低于 0℃的地方，同条锈菌一样，以休眠菌丝体潜存于麦叶组织内越冬，春季温度合适再扩大繁殖危害。秆锈病同叶锈基本一样，但越冬要求温度比叶锈高，一般在最冷月日气温在

10℃左右的闽、粤东南沿海地区和云南南部地区越冬。小麦锈病不同于其他病害，由于病菌越夏、越冬需要特定的地理气候条件，像条锈病和秆锈病，还必须按季节在一定地区间进行规律性转移，才能完成周年循环。叶锈病虽然在不少地区既能越夏又能越冬，但区间菌源相互关系仍十分密切。所以，三种锈病在秋季或春季发病的轻重主要与夏、秋季和春季雨水的多少、越夏越冬菌源量大小和感病品种面积大小关系密切。一般来说，秋冬、春夏雨水多，感病品种面积大，菌源量大，锈病就发生重，反之则轻。

【病害症状】条锈主要危害小麦叶片，也可危害叶鞘、茎秆、穗部。夏孢子堆在叶片上排列呈虚线状、鲜黄色、孢子堆小、长椭圆形，孢子堆破裂后散出粉状孢子。叶锈主要危害叶片，叶鞘和茎秆上少见，夏孢子堆在叶片上散生、橘红色、孢子堆中等大小、圆形至长椭圆形，夏孢子一般不穿透叶片，偶尔穿透叶片，背面的夏孢子堆也较正面的小。秆锈主要危害茎秆和叶鞘，也可危害穗部，夏孢子堆排列散乱无规则、深褐色、孢子堆大、长椭圆形，夏孢子堆穿透叶片的能力较强，同一侵染点在正反面都可出现孢子堆，而叶背面的孢子堆较正面的大。三种锈病病部后期均生成黑色冬孢子堆。若把条锈和叶锈菌夏孢子放在玻片上滴一滴浓盐酸检测，条锈菌夏孢子的原生质收缩成数个小团，而叶锈菌夏孢子的原生质在孢子中央收缩成一个大团。

3. 小麦纹枯病

【发病规律】病菌的菌核或菌丝在被害植物残体上或在土壤内越夏或越冬，成为初次侵染的主要菌源。被害植株上的新病斑可长出菌丝，伸出寄主表面，向邻近的麦株蔓延进行再侵染。冬麦播种过早、太密、冬前麦苗过旺或使用氮肥过多，麦苗徒长的麦田，以及春季遭受低温寒害、脱肥或灌水太多的麦田，发病均较重。秋冬温暖，次年春季多雨潮湿的天气，施用带病残体而没有腐熟的粪肥，以及酸性土壤，均有利于发病。

【病害症状】小麦纹枯病主要发生在小麦的叶鞘和茎秆上。小麦拔节后，症状逐渐明显。发病初期，在地表或近地表的叶鞘上产生黄褐色椭圆形或梭形病斑，以后，病部逐渐扩大，颜色变深，并向内侧发展危害茎部，重病株基部一、二节变黑甚至腐烂，常早期死亡。小麦生长中期至后期，叶鞘上的病斑呈云纹状花纹，病斑无规则，严重时包围全叶鞘，使叶鞘及叶片早枯。在田间湿度大，通气性不好的条件下，病鞘与茎秆之间或病斑表面，常产生白色霉状物。

4. 小麦全蚀病

【发病规律】全蚀病菌是一种比较严格的土壤寄居菌。它在土壤中的活动可以明确地分为寄生和腐生两个阶段。在寄生阶段，病残体上的休眠菌丝体通过侵染寄主幼苗的初生根、次生根和根茎，营寄生生活，导致根茎变黑或腐烂，产生"白穗"。小麦收获后，病组织内的菌丝全部转变为粗壮的休眠菌丝，在病残体内部营腐生生活。全蚀病菌在土壤中竞争生存力很弱，受如下条件影响：①土壤 pH 在 7 以上时，pH 愈高病愈重，pH 7 以下病害严重度开始下降，pH 5 以下，对病菌有抑制作用。②通气好的土壤有利于发病。③土壤肥力不足发病重，使用铵态氮如硝酸铵，增施磷肥能减轻病害。④土壤湿度大有利于病害的发展，晚秋或春季雨多年份发病重。在小麦全蚀病上还有一种特殊现象：如果在同一块地连作感病作物 3～5 年，病害的增加就会在数量上和严重度上达到顶峰，但一旦出现顶峰，病害便逐年自然下降，这一现象称全蚀病的自然衰退。造成这种现象的机制还不很清楚。

【病害症状】小麦全蚀病是一种根腐和茎腐性病害。小麦整个生育期均可感染。幼苗受侵，轻的症状不明显，重的显著矮化，叶色变浅，底部叶片发黄，分蘖减少，类似干旱缺肥状。拔出可见种子根和地下茎变成灰黑色。严重时，次生根变为黑色，植株枯死。在潮湿情况下，根茎变色部分形成基腐性的"黑脚"症状。最后造成植株枯死，形成"白穗"。剥开有病部位基部叶鞘，可以看到全蚀病特有的"黑膏药"状物。接近收获时，在潮湿条件下，根茎处可看到黑色点状突起的子囊壳。

5. 麦类赤霉病

【发病规律】在南方稻麦轮作区，稻桩上的子囊壳是小麦赤霉病的主要初侵染源，同时遗留在田间的麦残体、稻草等成为初侵染源。在北方以玉米-小麦或棉花-小麦为主的轮作区，主要初侵染源为遗弃在田间的玉米根茬、残秆、棉铃和堆放在田边地头的玉米秆或棉花秆等，以及未腐熟厩肥中的玉米秆等残体。种子内部潜伏的菌丝体存活率很高，主要引起苗枯和茎腐，但对穗腐无影响。穗腐主要是由病残体上产生的子囊壳中的子囊孢子落在穗子上侵染所致，重复侵染主要是依靠分生孢子。不论是南方麦区还是北方麦区，带菌残体上产生的子囊壳，一般年份到小麦扬花前均可成熟。因此，除品种本身抗病性外，小麦扬花期若遇雨发病就重，反之则轻。

【病害症状】麦类赤霉病自幼苗至抽穗期均可发生，引起苗枯，茎腐和穗腐等。①穗腐，初在小穗颖片上出现水渍状淡褐色病斑，逐渐扩大至整个小穗或整个穗子，严重时被侵害小穗或整个穗子后期全部枯死，呈灰褐色。田间潮湿时，病部产生粉红色胶质霉层，即病菌的分生孢子座和分生孢子。在多雨季节，后期病穗上产生黑色小颗粒，即病菌的子囊壳。病种子变秕，具粉红色霉层。②苗枯，由带菌种子引起。在幼苗的芽鞘和根鞘上呈黄褐色水渍状腐烂，严重时全苗枯死，病苗残粒上有粉红色菌丝体。③茎腐，又称脚腐。自幼苗出土至成熟均可发生。发病初期，茎基部呈褐色，后变软腐烂，植株枯萎，在病部产生粉红色霉层。

三、蔬菜

我国种植的蔬菜种类多，病害种类也多。据不完全统计，常见蔬菜近 50 种，共有 500 多种病害，其中危害严重的有数十种。种植最多的蔬菜为十字花科、茄科、葫芦科及豆科蔬菜等，其他还有莴苣、芹菜、菠菜、藕、芋及食用菌等。

十字花科蔬菜（大白菜、小青菜、甘蓝、萝卜等）的病毒病、软腐病及霜霉病是全国的三大病害，发生普遍，危害重；软腐病还引起大白菜等蔬菜贮藏期的腐烂；十字花科蔬菜根肿病近年来在长江中下游部分新产区发生严重。茄科蔬菜（番茄、茄子、辣椒等）的青枯病发生与危害十分严重，已成为长江中下游地区种植番茄的障碍；茄子黄萎病过去曾是东北地区的重要病害，近年来，已扩展蔓延至南方，成为重要病害之一；番茄病毒病、枯萎病等病害也很重。葫芦科蔬菜（黄瓜、西葫芦等）的霜霉病、枯萎病发生较重。近年来，瓜类疫病发生迅速，自 20 世纪 80 年代以来，流行频率较高，成为南方黄瓜上的重要病害之一。豆科蔬菜（菜豆、豌豆、豇豆等）的锈病、菜豆火疫病等都是常发性病害。

保护地栽培是近年来兴起的蔬菜栽培方式。由于保护地的温、湿度等条件极有利于病害发生，因而保护地蔬菜苗期立枯病、猝倒病，生长期白粉病、灰霉病、菌核病、青枯病等病害发生严重。但以蚜虫等介体传播的病毒病发生则较轻。

蔬菜病害的防治主要以种植抗病品种为主，如选用抗三大病害的大白菜品种，抗青枯病的番茄品种。农业栽培防治具有重要意义，如施用石灰改变土壤 pH，可有效控制十字花科蔬菜根肿病的危害。合理使用化学药剂防治蔬菜病害也是常用的、有效的方法之一。

蔬菜上有不少病害，目前发生与危害仍十分严重，尤其在保护地栽培条件下，成为当前生产上的重要问题，有待于进一步研究解决。

1. 黄瓜霜霉病

【发病规律】北方塑料棚、温室黄瓜霜霉病是露地病害的初侵染源。病菌孢子主要靠气流、风雨传播。高湿是黄瓜霜霉病发生最重要的条件。病菌在相对湿度83%以上经 4 h 才能产生孢子囊。孢子囊萌发直接产生芽管，或产生游动孢子，都必须在叶面上有水滴或水膜的存在，否则孢子囊不能萌发。霜霉病发病的适宜温度是 15～24℃，17℃以下孢子囊可存活 20～30 d，27℃时存活 5～10 d，低于 15℃或高于 28℃不适宜发病，温度越高，越不宜发病。通风不良、湿度过高的窝风地块，或结露多的塑料棚发病重。

【病害症状】霜霉病主要发生在叶片上。苗期发病，子叶出现褪绿，逐渐呈黄色不规则病斑，潮湿时子叶背面产生灰黄色霉层，随着病情发展，子叶很快变黄，枯干。成株期发病，叶片上初现浅绿色水浸斑，扩大后受叶脉限制，呈多角形、黄绿色转淡褐色，后期病斑汇合成片，全叶干枯，严重时全株叶片枯死。

2. 瓜类白粉病

危害作物：黄瓜、西葫芦、南瓜、甜瓜。

【发病规律】病菌随残体病株留在土壤或保护地的瓜类寄主上越冬，成为第二年的初侵染源。病菌靠风雨、气流、水溅传播蔓延。病菌孢子对湿度的适应性较强，相对湿度25%条件下可萌发，往往在寄主受到干旱影响的情况下发病重。病菌孢子萌发最适宜的温度为 20～25℃。30℃以上，-1℃以下，孢子很快失去活力。保护地瓜类白粉病重于露地，施肥不足、土壤缺水，或氮肥过量、灌水过多、发病重、田间通风不良、湿度增高也有利于白粉病发生。

【病害症状】白粉病主要发生在叶片上，其次是茎和叶柄上，一般不危害瓜。初发病时，叶片上出现白色小粉点，逐渐扩大呈圆形白色粉状斑，条件适宜时病斑扩大蔓延，连接成片，成为边缘不整齐的大片白粉斑区，并可布满整个叶片，后呈灰白色，有时病斑表面产生许多小黑点，叶片变黄，质脆，失去光合作用功能，一般不落叶。叶柄、嫩茎上的症状与叶片相似，只是白色粉斑较小，粉状物较少。

3. 瓜类炭疽病

全生长期都可发生。

【发病规律】病菌以菌丝体附着在种子表面，或随病残体在土壤中越冬。此外田间架材以及保护地棚室防寒设备表面都可以带菌，成为第二年初侵染源。雨水、灌溉、气流以及某些昆虫都可以传播病害。高温、高湿是炭疽病发生流行的主要条件。在适宜的温度条件下，空气湿度越大越容易发病，潜育期也越短。相对湿度87%以上适于发病，小于54%不发病，温度 10～30℃范围内都可以发病，以 24℃左右发病最重，28℃以上发病轻。田间通风差、氮肥过多、灌水过量、连作重茬，发病重。成熟瓜条抗病性差。

【病害症状】幼苗期子叶边缘出现褐色半圆形或圆形病斑，稍凹陷。成株期叶部病斑近圆形，大小不等，初为水浸状，很快干枯呈红褐色，边缘有黄色晕圈，常常几个小病斑连成不规则的大病斑，病斑上轮生黑色小点，潮湿时生出粉红色黏稠状物，干燥时病斑常穿孔。茎上病斑灰白色至深褐色、长圆形、稍凹陷。果实上病斑水浸状，褐色、圆形、稍凹陷，后期开裂，瓜条从病部弯曲或畸形，潮湿时病斑上生出粉红色的黏稠物。

4. 黄瓜灰霉病

危害作物：黄瓜、番茄、茄子、甜椒、菜豆、莴苣等多种蔬菜。

【发病规律】病菌以菌丝或菌核或分生孢子附着在病残体上，或遗留在土壤中越冬成为第二年的初侵染源。分生孢子在病残体上存活 4～5 个月。病菌靠风雨、气流、灌水等农事作业传播蔓延。发病的瓜、叶、花上产生的分生孢子，重复侵染发病，被害的雄花落在叶片、瓜条、茎蔓上也可重复侵染传病。光照不足、高湿、较低温（20℃左右）是灰霉病蔓延的重要条件。北方春季连阴天多的年份，气温偏低、棚室内湿度大，病害重。长江流域 3 月中旬以后棚室温度在 10～15℃ 之间，加上春季多雨，病害蔓延迅速。气温高于 30℃ 或低于 4℃，相对湿度 94%以下病害停止蔓延。萎蔫的花瓣和较老叶片的尖端坏死部分最容易受侵染。

【病害症状】主要危害果实。先侵染花，花瓣受害后易枯萎、腐烂，而后病害向幼瓜蔓延，花和幼瓜蒂部初呈水浸状，病部褪色，渐变软，表面生有灰褐色霉层，病瓜腐烂。烂花、烂瓜落在茎叶上，引起茎叶发病。叶部病斑初为水浸状，后呈浅灰褐色，病斑中间有时生出灰色斑，病斑大小不一，大的直径可达 20～26 mm，边缘明显，有时有明显的轮纹。茎上发病，造成数节腐烂，瓜蔓折断，植株枯死。潮湿时发病部位可见到灰褐色霉状物。

5. 西葫芦病毒病

危害作物：除西葫芦外，还危害南瓜、笋瓜、甜瓜、西瓜、冬瓜等。

【发病规律】高温干旱有利于有翅蚜迁飞，病害重，露地育苗易发病，苗期管理粗放、缺水、地温高、西葫芦苗生长不良、晚定植、苗大均加重发病，水肥不足、光照强、杂草多的地块病重。矮生西葫芦较感病，蔓生西葫芦抗病性强。

【病害症状】植株上部叶片沿叶脉失绿，并出现黄绿斑点，渐渐全株黄化，叶片皱缩向下卷曲，节间短，植株矮化。枯死株后期花冠扭曲畸形，大部分不能结瓜或瓜小且畸形。或苗期 4～5 片叶时开始发病，新叶表现明脉，有褪色斑点，继而花叶有深绿色疱斑，重病株顶叶畸形鸡爪状，病株矮化，不结瓜或瓜表面有环状斑或绿色斑驳，皱缩，畸形。

6. 西瓜叶枯病

【发病规律】病菌在种子上或随病残体在田间越冬，成为第二年的初侵染源。田间植株发病后，病部产生的孢子借风、雨、灌溉传播，重复侵染。种子及病残体上的病菌可存活 1 年以上。温度 14～36℃，只要相对湿度达 80%以上即可发病；雨天多，雨量大，相对湿度 90%左右发病严重，大风雨后病害发生普遍。晴天，日照时间长，可抑制病害发生；连作，偏施氮肥，发病重。品种间发病程度有差异。郑杂 7 号、新红宝等较抗病，金钟冠龙最易感病。

【病害症状】全生长期都可以受害，以叶片受害最重。叶片染病多在叶缘或叶脉间，出现水浸状小点，周围有黄色晕圈，后扩大成浅褐色圆形或近圆形大斑，病健界分明，有明显或不明显轮纹，多个病斑连片后使部分或全叶枯死。茎蔓受害，病斑圆形或梭形，褐色。果实发病，初现水浸状小斑，后扩大，色深并凹陷，病部向果肉发展，引起腐烂。潮湿时各病部均可生出黑褐色霉状物。

7. 冬瓜疫病

冬瓜疫病是土传病害。由于保护地轮作困难，连茬种植瓜类，我国部分地区的冬瓜疫病发生比较严重。本病除危害冬瓜外，还可危害黄瓜、节瓜、西瓜、甜瓜等。

【发病规律】病菌以菌丝或厚垣孢子和卵孢子随病残体在土壤中越冬，发病后，产生孢子囊，借风雨及灌溉传播，进行再侵染。发病的温度 19～32℃，适合发病的温度 27～30℃，湿度大，特别是与下雨或浇水有密切关系。比如降雨多，或浇水多，发病重。另外，平畦栽培、重茬地或低洼地，地下水位高，排水不良，或施带有病残体的有机肥，偏施氮肥，缺磷钾肥，发病也重。

【病害症状】苗期和成株期均可被害，主要危害瓜果、叶、茎等。苗期被害，茎、叶呈水渍状，萎蔫后枯死。成株期被害，多从茎部或节部发生，病部呈暗绿色，凹陷皱缩，上部的叶片萎蔫，但导管不变色（区别于枯萎病，枯萎病导管变黑褐色）。叶片被害，产生水渍状呈不规则形或圆形灰绿色的大斑，潮湿时生白霉，甚至腐烂、枯死。瓜果被害，呈现黄褐色水渍状病斑，后来病部凹陷，上面生有白色的霉层和腐烂发臭。

8. 韭菜灰霉病

危害作物：韭菜、大葱、大蒜。

【发病规律】病菌在土壤中越冬，成为第二年的初侵染源，植株发病后，病叶上形成的大量分生孢子靠韭菜收割时散落，及风雨灌溉等传播蔓延。病菌生长最适宜温度为15～21℃，孢子萌发需要95%以上的相对湿度，以水滴中萌发最好。早春低温、高湿、光照是灰霉病发生的重要条件。

【病害症状】主要危害叶片，分为白点型、干尖型和湿腐型。白点型和干尖型初在叶片正面或背面生白色或浅灰褐色小斑点，由叶尖向下发展，病斑梭形或椭圆形，可互相汇合成斑块，致半叶或全叶枯焦。湿腐型发生在湿度大时，枯叶表面密生灰至绿色绒毛状霉，伴有霉味。湿腐型叶上不产生白点。干尖型由割茬刀口处向下腐烂，初呈水浸状，后变淡绿色，有褐色轮纹，病斑扩散后多呈半圆形或"V"形，并可向下延伸2～3 cm，呈黄褐色，表面生灰褐色或灰绿色绒毛状霉。大流行时或韭菜的贮运中，病叶出现湿腐型症状，完全湿软腐烂，其表面产生灰霉。

9. 韭菜疫病

危害作物：韭菜、葱、洋葱、蒜、茄子、番茄等。

【发病规律】病菌随病残体在土壤中越冬，第二年产生孢子囊、游动孢子，侵染寄主发病。潮湿条件下，病部又产生孢子囊和游动孢子，借风雨、灌溉传播，进行再侵染，病害发生的最适温度为25～32℃，雨季来得早，雨水多的年份，地势低洼、排水不良的地块发病重。

【病害症状】根、茎、叶、花薹等部位均可被害，尤以假茎和鳞茎受害重。叶片及花薹染病，初呈暗绿色水浸状，长 5～50 mm，有时扩展到叶片或花薹的一半，病部失水后明显皱缩，引起叶、薹下垂腐烂；湿度大时，病部产生稀疏白霉。假茎受害呈水浸状浅褐色软腐，叶鞘易脱落，湿度大时，其上也长出白色稀疏霉层，即病原菌的孢子囊梗和孢子囊。鳞茎被害，根盘部呈水浸状，浅褐至暗褐色腐烂，纵切鳞茎内部组织呈浅褐色，影响植株的养分贮存，生长受抑，新生叶片纤弱；根部染病变褐腐烂，根毛明显减少，影响水分吸收，致根寿命大为缩短。

10. 白菜霜霉病

【发病规律】病菌随病残体在土壤中或十字花科蔬菜上或冬贮种株的根头上越冬，有时还可混在种子中越夏或越冬，次年春季条件适宜时萌发侵染幼苗，由春播十字花科蔬菜传到白菜等秋播十字花科蔬菜上，混在秋播种子上的病菌，播后直接危害幼苗。南方全年种植十字花科蔬菜的地区，病菌可在寄主上全年传播危害。病害发生和流行的平均气温为16℃左右，病斑在16～20℃扩展最快，高湿是孢子囊形成、萌发和侵染的重要条件，多雨时病害常严重发生，田间高湿，即使无雨，病情也加重。北方大白菜莲座期以后至包心期，若气温偏高，或阴天多雨，日照不足，多雾，重露，病害易流行。早播、过密、通风不良、连茬，包心期缺肥，生长势弱的地块，病重。播种过早的秋季大白菜往往病害发生严重。青帮型的品种发病较白帮型轻。

【病害症状】病害主要发生在叶片上，其次在茎、花梗、种荚上都有病害症状。子叶期发病时，叶背出现白色霉层，在高温条件下，病部常出现近圆形枯斑，严重时茎及叶柄上也产生白霉，苗、叶枯死；成株期，叶正面出现淡绿至淡黄色的小斑点，扩大后呈黄褐色，病斑受叶脉限制，呈多角形，潮湿时叶背面病斑上生出白色霉层；白菜进入包心期，条件适宜时，叶片上病斑增多并联片，叶片枯黄，病叶由外叶向内叶发展，严重时植株不能包心。种株受害时，叶、花梗、花器、种荚上都可长出白霉，花梗、花器肥大畸形，花瓣绿色，种荚淡黄色，瘦瘪。

11. 白菜细菌性角斑病

危害作物：菜花、甘蓝、油菜、番茄、甜椒、芹菜、萝卜、黄瓜、菜豆。

【发病规律】病菌在种子及病残体上越冬，借风雨、灌溉水传播蔓延。病菌发育的适宜温度为 25～27℃，于 48～49℃经 10min 致死。苗期至莲座期阴雨，或降雨天气多，雨后易发病蔓延。

【病害症状】主要发生在苗期至莲座期，或包心初期。初于叶背出现水浸状稍凹陷的斑点，扩大后呈不规则形膜质角斑，病斑大小不等，叶翅部位常有水浸状膜质褪绿色角斑，湿度大时叶背病斑上出现菌脓，叶面病斑呈灰褐色油浸状。干燥时，病部易干，质脆，开裂，常因黑腐病复合侵染，加重腐烂，穿孔。由于细菌性角斑病不危害叶脉，因此，病叶常残留叶脉，很像害虫危害状。前期病叶呈铁锈色，或褐色干枯，后期受害外叶干枯脱落。

12. 白菜细菌性叶斑病

【发病规律】病菌随病残体或在种子上越冬成为第二年的初侵染源。田间病菌借雨水、灌溉水和害虫传播蔓延。发病适宜温度 25～27℃，白菜进入莲座期至包心期遇连阴雨，有利于病害发生流行。

【病害症状】苗期发病，先在叶背产生水浸状小点，后在叶面形成直径 0.2～0.5 cm 黄褐色至灰褐色圆形或不规则形的坏死斑，边缘色较深，油浸状，有的互相连结成大斑块，天气干燥时，病斑质脆，易开裂，叶片枯死。

13. 白菜软腐病

危害作物：大白菜、油菜、萝卜、甘蓝、菜花等，除十字花科蔬菜外，还危害胡萝卜、番茄、甜椒、马铃薯、洋葱、大蒜、芹菜等多种蔬菜。

【发病规律】病原菌主要在病株上越冬，也可随种株在窖内越冬，次年随种株到田间，通过灌水、雨水、昆虫等传播，施用带有未腐熟病残体的肥料也可以传播，病菌从寄主的伤口、自然孔口侵入，在薄壁组织中繁殖，病菌在白菜幼苗期从根部根毛区侵入寄主，潜伏在维管束组织中，田间幼苗根部带菌率 95%，在遇到灌水引起的厌氧条件时发病。高畦种植较平畦病轻，与禾本科作物轮作病轻，早播、地势低洼、排水不良、土质黏重、大水漫灌的地块发病重。

【病害症状】白菜多在包心期开始发病，病株由叶柄基部开始发病，病部初为水浸状半透明，后扩大为淡灰褐色湿腐，病组织黏滑，失水后表面下陷，常溢出污白色菌脓，并有恶臭，有时引起髓部腐烂。发病初期，病株外叶在烈日下下垂萎蔫，而早晚可以复原，后渐不能恢复原状，病株外叶平贴地面，叶球外露。也有的从外叶叶缘或叶球上开始腐烂，病叶干燥后成薄纸状。大白菜贮存期间，病害继续发展，造成烂窖。带病的种株定植后，继续发病，可导致全株枯死。

14. 甘蓝类黑腐病

【病害症状】主要危害叶片、叶球、球茎。子叶受害病斑水浸状，并迅速枯干或蔓延到真叶。真叶染病，叶缘呈"V"字形病斑，叶面上出现不定形的淡褐色病斑，边缘常有黄色晕圈，病斑扩大后，周围叶组织变黄或枯死。病菌经维管束蔓延到叶柄或球茎部，引起植株萎蔫，维管束变黑色、腐烂，干燥条件下球茎黑心或干腐状，无臭味，有别于软腐病。

15. 甘蓝类软腐病

【病害症状】甘蓝类蔬菜软腐病，一般在结球期开始发病。最初外叶或叶球基部出现水浸状斑，植株外叶萎蔫，数天后，病部腐烂，严重时全株枯死，病部有恶臭，可区别于黑腐病。

16. 萝卜根肿病

【病害症状】发病初期，地上部见不到症状，病害扩展后，根部形成肿瘤，逐渐膨大，地上部生长缓慢，矮小，叶片萎蔫，病情继续发展，植株枯黄，萎蔫而死。根部肿瘤主要生在侧根上，主根形不正。

17. 番茄根结线虫病

【发病规律】根结线虫以卵或2龄幼虫随病残体留在土壤中越冬，第二年条件适宜时越冬卵孵化为幼虫，以2龄幼虫侵入寄主，刺激寄主根部形成肿瘤根结。线虫发育至4龄时交尾产卵，雄虫离寄入土中，不久死去。卵在根结中孵化，2龄后出卵壳至土中危害，或越冬。病原线虫靠病土、病苗、病残体、带病肥料、灌溉水、农具和杂草等传播。全年种植番茄的菜区，线虫可全年危害。用稻田土育苗，苗期可不发病。沙性土病重，黏土病轻，地温25～28℃适宜发病。春茬番茄发病晚，病情发展慢，危害轻；秋季番茄发病早，病情发展快，危害重。

【病害症状】病害主要发生在根部。须根或侧根上产生肥肿畸形瘤状结节，常成糖葫芦状。根结初为白色，表面光滑，后期变褐，粗糙，剖开根结可见乳白色线虫。病轻时，地上部植株无明显症状；较重时，植株生长不良，严重时植株矮小、萎蔫或枯死。

18. 番茄晚疫病

【发病规律】病菌以卵孢子随病残体在土壤中越冬，也可在马铃薯上发病在薯块中越冬。番茄晚疫病病原菌在有保护地的地区，可在秋、冬季温室中危害番茄，成为春播露地番茄晚疫病的初侵染源。病菌主要靠气流、雨水和灌溉水传播，先在田间形成中心病株，遇适宜条件，引起全田病害流行。病菌发育的适宜温度为18～20℃，最适相对湿度95%以上。多雨低温天气，露水大，早晚多雾，病害即有可能流行。

【病害症状】晚疫病危害番茄幼苗、叶、茎和果实；以叶和青果受害最重。苗期发病，叶片上产生淡绿色水浸状病斑，边缘生白色霉层，病斑扩大后呈褐色，使整片叶枯死。并向茎部蔓延，使幼茎呈水浸状，皱缩，变黑，植株折倒枯死。成株期发病，病害多从下部叶片开始，产生圆形至不定形的淡绿色斑，后渐变褐，潮湿时周缘生白色霉层。茎部受害，病部水浸状，稍凹陷，后变褐色，皱缩变细，植株易折断。果实发病，近果柄处形成油浸状暗绿色病斑，渐变为暗褐色至棕褐色，边缘明显呈云纹状，病部较硬，一般不变软，潮湿时长出少量白霉，迅速腐烂。

19. 茄子褐纹病

【发病规律】病菌随病残体在土壤中或在种子内外越冬，成为第二年的初侵染源。田间病菌靠风、雨水、灌溉水、昆虫等传播。病菌发育最适的温度为28～30℃，在相对湿度高于80%、持续时间较长或连日阴雨天，病害易流行。茄子品种间抗病性有差异：圆茄、紫皮茄、黑皮茄较感病，长茄、白皮茄、绿皮茄较抗病。病菌一般能存活2年。

【病害症状】主要危害茎、叶、果实。幼苗发病，茎基部出现梭形褐色凹陷病斑，表面有黑色小粒点，条件适宜时，病斑迅速扩展，幼苗猝倒、立枯。叶片发病，从下部叶片开始，叶上产生灰白色水浸状的圆形病斑，渐变褐色，表面轮生许多黑色小点，后期病斑扩大连片，常造成叶片干裂，穿孔，脱落。茎发病多在茎基部，病斑边缘深褐色，中央灰白色，表面也生有许多黑色小粒点，最后病部凹陷干腐，皮层脱落，木质部外露。强风易使茎基部发病的植株折断。茎基部病斑绕茎一周时，植株枯死。果实受害初现浅褐色椭圆形凹陷斑，后扩展为黑褐色，后期果实腐烂，脱落或挂在茄枝上。

20. 茄子黄萎病

危害作物：除危害茄子外，还危害甜（辣）椒、番茄、马铃薯、瓜类等多种蔬菜以及棉花、芝麻等多种作物。

【发病规律】病菌随病残体在土壤中或附在种子上越冬，成为第二年的初侵染源。病菌在土壤中可存活6～8年。病菌借风、雨、流水、人畜、农具传播发病，带病种子可将病害远距离传播。土壤中的病菌，从幼根侵入，在导管内大量繁殖，随体液传到全株，病菌产生毒素，破坏茄子的代谢作用，引起植株死亡。病菌发育的适宜温度为19～24℃，30℃以上停止发展，菌丝、菌核在60℃，10min致死。

【病害症状】病害多在茄坐果后开始发生。植株半边下部叶片近叶柄的叶缘部及叶脉间发黄，渐渐发展为半边叶或整叶变黄，叶缘稍向上卷曲，有时病斑仅限于半边叶片，引起叶片歪曲。晴天高温，病株萎蔫，夜晚或阴雨天可恢复，病情急剧发展时，往往全叶黄萎，变褐枯死。症状由下向上逐渐发展，严重时全株叶片脱落，多数为全株发病，少数仍有部分无病健枝。病株矮小，株形不舒展，果小，长形果有时弯曲，纵切根茎部，可见到木质部维管束变色，呈黄褐色或棕褐色。

21. 甜（辣）椒疫病

【发病规律】病菌以卵孢子随病残体在土壤和粪肥中越冬。靠雨水、灌溉水飞溅或流动传播。进入雨季后，病部产生大量孢子囊还可经气流传播，造成病害流行。病菌发育的适宜温度为30℃，在10～37℃范围内均可生长发育。高温、多雨、高湿的季节，特别是暴雨或大水漫灌后易发病流行。

【病害症状】全生长期都可被害，以成株期为主。苗期发病，茎基部初现水浸状，后引起幼苗猝倒。成株期叶片染病，初现水浸状圆形或近圆形病斑，边缘黄绿色，中央暗绿色，湿度大时迅速扩大，病斑上可见到白霉，病部软腐，病斑干后呈淡褐色。茎和侧枝受害，病斑初为水浸状，后出现褐色或黑褐色条斑，病斑绕茎、枝后，病部以上枝叶迅速凋萎，茎基部、分杈处病部常呈黑褐色或黑色病斑，茎部未木质化前染病，病株常从病处折断。果实多从蒂部开始发病，出现暗绿色水浸状斑，迅速变褐软腐，湿度大时果面生污白色霉。

22. 甜椒、辣椒炭疽病

【发病规律】病菌随病残体在田间越冬，种子也可以带病，成为第二年的初侵染源。越冬的病菌在适宜条件下产生分生孢子，借风雨传播蔓延，病菌多从伤口侵入，发病后产生的分生孢子进行重复侵染。发病最适宜的温度27℃，12～33℃均可以发病，孢子萌发要求相对湿度在95%以上，若低于54%，则不发病。

【病害症状】主要发生在果实及叶片上。叶片被害，先出现水浸状褪绿斑，渐变成褐色，近圆形，病斑中间为灰白色，上面轮生小黑点，病叶易脱落。果实被害，表面初生水浸状黄褐色病斑，扩大成长圆形或不规则形，凹陷，有稍隆起的同心轮纹，病斑边缘红褐色，中间灰色或灰褐色，轮生小黑点。潮湿时病斑上产生浅红色黏稠物质，干燥时病斑干缩，呈膜状，破裂。果柄受害呈褐色凹陷斑，不规则形，干燥时常开裂。

23. 甜（辣）椒病毒病

【发病规律】高温干旱，过强的日照有利于蚜虫繁殖传毒，不利于甜（辣）椒生长，降低了寄主的抗病性，因而病害发生较重。烟草花叶病毒等靠接触传染的病毒，通过整枝打杈等作业及残留在土中的病残传播。定植晚，连茬种植，管理粗放的地块病害重。南方菜区周年可种植甜（辣）椒，病毒病发生时间长，病情重。长江流域5～6月，华北地区6～7月，东北、西北 7 月中至 8 月中，病害发生较重。

【病害症状】由于病毒种类不同，田间症状也多种多样，主要症状有三种类型即花叶型、坏死型和丛枝型，以花叶型最为普遍，坏死型危害最严重。花叶型在田间表现最早，嫩叶叶脉呈半透明状，以后沿叶脉褪绿，呈浅绿与深绿相间的花叶状，严重时叶脉间有浓绿的疱斑，叶片窄小，增厚，叶缘卷曲，畸形，叶柄弯曲，易落叶。有的品种叶片上有大型黄绿色、周缘暗绿色蚀纹状环斑。有的病斑后期变为褐色或黑褐色，并破裂。果实上呈现浅黄色至浅褐色的花斑，或瘤状突起，果小，肉薄，僵硬，严重时全果发黄，仅有少量绿色部分，或畸形。坏死型较花叶发生晚，叶脉上现褐色或黑褐色坏死斑点或短条斑，有时叶脉呈褐色网状，坏死症沿叶脉向叶柄、果柄、侧枝、主茎发展，形成明显的长短不一的黑褐色坏死条斑，维管束变褐，造成大量落叶、落花、落果，嫩枝、生长点坏死，以致全株枯死。丛枝型的病株，长势弱，节间缩短，枝条明显缩短，丛生，叶细小，色浅，植株显著矮化呈丛簇状，结果少或不结果。

24．芹菜叶斑病

【发病规律】病菌附着在种子或病残体或种株上越冬，成为第二年的初侵染源。分生孢子借雨水、风、气流、灌溉水、农事作业等传播危害。病菌发育的适宜温度为 25～30℃，分生孢子形成的适宜温度为 15～20℃。虽高温干旱，但夜间结露重且持续时间长或夏、秋高温高湿的条件易发病，缺水、少肥，或灌水过多，植株生长不良，发病重。

【病害症状】主要发生在叶片上。病斑初为黄绿色水浸状，以后发展为圆形、不规则形，发病严重时，病斑连成片，叶片枯死。空气潮湿时，病斑上密生灰色绒状霉层。茎、叶柄上的病斑椭圆形，直径 3～7 mm，灰褐色，稍凹陷，病害严重时，全株倒伏，高湿时病部表面长出灰色霉层。

25．芹菜斑枯病

【发病规律】病菌以菌丝潜伏在种皮内越冬，也可在采种母株或病残体上越冬。种子上的病菌可存活 1 年多，播种带菌种子，出苗后即染病，产生分生孢子，在育苗床内传播蔓延。病残体上越冬菌源，遇适宜条件，产生分生孢子借风雨传播，侵染芹菜；再产生分生孢子重复侵染。病菌在低温下生长好，适温为 20～27℃，高于 27℃，生长发育缓慢。病害在冷凉和高湿条件下易发生，气温 20～25℃，湿度大时发病重；连阴雨天，或白天干燥，夜间有雾或露水，温度过高过低，植株抗病性差，发病重。

【病害症状】病害一般发生在叶片上，蔓延到叶柄和茎上。病斑初为淡褐色油浸状小斑点，边缘明显，以后发展为不规则斑，颜色由浅黄变为灰白色，边缘多为深红褐色聚生很多黑色小粒点，病斑外常有一圈黄色晕环。叶柄、茎部病斑褐色、长圆形稍凹陷，中间散生黑色小点。严重时叶枯，茎秆腐烂。

26．芹菜菌核病

危害作物：芹菜、黄瓜、番茄、茄子、甜椒、莴苣等蔬菜。

【发病规律】以菌核留在土壤中或混在种子里越冬，成为第二年的初侵染源。子囊孢子借风雨传播，侵染叶片，田间多靠菌丝进行再侵染，脱落的病组织与叶片、茎秆接触，或病叶与健叶或茎秆接触，菌丝可以直接传到健株上而重复侵染蔓延，适宜温度为 15℃，相对湿度在 85% 以上。

【病害症状】危害芹菜茎叶。首先在叶片上发病，形成暗色污斑，潮湿时，表面生白色霉层，而后向下蔓延，引起叶柄及茎发病，病部初为水浸状，后腐烂造成全株溃烂，表面生浓密的白霉，后形成黑色鼠屎状菌核。

27. 芹菜病毒病

【发病规律】该病毒病主要靠蚜虫传播，人工操作摩擦接触也可以传毒。栽培条件差，缺肥，缺水，蚜虫多，发病重。

【病害症状】病害从苗期开始即可发病，叶片上表现为黄绿相间的斑驳，后变为褐色枯死斑，也可出现边缘明显的黄色或淡绿色环形放射状病斑，严重时病叶短缩，向上弯曲，心叶停止生长，甚至扭曲，全株矮化。

28. 菠菜霜霉病

【发病规律】病菌在种子上或随病残体在土壤中越冬，第二年春天产生分生孢子借气流、雨水、农具、昆虫及农事作业传播蔓延。高湿是发病的主要条件，分生孢子形成的适温为 7～15℃，孢子萌发的适宜温度为 8～10℃；相对湿度 85%的条件下，发病重，早春连阴天气，病害重。

【病害症状】霜霉病主要危害叶片，病斑初为淡绿色小点，边缘不明显，扩大后呈不规则形，大小不等，叶背病斑上产生白色霉层，后变灰紫色，病害从植株下部向上扩展，干旱时病叶枯黄，多湿时病叶腐烂，严重时全株枯死。春茬菠菜冬前染病的植株，呈萎缩状，矮化，无食用价值。

29. 菠菜病毒病

【发病规律】病毒在菠菜及菜田杂草上越冬由桃蚜、萝卜蚜、豆蚜、棉蚜等传毒蔓延。春旱或秋旱年份，根茬或风障菠菜及旱播地，窝风处或靠近萝卜、黄瓜的地块，蚜虫多的地块发病重。

【病害症状】病株最初心叶叶脉褪绿，以后有的病株叶片上出现许多黄色斑点，逐渐变成不规则形的深绿与浅绿相间的花叶，叶缘向下卷成波状，病株矮化不明显；有的病株除花叶外，叶片变窄、皱缩，有瘤状突起，心叶卷缩成球形，植株严重矮化；也有的病株叶片上有坏死斑，甚至心叶坏死，植株也随之枯死。

30. 葱蒜类锈病

【发病规律】在南方病菌以夏孢子在葱蒜韭菜上辗转危害，或在活体上越冬，北方病菌在病残体上越冬，第二年夏孢子随风雨气流传播侵染。夏孢子萌发适宜温度 9～18℃，高于24℃萌发率显著下降，气温低的年份，缺肥，寄主生长不良的地块病害重。

【病害症状】主要危害叶片、花梗和绿色部分。发病初时，表皮上产生椭圆形稍凸起的橘黄色疱斑，以后表皮破裂，散出橘黄色粉末夏孢子堆，秋后疱斑变为黑褐色，内生冬孢子堆，不易破裂。

31. 大蒜叶枯病

【发病规律】病菌主要以子囊壳随病残体在土壤中越冬，第二年散发出子囊孢子进行初侵染，病部产生分生孢子再借风雨、气流等重复侵染。此病不易侵染健壮的植株，常与霜霉病或紫斑病混合发生，侵染已经衰弱的植株。春季降雨多，雾多，或浇水量大，田间湿度大，光照不足，病害容易发生流行，地势低洼、排水不良的田块发病也重。

【病害症状】主要危害叶或花梗。叶片多从叶尖开始发病，病斑初为苍白色小圆点，扩大为灰褐色，椭圆形或不规则形，病害发生严重时，全叶枯死，病害向叶茎蔓延，由植株下部向上扩展。病部产生灰色的霉状物。花梗受害，症状与叶相似，易从病部折断，最后病部产生许多黑色小粒点，严重时不能抽薹。

32. 莴苣霜霉病

【发病规律】在北方病菌随病残体在土壤中或附着种子上越冬，第二年产生孢子囊借风雨或昆虫传播，孢子囊萌发生出游动孢子或直接萌发侵染。孢子囊萌发的适宜温度 $6\sim10℃$，$15\sim17℃$ 适宜侵染寄主，春末、秋季阴雨连绵的天气，发病重。栽植过密，定植后浇水过早，过多，土壤湿度过大，排水不良的地块易发病。

【病害症状】幼苗至成株期都可以发病。以成株期受害重。病害主要危害叶片，最初叶上产生淡黄色近圆形或多角形病斑，潮湿时，叶背面病斑上产生白色霜霉，有时蔓延到叶正面，后期病斑黄褐色，常多个病斑联片，最后全叶发黄枯死。

33．芦笋茎枯病

【发病规律】病菌在病残体上越冬，第二年高湿条件下释放出分生孢子进行初侵染。病部产生分生孢子借雨水、风、气流扩散蔓延或引起流行。病菌生长的适宜温度为 $25℃$，早期形成的分生孢子器能越夏，成为秋季的侵染源。

【病害症状】主要危害茎、侧枝。最初茎上出现水浸状斑点，扩大成梭形或线形病斑，最后呈长纺锤形或椭圆形，中央赤褐色，凹陷，其上散生多数黑色小粒点，病斑绕茎一周后，病部以上的茎叶干枯，严重地块，似火烧状。

34．茭白胡麻斑病

【发病规律】病菌在老株或病残体上越冬，第二年病菌产生分生孢子侵染寄主，病部产生分生孢子通过气流、雨水传播进行重复侵染。高温多湿的天气，连作，缺乏钾肥、锌肥，植株生长不良，易诱发此病。

【病害症状】主要危害叶片。叶部病斑初为褐色小点，后扩大为椭圆形，大小如芝麻粒，病斑周围有黄色晕圈。湿度大时，病斑表面生暗灰色至黑色霉状物，严重时，病斑密布，有的联合成大斑，叶片枯死。

35．茭白纹枯病

【发病规律】病菌在土壤中或在病残体、杂草或其他寄主上越冬，成为初侵染源，第二年田间病株上的菌丝与健株接触，或菌核借水流传播，进行再侵染。病菌发育的适宜温度为 $28\sim32℃$。田间遗留的菌核量多，高温多湿，长期深灌及偏氮肥的茭田发病重。

【病害症状】病害危害叶片和叶鞘，分蘖期和结茭期易发病。病斑初为圆形和椭圆形，后扩大为不规则形，外观云纹状或虎斑状，斑中部露水干后呈草黄色，湿度大时呈墨绿色，边缘深褐色，病健部分界明显，病部有蛛丝状菌丝缠绕，或有菌核。

36．荸荠秆枯病

【发病规律】别名荸荠瘟，病菌在病残体内越冬。适宜条件下产生分生孢子。借风雨传播，病菌孢子发芽侵入寄主，发病后病部又产生分生孢子重复侵染。温度 $17\sim29℃$，降雨、浓雾及重露，利于发病，如伴有大风，就更利于病菌孢子传播，病害发生更重。此外，过密种植，通风透光差，早期偏施氮肥，磷钾肥不足，发病也较重。

【病害症状】病害主要发生在秆和叶鞘上，花器也可被害。叶鞘上初生暗绿色水浸状不规则形病斑，后可扩大至整个叶鞘，表面多生黑色长短不一的条点，最后病部呈灰白色。茎秆被害多由叶鞘上的病斑扩展而致，初为暗绿色水浸状，一般为梭形，也有椭圆形或不规则形，病部组织发软，凹陷，表面生有黑色扭条点，有时呈同心轮纹状，病斑可相互汇合成较大的枯死斑，严重时全秆倒伏，枯死，湿度大时病斑表面有大量浅灰色霉层。

37．莲藕腐败病

【发病规律】病菌在种藕上或土壤中越冬，成为第二年的初侵染源。栽种带病种藕，长出的病苗为发病中心，产生的分生孢子进行再侵染。种植带病种藕是病害传播的主要途径。阴雨连绵，日照不足或暴风雨频繁易诱发本病，藕田土壤通气性差，或酸性大，污水入田或水温高于 35℃，食根金花虫危害重，或施用未腐熟的有机肥，偏施氮肥的田块发病重。

【病害症状】病害主要发生在地下茎部，造成褐色腐烂，导致地上部枯萎。地下茎受害，初期症状不明显，剖开茎部可见近中心处的维管束变淡褐至褐色，后随病情扩展，变色部分逐渐扩大，由种藕延及当年新生的地下茎，严重时地下茎呈褐色至紫黑色腐烂，地上部叶片也现症状，初叶色变淡，后变褐干枯或卷曲，叶柄顶部弯曲，变褐干枯，发病严重时，全田枯黄，似火烧状。病株地下茎藕节上生蛛丝状菌丝和粉红色黏质物，有的病藕表面有水浸状，似开水烫的病斑。

38．慈姑黑粉病

别名：疮疤病。

【发病规律】病菌随病残体在土壤或附在种球上越冬，第二年，月平均气温 15℃以上，病菌萌发产生担孢子借气流、雨水或田水传播侵染植株，病部产生孢子后重复侵染传播蔓延。

【病害症状】主要危害叶片、叶柄、花器和球茎。叶片发病，开始出现黄色至橙黄色的小叶；稍隆起的疱斑，起初常有白色浆液流出，以后疱斑枯黄破裂，散出黑色小粉粒；病叶畸形扭曲，叶柄生球状肿瘤或黑色条斑。花器染病，子房黑褐色。球茎受害，多在株茎部与匍匐茎结处发病，茎皮开裂。

39．蘑菇褐斑病

【发病规律】病菌生活在土壤中或有机质里，经培养料或覆土传入菇房，发病后病部产生分生孢子，靠喷水或菇蝇传播蔓延，高温高湿、通风不良，利于发病。一般春菇发病重。

【病害症状】染病菇蕾，生长发育受阻，不能形成菌柄、菌盖，变为黄白色，质地干缩的小菌块。后期菇体不腐烂，无褐色汁液渗出，也无臭味，这些可区别于褐腐物。生长中后期子实体染病，菌盖上出现稍凹陷的褐色病斑，中间灰白色，边缘较深，湿度大时，病斑上长出白色霉状物，病菇菌盖形态不一，菌柄基部变褐、增粗，菌皮剥落。

40．蘑菇褐腐病

【发病规律】病菌生活在含有机质丰富的土壤中，多由营养土或覆土带菌传入菇房，引起蘑菇发病，以后靠工具、农事操作重复侵染，扩散蔓延。喷水有助于孢子从病菇上散发出来，菇蝇、空气也可传病，高温高湿、通风不良，利于发病。温度在 17℃以上，蘑菇染病重。病菌孢子在 50℃经 48 h，或 52℃经 12 h，或 65℃经 1 h 死亡。

【病害症状】染病的蘑菇在营养基质上呈不规则棉絮状菌团，表面被白色絮状菌丝覆盖，不长菇，也有长出菌柄膨大，或菌伞缩小，呈畸形。以后溃烂，并渗出暗褐色液滴，有腐败臭味。

41．木耳落葵蛇眼病

【发病规律】病菌随病残体在土壤里或种子上越冬，第二年以分生孢子进行初侵染，病部产生分生孢子借风雨、灌水进行再侵染。南方菜区田间常年有寄主，病菌辗转传播危害。种子是远距离传病的主要途径。湿度是病害发生的决定性因素。雨水多的年份或季节发病重。

【病害症状】主要危害叶片，病斑近圆形，直径 2～6 mm 不等，边缘紫褐色，分界明显，病斑中部黄白色至黄褐色，稍下陷，有的易穿孔，严重时叶部布满病斑，影响产量和质量。

四、玉米、高粱、薯类、蚕豆、豌豆

玉米、高粱、马铃薯、蚕豆、豌豆和甘薯等不仅是当今不可缺少的粮食作物，深受群众喜爱的美食原料，而且是重要的饲料和工业原料。其中，玉米种植面积最大。玉米的面积和总产量仅次于水稻、小麦而居第三位。在长江流域，玉米、甘薯的种植面积较大，尤其是甘薯，其适应性广、产量高、易管理，适宜于丘陵山区种植。旱粮病害是生产的重要障碍因素，其种类很多，危害性大。据记载，玉米叶斑病、细菌性萎蔫病、甘薯黑斑病等在国内外都造成巨大损失。

玉米的主要病害有大斑病、小斑病、圆斑病、丝黑穗病、（瘤）黑粉病、茎腐病（别名：青枯病、茎基腐病）、纹枯病、粗缩病、条纹矮缩病、矮花叶病（别名：玉米花叶条纹病、黄绿条纹病）等。玉米细菌性萎蔫病国内尚未发现，是对外检疫对象；干腐病仅在局部地区发生，也是检疫对象。近年来玉米纹枯病蔓延迅速，成为长江中下游玉米产区的重要病害之一。此外，玉米缺锌也是目前生产中较重要的问题之一。

高粱的主要病害有丝黑穗病、散黑穗病（别名：散粒黑穗病）、大斑病等。

马铃薯主要病害有晚疫病、早疫病、环腐病、黑胫病、病毒病（普通花叶病）、条斑花叶病、卷叶病、纺锤块茎病等。

蚕豆主要病害有赤斑病、轮纹病、锈病、褐斑病等。

豌豆主要病害有锈病、褐斑病等。

甘薯的主要病害有黑斑病（别名：黑疤病、黑疔、黑膏药、黑疮）、软腐病（别名：水烂、热烂）、茎线虫病、根腐病、甘薯瘟病及贮藏期的软腐病等。20世纪70年代根腐病曾一度在河南、山东、江苏等省蔓延，造成很大损失，在推广抗病品种后，已基本得到控制。甘薯贮藏期病害主要是生长期的黑斑病、茎线虫病等及贮藏期的软腐病。近年来甘薯病毒病危害也日趋严重。

1. 玉米大斑病

【发病规律】田间地表和玉米秸垛内残留的病叶组织中的菌丝体及附着的分生孢子均可越冬，成为第二年发病的初侵染来源。通常埋在地下10 cm深的病叶上的菌丝体越冬后全部死亡。玉米生长季节，越冬菌源产生孢子，随雨水飞溅或气流传播到玉米叶片上，于适宜温湿度条件下萌发入侵。潮湿的气候条件下，病斑上可产生大量分生孢子，随气流传播，进行多次再侵染，造成病害流行。田间始见病斑时间：在华北地区，春玉米6月上旬，夏玉米7月中旬。由于气候条件与玉米感病阶段吐丝灌浆期相吻合，夏玉米病情发展快，受害重。

【病害症状】玉米大斑病主要危害叶片，严重时也危害叶鞘和苞叶。感病品种上，病菌侵入后迅速扩展，经14 d左右，即可引起局部萎蔫，组织坏死，进而形成枯死病斑。通常由植株下部叶片先开始发病，向上扩展。病斑长梭形，灰褐色或黄褐色，长5~10 cm，宽1 cm左右，有的病斑更大，或几个病斑连接成大型不规则形枯斑，严重时叶片枯焦。多雨潮湿天气，病斑上可密生灰黑色霉层。此外，还有一种发生在抗病品种上的病斑，沿叶脉扩展，表现为褐色坏死条纹，周围有黄色或淡褐色褪绿圈，不产生孢子或极少产生孢子。

2. 玉米纹枯病

【发病规律】以菌核在土中越冬，第二年侵染玉米，先在玉米茎基部叶鞘上发病，逐渐向上和四周发展，一般在玉米拔节期开始发病，抽雄期病情发展快，吐丝灌浆期受害重。玉米连茬种植，土壤中积累的菌源量大，发病重，高水肥条件下，玉米生长旺盛，加之种植相对密度过大，增加了田间湿度，通风透光不良，容易诱发病害；倒伏玉米，使病、健株接触，为病害传染扩散创造了有利条件，从而使病情加重。7~8月份降雨次数多，雨量大，也易诱发病害。

【病害症状】玉米纹枯病主要危害玉米叶鞘、果穗和茎秆。在叶鞘和果穗苞叶上的病斑为圆形或不规则形，淡褐色或淡黄色，水浸状，病、健部界线模糊，病斑连片汇合成较大型云纹状斑块，中部为淡土黄色或枯草白色，边缘褐色。湿度大时发病部位可见到茂盛的菌丝体，菌丝结成白色小绒球，后来逐渐变成褐色的菌核，大小不一。有时在茎基部数节出现明显的云纹状病斑。病株茎秆松软，组织解体。果穗苞叶上的云纹状病斑也很明显，造成果穗干缩、腐败。

3. 玉米茎腐病

别名：青枯病、茎基腐病。

【发病规律】用病残株接种，发病率可达 80%，玉米连茬地发病重就是由于病残体在田间积累了菌源。种子表面也可携带病菌，传播病害。土壤中的越冬菌源在玉米播种后至抽雄吐丝期陆续由根系入侵，在植株体内蔓延扩展。玉米灌浆至成熟期的气候条件，特别是雨量与发病关系十分密切，高温、高湿利于发病，雨后天气转晴，常出现发病高峰。玉米生育期和病害关系密切，乳熟期以后为发病高峰期。

【病害症状】玉米茎腐病为全株表现症状的侵染性病害。玉米乳熟末期至蜡熟期为显症高峰期。一般从灌浆至乳熟期开始发病，由下部叶片向上逐渐扩展，呈现青枯症状，最后全株显症，很容易和健株区别。从始见病叶到全株显症，一般需一周左右，短的仅需 1～3 d，长的可持续 15 d 以上。病株茎基部变软，内部空松（手捏即可辨别），遇风易倒折。有的果穗下垂，穗柄变柔韧，不易剥离，苞叶也呈青枯状。剖茎检查，髓部空松，根、茎基和髓部可见到红色病征，这是镰刀菌茎腐病的重要识别特征。

4. 玉米（瘤）黑粉病

【发病规律】玉米收获后，厚垣孢子在土壤中或病株残体上越冬，成为第二年侵染源，混入堆肥中和黏附在种子表面的孢子也是初侵染来源。春、夏季遇适宜温、湿度，越冬的厚垣孢子萌发产生担孢子，随风雨传播到玉米幼嫩组织或叶鞘基部缝隙而侵入。担孢子在水滴中可很快萌发，由侵入到病瘤形成一般 10 d 左右，病瘤内厚垣孢子形成后，可立即萌发产生担孢子，进行多次侵染，造成病害发生。

【病害症状】黑粉病是局部侵染病害，玉米的气生根、茎、叶、叶鞘、穗（雌、雄）等均可受害。因病组织肿大成菌瘿，故又名瘤黑粉病，菌瘿外包有一层薄膜，初为白色或淡紫红色，逐渐变为灰黑色，内部充满黑粉。叶片上病瘤分布在叶基部中脉两侧或叶鞘上，病瘤小而多，常密集成串或成堆，病部肿厚突起成泡状，其反面略凹入。茎秆上的病瘤一般发生在各节的基部，病瘤大小不等，一株玉米可产生多个病瘤。雄穗受害，部分小花长出囊状或角状小病瘤，一个雄穗上可长出 10 多个病瘤。果穗受害一般发生在穗上部，若部分果穗受害，仍可结出一部分籽粒，但若全穗受害即成为一个大病瘤。若整个果穗受害变成病瘤，要注意与丝黑穗病区别：黑粉病的病瘤外有一层薄膜，发亮，成熟前薄膜破裂，呈湿腐状，轻压常有水液流出；而丝黑穗病不成瘤状、干燥。

5. 玉米条纹矮缩病

【发病规律】带毒灰飞虱若虫在田埂、渠边的杂草根际或枯枝落叶下越冬，第二年春季，越冬若虫在新长出的杂草嫩苗及临近麦苗上危害，成虫出现后，迁飞扩散，辗转在小麦、玉米、高粱田危害，传播病毒病，造成病害流行。灌溉条件好和雨水多的年份，杂草生长旺盛，食料丰富，有利于灰飞虱生长繁殖，传播病毒病，使该病发病较重。

【病害症状】病株节间缩短、矮缩、沿叶脉产生褪绿条纹，后期在条纹上产生坏死褐斑是识别该病的主要特征。上部叶片稍硬，直立，叶片上的条纹有密纹、疏纹两种类型。前者出现较迟，后者出现早（重病田常见）。苞叶、茎秆及苞叶顶端的小叶均可产生淡黄色条纹或褐色坏死斑。

6．玉米粗缩病

【发病规律】我国北方，粗缩病毒在冬小麦及其他杂草寄主越冬，也可在传毒昆虫体内越冬。第二年玉米出土后，借传毒昆虫将病毒传染到玉米苗或高粱、谷子、杂草上，辗转传播危害。玉米5叶期以前易感病，10叶期以后抗性增强，即便受侵染发病也轻。玉米出苗至5叶期如果与传毒昆虫迁飞高峰相遇，发病严重，所以玉米播期和发病轻重关系密切，若苗期正遇上第一代灰飞虱成虫盛期，发病严重。田间管理粗放，杂草多，灰飞虱多，发病重。

【病害症状】玉米整个生育期都可感染发病，苗期受害重，5～6片叶即可显症，开始在心叶基部及中脉两侧产生透明的油浸状褪绿虚线条点，逐渐扩及整个叶片。病苗浓绿，叶片僵直，宽短而厚，心叶不能正常展开，病株生长迟缓、矮化。至9～10叶期，病株矮化愈显著，上部节间短缩粗肿，顶部叶片簇生，病株高度不到健株一半，多数不能抽穗结实。

7．马铃薯晚疫病

别名：曝啦、泼死。

【发病规律】主要以菌丝体潜伏在病薯内越冬，成为来年病害的初侵染源。种薯带病，重者不能发芽，或发芽未出土即死亡；轻者发芽出土，发展成为田间的中心病株。借气流、雨水传播进行再侵染。我国大部分马铃薯产区的温度都适于晚疫病发生，因此湿度对病害起决定作用。天气潮湿、阴雨连绵，早晚多雾多露，有利于发病和蔓延。

【病害症状】马铃薯的叶片、茎和块茎均可受害，一般在开花前后出现症状。受害病叶，初期为不规则形状的黄褐色斑点，气候潮湿时，病斑迅速扩大，边缘为水渍状，有一圈白色霉状物，在叶的背面长有茂密的白霉，形成霉轮。诊断方法：将带病斑的叶子的叶柄插在碗内的湿沙里，上盖一空碗保持湿润，如是晚疫病，经一夜，在病斑的边缘上就会长出白霉。茎部受害，初为稍凹陷的黑色条斑，气候潮湿时，表面也产生少量白霉。

8．马铃薯早疫病

别名：夏疫病、轮纹病。

【发病规律】病菌以菌丝体及分生孢子病残组织在土壤中或在块茎上越冬，为来年初侵染源。在田间主要通过风雨传播。

【病害症状】主要发生在叶片上。病斑近圆形，周围有很窄的黄圈。病斑发展多时，可以相互连接为不规则形大斑，但不呈现水渍状的晕环，而是干枯的斑点，为深褐色，内有黑色的同心圈或轮纹。

9．马铃薯环腐病

别名：转圈烂、黄眼圈、圪缩病。

【发病规律】病薯是环腐病的初侵染源。播种病薯，重者芽眼腐烂，不能发芽出土，轻者出苗后，病菌沿维管束扩展，向上侵害茎基部和叶柄，向下沿匍匐茎侵害新结薯块。病菌在浇水或降雨时，可随流水传播。病菌进入土壤中很容易死亡，故土壤传的可能性很小。该病发病适宜温度为18～24℃，土温超过31℃时，病害发生受到抑制。故此病多发生在北方马铃薯产区，在马铃薯生育期间干热缺雨，有利于病情扩展和显现症状。切块种植时，病菌能借切刀传播，成为环腐病传播蔓延的重要途径。

【病害症状】危害马铃薯的维管束组织，造成死苗、死株，甚至引起烂窖。受害植株生长迟缓、节间缩短、瘦弱、分枝减少、叶片变小。病株萎蔫症状一般在生长后期才显著，自下而上发展，首先下部叶片萎蔫下垂而枯死。病薯块经过贮藏后，薯皮变为褐色，环腐部分也有黄色菌脓溢出。薯块皮层与髓部易分离，外部表皮常出现龟裂，常致软腐病菌二次侵染，使薯块迅速腐烂。

10．马铃薯病毒病

别名：普通花叶病。

【发病规律】主要由马铃薯 X 病毒引起，病毒由带病种薯汁液接触传播，高温有利于发病。

【病害症状】叶片沿叶脉出现深绿色与淡黄色相间的轻花叶斑驳，叶片稍有缩小和一定程度的皱缩。有些品种仅表现轻花叶；有的品种植株显著矮化，全株发生坏死性叶斑，整个植株自上而下枯死。

11．马铃薯条斑花叶病

别名：条点病毒病、重花叶病、皱花叶病。

【发病规律】主要由马铃薯 Y 病毒引起，经由带病种薯的汁液和桃蚜传染。高温有利于病毒的发展和繁殖，同时还有利于传毒媒介蚜虫的繁殖迁飞和传病。

【病害症状】发病初期叶片出现斑驳花叶或有枯斑，后期发展为叶脉坏死；严重时沿叶柄蔓延到主茎上出现褐色条斑，叶片全部坏死并萎蔫，但不脱落。

12．甘薯黑斑病

别名：黑疤病、黑疔、黑膏药、黑疮。

【发病规律】黑斑病主要靠带病种薯传病，其次为病苗，带病土壤、肥料也能传病。用病薯育苗，长出病苗。黑斑病发病温度与薯苗生长温度一致，最适温度为 25～27℃，最高 35℃；高湿多雨有利于发病，土壤含水量在 14%～60%范围内，病害随温度增高而加重。

【病害症状】甘薯黑斑病主要危害薯苗茎基部和薯块，通常不侵染地上部分。育苗期病苗生长不旺，叶色淡。病基部长出椭圆形或梭形病斑稍凹陷，病斑初期有灰色霉层，后逐步出现黑色刺毛状物和黑色粉状物；病斑逐渐扩大，使苗的基部变黑，呈黑脚状而死；严重时苗未出土即死于土中。种薯变黑腐烂，造成烂床。若带病薯苗移栽大田后，苗易枯死，即使不死，新长出的薯块也会受感染而发病，因病菌代谢物的作用，使薯变苦，不可食用（如喂牲口，牲口可得气喘病；若治疗不及时，将导致死亡）；若储存在窖中，会导致病害发生，严重时造成烂窖。

13．甘薯根腐病

【发病规律】该病主要为土壤传染，病菌分布以耕作层的相对密度最高，发病也重，田间病害扩展主要靠流水和耕作活动。遗留在田间的病残株也是初侵染源，用病株喂猪，病菌通过消化道仍能致病，带病种薯也能传病。根腐病的发病温度为 21～29℃，最适温度为 27℃左右。土壤含水量在 10%以下，对病害发生发展有利。

【病害症状】主要发生在大田期。危害幼苗，先从须根尖端或中部开始，局部变黑坏死，以后扩展至全根变黑腐烂，并蔓延至地下茎，形成褐色凹陷纵裂的病斑，皮下组织疏松。地上秧蔓节间缩短，矮化，叶片发黄。发病轻的，入秋后春薯秧蔓继续生长，并大量现蕾开花，地下部长许多新根，但多为紫根，不形成薯块。发病重的，地下根茎全部变黑腐烂，地上叶柄缩短变细，叶片小而黄，较健株增厚、发脆，以致由下而上干枯脱落，主茎由上而下干枯，以致全株枯死，随之出现大片死苗，甚至失收。病薯块表面粗糙，布满大小不等的黑褐色病斑，初期病斑表皮不破裂，中后期出现龟裂，皮下组织变黑，无苦味，熟食无硬心和异味。

14．甘薯软腐病

别名：水烂、热烂。

【发病规律】病菌腐生性强，以孢囊孢子附着在薯块或贮藏窖中越冬。在 23～25℃，相对湿度 75%～84%时蔓延迅速。在贮藏期间，高温高湿，通风不良，特别是薯块受冷害后，发病严重。

【病害症状】薯块呈水渍状黄褐色软腐，薯肉变成淡褐色或黄褐色，发出酸霉味，稍带酒味，在湿润的薯面密生灰白色霉层，顶部生黑色孢子囊。

15. 甘薯茎线虫病

【发病规律】甘薯茎线虫主要以卵、幼虫和成虫随薯块在窖内越冬，也能以成虫和幼虫在土壤和粪肥中越冬，来年通过带病种薯、秧苗及混有病残体的土壤和肥料进行侵染。

【病害症状】甘薯茎线虫主要为害薯块，薯秧、薯蔓也可受害。受害薯块，若为病秧传染，一般外皮无明显症状，而内部变成褐色、白色相间的糠腐；若为土壤传染，线虫从薯块表皮侵入，受害处薯皮先褪色，后坐青，皮下组织变褐干糠，随着块根长大，线虫由四周向中心危害，内部形成糠腐，外皮形成大龟裂和暗褐色晕片或呈水渍状。茎蔓被害，内部先白色发糠，后变褐色干腐。秧苗受害，多发生在茎基白色部分，白根品种出现条状和块状青晕，红根品种出现紫红色，中期内部变褐变空，后期髓部变褐糠腐。

16. 高粱丝黑穗病

【发病规律】病菌可以通过种子和土壤传病，而更重要的是土壤传染。厚垣孢子在东北地区土内存活 3 年左右，夏秋季多雨之年能缩短孢子寿命。当 5 cm 深处土层 15℃左右，土壤含水量 15%～20%时，最容易侵染。连作发病重，播种早晚、播种深度与发病轻重关系密切，不同品种、组合、自交系的抗病性有显著差异。据研究，高粱从种子露白尖到幼芽长度 1～1.5 cm 时，是病菌最适宜侵染的生育时期。

【病害症状】高粱丝黑穗病主要在穗上发生，受害高粱穗整个变成一个大灰包，外膜破裂后，散出大量黑粉，同时露出一束束散卵的丝状物（即维管束），少数情况下，仅部分花絮被害，或者端部的叶片上产生明显的灰色小瘤，外膜破裂后，叶片维管束同样不破裂。主秆的丝黑穗掉后，继续长出的分蘖穗仍为丝黑穗。

17. 高粱散黑穗病

别名：散粒黑穗病。

【发病规律】该病主要以种子传病，东北地区土壤中的厚垣孢子可存活一冬，但越冬率很低。带病种子播种后，病菌与种子同时发芽，侵入寄主组织，向生长点发展，最后侵入穗部形成病穗。

【病害症状】高粱散黑穗病在抽穗后显症，被害植株较健株抽穗早、较矮、较细、节数减少，病穗上每个小穗的花蕊和内外颖都受害变成黑粉，外面有一层灰白色的薄膜，变成卵形的灰包，从颖壳伸出，外膜破裂后，散出黑褐色粉状的厚垣孢子，露出长形中轴，此轴是由寄主组织形成的。病穗的护颖也较健穗稍长。

18. 蚕豆赤斑病

【发病规律】以菌核在土壤和病残株上，或以菌丝潜藏在病残体上越夏、越冬。在南方各蚕豆区病菌尚可在秋末冬初侵染蚕豆，以菌丝体在病株上越冬。在适宜条件下，菌核和菌丝都能产生分生孢子，引起初次侵染；以后田间病株上陆续产生大量的分生孢子，借风雨传播，进行重复侵染。病菌侵染最低温度为1℃左右，最适温度为20℃，在寄主表面有一层水膜时才能发芽侵入。在长江流域病害发展速度主要取决于4～5月份的湿度和雨日，如4～5月间常阴雨多湿，病害就发展迅速。蚕豆开花后，抗病力减弱，容易发病。播种过早，冬前发病重；相对密度高、生长柔嫩的蚕豆田，排水不良的低湿田、缺钾田，发病均重。连作田中，单作田块比豆麦间作田病重。

【病害症状】主要危害叶、茎、花，有时幼荚也能受害。叶片发病初期，产生赤色小点，后扩大成圆形或椭圆形病斑，中部褐色，稍凹陷，周围浓褐色，略隆起；严重时全叶布满病斑，连片呈铁灰色枯死。茎和叶柄发病，起初产生赤色小点，后纵向发展成条斑，周缘赤褐色，以后破裂成长短不一的裂缝。花部发病，遍生棕褐色小点，严重时花冠变褐枯腐。病情发展严重的，植株各部变黑、枯腐，普遍生出灰色霉层。

19. 蚕豆、豌豆锈病

【发病规律】病菌以冬孢子堆在病残体上越夏、越冬。在长江流域第二年3～4月间，冬孢子萌发产生担子和担孢子，飞落到寄主植株上，担孢子萌发出芽管直接侵入，在寄主组织内先后形成性孢子器和锈孢子器，锈孢子成熟后，随风飞散，落到邻近植株叶、茎等上，萌发出芽管，从气孔侵入，约经一星期，形成夏孢子堆，以夏孢子在田间重复侵染。病菌侵染发育适温为15～24℃；温度适宜，阴雨天多，相对湿度达95%，适于病害流行。一般早播的蚕豆、豌豆发病轻，迟播的发病重，晚熟种发病也较重。前茬为稻田、地势低洼、排水不良的田块发病重。

【病害症状】豌豆的叶、叶柄、茎、荚均可受害。叶上病斑初为黄白色小斑点，后稍扩大并隆起成疱状，变锈褐色，这是病菌的夏孢子堆；不久表皮破裂散出锈褐色粉末，即夏孢子。有时环绕老病斑四周产生一圈新的疱状斑，或不规则散生，发病重的叶片上满布锈褐色小疱，随后全叶遍布锈褐色粉末，受害茎和叶柄上的病斑与叶上相同，稍大，略呈纺锤形。后期叶片的病斑上，特别是茎和叶柄上产生大而明显的黑色肿斑，为病菌的冬孢子堆，破裂后散出黑褐色粉状物，即病菌的冬孢子。

五、棉、麻

棉、麻（主要有红麻、黄麻、苎麻、亚麻等）是重要的经济作物，在我国大多数省（自治区、直辖市）均有栽培。长江中下游地区栽培棉、麻历史悠久，是我国棉、麻种植基地之一。棉、麻病害危害严重，成为限制棉、麻生产发展的因素。因此，研究和防治棉、麻病害，意义很大。

据不完全统计，我国棉花病害有40种左右，棉苗病害中危害最大的有5种：枯、黄萎病，立枯病，炭疽病，棉花烂铃病和危害棉叶的黑斑病。

棉花枯、黄萎病在我国大部分棉花病田混生危害，据1983年全国普查，两病发生遍及21个植棉省（自治区、直辖市）的574个县。棉花枯、黄萎病混生的地区，往往在同一块地里两种病害均有发生，甚至在同一棉株上同时受两病侵染危害，损失明显加重，一般减产20%～30%，严重的减产60%以上，甚至无收成，混生病株比无病的单株产量下降37%，单株结铃数下降27%。据估算，枯、黄萎病危害重的年份，全国每年损失皮棉150万～200万担（1担=50kg），其中主要是枯萎病的危害。

立枯病经常发生、分布广泛。我国各大棉区每年均有不同程度的发生。立枯病发生严重时病苗率可达90%以上，死苗率30%～40%。

炭疽病是我国棉区普遍发生的一种苗期病害，长江流域棉区的发生尤为严重，一般苗期发病率20%～70%，严重时达90%。

棉花烂铃病主要表现为烂铃。棉花烂铃是棉田极为普遍的病害，是由多种病菌造成的。棉铃感病后，轻的形成僵瓣，重的全铃烂毁。在腐烂的棉铃中65%全无收成，20%形成僵瓣，15%的后期轻烂铃可以收到一些籽棉。而且多是中下部的棉铃烂铃，因此对产量的影响很大。通常我国北部棉区比南部棉区烂铃轻，一般棉田烂铃率为5%～10%，多雨年份可达到30%～

40%。长江流域棉区常年烂铃率 10%～30%，严重的达 50%～90%。尤其飓风来临时，损失更为惨重。按烂铃病较轻的河北的烂铃损失来算，1983～1988 年间平均全国棉田按 8000 万亩（1 亩=666.7 m²）计算，因烂铃造成的损失为 15 亿元。

黑斑病又叫轮纹叶斑病，是棉花苗期叶部病害中分布最广、流行面积最大、流行频率最高的病害，阴湿多雨年份往往猖獗流行，给棉花生产造成毁灭性灾害。

长江中下游地区棉花播种期遇低温阴雨天气，易遭受炭疽病和立枯病等病害，影响全苗和壮苗，近年来采用种子处理、营养钵育苗、加强苗期管理等综合措施，苗病基本得到控制。棉花枯萎病和黄萎病对生产具有毁灭性，用抗病品种防治，具有很好的效果。

国内外报道麻类病害共有 200 余种，其中主要有红、黄麻炭疽病，立枯病，根结线虫病，黄麻秆枯病，苎麻炭疽病等。麻类病害在新中国成立前危害曾十分严重，新中国成立后，由于推广了抗病品种，因而使红麻面积迅速恢复和扩大，产量和质量均超过历史水平。

（一）棉花主要病害

1. 棉苗立枯病

【发病规律】棉苗立枯菌主要营寄生生活，也可腐生。在土壤中形成的菌核存活可数月至几年。带菌土壤和土壤中的病残组织是本病的主要初侵染源，带菌种子也可传播。在 16～25℃时，侵染发病严重。初次侵染来源主要是带菌土壤，病菌在土壤中以菌丝、菌核腐生越冬，次年侵染棉苗，并可当年在田间再侵染。

【病害症状】棉花播种后，种子萌动但还未出土之前，就可因立枯病菌侵害造成烂种烂芽。棉苗出土后，在接近地面的幼茎基部出现黄褐色病斑，逐渐扩大、凹陷、腐烂，严重的可以扩展到茎的四周，凹陷加深，颜色黑褐，棉苗枯死。病株叶片一般不表现特殊症状，仅仅表现枯萎；但也有棉苗受害后，在子叶上有黄褐斑，最后病斑破裂、脱落，形成穿孔。受害棉苗及周围土壤中常有菌丝黏附。多雨年份，现蕾开花期的棉株也可受害，茎基部出现黑褐色病斑，表皮腐烂，露出木质纤维，严重的可折断死亡。

2. 棉枯萎病

危害作物：除侵染棉花外，还危害决明、秋葵、大豆、烟草、锦葵、苜蓿、咖啡、印度麻、蓖麻、木槿、小麦、大麦、玉米、高粱、蔗、甘薯、豌豆、红麻、向日葵、番茄、茄子、辣椒、黄瓜、笋瓜、牛角椒、芝麻、花生、马铃薯、赤豆、扁豆等。

【病害症状】棉枯萎病菌能在棉花整个生长发育季节侵染和危害棉花，在自然条件下，苗期感病的棉株在播种后 1 个月左右即可显露症状，定苗至现蕾期，出现第一个发病高峰，棉苗大量萎蔫、死亡，夏季高温季节，病菌生长受到抑制，病势发展缓慢，症状呈现隐蔽，至秋季多雨，气温下降，病菌生长旺盛，出现第二个发病高峰。苗期症状：棉枯萎病在棉花子叶期即可发病，常见的症状有：

（1）黄色网纹型 是棉花枯萎病早期典型症状。棉株子叶或真叶叶脉褪绿，变黄，而叶肉部分仍保持绿色，叶片局部呈现黄色网纹。叶脉变黄多由叶缘或顶部开始，逐渐向内扩展，形成块斑，最后叶片凋萎、干枯、脱落，植株死亡。

（2）黄化型 子叶或真叶多从叶缘开始，叶片的局部或全部变黄，但不呈现网纹，叶片最后枯死、脱落，叶柄和茎导管变褐。

（3）紫红型 早春气温偏低且不稳定，患病棉株的子叶或真叶局部或全部变成紫红色，大叶片上形成块斑或全叶变为紫红，随之叶片枯萎、脱落，棉株死亡。紫红病部的叶脉也呈现出红褐色。

（4）青枯型 幼苗或子叶突然失水，叶片呈现失绿、变软、下垂，植株青枯、死亡。但叶片并不脱落，植株仍保持青绿色。

（5）皱缩型 受病植株在5～6片真叶期有些叶片往往出现皱缩、畸形，叶色深绿，叶片变厚，节间缩短。病株比健株明显变矮，但并不枯死。黄色网纹型、黄化型及紫红型的病株，都可出现皱缩型症状。成株期症状：棉枯萎病成株期症状表现颇不一致，常见的是植株矮缩。病株叶片深绿，皱缩不平，叶片变厚叶缘向下卷曲，主茎和果枝节间缩短，有时呈现扭曲。有些植株受病后半边表现病态，另半边仍可生长，形成半边枯萎。病重的棉株，早期枯死。轻病株尚可带病存活。枯、黄萎病混生病株症状：在棉枯、黄萎病混生病田，两种病害可以同时侵害一个棉株，表现的症状就更为复杂，这样的病株叫混生病株，症状叫同株混生型。同株混生型的症状可分为三种类型。①混生急性凋萎型：多在铃期发生，同一病株上表现有枯萎病和黄萎病的两种症状，有些叶片表现黄色网纹型、紫红型或黄化型症状，而另一些叶片则表现为黄萎病的掌状斑驳。这种病株发病快，病势猛，叶片迅速脱落，棉株死亡。②混生慢性凋萎型：同一病株苗期先出现枯萎病症状，植株矮缩、瘦小，有些叶片出现黄色网纹，至蕾铃期又出现黄萎病症状，叶片显露黄褐色掌状块斑。但病情发展缓慢，棉株一般不会迅速枯死。③矮生枯萎型：一种是病株低矮，只有30～40 cm，上部叶片皱缩、变厚，叶片浓绿，叶片皱缩，但不表现其他症状；另一种是棉株下部叶片出现网纹块斑，紫红块斑或掌状斑驳，经分离，在同株上可有枯、黄萎两种病原菌。

3. 棉苗炭疽病

【发病规律】炭疽病菌主要通过棉种携带传播，其次是土壤中的植物病残体。病菌在种子表面可存活6个月，在种子内部可存活1年以上。土壤中的病菌可存活12～15个月。越冬后的病菌随棉籽萌发侵入子叶和幼茎，在病部形成大量分生孢子，成为再侵染源。最后，病菌在棉种或土壤中的病残体上越冬。温湿度对发病有密切影响。棉花苗期遇低温多雨，最易得病，10℃以上即可侵染，致病适温为18～19.5℃。除温、湿度外，棉苗龄与发病关系密切，在长江下游棉区，出苗15 d内的棉苗发病最重，以后棉苗渐大，抗病力增强，发病程度逐渐降低。

【病害症状】棉苗出土前被害，下胚轴和幼根变褐腐烂，被害轻者可以出土。病株基部最初出现红褐色小斑，后成紫褐色略凹陷的短条斑，边缘红褐色，严重时失水纵裂，幼苗枯死。子叶受害，多在叶缘出现黄色或灰褐色圆形或半圆形病斑。干燥条件下病斑受到抑制，边缘呈紫红色。茎部被害，出现暗黑色圆形或长形病斑，以后凹陷，表皮破裂，气候潮湿时可产生橘红色黏分生孢子团。遇干燥气候，木质部裂开，露出纤维，最后枯死。

4. 棉苗疫病

【发病规律】疫病菌可根据不同环境条件以不同孢子形态在土壤中越冬，成为次年侵染的来源。环境条件适合时，可产生各类孢子，以孢子囊为多。孢子囊释放出游动孢子侵染棉苗，造成疫病。夏季高温，病菌产生卵孢子在土壤中越夏，至秋季又产生孢子囊，释放游动孢子，侵染棉铃，造成棉铃疫病；在温度15～30℃，相对湿度30%～100%条件下都可发病，但多雨高湿是重要发病条件。因此在多雨的南方棉区，发病重于北方棉区。

【病害症状】苗疫病危害棉苗子叶、真叶、幼根、幼茎。幼根及茎感病后，初呈红黄色条斑，发展及围绕茎基和根部，幼苗干萎枯死。症状与红腐病初期相似，但中后期病部颜色较淡。叶上病斑多从边缘开始，初为暗绿色水渍状小斑，后扩大成黑绿色不规则水渍状病斑。高温高湿气候，扩展蔓延迅速，可侵及幼茎顶端及嫩叶，变黑，死亡。

5. 棉红（黄）叶枯病

别名：凋枯病。

【发病规律】沙性土壤，或耕作层过浅的瘠薄土壤发病重。沙质土壤保水保肥力差，且易流失养分。棉花生长前期雨水多，地上部分生长快，但根系浅，吸收养分能力差，发病较重。7～8月间干旱，又遇暴雨骤晴，植株蒸腾作用加强，造成生理失调，发病严重。老棉田长期连作，肥力下降；棉株早期坐桃多，肥、水供应不足，均可发病。

【病害症状】棉花红（黄）叶枯病在蕾期开始发病，花期进一步发展，铃期盛发，吐絮期成片死亡。症状主要表现在叶片上，呈现红叶或黄叶。生育中期，棉株顶端心叶先变黄，以后逐渐变为红色。自上而下，自内向外发展。病叶叶脉保持绿色，叶肉褪绿，叶脉间产生黄色斑块，叶质增厚，变脆，有时全叶片变成黄褐色，很像黄萎病，但维管束不发生变化。棉花生育后期，病叶先现黄色，随后产生红色斑点，最后全叶变红，叶脉仍为绿色。严重时，叶柄基部变软，失水干缩，叶片枯萎脱落，棉株顶部干枯。由于轮纹叶斑病和褐斑病及其他腐生菌重复侵染，加快了棉株死亡。

6. 棉黑根腐病

【发病规律】寄主与病害发生有密切关系，土壤温度15～20℃时有利于病原侵入和病害发展，低于15℃或高于27℃时，发病受到抑制，30℃时很难发病，所以夏季症状隐蔽。地势低洼、大水漫灌、土壤湿度大的棉田，有利于病害发展。连作棉田、腐殖质少的碱性或中性土壤，往往发病较重。

【病害症状】棉花受病后棉苗矮化，叶片皱缩或萎蔫，不久即倒伏、死亡。病苗茎基和根部紫褐色，逐渐腐烂，皮层干腐，易脱落，因此容易自土中拔出。湿度大时，病部产生灰白色霉层，是病原菌丝和内分生孢子。3～4片真叶期以后，气温升高，病情发展缓慢，自7月下旬至收获期，又表现明显症状。棉花吐絮期为发病高峰，叶片萎蔫下垂，迅速青枯，但叶片并不立即脱落。病株根颈部肿大、扭曲，茎基和根部呈紫黑色腐烂，干燥后呈棕褐色，病部表皮纵裂。病根比健根细，侧根增多。由于病菌很少侵入内皮层，所以维管束系统仍为白色。病株结铃明显减少。棉黑根腐病易于鉴定，病部组织切片置于显微镜下镜检，可见深褐色厚垣孢子。

（二）亚麻主要病害

1. 亚麻炭疽病

【发病规律】病菌在种子内外或在病残体上于土中越冬，并在土中能存活多年。播种病种子，病重者不出苗，病菌还可在土中扩展到周围的苗上；病轻者可以出土，立即发病，病菌从子叶再传染到真叶上，天气潮湿时产生分生孢子盘和分生孢子随风雨传播危害。土中病菌也可侵害幼芽或幼苗，严重的可造成死苗。当春季低温时间持续较长，多雨，湿度大时苗期发病重。苗期发病可延续到苗高10 cm左右才停止。成株期如果6～7月份多雨，病情发展快，可使茎叶严重受害，严重时叶上病斑密布，叶片大量干枯。茎上病斑多则影响纤维质量，有时还可引起植株多层分枝造成短纤维。有的植株不能很好成熟，影响纤维品质和种子含油量。后期侵染蒴果，可深入到种子内部，使种子带菌。

【病害症状】亚麻整个生育期均可受侵染。叶上病斑多发生在边缘而呈半圆形，深褐色或灰褐色，边缘色稍深。在子叶中央的病斑则呈圆形，黄褐色，渐扩大，可使子叶枯死；成株期叶部病斑圆形或近圆形，褐色，直径0.5～2 mm，其上有小黑点，为病菌的分生孢子盘；严重时，病斑密布，叶片枯死。茎部病斑椭圆形，褐色，边缘模糊，常互相汇合，产生大量分生孢子盘，影响纤维质量。菌丝可侵入内部到达种皮，病种子常不能发芽或发芽不久即腐死土中；腐死的幼苗上或叶、茎、蒴果在天气潮湿时可长出许多橙红色点状黏质物，为病菌的分生孢子。

2．亚麻立枯病

【发病规律】病菌主要以菌丝体和菌核在病残体或土中越冬，并可在土中腐生。也可在种子上越冬。播种后条件合适时便侵染幼苗。苗期低温多湿，土质黏重条件下发病重。

【病害症状】病苗近地面茎基部即子叶下胚轴产生水浸状病斑，呈黄褐色条斑，上下扩展，严重时茎基部缢缩变细，地上部叶片发黄，顶梢微萎蔫，茎直立而死，也有折倒死亡的，很难连根拔出。此病常与炭疽病混合发生，有时症状不易区别，一般幼苗在二片真叶以前引起死亡的主要是炭疽病，7～13 cm 高时主要是立枯病。难以确诊时可切割少许折断的茎组织，置 25℃下用清水培养数日，病部长出疏松的褐色颗粒，即为立枯病菌的菌核。

3．亚麻斑枯病

【发病规律】病菌以菌丝体、分生孢子器和子囊壳在土壤中病残组织上越冬，第二年亚麻播种后，气候条件适宜时即产生分生孢子和子囊孢子，借雨水、气流传播，进行初次侵染。发病后，病部不断产生分生孢子，由气候决定进行重复侵染。种子带菌，既是初次侵染菌源，又是远距离传播的主要途径。长期阴雨天气，地势低洼潮湿有利于此病发生。

【病害症状】亚麻整个生育期内的地上部分都能受害。子叶和真叶病斑一般呈近圆形，初为黄绿色，后逐渐变为褐色至暗褐色，表面散生许多黑色小粒点，即分生孢子器。发病严重的叶片干枯脱落。茎部发病，初生褐色小斑点，以后逐渐扩大或几个病斑相连并成不规形病斑，边缘不很清晰。麻株接近成熟时，病斑边缘变为灰色至黑褐色，表面散生许多分生孢子器。后期，在枯死茎上形成许多子囊壳。

4．亚麻锈病

【发病规律】亚麻锈病是一种流行性病害，受品种抗病性和气候条件影响很大，冬孢子要求较长时期低温的冷冻环境后才能萌发，在春季 14～18℃下 2～3 d 就萌发。锈孢子和夏孢子萌发温度范围是 0.5～27℃，最适 18℃左右，侵染温度 16～22℃，最适 18～20℃。黑龙江省亚麻锈病于 6 月末出现夏孢子堆，7 月中旬为发病盛期，当地的温度条件有利于锈病发生。冬孢子、锈孢子和夏孢子在有水滴时才能萌发和侵入，故 6～7 月份降雨多，田间湿度大发病重；低洼地比岗地病重。

【病害症状】亚麻整个生育期均可受害。病菌侵染亚麻子叶、真叶、茎、花梗和蒴果等绿色部分，发病初期叶片上产生黄色小斑点，为病菌的性孢子器和锈孢子器。在生育的中后期，叶、茎和蒴果上均产生淡黄色至橙黄色小点，微隆起成疱斑，为病菌的夏孢子堆。成熟前在夏孢子堆周围产生暗褐色至黑色的光滑小疱斑为冬孢子堆。冬孢子堆埋生于寄主表皮下，不突破表皮，有光泽，主要发生于茎部，排列不规则，严重时孢子堆密集，相互汇合，长可达 2～15 mm，叶片和茎上的病斑颜色和形状略有差异，在叶上，病斑呈鲜橘黄色，圆形或卵圆形，夏孢子堆生于正、背两面，大小为 0.8～1.8 mm，在茎上，夏孢子堆呈梭形，大小为 1.5～15 mm，也有更长的。茎部严重被害后可使纤维折断，甚至植株早枯，降低种子和纤维的产量和品质。

5．亚麻枯萎病

【发病规律】病菌以分生孢子、厚垣孢子或菌丝在土中的病残体上越冬，也可在种子内外越冬。病菌腐生性强，可在土中营腐生生活，存活多年。土中病菌从幼苗根部侵入危害。病种子播后，病重的苗期就死亡，病轻的虽能生长，但病菌在维管束中繁殖蔓延，在整个生长期可陆续出现症状，最后死亡，病害在低温高湿条件下发生重，地势低洼、排水不良及酸性土壤的麻地，容易诱发此病，增施有机肥和磷、钾肥能减轻发病程度。

【病害症状】幼苗期病菌可引起幼苗萎蔫死亡，严重时成块、成片危害。开花前后病株叶片萎蔫、发黄，生长缓慢，顶梢萎蔫下垂，逐渐枯死，有时仅一二个分枝表现症状，也有呈不正常的早熟，以致种子瘦瘪。开花后较老的植株发病可使茎普遍变褐色，并可扩展到蒴果上。在茎秆内部维管束变褐色，空气湿润时出现粉红色霉状物，根部也可产生粉红色霉状物。

六、烟草

烟草是重要的经济作物。我国有 26 个省（自治区、直辖市）种植烟草，其中云南、贵州、河南、山东、安徽、湖北等省栽培面积较大，长江中下游各地区均有一定种植面积。我国烟草产量居世界首位。据报道，全世界烟草病害有 100 多种，我国记载的有近 40 种。在烟草苗床期，危害最重的主要是炭疽病，其次是立枯病和猝倒病。在大田生长期，花叶病和黑胫病对烟草生产威胁最大。高温、高湿烟草种植区，青枯病常严重发生。此外，赤星病、蛙眼病、白粉病、根结线虫病等在局部地区也造成一定危害。长江中下游烟草种植区还有菌核病、根黑腐病及由病毒引起的环斑病和蚀纹病等，在不同年份也有一定程度的发生和危害。目前我国对烟草病害的防治，主要采用种植抗病（耐）病品种（主要措施）、加强栽培管理、实行轮作换茬、合理用药等综合防治措施。

1. 烟草黑胫病

【发病规律】黑胫病的流行主要由病菌特性、烟草的抗病性和环境条件三因素所制约。寄主除不同烟草品种的抗性不同外，随株龄的增加其抗性增加，在现蕾期以前，茎基部组织柔嫩，为感病阶段，至现蕾后基部已木质化，即进入抗病阶段。高温、多湿有利于此病流行，24.5～32℃为侵染适温。在适温条件下，如雨后相对湿度保持在 80%以上，连续 3～5 d，田间即可出现发病高峰。

【病害症状】烟草黑胫病在苗床和大田均可发生，主要危害大田烟草。苗期首先在茎基部或底叶发生黑斑，以后向上发展，湿度高时病斑上布满白毛，往往造成幼苗成片死亡。成株期主要侵染茎基部和根部，受侵部位变黑。纵剖病株茎部，髓部变成黑褐色，干缩呈碟片状，碟片之间生有白色菌丝。病株叶片自下而上依次变黄、萎蔫，最后整株死亡。多雨潮湿时，底部叶片常发生圆形大块病斑，病斑无明显边缘，有水渍状浓淡相间的轮纹，病斑可很快扩展到茎部，引起"烂腰"。天气潮湿时，黑胫病病部表面会产生一层稀疏的白毛。

2. 烟草猝倒病

苗床常见病害，南方烟区重于北方烟区，个别省发生重一些，一般不会造成大的损失。

【发病规律】猝倒病发生与气候条件关系密切，低温、高湿是致病的主要因素，温度低于24℃，苗床排水不良、降雨过多易于发病。

【病害症状】主要在三叶期以前发生。发病初期幼苗茎基部呈水渍状腐烂，发病后期像开水烫过，成片苗死亡，成"补丁状"，天气潮湿时，有菌丝。易与立枯病混淆。立枯病常发生于三叶期以后，发病速度较猝倒病慢，在苗床上可见菌核。

3. 烟草赤星病

【发病规律】赤星病菌以菌丝在病株残体上越冬，早春生出分生孢子，随气温上升，侵染烟株，为初侵染的菌源。当脚叶成熟时，烟株进入感病阶段，病害由底叶向上蔓延，病斑上产生大量分生孢子，借风雨进行再侵染。

【病害症状】为叶部病害。一般先从下部叶片发生，后逐渐向上部叶片发展。受害初期，先在叶上出现黄褐色圆形小斑点，后变褐色，病斑扩大可达 1～2.5 cm，产生明显的同心轮纹，质脆，易破。病斑边缘明显，外围有淡黄色晕圈，中心有深褐色或黑色的霉状物，是分生孢子梗和分生孢子，天旱时在病斑中央可产生裂孔。病害严重时，病斑相互连接成不规则的大斑，甚至造成全叶焦枯脱落。此病在叶片叶脉、花梗与蒴果上也可危害，形成大量的小而深褐或黑褐色斑点。

4. 烟草炭疽病

【发病规律】病菌以菌丝随病株残体在土壤和肥料中越冬，也可以以菌丝潜入种子内或以分生孢子黏附在种子表面，成为翌年病害初侵染的菌源。在苗床发病后，移栽大田也发病，多限于底叶，病组织上产生的分生孢子借风雨形成再侵染。该菌温度适应范围广，以 25～30℃ 最适于发病。水分对病菌的繁殖和传播起着关键作用，由雨水或灌溉水将粘连于分生孢子盘上的分生孢子淋溅分散，在叶面具有水膜的情况下萌发侵染。

【病害症状】烟草各生育期均可发生，以苗期危害最重。发病初期，叶产生暗绿色水渍状小点，1～2 d 可扩展成直径 2～5 mm 的圆斑。中央为灰白色或黄褐色，稍凹陷，边缘明显，呈赤褐色，稍隆起。天气多雨，叶组织柔嫩，病斑多呈褐色或黄褐色，有时有轮纹或产生小黑点，即病菌的分生孢子盘。天气干燥，病斑多呈黄白色，不出现轮纹和小黑点。重病时，病斑密集合并，使叶片扭缩或枯焦。叶脉及茎部病斑呈梭形，凹陷开裂，黑褐色。重则幼苗枯死。成株期，多先由脚叶发病，逐渐向上蔓延。茎部病斑较大，呈网状纵裂条斑，凹陷，黑褐色，天气潮湿时，病部产生黑色小点。

5. 烟草白粉病

【发病规律】该菌以病株上的菌丝在土壤中越冬，也可在多年生野生植物上越冬，为第二年侵染源，借分生孢子进行再侵染。云南烟草所研究认为，菌丝和分生孢子不能依附于病残体或病叶混入土壤和肥料中越冬，证明云南在续生烟上越冬的分生孢子是初侵染源。本病在温暖、潮湿、日照年份少的地区发生，以及氮肥用量过多，相对密度过大，烟株茂密的烟田病菌易侵染危害，菌适宜侵染湿度为 60%～70%，温度为 16～23.6℃，因此，中温、中湿是白粉病的流行条件。

【病害症状】主要发生在叶片表面，严重时可蔓延到茎秆，其基本特征是在叶片正反两面及茎秆着生一层白粉，是病菌的菌丝和分生孢子。

6. 烟草病毒病

【发病规律】普通花叶病毒主要靠汁液擦伤传播。在土壤中的病残体内的病毒可存活两年，在干燥的烟叶里的病毒可存活数十年之久，都可导致苗床和大田烟株发病。另外，田间管理或风雨使病、健株摩擦，可引起发病。黄瓜花叶病则主要靠蚜虫（烟蚜、棉蚜）传播，其次是汁液擦伤传病。由于这一种病毒寄生范围极广，可在越冬蔬菜及多年生杂草体内越冬，成为来年侵染草的初侵染源。因而村边、地头烟株发病早、受害重。烟草自移栽到旺长阶段，若遇雨天，温度较低，蚜虫数量多，将导致病害流行。

【病害症状】①普通花叶病。在烟草苗期和大田生长初期最易感病。感病初期症状不明显，后逐渐在嫩叶出现叶脉透明，进而形成浓绿和淡绿相间的花叶，叶多向叶背卷曲，由于受害细胞的增多或增大，致使叶厚薄不匀，扭缩弯曲，呈各种畸形，有的呈鼠尾状、带状。有的出现黄色斑驳。早期受害，植株矮小，节间缩短。②黄瓜花叶病。发病初期叶脉透明，几天后叶出现深、浅绿花叶，并常呈现疱斑。有的病叶呈革质、线叶，有的叶茎变长，侧翼变狭薄或叶尖变细长，有时叶脉出现深褐色的坏死，有的叶片出现黄色斑驳，以致整株黄化。早期受侵染的烟株，强度矮化，高度不及健株的二分之一。

7. 烟草根结线虫病

【发病规律】该病主要通过病根、根结遗落土中或由根结上外露的线虫卵囊落入土中越冬。当春季平均地温 10℃ 以上时，卵开始孵化，13～15℃ 时开始侵染，多由根尖侵入。平均地温 22～30℃ 时是线虫大量侵染危害期。通气良好的沙土或沙壤土有利于线虫的生长发育，发病则重。粗沙土及黏土对其发生不利，土壤 pH 在 4～8 范围内对线虫均无不良影响。干旱年份发病重，多雨年份发病轻。灌溉条件好、保水保肥好的土壤发病也轻。

【病害症状】苗期发生较少，主要危害大田期烟草。苗床后期发病烟苗根部几乎布满根瘤；根瘤较多，叶色萎黄，须根减少。大田期，首先从叶尖开始褪绿变黄，继而出现红褐色枯斑，后期叶缘干枯下卷，呈缺水状，重者叶片变薄，枯萎。根部，初于须根上着生白色根瘤，渐次增大，形状不一，常在一条根上着生多个根瘤，呈念珠状。有的整个根系变粗，呈鸡爪状。后期病根腐烂中空，仅残留根皮和木质部。

七、油料作物（大豆、油菜、芝麻、花生、向日葵）

我国的主要油料作物有大豆、油菜、花生、芝麻、向日葵等，全国大多数省份均有栽培。其中，油菜盛产于长江流域各地区；大豆主产于东北、华北；花生以华北最多；长江流域大豆、花生均有较大面积的栽培。

油料作物病害种类很多，20 世纪 80 年代初我国已有报道的大豆病害有 30 种，油菜病害 14 种，花生病害 31 种。重要的有大豆病毒病、胞囊线虫病、霜霉病、锈病、根腐病、灰斑病、菌核病、细菌性叶斑；油菜菌核病、病毒病、霜霉病、萎缩不实病、白锈病、软腐病；花生青枯病、锈病、黑斑病、褐斑病、黑霉病、叶斑病、小菌核病、根结线虫病、茎腐病、网斑病、矮化病毒病、根腐病、白绢病；芝麻枯萎病、青枯病、茎点枯病；向日葵锈病、白粉病、菌核病、褐斑病、黑斑病、霜霉病、细菌性茎腐病、向日葵列当等。其中，大豆病毒病发生普遍，特别是在东北和黄淮海地区危害严重；胞囊线虫病在东北三省的一些地区十分猖獗，曾是造成该地区大豆低产的主要原因，重病地可因此病而绝收，华北、西北和长江流域的部分省份和地区有发生。油菜菌核病、病毒病、霜霉病被称为油菜三大病害，对油菜生产的影响极大。花生青枯病和锈病在长江流域及南方省份普遍而严重；花生黑斑、褐斑病在花生产区均有发生，遇上流行年份，中后期造成大量落叶、枯死，损失也很大；花生根结线虫病在华北几省的局部地区较严重，在其他许多省（自治区、直辖市）也有零星分布。在我国，油料作物病害的防治也取得许多成果。例如，推广抗病品种，基本控制了油菜病毒的危害；以采用无病种和种子处理为主的综合防治技术解决了花生倒秧问题等。但仍有不少病害，如油菜菌核病等，尚缺乏有效而又易行的防治措施。

（一）大豆主要病害

1. 大豆锈病

大豆锈病属世界性、气传、专性寄生病害。全世界大豆产区产量因大豆锈病损失 10%～80% 不等。2003～2004 年大豆锈病在南美大发生，造成重大损失。大豆锈病或发现该病原的国家和地区有亚洲（如中国、日本、印度等）、非洲（如刚果、埃塞俄比亚、加纳、几内亚等）、欧洲、美洲（如阿根廷、巴西、古巴、美国佐治亚州等）、大洋洲（如澳大利亚等）的 39 个国家和地区。我国主要分布在吉林、河北、四川、云南、安徽、江西、江苏、福建、台湾、广东、海南、广西、湖北、河南、浙江、陕西、贵州、甘肃、山东、山西等 23 个地区，且有从南向北发展蔓延的趋势。

【发病规律】该病主要靠夏孢子进行传播蔓延，至于冬孢子的作用尚不清楚。该菌夏孢子萌发温度 8～28℃，适温 15～26℃，夏孢子在 13～24℃能存活 61 d，在田间 8.7～29.8℃能存活 27 d，pH 5～6 萌发率最高，阳光直射时夏孢子不萌发。降雨量大、降雨日数多、持续时间长发病重。在南方秋大豆播种早时发病重，品种间抗病性有差异，鼓粒期受害重。

【病害症状】主要危害叶片、叶柄和茎，叶片两面均可发病，初生黄褐色斑，病斑扩展后叶背面稍隆起，即病菌夏孢子堆，表皮破裂后散出棕褐色粉末，即夏孢子，致叶片早枯。生育后期，在夏孢子堆四周形成黑褐色多角形稍隆起的冬孢子堆。叶柄和茎染病产生症状与叶片相似。

2. 大豆疫霉根腐病

【发病规律】大豆疫霉菌为土传真菌，卵孢子在作物残体和土壤内能存活多年，在土粒中竞争生长和定殖，但菌丝、游动孢子囊和游动孢子均不能在低温下（3℃以下）存活。游动孢子产生的最适温度为 20℃，最低温度为 5℃，直接萌发的最适温度为 25℃，间接萌发的最适温度为 14℃。大豆疫霉菌也可以卵孢子和菌丝体方式存在于大豆种子的种皮、胚和子叶内。卵孢子萌发产生芽管，芽管随后形成菌丝或产生游动孢子囊。卵孢子产生的最适温度为 18～23℃，27℃时萌发最快。

【病害症状】大豆疫霉菌可在大豆的任何生育阶段造成危害。在水淹条件下引起种子腐烂、出苗前死亡和出苗后钩状期死亡。苗期症状表现为近地表植株茎部出现水浸状病斑、叶片变黄萎蔫，严重时猝倒死亡。成株期植株受侵染后症状首先表现为下部叶片变黄，随后上部叶片逐渐变黄并很快萎蔫；近地面茎部病斑褐色，并向上扩展延至 10～11 节位，茎的皮层及髓变褐，中空易折断，根腐烂，根系极少；未死亡病株荚数明显减少，空荚、瘪荚较多，籽粒皱缩。成株期感病植株的病茎节位也有病荚产生，其症状为绿色豆荚基部最初出现水浸状斑，病斑逐渐变褐并从荚柄向上蔓延至荚尖，最后整个豆荚变枯呈黄褐色，种子失水干瘪，种皮、胚和子叶均可带菌。

3. 大豆胞囊线虫病

别名：大豆根结线虫病，黄萎病，俗称火龙、大龙秧子。

【发病规律】主要以胞囊在土壤中越冬。胞囊抗逆性很强，可保持侵染力 8 年。田间的传播主要通过农机具和人畜的活动携带含有线虫或胞囊的土壤。碱性土壤最适宜线虫的生活繁殖，pH 小于 5 时，线虫几乎不能繁殖。通气良好的沙土和沙壤土及干旱瘠薄的土壤也适于线虫生长发育。轮作与发病程度有密切的关系。连作大豆，线虫数量迅速增加，而种植一季非寄主作物后，线虫数量便急剧下降。

【病害症状】因大豆胞囊线虫病使病植株地上部表现矮化瘦弱、叶片褪绿变黄，故又名黄萎病。病株的根部可见到许多白色或黄白色的小颗粒，即线虫的胞囊，后期胞囊颜色变深，为褐色。根上的胞囊为此病诊断的主要根据。轻病株地上部常常没有症状，但其根部也有许多胞囊，重病株则萎黄枯死。

4. 大豆花叶（病毒）病

【发病规律】带毒种子在田间形成的病苗是该病的初侵染源。后经蚜虫传播引起多次再侵染。但病株所结的种子并不都带毒，感病越早的病株，其种子传病率越高。花期后感染的植株所结种子不传毒或极少可传毒。种子有斑驳说明这块地的植株有病毒感染，但并不表明其带有病毒。在发病的地块中收获的种子，有斑驳和无斑驳都可能带毒。

【病害症状】由种子带毒形成的病苗，一般在单叶期即开始显症，呈花叶、纵卷、扭曲畸形或为倒三角形。也可在第一或第二复叶上才开始显症；无论是种传的病株或当年感染的病株叶片均表现皱缩、花叶或斑驳、卷叶、黄色块斑，有的沿主脉形成疱斑，有时叶脉坏死，有的在某些品种上形成顶枯。苗期受感染的病株都有些矮化，有的矮化很严重。

5. 大豆霜霉病

【发病规律】初侵染来源是带菌种子，种子带菌率高的地块遇适宜的发病条件（播种后低温多湿有利于卵孢子萌发和侵入种子），则发病重而早。

【病害症状】带菌种子引起的幼苗系统侵染病株，子叶上不显症状，从第一对真叶起，在叶基部沿叶脉产生大片褪绿斑，潮湿时叶背面有灰色霉层，受病幼苗矮小瘦弱，常在封垄后枯死。其他生育期均可显现再侵染引起的症状，但前期不易发现，封垄后明显；再侵染引起的叶部症状为散生、圆形、边缘不明显的褪绿小点，病斑背面也产生霉层；豆荚内部有大量黄色粉状物，成熟的籽粒无光泽，外表有一层黄白色或白色粉末状斑块，为病菌的卵孢子。

6. 大豆细菌性叶斑病

别名：细菌性角斑病、细菌性凋萎病。

【发病规律】病菌主要在种子和土壤表层的病残体中越冬，病组织腐烂后病菌很快死亡。带菌种子生长出来的幼苗子叶上发病，病部细菌借风雨传播，从寄主气孔侵入，在薄壁细胞内大量繁殖，扩大危害。暴风雨对病害蔓延十分有利。夏季多雨低温时，斑点病发展快，气候干旱高温时，病害停止发展。

【病害症状】大豆细菌性叶斑病可分为细菌性斑点病及细菌性斑疹病两种。①细菌性斑点病最初在叶片上形成水渍状斑点，以后变成褐色或黑色多角形斑，边缘有黄绿色晕圈。病组织易枯死脱落，病叶呈破碎状。茎及叶柄受病产生黑褐色条斑。荚受病产生红褐色小点，后成为不规则形小斑，多集中于豆荚合缝处。病菌在种子上形成褐色斑点，上有一层菌脓。②细菌性斑疹病症状与斑点病相似，主要区别在：斑疹病斑点小而密，初期不呈水渍状，边缘的晕圈不明显，斑的中央有凸起的小疹，严重时叶上许多病斑相互汇合后大片组织枯死。

（二）油菜主要病害

1. 油菜菌核病

【发病规律】冬油菜产区4~5月份油菜收获后，菌核遗留在土壤、种子和残株中越夏，为来年病害的首次侵染源。秋季温暖潮湿的地区，部分土壤中菌核萌发长出子囊盘或菌丝，侵染幼苗。但多数地区菌核在土中休眠，翌春旬均温在5℃以上，开始萌发产生子囊盘，2~4月均温8~14℃期间为子囊盘盛发期，放射的子囊孢子如一股白烟，肉眼可见，然后随气流传播。一般先侵染花瓣，落花后花瓣上菌丝蔓延至叶片，株间相对湿度大于85%时，病叶上菌丝迅速增殖侵染茎枝和邻株。病害流行有以下四个因素。①开花期降雨量　花期多雨有利于子囊盘形成、子囊孢子侵染和菌丝再侵染，因而发病严重。②田间菌原量　菌原量越大发病越重。旱地菌核存活数量大、施用未腐熟的油菜残渣、播种带菌种子，均将增加田间菌核数量。③油菜长势　植株高大郁闭，气候湿度大，有利于病菌侵染蔓延。④开花期与子囊盘发生期的吻合程度　吻合程度愈高发病愈重，一般种植品种二者吻合程度均较高。

【病害症状】油菜地上各部均可感病。叶片病斑呈圆形或不规则形大斑，黄褐或灰褐色，有2~3层同心轮纹，病斑外缘暗青色，周围具淡黄色晕圈，病斑背面暗青色，潮湿时病斑上长出白色絮状菌丝并形成菌核。茎秆和分枝上的病斑初为梭形或长条形，水渍状，渐转白色，有同心轮纹，斑缘褐色，病健部分分界明显。潮湿时，病斑上长出白色菌丝，绕茎后部分枯死，茎髓被蚀空，皮层纵裂，茎秆内外均有鼠粪状菌核。花瓣感病后呈苍黄色、无光泽，有油渍状褐色小斑。感病角果与茎枝病斑相似。病种呈灰白色，表面粗糙，有的病粒外为白色菌丝所包裹，形成小菌核。

2. 油菜病毒病

【发病规律】冬油菜区病毒在十字花科蔬菜、自生油菜和杂草上越夏，秋季通过蚜虫先传播至较油菜早播的十字花科蔬菜如萝卜、大白菜、小白菜上，再传至油菜地。子叶期至抽薹期均可感病，子叶期至 5 叶期为易感期。油菜出苗后一个月左右出现病苗。冬季病毒在病株体内越冬，春季旬均温 10℃ 以上时，病毒增殖迅速，终花期前后为发病高峰。

【病害症状】苗期白菜型和芥菜型油菜病毒病主要为花叶型，叶片呈黄绿相间的花叶或疱斑，叶片皱缩，支脉和小脉呈半透明状；甘蓝型油菜除花叶型外，尚有枯斑型，又分点状枯斑和黄色大斑两种，首先在老叶上出现，再向新生叶发展。成株期白菜型和芥菜型的症状为植株矮化、茎薹短缩，角果畸形，茎秆上有黑褐色条斑，严重者全株枯死；甘蓝型油菜茎秆病斑有条斑、轮纹斑和点状枯斑三种，以条斑症状最普遍且严重，常致植株矮化、畸形和全株枯萎。

3. 油菜霜霉病

【发病规律】以卵孢子在病残株、土壤或种子中越夏或越冬。在长江流域冬油菜产区，卵孢子于秋季萌发，初次侵染幼苗。病斑上产生孢子囊，随风雨传播，在 1～5℃ 下水滴中，6 h 即可萌发，1～2 h 后形成附着胞和侵染丝，侵入寄主，潜育期 3～4 d，以后又产生新的孢子囊，反复再侵染。冬季在 5℃ 以下，以菌丝或卵孢子在病叶中越冬。翌春温度回升至 10℃ 左右，病部又产生孢子囊再次危害，致使花梗肿大，并产生大量卵孢子，进入休眠期。一般气温在 10～20℃，昼夜温差大，月平均降雨量达 150～200 mm，有利于病害流行。

【病害症状】整个生育期间地上各部均可受到油菜霜霉病的危害。叶片感病后，初现淡黄色斑点，病斑扩大受叶脉限制呈不规则形黄褐色斑块，叶背病斑上有霜霉，严重时叶片变褐枯死。茎薹、分枝初生褪绿斑点，以后扩大呈不规则形黄褐色病斑，上着生一层霜霉。花梗受害后，肥肿畸形、花器变绿肿大，其表面光滑，布满霜霉。感病严重时全株变褐枯死。

（三）芝麻主要病害

1. 芝麻枯萎病

【发病规律】病菌在土壤、病残株和种子内外越冬，在土壤中可存活数年，连作地病原积累多，在土壤 5～10 cm 土层，高温（26～30℃）高湿（土壤持水量 17%～27%）时，发病严重。播种带菌种子，可引起幼苗发病。种子发芽后，越冬病菌多从芝麻苗的根毛、根尖和伤口侵入，也能侵染健全的根部。病菌侵入后进入导管，在其中繁殖，阻碍水分和养分的正常运输，并产生毒素破坏维管束周围细胞及叶绿素。病菌沿导管向上蔓延至茎、叶、蒴果和种子，并致植株枯萎。

【病害症状】芝麻整个生育期均可感病，但以成株期发病较多。病苗变褐枯死似猝倒病。成株期病株叶片自下而上变黄萎蔫，叶缘内卷，逐渐变褐干枯。严重病株茎基部红褐色，根部褐色，全株枯死。

2. 芝麻青枯病

同样病害也可发生在烟草、马铃薯、茄子、番茄、萝卜等 100 多种植物上。

【发病规律】该病由细菌所引起。病菌喜高温，当土温上升至 13℃ 左右时，即可侵染，21～43.5℃ 之间随温度的上升发病愈重。故发病高峰多在炎热的 7～8 月份。病菌不耐干燥和水浸，在土壤中能存活 1～8 年。土壤潮湿有利于发病，特别是雨后骤晴，植株叶片蒸腾加大，导管内细菌加速繁殖，并向上蔓延，阻塞导管，使植株严重发病。雨水还可加速病菌的传播扩散。连作地菌原量大，病害则逐年加重。

【病害症状】发病初期茎秆上出现暗绿色斑块，逐渐形成黑褐色条斑，顶梢常有 2~3 个梭形溃疡状裂缝。病株叶片自上而下逐渐萎蔫下垂，也有半边植株先萎蔫，而另半边暂时维持原状，发病初期病株白天萎蔫，夜间恢复正常，数日后终必枯死。茎部内外均有菌脓，横切茎秆剖面，切口的维管束组织中有白色菌脓溢出，这是诊断发病的主要依据。

（四）花生主要病害

1. 花生根结线虫病

【发病规律】病原线虫主要以卵和幼虫在根结中或在土壤肥粪中越冬。当平均地温 11.3℃以上时，在卵内发育成一龄幼虫，一龄幼虫蜕皮咬破卵而出，成为二龄侵染期幼虫侵入寄主，幼虫在根结内发育，蜕皮三次发育为成虫，成虫发育成熟交尾产卵，卵集中在雌虫阴门处的卵囊内，卵囊端常外露于根结之外，随根结遗落于土中，继续孵化侵染。该病在连作花生地发生重，多年轮作或水旱轮作地发生轻；沙性大，保水力弱，通气良好的沙壤土地发病较重；干旱年份发病重于多雨年份。

【病害症状】当根系开始生长，幼虫从根端部侵入，逐渐形成纺锤形或不规则的虫瘿，在其上生长出许多不定根。幼虫重复侵入根端，整个根系形成乱发状的"须根团"。线虫根结与固氮根瘤的区别：线虫根结一般发生在根端，整个根端膨大、不规则、表面粗糙，其上生长出许多不定根，剖视可见乳白色的雌线虫。固氮根瘤着生于主根和侧根的旁边，表面光滑，不生须根，剖视见粉红色或绿色。

2. 花生青枯病

【发病规律】该病的初侵染源主要是带菌土壤、病残体及粪肥。田间流水也是传病的主要途径；其次人畜、农具及昆虫等也是传播媒介。病菌由植株伤口或自然孔口侵入，通过皮层组织侵入维管束，病菌迅速繁殖后堵塞导管，并分泌毒素，使病株丧失吸水能力而凋萎。病菌多在花生的花期侵入，以开花至初荚期发病最厉害，结荚后期发病较少。高温多湿，时晴时雨，有利于病害发生。

【病害症状】花生从苗期至收获期均能发生青枯病，以花期发病最多。病株地上部初表现失水状，通常是在主茎顶梢第 2 叶片首先萎蔫，1~2 d 后全株叶片自上而下急剧凋萎，叶色变淡，但仍保持绿色，故名"青枯"。植株地下部主根尖端变色软腐，纵切根茎部，初期维管束变浅褐色，后变黑褐色。在潮湿情况下，剖视茎部，常见有浑浊的乳白色细菌液，用手挤压可流出菌脓。自发病至枯死一般 7~15 d，严重时 2~3 d 可全株枯死。

（五）向日葵主要病害

1. 向日葵菌核病

【发病规律】病苗以菌核在土壤和种子内外越冬，第二年春天，菌核直接产生菌丝侵染幼苗胚根引起根腐型菌核病，也可侵染成株期根部或根茎部并蔓延，一直到收获。病苗或病株的根或茎叶通过互相接触可蔓延侵染。在条件适合时菌核可萌发形成子囊盘，不断形成子囊孢子，随气流传播，侵染茎、叶、花盘引起茎腐、叶腐和花腐，最后形成菌核越冬。雨水多，雨日多，湿度大时有利于发病且病重；重茬、地势低洼也加重发病。

【病害症状】向日葵菌核病的症状有以下四类。①根腐型 从苗期到收获都能发生。苗期发病时幼芽和胚根有褐色病斑，水浸状，病斑很快扩展，腐烂，幼苗不能出土。病轻的虽能出土，但随着病斑扩大，扣环，幼苗萎蔫死亡。成株期发病时根或茎基部产生褐色病斑，渐扩大至根的其他部分和茎，病斑褐色，蔓延至茎部时可向上和向左右扩展，有同心轮纹，病斑可长达 1 m 左右。以后病斑部分生出白色菌丝，后形成黑色菌核，重病株萎蔫枯死，茎组织腐朽易断，内部有黑色菌核。②茎腐型　一般在茎中、上部发生病斑，椭圆形，褐色，后扩大，有同心轮纹，病斑表面很少形成菌核。病斑也可以扩大至扣环，使病斑上部叶片萎蔫枯死。③叶腐型　病斑椭圆形，褐色，稍有同心轮纹。湿度大时很快蔓延至全叶，天气稍干燥时病斑从中间裂开，脱落，形成穿孔。④花腐型　在花盘背面产生褐色圆形水浸状病斑，逐渐扩大可达全花盘，使组织变软腐烂，空气潮湿时可出现白色菌丝。菌丝可穿过花盘，蔓延于籽实之间，最后形成网状黑色菌核。花盘内外都可形成黑色的大小不等的菌核。最后由于花盘组织腐烂落地，果实不能成熟，有的果实内外也存在菌核，籽仁褐色。

2. 向日葵列当

【发病规律】向日葵列当的种子在土中接触到向日葵及其他寄主的根时，受根部分泌物的刺激而萌发，形成吸根（盘），深入到寄主根部吸取营养，同时在根外发育成膨大部分，向上形成花茎，向下形成大量吸盘，每株可形成 5 万～10 万粒种子，种子细小，轻如灰尘。每年在 7 月上旬陆续萌发出土，出土时间不整齐，开花又是无限性的，即在气候适宜时，可一直开花结实；种子在土内可存活 10～13 年。

【病害症状】被寄生的植株如早期被寄生则植株矮小，逐渐枯死，花盘不能形成或形成后枯死。后期被寄生则籽粒不饱满。

八、糖料作物（甘蔗、甜菜）

糖料作物是重要的经济作物，主要是指甘蔗和甜菜。南方以甘蔗为主，分布于华东、华中和西南地区；北方以甜菜为主，华北、东北、西北和内蒙古均有种植。

甘蔗和甜菜病害种类很多。据报道，全世界有甘蔗病害 120 种以上，我国台湾有 54 种，广东省近年调查有 29 种。危害较重的有凤梨病、鞭黑穗、黄斑病、赤腐病、宿根矮化病、嵌纹病毒病、细菌性白条病和线虫病等。甜菜病害有 100 多种，发病较重的有甜菜褐斑病、白粉病、立枯病、根腐病、蛇眼病和黄化病毒病等。甘蔗和甜菜病害在我国各甘蔗和甜菜产区均有不同程度的发生和危害，发病严重时，不仅减低产量，且降低含糖量，影响糖料作物的生产。

（一）甘蔗主要病害

1. 甘蔗凤梨病

【发病规律】本病的初侵染源是带菌的土壤。染病的种苗可传播病害，气流、灌溉水、切蔗种刀、昆虫亦能传播；种苗在窖藏期间会接触传染。病的发生与温、湿度关系密切。秋植蔗下种后如遇高温干旱，发病率为 12.5%；若遇到台风雨，发病率高达 97.5%。冬植蔗下种时发病条件是低温；春植蔗下种后如土温在 19℃以下，遇较长阴雨天，发病率高；反之，土温升到 21℃以上，雨量少，发病率低。

【病害症状】种感染病菌后，切口的两端开始变红色，有菠萝（凤梨）的香味，故称凤梨病。随后渐变黑色，产生许多黑色的煤粉状物和黑色刺毛状物，前者为分生孢子和厚垣孢子，后者为子囊壳。病菌迅速向茎中心侵染，破坏蔗种的薄壁细胞，使种苗形成空腔，只剩下维管束像一束头发残留其中。

2．甘蔗黄点病

【发病规律】本病菌主要以菌丝体在病叶组织内越冬。当环境条件适宜时，病斑上的分生孢子借气流和风雨传播。当降落于叶片后靠雨水或露水进行萌发。芽管从气孔或直接侵入叶片，产生病斑，出现大量分生孢子，不断引起再次侵染。埋在土壤里的病叶上的分生孢子能存活三周以上。气候条件，尤其是高温多湿的环境，容易发病。广东省珠江三角洲的甘蔗区，7～9 月间气温高雨量多，此病便发生。但发生迟早和严重的程度与台风雨有密切关系。台风雨来得早则发病早，反之则迟；台风雨来得频繁发病严重。其次，与施肥、地下水位有关。一般重施氮肥、生长茂密以致通风透光不良，发病严重，反之发病轻；地下水位低的蔗田比地下水位高的发病轻。

【病害症状】本病发生于叶片，初发于较幼嫩的蔗叶。病斑不规则，有圆形、椭圆形的，大小不一，边缘不整齐。初发病斑分散并以叶尖部位较多，呈黄色，当气候条件有利于病菌的侵染时，病斑会互相融合成片，渐变红色，一般常见黄红斑并存。在成熟病斑表面常有灰白色毛茸状物，尤以病斑背面为多，此乃病菌的分生孢子梗、分生孢子和菌丝。

3．甘蔗眼点病

别名：眼斑病。

【发病规律】病菌在遗留于田间的病叶上越冬，引起初次侵染。病斑上产生的大量分生孢子，主要由风和雨传播，幼嫩叶比老叶易受侵染。在适宜条件下，病菌繁殖快，侵染周期短，5～7 d 苗体在病斑内发育成熟并产生新的分生孢子进行重复侵染。温度和湿度是此病流行的重要条件。据广东珠江三角洲蔗区测试，有两个发病期：第一个发病期是 3～5 月份，这期间经常阴雨绵绵或有露水，适合此病的发生。适宜发病的相对湿度为 80%～88%，温度为 20～28℃。第二个发病期是 10～11 月份，这时期相对湿度较低，虽然温度适宜，但发病较轻。

【病害症状】此病一般危害叶片，但严重时可侵染蔗株的生长点造成梢头腐烂。发病初期在嫩叶上出现水渍状小点，4～5 d 后扩展为窄形病斑，其长轴与叶脉平行。病斑中央红褐色，周围有一草黄色狭窄晕圈，形状像眼睛。随后有些病斑顶端会出现一条与叶脉平行的坏死条纹，这些条纹均向叶尖方向伸延，初呈黄色后变为红褐色，其后多个病斑和条纹互相联合，使大片的叶组织坏死。但是，由于品种的抗病性不同，因此，不能单凭病斑顶端是否出现坏死条纹作诊断该病症的依据。

4．甘蔗宿根矮化病

【发病规律】本病主要通过种苗和耕作机具如蔗刀、收获机、斩种机等将残留在土壤下的蔗头、蔗茎中的病原细菌传播及蔓延到健康蔗种，且传播性极强。病蔗的蔗汁稀释至一万倍仍具有传染力，蔗汁放置室内 13 d、蔗刀受污染放置 7 d 均有传染力。

【病害症状】染病的蔗株变矮，蔗茎变细，生长迟滞，宿根发株少，遇土壤缺水尤为突出，严重时出现凋萎或叶尖顺缘干枯。内部症状表现在两方面：一是幼茎梢头部生长点以下 1 cm 左右的节部组织变橙红色，但颜色深浅常因品种不同而异，甚至有些品种不变色。二是成熟蔗茎的节部维管束变黄色到橙红色至深红色，尤以蜡粉带附近最明显。剖开变色的蔗茎，维管束呈点状或逗点状，有的延伸成短条状，向下延伸至节间。不是所有染病蔗株都会呈这种内部病状。

5．甘蔗嵌纹病

别名：花叶病。

【发病规律】此病主要靠带病蔗种、昆虫媒介和机械摩擦传播。已知传病昆虫有禾管蚜、玉米蚜、麦二叉蚜、高粱蚜、桃蚜、绵蚜等，前三种较为重要。带病蔗种是此病的初次侵染源且是远距离传播的主要方式。此病是系统性侵染病害，病毒传入健康蔗后，即在各部位表现症状，其潜育期为2～4周，快则一周左右。蔗田杂草尤其是禾本科作物是此病的侵染源。

【病害症状】主要表现在叶片上有许多不规则的黄绿色或浅黄色的纵短条纹。条纹宽度不受叶脉限制，有长圆形、卵圆形，条纹与叶脉平行，有时成短小针状的沿叶脉呈放射状。褪色条纹与正常绿色相间成"花叶"。症状在幼嫩叶片基部最为明显。有些甘蔗品种在夏季高温时症状会消失呈"隐症"现象。

（二）甜菜主要病害

1. 甜菜立枯病

别名：黑脚病、猝倒病。

【发病规律】立枯病发生与土壤温湿度有密切的关系。一般在土壤温度较低、湿度较大的条件下，立枯病发生较重。特别是苗腐病菌与土壤水分的关系更为密切。猝倒病菌与土壤湿度关系不大，而与土壤温度关系较密切。这些病菌在20℃左右生长较好，如土壤温度低、出苗日期延长，可增加病原菌侵染的机会，则发病重。甜菜较适宜在微碱性的土壤中生长。丝核、猝倒和苗腐病菌等，一般在酸性土壤内发生较多，而发病较重。

【病害症状】甜菜立枯病从种子在土中发芽开始到长出2～4对真叶期间均可发生，3～4对真叶病害逐渐停止扩展。立枯病大致分为四种类型：土内腐烂型、立枯型、猝倒型、主根腐烂型。一般发病症状：最初在幼根和近表土上下的子叶下轴出现水浸状浅褐色病痕，严重时可扩展达整个子叶下轴根部。有病组织往往变细，产生皱缩病状，整个根部和子叶下轴变黑腐烂，植株倒伏死亡。发病轻微的幼苗，病菌只侵入幼苗的表皮或初生皮层，后经幼根皮层脱落，幼苗仍可恢复正常，不致大量死亡。甜菜生长中期，往往形成叉根。

2. 甜菜白粉病

别名：粉霉病。

【发病规律】病菌主要是以子囊壳、菌丝体在土壤表面、病残株及母根上越冬，第二年越冬后的子囊壳散发的成熟的子囊孢子是主要的初侵染来源。越冬的菌丝第二年可产生分生孢子。子囊壳一般只在越冬初次侵染起作用。白粉病流行与气象因子有密切关系。炎热、干旱的天气有利于病势扩展，甜菜受旱暂时发生萎蔫，易受白粉病侵染。干旱地区，短暂的降雨或短时间高温对孢子萌发和侵染也有利，而连续降雨特别是暴雨，则对病害有抑制作用。

【病害症状】甜菜的根、茎、叶、花枝、种球等地上部都可危害。感病部位首先出现白色绒毛状，直径1cm大小的病斑，原料甜菜在少数叶片上出现白粉状小圆斑，很快扩展至整个叶片，生成白色菌丝层，随后形成白粉层撒出大量粉状物，为菌丝体及分生孢子。生长后期白色菌丝层中长出子囊壳，初是黄色，渐变成黄褐色，最后变成黑色，受害叶片变黄枯死。

3. 甜菜根腐病

发生特点：一般高温多湿是根腐病发病的主要条件。不良的土壤结构和栽培条件，轮作年限，茬口，施肥水量和地下害虫的危害，均是发病的重要因素，上述条件差有利于发病。根腐病发生盛期在7～8月份，此时正值雨季，如降雨次数频繁，有利于根腐的发生和危害。镰刀菌根腐病在旱年发生也较重又较早。一般在甜菜定苗封垄前，土壤十分干旱，使部分细小侧根毛因失水枯死，镰刀菌类从死亡的根毛和细小侧根侵入，后侵入主根，破坏维管束，输导组织受阻，发育衰弱，叶丛萎蔫，抗病力弱，根腐病发生重。

【病害症状】①镰刀菌根腐病，又名镰刀菌萎蔫病，维管束病。病菌多由伤口、裂口（土壤干旱侧根因失水凋萎）侵入，逐渐蔓延至根内部，通过薄壁细胞组织侵入导管和筛管，使导管硬化变褐，破坏块根内部，形成空腔或呈乱麻状，根外部常见到浅红色的菌丝体。甜菜主根、侧根死亡时，病根上常见多数密集丛生的次生根似"试管刷"状，发病轻时植株生育不良，叶丛萎蔫，严重时块根溃烂，地上部干枯死亡。还可危害叶柄基部，呈褐色水浸状病斑。病原与镰刀菌立枯病相同。②丝核苗根腐病，又名根颈腐烂病。首先发生在根尾部，最初形成褐色斑点，后腐烂处凹陷深度 0.5～1.0 cm，以后病斑上形成裂痕，从根尾向上蔓延到根头，腐烂组织呈褐色至黑色。在腐烂或裂痕上有稠密的褐色菌丝。适宜条件下病害向根内部发展，使全根腐烂，叶子变黄枯萎，在高温多湿情况下病菌蔓延到叶柄上。病原与丝核菌立枯病相同，病菌由菌丝体繁殖传染，菌核为褐色至深褐色，表面不很光滑，大如高粱籽，小的同油菜籽。在酷暑中可形成担子，担孢子无色，单胞，椭圆形或卵圆形。③细菌性根尾腐烂病，由三种细菌引起。此病发生在 7～8 月份。自根尾开始被害，逐渐向上蔓延，腐烂组织呈褐色至深褐色，维管束环变褐更明显，薄壁组织保持白色。根尾部全变褐。多湿的情况下根尾呈水浸状，后期流出黏液，有酸臭气味，感病块根生育极为迟缓。④白绢病，病组织开始发软而凹陷，呈水浸状腐烂。表皮附有白色绢丝状菌体，后期产生茶褐色球形菌核。菌丝体可以沿病株随土面向邻近植株蔓延。

4. 甜菜蛇眼病

【发病规律】蛇眼病是以器孢子及菌丝体在根部、种球及残株上越冬，为翌年初侵染来源。发病后病菌借助风雨扩散而传播。温度 20～25℃，相对湿度 90%以上时，有利于病害发生流行。东北地区 6 月中开始发生，7 月为危害盛期，8 月中旬停止蔓延，采种株 5 月中旬开始发病。

【病害症状】甜菜蛇眼病在甜菜种植区均有发生，从甜菜出苗到窖藏的全部过程都可遭受蛇眼病的危害。甜菜蛇眼病除苗期引起立枯病外，一般发生在生理成熟期的叶片上，先从外层叶片产生褐色水浸状圆形小点，逐渐扩大，后期形成直径 2～10 mm 同心轮纹环，中心的环逐渐变成灰白色的薄膜，有时破裂成孔洞，同心轮纹越向外部颜色愈深。病斑上后期产生黑褐色小颗粒，为分生孢子器。病斑类似蛇眼状，故称蛇眼病。在块根形成时，可引起根腐病、母根窖藏过程中的窖腐病。

九、果树

我国地域辽阔，气候条件复杂，种植的果树及其病害种类繁多，据《中国果树病虫害志》（1960）记载，我国 30 多种果树中有 736 种病害，其中分布广、危害严重的有 60 余种。长江中下游及淮河流域，种植最多的果树为苹果、梨、柑橘、葡萄、桃等。

苹果病害约 90 种，其中危害严重的有腐烂病、炭疽病、轮纹病、褐斑病、白粉病、根腐病等。近年来由于富士、元帅系列品种的推广，斑点落叶病和霉心病危害也日益突出，成为生产上的新问题。在贮运过程中轮纹病、炭疽病、褐腐病以及非生物因素引起的虎皮病等病害的发生，引起大量烂果仍是生产上的重要问题。

梨树病害种类国内已知 80 余种，大多与苹果上的相同。其中发生普遍、危害严重的有锈病、轮纹病、黑星病、黑斑病等。贮藏期以轮纹病和生理性黑心病危害损失最大。柑橘病害种类国内已发现近 100 种，其中以溃疡病、黄龙病、疮痂病、树脂病、炭疽病，及贮藏期的青霉病、绿霉病、黑腐病、蒂腐病等对柑橘生产影响很大。溃疡病是对内对外检疫对象，随着高感品种的广泛种植，发病面积逐渐扩大，严重威胁柑橘生产。黄龙病也是国内外检疫对象，可引起成片橘园在短期内毁灭，已引起国内有关机构及人员的高度重视。

葡萄病害已知有 30 余种，危害严重的有 10 余种。葡萄黑痘病、白腐病、炭疽病常在主产区造成巨大损失，葡萄霜霉病、灰霉病近年来日趋严重。

桃树等核果类果树病害有 50 余种，其中以褐腐病、细菌性穿孔病、桃缩叶病发生最为普遍，干腐病（真菌性流胶病）常在多雨地区、低洼积水、管理粗放的果园发生严重，常引起树势衰弱，结果寿命缩短，甚至死树毁园的严重恶果。

粟子主要病害有粟白发病、粟瘟病、粟锈病、粟粒黑穗病、粟线虫病等。

自贯彻"预防为主，综合防治"的植保方针以来，我国在果树病虫害的发生规律研究、防治技术上取得了可喜的成绩。例如对严重威胁柑橘生产的黄龙病，目前已搞清其病原性质、传病介体、传播机制；以及以加强检疫，保护无病区，利用热处理、茎尖微芽嫁接育苗技术，培养、推广无病苗和无病果园以铲除病株根治柑橘木虱为防治体系的建立，为控制柑橘黄龙病的扩散、蔓延提供科学依据。

目前果树病害仍是果树生产中的重要问题，由于新品种推广、新的栽培技术的应用，新的病害问题不断出现。当前杀菌剂的大量使用，带来一些病菌的抗药性增加、对有益生物的杀伤和对环境污染以及果品中农药残留量超标等问题，危害人体健康，影响出口外销等。由于果树病害的预测报体系不健全，因此影响了病害防治的效果。

（一）苹果主要病害

1. 苹果轮纹病

分布区域：在我国，浙江、江苏、上海、江西、安徽、四川、云南、山东、山西、北京、天津、河北、河南、辽宁、吉林等地都有发生，以华北、东北、华东果区为重。除苹果外，还能危害梨、桃、李、杏、栗、枣、海棠等多种果树。

【发病规律】病原菌以菌丝体、分生孢子器及子囊壳在被害枝干上越冬。春季，病菌首先侵染枝干，然后侵染果实。病菌侵染果实多集中在 6～7 月份，若幼果期适逢降雨频繁，病菌孢子散发多，侵染也多。幼果受侵染不立即发病，病菌侵入后处于潜伏状态。当果实近成熟期，其内部的生理生化发生改变后，潜伏菌丝迅速蔓延扩展，果实才发病。果实采收期为田间发病高峰期，果实贮藏期也是该病的主要发生期。早期侵染的病菌，潜育期长达 80～150 d；晚期侵染的潜育期仅 18 d 左右。病菌在幼果中不扩展的原因，与果实内的含酚量和含糖量有关，果实含酚量在 0.04% 以上，含糖量在 6% 以下时，病菌被抑制；反之，有利于潜伏病菌扩展危害。病害发生高峰出现在酚含量降为最低、糖含量升为最高之后。

【病害症状】轮纹病主要危害枝干和果实，叶片受害比较少见。枝干（主干、主枝、侧枝和小枝）发病，病斑以皮孔为中心，形成扁圆形或椭圆形，直径 3～30 mm 的红褐色病斑。病斑质地坚硬，中心突起，如一个疣状物，边缘龟裂，往往与健部组织形成一道环沟。第二年，病斑中央产生许多黑色小粒点（分生孢子器）。病斑与健部裂缝逐渐加深，病组织翘起如马鞍状，许多病斑往往连在一起，使表皮显得十分粗糙，故有粗皮病之称。病斑一般只侵害树皮表层，严重时还可侵入皮层内部，此病发生后严重削弱树势，甚至引起枝干逐渐死亡。果实多于近成熟期和贮藏期发病。果实受害时，也以皮孔为中心，生成水渍状褐色小斑点，很快扩大成呈淡褐色或褐色交替的同心轮纹状病斑，并有茶褐色的黏液溢出。在条件适宜时，几天内即可使全果腐烂，常发出酸臭的气味。病部中心表皮下，逐渐散生黑色粒点（即分生孢子器）。病果腐烂多汁，失水后变为黑色僵果。叶片发病产生近圆形具有同心轮纹的褐色病斑或不规则形的褐色病斑，大小为 5～15 mm。病斑逐渐变为灰白色，并长出黑色小粒点。叶片上病斑很多时，往往引起干枯早落。

2．苹果斑点落叶病

【发病规律】病菌以菌丝在寄主受害部位越冬，翌年春季产生分生孢子，孢子随气流传播。空中孢子出现时期和数量受降雨影响，山东青岛4月下旬、5月上旬空中出现孢子，6月增多；田间从5月中旬出现病叶，6月中下旬激增；辽宁南部5月中旬开始发病，6月下旬至7月上中旬进入发病盛期，8月病叶大量脱落。孢子萌发后直接侵入，产生毒素，使寄主组织坏死，形成病斑。病菌容易侵染嫩叶。30 d以上的老叶一般不再被侵染。春季展叶后，雨水多、降雨早、雨日多，则田间发病早，病叶率增长快。

【病害症状】斑点落叶病主要危害苹果树叶，也危害新梢和果实。春梢生长期幼嫩叶片最先发病，叶面出现褐至黑褐色圆形斑点，直径2～3 mm，四周有紫红色晕圈。病斑渐扩大到直径5～6 mm，呈红褐色，中心有深色小点或具同心轮纹。天气潮湿时，病斑两面均出现墨绿色霉层，即病菌的分生孢子梗和分生孢子。嫩叶发病期病部生长停滞，长大后扭曲变形；有时数斑融合形成不规则大斑；病叶破裂或穿孔。7～8月发病盛期，病叶大部分焦枯，早期脱落。枝条发病多发生于1年生小枝或徒长枝，形成直径2～6 mm的褐至灰褐色病斑，边缘裂开。幼果染病，果面出现黑色斑点，或形成疮痂。

3．苹果白粉病

【发病规律】苹果白粉病菌以菌丝潜伏在冬芽的鳞片间或鳞片内越冬。春季冬芽开放时，越冬菌丝即开始活动，很快产生分生孢子进行侵染。当春季气温逐步升高，达到21～25℃之间，相对湿度达到70%以上时，有利于孢子繁殖与传播。苹果白粉病的发生，4～6月为发病盛期，7～8月高温季节病情停滞，8月底在秋梢上再度蔓延危害，9月以后又逐渐衰退。在一年中病害发生出现两次高峰期，完全与苹果树的新梢生长期相吻合。苹果白粉病的发生与气候条件、栽培条件和品种关系密切。凡春季温暖干旱的年份有利于病害前期的流行，夏季多雨凉爽，秋季晴朗，则有利于后期发病。地势低洼，果园密植，土壤黏重，偏施氮肥，钾肥不足，造成树冠郁闭，枝条细弱时发病重。果园管理粗放，修剪不当，不适当地推行轻剪长放，使带菌芽的数量增加也会加重白粉病的发生。

【病害症状】该病主要危害幼树或苹果树的嫩枝、叶片，也可危害芽、花及幼果。苗木染病后，顶端叶片和幼苗嫩茎产生灰色斑块，如覆盖白色粉状物。发病严重时，病斑扩展到全叶，病叶萎缩，渐变褐色而枯死。新梢顶端被害后，展叶迟缓，抽出的叶片细长，呈紫红色，顶梢扭曲，发育滞后。在病斑上，特别是在嫩茎及腋间，生出很多密集的黑色小粒点即病菌的闭囊壳。

4．苹果黑星病

别名：苹果疮痂病。

【发病规律】苹果黑星病菌以菌丝体在枝溃疡和芽鳞内或子囊壳在落叶上越冬。子囊孢子到第二年春季成熟，田间分生孢子在6～7月份最多。病菌也可被蚜虫传播。寄主最易受害时期为花蕾开放与花瓣脱落期间，萼片上的病斑为以后侵染果实的最好菌源。因此，早春为病害发生的重要时期。在苹果感病期间，天气连绵多雨，适于病菌初次侵染。果实成熟期间被害，导致贮藏期间及运输中的损失。

【病害症状】黑星病菌主要危害叶片和果实，既能侵害叶片、果实，又能侵害叶柄、花、芽及嫩枝等部位。叶片发病，病斑先从叶正面发生，也可从叶背面先发生。病斑刚开始为淡黄绿色的圆形或放射状，往后逐渐变褐色，最后变为黑色；病斑直径3～6 mm或更大些；病斑周围有明显的边缘，老叶上更为明显；叶片患病较重时，使叶片变小，变厚，呈卷曲或扭曲状。病叶常常数斑融合，病部干枯破裂。叶柄也常被侵害，病斑呈长条形。病菌侵害花瓣，使其褪色，也可侵染萼片的尖端，病斑呈灰色。花梗被害，呈黑色，造成花和幼果的脱落，果实从幼果期至成熟果期均可受侵害。病斑刚开始淡黄绿色，圆形或椭圆形，逐渐变褐色或黑色，表面产生黑色绒状霉层。随着果实生长膨大，病斑逐渐凹陷、硬化、龟裂，病果较小，果实染病较早时，发育受阻而畸形。果实在深秋受害时，病斑小而密集，黑色或咖啡色，角质层不破裂。

5. 苹果炭疽病

【发病规律】苹果炭疽病菌主要存留于树上的小僵果和小病枝中越冬，翌年遇适宜温湿条件产生分生孢子，成为主要的初侵染源，随风雨、昆虫传播。菌丝生长最适温度28℃，分生孢子在28℃经6 h即可萌发。分生孢子萌发产生芽管，芽管顶端形成附着胞。厚壁附着胞在果面的蜡质层潜伏，至果实近成熟期生出侵入锥直接侵入，引起果实腐烂，具有明显的潜伏侵染现象。发病初期，树冠内病果的分布常局部集中，渐蔓延到全树。苹果落花后，病菌开始侵染幼果，在黄河故道地区，逢降雨早的年份，5月即发生侵染，在华北、东北，大致从6月上中旬开始侵染，干旱年份可能延迟。炭疽病的发生和流行要求高温高湿的环境条件。一般年份，7月开始发病，8月进入发病盛期，每次降雨后出现1次发病高峰。

【病害症状】主要危害果实。发病初期，果面出现淡褐色圆形斑点，逐渐扩大，软腐下陷，腐烂果肉剖面呈圆锥状。病斑表面渐出现黑色小点，隆起，同心轮纹状排列，后突破表皮涌出绯红色黏稠液滴，此即病菌的分生孢子盘。随着分生孢子盘的陆续形成；病斑渐变为黑褐色。一个病果上可能发生1至几个病斑，一个病斑可扩大到占果面的1/3～1/2。发病初期病斑扩展缓慢，至发病盛期，病果迅速腐烂，大量脱落。晚秋染病，由于气温低而扩展停顿，形成深红色小斑，中心有一褐色小点。枝条发病多发生在潜皮蛾危害的部位、细弱枝基部或果台枝，形成褐色病斑，表面也产生黑色小点。后期皮层龟裂，裸露木质部。

（二）梨主要病害

1. 梨黑星病

别名：雾病、疮痂病。

【发病规律】病菌以分生孢子和菌丝在病芽、鳞片、病果、病叶或落叶上越冬，但该病流行及发生主要取决于三个方面：一是病菌的有无及多少；二是降雨的早晚，雨日的多少及雨量的大小；三是品种的抗病性。

【病害症状】从落花期到果实近成熟期均可发病，主要危害叶片和果实，也可危害花序、芽鳞、新梢、叶柄、果柄等部位，其主要特征是在病部形成显著的黑色霉层，很像一层霉烟。花序染病，花萼、花梗基部产生霉斑，叶簇基部染病，致花序、叶簇萎蔫枯死。叶片染病后先在正面发生多角形或近圆形的褪色黄斑，在叶背面产生辐射状霉层，小叶脉上最易着生，病情严重时造成大量落叶。新梢染病初生梭形病斑，幼果染病大多早落或病部木质化形成畸形果，大果染病形成多个疮痂状凹斑，常发生龟裂，有些病斑呈放射状黑色星点，病斑伤口常被其他腐生菌侵染，致全果腐烂。

2. 梨锈病

别名：赤星病、羊胡子。

【发病规律】锈病流行与春季气候条件关系密切，3～4月降雨次数和雨量多，即相对湿度90%以上时，容易引起该病的流行，最适温度为17～20℃。一般在梨萌芽、梨口初展开时开始侵染发病，4月上、中旬就表现出羊胡子状。

【病害症状】叶片受害，开始在叶正面发生橙黄色有光泽小斑，后扩展为近圆形病斑，中部橙色，边缘淡黄色，空气潮湿时其上溢出淡黄色黏液，黏液干后，病组织逐渐变肥厚，正面凹陷，背面隆起，在隆起部长出灰黄色的毛状物，最后散发黄褐色粉末，病斑变黑枯死，可引起早期落叶。

3. 梨树花腐病

【发病规律】病菌在落于地面的病果、病叶、病枝上越冬，翌年春天，土壤温度和湿度开始上升时，病菌孢子随风传播，侵入花萼内，引起花腐、叶腐，病花上产生的分生孢子侵入柱头，造成果腐，再由果腐引起枝腐。

【病害症状】梨树花腐病分细菌性花腐和真菌性花腐两种，细菌性花腐由细菌病原引起，真菌性花腐由真菌性病原引起，真菌性病原包括霜霉、灰霉、褐腐等病菌。主要危害花、果，也可危害叶片。叶片发病后出现赤褐色小病斑，以后逐渐扩大，致病部产生大量的灰白色霉状物，花蕾刚出现时，即染病腐烂，病花呈黄褐色枯萎；花腐亦可由叶腐蔓延引起，使花丛基部及花梗腐烂，花朵枯萎下垂，果腐是病菌从花的柱头侵入后，通过花粉管达胚囊内，当果实长到豆粒大时，果面有褐色病斑出现，并有褐色黏液溢出，带有一种发酵气味，全果迅速腐烂，最后失水变为僵果。

4. 梨黑斑病

【发病规律】梨黑斑病菌以分生孢子和菌丝体在病叶、病枝、病果等病残体上越冬，翌年产生分生孢子，侵染来源很广。分生孢子随风传播，萌发后经气孔、皮孔侵入，也能直接侵入；侵染成熟的果实，则主要通过各种伤口。侵染嫩叶潜育期很短，接种后 1 d 即出现病斑，老叶上潜育期较长。展叶 1 个月以上的叶片不受侵染。温度和降雨量对病害的发生发展影响很大，气温 24~28℃，连续阴雨，有利于梨黑斑病的发生；气温达 30℃以上，连续晴天，则病害停止蔓延。此病在南方一般从 4 月下旬开始发生，至 10 月下旬逐渐停止发展，6 月上旬至 7 月上中旬梅雨季节发病最为严重。在华北梨区，一般从 6 月开始发病，7~8 月雨季为发病盛期。

【病害症状】主要危害叶、果和新梢。嫩叶先发病，发生褐至黑褐色圆形斑点，渐扩大，形成近圆形或不规则形病斑，中心灰白至灰褐色，边缘黑褐色，有时有轮纹。病斑融合形成大斑，病叶即焦枯、畸形、早期脱落。天气潮湿时，病斑表面遍生黑霉，即病菌的分生孢子梗和分生孢子。幼果受害，果面出现一至数个黑色斑点，渐扩大，颜色变浅，形成浅褐至灰褐色圆形病斑，略凹陷。发病后期病果畸形、龟裂，裂缝可深达果心，果面和裂缝内产生黑霉，并常常引起落果。果实近成熟期染病的，形成圆形至近圆形黑褐色大病斑，稍凹陷，产生墨绿色霉。果肉软腐，组织浅褐色，也引起落果。果实贮藏期常以果柄基部撕裂的伤口或其他伤口为中心产生黑褐至黑色病斑，凹陷，软腐，严重时深达果心，果实腐烂。新梢发病，病斑黑色，椭圆形，渐扩大，呈浅褐色，明显凹陷。

（三）桃主要病害

1. 桃缩叶病

【发病规律】该病是由子囊菌亚门外囊菌的一种真菌所引起的病害。病菌在桃芽或鳞片缝隙内过冬，翌年春季桃树展叶时，病菌侵入嫩叶，进行初次侵染，此病在早春展叶后开始发生，4~5 月继续发展，6 月以后气温升高发病减缓。低温多湿利于该病的发生。

【病害症状】主要危害桃树幼嫩部分。春季嫩叶初展时显出波纹状，叶缘向后卷曲，颜色发红。随着叶片生长，卷曲程度加重，叶片增厚发暗，呈红褐色，严重时，叶片变形，枝梢枯死。春末夏初在病叶表面长出一层白色粉状物。

2．桃褐腐病

【发病规律】该病病原为子囊菌亚门核盘菌属的一种真菌，病菌在树上或地面的僵果中和枝条溃疡部越冬。翌年春天产生大量孢子，借助风、雨传播，从开花到果实成熟期间都能发病。多雨、多雾有利于发病。

【病害症状】初期果面产生褐色圆形病斑、病部果肉腐烂，继而在病斑上出现质地紧密而隆起的黄白色或灰色球状物，形成同心轮纹状，很快布满全果，腐烂后的果实因失水干缩而成褐色，挂在树上经久不落而成僵果。花瓣和柱头受害，发生褐色斑点，逐渐蔓延至花萼及花柄，天气潮湿时呈软腐状，表面丛生灰色霉状物。枝条受害，形成长圆形、灰褐色、边缘为紫褐色的溃疡斑，中间稍凹陷，当病斑环绕枝条1周时，枝条即枯死。

3．桃细菌性穿孔病

【发病规律】该病是由黄单胞杆菌属的一种细菌引起的病害。病菌在被害枝梢的病组织中越冬。春季溃疡是初次侵染的主要来源，病菌在春季随着气温上升开始活动，在桃树开花前后，借风雨或昆虫传播。此病一般在4月下旬开始发病，5月初出现病斑。

【病害症状】主要危害叶片，也能侵害果实和枝梢。叶片发病时，初为水渍状小点，后扩大成紫褐色或黑褐色圆形或不规则形病斑，直径2 mm左右，病斑周围有绿色晕环；之后，病斑干枯，病健组织交界处发生1圈裂纹，病斑脱落后形成穿孔。枝条受害形成溃疡。果实受害，最初发生褐色小点，以后扩大，颜色较深，中央稍凹陷，病斑边缘呈水渍状。天气潮湿时，病斑出现黄色黏性物。

4．桃流胶病

【发病规律】桃流胶病是桃树上难治的一种病害，分为侵染性和非侵染性流胶病，侵染性流胶病主要危害枝干和果实，非侵染性流胶病主要危害主干和主枝分叉处、小枝条和果实。诱发该病的因素十分复杂，有霜害、冻害、病虫害、土壤黏重、管理粗放、结果过多等，引起树体生理失调而导致桃树流胶。流胶病在春、秋季发生最重。

【病害症状】在树皮或刮皮裂口处流出淡黄色柔软透明的树脂，树脂凝结，渐变为红褐色，病部稍肿胀，其皮层和木质部变褐腐朽。病株树势衰弱，叶色黄而细小，发病严重时枝干枯死，甚至整株死亡。

5．桃炭疽病

【发病规律】桃炭疽病菌以菌丝体在病梢中越冬，也可在残留于树上的病果中越冬，第二年早春产生分生孢子，侵染新梢和幼果，发生初侵染，生长期内发生多次再侵染。此病发生时期很长，在华东地区，4月下旬幼果期开始发生，5月进入发病盛期，常大量落果。北方桃区一般从6～7月开始发生，果实成熟期发病严重。桃树开花及幼果期多雨的地区，桃炭疽病往往发生较重。果实成熟期，温暖、多雨雾、潮湿的环境有利于病害发生。

【病害症状】桃炭疽病主要危害果，也危害新梢和叶。幼果发病，果面暗褐色，发育停滞，萎缩僵化，经久不落。病菌可经过果梗蔓延到结果枝。果实膨大期发病，果面出现淡褐色水渍状病斑。病斑逐渐扩大，凹陷，表面呈红褐色，生出橘红色小点，即病菌的分生孢子盘，产生大量分生孢子，粘集于病斑表面。近成熟期果实发病，症状与膨大期相像，常数斑融合，病果软腐，大多脱落。新梢受害出现暗褐色长椭圆形病斑，略凹陷，逐渐扩展，致使病梢在当年或翌年春季枯死，有时向副主枝和主枝蔓延。天气潮湿时，病斑表面也出现橘红色小点。叶片发病后纵卷成筒状。

6．桃疮痂病

【发病规律】疮痂病菌以菌丝在枝梢病组织内越冬，翌年4～5月产生分生孢子，传播侵染。枝梢病斑在 10℃ 以上开始形成分生孢子，20～28℃ 为最适宜。分生孢子随风雨传播，萌发温度 10～32℃，最适萌发温度 20～27℃，萌发后产生芽管直接穿透表皮角质层侵入寄主。病菌侵染的潜育期在果实上为 40～70 d，在枝梢上为 25～45 d，潜育期长是此病特点之一。在北方桃产区，果实发病时期从 6 月开始，7～8 月发病最多；南方 5～6 月进入发病盛期。

【病害症状】主要危害果实，也危害枝梢和叶。果实发病初期，果面出现暗绿色圆形斑点，逐渐扩大，至果实近成熟期，病斑呈暗紫或黑色，略凹陷，直径 2～3 mm。病菌扩展局限于表层，不深入果肉。发病严重时，病斑密集，聚合连片，随着果实的膨大，果实龟裂。枝梢发病出现长圆形斑，起初浅褐色，后转暗褐色，稍隆起，常流胶。翌年春季，病斑表面产生绒点状暗色分生孢子丛。叶子被害，叶背出现暗绿色斑。病斑后转褐色或紫红色，组织干枯，形成穿孔。病叶易早期脱落。

（四）荔枝主要病害

荔枝霜疫霉病

别名：霜霉病。

【发病规律】病菌以卵孢子和菌丝体在病叶和病果上越冬，翌年春末夏初产生孢子囊成为初侵染源。孢子囊借风雨传播，遇水萌发产生芽管，或释放游动孢子再长出芽管，侵入叶片和果实，引起病害。病叶和病果又产生孢子囊，经风雨传播、危害。本病的发生和流行与空气湿度有密切关系。在荔枝开花至果实成熟时期，遇上 4～5 d 以上的连续阴雨天气，常严重发病。特别在地势低洼、土壤黏重、排水不良、郁闭度大的果园发病更严重。在同一果园里，枝叶繁茂、结果多的树比枝叶稀疏、结果少的树发病重。同一株树上，树冠下部荫蔽处发病早且重，树冠四周通风透光处发病迟且轻。接近成熟的果实比未成熟的果实更易发病。

【病害症状】主要危害近成熟的果实，亦可危害青果、果柄、结果小枝和叶片。①果实：果实受害，多从果蒂处开始发病，先在果皮表面出现不规则的褐色病斑，无明显边缘；迅速扩展直至全果变为暗褐色至黑色，果肉糜烂，具有强烈的酒味或酸味，并有褐色汁液流出；在发病中后期病部表面布满白色霜霉状物（孢囊梗及孢子囊）。②果柄及结果小枝：发病生褐色病斑，病健部分界不明显，湿度大时表面长出白色霜霉状物。花穗受害造成花穗变褐色腐烂，病部产生白色霜霉状物。③叶片：嫩叶受害形成淡黄绿色至褐色不规则斑块，病部正、背面都长有白色霜霉状物。老叶发病通常多在中脉处断续变黑，沿中脉出现少量褐斑。

（五）柿主要病害

1. 柿圆斑病

【发病规律】柿圆斑病菌在病叶中形成子囊壳越冬。第二年子囊壳成熟后，从 6 月中旬至 7 月上旬，子囊孢子大量飞散，经叶片气孔侵入。潜育期长，60～100 d。田间一般从 8～9 月开始出现病斑，9 月下旬发展最快，10 月中旬以后逐渐停止。圆斑病菌不产生无性孢子，每年只在较短的时期内进行初侵染。因此，初侵染的数量和效率决定当年病情之轻重。发病早晚和危害轻重与雨量有很大关系，5～6 月雨量偏多的年份发病早，反之较晚。柿树立地条件和树势对发病轻重也有影响，土壤贫瘠和树势衰弱的发病较重。

【病害症状】柿圆斑病主要危害柿叶，也侵害柿蒂。叶片发病初期出现大量浅褐色圆形小斑。小斑边缘不清晰，以后渐扩大形成深褐色圆斑，直径 1～7 mm，多为 2～3 mm，边缘黑褐色。一片病叶往往有 100～200 个病斑，多的达 500 多个。病叶渐变红色，病斑周围出现黄绿色晕环，外圈往往有黄色晕。症状变化很快，从叶片发病到变红脱落一般 5～7 d。弱树落叶较快，强树落叶时病叶不变红。发病后期，病斑背面出现黑色小点，即病菌的子囊壳。柿树落叶后，柿果变红、变软，风味淡，迅速脱落。柿蒂上病斑近圆形，较小，褐色，出现较晚。有时果实也被害，出现黄色病斑，以后变红色，果实风味变劣。

2. 柿角斑病

【发病规律】病菌以菌丝体在柿蒂和落叶上越冬，残留树上的病蒂是主要的初侵染源，往往成为树冠内病菌传播中心。翌年6~7月，病蒂上的越冬病菌产生分生孢子，随风雨传播，从叶背气孔侵入，潜育期28~38 d。在山东、河北一带，8月初开始发病，9月大量落叶，并引起落果。柿角斑病潜育期长，虽发生再侵染，但一般不重要。发病早晚和危害轻重与降雨早晚、多少有密切关系，如5~8月雨量大、雨日多，则发病早且重，9月下旬至10月大量落叶，落叶愈早，落果愈重，且柿果多为烘柿，不能加工。

【病害症状】叶片发病初期，叶面出现不规则形黄绿色晕斑，斑内细叶脉变黑色。以后病斑渐变淡黑色，随后病斑中部又褪色变成浅褐至深褐色，此时病斑不再扩展。病斑周缘被叶脉所限，形成不规则多角形，围以黑色边缘。病斑大小2~8 mm，表面散生黑色小点，即病菌分生孢子座。病斑背面起初淡黄色，渐变褐色或黑褐色，有黑褐色边缘，但不如正面明显，分生孢子座也较正面稀少细小。柿蒂发病亦出现褐色或淡褐色多角形斑，多从柿蒂尖端向内扩展。病斑两面都产生黑色小点，柿蒂的下面较为明显。柿果变软脱落后，病柿蒂残留于树上。

3. 柿炭疽病

【发病规律】病菌主要以菌丝体在枝梢病斑组织中越冬，也可在叶痕、冬芽、病果中越冬。翌年初夏，越冬病菌产生新的分生孢子，随风雨传播，侵害新梢和果实。病菌从伤口侵入潜育期为3~6 d，穿过表皮直接侵入潜育期为6~10 d。在北方柿区，枝梢在6月上旬开始发病，到雨季进入发病盛期，后期继续侵害秋梢。果实从6月下旬至7月上旬开始发病，7月中旬开始落果。多雨年份发病严重。

【病害症状】柿炭疽病主要危害果实及枝梢。果实发病初期，果面出现深褐至黑褐色斑点，渐扩大形成近圆形深色凹陷病斑，病斑中部密生灰色至黑色隆起小点，略呈同心轮纹状排列，即病菌的分生孢子盘，潮湿时涌出粉红色黏质分生孢子团。病菌深入扩展，果肉形成黑硬结块，一个病果常发生1~2个病斑，多者达10多个。病果变软，造成柿烘。新梢染病发生黑色小圆斑，病斑渐扩大，呈长椭圆形，褐色，凹陷，纵裂，长10~20 mm，并产生黑色小点。病部木质腐朽，易折断。柿叶发病，先自叶脉、叶柄变黄，后变黑，叶片病斑呈不规则形。

4. 柿黑星病

【发病规律】病菌以菌丝或分生孢子在新梢的病斑上，或病叶、病果上越冬。翌年，孢子萌发直接侵入，五月间病菌形成菌丝后产生分生孢子进行再侵染，扩大蔓延。自然状态下不修剪的柿树发病重。

【病害症状】主要危害叶、果和枝梢。叶片染病，初在叶脉上生黑色小点，后沿脉蔓延，扩大为多角或不定形，病斑漆黑色，周围色暗，中部灰色，湿度大时背面出现黑色霉层，即病菌分生孢子盘。枝梢染病，初生淡褐色斑，后扩大成纺锤形或椭圆形，略凹陷，严重的自此开裂呈溃疡状或折断。果实染病，病斑圆形或不规则形，稍硬化呈疮痂状，也可在病斑处裂开，病果易脱落。

（六）核桃主要病害

1. 核桃黑斑病

别名：黑腐病。

　　【发病规律】病菌在枝梢或树苗病组织中越冬，第二年春季随风、雨、昆虫传播到果实、叶片、嫩梢。病菌能侵染花粉，因此也能随花粉传播。病原细菌自伤口或气孔侵入，如组织幼嫩，气孔张开，表面湿润，则对病菌侵入有利。潜育期 10～15 d。此病发生期较早，在山东一般从 5 月中下旬开始发生。发病轻重与湿度有关，雨后蔓延迅速。

　　【病害症状】此病主要危害果，也危害叶、嫩梢和枝条。果实发病初期，果面出现褐色小斑点，病斑边缘不清晰，逐渐扩大，形成近圆形或不规则形漆黑色病斑，下陷或不下陷。在雨天，病斑四周呈明显的水渍状。幼果发病，病菌侵害到核仁，使核仁腐烂。果实长到中等大小以后染病，病变只限于外果皮，但核仁生长受阻碍，采收后干瘪。叶上病斑褐色至黑色，受叶脉所限，呈多角形，直径 2～5 mm，背面油渍状，阴雨时病斑四周亦呈水浸状。后期，病斑中央呈灰色或穿孔。严重时，病斑融合，叶片变黑色，质脆，残破。叶柄、嫩梢及枝条上病斑梭形或不规则形，黑色，稍凹陷，严重时环绕枝梢一周，使枝条枯死。新鲜病斑边缘病健交界处有细菌溢脓现象，这是核桃黑斑病的特征。

2. 核桃枝枯病

　　【发病规律】病害的发生与冬春季干旱、枝条受冻害有关。病菌常腐生或弱寄生状态，在枯死枝、弱枝上生长，一旦条件适宜，即可发展蔓延。树势强壮则此病发生轻微。病菌以菌丝体、分生孢子盘在枝干部越冬，靠风雨传播。

　　【病害症状】病菌侵害幼嫩的短枝，先从顶部开始，逐渐向下蔓延直至主干。病枝的叶片逐渐变黄脱落。枝条皮部变暗，呈灰褐、浅红褐至深灰色。死枝上形成许多小的黑色突起状颗粒即分生孢子盘。

（七）柑橘主要病害

1. 柑橘黄龙病

　　别名：黄梢病。

　　【发病规律】该病可以通过嫁接传播，但不能通过汁液摩擦和土壤传染；如果在有病的树上嫁接繁殖，那么育出的苗木一般都是带病的，黄龙病远距离传播主要就靠带病接穗或带病苗木的调运；种子也有可能传播。田间自然传播媒介为柑橘木虱，柑橘木虱吸食树汁液后，又转去健树吸食传播，病原体在木虱体内的循回期 20 d 至 1 个月，最短为 2 d。3 龄以上的幼虫及成虫均能传播。

　　【病害症状】初期病树"黄梢"和叶片斑驳是黄龙病的典型症状。刚发病时，绿色的树冠上有几枝或少部分新梢的叶片黄化，呈现明显的"黄梢"，这种"黄梢"常出现在树冠顶部和外围。随后，病梢的下段枝条和树冠的其他部位的枝条相继发病。该病全年均可发生，以夏、秋梢发病最多，春梢发病次之。夏、秋梢发病时，抽生的枝条，往往新梢不转绿即成"黄梢"，叶片呈均匀黄化或呈现斑驳型黄化。春梢发病是在当年新抽的春梢正常转绿后，随着春梢老熟，叶片从叶脉开始褪绿，逐渐扩大，形成斑驳状黄化。形成黄梢的黄化叶片可分为三种类型：①均匀黄化叶片。在初期病树和夏、秋梢发病的树上多出现，叶片呈现均匀的浅黄绿色，而这种症状在枝上存留时间短。因此，在田间较难看到。②斑驳型黄化叶片。叶片呈现黄、绿相间的不均匀斑块状，斑块的形状和大小不定。从叶脉附近，特别易从中脉基部和侧脉顶端附近（即叶绿部）开始黄化，逐渐扩大形成黄绿相间的斑驳，最后可使全叶呈黄绿色的黄化。这种叶片在春、夏、秋梢病枝上，以及初期和中、晚期病树上都较易找到。③缺素型黄化叶片。又称花叶，此类型叶脉及叶脉附近叶肉呈绿色而脉间叶肉呈黄色。与缺乏微量元素锌、锰、铁时相似，这种叶片出现在中、晚期病树上。以上三种类型，因斑驳型黄化叶在各种梢期和早、中、晚期病树上均可找到，症状明显，故常作为田间诊断黄龙病树的依据。除叶片黄化症状外，病树还有落叶、不定时抽梢、梢短而弱、叶小、有的品种中脉肿大突起、局部木栓化开裂等表现。病树树冠稀疏、枯枝多、植株矮小，病树开花早而多，花瓣较短小、肥厚、淡黄色、无光泽，小枝上花朵往往多个聚集成团，广东称为"打花球"。坐果率低，果实变小、畸形（如变长或果形歪斜），有的品种（如福橘、十月橘等）的果蒂附近提早变橙红色，着色不均匀，福建俗称"红鼻子果"。初期病树根部正常，后期则出现烂根。腐烂从须根开始，逐渐到大根，木质部发黑，根皮脱落。

2. 柑橘疮痂病

【发病规律】病菌以菌丝体在病枝、叶上越冬，翌年春季阴雨多湿，当气温达 15℃ 以上时，老病斑上的菌丝体开始活动，产生分生孢子，借风雨传播，萌发芽管侵入春梢嫩叶、花和幼果，病菌可继续产生分生孢子，进行再侵染。远距离传播则通过带病的苗木和接穗。柑橘不同种类和品种间的抗病性差异很大。柑橘组织的老嫩程度亦与抗病性有关。通常在新梢幼叶尚未展开前易感病，叶宽 1.65 cm 左右即具抗病力，落花后不久的幼果期也最易感病，当新叶幼果老熟时，不易感病。温湿度对本病的发生和流行有决定性的影响，发病的温度范围为 15～24℃，最佳温度为 20～21℃，超过 24℃ 即停止发病，故该病在春梢和幼果期发生严重，夏秋梢高温干旱，一般都不易发病。在适温范围内连绵阴雨或清晨露重雾大，有利于病菌萌发侵入，导致该病的大量发生。

【病害症状】该病主要危害新梢、叶片和幼果，也可危害花器。受害叶片初现油浸状小点，随之逐渐扩大，呈蜡黄色至黄褐色，后变灰白至灰褐色，形成向一面突起的直径 0.3～2 mm 的圆锥形疮痂状木栓化病斑，似牛角或漏斗状，表面粗糙。叶片正反两面都可生病斑，但多数发生在叶片背面，不穿透两面，病斑散生或连片，危害严重时使叶片畸形扭曲。新梢受害症状与叶片相似，但突起不明显，病斑分散或连成一片，枝梢短小扭曲。花瓣受害很快脱落，果实受害后，在果皮上常长出许多散生或群生的瘤状突起，幼果发病多呈茶褐色腐烂脱落；稍大的果实发病产生黄褐色木栓化的突起，畸形易早落，果实大后发病，病斑往往变得不大显著，但皮厚汁少；果实后期发病，病部果皮组织一大块坏死，呈癣皮状剥落，下面的组织木栓化，皮层较薄，久晴骤雨常易开裂。

3. 柑橘炭疽病

【发病规律】该病病菌是一种弱寄生菌，具有潜伏侵染特性。病菌主要以菌丝体在病枝、病叶、病果上越冬，翌年春季，病组织上产生的分生孢子靠风雨或昆虫传播，萌发侵入危害，经过一定时间的潜伏扩展，引起组织病变。该病在柑橘整个生长季节中均可危害，但一般春梢发生较少，夏梢和秋梢发生较多。在正常气候条件和一般中上管理水平的柑橘园中很少显症发病，但在健康植株的各种器官和组织的外表均普遍存在大量附着胞，当气候异常或栽培管理粗放或其他病虫危害导致树势衰弱时，就能引起分生孢子萌发芽，附着胞萌发一根纤细的侵入丝，侵入表皮细胞，发育为菌丝，并扩展蔓延，直至显示症状。

【病害症状】该病主要危害叶片、枝梢、果实，也危害苗木大枝、主干、花及果梗。叶片发病一般分慢性型（叶枯型）和急性型（叶斑型）两种。慢性型多发生于老熟叶片和潜叶蛾造成的伤口处，干旱季节发生较多，病叶脱落较慢；病斑多发生在边缘或叶尖，近圆形成不规则形，直径 3～20 mm，浅灰褐色，边缘褐色，与健部界线十分明显；后期或天气干燥时病斑中部干枯，褪为灰白色，表面密生稍突起、排成同心轮纹状的小黑粒点；多雨潮湿天气，病斑上黑粒点中溢出许多橘红色黏质小液点。急性型主要发生在雨后高温季节的幼嫩叶片上，病叶腐烂，很快脱落，常造成全株性严重落叶；多从叶缘和叶尖或沿主脉产生淡青色或暗褐色小斑，颇似热水烫伤；迅速扩展成水渍状波纹大斑块，一般直径可达 30～40 mm。在病斑上有时产生朱红色带黏性的小液点，有时呈轮纹状排列，病叶易脱落。枝梢上症状有两种：一种是由梢顶向下扩展，病部褐色，最后逐渐枯死，枯死部位与健全部位分界明显，枝条死后呈灰白色，上散生许多黑色小点。另一种是发生在枝梢中部，从叶柄基部腋芽处开始，病斑初为淡褐色，椭圆形，后扩大为长梭形，当病斑环割枝梢一周时，病梢随即枯死。花部发病，在开花后雌蕊的柱头受害，变褐腐烂，引起落花。果梗受害，初时褪绿呈淡黄色，其后变褐干枯，呈枯蒂状，果实随之脱落。幼果发病，初为暗绿色油渍状不规则病斑，后扩大至全果，病斑凹陷，变黑色，成僵果挂在树上。苗木受害，多在离地面 6.6～9.9 cm 或嫁接口处开始，形成不规则的深褐色病斑，导致主干顶部枯死，并延及枝条干枯。

4．柑橘溃疡病

【发病规律】病菌在叶、枝梢及果实的病斑中越冬，翌年春条件适宜时从病部溢出，借风雨、昆虫传播，经寄主的气孔、皮孔和伤口侵入，使叶片、嫩梢和果实发病。远距离传播主要是带病苗木、接穗、果实等。高温多雨季节有利于病菌的繁殖和传播，故此病在亚热带地区发生严重，在柑橘园以夏梢发病最重，秋梢次之，春梢最轻。果实发病较重。在沿海地区，每年台风和暴雨后，常有一个发病高峰期，台风雨造成寄主较多的伤口，有利于病菌侵入，同时又便于病菌的传播，潜叶蛾危害，也有利于该病严重发生。

【病害症状】该病危害叶片、枝梢、果实及萼片，形成木栓化突起的病斑。受害叶片，病斑开始为针头大、黄色、油渍状斑点，后扩大成近圆形病斑，直径 2～5 mm，叶的两面隆起，木栓化，表面粗糙，灰褐色，呈火山口状开裂，病斑边缘呈油渍状，周围有黄色晕环，严重时叶片早落。枝梢和果实上的病斑与叶上的相似，但病斑隆起更显著，火山口开裂更为明显，木栓化程度更坚实，硬而粗糙，一般无黄色晕环。病果只限于果皮，不危害果肉，因而病果不变形，但易脱落。

5．柑橘裂皮病

别名：爆皮病。

【发病规律】病树和隐症带毒树是病害的侵染源。本病主要通过苗木和接穗传播，受病原污染的工具和手与健树韧皮部组织接触同样可传病。我国裂皮病主要是由国外引进染病的柑橘品种引起的，并随苗木和接穗传播、扩散。

【病害症状】树形较紧凑，叶小多为畸形，或呈缺锌状花叶，枝条纤细，丛生，节间短而密；花多为畸形花，花多，落花落果严重，产量很低。砧木部分树皮纵向开裂，裂皮深而长。病树进入结果期早，衰老快。其中强毒系株型树冠特别矮小，抽梢少而纤弱，裂皮缝变黑、流胶、发臭、落叶枯枝、死树。弱毒系株型树势中等，树冠矮化外，裂缝不变色，也不流胶和死树。以橘、橙作砧木，病树砧木不裂皮或极轻微裂皮。以枳作砧，砧木症状明显，砧穗接合处有一条整齐的分界线，皮纵裂翘起延及根部，皮层剥落，木质部外露呈黑色。香橼感病后，叶片向后反卷，叶脉上呈现木栓化，黑褐色斑纹，有时破裂，整个叶片都长出许多黑褐色斑纹。

6．柑橘脚腐病

别名：裙腐病、疫菌褐腐病、烂蔸疤。

【发病规律】该病的两种真菌病原菌（寄生疫霉和金黄尖镰孢霉）均以菌丝在病部越冬，也可以菌丝或卵孢子随病残体遗留在土壤中越冬。靠雨水传播，从植株根颈侵入。病害的发生与品种、气候、栽培管理关系密切。其中甜橙、柠檬等抗病力弱发病最重。橘、柑抗病力强受害轻；枳和酸橙则高度抗病。4 月中旬开始发病，6～8 月气温 20～30℃、湿度 85%以上时发病多，10月停止发病。幼年树很少发病，壮年树特别是30～40年生的实生甜橙和共砧甜橙发病多。在土壤黏重、排水不良、长期积水、土壤持水量过高时发病重。密植园、间种高秆作物和耗水量大的作物、栽植过深、虫伤和冻害等均易导致病害的发生。

【病害症状】本病主要危害主干，当病部环绕主干时，叶片黄化，枝条干枯，以至植株死亡。主要症状发生在根颈部皮层，向下危害根，引起主根、侧根乃至须根腐烂；向上发展达20 cm，使树干基部腐烂。幼树栽植过深时，从嫁接口处开始发病。病部呈不规则水渍状，黄褐色至黑褐色，有酒糟臭味，常流出褐色胶液。温暖潮湿时病部扩展迅速；气候干燥时病部干枯开裂，扩展缓慢，条件适宜时重新扩展危害。向上下蔓延较快，向左右蔓延较慢，当其横切时全株枯死。甜橙顶部叶片中脉开始变黄时，根颈已腐烂；红橘植株近死亡时叶片才变黄。被害部相对应的地上部叶小，主、侧脉深黄色易脱落，形成秃枝，干枯。病树花特多，果实早落，残留果实小，着色早、味酸。

7. 柑橘流胶病

【发病规律】病菌在病组织上越冬，是翌年主要侵染源。菌丝块和孢子都能侵染致病，伤口入侵后36 d便可在病组织内产生子座，伤口愈重发病率愈高，无伤不成病。病菌借风雨传播，在高温多雨季节有利于发病。3～6月和9～11月日均温15℃以上时发病重，冬季低温和盛夏高温，病势发展缓慢。

【病害症状】本病主要危害柑橘的主干、主枝，以西南方受害重，病初期皮层呈红褐色水渍状小点，肿胀变软，中央有裂缝，流出珠状胶汁，以后病斑扩大，长宽达（6～14）cm×（3～6）cm，圆形或不规则形，流胶增多，组织松软下凹。后期症状因致病原因不同有差异。树干上病部皮层变褐色，流胶点以下的病组织黄褐色，有酒糟味，沿皮层纵横扩展，但不及木质部（区别于树脂病流胶）危害。病皮下产生白色菌丝层。后期病皮干枯卷翘脱落下陷，剥去外皮层可见菌丝层中有许多黑褐色钉头状突起（即子座）。在突起周围有1圈白色菌丝环。潮湿时子座顶部滴出淡黄色卷丝状的分子孢子角。树冠上叶片黄化，枯枝落叶，树势衰弱。当病斑扩展包围主干时，病树死亡。苗木多在嫁接口、根颈部发病，病斑周围多流胶，在根颈部以上，树皮及木质部易腐烂，全株死亡。

8. 柑橘树脂病

【发病规律】本病病菌的寄生性不很强，必须在寄主组织生长衰弱或受伤时，才能侵入危害。因此冻害后容易诱发此病大发生。以菌丝体和分生孢子器在病组织内越冬，成为次年初次侵染源。分生孢子器终年产生分生孢子，柑橘生长季节的温度，都能符合病菌生长发育的要求，湿度与分生孢子的产生关系重大。适温多雨高湿时，潜伏的菌丝体加快生长发育，形成大量的分生孢子器，溢出许多分生孢子，借风雨、昆虫、鸟粪或随水滴顺枝干下流传播，萌发芽管从冻伤、灼伤、虫伤、剪口以及机械伤口侵入，发展成菌丝，向木质部、韧皮部蔓延，使患部形成流胶型或干枯型病斑。春秋雨季时接种孢子10～15 d即可发病。降雨或雨后大风传播作用更大。病害发生的程度主要取决于树体生长势的强弱、伤口的数量、雨水及温度四个条件的配合程度。四个因素吻合得好，本病就会大发生。由于冻害和栽培管理不当所引起的各种树势衰弱和造成的伤口，是病菌入侵的途径和内在条件。

【病害症状】①流胶型 甜橙、幔橘、温州蜜柑等品种，在温度不高、湿度较大时，病部干、枝皮层松软，并渗出褐色胶液，发出恶臭。天气干燥时病情发展缓慢，病部渐干枯下陷，皮层剥落露出木质部，现出隆起的疤痕。②干枯型 在早橘、本地早、南丰蜜橘、朱红等品种上，病部干、枝皮层红褐色干枯下陷，微有裂缝不剥落，在病健部交界处有明显的隆起线，但在高湿和温度适宜时也可转为流胶型。病菌能透过皮层侵害木质部，被害处为浅灰褐色，病健部交界处有一条黄褐色或黑褐色痕带。褐色胶体和菌丝体阻塞导管，破坏输导系统，导致病树死亡。苗木多在嫁接口和叶痕部发病，病部皮层初为红褐色，渗出淡褐色胶液，渐呈轮纹状，中央突出为灰黄色，产生黑色点粒。③砂皮或黑点 幼果和嫩叶被害便产生无数的褐色、黑褐色硬胶质小粒点，排列呈点状、线状、曲线状、环形"泪痕"状，常聚集成片称为砂皮或黑点。④蒂腐 在贮运中果实蒂部出现水渍状病斑，向脐部扩展，边缘呈波状纹，暗褐色。果肉腐烂比果皮腐烂快，果皮病斑仅 1/3～1/2 时，果肉已全部烂掉，故有穿心烂之称。蒂腐的症状因品种、果实的成熟度以及温、湿度不同而异，纵切观察可见到白色菌丝沿果实中轴发展快，并达汁胞间及果皮的海绵层面变色腐烂。在温度高、湿度大时贮藏，病果很快腐烂，可在病果皮上长白色菌丝，并形成黑褐色的分生孢子器。在田间，葡萄柚、甜橙等的绿色果也可受害，引起早期落果。⑤枯枝 衰弱的结果枝或冬春受冻枝条感病后，病菌深入内部组织使枝条枯死，表面产生很多小黑点状的分生孢子器，这是来年发病的重要原因。

9. 柑橘青、绿霉病

【发病规律】两病的病原菌的寄生性不强，分布广，可在各种有机物上腐生，并产生大量分生孢子。病菌借气流或接触传播，终年存在。冬季及早春侵害田间柑橘成熟果实及贮运中生活力衰弱的果实。从伤口（新伤）侵入果皮，分泌果胶酶破坏果皮细胞中间层，菌丝蔓延于细胞间，使果皮组织崩溃发生软腐。两病在 6～33℃时发生，25～27℃时危害最重。柑橘贮藏初期（11～12 月）多发生青霉病；贮藏后期（3～4 月）多发生绿霉病。95%～98%湿度有利于两病的发生。雨后、大雾或露水未干时采果发病重。新伤口多、大、深易染病。装运工具消毒不好，带菌量大，发病多。

【病害症状】青霉病与绿霉病的症状相似，病斑在果实的任何部位均可发生，但多自果蒂或伤口处开始发病。病部初期水渍状、圆形、软腐、微凹陷皱缩，后长出白霉状菌丝层，并在其中很快出现青色（青霉病）或绿色（绿霉病）的粉状霉层（分生孢子和分生孢子梗），外围长一圈白色霉带。在高湿条件下速扩展至全果。

（八）枣树主要病害

1. 枣锈病

【发病规律】枣锈病侵染循环目前尚不完全清楚，可能以冬孢子或夏孢子在落叶上越冬，可能还以多年生菌丝在芽中越冬。落叶上的夏孢子越冬后有萌发能力，人工接种能致病，可成为第二年初侵染的侵染源。夏季，树冠下部叶片先发病，逐渐向上蔓延。在病害流行期，老叶嫩叶均染病。在山东，一般年份在 6 月下旬至 7 月上旬降雨多、湿度高时开始侵染，7 月中下旬发病，8 月下旬开始落叶。在河北东北部，8 月初开始发病，9 月初发病最盛，并开始落叶。发病轻重与降雨有关，雨季早、降雨多、气温高的年份发病早而严重。地势低洼，排水不良，行间间种高粱、玉米或西瓜、蔬菜的发病较重。

【病害症状】枣锈病危害树叶。发病初期，叶片背面散生淡绿色小点，渐形成暗黄褐色突起，即锈病菌的夏孢子堆，形状不规则，直径约 0.5 mm，多发生在中脉两侧及叶片尖端和基部。夏孢子堆埋生在表皮下，后期破裂，散放出黄色粉状物（即夏孢子）。发展到后期，在叶正面与夏孢子堆相对的位置，出现绿色小点，使叶面呈现花叶状。病叶渐变灰黄色，失去光泽，干枯脱落。树冠下部先落叶，逐渐向树冠上部发展。在落叶上有时形成冬孢子堆，黑褐色，稍突起，但不突破表皮。

2. 枣疯病

【发病规律】通过嫁接和中国拟菱纹叶蝉及凹缘菱纹叶蝉传播。类菌原体侵入树体后经过韧皮部向其他部分运转。运转方向基本上和同化产物的运转方向一致，即侵入枣树后先下行到根部，在根部繁殖，再上行到树冠部分而诱发症状。病树地上部到休眠期末期没有病原存活，而根部一直有病原存活，病原可能不在地上部越冬而在根部越冬，第二年枣树发芽后再上行到地上部。丘陵山地、管理粗放、杂草灌木丛生的枣园发病多，平原、盐碱地、管理良好的枣园发病较少。

【病害症状】病树地上部分和地下部分都出现不正常的生育状态。地上部分的表现为花变叶，变态的花不结果，仅花柄延长的花可以结果，但所结的果多早期脱落，病果较小且瘦，有些品种呈花脸症状。芽不正常地萌发和生长，形成丛枝，秋季干枯，不易脱落。枝条生长不正常，结果母枝延长生长成发育枝，细弱而直立，节间短，叶很小、黄化。嫩叶脉明、变黄、卷曲呈匙形、质硬脆、易焦枯。地下部症状表现为不定芽萌发，长成短疯枝，同一侧根可长出多丛，出土后枝叶细小，黄绿色，长到30 cm左右即停止生长而枯死，最后根部腐烂，韧皮易剥落。病树的明显特征是枝叶丛生、疯长。因病势轻重，或出现1～2个小疯枝，或部分侧枝、主枝乃至全树疯长，树势衰弱，直至枯死。

3．枣炭疽病

【发病规律】病菌以菌丝体在枣吊、枣股、枣头和僵果中越冬，其中以枣吊和僵果的带菌量为最高。翌年春季雨后，越冬病菌形成分生孢子盘，涌出分生孢子，遇水分散，随风雨传播，分生孢子产生量与阴雨持续天数和降雨多少成正相关。枣炭疽病菌侵染具有潜伏侵染特征，枣果、枣吊、枣叶、枣头等从5月即可能被病菌侵入，带有潜伏病菌，到7月中、下旬才开始发病，出现病果。在河南灵宝从7月中旬至8月上旬开始发病，8月雨季，发展更快。病害的发生发展主要取决于降雨的早晚和阴雨持续期长短。采收后晒枣时，夜堆日晒，形成高温高湿条件，病情迅速发展，大量烂枣，严重者可损失一半。枣园管理粗放，树势衰弱，则发病率高，危害也重。强树发病较轻。

【病害症状】枣炭疽病主要危害果实，也侵害枣吊、枣叶、枣头和枣股。染病果实着色早，果肩部起初变淡黄色，变色处出现水渍状斑点，逐渐扩大，形成不规则黄褐色斑块，中间出现圆形凹陷病斑，病斑扩大连片，呈红褐色，导致落果。在潮湿条件下，病部产生黄褐色点粒状子实体。重病果不堪食用，轻病果虽可食，但味苦质劣。染病枣吊、枣叶、枣头及枣股在田间症状不明显，如保湿培养，除枣股外，均出现黄褐色分生孢子团。

（九）山楂主要病害

1．山楂白粉病

别名：弯脖子、花脸。

【发病规律】以闭囊壳在病叶、病果上越冬。春雨后由闭囊壳放射出子囊孢子，先侵染根蘖，在病部产生大量分生孢子，再重复侵染。5～6月份幼果坐果后，为发病盛期，7月以后才渐减缓，10月间停止发生。一般春旱年份又遇雨，有利于发病。山地果园管理粗放，树弱易病，实生苗圃病害发生较重。

【病害症状】主要危害新梢、幼果、叶片。嫩芽发病初现黄色或粉红色病斑，叶两面产生白色粉状物，且较厚，呈绒毯状，即病菌的分生孢子梗和分生孢子。新梢生长细弱，节间短，叶细卷缩，新叶扭曲纵卷，嫩茎布满白粉，严重时枯死。幼果自落花后发病，多在近果柄处出现病斑和白粉，果实随即向一侧弯曲生长，病斑蔓延至全果则脱落。稍大的幼果病部硬化龟裂，畸形，着色差。

2. 山楂花腐病

【发病规律】以菌丝体在落地僵果上越冬，子囊盘于 4 月下旬在潮湿的病僵果上开始出现，产生大量子囊孢子，借风力传播，侵染叶部、嫩枝，在病部产生分生孢子进行重复侵染。5月上旬达到高峰，到下旬即停止发生。子囊孢子的传播、侵染，与当地山楂展叶至花期的气候条件有关。如此期低温多雨，则叶腐、花腐大流行；如高温高湿则发病早而重。山地果园比平原果园发病重，沟谷地比山坡地重，晚熟品种发病重。

【病害症状】主要危害山楂花、叶片、新梢和幼果，造成病部腐烂。嫩叶初现褐色斑点或短线条状小斑，后扩展成红褐至棕褐色大斑，潮湿时上生灰白色霉状物，病叶即焦枯脱落。新梢病斑由褐色变为红褐色，逐渐凋枯死亡，以萌蘖枝发病重。幼果上初现褐色小斑点，后变暗褐腐烂，表面有黏液、酒糟味，病果脱落。花期病菌从柱头侵入，使花腐烂。

（十）芒果主要病害

1. 芒果蒂腐病

别名：流胶病、梢枯病、茎干溃疡病。

【发病规律】病菌以菌丝体在寄主组织内越冬，在条件适宜时产生大量分生孢子，借风雨传播，由伤口侵入。植株生势衰弱，干旱、日灼和机械损伤常诱发发病。相对湿度80%以上、温度 25.9～31.5℃最适合病害扩展。在果实生长期病菌以菌丝体潜伏在果柄内，采后贮藏期果实软熟时由潜伏状态变为活跃状态而造成危害。

【病害症状】芽接苗受害最初在芽接点处出现坏死，造成接穗迅速死亡，后在病部下方偶尔再抽新枝，又被侵染枯死。嫩茎和枝条染病初期组织变色，流出琥珀色树脂；后病部变褐色，形成坏死状溃疡；剥开病部树皮，可见形成层和邻近组织变为褐色至黑色，木质部内有黑色条纹。病部以上的小枝枯死；病部下方抽发的小枝叶片褪绿，边缘向上卷曲，后转褐色脱落。果柄受害形成纵长的暗色爆裂，延及幼果使果变黑、萎缩。在贮藏期的熟果上，通常果柄周围的蒂部先变色，果面出现水渍状暗褐色斑点，后迅速扩展覆盖全果，并渗出黏稠汁液。

2. 芒果炭疽病

【发病规律】本病的主要侵染菌源来自田间病株及地面的病残物。在高湿条件下产生大量分生孢子，借助雨水、风和昆虫传播，从寄主伤口、皮孔和气孔侵入，潜育期2～4 d。病菌在幼果期侵染多数为潜伏侵染，采收时外表似乎健康的果实在贮运期才大量发病。在芒果嫩梢期、开花至幼果期，如果遇上阴雨连绵或多雨重露天气，炭疽病往往严重发生。目前我国栽种的大多数芒果品种都易感病，只有白花芒、吕宋芒、金钱芒、扁桃芒等少数品种有一定抗性。

【病害症状】本病危害幼苗和成株的嫩叶、嫩梢、花序和幼果。染病嫩叶最初产生褐黑色圆形、多角形或不规则形小斑。小斑扩大或多个小斑联合形成大的枯死斑，病斑常破裂和穿孔。重病叶片皱缩、扭曲、畸形，最后干枯脱落，留下无叶的秃枝。染病嫩枝产生黑褐色病斑，表面生许多褐黑色小点；病斑扩展环缢枝条时病部顶端枯死。花序染病，在花梗上初现褐色或黑褐色小斑，小斑扩大或多个斑点联合形成不规则形大斑，受害的花朵变黑，凋萎枯死。小果受害产生小黑斑，迅速扩展引致小果皱缩、变黑而脱落。果核已形成的幼果被害后只产生针尖大的小斑，不扩展；接近成熟时在果面形成黑色、形状不一的病斑，病斑中央稍凹陷，斑上产生粉红色孢子堆；有的病斑果皮燥裂、果肉僵硬，最后全果腐烂。

3. 芒果细菌性黑斑病

【发病规律】病菌在田间残存于树上的病叶、病枝和病果上越冬，提供初侵染源，借助风雨传播，主要从伤口和自然孔口侵入。每年4～5月后碰上台风雨或阴雨连绵天气，此病就会迅速发展。旱季很少发病。

【病害症状】黑斑病危害叶片、枝干和幼果。在染病叶片上开始出现水渍状深绿色的小斑点；后渐扩大，因受叶脉限制形成褐色、深褐色、多角形病斑，周围有黄色晕圈，斑上常渗出溢脓，最后病斑转为灰白色，有时干裂。绿色枝干染病最初组织变色，后形成黑斑，纵向爆裂和流出胶滴。染病幼果上出现不规则形暗绿色水渍状病斑，病斑中央凹陷、边缘隆起呈溃病状，后星状爆裂，从裂口流出胶质。在贮藏期的果上，开始也出现水渍状斑，后转为黑色斑块，在潮湿情况下病斑迅速扩展，2～3 d内覆盖整个果面，果肉变色、变软，在靠近果蒂或裂缝处有细菌溢脓渗出。

4. 芒果疮痂病

【发病规律】病菌在田间病株上越冬。分生孢子借风雨传播，也随病苗传播。此菌主要危害苗圃幼苗及幼树，大树也受侵害。多湿和温和气温适于发病。

【病害症状】危害嫩叶、小枝、花序和果实。嫩叶染病后在叶面产生淡褐色至棕褐色小斑点，在叶背的叶脉上产生稍隆起的椭圆形小病斑，隆起部分中央稍裂开，被害嫩叶向一侧扭曲，稍皱缩，重病时嫩叶脱落。在较老叶上病斑稍大，灰褐色，中央白色至灰色，有狭窄的褐色边缘，斑上有黑色小粒，后期病部脱落形成穿孔。被害新梢产生稍微凹陷的椭圆形或不规则形灰色病斑；多个病斑相互连接中央开裂，严重时环绕枝梢引起枝条回枯。幼果染病产生灰色至褐色小病斑，以后随果实发育而扩大，病斑边缘不规则，中央组织粗糙，木栓化，有时开裂。潮湿情况下在病斑上产生灰色至褐色绒毛状的分生孢子堆。

5. 芒果白粉病

【发病规律】此菌属专性寄生菌，只能侵害寄主的幼嫩组织，在田间缺乏幼嫩组织或环境条件不利于侵染的季节，病菌常在那些迟抽枝梢的老病叶上存活，成为初侵染来源。翌年春季越冬场所的病菌产生大量分生孢子，借助风力传播到新抽嫩叶和花序上危害。分生孢子萌发芽管，形成附着胞和侵入丝，穿入表皮和在表皮细胞中形成吸器，吸取寄主营养和在寄主体表产生白色菌丝体和分生孢子，再借风力传播危害。潜育期3～5 d。每年2～4月芒果抽叶开花期，碰上高湿、多云、夜温较低的天气，此病容易发生和流行。

【病害症状】本病侵害芒果的花序、嫩叶、嫩梢和幼果，在这些幼嫩组织表面开始产生一些分散的白粉状病斑，以后病斑下的组织坏死，形成褐色的病疤。花序受害后花朵停止开放，花梗不再伸展，随后凋萎、变干、转黑和脱落。嫩叶受害常扭曲、脱落。幼果受害引起落果，在较大的幼果上常形成块状病疤。

（十一）香蕉主要病害

1. 香蕉炭疽病

【发病规律】此病主要以菌丝体在田间病株上越冬。翌年从病部产生分生孢子，借风雨或昆虫传播。孢子遇湿发芽，侵入寄主幼嫩器官。在绿果上常以附着胞或菌丝体潜伏在嫩果皮内，在果实成熟时才表现症状和产孢。在贮运期借病果与健果接触传播。熟果被病菌侵染后，病害发展迅速。高湿和高温适于本病发生。

【病害症状】本病主要危害香蕉果实；蕉花、叶片、蕉身和果轴也受侵害。田间绿果受害后病菌以菌丝体形式潜伏在果皮下面，常不表现症状；随着果实发育，特别是采后贮运期才逐渐表现症状。一种症状是果上病斑多数出现在近果端部分，开始小，圆形，黑色或黑褐色，后迅速扩展或几个病斑汇合形成不规则形大斑，病斑凹陷，潮湿时其上可见粉红色的孢子团。严重发病时整个果指变黑，果肉变暗、变软和腐烂。另有一种症状是在黄熟的果实表面产生许多散生的褐色或暗褐色小点，呈"芝麻点"状；小点扩大、汇合，向果肉深入，造成全果腐烂。果梗和果轴受害时产生黑色水渍状斑，造成黑顶和顶腐，严重时果梗、果轴全部变黑、干缩或腐烂，病部长出粉红色孢子团。

2．香蕉花叶心腐病

【发病规律】田间病株及其吸芽是本病的主要初侵染源。远距离传播主要靠带病毒的吸芽苗及组培苗；病区里的自然传播媒介主要有棉蚜和玉米蚜，也可通过汁液摩擦传染。本病的潜育期可长达 12～18 个月。

【病害症状】在病株叶片上出现断断续续的褪绿黄色条纹，或呈褪绿黄色梭形圈斑。条纹从叶缘开始发生，向主脉方向扩展，严重时整张叶片呈现黄色条纹病部与绿色健部相间的花叶病状。这些条纹或圈斑在叶片两面均见，尤其叶面更明显。在幼株嫩叶上，条纹较短小，灰黄色或黄绿色；随着叶片老熟逐渐变成黄褐色至紫黑色；最后变成坏死的条纹和圈斑。有的病株叶片边缘稍卷曲，顶部叶片有时扭曲、丛生。染病幼株显著矮缩，甚至死亡。染病成株生势衰弱和较矮小。当病害进一步发展时，嫩叶可呈现严重黄化或黄色斑驳病状；心叶和假茎内的部分组织出现水渍状病区，以后坏死，变黑褐色腐烂。纵切假茎可见病区呈长条状坏死斑，横切面呈块状坏死斑。有时根茎内也发生腐烂。

3．香蕉黑星病

【发病规律】初侵染源来自田间病叶和病果，借风雨传播。春秋季的多雨潮湿天气有利于发病。大密哈蕉较抗病，矮把香芽蕉易感病。

【病害症状】本病主要侵害青果和叶片。在被害的青果表面满布黑色突起的小斑点，斑点上聚生黑色小粒，斑点外沿油渍状。果成熟时小斑点扩大变成椭圆形或圆形的褐色、暗褐色或黑色病斑，病斑周围淡褐色，中央的组织下陷、腐烂，斑上长出突起的小黑粒。被害果实常不能均匀一致地黄熟。在被害叶片及叶脉上产生许多散生的或群生的小黑粒，小黑粒的周围淡黄色。病情随叶龄的增加而增加，重病时叶片变黄、凋萎。

4．香蕉枯萎病

别名：香蕉巴拿马病、镰刀菌萎蔫病。

【发病规律】该病病菌能在土中存活许多年。带菌的球茎、吸芽、病残组织和病土是主要初侵染源。病菌随染病种植材料、病土和流水传播。病菌由根系侵入，在维管束内蔓延，引起系统性维管束病害。土壤瘦瘠，沙土或沙壤土，pH 6 以下，排水不良处易病，土温较高，土壤最大持水量 25%时发病最重。

【病害症状】从苗期到成株期都能染病，但只在植株将要抽蕾时症状才变得明显。病株开始是下层叶片及靠外的叶鞘变黄色，先从叶片基部逐渐向上，或从叶缘向中脉逐渐变黄，以后整张叶片变黄、凋萎、下垂，由黄变褐色干枯。有些叶片未变黄即下垂或虽发黄但不下垂，有的病株是心叶坏死，基部的假茎纵裂，整株叶片均凋萎下垂。切开病株球茎和假茎，里面的维管束呈现红棕色或褐色斑点状或线条状，越近茎基部变色越深，最外层叶鞘的维管束也变褐色。病株的根系最终变黑死亡。

5．香蕉束顶病

【发病规律】本病主要由带病种苗（吸芽）和香蕉交脉蚜传播。机械摩擦或土壤不传播。植株感染后 1～3 个月内即可发病。由于蕉蚜的辗转传染，一个二三百亩的蕉园在四五年内的病株率可高达 50%～80%。夏季气温高，蕉蚜盛发，传染病毒较快。在天气干旱、雨少的年份，蕉蚜繁殖快、有翅蚜多，发病率高；而在雨多、天气潮湿年份，蕉蚜死亡率高，发病轻。矮把香蕉最感病，过山蕉类次之，大蕉类较抗病。

【病害症状】病株新长出的叶片一片比一片短而窄小，直立，成束地长在一起形成丛顶，病叶硬而脆，易折断。已伸展的叶片先从叶缘开始块状黄化，后全叶变黄。在叶脉上出现宽 1 mm 的深绿色不连续的条纹，这种俗称"青筋"的深绿色条纹在叶柄和假茎上也可见到。病株分蘖较多，球茎变红紫色，根变紫色或腐烂，不发新根。病株一般不开花结蕾。将开花时才受害的病株，花蕾直立不能结实；或即使结蕉也是形小味淡无商品价值。

6. 香蕉褐缘灰斑病

别名：芭蕉瘟。

【发病规律】病菌在田间病株和地面病残叶上越冬。翌年春季分生孢子借雨水或露水散布，或子囊孢子借风传播，在香蕉叶面萌芽，芽管自表皮侵入。发病后在病部产生两类孢子，分别传播危害。潜育期 16～20 d。3～4 月开始发病，7～8 月高温高湿季节流行。高湿蕉园和生势差的蕉株发病严重。此病常与香蕉灰纹病伴生，使病情更加严重。

【病害症状】发病初期在新叶背面产生与叶脉平行的浅褐色小条纹，大小（0.3～0.5）mm×（2～5）mm；条纹扩展形成椭圆形褐色或黑色斑点，大小 3 mm×10 mm。以后斑点扩大成黑褐色大斑，中央浅灰色或茶色，边缘暗色，周围有亮黄色晕圈。在第 6 至第 8 片叶上常出现几个病斑汇合，周围组织坏死，沿叶缘形成大片坏死区；在第 8 至第 10 片叶上常出现病斑继续向叶片中央扩展，直至整张叶片提前干枯。香蕉嫩叶刚展开时已被侵染，但肉眼可见的症状常出现在第 3 片和第 4 片叶上；从发病到全叶干枯经历 35～45 d。

（十二）菠萝主要病害

1. 菠萝凋萎病

别名：菠萝粉蚧枯萎病。

【发病规律】本病的初侵染源是带有菠萝粉蚧（若虫和卵）越冬的病株、其他寄主植物和种苗，属病毒病。此虫行动迟缓，在田间植株之间的迁移主要借助几种蚂蚁。当病株接近枯死前，由蚂蚁将菠萝粉蚧搬迁到邻近健株上传播危害。冬季天气转冷时粉蚧又在植株基部和根上越冬。本病的发生有明显季节性。高温干旱有利于发病，因此本病常在秋季流行；而在低温或多雨季节发病轻。新种的幼株很少发病，生势旺盛和接近坐果的植株发病较多。

【病害症状】田间病株开始是根系停止生长，以后腐烂或枯死，严重时几乎大部分根群坏死；地上部分先是叶尖表现失水、皱缩，叶片逐渐褪绿变色，先呈黄色，后变成红色，整株叶片可同时凋萎，严重时整块菠萝田呈现一片苹果红色，病株显著缩小，叶片边缘向下反卷、紧折，以后渐渐枯死。生长旺盛的或已坐果的植株比生势衰弱的植株发病更早，症状表现更明显。发现菠萝叶片变色、凋萎时，检查植株根系和叶片基部，如果看到有许多白色粉蚧，即可诊断为凋萎病。

2. 菠萝黑腐病

别名：基腐病、果腐病、水疱病。

【发病规律】病菌以厚壁孢子或菌丝体在土壤或病组织中越冬。田间病菌孢子借雨水溅散，或借气流、昆虫传播；在贮运期可通过病健果接触传播。温和、潮湿天气适于此病发展。在排水不良常渍水处易发生幼苗腐烂。雨天打顶或过迟摘冠芽，病菌易从伤口侵入而引起果实发病。冬果受低温霜冻害时易发病。摘果时如果机械损伤，贮运期发病也重。

【病害症状】幼苗被害常引起苗基部湿腐，外轮叶片先枯黄，逐渐波及内层叶片，严重时全部叶片易与茎部脱离。茎顶部或嫩叶基部被害引起植株心腐。成株叶片染病产生条形叶斑，初为黄褐色，后变灰白色，纸质。根系受害全株枯萎、死亡。熟果受害初在果面产生水渍状暗褐色病斑，病健部分界明显，病部组织变软、湿腐、黑色，并发出特殊香味。果实也常在果柄切口处开始发病，擦伤的果实采后也易染病腐烂。

3. 菠萝心腐病

【发病规律】病菌能在田间病株和病田土壤中存活和越冬。带菌的种苗是此病的主要来源，含菌土壤和其他寄主植物也能提供侵染菌源。田间传播主要借助风雨和流水。寄生疫霉和棕榈疫霉主要从植株根茎交界处的幼嫩组织侵入叶轴而引起心腐；樟疫霉由根尖侵入，经过根系到达茎部，引起根腐和心腐。在高湿条件下从病部产生孢子囊和活动孢子，借助风雨溅散和流水传播，使病害在田间迅速蔓延。高温多雨有利于发病。雨天定植的田块发病严重。使用病苗、连作、土壤黏重或排水不良的田块一般发病早且较严重。

【病害症状】菠萝心腐病主要危害幼龄植株，也危害成株和果实。病株的根系变黑腐烂，心叶褪绿，较老叶片枯萎。幼株被害初期叶片仍呈青绿色，仅叶色稍变暗、无光泽，但心叶黄白色，容易拔脱，肉眼一般不易察觉。以后病株叶色逐渐褪绿，变为黄色或红黄色，叶尖变褐色干枯，此时叶基部产生浅褐色乃至黑色水渍状腐烂，腐烂组织变成奶酪状，病健交界处呈深褐色。随着次生菌入侵，腐烂组织常发出臭味，最终全株死亡。成株主要是根系受害，变黑腐烂，病株的果实体小味淡。绿果能被邻近病株溅散的病菌侵染，产生灰白色湿腐斑块，后迅速扩展使整个果实腐烂。

（十三）番木瓜主要病害

1. 番木瓜环斑病

【发病规律】田间染病植株是主要初侵染源。通过桃蚜和棉蚜传播，潜育期 7～28 d。温暖干燥年份发病较严重，这与有利于蚜虫发育和迁飞有关；而高温和寒冷季节不利于蚜虫活动，发病较少。距离老木瓜园越近发病越重，反之则轻。一般矮生种、红叶柄品种和海南红肉种比较抗病；而高生种、青柄种极易感病。

【病害症状】染病植株最初只在顶部叶片背面产生水渍状圈斑，新生幼叶有时变畸形。伸展的成叶大多表现花叶，极少变形。病株顶部嫩茎和叶柄上开始也出现水渍状斑点，以后扩大、联合成水渍状条纹。病果上产生水渍状圈斑或同心轮纹圈斑，2～3 个圈斑相互联合形成不规则形大病斑。在天气转冷时，花叶症状不明显，但老叶大多提早脱落，只剩下顶部黄色幼叶，幼叶变脆、透明、畸形、皱缩。

2. 番木瓜炭疽病

【发病规律】病菌在田间病果、病叶和病残物上越冬。在潮湿条件下产生大量分生孢子和借风雨、昆虫传播。孢子发芽直接侵入绿色未损伤的果实，或通过气孔、伤口侵入叶片和果实。高温高湿适于发病。

【病害症状】番木瓜炭疽病主要危害果实，其次危害叶片和叶柄。幼果被侵害常不表现症状，随着果实增大，先在果面出现水渍状小斑点，随后扩大形成圆形凹陷病斑，边缘为浅褐色。潮湿时病斑中央产生粉红色孢子堆，或黑色与朱红色小点相间排列的同心轮纹。有的病果的病斑变干形成栓化硬块。有些幼果受侵害后变畸形或形成僵果。多数病果在黄熟期变软腐烂。叶片受害形成褐色、形状不规则的病斑，斑上长出小黑点。叶柄受害病斑没有明显界限，不凹陷，其上长出黑色或朱红色小点。

（十四）栗主要病害

1. 栗白粉病

【发病规律】病菌以闭囊壳形态，在落叶和病梢上越冬。第二年春季闭囊壳产生并放出子囊孢子，借风传播。子囊孢子到达叶片、嫩梢，便长出芽管从气孔侵入，随后在叶表面形成菌丝体和大量分生孢子，不断传播发病。8～9月份菌丝上形成闭囊壳，9～10月份成熟越冬。干旱有利于病害发展，密植丰产园通风差，或氮肥过多易感染此病。

【病害症状】初时叶片出现褪绿斑，呈不规则形，后在叶背面产生灰白色菌丝层和分生孢子。秋季形成黄褐色至黑色的小粒点（闭囊壳）。嫩梢、嫩叶上长满白色菌丝层、分生孢子，严重时新梢扭曲、枯死。

2. 栗干枯病

别名：胴枯病、腐烂病、疫病。

【发病规律】板栗干枯病是一种高等真菌性病害，病菌以菌丝和分生孢子器在枝干病组织内越冬。翌年春季树液流动后病菌开始活动，导致形成新病斑或在老病斑外继续扩展。萌芽至开花期病斑扩展迅速，可造成死枝、死树，以后病斑发展缓慢甚至停止扩展。进入雨季后，病斑上溢出大量病菌孢子，通过风雨传播，从各种伤口进行侵染为害，如嫁接口、剪锯口、冻害伤口、机械伤口、虫伤等，特别是嫁接口、愈合不良的剪锯口和冻害伤口最为重要。病害远距离传播主要通过带菌苗木的调运。

土壤瘠薄或板结、施肥不足、有机质贫乏等导致树势衰弱的因素均可加重干枯病的发生。树体伤口越多、愈伤组织形成能力越低，病害发生越重。嫁接部位越低，嫁接口受冻越重，干枯病发生越重，距地面75 cm以上的嫁接口很少发病。冻害发生后，干枯病常发生较重，因此北方板栗产区干枯病相对发生较重。另外，品种间抗病性存在显著差异。

【病害症状】主要为害栗树枝干，造成栗树皮层腐烂，轻者削弱树势，重者导致死枝、死树。发病初期，枝干表面产生红褐色病斑，稍隆起，组织松软，有时有黄褐色汁液流出。撕开病皮，内部组织呈红褐色水渍状腐烂，有酒糟味。随病情发展，病部逐渐失水，干缩、凹陷，并在病皮表面逐渐产生许多黑色瘤状小粒点（病菌子座）。进入雨季后或潮湿条件下，小粒点上可溢出橘黄色丝状物（病菌孢子角）。后期病皮干缩开裂，在病斑周围逐渐产生愈伤组织，在抗病品种上愈伤组织可从病斑下部产生，使病斑部位肿起、粗大、表面产生裂缝。在感病品种上，当病斑环绕枝干一周后，导致病斑上部枝条枯死或植株死亡。

3. 栗枝枯病

【发病规律】板栗枝枯病是一种高等真菌性病害，病菌以菌丝和分生孢子盘在枝条病斑上越冬。翌年条件适宜时（遇降雨等高湿条件时）产生分生孢子，通过风雨或昆虫传播，从各种伤口（机械损伤、修剪伤口、虫伤等）侵染为害，经数天潜育期后引起发病。发病后枯枝上产生的病菌孢子通过风雨或昆虫传播可引起再次侵染。壮树发病很少，生长衰弱的枝条容易发病；管理粗放、春旱严重或受冻的栗树发病较重。

【病害症状】板栗枝枯病主要为害各种枝条、枝梢，造成枝条或枝梢枯死。发病初期，在枝条皮层表面产生褐色病斑，后快速扩展至绕枝条一周，进而导致病斑上部枝条枯死；枯枝初期呈淡红褐色，后逐渐变为灰褐色，并在枯枝表面逐渐散生出许多黑色小粒点（病菌分生孢子盘）。降雨后或湿度大时，小黑点上逐渐涌出黑色黏团（分生孢子团），呈黑色馒头状，直径多1～3mm。病枝叶片逐渐变黄脱落，严重时造成大量枝条枯死。

4．板栗疫病

【发病规律】板栗疫病是一种低等真菌性病害，病菌主要以卵孢子在病组织中及土壤中越冬。翌年温度适宜时（最适温度为 18～27℃），形成游动孢子囊，产生游动孢子，通过降雨或灌溉水传播，进行侵染为害，每次降雨后或灌水后都可发生 1 次侵染。地势低洼、树干基部容易积水、密植栗园及树干伤口多时病害发生较重。

【病害症状】板栗疫病主要为害近地面的主干及主枝基部，在潮湿的低洼栗园发生较多。发病初期，病部树皮开裂，流出黑色汁液，有酒糟味。刮开病皮，皮层组织变褐、松软，并有暗褐色与黄褐色相间的环纹和条纹。随病情发展，皮层组织及木质部表面变黑褐色，病皮失水干缩、凹陷、变硬，表面发生龟裂。当病斑环绕枝干一周后，导致上部树体枯死。

5．板栗木腐病

【发病规律】板栗木腐病是一种高等真菌性病害，可由多种弱寄生真菌引起，均以菌丝体或子实体在田间病株或病残体上越冬。翌年条件适宜时越冬病菌继续生长蔓延，并产生病菌孢子，通过气流传播，从机械伤口（生长裂伤、未愈合的修剪伤口等）侵染为害，而后在木质部内生长蔓延。老龄树、衰弱树、主枝折断及机械伤口多的栗树容易受害，管理粗放、病虫害发生严重的栗园病害较多。

【病害症状】板栗木腐病主要为害栗树的主干、主枝，以衰老的大树受害较重，发病后的主要症状特点是导致木质部腐朽。该病多从枝干伤口处开始发生，而后由外向内、自上而下逐渐在木质部内扩展蔓延，造成木质部腐朽。后期在病树伤口处产生病菌子实体，该子实体结构因具体病菌种类不同而异，如马蹄状、覆瓦状、蘑菇状、伞状、贝壳状、膏药状等。病树支撑和负载能力降低，刮大风时容易从病部折断，从断口处可以看到木质部内分散有灰白色菌丝。

6．栗树干枯病

别名：栗疫病、栗树胴腐病。

【发病规律】病菌以菌丝体及子座在病皮中越冬，翌年 3～4 月间气温回升，土壤解冻，即栗树发芽前后，扩展迅速，是发病最严重的时期。4～5 月以后，当栗树抽条 30 cm 左右时，病害基本停止活动。5～6 月间，病部产生孢子角，遇水分散，分生孢子随风雨传播，侵染危害。7～9 月，病害再次发展，入冬后停止活动。病菌多从剪锯口、嫁接口、虫伤等伤口侵入。冻伤之后，易引起干枯病发生。土质瘠薄、管理不善、树势衰弱，发病较重。不同品种之间感病性有差异，长江流域的明栗、长安栗等少见染病。

【病害症状】此病主要发生于枝干，引起树皮腐烂，也危害小枝，使枝梢干枯。发病部位起初呈红褐色，按之松软，稍隆起，有时溢出黄褐色汁液，如撕破病皮，可见内部组织溃烂、红褐色，水渍状，有酒糟气味。病枝渐失水干缩，病皮呈灰白色或间有青黑色，产生瘤状小点，即病菌的子座，后突破表皮外露，潮湿时涌出橙黄色丝状孢子角。最后病皮干缩开裂，四周形成愈伤组织，周围隆起。幼树常在树干基部发病，后上部枯死，下端形成愈伤组织，入夏后自基部发出大量分蘖，分蘖枝纤细，发育不充实。翌年春季基部又发病，致分蘖枯死，入夏后又萌生分蘖。反复几年之后，主干基部形成大块瘤状愈伤组织，不断消耗树体营养，终致病树死亡。

7．板栗种仁斑点病

【发病规律】板栗生长期，幼果即带菌。8 月底 9 月初板栗将成熟时开始出现症状，但发病率很低，平均 0.5%。采收期病粒率约 3%，仍不致造成损失。采收后经过沙藏、预选，到交售收购站时，病粒率大大增高，平均达 8%。经加工挑选成为商品栗，病粒又增多，平均达 10%，达最高峰。此后气温降低，发病率不再增长。采收后至加工期 15～25 d 期间，气温较高，是病情发展的关键时期。

【病害症状】病栗外观无异常，在清水中不易浮起，难以用水选法汰除。种仁出现各种各样的坏死斑点，症状表现复杂，大致可分为黑斑型、褐斑型和腐烂型三种类型。贮运前期即采收期至收购期褐斑型病粒居多，后期即加工期和港口贮存期黑斑型占大多数，两类合计占病粒的 90%左右。腐烂型症状可能是坏死斑点的后期表现，随着贮存时间的延长渐渐增多。

（十五）猕猴桃主要病害

1. 猕猴桃溃疡病

该病是猕猴桃的一种毁灭性的细菌病，1980 年前后在日本首次发现，1983 年在美国、新西兰也发现此病，我国于 1986 年始发现，以后连年流行，严重时造成大量植株死亡。

【发病规律】病菌在藤蔓和病枝上越冬。翌年 3 月上旬开始发病，病菌通过风雨、昆虫和农事操作传播，从植株伤口或自然孔口侵入。在适宜条件下，3～5 d 出现症状，并产生菌脓。4 月下旬是发病高峰期，以后随温度升高病情趋缓，9 月中旬病情再次回升，但以春季发病最明显，危害最严重。

【病害症状】此病危害叶片、花蕾、新梢及枝干部位。叶片发病：新生叶片出现水渍状褪绿小点，后扩大为 1～3 mm 的黑褐色、多角形斑，病斑湿润并伴有乳白菌脓，后期叶片病斑相互融合形成大枯斑，病梢枯死。主干和枝条受害：病部皮层水渍状软腐，潮湿时病部产生白色黏质菌脓，与植物伤流液混合后呈黄褐色或锈色或锈红色，病重时病部上端枝条凋萎枯死。花蕾罹病，则花蕾变褐枯死。

2. 猕猴桃黑斑病

【发病规律】病菌以菌丝体和子囊腔在病残组织越冬。来年 4 月下旬至 5 月上旬开始发病，6 月上中旬至 8 月份为发病高峰期，9 月份以后病情发展逐渐缓慢。

【病害症状】叶片受害：在叶正面形成黑色绒球状小黑点，叶背面产生黑色霉斑，后期叶面产生黄褐色不规则坏死病斑，叶片早落。枝蔓受害：最初在皮层出现黄褐色或红褐色、水渍状、纺锤形或椭圆形、稍凹陷的病斑，后纵向开裂肿大，病斑上有绒毛状霉层。

3. 猕猴桃褐斑病

【发病规律】叶片病斑最早出现在抽梢现蕾期。7～8 月份为病害盛发期。连续阴雨有利于病害的发生和蔓延，气温过高或持续干旱，发病轻。树势衰弱、偏施氮肥、地势低洼、通风透光不良的果园发病重，老龄树比幼树发病重。

【病害症状】叶片抽梢现蕾期开始发病，初为褐色小斑点，后逐渐扩大为圆形或近圆形、黄褐色的大斑，潮湿条件下病部产生黑色霉层，病叶枯萎脱落。结果枝受害成褐色。主干受害后，树皮粗糙，木质部腐烂，髓部变褐，最后全株干枯死亡。

4. 猕猴桃炭疽病

【发病规律】病菌以菌丝体和分生孢子在病残组织中越冬。第二年春季降雨后，病残体上的病菌产生分生孢子，通过风雨或昆虫传播，从伤口或直接侵入，引起发病。

【病害症状】叶片受害，最初在叶面产生水渍状斑点，后转为褐色、圆形或不规则形病斑，中央灰白色，边缘深褐色，病健交界明显。果实受害，最初产生水渍状褐色小斑点，后扩大成暗褐干腐状病斑，病斑中央稍凹陷，潮湿时病部分泌出肉红色分生孢子块。

5. 猕猴桃轮纹斑病

【发病规律】病菌随病残体越冬，第二年春季展叶后侵染新叶，8～9 月份盛发。肥料缺乏、树势衰弱的果园发病重。

【病害症状】主要危害叶片。多从叶尖、叶缘处开始发病，初为黄褐色小点，后变成褐色至暗褐色、圆形或半圆形大斑，病斑中央灰褐色，有轮纹状排列的小黑点，多个病斑联合成大枯斑，叶片早落。

6. 猕猴桃日灼病

【发病规律】夏季酷热的 7～8 月份，天气突然暴热，持续高温或中午阳光强烈直射，容易发生果实和叶片日灼。主干和枝蔓发病，主要在冬末初春，植株向阳而在高温条件下，尤其中午阳光直射和地面反射的双重作用下，白天温度提升快，夜间温度骤降，如此冷热交替，使树皮组织受伤，皮层局部死亡。

【病害症状】果实受害后形成凹陷，不规则形的红褐色坏死斑，后期果肉变褐腐烂。叶片受害多从叶脉处产生坏死枯斑。枝蔓受害，南侧或西南侧向阳面皮层坏死，主干纵向开裂。

7. 猕猴桃蔓枯病

此病为猕猴桃主要病害之一，有的果园发病率高达 80%，造成大量枝梢死亡，甚至造成整枝或整株死亡。

【发病规律】猕猴桃抽梢期和开花期出现发病高峰。枝蔓普遍带菌，发病与树势有关，品种间以中华猕猴桃最易感病，伤口是诱发病害的主导因素，冻害是病害流行的主要条件。人工接种病菌还能侵染山楂和葡萄的枝蔓。

【病害症状】主要危害二年生以上的枝蔓，当年新生的枝蔓不发病。病斑多在剪锯口、嫁接口和枝蔓权丫处发生。病部初为红褐色，渐变为暗褐色，形状不规则，组织腐烂；后期病部稍下陷，表面散生黑色小粒点，潮湿时从小粒点内溢出乳白色卷丝状的分生孢子角。病斑四周不断扩展，当环绕枝蔓一周时，即致使上部死亡。

8. 猕猴桃疫霉病

【发病规律】病菌以卵孢子、厚壁孢子和菌丝体随病残组织在土壤中越冬，春末夏初遇降雨或灌溉，病菌产生的孢子囊随雨水传播，从伤口侵入寄主。

【病害症状】主干茎基部和根茎部初生圆形或近圆形水渍状斑，后扩展为暗褐色不规则形，皮层坏死，皮层内部暗褐色。严重时病斑环绕茎干，引起主干环割坏死。叶片枯萎，植株死亡。

9. 猕猴桃灰霉病

【发病规律】病菌以菌核和分生孢子在果、叶、花瓣等病残组织上越冬。第二年开花至花末期，遇降雨或高湿条件，病菌侵染花器引起花腐，带菌的花瓣落在叶片上引起叶斑。残留在幼果果梗的带菌花瓣从果梗伤口处侵入果肉，引起果实腐烂。

【病害症状】猕猴桃花瓣受害呈水渍状褐色腐烂，潮湿时产生灰色霉层。叶片受害产生褐色具轮纹的湿腐状病斑，病斑薄，易破裂。果实受害后呈淡黄褐色腐烂，表面生灰色霉层，后期夹杂不规则形黑色菌核。

10. 猕猴桃霉污病

【发病规律】降雨较多的年份，地势低洼，积水严重，地面杂草丛生，树冠郁密，通风不良发病严重。

【病害症状】主要危害叶片和果实，病部产生黑色污斑，边缘不明显，状似烟煤斑。该病对寄主不造成实际损坏，但病部产生的污霉状物影响叶片的光合作用和果实外观，降低果实的商品价值。

11．猕猴桃根结线虫病

【发病规律】主要以卵和二龄幼虫在根或根际土壤越冬。来年早春，猕猴桃新根生长期，线虫产于卵囊内的卵孵化出二龄幼虫侵入新根，引起发病。

【病害症状】病株侧根和纤维产生圆形或纺锤形、淡黄色、表面光滑、坚硬的根结，根结小如粟粒、大如绿豆，有的根结束联结成串珠状。地上部植株生长缓慢，植株矮化，叶色发黄变小，结果少，果实小。

12．猕猴桃蒂腐病

该病是果实贮藏期间发生的病害。

【发病规律】病菌以菌丝体、菌核或分生孢子随病残组织在土中越冬。翌春，由菌丝体或菌核或分生孢子，以及越冬残存的分生孢子借风雨传播，主要通过伤口及幼嫩组织侵入。该病一年有两次侵入期：第 1 次发病在花期前后，引起花腐；第 2 次侵入是在果实采收、分级、包装过程中，在贮藏时期发病。

【病害症状】起初在果蒂处出现明显的水渍状，以后病斑均匀向下深入扩张，从果蒂处的果肉开始腐烂，蔓延到全果。腐烂处有酒味，略有透明感，果皮上出现一层不均匀绒毛状的灰白霉菌，以后变成灰色。在冷藏条件下（0℃左右），受害果贮藏 4 周左右出现病症，贮藏 12 周后未发病的果实，一般不会发病。

（十六）草莓主要病害

1．草莓白粉病

【发病规律】最适温度为 15～25℃，大棚内的温度正好适宜白粉病发生。在草莓现蕾开花进入产果期以后危害最重。

【病害症状】叶片受害初期呈大小不等的暗色污斑，随后叶背斑块上产生白色粉状物，后期呈红褐病斑，叶缘萎缩、枯焦，果实期受害时，幼果停止发育、干枯，若后期受害，果面覆有一层白粉。

2．草莓灰霉病

【发病规律】病菌随病残体越冬或越夏。南方草莓灰霉病菌可在田间草莓上，营半腐生生活或在病残体上营腐生生活。病菌借风雨、农事操作等传播、蔓延。气温20℃左右，遇连阴雨天，或潮湿天气持续时间长，或田间积水，病情发展快，危害重，种植相对密度大，枝叶繁茂的地块，发病重。长江以南3～4月发病，5月上旬达高峰，北方发病迟。保护地发病早，露地发病迟。除危害草莓外，还侵染黄瓜、番茄、菜豆、莴苣等多种蔬菜。

【病害症状】主要危害花器和果实。花器发病时，起初在花萼上出现水浸状小点，后扩大成近圆形至不规则形病斑，病害扩展到子房和幼果上，最后幼果腐烂，湿度大时，病部产生灰褐色霉状物。青果容易染病；柱头呈水浸状，发展后形成淡褐色斑，并向果内扩展，致果实湿腐软化，潮湿时病部也产生灰褐色霉状物，果实易脱落。天气干燥时病果呈干腐状。

（十七）龙眼、荔枝主要病害

1．龙眼、荔枝桑寄生

危害作物：龙眼、荔枝、油梨、柑橘、番石榴、黄皮、杨桃。

【发病规律】桑寄生植物的种子靠鸟类取食后传播，黏附在寄主树皮上的种子发芽后产生胚根和形成吸盘，侵入树皮后在寄主皮层组织内形成分枝和假根，并产生垂直的次生吸根，穿过寄主形成层进入木质部，吸收寄主的水分和无机营养物质，然后形成短枝和叶进行光合作用，再从茎基的不定芽生出匍匐茎，在寄主枝干表面延伸，又产生新的吸根侵入寄主和形成新的茎叶，以后开花结实，再由鸟类取食、传播。通常在寄主树的外层枝条上首先发生。靠近其他树木或村庄的果园发病较普遍而严重。

【病害症状】最显著的特征是在被害的龙眼、荔枝的枝干上长出一丛一丛的桑寄生植物，它们的常绿叶子与寄主植物的叶子的形状和色泽均不同。在枝干被害部位常见树皮肿胀，这是被桑寄生的根系侵入而引起的。枝干被害部位长出疮伤组织盖住侵入者的根，而桑寄生又继续生长缠绕愈伤组织而形成大小形状不一的瘤节。被害处以上的枝叶生势衰弱或枯死，形成稀疏的树冠。严重受害的植株整个树冠被桑寄生代替而失去经济价值。

2．龙眼、荔枝藻斑病

【发病规律】此病原绿藻以丝状体和孢子囊在寄主的病叶和落叶上越冬。翌年春季在越冬部位产生孢子囊和游动孢子，借雨水传播，以芽管由气孔侵入，吸收寄主营养而形成丝状营养体。丝状营养体在叶片角质层和表皮之间繁殖，后穿过角质层在叶片表面由一中心点作辐射状蔓延。病斑再产生孢子囊和游动孢子辗转传播、危害。果园土壤瘦瘠、郁闭潮湿、通风透光差的发病普遍，长势衰弱的植株和树冠下部的老叶受害严重。

【病害症状】本病主要发生在成叶和老叶上。初在叶面产生浅黄褐色针头大的小圆斑，后向四周辐射状扩展，形成圆形或不规则形病斑。病斑稍隆起，灰绿色，表面有细条纹状毛毡状物，边缘不整齐，这是本病的主要特征。后期病斑由灰绿色变成暗褐色，斑面光滑。

3．龙眼、荔枝丛枝病

别名：鬼帚病、扫帚病。

【发病规律】田间病株是主要初侵染源。该病毒可通过嫁接、压条、种子、花粉和介体昆虫进行传播。远距离传播靠带毒的种子、接穗和苗木；果园的传播主要靠荔枝蝽和龙眼角颊木虱。一年中春梢的花期发病多，而秋梢发病较少。

【病害症状】染病龙眼树在嫩梢、叶片、花穗上产生各种病状，以幼叶不伸展、卷缩似月牙形，枝梢丛生呈扫帚状，花穗紧缩成团等为主要特征。病梢上的幼叶叶缘卷曲，淡绿色，呈带状；已伸展的小叶中部凹陷，叶尖上卷扭曲；成长叶片局部凹陷、扭曲，叶脉黄化，脉间呈不定形黄绿相间的斑纹；病叶质脆，粗糙，容易脱落；小叶柄常扁化变宽。病梢节间缩短，侧枝丛生呈扫帚状。病花穗的花梗和小穗不伸展，花朵畸形、密集，花器发育不正常、畸形，不能结实或早期落果，偶而结实几个，但果少而小，果肉淡而无味。病穗干枯后变褐色或暗褐色，长期不落。荔枝病株的枝梢顶部的幼叶不伸展，卷缩似月牙状；嫩叶扭曲呈细条状；成叶叶缘外卷，叶脉隆起，叶肉部分有黄绿相间的斑纹，有些病叶叶缘深陷或扭曲。病梢节间缩短，侧枝丛生呈扫帚状，秋后病叶脱落后变成秃枝。病花穗的花梗和小穗不伸展，呈簇生花丛，花器不发育，花早落。

（十八）油梨主要病害

油梨根腐病

【发病规律】病菌能在田间病株、病残物及土壤中存活和越冬，提供初侵染菌源。借助雨水径流、灌溉水和黏附病土的种苗、农具传播。游动孢子有趋化性，常被吸引到寄主植物的吸收根上，侵入和危害吸收根。在排水不良和土壤高湿的地块、缺乏地面覆盖和有机质含量低的果园发病更为严重。

【病害症状】油梨树的幼苗、幼树和成株均能被侵害。主要侵害植株的吸收根，造成吸收根变黑、腐烂。重病树的吸收根全部腐烂，而直径 75 mm 以上的支根、主根不受侵害，这是本病的主要特征，也是与担子菌引起的其他根腐病的主要区别。茎干受害树皮坏死，形成溃疡斑，病部溢出一种含糖物质。病树树冠普遍呈现生势不旺盛的外貌，叶片比健树小，苍白色或黄绿色，大量萎蔫和脱落，以后枝条回枯，树冠稀疏，生势逐渐衰退。在病害发展的较早阶段，一些病树常产生异常多的小型果实，而重病树常不再抽新梢，也不结果，最终整株死亡。一株大树从看到早期症状到整株死亡一般经过一年至数年。

（十九）鸡蛋果主要病害

鸡蛋果茎腐病

鸡蛋果又名西番莲、百香果。鸡蛋果茎腐病别名：茎基腐病、萎蔫病。

【发病规律】病菌均在田间病株、病残物或土中存活和越冬，提供初侵染源。借助风雨、灌溉水、农具、肥料和昆虫传播。在高温高湿雨季流行，特别在台风多的年份，因风致伤多的果园病情更为严重。田间病株或分散发生，或集中在局部地块，在土壤通透性差、湿度高、排水不良、过度郁闭和前作为农用地的田块常易发病。

【病害症状】幼苗和成株均受侵害。主要受侵害的部位在植株茎基部。染病幼苗表现叶片褪色、脱落和整株枯死。成株染病初期在茎基部出现深褐色病斑，以后病部皮层产生裂痕、变软、腐烂，易与木质部脱离，在阴湿处病皮上常可看到有粉红色的子囊壳。当颈部病斑横向扩展环绕茎干时，上部的枝蔓和叶片表现黄化、凋萎，幼果果皮皱缩；如茎基未被环绕，尚有部分健皮时，只表现叶片褪绿和萎蔫，在环境和气候条件不利于病害发展时，植株仍继续存活而延续到下一生长季节。病斑向下扩展到达根部，引起主根和大的侧根皮层变褐、坏死、下陷，病根初坚硬、后变软，呈海绵状，大多数皮层脱落。染病茎基部和根部的维管组织变深褐色，变色部分限于坏死部位及其上下 7.5～10 cm 处。显微镜检查病茎的横切面薄片，看到病茎表皮的薄壁细胞被菌丝拓殖、变褐色和分解，木质部的薄壁组织也被病菌侵入。植株藤蔓迅速或突然凋萎是此病最显著的症状。有些病株出现茎基部皮层腐烂，根系变褐坏死，病部向上扩展到树的枝蔓，造成整株枯死；有时在叶片和果实上还出现水渍状的病斑，在潮湿环境下在病部长出白色菌丝。

十、茶树

目前，世界上记载的茶树病害有 507 种，我国记载有 138 种，其中在我国经常发生的或常见的病害有 30 多种。以发病部位而言，叶部病害居多，其次为枝干病害，根部病害少见。从病原类别区分，大多为真菌性病害，细菌性病害仅发现根癌病，病毒病尚未发现，线虫病有根结线虫病；除此之外，还有寄生性藻类、寄生性种子植物菟丝子、桑寄生等，还有附生植物地衣和苔藓等。茶树病害中主要病害为茶饼病、炭疽病、云纹叶枯病、芽枯病、白星病、枝梢黑点病、根癌病等。因这些发病率高，值得关注，否则严重影响茶叶的产量和质量。

1. 茶饼病

别名：疱状叶病、叶肿病、白雾。

【发病规律】以菌丝体在活的病叶组织中越冬。次年春季，当平均温度在 15～20℃、相对湿度 80% 以上时，形成孢子。担孢子随风飞散（一般在夜间释放），飘落到新梢嫩叶上，在水膜中孢子发芽，侵入组织，经过 3～18 d 后，产生新病斑；3～12 d 后，其背面出现白粉状物，继续飞散传播，进行多次侵染，病害不断扩大。担孢子怕光照及高温，因此，在广东、海南茶区，本病在夏季停止发展，病菌在荫蔽处越夏。一般发生期在春、秋季。高山及山谷的阴坡茶园，由于多雾露、日照少、湿度大、气温低，因此发生严重。施肥不当，采摘、修剪及遮阴等措施不合理的茶园，发生也多。品种间有抗病性差异。病害通过调运苗木作远距离传播。

【病害症状】危害嫩叶和新梢，花蕾及果实上也可发生。病斑多发生在叶尖和叶缘，先为淡黄色水渍状小点，后渐扩大为圆形，平滑而光亮。病斑正面凹陷，淡黄褐色，背面突起，呈馒头状，上生灰白色或粉红色粉末，最后粉末消失，突起部萎缩成淡褐色枯斑，边缘有一圈灰白色，形似饼状。发生严重时，病部肿胀，卷曲畸形，新梢枯死。

2. 炭疽病

【发病规律】以菌丝体在病叶中越冬，次年当气温上升至 20℃ 以上，相对湿度 80% 以上时形成孢子，主要借雨水传播，也可通过采摘等活动进行人为传播。孢子在水滴中发芽，侵染叶片，经过 5～20 d 后产生新的病斑，如此反复侵染，扩大危害。温度 25～27℃，高湿度条件下最利于发病。本病一般在多雨的年份和季节中发生严重。全年以初夏梅雨季和秋雨季发生最盛。由于叶片生长柔嫩，水分含量高，发病也多。品种间有明显的抗病性差异，一般叶片结构薄软、茶多酚含量低的品种容易感病。

【病害症状】主要危害成叶，也可危害嫩叶和老叶。病斑多从叶缘或叶尖产生，水渍状，暗绿色圆形，后渐扩大成不规则形大型病斑，色泽黄褐色或淡褐色，最后变灰白色，上面散生小型黑色粒点。病斑上无轮纹，边缘有黄褐色隆起线，与健部分界明显。

3. 网饼病

【发病规律】以菌丝体在病叶中越冬。春季在潮湿的条件下，产生子实体；担孢子借风力传播，当相对湿度高于 96% 时，孢子飞散，侵染叶片，经过 10～23 d 后，产生新病斑。约 2 个月后，病斑上形成孢子，可以继续进行再侵染。温度在 22～27℃ 间最利于发生。担孢子怕光照，孢子形成和发芽需要高湿度（相对湿度近 100%），因此病害的发生期一般在 4～6 月（梅雨季）以及 9～10 月（秋雨季）；炎夏季节，病害不会发展。高山多雾、地势低洼、郁闭的茶园均易发病。品种间有抗病性差异，一般叶片厚、多酚含量高的品种抗病性强，而叶片薄、多酚含量低的品种较易感病。

【病害症状】主要危害成叶，也可危害老叶和嫩叶。先在叶面产生针头大小斑点，淡黄绿色；油渍状；边缘不明显，逐渐扩大，遍及半叶至全叶。病叶变厚，有时向上反卷，色泽变成暗褐色。在叶背，沿叶脉出现网状突起，上生白色粉状物。最后病叶变紫褐色，网纹变成黑褐色，枝条枯死，叶片脱落。

4. 芽枯病

【发病规律】以菌丝体或分生孢子器在老病叶及嫩芽叶中越冬。次年 3 月底至 4 月初，当气温上升 10℃ 左右，形成器孢子，在水滴中释放孢子，并进行传播，侵染幼嫩芽叶，经过 2～3 d 后，产生新病斑，扩大蔓延。病菌发育的适宜温度范围在 20～27℃。8～10℃ 低温条件下，病菌生长速度慢，但尚能正常生长。29℃ 以上，病菌生长受到抑制。因此，本病是一种低温病害，主要在春茶期发生。4 月中旬至 5 月上旬，平均气温在 15～20℃ 之间，发病最盛。6 月以后，气温上升至 29℃ 以上时，病害停止发展。春茶由于遭受寒流侵袭，茶树抗病力降低，易于发病。

【病害症状】危害嫩叶和幼芽。先在叶尖或叶缘产生病斑，褐色或黄褐色，以后扩大成不规则形，无明显边缘，后期病斑上散生黑色细小粒点，病叶易破裂并扭曲。幼芽受害后呈黑褐色枯焦状，病芽生长受阻。

5. 白星病

【发病规律】以菌丝体在病叶、落叶或新梢中越冬。次年春季，当气温上升至10℃以上，在潮湿的条件下，病斑上形成分生孢子，通过风雨进行传播，侵害幼嫩组织。病菌潜育期短，短期内即可形成孢子，仅2～5 d后便产生病斑。在低温（15～20℃）、持续多雨的春茶期，最适宜于孢子的形成，可以进行多次侵染，引起病害的流行；高山及幼龄茶园容易发病。肥料不足、采摘过度等管理不良的茶园，发病较多。

【病害症状】危害嫩叶和新梢。初生针头大小褐色小点，后渐扩大成圆形小病斑，直径小于2 mm，中央凹陷，呈灰白色，边缘暗褐色至紫褐色，其上散生黑色小粒点，后期病斑互相合并成不规则形大斑。叶脉发病，常使叶片畸形弯曲。新梢受害，产生暗褐色病斑，以后变灰白色，有黑色小粒点，严重时可蔓及全梢，组织容易枯死。病芽叶制成干茶，味苦、异臭，品质下降。

6. 云纹叶枯病

【发病规律】病菌以菌丝体、分生孢子盘或子囊壳在树上病叶或土表落叶中越冬。翌春在潮湿条件下形成分生孢子，靠雨水和露滴由上往下传播。病菌孢子萌发侵入后经5～18 d形成新病斑。全年除冬季外，可多次重复侵染。越冬子囊壳形成子囊孢子迟，在杭州调查，要在4～5月份才成熟并飞散。本病是一种高温高湿型病害，全年以6月和8月下旬至9月上旬发生最多。

【病害症状】危害叶片。新梢、枝条和果实上也可发生。老叶和成叶上的病斑多发生在叶缘或叶尖，初为黄褐色水浸状，半圆形或不规则形，后变褐色，一周后病斑由中央向外渐变灰白色，边缘黄绿色，形成深浅褐色、灰白色相间的不规则形病斑，并生有波状、云纹状轮纹，后期病斑上产生灰黑色扁平圆形小粒点，沿轮纹排列。嫩叶和芽上的病斑褐色、圆形，以后逐渐扩大，成黑褐色枯死。嫩枝发病后引起回枯，并向下发展到枝条。枝条上的病斑灰褐色，稍下陷，上生灰黑色扁圆形小粒点。果实上的病斑黄褐色，圆形，后成灰色，上生灰黑色小粒点，有时病部开裂。

7. 红锈藻病

【发病规律】以营养体在病茎、叶中越冬。每年5～6月潮湿气候条件下，产生孢囊梗和孢子囊，随雨滴飞溅或由气流传播。孢子囊在水中释放出游动孢子，从嫩的木质部皮层裂缝处侵入。因此在雨量充沛的地区和季节发生严重。全年发生盛期在5月下旬至6月上旬以及8月下旬至9月上旬。

【病害症状】危害1～3年生枝条，也可在老叶和茶果上发生。在枝条上产生圆形至椭圆形紫黑色病斑，病斑逐渐扩大形成不规则形大型病斑。在5～9月份，病斑上出现铁锈色、小而密的毛状物，这是病原藻的子实体。病斑有时可将茎部包围，上部枝梢枯死，病茎上着生的叶片变黄，形成杂色叶。老叶上的病斑近圆形，直径5～10 mm，稍突起，紫红色至黑色，有时病斑周围有一绿色晕圈，以后病斑中央形成铁锈状毛状物，后期病斑干枯。茶果上的病斑比叶上的小，暗绿色，褐色或黑色，稍突起，边缘不整齐。本病可引起大量落叶、茶枝枯死，影响茶树生长，此外，病原藻可分泌毒素，致使茶树树势衰弱，对产量有明显影响。

8. 茶圆赤星病

【发病规律】以菌丝块在树上病叶组织中或落叶中越冬。次年春季，在适宜条件下产生分生孢子，借风雨传播，进行再侵染。温度20℃左右，相对湿度80%以上时，最适宜病害的发生。据湖南高桥观察，全年以4月下旬至5月上旬发生最盛，秋季也有发生。

【病害症状】主要危害成叶和嫩叶，嫩茎、叶柄也能受害。被害部初生褐色小点，以后逐渐扩大成圆形病斑。病斑小型，大小 0.8～3.5 mm，中央凹陷，呈灰白色，边缘有暗褐色至紫褐色隆起线，后期病斑中央散生黑色小点（菌丝块），潮湿时，其上有灰色霉层（子实层）。一张叶片上病斑数从几个到数十个，愈合成不规则形大斑，并蔓及叶柄、嫩梢，引起大量落叶。

9. 根腐病

【发病规律】根腐病以菌丝体、菌膜在病根或土壤中越冬。当环境条件适宜时，可长出营养菌丝体扩展蔓延，由病根和健根的接触进行传播，也可以以担孢子进行传播，进行新的侵染。高温高湿促进病害的发展。茶园中的树木残桩常为病菌的过渡性食物基地。因此在开垦新茶园时，如果树桩残留或病根碎片残留均会诱发根腐病的发生和发展。

【病害症状】发病初期不易觉察，以后病情逐渐发展，病株地上部分生长稀疏，叶片发黄，芽梢少而瘦小，严重时整株枯死。红根腐病和褐根腐病病株，枯萎的叶片仍附着在茶树上一段时间。但红根腐病病根黏附泥沙，去掉沙后可见病根上有枣红色或紫红色菌膜。褐根腐病病根黏附泥沙或细石块，不易洗去，表面有黑褐色薄而脆的菌膜，在根部树皮和木材间有白色或褐色菌丝体，剥开木材呈蜂窝状褐纹。紫纹羽病在我国北部茶区较为普遍。病株根颈部呈紫褐色，表面缠绕有紫褐色菌索，后期有半球形紫红色菌核。

10. 根结线虫病

【发病规律】以雌成虫和卵在病根的瘤状物中，或以幼虫在土壤中越冬。翌春气温上升至10℃以上时开始活动，雌成虫产卵于胶质卵囊中，在卵壳中孵化为 1 龄幼虫，经 1 次蜕皮后，2 龄幼虫由卵壳中爬出，借助流水和农具进行传播和侵染，并分泌刺激物，使根细胞膨大，形成新的瘤状物。幼虫和雄成虫可在土壤中自由活动，但雌成虫则固定在虫瘿中危害幼根。在适宜条件下（土温 20～30℃，土壤湿度 40%～70%），完成一代历时 25～30 d。土温高于40℃不利于成虫活动。线虫在沙性土壤中发生比黏土中重，在干土中易死亡。根结线虫除危害茶树外，还可危害瓜类、豆类、花生等 700 多种植物。

【病害症状】是茶苗根部寄生性线虫病害之一。主要加害 1～2 年生实生苗或扦插苗幼根，3 年生以上的茶苗通常不发病。病苗的主根和侧根形成瘤状物，小的如菜籽，大的如黄豆，表面粗糙，黄褐色。病根畸形，常无须根。扦插苗的病根常密集成团，组织疏松易折。病株地上部生长衰弱，黄化矮小，严重时大量落叶，甚至整株枯死。

十一、桑树

桑树在生长发育过程中，由于病原生物的侵染，代谢作用受到干扰和破坏，在生理与（或）组织结构上产生一系列病理变化，在形态上表现出病态，使桑树不能正常生长发育，并对生产造成损失，甚至导致局部或整株死亡。

桑树传染性病害的病原物有真菌、细菌、类菌质体、病毒、线虫等。在约 150 种的桑病中能危害成灾的有 30 种左右。

属全株性病害的有桑萎缩病、桑环斑病、桑丝叶病等；属枝干病害的有桑干枯病、桑平疹干枯病、桑腐皮病、桑丘疹干枯病、桑枝枯病、桑叉枯病、桑芽枯病、桑膏药病、桑癌肿病、桑枝菌核病、桑木朽病等；属根部病害的有桑紫纹羽病、桑白纹羽病、桑青枯病、桑白绢病、桑根朽病、桑根结线虫病、桑剑线虫病等；属桑叶病害的有桑疫病、桑褐斑病、桑赤锈病、桑里白粉病、桑表白粉病、桑污叶病、桑炭疽病、桑卷叶枯病、桑褐纹病、桑煤污病、桑瘤菌痢、桑角斑病、桑锈病、桑褐锈病等。桑树病害的检疫对象，有桑萎缩病、桑环斑病毒病、桑青枯病、桑纹羽病和桑根结线虫病等。部分重要病害简介如下：

1. 桑褐斑病

别名：烂叶病、烂斑病。

【发病规律】病菌以分生孢子盘在残留的病叶里越冬，次年春暖产生新的分生孢子，随风雨传播到叶面，引起初次侵染。当年病叶产生的分生孢子形成再次侵染。若发病条件适宜，可以多次循环侵染，造成大发生。高温多湿的气候条件有利于本病发生，因此，4～5月和9月间多雨的年份发病就重。地势低，地下水位高，排水不良的多湿桑园发病相应加重。

【病害症状】嫩叶易患病。病斑初期为褐色，呈水渍状芝麻粒大小的斑点，后逐渐扩大成近圆形或多角形病斑，大小不等，轮廓清晰，边缘为暗褐色，中部为淡褐色，其上环生白色或微红色的粉质块，即病菌分生孢子盘。病斑周围褪绿变黄，遇连绵阴雨天气，吸水膨胀，状似烂叶，若高温干燥，中部开裂。严重流行时，病斑互相连接，叶片枯黄容易脱落。

2. 桑黄化型萎缩病

别名：萎缩病、癃桑。

【发病规律】桑黄化型萎缩病的类菌质体在病树中越冬，其传染途径，一是通过嫁接传病，并与砧木、接穗的带病率有关；二是拟菱纹叶蝉与菱纹叶蝉作虫媒传病，但与虫媒吸毒情况、接种时间和虫口相对密度有关。以拟菱纹叶蝉对本病的传毒率为高，其传毒发病率为36.6%～72.7%。该病病原的存在与积累是其流行的先决条件。少量病树不挖，或引种带病苗木，必致蔓延爆发。媒介昆虫的相对密度影响传病概率，虫口相对密度越高，病情越重。桑树品种的抗病性是该病流行的重要因素，采叶、伐条不当使树体生理功能失调，可以加重发病。发病程度与温湿度有关，春季病情较轻，夏伐后，随气温升高病情加重。地下水位越高，土壤含水量越大，发病越重。

【病害症状】发病初期，少数梢头嫩叶向反面卷曲，皱缩发黄。随着病情加重，向着全株扩展，腋芽萌发，侧枝丛生，枝条细短，叶片如猫耳状，薄而小，容易脱落。病枝无花椹，越冬呈枯梢状，根系色泽较暗。罹病二三年后全树枯死。

3. 桑细菌性黑枯病

【发病规律】该病在高温25～30℃，相对湿度在85%以上发生严重。相对湿度在80%以下，无风雨影响病则轻。桑品种对该病的抵抗力差异很大，以桐乡青最易感病，湖桑系列较为抗病。地势低洼、地下水位高及台风地段种桑，容易诱发此病，偏施氮肥，枝叶徒长有加重病情趋势。

【病害症状】叶片上出现的病斑有两种类型，一是由气孔侵染引起，发病初期呈油渍状圆形或不规则形半透明斑点，后扩大转变为黄色至黄褐色病斑，周围叶色稍褪绿，气候干燥时中央会穿孔。二是通过叶柄、叶脉，从维管束感染引起的，使叶脉变褐；由叶脉限制形成多数细小的多角形病斑，在叶脉、叶柄上产生暗黑色稍凹陷的细长条斑，严重时叶片皱缩，大部分发黄脱落。病菌侵入嫩梢时，嫩梢和芽叶变黑腐烂，形成烂头。枝条被蔓延后，出现粗细不等的点线状棕褐色病斑，斑上常溢出淡黄色的珠状菌脓，即为集结一起的病原苗。严重时病斑深入枝条深层组织，韧皮部和木质部有呈长短不一的棕褐色条斑，表皮出现稍隆起、粗细不等的纵列点线状黑褐色条斑。

4. 桑芽枯病

【发病规律】本病的菌丝在枝条内越冬，翌年2月开始形成分生孢子座，3～4月间破皮外露，产生分生孢子引起以后多次侵染。该病菌生长最适温度为20～25℃，潜伏期为13～49 d。秋季采叶过度，发病率高。偏施氮肥，发生较重。地势低，相对密度大，土质黏，加重危害。

【病害症状】本病主要危害冬芽及其枝梢。在 3～4 月间，桑树春季发芽前后，在冬芽或伤口周围产生红褐色或黄褐色下陷的油漆状病斑，逐渐扩大，并在病斑上密生略为隆起的小点，突破表面皮层后成为橙红色的肉质小颗粒，即为病原菌的分生孢子座。5 月份后，枝条病部的组织上产生紫黑色的由多数细小颗粒聚结成的小块，即子囊壳座。随着病情发展，病斑扩大互相连接，环绕枝条一周时，由于截断树液流通，桑芽凋萎，枝条干枯死亡。严重时，皮层腐烂，极易剥离，散发出酒精气味。若局限于枝条上的轻病斑，可形成愈伤组织，外表皮露出纵横不齐的黑褐色韧皮纤维。

5. 桑花叶病

桑花叶病是桑树主要病害之一，主要在广东和广西两地桑区危害。

【发病规律】该病由病毒引致，但可因天气或品种不同而在病树中表现症状不同，即使在同一年之中，也有些时候如同健桑一样正常生长，即有隐症和显症表现。桑花叶病因桑树品种不同而发生不同，一般杂交组合桑品种发病严重，可达九成以上的发病率。

【病害症状】桑花叶病的症状多种多样，在田间病树常见症状有下面四种：①花叶状　受害桑树的叶片呈深绿与浅绿或黄绿相间的花叶状或斑马线状，病叶出现轻微皱缩，叶变小，叶质变劣。②环斑状　受害桑树的叶片呈现出许多大小不同、中间呈绿色、周围呈黄色的环斑或不规则形状的褪绿大斑，受害叶面平展不皱缩。③丝叶状　受害桑树发病初期，患病叶片变小而叶肉加厚，叶形呈裂叶状。随着病情的发展，裂叶程度加深，在叶尖部的叶肉和侧叶脉消失，仅剩下主叶脉或近叶柄部有小小叶肉。也有整块叶片呈带状畸形，基本没有叶产量。④网状叶　受害桑树的叶片的主脉、侧脉，细脉的两侧保持绿色，而叶肉褪色呈黄绿色，表现成鱼网状缺绿叶片，这些病叶一般较为瘦长，区别容易。以上四种症状在田间表现常在同一株或一枝上发生，发病的严重程度根据气候变化而时多时少，忽重忽轻。

6. 桑赤锈病

别名：赤粉病、金桑。

【发病规律】本病以菌丝在枝条、冬芽组织内越冬，次年春，随芽叶开展形成锈子器，散出锈孢子随风雨传播，以后在病叶、枝梢上不断形成锈孢子，进行循环侵染。温度在 21～26℃，相对湿度在 80%～100%时，最利于锈孢子形成，该菌喜低温冷湿天气，高温干燥有抑制作用。地势低洼高湿、密植程度大的桑园发病重于高燥地和合理密植园。

【病害症状】叶片发病，在叶的正反面散生圆形有光泽小点，逐渐呈青泡状肥厚隆起，后期变橙黄色，病部破裂，从里面散出粉末状橙黄色的锈孢子，布满全叶。叶柄、新梢被害，病斑顺着维管束呈现不规则形纵向发展，弯曲成畸形，表皮破裂后满布金黄色粉末，故有"金桑"之称。枝梢病斑斑痕黑褐色，椭圆形稍凹陷。桑椹被害失去固有光泽而变黄，后期也布满橙黄色粉末。

7. 桑根结线虫病

别名：根瘤线虫病。危害作物：桑树，红、黄麻，甘薯，花生等多种一年生作物。

【发病规律】桑根结线虫的成虫、幼虫、卵均能越冬，年发生约三代。地温 12℃上时蜕皮为二龄幼虫，先活动于土中，后侵入幼根，蜕皮三次后变为成虫。其最低温为 18～30℃。土壤湿度过高或过低均不利于线虫活动和卵的孵化，雨水充沛的温暖季节有利于线虫传播危害。土壤沙性发病重，土质黏性通气性差的桑园发病轻。根结线虫寄主多，桑园套种花生、甘薯等作物可以加重发生，根结线虫尚可通过桑苗、农具和灌溉水等传播。

【病害症状】桑根结线虫主要侵害桑树的侧根和细根，使之产生许多大小不等的根瘤，或使根系局部增粗。严重时根部的根瘤连成链珠状，细根变黑腐朽。桑根受线虫危害后，须根明显减少，水分养料输送受阻，导致地上部植株生长迟缓。枝条细短，叶小而薄，产量锐减，严重时整株枯死。

十二、牧草

当前，畜牧业正进行着战略性的结构调整，迫切要求种植业从"粮食-经济"二元结构逐步向"粮食-经济-饲料"三元结构转变。苜蓿是饲料作物中的首选作物。苜蓿为多年生草本植物，特别耐干旱、耐严寒。苜蓿是一种富含蛋白质的优质牧草，各种畜禽都爱吃，鲜草中含粗蛋白质 4%，优质干草含 20%～22%。按能量计算，1.6 kg 苜蓿干草相当于 1 kg 粮食的能量，如果按能量和蛋白质综合效能，1.2 kg 苜蓿干草就可代替 1 kg 粮食。此外，苜蓿含有未知促生长因子，畜禽食用后能显著提高生产性能。苜蓿以刈割青饲为主，在草量丰富时，可晒制干草以备乏草期饲用。幼嫩苜蓿是猪、禽和幼畜最好的蛋白质、维生素补充饲料，反刍家畜则应适量，过多会引起膨气病。苜蓿在初花期刈割最好，但作青饲料宜早，制干草可在盛花期刈割，作猪、禽饲料较作牛、羊饲料早。刈割时留茬高度 4～5 cm。青饲：每天每头量，乳牛 25～40 kg，成年猪 7～10 kg，成年羊不超过 7 kg，马、耕牛 40～50 kg，蛋鸡 4～5 kg。干草：猪日粮中用量 5%～15%，鸡 2%～5%，乳牛每头每天 15～20 kg。

牧草病害是指牧草在自然生态系统生活过程中受到外来（生物或非生物）因素干扰而超越其适应范围，就不能正常生长发育，导致植株变色、变态、腐烂、局部或整株死亡。这些现象就是生病的表现。

病害按病原可以分为两大类：一类是"生理性病害"，是由非生物因素引起的病害，如营养条件不适宜，水分失调，温度不适宜，土壤盐碱伤害，有毒物质毒害等。这类病害不能相互传染，又叫"非侵染性病害"或"非传染性病害"。另一类是"侵染性病害"，是由生物因素引致的病害，如真菌、细菌、病毒、线虫、寄生性种子植物等病原物引致的病害，又常简称"病原性病害"。这类病害可以传染。

牧草（苜蓿）发生较多且比较普遍的主要有霜霉病、锈病、褐斑病、白粉病、菌核病、菟丝子等。

1. 苜蓿细菌性凋萎病

【发病规律】它是一种毁灭性病害，可随种子传播。在凉爽、温和的气候下，此病流行性和破坏力很强。病原细菌在 21～27℃下贮藏 3 年的苜蓿种子中仍有存活。细菌可通过冻害、虫伤、机械损伤所造成的伤口侵入植株，当根部腐烂时，就渗入周围的土壤中。

【病害症状】全株矮化和发黄，叶小、褪绿并呈杯形；在温暖、干燥的气候下，枝条顶部萎垂，后来程度不等地发生完全凋萎，并且随后死亡。刈割后再生时矮化最为显著，重病株在越冬时易冻伤死亡。可根据主根变色的观察来确定此病，健壮的根木质部乳白色，病根则为橙黄色至浅褐色。

2. 苜蓿褐斑病

别名：普通叶斑病。

【发病规律】在整个生长季节内，完全成熟的叶片表面一直有子囊盘。孢子由子囊盘散射出来并随风和雨水传播，不随种子传带。根据不同苜蓿的感染性，已报道此菌有 4 个种。

【病害症状】这种病不杀死植株，但可造成苜蓿大量落叶，使生活力减退并降低干草产品的品质和质量。小叶上发生直径约为 2 mm 的小型圆斑点，具齿状边缘，病斑发育成熟后中部加厚而成浅褐色高起的小型子实体（子囊盘），这一特点和齿状缘可把此种病斑和黑胫病导致的病斑区别开来。

3. 苜蓿霜霉病

【发病规律】多发生于温和、湿润的气候条件下，有时我国西北高原干旱和半干旱地区也爆发成灾。此病可随种子传播。霜霉菌的分生孢子随风传播，休眠孢子冬季在病组织中休眠而于春季萌发，病原菌以菌丝在植株体内过冬。严重罹病的植株应当刈除，当气候转暖后，新生干草就不再发病。

【病害症状】病枝颜色呈淡绿或淡黄色，由于节间变短而矮缩，全部或部分叶片均褪绿，小叶肥大并向背面卷曲或皱缩；条件适宜时，病叶背部有淡灰色或灰色霉层，肉眼清晰可见，是此病典型症状。稍后，病叶由叶尖或尖缘开始，出现淡绿色或黄色斑点，形状不规则，逐渐侵及小叶复叶甚至整个枝条。

4. 苜蓿锈病

广泛分布于豆科、禾本科牧草和饲料作物种植区，地区不同，危害情况、危害程度有所不同，对苜蓿、三叶草、黑麦草、鸭茅等危害重。

【发病规律】牧草锈病是锈菌引起的。既侵害豆科牧草又侵害禾本科牧草。该病菌为转主寄生菌，它可以以菌丝在牧草或者大戟属植物的地下越冬。越冬的孢子萌发产生担子孢子，侵染转主寄主大戟属植物，在转主寄主植物上产生锈子器和性子器。锈孢子随风传到牧草上对其进行侵染。锈病对牧草的正常发育，特别是对再生草的品质影响很大。严重时受侵害的牧草都不再适宜饲喂畜禽。

【病害症状】有叶锈、秆锈、条锈、冠锈、脉锈等类型，不同品种危害症状有差异，一般在茎、叶或颖上产生褪绿斑点，渐变为褐色的外缘、有黄色或淡色晕圈的小斑，后期变为深褐色，病斑上有锈色粉状物。

5. 苜蓿黄斑病

【发病规律】病害有时靠有性的子囊孢子传播，春末由子囊盘中放出小、卵形、无色的孢子并随风传播。与对待其他叶病一样，在大量落叶前刈割或放牧，有助于减少再生草的发病率。

【病害症状】起初在叶片的正面沿叶脉分布，集中成一小片或小黑点群，这些小黑点即病原菌无性生殖时的分生孢子器。在小黑点集中的部位叶色稍变淡，随后转为褐色以至黑褐色（因分生孢子器密集所致）的较大型枯斑。病斑无明显边缘，无一定形状，多为沿叶脉的较宽条斑，也有扇形斑或略呈圆形的，进而病叶干枯卷缩，导致大量病叶脱落。

6. 苜蓿菌核病

此病害是全球重要病害，俗称"鸡窝病""秃塘病"。危害三叶草、苜蓿、紫云英等多种豆科牧草。病株一团团枯死，在绿色草场上形成个个秃斑。主要发生在春季，以4～5月较普遍。发病部位在茎基及底层叶片。初期，在叶上呈现水渍状、褪绿的、黑绿色小污斑，继续扩大至全叶，导致软腐。潮湿条件下或久雨后，病株很快死亡，病部生出白色絮霉层。继续侵染邻近植株，迅速形成白色枯死团。在倒伏腐烂的植株上，菌丝集结成很多鼠粪状的菌核。如气温升高，湿度减小，病害不再发生。

【发病规律】菌核病多发生在阴雨延绵的春季，发病快、危害大，此病可通过种子传播，把好选种关是防治该病的关键。

【病害症状】主要症状是从叶边缘开始呈不规则的水渍状，渐渐形成圆形或不规则的斑纹，病斑中央呈黄褐色或黑褐色，根茎及根系呈水渍状腐烂，根茎病变部位有长 3～7 cm 的白色絮状菌丝体。

7. 苜蓿根腐病

【病害症状】常在越冬返青后的死亡植株上或半死的植株上发现根腐病，发病部位多在根部和根颈部，病株新枝减少，叶片细小，偶尔根的中心部分腐烂变空；在病根和根颈部分，有时呈现白色霉层，较易从土中拔出。

8. 苜蓿黑胫病（轮纹病）

【发病规律】此病可随种子传播，病菌在田间以休眠菌丝体或分生孢子器形式在残体上过冬；灌溉水和雨水也可传播此病。

【病害症状】此病茎部症状最明显，一般出现长形或不规则形病斑，边缘清楚，深褐色、黑色，后期的病斑中央变浅，呈灰白色或白色。有时，病斑中部出现小黑点，即病原菌的分生孢子器，叶柄也产生深褐色或黑色的病斑，叶片上产生大量分生孢子器。花柄受侵染后产生黑褐色斑块，严重时花序枯死。

9. 苜蓿匍柄霉叶斑病

【发病规律】在温暖潮湿的秋夏季往往可以造成严重损失。生长季后期，病原菌侵染花序及种子，典型的花器侵染引起荚果畸形；被侵染的种子偶有皱缩并转为黑色，但多数外部症状不明显。病害在田间主要靠风雨传播，种带真菌是病害远距离传播的主要方式。

【病害症状】导致叶片大量脱落，也侵染包括叶柄、茎秆、花序和荚果在内的所有地上部分。叶部病斑椭圆形，微下陷，黑褐色，中心色泽稍浅，边缘模糊，常具黄色晕圈。较老病斑轮纹状，形状不规则。生长季早期，病部具灰黄色中心，其上含有许多假囊壳，夏初后往往代之以黑色霉状物——分生孢子。病叶初褪绿，烟灰色，继之坏死脱落。茎秆和叶柄的病斑夏初始现，黑色病斑线状，潮湿季节病斑延长、汇合，茎秆环剥，引致植株死亡。

10. 苜蓿白粉病

【发病规律】在日照充分、土壤干旱、昼夜温差大、多风等条件下易发生。该病依赖闭囊壳或休眠菌丝在病株残体过冬，第2年春天以分生孢子或子囊孢子侵染。

【病害症状】病株叶片两面、茎部、叶柄和荚果上有一层白色雾层，似蛛网丝状。最早出现小圆形，由于病情加重，可逐渐扩大直至覆盖全叶，发病后期产生分生孢子，病斑呈白粉状，直至末期霉层呈淡褐色或灰色，同时有橙黄色至黑色小点出现，即病原菌的闭囊壳。

11. 苜蓿炭疽病

【病害症状】沿地表皮处的茎上产生大而下凹并生的病斑，最后使一个或多个枝条环剥而死亡。在夏季和秋季，可见深绿色枝条间存在着干草色至近白色的死亡组织。炭疽病根茎腐烂阶段的特点是，罹病组织呈现黑色或蓝黑色的变色斑。

12. 苜蓿病毒性病害

【发病规律】主要有苜蓿花叶病，在全球种植苜蓿的地区都有发现，而且在苜蓿草丛上可造成流行。此病毒可通过机械或蚜虫传播，种子亦可传带。

【病害症状】绝大多数植株是无症状的，有症状时是轻微的叶部斑驳至脉间组织褪绿，有时伴有坏死；新出叶的体积变小，皱缩而成畸形；某些植株矮化死亡。

13. 菟丝子

此病害比较普遍发生的牧草主要有苜蓿、沙打旺、白三叶、野大豆、小冠花等，且随着草地种植栽培面积的扩大，该病害的发生范围越来越大，对草业造成的危害越来越严重。菟丝子是一种寄生植物，种子很小，易混杂在牧草的种子和土壤中，播种牧草时会随牧草种子一起入地生长，有时会在种植牧草地块的土壤里直接萌发生长，形成丝黄，寄生在牧草的茎枝上，每株菟丝予缠绕牧草 3～5 株，吸取牧草的养分和水分，导致牧草因养分缺乏而生长受阻，严重时会造成牧草死亡。

14．线虫引起的病害

【发病规律】茎线虫侵染和生殖的最适温度为 15～20℃，危害较大，可随种子传带。

【病害症状】茎线虫是重要的线虫之一，主要在靠近根冠的枝条基部采食和繁殖，罹病植株的根芽膨大、发白，呈现海绵状并容易断裂。茎线虫引起的组织膨大，其特点是皮层薄壁组织的增生和肥大，中胶层分解，使细胞膨大，而且在虫瘿处更近于球形。病芽产生的枝条严重矮化，而且节处变粗、节间缩短。

十三、草坪

草坪起源于天然的牧地，随着社会的发展和体育、旅游、娱乐等设施工程的建设而迅速发展。欧洲是草坪利用较早的国家，近年我国的草坪事业发展也很快，结合防风固沙、水土保持和城市绿化，草坪面积不断增加，由于草坪可以美化和净化环境、维持生态平衡和保持水土，各大城市的公园、广场和住宅小区等在建设和扩大绿地面积，随着旅游和体育事业心的发展，高尔夫球场、足球场等专用草坪也不断涌现和更新。

草坪是城市景观生态系统中的重要组成部分，也是衡量城市园林绿化水平和人均绿地面积的重要标准之一。随着草坪业的兴起，草坪建设规模扩大，草坪病害的防治工作日趋重要。由于草坪草绝大多数为多年生的植物，因此为土传病原菌的积累提供了充足的条件，同时因种类相对稳定和大面积种植树也给气传病害的流行带来有利的机会。目前草坪病害已有 50 余种，在各种植物中，草坪植物遭受病害危害仅次于果树、蔬菜和少数经济作物，病害可使草坪出现变色、枯死、萎蔫、腐烂等症状，从而严重影响草坪的整体观赏价值和使用价值，降低草坪质量和可用年限，甚至导致禾草早衰和草坪毁坏。

草坪病害防治是草坪栽培、经营和管理的关键技术之一，随着草坪业的发展，人们对草坪数量和质量需求的不断提高为草坪病害的研究与防治提出了更高的要求。因此，掌握草坪上的主要病害症状与发生规律，可以有针对性地进行防治，从而有效控制草坪主要病害的发生与危害。

我国目前的草坪业虽然得到大规模发展，但在草坪建植和养护方面尚存在不少技术问题，其中草坪病害防治尤为重要。目前世界草坪病害已有 50 多种，我国已报道了 20 余种真菌病害、近百种真菌病原物。我国草坪业虽起步较晚，但大量从国外调种，不完美的栽培措施和粗放的管理，使得锈病、白粉病、多种叶斑病和萎蔫病害成为草坪生产的严重威胁。

尽管草坪引入我国的时间有限，但全国各地科研人员对草坪病害的发生规律和防治技术都进行了较为详细的研究，部分研究结果如下：张陶等对云南省禾本科牧草和草坪 29 种植物上 46 种真菌病菌害进行研究，认为危害普遍严重的有麦角病、根腐病、全蚀病、锈病、梭斑病等。侯众等对西南地区常见草坪病害及其防治进行了初步研究，认为常见易发的草坪病菌害为锈病、白粉病、猝倒病和幼苗凋萎病、丝核菌褐斑病、核盘菌线斑病和春季死斑病等。李葳等（2003）对天津草坪病害及其诊断技术进行了研究，发现褐斑病、腐霉枯萎病、夏季斑病、镰刀菌枯萎病、锈病、离蠕孢叶枯病、弯孢菌叶枯病、黏菌病、全蚀病、白粉病、黑粉病等 11 种侵染性病害和 3 种非侵染性生理病害；其中分布最广、危害最重的病害是褐斑病和腐霉枯萎病，其次是夏季斑病、镰刀菌枯萎病，再次为锈病、离蠕孢叶枯病及弯孢菌叶枯病、黑粉病和白粉病，黏菌病和全蚀病只在个别地块零星发生。刘晓妹等（2004）对海南草坪草病害进行调查后认为海南草坪病害种类仅 14 种，确诊的病原菌 13 种，指出危害海南草坪草的病害大多为真菌病害，其中褐斑病、离蠕孢根腐病、白绢病等根部病害发生普遍，而且危害十分严重，这是草坪尤其是高尔夫球场严重退化的一个重要原因。结缕草锈病、冠锈病和德氏霉叶枯病发生比较普遍，其他叶部病害如黑孢霉叶斑病、梨孢灰斑病、炭疽病、黑痣病和壳二孢叶斑病等有零星分布，但危害不很严重。防治上应以根茎部病害为主，同时兼顾叶部病害。国内对草坪细菌病害、线虫病害和病毒害缺少研究。

在草坪病害防治上强调选用抗病品种、科学养护管理和搞好田园卫生，对化学防治研究不多。目前，草坪病害还没列入农药的防治范围，需要时主要参照禾本科作物的类似病害选择药剂。

1. 夏季斑枯病

夏季斑枯病又称夏季环斑病、夏季斑病，主要发生在夏季高温季节中。

【发病规律】夏季斑枯病的病原菌，在 21～35℃范围内均可侵染。夏季炎热多雨、持续高温时，病害就会迅速发生，干旱对病害影响不大。当夏季持续高温（白天高温达 28～35℃，夜间温度超过 20℃），病害就会迅速发生。据田间观察，当 5 cm 土层温度达到 18.3℃时病菌就开始进行侵染，此时只是侵染根的外部皮层细胞。以后，随着炎热多雨天气的出现，一段时间大量降雨或暴雨之后又遇高温的天气，病害开始明显显现并很快扩展蔓延，造成草坪出现大小不等的秃斑。这种病斑不断扩大的现象，可一直持续到初秋。由于秃斑内枯草不能恢复，因此在下一个生长季节秃斑依然明显。该病还可通过清除植物残体的机器以及草皮的移植而传播。

【病害症状】夏季高温高湿时发生在冷季型草坪上，尤其在生长较密的草地早熟禾草坪上，主要造成大小不等的枯斑，病斑内的枯草无法恢复生长。发病草坪最初出现直径 3～8 cm 发黄小斑块，以后草坪植株变成枯黄色，出现环形枯萎病块，并逐渐扩大。典型的夏季斑为圆形的枯草圈，直径大多不超过 40 cm，但最大时也可达 80 cm，且多个病斑连合成片，形成大面积的不规则形枯草区。在剪股颖和早熟禾混播的高尔夫球场上，枯斑环形直径达 30 cm。在一般草坪上，病斑开始为弥散的枯黄色斑点，病株根部、根冠部和根状茎黑褐色，后期维管束也变成褐色，外皮层腐烂，整株死亡。在显微镜下检查，可见到平行于根部生长的暗褐色匍匐状外生菌丝，有时还可见到黑褐色不规则聚集体结构。

2. 褐斑病

【发病规律】褐斑病的病原菌为立枯丝核菌。春季，当土壤温度上升至 15～20℃时，病菌产生大量菌丝，当气温上升至 30℃左右、夜间 20℃以上，且空气湿度很高时，病菌开始侵染寄主。暖季型禾草，在高温高湿条件下，病害发生发展的速度较快，草坪开始大面积发病，枯草层厚的老草坪受害较重。

【病害症状】褐斑病是所有草坪病害中分布最广的病害之一，褐斑病主要侵染植株的叶片、叶鞘和茎，引起叶片腐烂、叶鞘腐烂和茎基部腐烂，根部一般受害很轻或不受害。虽然受害植株往往能再长出新叶而恢复，但是，病害严重或反复侵染时，根茎、匍匐茎也会死亡。凡是在草坪能生长的地方，都会有这种病的发生与危害。染病的草坪出现大小不等的枯草圈，圈中央仍为绿色，边缘呈黄色环带，呈现"蛙眼状"。此期间，枯草圈中心的植株可以恢复生长，但边缘的枯草则无法恢复生长。在有露水或空气湿度大的情况下，枯草圈的外缘常出现由病菌菌丝形成的"烟圈"，叶片干燥时，烟圈消失。

3. 镰刀菌枯萎病

镰刀菌枯萎病又称蛙眼病、根腐病。

【发病规律】病原菌为镰刀菌，高温干旱易引起根、茎干腐的发生，高温高湿易引起叶斑的大面积发生。可以侵染多种禾草，是草坪上普遍发生的重要病害之一。

【病害症状】镰刀菌枯萎病可造成草坪草苗枯、根腐、根颈腐、叶斑和叶腐、葡匐茎和根状茎腐烂等一系列复杂症状。草坪染病初期，呈现淡绿色小斑，不久枯黄，高温干旱条件下，形成直径 2～30 cm 不等的、不规则形枯草斑。在适宜的温湿条件下，使草坪大面积发生叶斑。3 年以上的早熟禾草坪受害后，枯草斑直径可以达到 1 m，边缘多为红褐色，中央草坪生长正常，四周枯死，呈"蛙眼状"，多发生在夏季湿度过高或过低时。

4. 腐霉枯萎病

【发病规律】腐霉枯萎病又称油斑病，是草坪上毁灭性的重要病害，能够侵染所有草坪草，其中以冷季型受害最重；腐霉枯萎病的病原菌为腐霉菌，喜高温高湿。白天气温 30℃以上、夜间气温高于 20℃，大气相对湿度高于 90%的条件下，只要维持 14 h，腐霉枯萎病就会大面积发生。此病菌还可以随修剪工具传播，所以，有时会沿剪草机的作业路线，呈长条形发生。

【病害症状】腐霉枯萎病可侵染草坪草的各个部位：芽、苗和成株，造成芽烂、苗腐、猝倒、根腐，以及根颈部、茎、叶腐烂。高温高湿的气候条件下，腐霉枯萎病能够在一夜之间毁坏大面积的草坪，使草坪突然出现直径 2～5 cm 的圆形黄褐色枯草斑。有露水时，病叶呈水渍状，变软黏滑，有油腻感。修剪较高的草坪，枯草斑较大，修剪低的草坪，起初枯草斑较小，随后可以迅速扩大。当持续高温时，病斑会很快连合，24 h 之内就能够损坏大片草坪。

5. 锈病

【发病规律】锈病的病原菌为锈菌，是一种严格的专性寄生菌，离开寄主就不能存活。它对湿度要求较高，但对温度的要求，因锈菌种类的不同而有差异。秆锈菌要求的温度较高，条锈菌要求的温度较低，叶锈菌则介于两者之间。

【病害症状】锈病是草坪早熟禾上的一种重要病害，春秋两季发病重；分布范围广，危害重；尤以冷季型草坪草中的黑麦草、高羊茅、草地早熟禾以及暖季型草坪草中的狗牙根、结缕草受害最重。锈病主要危害叶片、叶鞘或茎秆，在感病部位生成黄色至铁锈色的夏孢子堆和黑色的冬孢子堆，被锈病侵染的草坪远看呈黄色。

6. 白粉病

【发病规律】病原菌为绝对寄生性真菌，在死或活的株体上以菌丝体越冬，在春天和秋天温度适宜（18℃）、潮湿、多云的天气发病，白天温和、夜间凉爽的遮阴草坪发病特别严重。

【病害症状】白粉病是生长在遮阴环境下多种早熟禾的严重病害，主要侵染叶片和叶鞘，也危害茎秆。受害草株呈灰白色，像是罩上了一层白粉。发病初期叶片上出现 1～2 mm 大小的褪绿斑点，以后病斑逐渐扩大成近圆形或椭圆形绒絮状霉斑，初期白色，后变为灰白色或灰褐色。霉斑表面着生一层粉状的分生孢子，后期出现黑色的小颗粒，即病原菌的闭囊壳。随着病情发展，叶片变黄，早枯死亡。

7. 德氏霉叶枯病

【发病规律】德氏霉叶枯病的病原，在温度 20℃左右，且阴雨高湿和叶面有水滴时，最易侵染植株。病害主要发生在春秋两季。

【病害症状】德氏霉叶枯病能够侵染多种草坪禾草，引起叶斑、叶枯、根腐、茎基腐等症状，但症状随草坪草种类的不同而不同。侵染草地早熟禾时，产生水渍状小斑，后呈黄褐色，病、健交接处有黄色晕圈，病斑沿叶脉平行方向扩展，颜色由褐变白至枯黄色坏死斑，根茎受侵染后呈褐色腐烂坏死状。

8. 云纹斑病

【发病规律】云纹斑病是草坪上的一种常见病害之一，病原为喙孢属，病原菌喜冷凉环境，适宜20℃的温度。多在春季发病，秋季病害又会加重，高温干旱环境下，病害罕见发生。

【病害症状】主要危害叶片、叶鞘。病叶呈水渍状，叶片干枯后呈云纹状。

9. 白绢病

【发病规律】白绢病是由齐整小核菌引起的一种真菌病害，主要发生在高温多雨地区，危害马蹄金草坪等阔叶草。

【病害症状】始发病时，出现直径20 cm左右的圆形、半圆形枯草斑。草斑边缘枯死病株呈红褐色，枯草层上有白色绢状菌丝体和白色至褐色菌核，枯草斑中部植株仍保持绿色，呈现明显的红褐色环带，高温高湿时，病斑面积可达 1 m² 以上。

10. 全蚀病

全蚀病主要侵染剪股颖属、早熟禾属和羊茅属等草坪草。一般在夏季末、秋季和冬季可见病症。草坪在受害早期出现5～10 cm的小型下陷型褪色青铜斑，严重时草坪病斑直径可达1m 以上，在病斑中部的草坪草死亡，病原侵染其他野生杂草。全蚀病可造成根、根状茎、葡匐茎和根颈的腐烂，变成深褐色至黑色，甚至死亡，使草坪形成秃斑，严重影响景观。

11. 黑粉病

黑粉病主要侵染早熟禾类草坪草的叶片、叶鞘、茎及花序等部位。在春秋两季凉爽的天气里，病草呈淡绿色或黄色，植株矮化，叶片变黄，根部生长缓慢。随着病害的发展，叶片开始卷曲并在叶片和叶鞘处出现沿叶脉平行的长型冬孢子堆，稍隆起。最初白色，以后变成灰白色至黑色，成熟后孢子堆破裂，散出大量黑色粉状孢子。

12. 炭疽病

炭疽病是一种常见叶部真菌病害，主要危害细羊茅、小糠草、假俭草、狗牙根。感病初期叶片呈水浸状，逐渐变青铜色，呈不规则凹陷，后期病斑上出现红褐色轮状粉层，上生黑点，病叶相继变黄、变褐枯死。高温高湿、地势低洼、地质黏重、氮肥过多是发病主要因素。

13. 弯孢菌叶枯病（凋萎病）

主要发生在早熟禾类的草坪上。成株受害症状：受害叶片上生有椭圆形、梭形病斑，病斑中部灰白色，周边褐色，外缘有明显的黄色晕圈。

14. 离蠕孢叶枯病

离蠕孢叶枯病主要危害叶、叶鞘、根和根颈等部位，造成严重叶枯、根腐、根颈腐，导致植株死亡，草坪稀疏、早衰，形成枯草斑或枯草区。

15. 黏霉病

黏霉病从致病机理上不会对草坪草造成多大的危害，但是使草坪上突然出现白色、灰白色、褐色或紫色的团块和斑块，影响草坪景观。

另外，草坪禾草与病害的发生分为以下几种情形：

（1）早熟禾属　草地早熟禾主要病害有溶失病、坏死环斑、夏季斑和条粉病，次要病害有白粉病、锈病和仙环病。一年生早熟禾主要病害有炭疽病、夏季斑、币斑病、褐斑病、腐霉枯萎病等，次主要病害有叶斑病、红丝病、核湖菌疫病和镰刀菌斑病。

（2）羊茅属　高羊茅：主要病害为褐斑病，褐斑病是限制高羊茅广泛使用的主要因素，特别是在家庭草坪上；次要病害有网斑病、叶斑病、冠锈病和镰刀枯萎病等。细叶羊茅：病害一直是细叶羊茅（包括紫羊茅、硬羊茅）作为草坪草大面积使用的限制因素，叶斑病是细叶羊茅的重要病害，但一些新品种也感染币斑病、炭疽病、红线病、镰刀菌斑和锈病等病害。

草地羊茅：特别易感网斑病、褐斑病和冠锈病，也感染腐霉枯萎病、镰刀枯萎病和条黑粉病。

（3）黑麦草属　主要有两个品种：多年生黑麦草和一年生黑麦草（意大利黑麦草）。多年生黑麦草是所有可用草坪草中，最易感染腐霉枯萎病、褐斑病、红线病和冠锈病的，其次是感染镰刀枯萎、褐疫病、条黑粉病、珊瑚菌疫病。褐疫病几乎是黑麦草上的普遍问题。它发生在春秋冷凉季节，寒冷地区多年生黑麦草常遭到镰刀枯萎病和珊瑚菌疫病菌的严重破坏。温暖潮湿的沿海地区，春秋冷凉天气冠锈病和红线病也发生严重。腐霉枯萎病在暖季型草地区是最大问题。一年生黑麦草目前没有草坪用的商品用品种。

（4）翦股颖属　翦股颖具有耐低修剪，生病或创伤后可以迅速恢复的特点。主要被用于高尔夫球场，主要有三种股颖（匍匐型、细弱型和普通型）。它们均感染全蚀病、黄化病、粉红斑病、褐斑病、长蠕孢属病害、腐霉枯萎病、珊瑚菌疫病和镰刀枯萎病。品种间感病程度差异不大。

（5）结缕草　结缕草的适应性很强，易感染币斑病、褐斑病、锈病、叶枯病和根腐病。其中褐斑病是主要病害，尤其是在高尔夫球场，必须用杀菌剂防治。其他的都是次要病害。

（6）狗牙根　狗牙根又叫拌根牙，是最重要的暖季型草坪草之一，易患春季死斑病、褐斑病、币斑病、腐霉枯萎病、锈病、镰刀枯萎病和叶枯病，春季死斑病严重。使用杀菌剂、充足的水肥促使植株健壮生长等措施都可有效地控制病害。

十四、花卉

花卉在生长过程中，常遇到有害生物的侵染和不良环境的影响，使得其在生理上和外部形态上都发生一系列的病理变化，致使花卉的品质和产量下降，这就是花卉病害。引起花卉发病的原因较多，主要是受到真菌、细菌、病毒、类菌质体、线虫、藻类、螨类和寄生性种子植物等有害生物的侵染及不良环境的影响。这些不同性质的原因引起的花卉病害，分别称为寄生性病害（真菌病害、细菌病害、病毒病害和线虫病害）及生理性病害（或称非侵染性病害）。

（1）生理性病害　主要是由于气候和土壤等条件不适宜引起的。常发生的生理病害有：夏季强光照射引起灼伤；冬季低温造成冻害；水分过多导致烂根；水分不足引起叶片焦边、萎蔫；土壤中缺乏某些营养元素，出现缺素症等。

（2）寄生性病害　由真菌、细菌、病毒、线虫等侵染花卉引起的。这些生物形态各异，但大多具有寄生力和致病力，并具有较强的繁殖力，能从感病植株通过各种途径（气孔、伤口、昆虫、风、雨等）传播到健康植株上去，在适宜的环境条件下生长、发育、繁殖、传播，周而复始，逐步扩大蔓延。因此，这类病害对花卉造成的危害最大。

① 真菌病害　真菌病害是由真菌引起的。真菌是一类没有叶绿素的低等生物，个体大小不一，多数要在显微镜下才能看清。真菌的发育分营养和繁殖两个阶段，菌丝为营养体，无性孢子和有性孢子为繁殖体。它们主要借助风、雨、昆虫或花卉的种苗传播，通过花卉植物表皮的气孔、水孔、皮孔等自然孔口和各种伤口侵入体内，也可直接侵入无伤表皮。在生病部位上表现出白粉、锈粉、煤污、斑点、腐烂、枯萎、畸形等症状。主要有月季黑斑病、白粉病、菊花褐斑病、芍药红斑病、兰花炭疽病、玫瑰锈病、花卉幼苗立枯病等。

② 细菌病害　细菌病害是由细菌引起的。细菌比真菌个体更小，是一类单细胞的低等生物，只有在显微镜下才能观察到它们的形态。它们一般借助雨水、流水、昆虫、土壤、花卉的种苗和病株残体等传播。主要从植株体表气孔、皮孔、水孔、蜜腺和各种伤口侵入花卉体

内，引起危害。表现为斑点、溃疡、萎蔫、畸形等症状。常见的细菌病害有樱花细菌性根癌病、碧桃细菌性穿孔病及鸢尾、仙客来细菌性软腐病。

③ 病毒病害　病毒病害是由病毒引起的。近年来，病毒病已上升到仅次于真菌性病害的地位，病毒是极微小的一类寄生物，它能危害多种名贵花卉，例如水仙、兰花、香石竹、百合、大丽花、郁金香、牡丹、芍药、菊花、唐菖蒲、非洲菊等。其症状有花叶黄化、卷叶、畸形、丛矮、坏死等。病毒主要通过刺吸式昆虫和嫁接、机械损伤等途径传播，甚至在修剪、切花、锄草时，手和园艺工具上沾染的病毒汁液，都能起到传播作用。常见的有郁金香病毒病、仙客来病毒病、一串红花叶病毒病及菊花、大丽花病毒病等。

④ 线虫病害　线虫病害是由线虫寄生引起的。线虫属一种低等动物，身体很小。一般为细长的圆筒形，两端尖，形似人们所熟悉的蛔虫，少数种类的雌虫呈梨形。线虫头部口腔中有一矛状吻针，用以刺破植物细胞吸取汁液。线虫病害主要危害菊科、报春花科、蔷薇科、凤仙花科、秋海棠科等花卉。其主要病状是在寄主主根及侧根上产生大小不等的瘤状物。常见的有仙客来、凤仙花、牡丹、月季等花木的根结线虫病。

具体花卉常见病害如下：

1. 花卉白粉病

花卉白粉病包括蔷薇白粉病、凤仙花白粉病、菊花白粉病。白粉病可使月季、玫瑰、蔷薇等木本花卉的苗木染病，也能使菊花、凤仙花、瓜叶菊、福禄考等草本花卉秧苗染病。

【发病规律】白粉病的病原为一类专性寄生菌，在同一种植物上，有时可以被一种以上的白粉菌侵染。蔷薇白粉病是月季、玫瑰、蔷薇、桃花等苗木普遍发生的病害。蔷薇白粉病菌一般以菌丝体在休眠芽内、病叶、病梢上越冬。翌年条件适宜时形成分生孢子，借风力传播。当气温 17～25℃，湿度大时病害重；尤以 21℃，空气相对湿度 97%～99% 时发病最重。凤仙花白粉病可侵染凤仙花、百日草、波斯菊、大金鸡菊、三色堇、木槿、玫瑰、瓜类等。菊花白粉病可侵染紫藤、枸杞、凌霄、福禄考、风铃草、美女樱、飞燕草、蜀葵、菊花、瓜叶菊、金盏菊、百日草、非洲菊、金光菊、大丽花、向日葵等。有人认为菊粉孢是菊花白粉病的主要病原，并侵染瓜叶菊、非洲菊。菊花白粉病菌以闭囊壳随病残体在土表越冬，在南方和北方温室不存在越冬问题，以 20～24℃、空气干燥时发病最重。菊粉孢以子囊果在受害组织上越冬，翌年子囊果开裂，散出子囊孢子借风传播，在温和、干燥天气下发病重。

【病害症状】主要在叶片、嫩梢上布满白色粉层，白粉是病原菌的菌丝及分生孢子。病菌以吸器伸入表皮细胞中吸收养分，少数以菌丝从气孔伸入叶肉组织内吸收养分。发病严重时病叶皱缩不平，叶片向外卷曲，叶片枯死早落，嫩梢向下弯曲或枯死。

2. 花卉猝倒病

别名：花卉猝倒病、瓜果腐霉菌、刺腐霉。鸡冠花、一串红、蜀葵、观赏辣椒等十分容易感病。

【发病规律】猝倒病病原主要是瓜果腐霉菌，刺腐霉等也可引起猝倒病。病菌主要以卵孢子在表土层越冬，并在土中长期存活，也能以菌丝体在病残体或腐殖质上营腐生生活，并产生孢子囊。以游动孢子侵染花苗。寄主侵入后，当地温 15～20℃ 时病菌增殖最快，在 10～30℃ 范围内都可以发病。湿度大病害常发生重，湿度包括床土湿度和空气湿度，孢子发芽和侵入都需要一定水分。通风不良也易发病。光照不足，子苗生长弱，抗病性差，容易发病。子苗新根尚未长成，幼茎柔嫩抗病能力弱，此时最易感病。

【病害症状】种子或幼芽在未出土前遭受侵染而腐烂。子苗发病时地表或地下茎基部呈水渍状病斑，接着病部变褐，继续绕茎扩展，组织坏死，子苗倒伏。往往子叶尚未凋萎，子苗突然猝倒，贴伏地面。有时胚轴和子叶均腐烂，变褐枯死。湿度大时，病株附近长出白色棉絮状菌丝，开始常是个别发病，几天后，以此为中心向外蔓延扩展，最后引起成片猝倒，甚至整个育苗盘全部覆灭。

3．一串红猝倒病

【发病规律】病菌以卵孢子在 12～18 cm 表土层越冬，并长期存活。翌春，遇有适宜条件萌发产生孢子囊，以游动孢子或直接长出芽管侵入寄主。此外，在土中营腐生生活的菌丝也能产生孢子囊，以游动孢子侵染幼苗引起猝倒。田间的再侵染主要靠病苗上产出孢子囊及游动孢子，借灌溉水或雨水溅射到贴近地面的根茎上引致更严重的损失。病菌生长适宜地温 15～16℃，湿度高于 30℃ 受到抑制；地温 10℃ 即可发病。低温对寄主生长不利，但病菌尚能活动，尤其是育苗期出现低温、高湿条件，利于发病。

【病害症状】在育苗期易发生猝倒病。出苗前染病引起烂种。幼苗期染病茎或根产生水渍状病变，病部黄褐色，缢缩，常向植株上下扩展，致幼茎呈线状，该病扩展迅速，有时一夜之间成片幼苗猝倒在畦面上，湿度大时病部附近或土面上长出白色绵毛状霉，即病原菌孢囊梗和孢子囊。

4．一串红疫病

别名：一串红疫霉病。

【发病规律】病菌随病残体中的卵孢子留在土壤中越冬，翌年卵孢子经雨水溅到寄主上，病菌即萌发长出芽管。芽管与一串红表面接触后产生附着器，从其底部生出侵入丝，穿透寄主侵入。后在病部产生孢子囊，萌发后产生游动孢子，借风雨传播进行再侵染。秋后在病组织中又形成卵孢子越冬。

【病害症状】主要发生在茎、枝上，也危害叶片和叶柄。茎部染病，多从距地面 1～2 cm 的茎节处或分权处开始发病，病菌侵入后先出现暗绿色不规则水渍状病斑，且不断向上扩展致病部产生褐色无明显边缘的病斑，该病扩展迅速，很快扩展到茎秆中部或顶端，出现黑色斑块，严重时整株变黑，茎部皮层的输导功能遭到破坏，致病部以上茎叶变黄后干枯。叶片染病多始于叶缘和叶基部，形成不规则的近圆形水渍状暗绿色大斑，边缘不明显。叶柄染病叶片萎垂。湿度大时或连续的连阴雨后病部生出稀疏的白霉，即病菌菌丝和孢囊梗及孢子囊。

5．一串红灰霉病

危害作物：球根海棠、鬼针草、金盏菊、鸭嘴花、贴梗海棠、虎头兰、美人蕉、醉蝶花、文殊兰、珊瑚花、大丽花、令箭荷花、萱草、扶桑、唐菖蒲、朱顶红、菊花、一品红、茶花、迎春花、月季、樱花、杜鹃花、一串红、马蹄莲等多种花卉。

【发病规律】北方病菌在病残体上越冬，翌春产生大量分生孢子，进行传播；南方病菌分生孢子借气流和雨水溅射传播进行初侵染和再侵染，由于田间寄主终年存在，侵染周而复始不断发生，无明显越冬或越夏期。该病属低温域病害，分生孢子耐干能力强，在低温高湿条件下易流行。病菌发育适温 10～23℃，最高 30～32℃，最低 40℃，适湿为持续相对湿度 90% 以上的高湿条件。

【病害症状】主要侵害花、叶片等，初生水渍状小点，后引起叶片及花瓣坏死、腐烂，大量落花，连续阴雨后或花丛湿气滞留，可见叶片腐烂，花上长出大量灰色霉状物，即病原菌的分生孢子梗和分生孢子。

6．一串红花叶病

【发病规律】以病毒粒体在病株中越冬，翌年通过蚜虫、叶蝉等昆虫传播，引起一串红发病。我国从北京到上海沿线春播的一般在 8～9 月发病，9 月是发病高峰期，秋播的多在 4～5

月发病。一般来说秋播的发病轻，春播的发病重。

【病害症状】先是少数叶片发病，后向全株蔓延。初发病时，叶片的侧脉间出现浅绿色斑块，后逐渐扩大，部分相互融合，呈黄绿色，但叶脉附近仍保持原来的绿色，出现黄绿相间的花叶。有的向上卷缩，叶背的叶脉生出小瘤状或棘状突起，细脉褐变；有的叶片半边具缺刻，病枝稍细，节间短缩。发病重的缩小的病叶上卷，叶背面叶脉变褐，瘤状或棘状突起明显，枝条细短，腋芽早发，节间短缩，形成蕨叶或丛枝，开花少或花朵变小、褪色，植株高矮不一、参差不齐，出现严重退化，影响观赏和节日用花。

7. 鸡冠花炭疽病

【发病规律】病菌以菌丝体在病残体上越冬，翌年初夏条件适宜时产生分生孢子，借风雨传播，侵染幼苗或嫩叶，7～9月发病较重，该病是南方发生普遍且又严重的病害，一般基部叶片发病重。

【病害症状】主要危害叶片，初生褐色或枯黄小点，后扩展成2～5 mm圆形病斑，病斑多时常融合成不规则斑块，严重时占叶面1/4～1/3，造成叶片扭曲或皱缩畸形，病斑边缘深褐色，中间稍凹陷，后期病部生有黑色小点，即病原菌的分生孢子盘。

8. 鸡冠花镰刀菌叶斑病

别名：鸡冠花枯萎病。

【发病规律】以菌丝随病残体越冬，翌年条件适宜时，产生分生孢子侵染植株。本菌腐生性，病土、病肥及其他寄主均可为初侵染源。种子也可带菌传病。高温多湿易发病。发病程度与气温、降雨量、降雨次数关系密切，气温25℃左右，连续几次降雨后，即见发病，且扩展迅速，危害严重。土壤排水不良，透气性差，发病重。

【病害症状】侵害茎和叶部。叶部受害，初呈褐色小斑点，后扩大为赤褐色圆形、椭圆形或不规则形病斑。茎上病斑暗褐色，形状不规则，进一步扩展，导致茎秆腐烂；茎基受害后，主秆倒伏，植株枯死。生长点被侵染造成黑褐色枯萎，即芽腐。

9. 鸡冠花假尾孢褐斑病

【发病规律】病菌在病株和病落叶上越冬，条件适宜时产生分生孢子借风雨传播进行初侵染，经几天潜育发病后，病斑上又产生分生孢子进行再侵染，气温高、湿度大或湿气滞留、植株生长弱易发病。

【病害症状】主要危害叶片。病斑生在叶的正背两面，近圆形，大小1.5～7 mm，叶面病斑中间褐色至暗褐色或暗灰褐色，边缘围有暗褐色或近黑色细线圈，从叶背观病斑浅褐色。病斑两面均可生淡橄榄色霉状物，即病菌子实体。病斑融合后，叶片变褐枯黄或造成植株死亡。

10. 鸡冠花链格孢叶斑病

【发病规律】以菌丝体、分生孢子在病残体上或以鸡冠花链格孢分生孢子在病组织外，或黏附在种表越冬，成为翌年初侵染源。在室温条件下，种子表面附着的分生孢子可存活1年以上，种子里的菌丝体则可存活一年半以上，病残体上的菌丝体在室内可存活2年，在土表或潮湿土壤中可存活1年以上；生长期内病部产生的分生孢子借风雨传播，分生孢子萌发可直接侵入叶片，条件适宜3 d即显症，很快形成分生孢子进行再侵染。种子带菌是远距离传播的重要途径。

【病害症状】叶面生黑褐色圆形至椭圆形或不规则形病斑，大小1～10 mm，边缘略隆起，中间灰褐色似轮纹状，具灰黑色霉状物，初时小圆点中心白色，外圈褐色，大小1 mm，后融合成(5～18) mm×(5～8) mm大斑。

11．鸡冠花病毒病

危害作物：烟草、黄瓜、百日草等。

【发病规律】主要靠桃蚜非持久性传毒。7～9月发生。

【病害症状】染病株系统显症。幼嫩叶片症状明显，叶上呈现褪绿斑驳或花叶，叶片变小，呈蕨叶状或柳叶状；重病株叶片皱缩、扭曲、畸形，叶序紊乱，常呈丛生状；病株生育缓慢，呈不同程度矮化，开花期推迟且开花少、花小，影响观赏。

12．鸡冠花立枯病

危害作物：病菌除危害花卉外，还可侵染黄瓜、玉米、豆类、白菜、油菜、甘蓝等多种植物。

【发病规律】以菌丝体或菌核在土中越冬，且可在土中腐生2～3年，越冬后的菌丝恢复活动和菌核萌发产生菌丝接触寄主，引起初侵染。发病后，病部长出气生菌丝主动接触寄主或通过水流、农具传播引致再侵染。

【病害症状】鸡冠花发病后，幼苗茎基部或地下根部出现水渍状椭圆形或不规则形暗褐色病斑，逐渐凹陷，边缘较明显，病斑扩大绕茎1周时，茎部以上干枯死亡，一般不折倒，故称为立枯病。早期不易与猝倒病区别。发病初期个别植株白天萎蔫，夜间恢复，病情扩展较缓慢，病程也较长，不像猝倒病染病后马上猝倒。此外立枯病病部常有不大明显的灰白色至灰褐色蛛丝状霉，湿度大时常长出灰褐色或灰白色菌膜，即担子和担孢子，区别于猝倒病。

13．鸡冠花沤根

【发病规律】主要是地温低于15℃，且持续时间较长，再加上浇水过量或遇连阴雨天气，苗床温度和地温过低，幼苗出现萎蔫，萎蔫持续时间一长，就会发生沤根。沤根后地上部叶片出现黄绿色或乳黄色，叶缘开始枯焦，严重的整叶皱缩枯焦，生长极为缓慢。在苗期出现沤根，幼苗即枯焦；在某片真叶期发生沤根，这片真叶就会枯焦，因此从地上部植株表现可以判断发生沤根的时间及原因。长期处于5～6℃低温，尤其是夜间的低温，致生长点停止生长，老叶边缘逐渐变褐，幼苗干枯而死。

【病害症状】鸡冠花、菊花、金鱼草、三色堇、秋海棠、瓜叶菊、含笑、杜鹃、牡丹等幼苗均可发生沤根。沤根又称烂根是育苗期常见病害，主要危害幼苗根部或根茎部。发生沤根时，根部不发新根或不定根，根皮发锈后腐烂，致地上部萎蔫，且容易拔起，地上部叶缘枯焦。严重时，成片干枯，似缺素症。

14．孔雀草茎枯病

【发病规律】病菌以菌丝或分生孢子盘在病残体上越冬，翌年产生分生孢子借气流传播侵害健株。分生孢子是本病主要侵染源，萌发后从气孔侵入。

【病害症状】主要危害茎、枝。初在茎上或枝上生灰色疹状突起，圆形或梭形，后突起开裂，露出黑色分生孢子盘，疹状物大小1～3 mm。生长期、生长后期均有发生，严重时茎枝枯死，全株生长发育受抑，影响观赏。

15．金盏菊炭疽病

【发病规律】以菌丝体在病株上或以分生孢子附着在种子上越冬，翌春条件适宜时，从越冬的菌丝体上产生分生孢子，借风雨传播到邻近植株叶片或嫩茎上，分生孢子在气温20℃左右，湿度大条件下萌发侵入，进行初侵染和再侵染，连作时常可成片发病。

【病害症状】主要危害叶片。初生周缘不明显水渍状污斑，后病部皱缩，逐渐干枯产生近圆形斑块，病斑中央灰白色，边缘褐色，后期渐成轮纹斑，病部常产生肉色粉状点。花梗、茎部染病，产生灰褐色凹陷斑。

16．金盏菊细菌性芽腐病

【发病规律】病菌随病残体在土壤中越冬，通过雨水溅射传播，进行初侵染和再侵染，生长茂密的金盏菊易发病，秋雨大、雨日多的年份或湿气滞留发病重。

【病害症状】主要危害抽出的芽，造成芽变褐枯死或萎蔫。茎、叶也常染病，茎表现淡绿色日灼状，病茎常向一侧弯曲。叶片染病呈暗绿色至暗黑色；叶脉染病叶片呈畸形状。

17．金盏菊白粉病

【发病规律】在南方终年均可发生，无明显越冬期，早春 2～3 月温暖多湿、雾大或露水重易发病。北方寒冷地区以闭囊壳随病残体在土表越冬。翌年条件适宜时产生子囊孢子进行初侵染，病斑上产出分生孢子借气流传播，进行再侵染。

【病害症状】叶面初生圆形白色粉斑，扩展后叶的两面及茎秆均覆有灰白色粉层，后期病部生有稀疏的黑褐色小点，即病菌闭囊壳。发病重的，植株生长停滞，叶片黄化干枯。

18．金盏菊花叶病

【发病规律】机械接种传毒，也可以蚜虫进行非持久性传毒。

【病害症状】全株性病害，染病后叶片产生花叶或斑驳，叶片发黄，植株生长缓慢、矮小。

19．金盏菊黄萎病

【发病规律】病菌以休眠菌丝、厚垣孢子和微菌核随病残体在土壤中越冬，成为翌年的初侵染源。多数报道种子内外带有菌丝或分生孢子，可以作为病害的初侵染源，但也有人认为种子不带菌。土壤中病菌可存活 6～8 年，借风、雨、流水或人畜及农具传到无病田。翌年病菌从根部的伤口或直接从幼根、表皮及根毛侵入，后在维管束内繁殖，并扩展到枝叶，该病在当年不再进行重复侵染。病菌发育适温 19～24℃，最高 30℃，最低 5℃；菌丝、菌核 60℃ 经 10 min 致死。一般气温低，定植时根部伤口愈合慢，利于病菌从伤口侵入而引起发病。

【病害症状】金盏菊染病后株叶变黄萎垂，多自下而上枯死，植株变小，开花少或不能开花。

20．万寿菊立枯病和猝倒病

【发病规律】立枯丝核菌和瓜果腐霉、德巴利腐霉等腐霉菌，都是土壤习居菌。立枯丝核菌主要以菌丝或菌核在土壤中存活或越冬，瓜果腐霉等多种腐霉菌主要以卵孢子在土壤中越冬，此外也可以菌丝体在土壤中的病残体或其他有机物上腐生或混入堆肥中越冬，立枯丝核菌在土壤中存活 2～3 年，瓜果腐霉为 4 年。立枯丝核菌生长适温 24～28℃，腐霉菌为 26～28℃，最低温度 5～6℃，最高 36～37℃，但腐霉菌在 10℃ 左右可以侵染。立枯丝核菌、腐霉菌均喜高湿。育苗期立枯丝核菌的菌丝恢复活动或菌核产生菌丝与寄主接触后直接侵入，引起初侵染，发病后病部又长出菌丝进行多次再侵染。瓜果腐霉菌的卵孢子在潮湿条件下产生游动孢子，游动孢子萌发产生芽管，干燥时卵孢子直接萌发产生芽管。病菌靠芽管从幼苗基部直接或经伤口侵入，进行初侵染，发生猝倒病后，又产生孢子囊，孢子囊萌发产生游动孢子，靠游动孢子传播，萌发出芽管进行再侵染。播种后常因温度不高，寄主抵抗力受影响，而病原菌对温度适宜范围较宽，因此较易发病。立枯病发病适宜土温为 20～24℃，土温 13～26℃ 均可发病，猝倒病 12～23℃ 高湿条件下易发病。

【病害症状】立枯病和猝倒病是苗期两种常见的病害。万寿菊立枯病苗期发病茎基部产生暗褐色病斑，逐渐凹陷，病部缢缩，湿度大时可见褐色蛛丝状霉，当病部绕茎 1 周时植株站立着枯死，一般不倒伏，病程较长。猝倒病在出土前发病引起烂种；出土后染病根或茎基部产生水渍状病斑，病部黄褐色缢缩，幼叶尚为绿色时，幼苗即萎蔫猝倒，湿度大时，病部及土面上长出白色绵毛状物，病程短，发病迅速。

21．万寿菊花叶病

【发病规律】机械接种传毒，蚜虫非持久方式传毒，部分种子可带毒。世界各地均有发生，温带地区较严重。

【病害症状】万寿菊呈现花叶、斑驳、矮化或畸形等症状，以花叶为主。

22．万寿菊灰霉病

危害作物：球根海棠、鬼针草、金盏菊、鸭嘴花、贴梗海棠、虎头兰、美人蕉、醉蝶花、文殊兰、珊瑚花、大丽花、令箭荷花、萱草、扶桑、唐菖蒲、朱顶红、菊花、一品红、茶花、迎春花、月季、樱花、杜鹃花、一串红、马蹄莲等多种花卉。

【发病规律】病菌以菌丝在病株上或腐烂的残体上或以菌核在土壤中越冬。病菌不侵染种子，但菌核混入种子中间可随种子调运传播。此外越冬期转移土壤或残株时，携带菌核或菌丝体也能传播。气温18～23℃，天气潮湿或遇有连阴雨或时晴时雨，湿度高于90%，利于该菌的生长和孢子的形成、释放及萌发。此菌在0～10℃低温条件下也很活跃。该菌孢子萌发后很少直接侵入生长活跃的组织，但可通过伤口侵入或者在衰老的花柄、正在枯死的叶片上生长一段时间后产生菌丝体侵入。该菌有性态产生的菌核萌发后产生菌丝体，能直接侵入。

【病害症状】主要危害叶、茎、花等。花器染病花瓣、花柄开始衰老时易染病，受害部呈水渍状褐色腐烂且产生大量菌丝体使花瓣相互粘连，湿度大时产生大量分生孢子进行侵染，出现灰白色或浅褐色蛛丝状霉层填满或覆盖花序，然后扩展到花柄造成腐烂，致芽和病花下垂。茎和叶柄染病常出现枯斑或黑褐色凹陷斑，当侵染整个叶柄时，雨后或湿度大病部被灰霉病菌孢子覆盖，当组织腐烂时，表皮裂开，病组织干缩，表面或内部产生黑色扁平状的菌核。叶片染病部出现水渍状斑点，病组织变为褐色或黑褐色腐烂，条件适宜时长出大量灰色菌丝体和有分枝的分生孢子梗，生出圆形顶细胞，簇生灰色卵圆形分生孢子。

23．万寿菊茎腐病

【发病规律】以卵孢子在病残体上越冬。条件适宜时卵孢子萌发，产出芽管，芽管顶端膨大形成孢子囊。孢子囊萌发产出游动孢子，借风雨传播到寄主上侵染。后病部又产生孢子囊进行再侵染，到生育后期，病菌在病组织内形成卵孢子，进行越冬。

【病害症状】苗期、成株均可受害。苗期染病病苗基部初呈水渍状，渐变褐色，造成死苗。成株染病主要危害茎和花。近地面的茎染病后产生长条形皱缩状褐色斑，茎部枯萎或引起根部腐烂，造成叶片枯萎或全株死亡。花冠染病亦变褐腐烂。

24．翠菊黄化病

【发病规律】翠菊植原体在雏菊、菊花、苦苣菜、大车前、飞蓬等上越冬，春夏之交通过二点叶蝉从上述寄主传播到翠菊上，获毒叶蝉保毒期10～100 d，25℃时潜育期8～9 d，20℃时为18 d，低于10℃不显症。此外菟丝子或嫁接均可传毒；种子、汁液和土壤不能传毒。7～8月发病重。

【病害症状】翠菊苗期、成株均可染病。生长初期叶片出现黄色，叶脉也略变黄或产生明脉，叶芽增多或丛生，叶片直立或狭窄，叶柄细长，花朵亦小，常有不同程度变色，发病重的植株矮小或不能开花。

25．翠菊菌核病

危害作物：该菌除危害翠菊外，还侵染矢车菊、菊、雏菊、金龟草、紫罗兰、羽衣甘蓝、香豌豆等多种花卉。

【发病规律】主要靠菌核留在土壤中或混杂在种子中越夏或越冬。南方菌核多在2～4月及 10～12 月萌发，北方多在冬春季萌发。当月均温 5～18℃时，土壤中的菌核一部分开始萌发侵染幼苗，致苗期发病，经 8～15 d 子囊盘上又散发出大量子囊孢子，借风、雨传播，子囊孢子萌发从花瓣侵入，带病花瓣落到健康叶片或茎秆上以后，引致茎秆和叶片发病，且通过枝叶传播到邻近植株上，形成发病中心，继续扩展，该病属子囊孢子气传病害类型。其特点是气传的子囊孢子致病力强，从寄主的花、衰老的叶或伤口侵入，以病健组织接触构成再侵染。菌核萌发、子囊盘形成适温 15℃，子囊孢子侵入、菌丝生长适温为 20℃，本病属低温高湿型病害。

【病害症状】病株染病后出现萎蔫，茎基部产生褐色枯斑，湿度大时，迅速向茎、叶柄扩展，后期病部变成灰白色，长有很多绵毛状菌丝和黑色鼠粪状菌核，组织腐烂，上部茎叶枯萎。

26. 翠菊根腐病

【发病规律】病菌以卵孢子随病残体在地上越冬。借雨水溅到近地面的植株上，病菌萌发后产生芽管侵入，通过雨水和灌溉水进行传播再侵染。秋末形成卵孢子越冬。发育温限 8～38℃，30℃最适。相对湿度高于 95%，菌丝发育良好。

【病害症状】植株地上部萎蔫，有时可见茎部变成黑褐色，由根颈部向上扩展，检视根部出现黑色水渍状软腐，但病部没有粉红色至白色孢子堆。

27. 翠菊枯萎病

【发病规律】病菌可在病残体或土壤中存活多年，种子也可携带。病菌在种子萌发后侵入或在病土中通过直接接触寄主及流水、园艺操作传播，从根毛、虫伤、移植伤口等部位侵入根部。27℃病菌发育最好。发病适温 20～25℃，12℃以下和 32℃以上则发病轻微。

【病害症状】苗期染病，叶片变黄萎蔫，根系发生不同程度腐烂。成株染病，叶、芽、头状花序萎蔫而主茎长久呈绿色。初发病时叶片变为黄绿色，下部叶片先萎蔫，后根系全部腐烂，造成全株枯死，剖开病茎，可见维管束变褐。病茎基部可见粉红色霉菌，近地表处或土层中较明显，这是病原菌的分生孢子梗和分生孢子。此病在夏季高温地区表现枯萎且严重，而在夏季低温地区则表现为茎腐。

28. 翠菊假尾孢叶斑病

【发病规律】以菌丝体和分生孢子丛在病残体上越冬，以分生孢子进行初侵染和再侵染，借气流及雨水溅射传播蔓延。

【病害症状】叶片上初生无明显边缘的褐色小点，后扩展成褐色至紫褐色病斑，大小 4～15 mm，微具轮纹。病斑外围有明显或不明显的黄晕，常融合成斑块，致叶片变黄干枯。

29. 翠菊轮纹病

【发病规律】病菌随病叶落入土表或进入土壤越冬，是该病初侵染源，翌年，分生孢子借风雨传播，扩大危害，5～9 月发生，天气潮湿利于其发病。

【病害症状】主要危害叶片，初生圆形至近圆形病斑，直径 5～15 mm，褐色，具同心轮纹，上生黑色小点，即病原菌分生孢子器。

30. 凤仙花斑点病

【发病规律】病菌以分生孢子器在病残体上越冬，翌年条件适宜时，产生分生孢子借气流和雨水传播，进行初侵染和再侵染。广东、云南 7～9 月发病。

【病害症状】凤仙花斑点病主要危害叶片。初生黄色小斑点，渐向四周扩展为圆形病斑，大小 2～5 mm。后病斑中央呈浅褐色或灰白色，边缘褐色略隆起，变为黑色小粒点，即病原菌分生孢子器。病菌如从叶尖或叶缘侵入，致叶尖枯死，叶缘焦灼。

31. 凤仙花根结线虫病

【发病规律】该虫多在土壤 5～30 cm 处生存，常以卵或二龄幼虫随病残体遗留在土壤中越冬，病土、病苗及灌溉水是主要传播途径。一般可存活 1～3 年，翌春条件适宜时，由埋藏在寄主根内的雌虫，产出单细胞的卵，卵产下经几小时形成一龄幼虫，脱皮后孵出二龄幼虫，离开卵块的二龄幼虫在土壤中移动寻找根尖，由根冠上方侵入，定居在生长锥内，其分泌物刺激导管细胞膨胀，使根形成巨型细胞或虫瘿，或称根结。在生长季节根结线虫的几个世代以对数增殖，发育到四龄时交尾产卵，卵在根结里孵化发育，二龄后离开卵块，进入土中进行再侵染或越冬。在温室或塑料棚中单一种植几年后，导致寄主植物抗性衰退时，根结线虫可逐步成为优势种。南方根结线虫生存最适温度 25～30℃，高于 40℃、低于 5℃都很少活动，55℃经 10 min 致死。

【病害症状】凤仙花根结线虫病是南、北方普遍又严重的病害，主要危害根部。线虫侵入侧根或须根后，形成很多大小不一的瘿瘤，初为黄白色，后变褐色，剖开瘿瘤内生梨状小线虫，即雌虫。受害植株生长缓慢，茎细株矮，叶片由上而下渐变苍白色失绿，叶缘向背卷，皱缩枯萎，花苞黄枯或不开放。

32. 凤仙花白粉病

【发病规律】病菌以闭囊壳在病残枯枝叶中越冬，翌年夏季产生子囊孢子，成熟后随风雨飞散传播，侵染叶片。发病后病部形成分生孢子借风雨传播，进行多次再侵染。

【病害症状】主要危害叶、茎和花。叶片染病，菌丝体生在叶两面，形成白色放射状圆形毡状斑片，后来相互融合形成大片，病斑上布满白粉。秋末，病部产生黑褐色小粒点，即病原菌子囊壳。茎、花染病产生与叶片类似的症状。近年该病发生普遍，5～9 月均可发生，受害严重的造成植株衰弱，叶片变黄提早枯死。

33. 凤仙花疫病

【发病规律】该菌菌丝和孢子囊不能在土壤中越冬，但卵孢子可在土壤中存活 4 年。卵孢子是该菌进行初侵染的主要来源；游动孢子可直接侵入凤仙花的根，是再侵染的主要器官。孢子囊萌发释放 10～36 个游动孢子，孢子囊也可直接萌发长出芽管及附着胞，产生侵入丝由叶片气孔侵入叶组织，起分生孢子的作用，完成上述过程需要有水滴存在。茎、叶上的各种伤痕可使该病加重。

【病害症状】主要危害茎部。初根颈处呈现油渍状暗绿色条状斑块，迅速扩展后变为黑褐色不规则形，严重时茎、叶全部变黑，植株很快倒折、根颈部凹陷致植株倒伏死亡。在湿度饱和且持续时间较长条件下，病部长出稀疏白霉，即病原菌的孢囊梗和孢子囊。

34. 凤仙花霜霉病

【发病规律】在南方，病菌以孢子囊进行初侵染和再侵染，完成病害周年循环，无明显越冬期。在北方，病菌以卵孢子随病残体在土壤中越冬。翌年卵孢子借水流或雨水溅射传播，孢子囊萌发后进行初侵染，病部产生的孢子囊借气流传播，进行再侵染，使病害蔓延开来。

【病害症状】叶上病斑初为褪绿斑块，常为叶脉所限呈不规则形，后期变为黄褐色或褐色坏死斑；叶背可见白色霉状物，较厚密，严重时覆满全叶，致叶片枯焦，影响观赏。

35. 金银花褐斑病

【发病规律】此病为真菌引起，病菌在病叶上越冬，次年初夏产生分生孢子，分生孢子借风雨传播，自叶背面气孔侵入。一般下部叶片开始发病，逐渐向上发展，病菌在高温的环境下繁殖迅速。一般 7～8 月份发病较重，被害严重植株易在秋季早期大量落叶。

【病害症状】此病主要危害叶片，发病初期叶片上出现黄褐色小斑，后期数个小斑融合一起，形成呈圆形或受叶脉所限呈多角形的病斑。潮湿时，叶背而且生有灰色的霜状物，干燥时，病斑中间部分容易破裂。病害严重时，叶片早期枯黄脱落。

十五、食用菌

食用菌发病最初侵染源来自培养料和带菌的覆土，菇房等中的传播方式主要是喷水、溅水、昆虫、工具、操作和气流等。

（1）褐斑病（干泡病、轮枝霉病） 轮枝霉引起的真菌病害。不侵染菌丝体，只侵染子实体，但可沿菌丝索生长，形成质地较干的灰白色组织块。染病的菇蕾停止分化；幼菇受侵染后菌盖变小，柄变粗变褐，形成畸形菇；子实体中后期受侵染后，菌盖上产生许多针头状大小、不规则的褐色斑点，并逐渐扩大成灰白色凹陷。病菇常表层剥落或剥裂，不腐烂，无臭味。病程约 14 d。

（2）褐腐病（水泡病、湿泡病、白腐病、疣孢霉病） 疣孢霉侵染菌丝体时在菇床表面形成一堆堆白色绒状物（病原菌的菌丝和分生孢子），绒毛状堆直径可达 15 cm，后渐变为黄褐色，最后腐烂发臭。侵染幼菇时子实体成无盖畸形，形成马勃状组织块。初为白色，后变为黄褐色，并有褐色水珠渗出，继而腐烂。被侵染的子实体菇柄常膨大成泡状，菇盖变小，表面出现白色绒毛状物。菇体表面渗出水滴是褐腐病的典型症状。该菌还可在覆土表面和覆土中生长。因此，常在出菇早期侵染子实体。该菌不侵染菌丝体。

（3）软腐病（蛛网病、树枝状轮枝孢霉病、树枝状指孢霉病） 树枝状轮枝孢霉引起的真菌病害。先在床面覆土表面出现白色珠网状菌丝，如不及时处理，很快蔓延并变成水红色。侵染子实体从菇柄开始，直至菌盖，先呈水浸状，渐变褐变软，直至腐烂。

（4）褶腐病（菌盖斑点病） 病菇外形正常，但菌褶一堆堆地贴在一起，表面常有少量白色菌丝，严重时整个菌褶被病原菌的菌丝覆盖，子实体停止生长。该病原菌喜湿。

（5）猝倒病（立枯病、枯萎病、萎缩病） 主要侵染菇柄，病菇菇柄髓部萎缩变褐。患病的子实体生长变缓，初期软绵呈失水状，菇柄由外向内变褐，最后整菇变褐成为僵菇。镰孢菌广泛存在于自然界，土壤、谷物秸秆等都有镰孢菌的自然存在。其孢子萌发最适温度为 25～30℃，腐生性很强，并具寄生性。菇房通风不良，覆土过厚过湿，易引发该病的发生。

（6）可变粉孢霉病（棉絮状杂菌） 多在覆土中后期发生，对温度要求与双孢蘑菇菌丝相同，抑制双孢蘑菇菌丝的生长，也抑制双孢蘑菇子实体的形成，染病的菇床出菇稀少、菇体小，产量明显降低。该菌侵染发生时，先在覆土表面生长，菌丝白色、成簇，却不断生长并变粗呈纺锤形，常发生于凤尾菇和其他高温平菇种中，即常称的"纺锤菇"。

（7）黄霉病（马特病、黄毁丝霉病） 黄毁丝霉引起的真菌病害。侵染初期菌丝白色，后渐变为黄色至淡褐色，丝毯状。侵害双孢蘑菇的菌丝和子实体。侵害菌丝体时，培养料内和菇床上都可见到成堆的黄色颗粒，并散发出铜锈、电石等金属气味或霉味。被侵染的子实体表面出现灰绿色的不规则锈斑，呈"彩纸屑"状，子实体完全丧失食用价值。该菌喜培养料腐熟过度和高湿环境。

（8）小菌核病 伏革菌引起的真菌病。受侵染的菇床变成黄褐色，双孢蘑菇菌丝逐渐消失，只剩些许较粗的菌索，出菇量大大减少甚至不出菇。在覆土表面出现许多白色小颗粒状物，大小如小米粒，颜色渐变暗，在 25～30℃ 下生长很快。该菌自然存在于稻草或粪块中，培养料发酵过程中如料温过低很难将其杀死；如遇发菌期高温高湿，残存于料中的病原菌就会生长蔓延。

（9）褐皮病（褐色膏药霉菌病、褐色石膏霉菌病）　丝核菌引起的真菌病。病灶初为白色，渐扩展成直径 15～60 cm 的病斑，病斑渐变为褐色颗粒状，后病斑干枯成褐色革状物。染病的菇床菌丝生长受抑，影响子实体的形成。喜腐喜湿。

（10）菇脚粗糙病　贝勒被孢霉引起的真菌病害。病菇菇柄表层粗糙开裂，菇柄和菇盖都明显变色，后变为暗褐色，病菇的各部位都可出现粗糙的灰色的菌丝和孢子。病原菌菌丝可从病菇蔓延到周围的覆土上，再感染其他菇体。

十六、中草药

（一）中草药主要病害来源

中草药主要病害如根腐病、白绢病、立枯病、枯萎病、菌核病、霜霉病、叶斑病、锈病、根结线虫病等。侵染性病原包括真菌、细菌、病毒、类菌原体、寄生性线虫及寄生性种子植物等，其中绝大多数是由病原真菌引起的。

1. 病原真菌

卵菌纲与中草药病害关系最大，该纲中有许多中草药重要病原真菌。尤其是霜霉目中的一些病原真菌常引起人参、三七、颠茄等多种中草药的猝倒病或疫病，元胡、大黄、当归的霜霉病等。

接合菌亚门中的毛霉目真菌常引起中草药贮藏期的腐烂。

不整囊菌纲中散囊菌目中曲霉属和青霉属引起中草药贮藏期病害；白粉菌目多属病原真菌可引起多种中草药的白粉病；盘菌纲中的核盘菌属（Sclerotinia）引起人参、元胡等菌核病。

冬孢菌纲的黑粉菌目和锈菌目有不少中草药病原真菌，如黑粉病、锈病致病菌等。

引起多种中草药叶斑病的茎点属、叶点菌属、针壳孢属，引起多种白粉病的粉孢霉属，引起灰霉病的葡萄孢属，引起多种中草药根腐病的镰刀菌属，引起苗期立枯病的丝核菌属等。

2. 病原细菌

主要有革兰氏阴性菌、革兰氏阳性菌和放线菌三类。中草药中细菌病害种类较少。危害严重的有人参细菌性烂根病和浙贝母软腐病，它们都是由欧氏杆菌属引起的。

3. 植物病原病毒

中草药病毒病很普遍，据报道，白花曼陀罗、八角莲花叶病是由烟草花叶病毒引起的。白术、桔梗、百合、蒲公英等易感染黄瓜花叶病毒。

4. 植物寄生线虫

危害中草药的重要病原线虫有根结线虫属，如人参、川芎、罗汉果等 50 多种中草药受根结线虫危害。须根形成根结，影响产量和质量。此外还有胞囊线虫属，如地黄胞囊线虫等。

5. 寄生性种子植物

这些种子植物自身不能制造养分，必须寄生在其他植物上，从而造成对寄主植物的危害。危害中草药的寄生性种子植物主要有菟丝子（危害菊花、丹参、白术等），其次有列当（危害黄连）、桑寄生和樟寄生（危害木本药材）等。

（二）中草药病害的发生特点

中草药病害的发生主要有如下三个特点：

（1）地道药材病害严重　由于历史形成的原因，某些药材有特定的被认为是最佳的生产地区。在这些地区生产的某种药材就是所谓“地道药材”。如东北人参、云南三七、宁夏枸杞、河南地黄、浙江杭菊、四川川芎、甘肃当归等。这些地道药材长期生长在特定的地区。病原菌逐年积累，致使病害严重，难以控制。如东北人参锈腐病十分严重，致使老参地不能再利用，只有毁林栽参，这已成一大难题。

（2）中草药地下部病害严重　中草药的药用部位，很多是根、块根和鳞茎等地下部分。这些地下部分很易受土传病原真菌、细菌或线虫危害，发生多种根部病害。如人参锈腐病、白术根腐病、附子白绢病、地黄线虫病、浙贝软腐病等。这类病害发生严重且难控制，必须用以预防为主的综合措施加以治理。

（3）无性繁殖材料是中草药病害的重要初侵染来源　不少中草药是用根、根茎、鳞茎、珠芽或枝条等无性繁殖材料进行繁殖的。这些无性繁殖材料常受到病害侵染而成为当代植株的病害初侵染来源。因此，在生产上建立无病苗种田，精选无病种苗进行适当的种苗处理和地区间种苗检疫等工作是十分重要的防病措施。

（三）中草药与病害

根腐病　主要危害黄芩、丹参、板蓝根、黄芪、太子参、芍药和党参等。

根结线虫病　主要危害丹参、桔梗、黄芪、人参和北沙参等。

白绢病　主要危害黄芪、桔梗、白术、太子参和北沙参等。

立枯病　主要危害黄芪、杜仲、人参、三七、白术、北沙参、防风和菊花等。

枯萎病　主要危害黄芪、桔梗和荆芥等。

菌核病　主要危害丹参、人参、白术、半夏、川芎、川蒡、延胡索和牡丹等。

霜霉病　主要危害板蓝根、元胡、党参、枸杞、北沙参和菊花等。

叶斑病　主要危害桔梗、丹参、金银花、枸杞、太子参、菊花和白芷等。

锈病　主要危害金银花、黄芪、北沙参、白芷、白术、党参、木瓜和元胡等。

（四）中草药具体病害

1. 人参黑斑病

该病发生普遍，是人参最严重的病害之一；致病菌属半知菌亚门，链格孢属真菌。

【发病规律】分生孢子萌发最适温度 15～25℃并 95%以上相对湿度，高湿多雨是病害流行的关键因素。在东北产区该病 5 月中旬开始发生，7～8 月为盛期。

【病害症状】主要危害叶片，也可危害茎、花梗、果实等部位。叶片上病斑近圆形或不规则形，黄褐色至黑褐色，稍有轮纹，病斑多时常导致早期枯落。茎上病斑椭圆形，黄褐色，向上、下扩展，中间凹陷变黑，上生黑色霉层，致使茎秆倒伏。果实受害时，表面产生褐色斑点，逐渐干瘪成“吊干籽”。潮湿时病斑上生出的黑色霉层，为病原菌的分生孢子梗和分生孢子。

2. 人参斑枯病

属半知菌亚门真菌。

【发病规律】病菌以分生孢子器在病残体上越冬，翌年条件适宜时产生分生孢子进行初侵染和再侵染。流行动态：东北一般 8 月叶片老熟后易发病，天气干燥、气温高利于该病发生。

【病害症状】主要危害叶片。叶上病斑近圆形至多角形，黄褐色，中央稍浅，后期病斑扩展受叶脉限制，入秋病部长出黑色小粒点，即病原菌的分生孢子器。

3．人参疫病

属鞭毛菌亚门，疫霉属真菌。

【发病规律】病原菌形态特征：病菌以菌丝体和卵孢子在病残体和土壤中越冬。翌年条件适合时菌丝直接侵染参根，或形成大量游动孢子传播到地上部侵染茎叶。风雨淋溅和农事操作是病害传播的主要途径。在人参生育期内，可进行多次再侵染。相对密度过大、通风透光差、土壤板结、氮肥过多等均有利于疫病的发生和流行。在东北，6 月开始发病，雨季为发病盛期。

【病害症状】危害根部及茎叶。叶片病斑呈水浸状，不规则形，暗绿色，无明显边缘，病斑迅速扩展，整个复叶凋萎下垂。茎上出现暗色长条斑，很快腐烂，使茎软化倒伏。根部发病呈水浸状黄褐色软腐，内部组织呈黄褐色花纹，根皮易剥离，并附有白色菌丝黏着的土块，具特殊的腥臭味。

4．人参炭疽病

属半知菌亚门，炭疽菌属真菌。

【发病规律】病菌以菌丝体或分生孢子在病株残体和种子表面越冬。生长季病斑上不断产生大量分生孢子，借助雨滴飞溅及风力传播引起多次再侵染。空气湿度大有利于病害的发生和流行。病菌分生孢子从伤口和片段孔口侵入，也可直接穿透表皮侵入。6 月下旬开始发病，7～8 月为发病盛期。

【病害症状】主要危害叶片，也危害茎、花和果实，后逐渐扩大，直径一般为 2～5 mm，大的达 15 mm 以上。病斑边缘明显，黄褐色或红褐色，病斑中央呈黄白色，上生许多小黑点，为病原菌的分生孢子盘。严重发病时常造成穿孔，叶片枯萎并提早落叶。茎和花梗上病斑长圆形，稍凹陷。果实和种子上病斑圆形，褐色，边缘明显，湿度大、连阴雨天则病部腐烂。

5．人参菌核病

属子囊菌亚门，核盘菌属真菌。

【发病规律】病菌主要以菌核在病根和土壤中越冬，并随土壤传播。早春条件适宜时直接产生菌丝引起侵染，病部生长的菌丝又继续扩展蔓延危害邻近参株。菌核也能萌发生长子囊盘，产生子囊孢子引起初侵染。低温高湿有利于发病。在东北 4～5 月为发病盛期，常局部发生，损失严重。

【病害症状】主要危害 3 年生以上参根，也可危害茎基部和芦头。病部初生水浸状黄褐色斑块，上有白色棉絮状菌丝体，后期组织呈灰褐色软腐，烂根表面及根茎部均有不规则形黑色菌核。芦头受害则春季不能出苗。发病初期地上部分与健株无区别，后期地上部萎蔫，易从土中拔出。

6．西洋参疫病

属鞭毛菌亚门真菌。

【发病规律】该菌菌丝和孢子囊不能在土壤中越冬，但卵孢子可在土壤中存活 4 年。卵孢子是该菌进行初侵染的主要来源；游动孢子可直接侵入参根、叶或叶腋，是再侵染的主要器官。孢子囊萌发释放 1～36 个游动孢子，孢子囊也可直接萌发长出芽管及附着孢，产生侵入丝由叶片气孔侵入叶组织，起分生孢子的作用，完成上述过程需要有水滴存在。生产上疫病引起的根腐型主要靠接触传播。此外参根上的各种伤痕可使该病加重。气温 20～25℃，潮湿持续 15 h，50%染病。温度及湿度持续时间及其交互作用，对该菌侵染效果影响很大，湿度持续时间越长越有利于病菌侵染。气温低于 20℃、高于 25℃，需增加持续时间才能得到较高水平的侵染。

【病害症状】主要危害叶片、叶柄和参根。叶片、叶柄染病初呈水渍状暗绿色，似水烫过，扩展后病部变为黑绿色，软化下垂，湿度大时，生出黄白色霉层；根部染病呈黄褐色软腐状，根皮易剥离，参肉变成黄褐色，病部现深黄褐色花纹，散发出一种腥臭味；后期参根外部长有白色菌丝，与土块黏附在一起，即根腐型。

7. 西洋参黑斑病

属半知菌亚门真菌。

【发病规律】病菌以菌丝体和分生孢子在病残体上越冬，翌年条件适宜时，分生孢子借气流传播，经几天潜育即发病，病斑上又产生大量分生孢子进行多次再侵染，使病害不断扩展。病菌生长发育适温 25℃，最高 30℃，最低 10℃。在 18~22℃ 条件下，分生孢子在水中经 4 h 即萌发。平均气温 15℃，相对湿度 76%，潜育期 7~10 d；7 月中旬至 8 月下旬，田间潜育期 5~7 d。该病在华北、东北 6 月间开始发病，进入 7~8 月雨季盛发时，暴风雨是该病流行的重要条件。

【病害症状】主要危害叶片、茎秆、果实和籽粒，叶片染病产生圆形或近圆形至不规则形、暗褐色病斑，四周具锈褐色轮纹状宽边，湿度大时呈水渍状，病斑干燥后易破裂，条件适宜时病斑迅速扩展，数个病斑相互融合，致叶片干枯；茎部染病病斑椭圆形黄褐色，渐向上、下扩展，后病斑中间凹陷变黑，上生黑霉，即病原菌分生孢子梗和分生孢子。严重的病斑凹入茎内组织，致茎秆折倒；果实、籽粒染病表面产生褐色斑点，致果皮慢慢干瘪抽干，病部生黑色霉状物。

8. 三七镰刀菌根腐病

别名：烂根病、鸡屎烂、臭七。属半知菌亚门真菌。

【发病规律】以种子、种苗、病土及病残体越冬，田间遇有土壤黏重、排水不良、地下害虫多，易诱发此病。尤其是二年生三七移栽后，浇水不匀或不及时，根部干瘪发软，土壤水分饱和，根毛易窒息死亡，病菌侵入易发病。3 月出苗期就有发生，4~5 月气温升高、干燥，病害停滞；6~9 月高温多雨，进入发病高峰期。该病发生还与运输苗木过程中失水过多或受热有关。田间土质过黏，植株生长不良，造成根组织抗病力不强易发病，生产上偏施氮肥发病重。

【病害症状】地上部叶色变黄，生长势差。初期中午温度高时，叶稍下垂，早晚尚可恢复。挖出病株，根部染病变成黄褐色或腐烂。主侧须根都能发病，以主根居多，并且以根茎部羊肠处开始腐烂。若仅一侧根腐，地上部分有时出现相应一边的叶子变黄色。后期病根全部成为黑褐色或灰白色，稀泥浆状，故称"鸡屎烂"，可能与细菌侵入有关。每年 5~8 月高温高湿季节发病重。

9. 三七炭疽病

属半知菌亚门真菌。

【发病规律】病菌以菌丝在种子软果的皮层或附着在红子表面越冬，羊肠头残桩或枯叶也是该病越冬主要场所。此病主要以红子传播，引致上述症状，红子染病带菌成为翌年初侵染源。在田间病菌主要发生在雨季，一般高温、高湿的 6~7 月病情扩展迅速。连阴雨、雨后天气闷热、种植过密易诱发该病流行。

【病害症状】苗期、成株期均可发病，苗期发病引起猝倒或顶枯。成株期发病主要危害叶、叶柄、茎及花果。叶片染病初生圆形或近圆形黄褐色病斑，边缘红褐色明显，后期病部易破裂穿孔。叶柄和茎染病生梭形黄褐色凹陷斑，造成叶柄盘曲或茎部扭曲。危害茎基造成株倒伏或根茎腐烂。花梗、花盘染病出现花干籽干现象。果实染病也生近圆形黄色凹陷斑，造成果实变褐腐烂。

10．三七叶腐病

属半知菌亚门真菌。

【病害症状】该病能危害除根部以外的所有地上部器官。最典型的症状是引起叶柄顶部产生黑色梭形病斑，温度高时迅速绕叶柄一周，并且很快向小叶基部扩展，形成叶上淡黑色浸状病斑，边缘不整齐。叶柄的病部很快变软，造成上部小叶下垂。在病部常可见淡黄色带粉色霉状物，即病菌的子实体。危害叶片中部时，形成黑色不规则形病斑，边缘不整齐，大小一般为 5～13 mm，病部腐烂，干燥时边缘较整齐，中间易掉落而形成孔洞；花簇易受害，病状同叶柄受害；茎秆受害时，形成突起的黑褐色梭形病斑，但扩展慢。

11．黄芪白粉病

属半知菌亚门真菌。

【发病规律】病菌以闭囊壳在病叶上越冬，翌春产生子囊孢子进行传播蔓延。此外在芽上越冬的菌丝，翌年也可发病。

【病害症状】初发病时叶正、背面生白色粉状霉斑，叶柄、茎部染病也生白色霉点或霉斑，严重时整个叶片被白粉覆盖，致叶片干枯或全株枯死。

12．黄芪根腐病

属半知菌亚门真菌，立枯丝核菌。

【发病规律】镰刀菌是土壤习居菌，在土壤中长期腐生，病菌借水流、耕作传播，通过根部伤口或直接从叉根分枝裂缝及老化幼苗茎基部裂口侵入。地下害虫、线虫危害造成伤口利于病菌侵入。管理粗放、通风不良、湿气滞留地块易发病。流行动态：江苏 4 月中旬始发，6～7 月连阴雨后转晴，气温突然升高易发病，植株常成片死亡。

【病害症状】染病植株叶片变黄枯萎，茎基和主根全部变为红褐色干腐状，上有纵裂或红色条纹，侧根已腐烂或很少，病株易从土中拔出，主根维管束变为褐色，湿度大时根部长出粉霉。

13．地黄斑枯病

属半知菌亚门，壳针孢属真菌。

【发病规律】病菌是以分生孢子器随着病残体在土壤中越冬。次年分生孢子器遇水释放出分生孢子，随着水滴飞溅传播，侵染叶片并发病。病斑上产生新的分生孢子器和分生孢子又引起多次再侵染，导致病害蔓延。雨后高温高湿有利于斑枯病发生，7～9 月为发病盛期。

【病害症状】危害叶片。叶上病斑圆形、近圆形或椭圆形，直径 2～12 mm，褐色，或中央色稍淡，边缘呈淡绿色，后期病斑上散生小黑点，多排列成轮纹状，病斑不断扩大。发生严重时病斑相连成片，引起植株叶片干枯。

14．地黄轮纹病

属半知菌亚门，壳二孢属真菌。

【发病规律】病菌经分生孢子器随病枯叶落入土壤中越冬，翌春分生孢子器遇水后释放大量分生孢子，借风雨飞溅传播，引起初侵染；生长季病叶上产生的分生孢子进行再侵染，高温、高湿季节和多雨年份发生严重。7～8 月为发病盛期。

【病害症状】主要危害叶片。叶上病斑较大，圆形或近圆形，直径 2～12 mm，淡褐色，具明显同心轮纹，边缘色深，或受限呈半圆形或多半圆形。后期病斑易破裂，上散生暗褐色小点，为病原菌分生孢子器。

15. 地黄根腐病

半知菌亚门，镰刀菌属。

【发病规律】病菌以菌丝体或孢子在病株和土壤中存活。种材和土壤带菌是病害的侵染来源和主要传播途径。土壤湿度大、地下害虫及土壤线虫造成的伤口有利于发病。在地黄产区发生普遍，常造成田间大片死苗，对生产威胁很大。

16. 地黄病毒病

【发病规律】病毒在病株和种材内越冬，翌年4月下旬出现症状。病株全体含有病毒，并代代相传，使根茎变细，结块性差，单株产量下降，这是地黄品种退化的主要原因。带病毒的根茎与健康根茎接触后发病，而健叶和病叶摩擦接种不发病。蚜虫和叶蝉是传播病毒的主要媒介。5~6月危害严重，7~8月隐症。各产区均有发生，危害较重，病株率高达100%。

【病害症状】病害主要表现是花叶，也称"黄斑"。被害叶片黄绿相间，叶脉隆起，叶面凹凸不平，呈皱缩状。病株叶片变小，对光有透明的花叶斑点。根茎变细。黄斑扩大后呈多角形或不规则形。花叶症状可分为两类，一类病症较轻，变淡，呈黄绿色斑点或斑块，另一类病症较重，呈多角形病斑。在夏季高温期间隐症，而天气转凉后再显症状。

17. 枸杞霉斑病

半知菌亚门真菌。

【发病规律】在我国北方以菌丝体和分生孢子丛在病叶上或随病残体遗落土中越冬，以分生孢子进行初侵染和再侵染，借气流和雨水溅射传播；南方田间枸杞终年种植的地区，病菌孢子辗转危害，无明显越冬期。温暖闷湿天气易发生流行。大叶和中叶枸杞较细叶品种感病。

【病害症状】主要危害叶片。叶面现褪绿黄斑，背面现近圆形霉斑，边缘不变色，数个霉斑汇合成斑块，或霉斑密布致整个叶背覆满霉状物，终致全叶变黄或干枯，果实干瘪不堪食用。

18. 枸杞炭疽病（黑果病）

属半知菌亚门真菌。

【发病规律】以菌丝体和分生孢子在枸杞树上和地面病残果上越冬。翌年春季主要靠雨水把黏结在一起的分生孢子溅击开后传播到幼果、花及蕾上，经伤口或直接侵入，潜育期4~6 d。该病在多雨年份、多雨季节扩展快，呈大雨大高峰、小雨小高峰的态势。果面有水膜或露滴时萌发。干旱年份或干旱无雨季节发病轻、扩展慢。5月中旬至6月上旬开始发病，7月中旬至8月中旬爆发，危害严重时，病果率高达80%。

【病害症状】主要危害青果、嫩枝、叶、蕾、花等，青果染病初在果面上生小黑点或不规则褐斑，遇连阴雨病斑不断扩大，半果或整果变黑，干燥时果实缒缩；湿度大时，病果上生出很多橘红色胶状小点；嫩枝、叶尖、叶缘染病产生褐色半圆形病斑，扩大后变黑，湿度大呈湿腐状，病部表面出现黏滴状橘红色小点，即病原菌的分生孢子盘和分生孢子。

19. 枸杞灰斑病（枸杞叶斑病）

属半知菌亚门真菌。

【发病规律】病菌以菌丝体或分生孢子在枸杞的枯枝残叶或随病叶落在土中越冬，翌年分季节借风雨传播进行初侵染和再侵染，扩大危害。高温多雨年份、土壤湿度大、空气潮湿、土壤缺肥、植株衰弱易发病。

【病害症状】主要危害叶片和果实。叶片染病初生圆至近圆形病斑，大小 2~4 mm，病斑边缘褐色，中央灰白色，叶背常生有黑灰色霉状物。果实染病也产生类似的症状。

20．枸杞白粉病

属子囊菌亚门真菌。

【发病规律】北方病菌以闭囊壳随病残体遗留在土壤表面越冬，翌年春季放射出子囊孢子进行初侵染。南方病菌有时产生闭囊壳或以菌丝体在寄主上越冬。田间发病后，病部产生分生孢子通过气流传播，进行再侵染。条件适宜时，孢子萌发产生侵染丝直接从表皮细胞侵入，并在表皮细胞里生出吸器吸收营养。菌丝体则以附着器匍匐于寄主表面，不断扩展蔓延，秋末形成闭囊壳或继续以菌丝体在活体寄主上越冬。

【病害症状】主要危害叶片。叶两面生近圆形的白色粉状霉斑，后扩大至整个叶片被白粉覆盖。形成白色斑片。

21．白芍轮斑病

属半知菌亚门真菌。

【病害症状】主要危害叶片。初发病时叶片上病斑圆形或近圆形，直径4～10 mm，数量多，淡褐色至灰白色，边缘褐色，老病斑有明显的同心轮纹，病斑中央生灰黑色霉状物，即病菌的子实体。

22．白芍白粉病

属子囊菌亚门真菌。

【发病规律】病菌以菌丝体在病芽上越冬。翌春病芽萌动，病菌随之侵染叶片和新梢。分生孢子能终年不断地繁殖，且耐寒能力强。在温室终年均可发病。

【病害症状】北方芍药白粉病株丛中荫蔽处枝叶、叶柄先发病，外部不易发现，待发现时已很严重。叶面常覆满一层白粉状物，后期叶片两面及叶柄、茎秆上都生有污白色霉斑，后期在粉层中散生许多黑色小粒点，即病原菌闭囊壳。

23．金银花褐斑病（山银花叶斑病）

【发病规律】此病为真菌引起，病菌在病叶上越冬，次年初夏产生分生孢子，分生孢子借风雨传播，自叶背面气孔侵入，一般先由下部叶片开始发病，逐渐向上发展，病菌在高温的环境下繁殖迅速。一般7~8月份发病较重，被害严重植株，易在秋季早期大量落叶。

【病害症状】此病主要危害叶片，发病初期叶片上出现黄褐色小斑，后期数个小斑融合一起，形成呈圆形或受叶脉所限呈多角形的病斑。潮湿时，叶背还生出灰色的霜状物，干燥时，病斑中间部分容易破裂。病害严重时，叶片早期枯黄脱落。

24．金银花白粉病（山银花白粉病）

属子囊菌亚门真菌。

【发病规律】病菌以子囊壳在病残体上越冬，翌年子囊释放子囊孢子进行初侵染，发病后病部又产生分生孢子进行再侵染。温暖干燥或株间郁闭易发病。施用氮肥过多，干湿交替发病重。

【病害症状】主要危害叶片，有时也危害茎和花。叶上病斑初为白色小点，后扩展为白色粉状斑，后期整片叶布满白粉层，严重时发黄变形甚至落叶；茎上部斑褐色，不规则形，上生有白粉；花扭曲，严重时脱落。

25．红花猝倒病

属鞭毛菌亚门真菌。

【发病规律】病菌以卵孢子在12～18 cm表土层越冬，并在土中长期存活。翌春，遇有适宜条件萌发产生孢子囊，以游动孢子或直接长出芽管侵入寄主。此外，在土中营腐生生活的菌丝也可产生孢子囊，以游动孢子侵染幼苗引起腐霉猝倒病。田间的再侵染主要靠病苗产出孢子囊及游动孢子，借灌溉水或雨水溅射传播蔓延。病菌侵入后，在皮层薄壁细胞中扩展，菌丝蔓延于细胞间或细胞内，后在病组织内形成卵孢子越冬。该病多发生在土壤潮湿和连阴雨多的地方。与其他根腐病共同危害。3月开始发病，幼苗长势弱发病重。

【病害症状】主要危害幼苗的茎或茎基部，初生水渍状病斑，后病斑组织腐烂或缢缩，幼苗猝倒。

26．红花炭疽病

属子囊菌亚门真菌。

【发病规律】以菌丝体潜伏在种子里或随着病残体留在土壤中越冬。翌年发病后病部产生大量分生孢子，借风雨传播进行再侵染。浙江一带3月下旬至4月上旬开始发病，5～6月进入盛发期。东北6月开始发病。气温20～25℃，相对湿度高于80%，易发病。雨日多、降雨量大易流行。品种间感病性无差异。一般有刺红花较无刺红花抗病。氮肥过多、徒长株发病重。

【病害症状】苗期、成株期均可发病。叶片染病初生圆形至不规则形褐色病斑。茎部染病初呈水渍状斑点，后扩展成暗褐色凹陷斑，严重的造成烂茎，轻者不能开花结实。叶柄染病症状与茎部相似。湿度大时，病斑上产生橘红色黏质物。

27．红花锈病

属担子菌亚门真菌。

【发病规律】病菌以冬孢子随着病残体遗留在田间或黏附在种子上越冬，翌春冬孢子萌发产生担孢子引起初侵染。西北红花春播区，3月下旬播种的，30 d后子叶、下胚轴及根部出现性子器，5～6 d产生锈孢子器，锈孢子侵入叶片，5月下旬叶斑上产生夏孢子堆；夏孢子堆又通过风雨水传播引致再侵染，8月中旬植株衰老产生冬孢子堆和冬孢子越冬。

【病害症状】主要危害叶片和苞叶。苗期染病子叶、下胚轴及根部密生黄色病斑，大小(5～10) mm×(2～3) mm。其中密生针头状黄色颗粒状物，即病菌性子器。后期在锈子器边缘产生栗褐色或暗褐色稍隆起的小疱状物，即病菌的夏孢子堆，大小0.5～1 mm。疮斑表皮破裂后，孢子堆周围表皮向上翻卷，逸出大量棕褐色夏孢子。严重时叶面上孢子堆满布，叶片枯黄，病株常较健株提早15 d枯死。

28．红花黑斑病

属半知菌亚门。

【发病规律】病菌以菌丝体或分生孢子随病残体在土壤中越冬，也可随种子带菌传播。次年温湿度条件适宜时，产生分生孢子借风雨传播，从气孔侵入引起初侵染。发病后病斑上产生大量分生孢子又进行再侵染，直至收获。温度在25℃时病菌最易从气孔侵入，发病严重。种子带菌是病菌传入新栽培区的主要途径。开花期如气候条件适宜，病害便可流行。

【病害症状】主要危害叶片，偶尔危害叶柄、茎及苞叶。叶片上先出现暗黑色斑点，扩大后为圆形或近圆形褐色病斑，直径3～12 mm，同心轮纹不明显，后期病斑中央坏死。湿度大时病斑两面均可产生灰褐色至黑色霉层，为病菌分生孢子梗及分生孢子。幼苗期发病子叶上有明显病斑，向下扩展后在胚轴上形成坏死条斑，子叶凋萎，植株死亡。一般减产20%～50%，严重时减产达80%。

29．百合白绢病

属担子菌亚门真菌。

【发病规律】白绢病可经鳞茎带菌或直接由土壤中的病原菌侵害百合地下鳞茎、根、茎及与地面接触的叶部。鳞茎带菌时，以菌丝方式侵入外层鳞片，当气候适合菌丝生长时，开始长出绢丝状菌丝体，并分泌水解酵素摧毁寄主组织。

【病害症状】主要发生在鳞茎或茎基部，病菌侵入鳞茎后产生水渍状暗褐色病斑，后植株下位叶开始变黄，植株凋萎，扒开表层土壤，可见鳞茎被放射状白色菌丝缠绕，病组织腐败，病部可见茶褐色小菌核。若由土壤中之菌核萌发或植物病残体上之菌丝接触外层鳞片及根系时，也会造成危害，致水分吸收受阻，植株下位叶片也开始黄化，病势进一步扩展，造成整株萎蔫死亡。温湿度适合菌丝生长时，以茎基部为中心的土表产生白色菌丝状菌丝束成放射状扩展，上面产生黄褐色至灰褐色菌核。

30．百合枯萎病

又称茎腐病，致病菌属半知菌类真菌，是百合生产上的重要病害。

【发病规律】病菌以菌丝体在鳞茎内或以菌丝体及菌核随病残体在土壤中越冬，成为翌年初侵染源。该病常与百合其他地下根腐、鳞片腐等同时发生，带病鳞茎和被污染的土壤是该病主要侵染源。该病在开花后遇有气温高、降雨多易发病，连作，受地下害虫和根结线虫危害造成的伤口多发病重。

【病害症状】染病株初期表现生长缓慢，下部叶片发黄失去光泽，后症状渐向上扩展，最后全株叶片萎蔫下垂，变褐后枯死。此外，尖镰孢菌百合专化型还可侵染鳞茎外皮基部，基盘上出现褐色坏死或腐烂，造成鳞片散落。从病鳞茎长出的植株叶片发黄或变紫，花茎少且小，鳞茎没有全部烂掉时就裂开，引起鳞茎腐烂后枯死。

31．百合茎溃疡病

属担子菌亚门真菌。

【发病规律】该菌可以菌丝潜伏在百合病残组织上或以小菌核在土壤中长期存活，病菌可直接或间接侵入百合的茎基部。苗期连阴天多，气温低于20℃，湿度大易发病。地势低洼、土壤黏重发病重。

【病害症状】初发病时，仅土壤中的叶片和幼芽下部的绿叶上出现下陷的浅褐色斑点。茎部染病初在茎基部和根颈部形成褐色溃疡病，干燥时留下褐色疤痕。严重的造成根颈部或根腐烂。

32．百合鳞茎根霉软腐病

属接合菌亚门真菌。

【发病规律】该菌存在于空气中或附着在被害鳞茎或鳞茎黏附土壤及包装材料枯枝等部位，病菌由伤口侵入鳞茎外皮，菌丝扩展到鳞茎基部，再由此扩展到其他鳞片，病部孢囊孢子借气流传播进行再侵染。发病适温15～25℃，相对湿度76%～86%，在通风不良的条件下，2～4 d鳞茎就可全部烂掉。

【病害症状】百合鳞茎贮藏或运输过程中，外皮上初生水渍状斑，后颜色变深，略具辛辣气味，鳞茎变软，严重时出现鳞茎毁灭性腐烂，有时鳞茎上生有厚厚的菌丝层，即病原菌的孢囊梗和孢子囊。

33．百合细菌性软腐病

属细菌。

【发病规律】病菌在土壤及鳞茎上越冬，翌年侵染鳞茎、茎及叶，引起初侵染和再侵染。

【病害症状】危害鳞茎和茎部，发病初期茎部或鳞茎生灰褐色不规则水浸状斑，逐渐扩展，向内蔓延，造成湿腐，鳞茎形成脓状腐烂。

34．百合病毒病

【发病规律】百合花叶病、百合环斑病病毒均在鳞茎内越冬，通过汁液摩擦传播，蚜虫也可传毒。百合坏死斑病病毒通过鳞茎传到翌年，此外，汁液摩擦也可传毒，甜瓜蚜、桃蚜等是传毒介体昆虫。百合丛簇病病毒由蚜虫传播，蚜虫发生数量多时，此病发生严重。

【病害症状】百合病毒病主要有百合花叶病、坏死斑病、环斑病和丛簇病4种。百合花叶病叶面现浅绿、深绿相间斑驳，严重的叶片分叉扭曲，花变形或蕾不开放，有些品种实生苗可产生花叶症状；百合坏死斑病有的呈潜伏侵染，有的出现坏死斑，有些品种花扭曲和畸变呈舌状；百合环斑病叶上产生坏死斑，植株无主秆，无花或发育不良；百合丛簇病染病植株呈丛簇状，叶片呈浅绿色或浅黄色，产生条斑或斑驳，幼叶染病向下反卷、扭曲，全株矮化。

35. 百合叶枯病（百合灰霉病）

属半知菌亚门真菌。

【发病规律】病菌以菌丝体在寄主被害部或以菌核遗留在土壤中越冬。翌年春季随气温升高，越冬后的菌丝体在病部产生分生孢子梗和分生孢子，通过气流传播引起初侵染，田间发病后，病部又产生分生孢子进行再侵染。病菌生长适温22～25℃，田间雨雾多时，相对湿度高于90%病害扩展快。

【病害症状】危害叶片、花蕾、茎和花。幼嫩茎叶顶端染病，致茎生长点变软、腐败；叶部染病形成黄色至赤褐色圆形或卵圆形斑，病斑四周呈水浸状，湿度大时，病部产生灰色霉层，即病原菌的分生孢子梗和分生孢子，高温干旱季节发病，病斑干且变薄，浅褐色，随病害扩展，病斑渐扩大，致全叶枯死；花蕾染病，初生褐色小斑点，扩展后引起花蕾腐烂，严重时很多花蕾粘连在一起，湿度大时，病部长出大量灰霉，后期病部可见黑色小颗粒状菌核；茎部染病，初变褐色或缢缩，倒折；个别鳞茎染病引起腐烂。

36. 百合疫病（百合脚腐病）

属鞭毛菌亚门真菌。

【发病规律】病菌以厚垣孢子或卵孢子随着病残体留在土壤中越冬，翌年条件适宜时，厚垣孢子或卵孢子萌发，侵入后引起发病，病部又产生大量孢子囊，孢子囊萌发后产生游动孢子或孢子囊直接萌发进行再侵染。天气潮湿多雨水，尤其是每次大雨后，排水不良，有利于该病的发生和蔓延。

【病害症状】主要侵害茎、叶、花、鳞片和球根。茎部染病初生水浸状褐色腐烂，逐渐向上、下扩展，加重茎部腐烂，致植株倒伏或枯死；叶片染病初生水浸状小斑，扩展成灰绿色大斑；花染病呈软腐状；球茎染病出现水浸状褐斑，扩展后腐烂，产生稀疏的白色霉层。

37. 百合炭疽病

又称褐鳞病、黑鳞病，属半知菌亚门真菌。

【发病规律】病菌以菌丝体或分生孢子盘在病株组织内越冬，翌春继续发育产生分生孢子进行再侵染，新病斑形成后，又产生分生孢子进行多次再侵染。鳞茎在贮藏过程中，也可继续发病。鳞茎受潮、受冻、受伤易发病。

【病害症状】叶片染病病斑近椭圆形和长条形，黄褐色，稍凹陷，严重时可使茎叶枯死。鳞片染病初生浅褐色斑，后变浅黑褐色，略凹陷，致花芽败育，呈褐色至黑色。花染病花瓣上现水渍状小圆斑，融合成不规则褐色斑。

38. 薄荷锈病

属担子菌亚门真菌。

【发病规律】以冬孢子或夏孢子在病部越冬，该菌能形成中间孢子越冬和侵染，成为翌年初侵染源。锈孢子生活力不强，只能存活15～30 d，该病传播主要靠夏孢子在生长期间进行多次重复侵染，使病害扩展开来。18℃利于夏孢子萌发，低温条件下可存活187 d，25～30℃

以上不发芽；冬孢子在 15℃以下形成，越冬后产生孢子进行侵染。该病发生在 5～10 月，多雨季节易发病。

【病害症状】主要危害叶片和茎。叶片染病初在叶面形成圆形至纺锤形黄色肿斑，后变肥大，内生锈色粉末状锈孢子。后又在表面生白色小斑，夏孢子圆形浅黄色，秋季在背面形成黑色粉状物，即冬孢子，严重的病部肥厚畸形。

39．薄荷病毒病

【发病规律】可由桃蚜、棉蚜以非持久性方式传毒，种子不能传毒。该病毒可侵染 7 科 18 种植物。

【病害症状】呈典型花叶症状，染病后植株叶片畸形，植株细弱。

40．薄荷白绢病

属半知菌亚门真菌。

【发病规律】病菌经菌丝或菌索随病残体遗落土中越冬，翌年条件适宜时，菌核或菌索产生菌丝进行初侵染，病株产生的绢丝状菌丝延伸接触邻近植株或菌核借水流传播进行再侵染，使病害传播蔓延。连作或土质黏重及地势低洼或高温多湿的年份或季节发病重。

【病害症状】发病初期病株地上部叶片褪色，茎基及地表处生有大量白色菌丝体和棕色油菜籽状小菌核，病情扩展后致植株生长势减弱、萎凋或全株枯死。

41．薄荷白粉病

属子囊菌亚门真菌。

【发病规律】病菌以子囊果或菌丝体在病残体上越冬，翌春子囊果散发出成熟的子囊孢子进行初侵染，菌丝体越冬后也可直接产生分生孢子传播蔓延，薄荷生长期间叶上可不断产生分生孢子，借气流进行多次再侵染。生长后期才又产生子囊果进行越冬。田间管理粗放，植株生长衰弱易发病。

【病害症状】主要危害叶片和茎，叶两面生白色粉状斑，存留。初生无定形斑片，后融合，或近存留。后期有的消失。

42．薄荷斑枯病（薄荷白星病）

属半知菌亚门真菌。

【发病规律】病菌以菌丝体或分生孢子器在病残体上越冬。翌年，产生分生孢子借风雨传播，扩大危害。

【病害症状】主要危害叶片，叶面生有圆形至不规则形暗绿色病斑，大小 2～3 mm，后变褐色，中部褪为灰色，周围具褪色边缘，病斑上生有黑色小粒点，即病原菌分生孢子器。发病重的病斑周围叶组织变黄，致早期落叶或叶片局部枯死。

43．薄荷灰斑病

属半知菌亚门真菌。

【发病规律】病菌以菌丝体和分生孢子在病残体上越冬，成为翌年的初侵染源。广东、云南 8～11 月份发生普遍，危害严重。

【病害症状】主要危害叶片，叶面上初生小黑点斑，后扩展开成圆形至不规则形边缘黑色、中央灰白色较大病斑，轮纹不清晰。子实体生于叶两面，灰黑色霉层状。后期病斑融合，致叶片干枯脱落，在田间下部叶片易发病。

44．薄荷霜霉病

属鞭毛菌亚门真菌。

【发病规律】病菌以带菌种子或卵孢子在染病的病残体上越冬，翌年栽植带病母根，病菌随着新叶生长侵染幼芽，成为该病初侵染源。湿度大时能产生游动孢子，借雨水或灌溉水传播蔓延，游动孢子在水滴中萌发，靠芽管从表皮直接侵入到叶片薄壁组织，产生菌丝体在细胞间扩展，同时产生线球状的吸器穿透寄主细胞壁，吸取养分和物质。气温 16℃、相对湿度 75%，该病潜育期最短，利其产生大量孢子囊，使病害扩展。

【病害症状】主要危害叶片和花器的柱头及花丝。叶面病斑浅黄色至褐色，多角形，湿度大时，叶背霉丛厚密，呈淡蓝紫色。

45．藿香褐斑病

属半知菌亚门尾孢属真菌。

【发病规律】病菌以菌丝体在病株残体上越冬，翌春产生分生孢子，借气流传播进行初侵染及多次再侵染。高温高湿有利于病害发生蔓延，7～8 月为发生盛期。

【病害症状】危害叶片。叶上病斑圆形或近圆形，直径 2～4 mm，中央淡褐色，边缘暗褐色。后期叶面生淡黑色霉状物，为病原菌的分生孢子梗和分生孢子。病情严重时病斑连片，叶片提前枯死。

46．藿香斑枯病

属半知菌亚门壳针孢属真菌。

【发病规律】病菌以菌丝体在病株残体上越冬，翌春分生孢子随气流传播引起初侵染。病斑上产生分生孢子借风雨传播，又不断引起再侵染。8 月为发病盛期。

【病害症状】主要危害叶片。叶上病斑多角形，直径 1～3 mm，暗褐色，后期病斑两面生黑色小点，为病原菌的分生孢子器。发生严重时，病斑可成片，叶片枯死。

47．甘草褐斑病

属半知菌亚门真菌。

【发病规律】病菌以菌丝体在病残体上越冬。翌春条件适宜时，产生分生孢子，借风雨传播进行初侵染，后病部又产生孢子进行再侵染。内蒙古、辽宁、黑龙江等地区 7～8 月发生，秋雨多、露水重发病重。

【病害症状】主要危害叶片。叶上病斑圆形或不规则形，大小 1～3 mm，中心部灰褐色，边缘褐色，两面均生灰黑色霉状物，即病原菌分生孢子梗和分生孢子。

48．甘草根腐病

属半知菌亚门真菌，立枯丝核菌。

【发病规律】镰刀菌是土壤习居菌，在土壤中长期腐生，病菌借水流、耕作传播，通过根部伤口或直接从叉根分枝裂缝及老化幼苗茎基部裂口处侵入。地下害虫、线虫危害造成伤口利于病菌侵入。管理粗放、通风不良、湿气滞留地块易发病。

【病害症状】染病植株叶片变黄枯萎，茎基和主根全部变为红褐色干腐状，上有纵裂或红色条纹，侧根已腐烂或很少，病株易从土中拔出，主根维管束变为褐色，湿度大时根部长出粉霉。

49．甘草锈病

担子菌亚门，单胞锈菌属真菌。

【发病规律】病菌为专性寄生锈菌，以菌丝及冬孢子在植株根、根状茎和地上部枯枝上越冬，翌春产生夏孢子。栽培甘草发病率高于野生甘草。如上年秋季多雨，来年春天气温回升较快则有利于其发生。在鄂尔多斯，两年生栽培甘草夏孢子病株发生盛期在 5 月中旬，病株率 10%左右，6 月下旬为发病株死亡盛期，死亡率达 90%以上。冬孢子病株发生盛期为 7 月中旬。

【病害症状】主要危害叶片。春季幼苗出土后即在叶片背面生圆形、灰白色小疱斑，后表面破裂呈黄褐色粉堆，为病菌夏孢子堆和夏孢子。发病后期整株叶片全部被夏孢子堆覆盖，致使植株地上部死亡，茎基部与根或茎连接处韧皮组织增生，潜伏芽萌动，植株表现为丛生、矮化。夏孢子再侵染后，叶片两面散生黑褐色冬孢子堆，并散出黑褐色冬孢子粉末。该病是栽培甘草的主要病害，遍布各甘草主产区，是影响密植的主要因素。

※　参考文献　※

[1] 农业部全国植保总站. 植物医生手册. 北京: 化学工业出版社, 1994.

[2] 韩金声. 植物医院实用技术指南. 北京: 中国农业大学出版社, 1996.

[3] 许志刚. 普通植物病理学. 第 2 版. 北京: 中国农业出版社, 1997.

[4] 赵善欢. 植物保护. 第 3 版. 北京: 中国农业大学出版社, 2000.

[5] 陆家云. 植物病害诊断. 第 2 版. 北京: 中国农业大学出版社, 2004.

[6] 莱传雅. 农业植物病理学. 北京: 科学出版社, 2003.

[7] 蔡青年. 植物保护手册. 北京: 中国农业科学出版社, 2000.

[8] 中国植保资讯网, http://www.zhibao.net/.

[9] 中国星火网浙江站, http://www.zjsp.net/.

[10] 中药材几种常见病害及其防治方法. http://info.pharmacy.hc360.com/html/001/002/14894.htm.

[11] 张陶, 张中义, 刘云龙, 等. 云南农业大学学报, 1998,13(1): 78-83.

[12] 马国胜, 潘文明. 中国园林, 2004, 8: 69.

[13] 李崴, 李秀文, 栗振华, 等. 天津农林科技. 2003, 4: 12.

[14] 刘晓妹, 蒲金基.草业科学, 2004, 6: 73.

[15] 侯众, 何光武. 四川草原, 1994, 1: 36.

第二章
杀菌剂主要类型与品种

第一节
杀菌剂研究开发的新进展与发展趋势

　　杀菌剂是用于防治由各种病原微生物引起的植物病害的一类农药，一般指杀真菌剂。但国际上，通常是作为防治各类病原微生物的药剂的总称。随着杀菌剂的发展，又区分出杀细菌剂、杀病毒剂、杀藻剂等亚类。据调查，全世界对植物有害的病原微生物（包括细菌、病毒、真菌、放线菌、立克次氏体、支原体、衣原体、螺旋体）有 8 万种以上。植物病害对农业造成巨大损失，全世界的农作物由此平均每年减少产量约 5 亿吨。历史上曾多次发生因某种植物病害流行而造成严重饥荒，甚至大量人口饿死的灾祸。如马铃薯晚疫病引起的爱尔兰大饥荒，此饥荒发生于 1845 年至 1850 年间，在这 5 年的时间内，英国统治下的爱尔兰人口减少了将近四分之一。这个数目除了饿死、病死者，也包括了约一百万因饥荒而移居海外的爱尔兰人。使用杀菌剂是防治植物病害的一种经济有效的方法。

　　杀菌剂按化学结构分为无机杀菌剂和有机杀菌剂（包括抗生素）。按作用机理分为保护性杀菌剂、内吸性即治疗性杀菌剂和植物活化剂。按化学结构类型可分为：酰胺类、二羧酰亚胺类、甲氧基丙烯酸酯类、三唑类、咪唑类、噁唑类、噻唑类、吗啉类、吡咯类、吡啶类、嘧啶类、喹（唑）啉（酮）类、氨基甲酸酯类、有机磷类、抗生素类、其他类。本书首先对杀菌剂研究开发的新进展与发展趋势予以介绍，然后拟按化合物结构类型对重要的杀菌剂品种予以介绍，同时包括重要的杀细菌剂、杀病毒剂和杀线虫剂。在每一类化合物中不仅介绍了该类化合物中的重要品种，而且对本书未介绍的品种列出了它们的通用名称和化学名称或化学结构，利于读者进一步查找。关于杀菌剂按作用机理分类等有关方面的内容请参见附录。为了提高我国新药创制水平,特在每一类杀菌剂中尽可能简要地介绍该类杀菌剂的创制经纬,供参考。

一、杀菌剂发现发展史

（一）无机杀菌剂阶段

1．天然矿物

1882 年以前，是以硫元素为主的无机杀菌剂时期。早在公元前 1000 年，古希腊诗人荷马（Homer）就记载了硫黄的防病作用。公元 25～200 年，我国开始制造小批量的白砒用于植物病虫防治。公元 304 年，我国葛洪所著《抱朴子》记载了"铜青涂木，入水不腐"，即用氧化铜防止木材腐烂。公元 533～544 年，贾思勰所著《齐民要术》中介绍了"凡种法，先以水净淘瓜子，以盐和之（盐和则不笼死）"的种子处理防治病害的方法。1705 年，升汞用于木材防腐和种子消毒。1761 年，硫酸铜首次用于防治小麦黑穗病。1802 年，首次制备出石硫合剂（石灰-硫黄合剂），用于防治果树白粉病。

2．人造无机农药

1880 年至 20 世纪 30 年代，发展了一批人工制造的无机农药。以含砷、汞、铜等重金属元素和含硫等非金属元素为代表的无机杀菌剂，如氯化汞、红砒、碳酸铜、硫酸铜、氯化锌、硫黄、盐酸、硫酸、石硫合剂、波尔多液等。虽然这些杀菌剂可以用于防治许多作物叶面病害和麦类作物黑穗病，但其活性低、用量大，且大多对人畜及植物毒性高，使用范围和使用方法都受到了很大限制，主要用于种子处理和果树林木喷雾处理防治植物病害。

1882 年，法国的波尔多大学教授米拉迪特（P.M.A.Millardet）在波尔多地区发现硫酸铜与石灰水混合也有防治葡萄霜霉病的效果，由此出现了波尔多液。并于 1885 年发表了研究论文，该研究被公认是人类研发杀菌剂历史的开始。

（二）有机杀菌剂阶段

1．早期阶段

以六氯苯、五氯硝基苯、二硝基苯、百菌清、四氯苯醌、克菌丹、灭菌丹等取代芳烃类化合物，有机砷、有机汞、福美双、代森锰锌等二硫代氨基甲酸盐（酯）类化合物为代表的有机杀菌剂。

虽然这些杀菌剂活性较高、作用位点多及杀菌谱广，能够有效控制很多作物的种传病害、土传病害和叶面病害，但其选择性差、用量和喷施质量控制要求高，特别是环境残留严重，且大多对人畜及植物毒性高，使用范围和使用方法都受到了很大限制，主要用于种子处理和果树林木喷雾处理防治植物病害。

保护性有机杀菌剂时期（1934～1966 年），有如下代表性杀菌剂出现：1934 年，二硫代氨基甲酸衍生物（福美类）出现，从而开辟了有机杀菌剂的新纪元。1942 年，四氯苯醌作为种子处理剂出现。1943 年，代森类（1,2-亚乙基二硫代氯基甲酸类衍生物）出现。1953 年，克菌丹、灭菌丹、8-羟基喹啉铜以及某些抗生素，如稻瘟散、放线菌酮、灰黄霉素、链霉素等出现。

2．内吸性杀菌剂

第 1 个里程碑：20 世纪 60 年代末期发现了具有广谱、内吸、治疗作用的苯并咪唑类杀菌剂，代表品种有苯菌灵、噻菌灵、多菌灵、甲基硫菌灵等。1967 年，苯并咪唑类杀菌剂苯菌灵问世，标志着内吸性杀菌剂时代的开始。

苯菌灵(benomyl) 噻菌灵(thiabendazole) 多菌灵(carbendazim) 甲基硫菌灵(thiophanate-methyl)

第 2 个里程碑：以三唑类为代表的脱甲基甾醇抑制剂类杀菌剂等，代表性品种有戊唑醇、丙环唑等。1977 年，第二代内吸杀菌剂出现，以甾醇抑制剂出现为标志，如三唑酮、三唑醇等。三唑类杀菌剂逐渐成为杀菌剂市场的主力。新近开发的氯氟醚菌唑（mefentrifluconazole）对许多难治的真菌病害具有杰出的生物活性。

三唑醇(triadimenol) 三唑酮(triadimefon) 氯氟醚菌唑(mefentrifluconazole)

第 3 个里程碑：甲氧基丙烯酸酯类为全球第 3 个里程碑式的杀菌剂类别，代表性品种有嘧菌酯、吡唑醚菌酯等。1996 年，嘧菌酯成为首个成功商品化的甲氧基丙烯酸酯类杀菌剂，在近十年来取代了三唑类杀菌剂的主体地位。

嘧菌酯(azoxystrobin) 吡唑醚菌酯(pyraclostrobin)

metyltetraprole 是由日本住友化学株式会社开发的新型 strobilurin 杀菌剂，可以防治对其他甲氧基丙烯酸酯类杀菌剂已经存在抗性的病害。如对吡唑醚菌酯及嘧菌酯已经产生抗性的 G143A 突变体的黑斑病、小麦颖枯病、褐斑病、柱隔孢叶斑病和炭疽病，对具有抗性 F129L 突变体的小麦黑斑病、大麦网斑病、褐斑病、早枯病和番茄叶霉病，metyltetraprole 均具有较低的抗性水平。mandestrobin 也是由日本住友化学株式会社开发的新型 strobilurin 杀菌剂，具有预防和内吸特性，在病害发生早期应用效果最佳。

mandestrobin metyltetraprole

第 4 个里程碑：琥珀酸脱氢酶抑制剂（SDHI）为当今开发的被称为第 4 个里程碑式的杀菌剂类别，至今已开发出二十多个商品化品种。最早发现此类杀菌剂作用机制的品种为萎锈灵，1966 年有利来路公司开发出了萎锈灵（防治担子菌及立枯丝核菌）和氧化萎锈灵（主要用于观赏植物）。但早期的品种主要用来防治锈病及担子菌引起的病害。近年来开发的 SDHI

类杀菌剂具有活性高和杀菌谱广的特点，并具有提高作物品质和产量的作用。新开发品种可防治锈病、菌核病、灰霉病、白粉病、茎腐病、褐斑病、草坪炭疽病等病害。代表品种有巴斯夫公司开发的啶酰菌胺（1993 年），三井化学公司开发的吡噻菌胺（1996 年）。氟唑菌酰羟胺突破性地防治由镰刀菌（*Fusarium* spp.）引起的病害，如小麦赤霉病等，也可防治线虫，是继拜耳氟吡菌酰胺之后又一高效防治线虫的 SDHI 类杀菌剂。

萎锈灵(carboxin)   氧化萎锈灵(oxycarboxin)   啶酰菌胺(boscalid)

吡噻菌胺(penthiopyrad)   氟唑菌酰羟胺(pydiflumetofen)

（三）分类介绍

1．按照施用方式分类

按照施用方式可分为：种子处理杀菌剂、土壤处理杀菌剂、茎叶处理杀菌剂、熏蒸处理杀菌剂等。

2．按照作用原理分类

按照作用原理可分为：保护性杀菌剂、治疗性杀菌剂、铲除性杀菌剂、抗产孢作用。

保护性杀菌剂是指在病原菌接触寄主或侵入寄主之前，施用于植物体可能受害的部位，以保护植物不受侵害的药剂。杀菌剂的保护作用是主要的防病作用原理。

治疗性杀菌剂是指在植物已经感病以后所使用的药剂。如非内吸性杀菌剂直接杀死病菌，而具有内渗、内吸作用的杀菌剂，能够渗透到组织内部或跟随植物体液运输传导，杀死病原孢子、病原体或病原的有毒代谢物质以消除症状与病态的药剂。

铲除性杀菌剂是指对病原菌具有直接强烈杀伤力的药剂。往往这类药剂对生长期的植物也具有药害，故常用于播前土壤处理、植物休眠期或苗期处理。

抗产孢作用是指利用杀菌剂抑制病菌的繁殖，阻止发病部位形成新的繁殖体，控制病害流行危害。

3．按照结构类型分类

按照结构类型可分为：酰胺类、甲氧基丙烯酸酯类、喹（唑）啉（酮）类、三唑类、氨基甲酸酯类等。

近期开发的农用杀菌剂除大家熟悉的三唑类、甲氧基丙烯酸酯类，还有酰胺类、嘧啶类、氨基酸衍生物等。这些化合物的特点不仅是活性高、作用机理独特、对环境友好，而且对难防治的病害如霜霉病、稻瘟病、灰霉病、立枯病等病害有特效，尤其是近期开发的酰胺类杀菌剂活性谱有了很大的改变，大多具有广谱的活性。需要指出的是由于种种原因，植物活化剂如活化酯等目前尚未得到大规模的应用，但活化酯本身无杀菌活性，施药后可激活植物自身的防卫反应即"系统活化抗性"，从而使植物对多种真菌和细菌产生自我保护作用，也许随着生物技术的进步以后会有广泛的应用。在此将这些化合物作一简要介绍，并概述其发展趋势。

（1）酰胺类　酰胺类杀菌剂大多为琥珀酸脱氢酶抑制剂（SDHI）。水杨酰苯胺是最早发现的具有杀菌作用的酰胺类化合物。从萎锈灵开始，至今已有20余个品种。SDHI类杀菌剂最初用来防治锈病，尤其擅长防治担子菌引起的病害。近年来开发的SDHI类杀菌剂具有结构新颖、高活性和杀菌谱广的特点，子囊菌和半知菌也已成为其防治对象，并具有提高作物品质和产量的作用，从而造就了其良好的市场表现。新近开发的氟唑菌酰羟胺及氟吡菌酰胺均可以防治线虫。

丁吡吗啉（pyrimorph）是由中国农业大学、江苏耕耘化学有限公司和中国农业科学院植物保护研究所联合研发创制的丙烯酰胺类杀菌剂。它主要用于防治番茄晚疫病、辣椒疫病等病害；而且对致病疫霉、立枯丝核菌也有很好的抑制效果。虽然丁吡吗啉与烯酰吗啉化学结构相似，对致病疫霉休止孢的萌发及孢子囊的产生都具有显著的抑制作用，但从药剂对致病疫霉的作用方式来看，丁吡吗啉对致病疫霉有抑菌作用，而无杀菌作用；而烯酰吗啉表现出很好的杀菌作用，说明两者在抑菌机理方面存在差异。

氟噻唑吡乙酮与fluoxapiprolin具有相似的化学结构，都对卵菌纲病原菌具有独特的作用位点，为氧固醇结合蛋白（OSBP）抑制剂，这是一种新的作用机制。氟噻唑吡乙酮施用量仅为常用杀菌剂的1/100～1/5，对引起马铃薯和番茄晚疫病的致病疫霉（*Phytophthora infestans*）高效。但氟噻唑吡乙酮作用位点单一，杀菌剂抗性行动委员会（FRAC）认为，其具有中高水平抗性风险，需要进行抗性管理。

tolprocarb是日本三井化学公司开发的氨基甲酸酯类杀菌剂。与传统的黑色素生物合成抑制剂（cMBIs）相比，tolprocarb只能在离体条件下抑制PKS活性；tolprocarb作用于稻瘟病菌的靶蛋白为聚酮合酶（PKS），这是该杀菌剂不同于其他黑色素生物合成抑制剂之处。

丁吡吗啉(pyrimorph)　　　　　　氟噻唑吡乙酮(oxathiapiprolin)

fluoxapiprolin　　　　　　tolprocarb

（2）甲氧基丙烯酸酯类化合物　甲氧基丙烯酸酯类杀菌剂来源于天然产物strobilurin，是线粒体呼吸抑制剂即通过在细胞色素 b 和 c_1 间电子转移抑制线粒体的呼吸。metyltetraprole和mandestrobin都是日本住友化学株式会社开发的新型strobilurin杀菌剂。

（3）三唑类　三唑类化合物是大家都比较熟悉的老品种，是甾醇生物合成中C-14脱甲基化酶抑制剂。

丙硫菌唑主要用于防治禾谷类作物如小麦、大麦、水稻等，以及豆类作物上众多病害。几乎对所有麦类病害都有很好的防治效果，如小麦和大麦的白粉病、纹枯病、枯萎病、叶斑病、锈病、菌核病、网斑病、云纹病等。除了对谷物病害有很好的效果外，还能防治油菜和花生的土传病害，如菌核病，以及主要叶面病害，如灰霉病、黑斑病、褐斑病、黑胫病、菌核病和锈病等。

近期开发的氯氟醚菌唑（mefentrifluconazole）特点是除用于防治锈病和壳针孢菌（如叶斑病）、镰刀菌（如根腐、茎腐、茎基腐、花腐和穗腐病害）等引起的病害，还对许多难治的真菌病害具有杰出的生物活性，如水稻纹枯病和穗腐病（或称脏穗病）。

（4）嘧啶胺类化合物　嘧啶胺类化合物是近期开发的一类重要杀菌剂，对霜霉病、白粉病等有特效。

（5）喹（唑）啉（酮）类杀菌剂　喹啉类杀菌剂是目前国外公司研究的热点之一，新近开发的三个喹啉类杀菌剂均具有全新作用机制。

quinofumelin 是由三井化学开发的喹啉类杀菌剂。用作杀菌剂，具有全新作用机制和广谱杀菌活性。对灰霉病和稻瘟病具有很好的防治效果。quinofumelin 的预期用途包括防治果树、叶菜类、果菜类、油籽作物和水稻病害。

tebufloquin 是由明治制药株式会社（Meiji Seika Kaisha）发现，Kumiai 公司 2013 年开发上市的喹啉类杀菌剂，用于防治水稻稻瘟病。

ipflufenoquin 是日本曹达公司开发的喹啉类杀菌剂。具有新颖作用机制，可用于防治对现有药剂产生抗性的病原菌。该剂为广谱杀菌剂，对多种病害有效，可用于防治黑星病、灰霉病、菌核病、稻瘟病、炭疽病等。

quinofumelin　　　　　tebufloquin　　　　　ipflufenoquin

（6）氨基甲酸酯类化合物　异丙菌胺（iprovalicarb）和苯噻菌胺（benthiavalicarb-isopropyl）具体的作用机理尚不清楚，研究表明其影响氨基酸的代谢，且与已知杀菌剂作用机理不同，与甲霜灵、霜脲氰等无交互抗性。主要通过抑制孢子囊胚芽管的生长、菌丝体的生长和芽孢形成而发挥对作物的保护、治疗作用。

picarbutrazox 是由大日本油墨公司发明转卖给日本曹达公司开发的四唑肟类、氨基甲酸酯类杀菌剂。作用机制暂不明确，与现有杀菌剂具有不同的作用机制，不抑制呼吸链电子传递系统复合体Ⅰ或复合体Ⅲ。此物质抑制腐霉真菌孢子萌发、菌丝延长、游动孢子形成，抑制卵孢子萌发，抑制番茄疫霉病菌孢子的萌发和菌丝的生长。该剂对盘梗霜霉属、腐霉属、霜霉属、假霜霉属和疫霉属卵菌纲病原菌有效，可用于叶面喷施及种子处理。

pyribencarb 是组合化学工业株式会社和庵原化学株式会社开发的新型氨基甲酸酯类杀菌剂。pyribencarb 是一种新颖的 QoI 杀菌剂，通过抑制复合体Ⅲ的电子传递，从而抑制线粒体的呼吸作用。但是 pyribencarb 又不同于传统的 QoI 杀菌剂，和传统的 QoI 杀菌剂相比，pyribencarb 在和细胞色素 b 袋状蛋白质的结合上有轻微不同。杀菌谱广，对灰霉病和菌核病有特效。

胺苯吡菌酮（fenpyrazamine）是日本住友化学株式会社研究开发的基于吡唑的杂环类杀真菌剂。与环酰菌胺（fenhexamid）具有相同的作用方式，抑制麦角甾醇生物合成过程中的 3-酮还原酶（3-keto reductase）的活性。对孢子的萌发无抑制作用，主要抑制真菌的芽管和菌丝的生长。胺苯吡菌酮对灰葡萄孢属真菌、核盘菌属真菌、链核盘菌属真菌具有良好的活性，可以用于灰霉病、菌核病的防控。

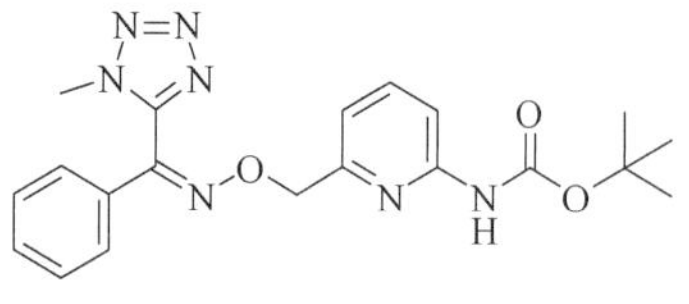

picarbutrazox

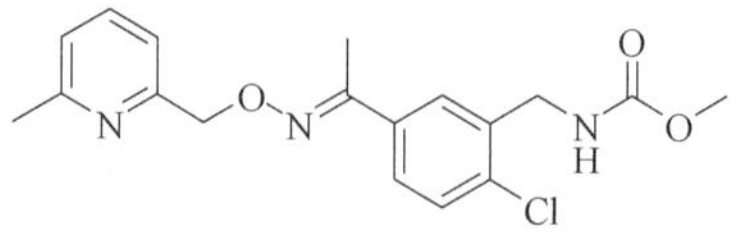

pyribencarb

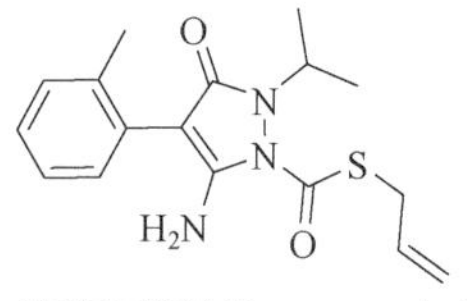

胺苯吡菌酮 (fenpyrazamine)

（7）吡啶类化合物　fenpicoxamid（也可归属为酰胺类化合物）是由陶氏杜邦农业事业部（科迪华农业科技公司）开发的吡啶酰胺类杀菌剂。fenpicoxamid 从天然化合物 UK-2A 通过发酵衍生而来，作为新型吡啶酰胺类谷物用杀菌剂中的第一个成员，通过抑制真菌复合体 Ⅲ Qi 泛醌（即辅酶 Q）键合位点上的线粒体呼吸作用来发挥杀菌活性。这是一个新的靶标位点，与甲氧基丙烯酸酯类杀菌剂作用于线粒体 Qo 位点不同，其作用于 Qi 位点，抑制线粒体电子传递链细胞色素 bc_1 复合体的活性。因此，fenpicoxamid 与现有任何谷物用杀菌剂无交互抗性，包括三唑类、甲氧基丙烯酸酯类和琥珀酸脱氢酶抑制剂类（SDHI）杀菌剂。对子囊菌亚门多种病原菌有很好的活性，如锈病、小麦叶枯病和香蕉黑条叶斑病等。

florylpicoxamid（也可归属为酰胺类化合物）是由陶氏杜邦农业事业部（科迪华农业科技公司）开发的第 2 代吡啶酰胺类杀菌剂。该剂可用于谷物、葡萄、果树、坚果、蔬菜等防治壳针孢属、葡萄孢属、链核盘菌属、链格孢属真菌引起的病害以及白粉病、炭疽病、斑点病等。对蔬菜和水果的早疫病、甜菜叶斑病、炭疽果腐病、葡萄白粉病，以及谷物的稻瘟病、大麦云纹病、大麦斑枯病、褐锈病具有优异的防效。florylpicoxamid 在作物多个生长阶段均可施用，并能提高作物产量和品质。

pyriofenone 是由石原产业株式会社（Ishihara Sangyo Kaisha, Ltd.）开发的杀菌剂。具体作用机制不明。预防性应用，可抑制病原菌附着孢的形成及随后菌丝体渗入植物细胞；病害出现后应用可抑制病原菌次生菌丝、菌丝体和孢子的形成。

aminopyrifen 是日本 Agro-Kanesho 公司开发的吡啶类杀菌剂，与现有杀菌剂无交叉抗性。aminopyrifen 暂时定为 GWT1 抑制剂，能抑制胚芽管的伸长。GWT1 能催化内质网膜上糖基磷脂酰肌醇的肌醇酰化。aminopyrifen 能够抑制小麦白粉病、黄瓜炭疽病、黄瓜灰霉病、乌头霉、黄瓜白粉病、小麦赤霉病、稻瘟病等，对叶斑病和晚疫病的防治效果较差。

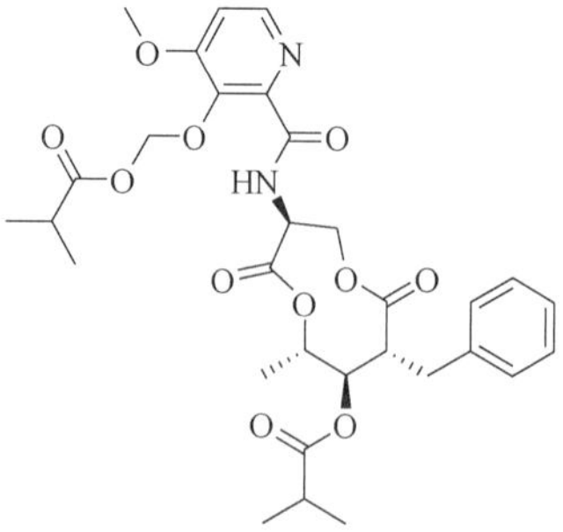

fenpicoxamid

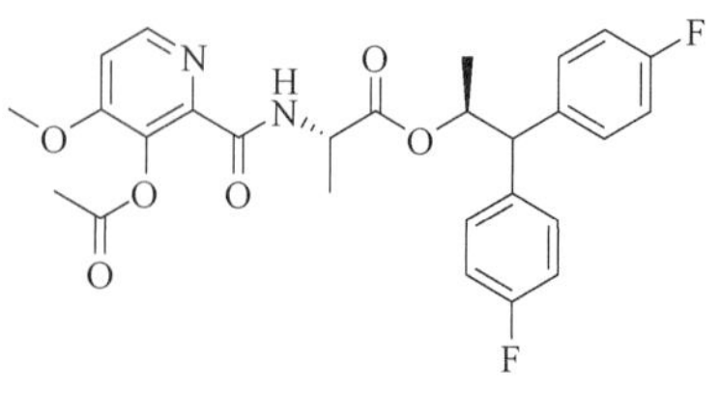

florylpicoxamid

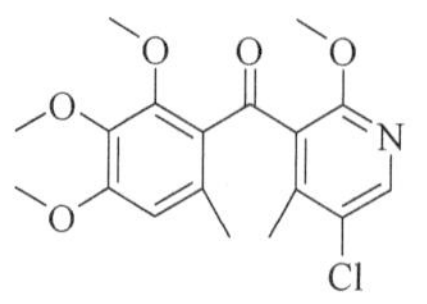

pyriofenone

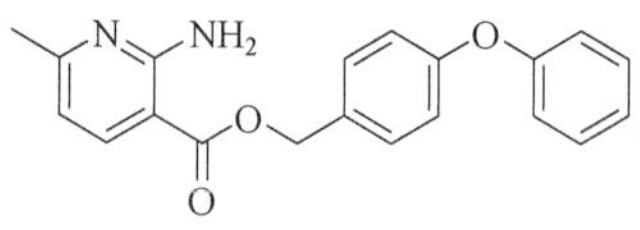

aminopyrifen

（8）其他类化合物　meptyldinocap 是由道化学开发的二硝基苯基巴豆酸酯类杀菌剂，是敌螨普（dinocap）的一个异构体。meptyldinocap 是保护性和治疗性杀菌剂，应用于葡萄、草莓、葫芦，防治白粉病。作为氧化磷酸化的解偶联剂，其能抑制真菌孢子萌发、真菌呼吸作用，引起真菌代谢紊乱。

dichlobentiazox　是日本组合化学株式会社开发的苯并噻唑类杀菌剂，能够防治稻瘟病及黄瓜炭疽病。

dipymetitrone 是拜耳作物科学公司开发的新型杀菌剂。该化合物曾在 *Chemische Berichte*（1967）中报道过，后由拜耳公司报道了其作为杀菌剂的应用。该化合物杀菌谱较广，但活性不高，可与某些品种混配具有增效作用。

flutianil 是由日本大塚化学株式会社开发的杀菌剂。无内吸性。用于防治乔木类果树、浆果类、蔬菜、观赏性植物上白粉病。

pyridachlometyl 是日本住友化学株式会社开发的哒嗪类杀菌剂。可防治小麦叶枯病，用于预防红色雪腐病的小麦种子处理剂。

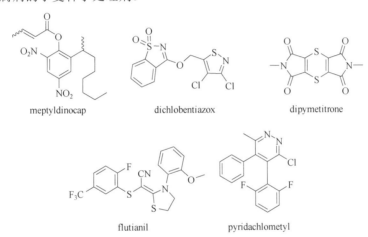

4．按照作用机制分类

按照作用机制可分为：影响细胞结构和功能、抑制呼吸作用、影响细胞代谢物质的合成及功能、诱导寄主植物产生抗性及暂不明确的作用方式等。

二、杀菌剂研究发展趋势

由于人们对环境、生态的关注，我国已经取消了临时登记。取消临时登记后，入行门槛更高，更规范，要求企业大量的资金和人才投入。直接正式登记，周期延长，试验项目增加，因此登记所需要的数据越来越多，登记费用大大提高了；由于激烈的市场竞争，因此要求新品种必须具有更优的性能和更广谱的生物活性；企业要加强市场调研，保证产品质量安全和药效。正是如此，新品种研究开发的难度越来越大，相应新品上市的数量也在减少，但花费时间与费用则不断增加。尽管如此，未来杀菌剂创制的研究方向仍要秉持持续发展、保护环境和生态平衡的理念，确保研究开发的化合物高效、安全。由于病害种类繁多、研究转基因抗病品种成本高，且不可能对众多的病害都有效，因此化学杀菌剂仍是未来研究的主体，同时也会与生物农药相互协调，共同防治病害。解决抗性、增强植物免疫能力与环境友好则是杀菌剂创制研究的主要方向。

通过尽可能多的途径寻找作用机理独特或具有多重作用机理的新型化合物，包括对已知结构的化合物的进一步优化；从天然产物如信息素中获得的免疫或抵御外来有害物的化合物如植物活化剂等或结合生物技术将某种基因引入到植物中使其可将合成的小分子化合物转化为天然产物，从而起到免疫或抵御外来有害物的作用（增强植物免疫能力）；对已有活性优异、环境友好的杀菌剂进行扩谱研究和混剂的研究，以减缓抗性的发生。

第二节
酰胺类杀菌剂（amides）

一、创制经纬

纵观酰胺类杀菌剂的研发历史，不难看出其研制途径主要有三种：先期的品种来自随机筛选，部分品种源自天然产物（烯酰吗啉、氟吗啉），近期开发的品种多来自其他类似结构的再优化。新杀菌剂如 SDHI 类等的研制多来自其他类似结构的再优化，在这些杀菌剂研制过程中多采用生物等排理论，也即采用活性相似基团如苯环、噻吩、吡唑、吡啶等的替换。部分化合物的创制经纬如下，多数是编者的推测，仅供参考。

1. 烯酰吗啉（dimethomorph）、氟吗啉（flumorph）、丁吡吗啉（pyrimorph）的创制经纬

烯酰吗啉是在天然产物肉桂酸酯的基础上，经过结构优化得到的。氟吗啉是在烯酰吗啉的基础上发现的。丁吡吗啉也是在烯酰吗啉基础上进一步优化而来的。

2. 甲霜灵（metalaxyl）、苯霜灵（benalaxyl）的创制经纬

Ciba-Geigy（现先正达）公司在除草剂甲草胺（**A**）的基础上，通过进一步优化，即经过设计、合成、筛选发现了性能更优的除草剂异丙甲草胺（**B**）。在此研究过程中，发现了部分化合物如 **C** 具有杀菌活性，但有药害；经过进一步研究发现二次先导化合物 D，在化合物

D 的基础上，最后发现了世界上第一个用于防治卵菌纲病害的杀菌剂甲霜灵（metalaxyl），于 1977 年开发上市。1996 年，先正达公司将甲霜灵的 *R*-异构体作为杀菌剂推向市场，该杀菌剂成为精甲霜灵（metalaxyl-M），也称为高效甲霜灵，是世界上第一个商品化的具有立体旋光活性的杀菌剂，它的出现开创了手性杀菌剂用于作物保护的新时代。自 20 世纪 70 年代后期甲霜灵问世以来，其销售状况很好，2016 年销售额为 3.40 亿美元。意大利 Isagro-Ricerca 公司在甲霜灵的基础上，进行结构再优化，开发了苯霜灵，于 1982 年开发上市。后又开发出精苯霜灵（benalaxyl-M），于 2006 年在葡萄牙获得全球首次登记。

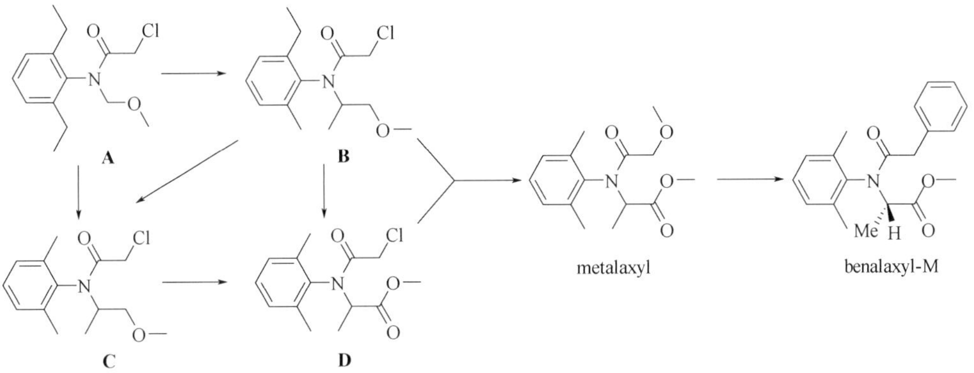

3．噁霜灵的创制经纬

噁霜灵是在甲霜灵等结构的基础上，利用生物等排理论即用 N 替代 CH，后经优化得到：

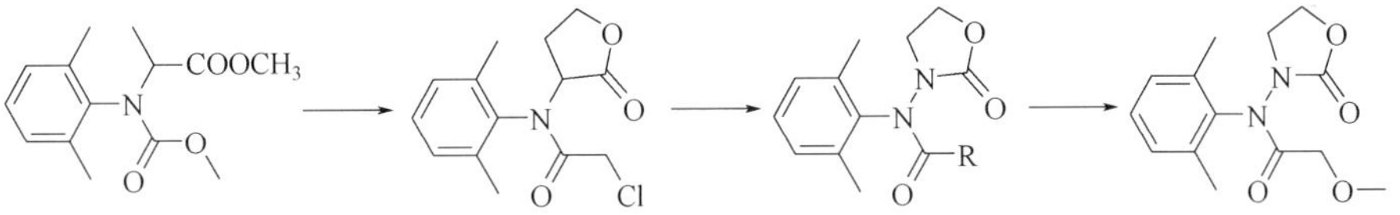

4．稻瘟酰胺（fenoxanil）的创制经纬

推测稻瘟酰胺是以苯氧羧酸类化合物为先导化合物，经衍生优化而得。苯氧羧酸类化合物如 2,4-滴（Ⅰ）、2,4-滴丙酸（Ⅱ）等是已知的除草剂。Ⅰ和Ⅱ虽然是除草剂，也可作为中间体，继续与其他中间体发生反应，多个公司在这方面进行了研究，衍生出很多新化合物，并期望得到生物活性优异的新产品。Berliner 等报道的化合物Ⅲ具有除草活性，Baker 等报道化合物Ⅳ具有杀螨活性，Walker 等报道化合物Ⅴ具有杀菌活性如防治白粉病。Shell 公司研究人员在以上基础上，结合苯氧羧酸结构，设计合成了通式Ⅵ所示的化合物，经过合成、生测、优化得到通式Ⅶ的化合物，经过进一步优化最终发现稻瘟酰胺。

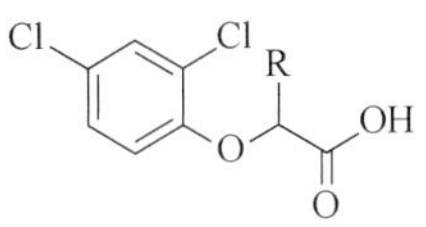

Ⅰ R = H
Ⅱ R = CH_3

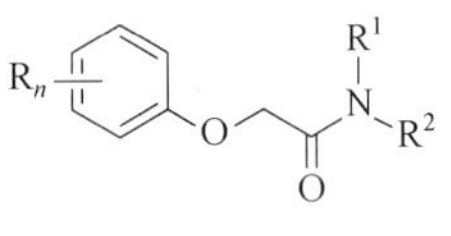

Ⅲ

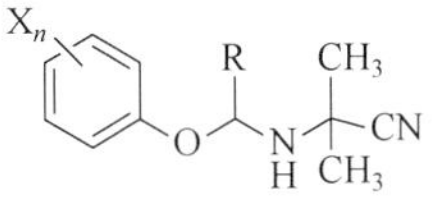

Ⅳ

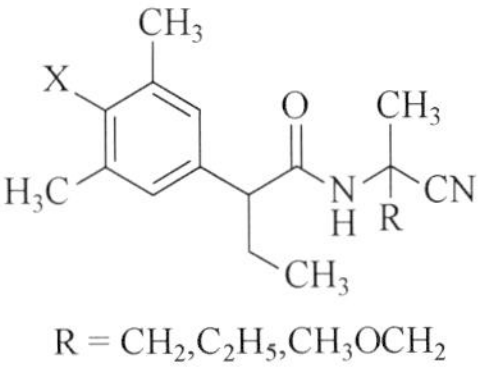

Ⅴ

R = CH_2,C_2H_5,CH_3OCH_2

氰菌胺 ꞏ 稻瘟酰胺

5. 双氯氰菌胺（diclocymet）的创制经纬

前面已论及 Ciba-Geigy 公司在甲草胺的基础上进行除草剂的过程中，发现了杀菌剂甲霜灵。据此推测住友化学公司可能也是在研究酰胺类除草剂（bromobutide）的过程中发现了杀菌剂双氯氰菌胺：

bromobutide ꞏ lead structure ꞏ diclocymet

6. 噻唑菌胺（ethaboxam）的创制经纬

含氨基乙腈基团的化合物具有较好的生物活性如化合物 **1～3**，韩国的科研人员在化合物 **3** 的基础上，通过研究发现化合物 **4** 对卵菌纲病害具有较好的生物活性，进一步优化选出化合物噻唑菌胺。

7. 磺菌胺（flusulfamide）、甲磺菌胺（TF-991）创制经纬

已知专利文献报道了如下通式 Ⅰ 和 Ⅱ 所示的化合物，代表化合物为 Ⅲ 和 Ⅳ，用作杀菌剂。

编者推测：三井东压化学品公司通过对已有专利进行分析研究，将化合物Ⅲ和Ⅳ的化学结构进行了重新组合，即可得到化合物Ⅴ也即磺菌胺；或将化合物Ⅲ和Ⅳ的化学结构进行重新组合得到通式Ⅵ所示化合物，后经过详细研究发现磺菌胺。

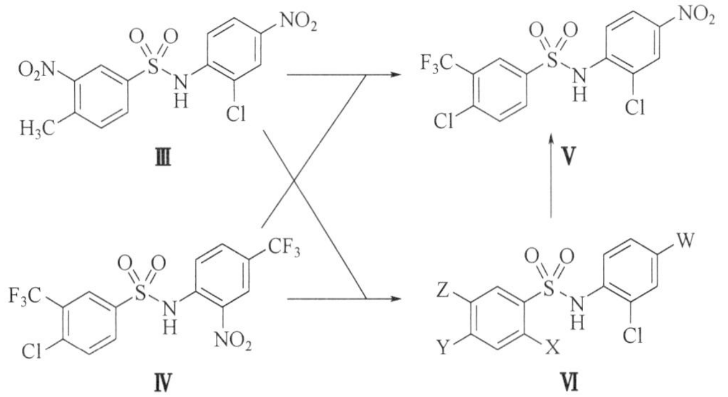

从文献报道可以看出：化合物Ⅴ具有比以往专利报道的化合物Ⅲ和Ⅳ更优的生物活性，属典型的选择性专利。

甲磺菌胺（TF-991）是在杀菌剂磺菌胺研究的过程中经进一步优化得到的：

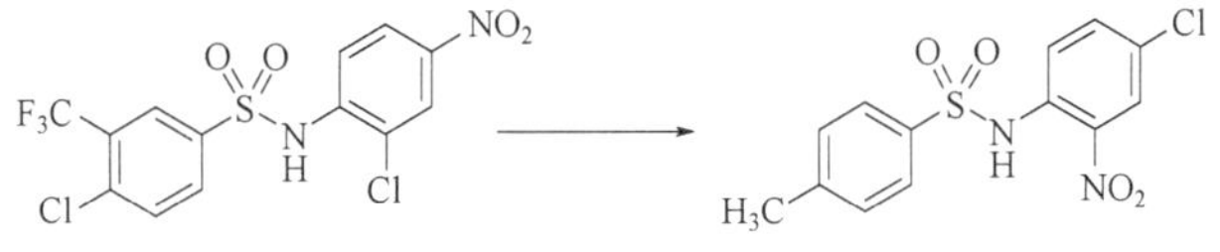

flusulfamide　　　　　　　　　　TF 991

8．灭锈胺（mepronil）的创制经纬

日本农药公司在研究杀螨剂时发现化合物 **A** 具有很好的杀菌活性，尤其对纹枯病有高的活性，但田间药效结果很不理想。为了得到活性更好的化合物，他们将内酰胺的环打开，得到化合物 **B**，发现化合物 **B** 不仅防治纹枯病，而且有内吸活性。此后经进一步优化，最终得到灭锈胺。以后又在灭锈胺的基础上发现了氟酰胺等众多的杀菌剂。

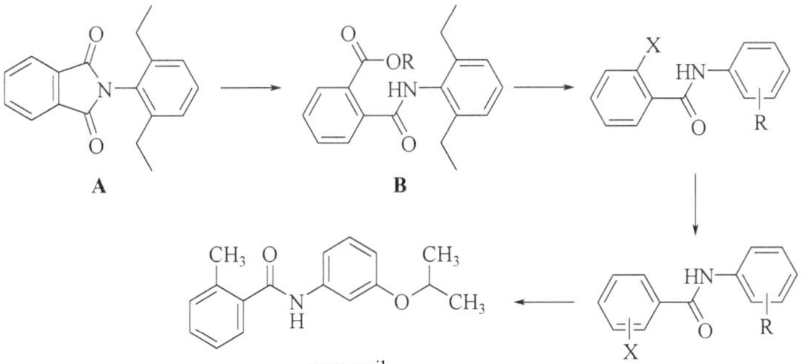

mepronil

9．噻氟菌胺（thifluzamide）的创制经纬

噻氟菌胺是在杀菌剂灭锈胺（mepronil）和噻菌胺（metsulfovax）的基础上，经进一步优化得到的：

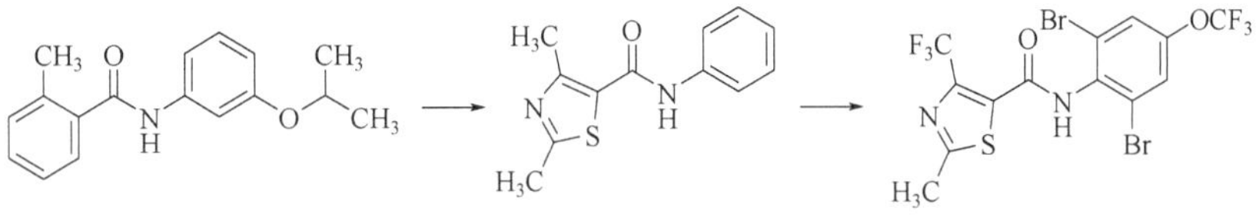

mepronil　　　　　　　　metsulfovax　　　　　　　　thifluzamide

117

10．呋吡菌胺（furametpyr）、吡唑萘菌胺（isopyrazam）、苯并烯氟菌唑（benzovin-diflupyr）、inpyrfluxam、fluindapyr 的创制经纬

呋吡菌胺（furametpyr）可能是在杀菌剂灭锈胺（mepronil）的基础上，经进一步优化得到的。吡唑萘菌胺（isopyrazam）可能是先正达在呋吡菌胺（furametpyr）的基础上，将氧原子的两端碳原子用碳链连接起来，再将氧原子替换为取代的碳链结构，进一步在吡唑环上引入合适的取代基，最终发现了吡唑萘菌胺（isopyrazam）。经过进一步的研究发现了苯并烯氟菌唑（benzovindiflupyr）。

住友化学可能是根据前三个品种的特点进行组合，保持二氟甲基吡唑环结构，将呋吡菌胺（furametpyr）的胺部分氧原子简单替换为亚甲基，得到了 inpyrfluxam。Isagro 和 FMC 进一步在苯环上引入氟原子，得到了 fluindapyr。

11．啶酰菌胺（boscalid）、联苯吡菌胺（bixafen）、氟唑菌酰胺（fluxapyroxad）及 pyraziflumid 的创制经纬

对灰霉病有效的芳酰胺类杀菌剂一直受到众多农药工作者的关注。BC723 能有效防治由子囊菌亚门病原菌引起的灰霉病及担子菌亚门病原菌引起的小麦叶锈病（*Puccinia recondita*）和水稻纹枯病（*Rhizoctonia solani*）。BC723 具有抑制灰葡萄孢菌和水稻纹枯病菌等病原菌的线粒体琥珀酸脱氢酶复合物（SDC）的活性。巴斯夫公司对于对灰霉病药效起着重要影响的苯胺部分邻位取代基进行了合成研究，把日本三菱化学公司的 BC723 及邻苯基苯胺类衍生物（F-427）组合，将苯环转换为吡啶杂环，以其作为基本骨架，经过进一步研究和优化，最终发现了啶酰菌胺（boscalid）。

拜耳公司在啶酰菌胺基础上引入了含二氟甲基的吡唑羧酸，经过进一步研究优化得到了联苯吡菌胺（bixafen）。与此同时，巴斯夫公司注意到了拜耳公司的相关专利，经过专利分

析及结构优化，最终发现了氟唑菌酰胺（fluxapyroxad）。日本农药株式会社在前述工作的基础上，引入取代吡嗪羧酸，经过进一步研究优化发现了 pyraziflumid。

12. 吡噻菌胺（penthiopyrad）、氟唑菌苯胺（penflufen）及氟唑环菌胺（sedaxane）的创制经纬

BC723 对灰霉病具有很好的活性,日本三井化学研究人员将茚满结构短链变为仲丁基后，活性却下降了，因此把仲丁基进行进一步的优化，并将苯环替换为噻吩环，由此发现了吡噻菌胺（penthiopyrad）。该化合物对灰霉病、白粉病、霜霉病等病害都具有很高的活性，并具有相当的持效性。

氟唑菌苯胺（penflufen）可能是拜耳公司在吡噻菌胺（penthiopyrad）的基础上，经进一步优化得到的。先正达公司将烷基链部分进行环化，引入了两个环丙基，经进一步优化得到了氟唑环菌胺（sedaxane）。

13．isofetamid 的创制经纬

日本石原产业株式会社在进行酰胺类化合物杀虫剂（寄生害虫）研究时发现部分化合物具有杀菌活性，经过优化研究后最终发现了 isofetamid。

isofetamid

14．氟吡菌胺（fluopicolide）、氟吡菌酰胺（fluopyram）、氟醚菌酰胺（fluopimomide）、氟唑菌酰羟胺（pydiflumetofen）及 cyclobutrifluram 的创制经纬

氟吡菌胺（fluopicolide）是在杀菌剂 XRD 563 的基础上，运用生物等排理论得到的。氟吡菌酰胺（fluopyram）、氟吡菌胺（fluopicolide）均为拜耳公司研发产品，延长苯胺碳链、优化取代羧酸苯环上的取代基得到了氟吡菌酰胺（fluopyram）。先正达公司研发的氟唑菌酰羟胺（pydiflumetofen），是在氟吡菌酰胺（fluopyram）基础上对杂环羧酸及乙胺上的芳环进行了替换发现的，研发过程中也可能借鉴了石原产业株式会社的 isofetamid 相关专利。cyclobutrifluram 是先正达公司新近开发的杀菌剂、杀线虫剂，从结构上可以看出可能是结合了氟唑菌酰羟胺（pydiflumetofen）以及氟吡菌酰胺（fluopyram）结构特点而来的。

氟吡菌酰胺（fluopyram）、氟唑菌酰羟胺（pydiflumetofen）、氟吡菌酰胺（fluopyram）和 cyclobutrifluram 均为琥珀酸脱氢酶抑制剂（SDHI），同时具有杀真菌、杀线虫活性。

氟醚菌酰胺是由山东省联合农药工业有限公司与山东农业大学联合创制合成的一种新型含氟苯甲酰胺类杀菌剂。中农联合在创制研发初期，选择氟吡菌胺作为先导化合物，根据刘长令的"中间体衍生化法"对其结构修饰，进行一系列构效关系研究，最终得到了目标化合物——氟醚菌酰胺。

15．isoflucypram 的创制经纬

isoflucypram 是拜耳开发的杀菌剂，主要应用于谷类作物。拜耳研究人员在罗姆哈斯除草化合物基础上进行杂环羧酸等排替换，发现了具有弱 SDHI 活性的含环丙氨酰亚胺化合物。结合氟吡菌酰胺（fluopyram）研发基础，合成了一系列具有环丙胺和 3-氯-5-三氟甲基吡啶片段的吡唑酰胺衍生物，发现具有进一步开发潜力，于是选择苄胺衍生物进行苯环、吡唑环上取代基优化，最终发现了 isoflucypram。

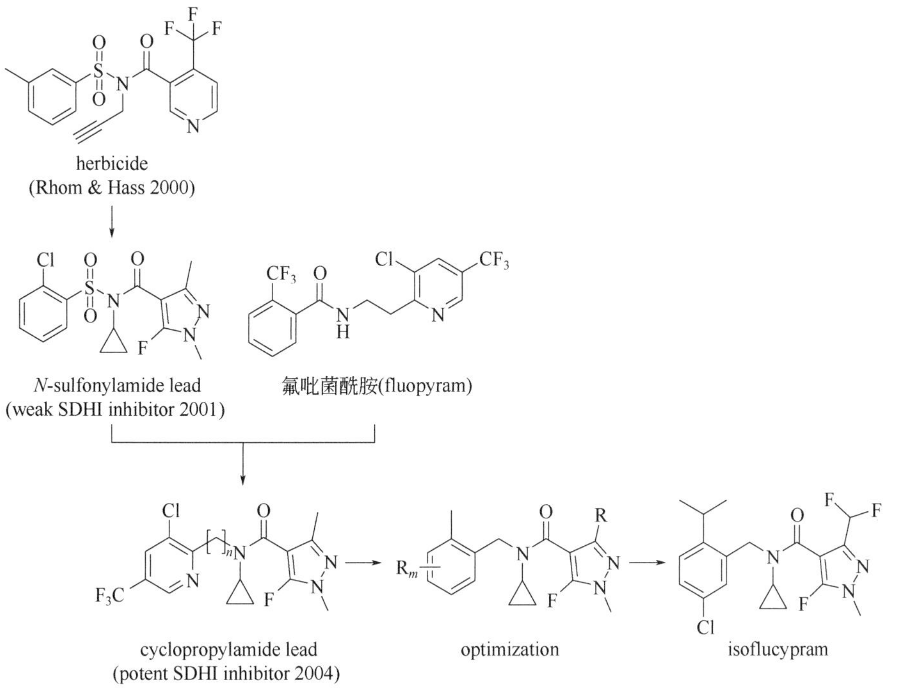

herbicide
(Rhom & Hass 2000)

N-sulfonylamide lead
(weak SDHI inhibitor 2001)

氟吡菌酰胺(fluopyram)

cyclopropylamide lead
(potent SDHI inhibitor 2004)

optimization

isoflucypram

16．环氟菌胺（cyflufenamid）的创制经纬

文献并没有报道该品种的创制经纬，编者根据自己的经验推测杀菌剂环氟菌胺是在杀螨剂苯螨（**1**，benzoximate）化学结构基础上经过进一步研究得到的。

按照生物等排理论，首先由化合物 **1** 变为通式 **2** 所示的化合物，经过研究发现化合物 **3** 不仅具有杀螨活性，而且具有杀菌活性；在此基础上进行进一步结构优化（通式 **4**），最终发现化合物 **5**，即环氟菌胺。

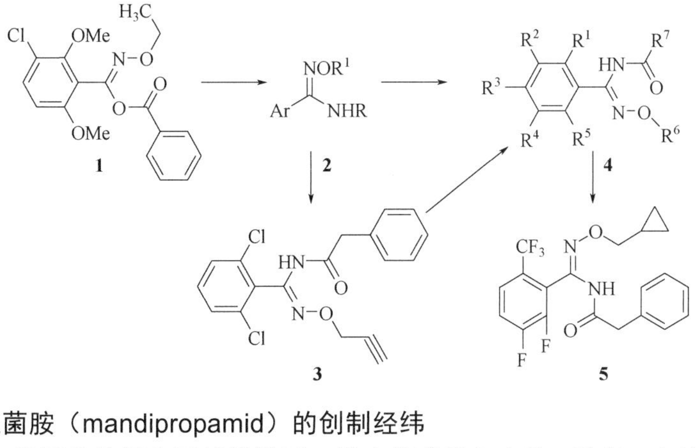

17．双炔酰菌胺（mandipropamid）的创制经纬

早在 1994 年德国艾格福公司就报道了一类扁桃酸类化合物，具有一定的杀菌活性，如化合物 **1**～**5**，其中化合物 **1**、化合物 **2** 在 500 mg/L 剂量或更低剂量，对番茄晚疫病和葡萄霜霉病有 100%的防效；化合物 **3** 是把化合物 **1** 中的羟基醚化为烯丙氧基，其具体活性未见报道；化合物 **4**、化合物 **5** 保留扁桃酸的羟基，主要在酰胺的氮原子处进行修饰，虽然在空间结构上与化合物 **2** 相当，但活性普遍较差。1996 年拜耳公司报道了一系列脎类化合物，它在生物

活性上优于羧基酰胺类化合物，主要的结构变化是将羧基酰胺的羧基变为各种腙类基团。并考察了同一化合物的顺反异构对活性的影响，其中化合物 **6**（*Z*）、**7**（*Z*）与化合物 **8**（*E/Z*）、**9**（*E/Z*）的生物活性相同，在 100 mg/L 下对番茄晚疫病和葡萄霜霉病的防效达 80%以上，但化合物 **6**（*E*）、**7**（*E*）活性较差。可见，顺反异构现象对该类化合物的生物活性也有很大影响。在此基础上，先正达公司在 2000 年报道了肟醚类衍生物，化合物 **10~12** 在 500 mg/L 下对番茄晚疫病防效高于 75%，对葡萄霜霉病防治效果也不理想，比拜耳公司报道的肟醚类化合物活性都偏低。由此可以看出当分子链增长时活性降低。化合物 **13** 也是先正达公司 2000 年报道的，在活性成分仅 0.02%情况下，对番茄晚疫病、马铃薯晚疫病菌能达到 95%~100% 的防治效果。化合物 **13** 是在化合物 **1** 的基础上优化而来的，由活性数据显示，苯乙胺对位炔丙基的引入对活性的提高有重要作用。2001 年，先正达公司在扁桃酸类杀菌剂研究的基础上，将化合物 **13** 羟基置换为丙炔氧基，即得到了双炔酰菌胺。

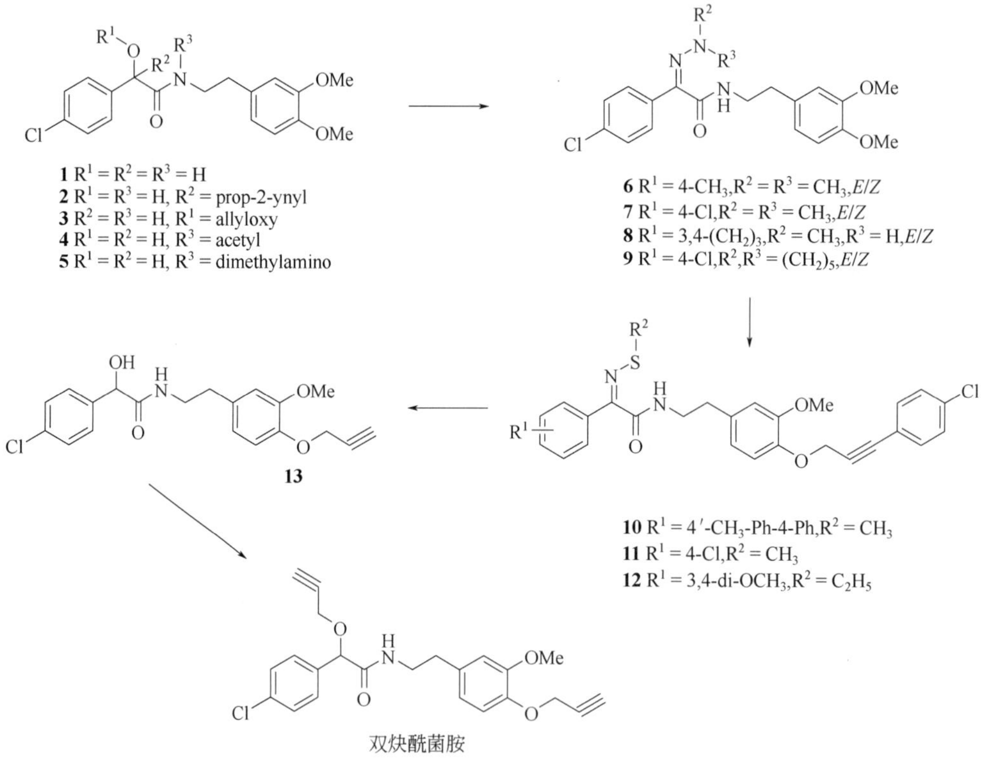

1 $R^1 = R^2 = R^3 = H$
2 $R^1 = R^3 = H, R^2 = $ prop-2-ynyl
3 $R^2 = R^3 = H, R^1 = $ allyloxy
4 $R^1 = R^2 = H, R^3 = $ acetyl
5 $R^1 = R^2 = H, R^3 = $ dimethylamino

6 $R^1 = 4\text{-}CH_3, R^2 = R^3 = CH_3, E/Z$
7 $R^1 = 4\text{-}Cl, R^2 = R^3 = CH_3, E/Z$
8 $R^1 = 3,4\text{-}(CH_2)_3, R^2 = CH_3, R^3 = H, E/Z$
9 $R^1 = 4\text{-}Cl, R^2, R^3 = (CH_2)_5, E/Z$

13

10 $R^1 = 4'\text{-}CH_3\text{-}Ph\text{-}4\text{-}Ph, R^2 = CH_3$
11 $R^1 = 4\text{-}Cl, R^2 = CH_3$
12 $R^1 = 3,4\text{-}di\text{-}OCH_3, R^2 = C_2H_5$

双炔酰菌胺

二、主要品种

酰胺类杀菌剂的数量在杀菌剂中占有相当的比例，为 1/4~1/3。截至 2020 年 9 月，公开的 83 个酰胺类杀菌剂（包括商品化、在开发中或从来没有商品化的化合物）详细分类与通用名称如下：

Amide fungicides（酰胺类杀菌剂，18 个）：carpropamid、chloraniformethan、cyflufenamid、diclocymet、dimoxystrobin、fenaminstrobin、fenoxanil、flumetover、isofetamid、mandestrobin、mandipropamid、metominostrobin、orysastrobin、prochloraz、quinazamid、silthiofam、triforine、trimorphamide。

Acylamino acid fungicides（酰基氨基酸类杀菌剂，7 个）：benalaxyl、benalaxyl-M、furalaxyl、metalaxyl、metalaxyl-M、pefurazoate、valifenalate。

Anilide fungicides（苯胺类杀菌剂总计 34 个，其中 benalaxyl、benalaxyl-M、metalaxyl、metalaxyl-M、furalaxyl 在前面已经提及）：benalaxyl、benalaxyl-M、bixafen、boscalid、carboxin、fenhexamid、flubeneteram、fluxapyroxad、isotianil、metalaxyl、metalaxyl-M、metsulfovax、ofurace、oxadixyl、oxycarboxin、penflufen、pyracarbolid、pyrazifumid、sedaxane、thifluzamide、tiadinil、vangard。还包括 **benzanilide fungicides**（苯甲酰苯胺类杀菌剂）：benodanil、flutolanil、mebenil、mepronil、salicylanilide、tecloftalam。**Furanilide fungicides**（呋喃甲酰苯胺类杀菌剂）:fenfuram、furalaxyl、furcarbanil、methfuroxam。**Sulfonanilide fungicides**（磺酰苯胺类杀菌剂）：flusulfamide、tolnifanide。

Benzamide fungicides（苯酰胺类杀菌剂，8 个）：benzohydroxamic acid、fluopicolide、fluopimomide、fluopyram、tioxymid、trichlamide、zarilamid、zoxamide。

Furamide fungicides（呋酰胺类杀菌剂，2 个）：cyclafuramid、furmecyclox。

Phenylsulfamide fungicides（苯基磺酰胺类杀菌剂，2 个）：dichlofluanid、tolylfluanid。

Picolinamide fungicides（吡啶酰胺类杀菌剂，2 个）：fenpicoxamid、florylpicoxamid。

Pyrazolecarboxamide fungicides（吡唑酰胺类杀菌剂总计 13 个，其中 flubeneteram、fluxapyroxad、penflufen 在前面已经提及）：benzovindiflupyr、bixafen、flubeneteram、fluindapyr、fluxapyroxad、furametpyr、inpyrfluxam、isopyrazam、penflufen、penthiopyrad、pydiflumetofen、pyrapropoyne、sedaxane。

Sulfonamide fungicides（磺酰胺类杀菌剂，3 个）：amisulbrom、cyazofamid、dimefluazole。

Valinamide fungicides（缬氨酸酰胺类杀菌剂，2 个）：benthiavalicarb、iprovalicarb。

其中化合物 carpropamid、cyflufenamid、diclocymet、fenoxanil、isofetamid、mandipropamid、silthiofam、benalaxyl、benalaxyl-M、furalaxyl、metalaxyl、metalaxyl-M、bixafen、boscalid、carboxin、fenhexamid、flubeneteram、fluxapyroxad、ofurace、oxadixyl、oxycarboxin、penflufen、pyrazifumid、sedaxane、thifluzamide、flutolanil、mepronil、tecloftalam、fenfuram、flusulfamide、fluopicolide、fluopimomide、fluopyram、zoxamide、benzovindiflupyr、fluindapyr、furametpyr、inpyrfluxam、isopyrazam、penthiopyrad、pydiflumetofen、pyrapropoyne、sedaxane 等在本部分介绍；化合物 dimoxystrobin、fenaminstrobin、mandestrobin、metominostrobin、orysastrobin、prochloraz、triforine、pefurazoate、valifenalate、isotianil、tiadinil、dichlofluanid、tolylfluanid、fenpicoxamid、florylpicoxamid、amisulbrom、cyazofamid、iprovalicarb 等在本书其他部分介绍；如下化合物因应用范围小或不再作为杀菌剂使用或没有商品化等原因，本书不予介绍，仅列出化学名称及 CAS 登录号供参考：

chloraniformethan：N-[2,2,2-trichloro-1-(3,4-dichloroanilino)ethyl]formamide；20856-57-9。

flumetover：2-(3,4-dimethoxyphenyl)-N-ethyl-α,α,α-trifluoro-N-methyl-p-toluamide；154025-04-4。

quinazamid：p-benzoquinone monosemicarbazone；61566-21-0。

trimorphamide：N-[(RS)-2,2,2-trichloro-1-(morpholin-4-yl)ethyl]formamide；60029-23-4。

dimefluazole：4-bromo-2-cyano-N,N-dimethyl-6-(trifluoromethyl)-1H-benzimidazole-1-sulfonamide；113170-74-4。

metsulfovax：2,4-dimethyl-1,3-thiazole-5-carboxanilide；21452-18-6。

pyracarbolid：3,4-dihydro-6-methyl-2*H*-pyran-5-carboxanilide；24691-76-7。

vangard：3′-chloro-2-methoxy-2′,6′-dimethyl-*N*-[(3*RS*)-tetrahydro-2-oxo-3-furyl] acetanilide；67932-85-8。

benodanil：2-iodobenzanilide；15310-01-7。

mebenil：*o*-toluanilide；7055-03-0。

salicylanilide：salicylanilide；87-17-2。

furcarbanil：2,5-dimethyl-3-furanilide；28562-70-1。

methfuroxam：2,4,5-trimethyl-3-furanilide；28730-17-8。

tolnifanide：4′-chloro-*N*-ethyl-4-methyl-2′-nitrobenzenesulfonanilide；304911-98-6。

benzohydroxamic acid：benzohydroxamic acid 或 *N*-hydroxybenzamide；495-18-1。

tioxymid：5-isothiocyanato-2-methoxy-*N,N*-dimethyl-*m*-toluamide；70751-94-9。

cyclafuramid：*N*-cyclohexyl-2,5-dimethyl-3-furamide；34849-42-8。

trichlamide：(*RS*)-*N*-(1-butoxy-2,2,2-trichloroethyl)salicylamide；70193-21-4。

zarilamid：(*RS*)-4-chloro-*N*-[cyano(ethoxy)methyl]benzamide；84527-51-5。

furmecyclox：methyl *N*-cyclohexyl-2,5-dimethyl-3-furohydroxamate 或 methyl *N*-cyclohexyl-2,5-dimethylfuran-3-carbohydroxamate；60568-05-0。

氟吗啉（flumorph）

$C_{21}H_{22}FNO_4$，371.4，211867-47-9

氟吗啉（试验代号：SYP-L 190，其他名称：灭克）是 1994 年沈阳化工研究院刘长令等创制、开发的我国第一个具有自主知识产权的创制杀菌剂，第一个创制的含氟农药品种，也是我国第一个获得美国、欧洲发明专利的，第一个获得世界知识产权组织和中国知识产权局授予的发明专利奖金奖的，第一个获准正式登记并产业化的，第一个获得 ISO 通用名称的，第一个在国外登记销售的创新农药品种。

化学名称 (*E,Z*)-4-[3-(4-氟苯基)-3-(3,4-二甲氧基苯基)丙烯酰]吗啉或(*E,Z*)-3-(4-氟苯基)-3-(3,4-二甲氧基苯基)-1-吗啉基丙烯酮。IUPAC 名称：(*E,Z*)-4-[3-(3,4-dimethoxyphenyl)-3-(4-fluorophenyl)acryloyl]morpholine。美国化学文摘（CA）系统名称：4-[3-(3,4-dimethoxyphenyl)-3-(4-fluorophenyl)-1-oxo-2-propenyl]morpholine。CA 主题索引名称为 morpholine —, 4-[3-(3,4-dimethoxyphenyl)-3-(4-fluorophenyl)-1-oxo-2-propenyl]-。

理化性质 本品是 (*Z*)-和 (*E*)-同分异构体各占 50%的混合物。原药为棕色固体。纯品为无色晶体，熔点 105～110℃。lgK_{ow}=2.20。易溶于丙酮和乙酸乙酯。在正常条件下（20～40℃）耐水解和光解，对热稳定。

毒性 大鼠急性经口 LD_{50}（mg/kg）：>2710（雄），>3160（雌）。大鼠急性经皮 LD_{50} >

2150 mg/kg（雄、雌）。对兔皮肤和兔眼睛无刺激性。无致畸、致突变、致癌作用。NOEL 数据［2 年，mg/(kg·d)］：雄大鼠 63.64，雌大鼠 16.65。

生态效应　日本鹌鹑急性经口 LD_{50}(7 d)>5000 mg/kg。鲤鱼 LD_{50}(96 h) 45.12 mg/L。蜜蜂 LD_{50}（24 h，接触）170 μg/只。蚕 LC_{50}>10000 mg/L。

环境行为　大鼠经喂药后，有大于 90%的经同位素标记的产品以尿和粪便的形式排出体外。

制剂　50%、60%可湿性粉剂，35%烟剂等。

主要生产商　沈阳科创化学品有限公司。

作用机理与特点　通过抑制卵菌细胞壁的形成而起作用。因氟原子特有的性能如模拟效应、电子效应、阻碍效应、渗透效应，因此使含有氟原子的氟吗啉的防病杀菌效果倍增，活性显著高于同类产品。

试验结果表明氟吗啉具有治疗活性高、抗性风险低、持效期长、用药次数少、农用成本低、增产效果显著等特点。通常顺反异构体组成的化合物如烯酰吗啉仅有一个异构体（顺式）有活性（文献报道烯酰吗啉结构中顺反异构体在光照下可互变，均变为 80%有效体）；而氟吗啉结构中顺反两个异构体均有活性，不仅对孢子囊萌发的抑制作用显著，且治疗活性突出。氟吗啉对甲霜灵产生抗性的菌株仍有很好的活性。杀菌剂持效期通常为 7～10 d，推荐用药间隔时间为 7 d 左右；氟吗啉持效期为 16 d，推荐用药间隔时间为 10～13 d。由于持效期长，在同样生长季内用药次数减少，因用药次数少，不仅劳动量减少，而且农用成本降低。测产试验表明在降低农用成本的同时，增产增收效果显著。在大田试验中黄瓜霜霉病发病率高达 80%，使用氟吗啉两次病情基本得到抑制，并有较好收成。

应用

（1）适用作物与安全性　葡萄、板蓝根、烟草、啤酒花、谷子、花生、大豆、马铃薯、番茄、黄瓜、白菜、南瓜、甘蓝、甜菜、大蒜、大葱、辣椒及其他蔬菜，橡胶、柑橘、鳄梨、菠萝、荔枝、可可、玫瑰、麝香石竹等。推荐剂量下对作物安全、无药害。对地下水、环境安全。

（2）防治对象　氟吗啉主要用于防治卵菌纲病原菌产生的病害如霜霉病、晚疫病、霜疫病等，具体的如黄瓜霜霉病、葡萄霜霉病、白菜霜霉病、番茄晚疫病、马铃薯晚疫病、辣椒疫病、荔枝霜疫霉病、大豆疫霉根腐病等。

（3）使用方法　氟吗啉为新型高效杀菌剂，具有很好的保护、治疗、铲除、渗透、内吸活性，治疗活性显著。主要用于茎叶喷雾。通常使用剂量为 50～200 g(a.i.)/hm²；其中作为保护剂使用时，剂量为 50～100 g(a.i.)/hm²；作为治疗剂使用时，剂量为 100～200 g(a.i.)/hm²。

专利与登记

专利名称　含氟二苯基丙烯酰胺类杀菌剂

专利号　CN 1167568　　　　专利申请日　1996-08-21

专利拥有者　沈阳化工研究院

在其他国家申请的化合物专利　DE 69718288、EP 860438、ES 2189918、US 6020332 等

工艺专利　CN 102796062

国内登记情况　15%氟吗·精甲霜可湿性粉剂、30%氟吗·氰霜唑悬浮剂、25%氟吗啉可湿性粉剂、20%氟吗·氟啶胺悬浮剂、30%氟吗啉悬浮剂、60%氟吗啉水分散粒剂、50%氟吗·乙铝水分散粒剂、50%氟吗·乙铝可湿性粉剂、50%锰锌·氟吗啉可湿性粉剂、60%锰锌·氟吗啉可湿性粉剂、95%原药，登记作物为黄瓜、人参、辣椒、番茄、马铃薯、葡萄、烟草、荔

枝，防治对象霜霉病、疫病、晚疫病、黑胫病、霜疫霉病等。

合成方法 氟吗啉可通过如下方法制备：

参考文献

[1] 刘武成, 刘长令. 新型高效杀菌剂氟吗啉. 农药, 2002, 41(1): 8-11.

[2] 刘长令. 世界农药, 2005, 6: 48-49.

[3] The Pesticide Manual.17 th edition: 516.

[4] Proceedings of the Brighton Crop Protection Conference—Pests and Diseases. 2000, 549.

<h1 align="center">烯酰吗啉（dimethomorph）</h1>

$C_{21}H_{22}ClNO_4$，387.9，110488-70-5

烯酰吗啉（试验代号：AC 336379、BAS 550F、CL 183776、CL 336379、CME 151、SAG 151、WL 127 294，商品名称：Acrobat、Festival、Forum、Paraat、Sunthomorph、Solide，其他名称：安克），是由壳牌公司（现巴斯夫）开发的一种内吸性杀菌剂。

化学名称 (E,Z)-4-[3-(4-氯苯基)-3-(3,4-二甲氧基苯基)丙烯酰]吗啉。IUPAC 名称：(E,Z)-4-[3-(4-chlorophenyl)-3-(3,4-dimethoxyphenyl)acryloyl]morpholine。美国化学文摘（CA）系统名称：4-[3-(4-chlorophenyl)-3-(3,4-dimethoxyphenyl)-1-oxo-2-propenyl]morpholine。CA 主题索引名称：morpholine —, 4-[3-(4-chlorophenyl)-3-(3,4-dimethoxyphenyl)-1-oxo-2-propenyl]-。

理化性质 该产品顺、反两种异构体的比例大约为 1∶1，为无色结晶状固体，熔点 125.2～149.2℃。(E)-型异构体熔点 136.8～138.3℃，(Z)-型异构体熔点 166.3～168.5℃。(E)-型异构体蒸气压 $9.7×10^{-4}$ mPa（25℃）、(Z)-型异构体蒸气压 $1.0×10^{-3}$ mPa（25℃）。分配系数 lgK_{ow}: 2.63 (E), 2.73 (Z)。Henry 系数(Pa·m^3/mol): (E)-型异构体 $5.4×10^{-6}$, (Z)-型异构体 $2.5×10^{-5}$。相对密度 1318（20～25℃）。混合异构体水中溶解度（mg/L, 20～25℃）：81.1（pH 4）、49.2（pH 7）、41.8（pH 9）。有机溶剂中溶解度（g/L, 20～25℃）：正己烷 0.076(E)、0.036(Z)，甲苯 39.0(E)、10.5(Z)，二氯甲烷 296(E)、165(Z)，乙酸乙酯 39.9(E)、8.4(Z)，丙酮 84.1(E)、16.3(Z)，甲醇 31.5(E)、7.5(Z)。混合异构体在有机溶剂中溶解度（mg/L, 20～25℃）：正己烷 0.11、甲醇 39、乙酸乙酯 48.3、甲苯 49.5、丙酮 100、二氯甲烷 461。稳定性：正常情

况下，耐水解，对热稳定。暗处可稳定存放 5 年以上。光照条件下，顺、反两种异构体可互相转变。pK_a −1.305。

毒性　大鼠急性经口 LD_{50}（mg/kg）：3900 (*E,Z*)，>5000 (*Z*)，4472 (*E*)。大鼠急性经皮 LD_{50}>2000 mg/kg。对兔眼睛或皮肤无刺激作用，对豚鼠皮肤无致敏性。大鼠吸入 LC_{50}(4 h)>4.2 mg/L 空气。大鼠 2 年饲喂无作用剂量为 200 mg/kg。狗 1 年饲喂无作用剂量为 450 mg/kg。在大鼠和小鼠 2 年研究试验中无致癌性。ADI 值（mg/kg）：(JMPR) 0.2(2007)；(EC) 0.05(2007)；(EPA) RfD 0.1(1998)。

生态效应　野鸭和山齿鹑急性经口 LD_{50} >2000 mg/kg。野鸭饲喂 LC_{50}(5 d)>5200 mg/L。鱼毒 LC_{50}（mg/L，96 h）：大翻车鱼>25，鲤鱼 14，虹鳟鱼 6.2。水蚤 EC_{50}(48 h)>10.6 mg/L。淡水藻 EC_{50}(96 h)>29.2 mg/L。蜜蜂 LD_{50}（48 h，μg/只）：>32.4（口服），>102（触杀）。蚯蚓 EC_{50}>1000 mg/kg 土壤。

环境行为　①动物。在大鼠体内，本品大部分通过二甲氧基苯环部分的脱甲基化反应进行降解，一小部分是以吗啉环氧化的方式进行降解，代谢产物主要以粪便的形式排出体外。②植物。在植物体内唯一明显的残留组分是母体化合物。③土壤/环境。土壤适度流动（K_d 2.09～11.67 mL/g，K_{oc} 290～566），有氧土壤代谢 DT_{50} 41～96 d（20℃），土壤分解 DT_{50} 34～53 d，水/沉淀物 DT_{50} 5～15 d（水中），16～59 d（整个系统）。

制剂　80%水分散粒剂，37%氟吡菌胺·烯酰吗啉悬浮剂，35%烯酰·氟啶胺悬浮剂等。

主要生产商　BASF、陕西秦丰农化有限公司、江西农大锐特化工科技有限公司、浙江禾本科技股份有限公司、江苏嘉隆化工有限公司、山东省联合农药工业有限公司、辽宁先达农业科学有限公司、山东潍坊双星农药有限公司、江苏耕耘化学有限公司、江苏恒隆作物保护有限公司、江苏中旗科技股份有限公司、江苏辉丰生物农业股份有限公司、山东潍坊润丰化工股份有限公司、辽宁省沈阳丰收农药有限公司、河北冠龙农化有限公司、四川省宜宾川安高科农药有限责任公司、江苏常隆农化有限公司、山东先达农化股份有限公司、江苏长青农化股份有限公司、安徽丰乐农化有限责任公司等。

作用机理与特点　烯酰吗啉是一种具有好的保护和抑制孢子萌发活性的内吸性杀菌剂。通过抑制卵菌细胞壁的形成而起作用。只有 *Z* 型异构体有活性，但由于在光照下两异构体间可迅速相互转变，平衡点 80%。尽管 *Z* 型异构体在应用上与 *E* 型异构体是一样的，但烯酰吗啉在田间总有效体仅为总量的 80%。

应用

（1）适宜作物　黄瓜、葡萄、马铃薯、荔枝、辣椒、十字花科蔬菜、烟草、苦瓜等。

（2）防治对象　黄瓜霜霉病、辣椒疫病、马铃薯晚疫病、葡萄霜霉病、烟草黑胫病、十字花科蔬菜霜霉病、荔枝霜疫霉病等。

（3）使用方法　烯酰吗啉推荐使用剂量为 150～450 g(a.i.)/hm^2。为了降低抗性产生的概率，通常与保护性杀菌剂混用如 69%烯酰·锰锌等。

防治黄瓜、苦瓜霜霉病、十字花科蔬菜霜霉病，每亩用 69%烯酰·锰锌 100～133 g。防治辣椒疫病、葡萄霜霉病、烟草黑胫病、马铃薯晚疫病，每亩用 69%烯酰·锰锌 133～167 g。防治荔枝霜疫霉病，每亩用 69%烯酰·锰锌 167 g。防治黄瓜、辣椒、苦瓜、马铃薯、烟草、十字花科蔬菜时喷液量为每亩 60～80 L，葡萄每亩 150～200 L，荔枝每亩 80～100 L。在发病之前或发病初期喷药，每隔 7～10 d 喷 1 次，连续喷药 3～4 次。

专利与登记 专利 EP 0120321 早已过专利期，不存在专利权问题。

专利名称 Acrylic-acid amides，their preparation and use

专利号 EP 0120321　　　　专利申请日 1984-02-27

工艺专利 CN 107935966、CN 104130214、CN 101062921、CN 1814593、CN 1631884、CN 1301697、WO 9401424、DE 3817711、EP 329256 等。

国内登记情况 80%烯酰吗啉水分散粒剂、69%烯酰·锰锌水分散粒剂、25%烯酰吗啉微乳剂、20%烯酰吗啉悬浮剂、25%烯酰吗啉悬浮剂、60%烯酰·乙膦铝可湿性粉剂、10%烯酰吗啉悬浮剂、15%烯酰·丙森锌可湿性粉剂、35%烯酰·醚菌酯水分散粒剂、40%烯酰吗啉悬浮剂、50%烯酰·霜脲氰水分散粒剂、7.5%烯酰·丙森锌可湿性粉剂、80%烯酰吗啉可湿性粉剂、20%烯酰·异菌脲悬浮剂、15%烯酰·丙森锌可湿性粉剂、8%烯酰·百菌清悬浮剂、9%烯酰·锰锌可湿性粉剂、96%烯酰吗啉原药、8%烯酰·福美双可湿性粉剂、12.5%烯酰·百菌清烟剂，登记作物为黄瓜、葡萄，防治对象为霜霉病等。国外公司在中国登记情况见表 2-1、表 2-2。

表 2-1　巴斯夫欧洲公司在中国登记情况

登记名称	登记证号	含量/%	剂型	登记作物	防治对象	用药量	施用方法
烯酰吗啉	PD20070341	96	原药				
烯酰吗啉	PD20070342	50	可湿性粉剂	黄瓜	霜霉病	$225\sim300$ g/hm²	喷雾
				烟草	黑胫病	$202.5\sim300$ g/hm²	
				辣椒	疫病	$225\sim300$ g/hm²	
烯酰·吡唑酯	PD20093402	18.7	水分散粒剂	黄瓜	霜霉病	$210\sim350$ g/hm²	喷雾
				甜瓜	霜霉病	$210\sim350$ g/hm²	
				马铃薯	晚疫病	$210\sim350$ g/hm²	
					早疫病		
				辣椒	疫病	$280\sim350$ g/hm²	
烯酰·代森联	PD20181369	53	水分散粒剂	番茄	晚疫病	$180\sim200$ g/亩	喷雾
				辣椒	疫病	$180\sim200$ g/亩	
				马铃薯	晚疫病	$180\sim200$ g/亩	
烯酰·唑嘧菌	PD20142264	47	悬浮剂	番茄	晚疫病	$40\sim60$ mL/亩	喷雾
				黄瓜	霜霉病	$40\sim60$ mL/亩	
				辣椒	疫病	$60\sim80$ mL/亩	
				荔枝树	霜疫霉病	$1000\sim2000$ 倍	
				马铃薯	晚疫病	$50\sim60$ mL/亩	
				葡萄	霜霉病	$1000\sim2000$ 倍液	

表 2-2　安道麦马克西姆有限公司在中国登记情况

登记名称	登记证号	含量/%	剂型	登记作物	防治对象	亩用药量	施用方法
烯酰·氟啶胺	PD20183595	35	悬浮剂	辣椒	疫病	$60\sim70$ mL	喷雾
				马铃薯	晚疫病	$60\sim70$ mL	

合成方法 文献报道有多种方法合成目的物，如下的方法是较佳的。

参考文献

[1]　Proceedings of the Brighton Crop Protection Conference—Pests and Diseases. 1988，17.

[2]　The Pesticide Manual.17 th edition: 365-367.

丁吡吗啉（pyrimorph）

$C_{22}H_{25}ClN_2O_2$，384.2，868390-90-3，1231776-28-5(E)，1231776-29-6(Z)

丁吡吗啉（试验代号：ZNO-0317）是由中国农业大学、江苏耕耘化学有限公司和中国农业科学院植物保护研究所联合创制研发的丙烯酰胺类杀菌剂。

化学名称　(Z)-3-(2-氯吡啶-4-基)-3-(4-叔丁苯基)-丙烯酰吗啉。IUPAC 名称：(Z)-3-(4-($tert$-butyl)phenyl)-3-(2-chloropyridin-4-yl)-1-morpholinoprop-2-en-1-one。

理化性质　白色粉末，密度为 1.249 g/cm³（20℃）。pH 7.5（溶液浓度为 50 g/L）、pH 7.3（溶液浓度为 10 g/L）。熔点 128～130℃，沸点≥420℃。溶解度（20℃，g/L）：苯 55.95、甲苯 20.40、二甲苯 8.20、丙酮 16.55、二氯甲烷 315.45、三氯甲烷 257.95、乙酸乙酯 17.90、甲醇 1.60。稳定性：水中易光解，土壤表面为中等光解，难水解。

毒性　大鼠急性经口 LD$_{50}$ 5000 mg/kg，大鼠急性经皮 LD$_{50}$ 2000 mg/kg，吸入 LC$_{50}$ >5000 mg/m³，对兔眼、兔皮肤无刺激。对豚鼠致敏性试验为弱致敏。亚慢（急）性毒性对大鼠最大无作用剂量为 30 mg/(kg·d)。Ames、微核、染色体试验结果均为阴性。丁吡吗啉悬浮剂大鼠急性经口 LD$_{50}$>5000 mg/kg，经皮 LD$_{50}$>2000 mg/kg，对家兔眼睛、皮肤无刺激性，对豚鼠皮肤属弱致敏物。

生态效应　蜜蜂急性经口 LC$_{50}$>1.00×10³ mg/L，接触 LD$_{50}$>12.0 μg/蜂；鸟急性经口 LD$_{50}$>1.00×10³ mg/kg，短期饲喂毒性低毒 LC$_{50}$（168 h）>2.00×10³ mg/kg；对鱼 LC$_{50}$>48.7 mg/L；大型水蚤 EC$_{50}$ 1.92 mg/L；水藻低毒 EC$_{50}$ 11.86 mg/L；家蚕 LC$_{50}$>2.50×10² mg/kg 桑叶。

制剂　20%悬浮剂。

主要生产商　江苏耕耘化学有限公司。

作用机理与特点　影响细胞壁膜的形成和抑制细胞呼吸，对卵菌孢子囊梗和卵孢子的形成阶段尤为敏感，它对藻状菌的霜霉科和疫霉属的真菌有独特的作用方式。若在孢子形成之前用药，可以完全抑制孢子产生。它主要用于番茄晚疫病、辣椒疫病等病害，而且对致病疫霉、立枯丝核菌也有很好的抑制效果。虽然丁吡吗啉与烯酰吗啉化学结构相似，都含有吗啉环，并且对致病疫霉休止孢的萌发及孢子囊的产生都具有显著的抑制作用，但从药剂的致病方式来看，丁吡吗啉对致病疫霉有抑菌作用，而无杀菌作用；而烯酰吗啉表现出很好的杀菌作用，说明两者在抑菌机理方面存在差异。

应用　对致病疫霉的菌丝生长、孢子囊形成、休止孢萌发具有显著的抑制作用，对疫霉菌引起的病害有较好的防治效果。防治番茄晚疫病、辣椒疫病于发病初期施药，每隔 7～10 d 用药 1 次，施药 2～3 次。有效成分用量 375～450 g/hm^2。

专利与登记

专利名称　4-[3-(吡啶-4-基)-3-取代苯基丙烯酰]吗啉——一类新型杀菌剂

专利号　CN 1566095　　　　专利申请日　2003-07-01

专利拥有者　中国农业大学

工艺专利　CN 103483245、CN 1939128

国内登记情况　20%丁吡吗啉悬浮剂、95%丁吡吗啉原药。登记作物为番茄、辣椒，防治对象为番茄晚疫病、辣椒疫病。

合成方法　经如下反应制得丁吡吗啉：

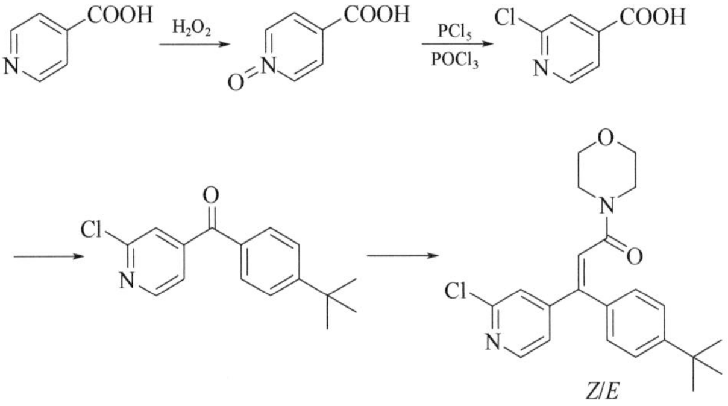

参考文献

[1] 陈小霞，袁会珠，覃兆海，等. 新型杀菌剂丁吡吗啉的生物活性及作用方式初探. 农药学学报, 2007(3): 229-234.

甲霜灵（metalaxyl）

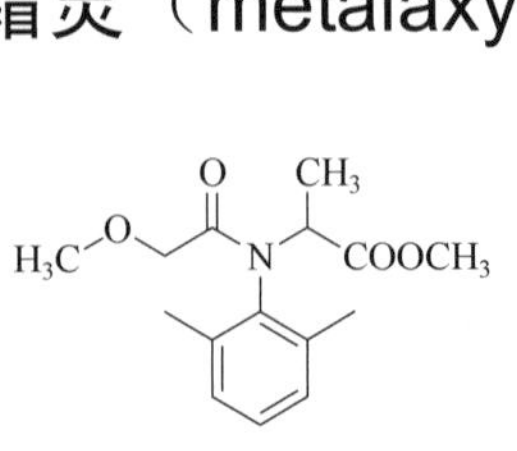

C$_{15}$H$_{21}$NO$_4$，279.3，57837-19-1

甲霜灵（试验代号：CGA 48988，商品名称：Apron、Axanit、Metalasun、Metamix、Polycote Universal、Ridomil、Subdue、Vacomil-5、Vilaxyl，其他名称：Activate、Aktive、Allegiance、Aster、Barrier、Censor、Cure-Plus、Cyclo Drop、Duet、Galaxy、Krilaxyl、Megasil、MetaStar、Otria 5G、Pilarxil、Rampart、Sebring、Sensor、Task、Zee-Mil）是由 Ciba-Geigy AG（现为先正达公司）开发的杀菌剂。

化学名称　*N*-(2-甲氧基乙酰基)-*N*-(2,6-二甲苯基)-DL-丙氨酸甲酯。IUPAC 名称：methyl *N*-(2,6-dimethylphenyl)-*N*-(methoxyacetyl)-DL-alaninate 或 methyl *N*-(methoxyacetyl)-*N*-2,6-xylyl-DL-alaninate。美国化学文摘（CA）系统名称：methyl *N*-(2,6-dimethylphenyl)-*N*-(methoxyacetyl)-DL-alaninate。CA 主题索引名称：DL-alanine ——, *N*-(2,6-dimethylphenyl)-*N*-(methoxyacetyl)-methyl ester。

理化性质　本品为白色粉末，熔点 63.5～72.3℃（原药），沸点 295.9℃（101 kPa）。蒸气压 0.75 mPa（25℃）。分配系数 $\lg K_{ow}$ = 1.75。Henry 常数 1.6×10^{-5} Pa·m³/mol（计算）。相对密度 1.20（20～25℃）。水中溶解度 8.4 g/L（20～25℃），有机溶剂中溶解度（g/L，20～25℃）：乙醇 400，丙酮 450，甲苯 340，正己烷 11，正辛烷 68。稳定性：300℃以下稳定，室温下，在中性和酸性介质中稳定，水解 DT_{50}（计算）：(20℃)>200 d(pH 1)，115 d(pH 9)，12 d(pH 10)。pK_a<0。

毒性　急性经口 LD_{50}(mg/kg)：大鼠 633，小鼠 788，兔 697。大鼠急性经皮 LD_{50}>3100 mg/kg，对兔皮肤无刺激性，对兔眼睛有轻微刺激作用，对豚鼠皮肤无致敏性。大鼠急性吸入 LC_{50}(4 h)>3600 mg/m³。狗 NOEL 7.8 mg/(kg·d)（6 个月）。ADI 值 0.08 mg/kg。无致畸、致突变、致癌作用。

生态效应　急性经口 LD_{50}（mg/kg）：日本鹌鹑（7 d）923，野鸭（8 d）1466。日本鹌鹑、山齿鹑和野鸭饲喂 LC_{50}(8 d)>10000 mg/kg。虹鳟鱼、鲤鱼、大翻车鱼 LC_{50}(96 h)>100 mg/L。水蚤 LC_{50}(48 h)>28 mg/L。海藻 IC_{50}(5 d) 33 mg/L。虾 EC_{50}(96 h) 25 mg/L，东方生蚝 EC_{50}(96 h) 4.6 mg/L。对蜜蜂无毒，LD_{50}（48 h，μg/只）：>200（接触），269.3（经口）。蚯蚓 LC_{50}(14 d)>1000 mg/kg 土壤。

环境行为　①动物。经口摄入后可迅速被吸收，几乎完全是经尿和粪便排出。代谢过程通过酯键的水解，2-或 6-甲基基团和苯环的氧化以及 *N*-脱烷基作用来完成。本品及其代谢物在动物体内无残留。②植物。本品在第一阶段经过四种以上的反应类型代谢形成主要代谢物，在第二阶段，大部分的代谢物与糖形成共轭物。在第一阶段的反应类型有：苯环的氧化、甲基的氧化、甲基酯的分解以及 *N*-脱烷基化。③土壤/环境。土壤 DT_{50} 29 d。在水中 DT_{50} 22～48 d。在水和土壤表面对光稳定。

制剂　5%粒剂，35%种子处理剂。

主要生产商　Agrochem、Astec、Bharat、E-tong、Fertiagro、Punjab、Rallis、Saeryung、Sharda Syngenta、湖北沙隆达农业科技有限公司、江苏宝灵化工股份有限公司、深圳易普乐生物科技有限公司、一帆生物科技集团有限公司及浙江禾本科技有限公司等。

作用机理与特点　高效内吸性杀菌剂，具有保护和治疗作用。可被植物根、茎、叶迅速吸收，并在植物体内运转到各个部位，因而耐雨水冲刷。施药后持效期 10～14 d。可用于茎叶处理、种子处理和土壤处理。对霜霉病菌、疫霉病菌、腐霉病菌所引起的蔬菜、果树、烟草、油料、棉花、粮食等作物病害有效。

应用

（1）适宜作物　谷子、马铃薯、葡萄、烟草、柑橘、啤酒花、蔬菜等。

（2）防治对象　对多种作物的霜霉病和疫霉病有特效。如马铃薯晚疫病、葡萄霜霉病、啤酒花霜霉病、甜菜疫病、油菜白锈病、烟草黑胫病、柑橘脚腐病、黄瓜霜霉病、番茄疫病、谷子白发病、芋疫病、辣椒疫病以及由疫霉菌引起的各种猝倒病和种腐病等。

（3）使用方法

① 种子处理　a.谷子用 35%甲霜灵拌种剂 200～300 g 干拌或湿拌 100 kg 种子，可防治

谷子白发病。b.大豆用 35%甲霜灵拌种剂 300 g 干拌 100 kg 种子，可防治大豆霜霉病。

② 喷雾　a.用 25%可湿性粉剂 480～900 g/hm²，对水 750～900 kg 喷施，可防治黄瓜、白菜霜霉病。b.用 25%可湿性粉剂 2.25～3 kg/hm²，对水 750～900 kg 喷施，可防治马铃薯晚疫病和茄绵疫病。

③ 土壤处理　用 5%颗粒剂 30～37.5 kg/hm² 或 25%可湿性粉剂 2 kg/hm²,对水喷淋苗床，可防治烟草黑胫病，蔬菜和甜菜猝倒病。

④ 啤酒花　以 1 g/L 浓度在春季剪枝后喷药，可防治啤酒花霜霉病。

专利与登记　专利 BE 827671、GB 1500581、US 4151299 均已过专利期，不存在专利权问题。

工艺专利　CN 101088986、IN 182815、PL 160407、WO 9320041、CN 1051906、US 4317916。

国内登记情况　35%种子处理干粉剂、25%可湿性粉剂、25%悬浮种衣剂，登记作物为谷子、黄瓜、马铃薯、水稻，用于防治白发病、霜霉病、晚疫病等。国外公司在中国登记情况见表 2-3～表 2-8。

表 2-3　新西兰塔拉纳奇化学有限公司在中国登记情况

登记名称	登记证号	含量/%	剂型	登记作物	防治对象	用药量/(g/hm²)	施用方法
甲霜灵	PD20092701	98	原药				
甲霜·锰锌	PD20121768	36	悬浮剂	黄瓜	霜霉病	1300～1600	喷雾

表 2-4　印度联合磷化物有限公司在中国登记情况

登记名称	登记证号	含量/%	剂型	登记作物	防治对象	用药量/(g/hm²)	施用方法
甲霜·锰锌	PD20097765	72	可湿性粉剂	黄瓜	霜霉病	1080～2160	喷雾

表 2-5　瑞士先正达作物保护有限公司在中国登记情况

登记名称	登记证号	含量/%	剂型	登记作物	防治对象	用药量	施用方法
代锌·甲霜灵	PD67-88	58	可湿性粉剂	黄瓜	霜霉病	675～1050 g/hm²	喷雾
35%甲霜灵拌种剂	PD7-85	35	拌种剂	谷子	白发病	70～105 g/100 kg 种子	拌种

表 2-6　美国科聚亚公司在中国登记情况

登记名称	登记证号	含量/%	剂型	登记作物	防治对象	用药量/(g/100 kg 种子)	施用方法
甲霜·种菌唑	PD20120231	4.23	微乳剂	棉花	立枯病	13.5～18	拌种
				玉米	茎基腐病	3.375～5.4	种子包衣
				玉米	丝黑穗病	9～18	种子包衣

表 2-7　美国世科姆公司在中国登记情况

登记名称	登记证号	含量/%	剂型	登记作物	防治对象	用药量	施用方法
精甲·戊·嘧菌	PD20182674	0.1	悬浮种衣剂	水稻	恶苗病	200～300 mL/100 kg 种子	种子包衣
				玉米	茎基腐病	200～300 mL/100 kg 种子	种子包衣
				玉米	丝黑穗病	200～300 mL/100 kg 种子	种子包衣

续表

登记名称	登记证号	含量/%	剂型	登记作物	防治对象	用药量	施用方法
甲·戊·嘧菌酯	PD20151817	0.1	悬浮种衣剂	玉米	茎基腐病	200～400 g/100 kg 种子	种子包衣
				玉米	丝黑穗病	200～400 g/100 kg 种子	种子包衣
甲·嘧·甲霜灵	PD20142522	0.12	悬浮种衣剂	花生	立枯病	500～1500 g/100 kg 种子	种子包衣
				水稻	恶苗病	500～1500 g/100 kg 种子	种子包衣

表 2-8 泰国波罗格力国际有限公司在中国登记情况

登记名称	登记证号	含量/%	剂型	登记作物	防治对象	用药量/(g/hm²)	施用方法
甲霜·锰锌	PD20121621	58	可湿性粉剂	黄瓜	霜霉病	1305～1566	喷雾

合成方法 可通过如下反应表示的方法制得目的物：

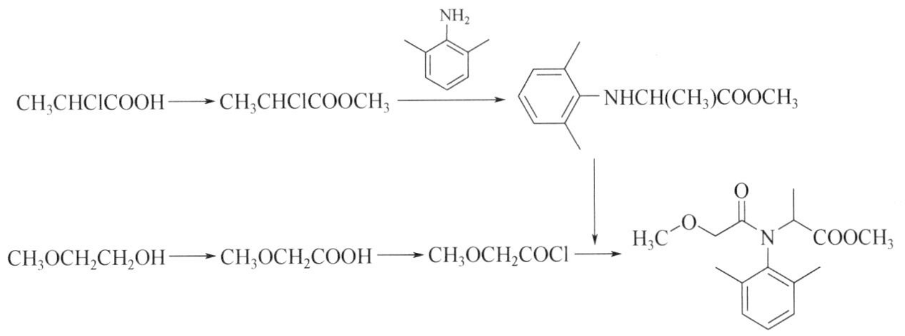

参考文献

[1] The Pesticide Manual. 17 th edition: 724-725.

精甲霜灵（metalaxyl-M）

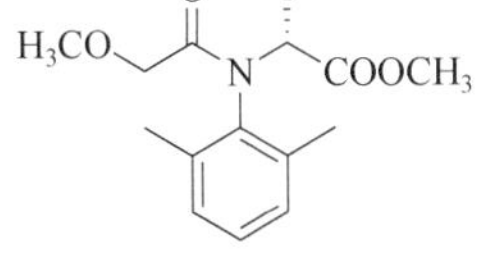

$C_{15}H_{21}NO_4$，279.3，70630-17-0

精甲霜灵（试验代号：CGA 329351，商品名称：Apron XL、Folio Gold、Ridomil Gold、Santhal、SL 567A，其他名称：mefenoxam、R-metalaxyl、CGA76539）是由汽巴-嘉基公司（现先正达公司）开发的酰胺类杀菌剂。

化学名称 N-(2-甲氧基乙酰基)-N-(2,6-二甲苯基)-D-丙氨酸甲酯或(R)-2-{[(2,6-二甲苯基)甲氧乙酰基]氨基}丙酸甲酯。IUPAC 名称：methyl N-(methoxyacetyl)-N-(2,6-xylyl)-D-alaninate。美国化学文摘（CA）系统名称：methyl N-(2,6-dimethylphenyl)-N-(methoxyacetyl)-D-alaninate。CA 主题索引名称：D-alanine —, N-(2,6-dimethylphenyl)-N-(methoxyacetyl)-methyl ester。

理化性质 甲霜灵的 R-对映体，纯度≥91%。淡黄色到浅棕色黏稠液体。熔点−38.7℃，沸点 270℃（分解）。相对密度 1.125（20～25℃）。蒸气压 3.3 mPa（25℃）。lgK_{ow} 1.71，Henry系数 3.5×10^{-5} Pa·m^3/mol。水中溶解度（20～25℃）26 g/L，正己烷中溶解度（20～25℃）59 g/L。易溶于丙酮、乙酸乙酯、甲醇、二氯甲烷、甲苯和正辛醇。在酸性和中性（DT$_{50}$>200 d）条件下耐水解，在碱性条件下 DT$_{50}$ 11 d（pH 9，25℃）。闪点 179℃。

毒性 急性经口 LD$_{50}$（mg/kg）：雄性大鼠 953，雌性大鼠 375。大鼠急性经皮 LD$_{50}$>2000 mg/kg。对兔皮肤无刺激，对眼睛有强烈的刺激。对豚鼠皮肤无致敏性。大鼠急性吸入 LC$_{50}$(4 h)>2.29 g/L。狗 NOEL 值（6 个月）7.4 mg/(kg·d)，大鼠 NOEL 值（2 年）13 mg/(kg·d)。ADI 值（mg/kg）：(JMPR) 0.08(2002, 2004)；(EC) 0.08(2002)；(EPA) cRfD 0.074(2001)。无"三致"作用，对繁殖无影响。

生态效应 山齿鹑 LD$_{50}$(14 d) 981～1419 mg/kg，LC$_{50}$(8 d)>5620 mg/kg。虹鳟鱼 LC$_{50}$(96 h)>100 mg/L。淡水藻 E$_r$C$_{50}$(72 h) 103 mg/L。太平洋牡蛎 EC$_{50}$(96 h) 9.7 mg/L。水蚤 LC$_{50}$(48 h)>100 mg/L。蜜蜂 LD$_{50}$(48 h)>100 μg/只（接触）。蚯蚓 LC$_{50}$(14 d) 830 mg/kg 土壤。

环境行为 ①动物。本品经口服后，快速被吸收和降解，几乎完全以尿液和粪便的形式排出。通过脱甲基化作用、酯链的水解、2-或 6-甲基基团的氧化、苯环的羟基化和 N-脱甲基化进行新陈代谢，在体内没有精甲霜灵或者其代谢物的累积。②植物。第一阶段是以多于四种类型的反应（苯环的氧化、甲基的氧化、甲酯的水解、N-脱甲基化反应）进行代谢，第二阶段是大部分的代谢产物与糖进行结合。③土壤/环境。在土壤中 DT$_{50}$ 21 d（范围 5～30 d），K_{oc} 45 mL/g（范围 30～300 mL/g）。

制剂 350 g/L 种子处理乳剂。

主要生产商 浙江禾本科技有限公司、江苏宝灵化工股份有限公司及 Syngenta 等。

作用机理与特点 核糖体 RNA Ⅰ 的合成抑制剂。具有保护、治疗作用的内吸性杀菌剂，可被植物的根、茎、叶吸收，并随植物体内水分运转而转移到植物的各器官。

应用

（1）适用作物 豆科作物（如豌豆、大豆等）、苜蓿、棉花、水稻、玉米、甜玉米、高粱、向日葵、苹果、柑橘、葡萄、牧草、草坪、观赏植物、辣椒、胡椒、马铃薯、番茄、草莓、甜菜、胡萝卜、洋葱、南瓜、黄瓜、西瓜等。

（2）防治对象 可以防治霜霉菌、疫霉菌、腐霉菌所引起的病害如烟草黑胫病、黄瓜霜霉病、白菜霜霉病、葡萄霜霉病、马铃薯晚疫病、啤酒花霜霉病、稻苗软腐病等。

（3）应用技术 精甲霜灵是第一个上市的具有立体旋光活性的杀菌剂，是甲霜灵杀菌剂两个异构体中的一个。可用于种子处理、土壤处理及茎叶处理。在获得同等防效的情况下只需甲霜灵用量的一半，增加了对环境和使用者的安全性。同时，精甲霜灵还具有更快的土壤降解速度。茎叶处理使用剂量为 100～140 g(a.i.)/hm^2，视作物用量有所差别，如烟草 12 g(a.i.)/hm^2，葡萄 10 g(a.i.)/hm^2，马铃薯 100 g(a.i.)/hm^2。土壤处理使用剂量为 250～1000 g(a.i.)/hm^2，视作物用量有所差别，如柑橘 1 g(a.i.)/hm^2，辣椒 1000 g(a.i.)/hm^2。种子处理使用剂量为 8～300 g(a.i.)/100 kg 种子，视作物用量有所差别，如棉花 15 g(a.i.)/100 kg 种子，玉米 70 g(a.i.)/100 kg 种子，向日葵 105 g(a.i.)/100 kg 种子，用于防治软腐病时剂量为 8.25～17.5 g(a.i.)/100 kg 种子。

专利与登记 专利 CH 609964 早已过专利期，不存在专利权问题。

工艺专利 CN 109180514、WO 2011054616、WO 2000076960、EP 729969。

国内登记情况　3.3%精甲·咯·嘧菌悬浮种衣剂、5%精甲·噁霉灵水剂、10 g/L 咯菌·精甲霜悬浮种衣剂、95%精甲霜灵原药、37.5 g/L 精甲·咯菌腈悬浮种衣剂、4%精甲霜·锰锌水分散粒剂、350 g/L 精甲霜灵种子处理乳剂、40 g/L 精甲·百菌清悬浮剂，登记作物为棉花、水稻、玉米、大豆、黄瓜、辣椒、番茄、花椰菜、西瓜、马铃薯、葡萄、烟草、荔枝、花生、向日葵，防治对象为猝倒病、立枯病、茎基腐病、恶苗病、根腐病、霜霉病、疫病、晚疫病、黑胫病、霜疫霉病、烂秧病等。国外公司在中国登记情况见表 2-9、表 2-10。

表 2-9　瑞士先正达作物保护有限公司在中国登记情况

登记名称	登记证号	含量	剂型	登记作物	防治对象	用药量	施用方法
噻灵·咯·精甲	PD20182017	18%	种子处理悬浮剂	玉米	茎基腐病	100～200 mL/100 kg 种子	拌种
氟环·咯·精甲	PD20180500	11%	种子处理悬浮剂	水稻	恶苗病	300～400 mL/100 kg 种子	拌种
				水稻	烂秧病	100～300 mL/100 kg 种子	拌种
				水稻	立枯病	200～300 mL/100 kg 种子	拌种
噻虫·咯·霜灵	PD20150729	25%	悬浮种衣剂	花生	根腐病	300～700 mL/100 kg 种子	种子包衣
				花生	蛴螬	300～700 mL/100 kg 种子	种子包衣
				棉花	立枯病	600～1200 mL/100 kg 种子	种子包衣
				棉花	蚜虫	600～1200 mL/100 kg 种子	种子包衣
				棉花	猝倒病	600～1200 mL/100 kg 种子	种子包衣
				人参	金针虫	880～1360 mL/100 kg 种子	种子包衣
				人参	立枯病	880～1360 mL/100 kg 种子	种子包衣
				人参	锈腐病	880～1360 mL/100 kg 种子	种子包衣
				人参	疫病	880～1360 mL/100 kg 种子	种子包衣
噻虫·咯·霜灵	PD20150430	29%	悬浮种衣剂	玉米	灰飞虱	300～450 mL/100 kg 种子	种子包衣
				玉米	茎基腐病	300～450 mL/100 kg 种子	种子包衣
精甲·嘧菌酯	PD20141919	39%	悬乳剂	草坪	腐霉枯萎病	50～100 mL/亩	喷雾
				观赏玫瑰	霜霉病	30～60 mL/亩	喷雾
精甲·咯·嘧菌	PD20120464	11%	悬浮种衣剂	棉花	立枯病	220～440 mL/100 kg 种子	种子包衣
				棉花	猝倒病	220～440 mL/100 kg 种子	种子包衣
				玉米	茎基腐病	100～300 mL/100 kg 种子	种子包衣
精甲·百菌清	PD20110690	440 g/L	悬浮剂	番茄	晚疫病	75～120 mL/亩	喷雾
				黄瓜	霜霉病	90～150 mL/亩	喷雾
				辣椒	疫病	75～120 mL/亩	喷雾
				西瓜	疫病	100～150 mL/亩	喷雾
精甲·咯菌腈	PD20096644	62.5 g/L	悬浮种衣剂	大豆	根腐病	(1∶250)～(1∶333)（药种比）	种子包衣
				水稻	恶苗病	(1∶250)～(1∶333)（药种比）	种子包衣
精甲霜·锰锌	PD20080846	68%	水分散粒剂	番茄	晚疫病	100～120 g/亩	喷雾
				花椰菜	霜霉病	100～130 g/亩	喷雾
				黄瓜	霜霉病	100～120 g/亩	喷雾
				辣椒	疫病	100～120 g/亩	喷雾

续表

登记名称	登记证号	含量	剂型	登记作物	防治对象	用药量	施用方法
精甲霜·锰锌	PD20080846	68%	水分散粒剂	荔枝	霜疫霉病	800～1000 倍液	喷雾
				马铃薯	晚疫病	100～120 g/亩	喷雾
				葡萄	霜霉病	100～120 g/亩	喷雾
				西瓜	疫病	100～120 g/亩	喷雾
				烟草	黑胫病	100～120 g/亩	喷雾
精甲霜灵	PD20070474	350 g/L	种子处理乳剂	大豆	根腐病	(1∶1250)～(1∶2500)（药种比）	拌种
				花生	根腐病	(1∶1250)～(1∶2500)（药种比）	拌种
				棉花	猝倒病	(1∶1250)～(1∶2500)（药种比）	拌种
				水稻	烂秧病	① (1∶4000)～(1∶6667)（药种比）；② 4000～6000 倍液	①拌种；②浸种
				向日葵	霜霉病	(1∶333)～(1∶1000)（药种比）	拌种（晾干后播种）
精甲霜灵	PD20070346	91%	原药				
咯菌·精甲霜	PD20070345	35 g/L	悬浮种衣剂	玉米	茎基腐病	(1∶667)～(1∶1000)（药种比）	种子包衣

表 2-10　美国世科姆公司在中国登记情况

登记名称	登记证号	含量	剂型	登记作物	防治对象	用药量	施用方法
精甲·戊·嘧菌	PD20182674	0.1%	悬浮种衣剂	水稻	恶苗病	200～300 mL/100 kg 种子	种子包衣
				玉米	茎基腐病	200～300 mL/100 kg 种子	种子包衣
				玉米	丝黑穗病	200～300 mL/100 kg 种子	种子包衣

合成方法　主要有如下两种合成路线：

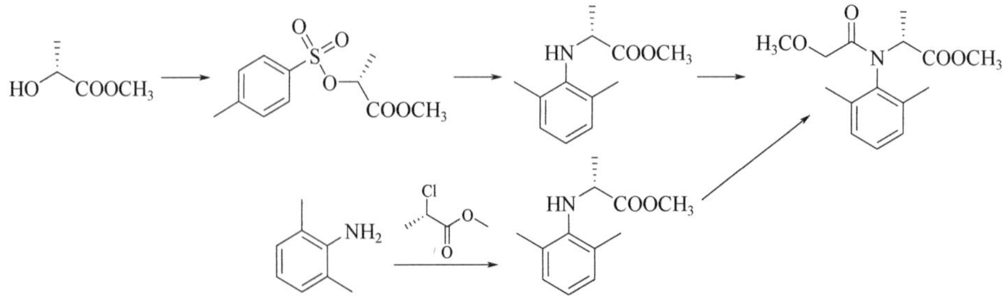

参考文献

[1] The Pesticide Manual. 17 th edition: 726-727.

[2] Crop protection, 1985, 4(4): 501-510.

[3] Proceedings of the Brighton Crop Protection Conference—Pests and Diseases. 1996(1): 41.

呋霜灵（furalaxyl）

$C_{17}H_{19}NO_4$，301.3，57646-30-7

呋霜灵（试验代号：CGA 38140，商品名称：Fonganil、Fongarid）是由汽巴-嘉基公司(现先正达公司)开发的杀菌剂。

化学名称　N-(2-呋喃基)-N-(2,6-二甲苯基)-DL-丙氨酸甲酯。IUPAC 名称：methyl N-(2,6-dimethylphenyl)-N-(2-furylcarbonyl)-DL-alaninate 或 methyl N-(2-furoyl)-N-(2,6-xylyl)-DL-alaninate。美国化学文摘（CA）系统名称：methyl N-(2,6-dimethylphenyl)-N-(2-furanylcarbonyl)-DL-alaninate。CA 主题索引名称：DL-alanine—, N-(2,6-dimethylphenyl)-N-(2-furanylcarbonyl)-methyl ester。

理化性质　纯品为白色无味晶体，熔点 70℃，84℃（双晶体）。蒸气压 0.07 mPa（20℃）。分配系数 $\lg K_{ow}$=2.7。Henry 常数 9.3×10^{-5} Pa·m^3/mol（计算）。相对密度 1.22（20℃）。水中溶解度 230 mg/L（20℃），有机溶剂中溶解度（g/kg，20℃）：二氯甲烷 600，丙酮 520，甲醇 500，苯 480，己烷 4。稳定性：在中性或弱酸介质中相对稳定，在碱性介质中不太稳定；土壤降解（20℃）DT_{50}> 200 d（pH 1 和 pH 9），22 d（pH 10）。在 300℃以下稳定。

毒性　急性经口 LD_{50}（mg/kg）：大鼠 940，小鼠 603。急性经皮 LD_{50}（mg/kg）：大鼠>3100，兔 5508。对兔皮肤和兔眼睛有轻微刺激作用，对豚鼠皮肤无致敏性。NOEL 数据〔90 d，mg/(kg·d)〕：大鼠 82，狗 1.8。

生态效应　鸭子和日本鹌鹑急性经口 LD_{50}(8 d)>6000 mg/kg。日本鹌鹑饲喂 LC_{50}(8 d)>6000 mg/L。鱼毒 LC_{50}（96 h，mg/L）：虹鳟鱼 32.5，鲫鱼 38.4，古比鱼 8.7，鲶鱼 60.0。水蚤 LC_{50}(48 h) 39.0 mg/L。海藻 EC_{50} 27 mg/L。蚯蚓 LC_{50}(14 d)510 mg/kg 土壤。

环境行为　①动物。本品在动物体内代谢很快，通过尿和粪便排出。代谢途径不依赖于性别和所用剂量。在组织中的残留物一般很少，没有发现本品及其代谢物的残留。②植物。植物中，本品代谢为极性、水溶性、部分酸性、可能共轭及降解的产物。③土壤/环境。在土壤中，DT_{50} 31～65 d（20～25℃）。降解通过酯键的分解及 N-脱烷基化作用来完成。

作用机理与特点　通过干扰核糖体 RNA 的合成，抑制真菌蛋白质的合成。内吸性杀菌剂，具有保护和治疗作用。可被植物根、茎、叶迅速吸收，并在植物体内运转到各个部位，因而耐雨水冲刷。

应用　主要用于防治观赏植物、蔬菜、果树等的土传病害如腐霉属、疫霉属等卵菌纲病原菌引起的病害，如瓜果蔬菜的猝倒病、腐烂病、疫病等。

专利概况　专利 BE 827419、GB 1448810 均已过专利期，不存在专利权问题。

合成方法　以 2,6-二甲基苯胺为原料，先与 2-氯丙酸甲酯反应，再与 2-呋喃甲酰氯缩合即得目的物，反应式如下：

参考文献

[1] The Pesticide Manual. 17 th edition: 1202.

精呋霜灵（furalaxyl-M）

$C_{17}H_{19}NO_4$，301.3，57764-08-6

精呋霜灵［试验代号：IPE-134（IPESA），商品名称：Frilex］是 IPESA S.A.开发的杀菌剂。

化学名称　N-(2-呋喃基)-N-(2,6-二甲苯基)-D-丙氨酸甲酯。IUPAC 名称：methyl N-(2,6-dimethylphenyl)-N-(2-furylcarbonyl)-D-alaninate 或 methyl N-(2-furoyl)-N-(2,6-xylyl)-D-alaninate。美国化学文摘（CA）系统名称：methyl N-(2,6-dimethylphenyl)-N-(2-furanylcarbonyl)-D-alaninate。CA 主题索引名称：D-alanine—, N-(2,6-dimethylphenyl) -N-(2-furanylcarbonyl)-methyl ester。

理化性质　纯品为白色无味晶体，熔点 102～103℃。蒸气压 0.07 mPa（20℃）。分配系数 $\lg K_{ow}$=2.98。相对密度 1.255（20～25℃）。水中溶解度 251.5 mg/L（20～25℃），有机溶剂中溶解性（20～25℃）：可溶于二氯甲烷、丙酮及芳烃类溶剂，正己烷中微溶。$[\alpha]_D^{20}$=-47.0°（c=1.7，丙酮）。稳定性：室温下至少可以稳定存在 2 年。

毒性　急性经口 LD_{50}（mg/kg）：大鼠 500～2000。急性经皮 LD_{50}（mg/kg）：大鼠>2000。对兔皮肤没有轻微刺激作用，对兔眼睛有轻微刺激作用。大鼠急性吸入 LC_{50} 3.89 mg/L。

环境行为　①动物。本品在动物体内代谢很快，通过尿和粪便排出。代谢途径不依赖于性别和所用剂量。在组织中的残留物一般很少，没有发现本品及其代谢物的残留。②植物。植物中，本品代谢为极性、水溶性、部分酸性、可能共轭及降解的产物。③土壤/环境。在土壤中，DT_{50} 31～65 d（20～25℃）。降解通过酯键的分解及 N-脱烷基化作用来完成。

作用机理与特点　通过干扰核糖体 RNA 的合成，抑制真菌蛋白质的合成。内吸性杀菌剂，具有保护和治疗作用。可被植物根、茎、叶迅速吸收，并在植物体内运转到各个部位，因而耐雨水冲刷。

应用　主要用于防治观赏植物、蔬菜、果树等的土传病害如腐霉属、疫霉属等卵菌纲病原菌引起的病害，如瓜果蔬菜的猝倒病、腐烂病、疫病等。

专利概况　化合物专利 WO 9601559 已过专利期，不存在专利权问题。

合成方法　以 2,6-二甲基苯胺为原料，先与 D-2-氯丙酸甲酯反应，再与 2-呋喃甲酰氯缩合即得目的物，反应式如下：

参考文献

[1] The Pesticide Manual. 17 th edition: 567-568.

呋酰胺（ofurace）

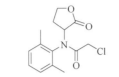

$C_{14}H_{16}ClNO_3$，281.7，58810-48-3

呋酰胺（试验代号：RE 20615，商品名称：Vamin、Patafol）是由 Chevron 公司开发，后转让给 Schering AG（现拜耳公司）的酰胺类杀菌剂。

化学名称　(RS)-α-(2-氯-N-2,6-二甲苯基乙酰氨基)-γ-丁内酯。IUPAC 名称：2-chloro-2′,6′-dimethyl-N-[(3RS)-tetrahydro-2-oxo-3-furyl]acetanilide 或 (RS)-α-(2-chloro-N-2,6-xylylacetamido)-γ-butyrolactone。美国化学文摘（CA）系统名称：2-chloro-N-(2,6-dimethylphenyl)-N-(tetrahydro-2-oxo-3-furanyl)acetamide，CA 主题索引名称：acetamide—, 2-chloro-N-(2,6-dimethylphenyl)-N-(tetrahydro-2-oxo-3-furanyl)-。

理化性质　原药为灰白色粉状固体，纯度≥97%。纯品为无色结晶状固体，熔点 145～146℃。相对密度 1.43（20～25℃）。蒸气压 $2×10^{-2}$ mPa（20℃）。分配系数 $\lg K_{ow}$=1.39。Henry 常数 $3.9×10^{-5}$ Pa·m³/mol（计算）。水中溶解度 146 mg/L（20～25℃）；有机溶剂中溶解度（g/L，20～25℃）：二氯乙烷 300～600，丙酮 60～75，乙酸乙酯 25～30，甲醇 25～30，对二甲苯 8.6，庚烷 0.0322。在碱性溶液中水解很快，但在酸性介质和高温时稳定。在水中光降解 DT_{50} 7 d。

毒性　急性经口 LD_{50}（mg/kg）：雄大鼠 3500，雌大鼠 2600，小鼠>5000，兔>5000。兔急性经皮 LD_{50}>5000 mg/kg，对兔皮肤和兔眼睛有中度刺激作用，对豚鼠皮肤无致敏性。大鼠急性吸入 LC_{50}(4 h) 2060 mg/L，大鼠 NOEL 数据（2 年）2.5 mg/(kg·d)。ADI 值 0.03 mg/kg。无致畸、致突变、致癌作用。

生态效应　红腿鹧鸪急性经口 LD_{50}>5000 mg/kg。鱼毒 LC_{50}（96 h，mg/L）：虹鳟鱼 29，圆腹雅罗鱼 57。水蚤 LC_{50}(48 h) 46 mg/L。对蜜蜂无毒，LD_{50}(48 h)>58 μg/只（经口）。

环境行为　①动物。从动物体内迅速排出，经历第一阶段和第二阶段的生物转化。②植物。可以发现，在葡萄、番茄和马铃薯中有相同的代谢途径。本品在植物表面相对稳定，但是，一旦渗透到植物里面，则通过羟基化和共轭作用降解。在残留物中有呋酰胺存在。③土壤/环境。在土壤中降解 DT_{50} 26 d。在土壤中仅中等程度被吸收，中等程度移动。在水中和在沉淀物中发生光降解。

作用机理与特点　通过干扰核糖体 RNA 的合成，抑制真菌蛋白质的合成。内吸性杀菌剂，具有保护和治疗作用。可被植物根、茎、叶迅速吸收，并在植物体内运转到各个部位，因而耐雨水冲刷。

应用　主要用于防治观赏植物、蔬菜、果树等由卵菌纲病原菌引起的病害如马铃薯晚疫病、葡萄霜霉病、黄瓜霜霉病、番茄疫病等。

专利与登记　专利 US 3933860 早已过专利期，不存在专利权问题。

合成方法 以 2,6-二甲基苯胺为原料，先与溴代丁内酯反应，再与氯乙酰氯缩合即得目的物，反应式如下：

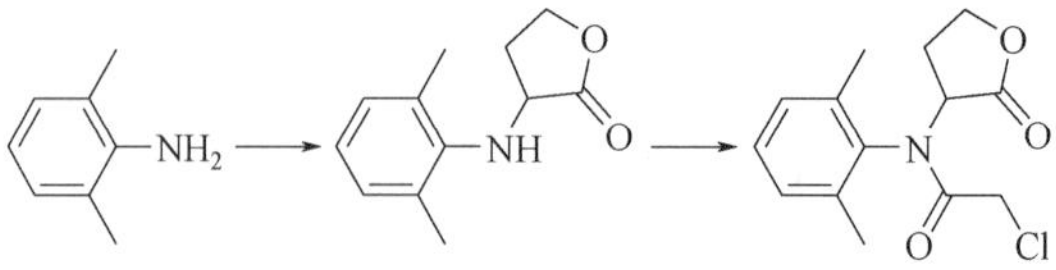

参考文献

[1] The Pesticide Manual.17 th edition: 809-810.

苯霜灵（benalaxyl）

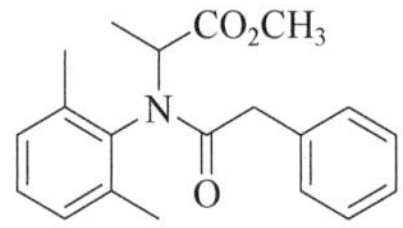

$C_{20}H_{23}NO_3$，325.4，71626-11-4

苯霜灵（试验代号：M9834，商品名称：Galben、Fobeci、Tairel、Trecatol M，其他名称：Amalfi、Baldo C、Baldo F、Baldo M、Eucrit R、Galben C、Galben F、Galben M、Galben Plus、Galben Plus 75、Input N、Intro Plus、Tairel C、Tairel F、Tairel M、Tairel Plus、Tairel R）是由意大利 Isagro 公司开发的酰胺类杀菌剂。

化学名称 N-苯乙酰基-N-2,6-二甲苯基-DL-丙氨酸甲酯。IUPAC 名称：methyl N-(2,6-dimethylphenyl)-N-(phenylacetyl)-DL-alaninate 或 methyl N-(phenylacetyl)-N-(2,6-xylyl)-DL-alaninate。美国化学文摘（CA）系统名称：methyl N-(2,6-dimethylphenyl) -N-(phenylacetyl)-DL-alaninate。CA 主题索引名称：DL-alanine—, N-(2,6-dimethylphenyl) -N-(phenylacetyl)-methyl ester。

理化性质 纯品为白色几乎无味固体，熔点 78～80℃。蒸气压 0.66 mPa（25℃，大气饱和法）。分配系数 lgK_{ow}=3.54。Henry 常数 $6.5×10^{-3}$ Pa·m^3/mol（20℃，计算）。相对密度 1.181（20～25℃）。水中溶解度 28.6 mg/L（20～25℃），丙酮、甲醇、乙酸乙酯、1,2-二氯乙烷、二甲苯溶解度（20～25℃）>250 g/kg，正庚烷<20 g/kg。在强碱中水解；在 pH 4～9 水溶液中稳定；DT_{50} 86 d（pH 9，25℃）。在氮气保护下，250℃下稳定，在水溶液中对光稳定。

毒性 急性经口 LD_{50}（mg/kg）：大鼠 4200，小鼠 680。大鼠急性经皮 LD_{50} >5000 mg/kg。对兔皮肤和兔眼睛无刺激性，对豚鼠皮肤无致敏性。大鼠急性吸入 LC_{50}（4 h,经鼻）>4.2 mg/L。NOEL 数据［mg/(kg·d)］：大鼠 100（2 年），小鼠 250（1.5 年），狗 200（1 年）。ADI 值 0.07 mg/kg（JMPR），0.04 mg/kg(EC)。无致畸、致突变、致癌作用。

生态效应 鸟急性经口 LD_{50}（mg/kg）：野鸭>4500，山齿鹑>5000，鸡 4600。山齿鹑和野鸭饲喂 LC_{50}(5 d) >5000 mg/kg。鱼毒 LC_{50}（96 h，mg/L）：虹鳟鱼 3.75，金鱼 7.6，古比鱼 7.0，鲤鱼 6.0。水蚤 LC_{50}(48 h) 0.59 mg/L。海藻 EC_{50}(96 h) 2.4 mg/L。对蜜蜂无毒，LD_{50}(48 h)>100 μg/只，蚯蚓 LC_{50}(48 h) 180 mg/kg 土壤。

环境行为 ①动物。本品在大鼠体内代谢迅速，在 2 d 内 23%通过尿排出，75%通过粪便排出。②植物。缓慢代谢为糖苷。③土壤/环境。通过土壤中微生物的作用缓慢降解为多种酸性代谢物。在沙壤土中 DT_{50} 77 d。K_{oc} 2728～7173（三种土壤）。

制剂　乳油、颗粒剂、可湿性粉剂。

主要生产商　FMC、Punjab、Adama、Isagro。

作用机理与特点　通过干扰核糖体 RNA 的合成，抑制真菌蛋白质的合成。内吸性杀菌剂，具有保护、治疗和铲除作用。可被植物根、茎、叶迅速吸收，并在植物体内运转到各个部位，且耐雨水冲刷。

应用

（1）适宜作物　葡萄、烟草、柑橘、啤酒花、大豆、草莓、马铃薯、多种蔬菜、花卉及其他观赏植物、草坪等。

（2）防治对象　几乎对所有卵菌病原菌引起的病害都有效。对霜霉病和疫霉病有特效。如马铃薯晚疫病、葡萄霜霉病、啤酒花霜霉病、甜菜疫病、油菜白锈病、烟草黑胫病、柑橘脚腐病、黄瓜霜霉病、番茄疫病、谷子白发病、芋疫病、辣椒疫病以及由疫霉菌引起的各种猝倒病和种腐病等。

（3）使用方法　茎叶处理、种子处理、土壤处理均可。使用剂量为 $100\sim240$ g(a.i.)/hm^2。

专利与登记　专利 BE 873908、DE 2903612、IT 1989678 均已过专利期，不存在专利权问题。

合成方法　以 2,6-二甲基苯胺为原料，先与 2-氯丙酸甲酯反应，再与苯乙酰氯缩合即得目的物，反应式如下：

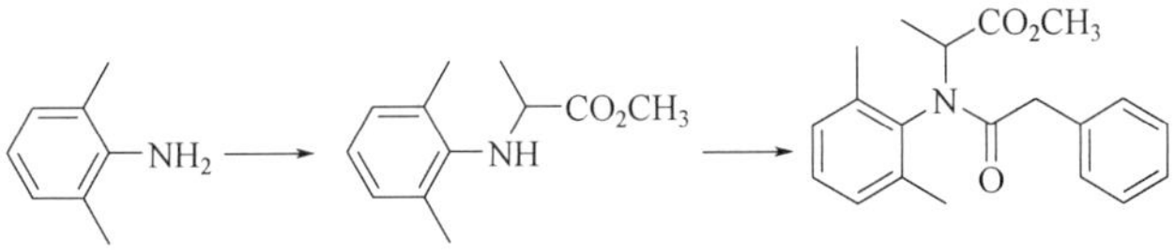

参考文献

[1] The Pesticide Manual. 17 th edition: 69-70.

精苯霜灵（benalaxyl-M）

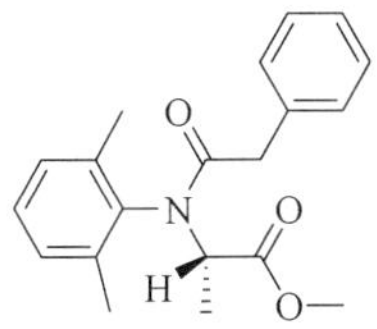

$C_{20}H_{23}NO_3$，325.4，98243-83-5

精苯霜灵（试验代号：IR 6141，商品名称：Fantic、Fantic F，其他名称：Capri、kiralaxyl、Sidecar、Stadio）是由意大利 Isagro S.p.A.公司开发的酰胺类杀菌剂。

化学名称　N-(苯乙酰基)-N-(2,6-二甲苯基)-D-丙氨酸甲酯。IUPAC 名称：methyl N-phenylacetyl-N-2,6-xylyl-D-alaninate。美国化学文摘（CA）系统名称：methyl N-(2,6-dimethylphenyl)-N-(phenylacetyl)-D-alaninate。CA 主题索引名称：D-alanine—，N-(2,6-dimethylphenyl)-N-(phenylacetyl)-methyl ester。

理化性质　苯霜灵的 (R)-对映体，含量≥96%。白色、无味的结晶固体。熔点(76.0±0.5)℃，沸点 280～290℃。蒸气压 5.95×10^{-2} mPa（25℃）。lgK_{ow}=3.67，Henry 常数 2.33×10^{-4} Pa・m^3/mol（20℃）。相对密度 1.1731（20～25℃）。水中溶解度 33.00 mg/L（pH 7，20～25℃）；在丙酮、

甲醇、乙酸乙酯、1,2-二氯乙烷和二甲苯中溶解度>45%（20～25℃）；在正庚烷中溶解度为18.7 g/L（20～25℃）。在 pH 4～7 的水溶液中稳定存在。DT_{50} 11 d（pH 9，50℃），301.3 d（pH 9，25℃）。在水溶液中对光稳定。

毒性　大鼠急性经口 LD_{50}>2000 mg/kg。大鼠急性经皮 LD_{50}>2000 mg/kg，对皮肤和眼睛无刺激。大鼠 NOAEL 值（2 年）4.42 mg/(kg·d)。ADI(BfR) 0.04 mg/kg(2006)。无致癌、致畸、致突变。

生态效应　山齿鹑急性经口 LD_{50}>2000 mg/kg，山齿鹑每日允许摄入量 LC_{50}>5000 mg/kg。虹鳟鱼 LC_{50}(96 h)>4.9 mg/L。水蚤 EC_{50}(48 h)>17.0 mg/L。淡水藻 E_rC_{50}(96 h) 16.5 mg/L，E_bC_{50}(72 h) 17.0 mg/L。蜜蜂 LD_{50}>104 μg/只（经口和触杀）。蚯蚓 LC_{50}(14 d) 472.7 mg/kg 土壤。

环境行为　①动物。大鼠口服后，两天之内在体内被快速代谢，并以尿液和粪便的形式排出体外。②植物。缓慢地分解成糖苷。③土壤/环境。通过土壤中的微生物缓慢地分解成酸性代谢物。DT_{50}（实验室条件下，需氧，20℃）36～124 d（4 种土壤类型）。K_{oc} 2005～12346（4 种土壤类型）。

制剂　水分散粒剂、可湿性粉剂。

主要生产商　Isagro。

作用机理与特点　具有保护、治疗和铲除作用的内吸性杀菌剂。通过根部、茎部和叶部吸收向上传输到作物的各个部位。通过抑制孢子的萌发和菌丝的生长起到保护作用，通过抑制菌丝的生长起到治疗作用，铲除作用是通过抑制分生孢子的形成而发挥的。

应用

（1）适宜作物　谷子、马铃薯、葡萄、烟草、柑橘、啤酒花、蔬菜等。

（2）防治对象　对多种作物的霜霉病和疫霉病有特效。如马铃薯晚疫病、葡萄霜霉病、啤酒花霜霉病、甜菜疫病、油菜白锈病、烟草黑胫病、柑橘脚腐病、黄瓜霜霉病、番茄疫病、谷子白发病、芋疫病、辣椒疫病以及由疫霉菌引起的各种猝倒病和种腐病等。

（3）使用方法

① 种子处理　a.谷子用 35%拌种剂 200～300 g 干拌或湿拌 100 kg 种子，可防治谷子白发病。b.大豆用 35%拌种剂 300 g 干拌 100 kg 种子，可防治大豆霜霉病。

② 喷雾　a.用 25%可湿性粉剂 480～900 g/hm²，对水 750～900 kg 喷施，可防治黄瓜、白菜霜霉病。b.用 25%可湿性粉剂 2.25～3 kg/hm²，对水 750～900 kg 喷施，可防治马铃薯晚疫病和茄绵疫病。c.以 1 g(a.i.)/L 浓度在春季剪枝后喷药，可防治啤酒花霜霉病。

③ 土壤处理　用 5%颗粒剂 30～37.5 kg/hm² 或 25%可湿性粉剂 2 kg/hm² 对水喷淋苗床，可防治烟草黑胫病、蔬菜和甜菜猝倒病。

专利与登记　C. Garavaglia 首次在 *Atti Giornate Fitopatologiche* [2004(2): 67-72]上报道其作为杀菌剂使用。

专利名称　*R*-enantiomers of metalaxyl, furalaxyl or benalaxyl, as fungicides

专利号　WO 9601559　　　　　　专利申请日　1995-06-30

专利拥有者　Ciba-Geigy A.-G.，Switz

工艺专利　WO 2000076960、WO 9826654

国内登记情况　95%原药，69%代森锰锌·精苯霜灵水分散粒剂，登记作物为马铃薯，防治对象为晚疫病等。国外公司在中国登记情况见表 2-11。

表 2-11　意大利意赛格公司在中国登记情况

登记名称	登记证号	含量/%	剂型	登记作物	防治对象	用药量	施用方法
精苯霜灵	PD20190051	95	原药				
代森锰锌·精苯霜灵	PD20190050	69	水分散粒剂	马铃薯	晚疫病	120～160g/亩	喷雾

合成方法　L-乳酸甲酯或 L-氯丙酸甲酯为原料，先与 2,6-二甲苯胺反应，后与苯乙酰氯反应即得目的物。反应式为：

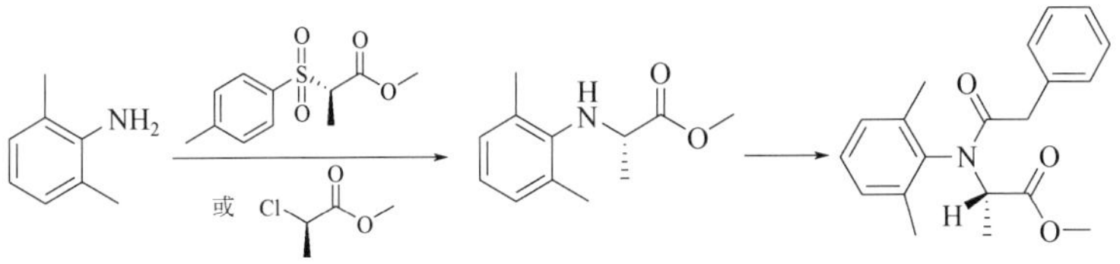

参考文献

[1] Pesticide Science, 1985, 16(3): 277-286.

[2] The Pesticide Manual.17 th edition: 70-71.

噁霜灵（oxadixyl）

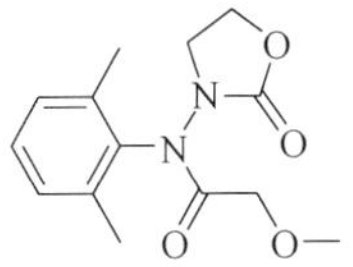

$C_{14}H_{18}N_2O_4$，278.3，77732-09-3

噁霜灵（试验代号：SAN371F，商品名称：Anchor、Pulsan、Sandofan，其他名称：Apron Elite、Blason、Metoxazon、Metidaxyl、Recoil、Ripost、Sirdate P、Sirdate S、Trustan、Wakil、噁酰胺、杀毒矾）是由 Sandoz AG（现先正达）公司开发的杀菌剂。

化学名称　2-甲氧基-N-(2-氧代-1,3-噁唑烷-3-基)乙酰-2′,6′-二甲基替苯胺。IUPAC 名称：2-methoxy-2′,6′-dimethyl-N-(2-oxo-1,3-oxazolidin-3-yl)acetanilide。美国化学文摘（CA）系统名称：N-(2,6-dimethylphenyl)-2-methoxy-N-(2-oxo-3-oxazolidinyl)acetamide。CA 主题索引名称：acetamide —, N-(2,6-dimethylphenyl)-2-methoxy-N-(2-oxo-3-oxazolidinyl)-oxadixyl。

理化性质　本品为无色、无味晶体，熔点 104～105℃。密度（松堆密度）0.5 kg/L（20～25℃）。蒸气压 0.0033 mPa（20℃）。分配系数 lgK_{ow}=0.65～0.8。Henry 常数 $2.70×10^{-7}$ Pa·m³/mol（计算）。水中溶解度 3.4 g/kg（20～25℃），有机溶剂中溶解度(g/kg，20～25℃)：丙酮 344，二甲基亚砜 390，甲醇 112，乙醇 50，二甲苯 17，乙醚 6。稳定性：正常条件下稳定，70℃贮存稳定 2～4 周，在室温，pH 5、7 和 9 的缓冲溶液下，200 mg/L 水溶液稳定，DT_{50} 约 4 年。

毒性　急性经口 LD_{50}（mg/kg）：雄性大鼠 3480，雌性大鼠 1860。大鼠和兔急性经皮 LD_{50}>2000 mg/kg，对兔皮肤和眼睛无刺激性，对豚鼠皮肤无致敏性。雄性大鼠和雌性大鼠急性吸入 LC_{50}(6 h)>5.6 mg/L 空气。NOEL 数据（mg/kg 饲料）：狗（1 年）500，兔（90 d 和生存期）250。对兔 [200 mg/(kg·d)以下] 或大鼠 [1000 mg/(kg·d)以下] 无致畸性，对大鼠繁殖［1000 mg/(kg·d)以下］无影响。致敏、微核和其他正常试验下无致突变。ADI(BfR)：0.05 mg/kg(1996)，0.11 mg/kg(1990)。急性腹腔 LD_{50}（mg/kg）：雄性大鼠 490，雌性大鼠 550。

生态效应 野鸭急性经口 LD_{50}>2510 mg/kg，野鸭和日本鹌鹑饲喂 LC_{50}(8 d)>5620 mg/kg。鱼毒 LC_{50}（96 h，mg/L）：虹鳟鱼>320，鲤鱼>300，大翻车鱼 360，在鱼中不积累。水蚤 LC_{50}(48 h)530 mg/L。海藻 IC_{50} 46 mg/L。蜜蜂 LD_{50}（μg/只）：>200（经口），100（接触）。蚯蚓 LD_{50}(14 d)>1000 mg/L 干土。

环境行为 ①动物。经口施用的剂量能被大鼠迅速及完全吸收，81%～92%的药物在 144 h 内通过尿液和粪便排除，通过多种方式将甲氧乙酰氨基片段水解及将苯环上甲基的氧化成相应的醇是代谢的主要途径，在土壤和植物中发现相似的代谢。②植物。在植物中大于 94%的施用剂量没有改变，42 d 后最多 9%的药物渗透到叶面，其中 42%发生了代谢。③土壤/环境。在实验室内，DT_{50} 为 6～9 月，然而在田地，DT_{50} 为 2～3 月。在土壤中主要的代谢物是噁霜灵的酸。

制剂 25%可湿性粉剂。

主要生产商 Syngenta、江苏省激素研究所股份有限公司及江阴凯江农化有限公司等。

作用机理与特点 高效内吸性杀菌剂，具有保护和治疗作用，对霜霉目病原菌具有很高的防效，持效期长。与代森锰锌混用的效果比灭菌丹、铜制剂混用效果好。

应用

（1）适宜作物 葡萄、烟草、玉米、棉花、蔬菜（如黄瓜、辣椒、马铃薯）等。

（2）防治对象 用于防治霜霉目病原菌如烟草、黄瓜、葡萄、蔬菜的霜霉病、疫病等，并能兼治多种继发性病害如褐斑病、黑腐病等。具体病害如烟草黑胫病、番茄晚疫病、黄瓜霜霉病、茄子绵疫病、辣椒疫病、马铃薯晚疫病、白菜霜霉病、葡萄霜霉病。

（3）使用方法 既可茎叶喷雾，也可种子处理。茎叶喷雾使用剂量为 200～300 g(a.i.)/hm²。每亩用 64%噁霜·锰锌（杀毒矾）可湿性粉剂 120～170 g（有效成分 76.8～108.8 g），加水喷雾；或每 100 L 水加 133～200 g（有效浓度 853.3～1280 mg/L）。剂量与持效期关系：若以 250 mg/L 有效浓度均匀喷雾，则持效期 9～10 d,对病害的治疗作用达 3 d 以上；若以 500 mg/L 有效浓度均匀喷雾，可防治葡萄霜霉病，持效期在 16 d 以上；若以 8 mg/L 有效浓度均匀喷雾，则持效期为 2 d；若以 30～120 mg/L 有效浓度均匀喷雾，则持效期为 7～11 d。

专利与登记 专利 GB 2058059 早已过专利期，不存在专利权问题。

工艺专利 RO 81676、GB 3033161。

国内登记情况 96%原药，64%噁霜·锰锌可湿性粉剂，登记作物为黄瓜，防治对象霜霉病。瑞士先正达作物保护有限公司在中国登记情况见表 2-12。

表 2-12 瑞士先正达作物保护有限公司在中国登记情况

登记名称	登记证号	含量	剂型	登记作物	防治对象	亩用药量	施用方法
噁霜·锰锌	PD82-88	8%噁霜灵，56%代森锰锌	可湿性粉剂	黄瓜	霜霉病	172～203g	喷雾
				烟草	黑胫病	203～250g	
噁霜灵	PD281-99	96%	原药				

合成方法 可通过如下反应表示的方法制得目的物：

参考文献

[1] The Pesticide Manual.17 th edition: 822-823.

稻瘟酰胺（fenoxanil）

C₁₅H₁₈Cl₂N₂O₂，329.2，115852-48-7

$C_{15}H_{18}Cl_2N_2O_2$，329.2，115852-48-7

　　稻瘟酰胺（试验代号：AC382042、AC901216、NNF-9425、CL382042、WL378309、BAS 546 F，商品名称：Achieve、Helmet、Katana，其他名称：Ba wen ling、Gyunancall、Stopper、氰菌胺）是由 Shell 公司研制，巴斯夫（原氰胺公司）和日本农药公司共同开发的酰胺类杀菌剂，2000 年登记上市，2006 年转让给日本农药株式会社。

　　化学名称　稻瘟酰胺由 85% (R)-N-[(RS)-1-氰基-1,2-二甲基丙基]-2-(2,4-二氯苯氧基)丙酰胺和 15% (S)-N-[(RS)-1-氰基-1,2-二甲基丙基]-2-(2,4-二氯苯氧基)丙酰胺组成。IUPAC 名称：85% (R)-N-[(RS)-1-cyano-1,2-dimethylpropyl]-2-(2,4-dichlorophenoxy)propionamide 和 15% (S)-N-[(RS)-1-cyano-1,2-dimethylpropyl]-2-(2,4-dichlorophenoxy)propionamide。美国化学文摘（CA）系统名称：N-(1-cyano-1,2-dimethylpropyl)-2-(2,4-dichlorophenoxy)propanamide。CA 主题索引名称：propanamide —, N-(1-cyano-1,2-dimethylpropyl)-2-(2,4-dichlorophenoxy)-。

　　理化性质　白色无味固体，熔点为 69.0～71.5℃，蒸气压(25℃)0.21×10⁻⁴ Pa，lgK_{ow}= 3.53±0.02。相对密度 1.23（20～25℃）。水中溶解度（20～25℃）：（30.71±0.3）mg/L。可溶于大部分有机溶剂。在一定的 pH 范围内可稳定存在。闪点：420℃。

　　毒性　大鼠急性经口 LD₅₀（mg/kg）：>5000（雄），4211（雌）。小鼠急性经口 LD₅₀（雄和雌）>5000 mg/kg。大鼠急性经皮 LD₅₀（雄和雌，24 h）>2000 mg/kg。对兔眼睛和皮肤无刺激。对豚鼠无皮肤致敏性。大鼠急性吸入 LC₅₀(4 h)>5.18 mg/L。NOEL（mg/kg）：狗（1 年）1，雄性大鼠（2 年）0.698，雌性大鼠 0.857（无致癌性），雄性小鼠（18 个月）6.98，雌性小鼠 6.648（患有肝肿瘤的雄性小鼠为 50.3）；二代雄性大鼠为 1.124，雌性大鼠为 1.75（对繁殖后代无影响）；畸形的大鼠为 50（父），250（胎儿）；兔子为 10（父），200（胎儿）。ADI 值为 0.0069 mg/kg。在 Ames 试验、DNA 突变、染色体畸变和小鼠微核试验中无突变。无"三致"。

　　生态效应　鹌鹑 NOEL>2000 mg/kg。鱼类饲喂 LC₅₀（96 h，mg/L）：日本青鳉 5.9，亚洲池塘泥鳅 12.3，鲤鱼 10.2。水蚤 EC₅₀ (48 h) 6.0 mg/L。羊角月牙藻 EC₅₀ (72 h)>7.0 mg/L。其他水生生物 LC₅₀（96 h，mg/L）：中华锯齿米虾 7.9（96 h），小龙虾>100（96 h），泽蛙 8.54（96 h），蚬 8.16（120 h），日本蛤仔 1.78（120 h）。蚯蚓 LC₅₀ (14 d) 71 mg/kg 干土。

环境行为 ①动物。稻瘟酰胺经大鼠口服后，可被迅速地吸收并随血液循环遍布全身，由于共轭作用稻瘟酰胺在大鼠体内可通过羟基化和水解作用代谢，代谢物随粪便和尿液排出体外。②植物。对于水稻，残留在稻米、米壳和秸秆上的物质是原药，稻瘟酰胺的代谢主要通过酰胺的水解、异丙基和苯环的羟基化作用进行，苯环的羟基化产物可通过糖的共轭作用进一步代谢。③土壤/环境。试验证明在黏壤土和沙壤土中的 DT_{50} 数据分别为 117 d 和 84 d。在 50℃以下，在任何 pH 下水解稳定。稻瘟酰胺的水溶液（天然水）光解速率 DT_{50} 为 41 d。

制剂 20%可湿性粉剂、20%悬浮剂等。

主要生产商 日本农药株式会社、京博农化科技有限公司、江苏长青农化股份有限公司、江苏丰登作物保护股份有限公司。

作用机理与特点 本品为黑色素（melanin）生物合成抑制剂。具有良好的内吸和残留活性。

应用

（1）适宜作物及安全性 水稻。对作物、哺乳动物、环境安全。

（2）防治对象 稻瘟病。

（3）使用方法 主要用于茎叶处理，使用剂量为 100～400 g(a.i.)/hm^2。

专利与登记 专利 EP 262393 早已过专利期，不存在专利权问题。国内登记情况：30%、40%悬浮剂，20%可湿性粉剂，登记作物为水稻，防治对象稻瘟病。

工艺专利 CN 106008263、CN 104496847、US 5942640、CN 101307014、CN 106366020、CN 1861559、CN 106719637。

合成方法 以 2,4-二氯苯酚、甲基异丙基甲酮和 2-氯丙酸为起始原料，经如下反应制得目的物：

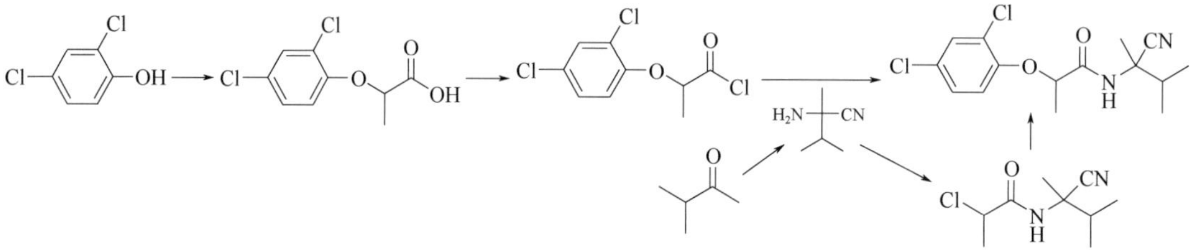

参考文献

[1] Proceedings of the Brighton Crop Protection Conference－Pests and Diseases. 1998, 359.

[2] The Pesticide Manual.17 th edition: 457-459.

[3] 李林, 关爱莹, 刘长令. 防治稻瘟病的新型内吸性杀菌剂氰菌胺. 农药, 2003(7): 36-38.

[4] 乔依. 防治稻瘟病的新颖内吸杀菌剂——氰菌唑. 世界农药, 2004, 26(2): 46-48.

双氯氰菌胺（diclocymet）

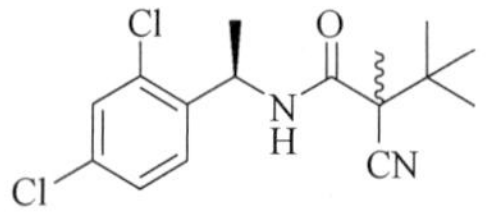

$C_{15}H_{18}Cl_2N_2O$，313.2，139920-32-4

双氯氰菌胺（试验代号：S-2900，商品名称：Delaus）是由日本住友化学株式会社开发的酰胺类杀菌剂。

化学名称 (*RS*)-2-氰基-*N*-(*R*)-1-[(2,4-二氯苯基)乙基]-3,3-二甲基丁酰胺。IUPAC 名称：(*RS*)-2-cyano-*N*-[(*R*)-1-(2,4-dichlorophenyl)ethyl]-3,3-dimethylbutyramide。美国化学文摘（CA）系统名称：2-cyano-*N*-[(1*R*)-1-(2,4-dichlorophenyl)ethyl]-3,3-dimethylbutanamide。CA 主题索引名称：butanamide —, 2-cyano-*N*-[1-(2,4-dichlorophenyl)ethyl]-3,3-dimethyl-(1*R*)-。

理化性质 纯品为淡黄色晶体，熔点 154.4～156.6℃。蒸气压 0.26 mPa(25℃)。$\lg K_{ow}$=3.97。Henry 常数 $1.28×10^{-2}$ Pa·m³/mol（25℃）。相对密度 1.24（20～25℃）。水中溶解度（20～25℃）6.38 μg/mL。

毒性 大鼠（雄、雌）急性经口 LD_{50}>5000 mg/kg，大鼠（雄、雌）急性经皮 LD_{50}>2000 mg/kg。大鼠吸入 LC_{50}(4 h)>1180 mg/L。

生态效应 鲤鱼 LC_{50}(96 h) >8.8 mg/L，水蚤 EC_{50}(72 h) 3.4 mg/L。

制剂 3%颗粒剂，0.3%粉剂，7.5%悬浮剂。

主要生产商 Sumitomo Chemical。

作用机理与特点 黑色素生物合成抑制剂。通过抑制脱水酶起作用。

应用 内吸性杀菌剂，主要用于防治稻瘟病。使用剂量通常为 112.5～300 g/hm²。

专利与登记 专利 JP 63072663 早已过专利期，不存在专利权问题。

合成方法 以间二氯苯为原料，经如下反应即制得目的物：

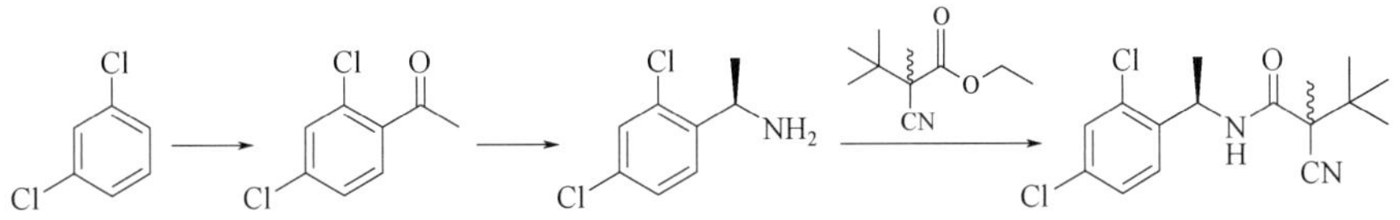

参考文献

[1] The Pesticide Manual. 17 th edition: 328-329.

[2] Pesticide Science, 1999, 55(6): 649-650.

噻唑菌胺（ethaboxam）

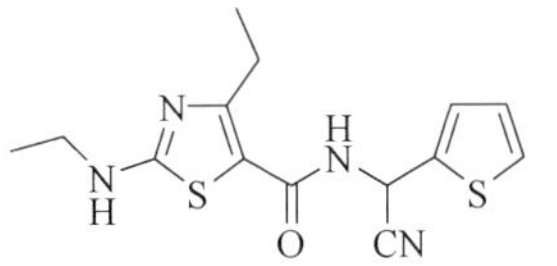

$C_{14}H_{16}N_4OS_2$，320.4，162650-77-3

噻唑菌胺（试验代号：LGC-30473，商品名称：Guardian）是 LG 生命科学公司(原 LG 化学有限公司)开发的噻唑酰胺类杀菌剂。

化学名称 (*RS*)-*N*-(α-氰基-2-噻吩甲基)-4-乙基-2-(乙氨基)噻唑-5-甲酰胺。IUPAC 名称：(*RS*)-*N*-(α-cyano-2-thenyl)-4-ethyl-2-(ethylamino)thiazole-5-carboxamide。美国化学文摘（CA）系统名称：*N*-(cyano-2-thienylmethyl)-4-ethyl-2-(ethylamino)-5-thiazolecarboxamide。CA 主题索引名称：5-thiazolecarboxamide—, *N*-(cyano-2-thienylmethyl)-4-ethyl-2-(ethylamino)-。

理化性质 纯品为白色晶体粉末，无固定熔点，在 185℃熔化过程已分解。蒸气压为 $8.1×10^{-5}$ Pa（25℃），分配系数为 $\lg K_{ow}$=2.89（pH 7），2.73（pH 4）。相对密度 1.28（20～25℃），水中溶解度（mg/L）：4.8（20℃），12.4（25℃）；其他溶剂中溶解度（g/L，20～25℃）：二

甲苯 0.14，正辛醇 0.37，1,2-二氯乙烷 2.9，乙酸乙酯 11，甲醇 18，丙酮 40，正庚烷 0.00039。在室温，pH 7 条件下的水溶液稳定，pH 4 和 9 时 DT_{50} 分别为 89 d 和 46 d。pK_a 3.6。

毒性 大、小鼠（雄/雌）急性经口 $LD_{50}>5000$ mg/kg。大鼠（雄/雌）急性经皮 $LD_{50}>5000$ mg/kg。大鼠（雄/雌）急性吸入 $LD_{50}(4\ h)>4.89$ mg/L。对兔眼睛无刺激性，对兔皮肤无刺激性，对豚鼠皮肤无致敏性。NOEL 大鼠 30 mg/kg，慢性和致癌性 NOAEL：大鼠 5.5 mg/kg。ADI (EPA)：aRfD 0.3 mg/kg，cRfD 0.055 mg/kg(2006)，无潜在诱变性，对兔、大鼠无潜在致畸性。

生态效应 山齿鹑急性经口 $LD_{50}>5000$ mg/kg。鱼 LC_{50}（96 h，mg/L）：大翻车鱼>2.9，黑头带鱼>4.6，虹鳟鱼 2.0。藻类 $EC_{50}(120\ h)>3.6$ mg/L。多刺裸腹溞 $EC_{50}(48\ h)0.33$ mg/L。蜜蜂 $LD_{50}>100$ μg/只。蚯蚓 $LD_{50}>1000$ mg/L。

环境行为 动物：48 h 内大部分的药物通过粪便（66%～74%）和尿液排出，120 h 后服用剂量的少数（小于 1% 的剂量）停留在大鼠的组织中。

制剂 25% 可湿性粉剂。

主要生产商 Sumitomo Chemical。

作用机理与特点 噻唑菌胺对疫霉菌生活史中菌丝体生长和孢子的形成两个阶段有很高的抑制效果，但对疫霉菌孢子囊萌发、孢囊的生长以及游动孢子几乎没有任何活性，这种作用机制区别于同类其他杀菌剂作用机制，进一步阐明其生化作用机理的研究在进行中。

抗性与交叉抗性 通过紫外线照射和多次诱变因素试验以促使疫霉菌和辣椒疫霉对噻唑菌胺产生突变的抗性，但没有抗性出现。噻唑菌胺对霜霉菌最小抑菌浓度（MIC）为 0.1～10.0 mg/L，通常为 0.3～3.0 mg/L。对九种抗甲霜灵（MIC>100 mg/L）的疫霉菌菌株和八种抗甲霜灵（MIC>200 mg/L）的辣椒疫霉菌株进行试验，发现它们对噻唑菌胺都是敏感的，噻唑菌胺的 MIC 值为 0.1～5 mg/L。最新研究结果表明，对甲氧基丙烯酸酯类（strobins）杀菌剂如对醚菌酯（kresoxim-methyl）产生抗性的假霜霉菌株对噻唑菌胺非常敏感。噻唑菌胺能有效地防治对苯基酰胺类（phenylamides）和甲氧基丙烯酸酯类杀菌剂有抗性的病害。

应用

（1）适宜作物 葡萄、马铃薯以及瓜类等。

（2）防治对象 主要用于防治卵菌纲病原菌引起的病害如葡萄霜霉病和马铃薯晚疫病等。

（3）使用方法 温室和田间大量试验结果表明，噻唑菌胺对卵菌纲类病害如葡萄霜霉病、马铃薯晚疫病、瓜类霜霉病等具有良好的预防、治疗和内吸活性。根据使用作物、病害发病程度，其使用剂量通常为 100～250 g(a.i.)/hm²，在此剂量下活性优于霜脲氰（120 g/hm²）与代森锰锌（1395 g/hm²）以及烯酰吗啉（150 g/hm²）与代森锰锌（1334 g/hm²）组成的混剂。20% 噻唑菌胺可湿性粉剂在大田应用时，施药时间间隔通常为 7～10 d，防治葡萄霜霉病、马铃薯晚疫病时推荐使用剂量分别为 200 g/hm²、250 g/hm²。

专利与登记 专利 EP 0639574 已过专利期，不存在专利权问题。噻唑菌胺已在韩国、日本以及欧盟等地登记上市。

合成方法 以丙酰乙酸乙酯、噻吩-2-甲醛为原料，通过如下反应即可制得噻唑菌胺：

参考文献

[1] The Pesticide Manual.17 th edition: 416-417.

[2] The Proceeding of the BCPC Conference—Pests and Disease. 2002, 377.

[3] 夏禹. 噻唑菌胺的合成及对卵菌纲病原菌的杀菌活性. 世界农药, 2005, 27(3): 13-17.

[4] 朱伟清. 防治卵菌纲病害的新颖杀菌剂噻唑菌胺. 世界农药, 2003(3): 45-47.

磺菌胺（flusulfamide）

$C_{13}H_7Cl_2F_3N_2O_4S$，415.2，106917-52-6

磺菌胺（试验代号：MTF-651，商品名称：Nebijin）是由日本三井化学株式会社开发的土壤杀菌剂。

化学名称　2′,4-二氯-α,α,α-三氟-4′-硝基-间甲苯基磺酰苯胺。IUPAC 名称：2′,4-dichloro-α,α,α-trifluoro-4′-nitro-m-toluenesulfonanilide。美国化学文摘（CA）系统名称：4-chloro-N-(2-chloro-4-nitrophenyl)-3-(trifluoromethyl)benzenesulfonamide。CA 主题索引名称：benzenesulfonamide —, 4-chloro-N-(2-chloro-4-nitrophenyl)-3-(trifluoromethyl)-flusulfamide。

理化性质　纯品为浅黄色结晶状固体。熔点 169.7～171.0℃，沸点 250℃（以上分解）。蒸气压 9.9×10^{-4} mPa（40℃），分配系数 lgK_{ow}：2.8±0.5（pH 6.5、7.5），3.9±0.5（pH 2.0）。相对密度 1.75（20～25℃）。水中溶解度（mg/L，20～25℃）：501.0（pH 9.0），1.25（pH 6.3），0.12（pH 4.0）。有机溶剂中溶解度（g/L，20～25℃）：己烷和庚烷 0.06，二甲苯 5.7，甲苯 6.0，二氯甲烷 40.4，丙酮 189.9，甲醇 16.3，乙醇 12.0，乙酸乙酯 105.0。在 150℃时稳定存在，在酸、碱介质中稳定存在，水解 DT$_{50}$(25℃)>1 年（pH 4、7、9）。在黑暗环境中于 35℃到 80℃之间能稳定存在 90 d。光降解 DT$_{50}$(25℃)：3.2 d（无菌水），3.6 d（天然水）。pK_a 4.89±0.01。

毒性　急性经口 LD$_{50}$（mg/kg）：雄性大鼠 180，雌性大鼠 132。雄雌大鼠急性经皮 LD$_{50}$>2000 mg/kg。对兔有轻微眼睛刺激，无皮肤刺激。无皮肤致敏现象。雄雌大鼠急性吸入 LC$_{50}$(4 h) 0.47 mg/L。NOEL（mg/kg，1 年）：雄狗 0.246，雌狗 0.26。NOEL（mg/kg，2 年）：雄大鼠 0.1037，雌大鼠 0.1323，雄小鼠 1.999，雌小鼠 1.985。ADI 值 0.001 mg/kg。无致畸、致突变。

生态效应　山齿鹑急性经口 LD$_{50}$ 66 mg/kg。鲤鱼 LC$_{50}$ 0.302 mg/L。水蚤 LC$_{50}$(48 h) 0.29 mg/L。海藻 E$_b$C$_{50}$(72 h) 2.1 mg/L。蜜蜂 LD$_{50}$>200 μg/只。

环境行为　在大鼠体内，代谢产物主要为 4-氯-N-2-氯-4-羟苯基-α,α,α-三氟-间甲基苯磺酰胺和 4-氯-α,α,α-三氟-间甲基苯磺酰胺。

主要生产商　Mitsui Chemicals Agro。

作用机理与特点　抑制孢子萌发。在根肿病菌的生长期中有两个作用点，一是在病菌休眠孢子至发芽的过程中发挥作用；二是在土壤根须中的原生质和游动孢子至土壤中次生游动孢子使作物二次感染的过程中发挥作用。

应用

（1）适宜作物与安全性　萝卜、中国甘蓝、甘蓝、花椰菜、硬花甘蓝、甜菜、大麦、小麦、黑麦、番茄、茄子、黄瓜、菠菜、水稻、大豆等。多数作物对推荐剂量的磺菌胺有很好的耐药性。

（2）防治对象　磺菌胺能有效地防治土传病害，包括腐霉病菌、螺壳状丝囊霉、疮痂病菌及环腐病菌等引起的病害。对根肿病如白菜根肿病具有显著的效果。

（3）使用方法　主要作为土壤处理剂使用，在种植前以 $600\sim900$ g(a.i.)/hm^2 的剂量与土壤混合或与移栽土混合。不同类型的土壤中（如沙壤土、壤土、黏壤土和黏土）磺菌胺均能对根肿病呈现出卓著的效果。

专利与登记　专利 JP 61197553、JP 04145060、JP 04054161、JP 63063652 等均早已过专利期，不存在专利权问题。

合成方法　以邻氯甲苯和对硝基苯胺为原料，通过如下反应即可制得磺菌胺：

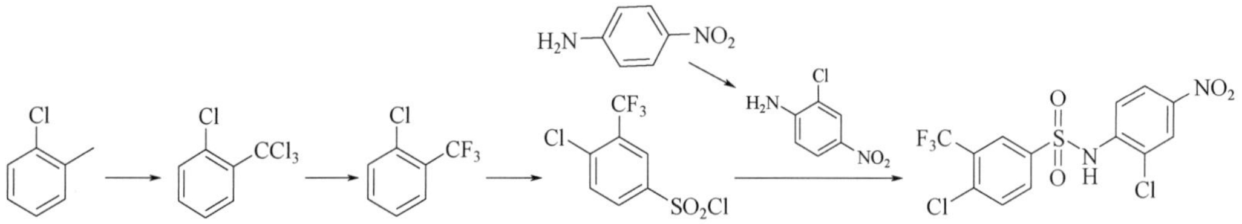

参考文献

[1]　The Pesticide Manual.17 th edition: 544.

[2]　孙文跃. 农药译丛, 1995(5): 60-61.

甲磺菌胺（TF-991）

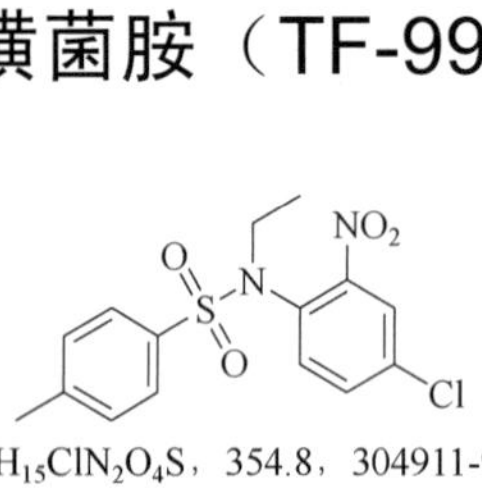

C$_{15}$H$_{15}$ClN$_2$O$_4$S，354.8，304911-98-6

甲磺菌胺是由日本武田药品化学公司（现为住友化学公司）研制开发的磺酰胺类杀菌剂。

应用　主要作为土壤杀菌剂使用。

专利与登记

专利名称　*N*-(2-chloro-4-nitrophenyl)-benezene-sulfonamide derivative and agricultural fungicide containing same

专利号　WO 2000065913　　　　　专利申请日　2000-04-27

专利拥有者　Takeda Chemical Industries, Ltd., Japan

在其他国家申请的化合物专利　AT 285175、AU 2000043148、BR 2000010050、CA 2371104、

EP 1174028、HU 2002000894、JP 2001026506、MX 2001010892、US 6586617、US 2004023938 等。

合成方法 以对甲苯磺酰氯和邻硝基对氯苯胺为原料,通过如下反应即可制得甲磺菌胺:

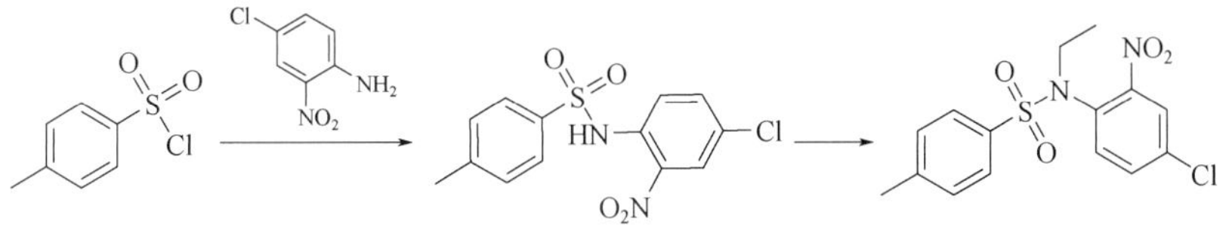

参考文献

[1] WO 2000065913.

萎锈灵（carboxin）

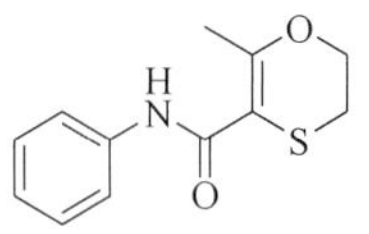

$C_{12}H_{13}NO_2S$，235.3，5234-68-4

萎锈灵（试验代号：D 735，商品名称：Hiltavax、Kemikar、Vitavax）是由美国 Uniroyal 公司开发的内吸性酰胺类杀菌剂。

化学名称 5,6-二氢-2-甲基-1,4-氧硫环己烯-3-甲酰苯胺。IUPAC 名称：5,6-dihydro-2-methyl-1,4-oxathiin-3-carboxanilide。美国化学文摘（CA）系统名称：5,6-dihydro-2-methyl-N-phenyl-1,4-oxathiin-3-carboxamide。CA 主题索引名称：1,4-oxathiin-3-carboxamide ——，5,6-dihydro-2-methyl-N-phenyl-。

理化性质 原药纯度为 97%。纯品为白色结晶,两种结晶结构的熔点分别为 91.5～92.5℃ 和 98～100℃。蒸气压 0.025 mPa（25℃）。分配系数 $\lg K_{ow}$=2.3,Henry 常数 3.24×10^{-5} Pa·m^3/mol（计算值）。相对密度 1.36（20～25℃）。水中溶解度 0.147 g/L（20～25℃）,有机溶剂中溶解度（g/L,20～25℃）：丙酮 221.2,甲醇 89.33,乙酸乙酯 107。25℃,pH 5、7 和 9 时不水解。水溶液（pH 7）光照下半衰期 DT_{50} 1.54 h。pK_a<0.5。

毒性 大鼠急性经口 LD_{50} 2864 mg/kg。兔急性经皮 LD_{50}>4000 mg/kg,对兔眼睛和皮肤无刺激作用。大鼠急性吸入 LC_{50}(4 h)>4.7 mg/L 空气。大鼠两年喂养试验无作用剂量 1 mg/kg。ADI：(BfR) 0.01 mg/kg(1995),(EPA) cRfD 0.008 mg/kg(2004)。

生态效应 山齿鹑急性经口 LD_{50} 3302 mg/kg,野鸭和山齿鹑饲喂 LC_{50}(8 d)>5000 mg/kg。鱼毒 LC_{50}（96 h,mg/L）：虹鳟鱼 2.3,大翻车鱼 3.6。水蚤 EC_{50}(48 h)>57 mg/L。月牙藻 EC_{50}(5 d) 0.48 mg/L。浮萍 EC_{50}(14 d)0.92 mg/L。推荐剂量下对蜜蜂无害,LD_{50}(经口和接触)>100 μg/只。蚯蚓 LC_{50}(14 d) 500～1000 mg/L。

环境行为 ①动物。萎锈灵在大鼠体内大部分能代谢,代谢物主要以尿的形式排出体外,很少一部分通过粪便排出。尿液中的主要代谢产物是 4-羟基萎锈灵亚砜及其葡糖苷酸。②植物。萎锈灵在植物体内可被氧化为亚砜和砜。③土壤/环境。在土壤中的半衰期 DT_{50}<1 d（20℃）。K_{oc} 99。

制剂 20%乳油。

主要生产商 AGROFINA、Chemtura、Hindustan、Kemfine、Sundat、安徽丰乐农化有限

责任公司及河南金鹏化工有限公司等。

作用机理与特点 萎锈灵为选择性内吸杀菌剂，它能渗入萌芽的种子而杀死种子内的病菌。萎锈灵对植物生长有刺激作用，并能使小麦增产。

应用

（1）适宜作物与安全性 小麦、大麦、燕麦、水稻、棉花、花生、大豆、蔬菜、玉米、高粱等多种作物以及草坪等。20%萎锈灵乳油 100 倍液对麦类可能有轻微危害，药剂处理过的种子不可食用或作饲料。

（2）防治对象 萎锈灵为选择性内吸杀菌剂，主要用于防治由锈菌和黑粉菌在多种作物上引起的锈病和黑粉（穗）病，对棉花立枯病、黄萎病也有效。防治高粱散黑穗病、高粱丝黑穗病、玉米丝黑穗病、麦类黑穗病、麦类锈病、谷子黑穗病以及棉花苗期病害。

（3）注意事项 勿与碱性或酸性药品接触。

（4）使用方法 主要用于拌种，推荐用量为 50～200 g(a.i.)/100 kg 种子。

① 防治高粱散黑穗病、丝黑穗病，玉米丝黑穗病每 100 kg 种子用 20%萎锈灵乳油 500～1000 mL 拌种。

② 防治麦类黑穗病，每 100 kg 种子用 20%萎锈灵乳油 500 mL 拌种。

③ 麦类锈病的防治，每 100 kg 种子用 20%萎锈灵乳油 187.5～375 mL 对水喷雾，每隔 10～15 d 1 次，共喷两次。

④ 防治谷子黑穗病，每 100 kg 种子用 20%萎锈灵乳油 800～1250 mL 拌种或闷种。

⑤ 防治棉花苗期病害，每 100 kg 种子用 20%萎锈灵乳油 875 mL 拌种。防治棉花黄萎病可用萎锈灵 250 mg/L 灌根，每株灌药液约 500 mL。

专利与登记 专利 US 3249499、US 3393202、US 3454391 均已过专利期，不存在专利权问题。

国内登记情况 98%原药，97.9%原药，萎锈·福美双 400 g/L 悬浮剂，萎·克·福美双 25%悬浮种衣剂，萎锈·福美双 400 g/L 悬浮种衣剂，吡·萎·福美双 63%干粉种衣剂，吡·萎·多菌灵 16%干粉种衣剂。登记作物：玉米、棉花、小麦。防治对象：丝黑穗病、立枯病、恶苗病、条纹病、根腐病等。爱利思达生物化学品有限公司在中国的登记情况见表 2-13。

表 2-13 爱利思达生物化学品有限公司在中国的登记情况

登记名称	登记证号	含量	剂型	登记作物	防治对象及作用	用药量/(g/100 kg 种子)	施用方法
萎锈灵	PD262-98	97.9%	原药				
萎锈·福美双	PD112-89	400 g/L	悬浮剂	玉米	苗期茎基腐病	80～120	拌种
				小麦	散黑穗病	108.8～131.2	
				小麦	调节生长	120	
				大麦	调节生长	100～120	
				棉花	立枯病	160～200	
				水稻	立枯病	160～200	
				水稻	恶苗病	120～160	
				大麦	黑穗病	0.2～0.3[①]	
				大麦	条纹病	80～120	
				玉米	调节生长	120	
				大豆	根腐病	140～200	
				玉米	丝黑穗病	160～200	

登记名称	登记证号	含量	剂型	登记作物	防治对象及作用	用药量/(g/100 kg 种子)	施用方法
萎锈・福美双	PD111-89	75%	可湿性粉剂	小麦	散黑穗病	187.5～210	拌种
				水稻	恶苗病	150～187.5; 0.75～1.125②	拌种; 浸种
				水稻	苗期立枯病	150～187.5	拌种
甲・萎・种菌唑	PD20181701	14%	悬浮种衣剂	玉米	苗期茎基腐病	300～400 mL/ 100 kg 种子	种子包衣

① L/100 kg 种子。

② g/L 水/kg 种子。

合成方法 萎锈灵主要的合成方法有如下两种。

（1）以乙酰乙酸乙酯为原料，先氯化，后经如下反应制得目的物：

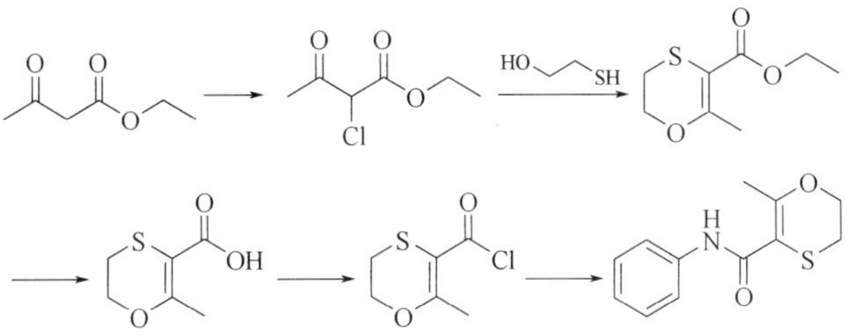

（2）以双乙烯酮为原料，首先与苯胺反应，经如下反应制得目的物：

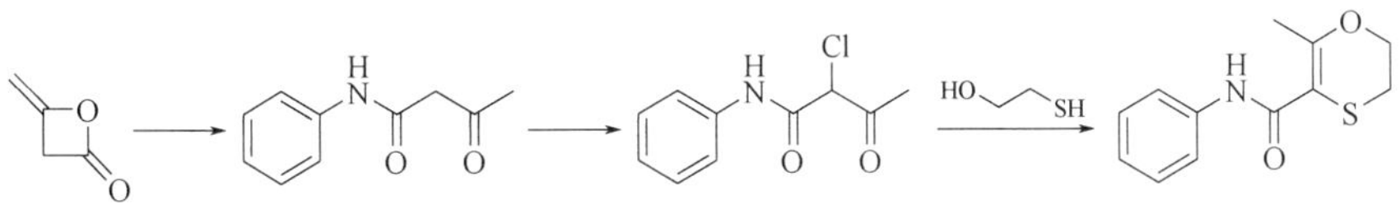

参考文献

[1] The Pesticide Manual. 17 th edition: 165-166.

[2] 施乾馨. 萎锈灵的制造方法. 农药译丛, 1981(6): 21-24.

氧化萎锈灵（oxycarboxin）

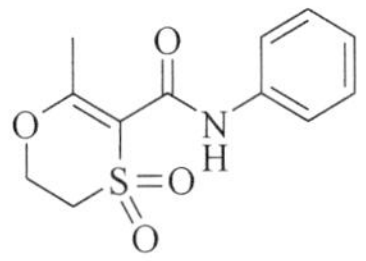

$C_{12}H_{13}NO_4S$，267.3，5259-88-1

氧化萎锈灵（试验代号：F 461，商品名称：Plantvax，其他名称：oxycarboxine、莠锈散）由 B. von Schmeling 和 M. Kulka 报道，由 Uniroyal Inc.（现 Chemtura 集团）于 1975 年推出。

化学名称 5,6-二氢-2-甲基-1,4-氧硫杂芑-3-甲酰替苯胺 4,4-二氧化物。IUPAC 名称：5,6-dihydro-2-methyl-1,4-oxathiin-3-carboxanilide 4,4-dioxide。美国化学文摘（CA）系统名称：5,6-dihydro-2-methyl-N-phenyl-1,4-oxathiin-3-carboxamide 4,4-dioxide。CA 主题索引名称：

1,4-oxathiin-3-carboxamide —, 5,6-dihydro-2-methyl-N-phenyl-4,4-dioxide。

理化性质 原药含量>97%。原药为棕灰色固体。熔点127.5～130℃。蒸气压<5.6×10⁻³mPa（25℃）。$\lg K_{ow}$=0.772。Henry常数<1.07×10⁻⁶ Pa·m³/mol（计算值）。相对密度1.41。水中的溶解度1.4 g/L（20～25℃）。有机溶剂中溶解度（20～25℃）：丙酮83.7g/L，己烷8.8 mg/L。55℃稳定18 d。水解DT_{50} 44 d（pH 6，25℃）。

毒性 急性经口LD_{50}（mg/kg）：雄大鼠5816，雌大鼠1632。兔急性经皮LD_{50}>5000 mg/kg。对兔眼睛有轻微刺激性，对皮肤无刺激性。大鼠吸入 LC_{50}>5000 mg/L。NOEL［2 年，mg/(kg·d)］：大鼠15，狗75。

生态效应 野鸭LD_{50} 1250 mg/kg。鸟饲喂LC_{50}（8 d，mg/L）：野鸭>4640，山齿鹑>10000。鱼LC_{50}（96 h，mg/L）：虹鳟鱼19.9，大翻车鱼28.1。水蚤LC_{50}(48 h) 69.1 mg/L。蜜蜂LD_{50}（接触）>181 μg/只。

环境行为 土壤有氧代谢：在沙壤土中DT_{50} 2.5～8 周。四个被确定的代谢物，每个都<11%，所有产物都打开氧硫芑环，大部分剩余的代谢物都形成紧密的土壤结合残留物。

制剂 5%液剂，75%可湿性粉剂。

主要生产商 Chemtura。

作用机理与特点 通过干扰呼吸电子传递链中的复合体Ⅱ（琥珀酸脱氢酶）抑制线粒体功能。为具有铲除作用的内吸性杀菌剂。

应用 防治观赏植物（特别是天竺葵、菊花、石竹和玫瑰）的锈病，对谷物、蔬菜的锈病有效，兼具预防和治疗作用。

专利与登记 专利US 3399214、US 3402241、US 3454391均早已过专利期。

合成方法 将萎锈灵用双氧水氧化而得。将235.2 g萎锈灵加入90 mL冰醋酸中，边搅拌边加热，当温度达100℃，使之糊状化。然后冷却至70℃，搅拌下滴加250 mL双氧水，先控制70～75℃，后控制90～95℃下反应。冷却，析出固体物，过滤，水洗，干燥而得粗品，用甲醇重结晶得纯的氧化萎锈灵。

参考文献

[1] C.MacBean. 农药手册. 胡笑形，等译. 北京：化学工业出版社，2014.

[2] US 3399214.

[3] US 3402241.

[4] US 3454391.

甲呋酰胺（fenfuram）

C₁₂H₁₁NO₂，201.2，24691-80-3

甲呋酰胺（试验代号：WL 22 361，商品名称：Pano-ram）是由 Shell 公司研制，安万特公司（现为拜耳公司）开发的呋喃酰胺类杀菌剂，但至今没有商品化。

化学名称 2-甲基呋喃-3-甲酰替苯胺。IUPAC 名称：2-methyl-3-furanilide。美国化学文摘（CA）系统名称：2-methyl-*N*-phenyl-3-furancarboxamide。CA 主题索引名称：3-furancarboxamide —, 2-methyl-*N*-phenyl-。

理化性质 原药为乳白色固体，有效成分含量98%，熔点109～110℃。纯品为无色结晶状固体，蒸气压 0.020 mPa（20℃），Henry 常数 4.02×10^{-5} Pa·m^3/mol。水中溶解度 0.1 g/L（20～25℃），有机溶剂中溶解度（g/L，20～25℃）：丙酮 300、环己酮 340、甲醇 145、二甲苯 20。对热和光稳定，中性介质中稳定，但在强酸和强碱中易分解。

毒性 急性经口 LD_{50}（mg/kg）：大鼠为12900，猫2450。大鼠急性吸入 LC_{50}(4 h)>10.3 mg/L 空气。对皮肤有轻度刺激作用，对眼睛有严重刺激作用。两年喂养试验无作用剂量大鼠为 10 mg/(kg·d)；90 d 喂养试验狗为 300 mg/(kg·d)。

生态效应 孔雀鱼急性吸入 LC_{50} 11.0 mg/L。推荐剂量下对蜜蜂无毒害作用。

环境行为 ①动物。大鼠经口服后，在 16 h 内有高达 83%的甲呋酰胺可通过尿液排出体外。②土壤/环境。在土壤中的半衰期为 42 d。

制剂 25%乳油。

作用机理与特点 甲呋酰胺是一种具有内吸作用的新的代替汞制剂的拌种剂，可用于防治种子胚内带菌的麦类散黑穗病，也可用于防治高粱丝黑穗病。但对侵染期较长的玉米丝黑穗病菌的防治效果差。

应用

（1）适宜作物 小麦、大麦、高粱和谷子等作物。

（2）防治对象 小麦、大麦散黑穗病，小麦光腥黑穗病和网腥黑穗病，高粱丝黑穗病和谷子粒黑穗病。

（3）使用方法 主要用作种子处理，具体方法如下：

① 防治小麦、大麦散黑穗病 每 100 kg 的种子用 25%乳油 200～300 mL 拌种。

② 防治小麦光腥黑穗病和网腥黑穗病 每 100 kg 的种子用 25%乳油 300 mL 拌种。

③ 防治高粱丝黑穗病 每 100 kg 的种子用 25%乳油 200～300 mL 拌种。还可兼治散黑穗病及坚黑穗病。

④ 防治谷子粒黑穗病 每 100 kg 的种子用 25%乳油 300 mL 拌种。

专利与登记 专利 GB 1215066，早已过专利期，不存在专利权问题。

合成方法 以乙酰乙酸乙酯为原料，经如下反应制得甲呋酰胺：

参考文献

[1] The Pesticide Manual. 17 th edition: 451.

灭锈胺（mepronil）

$$C_{17}H_{19}NO_2，269.3，55814-41-0$$

灭锈胺（试验代号：B1-2459、KCO-1，商品名称：Basitac，其他名称：纹达克）是由日本组合化学工业公司开发的酰胺类杀菌剂。

化学名称　$3'$-异丙氧基-o-甲苯甲酰替苯胺。IUPAC 名称：$3'$-isopropoxy-o-toluanilide。美国化学文摘（CA）系统名称：2-methyl-N-[3-(1-methylethoxy)phenyl]benzamide。CA 主题索引名称：benzamide —, 2-methyl-N-[3-(1-methylethoxy)phenyl]-。

理化性质　本品为无色晶体，熔点 91.4℃。沸点 276.5℃（3990Pa）。蒸气压 $2.23×10^{-2}$ mPa（25℃）。分配系数 $\lg K_{ow}$=3.66（pH 7.0，20℃）。相对密度 1.138（20～25℃）。水中溶解度 8.23 mg/L（20～25℃），有机溶剂中溶解度（g/L，20～25℃）：丙酮>500，甲醇 380，正己烷 1.37，甲苯 160，二氯甲烷>500，乙酸乙酯 379。稳定性：在 150℃下稳定。水解 DT_{50}>1 年（pH 4、7 和 9，25℃）。在普通水中 DT_{50} 6.6 d，在蒸馏水中 DT_{50} 4.5 d（25℃，50 W/m^2，300～400 nm）。

毒性　大、小鼠急性经口 LD_{50}>10000 mg/kg。大鼠和兔急性经皮 LD_{50}>10000 mg/kg，对兔皮肤和眼睛无刺激性，对豚鼠皮肤无过敏反应。大鼠急性吸入 LC_{50}(6 h)>1.32 mg/L 空气。NOEL 数据［2 年，mg/(kg·d)］：雄大鼠 5.9，雌大鼠 72.9，雄小鼠 13.7，雌小鼠 17.8。ADI 值 0.05 mg/kg。对大鼠和兔无致突变、致畸作用。

生态效应　山齿鹑和野鸭急性经口 LD_{50}>2000 mg/kg。鱼毒 LC_{50}（96 h，mg/L）：虹鳟鱼 10，鲤鱼 7.48。水蚤 EC_{50}(48 h) 4.27 mg/L。月牙藻(72 h)E_bC_{50} 2.64 mg/L。蜜蜂急性经口 LD_{50}（mg/只）：>0.1（经口），>1（接触）。

环境行为　①动物。作用于大鼠的几乎所有剂量在 96 h 内通过尿和粪便排出。②植物。作用于水稻叶鞘或叶子上的几乎所有 ^{14}C 仍在所处理的部位，只有一些移动。发现了五种代谢物。③土壤/环境。在盐碱土壤中 DT_{50} 46 d（火山沙土壤，pH 6.8），50.5 d（冲积土，pH 6.5）。

制剂　3%粉剂，40%悬浮剂，75%可湿性粉剂。

主要生产商　Kumiai。

作用机理与特点　高效内吸性杀菌剂，持效期长，无药害，可在水面、土壤中施用，也可用于种子处理。本品也是良好的木材防腐、防霉剂。对由担子菌引起的病害有特效。

应用

（1）适宜作物　水稻、黄瓜、马铃薯、小麦、梨和棉花等。

（2）防治对象　用于防治由担子菌引起的病害，如水稻、黄瓜和马铃薯上的立枯丝核菌，小麦上的隐匿柄锈菌和肉孢核瑚菌等。

（3）使用方法　喷雾，以 75～150 g(a.i.)/hm^2 施用，可防治水稻纹枯病、小麦根腐病和锈病、梨树锈病、棉花立枯病等。

专利与登记　专利 DE 2434430 早已过专利期。

合成方法　可通过如下反应表示的方法制得目的物：

参考文献

[1] The Pesticide Manual. 17 th edition: 717-718.

氟酰胺（flutolanil）

$C_{17}H_{16}F_3NO_2$，323.3，66332-96-5

氟酰胺（试验代号：NNF-136，商品名称：Moncut、Prostar，其他名称：望佳多）是由日本农药株式会社开发的酰胺类杀菌剂。

化学名称　3′-异丙氧基-2-(三氟甲基)苯甲酰苯胺或 α,α,α-三氟-3′-异丙氧基-邻-甲苯甲酰苯胺。IUPAC 名称：α,α,α-trifluoro-3′-isopropoxy-o-toluanilide。美国化学文摘（CA）系统名称：N-[3-(1-methylethoxy)phenyl]-2-(trifluoromethyl)benzamide。CA 主题索引名称：benzamide—,N-[3-(1-methylethoxy)phenyl]-2-(trifluoromethyl)-。

理化性质　纯品为无色无味结晶状固体，熔点 104.7～106.8℃。蒸气压 4.1×10^{-4} mPa（20℃），分配系数 $\lg K_{ow}$=3.17。Henry 常数 1.65×10^{-5} Pa·m³/mol。相对密度 1.32（20～25℃）。溶解度（20～25℃，mg/L）：水 8.01；有机溶剂（g/L，20～25℃）：丙酮 606.2，乙腈 333.8，二氯甲烷 377.6，乙酸乙酯 364.7，正己烷 0.395，甲醇 322.2，正辛烷 42.3，甲苯 35.4。在酸碱介质中稳定（pH 5～9）。在水溶液中光解 DT_{50} 277 d（pH 7，25℃）。

毒性　大鼠和小鼠急性经口 LD_{50}>10000 mg/kg。大鼠和小鼠急性经皮 LD_{50}>5000 mg/kg。本品对兔皮肤和眼睛无刺激作用。对豚鼠皮肤无致敏性。大鼠急性吸入 LC_{50}>5.98 mg/L。NOEL 值 [2 年，mg/(kg·d)]：雄大鼠 8.7，雌大鼠 10.0。ADI 值（mg/kg）：(JMPR) 0.09(2002)；(EC) 0.09(2008)；(EPA) cRfD 0.06(1990)。Ames 试验表明无致畸、致突变、致癌作用。

生态效应　山齿鹑和野鸭急性经口 LD_{50}>2000 mg/kg。鱼毒 LC_{50}（96 h，mg/L）：大翻车鱼 5.4，虹鳟鱼 5.4，胖头鮈鱼 4.8，鲤鱼 3.21。水蚤 EC_{50}(48 h)>6.8 mg/L。月牙藻 E_bC_{50}(72 h) 0.97 mg/L。对蜜蜂无影响甚至可以直接对昆虫喷洒。蜜蜂 LD_{50}（μg/只）：（经口，48 h）>208.7，（接触，48 h）>200。蚯蚓 LC_{50}(14 d)> 1000 mg/kg 土壤。

环境行为　①植物。在花生中，主要的代谢产物包括自由和共轭的氟酰胺、N-(3-羟基苯基)-2-三氟甲基苯甲酰胺。②土壤/环境。DT_{50} 190～320 d（灌溉的土壤），160～300 d（山地）。

制剂　20%可湿性粉剂。

主要生产商　Nihon Nohyaku、Bayer 及泰州百力化学股份有限公司等。

作用机理与特点　在呼吸作用的电子传递链中作为琥珀酸脱氢酶抑制剂，抑制天门冬氨酸盐和谷氨酸盐的合成。是一种具有保护和治疗活性的内吸性杀菌剂，阻碍受感染体上菌的生长和穿透，导致菌丝和被感染体的消失。

应用

（1）适宜作物与安全性　谷类、马铃薯、甜菜、蔬菜、花生、水果、观赏作物等。推荐剂量下对谷类、蔬菜和水果安全。

（2）防治对象　主要用于防治各种立枯病、纹枯病、雪腐病等。对水稻纹枯病有特效。

（3）使用方法　氟酰胺具有很好的内吸活性，可用于茎叶处理，使用剂量为 300～1000 g/hm²；也可用于种子处理，使用剂量为 1.5～3.0 g/kg；还可用于种子处理，使用剂量为 2.5～10.0 kg/hm²。

（4）应用技术　在防治水稻纹枯病时，要在水稻分蘖盛期和水稻破口期各喷药 1 次，每亩用 20%氟酰胺可湿性粉剂 100～125 g（有效成分 20～25 g），对水 75 kg，常量喷雾，重点喷在水稻基部。

专利与登记　专利 JP 53009739、JP 53116343 等均已过专利期，不存在专利权问题。

国内登记情况　98%氟酰胺原药、20%可湿性粉剂。登记作物为水稻，防治对象纹枯病等。国外公司在中国登记情况见表 2-14、表 2-15。

表 2-14　日本农药株式会社在中国登记情况（单剂）

登记名称	登记证号	含量	剂型	登记作物	防治对象	用药量	施用方法
氟酰胺	PD305-99	97.5%	原药				
氟酰胺	PD93-89	20%	可湿性粉剂	水稻	纹枯病	300～375 g/hm²	喷雾

表 2-15　日本农药株式会社在中国登记情况（混剂）

登记名称	登记证号	含量	剂型	登记作物	防治对象	用药量	施用方法
氟胺·嘧菌酯	PD20141996	20%	水分散粒剂	水稻	纹枯病	70～100 g/亩	喷雾
氟胺·嘧菌酯	PD20180516	60%	可湿性粉剂	花生	白绢病	30～60 g/亩	喷雾
				马铃薯	黑痣病	45～60 g/亩	喷雾
				水稻	立枯病	0.6～0.9 g/m²	喷雾
				水稻	纹枯病	23～30 g/亩	喷雾

合成方法　氟酰胺的合成方法即以邻三氟甲基苯甲酰氯和间硝基苯酚或间氨基苯酚为起始原料，经如下反应制得：

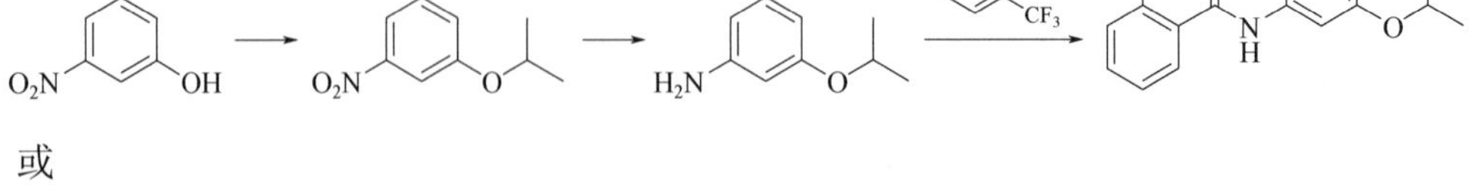

或

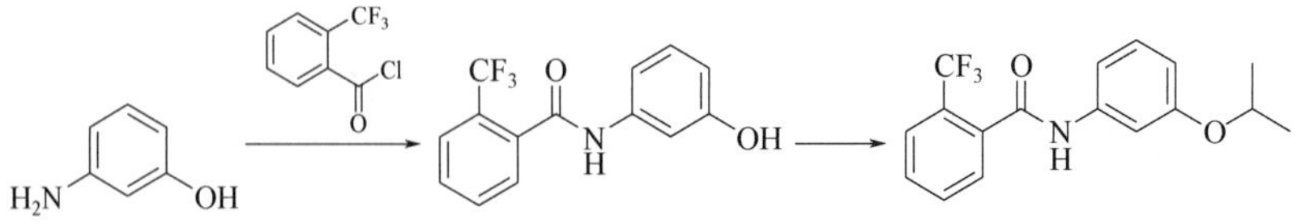

邻三氟甲基苯甲酰氯的制备方法之一：

参考文献

[1] The Pesticide Manual.17 th edition: 547-548.

[2] Japan Pesticide Information, 1985, 46: 6.

[3] Japan Pesticide Information, 1985, 47: 23.

[4] Proc. Br. Crop Prot. Conf. —Pests Dis. 1981, 1: 3.

噻氟菌胺（thifluzamide）

$C_{13}H_6Br_2F_6N_2O_2S$，528.1，130000-40-7

噻氟菌胺（试验代号：Mon24000、RH-130753，商品名称：Greatam G、Ikaruga、Pulsor，其他名称：trifluzamide、满穗、噻呋酰胺）是美国孟山都公司研制，于 1993 年在中国申请了该化合物及其组合物的发明专利，1994 年美国罗门哈斯公司（后并入陶氏益农公司，现美国科迪华公司）购买了这项专利，并使之商品化。2010 年日产化学又购买陶氏益农的噻氟菌胺杀菌剂业务。

化学名称 2′,6′-二溴-2-甲基-4′-三氟甲氧基-4-三氟甲基-1,3-噻唑-5-甲酰胺。IUPAC 名称：2′,6′-dibromo-2-methyl-4′-trifluoromethoxy-4-trifluoromethyl-1,3-thiazole-5-carboxanilide。美国化学文摘（CA）系统名称：*N*-[2,6-dibromo-4-(trifluoromethoxy)phenyl]-2-methyl-4-(trifluoro-methyl)-5-thiazolecarboxamide。CA 主题索引名称：thiazole —, *N*-[2,6-dibromo-4-(trifluoro-methoxy)phenyl]-2-methyl-4-(trifluoromethyl)-。

理化性质 纯品为白色至浅棕色粉状固体，熔点 177.9～178.6℃。蒸气压（20℃）1.008×10^{-6} mPa。分配系数 $\lg K_{ow}$=4.16（pH 7）。Henry 常数 3.3×10^{-7} Pa·m³/mol（pH 5.7，20℃）。相对密度 2.0（26℃）。水中溶解度（20～25℃，mg/L）：1.6（pH 5.7），7.6（pH 9）。在 pH 5.0～9.0 时耐水解。水中光解 DT_{50} 3.6～3.8 d。pK_a 11.0～11.5（20℃）。闪点>177℃。

毒性 大鼠急性经口 LD_{50}>6500 mg/kg，兔急性经皮 LD_{50}>5000 mg/kg。对兔眼睛和皮肤有轻微刺激；对皮肤无致敏性。大鼠急性吸入 LC_{50}(4 h)>5 g/L。NOEL 值［mg/(kg·d)］：大鼠 1.4，小鼠 9.2，狗 10。ADI 值：RfD 0.014 mg/kg。Ames 试验呈阴性，小白鼠微核试验为阴性。

生态效应 山齿鹑和野鸭经口 LD_{50}>2250 mg/kg。山齿鹑和野鸭饲喂 LC_{50}(5 d)>5620 mg/L。鱼毒 LC_{50}（96 h，mg/L）：大翻车鱼 1.2，虹鳟鱼 1.3，鲤鱼 2.9。水蚤 EC_{50}(48 h) 1.4 mg/L。绿藻 EC_{50} 1.3 mg/L。蜜蜂 LD_{50}：经口>1000 mg/L，接触>100 μg/只。蚯蚓 LC_{50}>1250 mg/kg。

环境行为 ①动物。本品代谢主要通过五种方式排出体外。②植物。噻氟菌胺主要是以母体结构残留于叶子中。③土壤/环境。在土壤中微生物降解缓慢，土壤 DT_{50}（实验室，需氧，25℃）992～1298 d。在土壤中移动缓慢。K_{oc} 404～981（7 种土壤）。光解 DT_{50} 95～155 d

（实验室，25℃）。不容易通过水解作用进行降解；光解 DT_{50} 18～27 d（实验室，pH 7，25℃）；在稻田水中 DT_{50} 3～4 d。

制剂 25%可湿性粉剂，24%、240 g/L 悬浮剂。

主要生产商 Dow AgroSciences、Nissan、绍兴上虞新银邦生化有限公司、山东海利尔化工有限公司、浙江禾本科技股份有限公司、江苏好收成韦恩农化股份有限公司、燕化永乐（乐亭）生物科技有限公司、浙江天丰生物科学有限公司、吉林省通化农药化工股份有限公司、宁波三江益农化学有限公司、浙江省杭州宇龙化工有限公司等。

作用机理与特点 琥珀酸酯脱氢酶抑制剂即在真菌三羧酸循环中抑制琥珀酸酯脱氢酶的合成。可防治多种植物病害，特别是担子菌丝核菌属真菌所引起的病害，同时具有很强的内吸传导性。

应用

（1）适宜作物 禾谷类作物（如水稻等）、其他大田作物如花生、棉花、甜菜、马铃薯和草坪等。

（2）对作物安全性 推荐剂量下对作物安全、无药害。

（3）防治（预防）对象 对丝核菌属、柄锈菌属、黑粉菌属、腥黑粉菌属、伏革菌属和核腔菌属等担子菌亚门致病真菌有活性，如对担子菌亚门真菌引起的病害（如立枯病等）有特效。

（4）应用技术 噻氟菌胺具有广谱的杀菌活性，克服了当前市场上用于防治黑粉菌的许多药剂对作物不安全的特点，在种子处理防治系统性病害方面将发挥更大的作用。一般处理叶面可有效防治丝核菌、锈菌和白绢病菌引起的病害；处理种子可有效防治黑粉菌、腥黑粉菌和条纹病菌引起的病害。噻氟菌胺对藻状菌类没有活性。对由叶部病原物引起的病害，如花生褐斑病和黑斑病效果不好。

（5）使用方法 噻氟菌胺既可用于禾谷类作物（如水稻）和草坪等的茎叶处理，使用剂量为 125～250 g(a.i.)/hm²；又可用于禾谷类作物和非禾谷类作物拌种处理，使用剂量为 7～30 g(a.i.)/100 kg 种子。具有广谱活性且防效优异。对稻纹枯病有优异的防效，茎叶喷雾处理或施颗粒剂（抽穗前 50～20 d），用量分别为 130 g(a.i.)/hm²、140 g(a.i.)/hm²，活性优于用量为 330 g(a.i.)/hm²、560 g(a.i.)/hm² 的戊菌隆。田间药效试验结果表明对禾谷类锈病有很好的活性，使用剂量为 125～250 g(a.i.)/hm²。以 7～30 g(a.i.)/100 kg 种子进行种子处理，对黑粉菌属和小麦网腥黑粉菌亦有很好的防效。对花生枝腐病和锈病有活性 [280～560 g(a.i.)/100 kg 种子]。对马铃薯茎溃疡病有很好的效果 [50 g(a.i.)/100 kg 种子]，活性优于戊菌隆和甲基立枯磷。

具体使用方法如下：①防治水稻纹枯病。施药适期为水稻分蘖末期至孕穗初期，每亩用 23%噻氟菌胺 14～25 mL，加水 40～60 L 喷雾。既可用于叶面施药，也可用于种子处理和土壤处理等多种施药方法。②防治花生白绢病和冠腐病。在处理已被白绢病和冠腐病严重感染的花生时，噻氟菌胺表现出较好的治疗效果，效果可达 50%～60%，并有明显的增产效果。一般施用量为每亩 4.6 g(a.i.)时产生防治效果，施用量达到每亩 18.6 g(a.i.)时，有较一致和稳定的防治效果和增产作用。早期施药 1 次可以抑制整个生育期的白绢病，晚期施药会因病害已经发生造成一定的产量损失，需要多次施药才可奏效。噻氟菌胺在防治由立枯丝核菌引起的花生冠腐病时，要求比防治白绢病更高的剂量。一般播种后 45 d 施用每亩 3.7～4 g(a.i.)，并在 60 d 时同剂量再施用 1 次方才奏效。③防治草坪褐斑病。噻氟菌胺对于由立枯丝核菌引起的草坪褐斑病有很好的效果，且防效持久。④防治水稻纹枯病。噻氟菌胺对大田和直播田水稻纹枯病的防治可以采用两种方式施药。一种是水面撒施颗粒剂，另一种是秧苗实行叶面处理。直播田在穗分化后 7～14 d 叶面喷施每亩 14～18 g(a.i.)，1 次用药就可取得良好效果。⑤防治棉花立枯病。由立枯丝核菌与溃疡病菌共同引起的立枯病是棉花苗期的重要病害。噻氟菌胺的长残效和内吸性在这一病害上表现卓越。与五氯硝基苯（PCNB）相比不仅效果好，而且用量仅为 1/5～1/3。

专利与登记　专利 US 5045554、EP 861833、EP 791588 及 US 5837721 等均早已过专利期，不存在专利权问题。

国内登记情况　240 g/L 噻呋酰胺悬浮剂，登记作物为水稻，防治对象为纹枯病等。日本日产化学工业株式会社在中国登记情况见表 2-16。

表 2-16　日本日产化学工业株式会社在中国登记情况

登记名称	登记证号	含量	剂型	登记作物	防治对象	用药量	施用方法
噻呋酰胺	PD20070128	96%	原药				
噻呋酰胺	PD20070127	240g/L	悬浮剂	水稻	纹枯病	45.3～81.5 g/hm^2	喷雾

合成方法　以三氟乙酰乙酸乙酯为起始原料，经氯化、合环、水解、氯化制得酰氯，此酰氯与以对三氟甲氧基苯胺为起始原料制得的 2,6-二溴-4-三氟甲氧基苯胺反应即得目的物。

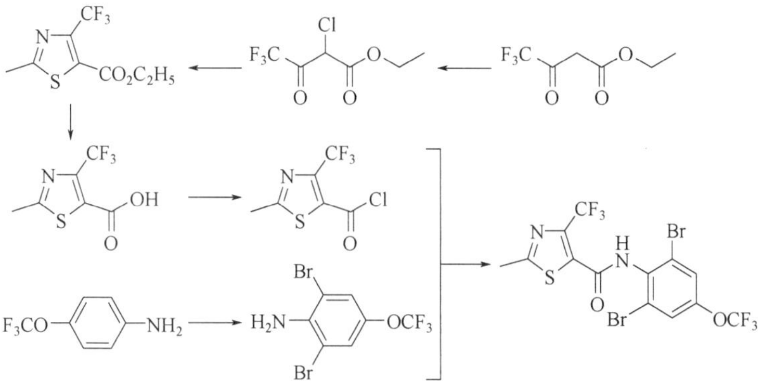

参考文献

[1] The Pesticide Manual.17 th edition: 1098-1099.

[2] Proc. Br. Crop Prot. Conf.—Pests Dis. 1992, 1: 427.

[3] 崔凯,马洁洁,丁志远, 等. 杀菌剂噻呋酰胺的合成工艺研究. 应用化工, 2013, 42(8): 1454-1456+1460.

[4] 刘刚. 农化市场十日讯, 2013, 23: 31.

呋吡菌胺（furametpyr）

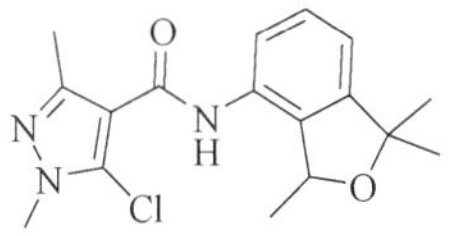

$C_{17}H_{20}ClN_3O_2$，333.8，123572-88-3

呋吡菌胺（试验代号：S-82658、S-658，商品名称：Limber，其他名称：福拉比）是由日本住友化学株式会社开发的酰胺类杀菌剂。

化学名称　(*RS*)-5-氯-*N*-(1,3-二氢-1,1,3-三甲基异苯并呋喃-4-基)-1,3-二甲基吡唑-4-甲酰胺或 *N*-(1,1,3-三甲基-2-氧-4-二氢化茚基)-5-氯-1,3-二甲基吡唑-4-甲酰胺。IUPAC 名称：(*RS*)-5-chloro-*N*-(1,3-dihydro-1,1,3-trimethylisobenzofuran-4-yl)-1,3-dimethylpyrazole-4-carboxamide。美国化学文摘（CA）系统名称：5-chloro-*N*-(1,3-dihydro-1,1,3-trimethyl-4-isobenzofuranyl)-1,3-dimethyl-1*H*-pyrazole-4-carboxamide。CA 主题索引名称：1*H*-pyrazole-4-carboxamide—, 5-chloro-*N*-(1,3-dihydro-1,1,3-trimethyl-4-isobenzofuranyl)-1,3-dimethyl-。

理化性质　纯品为无色或浅棕色固体。熔点 150.2℃。蒸气压 1.12×10^{-4} mPa（25℃），分配系数 $\lg K_{ow} = 2.36$，Henry 常数 1.66×10^{-7} Pa·m³/mol。水中溶解度（20～25℃）225 mg/L，在大多数有机溶剂中稳定。原药在 40℃放置 6 个月仍较稳定，在 60℃放置 1 个月几乎无分解，在太阳光下分解较迅速。原药在 pH 为 3～11 水中（100 mg/L 溶液，黑暗环境）较稳定，14 d 后分解率低于 2%。在加热条件下，原药于碳酸钠中易分解，在其他填料中均较稳定。

毒性　大鼠急性经口 LD_{50}（mg/kg）：雄 640，雌 590。大鼠急性经皮 LD_{50} >2000 mg/kg（雄、雌），对兔眼睛有轻微刺激，对皮肤无刺激作用。对豚鼠有轻微皮肤过敏现象。大鼠饲喂 LC_{50}（4 h）>5440 mg/m³。无致癌、致畸性，对繁殖无影响。在环境中对非靶标生物影响小，较为安全。

制剂　1.5%颗粒剂、0.5%粉剂和 15%可湿性粉剂。

主要生产商　Sumitomo Chemical。

作用机理与特点　呋吡菌胺对电子传递系统中作为真菌线粒体还原型烟酰胺腺嘌呤二核苷酸(NADH)基质的电子传递系统并无影响，而对以琥珀酸基质的电子传递系统，具有强烈的抑制作用。即呋吡菌胺对光合作用Ⅱ产生作用，通过影响琥珀酸的组分及 TCA 回路，使生物体所需的养料下降；也就是说抑制真菌线粒体中琥珀酸的氧化作用，从而避免立枯丝核菌菌丝体分离，而对 NADH 的氧化作用无影响。呋吡菌胺具有内吸活性，且传导性能优良，因此具有优异的预防和治疗效果。呋吡菌胺在水稻纹枯病菌核发芽过程中，以 10 mg/L 可使 80%左右发芽受抑，以后 1 mg/L 即可抑制菌丝生长，即该药剂在病菌第一次感染时即有抑制活性，对被纹枯病菌感染、侵害的水稻具有多种作用。盆栽水稻中接种纹枯病菌，形成病斑后喷洒呋吡菌胺，2 d 和 7 d 后取下病斑，于琼脂培养基中培养，无喷洒药剂的菌丝显著伸长。这表明喷洒本药剂后对病菌菌丝生长有很强的抑制作用，且伸长的菌丝亦出现异常分枝及膨大等现象。在喷洒药剂 2 d 和 7 d 后取下病斑，再接种于水稻上，结果并未出现感染。由此确认，呋吡菌胺能使已感病的病斑组织中菌丝的病原失活，对第二次感染具有很强的抑制作用。总而言之，呋吡菌胺的防治作用主要为抑制菌核发芽至菌丝生长的第一次感染，以及抑制已形成病斑的菌丝产生和使病原失活的第二次感染。另外，该药剂对菌核形成也有很强的抑制活性。

应用

（1）适宜作物与安全性　主要用于水稻等。呋吡菌胺在推荐剂量下对作物安全、无药害，环境中对非靶标生物影响小、较为安全，对哺乳动物、水生生物和有益昆虫低毒。由于呋吡酰胺在河川水中、土表遇光照即迅速分解，土壤中的微生物也能使之分解，故对环境安全。

（2）防治对象　对担子菌亚门的大多数病菌具有优良的活性，特别是对丝核菌属和伏革菌属引起的植物病害具有优异的防治效果。对丝核菌属、伏革菌属引起的植物病害如水稻纹枯病、多种水稻菌核病、白绢病等有特效。由于呋吡菌胺具有内吸活性，且传导性能优良，故预防治疗效果卓著。对稻纹枯病菌有适度的长持效活性。

（3）使用方法　以颗粒剂于水稻田淹灌时施药防治稻纹枯病，防效优异。大田防治水稻纹枯病的剂量为 450～600 g(a.i.)/hm^2。

专利概况　专利 EP 315502、EP 0368749 均早已过专利期，不存在专利权问题。

合成方法　通过如下方法制得目的物。反应式为：

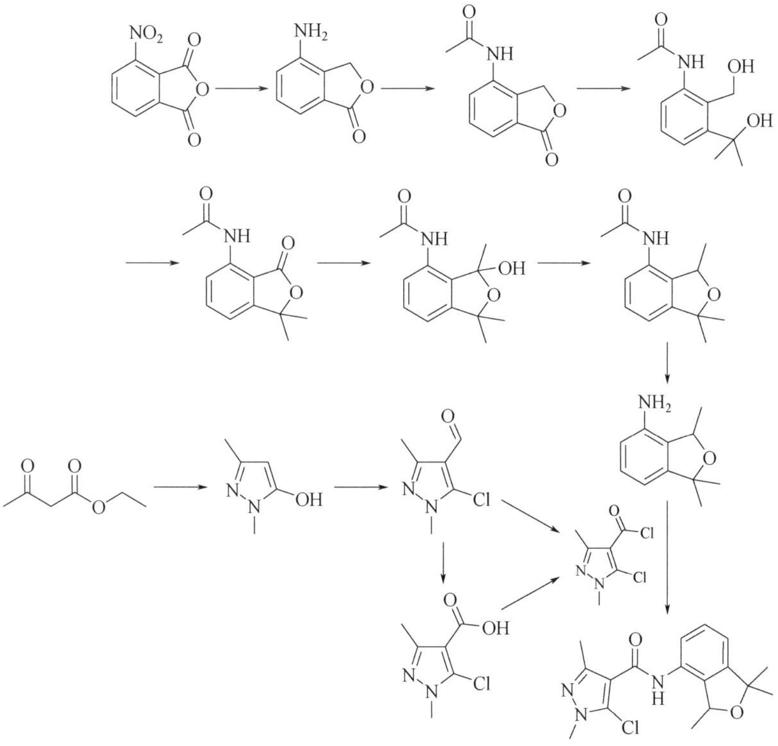

参考文献

[1]　The Pesticide Manual. 17th edition: 568-569.

[2]　Agrochemical Japan, 1997, 70: 15.

吡唑萘菌胺（isopyrazam）

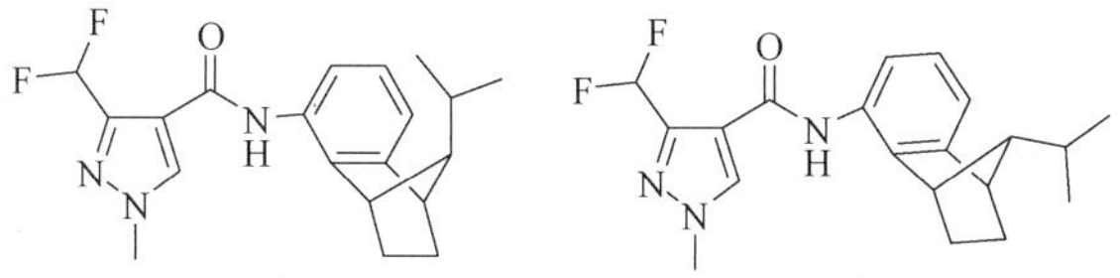

syn-epimer　　*anti*-epimer

C$_{20}$H$_{23}$F$_2$N$_3$O，359.4，683777-13-1(*syn*-)，683777-14-2(*anti*-)，881685-58-1(未指明)

吡唑萘菌胺［试验代号：SYN520453、SYN534969（*syn*-isomer）、SYN534968（*anti*-isomer），商品名称：Bontima、Reflect、Reflect Xtra、Seguris Flexi、Seguris，其他名称：Embrelia、Reflect Top、Symetra、萘吡菌胺］是由先正达公司开发的保护性杀菌剂。

化学名称　*syn*-isomers: 3-(二氟甲基)-1-甲基-*N*-[(1*RS*,4*SR*,9*RS*)-1,2,3,4-四氢化-9-异丙基-1,4-亚甲基萘-5-基]吡唑-4-甲酰胺，*anti*-isomers：3-(二氟甲基)-1-甲基-*N*-[(1*RS*,4*SR*,9*SR*)-1,2,3,4-四氢化-9-异丙基-1,4-亚甲基萘-5-基]吡唑-4-甲酰胺。IUPAC 名称：a mixture of 2 *syn*-

163

isomers: 3-(difluoromethyl)-1-methyl-*N*-[(1*RS*,4*SR*,9*RS*)-1,2,3,4-tetrahydro-9-isopropyl-1,4-methanonaphthalen-5-yl]pyrazole-4-carboxamide, and 2 *anti*-isomers: 3-(difluoromethyl)-1-methyl-*N*-[(1*RS*,4*SR*,9*SR*)-1,2,3,4-tetrahydro-9-isopropyl-1,4-methanonaphthalen-5-yl]pyrazole-4-carboxamide。美国化学文摘（CA）系统名称：3-(difluoromethyl)-1-methyl-*N*-[1,2,3,4-tetrahydro-9-(1-methylethyl)-1,4-methanonaphthalen-5-yl]-1*H*-pyrazole-4-carboxamide。CA 主题索引名称：1*H*-pyrazole-4-carboxamide —，3-(difluoromethyl)-1-methyl-*N*-[1,2,3,4-tetrahydro-9-(1-methylethyl)-1,4-methanonaphthalen-5-yl]-。

理化性质 无色粉末。熔点：130.2℃（SYN534969）、144.5℃（SYN534968）。沸点：SYN534969>261℃（分解），SYN534968>274℃（分解）。蒸气压：SYN534969 2.4×10^{-7} mPa（20℃），5.6×10^{-7} mPa（25℃）；SYN534968 2.2×10^{-7} mPa（20℃），5.7×10^{-7} mPa（25℃）。lgK_{ow}：SYN534969 4.1（25℃），SYN534968 4.4（25℃）。因为都是中性分子，所以 pH 对 lg$P$ 无影响。Henry 常数：SYN534969 1.9×10^{-4} Pa·m^3/mol，SYN534968 3.7×10^{-5} Pa·m^3/mol。相对密度 SYN520453 1.332（25℃）。水中溶解度（mg/L，25℃）：SYN534969 1.05，SYN534698 0.55。其他溶剂中溶解度（g/L，SYN520453）：丙酮 314，二氯甲烷 330，正己烷 17，甲醇 119，甲苯 77.1。稳定性：在 pH 4、5、7 和 9，50℃时 5 d 内不会水解。无论是 SYN534969 还是 SYN534968 在 pH 1.0～12.0 未能发现 pK_a 值。

毒性 雌性大鼠急性经口 LD$_{50}$>2000 mg/kg。大鼠急性经皮 LD$_{50}$>5000 mg/kg。大鼠吸入 LC$_{50}$>5.28 mg/L。NOEL［mg/(kg·d)］：大鼠 5.5（2 年），狗 25（1 年）。ADI 0.055 mg/(kg·d)。无遗传毒性。

生态效应 山齿鹑急性经口 LD$_{50}$>2000 mg/kg，饲喂 LC$_{50}$>5620 mg/kg 饲料。鱼 LC$_{50}$（96 h，mg/L）：虹鳟鱼 0.066，鲤鱼 0.026。水蚤 EC$_{50}$(48 h)0.044 mg/L。月牙藻 E$_b$C$_{50}$(72 h)2.2 mg/L。蜜蜂 LD$_{50}$（μg/只，48 h）：>192（经口），>200（接触）。蚯蚓 LC$_{50}$ 1000 mg/kg 干土。

环境行为 ①动物。大鼠服用吡唑萘菌胺后，经过广泛的代谢作用，其中的二环-异丙基部位经过羟基化作用会在体内有很大的保留，其次经过进一步的氧化作用，形成了羧酸或是产生多个羟基与随后形成的葡萄糖醛酸或硫酸盐组成共轭化合物。动物口服正常吸收的量是初始口服的 85%，吡唑萘菌胺不显示任何潜在的生物体内积累。②植物。研究发现，在水果、绿叶作物和谷类的初级新陈代谢中，有大量不变的吡唑萘菌胺残留。新陈代谢在这三种有代表性的作物中是大致相同的，主要的代谢途径是：异丙基部分的羟化的、双环部位的羟基化和代谢产物的进一步的羟基化。③土壤/环境。吡唑萘菌胺的实验室 DT$_{50}$ 值可以不同，平均值为 257 d。一般形成两个主代谢产物。相当数量的未能排泄的残留物在一年后被发现，但是最后试验结束后吡唑萘菌胺的残留物被证明是以高达 23% 的二氧化碳形式释放。在大田条件下，吡唑萘菌胺在土壤中的降解显著增加，试验结果证明 DT$_{50}$ 的平均值为 77 d。两个主要代谢产物残留非常低，这些通常是在表层 10 cm 的土壤中。吡唑萘菌胺在浸出和吸附/解吸试验中证明其在土壤中无流动性。

主要生产商 Syngenta。

作用机理与特点 通过扰乱琥珀酸脱氢酶在呼吸电子传递链中的作用，抑制线粒体功能。

应用 具有广谱活性，对多种作物上的多种病害均具有杰出的防治性能，对三唑类和甲氧基丙烯酸酯类抗性品系病菌高效，尤其对壳针孢属（*Septoria*）真菌十分高效，如对小麦锈病和大麦锈腐病的防效均优于氟环唑。该杀菌剂以保护作用为主，但在田间试验中亦显示出一定的治疗作用，其持效期长，施药 7 周后仍表现出明显效果，保护期比三唑类杀菌剂长两周左右。

专利与登记

专利名称　Synergistic fungicidal compositions comprising pyrazole derivatives

专利号　WO 2006037632　　　　　专利申请日　2005-10-6

专利拥有者　Syngenta Participations AG

在其他国家申请的专利　MY 145628、AU 2005291423、CA 2580245、CA 2790809、AR 52313、EP 1802198、CN 101035432、CN 100539843、JP 2008515834、BR 2005016575、CN 101611711、CN 101611712、CN 101611713、CN 101611714、CN 101611715、CN 101622993、CN 101622994、EA 13074、NZ 553940、SG 168556、AT 503385、PT 1802198、EP 2347655、ES 2364158、IL 181961、IN 2007 dN 02069、ZA 2007002278、NO 2007001611、MX 2007003636、CR 9028、EG 25251、US 20070244121、US 8124566、US 20070265267、US 8124567、KR 2007102478 等。

工艺专利　WO 2012175511、WO 2012055864、WO 2010072631、WO 2010072632。

吡唑萘菌胺已在中国、英国、美国登记上市，商品名为 Bontima(isopyrazam 62.5 g/L 和 cyprodinil 187.5 g/L)，主要用于冬大麦和春大麦上的病害防治。

国内登记情况　92%吡唑萘菌胺原药、吡萘·嘧菌酯 29%悬浮剂。登记作物为黄瓜，防治白粉病。先正达公司在中国登记情况见表 2-17。

表 2-17　先正达公司在中国登记情况

登记名称	登记证号	含量	剂型	登记作物	防治对象	用药量	施用方法
吡唑萘菌胺	PD20142277	92%	原药				
吡萘·嘧菌酯	PD20142275	29%	悬浮剂	黄瓜	白粉病	30～50 mL/亩	喷雾

合成方法　经如下反应制得目的物：

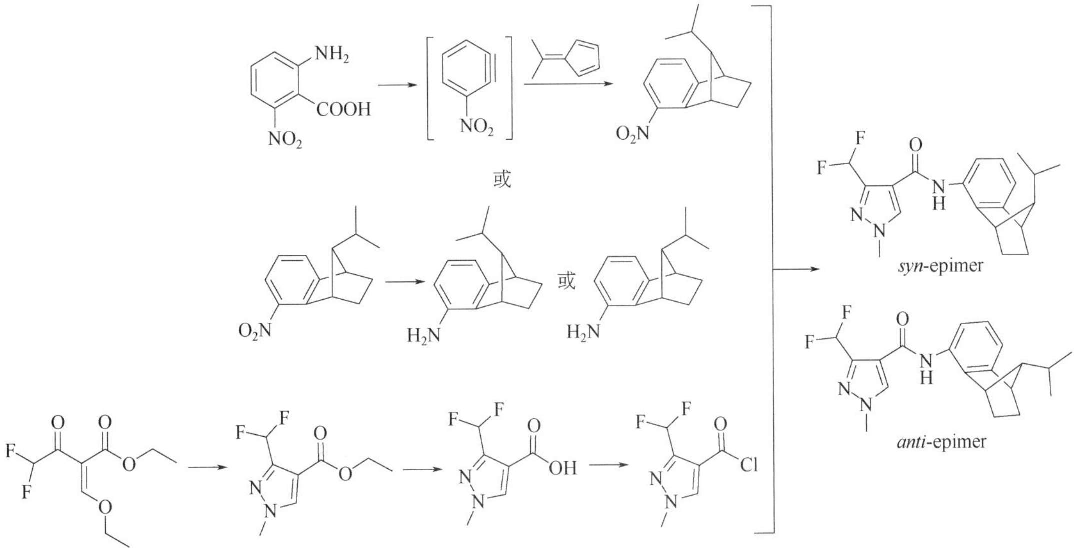

参考文献

[1] The Pesticide Manual. 17 th edition: 660-661.

苯并烯氟菌唑（benzovindiflupyr）

C₁₈H₁₅Cl₂F₂N₃O，398.2，1072957-71-1

苯并烯氟菌唑（试验代号：SYN545192，商品名称：Solatenol）是先正达开发的吡唑酰胺类杀菌剂。

化学名称 *N*-[9-(二氯亚甲基)-1,2,3,4-四氢-1,4-亚甲基萘-5-基]-3-(二氟甲基)-1-甲基-1*H*-吡唑-4-甲酰胺。IUPAC 名称：*N*-[(1*RS*,4*SR*)-9-(dichloromethylene)-1,2,3,4-tetrahydro-1,4-methanonaphthalen-5-yl]-3-(difluoromethyl)-1-methylpyrazole-4-carboxamide。美国化学文摘（CA）系统名称：*N*-[9-(dichloromethylene)-1,2,3,4-tetrahydro-1,4-methanonaphthalen-5-yl]-3-(difluoromethyl)-1-methyl-1*H*-pyrazole-4-carboxamide。CA 主题索引名称：1*H*-pyrazole-4-carboxamide —, *N*-[9-(dichloromethylene)-1,2,3,4-tetrahydro-1,4-methanonaphthalen-5-yl]-3-(difluoromethyl)-1-methyl-。

理化性质 灰白色粉末，无味。熔点：148.4℃。沸点：分解，>285℃。密度 1.466 g/cm³（20～25℃），蒸气压：$3.2×10^{-9}$Pa（25℃）。水中溶解度：0.98 mg/L（20～25℃）。分配系数（辛醇/水）lgK_{ow}=4.3。苯并烯氟菌唑原药在有机溶剂中的溶解度（g/L，20～25℃）：丙酮350，二氯甲烷450，乙酸乙酯190，正己烷270，甲醇76，辛醇19，甲苯48。分光光度滴定发现此物质在 pH 为 2～12 时不解离，遇铝、铁、醋酸铝、醋酸亚铁、锡、镀锌金属和不锈钢稳定。

毒性 雌性大鼠急性经口 LD₅₀（雌性）55 mg/kg bw（高毒），大鼠急性经皮>2000 mg/kg bw（低毒），大鼠急性吸入 LC₅₀>0.56 mg/L（微毒）。该剂对兔眼睛有微弱的刺激作用，对兔皮肤有微弱刺激作用，对 CBA 小鼠皮肤无致敏性。Ames 试验、小鼠骨髓细胞微核试验、生殖细胞染色体畸变试验均为阴性，未见致突变作用。

生态效应 蚯蚓 LC₅₀ 406.4 mg(a.i.)/kg 土壤(14 d)；对蜜蜂 LD₅₀>100 μg(a.i.)/头蜜蜂（48 h，接触），对蜜蜂安全；对鹌鹑 LD₅₀=1014 mg(a.i.)/kg，有微毒（经口）；野鸭 LD₅₀=3132 mg(a.i.)/(kg·d)，具有中等毒性。对水蚤 LD₅₀=0.085 mg(a.i.)/L(48 h)，毒性非常高；虹鳟鱼 LC₅₀=0.0091 mg(a.i.)/L(96 h)，毒性非常高；绿藻 EC₅₀>0.89 mg(a.i.)/L(96 h)；对海洋无脊椎动物毒性高。SYN545192 乳油对捕食螨（*Typhlodromus pyri*）（7 d 玻璃接触）和寄生蜂（*A.rhophalosipha*）（2 d 玻璃接触）的 LR₅₀分别为 125 g(a.i.)/hm²、86.7 g(a.i.)/hm²；对植物无风险。

环境行为 本产品在土壤中稳定，可在土壤中存在数年，不易消解或转化；被土壤牢牢吸附，不迁移或迁移作用微弱，不易被淋溶；在田间条件下不易挥发。在水中的溶解度很小，不易水解或生物转化；光转化速度慢，其 DT₅₀>10 d（水中或无菌缓冲液）。

主要生产商 Syngenta。

作用机理与特点 琥珀酸脱氢酶抑制剂(SDHI)。

应用 苯并烯氟菌唑可以单独使用，也可以和嘧菌酯、苯醚甲环唑以及丙环唑配合使用，适用于草皮、观赏植物和粮食作物，如苹果、大麦、小麦、蓝莓、玉米、棉籽、瓜类蔬菜、青豆、大豆、葫芦科蔬菜、葡萄、花生、仁果类水果、油菜籽、结节和球茎类蔬菜等。

专利与登记

专利名称　Fungicidal compositions

专利号　WO 2008131901　　　　专利申请日　2008-04-23

专利拥有者　Syngenta Participations A.-G.

在其他国家申请的化合物专利　AU 2008243404、CA 2682983、EP 2150113、KR 2010015888、CN 101677558、JP 2010524990、JP 5351143、EP 2229814、AT 490685、PT 2150113、AT 498311、NZ 580186、AT 501637、PT 2193716、PT 2196089、ES 2360025、AT 510452、ES 2361656、PT 2193717、CN 102715167、CN 102726417 等。

工艺专利　WO 2009138375、WO 2010049228、WO 2010072631、WO 2010072632、WO 2010130532、WO 2011012618、WO 2011012620、WO 2011015416、WO 2011113788、WO 2011131543、WO 2011131544、WO 2011131545、WO 2011131546、WO 2012019950、WO 2012101139 等。

国内登记情况　96%苯并烯氟菌唑原药、苯并烯氟菌唑·嘧菌酯 45%水分散粒剂。登记作物为观赏菊花、花生，防治白粉病、锈病。先正达公司在中国登记情况见表 2-18。

表 2-18　先正达公司在中国登记情况

登记名称	登记证号	含量	剂型	登记作物	防治对象	用药量	施用方法
苯并烯氟菌唑	PD20190009	96%	原药				
吡萘·嘧菌酯	PD20142275	29%	悬浮剂	观赏菊花	白锈病	稀释 1700～2500 倍	喷雾
				花生	锈病	17～23g/亩	喷雾

合成方法　通过如下反应制得目的物：

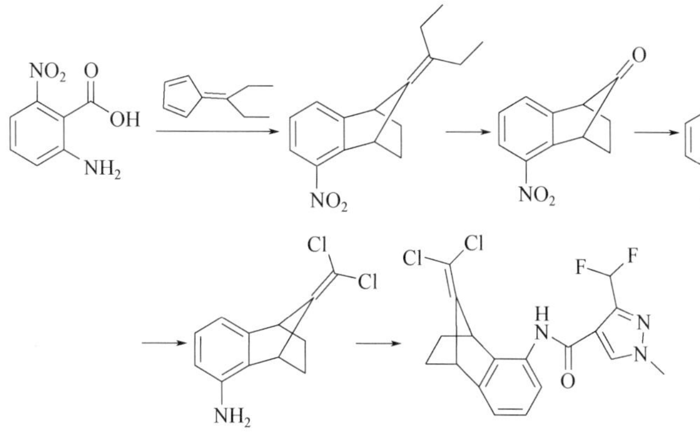

或

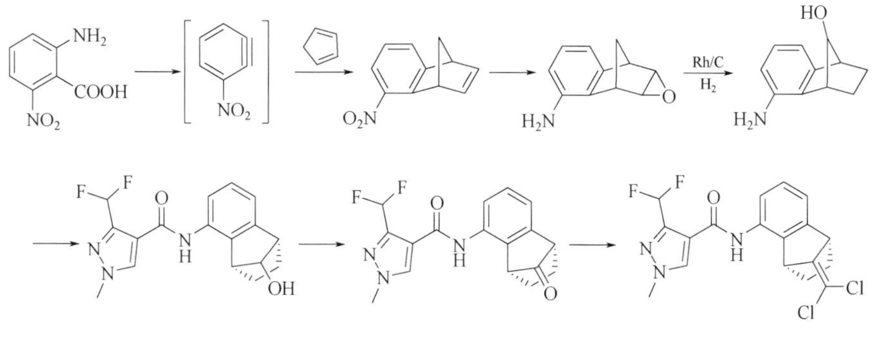

或

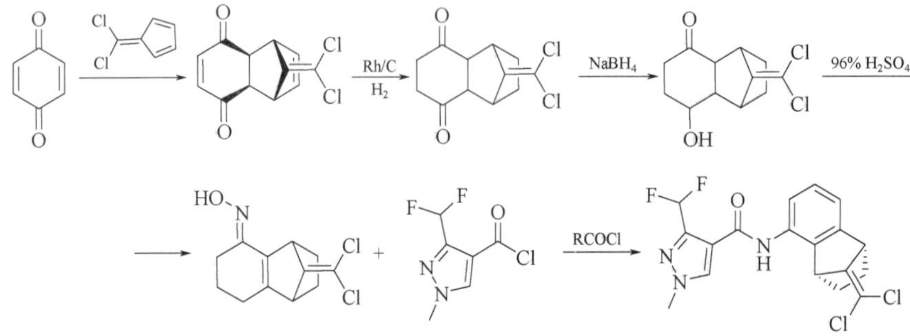

中间体还可通过以下方法制备：

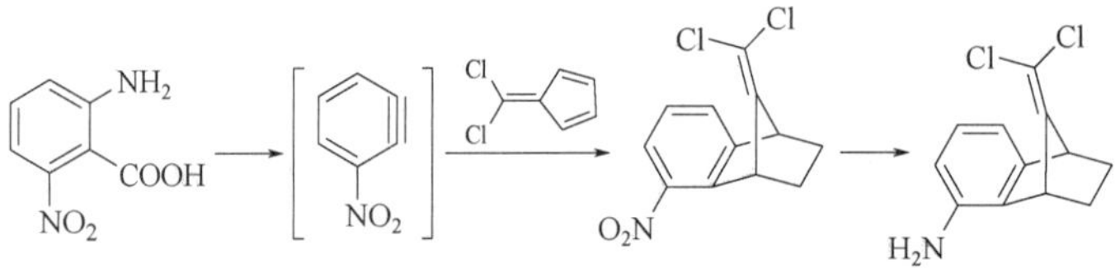

参考文献

[1] WO 2008131901.

[2] 全春生, 党铭铭, 刘民华. 苯并烯氟菌唑及关键中间体合成方法述评. 农药, 2018, 57(6): 395-399.

[3] 张翼翾. 广谱、持效期长的杀菌剂——苯并烯氟菌唑. 世界农药, 2015, 37(5): 58-59.

[4] The Pesticide Manual. 17 th edition: 93-94.

inpyrfluxam

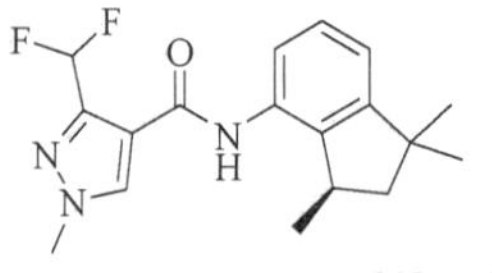

$C_{18}H_{21}F_2N_3O$，333.4，1352994-67-2

inpyrfluxam（试验代号：S-2399）是由住友化学(Sumitomo)开发的酰胺类杀菌剂。

化学名称 3-(二氟甲基)-N-[(R) -2,3-二氢-1,1,3-三甲基-1H-茚-4-基]-1-甲基-1H-吡唑-4-甲酰胺。IUPAC 名称：3-(difluoromethyl)-N-[(R)-2,3-dihydro-1,1,3-trimethyl-1H-inden-4-yl]-1-methyl-1H-pyrazole-4-carboxamide。美国化学文摘（CA）系统名称：3-(difluoromethyl)-N-[(3R)-2,3-dihydro-1,1,3-trimethyl-1H-inden-4-yl]-1-methyl-1H-pyrazole-4-carboxamide。CA 主题索引名称：1H-pyrazole-4-carboxamide—, 3-(difluoromethyl)-N-[(3R)-2,3-dihydro-1,1,3-trimethyl-1H-inden-4-yl]-1-methyl-。

制剂 inpyrfluxam 目前申请登记的 2 个单剂产品商品名分别为 S-2399 2.84（悬浮剂）和 S-2339 3.2（悬浮种衣剂）。S-2399 2.84 用于玉米、大豆、水稻、花生、甜菜和苹果；S-2339 3.2 用于谷物、豆类、油菜籽和甜菜等种子处理。美国 Valent 公司计划申请登记三元复配产品——V-10417 悬浮种衣剂（inpyrfluxam+噻唑菌胺+甲霜灵），用于豆类蔬菜（豇豆和豌豆除外）种子处理。美国 Valent 公司最近登记了商品名为 Excalia 的制剂，其主要成分是 inpyrfluxam，能强力控制花生白绢病，对花生丝核菌叶枯病、花生果腐病、菌核病、枯萎病具有广谱的防治效果，还对早期和晚期叶斑病有效。除了上述在花生上的应用之外，还开发了于播种时覆土前施用防治水稻纹枯病的粒剂，用于防治葡萄白粉病和苹果黑星病的 400 g/L 悬浮剂。

作用机理与特点　琥珀酸脱氢酶抑制剂。具有广谱活性，能够控制担子菌（如锈菌、丝核菌和子囊菌）引起的病害。在对大豆锈病的预防和治疗试验中，比苯并烯氟菌唑具有更好和更持久的控制作用。对具有"稳定性能"的抗 SDHI 分离株进行了进一步的分析，在小麦田间试验中，产量增加了 2.2%。

专利与登记

专利名称　Plant disease control composition and method of controlling plant disease

专利号　WO 2011162397　　　　　专利申请日　2010-06-24

专利拥有者　Sumitomo Chemical CO.

在其他国家申请的化合物专利　AR 082096、AU 2011270077 、BR 112012033013、CA 2803268、CN 102958367、DK 2584902、EP 2584902、IL 223547、JP 2012025735、JP 2015232021、JP 2017105838、KR 101852643、KR 20130122609、MX 2012014631、RU 2013103089、US 2013096174 等。

工艺专利　WO 2011162397、WO 2014103812、WO 2015118793。

合成方法　通过如下反应制得目的物：

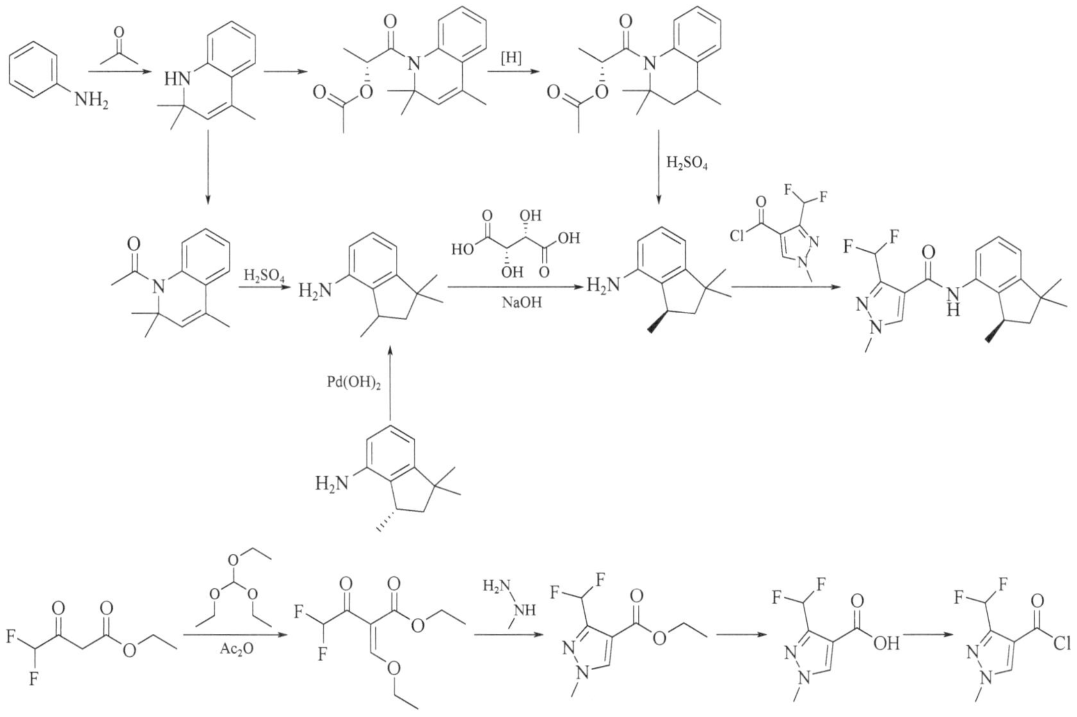

参考文献

[1] Phillips McDougall AgriFutura June 2019. Conference Report IUPAC 2019 Ghent Belgium.

[2] http://www.agroinfo.com.cn/other_detail_5252.html.

氟茚唑菌胺（fluindapyr）

$C_{18}H_{20}F_3N_3O$，351.4，1383809-87-7

氟茚唑菌胺（试验代号：IR9792/F9990）是由 Isagro 和 FMC 联合开发的酰胺类杀菌剂。

化学名称 3-(二氟甲基)-N-[(3RS)-7-氟-2,3-二氢-1,1,3-三甲基-1H-茚-4-基]-1-甲基-1H-吡唑-4-甲酰胺。IUPAC 名称：3-(difluoromethyl)-N-(7-fluoro-1,1,3-trimethyl-2,3-dihydro-1H-inden-4-yl)-1- methyl-1H-pyrazole-4-carboxamide。美国化学文摘（CA）系统名称：3-(difluoromethyl)-N-(7-fluoro-2,3-dihydro-1,1,3-trimethyl-1H-inden-4-yl)-1-methyl-1H-pyrazole-4-carboxamide。CA 主题索引名称：1H-pyrazole-4-carboxamide—, 3-(difluoromethyl)-N-(7-fluoro-2,3-dihydro-1,1,3-trimethyl-1H-inden-4-yl)-1-methyl-。

制剂 意赛格在巴拉圭登记了全球首个氟茚唑菌胺产品 Zaltus［100 g/L 氟茚唑菌胺+100 g/L 四氟醚唑（tetraconazole）］。Zaltus 为乳油制剂，防治大豆上的亚洲大豆锈病（*Phakopsora pachyrhizi*）。根据病害发生程度，其推荐用量为 0.7~0.8 L/hm²。芽后 30 天，或者在环境条件有利于病害发生时，进行第 1 次预防性用药；14 天后再重复用药 1 次。

作用机理与特点 琥珀酸脱氢酶抑制剂。该剂杀菌谱广，持效期长，可用于谷物（如玉米、水稻）、油类作物（如大豆）、甘蔗等多种作物，因结构新颖适用于抗性治理。防治由壳针孢属（*Septoria* spp.）、链格孢属（*Alternaria* spp.）、尾孢属（*Cercospora* spp.）、棒孢属（*Corynespora* spp.）等病原菌引起的病害，如亚洲大豆锈病、灰霉病、白粉病、纹枯病、菌核病、炭疽病等；还能提高作物产量。叶面喷雾，有效成分用药量为 60 g/hm²。应用后对作物具有增产效果，低剂量时对小麦锈病的防效优于吡噻菌胺和啶酰菌胺。

专利与登记

专利名称 Aminoindanes amides having a high fungicidal activity and their phytosanitary compositions

专利号 WO 2012084812　　　　　　专利申请日 2011-12-19

专利拥有者 Isagro Ricerca S.R.L.

在其他国家申请的化合物专利 AR 084362、AU 2011347585、BR 112013015516、CA 2821225、CL 2013001761、CN 103502220、CO 6771423、CR 20130337、CY 1116576、DK 2655333、DOP 2013000139、EA 022503、EA 201390859、EP 2655333、EP 2944629、IT 1403275、JP 2014501743、JP 5844382、KR 101861398、KR 20140011315、MA 34831、MX 2013007196、MX 345229、US 10149473、US 2014011852、US 2016113278、US 2018007902、US 9192160 等。

工艺专利 WO 2012084812、WO 2013186325、WO 2017178868。

合成方法 通过如下反应制得目的物：

参考文献

[1] http://www.agroinfo.com.cn/other_detail_5252.html.

[2] WO 2012084812.

啶酰菌胺（boscalid）

$C_{18}H_{12}Cl_2N_2O$，343.2，188425-85-6

啶酰菌胺（试验代号：BAS 510 F，商品名称：Cantus、Champion、Endura、Lance、Pictor、Signum、Tracker、Venture，其他名称：Cadence、Emerald、Filan、Kai Tse）是德国巴斯夫公司开发的新型烟酰胺类杀菌剂。

化学名称　2-氯-N-(4′-氯联苯-2-基)烟酰胺。IUPAC 名称：2-chloro-N-(4′-chlorobiphenyl-2-yl)nicotinamide。美国化学文摘（CA）系统名称：2-chloro-N-(4′-chloro[1,1′-biphenyl]-2-yl)-3-pyridinecarboxamide。CA 主题索引名称：3-pyridinecarboxamide—, 2-chloro-N-(4′-chloro[1,1′-biphenyl]-2-yl)-。

理化性质　纯品为白色无味晶体，熔点 142.8～143.8℃，相对密度 1.381（20～25℃）。蒸气压(20℃)7.2×10^{-4}mPa，分配系数为 lgK_{ow} 2.96，Henry 系数 5.178×10^{-5} Pa·m^3/mol。水中溶解度 4.6 mg/L（20～25℃）；其他溶剂中的溶解度(20～25℃，g/L)：正庚烷<10，甲醇 40～50，丙酮 160～200。啶酰菌胺在 pH 4、5、7 和 9 的水中稳定，在水中不光解。

毒性　大鼠急性经口 LD$_{50}$>5000 mg/kg，大鼠急性经皮 LD$_{50}$>2000 mg/kg。对兔皮肤和眼睛无刺激性。对豚鼠皮肤无刺激。大鼠急性吸入 LC$_{50}$(4 h)>6.7 mg/L。NOEL 数据（mg/kg）：大鼠 5，慢性 21.8。ADI：(JMPR) 0.04 mg/kg；(EC) 0.04 mg/kg(2008)；（EPA）无确定急性终点；cRfD 0.218 mg/kg(2003)；(FSC) 0.044 mg/kg(2006)。其他：小鼠无突变，大鼠、兔无致畸作用；大鼠、狗、小鼠无致癌作用；对大鼠繁殖无不利影响。

生态效应　山齿鹑急性经口 LD$_{50}$>2000 mg/kg。虹鳟鱼 LC$_{50}$(96 h) 2.7 mg/L。水蚤 EC$_{50}$

(48 h) 5.33 mg/L。藻类 EC_{50}(96 h) 3.75 mg/L。其他水生藻类 NOEC 2.0 mg/L。蜜蜂 NOEC（μg/只）：166（经口）、200（接触）。蚯蚓 LC_{50}(14 d)>1000 mg/kg 干土。

环境行为 ①动物。联苯环发生羟基化作用，葡萄糖苷酸化以及硫酸酯化作用。通过分泌主要是排泄进行新陈代谢。②植物。联苯和吡啶环的羟基化作用和这两种环的裂解反应，残余物的主要成分是没有发生变化的母体。③土壤/环境。在土壤中部分降解，土壤中 DT_{50} 108 d 至 1 年（实验室，空气，20℃），野外 DT_{50} 28～200 d，在自然界的水及冲积物中能够很好降解。

制剂 50%水分散粒剂。

主要生产商 BASF。

作用机理与特点 啶酰菌胺能抑制真菌呼吸：啶酰菌胺是线粒体呼吸链中琥珀酸辅酶 Q 还原酶抑制剂。施用时药液经植物吸收通过叶面渗透，通过叶内水分的蒸发作用和水的流动使药液传输扩散到叶片末端和叶缘部位，并与病原菌细胞内线粒体作用，和呼吸链中电子传递体系的蛋白质复合体Ⅱ结合。像呼吸链中其他复合体（Ⅰ，Ⅲ，Ⅳ）一样，蛋白质复合体Ⅱ也是线粒体内膜的一种成分，但是它的结构比较简单，仅由 4 个核编码亚单位构成，不具备质子泵的功能。这些多肽中的两种能在膜内将复合体固定，同时其他多肽处于线粒体基质中。在（三羧酸循环 TCA 循环）中催化琥珀酸成为延胡索酸，抑制线粒体琥珀酸脱氢酶活性，从而阻碍三羧酸循环，使氨基酸、糖缺乏，阻碍了植物病原菌的能量源 ATP 的合成，干扰细胞的分裂和生长而使菌体死亡。因此，预防植物真菌病害效果良好。

啶酰菌胺具有双重活性：复合体Ⅱ在真菌代谢中起关键作用。一方面，它在真菌产能时，为高能电子的形成传递能量；另一方面，它能参与输送 TCA 循环的组分用以阻断氨基酸和脂质，形成一个重要的交叉。啶酰菌胺通过抑制蛋白质复合体Ⅱ来阻止真菌产能，从而抑制真菌生长。啶酰菌胺在电子传递链中有不同的作用方式和作用点，能够抑制孢子萌发、菌管的延伸、菌丝的生长和孢子母细胞形成真菌的生长和繁殖等主要阶段，是第一个利用这种高效作用方式来对抗出现在重要作物上新型病害的产品，即使病原体已对其他杀菌剂产生抗性，也能受到啶酰菌胺的控制。啶酰菌胺在较低质量浓度下对孢子的生长和细菌管延伸仍有很强的抑制能力，药效比普通的杀菌剂如嘧霉胺好。该药可用在对葡萄灰霉病的防治上，它对孢子的发芽有很强的抑制能力。

应用

（1）适宜作物 油菜、豆类、球茎蔬菜、芥菜、胡萝卜、菜果、莴苣、花生、乳香黄连、马铃薯、核果、草莓、坚果、甘蓝、黄瓜、薄荷、豌豆、根类蔬菜、向日葵、葡萄、草坪、其他果树、蔬菜、大田作物等。

（2）防治病害 白粉病，灰霉病，各种腐烂病、褐腐病和根腐病。

（3）使用方法 茎叶喷雾。50%水分散粒剂使用剂量为 0.5 kg/hm²。

专利与登记 专利 EP 0545099 已过专利期，不存在专利权问题。

工艺专利 WO 2010000856、WO 2012120003、CN 103073489、WO 2013132006、CN 103636616、CN 103980192、CN 104016915、WO 2014174397、IN 2013KO00463、CN 104478797、CN 104725303、WO 2015106443、WO 2015124662、CN 105061306、CN 105085389、CN 105541709、CN 107216287、GB 2552697、GB 2552699、WO 2018024145、WO 2018024146、WO 2018060836、CN 108033908、CN 108997210、CN 109665990。

国内登记情况 50%水分散粒剂，登记作物为黄瓜、草莓、葡萄等，防治对象为灰霉病等。巴斯夫公司在中国登记情况见表 2-19。

表 2-19　巴斯夫公司在中国登记情况

登记名称	登记证号	含量	剂型	登记作物	防治对象	用药量	施用方法
啶酰菌胺	PD20081106	50%	水分散粒剂	葡萄	灰霉病	333～1000 mg/kg	喷雾
				草莓	灰霉病	225～337.5 g/hm²	
				黄瓜	灰霉病	250～350 g/hm²	
啶酰菌胺	PD20081107	96%	原药				
醚菌·啶酰菌	PD20101017	300g/L	悬浮剂	黄瓜	白粉病	202.5～270 g/hm²	喷雾
				甜瓜	白粉病	202.5～270 g/hm²	
				草莓	白粉病	112.5～225 g/hm²	
				苹果	白粉病	75～150 mg/kg	
唑醚·啶酰菌	PD20172386	38%	水分散粒剂	草莓	灰霉病	40～60 g/亩	喷雾
				葡萄	白腐病	1500～2500 倍液	喷雾
				葡萄	灰霉病	1000～2000 倍液	喷雾
				香蕉	叶斑病	750～1500 倍液	喷雾

合成方法　反应式如下：

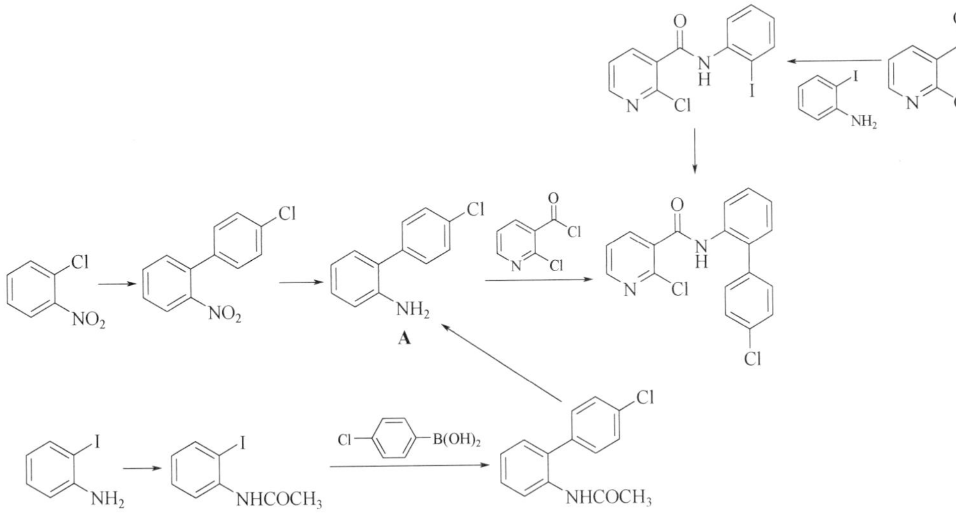

中间体 **A** 还可通过如下方法制备：

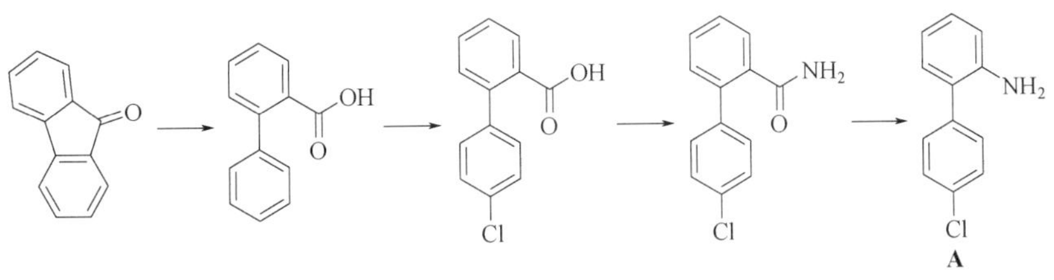

参考文献

[1] 颜范勇, 刘冬青, 司马利锋, 等. 新型烟酰胺类杀菌剂——啶酰菌胺. 农药, 2008(2): 132-135.

[2] 张慧丽, 姚晓龙, 康永利, 等. 啶酰菌胺中间体 4′-氯-2-氨基联苯的合成. 山东化工, 2016, 45(11): 12-14+16.

[3] 黄晓瑛, 宁斌科, 王列平, 等. 杀菌剂啶酰菌胺合成方法. 农药科学与管理, 2011, 32(8): 18-20.

世界农药大全——杀菌剂卷（第二版）

[4] 张晓光, 王安勇, 钱一石, 等. 啶酰菌胺的合成研究进展. 精细化工中间体, 2012, 42(4): 21-24.
[5] The Pesticide Manual. 17 th edition: 125-126.

联苯吡菌胺（bixafen）

C$_{18}$H$_{12}$Cl$_2$F$_3$N$_3$O，414.2，581809-46-3

联苯吡菌胺（试验代号：BYF 00587，商品名称：Aviator 235 Xpro、Siltra Xpro、Skyway Xpro，其他名称：Input Xpro、Variano Xpro、Zantara）是由德国拜耳作物科学有限公司开发的吡唑酰胺类杀菌剂。

化学名称 N-(3′,4′-二氯-5-氟联苯-2-基)-3-(二氟甲基)-1-甲基-1H-吡唑-4-甲酰胺。IUPAC 名称：N-(3′,4′-dichloro-5-fluoro[1,1′-biphenyl]-2-yl)-3-(difluoromethyl)-1-methyl-1H-pyrazole-4-carboxamide。美国化学文摘（CA）系统名称：N-(3′,4′-dichloro-5-fluoro[1,1′-biphenyl]-2-yl)-3-(difluoromethyl)-1-methyl-1H-pyrazole-4-carboxamide。CA 主题索引名称：1H-pyrazole-4-carboxamide —, N-(3′,4′-dichloro-5-fluoro[1,1′-biphenyl]-2-yl)-3-(difluoromethyl)-1-methyl-。

理化性质 白色粉末。纯品（98.9%）熔点：146.6℃。原药（95.8%）熔点：142.9℃。沸点：在250℃分解，分解前不沸腾。相对密度：纯品（98.9%）：D_4^{20}=1.43，原药（95.8%）：D_4^{20}=1.51。蒸气压：4.6×10^{-8} Pa（20℃），1.1×10^{-7} Pa（25℃），5.9×10^{-6} Pa（50℃）。Henry 系数：3.89×10^{-5} Pa·m^3/mol（计算值，20℃）。溶解度：水（20～25℃）0.49 mg/L，pH 对其没有影响；有机溶剂（20～25℃，g/L）：正庚烷 0.056，二氯甲烷 102，甲醇 32，甲苯 16，丙酮>250，乙酸乙酯 82，二甲亚砜>250。其化学结构不含有酸性或碱性基团，在 pH 1～12 不离解。lg K_{ow} 3.3（HPLC，40℃）。耐光解和水解。

毒性 大鼠急性经口 LD$_{50}$>5000 mg/kg。大鼠经皮 LD$_{50}$>2000 mg/kg。对大鼠皮肤和眼睛无刺激。对小鼠淋巴结没有潜在的致敏作用。大鼠吸入 LC$_{50}$>5.383 mg/L。NOAEL［mg/(kg·d)］：大鼠 2，小鼠 6.7。ADI（EC 建议）0.02 mg/kg。没有致基因突变性，无致畸性，无致癌性，对生殖没有影响。

生态效应 山齿鹑急性经口 LD$_{50}$>2000 mg/kg。鱼 LC$_{50}$（96 h，mg/L）：虹鳟鱼 0.095，黑头呆鲹鱼 0.105。水蚤 EC$_{50}$(48 h) 1.2 mg/L，近头状伪蹄形藻 E$_r$C$_{50}$(72 h) 0.0965 mg/L。蜜蜂 LD$_{50}$（μg/只）：（经口）>121.4，（接触）>100。蚯蚓 LC$_{50}$(14 d)>1000 mg/kg。其他有益生物 LR$_{50}$（g/hm^2）：捕食螨 244，蚜茧蜂 244，普通草蛉 246（实验室扩展试验）。

环境行为 ①动物。大鼠及幼鼠对联苯吡菌胺的吸收、消化和排泄（主要是粪便）很快。没有发现在动物体内有残留积累。通过对蛋鸡和哺乳山羊的代谢分解研究显示在动物组织、乳汁和蛋中含有较高含量未分解母体结构。大鼠、家禽和反刍动物的主要代谢反应是吡唑环的去甲基化，导致联苯吡菌胺去甲基。②植物。研究作物为春小麦和大豆。主要降解过程为去甲基化，酰胺裂解，苯胺羟基化和共轭。所有的研究结果表明联苯吡菌胺始终是主要组成部分。主要代谢产物是吡唑环上去甲基化的联苯吡菌胺。③土壤/环境。实验室中研究表明联苯吡菌胺在土壤中降解缓慢和无流动性。阳光照射可能会使一小部分联苯吡菌胺在土壤表面降解。所有土壤研究没有检测到主要的代谢物。在黑暗的实验室测试条件下有氧和无氧条件下土壤中联苯吡菌胺的半衰期为 1 年。在整个欧洲的实地消散研究中联苯吡菌胺的 DT_{50} 为200 d（几何平均值）。联苯吡菌胺在环境条件下被认为是水解稳定的，且在水中不易光解。在有氧条件下，在两个水/沉积物系统中，水相中 DT_{50} 值分别为 22.5 d 和 25.5 d（最合适的动力学）。由于观察限制不能确定整个系统的准确的 DT_{50}、DT'_{90} 值。

制剂　单剂有 125 g/L 乳油（EC），有多种和其他杀菌剂复配的乳油制剂，如联苯吡菌胺+氟嘧菌酯+丙硫菌唑、联苯吡菌胺+戊唑醇、联苯吡菌胺+丙硫菌唑、联苯吡菌胺+丙硫菌唑+戊唑醇、联苯吡菌胺+螺环菌胺+丙硫菌唑。

主要生产商　Bayer。

作用机理与特点　线粒体抑制剂，扰乱复合体Ⅱ在呼吸作用中电子传递功能，对琥珀酸脱氢酶有抑制作用。

应用　联苯吡菌胺为内吸、广谱杀菌剂，专用于叶面喷雾。研究证明，联苯吡菌胺对麦类作物的诸多病害具有优良防效，如小麦叶枯病、叶锈病、条锈病、眼斑病和黄斑病等，以及大麦网斑病、柱隔孢叶斑病、云纹病和叶锈病等；也可有效防治玉米叶枯病、灰叶斑病、褐斑病和白霉病；马铃薯早疫病和白霉病；油菜白霉病以及花生茎腐病、叶斑病、叶锈病和丝核菌病；并能防治对甲氧基丙烯酸酯类杀菌剂产生抗性的壳针孢属病原菌引起的叶斑病等。

联苯吡菌胺与丙硫菌唑的混剂具有长效、广谱的病害防治效果。用于冬小麦、黑麦和黑小麦，推荐剂量为 1.25 L/hm²，大麦 1 L/hm²。该产品用于控制小麦病害中的叶疱病（壳针孢属）和叶锈病。该混剂对植物生理有积极作用，可增强抗逆性，提高产量。该混剂结合了一个专利乳剂配方和叶面防护剂，以改善作物覆盖率和耐雨性。

专利与登记

专利名称　Preparation of *N*-1,1'-biphenyl-2-yl-1*H*-pyrazole-4-carboxamides as microbicides

专利号　WO 2003070705　　　　　**专利申请日**　2003-02-06

专利拥有者　Bayer CropScience AG

在其他国家申请的化合物专利　DE 10215292、IN 2003MU00135、IN 216586、CA 2476462、AU 2003246698、BR 2003007787、EP 1490342、CN 1646494、CN 100503577、JP 2005530694、JP 4611636、NZ 534710、RU 2316549、IL 163467、AT 491691、ES 2356436、KR 1035422、ZA 2004006487、MX 2004007978、CR 7439、US 20060116414、US 7329633、US 20080015244、US 7521397 等。

工艺专利　WO 2019122194、WO 2019122164、WO 2019122204、WO 2019044266、WO 2017129759、WO 2017140593、WO 2013132006、WO 2012175511、WO 2012120003、WO 2012055864、WO 2008145740、WO 2009135860、WO 2009106234、WO 2008053043、GB 102006016462、GB 102004041531。

该品种于 2011 年上市。目前已经在澳大利亚、智利、爱沙尼亚、德国、爱尔兰、立陶宛、乌克兰和英国取得登记。产品主要有 Aviator Xpro [bixafen 75 g(a.i.)/L + prothioconazole 150 g(a.i.)/L]、Skyway Xpro [bixafen 75 g(a.i.)/L + prothioconazole 100 g(a.i.)/L + tebuconazole 100 g(a.i.)/L] 和 Zantara [bixafen 50 g(a.i.)/L + tebuconazole 166 g(a.i.)/L]。

合成方法　可按如下方法合成：

参考文献

[1] 罗梁锋. 新一代琥珀酸脱氢酶抑制剂联苯吡菌胺. 世界农药, 2018, 40: 1.

[2] The Pesticide Manual. 17th edition: 120-121.

氟唑菌酰胺（fluxapyroxad）

$C_{18}H_{12}F_5N_3O$，381.3，907204-31-3

氟唑菌酰胺（试验代号：BAS 700 F、5094351，商品名称：Adexar、Ceriax、Intrex、Systiva，其他名称：Fydex、Imbrex、Merivon、Priaxor、Morex、Pexan、Sercadis、氟苯吡菌胺）是由 BASF 公司开发的杀菌剂。

化学名称　3-(二氟甲基)-1-甲基-N-(3′,4′,5′-三氟联苯-2-基)-4-吡唑甲酰胺。IUPAC 名称：3-(difluoromethyl)-1-methyl-N-(3′,4′,5′-trifluorobiphenyl-2-yl) pyrazole-4-carboxamide。美国化学文摘（CA）系统名称：3-(difluoromethyl)-1-methyl-N-(3′,4′,5′-trifluoro[1,1′-biphenyl]-2-yl)-1H-pyrazole-4-carboxamide。CA 主题索引名称：1H-pyrazole-4-carboxamide ——, 3-(difluoromethyl)-1-methyl-N-(3′,4′,5′-trifluoro[1,1′-biphenyl]-2-yl)-。

理化性质　纯品为无色晶体，熔点 157℃。相对密度 1.42（20～25℃）。蒸气压 $2.7×10^{-6}$ mPa（20℃），$8.1×10^{-6}$ mPa（25℃）。$\lg K_{ow}=3.1$（25℃）。Henry 常数 $3.028×10^{-7}$ Pa·m³/mol。水中溶解度 3.4 mg/L（20～25℃），其他溶剂中溶解度（g/L，20～25℃）：丙酮>250，乙腈 168，二氯甲烷 146，乙酸乙酯 123，甲醇 53.4，甲苯 20.0，正己烷 0.106。pH 4～9 时稳定，不会水解，在中性水中使用人造光照射，不会光解。在空气和光中稳定。pK_a 2.58（计算）。

毒性　大鼠急性经口 LD_{50} >2000 mg/kg，大鼠急性经皮 LD_{50}> 2000 mg/kg，对眼睛无刺激。大鼠吸入 LC_{50}> 5.5 mg/L。大鼠 NOAEL 数据［mg/(kg·d)］：经口（90 d）6.1，经皮（28 d）1000。ADI 值 0.02 mg/kg，对人无致癌毒性，无遗传毒性。

生态效应　山齿鹑急性经口 LD_{50} >2000 mg/kg，山齿鹑饲喂 LC_{50}(5 d)>5000 mg/kg。鱼类

LC_{50}（96 h，mg/L）：虹鳟鱼 0.546，鲤鱼 0.29。水蚤 EC_{50}（48 h）6.78 mg/L。羊角月牙藻 E_rC_{50} 0.7 mg/L，E_yC_{50}（96 h）0.36 mg/L。其他水生生物（7 d，mg/L）：膨胀浮萍 E_rC_{50}（7 d）4.32 mg/L，E_yC_{50}（7 d）2.41 mg/L。蜜蜂 LD_{50}（48 h，μg/只）：经口>110.9；接触>100。蚯蚓 LD_{50}>1000 mg/kg。

环境行为 ①动物。氟唑菌酰胺能迅速被肠道吸收，三天后通过粪便排出，也有少量通过尿液排出。氟唑菌酰胺通过体内代谢系统水解为二苯环部分和吡唑部分。②植物。氟唑菌酰胺能残留于植物中。代谢机理为通过吡唑环部分的去甲基作用，与葡萄糖苷结合，转化为 3-(二氟甲基)-1H-吡唑-4-羧酸从而被植物吸收。③土壤/环境。土壤中 DT_{50}（田间）39～370 d，DT_{90}（田间）>1 年。在土壤中稳定不水解，K_{foc} 320～1101 mL/g 空气，DT_{50} 0.7 d。

制剂 乳油、悬浮剂、种衣剂。

主要生产商 BASF。

作用机理与特点 抑制线粒体呼吸链复合物Ⅱ的琥珀酸脱氢酶，从而抑制真菌孢子萌发，芽管和菌丝生长。

应用

（1）适用作物 谷物、豆类蔬菜、油籽作物（如花生）、梨果、核果、根和块茎类蔬菜、果类蔬菜和棉花等。用作叶片和种子处理剂。

（2）防治对象 大豆叶斑病、叶蛙眼病、叶枯病、大豆锈病。

（3）使用方法 单次最高使用剂量为 0.09～0.18 lb(a.i.)/acre（lb=0.454 kg，1 acre=6.07 亩，余同），最大季节性使用量为 0.18～0.36 lb(a.i.)/acre，收获前 21 d 不能使用。

专利与登记

专利名称 Preparation of pyrazole-4-carboxamides as agricultural fungicides

专利号 WO 2006087343　　　　专利申请日 2006-08-24

专利拥有者 BASF

在其他国家申请的化合物专利 AR 53019、AU 2006215642、BR 2006008157、CA 2597022、CN 101115723、CR 9335、DE 102005007160、EA 15926、EP 1856055、IL 184806、IN 2007KN03068、IN 253216、JP 2008530059、KR 2007107767、MX 2007008997、NZ 560208、US 20080153707、ZA 2007007854 等。

工艺专利 WO 2019122194、WO 2019122164、WO 2019122204、WO 2019044266、WO 2017129759、WO 2017140593、EP 2980078、WO 2016016298、WO 2013132006、WO 2012175511、WO 2012055864、WO 2008145740、WO 2009135860、WO 2008053043、WO 2006087343。

2011 年在英国上市，用于谷类作物。国内登记情况：12%氟菌·氟环唑乳油，42.4%唑醚·氟酰胺悬浮剂，12%苯甲·氟酰胺悬浮剂，43%唑醚·氟酰胺悬浮剂，登记作物为水稻、黄瓜、草莓、葡萄、西瓜等，防治对象为纹枯病、叶斑病、灰霉病、白粉病等。巴斯夫公司在中国登记情况见表 2-20。

表 2-20 巴斯夫公司在中国登记情况

登记名称	登记证号	含量	剂型	登记作物	防治对象	用药量	施用方法
氟唑菌酰胺	PD20160348	98%	原药				
氟菌·氟环唑	PD20160348	12%	乳油	水稻	纹枯病	40～60 mL/亩	喷雾
				香蕉	叶斑病	500～1000 倍液	
				草莓	灰霉病	40～60 g/亩	喷雾

登记名称	登记证号	含量	剂型	登记作物	防治对象	用药量	施用方法
唑醚·氟酰胺	PD20160349	42.4%	悬浮剂	草莓	白粉病	10～20 mL/亩	喷雾
				草莓	灰霉病	20～30 mL/亩	喷雾
				番茄	灰霉病	20～30 mL/亩	喷雾
				番茄	叶霉病	20～30 mL/亩	喷雾
				黄瓜	白粉病	10～20 mL/亩	喷雾
				黄瓜	灰霉病	20～30 mL/亩	喷雾
				辣椒	炭疽病	20～26 mL/亩	喷雾
				马铃薯	黑痣病	30～40 mL/亩	沟施喷洒种薯
				马铃薯	早疫病	10～20 mL/亩	喷雾
				芒果	炭疽病	2500～3500 倍液	喷雾
				葡萄	白粉病	2500～5000 倍液	喷雾
				葡萄	灰霉病	2500～4000 倍液	喷雾
				西瓜	白粉病	10～20 mL/亩	喷雾
				香蕉	黑星病	2000～3000 倍液	喷雾
苯甲·氟酰胺	PD20172779	12%	悬浮剂	菜豆	锈病	40～67 mL/亩	喷雾
				番茄	叶斑病	40～67 mL/亩	喷雾
				番茄	叶霉病	40～67 mL/亩	喷雾
				番茄	早疫病	56～70 mL/亩	喷雾
				黄瓜	靶斑病	53～67 mL/亩	喷雾
				黄瓜	白粉病	56～70 mL/亩	喷雾
				辣椒	白粉病	40～67 mL/亩	喷雾
				梨树	黑星病	1330～2400 倍液	喷雾
				苹果树	斑点落叶病	1600～1900 倍液	喷雾
				西瓜	叶枯病	40～67 mL/亩	喷雾
唑醚·氟酰胺	PD20182675	43%	悬浮剂	玉米	大斑病	16～24 mL/亩	喷雾

合成方法 经如下反应制得氟唑菌酰胺：

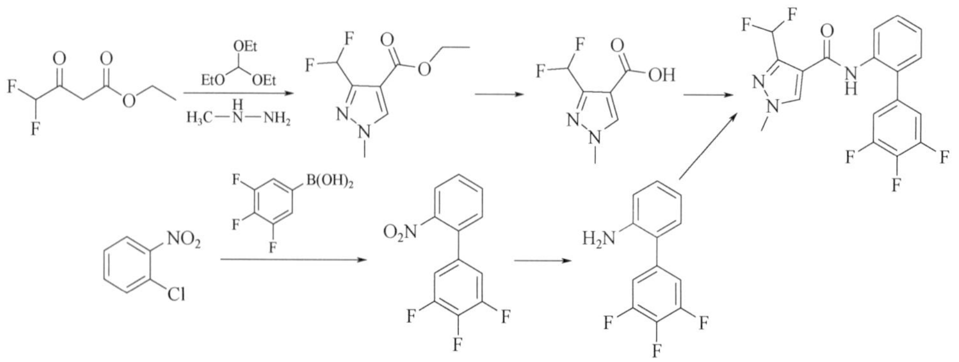

参考文献

[1] The Pesticide Manual. 17 th edition: 550-551.

pyraziflumid

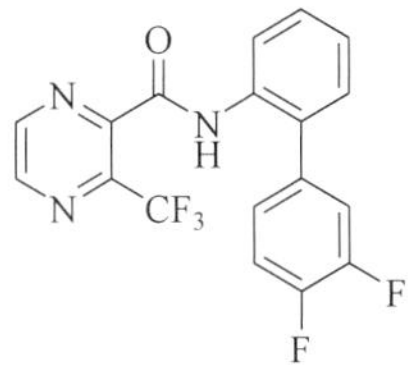

C$_{18}$H$_{10}$F$_5$N$_3$O，379.3，942515-63-1

pyraziflumid（试验代号：NNF-0721）是日本农药株式会社开发的琥珀酸脱氢酶抑制剂(SDHI)类杀菌剂。

化学名称 N-(3′,4′-二氟联苯-2-基)-3-三氟甲基吡嗪-2-酰胺。IUPAC 名称：N-(3′,4′-di-fluorobiphenyl-2-yl)-3-(trifluoromethyl)pyrazine-2-carboxamide。美国化学文摘（CA）系统名称：N-(3′,4′-difluoro[1,1′-biphenyl]-2-yl)-3-(trifluoromethyl)-2-pyrazinecarboxamide。CA 主题索引名称：2H-pyran-2-one —, N-(3′,4′-difluoro[1,1′-biphenyl]-2-yl)-3-(trifluoromethyl)-。

应用 主要用于防治水稻、水果和蔬菜上的白粉病、黑星病、灰霉病、菌核病、轮纹病、果斑病及币斑病等，使用剂量为 100～375 g/hm^2，2018 年在日本上市。

专利与登记

专利名称 Preparation of biphenyl pyrazinecarboxamides as agrochemical fungicides

专利号 WO 2007072999 **专利申请日** 2006-12-21

专利拥有者 Nihon Nohyaku Co., Ltd, Japan

在其他国家申请的化合物专利 AR 58583、AU 2006328335、CA 2633207、EP 1963286、KR 2008092344、KR 1271503、CN 101341136、JP 2009520680、JP 5090351、ZA 2008004816、RU 2425036、BR 2006020444、AT 546438、ES 2380686、IL 191884、IN 2008KN02146、IN 264111、MX 2008007921、US 20090233934、US 8168638 等。

工艺专利 WO 2010122794、JP 2009242244 等。

合成方法 通过如下反应制得目的物：

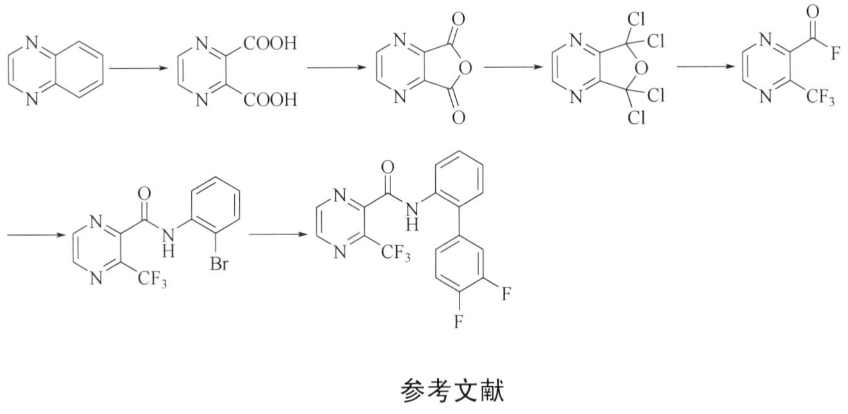

参考文献

[1] 张宝俊, 郭崇友. 新型杀菌剂 Pyraziflumid 的合成及生物活性. 世界农药, 2018, 40(1): 30-35.

[2] The Pesticide Manual. 17 th edition: 957.

氟苯醚酰胺（flubeneteram）

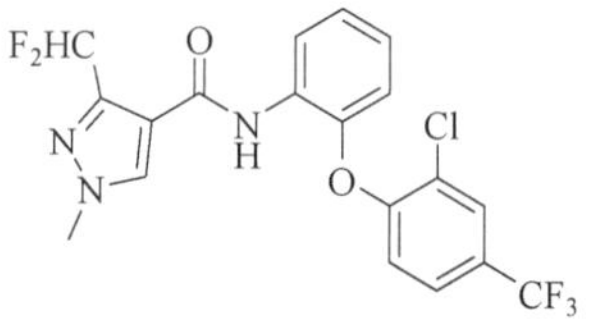

C$_{19}$H$_{13}$ClF$_5$N$_3$O$_2$，445.8，1676101-39-5

氟苯醚酰胺（试验代号：Y131490）是由华中师范大学自主创制并与北京燕化永乐生物科技股份有限公司联合开发的琥珀酸脱氢酶抑制剂(SDHI)类杀菌剂。

化学名称 *N*-[2-[2-氯-4-(三氟甲基)苯氧基]苯基]-3-二氟甲基-1-甲基-1*H*-吡唑-4-甲酰胺。IUPAC 名称：*N*-[2-[2-chloro-4-(trifluoromethyl)phenoxy]phenyl]-3-difluoromethyl-1-methyl-1*H*-pyrazole-4-carboxamide。美国化学文摘（CA）系统名称：*N*-[2-[2-chloro-4-(trifluoromethyl)phenoxy]phenyl]-3-(difluoromethyl)-1-methyl-1*H*-pyrazole-4-carboxamide。CA 主题索引名称：1*H*-pyrazole-4-carboxamide—, *N*-[2-[2-chloro-4-(trifluoromethyl)phenoxy]phenyl]-3-(difluoromethyl)-1-methyl-。

理化性质 熔点 114.3～115.4℃。

作用机理与特点 通过抑制病原菌琥珀酸脱氢酶的活性，造成病原菌死亡，达到防治病害的目的，具有新颖的作用机制，所以这类杀菌剂与目前市场上大多数杀菌剂没有交互抗性。

应用

（1）适用作物 水稻、马铃薯等。

（2）防治对象 对水稻纹枯病具有优异的防效，同时对白粉病、马铃薯晚疫病具有高效杀菌活性。氟苯醚酰胺具有内吸传导性，并具有耐雨水冲淋、用量低（5～7 g/亩）、成本低（<20 万元/t）等特点，其防效及成本明显优于同类产品噻呋酰胺。

专利与登记

专利名称 含二苯醚的吡唑酰胺类化合物及其应用和农药组合物

专利号 CN 201310502473 专利申请日 2013-10-23

专利拥有者 北京燕化永乐生物科技股份有限公司。

合成方法 经如下反应制得氟苯醚酰胺：

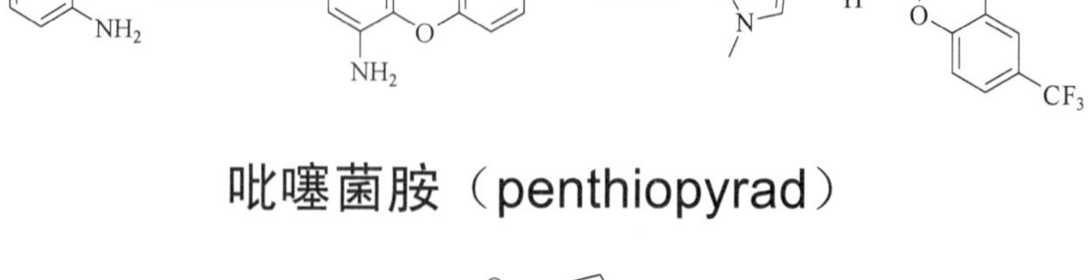

吡噻菌胺（penthiopyrad）

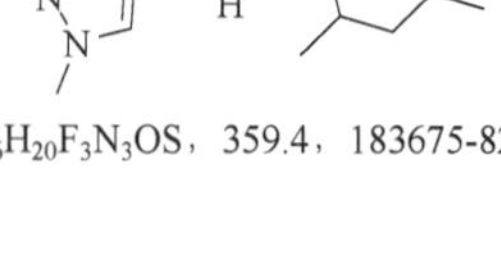

C$_{16}$H$_{20}$F$_3$N$_3$OS，359.4，183675-82-3

吡噻菌胺（试验代号：MTF-753，商品名称 Fontelis、Vertisan）是由日本三井化学研制开发的酰胺类杀菌剂。

化学名称　(RS)-N-[2-(1,3-二甲基丁基)-3-噻吩基]-1-甲基-3-(三氟甲基)-1H-吡唑-4-甲酰胺。IUPAC 名称：(RS)-N-[2-(1,3-dimethylbutyl)-3-thienyl]-1-methyl-3-(trifluoromethyl) -1H-pyrazole-4-carboxamide。美国化学文摘（CA）系统名称：N-[2-(1,3-dimethylbutyl)-3-thienyl]-1-methyl-3-(trifluoromethyl)-1H-pyrazole-4-carboxamide。CA 主题索引名称：1H-pyrazole-4-carboxamide—, N-[2-(1,3-dimethylbutyl)-3-thienyl]-1-methyl-3-(trifluoromethyl)-。

理化性质　原药含量≥98%，纯品为白色粉末，熔点 103～105℃，蒸气压 6.43×10^{-6} Pa（25℃），在水中的溶解度 7.53 mg/L（20～25℃）。

毒性　大鼠（雌/雄）急性经口 $LD_{50}>2000$ mg/kg，大鼠（雌/雄）急性经皮 $LD_{50}>2000$ mg/kg。大鼠（雌/雄）急性吸入 $LC_{50}(4 h)>5669$ mg/kg。对兔眼有轻微刺激性，对兔皮肤无刺激性，无致敏性。Ames 试验阴性，无致癌性。

生态效应　鲤鱼 $LC_{50}(96 h)$ 1.17 mg/L，水蚤 $LC_{50}(24 h)$ 40 mg/L，水藻 $E_rC_{50}(72 h)$ 2.72 mg/L。

制剂　15%、20%悬浮剂。

主要生产商　Mitsui Chemicals Agro。

作用机理与特点　吡噻菌胺具有渗透性，但无内吸性，可以提供预防和治疗作用。吡噻菌胺与较早期开发的该类杀菌剂相比更有优势，室内和田间试验结果均表明，不仅对锈病、菌核病有优异的活性，对灰霉病、白粉病和苹果黑星病也显示出较好的杀菌剂活性。通过在马铃薯葡萄糖琼脂培养基上的生长情况发现，其对抗甲基硫菌灵、腐霉利和乙霉威的灰葡萄孢均有活性。用抗性品系的苹果黑星菌所做的试验表明，无论对氯苯嘧啶醇或啶菌酯有抗性的品系或敏感品系对吡噻菌胺均敏感。试验结果表明吡噻菌胺作用机理与其他用于防治这些病害的杀菌剂有所不同，因此没有交互抗性，具体作用机理在研究中。

应用

（1）适宜作物与安全性　果树和蔬菜包括苹果、梨、桃、樱桃、柑橘、番茄、黄瓜和葡萄、草坪；对作物和环境安全。

（2）防治对象　锈病、菌核病、灰霉病、霜霉病、苹果黑星病和白粉病等。

（3）使用方法　在 100～200 g(a.i.)/hm² 剂量下，茎叶处理可有效地防治苹果黑星病、白粉病等。在 100 mg/L 浓度下对葡萄灰霉病有很好活性，25 mg/L 浓度下对黄瓜霜霉病防效好。

专利与登记

专利名称　Preparation of thiophene derivative as agricultural and horticultural fungicides

专利号　EP 737682　　　　专利申请日　1996-04-03

专利拥有者　Mitsui Toatsu Chemicals，Incorporated，Japan

工艺专利　WO 2019044266、WO 2004009581、EP 1036793。

国内登记情况　吡噻菌胺 99%原药、20%悬浮剂，登记作物为黄瓜、葡萄，防治对象为白粉病、灰霉病。日本三井化学 AGRO 株式会社在中国登记情况见表 2-21。

表 2-21　日本三井化学 AGRO 株式会社在中国登记情况

登记名称	登记证号	含量	剂型	登记作物	防治对象	用药量	施用方法
吡噻菌胺	PD20190055	99%	原药				
吡噻菌胺	PD20190054	20%	悬浮剂	黄瓜	白粉病	25～33 mL/亩	喷雾
				葡萄	灰霉病	1500～3000 倍液	喷雾

合成方法 以 3-氨基-噻吩-2-甲酸酯或 3-氨基噻吩，三氟乙酰乙酸乙酯的衍生物为原料，经如下反应即可制得吡噻菌胺：

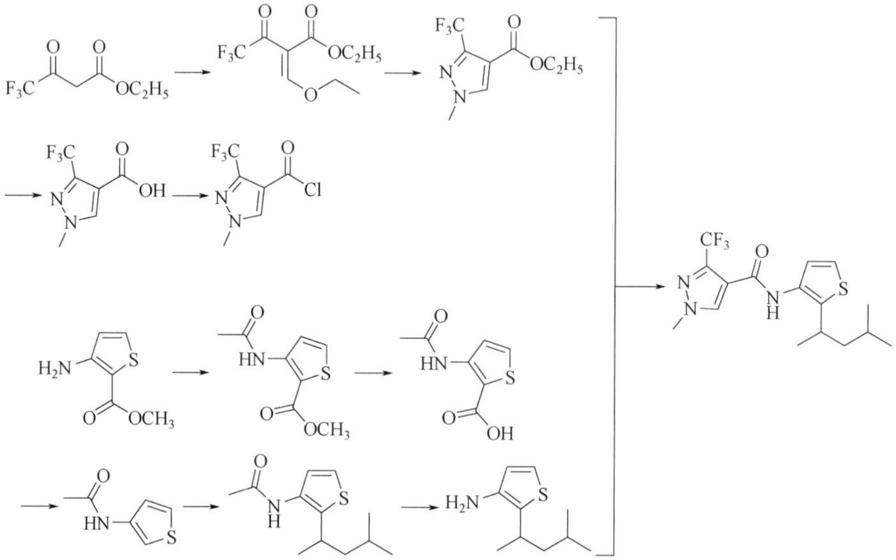

或

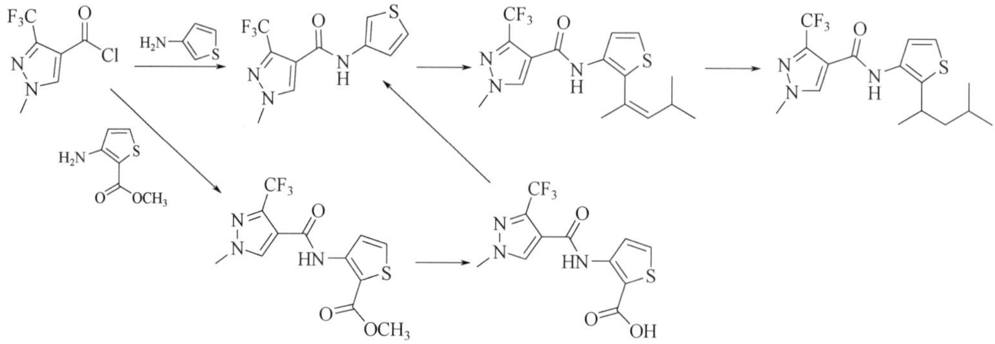

参考文献

[1] The Pesticide Manual. 17 th edition: 855.

[2] 张庆宽. 世界农药, 2009, 3: 53.

[3] https://sitem.herts.ac.uk/aeru/ppdb/en/Reports/1210.htm.

氟唑菌苯胺（penflufen）

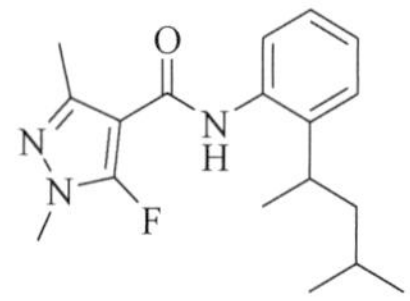

$C_{18}H_{24}FN_3O$，317.4，494793-67-8

氟唑菌苯胺（试验代号：BYF14182，商品名称：EVERGOL Prime、EVERGOL Xtend、

EMESTO Quantum、Prosper EverGol，其他名称：EMESTO Prime、EVERGOL Energy、EMESTO Silver、EMESTO Flux、戊苯吡菌胺）是由拜耳公司开发的吡唑酰胺类杀菌剂。

化学名称　N-[2-(1,3-二甲基丁基)苯基]-5-氟-1,3-二甲基-1H-4-吡唑酰胺。IUPAC 名称：2′-[(RS)-1,3-dimethylbutyl]-5-fluoro-1,3-dimethylpyrazole-4-carboxanilide。美国化学文摘（CA）系统名称：N-[2-(1,3-dimethylbutyl)phenyl]-5-fluoro-1,3-dimethyl-1H-pyrazole-4-carboxamide。CA 主题索引名称：1H-pyrazole-4-carboxamide —, N-[2-(1,3-dimethylbutyl)phenyl] -5-fluoro-1, 3-dimethyl-。

理化性质　纯品为无色晶体，熔点 111.1℃。蒸气压 $4.1×10^{-4}$ mPa（20℃）。相对密度 1.21（20～25℃），$\lg K_{ow}$=3.3（pH 7，25℃）。Henry 常数 $1.05×10^{-5}$ Pa·m^3/mol（pH 6.5，计算），溶解度：水 10.9 mg/L（pH 7，20～25℃），其他溶剂中溶解度（g/L，20～25℃）：甲醇 126，二氯甲烷>250，甲苯 72，DMSO 162。在水中及空气和光中稳定。

毒性　大鼠急性经口 LD_{50}>2000 mg/kg；大鼠急性经皮 LD_{50}> 2000 mg/kg；24 h，3 只兔子中 2 只兔子眼睛变红，一只兔子肿胀，72 h 恢复正常。对兔子无皮肤刺激。对豚鼠皮肤无致敏性。大鼠吸入 LC_{50}（4 h，20℃）> 2.022 mg/L，ADI 0.04 mg/kg。

生态效应　鸟类 LD_{50}（mg/kg）：山齿鹑>4000，金丝雀>2000。饲喂 LD_{50}（mg/kg 饲料）：山齿鹑>8962，野鸭>9923。鱼类 LC_{50}（96 h，mg/L）：鲤鱼>0.103，大翻车鱼>0.45，虹鳟鱼>0.31，羊头小鱼>1.15，肥头鲤>0.116。水蚤 EC_{50}>4.7 mg/L。淡水绿藻 EC_{50}>5.1 mg/L。糠虾 EC_{50}(96 h) 2.5 mg/L，蜜蜂 LD_{50}（24 h，48 h，μg/只）：经口>100，接触>100。其他有益生物 LR_{50}（g/hm^2）：捕食性螨>250，寄生蜂>250。在 250 g/hm^2 可明显监测到其繁殖能力分别减少了 37.2%和 64.3%。

环境行为　①动物。在大鼠中通过粪便迅速排出，72 h 内在粪便和尿液中检测到 90%的回收率。经口代谢机理非常复杂，能被代谢为多种产物。在山羊和母鸡中的代谢机制与大鼠类似。通过放射性标记方法，发现在组织器官、奶和鸡蛋中有低残留。②植物。通过放射性标记方法，在土豆、小麦、大豆、水稻中被降解为非常复杂的组分。在土豆、小麦、大豆、水稻等中残留不大于 0.005 mg/L。③土壤/环境。土壤中快速降解缓慢，DT_{50} 为 117～458 d。50℃在 pH 4.7～9 的水沉降试验中，DT_{50} 为 3.9 d 和 93 d，整个体系的 DT_{50} 为 301 d 和 333 d。

制剂　种子处理悬浮剂、悬浮剂。

主要生产商　Bayer。

作用机理与特点　琥珀酸脱氢酶抑制剂。对纹枯病有很好的防治效果，可用作种子处理剂。

应用

（1）适用作物　紫花苜蓿、谷物、棉花、油菜、马铃薯、小谷物、大豆、向日葵、块根蔬菜等。

（2）防治对象　防治纹枯病，水稻纹枯病菌，长蠕孢菌。

（3）使用方法　用作种子处理剂。水稻上推荐使用剂量 1.4～10 g/hm^2，欧洲对马铃薯的推荐剂量为 50～100 g/hm^2，北美对马铃薯的推荐使用剂量为 80～160 g/hm^2；其他作物的使用剂量：豆类 0.0384 lb(a.i.)/acre、谷物 0.0078 lb(a.i.)/acre、小麦 0.0078 lb(a.i.)/acre、玉米 0.0033 lb(a.i.)/acre、紫花苜蓿 0.00225 lb(a.i.)/acre、棉花 0.0019 lb(a.i.)/acre、油籽作物 0.00123 lb(a.i.)/acre。

专利与登记

专利名称　Preparation of 1H-pyrazole-4-carboxanilides as agricultural fungicides and bactericides

专利号　WO 2003010149　　　　　　专利申请日　2003-02-06

专利拥有者　Bayer

在其他国家申请的化合物专利　AU 2002313490、BR 2002011482、CN 1533380、DE 10136065、EP 1414803、HU 2004001478、IL 159839、IN 2002MU00619、IN 2008MU02533、IN 229869、JP 2005501044、JP 2010195800、KR 2009052908、MX 2004000622、TW 317357、US 20040204470、ZA 2004000434 等。

工艺专利　WO 2008006575、WO 2006136287、GB102005028294、GB102005009457、WO 2006120031。

国内登记情况　95%原药、22.4%种子处理悬浮剂，登记作物及防治对象为马铃薯黑痣病、小麦纹枯病、玉米丝黑穗病。拜耳股份公司在中国登记情况见表 2-22。

表 2-22　拜耳股份公司在中国登记情况

登记名称	登记证号	含量	剂型	登记作物	防治对象	用药量	施用方法
氟唑菌苯胺	PD20190256	99%	原药				
氟唑菌苯胺	PD20190266	22.4%	种子处理悬浮剂	马铃薯	黑痣病	8～12 mL/100 kg 种薯	种薯包衣
				小麦	纹枯病	60～100 mL/100 kg 种子	拌种
				玉米	丝黑穗病	200～300 mL/100 kg 种子	拌种

合成方法　经如下反应制得氟唑菌苯胺：

参考文献

[1] The Pesticide Manual.17 th edition: 850-851.

[2] 顾林玲. 现代农药, 2013, 2: 44-47.

氟唑环菌胺（sedaxane）

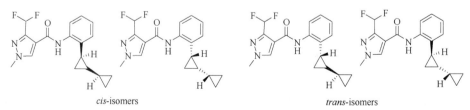

cis-isomers　　　　　　　　　　　　trans-isomers

$C_{18}H_{19}F_2N_3O$，331.4，874967-67-6(mixture)，599197-38-3(trans-)，599194-51-1(cis-)

氟唑环菌胺〔试验代号：SYN524464(CAS 874967-67-6)，SYN508211 (CAS 599197-38-3)，SYN508210 (CAS 599194-51-1)；商品名称：Cruiser Macc Vibrance Beans、Cruiser Maxx Vibrance、Helix Vibrance、Vibrance Integral、Vibrance Gold、Vibrance XL、Vibrance Extreme〕是由先正达公司开发的用于种子处理的杀菌剂。

化学名称　2 个顺式异构体 2'-[(1RS,2RS)-1,1'-连环丙烷-2-基]-3-(二氟甲基)-1-甲基吡唑-4-羧酰苯胺和 2 个反式异构体 2'-[(1RS,2SR)-1,1'-连环丙烷-2-基]-3-(二氟甲基)-1-甲基吡唑-4-羧酰苯胺。IUPAC 名称：2 个反式异构体 cis-isomers 2′-[(1RS,2RS)-1,1′-bicycloprop-2-yl]-3-(difluoromethyl)-1-methylpyrazole-4-carboxanilide 和 2 个顺式异构体 trans-isomers 2′-[(1RS,2SR)-1,1′-bicycloprop-2-yl]-3-(difluoromethyl)-1-methylpyrazole-4-carboxanilide。美国化学文摘（CA）系统名称：N-[2-[1,1′-bicyclopropyl]-2-ylphenyl]-3-(difluoromethyl)-1-methyl-1H-pyrazole-4-carboxamide。CA 主题索引名称：1H-pyrazole-4-carboxamide —, N-[2-[1,1′-bicyclopropyl]-2-ylphenyl]-3-(difluoromethyl)-1-methyl-。

理化性质　工业品含量 97.5%，其中 2 个反式异构体：2 个顺式异构体=(10～15)：(82～89)；米灰色固体，熔点 121.4℃，蒸气压 $1.7×10^{-7}$ mPa（25℃），Henry $4×10^{-6}$ Pa·m³/mol，$\lg K_{ow}$ 为 3.3；水中溶解度：1.23 mg/L（20～25℃）；有机溶剂中溶解度（g/L，20～25℃）：丙酮 410，1,2-二氯乙烷 500，乙酸乙酯 200，甲醇 110，正己烷 41，甲苯 70，正辛醇 20。正常存储条件下稳定，270℃以上分解，pH 5～7 下不水解。光照分解 DT_{50} 42～71 d（pH 7）。

毒性　雌性大鼠急性经口 LD_{50} 5000 mg/kg；大鼠急性经皮 LD_{50}>5000 mg/kg；对兔子、小鼠无皮肤刺激。对兔子眼睛有轻微刺激。大鼠吸入 LC_{50}(4 h)>5.24 mg/L。NOEL（2 年）数据〔mg/(kg·d)〕：雄大鼠 14，雌大鼠 11。ADI(RfD) 0.11 mg/(kg·d)。

生态效应　鸟类 LD_{50}（mg/kg）：山齿鹑>2000。鱼类 LC_{50}（96 h，μg/L）：虹鳟鱼 1100，鲤鱼 620，黑呆头鱼 980。水蚤 EC_{50}(48 h) 6.1 mg/L。羊角月牙藻 E_rC_{50}(96 h) 3 mg/L，膨胀浮萍 E_rC_{50} (7 d) 6.5 mg/L。蜜蜂 LD_{50}(24 h、48 h，μg/只)：经口>4，接触>100。蚯蚓 LC_{50}（mg/kg，14 d）>1000 干土。

环境行为　①水中。DT_{50}：5.5～6.4 d（好氧），31.3～43.4 d（厌氧）；DT_{90}：18.4～21.2 d（好氧），104～144 d（厌氧）。②动物。多次给药无蓄积。③土壤/环境。DT_{50}：125 d（法国北部），130 d（意大利），32～87 d（北美）。

制剂　种子处理剂（516 g/L）。

主要生产商　Syngenta。

作用机理与特点　抑制线粒体呼吸链电子传递功能的复合物Ⅱ（琥珀酸脱氢酶）。能预防土壤中的多种病害，尤其是对病原菌丝核菌。这些病菌难以被检测到又具有一定的侵袭性，氟唑环菌胺对其都有特效。用作种子处理剂。

应用

（1）适用作物　谷类、大豆和油菜作物。

（2）防治对象　控制各类作物散黑穗病，以及多种苗期疾病，尤其是立枯病。

氟唑环菌胺高效、广谱、内吸，具有保护和治疗作用，以保护作用为主。适用于谷物、大豆、蔬菜、甘蔗、葡萄、马铃薯、棉花、梨果和油菜等众多作物，防治多种土传和种传病害，也可防治早期叶面病害，对丝核菌引起的病害和丝黑穗病防效优异。氟唑环菌胺能促进作物根系生长，降低非光化学淬灭，使作物增产。

专利与登记

专利名称　Pyrazole derivative fungicides

专利号　WO 2006015866　　　　　　专利申请日　2004-8-12

专利拥有者　先正达公司

在其他国家申请的化合物专利　AU 2005270320、CA 2574293、EP 1781102、CN 101001526、JP 2008509190、EA 11163、CN 102669104、US 20090054233、NO 2007001233 等。

目前已在阿根廷、美国、加拿大、法国等取得登记：Vibrance（516 g/L）登记用于小麦、大麦、燕麦、黑麦、大豆和油菜，用于控制各类作物散黑穗病，以及多种苗期疾病，尤其是立枯病。Vibrance Extreme（氟唑环菌胺 13.8 g/L+苯醚甲环唑 66.2 g/L+R-甲霜灵 16.6 g/L）登记用于谷类，与 Vibrance 相比，其防控谱更广，可防控苗期枯萎病、根腐病和猝倒病等。Cruiser Maxx Vibrance（氟唑环菌胺 8 g/L+苯醚甲环唑 37 g/L+R-甲霜灵 9.5 g/L +噻虫嗪 30.7 g/L）登记用于谷类作物，不仅可防控多种种子内生疾病，还能防控欧洲金龟子和线虫。

工艺专利　WO 2019122194、WO 2019122164、WO 2017140593、EP 2980078、WO 2016016298、WO 2012055864、WO 2008145740、WO 2009135860、WO 2009138375、WO 2008053043。

国内登记情况　氟菌·氟环唑 12%乳油，唑醚·氟酰胺 42.4%悬浮剂，苯甲·氟酰胺 12%悬浮剂，唑醚·氟酰胺 43%悬浮剂，登记作物为水稻、黄瓜、草莓、葡萄、西瓜等，防治对象为纹枯病、叶斑病、灰霉病、白粉病等。巴斯夫公司在中国登记情况见表 2-23。

表 2-23　巴斯夫公司在中国登记情况

登记名称	登记证号	含量	剂型	登记作物	防治对象	用药量	施用方法
氟唑环菌胺	PD20150221	95%	原药				
氟唑环菌胺	PD20150321	44%	悬浮种衣剂	玉米	黑粉病	30～90 mL/100 kg 种子	种子包衣
				玉米	丝黑穗病	30～90 mL/100 kg 种子	种子包衣
氟环·咯·苯甲	PD20161619	9%	种子处理悬浮剂	小麦	散黑穗病	100～200 mL/100 kg 种子	拌种
氟环·咯菌腈	PD20172174	8%	种子处理悬浮剂	马铃薯	黑痣病	30～70 mL/100 kg 种薯	种薯拌种
氟环·咯·精甲	PD20180500	11%	种子处理悬浮剂	马铃薯	黑痣病	30～70 mL/100 kg 种薯	种薯拌种

合成方法　经如下反应制得氟唑环菌胺：

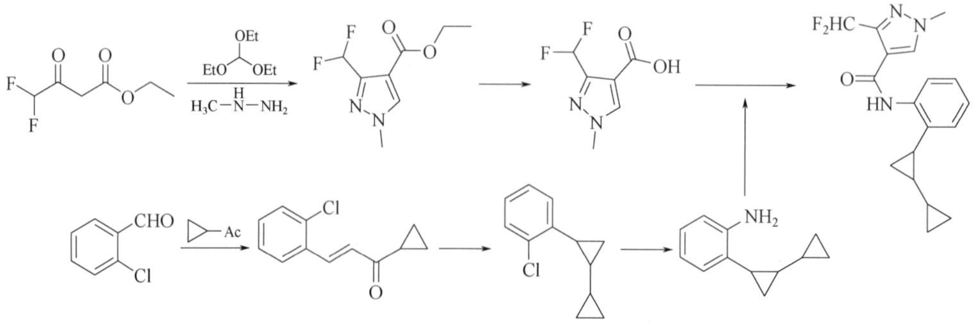

参考文献

[1] The Pesticide Manual.17th edition: 1012-1013.

isofetamid

C$_{20}$H$_{25}$NO$_3$S，359.5，875915-78-9

isofetamid（试验代号：IKF-5411）是由日本石原产业株式会社开发的一种新型酰胺类杀菌剂。

化学名称 N-[1,1-二甲基-2-[2-甲基-4-(1-异丙氧基)苯基]-2-氧乙基]-3-甲基-2-噻吩甲酰胺。IUPAC 名称：N-[1,1-dimethyl-2-(4-isopropoxy-o-tolyl)-2-oxoethyl]-3-methylthiophene-2-carboxamide。美国化学文摘（CA）系统名称：N-[1,1-dimethyl-2-[2-methyl-4-(1-methylethoxy)phenyl]-2-oxoethyl]-3-methyl-2-thiophenecarboxamide。CA 主题索引名称：2-thiophene carboxamide —, [1,1-dimethyl-2-[2-methyl-4-(1-methylethoxy)phenyl]-2-oxoethyl]-3-methyl-。

理化性质 淡褐色固体，熔点 103～105℃，沸点：>176℃已分解，蒸气压 4.2×10^{-4} mPa（25℃），Henry 1.2×10^{-5} Pa·m^3/mol，lgK_{ow} 为 2.5；水中溶解度：5.33 mg/L（20～25℃）；有机溶剂中溶解度（g/L，20～25℃）：丙酮（>250），1,2-二氯乙烷（>250），乙酸乙酯（>250），甲醇（>250），正庚烷（1.2），二甲苯（61.4），正辛醇（31.7）；土壤吸附（K_{oc}）：489（274～597）。

毒性 急性经口（大鼠）：LD$_{50}$>2000 mg/kg；急性经皮（大鼠）：LD$_{50}$>2000 mg/kg。鲤鱼 LC$_{50}$(96 h)>7.1 mg/L。致突变性：无。制剂有 36%悬浮剂。

作用机理与特点 用灰葡萄孢（Botrytis cinerea）的线粒体进行电子传递阻碍活性测试，确认 isofetamid 亦为琥珀酸脱氢酶抑制剂。isofetamid 对果蔬作物为主的广范围植物由灰葡萄孢引起的灰霉病及核盘菌引起的菌核病，在 0.1 mg/L 以下即对菌丝伸长有 50%的生长抑制作用(即 EC$_{50}$<0.1 mg/L)。而对链核盘菌属和黑星病属的 EC$_{50}$ 约 1 mg/L。对于不完全菌类的链格孢菌属和 Mycovellosiella 属菌的菌丝伸长也有很强的抑制作用。另外，经盆栽试验表明，该药剂在低浓度时对黄瓜白粉病和褐斑病有 90%的防治效果。但是，该药剂对担子菌类病害活性较低，和其他 SDHI 类杀菌剂一样，该杀菌剂对疫病和霜霉病等卵菌类病菌则无活性。

专利与登记

专利名称 Preparation of fungicidal acid amide derivatives

专利号 JP 2007023007(WO 2006016708) 专利申请日 2005-08-10

专利拥有者 Ishihara Sangyo Kaisha, Ltd.

在其他国家申请的化合物专利 AU 2005272370、CA 2575073、EP 1776011、KR 2007047778、CN 101001528、BR 2005014221、ZA 2007001243、NZ 552838、AT 549927、PT 1776011、ES 2383308、AR 50520、IN 2007KN00404、US 20080318779、US 20100261735、US20100261675 等。

合成方法 经如下反应制得目的物：

参考文献

[1] The Pesticide Manual.17 th edition: 654-655.

[2] Phillips McDougall AgriFutura June 2019. Conference Report IUPAC 2019 Ghent Belgium.

氟唑菌酰羟胺（pydiflumetofen）

$C_{16}H_{16}Cl_3F_2N_3O_2$，426.7，1228284-64-7

氟唑菌酰羟胺（试验代号：SYN545974，商标名：Adepidyn）是先正达公司研发的琥珀酸脱氢酶抑制剂(SDHI)类杀菌剂、杀线虫剂。

化学名称　3-二氟甲基-N-甲氧基-1-甲基-N-[(RS)-1-甲基-2-(2,4,6-三氯苯基)乙基]吡唑-4-酰胺。IUPAC 名称：3-(difluoromethyl)-N-methoxy-1-methyl-N-[(RS)-1-methyl -2-(2,4,6-trichlorophenyl) ethyl]pyrazole-4-carboxamide。美国化学文摘（CA）系统名称：3-(difluoromethyl)-N-methoxy-1-methyl-N-[1-methyl-2-(2,4,6-trichlorophenyl)ethyl]-1H-pyrazole-4-carboxamide。CA 主题索引名称：1H-pyrazole-4-carboxamide —, 3-(difluoromethyl) -N-methoxy-1-methyl-N-[1-methyl-2-(2,4,6-trichlorophenyl)ethyl]-。

作用机理与特点　属于 SDHI 类杀菌剂。氟唑菌酰羟胺是病原菌呼吸作用抑制剂，通过干扰呼吸电子传递链复合体Ⅱ上的三羧酸循环来抑制线粒体的功能，阻止其产生能量，抑制病原菌生长，最终导致其死亡。

氟唑菌酰羟胺具有良好的内吸活性，能够在植物体内平衡分布。具有良好的耐雨水冲刷特性，即使在低浓度下也可以长期抑制病害。对 QoIs、DMIs、PPs 及 Aps 没有交互抗性。同时，还可以有效地抑制真菌毒素。两个对映异构体具有相似的活性，这也降低了合成难度。

相对于其他众多 SDHI 类杀菌剂而言，氟唑菌酰羟胺在应用上有两大突破：①突破性地防治由镰刀菌（*Fusarium* spp.）引起的病害，如小麦赤霉病等，是目前 SDHI 类杀菌剂中唯一高效防治赤霉病的药剂；②突破性地防治线虫（商品名：Saltro），尤其对大豆胞囊线虫（*Heterodera glycines*）有卓越防效，这是继拜耳氟吡菌酰胺之后又一高效防治线虫的 SDHI 类杀菌剂。

应用　用于防除小粒谷物、玉米、大豆和特种蔬菜各种病害。氟唑菌酰羟胺高效、广谱，用于谷物、花生、油菜、藜麦、蔬菜、干豌豆和豆类、果树、特种作物、草坪、观赏植物等，防治由镰刀菌（*Fusarium* spp.）、尾孢菌（*Cercospora* spp.）、葡萄孢菌（*Botrytis* spp.）、链格孢菌（*Alternaria* spp.）等许多病原菌引起的病害，如白粉病、叶斑病、褐斑病、灰霉病、赤霉病、菌核病、黑胫病等。氟唑菌酰羟胺主要通过叶面喷雾，有效成分用药量为 30～200 g/hm²。先正达杀菌、杀线虫剂 Saltro 获得美国环保署（EPA）登记，已于 2020 年种植季上市，为大豆种植者提供防治大豆猝死综合征（SDS）和线虫的新工具。Saltro 还能促使大豆立苗、叶子更健康、早期根系生长更健壮。

专利与登记

专利名称　Preparation of pyrazolecarboxylic acid alkoxyamides as agrochemical micro-biocides

专利号　WO 2010063700　　　　　专利申请日　2009-12-01

专利拥有者　瑞士先正达公司

在其他国家申请的化合物专利　AR 77722、AU 2009324187、BR 2009022845、CA 2744509、CN 102239137、CR 20110292、EA 20376、EP 2364293、ES 2403061、HK 1156017、IL 212870、IN 2008 dE02764、IN 2011 dN03527、JP 2012510974、JP 5491519、KR 2011094324、MX 2011005595、MY 152114、NZ 592749、PH 12011501076、PT 2364293、TW I389641、US 20110230537、US 8258169、ZA 2011003886 等。

工艺专利　WO 2013127764、WO 2013167651、CN 108610290 等。

瑞士先正达作物保护有限公司在我国登记的氟唑菌酰羟胺产品有　98%氟唑菌酰羟胺原药（微毒）、200 g/L 氟唑菌酰羟胺悬浮剂（低毒）、200 g/L 氟唑菌酰羟胺·苯醚甲环唑悬浮剂（低毒）。其中，200 g/L 氟唑菌酰羟胺悬浮剂登记防治小麦赤霉病、油菜菌核病，叶面喷雾，制剂用药量为 50～65 mL/亩；200 g/L 氟唑菌酰羟胺·苯醚甲环唑悬浮剂是 75 g/L 氟唑菌酰羟胺与 125 g/L 苯醚甲环唑的复配产品，登记防治黄瓜白粉病、西瓜白粉病，叶面喷雾，制剂用药量为 40～50 mL/亩。瑞士先正达作物保护有限公司在我国登记情况见表 2-24。

表 2-24　瑞士先正达作物保护有限公司在中国登记情况

登记名称	登记证号	含量	剂型	登记作物	防治对象	用药量	施用方法
氟酰羟·苯甲唑	PD20190257	98%	原药				
氟唑菌酰羟胺	PD20190268	200 g/L	悬浮剂	黄瓜	白粉病	40～50 mL/亩	喷雾
				西瓜	白粉病	40～50 mL/亩	
氟酰羟·苯甲唑	PD20190268	200 g/L	悬浮剂	小麦	散黑穗病	100～200 mL/100 kg 种子	拌种
				小麦	赤霉病	50～65 mL/亩	喷雾

合成方法　通过如下反应制得目的物：

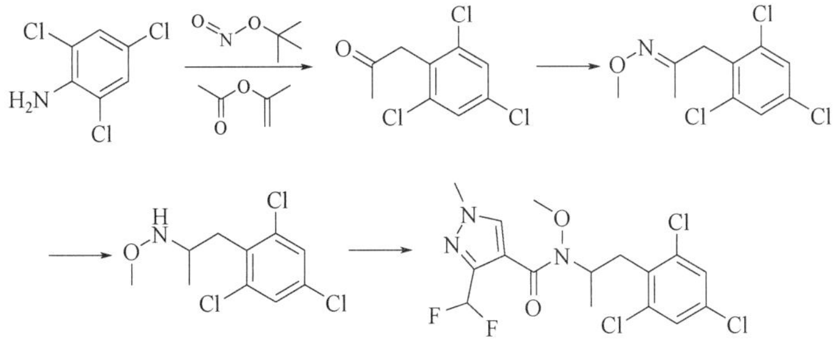

参考文献

[1] Phillips McDougall AgriFutura June 2019. Conference Report IUPAC 2019 Ghent Belgium.

[2] 柏亚罗. 先正达氟唑菌酰羟胺在中国首登，防治小麦赤霉病等. http://www.jsppa.com.cn/news/yanfa/1835.html. [2019-12-05].

[3] The Pesticide Manual.17 th edition: 947.

pyrapropoyne

C$_{21}$H$_{22}$ClF$_2$N$_5$O$_2$，449.9，1803108-03-3(Z)

pyrapropoyne（开发代号：AI664 和 NC-241）是由日产化学株式会社(Nissan Chemical)开发的酰胺类杀菌剂。日产化学计划相关产品于 2022 年上市。

化学名称 (Z)-N-{2-[3-氯-5-(环丙基乙炔基)-2-吡啶基]-2-(异丙氧基亚氨基)乙基}-3-(二氟甲基)-1-甲基-1H-吡唑-4-甲酰胺。IUPAC 名称：(Z)-N-{2-[3-chloro-5-(cyclopropylethynyl)-2-pyridyl]-2-(isopropoxyimino)ethyl}-3-(difluoromethyl)-1-methyl-1H-pyrazole-4-carboxamide。美国化学文摘（CA）系统名称：N-[(2Z)-2-[3-chloro-5-(2-cyclopropylethynyl)-2-pyridinyl[-2-](1-methylethoxy)imino]ethyl]-3-(difluoromethyl)-1-methyl-1H-pyrazole-4-carboxamide。CA 主题索引名称：1H-pyrazole-4-carboxamide ——，N-[(2Z)-2-[3-chloro-5-(2-cyclopropylethynyl)-2-pyridinyl[-2-](1-methylethoxy)imino]ethyl]-3-(difluoromethyl)-1-methyl-。

作用机理与特点 可能为琥珀酸脱氢酶抑制剂。该剂可用于防治由灰葡萄孢菌引起的园艺植物灰霉病以及草莓果腐病，还可用于防治果树和蔬菜上由子囊菌引起的病害。

专利与登记

专利名称 Oxime-substituted amide compound and pest control agent

专利号 WO 2014010737　　　　　专利申请日 2013-07-12

专利拥有者 Nissan Chemical Ind LTD

在其他国家申请的化合物专利 AU 2013287590、BR 112015000372、CA 2878247、CN 104428282、CN 107266333、CO 7200263、EP 2873658、ES 2688646、IN975 dEN2015、JP 2017008056、JP 2017114865、JP 6083436、JP 6249057、JP 6330928、JP WO 2014010737、KR 101699510、KR 101994007、KR 20150036434、KR 20170010446、PT 2873658、RU 2015104656、RU 2668547、UA 115666、US 2015210630、US 2016318919、US 9434684、US 9920046、ZA 201500322B 等。

工艺专利 US 20190382372、JP 2017100972、WO 2018147368、JP 2016011286、WO 2015119246 等。

合成方法 通过如下反应制得目的物：

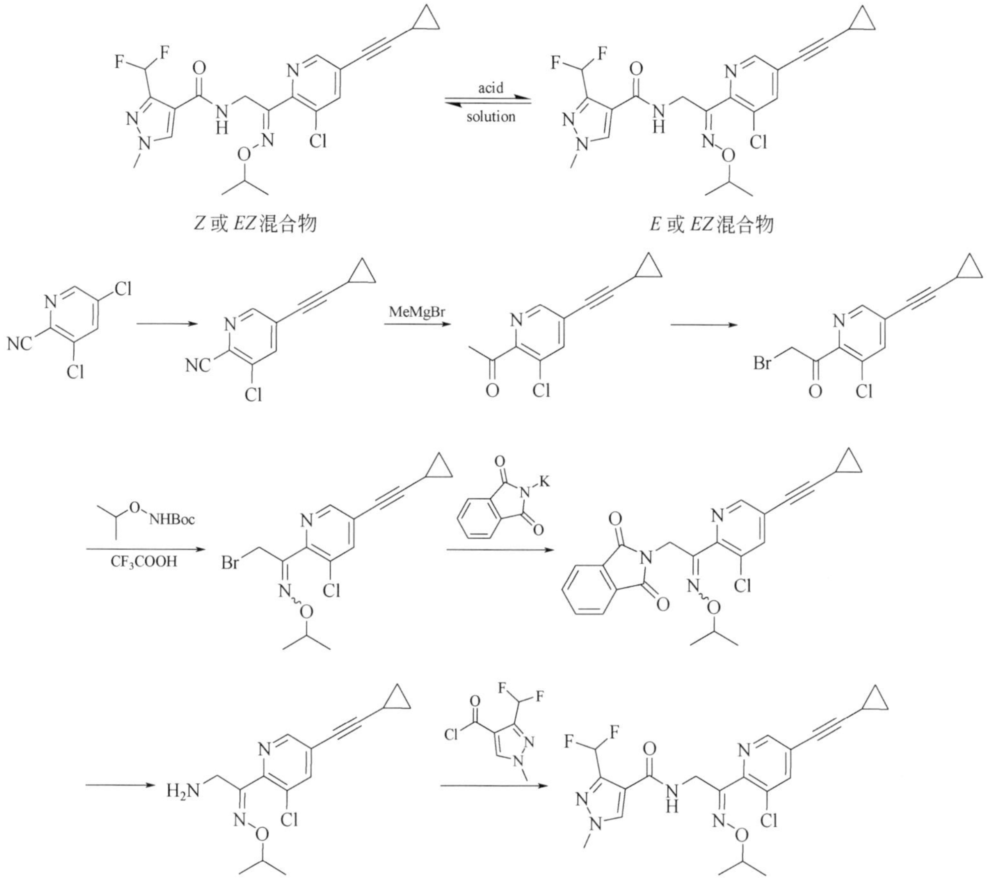

Z 或 EZ 混合物　　　　　　　　　　　　　　　　E 或 EZ 混合物

参考文献

[1] 筱禾. 最新报道的 12 个新农药品种及其特点简析. 农药快讯, 2020, 16.

isoflucypram

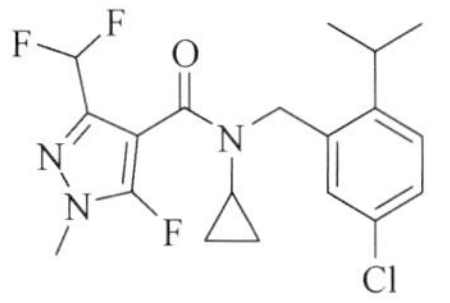

$C_{19}H_{21}ClF_3N_3O$，399.8，1255734-28-1

isoflucypram（试验代号：BCS-CN88460）是由拜耳公司开发的酰胺类杀菌剂。含有 isoflucypram 的商品化产品 iblon™ technology 获新西兰批准登记，这也是该产品在全球范围内首次获得登记，已于 2019/2020 谷物种植季在新西兰上市。

化学名称　　N-[[5-氯-2-(1-甲基乙基)苯基]甲基]-N-环丙基-3-(二氟甲基)-5-氟-1-甲基-1H-吡唑-4-甲酰胺。IUPAC 名称：N-(5-chloro-2-isopropylbenzyl)-N-cyclopropyl-3-(difluoromethyl)-5-fluoro-1-methyl-1H-pyrazole-4-carboxamide。美国化学文摘（CA）系统名称：N-[[5-chloro-2-(1-methylethyl)phenyl]methyl]-N-cyclopropyl-3-(difluoromethyl)-5-fluoro-1-methyl-1H-pyrazole-

4-carboxamide。CA 主题索引名称：1*H*-pyrazole-4-carboxamide —，*N*-{[5-chloro-2-(1-methy-lethyl)phenyl]methyl}-*N*-cyclopropyl-3-(difluoromethyl)-5-fluoro-1-methyl-。

作用机理与特点　琥珀酸脱氢酶抑制剂。主要应用于谷类作物。对大麦叶斑病和斑枯病，小麦颖枯病和褐锈病具有优异的防治效果。同样，对小麦黄斑病、黑斑病、白粉病和条锈病具有极高的防治效果。isoflucypram 对主要真菌病害具有优异的持久功效：田间试验表明其对叶斑病、网斑病、条锈病和叶锈病等主要叶面病害具有极好的功效。isoflucypram 可长效控制病原菌，改善作物外观，延长谷物灌浆期，并持续提高作物产量。在小麦、大麦、黑小麦和黑麦上应用产品商品名为 iblon™ technology。

专利与登记

专利名称　Fungicide pyrazole carboxamides derivatives

专利号　WO 2010130767　　　　　　专利申请日　2010-05-12

专利拥有者　Bayer Crop Science AG

在其他国家申请的化合物专利　AR 076839、AU 2010247385、CA 2761269、CN 102421757、CN 107540615、CO 6460782、DK 2430000、EA 201171409、EP 2251331、EP 2430000、ES 2561215、EP 3000809、HRP 20160062、HUE 027401、JP 2012526768、JP 2015199768、KR 101726461、MX 2011012012、NZ 595589 等。

工艺专利　WO 2017072166、WO 2015032859、WO 2014076007、WO 2013156559 等。

合成方法　通过如下反应制得目的物：

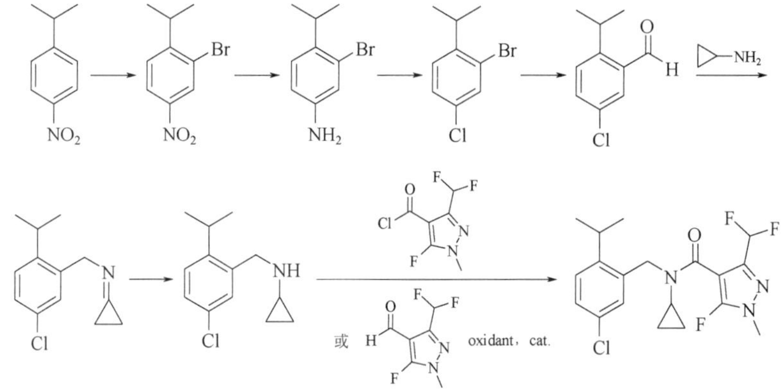

参考文献

[1] Phillips McDougall. AgriService Research Section. 2017.

[2] WO 2015032859.

[3] WO 2017072166A1.

[4] Phillips McDougall AgriFutura June 2019. Conference Report IUPAC 2019 Ghent Belgium.

氟吡菌酰胺（fluopyram）

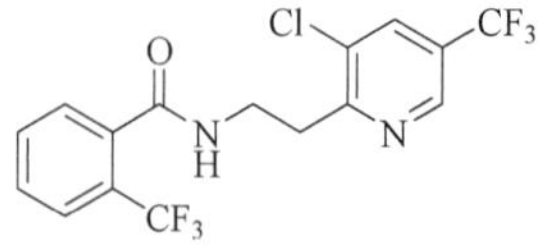

$C_{16}H_{11}ClF_6N_2O$，396.7，658066-35-4

氟吡菌酰胺（试验代号：AE C656948，商品名称：Luna Experience、Luna Privilege、Raxil Star、Verango，其他名称：Luna Devotion、Luna Sensation、Luna Tranquility、Propulse）是由拜耳作物科学有限公司开发的杀菌剂、杀线虫剂。

化学名称　N-{2-[3-氯-5-(三氟甲基)-2-吡啶基]乙基}-α,α,α-三氟-o-苯甲酰胺。IUPAC 名称：N-{2-[3-chloro-5-(trifluoromethyl)-2-pyridyl]ethyl}-α,α,α-trifluoro-o-toluamide。美国化学文摘（CA）系统名称：N-[2-[3-chloro-5-(trifluoromethyl)-2-pyridinyl]ethyl]-2-(trifluoromethyl)benzamide。CA 主题索引名称：benzamide —, N-{2-[3-chloro-5-(trifluoromethyl)-2-pyridinyl]ethyl}-2-(trifluoromethyl)-。

理化性质　熔点 118℃，沸点 319℃，蒸气压 1.2×10^{-3} mPa（20℃），$\lg K_{ow}$=3.3（20℃）（pH 6.5），Henry 2.98×10^{-5} Pa·m³/mol（20℃），相对密度 1.53（20～25℃），水中溶解度 16 mg/L（20～25℃）。具有热稳定性，且在酸、碱与中性溶液中稳定，pK_a 约 0.5。

毒性　大鼠急性经口 LD_{50}>5000 mg/kg，大鼠经皮 LD_{50}>2000 mg/kg，大鼠吸入 LC_{50}>5.112 mg/m³ 空气，ADI 值 0.012 mg/kg。

生态效应　山齿鹑急性经口 LD_{50} 3119 mg/kg，鱼＞1.82 mg/L（高于实际极限的溶解度），水蚤>17 mg/L（高于实际极限的溶解度），藻类 E_rC_{50} 8.90 mg/L，蜜蜂 LD_{50}（48 h，μg/只）：经口>102.3，接触>100。蚯蚓 EC_{50}（14 d）>1000 mg/kg 土壤。

环境行为　①动物。通过喂养试验，氟吡菌酰胺在鸡蛋、牛奶、肉和器官中有少量残留。在家畜如大鼠体内的代谢主要是环间的脂肪链的羟基化，随后是脱水形成烯烃代谢物及分子的断裂。②植物。在不同的目标作物以及轮作作物中均为常见代谢。代谢方式主要为环间脂肪链的羟基化、分子之间的键合以及断裂，其最主要的残留物是母体结构。氟吡菌酰胺在植物体内具有部分的传导性，主要在木质部。③土壤/环境。氟吡菌酰胺在 50℃无菌土壤中能稳定存在，在试验条件下，25℃无菌水溶解中有少量水解。土壤中 DT_{50} 为 119 d（范围 93～145 d），水中 K_{oc} 279 mL/g（范围 233～400 mL/g）。

制剂　41.7%悬浮剂。

主要生产商　Bayer CropScience。

作用机理与特点　琥珀酸脱氢酶抑制剂（SDHI），扰乱复合体Ⅱ在呼吸作用中电子传递功能。

应用　可用于防治 70 多种作物如葡萄树、鲜食葡萄、梨果、核果、蔬菜以及大田作物等的多种病害，包括灰霉病、白粉病、菌核病、褐腐病。氟吡菌酰胺无论是单独使用还是与其他杀菌剂混合使用都能产生"低施用率高效率"的作用，它适合作为一种"重要的有效抗性管理成分"，可作为种子处理剂。近期该化合物被开发为了杀线虫剂，是首款同时防控线虫类以及早疫病的产品。在美上市其新颖的杀线虫/杀虫剂 Velum Total（氟吡菌酰胺＋吡虫啉）可用于棉花和花生作物，它对线虫和早期害虫具有广谱和长残效防治作用。种植时沟施 Velum Total 能保护和促进早期植物生长，并使植株健壮。种植者可以根据有害生物发生程度来调节用药量。

专利与登记

专利名称　Preparation of N-[2-(2-pyridyl)ethyl]benzamides as fungicides

专利号　EP 1389614　　　　专利申请日　2002-08-12

专利拥有者　Bayer Cropscience S.A.

在其他国家申请的化合物专利　CA 2492173、WO 2004016088、AU 2003266316、EP 1531673、BR 2003013340、CN 1674784、CN 1319946、JP 2005535714、JP 4782418、AT 314808、

ES 2250921、NZ 537608、RU 2316548、IL 166335、TW 343785、ZA 2005000294、IN 2005 dN 00120、IN 244130、MX 2005001580、US 20050234110、US 7572818、KR 853967、HK 1080329 等。

　　工艺专利　　EP 1674455、WO 2006067103、CN 111056997、CN 110437138、CN 110437139、WO 2020020897、CN 109293565、CN 108822024、WO 2018114484。

　　目前已相继在土耳其、英国、美国取得登记，用于大麦、葡萄、草莓和番茄等。拜耳作物科学公司在国内登记了 96% 原药、41.7% 悬浮剂，与戊唑醇复配 35% 悬浮剂，与肟菌酯的 43% 悬浮剂。可用于防除番茄、黄瓜、辣椒、西瓜的叶霉病、早疫病、靶斑病、白粉病、炭疽病、蔓枯病等，也可以灌根防除番茄的根结线虫，剂量为 0.012~0.015g/株。

　　国内登记情况　　96% 氟吡菌酰胺原药、41.7% 氟吡菌酰胺悬浮剂、43% 氟菌·肟菌酯悬浮剂及 35% 氟菌·戊唑醇悬浮剂。登记作物为黄瓜、西瓜，防治白粉病。拜耳公司在中国登记情况见表 2-25。

表 2-25　拜耳公司在中国登记情况

登记名称	登记证号	含量	剂型	登记作物	防治对象	用药量	施用方法
氟吡菌酰胺	PD20121673	96%	原药				
氟吡菌酰胺	PD20121664	41.7%	悬浮剂	番茄	根结线虫	0.024~0.030 mL/株	灌根
				黄瓜	白粉病	5~10 mL/亩	喷雾
				黄瓜	根结线虫	0.024~0.03 mL/株	灌根
				番茄	根结线虫	0.024~0.030 mL/株	灌根
氟菌·肟菌酯	PD20152429	43%	悬浮剂	草莓	白粉病	15~30 mL/亩	喷雾
				草莓	灰霉病	20~30 mL/亩	喷雾
				番茄	灰霉病	30~45 mL/亩	喷雾
				番茄	叶霉病	20~30 mL/亩	喷雾
				番茄	早疫病	15~25 mL/亩	喷雾
				黄瓜	靶斑病	15~25 mL/亩	喷雾
				黄瓜	白粉病	5~10 mL/亩	喷雾
				黄瓜	炭疽病	15~25 mL/亩	喷雾
				辣椒	炭疽病	20~30 mL/亩	喷雾
				葡萄	白腐病	3000~4000 倍液	喷雾
				葡萄	黑痘病	2000~4000 倍液	喷雾
				葡萄	灰霉病	2000~4000 倍液	喷雾
				西瓜	蔓枯病	15~25 mL/亩	喷雾
				洋葱	紫斑病	20~30 mL/亩	喷雾
氟菌·戊唑醇	PD20172927	35%	悬浮剂	番茄	叶霉病	30~40 mL/亩	喷雾
				番茄	早疫病	25~30 mL/亩	喷雾
				柑橘树	黑斑病	2000~4000 倍液	喷雾
				柑橘树	树脂病	2000~4000 倍液	喷雾
				黄瓜	靶斑病	20~25 mL/亩	喷雾
				黄瓜	白粉病	5~10 mL/亩	喷雾
				黄瓜	炭疽病	25~30 mL/亩	喷雾
				梨树	褐腐病	2000~3000 倍液	喷雾
				梨树	黑斑病	2000~3000 倍液	喷雾

登记名称	登记证号	含量	剂型	登记作物	防治对象	用药量	施用方法
氟菌·戊唑醇	PD20172927	35%	悬浮剂	苹果树	斑点落叶病	2000～4000 倍液	喷雾
				苹果树	褐斑病	2000～4000 倍液	喷雾
				西瓜	蔓枯病	25～30 mL/亩	喷雾
				香蕉	黑星病	2000～3200 倍液	喷雾
				香蕉	叶斑病	2000～3200 倍液	喷雾
氟菌·肟菌酯	PD20172803	43%	悬浮剂	番茄	叶霉病	20～30 mL/亩	喷雾
				番茄	早疫病	15～25 mL/亩	喷雾
				黄瓜	靶斑病	15～25 mL/亩	喷雾
				黄瓜	白粉病	5～10 mL/亩	喷雾
				黄瓜	炭疽病	15～25 mL/亩	喷雾
				辣椒	炭疽病	20～30 mL/亩	喷雾
				西瓜	蔓枯病	15～25 mL/亩	喷雾
				杨梅树	褐斑病	1500～3000 倍	喷雾
				枇杷树	枝枯病	1500～3000 倍	喷雾
氟吡菌酰胺·嘧霉胺	PD20200234	500 g/L	悬浮剂	草莓	灰霉病	60～80 mL/亩	喷雾
				番茄	灰霉病	60～80 mL/亩	喷雾
				黄瓜	灰霉病	60～80 mL/亩	喷雾
				马铃薯	早疫病	60～80 mL/亩	喷雾
				葡萄	黑痘病	1200～1500 倍	喷雾
				葡萄	灰霉病	1200～1500 倍	喷雾
				茄子	灰霉病	60～80 mL/亩	喷雾

合成方法　以 2,3-二氯-5-三氟甲基吡啶为原料经如下反应得到氟吡菌酰胺。

或按照如下路线：

195

参考文献

[1] The Pesticide Manual.17 th edition: 520-521.

氟醚菌酰胺（fluopimomide）

$C_{15}H_8ClF_7N_2O_2$，416.7，1309859-39-9

氟醚菌酰胺（试验代号：LH-2010A）是由山东省联合农药工业有限公司与山东农业大学联合创制合成的一种新型含氟苯甲酰胺类杀菌剂。

化学名称　2-((2,3,5,6-四氟-4-甲氧基)-苯甲酰胺甲基)-3-氯-5-三氟甲基吡啶。IUPAC 名称：2-((2,3,5,6-tetrafluoro-4-methoxy)benzamidomethyl)-3-chloro-5-trifluoromethylpyridine。美国化学文摘（CA）系统名称：N-{[3-chloro-5-(trifluoromethyl)-2-pyridinyl]methyl}-2,3,5,6-tetrafluoro-4-methoxybenzamide。CA 主题索引名称：benzamide —, N-[[3-chloro-5-(trifluoro-methyl)-2-pyridinyl]methyl]-2,3,5,6-tetrafluoro-4-methoxy-。

理化性质　类白色粉末，无刺激性气味。熔点：115～118℃。蒸气压：2.3×10^{-6} Pa（25℃）。堆密度：0.801 g/mL。水中溶解度：4.53×10^{-3} g/L（20℃，pH 6.5）。

制剂　40%悬浮剂，50%水分散粒剂。

主要生产商　山东省联合农药工业有限公司。

作用机理与特点　杀菌剂抗性行动委员会（FRAC）将氟醚菌酰胺归类为第 43 组（B5：膜收缩类蛋白不定位作用），作用机制是影响细胞有丝分裂。氟醚菌酰胺是一种高效广谱杀菌剂，作用于真菌线粒体的呼吸链，抑制琥珀酸脱氢酶的活性，从而阻断电子传递，抑制真菌孢子萌发，芽管伸长，菌丝生长和孢子母细胞形成、真菌生长和繁殖的主要阶段。杀菌作用由母体活性物质直接引起，没有相应代谢活性。氟醚菌酰胺对病菌的无性繁殖过程、细胞膜通透性和三羧酸循环均有明显抑制作用。

氟醚菌酰胺对土壤中可培养的微生物影响是短暂的，其中对土壤中细菌和放线菌的数量影响可以持续 20 d，对可培养真菌的抑制作用持续 40 d。对土壤酶活测定的研究结果表明，氟醚菌酰胺施用后，对土壤中的脲酶、脱氢酶、酸性磷酸酶和纤维素酶的活力表现出先抑制后激活的作用；对于土壤中的蔗糖酶活力表现出一定的激活作用；对土壤过氧化氢酶有一定的抑制作用。但与土壤可培养微生物结果一致，氟醚菌酰胺对土壤酶的影响是可以恢复的，在氟醚菌酰胺处理 60 d 后，各个处理的土壤酶活力恢复到对照水平。

应用

（1）适用作物　黄瓜、水稻、番茄、苹果等。

（2）防治对象　氟醚菌酰胺具有广谱的杀菌活性，同时具有保护和治疗作用，对棉花立枯病、番茄灰霉病、苹果炭疽病、苹果轮纹病、马铃薯晚疫病、水稻稻瘟病、辣椒疫病等均有良好的防效。

（3）使用方法　50%氟醚菌酰胺水分散粒剂用药量 6～9 g/亩，对黄瓜霜霉病的平均防效达到 79.27%～92.5%；40%氟醚·己唑醇悬浮剂用药量 10～20 g/亩，对水稻稻曲病的平均防效达到 90.82%～95.39%。

专利与登记

专利名称　四氟苯氧基烟碱胺类化合物、其制备方法及用作杀菌的用途

专利号　CN 102086173　　　　　专利申请日　2010-09-07

专利拥有者　山东省联合农药工业有限公司

工艺专利　CN 103444733。

目前山东省联合农药工业有限公司在国内登记了 98%原药、50%水分散粒剂，以及混剂 40%氟醚·己唑醇悬浮剂、40%氟醚·烯酰悬浮剂、30%吡唑酯·氟醚菌微囊悬浮-悬浮剂。50%水分散粒剂主要用于防治黄瓜霜霉病。40%氟醚·己唑醇悬浮剂主要用于防治水稻纹枯病。40%氟醚·烯酰悬浮剂主要用于防治马铃薯晚疫病、芋头疫病。30%吡唑酯·氟醚菌微囊悬浮-悬浮剂主要用于防治马铃薯晚疫病、葡萄霜霉病。

合成方法　经如下反应制得氟醚菌酰胺：

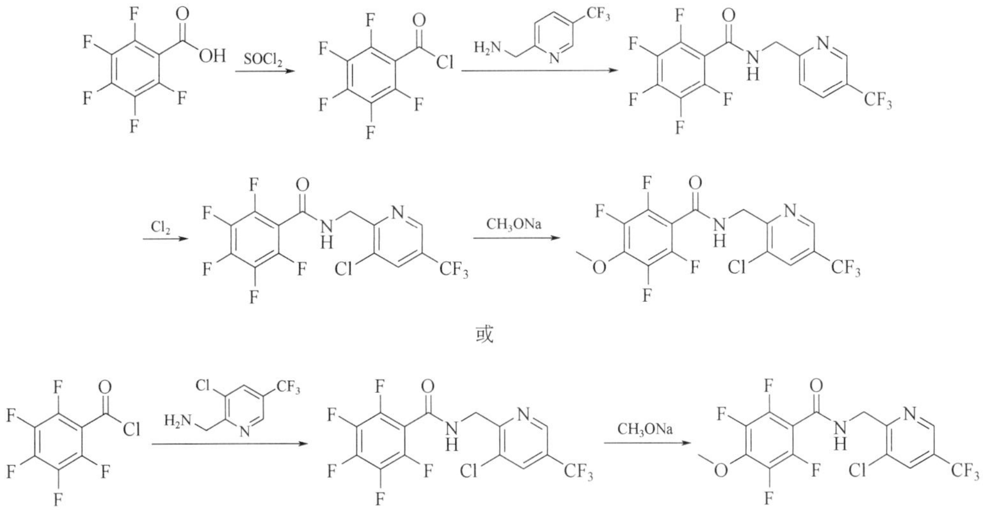

或

参考文献

[1] 吴雪, 唐剑峰, 王丹丹, 等. 山东化工, 2013, 46(1): 5-7.

[2] 李晶晶. 氟醚菌酰胺对南方根结线虫的防治效果研究. 泰安: 山东农业大学, 2020.

氟吡菌胺（fluopicolide）

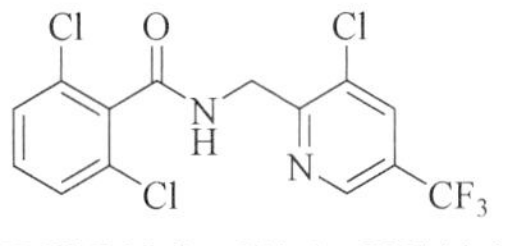

$C_{14}H_8Cl_3F_3N_2O$，383.6，239110-15-7

氟吡菌胺（试验代号：AE C638206，商品名称：Presidio、Infinito、Profiler、Trivia、Volare、银法利，其他名称：Reliable、Stellar、氟啶酰菌胺）是由拜耳公司报道的新型吡啶酰胺类杀菌剂。

化学名称　2,6-二氯-N-(3-氯-5-三氟甲基-2-吡啶甲基)苯甲酰胺。IUPAC 名称：2,6-

dichloro-*N*-{[3-chloro-5-(trifluoromethyl)-2-pyridyl]methyl}benzamide。美国化学文摘（CA）系统名称：2,6-dichloro-*N*-[[3-chloro-5-(trifluoromethyl)-2-pyridinyl]methyl]benzamide。CA 主题索引名称：benzamide —, 2,6-dichloro-*N*-[[3-chloro-5-(trifluoromethyl)-2-pyridinyl]methyl]-。

理化性质 米色固体，无特殊气味。熔点 150℃，蒸气压：$3.03×10^{-4}$ mPa（20℃）；$8.03×10^{-4}$ mPa（25℃），$\lg K_{ow}$=3.26（pH 7.8，22℃），2.9（pH 4.0、7.3、9.1，40℃）。Henry 常数 $4.15×10^{-5}$ Pa·m³/mol（20℃），相对密度 1.65。水中溶解度 2.8 mg/L（pH 7，20～25℃），其他溶剂溶解度（g/L，20～25℃）：正己烷 0.20，乙醇 19.2，甲苯 20.5，乙酸乙酯 37.7，丙酮 74.7，二氯甲烷 126，DMSO 183。对光稳定，pH 4～9 水中稳定。

毒性 大鼠急性经口 LD_{50}>5000 mg/kg，大鼠急性经皮 LD_{50}>5000 mg/kg，对兔皮肤和眼睛无刺激。对豚鼠皮肤无刺激。大鼠吸入 LC_{50}>5160 mg/m³ 空气。NOAEL [mg/(kg·d)]：大鼠 20，小鼠 7.9（78 周）。ADI 值 0.08 mg/kg(2006)；(EPA) cRfD 0.2 mg/kg(2007)。无致癌、致畸、胚胎毒性，没有遗传毒性的影响。

生态效应 鹌鹑和野鸭急性经口 LD_{50}>2250 mg/kg，鱼类 LC_{50}(mg/L, 96 h)：虹鳟鱼 0.36，大翻车鱼 0.75。溞类 EC_{50}(48 h) >1.8 mg/L。月牙藻 E_rC_{50}(72 h)：>3.2 mg/L。蜜蜂 LC_{50}（μg/只）：（经口）>241，（接触）>100。蚯蚓 LC_{50}(14 d)>1000 mg/kg 土壤。LR_{50}（kg/hm²）：畸螯螨 0.313，蚜茧蜂 0.419。

环境行为 ①动物。雄性、雌性大鼠体内约 80%通过粪便排出，约 15%通过尿液排出。通过同位素标记发现组织中氟啶酰菌胺的含量一直很低，单剂量研究表明介于 0.46%～1.25%之间，重复剂量研究平均值 0.38%。氟啶酰菌胺在大鼠体内代谢广泛，母鸡和牛与大鼠代谢相类似，有 75%～95%排出体外，只有较低剂量残留于组织、牛奶和鸡蛋中。②植物。氟啶酰菌胺的代谢研究已在葡萄、马铃薯、生菜上开展，下一步是植物叶片研究和土壤灌溉研究申请。氟啶酰菌胺在植物体内代谢缓慢，在所有作物中代谢途径相似，是收获作物中的主要残留物。③土壤/环境。氟啶酰菌胺在一定范围内的土壤类型中降解产生三种主要代谢产物，主要通过脂肪桥的初始羟基化和两环系统进一步代谢。在野外条件下氟啶酰菌胺和苯基代谢物的平均 DT_{50} 140 d（欧洲），美国：107 d（氟啶酰菌胺），30 d（二氯苯基代谢物）（在限定的温度和湿度下）。在实验室无菌无水条件下，氟啶酰菌胺水解、光解稳定。在实验室的水/沉积物系统中氟啶酰菌胺在水中慢慢消散，主要是吸附到沉积物中。二氯苯基化合物，是大量试验观察到的唯一的代谢物，其不具有杀虫活性，对水生生物无害。

主要生产商 Bayer CropScience。

作用机理与特点 对马铃薯晚疫病和葡萄霜霉病的研究表明，氟啶酰菌胺在病菌生命周期的许多阶段都起作用，主要影响孢子的释放和芽孢的萌发，即使在非常低的浓度下（LC_{90} 2.5 mg/L）也能有效地抑制致病疫霉孢子的游动。显微镜观察发现孢子与氟啶酰菌胺接触不到 1 min 就停止运功，然后膨胀并破裂。室内活性表明氟啶酰菌胺通过抑制孢子形成和菌丝体的生长对植物组织具有活性，施药后也可以观察晚疫病菌和腐霉病菌菌丝体的分裂。氟啶酰菌胺对类似血影蛋白的蛋白有影响，特别是在管细胞尖的延伸期间，显微镜观察显示在菌丝和孢子里，氟啶酰菌胺能够诱导这些蛋白从细胞膜到细胞质的快速重新分配。没有一种杀菌剂能够对类似血影蛋白的蛋白有类似的作用。氟啶酰菌胺具有非常好的内吸活性。对不同种类的植物进行的温室试验和放射性同位素示踪研究表明，氟啶酰菌胺在木质部具有很好的移动性，对叶的最上层进行施药可以保护下一层的叶子，反之亦然。对根部和叶柄进行施药，氟啶酰菌胺能迅速移向叶尖端，对未成熟的芽进行施药可以保护其生长中的叶子免受感染。氟啶酰菌胺的作用机理是新颖的，明显不同于甲霜灵、苯酰菌胺和甲氧基丙烯酸酯类或其他呼吸抑制剂如咪唑菌酮。

应用 主要用于防治卵菌纲病害如霜霉病、疫病等，除此之外还对稻瘟病、灰霉病、白粉病等有一定的防效（表 2-26）。

表 2-26 氟啶酰菌胺对不同病原体的杀菌活性

病原体	作物	试验条件	温室 IC$_{90}$/(mg/L)	有效剂量/[g(a.i.)/hm²]
马铃薯晚疫病	马铃薯	保护活性	1～5	75～100
马铃薯晚疫病	马铃薯	移动性	—	75～100
马铃薯晚疫病	番茄	保护活性	1～5	75～110
葡萄霜霉病	葡萄	保护活性	1～5	100～125
葡萄霜霉病	葡萄	移动性	1～5	100～125
莴苣霜霉病	莴苣	保护活性	10～20	85～100
黄瓜霜霉病	黄瓜	保护活性	<20	75～90
大白菜霜霉病	甘蓝	保护活性	—	90～110
葱晚疫病	韭菜	保护活性	—	90～130
玫瑰霜霉病	玫瑰	保护活性	—	75～110
烟草霜霉病	烟草	保护活性	—	75～110

目前，氟啶酰菌胺已在世界范围内开发用于防治蔬菜、观赏植物和葡萄霜霉病以及马铃薯晚疫病（*Phytophora infestans*）。该杀菌剂对环境友好，可用于有害生物的综合防治。氟吡菌胺与三乙膦酸铝的复配产品（Profiler）用于葡萄种植区，它与霜霉威的复配产品（Reliable）用于防治马铃薯晚疫病。

银法利是由治疗性杀菌剂氟啶酰菌胺和强内吸传导性杀菌剂霜霉威盐酸盐（propamocarb hydrochloride）复配而成的新型混剂。两种有效成分增效作用显著，既具有保护作用又具有治疗作用。银法利属低毒杀菌剂，对环境、作物安全，能在作物的任何生长时期使用，并且对作物还兼有刺激生长、增强作物活力、促进生根和开花的作用。银法利具很强的内吸性，尤其是在连续降雨、多数杀菌剂难以使用或使用效果欠佳的情况下，银法利以其见效快和耐雨水冲刷的特点赢得广大农民的喜爱。银法利可用于葫芦科蔬菜、花卉、草坪的霜霉病和猝倒病；葡萄、甘蓝、莴苣等作物的霜霉病；马铃薯、番茄的晚疫病；茄科蔬菜及冬瓜的疫病和猝倒病。对于目前已对卵菌类病害产生抗性的，可选择使用银法利进行防治。使用银法利防治这些病害，在发病初期，一般亩用 68.75%银法利 60～75 mL 对水喷雾。其特点如下：

① 具保护作用。银法利有较强的薄层穿透性，良好的系统传导性，用药后其有效成分可以通过植株的叶片吸收，也可以被根系吸收，在植株体内能够上下传导。银法利还可以从植物体叶片的上表面向下表面，从叶基向叶尖方向传导，有利于新叶、茎干和地下块茎的全面保护。

② 具治疗作用。银法利对病原菌的各主要形态均有很好的抑制活性，治疗潜能突出。

③ 生物活性高，施用剂量低，防效好，持效期长，且防治效果稳定。

④ 耐雨水冲刷，不受天气影响。

⑤ 毒性低，残留低，对施用者、消费者和环境非常友好，并对有益生物（蜜蜂、有益昆虫等）安全。尤其适用于"绿色"和出口蔬菜生产，具有杰出的作物安全性。

⑥ 最优秀的卵菌纲杀菌剂。并与其他卵菌纲杀菌剂无任何交互抗性，对大多数卵菌纲真菌均有效，包括霜霉病、疫病、猝倒病、叶斑病等。

⑦ 液体剂型，喷药后不留药渍。

专利与登记

专利名称 *2-Pyridylmethylamine derivatives useful as fungicides*

专利号 WO 9942447 专利申请日 1999-02-16

专利拥有者 Agrevo UK Limited，UK（现属于拜耳公司）

在其他国家申请的专利 AU 9925271、AU 751032、BR 9908007、CA 2319005、CN 1132816、EP 1056723、JP 2002503723、NO 2000004159、NZ 505954、RU 2224746、SI 20356、US 6503933、US 2003171410、ZA 9901292 等。

工艺专利 CN 109553570、EP 3489221、WO 2019101769、CN 107814759、WO 2016173998。

2005 年在英国和中国取得登记，商品名为 Infinito。2006 年在世界上多个国家登记，2008 年在美国和日本获准登记。拜耳作物科学公司在中国登记情况见表 2-27。

表 2-27 拜耳作物科学公司在中国登记情况

登记名称	登记证号	含量	剂型	登记作物	防治对象	用药量	施用方法
氟吡菌胺	PD20090011	90%	原药				
氟菌·霜霉威	PD20090012	霜霉威 625 g/L，氟吡菌胺 62.5 g/L	悬浮剂	黄瓜	霜霉病	60～75 mL/亩	喷雾
				番茄	晚疫病		
乙铝·氟吡胺	PD20183596	氟吡菌胺 4.4%，三乙膦酸铝 66.6%	水分散粒剂	黄瓜	霜霉病	150～167 g/亩	喷雾
				葡萄		400～500 倍液	

合成方法 以 2,3-二氯-5-三氟甲基吡啶和 2,6-二氯苯甲酰氯为原料，经如下反应即得目的物：

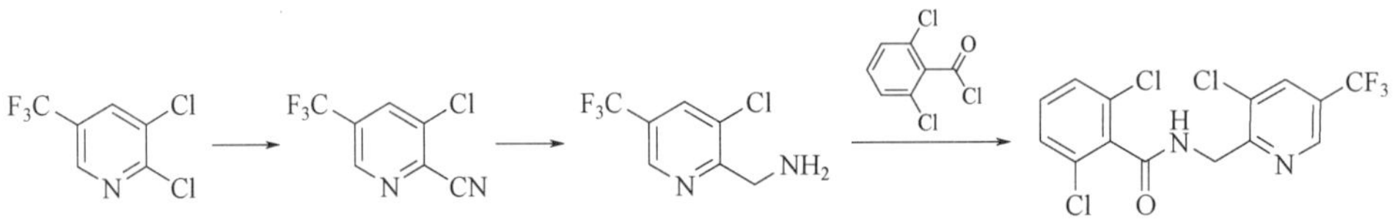

相应的苄胺也可以用如下方法合成：

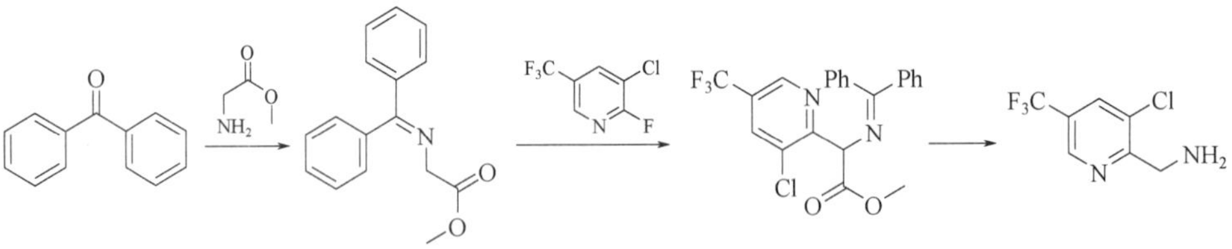

也可以相应的苄醇为原料，经 Ritter 反应制备目的物：

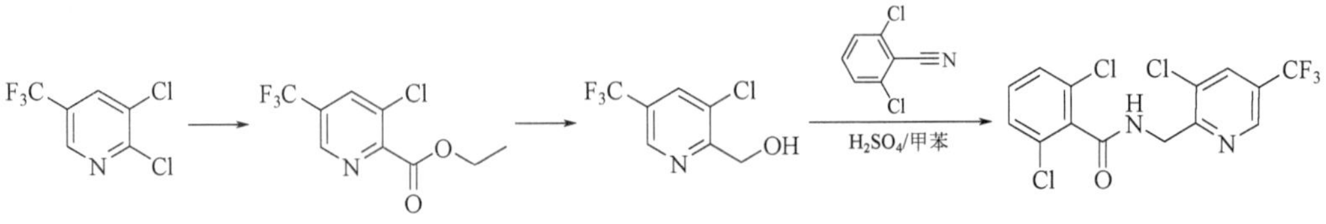

参考文献

[1] 李淼, 李洋, 杨浩, 等. 防治卵菌纲病害的新型杀菌剂氟啶酰菌胺. 农药, 2006(8): 556-557+566.

[2] The Pesticide Manual.17 th edition: 518-519.

叶枯酞（tecloftalam）

$C_{14}H_5Cl_6NO_3$，447.9，76280-91-6

叶枯酞（试验代号：F-370、SF-7306、SF-7402，商品名称：Shirahagen-S、Shiragen）是由日本三井化学株式会社开发的一种防治水稻细菌性病害的内吸性杀菌剂。

化学名称 2,3,4,5-四氯-N-(2,3-二氯苯基)酞氨酸或 2′,3,3′,4,5,6-六氯酞氨酸。IUPAC 名称：3,4,5,6-tetrachloro-N-(2,3-dichlorophenyl)phthalamic acid 或 2′,3,3′,4,5,6-hexachloro-phthalanilic acid。美国化学文摘（CA）系统名称：2,3,4,5-tetrachloro-6-[[(2,3-dichlorophenyl)amino]carbonyl]benzoic acid。CA 主题索引名称：benzoic acid —, 2,3,4,5-tetrachloro-6-[[(2,3-dichlorophenyl)amino]carbonyl]-。

理化性质 纯品为白色粉末，熔点 198～199℃。蒸气压 $8.16×10^{-3}$ mPa（20℃）。分配系数 lgK_{ow}=2.17。水中溶解度 14 mg/L（26℃），有机溶剂中溶解度（g/L）：丙酮 25.6，苯 0.95，二甲基甲酰胺 162，二氧六环 64.8，乙醇 19.2，乙酸乙酯 8.7，甲醇 5.4，二甲苯 0.16。见光或紫外线分解，强酸性介质中水解，碱性或中性环境中稳定。

毒性 急性经口 LD_{50}（mg/kg）：雄大鼠 2340，雌大鼠 2400，雄小鼠 2010，雌小鼠 2220。急性经皮 LD_{50}（mg/kg）：大鼠>1500，小鼠>1000。大鼠吸入 LC_{50}(4 h)>1.53 mg/L。NOEL 数据［mg/(kg·d)］：雄大鼠 52.2，雌大鼠 5.8。ADI(FSC) 0.058 mg/kg。无致癌性、无致畸性、无突变性，对于繁殖无负效应。

生态效应 鲤鱼 LC_{50}(48 h) 30 mg/L。水蚤 LC_{50}(3 h) 300 mg/L。

环境行为 叶枯酞在土壤中从苯甲酸环上的脱氯速率 DT_{50} 为 4～10 d。

制剂 5%和10%可湿性粉剂，1%粉剂。

主要生产商 Mitsui Chemicals。

作用机理与特点 叶枯酞的预防和治疗活性甚为独特。它不能灭杀水稻白叶枯病的病原菌，但能抑制病原菌在植株中繁殖，阻碍这些细菌在导管内转移，并减弱细菌的致病力。经叶枯酞处理过的水稻较未处理的，细菌造成的损害要小得多。细菌接触药剂的时间越长，损害越小。表明叶枯酞能减慢病菌的繁殖速度，延长其生活周期，甚至在细菌从植株上分离后叶枯酞亦能有一定时间的残效。在田间即使是水稻白叶枯病严重发生的田块，叶枯酞亦有很高的药效和稳定的控制作用。用药 2 d，即可观察到病菌数量减少；用药后 3 d，病菌繁殖则明显受控；用药 20 d 后，病菌数降到未用药对照区的 1/10。

应用

（1）适宜作物与安全性 水稻。推荐剂量下对作物安全，在土壤和作物中残留量低于其检出限量 0.01 mg/L。

（2）防治对象 叶枯酞是一种高效、低毒、低残留的防治水稻白叶枯病（由野油菜黄单胞菌叶枯病菌引起的）的杀菌剂。它可抑制细菌在稻体上的繁殖，能有效地控制大面积严重发生的病害。

（3）使用方法 叶枯酞对白叶枯病的防治效果与用药时间，通常在抽穗前 1～2 周施药为宜。而具最佳效果的施药时间为水稻抽穗前 10 d 首次用药，一周后第二次用药。若预测由于台风、潮水而爆发病害，则应在爆发前或恰在爆发时再增加施药。在最适时间施药，以 50 mg/L 的浓度即可达到 100 mg/L 的防治效果。叶枯酞的推荐用量为 300～400 g/hm² 或 10%可湿性粉剂（浓度为 50～100 mg/L），喷洒量为 1200～1500 L/hm²。1%粉剂使用烟粉量为 30～40 kg/hm²。

专利概况　化合物专利早已过专利期，不存在专利权问题。

合成方法　叶枯酞可以苯酐和 2,3-二氯苯胺为起始原料制得。于惰性溶剂中加入四氯苯酐和 2,3-二氯苯胺，在室温或稍加热下搅拌，再将反应物从溶剂中析出，即可得叶枯酞。反应式如下：

中间体四氯苯酐的合成主要是苯酐通入氯气得到：

中间体 2,3-二氯苯胺的合成是以邻二氯苯为起始原料，经硝化、分离、还原得到：

参考文献

[1] The Pesticide Manual.17 th edition: 1063.

[2] Japan Pesticide Information, 1985, 46: 25.

[3] 日本农药学会志, 1981, 6: 3.

环丙酰菌胺（carpropamid）

$C_{15}H_{18}Cl_3NO$，334.7，104030-54-8(混合物)，127641-62-7(1R,3S,1R)，127640-90-8(1S,3S,1R)

环丙酰菌胺（试验代号：KTU 3616，商品名称：Arcado、Cleaness、Protega、Win，其他名称：Carrena、Solazas、Zubard、Win Admire）是由拜耳公司开发的酰胺类杀菌剂。

化学名称　主要由以下四种结构组成，其中前两种含量超过 95%，(1R,3S)-2,2-二氯-N-[(R)-1-(4-氯苯基)乙基]-1-乙基-3-甲基环丙酰胺，(1S,3R)-2,2-二氯-N-[(R)-1-(4-氯苯基)乙基]-1-乙基-3-甲基环丙酰胺，(1S,3R)-2,2-二氯-N-[(S)-1-(4-氯苯基)乙基]-1-乙基-3-甲基环丙酰胺和(1R,3S)-2,2-二氯-N-[(S)-1-(4-氯苯基)乙基]-1-乙基-3-甲基环丙酰胺。IUPAC 名称：(1R,3S)-2,2-dichloro-N-[(R)-1-(4-chlorophenyl)ethyl]-1-ethyl-3-methylcyclopropanecarboxamide, (1S,3R)-2,2-dichloro-N-[(R)-1-(4-chlorophenyl)ethyl]-1-ethyl-3-methylcyclopropanecarboxamide, (1S,3R)-2,2-dichloro-N-[(S)-1-(4-chlorophenyl)ethyl]-1-ethyl-3-methylcyclopropanecarboxamide, (1R,3S)-2,2-dichloro-N-[(S)-1-(4-chlorophenyl)ethyl]-1-ethyl-3-methylcyclopropanecarboxamide。美国化学文摘（CA）系统名称：2,2-dichloro-N-[1-(4-chlorophenyl)ethyl]-1-ethyl-3-methylcyclopropane-carboxamide。CA 主题索引名称：cyclopropanecarboxamide —, 2,2-dichloro-N-[1-(4-chlorophenyl)ethyl]-1-ethyl-3-methyl-。

理化性质　环丙酰菌胺为非对映异构体的混合物（A∶B 大约为 1∶1，R∶S 大约为 95∶5）。纯品为无色结晶状固体（原药为淡黄色粉末）。熔点：AR 为 161.7℃，BR 为 157.6℃。蒸气压：AR 为 2×10^{-3} mPa，BR 为 3×10^{-3} mPa（均在 20℃,气体饱和法，OECD 104）。分配系数 lgK_{ow}：AR 4.23，BR 4.28（均在 22℃）。Henry 常数：AR 为 4×10^{-4} Pa·m^3/mol，BR 为 5×10^{-4} Pa·m^3/mol（均在 20℃）。相对密度 1.17（20～25℃）。水中溶解度（mg/L，pH 7，20～25℃）：1.7（AR），1.9（BR）。有机溶剂中溶解度（g/L，20～25℃）：丙酮 153，甲醇 106，甲苯 38，己烷 0.9。

毒性　急性经口 LD_{50}（mg/kg）：雄、雌大鼠>5000，雄、雌小鼠>5000。雄、雌大鼠急性经皮 LD_{50}>5000 mg/kg。对兔皮肤和眼睛无刺激，对豚鼠皮肤无致敏性。雄、雌大鼠吸入 LC_{50}(4 h)>5000 mg/L（灰尘）。大鼠和小鼠 2 年喂养试验无作用剂量为 400 mg/kg；狗 1 年喂养试验无作用剂量为 200 mg/kg。ADI 值为 0.03 mg/kg；ADI（FSC）为 0.014 mg/kg。体内和体外试验均无致突变性。

生态效应　日本鹌鹑饲喂 LD_{50}(5 d)>2000 mg/kg。鱼 LC_{50}（mg/L）：鲤鱼(48/72 h) 5.6，虹鳟鱼(96 h) 10。水蚤 LC_{50}(3 h) 410 mg/L。栅藻 E_rC_{50}(72 h)>2 mg/L，其他水生生物如水蚤（多刺裸腹溞）LC_{50}(3 h)>20 mg/L。蚯蚓 LC_{50}(14 d)>1000 mg/kg 干土。

环境行为　①动物。大鼠口服放射性同位素标记的环丙酰菌胺后，很容易通过粪便和尿液排出体外，环丙酰菌胺主要在肝脏通过氧化进行代谢。②植物。通过土壤（育苗箱中的应用）或营养培养基处理的水稻，环丙酰菌胺由根部吸收，然后运输到芽叶部。水稻中的主要残留物是环丙酰菌胺。③土壤/环境。环丙酰菌胺在稻田土壤中的主要代谢物是二氧化碳。通过田间和实验室试验，环丙酰菌胺在稻田土壤中的代谢半衰期分别为数周和数月。其同系物的吸附/解吸的研究表明环丙酰菌胺可以归类为低流动物质。环丙酰菌胺在无菌水溶液的缓冲溶液中可以稳定存在，其在天然水中的光降解速率比在无菌水中快得多。

制剂　种子处理剂，育苗箱处理剂，育苗箱浸液剂和喷雾剂。

主要生产商　Bayer CropScience。

作用机理与特点　环丙酰菌胺是内吸、保护性杀菌剂。与现有杀菌剂不同，环丙酰菌胺无杀菌活性，不抑制病原菌菌丝的生长。其具有两种作用方式：抑制黑色素生物合成和在感染病菌后可加速植物抗菌素如 momilactone A 和 sakuranetin 的产生，这种抗性机理预示环丙酰菌胺可能对其他病害亦有活性。也即在稻瘟病中，通过抑制从 scytalone 到 1,3,8-三羟基萘和从 vermelone 到 1,8-二羟基萘的脱氢反应，从而抑制黑色素的形成，也通过增加伴随水稻疫病感染产生的植物抗毒素而提高作物抵抗力。

应用

（1）适宜作物与安全性　水稻，推荐剂量下对作物安全、无药害。

（2）预防对象　稻瘟病。

（3）使用方法　环丙酰菌胺主要用于稻田防治稻瘟病。以预防为主，几乎没有治疗活性，具有内吸活性。在接种后 6 h 内用环丙酰菌胺处理，可完全控制稻瘟病的侵害，但超过 6 h 如 8 h 后处理，几乎无活性。在育苗箱中应用剂量为 400 g(a.i.)/hm^2，茎叶处理剂量为 75～150 g(a.i.)/hm^2。

专利概况　该化合物首篇专利是由日本 Nihon Tokushu Noyaku Seizo KK 申请的，后与拜耳合作由拜耳申请了异构体专利。专利 EP 0170842、EP 0341475 均已过专利期，不存在专利权问题。

合成方法　以丁酸乙酯为起始原料制得中间体取代的环丙酰氯与以对氯苯乙酮为起始原料制备的取代苄胺反应，即得目的物。反应式为：

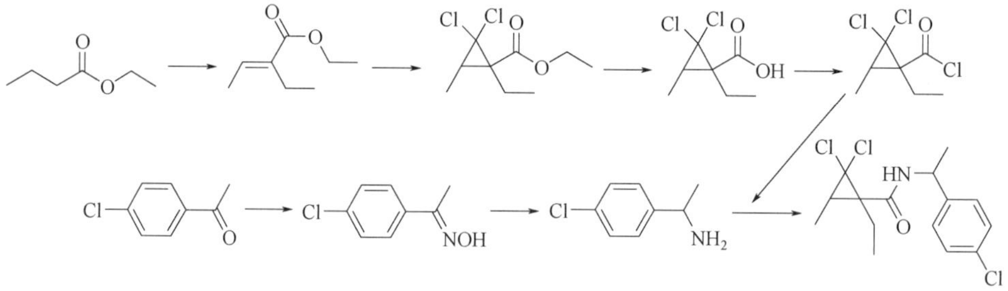

参考文献

[1]　The Pesticide Manual.17 th edition: 168-170.

[2]　Pestic., Sci., 1996, 47: 199.

[3]　Agrochemical Japan, 1997, 72: 17.

[4]　马晓东. 农药译丛, 1998, 20(1): 37.

[5]　Proc. Br. Crop Prot. Conf.－Pests Dis., 1994, 2: 517.

环氟菌胺（cyflufenamid）

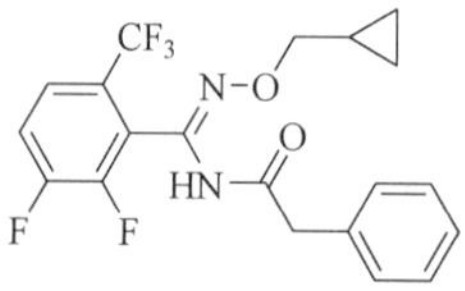

$C_{20}H_{17}F_5N_2O_2$，412.4，180409-60-3

环氟菌胺（试验代号：NF 149，商品名称：Pancho、Pancho TF）是日本曹达公司开发的，用于防治各种作物白粉病的酰胺类杀菌剂。

化学名称　(Z)-N-[α-(环丙基甲氧亚胺)-2,3-二氟-6-(三氟甲基)苄基]2-苯基乙酰胺。

IUPAC 名称：(Z)-N-[α-(cyclopropylmethoxyimino)-2,3-difluoro-6-(trifluoromethyl)benzyl]-2-pheny-lacetamide。美国化学文摘（CA）系统名称：[N(Z)]-N-[[(cyclopropylmethoxy)amino[]2,3-difluoro-6-(trifluoromethyl)phenyl]methylene]benzeneacetamide。CA 主题索引名称：benzeneace-tamide —，N-[[(cyclopropylmethoxy)amino[]2,3-difluoro-6-(trifluoromethyl)phenyl] methylene]-[N(Z)]-。

理化性质　具芳香味的白色固体，熔点 61.5～62.5℃，沸点 256.8℃。相对密度 1.347（20℃）。蒸气压 $3.54×10^{-2}$ mPa（20℃，气体饱和法）。分配系数 lgK_{ow}=4.70（25℃，pH 6.75）。亨利常数 $2.81×10^{-2}$ Pa·m³/mol（20℃，计算值）。溶解度（g/L，20～25℃）：水 0.014（pH 4）、0.52（pH 6.5）、0.12（pH 10），二氯甲烷 902，丙酮 920，二甲苯 658，乙腈 943，甲醇 653，乙醇 500，乙酸乙酯 808，正己烷 18.6，正庚烷 15.7。在 pH 4～7 的水溶液稳定，pH 9 水溶液 DT_{50} 为 288 d；水溶液光解 DT_{50} 为 594 d。pK_a 为 12.08。

毒性　大（小）鼠急性经口 LD_{50}>5000 mg/kg，大鼠急性经皮 LD_{50}>2000 mg/kg。大鼠急性吸入 LC_{50}(4 h)>4.76 mg/L。对兔皮肤无刺激性，对兔眼睛有轻微刺激性，对豚鼠皮肤无致敏性。雄、雌大鼠吸入 LC_{50}(4 h)>4.76 mg/L。狗的 NOEL 值（1 年）为 4.14 mg/kg。ADI 值：BfR 2006 年推荐值为 0.04 mg/kg；EC 2008 年推荐值为 0.017 mg/kg；FSC 推荐值为 0.041 mg/kg。

生态效应　山齿鹑急性经口 LD_{50}>2000 mg/kg，山齿鹑饲喂 LC_{50}(5 d)>2000 mg/kg。虹鳟鱼 LC_{50}(96 h)>320 mg/L。水蚤 LC_{50}(48 h)>1.73 mg/L。羊角月牙藻 E_bC_{50}(72 h)>0.828 mg/L，E_rC_{50}(72 h)>0.828 mg/L。蜜蜂急性经口 LD_{50}>1000 μg/只。蚯蚓 LC_{50}(14 d)>1000 mg/kg 干土。其他益虫：小花线虫在 50 mg/L 下不受影响。

环境行为　①动物。经口服后，80%以上的环氟菌胺会通过粪便在 48 h 内排出体外。环氟菌胺在动物体内的代谢主要有三种途径：N—O 键断裂后的脱酰胺反应可形成肟，然后再脱氨基形成含氟苯甲酰胺；通过重排可以形成 2-环丙基甲氧氨基乙酸；通过甲基化和共轭作用可得到二羟基取代的苯环。②植物。主要残留物是未降解的环氟菌胺。③土壤/环境。土壤的 DT_{50}（试验值）7.1～550 d（大约 24.1 d，6 种土壤类型）。2-苯基乙酰基基团的氧化和开环反应可得到取代的丙二酰胺，2-苯基乙酰基基团的分解也可按照动物体内的第一条代谢途径进行。K_{oc} 值为 1000～2354 mL/g（大约 1595 mL/g，4 种土壤类型）。

制剂　50 g/L 水乳剂，18.5%水分散粒剂。

主要生产商　Nippon Soda。

作用机理与特点　环氟菌胺通过抑制白粉病菌生活史（也即发病过程）中菌丝上分生的吸器的形成和生长，次生菌丝的生长和附着器的形成起作用。但对孢子萌发、芽管的延长和附着器形成均无作用。尽管如此，其生物化学方面的作用机理还不清楚。试验结果表明环氟菌胺与吗啉类、三唑类、苯并咪唑类、嘧啶胺类杀菌剂、线粒体呼吸抑制剂、苯氧喹啉等无交互抗性。

应用　室内保护活性试验结果表明对小麦、黄瓜、草莓、苹果、葡萄白粉病的 EC_{75}（mg/L）分别为 0.2、0.2、0.2、0.8、0.8。大量的生物活性测定结果表明，环氟菌胺对众多的白粉病不仅具优异的保护和治疗活性，而且具有很好的持效活性和耐雨水冲刷活性。尽管其具有很好的蒸气活性和叶面扩散活性，但在植物体内的移动活性则比较差，即内吸活性差。环氟菌胺对作物安全。大田药效结果表明环氟菌胺推荐使用剂量为 25 g/hm²；在此剂量下，环氟菌胺对小麦白粉的保护和治疗防效大于 90%，优于苯氧喹啉（quinoxyfen）150 g/hm²、丁苯吗啉（fenpropimorph）750 g/hm² 的防效，且增产效果明显。试验结果还表明环氟菌胺与目前使用的众多杀菌剂无交互抗性。试验结果还表明 18.5%水分散粒剂（环氟菌胺+氟菌唑）的活性明显优于单剂。

专利与登记

专利名称　Benzamidoxime derivative，process for production thereof，and agrohorticultural bactericide

专利号　EP 0805148　　　　　　专利申请日　1995-12-18

专利拥有者　Nippon Soda Co (JP)

在其他国家申请的专利　AU 4189596、AU 702432、BR 9510207、CA 2208585、HU 76989、KR 242358、NO 309562B、NO 972811、PL 320793、US 5847005、US 5942538、CN 1070845B、CN 1170404 等。

工艺专利　JP 10273480。

国内登记情况　98%环氟菌胺原药、11%环氟菌胺·戊唑醇悬浮剂。登记作物为小麦，防治锈病。日本曹达株式会社公司在中国登记情况见表 2-28。

表 2-28　日本曹达株式会社公司在中国登记情况

登记名称	登记证号	含量	剂型	登记作物	防治对象	用药量	施用方法
环氟菌胺	PD20190057	98%	原药				

合成方法　以 3,4-二氯三氟甲苯为原料，经如下反应即可制得环氟菌胺：

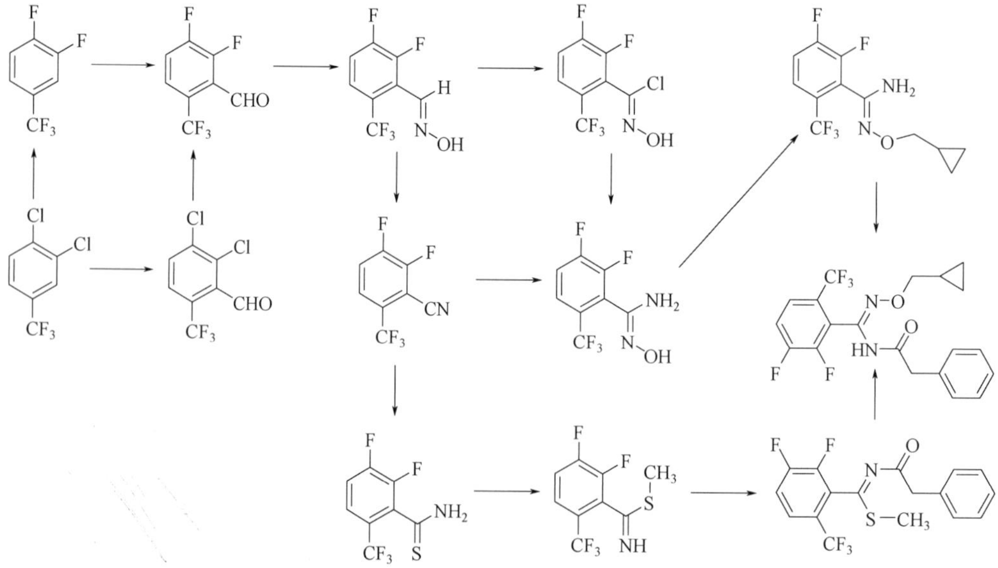

参考文献

[1] The Pesticide Manual.17 th edition: 261-262.

[2] Agrochemicals Japan, 2004, 84: 12-14.

[3] 马韵升. 农药, 2005, 44(3): 128-129.

[4] 程志明. 世界农药, 2007, 6: 1-4.

环酰菌胺（fenhexamid）

$C_{14}H_{17}Cl_2NO_2$，302.2，126833-17-8

环酰菌胺（试验代号：KBR 2738、TM 402，商品名称：Decree、Elevate、Password、Teldor，其他名称：Diemazine、Lazulie、Tiebblack、Totalex、Vyctor 及 Tala）是由拜耳公司开发的酰胺类杀菌剂。

化学名称　N-(2,3-二氯-4-羟基苯基)-1-甲基环己基甲酰胺。IUPAC 名称：N-(2,3-dichloro-4-hydroxyphenyl)-1-methylcyclohexanecarboxamide。美国化学文摘（CA）系统名称：N-(2,3-dichloro-4-hydroxyphenyl)-1-methylcyclohexanecarboxamide。CA 主题索引名称：cyclohexanecarboxamide —, N-(2,3-dichloro-4-hydroxyphenyl)-1-methyl-。

理化性质　纯品（大于 97%）为白色粉状固体，无特殊气味。熔点 153℃，沸点 320℃（推算）。相对密度 1.34（20～25℃），蒸气压 $4×10^{-4}$ mPa（20℃，推算）。分配系数 $\lg K_{ow}$=3.51（pH 7，20℃），Henry 常数 $5×10^{-6}$ Pa·m^3/mol（pH 7，20℃，计算值）。溶解度（mg/L）：水 20（pH 5～7，20～25℃），二氯甲烷 31，异丁醇 91，乙腈 15，甲苯 5.7，正己烷<0.1。在 25℃ pH 为 5、7、9 水溶液中 30 d 内可稳定存在。pK_a 值为 7.3。

毒性　大小鼠急性经口 LD_{50}>5000 mg/kg。大鼠急性经皮 LD_{50}>5000 mg/kg。大鼠急性吸入 LC_{50}(4 h)>5057 mg/kg 空气。本品对兔眼睛和皮肤无刺激性。NOEL（mg/kg，饲喂）：大鼠 500［雄鼠 28 mg/(kg·d)，雌鼠 40 mg/(kg·d)］（24 个月），小鼠 800［雄鼠 247.4 mg/(kg·d)，雌鼠 364.8 mg/(kg·d)］，狗 500［18.3 mg/(kg·d)］（12 个月）。ADI（mg/kg）：(JMPR) 0.2(2005)，(EC) 0.2(2001)，(EPA) cRfD 0.17(1999)。无致畸、致癌、致突变作用。

生态效应　山齿鹑急性经口 LD_{50}>2000 mg/kg。山齿鹑和野鸭饲喂 LC_{50}>5000 mg/L。鱼毒 LC_{50}（96 h，mg/L）：虹鳟鱼 1.34，大翻车鱼 3.42。水蚤 EC_{50}(48 h)>18.8 mg/L。藻类 E_rC_{50}（mg/L）：羊角月牙藻(120 h) 8.81，栅藻(72 h)>26.1。其他水生物：摇蚊 NOEC(28 d) 100 mg/L，浮萍 EC_{50}(14 d) 2.3 mg/L。蜜蜂 LD_{50}(48 h)>200 μg/只（经口和接触）。蚯蚓 LC_{50}(14 d)>1000 mg/kg 干土。其他益虫在 2 kg/hm^2 的剂量下，对捕食螨（盲走螨）、罗夫甲虫（隐翅虫）、瓢虫（七星瓢虫）和寄生蜂（谷物寄生蚜虫）无毒性。对微生物无不利影响。

环境行为　①动物。所有数据表明残留的环酰菌胺对消费者无安全隐患。环酰菌胺在大鼠体内可被迅速吸收，并且很快能排出体外，在 48 h 体内无累积。环酰菌胺在大鼠体内的大部分代谢物通过粪便排出体外（61%），仅有小部分通过肾脏排出（15%～36%）。②植物。环酰菌胺在所有植物体内的代谢途径相似，在所有的植物样本中，均有相同的活性成分。③土壤/环境。土壤中的 DT_{50}≤1 d（20℃下 4 种土壤的平均值）。研究和计算结果表明环酰菌胺在土壤中的渗透力很低，甚至没有，因此不会对地下水造成污染。在无菌条件下，环酰菌胺可以达到水解平衡，但在自然水中，环酰菌胺会迅速分解，并且分解彻底，最终生成二氧化碳，其 DT_{50}（计算值）仅为几天。

制剂　50%水分散粒剂，50%悬浮剂，50%可湿性粉剂。

主要生产商　Bayer CropScience。

作用机理与特点　具体作用机理尚不清楚。但大量的研究表明其具有独特的作用机理，与已有杀菌剂苯并咪唑类、二羧酰亚胺类、三唑类、苯胺嘧啶类、N-苯基氨基甲酸酯类等无交互抗性。

应用

（1）适宜作物及安全性　葡萄、硬果、草莓、蔬菜、柑橘、观赏植物等。对作物、人类、环境安全，是理想的有害生物综合治理用药。

（2）防治对象　各种灰霉病以及相关的菌核病、黑斑病等。

（3）使用方法　本品主要作为叶面杀菌剂使用，其剂量为 500～1000 g(a.i.)/hm^2，对灰霉病有特效。

专利与登记　专利 EP 0339418 早已过专利期，不存在专利权问题。

合成方法　以环己酮、2,3-二氯硝基苯为起始原料，经如下反应制得目的物：

2,3-二氯-4-羟基苯胺也可按以下路线合成：

参考文献

[1] Proc. Brighton Crop Prot. Conf.—Pests Diseases. 1998, 327.

[2] The Pesticide Manual. 17 th edition: 452-453.

[3] 凌岗, 刘晓智. 环酰菌胺的合成.农药, 2009, 48(5): 333-334.

[4] 黄伟, 柴嫔姬, 谭成侠. 环酰菌胺合成工艺. 农药, 2012, 51(8): 562-564.

硅噻菌胺（silthiopham）

C$_{13}$H$_{21}$NOSSi，267.5，175217-20-6

硅噻菌胺（试验代号：Mon 65500，商品名称：Latitude，其他名称：silthiofam）是由孟山都公司开发的酰胺类杀菌剂。

化学名称　N-烯丙基-4,5-二甲基-2-(三甲基硅)噻吩-3-羧酰胺。IUPAC 名称：N-allyl-4,5-dimethyl-2-(trimethylsilyl)thiophene-3-carboxamide。美国化学文摘（CA）系统名称：4,5-dimethyl-N-2-propen-1-yl-2-(trimethylsilyl)-3-thiophenecarboxamide。CA 主题索引名称：3-thiophenecarboxamide—, 4,5-dimethyl-N-2-propen-1-yl-2-(trimethylsilyl)-。

理化性质　白色颗粒状固体，熔点为 86.1～88.3℃，蒸气压（20℃）81 mPa。lgK_{ow} 3.72（20℃），Henry 常数 $5.4×10^{-1}$ Pa·m^3/mol，相对密度 1.07（20℃）。水中溶解度（20～25℃）39.9 mg/L。有机溶剂中的溶解度（20～25℃，g/L）：正庚烷 15.5，二甲苯，1,2-二氯甲烷、甲醇、丙酮和乙酸乙酯均大于 250。稳定性 DT_{50}（25℃）：61 d（pH 5），448 d（pH 7），314 d（pH 9）。

毒性　大鼠急性经口 LD_{50}>5000 mg/kg，大鼠急性经皮 LD_{50}>5000 mg/kg。对兔眼睛和皮肤无刺激。对豚鼠皮肤无致敏性。大鼠急性吸入 LC_{50}>2.8 mg/L。NOEL［mg/(kg·d)］：狗 10（90 d），小鼠 141（18 个月），大鼠 6.42（2 年）。ADI(EC) 0.064 mg/kg(2003)。Ames 试验、小鼠微核试验呈阴性。

生态效应　山齿鹑急性经口 LD_{50}> 2250 mg/kg。饲喂 LC_{50}（mg/kg，5 d）：山齿鹑>5670，野鸭>5400。鱼 LC_{50}（mg/L，96 h）：虹鳟鱼 14，翻车鱼 11。水蚤 EC_{50}(48 h) 14 mg/L。羊角月牙藻 E_bC_{50}(120 h) 6.7 mg/L，E_rC_{50}(120 h) 16 mg/L。蜜蜂 LD_{50}（μg/只）：急性经口>104，接触>100。蚯蚓饲喂 LC_{50} (14 d) 66.5 mg/kg 干土。

环境行为　①动物。在 48 h 可被迅速吸收（高达 99%），然后迅速排出体外（90%，以尿形式排出）。硅噻菌胺在动物体内的代谢主要通过把连有甲基的环氧化成羟基和羧基，再经过烯丙基的双羟化作用氧化脱除烯丙基形成噻吩甲酰胺，最后酰胺水解形成羧酸。②植物。硅噻菌胺在小麦中的代谢最为广泛，代谢的主要产物是碳水化合物，还有一些含量很低的其他代谢产物。③土壤/环境。在中性土壤中的半衰期 DT_{50}（试验值，有氧，20℃）31 d（4 种土壤的平均值）。农田中的半衰期 DT_{50}（7 个地点的平均值）为 66 d。K_{oc} 173～328 mL/g（4 种土壤的平均值）。K_d 1.08～7.49 mL/g（4 种土壤的平均值）。

制剂　125 g/L 悬浮剂。

主要生产商　Mitsui、Bayer、河北兴柏农业科技有限公司。

作用机理与特点　具体作用机理尚不清楚，与三唑类、甲氧基丙烯酸酯类的作用机理不同，研究表明其是能量抑制剂，可能是 ATP 抑制剂。具有良好的保护活性，残效期长。

应用

（1）适宜作物及安全性　小麦。对作物、哺乳动物、环境安全。

（2）防治对象　小麦全蚀病。

（3）使用方法　主要作种子处理，使用剂量为 5～40 g/100 kg 种子。

专利与登记　专利 EP 0538231 已过专利期，不存在专利权问题。

工艺专利　CN 105111229、CN 105085564、CN 103044479、WO 9962915。

国内登记情况　125 g/L 悬浮剂，登记作物冬小麦。防治对象全蚀病。拜耳股份公司在中国登记情况见表 2-29。

表 2-29　拜耳股份公司在中国登记情况

登记名称	登记证号	含量	剂型	登记作物	防治对象	用药量	施用方法
硅噻菌胺	PD20080776	125 g/L	悬浮剂	冬小麦	全蚀病	(1∶312.5)～(1∶625)（药种比）	拌种
硅噻菌胺	PD20080775	97.7%	原药				

合成方法　以丁酮、氰基乙酸乙酯为起始原料，首先在硫黄存在下合环制中间体噻吩胺，经重氮化制得对应的溴化物；再经水解得羧酸；然后在丁基锂存在下与三甲基氯化硅反应，最后与烯丙基胺酰氨化即得目的物。或以丁炔酸乙酯、氯硅烷等为原料经多步反应制得。

参考文献

[1] Proc. Brighton Crop Prot. Conf.—Pests Diseases. 1998, 343.

[2] The Pesticide Manual. 17th edition: 1016-1017.

[3] 张梅凤, 段渝峰. 今日农药, 2013, 9: 34-37.

[4] 李莉, 顾峰雷, 诸坤, 等. 杭州师范大学学报: 自然科学版, 2011, 1: 52-55.

双炔酰菌胺（mandipropamid）

$C_{23}H_{22}ClNO_4$，411.9，374726-62-2

双炔酰菌胺（试验代号：NOA 446510，商品名称：Pergado MZ、Pergado C、Pergado F、Pergado R、Revus、Revus Top、Revus Opti）是由先正达公司研制的酰胺类杀菌剂。

化学名称　(RS)-2-(4-氯苯基)-N-[3-甲氧基-4-(丙-2-炔氧基)苯乙基]-2-(丙-2-炔氧基)乙酰胺。IUPAC 名称：(RS)-2-(4-chlorophenyl)-N-[3-methoxy-4-(prop-2-ynyloxy)phenethyl]-2-(prop-2-ynyloxy)acetamide。美国化学文摘（CA）系统名称：4-chloro-N-[2-[3-methoxy-4-(2-propyn-1-yloxy)phenyl]ethyl]-α-(2-propyn-1-yloxy)benzeneacetamide。CA 主题索引名称：benzeneace-tamide —, 4-chloro-N-[2-[3-methoxy-4-(2-propyn-1-yloxy)phenyl]ethyl]-α-(2-propyn-1-yloxy)-。

理化性质　纯品为淡黄色粉末，熔点 96.4~97.3℃，蒸气压<9.4×10^{-4} mPa（25~50℃）。分配系数 lgK_{ow}=3.2，亨利系数<9.2×10^{-5} Pa·m^3/mol（25℃，计算值），密度（20~25℃）1.24 g/L。水中的溶解度 4.2 mg/L（20~25℃），有机溶剂中的溶解度（g/L，20~25℃）：正己烷 0.042，正辛醇 4.8，甲苯 29，甲醇 66，乙酸乙酯 120，丙酮 300，二氯甲烷 400。在 pH 4~9 范围内稳定。

毒性　大鼠（雌/雄）急性经口 LD$_{50}$>5000 mg/kg，大鼠（雌/雄）急性经皮 LD$_{50}$>5050 mg/kg。大鼠（雌/雄）急性吸入 LC$_{50}$>5000 mg/kg。对兔眼和皮肤无刺激性，对豚鼠无致敏性。NOEL 数据 [1 年，mg/(kg·d)]：狗 5，大鼠 15。对大鼠和小鼠无致癌性。ADI 值（EPA）慢性参考剂量 0.05 mg/kg(2008)。无"三致"。

生态效应　山齿鹑急性经口 LD$_{50}$>2250 mg/kg。虹鳟鱼 LC$_{50}$(96 h)>2.9 mg/L。水蚤 LC$_{50}$(48 h) 7.1 mg/L。羊角月牙藻 EC$_{50}$(96 h)>2.5 mg/L。其他水生物 EC$_{50}$（mg/L）：亚洲牡蛎（96 h）0.97，浮萍（7 d）>6.8。蜜蜂 LD$_{50}$（接触和经口）>200 μg/只。蚯蚓 LC$_{50}$>1000 mg/kg 干土。

其他对节肢动物的毒性非常低。

环境行为　①动物。在大鼠体内，双炔酰菌胺可被迅速吸收，并且很快排出体外；双炔酰菌胺在大鼠体内的代谢主要通过糖酯化作用和 *O*-脱烷基化法脱去一个或两个炔丙基基团。②土壤/环境。双炔酰菌胺的光解半衰期 DT_{50} 1.7 d（pH 7，25℃），在试验田中光解半衰期的平均值为 17 d（范围 2～29），K_{oc} 的平均值为 847 mL/g（范围 405～1294）；双炔酰菌胺在土壤中降解的半衰期 DT_{50}（实验数据，20℃，有氧）为 53 d，厌氧降解半衰期要长些，在试验田中的降解半衰期为 20 d。

制剂　250 g/L 悬浮剂，23.4%悬浮剂。

主要生产商　Syngenta。

作用机理与特点　双炔酰菌胺为酰胺类杀菌剂。其作用机理为抑制磷脂的生物合成，对绝大多数由卵菌引起的叶部和果实病害均有很好的防效。对处于萌发阶段的孢子具有较高的活性，并可抑制菌丝生长和孢子形成。可以通过叶片被迅速吸收，并停留在叶表蜡质层中，对叶片起保护作用。

应用

（1）适宜作物与安全性　葡萄、番茄、辣椒、西瓜、荔枝树、马铃薯。对作物和环境安全。

（2）防治对象　霜霉病、晚疫病、疫病、霜疫霉病。

（3）使用方法　室内活性测定和田间药效试验结果表明，双炔酰菌胺 250 g/L 悬浮剂对荔枝霜疫霉病有较好的防治效果。用药剂量为 125～250 mg/kg（折成250g/L 悬浮剂的稀释倍数为 1000～2000 倍药液），于发病初期开始均匀喷雾，开花期、幼果期、中果期、转色期各喷药 1 次。推荐剂量下对荔枝树生长无不良影响，未见药害发生。

专利与登记

专利名称　Preparation of novel phenyl propargyl ethers as agrochemical fungicides

专利号　WO 2001087822　　　　**专利申请日**　2001-05-15

专利拥有者　Syngenta Participations A-G., Switz.

在其他国家申请的专利　AT 271031、BR 2001010810、CA 2406088、EG 22695、EP 1282595、JP 2003533502、US 6683211、ZA 2002009266 等。

工艺专利　CN 102584621、WO 2007020381、WO 2003042166。

在国内的登记情况　23.4%悬浮剂，440g/L 双炔·百菌清混剂悬浮剂。登记作物：葡萄、番茄、辣椒、西瓜、荔枝树、马铃薯、黄瓜。防治对象：霜霉病、疫病、霜疫霉病等。

瑞士先正达作物保护有限公司在中国的登记情况见表 2-30。

表 2-30　瑞士先正达作物保护有限公司在中国的登记情况

登记名称	登记证号	含量	剂型	登记作物	防治对象	用药量/(g/hm²)	施用方法
双炔酰菌胺	PD20102138	93%	原药				
双炔·百菌清	PD20120438	440 g/L	悬浮剂	黄瓜	霜霉病	660～990	喷雾
双炔酰菌胺	PD20102139	23.4%	悬浮剂	马铃薯	晚疫病	75～150	喷雾
				西瓜	疫病	112.5～150	
				辣椒	疫病	112.5～150	
				荔枝树	霜疫霉病	125～250	
				葡萄	霜霉病	125～167	
				番茄	晚疫病	112.5～150	

合成方法 以对氯苯甲醛为起始原料，经如下反应即得目的物。反应式为：

参考文献

[1] The Pesticide Manual. 17th edition: 693-694.

[2] 迟会伟, 刁杰, 聂开晟, 等. 新型杀菌剂双炔酰菌胺. 农药, 2007(1): 52-54.

[3] 崔国威. 世界农药, 2009, 31(6): 48-49.

苯酰菌胺（zoxamide）

$C_{14}H_{16}Cl_3NO_2$，336.6，156052-68-5

苯酰菌胺（试验代号：RH-7281，商品名称：Electis、Gavel、Zoxium）是由罗门哈斯公司（后并入美国陶氏益农公司，现美国科迪华公司）开发的酰胺类杀菌剂。

化学名称 (RS)-3,5-二氯-N-(3-氯-1-乙基-1-甲基-2-氧代丙基)-对-甲基苯甲酰胺。IUPAC名称：(RS)-3,5-dichloro-N-(3-chloro-1-ethyl-1-methyl-2-oxopropyl)-p-toluamide。美国化学文摘（CA）系统名称：3,5-dichloro-N-(3-chloro-1-ethyl-1-methyl-2-oxopropyl)-4-methylbenzamide。CA 主题索引名称：benzamide —, 3,5-dichloro-N-(3-chloro-1-ethyl-1-methyl-2-oxopropyl)-4-methyl-。

理化性质 纯品为白色粉末，熔点 159.5～160.5℃，蒸气压＜$1×10^{-2}$ mPa（45℃），分配系数 $\lg K_{ow}$=3.76，Henry 常数＜$6×10^{-3}$ Pa•m^3/mol（计算值）。相对密度 1.38（20～25℃）。在水中的溶解度 0.681 mg/L（20～25℃），在丙酮中的溶解度 55.7 g/L（20～25℃）。水中的水解 DT_{50}：15 d（pH 4 和 7），8 d（pH 9）。水中光解 DT_{50} 7.8 d。土壤 DT_{50} 2～10 d。

毒性 大鼠急性经口 LD_{50}>5000 mg/kg。大鼠急性经皮 LD_{50}>2000 mg/kg。大鼠吸入 LC_{50}(4 h)>5.3 mg/L，对兔皮肤和眼睛均无刺激作用，对豚鼠皮肤有致敏性。NOEL 数据：狗饲喂一年 50 mg/(kg•d)。ADI 值：0.1 mg/kg(1999, 2001)(JMPR)，0.1 mg/kg(2008)(JMPR)，0.35 mg/kg(1999)(EPA)。无致突变、致畸性和致癌性。

生态效应 山齿鹑急性经口 LD_{50}>2000 mg/kg，野鸭和山齿鹑饲喂 LC_{50}>5250 mg/kg。野鸭和山齿鹑的 NOEL 为 1000 mg/kg。鱼类 LC_{50}（96 h，μg/L）：虹鳟鱼 160，大翻车鱼>790，红鲈>855，斑马鱼>730。鲦鱼 NOEC 为 60 μg/L。水蚤 EC_{50}(48 h)>780 μg/L，其后代 NOEC(21 d) 39 μg/L。藻类 EC_{50}（120 h，μg/L）：栅藻 11，羊角月牙藻 19，水华鱼腥藻>860，舟型藻>

930，骨藻>910。其他水生物 EC_{50}（μg/L）：亚洲牡蛎(48 h) 703，糠虾(96 h) 76，浮萍(14 d) 17。蜜蜂 LD_{50}（μg/只）：经口>200，接触>100。蚯蚓 LC_{50} (14 d)>1070 mg/kg 土壤，非致死剂量条件下生长和繁殖的 NOEC 为 7 mg/kg 天然土壤。其他益虫：根据 IOBC 分类标准，在 0.15 kg/hm² 的剂量下，对捕食螨、缢管蚜、蚜茧蜂、豹蛛、捕食性步甲、普通草蛉及花蝽无毒性。在 0.3 kg/hm² 的剂量下，对茧蜂和草蛉有轻微毒性。

环境行为　苯酰菌胺在环境中不太稳定，在环境中的存留时间短，随食物链传递的可能性比较低。①动物。苯酰菌胺在动物体内可被迅速吸收（在 48 h 吸收约 60%），并可迅速以粪便的形式排出体外（在 48 h 内排出约 85%）。在尿液和粪便中共检测到 36 种代谢物，这些代谢物主要通过水解、氧化、还原脱卤和结合反应生成，排出体外的主要成分是母体化合物。苯酰菌胺在大翻车鱼体内的半衰期为 0.4 d。②植物。苯酰菌胺可以分散在植物的表层，但不容易在植物体内传输。③土壤/环境。在土壤中的半衰期为 2～10 d，主要代谢产物是二氧化碳。K_{oc} 815～1443（平均值为 1224），低流动性，不易被淋洗掉。

制剂　24%悬浮剂、80%可湿性粉剂。

主要生产商　Gowan、辽宁省大连凯飞化学股份有限公司。

作用机理与特点　苯酰菌胺的作用机制在卵菌纲杀菌剂中是很独特的，它通过微管蛋白β-亚基的结合和微管细胞骨架的破裂来抑制菌核分裂。苯酰菌胺不影响游动孢子的游动、孢囊形成或萌发。伴随着菌核分裂的第一个循环，芽管的伸长受到抑制，从而阻止病菌穿透寄主植物。实验室中用冬瓜疫霉病和马铃薯晚疫病试图产生抗性突变体没有成功，可见田间快速产生抗性的危险性不大。实验室分离出抗苯甲酰胺类和抗二甲基吗啉类的菌种，试验结果表明苯酰菌胺与之无交互抗性。

应用

（1）适宜作物与安全性　马铃薯、葡萄、黄瓜、胡椒、辣椒、菠菜等。在推荐剂量下对多种作物都很安全，对哺乳动物低毒，对环境安全。

（2）防治对象　主要用于防治卵菌纲病害如马铃薯和番茄晚疫病、黄瓜霜霉病和葡萄霜霉病等；对葡萄霜霉病有特效。离体试验表明苯酰菌胺对其他真菌病原体也有一定活性，推测对甘薯灰霉病、莴苣盘梗霉、花生褐斑病、白粉病等有一定的活性。

（3）应用技术　苯酰菌胺是一种高效的保护性杀菌剂，具有长的持效期和很好的耐雨水冲刷性能；因此应在发病前使用，且掌握好用药间隔时间通常为 7～10 d。

（4）使用方法　主要用于茎叶处理，使用剂量为 100～250 g(a.i.)/hm²。实际应用时常和代森锰锌以及其他杀菌剂混配使用，不仅扩大杀菌谱，而且可提高药效。

专利与登记　专利 EP 0600629、EP 816330、EP 816328 等均已过专利期，不存在专利权问题。

国内登记情况　75%苯酰·锰锌水分散粒剂，97%原药。登记作物：黄瓜。防治对象：霜霉病。英国高文国际商业有限公司在中国的登记情况见表 2-31。

表 2-31　英国高文国际商业有限公司在中国的登记情况

登记名称	登记证号	含量	剂型	登记作物	防治对象	用药量	施用方法
苯酰菌胺	PD20160342	96%	原药				
苯酰·锰锌	PD20160341	75%	水分散粒剂	黄瓜	霜霉病	100～150g/亩	喷雾

合成方法　以对甲基苯甲酸为起始原料，经氯化、酰胺化，再经氯化合环，最后与盐酸开环即得目的物。反应式为：

参考文献

[1] The Pesticide Manual. 17th edition: 1179-1180.

[2] Proc. Brighton Crop Prot. Conf.—Pests Diseases. 1998, 2: 335.

氟噻唑吡乙酮（oxathiapiprolin）

$C_{24}H_{22}F_5N_5O_2S$，539.5，1003318-67-9

氟噻唑吡乙酮（试验代号：DPX-QGU42，商品名称：Zorvec、增威赢绿）是杜邦公司开发的新型哌啶类杀菌剂。

化学名称　1-[4-[4-[(5RS)-(2,6-二氟苯基)-4,5-二氢-3-异噁唑]-2-噻唑基]-1-哌啶基]-2-[5-甲基-3-三氟甲基-1H-吡唑-1-基]乙酮。IUPAC 名称：1-(4-{4-[(5RS)-5-(2,6-difluorophenyl)-4,5-dihydro-1,2-oxazol-3-yl]-1,3-thiazol-2-yl}-1-piperidyl)-2-[5-methyl-3-(trifluoromethyl)-1H-pyrazol-1-yl]ethanone。美国化学文摘（CA）系统名称：1-[4-[4-[5-(2,6-difluorophenyl)-4,5-dihydro-3-isoxazolyl]-2-thiazolyl]-1-piperidinyl]-2-[5-methyl-3-(trifluoromethyl)-1H-pyrazol-1-yl]ethanone。CA 主题索引名称：ethanone—, 1-[4-[4-[5-(2,6-difluorophenyl)-4,5-dihydro-3-isoxazolyl]-2-thiazolyl]-1-piperidinyl]-2-[5-methyl-3-(trifluoromethyl)-1H-pyrazol-1-yl]-。

理化性质　工业品纯度>95%，灰白色固体，熔点 146～160℃，蒸气压 1.41×10^{-6} mPa（20℃），分配系数 $\lg K_{ow}$=3.66，Henry 常数 3.521×10^{-3} Pa·m³/mol（计算值）。在水中的溶解度 0.1749 mg/L（20～25℃），有机溶剂中溶解度（g/L，20～25℃）：丙酮 162.8，1,2-二氯乙烷 352.9，乙酸乙酯 33.9，甲醇 13.5，正己烷 0.01，邻二甲苯 5.8，正辛醇 0.03；水中光解 DT_{50} 7.8 d。

毒性　氟噻唑吡乙酮低毒，大鼠急性经口、经皮 LD_{50} 值均>5000 mg/kg，急性吸入 LC_{50} 为 5.0 mg/L，ADI 值为 1.04 mg/kg bw，AOEL 值为 0.31 mg/kg bw。山齿鹑急性 LD_{50} 值＞2250 mg/kg，短期饲喂 LC_{50} 值＞1280 mg/kg。氟噻唑吡乙酮对皮肤、眼睛、呼吸系统无刺激性，也无致癌、致突变性，无神经毒性。该药剂对使用者安全。

生态效应　其对鱼类、大型溞、膨胀浮萍毒性中等。鱼类：虹鳟急性 LC_{50}＞0.69 mg/L，慢性 NOEC 值（21 d）＞0.46 mg/L。大型溞急性 EC_{50} 值（48 h）＞0.67 mg/L，慢性 NOEC 值

（21 d）≥0.75 mg/L。藻类 EC_{50} 值（72 h）>0.351 mg/L（生长）。蜜蜂：接触 LD_{50} 值（48 h）>100 μg/只，经口 LD_{50} 值（48 h）>40.26 μg/只。蚯蚓：赤子爱胜蚓急性 LC_{50} 值>1000 mg/kg，慢性 NOEC 值（14 d）≥1000 mg/kg。

环境行为　氟噻唑吡乙酮在土壤中的消解 DT_{50} 值分别为 121.2 d（典型）、121.2 d（实验室，20℃）、71.3 d（大田），DT_{90} 值分别为 503.1 d（实验室，20℃）、344.5 d（大田）。在 pH 为 7 时，其在水中稳定，水中光解较慢，DT_{50} 值为 15.4 d。氟噻唑吡乙酮在土壤中的主要代谢产物为 1-[2-[4-[4-[5-(2,6-二氟苯基)-4,5-二氢-3-异噁唑基]-2-噻唑基]-1-哌啶基]-2-乙酰氧基]-3-(三氟甲基)-1H-吡唑-5-甲酸(IN-RAB06)。

制剂　10%、100 g/L 可分散油悬浮剂（OD）、200 g/L 悬浮剂（SC）等。

作用机理与特点　氟噻唑吡乙酮对卵菌纲病原菌具有独特的作用位点，为氧固醇结合蛋白（OSBP）抑制剂。该剂施用量仅为常用杀菌剂的 1/100～1/5，对引起马铃薯晚疫病和番茄晚疫病的致病疫霉（*Phytophthora infestans*）高效。氟噻唑吡乙酮活性高，对致病疫霉各发育阶段均有效，可在寄主植物体内长距离输导，即使在极为恶劣的条件也可有效地防治晚疫病。该产品的开发主要是针对危害马铃薯及其他作物的病害，防治对象为影响葡萄、瓜类、番茄和其他蔬菜作物等的产量和经济效益的卵菌纲病原菌。已有研究发现，氟噻唑吡乙酮对向日葵霜霉病病菌（*Plasmopara halstedii*）的防效优于嘧菌酯或与之相当；叶面喷施可有效防治南佛罗里达地区的罗勒霜霉病病菌（*Peronospora belbahrii*）；亦可有效防治烟草黑胫病病菌（*Phytophthora nicotianae*）。但需要注意的是，氟噻唑吡乙酮作用位点单一，杀菌剂抗性行动委员会（FRAC）认为，其具有中高水平抗性风险，需要进行抗性管理。

应用　用于防治黄瓜霜霉病、甜瓜霜霉病、葡萄霜霉病、白菜霜霉病、番茄晚疫病、马铃薯晚疫病、辣椒疫病。防治效果为 70%～80%，适宜在发病前或发病初期均匀喷雾，间隔 10 d，施药 2～3 次。推荐防治黄瓜霜霉病、甜瓜霜霉病、白菜霜霉病、番茄晚疫病、马铃薯晚疫病，有效成分用量 10～30 g/hm²，每亩制剂用量 6.7～20.0 mL；防治辣椒霜霉病有效成分用量 20～40 g/hm²，每亩制剂用量 13.3～26.7 mL；防治葡萄霜霉病有效成分用量 33.3～50.0 mg/kg，制剂稀释 2000～3000 倍。

氟噻唑吡乙酮的特点：①超长防效时间。具有全面而快速的防效，在极低的浓度下对病原菌的各个时期都具有强烈的抑制效果，施药灵活，效果稳定，持效期可长达 10 天。②超强耐雨水冲刷能力。具有优异的耐雨水冲刷能力和保护新生组织的作用，即便在潮湿多雨的气候条件下依然稳定发挥药效。也正因为良好的内吸传导性，其在植物组织内跨层传导和向顶传导能力给作物新生组织带来极佳的保护，因而带来更好的作物长势和更高的产量与品质。③超低使用剂量。氟噻唑吡乙酮与现有市面产品无交互抗性，用量极低，对作物安全，对人和环境十分安全，是杀菌剂抗性管理的首选。

施用时期：葡萄/霜霉病　发病前保护性用药，每隔 10 天左右施用一次，共计 2 次。马铃薯/晚疫病　发病前保护性用药，每隔 10 天左右施用一次，共计 2～3 次。番茄/晚疫病　发病前保护性用药，每隔 10 天左右施用一次，共计 2～3 次。辣椒/疫病　发病前保护性用药，保护地辣椒于移栽 3～5 天缓苗后开始施药，每隔 10 天左右施用一次，共计 2～3 次，喷药时应覆盖辣椒全株并重点喷施茎基部。黄瓜霜霉病　发病前保护性用药，每隔 10 天左右施用一次，露地黄瓜每季可施药 2 次，保护地黄瓜可于秋季和春季两个发病时期分别施用 2 次。

注意事项：①本品不可与强酸、强碱性物质混用。②马铃薯安全间隔期 10 天，最多施药 3 次；黄瓜安全间隔期 3 天，最多施药 4 次；辣椒、番茄安全间隔期 5 天，最多施药 3 次；葡萄安全间隔期 7 天，最多施药 2 次。③操作时请注意，不要粘到衣服上或入眼。请佩戴防护眼镜。请不要误食。操作后，进食前请洗手。污染的衣物再次使用前请清洗干净。④禁止在湖泊、河塘等水体内清洗施药用具，避免药液流入湖泊、池塘等水体，防止污染水源。⑤为延缓抗性的产生，在葡萄上一季作物建议使用本品不超过两次；其他作物上一季使用本品或氧化固醇结合蛋白（OSBP）抑制杀菌剂不超过 4 次。⑥请与其他作用机理杀菌剂桶混、轮换使用，如代森锰锌、噁唑菌酮等。⑦孕妇和哺乳期妇女应避免接触。

专利与登记

专利名称　Fungicidal azocyclic amides

专利号　WO 2008013622　　　　专利申请日　2007-06-22

专利拥有者　E. I. du Pont

在其他国家申请的化合物专利　AU 2007277157、CA 2653640、AR 63213、EP 2049111、JP 2010509190、ZA 2008010066、CN 101888843、NZ 572915、RU 2453544、IL 195509、BR 2007013833、CN 102816148、IL 224109、MX 2009000920、KR 2009033496、WO 2009055514、WO 2010123791 等。

工艺专利　WO 2010123791。

2014 年 2 月 11 日，杜邦公司宣布正式提交 Zorvec™的全球联合审查登记资料。2015 年 9 月在美国获得登记并上市，12 月在中国获得登记，加拿大亦已正式登记，澳大利亚则已建议登记该产品。2013 年 5 月，杜邦就氟噻唑吡乙酮与先正达的苯并烯氟菌唑签署了全球相互授权协议。据此，先正达获得了在北美所有作物叶面和土壤使用氟噻唑吡乙酮以及在全球草坪和花园使用该产品的独家经销权，另外，先正达还获得了在某些作物上种子处理使用的全球权利，以及在北美外市场某些作物上叶面和土壤使用的开发权。目前，先正达亦已申请登记两个基于氟噻唑吡乙酮的产品，用于观赏植物和高尔夫球场草坪。

国内登记情况　杜邦公司登记了 95%原药，10%可分散油悬浮剂。登记用于防除番茄、马铃薯晚疫病（19.5～30 g/hm²），黄瓜霜霉病（19.5～30 g/hm²），葡萄霜霉病（33.34～50 mg/kg），辣椒疫病（19.5～30 g/hm²）。杜邦公司在中国登记情况见表 2-32

表 2-32　杜邦公司在中国登记情况

登记名称	登记证号	含量	剂型	登记作物	防治对象	用药量	施用方法
氟噻唑吡乙酮	PD20160344	95%	原药				
氟噻唑吡乙酮	PD20160340	10%	可分散油悬浮剂	番茄	晚疫病	13～20 mL/亩	喷雾
				黄瓜	霜霉病	13～20 mL/亩	喷雾
				辣椒	疫病	13～20 mL/亩	喷雾
				马铃薯	晚疫病	13～20 mL/亩	喷雾
				葡萄	霜霉病	2000～3000 倍液	喷雾
噁酮·氟噻唑	PD20183620	31%	悬浮剂	番茄	晚疫病	27～33 mL/亩	喷雾
				番茄	早疫病	27～33 mL/亩	喷雾
				黄瓜	霜霉病	27～33 mL/亩	喷雾
				辣椒	疫病	33～44 mL/亩	喷雾
				马铃薯	晚疫病	27～33 mL/亩	喷雾
				马铃薯	早疫病	27～33 mL/亩	喷雾
				葡萄	霜霉病	1500～2000 倍液	喷雾

合成方法　通过如下反应制得目的物：

中间产物 **A** 合成方法如下：

目的物合成方法如下：

参考文献

[1] The Pesticide Manual. 17th edition: 826-827.

[2] 顾林玲,柏亚罗. 氟噻唑吡乙酮的开发及应用. 现代农药, 2017, 16(4): 42-45+50.

fluoxapiprolin

$C_{25}H_{24}ClF_4N_5O_5S_2$，650.1，1360819-11-9

fluoxapiprolin（开发代号 BCS-CS55621）是拜耳公司开发的新型哌啶类杀菌剂。

化学名称 2-{(5RS)-3-[2-(1-{[3,5-双(二氟甲基)-1H-吡唑-1-基]乙酰基}-4-哌啶基)噻唑-4-基]-4,5-二氢异噁唑-5-基}-3-氯苯基甲磺酸酯。IUPAC 名称：2-((5RS)-3-(2-(1-(2-(3,5-bis (difluoromethyl)-1H-pyrazol-1-yl)acetyl)piperidin-4-yl)thiazol-4-yl)-4,5-dihydroisoxazol-5-yl)-3-chlorophenyl methanesulfonate。美国化学文摘（CA）系统名称：2-[3,5-bis(difluoromethyl)-1H-pyrazol-1-yl]-1-[4-[4-[5-[2-chloro-6-[(methylsulfonyl)oxy]phenyl]-4,5-dihydro-3-isoxazolyl]-2-thiazolyl]-1-piperidinyl]ethanone。CA 主题索引名称：ethanone—, 2-[3,5-bis(difluoromethyl)-1H-pyrazol-1-yl]-1-[4-[4-[5-[2-chloro-6-[(methylsulfonyl)oxy]phenyl]-4,5-dihydro-3-isoxazolyl]-2-thiazolyl]-1-piperidinyl]-。

作用机理与特点 与氟噻唑吡乙酮相似，作用机制为氧固醇结合蛋白（OSBP）抑制剂。fluoxapiprolin 为外消旋体，其 R-体和 S-体几乎拥有同样的生物活性。

专利与登记

专利名称 Heteroarylpiperidine and piperazine derivatives as fungicides

专利号 WO 2012025557　　　　　专利申请日 2012-03-01

专利拥有者 Bayer Cropscience AG

在其他国家申请的化合物专利 AU 2011295045、BR 112013004231、CA 2809211、CN 103180317、CN 105601627、EA 023204、EA 201390240、EP 2609094、JP 2013539464、JP 2016128479、KR 101807640、PE 01852014、US 2012122929、US 2015175598、US 2015351403、US 2018007903 等。

工艺专利 WO 2015144578，WO 2015181097。

合成方法 通过如下反应制得目的物：

参考文献

[1] Phillips McDougall AgriFutura June 2019. Conference Report IUPAC 2019 Ghent Belgium.

[2] 柏亚罗. 拜耳"奇葩"杀菌剂 fluoxapiprolin 等 5 种新农药获 ISO 通用名. 农药快讯, 2020, 16.

第三节

二羧酰亚胺类杀菌剂（dicarboximides）

一、创制经纬

二羧酰亚胺类杀菌剂来自除草剂如酰胺类或脲类的结构进一步优化。在酰胺类除草剂如敌稗，脲类除草剂如杀草隆化学结构基础上，发现含 3,5-二氯苯胺衍生物如 I 具有相当的杀菌活性，以此为先导化合物发现杀菌剂菌核利（II）；然后在菌核利的基础上，利用生物电子等排理论发现了其他的杀菌剂如腐霉利和异菌脲等。

另有文献报道：住友化学公司在研究除草剂时发现如下化合物III具有很好的杀菌活性，并在此基础上，利用生物等排理论，设计了更多的类似物，最终经过进一步优化发现了其他的该类杀菌剂：

二、主要品种

二羧酰亚胺类杀菌剂共有如下 14 个品种：famoxadone，fluoroimide，还包括二氯苯基二酰亚胺类杀菌剂（dichlorophenyl dicarboximide fungicides）（chlozolinate、dichlozoline、iprodione、isovaledione、myclozolin、procymidone、vinclozolin），以及邻苯二羧酰亚胺类杀菌剂（phthalimide fungicides）（captafol、captan、ditalimfos、folpet、thiochlorfenphim）。

菌核净（dimetachlone，非 ISO 通用名）是住友化学开发的酰亚胺类杀菌剂，没有统计在前述品种中。在我国有多个产品登记使用，但未获得 ISO 通用名。此处介绍 dimetachlone、procymidone、iprodione、fluoroimide、vinclozolin、chlozolinate、captan、folpet 及 captafol。化合物 famoxadone 在本书的其他部分介绍。如下化合物因应用范围小或不再作为杀菌剂使用或没有商品化等原因，本书不予介绍，仅列出化学名称及 CAS 登录号或分子式供参考：

dichlozoline：3-(3,5-dichlorophenyl)-5,5-dimethyl-1,3-oxazolidine-2,4-dione；24201-58-9。

ditalimfos：O,O-diethyl phthalimidophosphonothioate；5131-24-8。

isovaledione：3-(3,5-dichlorophenyl)-1-isovalerylhydantoin；$C_{14}H_{14}Cl_2N_2O_3$。

myclozolin：(RS)-3-(3,5-dichlorophenyl)-5-methoxymethyl-5-methyl-1,3-oxazolidine-2,4-dione；54864-61-8。

thiochlorfenphim：N-(4-chlorophenylthiomethyl)phthalimide；$C_{15}H_{10}ClNO_2S$。

菌核净（dimetachlone）

$C_{10}H_7Cl_2NO_2$，244.1，24096-53-5

菌核净（试验代号：S-47127，商品名称：Ohric）是由住友化学开发的酰亚胺类杀菌剂。

化学名称 N-3,5-二氯苯基丁二酰亚胺。IUPAC 名称：1-(3,5-dichlorophenyl) pyrrolidine-2,5-dione。美国化学文摘（CA）系统名称：1-(3,5-dichlorophenyl)-2,5-pyrrolidinedione。dimetachlone 并不是 ISO 通用名，是中国批准的名称，并在文献中有所提及。

理化性质 纯品为白色鳞片状结晶，熔点 137.5～139℃。易溶于丙酮、四氢呋喃、二甲基亚砜等有机溶剂，可溶于甲醇、乙醇，难溶于正己烷、石油醚，几乎不溶于水。原粉为淡棕色固体，常温下贮存有效成分含量变化不大。遇酸较稳定，遇碱和日光照射易分解，应储存于遮光阴凉的地方。

毒性 急性经口 LD$_{50}$（mg/kg）：雄大鼠 1688～2552，雄小鼠 1061～1551，雌小鼠 800～1321。大鼠急性经皮 LD$_{50}$>5000 mg/kg。大鼠经口无作用剂量为 40 mg/(kg·d)。鲤鱼 LC$_{50}$（48 h）为 55 mg/L。

制剂　40%可湿性粉剂等。

主要生产商　江西禾益化工股份有限公司等。

应用

（1）适宜作物　油菜、烟草、水稻、麦类等。

（2）防治对象　油菜菌核病、烟草赤腥病、水稻纹枯病、麦类赤霉病、白粉病，也可用于工业防腐等。

（3）使用方法　①防治油菜菌核病每亩用 40%可湿性粉剂 100～150 g，加水 75～100 kg。在油菜盛花期第 1 次用药，隔 7～10 d 再以相同剂量处理 1 次，喷于植株中下部。②防治烟草赤腥病每亩用 40%可湿性粉剂 187.5～337.5 g，于烟草发病时喷药，每隔 7～10 d 喷药 1 次。③防治水稻纹枯病每次每亩用 40%可湿性粉剂 200～250 g，对水 100 kg，于发病初期开始喷药，每次间隔 1～2 周，共防治 2～3 次。

专利与登记　专利 DE 1812206 早已过专利期，不存在专利权问题。

国内登记情况　40%可湿性粉剂，96%原药，登记作物为烟草、油菜、水稻等，防治对象为赤星病、菌核病、纹枯病等。

合成方法　3,5-二氯苯胺和丁二酸酐缩合后脱水即得目的物，反应式如下：

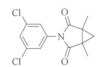

参考文献

[1] Agr. Biol. Chem, 1972, 2: 318.

腐霉利（procymidone）

$C_{13}H_{11}Cl_2NO_2$，284.1，32809-16-8

腐霉利（试验代号：S-7131，商品名称：Cymodin、Prolex、Proroc、Sideral、Sumilex、Sumisclex、Suncymidone，其他名称：Barrier、Cidonex、Hockey、Kimono、Progress、Promidone、Promilex、Promix、Sumiblend、速克灵、速克利、杀霉利、二甲菌核利）是日本住友化学工业株式会社开发生产的一种内吸杀菌剂。

化学名称　*N*-(3,5-二氯苯基)-1,2-二甲基环丙烷-1,2-二羧酰亚胺。IUPAC 名称：*N*-(3,5-dichlorophenyl)-1,2-dimethylcyclopropane-1,2-dicarboximide。美国化学文摘（CA）系统名称：3-(3,5-dichlorophenyl)-1,5-dimethyl-3-azabicyclo[3.1.0]hexane-2,4-dione。CA 主题索引名称：3-azabicyclo[3.1.0]hexane-2,4-dione —, 3-(3,5-dichlorophenyl)-1,5-dimethyl-。

理化性质　原药为无色或浅棕色结晶（工业品）。熔点 166～166.5℃（原药 164～166℃），蒸气压：18 mPa（25℃），10.5 mPa（20℃）。分配系数 lgK_{ow} 3.14（26℃），相对密度 1.452（20～25℃）。水中溶解度 4.5 mg/L（20～25℃）；有机溶剂中溶解度（g/L，20～25℃）：微溶

于乙醇，丙酮 180，二甲苯 43，氯仿 210，二甲基甲酰胺 230，甲醇 16。通常贮存条件下稳定，对光、热和潮湿均稳定。

毒性 大鼠急性经口 LD$_{50}$（mg/kg）：雄 6800，雌 7700。大鼠急性经皮 LD$_{50}$>2500 mg/kg。对兔皮肤和眼睛无刺激作用。大鼠急性吸入 LC$_{50}$（4 h）>1500 mg/L。NOEL（mg/kg）：狗 90 d 喂养试验无作用剂量为 3000；大鼠 2 年喂养试验无作用剂量为 1000（雄），300（雌）。无致突变和致癌作用。ADI 值：(JMPR)0.1 mg/kg(1989)，(EC)0.025 mg/kg(2006)，(EPA) 0.035 mg/kg(1993)。

生态效应 鱼毒 LC$_{50}$（96 h，mg/L）：大翻车鱼 10.3，虹鳟鱼 7.2。对蜜蜂无毒性。

环境行为 ①动物。腐霉利进入动物体内后可被迅速完全地通过尿液和粪便排出体外。②土壤/环境。腐霉利在土壤中降解半衰期为 4～12 周，具体时间取决于土壤中的腐殖质。

制剂 50%可湿性粉剂（速克灵），30%颗粒熏蒸剂，25%流动性粉剂以及胶悬剂。

主要生产商 Sumitomo Chemical、浙江禾本科技股份有限公司、泸州东方农化有限公司、如东县华盛化工有限公司、四川省宜宾川安高科农药有限责任公司、江西禾益化工股份有限公司及宁夏东吴农化股份有限公司等。

作用机理与特点 抑制菌体内甘油三酯的合成，具有保护和治疗的双重作用。主要作用于细胞膜，阻碍菌丝顶端正常细胞壁合成，抑制菌丝的发育。

应用

（1）适宜作物与安全性 玉米、黄瓜、番茄、葱类、油菜、葡萄、草莓、桃和樱桃等。不要与碱性药剂混用，亦不易与有机磷农药混配。为确保药效及其经济性，要按规定的浓度范围喷药，不应超量使用。

（2）防治对象 菌核病和灰霉病。除对多种作物的菌核病、灰霉病有效外，对桃、樱桃等核果类的灰星病、苹果花腐病、洋葱灰腐病等均有良好效果。对稻胡麻斑病、大麦条纹病、瓜类蔓枯病等也有较好的防效。

（3）应用技术 腐霉利具有很好的保护效果，不仅持效期长，且能阻止病斑发展；因此在发病前进行保护性使用或在发病初期使用均可取得满意效果。使用适期也比较长，它有从叶、根内吸的作用，因此，耐雨水冲刷性好，没有直接喷洒到药剂部分的病害也能被控制，对已经侵入到植物体内深部的病菌也有效。腐霉利与苯并咪唑类药剂的作用机理不同，因此，对苯并咪唑类药剂效果不好的情况下，使用腐霉利可望获得高防效。使用剂量通常为 500～1000 g/hm^2。

（4）使用方法 ①防治玉米大、小斑病每亩每次用 50%腐霉利可湿性粉剂 50～100 g（有效成分 25～50 g），于心叶末期至抽丝期喷雾 1～2 次，间隔 7～10 d。②防治油菜菌核病每亩每次用 50%腐霉利可湿性粉剂 30～60 g（有效成分 15～30 g），稀释成 2000～3000 倍喷雾。轻病田在始盛花期喷药 1 次，重病田于初花期和盛花期各喷药 1 次。③防治葡萄、番茄、草莓、葱类灰霉病发病初期每亩每次用 50%腐霉利可湿性粉剂 33～50 g（有效成分 16.5～25 g），稀释成 1500～3000 倍液喷雾，喷药 1～2 次，间隔 7～15 d。④防治桃、樱桃等果树褐腐病发病初期用 50%腐霉利可湿性粉剂 1000～2000 倍液或每 100 L 水加 50%腐霉利 50～100 g（有效浓度 250～500 mg/L）喷雾，间隔 7～10 d，喷药 1～2 次。⑤防治黄瓜菌核病、灰霉病在发病初期每亩每次用 50%腐霉利可湿性粉剂 33～50 g（有效成分 16.5～25 g），稀释成 1500～3000 倍液喷雾，喷药 1～2 次，间隔 7～15 d。

专利与登记 专利如 GB 1298261、US 3903090 等，早已过专利期，不存在专利权问题。
工艺专利 CN 101906063。
国内登记情况 98.5%原药，50%、80%可湿性粉剂，20%、35%悬浮剂，10%、15%烟剂，登记作物为番茄、黄瓜、葡萄、油菜、韭菜，防治对象灰霉病。日本住友化学株式会社在中国的登记情况见表 2-33。

表 2-33 日本住友化学株式会社在中国的登记情况

登记名称	登记证号	含量	剂型	登记作物	防治对象	用药量	施用方法
腐霉利	PD256-98	98.5%	原药				
腐霉利	PD74-88	50%	可湿性粉剂	番茄	灰霉病	375～750 g/hm²	喷雾
				黄瓜	灰霉病	375～750 g/hm²	
				葡萄	灰霉病	562.5～1125 g/hm²	
				油菜	菌核病	225～450 g/hm²	
腐霉利	PD20151500	43%	悬浮剂	番茄	灰霉病	100～130 mL/亩	喷雾
				黄瓜	灰霉病	75～100 mL/亩	
				葡萄	灰霉病	800～1200 倍液	

合成方法 腐霉利的制备方法如下：

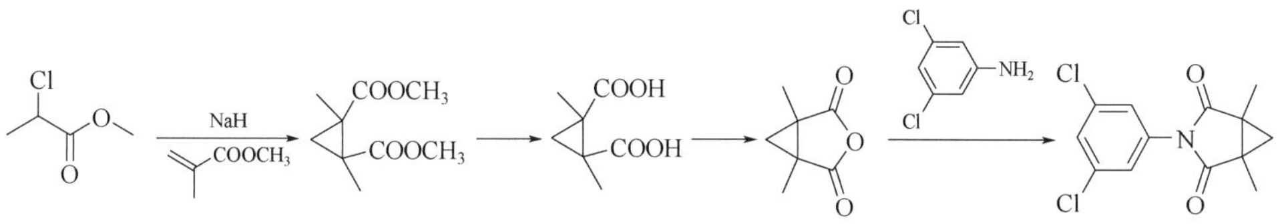

参考文献

[1] The Pesticide Manual. 17th edition: 906-907.

[2] Japan Pesticide Information, 1977, 29: 16.

[3] 沃解明. 上海化工, 1997, 2: 5-8.

异菌脲（iprodione）

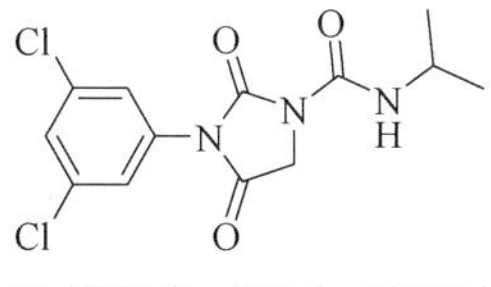

$C_{13}H_{13}Cl_2N_3O_3$，330.2，36734-19-7

异菌脲（试验代号：26019 RP，商品名称：Botrix、Kidan、Rover、Rovral、Sundione、Viroval，其他名称：Calidan、Chipco 26019、Gavelan、Herodion、Idone、Nevado、Prodione、扑海因）是 Rhône-Poulenc Agrochimie（现为拜耳作物科学公司）开发的羧酰亚胺类杀菌剂。2003 年将在欧洲的市场转让给了巴斯夫公司。

化学名称 3-(3,5-二氯苯基)-N-异丙基-2,4-氧代咪唑啉-1-羧酰胺。IUPAC 名称：3-(3,5-dichlorophenyl)-N-isopropyl-2,4-dioxoimidazolidine-1-carboxamide。美国化学文摘（CA）系统名称：3-(3,5-dichlorophenyl)-N-(1-methylethyl)-2,4-dioxo-1-imidazolidinecarboxamide。CA 主题索引名称：1-imidazolidinecarboxamide —, 3-(3,5-dichlorophenyl)-N-(1-methylethyl)-2,4-dioxo-。

理化性质 原药纯度为 96%，熔点 128～128.5℃。纯品为白色无味不吸湿性结晶状固体或粉末，熔点 134℃。蒸气压 5×10^{-4} mPa（25℃），分配系数 $\lg K_{ow}$=3.0（pH 3 和 5）。相对密度 1.00（20～25℃，原药 1.434～1.435）。水中溶解度 13 mg/L（20～25℃）；有机溶剂中溶解度（g/L，20～25℃）：正辛醇 10，乙腈 168，甲苯 150，乙酸乙酯 225，丙酮 342，二氯甲烷 450。在酸性介质中相对稳定，但在碱性介质中分解。半衰期 1～7 d（pH 7），<1 h（pH 9）。水溶液中被紫外线降解，但在强太阳光下相对稳定。

毒性 大鼠、小鼠急性经口 LD_{50}>2000 mg/kg。大鼠、兔急性经皮 LD_{50}>2000 mg/kg。对兔皮肤和眼睛无刺激作用。大鼠急性吸入 LC_{50}(4 h)>5.16 mg/L 空气。NOEL(mg/kg)：大鼠（2 年）150，狗（1 年）18。ADI 值：(JMPR) 0.06 mg/kg(1995)；(EC) 0.06 mg/kg(2003)；(EPA) aRfD 0.06 mg/kg，cRfD 0.02 mg/kg(1998)。

生态效应 鸟类急性经口 LD_{50}（mg/kg）：山齿鹑>2000，野鸭>10400。鱼毒 LC_{50}（96 h，mg/L）：虹鳟鱼>4.1，大翻车鱼>3.7。水蚤 LC_{50}(48 h)>0.25 mg/L。羊角月牙藻 EC_{50} (120 h) 1.9 mg/L。蜜蜂接触毒性 LD_{50} >0.4 mg/只。蚯蚓 LC_{50}(14 d)>1000 mg/kg 土壤。对其他有益生物无毒害。

环境行为 ①动物。异菌脲在大鼠、反刍动物和鸟类体内可迅速消除，它也是经过很多代谢（如水解和重排反应）才排出体外的。②植物。通过对谷物、水果、叶菜类和油性作物的植物代谢研究发现异菌脲是叶面喷施后的主要残留物。③土壤/环境。在土壤中以二氧化碳形式代谢较快，半衰期 20～80 d（温室）；20～60 d（田间）。K_{oc} 202～543。异菌脲在土壤中的降解速率会随二氧化碳的不断释放而加快，因此异菌脲不会在土壤中积累。

制剂 50%可湿性粉剂，50%悬浮剂，5%、25%油悬浮剂。

主要生产商 BASF、Sharda、Sinon、Sundat、江苏快达农化股份有限公司、连云港市金囤农化有限公司、江苏蓝丰生物化工股份有限公司及浙江禾一绿色化工有限公司等。

作用机理与特点 异菌脲能抑制蛋白激酶，控制许多细胞功能的细胞内信号，包括碳水化合物结合进入真菌细胞组分的干扰作用。因此，它既可抑制真菌孢子萌发及产生，也可抑制菌丝生长，即对病原菌生活史中的各发育阶段均有影响。可通过根部吸收起治疗作用。

应用

（1）适宜作物 甜瓜、黄瓜、香瓜、西瓜、大豆、豌豆、茄子、番茄、辣椒、马铃薯、萝卜、块根芹、芹菜、野莴苣、草莓、大蒜、葱、柑橘、苹果、梨、杏、樱桃、桃、李、葡萄、玉米、小麦、大麦、水稻、园林花卉、草坪等。也用于柑橘、香蕉、苹果、梨、桃等水果贮存期的防腐保鲜。

（2）防治对象 异菌脲杀菌谱广，可以防治对苯并咪唑类内吸杀菌剂有抗性的真菌。主要防治对象为葡萄孢属、丛梗孢属、青霉属、核盘菌属、链格孢属、长蠕孢属、丝核菌属、茎点霉属、球腔菌属、尾孢属等引起的多种作物、果树和果实贮藏期病害，如葡萄灰霉病、核果类果树上的菌核病、苹果斑点落叶病、梨黑斑病、番茄早疫病、草莓和蔬菜的灰霉病等。

（3）应用技术 ①不能与腐霉利（速克灵）、乙烯菌核利（农利灵）等作用方式相同的杀菌剂混用或轮用。②不能与强碱性或强酸性的药剂混用。③为预防抗性菌株的产生，作物全生育期异菌脲的施用次数控制在 3 次以内，在病害发生初期和高峰期使用，可获得最佳效果。

（4）使用方法

① 防治葡萄灰霉病 可在葡萄花托脱落、葡萄串停止生长、开始成熟和收获前 20 d 各施 1 次 50%异菌脲悬浮剂或可湿性粉剂 1000～1500 倍液。若花期前或始花期开始发病，可加施 1 次药。

② 防治苹果斑点落叶病 苹果春梢生长期初发病时开始喷药，10～15 d 后喷第 2 次，秋梢旺盛生长期再喷 1～2 次。每次用 50%异菌脲悬浮剂或可湿性粉剂 1000～1500 倍液。

③ 防治草莓灰霉病　于草莓发病初期开始施药，每隔 8 d 施药 1 次，收获前 2～3 星期停止施药。每次每亩用 50%异菌脲悬浮剂或可湿性粉剂 100 mL（g），对水喷雾。

④ 防治核果类果树（杏、樱桃、桃、李等）花腐病、灰星病、灰霉病　花腐病于果树始花期和盛花期各喷 1 次药。灰星病于果实收获前 3～4 星期和 1～2 星期各喷 1 次。灰霉病则于收获前视病情施 1～2 次药。每次每亩用 50%异菌脲悬浮剂或可湿性粉剂 66～100 mL（g），对水喷雾。

⑤ 防治番茄灰霉病、早疫病、菌核病，黄瓜灰霉病　菌核病发病初期开始喷药，全生育期施药 1～3 次，施药间隔期 7～10 d。每次每亩用 50%异菌脲悬浮剂或可湿性粉剂 50～100 mL（g），对水喷雾。

⑥ 防治大蒜、大白菜、豌豆、菜豆、韭菜、甘蓝、西瓜、甜瓜、芦苇等蔬菜灰霉病、菌核病、黑斑病、斑点病、茎枯病等　发病初期开始施药，施药间隔期，叶部病害 7～10 d，根茎部病害 10～15 d，每次每亩用 50%异菌脲悬浮剂或可湿性粉剂 66～100 mL（g），对水喷雾。

⑦ 防治温室葫芦科蔬菜、胡椒、茄子等的灰霉病、早疫病、斑点病　发病初期开始施药，每隔 7 d 施 1 次药，连续施 2～3 次，每次每亩用 50%异菌脲悬浮剂或可湿性粉剂 50～100 mL（g），对水喷雾。

⑧ 防治油菜菌核病　在油菜始花期，花蕾率达 20%～30%（或茎病株率小于 0.1%）时施第 1 次药，盛花期再施第 2 次药，每次每亩用 50%异菌脲悬浮剂或可湿性粉剂 65～100 mL（g），对水喷雾。

⑨ 防治水稻胡麻斑病、纹枯病、菌核病　在发病初期施药，可连施 2～3 次，施药间隔期 7～10 d，每次每亩用 50%异菌脲悬浮剂或可湿性粉剂 66.7～100 mL（g），对水喷雾。

⑩ 防治玉米小斑病　在玉米小斑病初发时开始喷药，50%异菌脲可湿性粉剂 200～400 g 对水喷雾，隔两周再喷 1 次。

⑪ 防治花生冠腐病　每 100 kg 种子用 50%异菌脲可湿性粉剂 100～300 g 拌种。

⑫ 防治观赏作物叶斑病、灰霉病、菌核病、根腐病　可于发病初期开始喷药，施药间隔 7～14 d，每次每亩用 50%异菌脲悬浮剂或可湿性粉剂 75.4～100 mL（g），对水喷雾。也可采用浸泡插条的方法，即在 50%异菌脲悬浮剂或可湿性粉剂 125～500 倍液中浸泡 15 min。

⑬ 水果防腐保鲜　防治柑橘、香蕉、苹果、梨、桃等水果贮存期的病害，如蒂腐病、青绿霉病、灰霉病、根霉病等。将待贮水果在 25%异菌脲油悬浮剂 2500 倍液中浸 1 min，取出后晾干水果表面的药液，再包装。

专利与登记　专利 GB 1312536、US 3755350、FR 2120222 等早已过专利期，不存在专利权问题。

工艺专利　CN 110256356、CN 107827824、CN 107245055、CN 105777647、EP 41465。

国内登记情况　95%、96%原药，255 g/L、500 g/L、45%、25%、23.5%悬浮剂，50%可湿性粉剂，10%乳油，登记作物：番茄、苹果树、葡萄、香蕉。防治早疫病、灰霉病、冠腐病、斑点落叶病等。美国富美实公司在中国的登记情况见表 2-34。

表 2-34　美国富美实公司在中国的登记情况

登记名称	登记证号	含量	剂型	登记作物	防治对象	用药量	施用方法
异菌脲	PD20070319	96%	原药				
异菌脲	PD64-88	50%	可湿性粉剂	番茄	早疫病	375～750 g/hm^2	喷雾
				番茄	灰霉病	375～750 g/hm^2	

登记名称	登记证号	含量	剂型	登记作物	防治对象	用药量	施用方法
异菌脲	PD64-88	50%	可湿性粉剂	苹果树	褐斑病	333.5～500 g/kg	喷雾
				苹果树	轮斑病	333.5～500 g/kg	
异菌脲	PD202-95	255g/L	悬浮剂	香蕉	冠腐病	1500 mg/kg	浸果
				香蕉	轴腐病	1500 mg/kg	浸果
				油菜	菌核病	450～750 g/hm²	喷雾
异菌脲	PD20030005	500g/L	悬浮剂	番茄	灰霉病	375～750 g/hm²	喷雾
				苹果树	斑点落叶病	1000～2000 倍液	
				番茄	早疫病	375～750 g/hm²	
				葡萄	灰霉病	750～1000 倍液	

合成方法　以3,5-二氯苯胺、氨基乙酸、异丙基异氰酸酯为原料，经如下反应制得目的物：

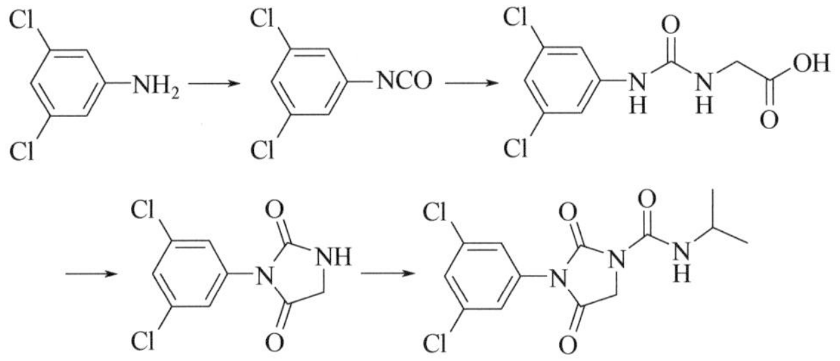

或通过如下方法制备中间体后，再制备目标物：

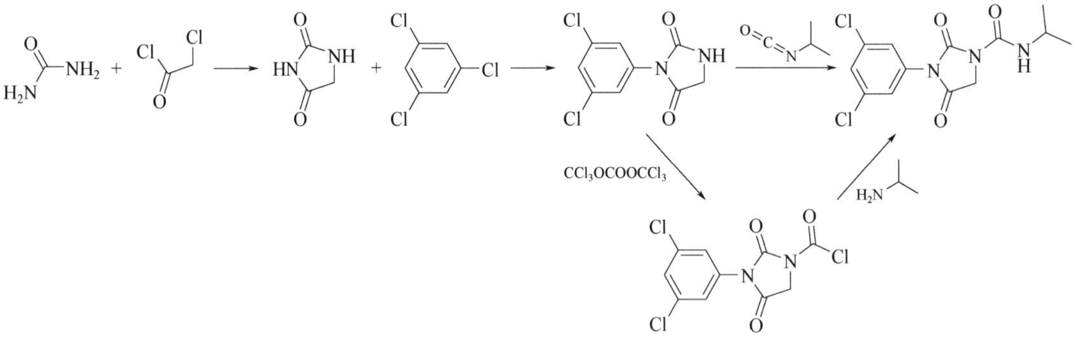

参考文献

[1] The Pesticide Manual. 17th edition: 650-651.

氟氯菌核利（fluoroimide）

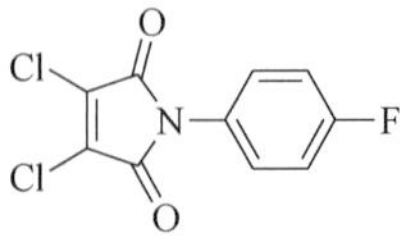

$C_{10}H_4Cl_2FNO_2$，260.1，41205-21-4

氟氯菌核利（试验代号：MK-23，商品名称：Spartcide，其他名称：fluoromide）是日本三菱公司开发的二甲酰亚胺类杀菌剂。目前由日本农药公司和组合化学公司经销。

化学名称　2,3-二氯-*N*-4-氟苯基马来酰亚胺或 2,3-二氯-*N*-4-氟苯基丁烯二酰亚胺。IUPAC 名称：2,3-dichloro-*N*-4-fluorophenylmaleimide。美国化学文摘（CA）系统名称：3,4-dichloro-1-(4-fluorophenyl)-1*H*-pyrrole-2,5-dione。CA 主题索引名称：1*H*-pyrrole-2,5-dione —, 3,4-dichloro-1-(4-fluorophenyl)-。

理化性质　工业品含量>95%。纯品为淡黄色结晶，熔点 240.5～241.8℃。蒸气压：3.4 mPa（25℃），8.1 mPa（40℃）。分配系数 lgK_{ow}=3.04（25℃）。相对密度 1.691（20～25℃）。水中溶解度 0.611 mg/L（pH 5.4，20～25℃）。有机溶剂中的溶解度（g/L，20～25℃）：丙酮 17.7，正己烷 0.073。温度达 50℃能稳定存在，对光稳定。水解 DT_{50}：52.9 min（pH 3），7.5 min（pH 7），1.4 min（pH 8）。

毒性　大鼠和小鼠急性经口 LD_{50}>15000 mg/kg。小鼠急性经皮 LD_{50}>5000 mg/kg。大鼠吸入 LC_{50}（4 h，mg/L 空气）：雄 0.57，雌 0.72。NOEL 数据（2 年，mg/kg）：雄性大鼠 9.28，雌性大鼠 45.9。

生态效应　鹌鹑急性吸入 LC_{50}>2000 mg/kg 饲喂。鲤鱼 LC_{50}（mg/L）：(48 h) 5.6，(96 h) 2.29。水蚤 LC_{50}(3 h) 13.5 mg/L，EC_{50}(48 h) 5.48 mg/L。羊角月牙藻 EC_{50} (72 h)>100 mg/L。蜜蜂 LD_{50}（48 h，μg/只）：（经口）>35.5，（接触）>66.8。其他有益生物：家蚕安全生存期限>7 d（180 g/1000 m²）。普通草蛉和伪蹄形藻 NOEL>1500 mg/L。

制剂　75%可湿性粉剂。

应用

（1）适宜作物　果树如苹果、柑橘、梨，蔬菜如黄瓜、葱、马铃薯，茶，橡胶树等。

（2）防治对象　苹果花腐病、黑星病，柑橘溃疡病、树脂病、疮痂病、蒂腐病，梨黑斑病、黑星病、轮纹病，马铃薯晚疫病，番茄晚疫病，黄瓜霜霉病，瓜类白粉病、炭疽病，洋葱灰霉病和霜霉病，茶叶炭疽病和网饼病，橡胶赤衣病（*Corticium* sp.）等。

（3）使用方法　主要作保护剂使用。茎叶喷雾，使用剂量为 2～5 kg(a.i.)/hm²。

专利与登记　专利 JP 712681、US 3734927 等早已过专利期，不存在专利权问题。

工艺专利　CN 103113280。

合成方法　以对氟苯胺和马来酸酐为原料，经如下反应即可制备目的物：

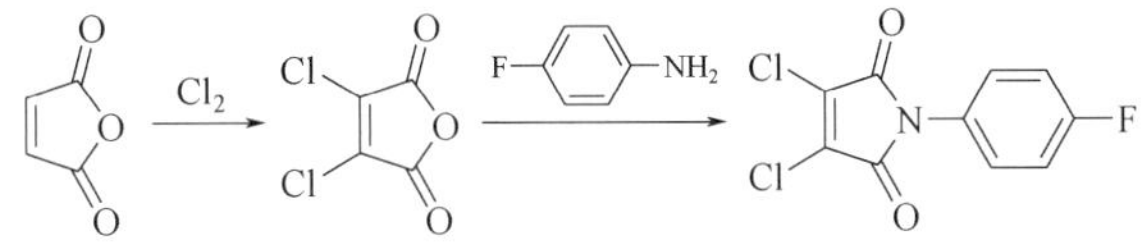

参考文献

[1] The Pesticide Manual. 17 th edition: 523-524.

乙烯菌核利（vinclozolin）

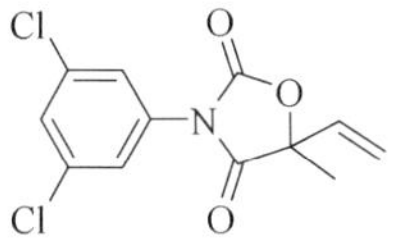

C₁₂H₉Cl₂NO₃，286.1，50471-44-8

乙烯菌核利（试验代号：BAS 352F，商品名称：Flotilla、Ronilan，其他名称：农利灵、烯菌酮）是德国巴斯夫公司（BASF AG）开发生产的二甲酰亚胺类触杀性杀菌剂。

化学名称　(RS)-3-(3,5-二氯苯基)-5-甲基-5-乙烯基-1,3-噁唑啉-2,4-二酮。IUPAC 名称：(RS)-3-(3,5-dichlorophenyl)-5-methyl-5-vinyloxazolidine-2,4-dione。美国化学文摘（CA）系统名称：3-(3,5-dichlorophenyl)-5-ethenyl-5-methyl-2,4-oxazolidinedione。CA 主题索引名称：2,4-oxazolidinedione —, 3-(3,5-dichlorophenyl)-5-ethenyl-5-methyl-。

理化性质　原药纯度大于96%。纯品为无色结晶，略带芳香味。熔点108℃，沸点131℃（6.65Pa）。蒸气压0.13 mPa（20℃）。分配系数$\lg K_{ow}$=3（pH 7）。Henry系数1.43×10^{-2} Pa·m³/mol（计算值）。相对密度1.51（20～25℃）。水中溶解度2.6 mg/L（20～25℃）；有机溶剂中溶解度（g/100 mL，20～25℃）：甲醇1.54，丙酮33.4，乙酸乙酯23.3，正庚烷0.45，甲苯10.9，二氯甲烷47.5。温度达50℃能稳定存在。在酸介质中24 h稳定存在。在0.1 mol/L氢氧化钠溶液中，3.8 h水解50%。

毒性　急性经口LD_{50}（mg/kg）：大鼠和小鼠>15000，豚鼠8000。大鼠急性经皮LD_{50}>5000 mg/kg。大鼠吸入LC_{50}(4 h)>29.1 mg/L空气。NOEL（mg/kg）：大鼠（2年）1.4，狗（1年）2.4。ADI值：(JMPR) 0.01 mg/kg(1995)，(BfR)0.005 mg/kg(2000)，(EPA)aRfD 0.06，cRfD 0.012 mg/kg(2000)。其他试验表明乙烯菌核利具有抗雄性激素特性。

生态效应　鹌鹑急性经口LD_{50}>2510 mg/kg。鹌鹑饲喂LC_{50}(5 d)>5620 mg/kg。鱼毒LC_{50}（96 h，mg/L）：虹鳟鱼22～32，孔雀鱼32.5，大翻车鱼50。水蚤LC_{50}(48 h) 4.0 mg/L。对蜜蜂无毒，LD_{50}>200 mg/只（经口和接触）。对蚯蚓无毒。

环境行为　①动物。乙烯菌核利在母鸡体内的主要代谢途径为中间体环氧化物水解后乙烯基的环氧化反应及杂环的水解反应。大鼠口服后，主要通过尿液和粪便排出体外，主要的代谢产物为N-(3,5-二氯苯基)-2-甲基-2,3,4-三羟基丁酰胺。②植物。乙烯菌核利在植物体内的主要代谢产物为3,5-二氯苯甲酸(1-羧基-1-甲基)烯丙酯和N-(3,5-二氯苯基)-2-羟基-2-甲基-3-丁酰胺。乙烯菌核利及其代谢产物在碱性条件下水解失去3,5-二氯苯胺。代谢产物以氢键连接的形式存在。③土壤/环境。乙烯菌核利在土壤中的主要代谢为乙烯基的脱除和五元环的裂解，最终生成3,5-二氯苯胺。乙烯菌核利在土壤中的吸附系数K_{oc} 100～735。乙烯菌核利在土壤中的降解半衰期为数周，主要降解产物为共轭基团。

制剂　50%水分散粒剂，50%可湿性粉剂。

作用机理与特点　乙烯菌核利是二甲酰亚胺类触杀性杀菌剂，主要干扰细胞核功能，并对细胞膜和细胞壁有影响，改变膜的渗透性，使细胞破裂。

应用

（1）适宜作物与安全性　油菜、黄瓜、番茄、白菜、大豆、茄子、花卉。乙烯菌核利人体每日允许摄入量为0.243 mg/kg，在黄瓜和番茄上的最高残留量日本和德国规定为0.05 mg/kg，在水果上规定为5 mg/kg。在黄瓜和番茄上推荐的安全间隔期为21～35 d。

（2）防治对象　大豆、油菜菌核病，白菜黑斑病，茄子灰霉病，黄瓜灰霉病，番茄灰霉病。多用于防治果树、蔬菜类作物灰霉病、褐斑病等病害。

（3）使用方法

① 防治黄瓜灰霉病　发病初期开始喷药，每次每亩用50%乙烯菌核利75～100 g，对水喷雾，共喷药3～4次，间隔期为7～10 d。

② 防治番茄灰霉病、早疫病　发病初期开始喷药，每次每亩用50%乙烯菌核利75～100g，对水喷雾，共喷药3～4次，间隔期为7 d。

③ 防治花卉灰霉病　发病初期开始喷药,用 50%乙烯菌核利 500 倍液喷雾,每次间隔 7～10 d,共喷药 3～4 次。

④ 防治油菜菌核病　油菜抽薹期,每亩用 50%乙烯菌核利 100g 加米醋 100 mL 混合喷雾。15～20 d 后再喷 1 次。

⑤ 防治大豆菌核病　大豆 2～3 片复叶期,每亩用 50%乙烯菌核利 100g 加米醋 100 mL 混合喷雾。15～20 d 后再喷 1 次。

⑥ 防治白菜黑斑病、茄子灰霉病　发病初期开始喷药,50%乙烯菌核利每亩 75～100g 喷雾,每次间隔 7～10 d,共喷药 3～4 次。

专利与登记　专利 DE 2207576 早已过专利期,不存在专利权问题。巴斯夫欧洲公司在中国的登记情况见表 2-35。

表 2-35　巴斯夫欧洲公司在中国的登记情况

登记名称	登记证号	含量	剂型	登记作物	防治对象	用药量/(g/hm²)	施用方法
乙烯菌核利	PD20070354	95%	原药				
乙烯菌核利	PD20070124	50%	水分散粒剂	番茄	灰霉病	562.5～750	喷雾

合成方法　经如下方法即可制备乙烯菌核利:

参考文献

[1] The Pesticide Manual. 17th edition: 1172-1173.

乙菌利(chlozolinate)

$C_{13}H_{10}Cl_2NO_5$,332.1,84332-86-5

乙菌利(试验代号:M 8164,商品名称:Manderol、Serinal)是由意大利 Montedison 公司(现为 Isagro 公司)开发的 3,5-二氯苯胺类杀菌剂。

化学名称　(RS)-3-(3,5-二氯苯基)-5-甲基-2,4-二氧代-1,3-噁唑啉-5-羧酸乙酯。IUPAC 名称:ethyl (RS)-3-(3,5-dichlorophenyl)-5-methyl-2,4-dioxo-1,3-oxazolidine-5-carboxylate。美国化学文摘(CA)系统名称:ethyl-3-(3,5-dichlorophenyl)-5-methyl-2,4-dioxo-5-oxazolidinecarboxylate。CA 主题索引名称:5-oxazolidinecarboxylic acid —, 3-(3,5-dichlorophenyl)-5-methyl-2,4-dioxo-ethyl ester。

理化性质　纯品为白色无味固体,熔点 112.6℃。相对密度 1.441(20～25℃)。蒸气压 0.013 mPa(25℃,饱和蒸气法)。$\lg K_{ow}$=3.15(22℃),Henry 系数 2.29×10^{-3} Pa·m³/mol(25℃,计算值)。水中溶解度 2 mg/L(20～25℃),有机溶剂中溶解度(g/kg,20～25℃):乙酸乙酯、

丙酮、二氯乙烷>250，乙醇 13，正己烷 2，二甲苯 60。稳定性：在氮气保护下不高于 250℃可稳定存在，对光稳定，水溶液中的水解环境 pH 5～9。

毒性 急性经口 LD_{50}（mg/kg）：大鼠>4500，小鼠>10000。大鼠急性经皮 LD_{50}>5000 mg/kg。本品对兔眼睛和皮肤无刺激。对豚鼠无致敏性。无致畸、致突变、致癌作用。大鼠急性吸入 LC_{50}(4 h)>10 mg/L 空气。NOEL［mg/(kg·d)］：大鼠（90 d）200，狗（1 年）200。ADI(ECCO) 0.1 mg/kg(1999)。

生态效应 鹌鹑和野鸭急性经口 LD_{50}>4500 mg/kg。虹鳟鱼 LC_{50}(96 h)>27.5 mg/L。水蚤 LC_{50}(48 h) 1.18 mg/L。羊角月牙藻 EC_{50}(96 h) 30 mg/L。蜜蜂急性经口 LD_{50}>100 mg/只。2 倍的推荐使用剂量下对智利捕植螨无害。

环境行为 ①动物。乙菌利很容易被动物吸收、代谢，然后排出体外。在大鼠的尿液中检测到的代谢物有：3-(3,5-二氯苯基)-5-甲基噁唑-2,4-二酮，N-(3,5-二氯苯基)-2-羟基丙酰胺，O-1-羧乙基-N-3,5-二氯苯基氨基甲酸盐和 N-[3,5-二氯-2(或 4)-羟基苯基]-2-羟基丙酰胺及其硫酸盐和葡糖苷酸络合物。②植物。乙菌利在植物体内通过水解和脱羧可得到与动物体内相同的代谢产物。③土壤/环境。乙菌利在淤泥壤土、沙壤土和黏土中可发生水解，脱羧，有氧条件下的半衰期 DT_{50}<7 h。

作用机理与特点 抑制菌体内甘油三酯的合成，具有保护和治疗的双重作用。主要作用于细胞膜，阻碍菌丝顶端正常细胞壁合成，抑制菌丝的发育。

应用 主要用于防治灰葡萄孢和核盘菌属菌以及观赏植物的某些病害。推荐用于葡萄、草莓防治灰葡萄孢、核果和仁果类桃褐腐核盘菌和果产核盘菌、蔬菜上的灰葡萄孢和核盘菌属。使用剂量通常为 750～1000 g(a.i.)/hm²。也可防治禾谷类叶部病害和种传病害，如小麦腥黑穗病、大麦和燕麦的散黑穗病，还可防治苹果黑星病和玫瑰白粉病等。

专利与登记 专利 DE 2906574、US 4342773 早已过专利期，不存在专利权问题。

合成方法 由甲基溴化镁与丙酮二酸二乙酯在四氢呋喃中反应制得甲基丙醇二酸二乙酯，再与 3,5-二氯苯基异氰酸酯反应，处理即得乙菌利。反应式如下：

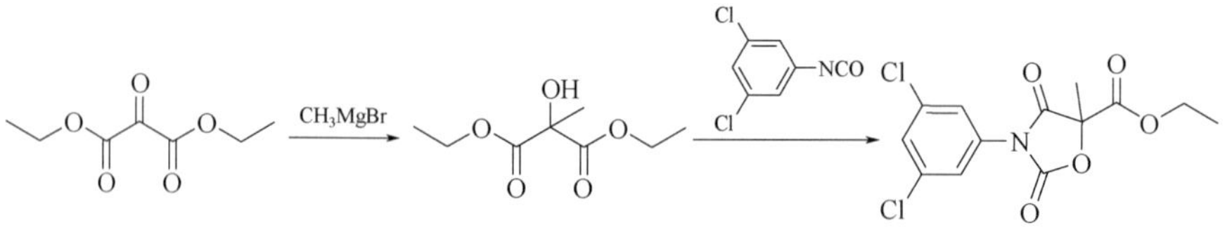

参考文献

[1] The Pesticide Manual. 17th edition: 1192.

克菌丹（captan）

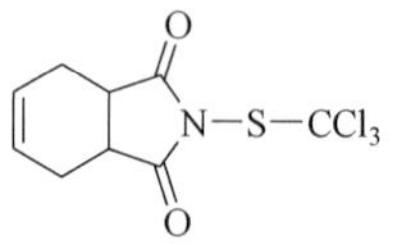

$C_9H_8Cl_3NO_2S$，300.6，133-06-2

克菌丹（试验代号：SR 406，商品名称：Capone、Captaf、Criptan、Dhanutan、Merpan，其他名称：盖普丹）是由 Chevron 化学公司开发的杀菌剂。

化学名称　*N*-(三氯甲硫基)环己-4-烯-1,2-二甲酰亚胺。IUPAC 名称：*N*-[(trichloromethyl)thio]cyclohex-4-ene-1,2-dicarboximide。美国化学文摘（CA）系统名称：3*a*,4,7,7*a*-tetrahydro-2-[(trichloromethyl)thio]-1*H*-isoindole-1,3(2*H*)-dione。CA 主题索引名称：1*H*-isoindole-1,3(2*H*)-dione —, 3*a*,4,7,7*a*-tetrahydro-2-[(1,1,2,2-tetrachloroethyl)thio]-。

理化性质　工业品为无色到米色无定形固体，带有刺激性气味。纯品为无色结晶固体，熔点 178℃（175~178℃）。蒸气压＜$1.3×10^{-3}$ Pa（25℃）。分配系数 lgK_{ow}=2.8（25℃）。Henry 常数（Pa•m^3/mol）：$3×10^{-4}$（pH 5），$2×10^{-4}$（pH 7）。相对密度 1.74（26℃）。溶解度（g/L）：水 0.0033（25℃），丙酮 21，二甲苯 20，氯仿 70，环己酮 23，二氧六环 47，苯 21，甲苯 6.9，异丙醇 1.7，乙醇 2.9，乙醚 2.5；不溶于石油醚。在中性介质中分解缓慢，在碱性介质中分解迅速。DT_{50}（20℃）：32.4 h（pH 5），8.3 h（pH 7），＜2 min（pH 10）。热 DT_{50}：＞4 年（80℃），14.2 d（120℃）。

毒性　大鼠急性经口 LD_{50} 9000 mg/kg。兔急性经皮 LD_{50}＞4500 mg/kg。对兔皮肤中度刺激，对兔眼睛重度损伤。大鼠吸入毒性 LC_{50}＞0.668 mg/L。粉尘能引起呼吸系统损伤。NOEL 数据 [2 年，mg/(kg•d)]：大鼠 2000，狗 4000。无致畸、致突变、致癌作用。ADI 值（mg/kg）：(JMPR) 0.1；(EC) 0.1；(EPA) aRfD 0.1，cRfD 0.13。

生态效应　急性经口 LD_{50}（mg/kg）：野鸭和野鸡＞5000，山齿鹑 2000~4000。在 100 mg/kg 下对椋鸟和红翅黑鹂无毒。鱼类 LC_{50}（96 h，mg/L）：大翻车鱼 0.072，厚唇石鲈 0.3，鲑鱼 0.034。水蚤 LC_{50}(48 h) 7~10 mg/L。对水生无脊椎动物中等毒性。蜜蜂 LD_{50}（μg/只）：91（经口），788（接触）。

环境行为　①动物。在哺乳动物体内，由于细胞中巯基化合物的影响而使三氯部分发生断裂，裂分为三硫代氨基甲酸酯、硫光气和四氢酞酰亚胺。②土壤/环境。土壤 K_d 3~8 d（pH 4.5~7.2）；DT_{50} 约为 1 d（25℃，pH 4.5~7.2）。

制剂　50%可湿性粉剂，80%水分散粒剂，40%悬浮剂，450 g/L 悬浮种衣剂等。

主要生产商　Agro Chemicals India、Arysta LifeScience、Bharat、Crystal、Drexel、India Pesticides、Makhteshim-Agan、Rallis、Sharda、榆林成泰恒生物科技有限公司及河北威远生物化工有限公司等。

作用机理与特点　具有保护和治疗作用的非内吸性杀菌剂。

应用

（1）适宜作物与安全性　果树、番茄、马铃薯、蔬菜、玉米、水稻、麦类和棉花等。

（2）防治对象　防治番茄、马铃薯疫病，菜豆炭疽病，黄瓜霜霉病，瓜类炭疽病、白粉病，洋葱灰霉病，芹菜叶枯病，白菜黑斑病、白斑病，蔬菜幼苗立枯病，苹果疮痂病、苦腐病、黑星病、飞斑病，梨黑星病，柑橘褐腐病，葡萄霜霉病、黑腐病、褐斑病，麦类锈病、赤霉病，水稻苗立枯病、稻瘟病，烟草疫病等。此外，拌种可防治苹果黑星病，梨黑星病，葡萄白粉病和玉米病害。与五氯硝基苯混用，可防治棉花苗期病害。

（3）使用方法　主要用于茎叶喷雾。

① 防治多种蔬菜的霜霉病、白粉病、炭疽病，番茄和马铃薯早疫病、晚疫病，用 500~800 倍液喷雾，于发病初期开始每隔 6~8 d 喷 1 次，连喷 2~3 次。

② 防治多种蔬菜的苗期立枯病、猝倒病，按每亩苗床用药粉 0.5 kg，拌干细土 15~25 kg 制成药土，均匀与土壤表面上掺拌。

③ 防治菜豆和蚕豆炭疽病、立枯病、根腐病，用 400~600 倍液喷雾，于发病初期每隔 7~8 d 喷 1 次，连喷 2~3 次。

专利与登记　专利 US 2553770、US 2653155 等均早已过专利期，不存在专利权问题。

国内登记情况　50%可湿性粉剂，80%水分散粒剂，92%、95%、97%克菌丹原药，登记作物为番茄、黄瓜、辣椒、葡萄、苹果、梨树、草莓、柑橘，防治对象为早疫病、叶霉病、炭疽病、霜霉病、轮纹病、黑星病、灰霉病、树脂病等。以色列马克西姆化学公司在中国登记情况见表 2-36。

表 2-36　以色列马克西姆化学公司在中国登记情况

登记名称	登记证号	含量	剂型	登记作物	防治对象	用药量/(mg/kg)	施用方法
克菌丹	PD20080465	92%	原药				
克菌丹	PD20080466	50%	可湿性粉剂	番茄	叶霉病	937.5～1406.25*	喷雾
				番茄	早疫病	937.5～1406.25*	
				黄瓜	炭疽病	937.5～1406.25*	
				辣椒	炭疽病	937.5～1406.25*	
				草莓	灰霉病	833.3～1250	喷雾
				梨树	黑星病	714～1000	
				苹果	轮纹病	625～1250	
				葡萄	霜霉病	833～1250	
克菌丹	PD20101127	80%	水分散粒剂	柑橘	树脂病	800～1333	喷雾
克菌·戊唑醇	PD20120820	80g/L	悬浮剂	葡萄	白腐病	267～400	喷雾
				葡萄	霜霉病		
				葡萄	炭疽病		
				苹果	轮纹病		

* 表示 g/hm²。

合成方法　以 4,5-邻环己烯二甲酰亚胺钾盐合成目标产物：

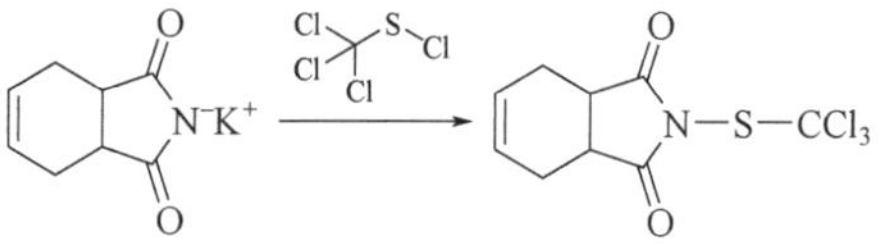

参考文献

[1] The Pesticide Manual. 17th edition: 156-157.

灭菌丹（folpet）

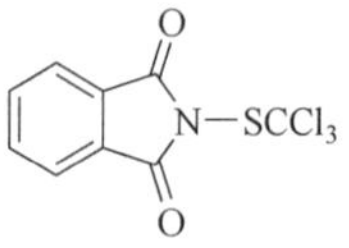

C₉H₄Cl₃NO₂S，296.6，133-07-3

灭菌丹（商品名称：Chelai、Foldan、Folpan）是由 Chevron 化学公司开发的杀菌剂。现由 ADAMA 生产和销售。

化学名称　N-(三氯甲硫基)邻苯二甲酰亚胺。IUPAC 名称：N-[(trichloromethyl)thio] phthalimide。美国化学文摘（CA）系统名称：2-[(trichloromethyl)thio]-1H-isoindole-1,3(2H)-dione。CA 主题索引名称：1H-isoindole-1,3(2H)-dione —, 2-[(trichloromethyl)thio]-。

理化性质　纯品为无色结晶固体（工业品为黄色粉末），熔点 178～179℃。蒸气压 2.1×10^{-5} Pa（25℃）。分配系数 $\lg K_{ow}$=3.11。Henry 常数 7.8×10^{-3} Pa·m³/mol（计算）。相对密度 1.72（20℃）。水中溶解度 0.8 mg/L（20～25℃）。有机溶剂中溶解度（g/L，20～25℃）：四氯化碳 6，甲苯 26，甲醇 3。在干燥贮存条件下稳定，在室温、潮湿条件下缓慢分解，在浓碱、高温条件下迅速分解。不易燃。

毒性　大鼠急性经口 LD_{50}>9000 mg/kg，兔急性经皮 LD_{50}>4500 mg/kg。本品对兔黏膜有刺激作用，其粉尘或雾滴接触到眼睛、皮肤或吸入均能使局部受到刺激，对豚鼠皮肤有刺激。大鼠吸入 LC_{50}(4 h) 1.89 mg/L。在大鼠的饲料中拌入 800 mg/kg，饲养一年，在组织病理上或肿瘤发病率上与对照组比均无明显差别，饲养一年无作用剂量 [mg/(kg·d)]：狗 325，小鼠 450。用 1000 mg/kg 药量喂养大鼠连续三代对繁殖无影响，对仓鼠、猴子或大鼠的试验中没有出现致畸现象。ADI 值（mg/kg）：(JMPR) 0.1；(EC) 0.1；(EPA) aRfD 0.1、cRfD 0.09。

生态效应　野鸭急性经口 LD_{50}>2000 mg/kg。对鱼高毒。水蚤 EC_{50}>1.46 mg/L。海藻 E_bC_{50} 和 E_rC_{50}>10 mg/L。实际条件下因为其在水中的不稳定性导致其对水生生物无毒。对蜜蜂无伤害，LD_{50}（μg/只）：>236（经口），>200（接触）。对蚯蚓无伤害。对七星瓢虫有轻度毒性，对赤眼蜂、草蛉、隐翅虫、缢管蚜茧蜂等无害。

环境行为　①动物。主要代谢产物为邻苯二甲酰亚胺、邻苯二甲酸和邻氨甲酰苯甲酸。②植物。代谢同动物。③土壤/环境。DT_{50}（土壤）4.3 d；DT_{50}（水中）＜0.7 h。土壤对其吸附性很强，吸附 K_{oc} 304～1164；不能被过滤。

制剂　50%可湿性粉剂。

主要生产商　Adama、河北威远生物化工有限公司及广东广康生化科技股份有限公司等。

作用机理与特点　具有保护作用的叶面喷施杀菌剂。

应用

（1）适宜作物与安全性　马铃薯、齐墩果属植物、观赏植物、葫芦、葡萄等多种作物。在推荐剂量下对作物安全、无药害。

（2）防治对象　马铃薯晚疫病、白粉病、叶锈病和叶斑点病以及葡萄的一些病害等。

（3）使用方法　保护性杀菌剂。使用剂量 2.24～11.2 kg(a.i.)/hm²。①防治瓜类及其他蔬菜霜霉病、白粉病，马铃薯和番茄早疫病、晚疫病，用 50%可湿性粉剂 500～600 倍液喷雾。②防治豇豆白粉病、轮纹病，用 50%可湿性粉剂 600～800 倍液喷雾。一般 1 周左右喷 1 次，连续 2～3 次。

（4）注意事项　①不能与碱性及杀虫剂的乳油、油剂混用。②对人的黏膜有刺激性，施药时应注意。③番茄使用浓度偏高时，易产生药害，配药时要慎重。

专利与登记　专利 US 2553770、US 2553771、US 2553776 等早已过专利期，不存在专利权问题。国内登记有 95%灭菌丹原药和 80%可湿性粉剂，用于木材浸泡防治霉菌。

合成方法　以邻苯二甲酰亚胺钾盐合成目标产物：

参考文献

[1] The Pesticide Manual. 17th edition: 553-554.

敌菌丹（captafol）

$C_{10}H_9Cl_4NO_2S$，376.2，2425-06-1

敌菌丹（试验代号：Ortho-5865，商品名称：Difoltan、Foltaf，其他名称：四氯丹）是 Chevron 化学公司开发的杀菌剂。现由 Rallis 公司生产和销售。

化学名称 N-(1,1,2,2,-四氯乙硫基)环己-4-烯-1,2-二羧酰亚胺。IUPAC 名称：N-[(1,1,2,2-tetrachloroethyl)thio]cyclohex-4-ene-1,2-dicarboximide 或 3a,4,7,7a-tetrahydro-N-[(1,1,2,2-tetrachloroethyl)thio]phthalimide。美国化学文摘（CA）系统名称：3a,4,7,7a-tetrahydro-2-[(1,1,2,2-tetrachloroethyl)thio]-1H-isoindole-1,3(2H)-dione。CA 主题索引名称：1H-isoindole-1,3(2H)-dione —, 3a,4,7,7a-tetrahydro-2-[(1,1,2,2-tetrachloroethyl)thio]-。

理化性质 纯品为无色或淡黄色固体（工业品为具有特殊气味的亮黄褐色粉末），熔点 160～161℃。蒸气压可忽略不计。分配系数 lgK_{ow}=3.8。相对密度 1.75（25℃）。溶解度（20℃，g/L）：水 0.0014，异丙醇 13，苯 25，甲苯 17，二甲苯 100，丙酮 43，丁酮 44，二甲亚砜 170。在乳状液或悬浮液中缓慢分解，在酸性和碱性介质中迅速分解，温度为熔点时缓慢分解。

毒性 大鼠急性经口 LD$_{50}$ 5000～6200 mg(a.i.)/kg，兔急性经皮 LD$_{50}$>15400 mg/kg。对兔皮肤中度刺激，对眼睛重度损伤。可能在一些人群中引起皮肤过敏反应。吸入毒性 LC$_{50}$（4 h，mg/L）：雄大鼠>0.72，雌大鼠 0.87（工业品）；粉尘能引起呼吸系统损伤。每日用 500 mg/L 对大鼠或以 10 mg/kg 剂量对狗经 2 年饲养试验均没产生中毒现象。ADI 值：cRfD 0.002 mg/kg。对大鼠和小鼠均致癌。

生态效应 饲喂 LC$_{50}$（10 d，mg/kg 饲料）：野鸡>23070，野鸭>101700。鱼毒 LC$_{50}$（96 h，mg/L）：虹鳟鱼 0.5，金鱼 3.0，大翻车鱼 0.15。水蚤 LC$_{50}$(96 h) 3.34 mg/L。对淡水无脊椎动物有中度到高度毒害。对蜜蜂无害。

环境行为 敌菌丹经哺乳动物口服后水解为四氢酞酰亚胺（THPI）和二氯乙酸。四氢酞酰亚胺降解为相应的酸，进一步降解为邻苯二甲酸和氨。植物降解过程同动物。

制剂 80%可湿性粉剂，48%悬浮剂。

主要生产商 Rallis。

作用机理与特点 一种保护和治疗的非内吸性杀菌剂。通过抑制孢子的萌发起作用。

应用

（1）适宜作物 番茄、咖啡、花生、柑橘、菠萝、坚果、洋葱、葫芦、玉米、高粱、蔬菜、果树等。

（2）防治对象 果树、蔬菜等的根腐病、立枯病、霜霉病、疫病和炭疽病。防治番茄叶和果实的病害，马铃薯枯萎病，咖啡仁果病害以及其他农业、园艺和森林作物的病害。还能作为木材防腐剂。

（3）使用方法　可茎叶处理、土壤处理和种子处理。

专利与登记　专利 US 3178447 早已过专利期，不存在专利权问题。

合成方法　以 4,5-邻环己烯二甲酰亚胺钾盐合成目标产物：

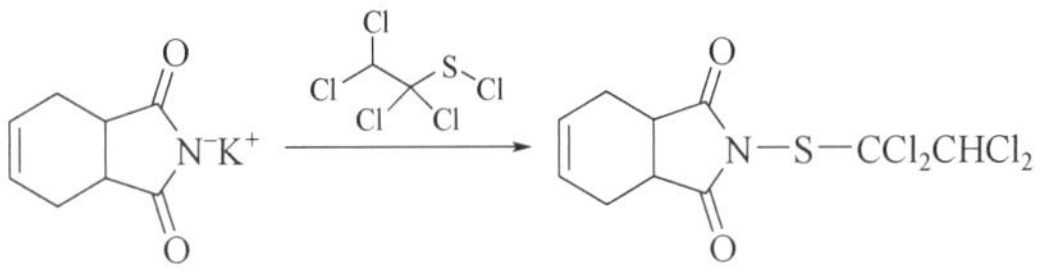

参考文献

[1] The Pesticide Manual. 17th edition: 154-155.

第四节

甲氧基丙烯酸酯（strobilurin）类杀菌剂

一、创制经纬

Strobilurin 类杀菌剂是在天然产物 β-甲氧基丙烯酸酯的基础上发现的。最简单的天然 β-甲氧基丙烯酸酯类化合物是 strobilurin A 和 oudemansin A。因他们光稳定性差，且挥发性高，虽然在离体或温室条件下具有较好的活性，但不适宜作为农用杀菌剂。

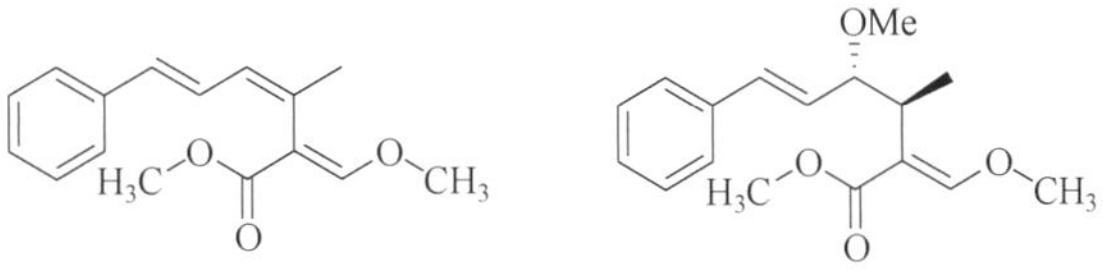

strobilurin A　　　　　　　oudemansin A

两个相互独立研究的 ICI 公司（曾为捷利康公司，现在是先正达公司）和巴斯夫（BASF）公司于 20 世纪 80 年代初在已有结构和生物学特性基础上进行了大量的研究，均以 strobilurin A 为先导化合物合成了许多含 β-甲氧基丙烯酸酯的化合物如 **1**～**9**，生测结果表明：含(E)-β-甲氧基丙烯酸甲酯的化合物均具有一定的生物活性，化合物 **2** 没有活性。在此基础上又经过研究，两个公司分别发现化合物 **10** 具有较好的活性，但在田间活性还是不好，原因仍是对光不稳定。

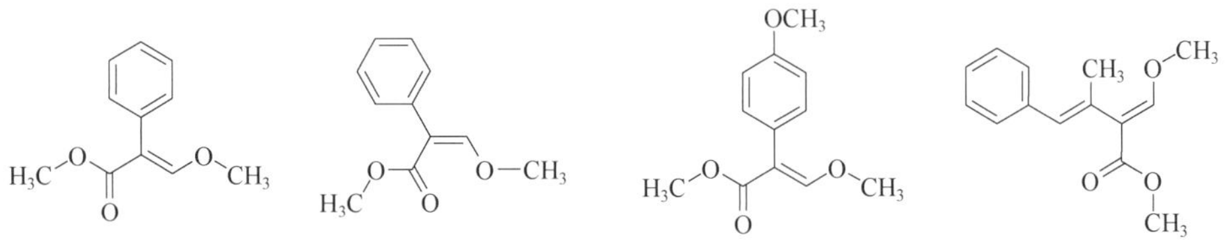

1　　　　　　2　　　　　　3　　　　　　4

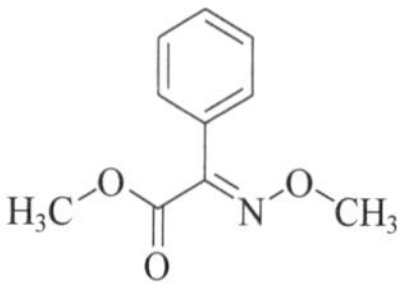

5

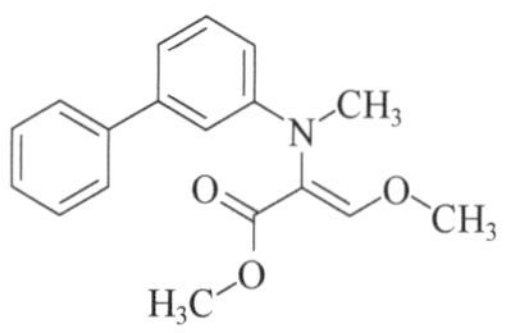

6

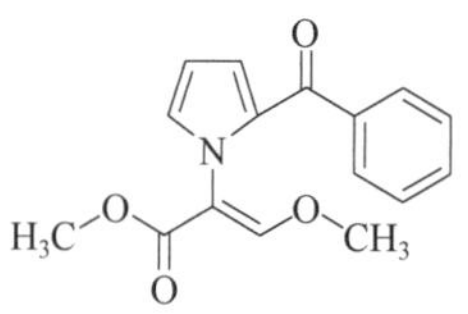

7

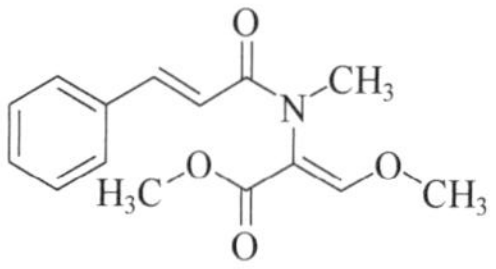

8

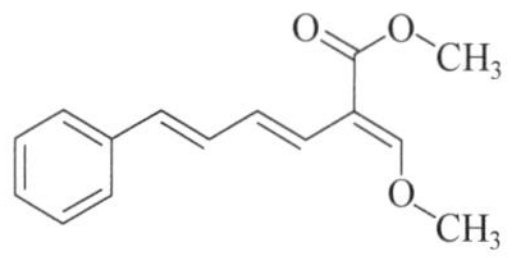

9

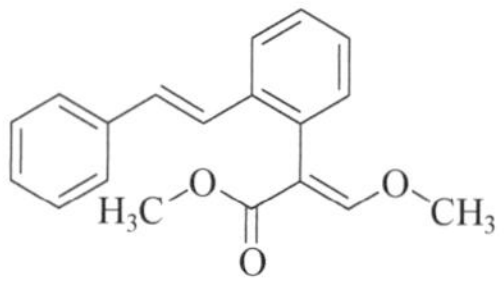

10

1. 嘧菌酯（azoxystrobin）的创制经纬

ICI 公司在化合物 **10** 的基础上进行结构变化，合成了一些化合物其中包括化合物 **11**（lg$P$=3.25，水中溶解度为 30 mg/L），生测结果表明光稳定性优于化合物 **10**，在 750 g(a.i.)/hm^2 下具有较好活性，并有内吸活性，但有药害。大家都知道，内吸活性对杀菌剂来讲是非常重要的，此时 ICI 的科研人员认定化合物 **11** 才是真正的先导化合物，主要解决的问题是提高活性的同时，保持内吸并消除药害。在化合物 **11** 的基础上又进行了研究，合成了化合物 **12**，生测结果表明化合物 **13**（lg$P$=5.1，水中溶解度为 0.03 mg/L）活性优于 **11**，但失去了内吸活性；而化合物 **14** 只有微弱的活性。在化合物 **13** 的基础上进一步合成的化合物 **15**（lg$P$=6.9），活性低于化合物 **13**。

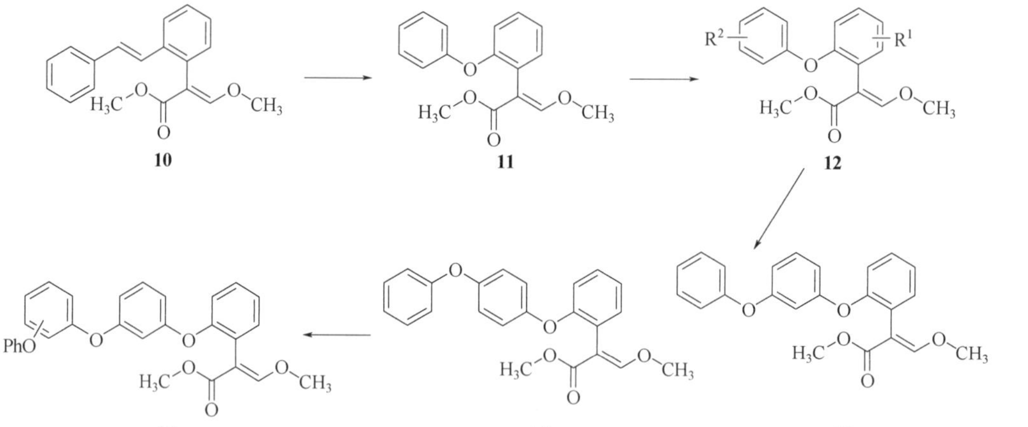

10

11

12

15

14

13

在化合物 **11** 的基础上进行的研究还包括化合物 **16** 和 **17** 等的合成，从生测结果中发现 **16** 和 **17** 活性均低于 **11**。当 R=H 时化合物 **16** 和 **17** 的 lg$P$ 分别为 1.80 和 2.3。

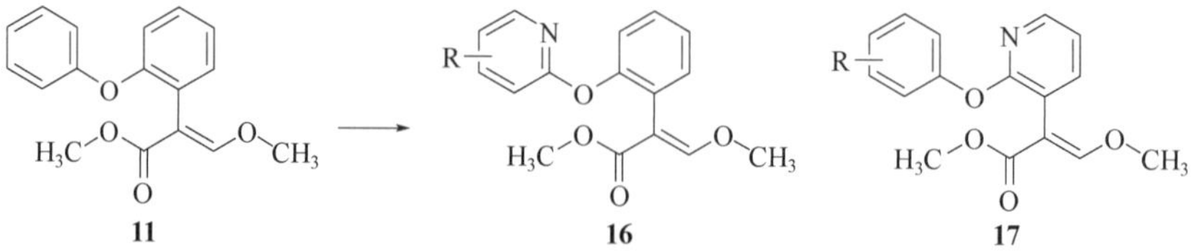

11

16

17

ICI 的科研人员对研究结果进行总结发现该类化合物具有内性活性，化合物的亲脂性不能太强，也不能太弱，必须满足一定值，lg$P$ 值应低于 3.5，大于 2.3。为了提高化合物 **13** 的活性尤其是内吸活性，必须在苯环中引入杂原子。由于在三个环中引入杂原子，组合千变万化，理论上因此需要合成大量的化合物。在哪个位置引入杂原子，是 ICI 的科研人员面临的主要问题。他们根据 lgP 的范围合成了许多不同组合的化合物如 **18**，其中包括 1 个 N 原子取代（1～8）、2 个 N 原子取代（1 和 2、3 和 4、4 和 5、3 和 5、6 和 10、6 和 8、7 和 9）和 3 个 N 原子取代（3、4 和 5），生测结果表明中间环含 2 个 N 原子的活性较好，以 3 和 4 位取代活性最好；与活性基团相连的苯环和另外一个苯环不含 N 原子的活性为佳，即化合物 **19**。对 **19** 进行进一步研究，合成了化合物 **21～27**，结果显示活性均低于 3,4 位被 N 原子取代的化合物 **19** 的活性。

对化合物 **19** 进行进一步优化，发现化合物 **29** 具有很好的活性。对 **29** 进行修饰，合成化合物 **30**（X=NH、NCH₃、CH₂、CH₂O、SO₃）、**32～34**，结果表明活性均低于 **29**（也即 azoxystrobin）；**29** 最终于 1996 年商品化，是第一个登记注册的甲氧基丙烯酸酯类杀菌剂。

据文献报道，ICI 公司 1982 年开始此类化合物的研究，1984 年 10 月 19 日申请第一件欧洲专利（公开日为 1986 年 4 月 23 日）。通过 5～7 年研究，合成大约 1400 个化合物，选出化合物 **29**。

2．醚菌酯（kresoxim-methyl）的创制经纬

巴斯夫公司在化合物 **10** 的基础上进行结构变化，合成了化合物 **35～39**，并于 1985 年 5

月 30 日申请了第一件欧洲专利，之后又申请多件专利。截至 1985 年底共合成约 100 个化合物。其中 15 个化合物（7 个属化合物 **35**，6 个属化合物 **36**，2 个属化合物 **37**：R=H，X=O 或 S）进行大田药效试验，发现化合物 **36**（R=3-CF_3）等活性较好，此时时间为 1986 年 5 月。由于化合物 **37**、**38**、**39** 仅做 1～2 个化合物，故活性难以比较。

10 **35** **36**

37 **38** **39**

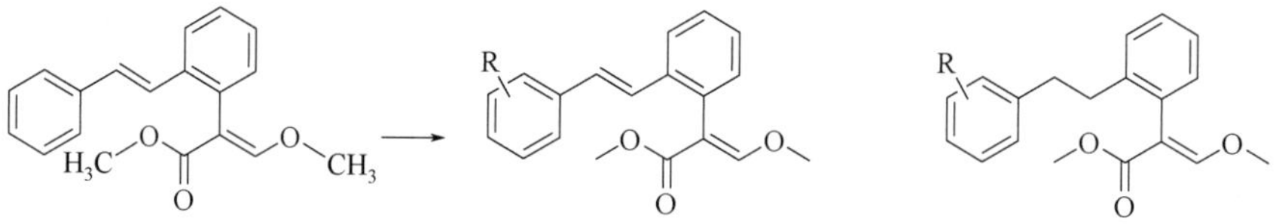

生测结果使巴斯夫公司信心十足，他们发现了一类前所未有的新杀菌剂，正当巴斯夫公司决定进一步研究此类化合物时，他们看到了 ICI 公司的第一件欧洲专利（公开日为 1986 年 4 月 23 日），该专利通式如 **40**～**42** 所示：

40 **41** **42**

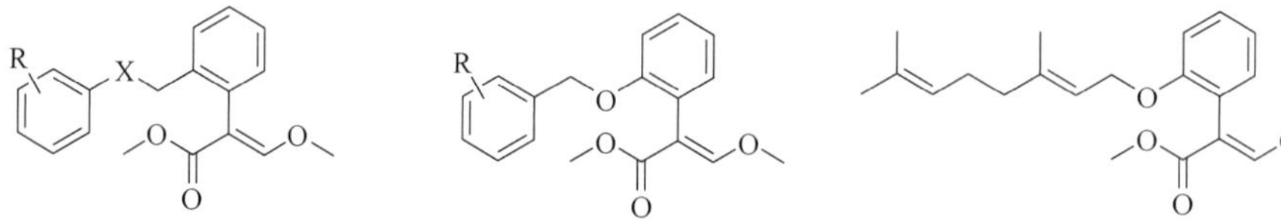

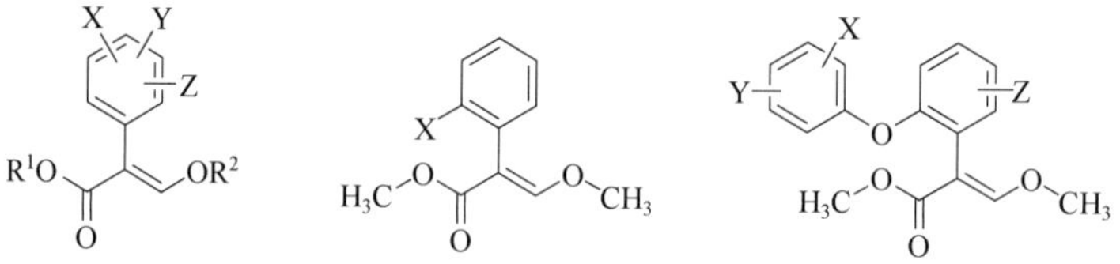

通式中包含的化合物很多，巴斯夫公司所做的化合物均在该专利范围内，这意味着他们申请的专利将是一纸空文，没有任何意义，前功尽弃。塞翁失马焉知非福，是好事，巴斯夫公司知道其他公司也在做该类杀菌剂研究；更是坏事，ICI 公司的专利对巴斯夫公司而言是极不利的，是致命的。如何做？放弃还是继续？最终巴斯夫公司选择了继续，但也是在赌。尽管如此，不赌就彻底失败，赌也许还有希望。巴斯夫公司必须选择其他的活性基团，以前他们曾做过化合物 **5**，虽然就亲脂性而言氮（N）比氧（O）弱一些，但也许活性不错；他们也想到也许 ICI 公司在做类似 **5** 的化合物，此时已没有选择，他们决定合成化合物 **5** 的类似物，并很快合成了化合物 **43**、**44** 和 **45**，合成与生测配合，两个月左右于 1986 年 7 月 16 日申请了通式 **46** 所示的欧洲专利（EP 253213）。事实上，ICI 公司也在做化合物 **5** 的类似物，并于 1986 年 7 月 18 日申请了通式 **47** 所示的欧洲专利（EP 254426）。1988 年公开后发现后者虽仅比前者晚两天，专利则属于巴斯夫公司。这样，巴斯夫公司拥有含肟结构的第一件专利。

43 **44** **45**

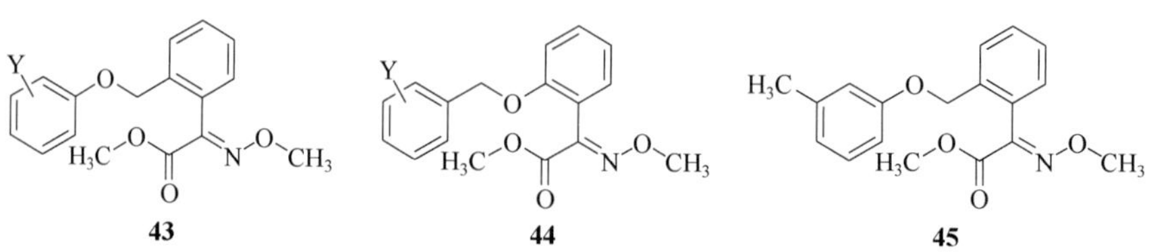

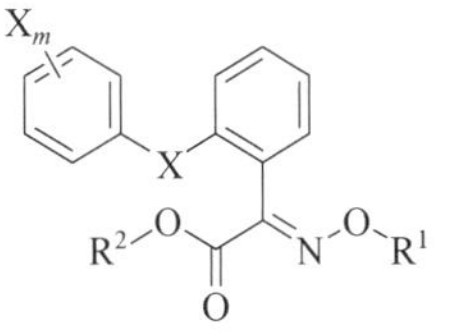

46 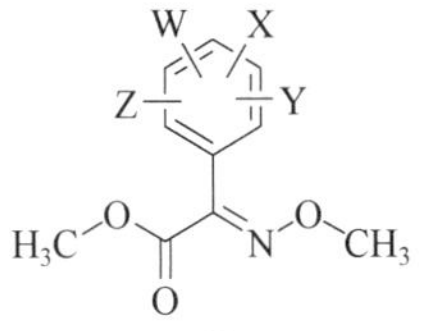　　　　　　　　**47** 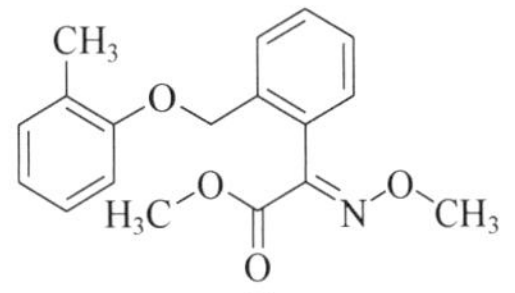　　　　　　　　**48**

巴斯夫公司在申请专利后，即开始对化合物 **43** 和 **44** 进行优化研究，并于 1989 年确定开发化合物 **48** 即醚菌酯（kresoxim-methyl），尽管还有活性比化合物 **48** 好的，但从工业化生产、成本等考虑，醚菌酯是最佳的。

3. 苯氧菌胺（metominostrobin）的创制经纬

苯氧菌胺是由日本盐野义制药公司开发的，他虽属 strobin 类杀菌剂，但先导化合物却不是 strobilurin A 或 oudemansin A，而是化合物 **49**。通过如下变化，对化合物 **52** 做进一步优化，最终得到化合物 **53** 即苯氧菌胺（metominostrobin）。

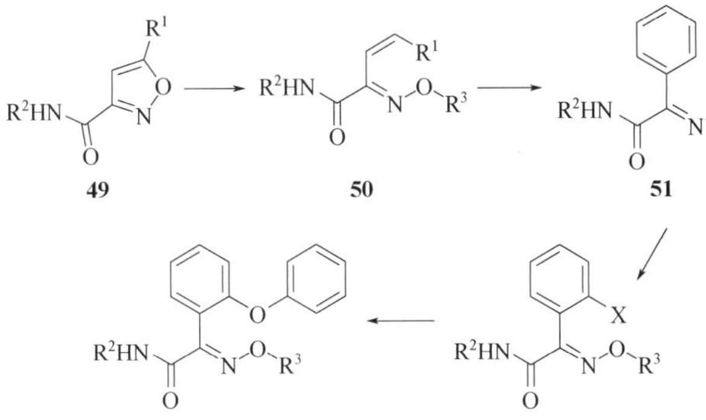

49　　　　　　　　**50**　　　　　　　　**51**

53　　　　　　　　**52**

4. 氟嘧菌酯（fluoxastrobin）的创制经纬

氟嘧菌酯研制也属于"me too chemistry"。日本北兴化学工业株式会社曾公开了二氢二噁嗪类（dihydro-dioxazines）化合物用作杀菌剂的专利（JP 1221371、JP 2001484）如化合物 **54**，是由化合物 **55** 与二溴乙烷反应得到，但没有商品化品种报道。

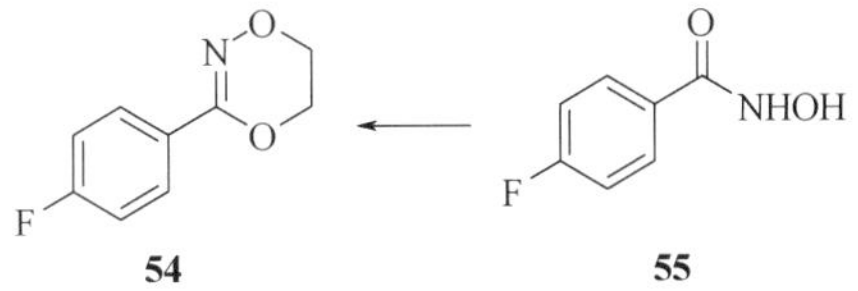

54　　　　　　　　**55**

为了研制新的具有更优活性的新化合物，拜耳公司科研人员将上述两类化合物结合在一起，即将 strobilurin 类杀菌剂 **56** 结构中的羧酸衍生物部分变为二氢噁嗪，研制了如化合物 **57** 代表的新型二氢噁嗪类化合物。在杀菌剂嘧菌酯结构的基础上，研制了化合物 **58**，经进一步优化得到新型化合物 **59** 即氟嘧菌酯。田间药效试验结果表明氟嘧菌酯对小麦叶斑病、颖枯病和锈病，大麦云纹病、条纹病、锈病和白粉病等的防效均达到或超过目前市售最好的品种嘧菌酯。

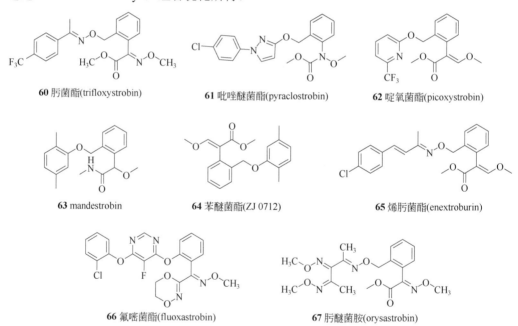

5．肟菌酯（trifloxystrobin）等化合物的创制经纬

其他化合物如商品化的 **60** 肟菌酯（trifloxystrobin）、**61** 吡唑醚菌酯（pyraclostrobin）、**62** 啶氧菌酯（picoxystrobin）、**63** mandestrobin、**64** 苯醚菌酯（ZJ 0712）、**65** 烯肟菌酯（enextroburin）、**66** 氟嘧菌酯（fluoxastrobin）和 **67** 肟醚菌胺（orysastrobin）等均是在化合物 **29** 嘧菌酯（azoxystrobin）、**48** 醚菌酯（kresoxim-methyl）和 **53** 苯氧菌胺（metominostrobin）等的基础上通过"me too chemistry"，组合优化所得。

60 肟菌酯(trifloxystrobin)

61 吡唑醚菌酯(pyraclostrobin)

62 啶氧菌酯(picoxystrobin)

63 mandestrobin

64 苯醚菌酯(ZJ 0712)

65 烯肟菌酯(enextroburin)

66 氟嘧菌酯(fluoxastrobin)

67 肟醚菌胺(orysastrobin)

6．丁香菌酯（coumoxystrobin）的创制经纬

天然产物香豆素及其类似物具有良好的杀菌活性、杀虫杀螨活性、除草活性和化感作用。以 β-酮酸酯为原料合成了数十个不同取代的且含羟基的香豆素中间体。利用中间体衍生化法，用 8-甲基香豆素环替换醚菌酯结构中的邻甲苯基，也即将香豆素结构与甲氧基丙烯酸酯类杀菌剂结构结合在一起，期望获得结构新颖且具有良好生物活性的化合物。设计并合成了化合物 **1**，生测结果显示该化合物具有一定的杀菌活性，继而又合成了化合物 **2**，活性有明显提高；随后又将化合物 **2** 中的活性基团(E)-2-(甲氧氨基)-2-苯基丙烯酸甲酯（OE）替换为(E)-3-甲氧

基-2-苯基丙烯酸甲酯（MA），得到化合物 **3**，生测结果表明，MA 的引入大大提高了化合物的杀菌活性，至此发现了先导化合物 **3**，进一步优化研究，发现了第一个高活性化合物 **4**（SYP-2859）。经进一步优化，最终开发出丁香菌酯（即 SYP-3375）。

7. 烯肟菌胺（SYP-1620，enoxastrobin）的创制经纬

在天然产物 strobilurin A 和杀菌剂肟菌酯的基础上，采用活性基团拼接的方法，设计合成了新结构化合物 A，生测发现具有很好的活性，作为先导化合物进行进一步研究。通过对先导化合物 A 进行优化研究，发现化合物 B 具有更优的活性，在化合物 B 的基础上，采用生物等排理论，将 O 换为 N，合成了化合物 C，经深入研究发现化合物 C 具有更优的活性，

最终开发出烯肟菌胺（即 SYP-1620）。

新结构化合物 A   化合物 B   化合物 C (SYP-1620)

8. 唑菌酯（pyraoxystrobin）和唑胺菌酯（pyrametostrobin）的创制经纬

唑菌酯和唑胺菌酯通过中间体衍生化法发现先导化合物，再经结构优化发现了杀菌剂。

在研究丁香菌酯的过程中，其中间体 β-酮酸酯可与肼、羟胺等很多原料反应生成新的中间体——含羟基的五元或六元杂环如吡唑、异噁唑、嘧啶等。这些中间体，可与其他中间体进一步反应生成新的中间体或新化合物。

结合甲氧基丙烯酸酯类化合物结构，设计合成了化合物 **2**（1997 年），具有很好的杀菌活性，性能接近但略低于商品化品种。后经优化，发现用苯环替代吡啶得到的化合物活性更优，再经结构活性研究，选定多个高活性化合物，其生物活性均优于同类商品化品种。最终发现了唑菌酯（SYP-3343）。

β-酮酸酯   唑菌酯 (SYP-3343)   先导化合物   **3**

对前述通式 **1** 的吡唑环上取代基优化，合成了一系列 R=CH₃，R¹=取代苯基的化合物。发现 R² 位置为氢和甲基时，对活性的影响不大。对丙烯酸酯片段进行等价替换后，又发现了具有内吸活性的唑胺菌酯。

1   唑胺菌酯

9．metyltetraprole 的创制经纬

metyltetraprole 是由日本住友化学株式会社开发的新型 strobilurin 杀菌剂。以吡唑醚菌酯为先导化合物，通过连接苯环及官能团氨基甲酸酯片段的优化，设计合成了两百多个不同结构片段的化合物，优化得到了 metyltetraprole。连接苯环及官能团的变化，改变了与靶点结合构象，故可以防治对其他甲氧基丙烯酸酯类杀菌剂已经存在抗性的病害。

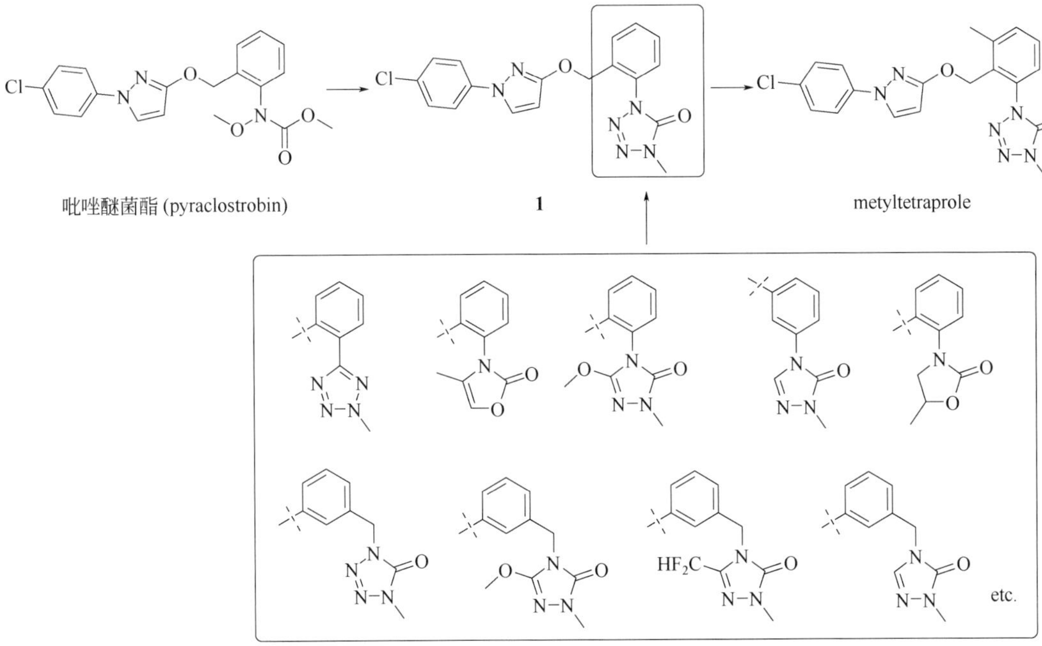

吡唑醚菌酯 (pyraclostrobin)　　　　　1　　　　　metyltetraprole

二、主要品种

Strobilurin 类杀菌剂：fluoxastrobin，mandestrobin，pyribencarb，还包括 methoxyacrylate strobilurin fungicides（甲氧基丙烯酸酯类杀菌剂）(azoxystrobin、bifujunzhi、coumoxystrobin、enoxastrobin、flufenoxystrobin、jiaxiangjunzhi、picoxystrobin、pyraoxystrobin)，methoxy-carbanilate strobilurin fungicides（甲氧基苯氨基甲酸酯类杀菌剂）(pyraclostrobin、pyrameto-strobin、triclopyricarb)，methoxyiminoacetamide strobilurin fungicides（甲氧基亚氨基乙酰胺类杀菌剂）(dimoxystrobin、fenaminstrobin、metominostrobin、orysastrobin)，methoxyiminoacetate strobilurin fungicides（甲氧基亚氨基乙酸酯类杀菌剂）(kresoxim-methyl、trifloxystrobin)。

如下化合物因应用范围小或不再作为杀菌剂使用或没有商品化等原因，本书不予介绍，仅列出化学名称及 CAS 登录号供参考：

吡氟菌酯（bifujunzhi，非 ISO 通用名）：methyl (EZ)-3-(fluoromethoxy)-2-(2-{[(3,5,6-trichloro-2-pyridyl)oxy]methyl} phenyl)prop-2-enoate；927422-36-4。

甲香菌酯（jiaxiangjunzhi，非 ISO 通用名）：methyl (2E)-2-(2-{[(3,4-dimethyl-2-oxo-2H-chromen-7-yl)oxy]methyl}phenyl)-3-methoxyprop-2-enoate；850881-30-0。

嘧菌酯（azoxystrobin）

$C_{22}H_{17}N_3O_5$，403.4，131860-33-8

嘧菌酯（试验代号：ICIA5504，商品名称：Amistar、Heritage、Ortiva，其他名称：Abound、Bankit、Landgold Strobilurin 250、Priori、Quo Vadis、阿米西达、安灭达），是捷利康（现先正达）公司开发的 strobilurins 类似物，第一个登记注册的 strobilurins 类似物。

化学名称 (*E*)-2-{2-[6-(2-氰基苯氧基)嘧啶-4-基氧]苯基}-3-甲氧基丙烯酸甲酯。IUPAC 名称：methyl (*E*)-2-{2-[6-(2-cyanophenoxy)pyrimidin-4-yloxy] phenyl}-3-metoxyacrylate。美国化学文摘（CA）系统名称：methyl (*αE*)-2-[[6-(2-cyanophenoxy)-4-pyrimidinyl]oxy]-*α*-(methoxy-methylene)benzeneacetate。CA 主题索引名称：benzeneacetamide —, 2-[[6-(2-cyanophenoxy)-4-pyrimidinyl]oxy]-*α*-(methoxymethylene)-methyl ester, (*αE*)-。

理化性质 原药为棕色固体，纯度>93%［含≤2.5% (*Z*)-异构体］。熔点 114～116℃。纯品为白色结晶固体，沸点>345℃。相对密度 1.34，蒸气压 $1.1×10^{-7}$ mPa（20℃）。分配系数 $\lg K_{ow}$=2.5（20℃），Henry 常数 $7.3×10^{-9}$ Pa·m³/mol（计算）。水中溶解度 6.7 mg/L（pH 7，20℃），有机溶剂中的溶解度（g/L，20～25℃）：己烷 0.057，正辛醇 1.4，甲醇 20，甲苯 55，丙酮 86，乙酸乙酯 130，乙腈 340，二氯甲烷 400。水溶液中光解 DT_{50} 8.7～13.9 d（pH 7）。

毒性 （雄、雌）大鼠、小鼠急性经口 LD_{50}>5000 mg/kg，大鼠急性经皮 LD_{50}>2000 mg/kg，对兔皮肤和兔眼睛有轻微刺激作用。对豚鼠皮肤无致敏性。大鼠急性吸入 LC_{50}（mg/L 空气）：雄 0.96，雌 0.69。大鼠 NOEL 18 mg/(kg·d)。ADI：(JMPR) 0.2 mg/kg，(EC) 0.1 mg/kg(1998)，(EPA) RfD 0.18 mg/kg(1997)。无致畸、致突变、致癌作用。嘧菌酯对大鼠生育无影响，对胎儿或婴儿的生长发育也没有影响。

生态效应 野鸭和山齿鹑经口 LD_{50}>2000 mg/kg，山齿鹑和野鸭 LC_{50}(5 d) >5200 mg/kg 饲喂。鱼 LC_{50}（96 h，mg/L）：虹鳟鱼 0.47，鲤鱼 1.6，大翻车鱼 1.1，杂色鳉 0.66。水蚤 EC_{50}(48 h) 0.28 mg/L。藻 EC_{50}（mg/L）：羊角月牙藻(120 h) 0.12，硅藻(72 h) 0.014。其他水生物：糠虾 LC_{50}(96 h) 0.055 mg/L，东方牡蛎 EC_{50}(48 h) 1.3 mg/L，浮萍 EC_{50}(14 d) 3.2 mg/L，摇蚊幼虫的 NOEC(25 d) 0.2 mg/L。蜜蜂 LD_{50}（μg/只）：>25（经口），>200（接触）。蚯蚓 LC_{50}(14 d) 283 mg/kg 干土。其他益虫 LR_{50}（g/hm²）：捕食螨>1500，寄生蜂>100。在推荐剂量下于田间施用对其他非靶标生物均无不良影响。

环境行为 ①动物。通过同位素标记法，嘧菌酯在大鼠体内大部分不存留，通过粪便排出体外，只有少部分存留在大鼠体内。在高于 10%的给药剂量下嘧菌酯在动物体内的主要代谢产物是嘧菌酯酸连接的葡萄糖醛酸。在山羊和鸡体内嘧菌酯也可被迅速排出体外，只有少量会残留在奶、肉或蛋中。②植物。在小麦、葡萄和花生植株内，大部分嘧菌酯可被代谢，但其残留（高于 10%）主要是嘧菌酯原药，嘧菌酯在以上三种植物体内的代谢途径大致相同。③土壤/环境。嘧菌酯在土壤中的降解半衰期 DT_{50}（试验值）70 d（20℃条件下几何平均值）；避光条件下，嘧菌酯在土壤中的降解半衰期 DT_{50}>120 d，降解产物有 6 种鉴定出了结构，27%的降解产物是二氧化碳。在农田中的降解速率更快，DT_{50}（几何平均值，SFO）28 d，DT_{90} 94 d

（最佳值，HS 动力学条件下 DT_{50} 13 d，DT_{90} 236 d）。嘧菌酯在土壤中的光解半衰期 DT_{50} 11 d。嘧菌酯在土壤中的流动性中等，其 K_{foc} 平均值约为 430。农田土壤降解研究表明无论是嘧菌酯原药还是其降解产物在 15 cm 以下土壤中都检测不到。在水-沉积物体系内（20℃，避光），嘧菌酯在水相中的降解半衰期平均值 DT_{50} 6.1 d（SFO），在水-沉积物体系中的降解半衰期平均值 DT_{50} 214 d（SFO）。嘧菌酯在大气中的降解属于羟基自由基机理(AOP 模型)，降解半衰期 DT_{50} 2.7 h。

制剂 25%、80%水分散粒剂，25%悬浮剂，21%悬浮种衣剂。

主要生产商 Cheminova 及 Syngenta 等。

作用机理与特点 线粒体呼吸抑制剂即通过抑制细胞色素 b 和 c_1 间的电子转移从而抑制线粒体的呼吸。细胞核外的线粒体主要通过呼吸为细胞提供能量（ATP），若线粒体呼吸受阻，不能产生 ATP，细胞就会死亡。作用于线粒体呼吸的杀菌剂较多，但甲氧基丙烯酸酯类化合物作用的部位（细胞色素 b）与以往所有杀菌剂均不同，因此对甾醇抑制剂、苯基酰胺类、二羧酰胺类和苯并咪唑类产生抗性的菌株有效。

应用

（1）适宜作物与安全性 禾谷类作物、花生、葡萄、马铃薯、蔬菜、咖啡、果树（柑橘、苹果、香蕉、桃、梨等）、草坪等，推荐剂量下对作物安全、无药害，但对某些苹果品种有药害。对地下水、环境安全。

（2）防治对象 嘧菌酯具有广谱的杀菌活性，对几乎所有真菌（子囊菌亚门、担子菌亚门、鞭毛菌亚门卵菌纲和半知菌亚门）病害如白粉病、锈病、颖枯病、网斑病、黑腥病、霜霉病、稻瘟病等数十种病害均有很好的活性。

（3）使用方法 嘧菌酯为新型高效杀菌剂，具有保护、治疗、铲除、渗透、内吸活性。可用于茎叶喷雾、种子处理，也可进行土壤处理。施用剂量根据作物和病害的不同为 25～400 g(a.i.)/hm^2，通常使用剂量为 100～375 g(a.i.)/hm^2。如在 25 g(a.i.)/100 L 剂量下，对葡萄霜霉病有很好的预防作用，在 12.5 g(a.i.)/100 L 剂量下，对葡萄白粉病有很好的防治效果，在 12.5 g(a.i.)/100 L 剂量下，对苹果黑腥病有很好的防治效果，活性优于氟硅唑，在 200 g(a.i.)/hm^2 剂量下，对马铃薯疫病有预防作用。

专利与登记 专利名 EP 0382375 早已过专利期，不存在专利权问题。

工艺专利 WO 9208703、WO 9818767、WO 2002100837、WO 2006114572、WO 2008043977、WO 2008075341、WO 2008043978、CN 101157657、CN 102070538、CN 102190629、CN 102199127、CN 102276538、WO 2013026391、CN 103145627、US 20200165210、WO 2020097971 等。

国内登记情况 20%、25%、50%、60%、80%水分散粒剂，250 g/L、25%、30%悬浮剂，95%、96%、96.5%、97%、97.5%、98%原药；登记作物：黄瓜、葡萄、草坪、荔枝、西瓜、芒果、水稻等；防治对象：霜霉病、纹枯病、稻瘟病、褐斑病。国外公司在国内登记情况见表 2-37～表 2-39。

表 2-37 先正达作物保护有限公司在中国的登记情况

登记名称	登记证号	含量	剂型	登记作物	防治对象	用药量	施用方法
嘧菌酯	PD20060032	93%	原药				
嘧菌酯	PD20070203	50%	水分散粒剂	草坪	枯萎病	200～400 g/hm^2	喷雾
				草坪	褐斑病	200～400 g/hm^2	

登记名称	登记证号	含量	剂型	登记作物	防治对象	用药量	施用方法
嘧菌酯	PD20060033	250 g/L	悬浮剂	番茄	早疫病	90～120 g/hm²	喷雾
				黄瓜	霜霉病	120～180 g/hm²	
				辣椒	炭疽病	120～180 g/hm²	
				黄瓜	蔓枯病	225～337.5 g/hm²	
				黄瓜	白粉病	225～337.5 g/hm²	
				黄瓜	黑星病	225～337.5 g/hm²	
				番茄	晚疫病	225～337.5 g/hm²	
				番茄	叶霉病	225～337.5 g/hm²	
				辣椒	疫病	150～270 g/hm²	
				冬瓜	霜霉病	180～337.5 g/hm²	
				冬瓜	炭疽病	180～337.5 g/hm²	
				柑橘	疮痂病	208.3～312.5 mg/kg	
				柑橘	炭疽病	208.3～312.5 mg/kg	
				丝瓜	霜霉病	180～337.5 g/hm²	
				大豆	锈病	150～225 g/hm²	
				人参	黑斑病	150～225 g/hm²	
				马铃薯	早疫病	112.5～187.5 g/hm²	
				荔枝	霜疫霉病	150～200 mg/kg	
				芒果	炭疽病	150～200 mg/kg	
				西瓜	炭疽病	150～300 mg/kg	
				马铃薯	晚疫病	56.25～75 g/hm²	
				马铃薯	黑痣病	135～225 g/hm²	
				花椰菜	霜霉病	150～270 g/hm²	
				菊科和蔷薇科观赏花卉	白粉病	100～250 mg/kg	
				葡萄	霜霉病	1000～2000 倍液	
				葡萄	白腐病	200～300 mg/kg	
				葡萄	黑痘病	200～300 mg/kg	
				香蕉	叶斑病	166.7～250 mg/kg	
苯甲·嘧菌酯	PD20110357	苯醚甲环唑 125 g/L，嘧菌酯 200 g/L	悬浮剂	西瓜	蔓枯病	146.25～243.75 g/hm²	喷雾
				西瓜	炭疽病	146.25～243.75 g/hm²	
				香蕉	叶斑病	162.25～217 mg/kg	
				水稻	稻瘟病	146.25～243.75 g/hm²	
				水稻	纹枯病	97.5～146.25 g/hm²	
嘧菌·百菌清	PD20102063	百菌清 500 g/L，嘧菌酯 60 g/L	悬浮剂	番茄	早疫病	630～1008 g/hm²	喷雾
				辣椒	炭疽病	672～1008 g/hm²	
				西瓜	蔓枯病	630～1008 g/hm²	
精甲·咯·嘧菌	PD20120464	11%	悬浮种衣剂	棉花	立枯病	220～440 mL/100 kg 种子	种子包衣
				棉花	猝倒病		
				玉米	茎基腐病	100～300 mL/100 kg 种子	
丙环·嘧菌酯	PD20141777	18.7%	悬浮剂	香蕉	叶斑病	750～1250 倍液	喷雾
				玉米	大斑病	50～70 mL/亩	
				玉米	小斑病	50～70 mL/亩	

登记名称	登记证号	含量	剂型	登记作物	防治对象	用药量	施用方法
精甲·嘧菌酯	PD20141919	39%	悬浮剂	草坪	腐霉枯萎病	50～100 mL/亩	喷雾
				观赏玫瑰	霜霉病	30～60 mL/亩	
吡萘·嘧菌酯	PD20142275	29%	悬浮剂	黄瓜	白粉病	30～50 mL/亩	喷雾
苯并烯氟菌唑·嘧菌酯	PD20190010	45%	水分散粒剂	观赏菊花	白锈病	稀释 1700～2500 倍	喷雾
				花生	锈病	17～23 g/亩	

表 2-38　美国世科姆公司在中国的登记情况

登记名称	登记证号	含量	剂型	登记作物	防治对象	用药量	施用方法
精甲·戊·嘧菌	PD20182674	10%	悬浮种衣剂	水稻	恶苗病	200～300 mL/100 kg 种子	种子包衣
				玉米	茎基腐病	200～300 mL/100 kg 种子	种子包衣
				玉米	丝黑穗病	200～300 mL/100 kg 种子	种子包衣
嘧菌酯	PD20180935	80%	水分散粒剂	黄瓜	霜霉病	15～20 g/亩	喷雾
				葡萄	霜霉病	3200～4800 倍	喷雾
				水稻	纹枯病	15～20 g/亩	喷雾
				香蕉	叶斑病	2400～3200 倍	喷雾
霜脲·嘧菌酯	PD20180565	70%	水分散粒剂	番茄	晚疫病	20～40 g/亩	喷雾
氟胺·嘧菌酯	PD20180516	60%	水分散粒剂	花生	白绢病	30～60 g/亩	喷雾
				马铃薯	黑痣病	45～60 g/亩	喷雾
				水稻	纹枯病	23～30 g/亩	喷雾
甲·戊·嘧菌酯	PD20151817	10%	悬浮种衣剂	玉米	茎基腐病	200～400 g/100 kg 种子	种子包衣
				玉米	丝黑穗病	200～400 g/100 kg 种子	种子包衣
甲·嘧·甲霜灵	PD20142522	12%	悬浮种衣剂	花生	立枯病	500～1500 g/100 kg 种子	种子包衣
				水稻	恶苗病	500～1500 g/100 kg 种子	种子包衣
霜脲·嘧菌酯	PD20142241	60%	水分散粒剂	黄瓜	霜霉病	30～40 g/亩	喷雾
				马铃薯	晚疫病	45～60 g/亩	喷雾
				葡萄	霜霉病	1200～1500 倍液	喷雾
苯甲·嘧菌酯	PD20142224	30%	悬浮剂	草莓	白粉病	1000～1500 倍液	喷雾
				柑橘树	疮痂病	1000～1500 倍液	喷雾
				辣椒	炭疽病	30～50 mL/亩	喷雾
				芒果树	炭疽病	1500～2000 倍液	喷雾
				葡萄	炭疽病	1000～2000 倍液	喷雾
				水稻	纹枯病	30～40 mL/亩	喷雾
				西瓜	蔓枯病	30～50 mL/亩	喷雾
				香蕉	叶斑病	1200～1500 倍液	喷雾
氟胺·嘧菌酯	PD20141996	20%	水分散粒剂	水稻	纹枯病	70～100 g/亩	喷雾
戊唑·嘧菌酯	PD20141943	75%	水分散粒剂	辣椒	炭疽病	10～15 g/亩	喷雾
				葡萄	白腐病	3000～5000 倍液	喷雾
				水稻	稻曲病	10～15 g/亩	喷雾

登记名称	登记证号	含量	剂型	登记作物	防治对象	用药量	施用方法
戊唑·嘧菌酯	PD20141943	75%	水分散粒剂	水稻	纹枯病	10～15 g/亩	喷雾
				香蕉	叶斑病	1500～2000 倍液	喷雾
				小麦	白粉病	10～15 g/亩	喷雾
				小麦	纹枯病	10～15 g/亩	喷雾
嘧菌酯	PD20141595	20%	水分散粒剂	草坪	褐斑病	90～120 g/亩	喷雾
				花生	叶斑病	60～80 g/亩	喷雾
				黄瓜	霜霉病	40～80 g/亩	喷雾
				菊科和蔷薇科观赏花卉	白粉病	800～1600 倍液	喷雾
				马铃薯	早疫病	45～60 g/亩	喷雾
				葡萄	霜霉病	800～1600 倍液	喷雾
				水稻	纹枯病	40～80 g/亩	喷雾
				香蕉	叶斑病	800～1200 倍液	喷雾

表 2-39　美国默赛技术公司在中国的登记情况

登记名称	登记证号	含量	剂型	登记作物	防治对象	用药量	施用方法
嘧菌酯	PD20111160	250 g/L	悬浮剂	黄瓜	霜霉病	167～312.5 mg/kg	喷雾
				马铃薯	晚疫病	56.25～75 g/hm^2	
嘧菌酯	PD20121614	98%	原药				
苯甲·嘧菌酯	PD20140270	325 g/L	悬浮剂	水稻	纹枯病	40～50 mL/亩	喷雾

合成方法　以水杨醛或邻羟基苯乙酸为起始原料制得中间体（Ⅰ），再与二氯嘧啶、取代苯酚反应即得目的物，或二氯嘧啶（Ⅱ）与取代苯酚（Ⅲ）反应后与中间体（Ⅰ）反应制得目的物。

中间体（Ⅰ）的合成，反应式如下：

中间体（Ⅱ）的合成，反应式如下：

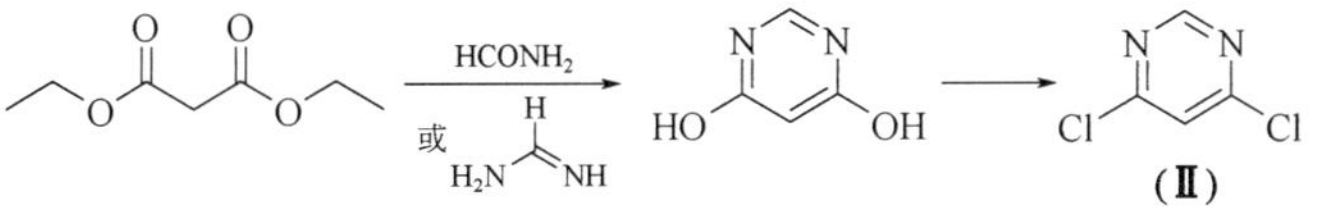

中间体（Ⅲ）的合成，反应式如下：

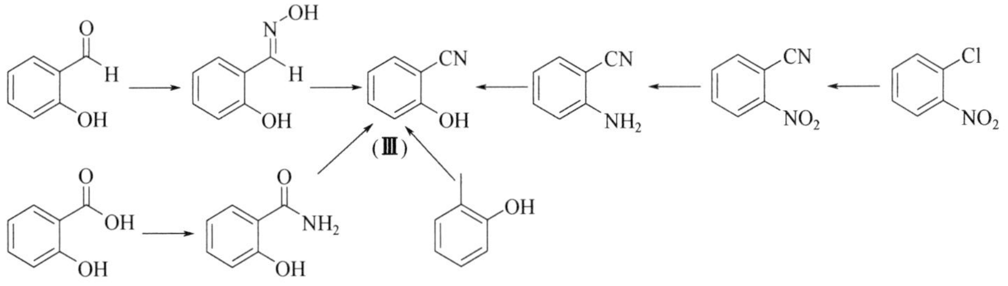

也可通过如下步骤进行合成中间体（Ⅳ）：

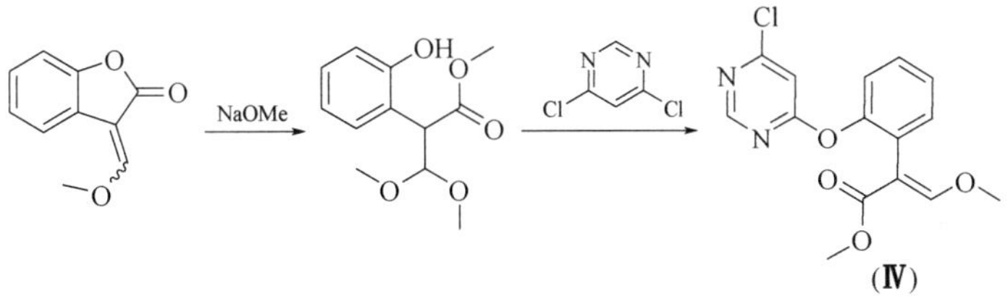

目的物合成的反应式如下：

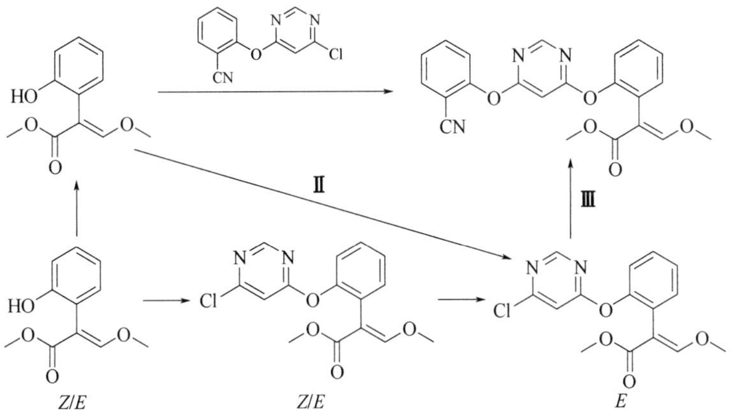

参考文献

[1] 刘长令，关爱莹，张明星. 广谱高效杀菌剂嘧菌酯. 世界农药, 2002(1): 46-49.

[2] 董捷，廖道华，楼江松，等. 嘧菌酯的合成. 精细化工中间体, 2007(2): 25-27.

[3] 余志强，张爱萍，李勇. 高效低毒杀菌剂——嘧菌酯的合成. 山东农药信息, 2010(7): 27-28.

[4] 杨朋，刘运奎，徐振元. 杀菌剂嘧菌酯的合成与优化. 世界农药, 2013, 35(1): 26-28.

[5] 周二鹏，何晓明，姚清国，等. 嘧菌酯的合成研究. 安徽农业科学, 2011, 39(22): 13603-13605.

[6] Proc. Br. Crop Prot. Conf. —Pests Dis. 1992, 1: 435.

醚菌酯（kresoxim-methyl）

C$_{18}$H$_{19}$NO$_4$，313.4，143390-89-0

醚菌酯（试验代号：BAS 490F，商品名称：Allegro、Ardent、Candit、Cygnus、Discus、Kenbyo、Kresoxy、Mentor、Sovran、Stroby，其他名称：翠贝、苯醚菌酯）是德国巴斯夫公司开发的 strobilurins 杀菌剂。

化学名称　(*E*)-2-甲氧亚氨基-[2-(邻甲基苯氧基甲基)苯基]乙酸甲酯。IUPAC 名称：methyl (*E*)-2-methoxyimino-[2-(*o*-tolyloxymethyl)phenyl]acetate。美国化学文摘（CA）系统名称：methyl (*αE*)-*α*-(methoxyimino)-2-[(2-methylphenoxy)methyl]benzeneacetate。CA 主题索引名称：benzene-acetic acid—, *α*-(methoxyimino)-2-[(2-methylphenoxy)methyl]-methyl ester, (*αE*)-。

理化性质　纯品为白色结晶状固体，熔点 101.6～102.5℃，310℃分解，相对密度 1.258（20～25℃）。蒸气压 2.3×10^{-6} Pa（20℃）。lgK_{ow}=3.4（pH 7，25℃）。Henry 常数 3.6×10^{-4} Pa·m^3/mol（20℃）。水中溶解度 2 mg/L（20～25℃）。有机溶剂中的溶解度（g/L，20～25℃）：正庚烷 1.72，甲醇 14.9，丙酮 217，乙酸乙酯 213，二氯甲烷 939。水解半衰期 DT$_{50}$：34 d（pH 7），7 h（pH 9），在 25℃，pH 5 条件下相对稳定。无具体 pK_a 值，大致范围 2～12。

毒性　大鼠急性经口 LD$_{50}$ >5000 mg/kg。大鼠急性经皮 LD$_{50}$>2000 mg/kg。大鼠吸入 LC$_{50}$(4 h)>5.6 mg/L。对兔眼睛和皮肤无刺激性。NOEL：（3 个月）雄大鼠 2000 mg/L [146 mg/(kg·d)]，雌大鼠 500 mg/L [43146 mg/(kg·d)]；（2 年）雄大鼠 36 mg/(kg·d)，雌大鼠 48 mg/(kg·d)。ADI：(EU) 0.4 mg/(kg·d)(2011)，(JMPR) 0.4 mg/kg(1998)，(EPA) RfD 0.36 mg/kg(1998)。Ames 试验为阴性，无致畸性。

生态效应　尽管醚菌酯的同系物对水生生物有害，但是大田试验和生态研究表明醚菌酯在推荐剂量下使用时对水生生物无破坏性的伤害。鹌鹑经口 LD$_{50}$(14 d)>2150 mg/kg。山齿鹑和野鸭饲喂 LC$_{50}$(8 d)>5000 mg/L。鱼毒 LC$_{50}$（96 h，mg/L）：虹鳟鱼 0.19，大翻车鱼 0.499。水蚤 EC$_{50}$(48 h) 0.186 mg/L。纤维藻 EC$_{50}$（0～72 h）63 μg/L。蜜蜂 LD$_{50}$（48 h，μg/只）：>20（接触），14（经口）。蚯蚓 LC$_{50}$(14 d)>937 mg/kg。

环境行为　①动物。醚菌酯经动物口服后会迅速分布全身各处，并能迅速排出体外（2 d 内可排出 90%），无生物累积。主要通过粪便和尿液排出体外。②植物。在即将收获的谷物和梨果类水果中的残留量<0.05 mg/kg，在葡萄和蔬菜中的残留量<1 mg/kg。③土壤/环境。醚菌酯在有氧土壤中可被迅速降解，也可经有氧或厌氧水生生物降解，降解半衰期 DT$_{50}$<1 d（土壤中），DT$_{90}$（实验室）<3 d，主要的降解产物是其相应的酸。K_{oc} 常数 219～372（醚菌酯），17～24（相应的酸）。但是蒸渗研究发现在蒸渗液中醚菌酯及其代谢产物的含量很低。

制剂　50%水分散粒剂。

主要生产商　BASF。

作用机理与特点　线粒体呼吸抑制剂即通过抑制在细胞色素 b 和 c$_1$ 间电子转移从而抑制线粒体的呼吸。对 C-14 脱甲基化酶抑制剂、苯甲酰胺类、二羧酰胺类和苯并咪唑类产生抗性的菌株有效。具有保护、治疗、铲除、渗透、内吸活性。具有很好的抑制孢子萌发作用。

应用

（1）适宜作物　禾谷类作物、马铃薯、苹果、梨、南瓜、葡萄等。

（2）对作物安全性　推荐剂量下对作物安全、无药害，对环境安全。

（3）防治对象　对子囊菌亚门、担子菌亚门、半知菌亚门和鞭毛菌亚门卵菌纲等致病真菌引起的大多数病害具有保护、治疗和铲除活性。

（4）使用方法　醚菌酯是一种广谱杀菌剂，且持效期长。对苹果和梨黑星病、白粉病有很好的防效，使用剂量为 $50\sim100$ g(a.i.)/hm^2。对葡萄霜霉病、白粉病亦有很好的防效，使用剂量为 $100\sim150$ g(a.i.)/hm^2。对小麦锈病、颖枯病、网斑病等有很好的活性，使用剂量为 $200\sim250$ g(a.i.)/hm^2。对稻瘟病、甜菜白粉病和叶斑病、马铃薯早疫病和晚疫病、南瓜疫病也有防效，使用剂量为 $100\sim400$ g(a.i.)/hm^2。

专利与登记　专利 EP 0253213 早已过专利期，不存在专利权问题。

工艺专利　CN 110396054、CN 10965119、WO 2013144924、WO 2008125592、CN 10135331、EP 554767 等。

国内登记情况　10%、30%、40%悬浮剂，30%水乳剂，30%、50%、60%、80%水分散粒剂，30%、50%、60%可湿性粉剂，95%原药；登记作物：小麦、苹果树、番茄、黄瓜、葡萄；防治对象斑点落叶病、白粉病、早疫病等。巴斯夫欧洲公司在中国的登记情况见表 2-40。

表 2-40　巴斯夫欧洲公司在中国的登记情况

登记名称	登记号	含量	剂型	登记作物	防治对象	用药量	施用方法
醚菌·啶酰菌	PD20101017	醚菌酯 100g/L，啶酰菌 200g/L	悬浮剂	黄瓜	白粉病	202.5～270 g/hm^2	喷雾
				甜瓜	白粉病	202.5～270 g/hm^2	
				草莓	白粉病	112.5～225 g/hm^2	
				苹果	白粉病	75～150 mg/kg	
醚菌酯	PD20070124	醚菌酯 50%	水分散粒剂	草莓	白粉病	100～166.7 mg/kg	喷雾
				苹果	斑点落叶病	125～166.7 mg/kg	
				苹果树	黑星病	5000～7000 倍液	
				梨树	黑星病	100～166.7 mg/kg	
				黄瓜	白粉病	100～150 g/hm^2	
醚菌酯	PD20070135	94%	原药				
醚菌·氟环唑	PD20152375	醚菌酯 11.5%，氟环唑 11.5%	悬浮剂	水稻	稻瘟病	40～50 mL/亩	喷雾
				水稻	纹枯病	30～50 mL/亩	喷雾

合成方法　合成方法较多，部分方法如下：

方法 1：以邻甲基苯酚、邻溴苄溴为起始原料，经如下反应制得目的物：

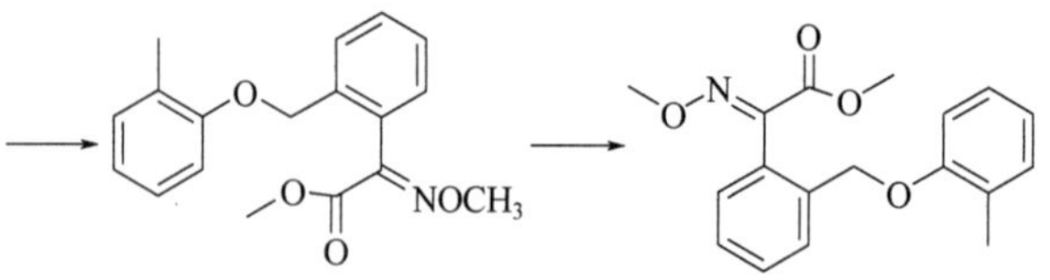

方法 2：以邻甲基苯甲酸为起始原料，经一系列反应制得中间体苄溴，再与邻甲酚反应，处理即得醚菌酯。反应式如下：

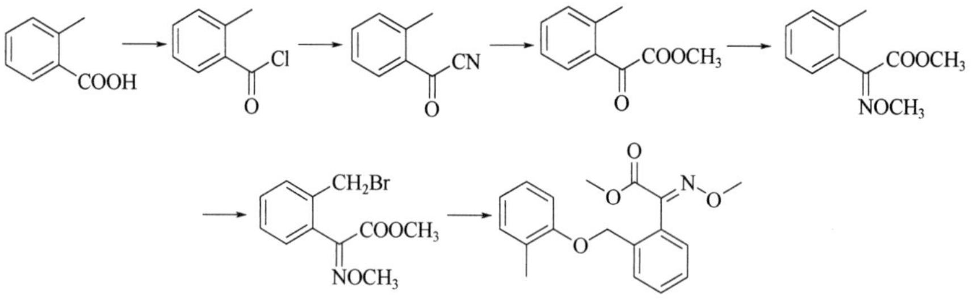

方法 3：以邻甲基苯乙酸为起始原料，经一系列反应制得中间体苄溴，再与邻甲酚反应，处理即得醚菌酯。反应式如下：

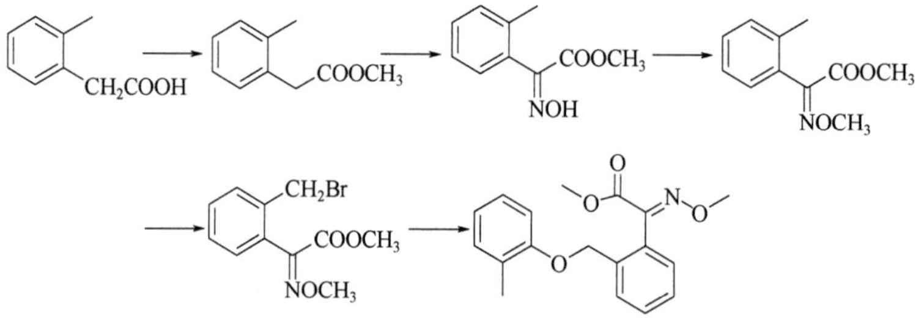

方法 4：以邻甲基苯甲醛为起始原料，首先与氰化钠反应，再经水解、氧化、甲氧胺成肟、溴化、醚化等一系列反应即可制得目的物醚菌酯。反应式如下：

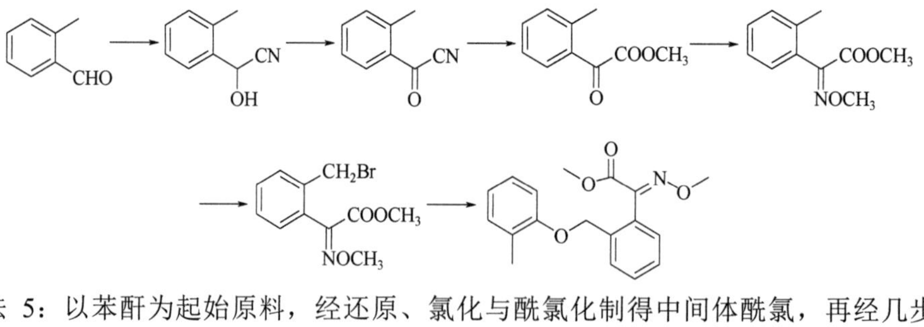

方法 5：以苯酐为起始原料，经还原、氯化与酰氯化制得中间体酰氯，再经几步反应后与邻甲酚反应，得醚菌酯，反应式如下：

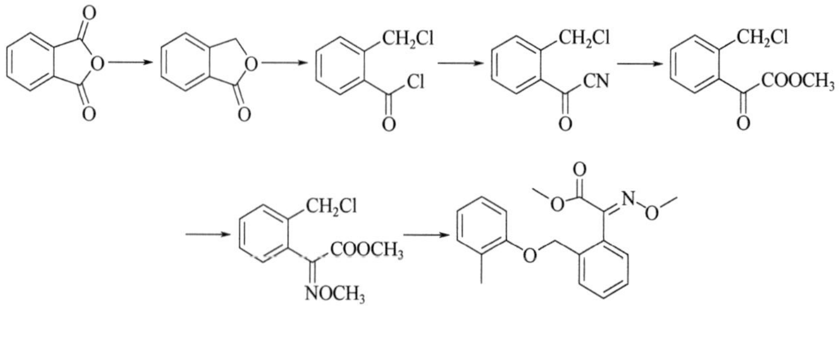

方法 6：以苯酐为起始原料，经还原并与邻甲酚反应制得酸，酰氯化制得中间体酰氯，再经几步反应即得醚菌酯，反应式如下：

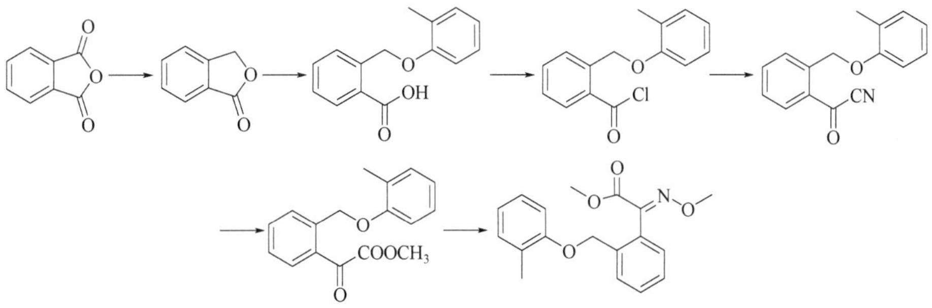

方法 7：以邻甲基苯腈为起始原料，经如下反应即可得到醚菌酯，反应式如下：

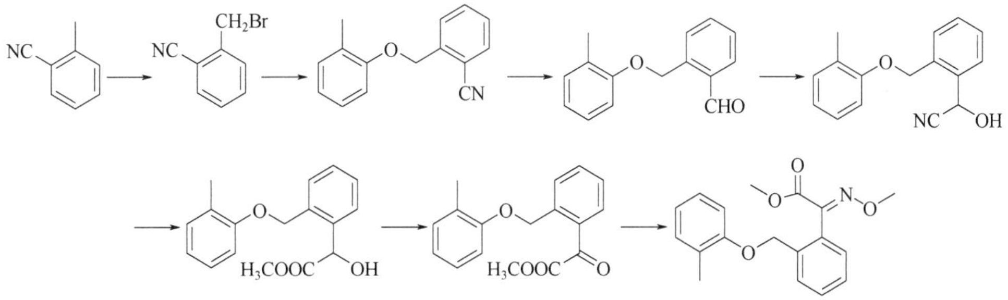

方法 8：以邻甲基苯甲酸酯为原料，经如下反应即可得到醚菌酯，反应式如下：

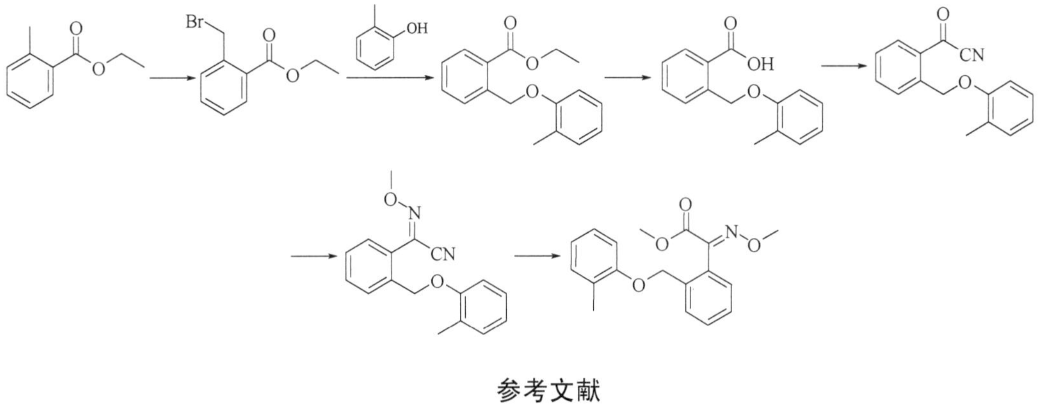

参考文献

[1] Proc. Br. Crop Prot. Conf.－Pests Dis.. 1992, 1: 403.

[2] 魏兴辉. 浙江化工, 2013, 2: 7-9.

醚菌胺（dimoxystrobin）

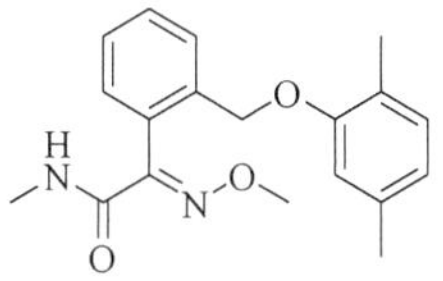

$C_{19}H_{22}N_2O_3$，326.4，149961-52-4

醚菌胺（试验代号：BAS 505F，商品名称：Honor、Picto、Swing Gold，其他名称：二甲苯氧菌胺）由日本盐野义公司研制，并与 BASF 共同开发的 strobilurins 类杀菌剂。

化学名称　（E）-2-(甲氧亚氨基)-N-甲基-2-[$α$-(2,5-二甲基苯氧基)-o-甲苯基]乙酰胺。IUPAC 名称：（E）-2-(methoxyimino)-N-methyl-2-[$α$-(2,5-xylyloxy)-o-tolyl]acetamide。美国化学文摘（CA）系统名称：($αE$)-2-[(2,5-dimethylphenoxy)methyl]-$α$-(methoxyimino)-N-methyl benzeneacetamide。CA 主题索引名称：benzeneacetamide—, 2-[(2,5-dimethylphenoxy)methyl]-$α$-(methoxyimino)-N-methyl-($αE$)-。

理化性质　工业品纯度≥98%，纯品白色结晶固体，熔点 138.1～139.7℃，相对密度 1.235（20～25℃）。蒸气压 $6×10^{-4}$ mPa（25℃）。分配系数 lgK_{ow} 3.59（pH 6.5）。水中溶解度（20～25℃，mg/L）：4.3（pH 5.7），3.5（pH 8）。在有机溶剂中的溶解度（20～25℃，g/L）：二氯甲烷>250，N,N-二甲基甲酰胺 200～250，丙酮 67～80，乙腈 50～57，乙酸乙酯 33～40，甲苯 20～25，甲醇 20～25，异丙醇、正庚烷、正辛醇和橄榄油均<10。在 pH 为 4～9，50℃条件下的水溶液中 30 d 内可稳定存在。

毒性　大鼠急性经口 LD_{50} >5000 mg/kg，大鼠急性经皮 LD_{50} >2000 mg/kg。对兔皮肤有刺激性，对兔眼睛无刺激性。对豚鼠皮肤无致敏性。大鼠急性吸入 LC_{50} 为 1.3 mg/L。大鼠 NOAEL（mg/kg）：(90 d) 3，(7 d) 4。ADI 0.0044 mg/kg。

生态效应　山齿鹑急性经口 LD_{50} >2000 mg/kg。山齿鹑和野鸭饲喂 LC_{50}(5 d)>5000 mg/kg。虹鳟鱼 LC_{50}(96 h)>0.04 mg/L。水蚤 EC_{50}(48 h) 0.039 mg/L。浮萍 E_bC_{50} 0.017 mg/L。蜜蜂 LD_{50}（48 h，μg/只）：>79（经口），>100（接触）。

环境行为　①动物。醚菌胺进入大鼠体内后可被迅速吸收，并且可被快速完全排出体外。②土壤/环境。醚菌胺在土壤中的半衰期 DT_{50} 2～39 d，K_{oc} 196～935。

主要生产商　BASF。

作用机理与特点　线粒体呼吸抑制剂即通过抑制在细胞色素 b 和 c_1 间电子转移从而抑制线粒体的呼吸。对 C-14 脱甲基化酶抑制剂、苯甲酰胺类、二羧酰胺类和苯并咪唑类产生抗性的菌株有效。具有保护、治疗、铲除、渗透、内吸活性。

应用　广谱、内吸性杀菌剂，主要用于防治白粉病、霜霉病、稻瘟病、纹枯病等。

专利概况　EP 596692、EP 644183 已过专利期，不存在专利权问题。

工艺专利　CN 104529818、WO 2008125592、EP 596692、IN 2014CH00264 等。

合成方法　醚菌胺的合成方法较多，此处仅介绍 3 种。

方法 1：以邻甲基苯甲酸为起始原料，经一系列反应制得中间体苄溴，再与 2,5-二甲苯酚反应，最后与甲胺反应即得醚菌胺。

方法 2：以苯酐为起始原料，经还原并与邻甲酚反应制得酸，酰氯化制得中间体酰氯，再经几步反应即得醚菌胺。

方法 3：以邻二甲苯为起始原料，氯化分离得到邻二氯苄，再经醚化等多步反应即得醚菌胺。

参考文献

[1] Pesticide Science, 1999, 55(7): 681-686.
[2] Pesticide Science, 1999, 55(3): 347-349.

氟嘧菌酯（fluoxastrobin）

$C_{21}H_{16}ClFN_4O_5$，458.8，193740-76-0

氟嘧菌酯（试验代号：HEC 5725，商品名称：Bariton、Disarm、Evito、Fandango、Scenic、Vigold）是拜耳作物科学公司报道的新型、广谱二氢二噁嗪类（dihydro-dioxazines）内吸性茎叶处理用杀菌剂。于 2005 年出售给 Arysta LifeScience 公司。

化学名称 {2-[6-(2-氯苯氧基)-5-氟嘧啶-4-基氧]苯基}(5,6-二氢-1,4,2-二噁嗪-3-基)甲酮 *O*-甲基肟。IUPAC 名称：{2-[6-(2-chlorophenoxy)-5-fluoropyrimidin-4-yloxy]phenyl} (5,6-dihydro-1,4,2-dioxazin-3-yl)methanone *O*-methyloxime。美国化学文摘（CA）系统名称：(1*E*)-[2-[[6-(2-chlorophenoxy)-5-fluoro-4-pyrimidinyl]oxy]phenyl](5,6-dihydro-1,4,2-dioxazin-3-yl)methanone *O*-

methyloxime。CA 主题索引名称：methanone—, [2-[[6-(2-chlorophenoxy)-5-fluoro-4-pyrimidinyl] oxy]phenyl](5,6-dihydro-1,4,2-dioxazin-3-yl)-O-methyloxime, (1E)-。

理化性质　工业品纯度>94%，纯品为白色结晶固体，并有淡淡的香味。熔点 103～108℃，沸点 497℃。蒸气压 $6×10^{-7}$ mPa（20℃）。分配系数 lgK_{ow} 2.86（20℃）。Henry 常数 $1×10^{-7}$ Pa·m^3/mol（20℃）。相对密度 1.422（20～25℃）。水中溶解度（20～25℃，mg/L）：2.56（非缓冲溶液），2.29（pH 7）。在有机溶剂中的溶解度（g/L，20～25℃）：二氯甲烷>250，二甲苯 38.1，异丙醇 6.7，正庚烷 0.04。水解 DT$_{50}$>1 年（pH 4、7 和 9，50℃），实验条件下的光解 DT$_{50}$ 3.8～4.1 d（无菌水相缓冲液，pH 7，25℃），正常环境条件下的预测光解 DT$_{50}$ 18.6～21.6 d（在美国的亚利桑那州凤凰城，六月的阳光照射）。在 pH 4～9 之间不会离解。

毒性　大鼠急性经口 LD$_{50}$>2000 mg/kg，大鼠急性经皮 LD$_{50}$>2000 mg/kg。对兔眼有刺激性，对兔皮肤无刺激作用，对豚鼠皮肤有致敏性。大鼠急性吸入 LC$_{50}$>4998 mg/m^3 空气。亚慢性 NOAEL（mg/kg 饲料）：雄大鼠 125，雌大鼠 2000，狗 100，小鼠<450。狗慢性饲喂 NOAEL（1 年）1.5 mg/(kg·d)。ADI：(EC) 0.015 mg/kg，aRfD 0.3 mg/kg(2007)，cRfD 0.015 mg/kg(2005)。

生态效应　山齿鹑急性经口 LD$_{50}$>2000 mg/kg，山齿鹑和野鸭 LC$_{50}$>5000 mg/L 饲料。鱼类急性 LC$_{50}$（96 h，mg/L）：虹鳟鱼 0.44，大翻车鱼 0.97，鲤鱼 0.57，杂色鳉 1.37。水蚤 EC$_{50}$（静态，48 h）0.48 mg/L。羊角月牙藻：E$_r$C$_{50}$（静态，72 h）2.10 mg/L，E$_b$C$_{50}$(72 h) 0.45 mg/L。基于平均测量浓度，EC$_{50}$（96 h）0.30 mg/L。其他水生生物 LC$_{50}$（μg/L）：溪水沟虾 120，糠虾 51.6，玻璃虾 60.4。浮萍 EC$_{50}$ 1.2 mg/L。蜜蜂 LD$_{50}$（μg/只）：经口>843，接触>200。蚯蚓 LC$_{50}$(14 d)>1000 mg/kg 土壤。

环境行为　①动物。哺乳动物经口服后，与氟嘧菌酯相关的残留物主要通过胆汁和粪便排出体外，多数代谢物结构已确定，这些代谢物包括不同的羟基、羟甲基和聚醚类代谢物，另外还有共轭葡糖醛酸代谢物（胆汁中）和相应的非共轭槲皮素（粪便中）。②植物。代谢物比较复杂，主要代谢途径为氯苯基环氧化开环，二噁嗪环开环裂解为醚和氯苯基肟，另外还有氯苯基的亲核取代和羟基、巯基的共轭异构化。代谢物浓度较低。③土壤/环境。有氧条件下氟嘧菌酯在土壤中的降解速度缓慢，在农田中的降解半衰期 DT$_{50}$ 从几天到几周不等。氟嘧菌酯无明显的挥发性。在水中任意 pH 和温度条件下氟嘧菌酯降解半衰期 DT$_{50}$ 大于 1 年（试验值），因此在自然环境条件下水解不是其降解的主要途径，在某种程度上，光解是氟嘧菌酯在水中的主要降解途径。有氧条件下，在水/沉积物系统中，氟嘧菌酯在水中的降解半衰期 DT$_{50}$ 可达数天。

制剂　10%乳油。

主要生产商　Bayer CropScience。

作用机理与特点　同嘧菌酯及其他甲氧基丙烯酸酯类杀菌剂一样，氟嘧菌酯的作用机理也是线粒体呼吸抑制剂即通过在细胞色素 b 和 c$_1$ 间电子转移抑制线粒体的呼吸。细胞核外的线粒体主要通过呼吸为细胞提供能量（ATP），若线粒体呼吸受阻，不能产生 ATP，细胞就会死亡。作用于线粒体呼吸的杀菌剂较多，但甲氧基丙烯酸酯类化合物作用的部位（细胞色素 b）与以往所有杀菌剂均不同，因此对甾醇抑制剂、苯基酰胺类、二羧酰胺类和苯并咪唑类产生抗性的菌株有效。氟嘧菌酯应用适期广，无论在真菌侵染早期如孢子萌发、芽管生长以及侵入叶部期，还是在菌丝生长期都能提供非常好的保护和治疗作用；但对孢子萌发和初期侵染最有效。因其具有的优异的内吸活性，因此它能被快速吸收，并能在叶部均匀地向顶部传递，故具有很好的耐雨水冲刷能力。

应用

（1）适宜作物与安全性　禾谷类作物、马铃薯、蔬菜和咖啡等，推荐剂量下对作物安全，对地下水、环境安全。

（2）防治对象　氟嘧菌酯具有广谱的杀菌活性，对几乎所有真菌（子囊菌亚门、担子菌亚门、鞭毛菌亚门卵菌纲和半知菌亚门）病害如锈病、颖枯病、网斑病、白粉病、霜霉病等数十种病害均有很好的活性。

（3）使用方法　氟嘧菌酯主要用于茎叶处理，使用剂量通常为 $50\sim300$ g(a.i.)/hm²。氟嘧菌酯具有快速击杀和持效期长双重特性，对作物具有很好的相容性，适当的加工剂型可进一步提高其通过角质层进入叶部的渗透作用。尽管它通过种子和根部的吸收能力较差，但用作种子处理剂时，对幼苗的种传和土传病害具有很好的杀灭和持效作用，不过对大麦白粉病或网斑病等气传病害则无能为力。

在 $75\sim100$ g(a.i.)/hm² 剂量下茎叶喷雾，氟嘧菌酯对咖啡锈病具有优异防效。

在 $100\sim200$ g(a.i.)/hm² 剂量下茎叶喷雾，氟嘧菌酯对马铃薯早疫病等有优异防效，对晚疫病有很好的防效；对蔬菜叶斑病等具有优异防效，对霜霉病有很好的防效。

在 200 g(a.i.)/hm² 剂量下茎叶喷雾，氟嘧菌酯对禾谷类作物叶斑病、颖枯病、褐锈病、条锈病、云纹病、褐斑病、网斑病具有优异防效，对白粉病有很好的药效，并能兼治全蚀病。

氟嘧菌酯作禾谷类作物种子处理剂时处理浓度为 $5\sim10$ g(a.i.)/100 kg 种子，对霜霉病、腥黑穗病和坚黑穗病等种传和土传病害有优异防效，并能兼治散黑穗病和叶条纹病。

专利与登记

专利名称　Halogen pyrimidines and its use thereof as parasite abatement means

专利号　US 6103717　　　　专利申请日　1998-07-16

专利拥有者　Bayer AG (DE)

工艺专利　WO 2017133283、WO 2016193822、CN 105536873、US 20150011753。

国外公司在国内登记情况见表 2-41、表 2-42。

表 2-41　爱利思达公司在中国的登记情况

登记名称	登记证号	含量	剂型	登记作物	防治对象	用药量	施用方法
氟嘧·戊唑醇	PD20182726	43%	悬浮剂	黄瓜	白粉病	20～30 mL/亩	喷雾
氟嘧·百菌清	PD20121614	51%	悬浮剂	番茄	晚疫病	100～133 mL/亩	喷雾
				黄瓜	霜霉病	100～133 mL/亩	

表 2-42　拜耳公司在中国的登记情况

登记名称	登记证号	含量	剂型	登记作物	防治对象	用药量	施用方法
氟嘧菌酯	PD20161248	94%	原药				

合成方法　经如下反应制得重要中间体：

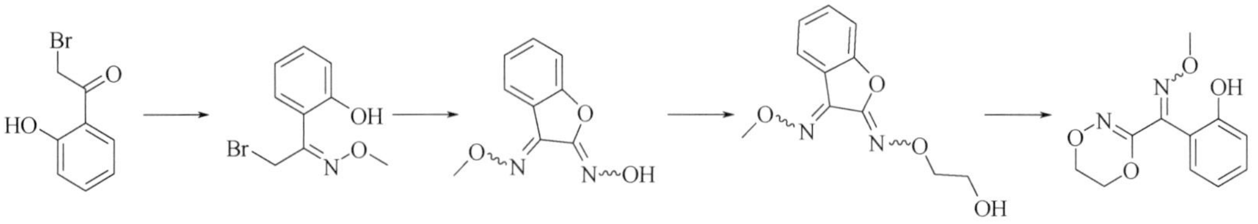

通过如下三种方法合成目的物：

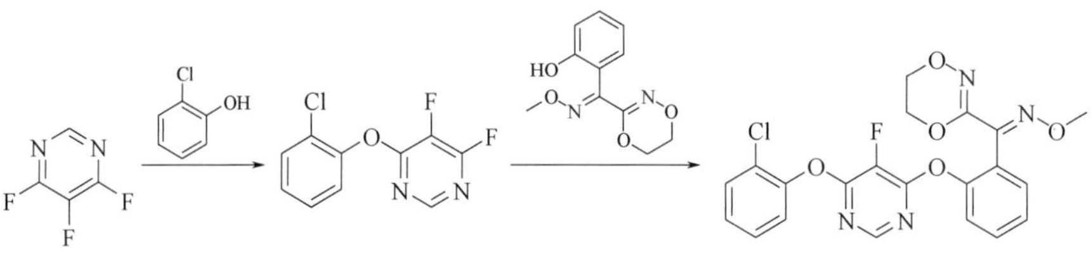

或

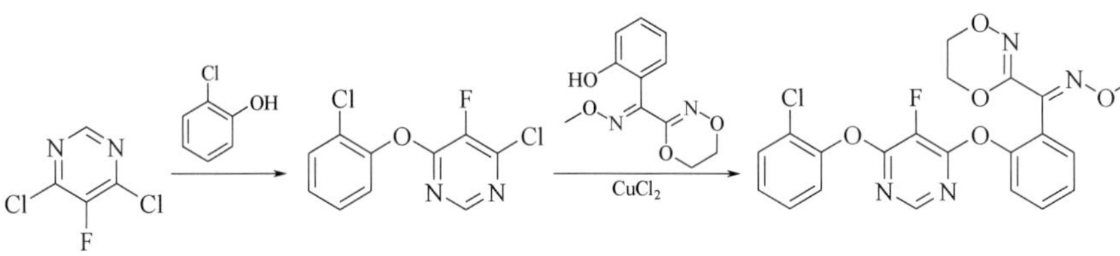

或

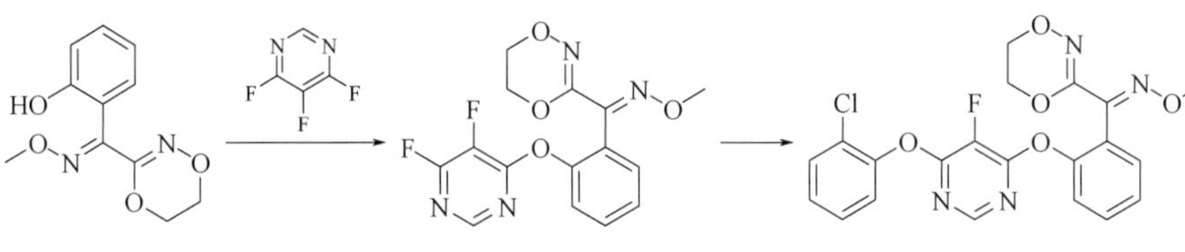

参考文献

[1] Proceedings of the BCPC Conference—Pest Diseases, 2002, 365.

[2] Proceedings of the BCPC Conference—Pest Diseases, 2002, 623.

[3] The Pesticide Manual. 17 th edition:524-526.

苯氧菌胺（metominostrobin）

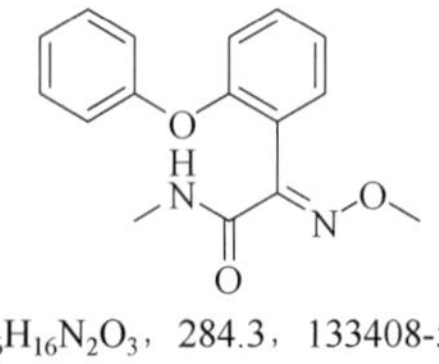

$C_{16}H_{16}N_2O_3$，284.3，133408-50-1

苯氧菌胺（试验代号：SSF-126，商品名称：Imochiace、Imotiace、Oribright、Ringo-L、Sumirobin）是日本盐野义株式会社（现属于拜耳公司）开发的甲氧基丙烯酸酯类杀菌剂。

化学名称 (*E*)-2-甲氧亚氨基-*N*-甲基-2-(2-苯氧苯基)乙酰胺。IUPAC 名称：(*E*)-2-methoxyimino-*N*-methyl-2-(2-phenoxyphenyl)acetamide。美国化学文摘（CA）系统名称：(*αE*)-*α*-

(methoxyimino)-*N*-methyl-2-phenoxybenzeneacetamide。CA 主题索引名称：benzeneacetamide—，
α-(methoxyimino)-*N*-methyl-2-phenoxy-(*αE*)-。

理化性质 工业品>97%，纯品为白色结晶状固体，熔点 87～89℃。相对密度 1.27～1.30
（20～25℃）。蒸气压 0.018 mPa（25℃），lgK_{ow}=2.32（20℃）。水中溶解度 0.128 g/L（20～25℃），
其他溶剂中溶解度（g/L，20～25℃）：二氯甲烷 1380，氯仿 1280，二甲亚砜 940。对热、酸、
碱稳定，遇光稍有分解。

毒性 大鼠急性经口 LD_{50}（mg/kg）：雄性 776，雌性 708。雌雄大鼠急性经皮 LD_{50}>
2000 mg/kg。雌雄大鼠吸入 LC_{50}(4 h)>1880 mg/m^3。对兔皮肤无刺激，对兔眼稍有刺激性。对
皮肤无致敏性。NOAEL［mg/(kg·d)］：雄性大鼠 1.6，雌性大鼠 1.9，雄性小鼠 2.9，雌性小
鼠 2.7，雄、雌性狗 2。ADI 值 0.016 mg/kg。

生态效应 野鸭急性经口 LC_{50}>5200 mg/L。鲤鱼 LC_{50}(96 h) 18.1 mg/L。水蚤 EC_{50}（mg/L）：
(48 h) 14.0，(24 h) 22.3。小球藻 EC_{50}(72 h) 51.0 mg/L，NOEC(72 h) 10 mg/L。蜜蜂 LC_{50}（48 h，
接触）>100 μg/只。蚯蚓 LC_{50}(14 d) 114 mg/kg，NOEC (14 d) 56.2 mg/kg。蚕 LC_{50}(5 d) 250 mg/L。

环境行为 ①动物。苯氧菌胺在大鼠体内可被迅速吸收，并且几乎 100%能够排出体外。
苯氧菌胺在动物体内的主要代谢途径为二芳醚的水解、*N*-甲基甲酰氨基的脱甲基化。②植
物。苯氧菌胺在水稻中的主要代谢途径为 *N*-甲基甲酰氨基的水解和脱甲基化及肟的水解反
应。③土壤/环境。在土壤中的降解半衰期 DT_{50} 98 d（需氧）。

制剂 颗粒剂、可湿性粉剂。

主要生产商 泰达集团。

作用机理与特点 线粒体呼吸抑制剂即通过在细胞色素 b 和 c_1 间电子转移抑制线粒体的
呼吸。对 C-14 脱甲基化酶抑制剂、苯甲酰胺类、二羧酸酰胺类和苯并咪唑类产生抗性的菌株
有效。具有保护、治疗、铲除、渗透、内吸活性。

应用

（1）适宜作物与安全性 水稻；推荐剂量下对作物安全、无药害。

（2）防治对象 稻瘟病。

（3）使用方法 苯氧菌胺是一种新型的广谱、保护和治疗活性兼有的内吸性杀菌剂。防
治水稻稻瘟病有特效，在稻瘟病未感染或发病初期施用，使用剂量为 1.5～2.0 kg/hm^2。

专利概况 专利 EP 398692 已过专利期，不存在专利权问题。

工艺专利 CN 108129349、WO 9951567、US 5380913、JP 07070032。

合成方法 主要有如下三种方法：

方法 1：以苯酚、邻氯溴苯为起始原料，经如下反应制得目的物：

方法 2：以邻甲苯酚为起始原料，经醚化、卤化、氰基取代、亚硝化、烷基化、酸解酯化、氨化即得苯氧菌胺。

方法 3：以水杨酸酯为起始原料，经醚化、水解、酰氯化、氰基取代、缩合、酸解酯化、氨化即得苯氧菌胺。

参考文献

[1] 张一宾. 世界农药, 2002, 2: 6-12.

[2] The Pesticide Manual. 17 th edition: 764.

肟醚菌胺（orysastrobin）

$C_{18}H_{25}N_5O_5$，391.4，248593-16-0

肟醚菌胺（试验代号：BAS 520F，商品名称：Arashi，其他名称：Arashi Dantotsu、Arashi-Prince）是由 BASF 公司研制的甲氧基丙烯酸酯类杀菌剂。

化学名称　2-[(E)-甲氧亚氨基]-2-(3E,6E)-2-{5-[(E)-甲氧亚氨基]-4,6-二甲基-2,8-二氧代-3,7-二氮壬-3,6-二烯苯基}-N-甲基乙酰胺。IUPAC 名称：(2E)-2-(methoxyimino)-2-{2-[(3E,5E,6E)-5-(methoxyimino)-4,6-dimethyl-2,8-dioxa-3,7-diazanona-3,6-dienyl]phenyl}-N-methylacetamide。美国化学文摘（CA）系统名称：(αE)-α-(methoxyimino)-2-[(3E,5E,6E)-5-(methoxyimino)-4,6-dimethyl-2,8-dioxa-3,7-diaza-3,6-nonadienyl]-N-methylbenzeneacetamide。CA 主题索引名称：

benzeneacetamide—, α-(methoxyimino)-2-[(3E,5E,6E)-5-(methoxyimino)-4,6-dimethyl-2,8-dioxa-3,7-diaza-3,6-nonadienyl]-N-methyl-(αE)-.

理化性质 纯品为白色结晶状固体，熔点 98.4～99.0℃；蒸气压 2×10^{-6} mPa（25℃）；7×10^{-4}mPa（20℃）。分配系数 $\lg K_{ow}$=2.36（20℃）。相对密度 1.296。水中溶解度 80.6 mg/L（20℃）。

毒性 大鼠（雄、雌）急性经口 LD_{50} 356 mg/kg。大鼠（雄、雌）急性经皮 LD_{50}>2000 mg/kg。急性吸入 LC_{50}（mg/L）：雄大鼠 4.12，雌大鼠 1.04。经兔试验表明对眼睛和皮肤无刺激，对豚鼠皮肤无致敏性。NOEAL：大鼠（2 年）5.2 mg/(kg·d)。ADI 值 0.052 mg/kg。

生态效应 山齿鹑急性经口 LD_{50}>2000 mg/kg。虹鳟鱼 LC_{50}(96 h) 0.89 mg/L，水蚤 LC_{50}(24 h) 1.3 mg/L。月牙藻 E_bC_{50}(72 h)为 7.1 mg/L。蜜蜂 NOEC 值>142 μg/只，蚯蚓 LC_{50}>1000 mg/kg。

环境行为 土壤/环境。肟醚菌胺在土壤中降解 DT_{50} 为 51～58 d；K_{oc} 17.9～146。在水中水解 DT_{50}> 365 d；光分解 DT_{50} 为 0.8 d。

制剂 7.0%水稻育苗箱用颗粒剂、3.3%颗粒剂。

主要生产商 BASF。

作用机理与特点 通过抑制病原菌细胞微粒体中呼吸途径之一的电子传递系统内的细胞色素 b 和 c_1 间的作用而致效。其对病原菌生活环上的孢子发芽、附着器形成具有抑制作用，阻碍侵入到水稻体内的稻瘟病菌、纹枯病菌菌丝生长，控制发病茎株的增加，对一些对其他杀菌剂产生抗性的菌株有效且持效性好,但如没有与孢子或附着器直接接触则效果较差。

应用 主要应用于水稻防治水稻稻瘟病和纹枯病（表 2-43）。

表 2-43 含有肟醚菌胺品种的有效成分及含量、施药时间和适用范围

品种	有效成分及含量	施药时间	适用范围
Amshi Dantotsu SBP	肟醚菌胺 7.0%+噻虫胺 1.5%	移栽前 3 d、移植当天	水稻（育苗箱）：稻瘟病、纹枯病、稻飞虱、黑尾叶蝉、稻水象甲、水稻负泥虫
Arashi Prince SBPl0	肟醚菌胺 7.0%+氟虫腈 1.0%	移植当天	水稻（育苗箱）：稻瘟病、纹枯病、稻飞虱、黑尾叶蝉、稻水象甲、水稻负泥虫、稻纵卷叶螟、二化螟
Arashi Prince SBP6	肟醚菌胺 7.0%+氟虫腈 0.6%	移栽前 3 d、移植当天	水稻（育苗箱）：稻瘟病、纹枯病、稻飞虱、黑尾叶蝉、稻水象甲、水稻负泥虫、稻纵卷叶螟、二化螟
Arashi Carzento 粒剂 Arashi 粒剂	肟醚菌胺 7.0%+丁硫克百威 3.0%+肟醚菌胺 3.3%	移栽前 3 d、移植当天发病前 10 d 和初发水稻抽穗前 1 d 到收获前 21 d 内禁止施药移栽前 3 d、移植当天	水稻（育苗箱）：稻瘟病、稻水象甲、水稻负泥虫；水稻：稻瘟病

专利与登记 专利 DE 19539324 已过专利期，不存在专利权问题。目前主要是在日本和韩国登记用于防治水稻上的病害。

工艺专利 IN 2014CH00264。

合成方法 经如下多步反应即可制得肟醚菌胺：

参考文献

[1] The Pesticide Manual. 17 th edition: 815-816.

[2] 冯化成. 世界农药, 2008, 4: 49-50.

[3] 颜范勇, 王永乐, 刘冬青, 等. 新型甲氧基丙烯酸酯杀菌剂肟醚菌胺. 农药, 2010, 49(7): 514-518.

啶氧菌酯（picoxystrobin）

$C_{18}H_{16}F_3NO_4$，367.3，117428-22-5

啶氧菌酯（试验代号：ZA 1963，商品名称：Acanto、Acapela，其他名称：Credo、Approach Prima、Acanto Duo Pack、Acanto Prima、Stinger、Acanto Dos）是由先正达公司开发的甲氧基丙烯酸酯类杀菌剂。

化学名称　(E)-3-甲氧基-2-[2-(6-三氟甲基-2-吡啶氧甲基)苯基]丙烯酸甲酯。IUPAC 名称：methyl (E)-3-methoxy-2-[2-(6-trifluoromethyl-2-pyridyloxymethyl) phenyl]acrylate。美国化学文摘（CA）系统名称：methyl (αE)-α-(methoxymethylene)-2-[[[6-(trifluoromethyl)-2-pyridinyl]oxy] methyl]benzeneacetate。CA 主题索引名称：benzeneacetic acid ——, α-(methoxymethylene)-2-[[[6-(trifluoromethyl)-2-pyridinyl]oxy]methyl]-methyl ester, (αE)-。

理化性质　纯品为白色粉状固体，熔点 75℃。蒸气压 $5.5×10^{-3}$ mPa（20℃），分配系数 $\lg K_{ow}$ 3.6（20℃）。Henry 常数 $6.5×10^{-4}$ Pa·m³/mol（计算）。相对密度 1.4（20~25℃）。水中溶解度 3.1 mg/L（20~25℃），有机溶剂中溶解度（20~25℃，g/L）：甲醇 96，1,2-二氯乙烷、丙酮、二甲苯、乙酸乙酯中大于 250。稳定性：在 pH 为 5 和 7 条件下稳定存在，DT_{50} 为 15 d（pH 9，50℃）。

毒性　大鼠急性经口 $LD_{50}>5000$ mg/kg，大鼠急性经皮 $LD_{50}>2000$ mg/kg；大鼠吸入 $LC_{50}>2.12$ mg/L。本品对兔皮肤和兔眼睛无刺激性。对豚鼠皮肤无致敏性。NOAEL（狗，1年和 90 d）4.3 mg/(kg·d)。ADI 值 0.04 mg/kg。其他非遗传毒性：对大鼠和兔子无潜在毒性，对大鼠和小鼠无潜在致癌性。

生态效应　山齿鹑急性经口 $LD_{50}>2250$ mg/kg，鸟饲喂 LD_{50}（mg/kg）：山齿鹑(8 d)>5200，野鸭（21 周）1350。鱼毒 LC_{50}（96 h，2 个品种）65~75 μg/L。水蚤 EC_{50} (48 h) 18μg/L。月

牙藻 E_bC_{50} (72 h)为 56 μg/L。摇蚊 EC_{50} (28 d) 19 mg/kg，140 μg/L (25 d)。蜜蜂 LD_{50}（48 h，经口和接触）>200 μg/只，蚯蚓 LC_{50} (14 d) 为 6.7 mg/kg 土壤。其他有益品种 6 种非靶标节肢动物的实验室和田间试验表明：本品对该生物群体低风险。盲走螨属 LR_{50}(7 d) 12.6 g/hm^2；蚜茧蜂属(2 d) 280 g/hm^2。

环境行为　①动物。在大鼠体内易吸收，迅速新陈代谢排出体外。新陈代谢主要途径是酯的水解和葡糖苷酸的共轭化。在肉类和奶制品中不会累积。②植物。在谷类作物中残余量很低。③土壤/环境。啶氧菌酯在土壤中可迅速降解，主要降解产物为 CO_2。在有氧条件下 DT_{50} 为 19～33 d，田间损耗 DT_{50} 为 3～35 d。田间试验条件下在土壤中不变质。K_{oc} 790～1200 mL/g。在水中迅速消散表明对水生生物无慢性毒性问题；水相中 DT_{50} 为 7～15 d（实验室和室外水相系统）。

制剂　25%悬浮剂。

主要生产商　杜邦、内蒙古佳瑞米精细化工有限公司、山东潍坊润丰化工股份有限公司、响水中山生物科技有限公司、内蒙古灵圣作物科技有限公司、江苏富比亚化学品有限公司、江苏云帆化工有限公司、辽宁省葫芦岛凌云集团农药化工有限公司、江西欧氏化工有限公司、江苏优嘉植物保护有限公司、河北三农农用化工有限公司等。

作用机理与特点　线粒体呼吸抑制剂，即通过在细胞色素 b 和 c_1 间电子转移抑制线粒体的呼吸。对 C-14 脱甲基化酶抑制剂、苯甲酰胺类、二羧酰胺类和苯并咪唑类产生抗性的菌株有效。啶氧菌酯一旦被叶片吸收，就会在木质部中移动，随水流在运输系统中流动；它也在叶片表面的气相中流动并随着从气相中吸收进入叶片后又在木质部中流动。无雨条件下用啶氧菌酯［250 g(a.i.)/hm^2］喷雾处理的作物和将同样喷雾处理后两小时的作物暴露于降雨量为 10 mm、长达 1 h 进行比较，结果表明两者对大麦叶枯病的防治效果是一致的。正是由于啶氧菌酯的内吸活性和蒸发活性，因而施药后，有效成分能有效再分配及充分传递，因此啶氧菌酯比商品化的嘧菌酯和肟菌酯有更好的治疗活性（表 2-44）。具广谱、内吸性杀菌剂。

表 2-44　strobilurins 类杀菌剂的再分配属性

项目	嘧菌酯	肟菌酯	醚菌酯	苯氧菌胺	吡唑醚菌酯	啶氧菌酯
叶片中流动性	低	很低	低	高	很低	中等
蒸气活性	无	有	有	无	无	有
叶片中代谢的稳定性	稳定	低	低	无数据	稳定	稳定
转移移动	是	低	低	是	低	是
木质部内吸	有	无	无	有	无	有
到达新叶的内吸活性	有	无	无	有	无	有
在韧皮部流动性	无	无	无	无	无	无

应用

（1）适宜作物与安全性　麦类如小麦、大麦、燕麦及黑麦；推荐剂量下对作物安全、无药害。

（2）防治对象　主要用于防治叶面病害如叶枯病、叶锈病、颖枯病、褐斑病、白粉病等，与现有 strobilurin 类杀菌剂相比，对小麦叶枯病、网斑病和云纹病有更强的治疗效果。

（3）使用方法　茎叶喷雾，使用剂量为 250 g(a.i.)/hm²。

谷物用啶氧菌酯处理后，产量高、质量好、颗粒大而饱满。这归功于啶氧菌酯具有广谱杀菌活性和对作物的安全性，在谷物生长期无病害发生，绿叶始终保持完好。在大田试验中防治冬小麦大多数病害，用啶氧菌酯处理的小麦比用肟菌酯处理的小麦平均多收 200 kg/hm²。通过 3 年多时间对 21 个欧洲小麦试验田进行试验，发现用啶氧菌酯处理过的小麦收成与对照（没有用杀菌剂处理）相比增产 22%，同用醚菌酯和三唑类如氟环唑(epoxiconazole)混剂处理得到同样的效果。3 年对 21 个欧洲试验田冬大麦试验数据进行分析，结果表明用啶氧菌酯处理比醚菌酯/氟环唑产量每公顷增加 400 kg。还有用啶氧菌酯处理的 21 个试验田中有 17 个为高产，这表明啶氧菌酯的防治病害效果好且产量稳定。用啶氧菌酯处理的谷物产量的提高主要是因为提高了谷物颗粒尺寸，在冬小麦试验田中，直径大于 2.2 mm 的谷物重量与直径小于 2.2 mm 的谷物重量明显不同。

专利与登记　专利 EP 278595 早已过专利期，不存在专利权问题。

工艺专利　CN 110467567、CN 109627211、CN 108821974、WO 2017125010、UK 2546498、CN 107216285、CN 104151233、CN 104230794、CN 104262239、CN 103626691、CN 103030598、WO 9701538。

国外登记情况　22.5%悬浮剂，登记作物为黄瓜、辣椒、枣树、西瓜、葡萄、香蕉，防治对象霜霉病、蔓枯病、锈病、炭疽病、黑星病、黑痘病、叶斑病。美国杜邦公司在中国登记情况见表 2-45。

表 2-45　美国杜邦公司在中国登记情况

登记名称	登记证号	含量	剂型	登记作物	防治对象	用药量	施用方法
啶氧·丙环唑	LS20120228	丙环唑 12%，啶氧菌酯 7%	悬浮剂	花生 花生	褐斑病 锈病		喷雾 喷雾
				水稻 水稻	稻曲病 纹枯病		喷雾 喷雾
				小麦	锈病		喷雾
啶氧菌酯	PD20121668	250 g/L	悬浮剂	西瓜	蔓枯病 炭疽病	150～175 g/hm²	喷雾
啶氧菌酯	PD20121671	97%	原药				

合成方法　啶氧菌酯的合成方法主要有如下两种：

中间体合成方法如下：

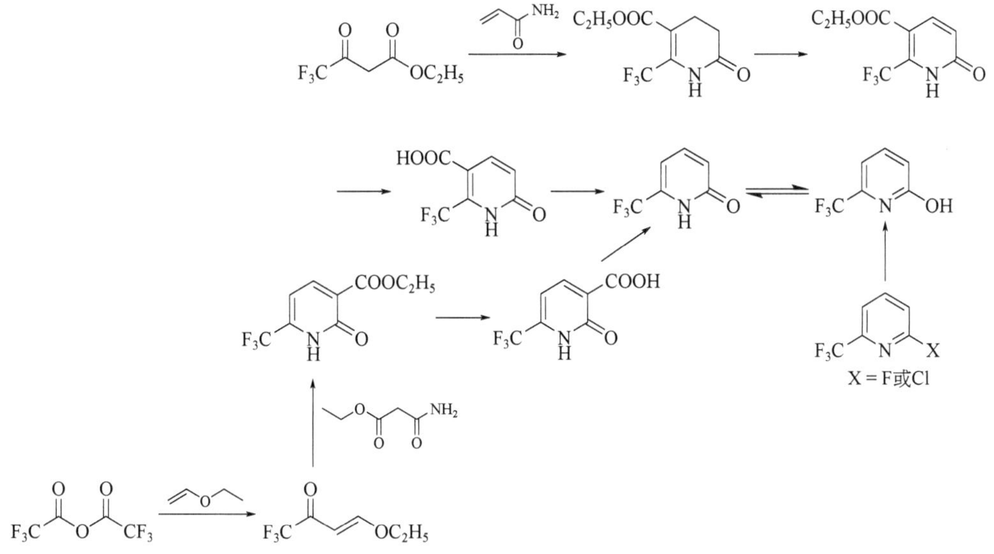

参考文献

[1] The Pesticide Manual. 17th edition: 887-888.

[2] 范文玉. 农药, 2005, 6: 269-270.

[3] 应忠华. 四川化工, 2013, 5:13-15.

肟菌酯（trifloxystrobin）

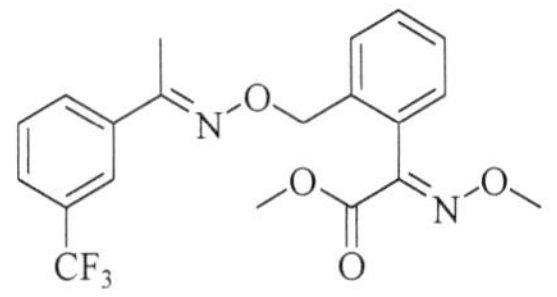

$C_{20}H_{19}F_3N_2O_4$，408.4，141517-21-7

肟菌酯（试验代号：CGA 279202，商品名称：Flint、Fox、Nativo、Sphere、Stratego，其他名称：Compass、Consist、Gem、Sphere Max、Swift、Tega、Trilex、Twist、Zato 等）是先正达公司研制的、德国拜耳公司开发的甲氧基丙烯酸酯类杀菌剂。

化学名称 (E)-甲氧亚胺-{(E)-α-[1-(α,α,α-三氟间甲苯基)乙亚胺氧]-邻甲苯基}乙酸甲酯。IUPAC 名称：methyl (E)-methoxyimino-{(E)-α-[1-(α,α,α-trifluoro-m-tolyl) ethylidene aminooxy]-o-tolyl}acetate。美国化学文摘（CA）系统名称：methyl (αE)-α-(methoxyimino)-2-[[[[(1E)-1-[3-(trifluoromethyl)phenyl]ethylidene]amino]oxy]methyl]benzeneacetate。CA 主题索引名称：benzeneacetic acid —, α-(methoxyimino)-2-[[[[(1E)-1-[3-(trifluoromethyl)phenyl] ethylidene]amino]oxy]methyl]-methyl ester, (αE)-。

理化性质 含量>96%，白色无味固体，熔点为 72.9℃，沸点大约 312℃（285℃开始分解）。蒸气压 $3.4×10^{-3}$ mPa（25℃）。分配系数 $\lg K_{ow}$=4.5（25℃）。Henry 常数 $2.3×10^{-3}$ Pa·m³/mol（25℃，计算）。相对密度 1.36（20～25℃）。水中溶解度 610 μg/L（20～25℃）。在有机溶剂

中的溶解度（g/L，20～25℃）：丙酮、二氯甲烷和乙酸乙酯中大于 500，正己烷 11，甲醇 76，正辛醇 18，甲苯 500。稳定性：水解 DT_{50} 为 27.1 h（pH 9），11.4 周（pH 7）。在 pH 5 条件下稳定（20℃），水溶液的光解 DT_{50}1.7 d（pH 7，25℃），1.1 d（pH 5，25℃）。

毒性 大鼠急性经口 LD_{50}>5000 mg/kg，大鼠急性经皮 LD_{50}>2000 mg/kg。大鼠吸入 LC_{50}>4650 mg/m^3。本品对兔眼睛和皮肤无刺激，可能导致接触性皮肤过敏。大鼠 NOEAL（2 年）9.8 mg/(kg·d)。ADI 值 0.04 mg/kg。无致畸、致癌、致突变作用，对遗传亦无不良影响。

生态效应 鸟类急性经口 LD_{50}（mg/kg）：山齿鹑>2000，野鸭>2250。山齿鹑和野鸭饲喂 LC_{50}>5050 mg/L。鱼毒 LC_{50}（96 h，mg/L）：虹鳟鱼 0.015，大翻车鱼 0.054。水蚤 LC_{50}(48 h)0.016 mg/L。栅藻 E_bC_{50} 0.0053 mg/L。其他水生生物：在实验室条件下对水生生物有毒，但本品在生态环境中可迅速消散，在室外条件下对水生生物低风险。蜜蜂 LD_{50}（48 h，经口和接触）>200 μg/只。蚯蚓 LC_{50}(14 d)>1000 mg/kg 土壤。

环境行为 ①动物。肟菌酯在动物体内迅速被吸收（48 h 内吸收 60%），通过尿液和粪便的形式排出体外（48 h 内排泄掉 96%）。新陈代谢主要途径是脱甲基、氧化和共轭作用。②植物。本品在大多数作物中的代谢途径相似。基于小麦、苹果、黄瓜、甜菜的新陈代谢数据，肟菌酯被认为是以植物为来源的食品和饲料商品的主要残留物。③土壤/环境。在土壤和地表水中可迅速降解。土壤 DT_{50} 为 4.2～9.5 d，K_{oc} 1642～3745，水中 DT_{50} 为 0.3～1 d，DT_{90} 为 4～8 d。

制剂 75%水分散粒剂等。

主要生产商 Bayer CropScience。

作用机理与特点 线粒体呼吸抑制剂，与吗啉类、三唑类、苯氨基嘧啶类、苯基吡咯类、苯基酰胺类（如甲霜灵）无交互抗性。由于肟菌酯具有广谱、渗透、快速分布等性能，作物吸收快，加之其具有向上的内吸性，故耐雨水冲刷性能好、持效期长，因此被认为是第二代甲氧基丙烯酸酯类杀菌剂。肟菌酯主要用于茎叶处理，保护活性优异，具有一定的治疗活，且活性不受环境影响，应用最佳期为孢子萌发和发病初期阶段，但对黑腥病各个时期均有活性。

应用

（1）适宜作物及安全性 麦类作物（小麦、大麦、黑麦和黑小麦）、葡萄、苹果、花生、香蕉、蔬菜等。肟菌酯对作物安全，因其在土壤、水中可快速降解，故对环境安全。

（2）防治对象 肟菌酯具有广谱的杀菌活性。除对白粉病、叶斑病有特效外，对锈病、霜霉病、立枯病、苹果黑腥病亦有很好的活性。文献报道肟菌酯还具有杀虫活性（EP 0373775）。

（3）应用技术 肟菌酯主要用于茎叶处理，根据不同作物、不同病害类型，使用剂量也不尽相同，通常使用剂量为 3～200 g(a.i.)/hm^2。100～187 g(a.i.)/hm^2 即可有效地防治麦类病害如白粉病、锈病等，50～140 g(a.i.)/hm^2 即可有效地防治果树、蔬菜各类病害。还可与多种杀菌剂混用如与双脲氰以(125+120) g(a.i.)/m^3 剂量混配，可有效地防治霜霉病。

专利与登记 专利 EP 0460575 已过专利期，不存在专利权问题。

工艺专利 CN 108863845、2017085747、CN 105294490、CN 103787916、CN 103524379、CN 103524378、CN 102952036、2013144924、CN 102659623、CN 101941921、CN 1793115、CN 1560028。

国内登记情况 75%水分散粒剂，登记作物黄瓜、番茄、辣椒、西瓜、马铃薯、水稻等，防治对象白粉病、炭疽病、早疫病、稻瘟病、稻曲病等。印度联合磷化物有限公司有原药登记（PD 20180671），德国拜耳作物科学公司在中国登记情况见表 2-46。

表 2-46 德国拜耳作物科学公司在中国登记情况

登记名称	登记证号	含量	剂型	登记作物	防治对象	用药量	施用方法
肟菌·戊唑醇	PD20102160	戊唑醇 50%、肟菌酯 25%	75%水分散粒剂	黄瓜	白粉病	112.5～168.75 g/hm²	喷雾
				黄瓜	炭疽病		
				番茄	早疫病		
				水稻	稻曲病	168.75～225 g/hm²	
				水稻	纹枯病		
				水稻	稻瘟病		
				西瓜	炭疽病	112.5～168.75 g/hm²	
				辣椒	炭疽病		
				柑橘树	疮痂病	125～187.5 g/hm²	
					炭疽病		
				苹果树	斑点落叶病		
					褐斑病		
				香蕉	叶斑病	166.75～300 g/hm²	
					黑星病		
肟菌酯	PD20102161	96%	原药				
氟菌·肟菌酯	PD20152429	43%	悬浮剂	草莓	白粉病	15～30 mL/亩	喷雾
				草莓	灰霉病	20～30 mL/亩	
				番茄	灰霉病	30～45 mL/亩	
				番茄	叶霉病	20～30 mL/亩	
				番茄	早疫病	15～25 mL/亩	
				黄瓜	靶斑病	15～25 mL/亩	
				黄瓜	白粉病	5～10 mL/亩	
				黄瓜	炭疽病	15～25 mL/亩	
				辣椒	炭疽病	20～30 mL/亩	
				葡萄	白腐病	3000～4000 倍液	
				葡萄	黑痘病	2000～4000 倍液	
				葡萄	灰霉病	2000～4000 倍液	
				西瓜	蔓枯病	15～25 mL/亩	
				洋葱	紫斑病	20～30 mL/亩	
肟菌·异噻胺	PD20181595	24.1%	种子处理悬浮剂	水稻	稻瘟病	15～25 mL/kg 种子	拌种
				水稻	恶苗病	15～25 mL/kg 种子	
肟菌·戊唑醇	PD20184323	30%	悬浮剂	水稻	稻曲病	36～45 mL/亩	喷雾
				水稻	稻瘟病	36～45 mL/亩	
				水稻	纹枯病	27～45 mL/亩	
				小麦	白粉病	36～45 mL/亩	
				小麦	赤霉病	36～45 mL/亩	
				小麦	纹枯病	36～45 mL/亩	
				小麦	锈病	36～45 mL/亩	
				玉米	大斑病	36～45 mL/亩	
				玉米	灰斑病	36～45 mL/亩	
				玉米	小斑病	36～45 mL/亩	

合成方法 肟菌酯合成方法很多，部分方法如下。

方法 1：以邻甲基苯甲酸为起始原料，经一系列反应制得中间体苄溴，再与间三氟甲基苯乙酮肟反应，处理即得目的物。反应式如下：

方法 2：以苯酐为起始原料，经还原、氯化与酰氯化制得中间体酰氯，再经几步反应制得中间体苄氯，最后与间三氟甲基苯乙酮肟反应，处理即得目的物。反应式如下：

方法 3：以 *N,N*-二甲基苄胺和草酸二甲酯为起始原料，经三步反应制得中间体苄氯，最后与间三氟甲基苯乙酮肟反应，处理即得目的物。反应式如下：

方法 4：以邻甲基苯乙酮为原料，经氧化、肟化、溴化、醚化，处理即得目的物。反应式如下：

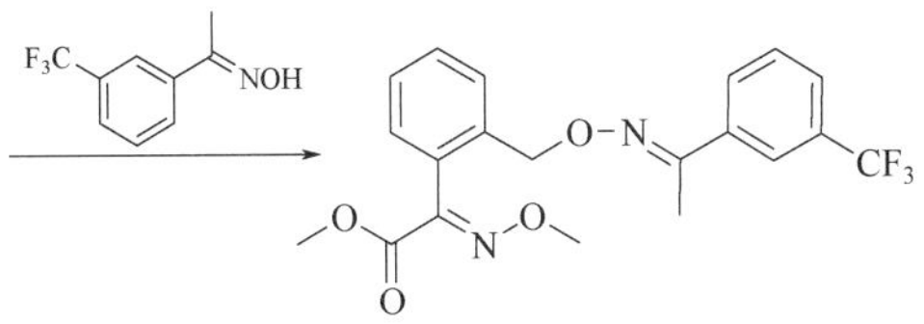

中间体肟的制备方法如下：

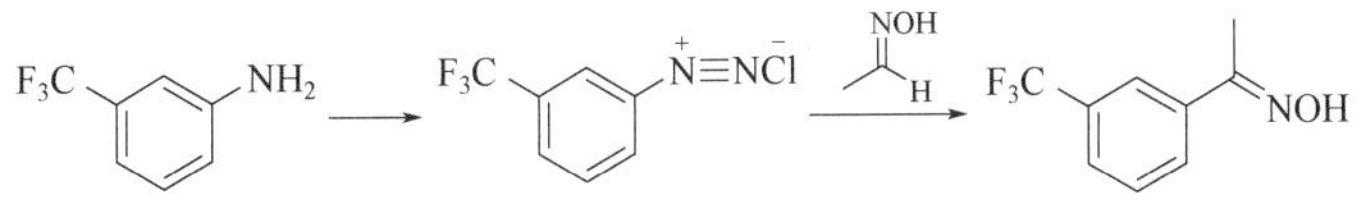

参考文献

[1] The Pesticide Manual.17th edition: 1149-1150.

[2] Proc. Br. Crop Prot. Conf.—Pests Dis.. 1998, 375.

[3] 陆翠军, 刘建华, 杜晓华. 肟菌酯的合成工艺. 农药, 2011, 50(3): 187-191+212.

烯肟菌酯（enoxastrobin）

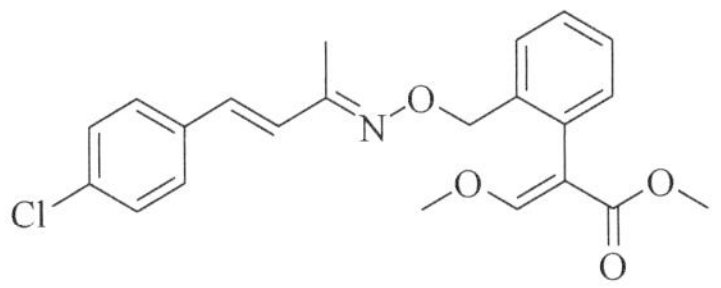

$C_{22}H_{22}ClNO_4$，399.9，238410-11-2

　　烯肟菌酯（试验代号：SYP-Z071）是沈阳化工研究院与美国罗门哈斯公司（后并入陶氏益农，现美国科迪华公司）共同研制的甲氧基丙烯酸酯类杀菌剂，也是国内开发的第一个甲氧基丙烯酸酯类杀菌剂。

　　化学名称　α-[2-[[[[4-(4-氯苯基)-丁-3-烯-2-基]亚氨基]氧基]甲基]苯基]-β-甲氧基丙烯酸甲酯。IUPAC 名称：methyl (E)-2-[2-[[[[3-(4-chlorophenyl) 1-methyl-2-propenylidene]amino]oxy]methyl]phenyl]-3-methoxyacrylate。美国化学文摘（CA）系统名称：methyl(αE)-2-[[[(E)-[(2E)-3-(4-chlorophenyl)-1-methyl-2-propenylidene]amino]oxy]methyl]-α-(methoxymethylene)benzeneacetate。CA 主题索引名称：benzeneacetic acid —, 2-[[[[3-(4-chlorophenyl)-1-methyl-2-propenylidene]amino]oxy]methyl]-α-(methoxymethylene)-methyl ester。

　　理化性质　结构中存在顺、反异构体（Z 体，E 体），原药为 Z 体和 E 体的混合体。原药（含量≥90%）外观为棕褐色黏稠状物。熔点 99℃（E 体）；易溶于丙酮、三氯甲烷、乙酸乙酯、乙醚，微溶于石油醚，不溶于水。对光、热比较稳定。

　　毒性　原药急性经口 LD_{50}（mg/kg）：雄大鼠 1470，雌大鼠 1080，急性经皮 LD_{50}＞2000 mg/kg，对眼睛轻度刺激，对皮肤无刺激性，皮肤致敏性为轻度。致突变试验：Ames 试验、小鼠骨髓细胞染色体试验、小鼠睾丸细胞染色体畸变试验均为阴性。雄、雌大鼠（13 周）亚慢性喂饲试验无作用剂量分别为 47.73 mg/(kg·d)和 20.72 mg/(kg·d)。25%乳油急性经口 LD_{50}（mg/kg）：雄大鼠 926，雌大鼠 750。急性经皮 LD_{50}＞2150 mg/kg，对眼睛中度刺激性，对皮肤无刺激性，皮肤致敏性为轻度。

　　生态效应　25%乳油对斑马鱼 LC_{50}（96 h）为 0.29 mg/L；雄性、雌性鹌鹑 LD_{50}（7 d）分别为 837.5 mg/kg 和 995.3 mg/kg；蜜蜂 LD_{50}＞200 μg/只；桑蚕 LC_{50}＞5000 mg/L。该制剂对鱼高毒，使用时应远离鱼塘、河流、湖泊等地方。

制剂 25%乳油。

作用机理与特点 该药为真菌线粒体的呼吸抑制剂，其作用机理是通过与细胞色素 bc₁ 复合体的结合，抑制线粒体的电子传递，从而破坏病菌能量合成，起到杀菌作用。具有显著促进植物生长、提高产量、改善作物品质的作用。

应用

（1）活性特点 杀菌谱广，杀菌活性高，具有预防及治疗作用，是第一类能同时防治白粉病和霜霉疫病的药剂。同时还对黑星病、炭疽病、斑点落叶病等具有非常好的防效。毒性低、对环境具有良好的相容性。与现有的杀菌剂无交互抗性。

（2）防治对象 对由鞭毛菌、结合菌、子囊菌、担子菌及半知菌引起的多种植物病害有良好的防治效果。对黄瓜、葡萄霜霉病，小麦白粉病等有良好的防治效果。

（3）应用 经田间药效试验表明，25%烯肟菌酯乳油对黄瓜霜霉病防治效果较好，每亩用有效成分 6.7～15 g，于发病前或发病初期喷雾，用药 3～4 次，间隔 7 d 左右喷 1 次药，对黄瓜生长无不良影响，无药害发生。

专利与登记

国内专利名称 不饱和肟醚类杀虫、杀真菌剂

专利号 CN 1191670　　　　专利申请日 1998-02-10

专利拥有者 化工部沈阳化工研究院；美国罗门哈斯公司

国外专利名称 Unsaturated oxime ethers and their use as fungicides and insecticides

专利号 EP 936213　　　　专利申请日 1999-01-26

专利拥有者　　Rohm & Haas (US)

在其他国家申请的专利 AU 1544899、BR 9900561、DE 69906170、JP 11315057、US 6177462 等。

国内登记情况 25%、28%可湿性粉剂，18%悬浮剂，25%乳油，90%原药，登记作物黄瓜、小麦、葡萄、苹果等，防治对象霜霉病、赤霉病、斑点落叶病等。

合成方法 以邻二甲苯和对氯苯甲醛为原料，经如下反应制得目的物：

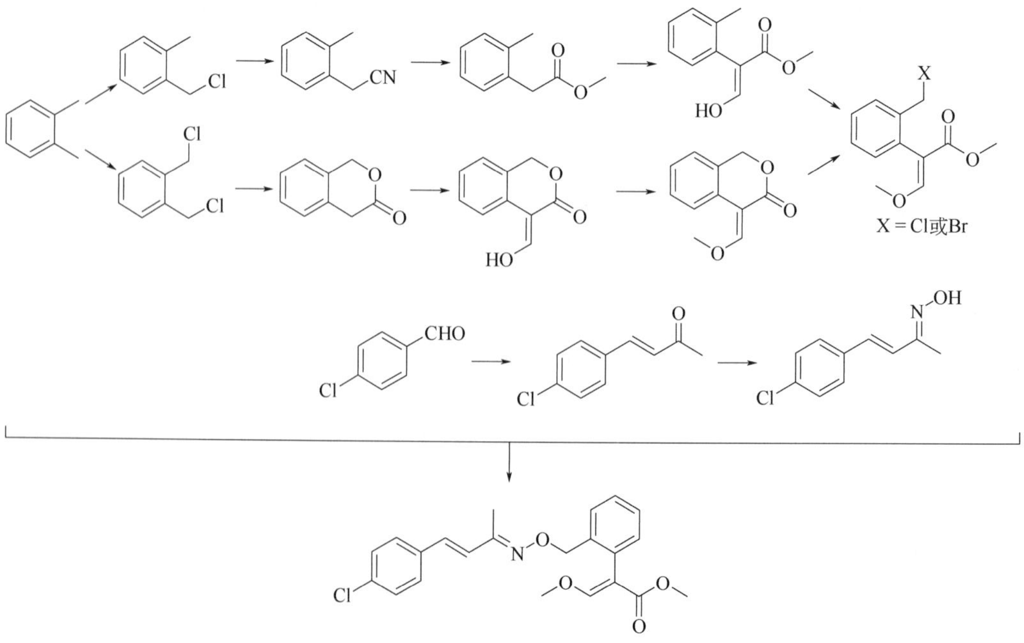

参考文献

[1] 司乃国, 刘君丽, 陈亮. 新农业, 2010, 7: 44-45.
[2] 孙克, 吴鸿飞, 张弘, 等. 现代农药, 2013, 1: 17-19.

烯肟菌胺（fenaminstrobin）

$C_{21}H_{21}Cl_2N_3O_3$，434.3，366815-39-6

烯肟菌胺（试验代号：SYP-1620）是沈阳化工研究院研制的甲氧基丙烯酸酯类杀菌剂。

化学名称　(E, E, E)-N-甲基-2-[((((1-甲基-3-(2,6-二氯苯基)-2-丙烯基)亚氨基)氧基)甲基)苯基]-2-甲氧基亚氨基乙酰胺。IUPAC 名称：$(2E)$-2-(2-{(E)-[$(2E)$-3-(2,6-dichlorophenyl)-1-methylprop-2-enylidene]aminooxymethyl}phenyl)-2-(methoxyimino)-N-methylacetamide。美国化学文摘（CA）系统名称：(αE)-2-[[[(E)-[$(2E)$-3-(2,6-dichlorophenyl)-1-methyl-2-propen-1-ylidene]amino]oxy]methyl]-α-(methoxyimino)-N-methylbenzeneacetamide。CA 主题索引名称：benzeneacetamide—, 2-[[[(E)-[$(2E)$-3-(2,6-dichlorophenyl)-1-methyl-2-propen-1-ylidene]amino]oxy]methyl]-α-(methoxyimino)-N-methyl-(αE)-。

理化性质　纯品为白色固体粉末或结晶，熔点 131～132℃。易溶于乙腈、丙酮、乙酸乙酯及二氯乙烷，在 DMF 和甲苯中有一定溶解度，在甲醇中溶解度约为 2%，不溶于石油醚、正己烷等非极性有机溶剂及水，在强酸、强碱条件下不稳定。

毒性　原药急性经口 LD_{50}>4640 mg/kg（雌、雄），急性经皮 LD_{50}>2150 mg/kg（雌、雄），对兔眼有中度刺激，无皮肤刺激性。细菌回复突变试验(Ames)、小鼠嗜多染红细胞微核试验、小鼠睾丸精母细胞染色体畸变试验均为阴性。大鼠 13 周饲喂给药最大无作用剂量[mg/(kg·d)]：雄性 106.01±9.31，雌性 112.99±9.12。

作用机理与特点　烯肟菌胺作用于真菌的线粒体呼吸，药剂通过与线粒体电子传递链中复合物Ⅲ（Cyt bc_1 复合物）的结合，阻断电子由 Cyt bc_1 复合物流向 Cyt c，破坏真菌的 ATP 合成，从而起到抑制或杀死真菌的作用。

应用

（1）作用特点　大量的生物学活性研究表明：烯肟菌胺杀菌谱广、活性高，具有预防及治疗作用，与环境生物有良好的相容性，对由鞭毛菌、接合菌、子囊菌、担子菌及半知菌引起的多种植物病害有良好的防治效果，对白粉病、锈病防治效果卓越。

（2）防治对象　可用于防治小麦锈病、小麦白粉病、水稻纹枯病、稻曲病、黄瓜白粉病、黄瓜霜霉病、葡萄霜霉病、苹果斑点落叶病、苹果白粉病、香蕉叶斑病、番茄早疫病、梨黑星病、草莓白粉病、向日葵锈病等多种植物病害。同时，对作物生长性状和品质有明显的改善作用，并能提高产量。

专利与登记

专利名称　Unsaturated oximino ether fungicide

专利号　CN 1309897　　　专利申请日　2000-02-24

专利拥有者　沈阳化工研究院

该杀菌剂同时在国外申请了专利 US 6303818、WO 2002012172、AU 2001081200，但专利拥有者为罗姆哈斯公司（后并入陶氏益农，现美国科迪华公司）。国内登记情况：5%乳油、98%原药、20%悬浮剂，登记作物黄瓜、小麦、水稻等，防治对象白粉病、锈病、纹枯病、稻瘟病、稻曲病等。

合成方法　以2,6-二氯苯甲醛为原料经如下反应合成烯肟菌胺：

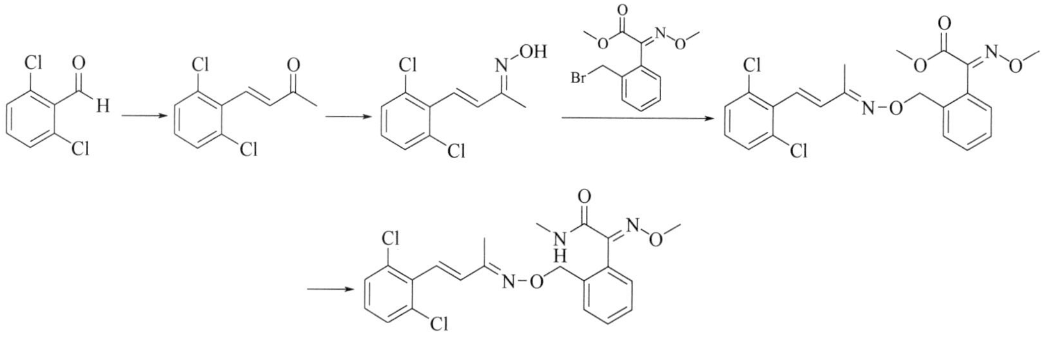

参考文献

[1] 司乃国，刘君丽，郎兆光，等. 新型杀菌剂烯肟菌胺及应用技术. 新农业，2010(1): 47-48.

苯醚菌酯（ZJ 0712）

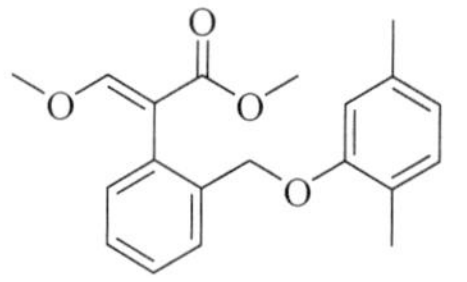

$C_{20}H_{22}O_4$，326.4，852369-40-5

苯醚菌酯由浙江省化工研究院研究开发、拥有自主知识产权的甲氧基丙烯酸酯杀菌剂。

化学名称　(E)-2-[2-(2,5-二甲基苯氧基甲基)-苯基]-3-甲氧基丙烯酸甲酯。英文化学名称为(E)-methyl 2-(2-((2,5-dimethylphenoxy)methyl)phenyl)-3-methoxyacrylate。

理化性质　原药纯度≥98%，外观为白色或类白色粉末状固体，熔点108～110℃；蒸气压（25℃）$1.5×10^{-6}$ Pa；溶解度（g/L，20℃）：水 $3.60×10^{-3}$，甲醇 15.56，乙醇 11.04，二甲苯 24.57，丙酮 143.61；分配系数（正辛醇/水）：$3.382×10^4$（25℃）；在酸性介质中易分解，对光稳定。

毒性　原药和10%悬浮剂大鼠急性经口 LD_{50} 均＞5000 mg/kg，急性经皮 LD_{50} 均＞2000 mg/kg，对家兔皮肤无刺激性，眼睛有轻度刺激性；对豚鼠皮肤致敏性试验结果表明属弱致敏物。原药大鼠90 d亚慢性喂养毒性试验最大无作用剂最为 10 mg/(kg·d)；3项致突变试验：Ames试验、小鼠骨髓细胞微核试验、小鼠睾丸细胞染色体畸变试验均为阴性，未见致突变作用。苯醚菌酯原药和10%悬浮剂均为低毒杀菌剂。

生态效应　苯醚菌酯10%悬浮剂对斑马鱼 $LC_{50}(96 h)$ 0.026 mg/L；鹌鹑急性经口 LD_{50}＞2000 mg/kg；蜜蜂接触毒性 $LD_{50}(24 h)$＞100 μg/只；家蚕 LC_{50}（食下毒叶法，48 h）573.9 mg/L。

对鱼高毒，蜜蜂、鸟、家蚕均为低毒。使用时注意远离水产养殖区，禁止在河塘等水域清洗施药器械和倾倒剩余药液，以免污染水源。

制剂　10%悬浮剂。

作用机理与特点　作用于真菌的线粒体呼吸，药剂通过与线粒体电子传递链中复合物Ⅲ（Cyt bc$_1$复合物）的结合，阻断电子由 Cyt bc$_1$复合物流向 Cyt c，破坏真菌的 ATP 合成，从而起到抑制或杀死真菌的作用。兼具保护和治疗作用。

应用　苯醚菌酯为甲氧基丙烯酸甲酯类广谱、内吸杀菌剂，杀菌活性较高，兼具保护和治疗作用，可用于防治白粉病、霜霉病、炭疽病等病害。经室内（盆栽）活性试验和田间药效试验，结果表明对黄瓜白粉病有较好的防效。用药浓度为 10～20 mg/kg（10%悬浮剂制剂稀释 5000～10000 倍液），于白粉病发病初期开始喷雾，一般施药 2～3 次，间隔 7 d 左右。喷药次数和间隔天数视病情而定。推荐剂量范围对黄瓜安全，未见药害产生。

经各地的试验结果表明：10%苯醚菌酯悬浮剂对黄瓜白粉病和葡萄霜霉病具有优异的防效，而且也能有效地控制苹果白粉病、黄瓜霜霉病、瓜果炭疽病和荔枝霜霉病等多种植物病害的发生和危害，并且能明显促进作物的生长，提高产量和品质。

苯醚菌酯是一个预防兼治的新型杀菌剂，它最强的优势就是对白粉病、霜霉病、炭疽病具有极好的保护作用。为充分发挥 10%苯醚菌酯悬浮剂对各种病害的防治效果，在使用时应掌握两点：一是必须掌握在病害发生初期用药，这样就能充分利用该药剂优异的保护作用，并可大大降低药剂的使用剂量，减缓药剂抗性的产生；二是根据作物生长的关键时期喷药，这样就可同时预防多种病害的发生和危害。10%苯醚菌酯悬浮剂属速效性和持效性较好的新型杀菌剂，在施药 24 h 后就能表现出明显的治疗作用。在生产应用中，10%苯醚菌酯悬浮剂对防治黄瓜白粉病的推荐用量为 10～20 g(a.i.)/hm^2，防治葡萄霜霉病的推荐用量为 50～100 g(a.i.)/hm^2，对荔枝霜霉病和瓜果类炭疽病的推荐用量为 75～150 g(a.i.)/hm^2，防治病害的间隔期为 10 d 左右，施药 2～3 次，以喷雾至叶面湿润而不滴水为宜，对白粉病、霜霉病和炭疽病等均可达到理想的防治效果。

专利与登记

专利名称　甲氧基丙烯酸甲酯类化合物杀菌剂

专利号　CN 1456054　　　　专利申请日　2003-03-25

专利拥有者　浙江省化工研究院

在其他国家申请的专利　CN 1201657、WO 2004084632、ZA 200508026、TR 200503847、BRPI 0409037、AU 2004224838 等。

合成方法　苯醚菌酯合成方法如下：

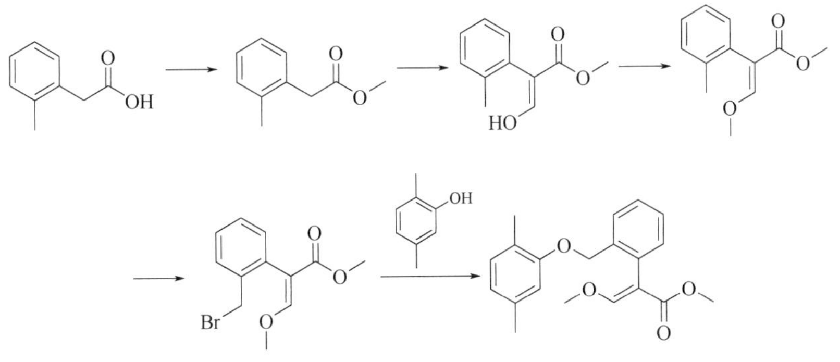

参考文献

[1] 许天明. 世界农药, 2006, 6: 51-52.

[2] 陈定花, 朱卫刚, 胡伟群, 等. 农药, 2006, 45(1): 18-21.

苯噻菌酯（benzothiostrobin）

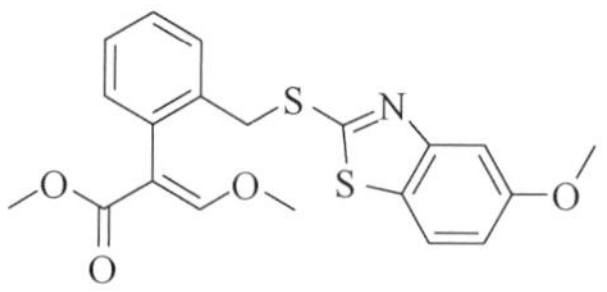

$C_{20}H_{19}NO_4S_2$，401.1，1070975-53-9

苯噻菌酯（试验代号：Y5247）是华中师范大学 2008 年自主开发创制的 strobilurin 类杀菌剂。

化学名称 (E)-2-(2-(5-甲氧基苯并噻唑-2-硫甲基)苯基)-3-甲氧基丙烯酸甲酯。英文化学名称为 methyl (E)-2-(2-(5-methoxybenzothiazolyl-2-thiomethyl)phenyl)-3-methoxyacrylate。

理化性质 纯品为白色粉末状固体，熔点 85～87℃，代谢半衰期 $t_{0.5}$=7.6 min，溶于二氯甲烷、乙腈等溶剂。

毒性 大鼠急性经口 LD_{50}>5000 mg/kg，大鼠急性经皮 LD_{50}> 5000 mg/kg。对家兔眼睛轻度刺激，对家兔皮肤无刺激，对豚鼠皮肤属 I 级弱致敏物。Ames 为阴性，对大鼠、家兔无致畸、致癌性。

生态效应 斑马鱼急性 LD_{50}(96 h) 0.043 mg(a.i.)/L，鹌鹑急性经口 LD_{50}>1100 mg/kg，蜜蜂急性接触 LD_{50}(48 h) >100 μg(a.i.)/只，家蚕饲喂 LC_{50}(96 h) >300 mg/kg 桑叶。环境试验测试表明苯噻菌酯对环境安全。

作用机理与特点 苯噻菌酯与嘧菌酯等甲氧基丙烯酸酯类杀菌剂作用机理相同，为线粒体呼吸链细胞色素 bc_1 复合物抑制剂，对有益生物及作物有良好的安全性，低毒且对环境友好。

应用 室内生物活性研究及多地田间药效试验表明，苯噻菌酯可广泛用于防治蔬菜和瓜果类白粉病、霜霉病、灰霉病、褐斑病、黑星病，玉米小斑病，水稻稻曲病，柑橘地腐病，油菜菌核病等，特别是对黄瓜白粉病和黄瓜霜霉病表现出了优异的防效，其防效优于或与进口杀菌剂嘧菌酯相当，但原药成本、亩用药成本均低于嘧菌酯。苯噻菌酯对小麦白粉病具有治疗作用，EC_{50} 值分别为 0.991 μg/mL 和 1.823 μg/mL。其在小麦叶片上内吸输导性差，但具有一定的渗透性、良好的黏着性、耐雨水冲刷和较长的持效期。用有效成分为 25 μg/mL 的苯噻菌酯药液喷雾处理的麦苗，14 d 后接种小麦白粉病菌，其防效仍达 72.48%。

专利与登记

专利名称 一种甲氧基丙烯酸酯类杀菌剂、制备方法及用途

专利号 CN 101268780 专利申请日 2008-05-08

专利拥有者 华中师范大学

合成方法 经如下反应制得苯噻菌酯：

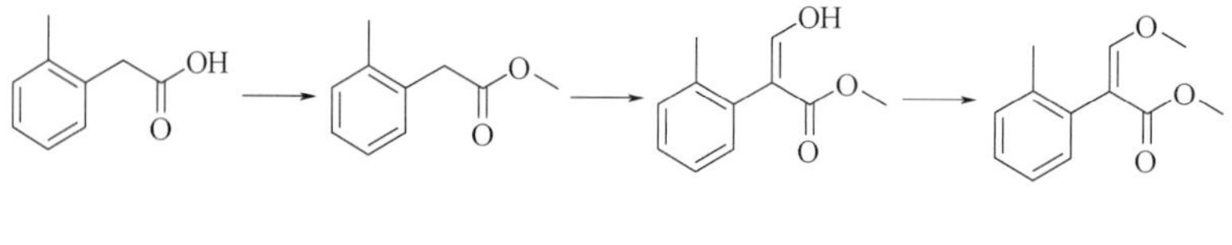

参考文献

[1] 黄伟，王福，陈琼. 第六届全国农药创新技术成果交流会. 2012, 32-34.

吡唑醚菌酯（pyraclostrobin）

$C_{19}H_{18}ClN_3O_4$，387.8，175013-18-0

吡唑醚菌酯（试验代号：BAS 500 F，商品名称：F 500、Vivarus，其他名称：Abacus、Cabrio、Comet、Envoy、Insignia、Regnum、Signum、Stamina、唑菌胺酯）是巴斯夫公司继醚菌酯（BAS 490F）之后于 1993 年发现的另一种新型广谱 strobilurin 类杀菌剂。

化学名称　N-{2-[1-(4-氯苯基)-1H-吡唑-3-基氧甲基]苯基}(N-甲氧基)氨基甲酸甲酯。IUPAC 名称：methyl N-{2-[1-(4-chlorophenyl) pyrazol-3-yloxymethyl]phenyl}(N-methoxy) carbamate。美国化学文摘（CA）系统名称：methyl N-[2-[[[1-(4-chlorophenyl)-1H-pyrazol-3-yl]oxy] methyl]phenyl]-N-methoxycarbamate。CA 主题索引名称：carbamic acid —, N-[2-[[[1-(4-chloro-phenyl)-1H-pyrazol-3-yl]oxy]methyl]phenyl]-N-methoxy-methyl ester。

理化性质　纯品为白色或灰白色晶体，熔点为 63.7～65.2℃（200℃分解）。蒸气压为 $2.6×10^{-5}$ mPa（20℃）。分配系数 lgK_{ow}=3.99（20℃）。Henry 常数为 $5.3×10^{-6}$ Pa·m³/mol（计算）。相对密度 1.367（20～25℃）。溶解度：水中 1.9 mg/L（20～25℃），在有机溶剂中溶解度（g/L，20～25℃）：正庚烷 3.7，异丙醇 30.0，辛醇 24.2，橄榄油 28.0，甲醇 100.8，丙酮、乙酸乙酯、乙腈、二氯甲烷和甲苯均大于 500。稳定性：稳定存在 30 d 以上（pH 5～7，25℃）。水中光解 DT_{50} 为 1.7 d。

毒性　大鼠急性经口 LD_{50} >5000 mg/kg。大鼠急性经皮 LD_{50} >2000 mg/kg，大鼠吸入 LC_{50}(4 h)0.69 mg/L。对兔眼睛无刺激性，对兔皮肤有刺激作用。NOEL［mg/(kg·d)］：大鼠（2 年）3（75 mg/L），兔子（28 d，胎儿发育期）3，小鼠（90 d）4（30 mg/L）。ADI 值 0.03 mg/kg。无潜在诱变性，对兔、大鼠无潜在致畸性，对兔、小鼠无潜在致癌性，对大鼠繁殖无不良影响。

生态效应　山齿鹑急性经口 LD_{50}>2000 mg/kg。虹鳟鱼 LC_{50}(96 h) 0.006 mg/L。水蚤 EC_{50}(48 h) 0.016 mg/L。月牙藻 E_rC_{50}(72 h)>0.843 mg/L，月牙藻 E_bC_{50}(72 h)0.152 mg/L。蜜蜂急性经口 LD_{50}>73.1 μg/只，接触 LD_{50}>100 μg/只；蚯蚓 LC_{50} 566 mg/kg 土壤。其他有益品种：对盲走螨属和蚜茧蜂属两类最敏感的种群属低毒类。

环境行为　①动物。吡唑醚菌酯在大鼠体内迅速被吸收，5 d 之内完全被分解，主要通过粪便方式排泄，羟基化、酯键的断裂以及代谢产物的进一步氧化葡萄糖醛酸或硫酸的共轭化作用会产生将近 50 种代谢产物。②土壤/环境。20℃实验室有氧条件下 DT_{50} 12～101 d（5 种土壤）；大田土壤中（6 块土地）半衰期 8～55 d。土壤中流动性 K_{oc} 6000～16000 mL/g。

制剂 20%粒剂、200g/L 浓乳剂、20%水分散粒剂。

主要生产商 BASF。

作用机理与特点 吡唑醚菌酯同其他的合成 strobilurin 类似物的作用机理一样，也是一种线粒体呼吸抑制剂。它通过阻止细胞色素 b 和 c_1 间电子传递而抑制线粒体呼吸作用，使线粒体不能产生和提供细胞正常代谢所需要的能量（ATP），最终导致细胞死亡。吡唑醚菌酯具有较强的抑制病菌孢子萌发能力，对叶片内菌丝生长有很好的抑制作用，其持效期较长，并且具有潜在的治疗活性。该化合物在叶片内向叶尖或叶基传导及熏蒸作用较弱，但在植物体内的传导活性较强。总之，吡唑醚菌酯具有保护作用、治疗作用、内吸传导性和耐雨水冲刷性能，且应用范围较广。虽然吡唑醚菌酯对所测试的病原菌抗药性株系均有抑制作用，但它的使用还应以推荐剂量并同其他无交互抗性的杀菌剂在桶中现混现用或者直接应用其混剂，并严格限制每个生长季节的用药次数，以延缓抗性的发生和发展。

应用

（1）适宜作物 小麦、水稻、花生、葡萄、蔬菜、香蕉、柠檬、咖啡、果树、核桃、茶树、烟草和观赏植物、草坪及其他大田作物。

（2）作物安全性 该化合物不仅毒性低，对非靶标生物安全，而且对使用者和环境均安全友好。在推荐使用剂量下，绝大部分试验结果表明对作物无药害，但对极个别美洲葡萄和梅品种在某一生长期有药害。

（3）防治对象 由子囊菌亚门、担子菌亚门、半知菌亚门和卵菌纲真菌引起的作物病害。

（4）使用方法 主要用于茎叶喷雾，推荐使用剂量为：作物 50～250g(a.i.)/hm²，草坪 280～560g(a.i.)/hm²。

防治谷类作物病害，由于具有广谱的杀菌活性，吡唑醚菌酯对谷类的叶部和穗粒的病害有突出的防治效果，并且增产效果显著。用其单剂作治疗试验，能有效防治小麦叶枯病，同时也能观测到对小麦颖枯病的兼治作用。即使在发病较严重时，吡唑醚菌酯仍能有效地防治叶锈病、条锈病害对大麦和小麦的危害，同时能兼治大麦的叶枯病和网纹病。吡唑醚菌酯也可有效地防治其他谷类病害，如小麦斑枯病、雪腐病和白斑病及大麦云纹病。

吡唑醚菌酯对葡萄白粉病和霜霉病均有防治效果，即使在病情较严重时，对两种病害的防治效果同样显著。另外，吡唑醚菌酯对其他葡萄病害如黑腐害、褐枯病、枝枯病等亦显示出很好的防治前景。

吡唑醚菌酯对番茄和马铃薯的主要病害如早疫病、晚疫病、白粉病和叶枯病均有很好的防治效果。

吡唑醚菌酯对豆类主要病害，如菜豆叶斑病、锈病和炭疽病均有很好的防治效果。

吡唑醚菌酯能有效地控制花生褐斑病、黑斑病、蛇眼病、锈病和疮痂病。另外，对花生白绢病也有很好的防治效果。

吡唑醚菌酯对柑橘疮痂病、树脂病、黑腐病等有很好的防治效果，若同其他药剂交替使用，还能改善柑橘品质。

吡唑醚菌酯对草坪上的主要病害如立枯病、疫病、白绢病等都有极好的防治效果。

专利与登记 专利 DE 4423612 已过专利期，不存在专利权问题。

国内登记情况 250 g/L 乳油，登记作物黄瓜、白菜、西瓜、芒果树、香蕉、茶树及草坪等，防治对象白粉病、炭疽病、霜霉病、黑星病、叶斑病、轴腐病及褐斑病等。巴斯夫公司在中国登记情况见表 2-47。

表 2-47　巴斯夫公司在中国登记情况

登记名称	登记证号	含量	剂型	登记作物	防治对象及作用	用药量	施用方法
吡唑醚菌酯	PD20080463	95%	原药				
吡唑醚菌酯	PD20080464	250 g/L	乳油	茶树	炭疽病	125～250 mg/kg	喷雾
				香蕉	叶斑病	83.3～250 mg/kg	喷雾
				香蕉	黑星病	83.3～250 mg/kg	喷雾
				西瓜	炭疽病	56.25～112.5 g/hm^2	喷雾
				西瓜	调节生长	37.5～93.5 g/hm^2	喷雾
				香蕉	调节生长	125～250 mg/kg	喷雾
				玉米	大斑病	112.5～187.5 g/hm^2	喷雾
				玉米	植物健康作用	112.5～187.5 g/hm^2	喷雾
				香蕉	轴腐病	125～250 mg/kg	浸果
				香蕉	炭疽病	125～250 mg/kg	浸果
				黄瓜	白粉病	75～150 g/hm^2	喷雾
				黄瓜	霜霉病	75～150 g/hm^2	喷雾
				白菜	炭疽病	112.5～187.5 g/hm^2	喷雾
				草坪	褐斑病	125～250 mg/kg	喷雾
				芒果树	炭疽病	125～250 mg/kg	喷雾
吡唑醚·代森联	PD20080506	吡唑醚菌酯5%、代森联55%	水分散粒剂	甜瓜	霜霉病	900～1080 g/hm^2	喷雾
				葡萄	白腐病	300～600 mg/kg	
				西瓜	蔓枯病	540～900 g/hm^2	
				桃树	褐斑穿孔病	300～600 mg/kg	
				棉花	立枯病	540～1080 g/hm^2	
				大白菜	炭疽病	360～540 mg/kg	
				花生	叶斑病	540～900 g/hm^2	
				大蒜	叶枯病	540～900 g/hm^2	
				黄瓜	炭疽病	540～900 g/hm^2	
				番茄	早疫病	360～540 g/hm^2	
				马铃薯	早疫病	360～540 g/hm^2	
				西瓜	疫病	540～900 g/hm^2	
				番茄	晚疫病	360～540 g/hm^2	
				马铃薯	晚疫病	360～540 g/hm^2	
				黄瓜	疫病	540～900 g/hm^2	
				辣椒	疫病	360～900 g/hm^2	
				葡萄	霜霉病	300～600 mg/kg	
				荔枝	霜疫霉病	300～600 mg/kg	
				苹果树	炭疽病	300～600 mg/kg	
				柑橘树	疮痂病	300～600 mg/kg	
				苹果树	斑点落叶病	300～600 mg/kg	
				苹果树	轮纹病	300～600 mg/kg	
				黄瓜	霜霉病	360～540 g/hm^2	

登记名称	登记证号	含量	剂型	登记作物	防治对象及作用	用药量	施用方法
烯酰·吡唑酯	PD20093402	吡唑醚菌酯6.7%、烯酰吗啉12%	水分散粒剂	黄瓜	霜霉病	210～350 g/hm²	喷雾
				甜瓜	霜霉病	210～350 g/hm²	
				马铃薯	晚疫病	210～350 g/hm²	
				马铃薯	早疫病	210～350 g/hm²	
				辣椒	疫病	280～350 g/hm²	
唑醚·氟酰胺	PD20160350	吡唑醚菌酯21.2%、氟唑菌酰胺21.2%	悬浮剂	草莓	白粉病	10～20 mL/亩	喷雾
				草莓	灰霉病	20～30 mL/亩	喷雾
				番茄	灰霉病	20～30 mL/亩	喷雾
				番茄	叶霉病	20～30 mL/亩	喷雾
				黄瓜	白粉病	10～20 mL/亩	喷雾
				黄瓜	灰霉病	20～30 mL/亩	喷雾
				辣椒	炭疽病	20～26 mL/亩	喷雾
				马铃薯	黑痣病	30～40 mL/亩	沟施喷洒种薯
				马铃薯	早疫病	10～20 mL/亩	喷雾
				芒果	炭疽病	2500～3500 倍液	喷雾
				葡萄	白粉病	2500～5000 倍液	喷雾
				葡萄	灰霉病	2500～4000 倍液	喷雾
				西瓜	白粉病	10～20 mL/亩	喷雾
				香蕉	黑星病	2000～3000 倍液	喷雾
吡唑醚菌酯	PD20171588	18%	悬浮种衣剂	棉花	立枯病	27～33 mL/100 kg种子	种子包衣
				棉花	猝倒病	27～33 mL/100 kg种子	
				玉米	茎基腐病	27～33 mL/100 kg种子	
唑醚·甲菌灵	PD20172232	甲基硫菌灵36.9%、吡唑醚菌酯4.1%	悬浮种衣剂	花生	根腐病	100～300 mL/100 kg种子	种子包衣
				棉花	立枯病	100～150 mL/100 kg种子	
唑醚·啶酰菌	PD20172386	啶酰菌胺25.2%、吡唑醚菌酯12.8%	水分散粒剂	草莓	灰霉病	40～60 g/亩	喷雾
				葡萄	白腐病	1500～2500 倍液	喷雾
				葡萄	灰霉病	1000～2000 倍液	喷雾
				香蕉	叶斑病	750～1500 倍液	喷雾
吡唑醚菌酯	PD20172564	9%	微囊悬浮剂	水稻	稻瘟病	56～73 mL/亩	喷雾
唑醚·氟环唑	PD20172652	氟环唑4.7%、吡唑醚菌酯12.3%	悬乳剂	大豆	叶斑病	40～60 mL/亩	喷雾
				花生	褐斑病	40～60 mL/亩	喷雾
				小麦	白粉病	40～60 mL/亩	喷雾
				玉米	大斑病	40～60 mL/亩	喷雾
唑醚·灭菌唑	PD20181700	灭菌唑7.3%、吡唑醚菌酯3.7%	种子处理悬浮剂	小麦	散黑穗病	65～75 mL/100 kg种子	拌种

续表

登记名称	登记证号	含量	剂型	登记作物	防治对象及作用	用药量	施用方法
二氰·吡唑酯	PD20181722	二氰蒽醌12%、吡唑醚菌酯4%	水分散粒剂	苹果树	炭疽病	375~750 倍液	喷雾
				山药	炭疽病	133~167 g/亩	喷雾
				枣树	炭疽病	375~750 倍液	喷雾
唑醚·氟酰胺	PD20182675	氟唑菌酰胺14%、吡唑醚菌酯29%	悬浮剂	玉米	大斑病	16~24 mL/亩	喷雾

合成方法 吡唑醚菌酯的合成方法主要有以下两种，具体反应如下：

方法 1：

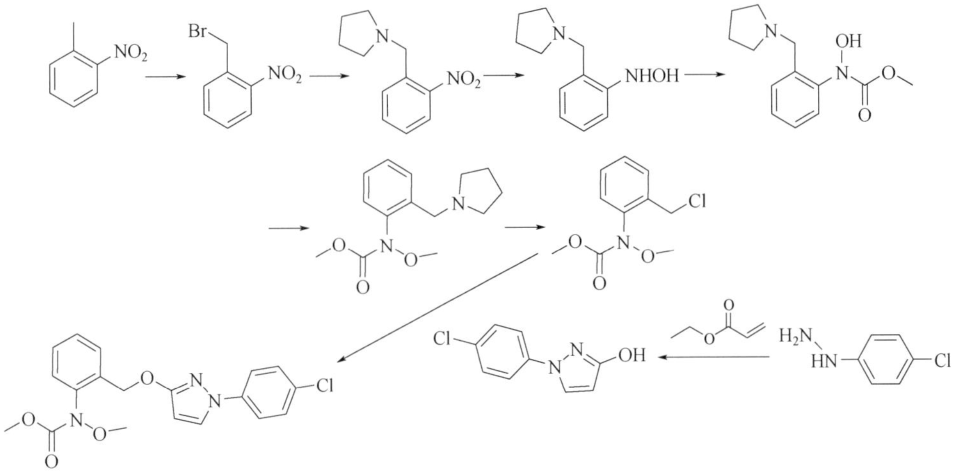

方法 2：

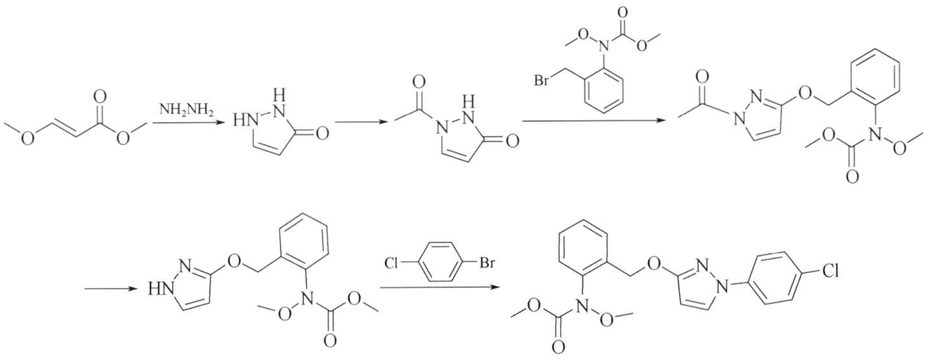

参考文献

[1] 侯春青, 李志念, 刘长令. 农药, 2002, 6: 41.

[2] 张奕冰. 世界农药, 2007, 3: 47-48.

[3] The BCPC Conference—Pests&Diseases. 2000, 5A-2: 541.

丁香菌酯（coumoxystrobin）

C$_{26}$H$_{28}$O$_6$，436.5，850881-70-8

丁香菌酯（试验代号：SYP-3375）是由沈阳化工研究院有限公司创制与开发的杀菌剂。

化学名称　(2E)-2-{2-[(3-丁基-4-甲基-2-氧-2H-苯并吡喃-7-基)氧甲基]苯基}-3-甲氧基丙烯酸甲酯。IUPAC 名称：methyl (2E)-2-{2-[(3-butyl-4-methyl-2-oxo-2H-chromen-7-yl)oxymethyl]phenyl}-3-methoxyacrylate。美国化学文摘（CA）系统名称：methyl (αE)-2-[[(3-butyl-4-methyl-2-oxo-2H-1-benzopyran-7-yl)oxy]methyl]-α-(methoxymethylene)benzeneacetate。CA 主题索引名称：benzeneacetic acid —, 2-[[(3-butyl-4-methyl-2-oxo-2H-1-benzopyran-7-yl)oxy]methyl]-α-(methoxymethylene)-methyl ester, (αE)-。

理化性质　96%原药外观为乳白色或淡黄色固体；熔点：109～111℃；pH 6.5～8.5；溶解性：易溶于二甲基甲酰胺、丙酮、乙酸乙酯、甲醇，微溶于石油醚，几乎不溶于水；稳定性：常温条件下不易分解。

毒性　原药大鼠急性经口 LD$_{50}$（mg/kg）：雄性 1260，雌性 926。急性经皮 LD$_{50}$>2150 mg/kg（雌、雄），对兔皮肤单次刺激强度为中度刺激性，对眼睛刺激分级为中度刺激性。对豚鼠皮肤无致敏作用，属弱致敏物。亚慢性毒性试验临床观察未见异常表现，血常规检查、血液生化、大体解剖和病理组织学检查未见异常表现，根据试验结果原药最大无作用剂量组雌雄均为 500 mg/kg 饲料，平均化学品摄入为雄(45.1±3.6) mg/(kg·d)、雌性(62.8±8.0) mg/(kg·d)。Ames 试验均为阴性，未见致突变作用。悬浮剂大鼠（雄、雌）急性经口 LD$_{50}$>2330 mg/kg。经皮（雄、雌）LD$_{50}$>2150 mg/kg；对兔皮肤单次刺激为轻度刺激性，对眼睛具刺激性。

生态效应　丁香菌酯悬浮剂对蜜蜂半数致死量 LD$_{50}$(48 h)>100.0 μg(a.i.)/蜂，为低毒级。家蚕 LC$_{50}$(96 h)>13.3 mg(a.i.)/kg 桑叶，为高毒级。对斑马鱼 LC$_{50}$(96 h)为 0.006 4 mg(a.i.)/L，为剧毒级，鹌鹑 LD$_{50}$>5000 mg/kg，为低毒级。

制剂　20%悬浮剂。

主要生产商　吉林八达农药有限公司。

作用机理与特点　通过抑制细胞色素 b 和 c 之间的电子传递而阻止 ATP 的合成，从而抑制其线粒体呼吸而发挥抑菌作用。

应用　对苹果树腐烂病、苹果轮纹病、苹果斑点病、水稻稻瘟病、水稻纹枯病、水稻恶苗病、小麦赤霉病、小麦纹枯病、玉米小斑病、油菜菌核病、黄瓜霜霉病、黄瓜白粉病、黄瓜枯萎病、黄瓜黑星病、番茄叶霉病、番茄炭疽病、葡萄霜霉病等多种具有很好的防治效果。同时还具有一定的杀虫活性、抗病毒活性和促进植物生长调节的作用。

专利与登记

专利名称　具有杀虫、杀菌活性的苯并吡喃酮类化合物及制备与应用

专利号　CN 1616448　　　　专利申请日　2003-11-11

专利拥有者　沈阳化工研究院有限公司

在其他国家申请的化合物专利　EP 1683792、JP 2007510674、US 20070037876、WO 2005044813。

工艺专利　CN 103030598、WO 2005044813 等。

国内有吉林八达农药有限公司登记 40%丁香·戊唑醇悬浮剂用于防治水稻纹枯病等。

合成方法　可经如下反应得到：

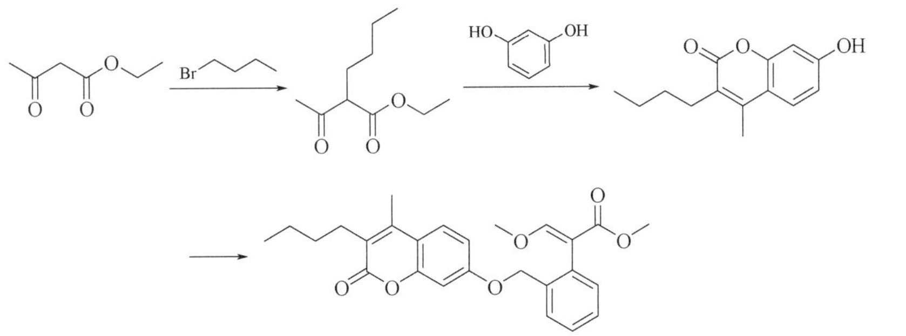

参考文献

[1]　司乃国. 新农业, 2010, 10: 46-47.

[2]　李淼, 刘长令, 张明星. 农药学学报, 2010, 12(4): 453-457.

[3]　关爱莹, 刘长令, 李志念. 农药, 2011, 2: 90-92.

氟菌螨酯（flufenoxystrobin）

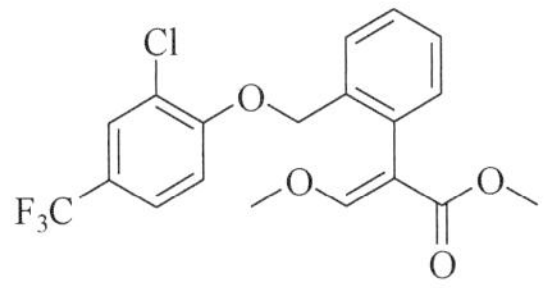

$C_{19}H_{16}ClF_3O_4$，400.8，918162-02-4

氟菌螨酯（试验代号：SYP-3759）是由沈阳化工研究院有限公司开发的兼具高杀菌活性和杀螨活性的化合物。

化学名称　(αE)-2-[[2-氯-4-三氟甲基苯氧基]甲基]-α-(甲氧基亚甲基)苯乙酸甲酯。IUPAC 名称：methyl (2E)-2-{2-[(2-chloro-α,α,α-trifluoro-p-tolyloxy)methyl]phenyl}-3-methoxyacrylate。美国化学文摘（CA）系统名称：methyl (αE)-2-[[2-chloro-4-(trifluoromethyl)phenoxy]methyl]-α-(methoxymethylene)benzeneacetate。CA 主题索引名称：benzeneacetic acid —, 2-[[2-chloro-4-(trifluoromethyl)phenoxy]methyl]-α-(methoxymethylene)-methyl ester, (αE)-。

毒性　大鼠急性经口 LD_{50}>5000 mg/kg，大鼠急性经皮 LD_{50}>5000 mg/kg。对兔皮肤无刺激，对兔眼睛无刺激，对大鼠无皮肤致敏性。Ames 试验、微核试验、染色体试验均为阴性。

作用机理与特点　该药为真菌线粒体的呼吸抑制剂，其作用机理是通过与细胞色素 bc_1 复合体的结合，抑制线粒体的电子传递而阻止细胞的合成，从而抑制其线粒体呼吸而发挥抑菌作用。氟菌螨酯杀菌谱广，杀菌活性高，兼具预防及治疗活性且持效期长，具有一定的内吸活性。另外还兼具较高的杀螨活性。

应用

（1）适用作物　黄瓜、小麦等。

（2）防治对象　具有高效广谱的杀菌活性，对担子菌、子囊菌、结合菌及半知菌引起的大多数植物病害具有很好的防治作用，如小麦白粉病、小麦叶锈病、黄瓜白粉病、黄瓜黑星病、黄瓜炭疽病、玉米小斑病及水稻纹枯病等。另外对朱砂叶螨具有较高的活性，另外对苹果红蜘蛛和柑橘红蜘蛛具有很好的防效。

（3）使用方法　45 g(a.i.)/hm² 对小麦白粉病具有很好的防治效果；100～200 mg/L 对柑橘红蜘蛛和苹果红蜘蛛具有很好的控制作用。

专利与登记

专利名称　取代的对三氟甲基苯醚类化合物及其制备与应用

专利号　CN 1887847　　　　专利申请日　2005-06-28

专利拥有者　沈阳化工研究院

在其他国家申请的化合物专利　EP 1897866、JP 2008546815、BR 2006012552、KR 2007112880、US 20080188468、WO 2007000098。

合成方法　合成如下：

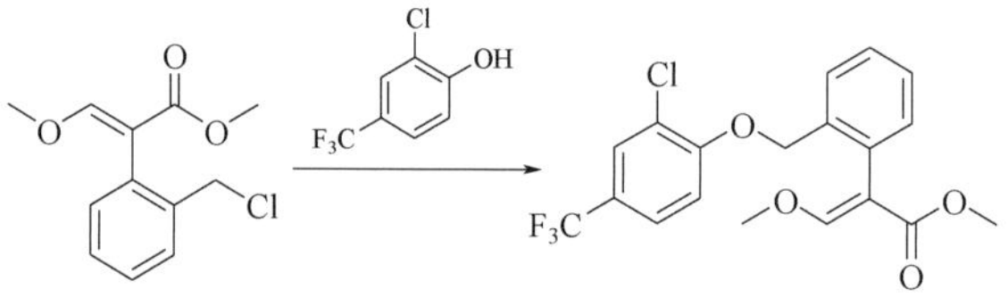

参考文献

[1] 兰杰, 单忠刚, 李志念, 等. 中国化工学会农药专业委员会第十四届年会论文, 417-420.

氯啶菌酯（triclopyricarb）

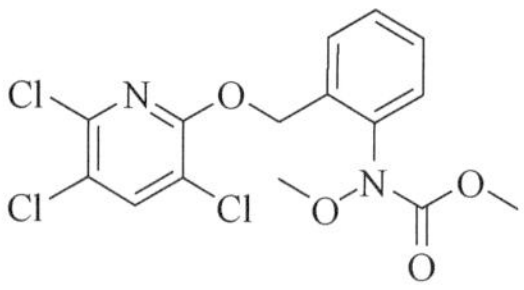

$C_{15}H_{13}Cl_3N_2O_4$，391.6，902760-40-1

氯啶菌酯（试验代号：SYP-7017）是由沈阳化工研究院有限公司开发的杀菌剂。

化学名称　*N*-甲氧基-*N*-[2-[(3,5,6-三氯-2-吡啶氧基)甲基]苯基]甲酸甲酯。IUPAC 名称：methyl *N*-methoxy-2-(3,5,6-trichloro-2-pyridyloxymethyl)carbanilate。美国化学文摘（CA）系统名称：methyl *N*-methoxy-*N*-[2-[[(3,5,6-trichloro-2-pyridinyl)oxy]methyl]phenyl]carbamate。CA 主题索引名称：carbamic acid —, *N*-methoxy-*N*-[2-[[(3,5,6-trichloro-2-pyridinyl)oxy] methyl]phenyl]-methyl ester。

理化性质　原药(>95%)为灰白色无味粉末，熔点 94～96℃，相对密度 1.352，酸度<0.04%（以硫酸计）。溶解度：甲醇 14 g/L，甲苯 323 g/L，丙酮 219 g/L，四氢呋喃 542 g/L，水 0.084 mg/L。分配系数 lgK_{ow}=3.99（25℃），蒸气压 0.059×10⁻³ Pa（25℃）。在酸性条件中不稳定，在碱性（pH 9）并于高温（50℃）条件下易分解。其极限撞击能（J）>10，为不爆炸性物；燃点 268.4℃，不易燃。具有氧化性，但无腐蚀性。

毒性　大鼠急性经口 LD$_{50}$（雌、雄）为 5840 mg/kg，大鼠急性经皮 LD$_{50}$（雌、雄）>2150 mg/kg，大鼠急性吸入 LC$_{50}$（雌、雄）>5000 mg/kg。对家兔眼睛和皮肤有轻度刺激性，同时有弱致敏性。在 Ames 基因突变、染色体突变、微核试验及畸形试验中该剂均为阴性。

对大鼠 13 周饲喂 NOEL：雌性(51.6±2.9) mg/(kg·d)，雄性(61.1±4.7) mg/(kg·d)。

生态效应 对非靶标生物和环境相容性好，对作物安全。

环境行为 鹌鹑 $LD_{50}>2150$ mg/kg，鹌鹑饲喂 $LC_{50}>2000$ mg/kg，斑马鱼 $LC_{50}(96\,h)$ 2.21 mg/L，大型水蚤 $LC_{50}(48\,h)$ 0.0837 mg(a.i.)/L，绿藻 $EC_{50}(72\,h)$ 0.54 mg(a.i.)/L，蜜蜂急性经口 $LC_{50}(48\,h)$ 2680.6 mg/L，蜜蜂急性接触 $LD_{50}(48\,h)>100$ μg/只。对家蚕 $LC_{50}(96\,h)$ 1001.7 mg/L。

制剂 15%乳油，15%水乳剂。

主要生产商 江苏宝灵化工股份有限公司。

作用机理与特点 线粒体呼吸抑制剂，通过抑制细胞色素 b 和 c 之间电子转移中线粒体的呼吸而致效。

应用 高效广谱低毒杀菌剂,具有预防及治疗作用，对由子囊菌、担子菌及半知菌引起的小麦白粉病、稻瘟病、稻曲病、瓜类白粉病、番茄白粉病、苹果锈病、西瓜炭疽病、花卉白粉病等多种病害表现出优异的防治效果。

专利与登记

专利名称 *N*-(2-取代苯基)-*N*-甲氧基氨基甲酸酯类化合物及其制备与应用

专利号 CN 1814590 专利申请日 2005-02-06

专利拥有者 沈阳化工研究院

在其他国家申请的化合物专利 EP 1845086、US 7666884、WO 2006081759。

国内登记了 15%乳油、15%水乳剂、95%原药以及与戊唑醇的 15%悬浮剂，主要登记作物为水稻、油菜及小麦，用于防治水稻稻瘟病、稻曲病、油菜菌核病及小麦白粉病。

合成方法 经如下反应制得：

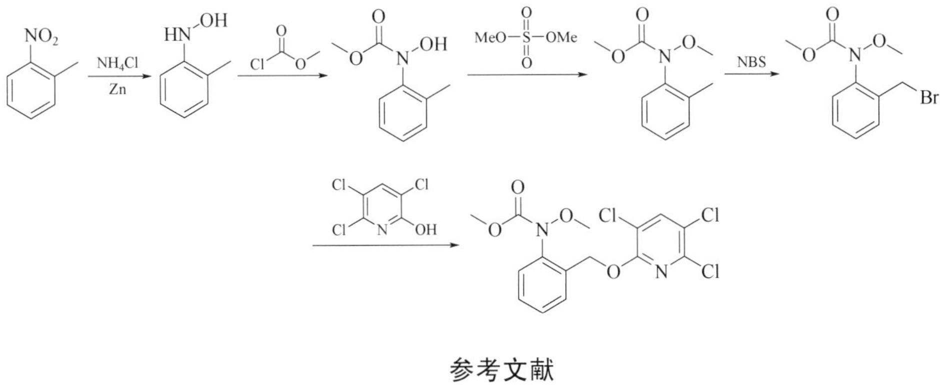

参考文献

[1] 虞卉, 黄坤敏. 新颖甲氧丙烯酸酯类杀菌剂——氯啶菌酯.世界农药, 2012, 34(2): 54-55.
[2] 李轲轲, 司乃国, 刘君丽.新杀菌剂氯啶菌酯及其应用技术.新农业, 2011(7): 48-49.

唑胺菌酯（pyrametostrobin）

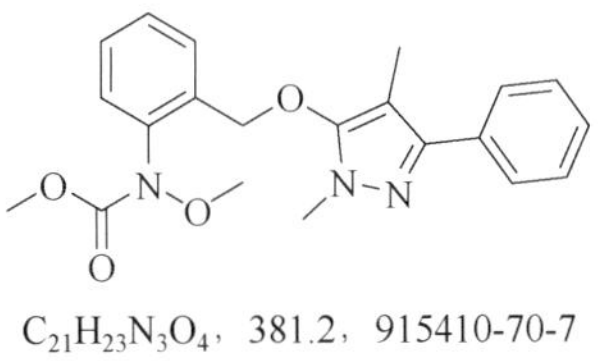

$C_{21}H_{23}N_3O_4$，381.2，915410-70-7

唑胺菌酯（试验代号：SYP-4155）是由沈阳化工研究院有限公司创制并开发的内吸性杀菌剂。

化学名称 *N*-[2-[(1,4-二甲基-3-苯基-1*H*-5-吡唑氧基)甲基]苯基]-*N*-甲氧基甲酸甲酯。IUPAC 名称：methyl {2-[(1,4-dimethyl-3-phenylpyrazol-5-yl)oxymethyl]phenyl}(methoxy) carbamate。美国化学文摘（CA）系统名称：methyl *N*-[2-[[(1,4-dimethyl-3-phenyl-1*H*-pyrazol-5-yl)oxy]methyl]phenyl]-*N*-methoxycarbamate。CA 主题索引名称：carbamic acid —, *N*-[2-[[(1,4-dimethyl-3-phenyl-1*H*-pyrazol-5-yl)oxy]methyl]phenyl] -*N*-methoxy-methyl ester。

理化性质 淡黄色具有刺激性气味疏松粉末固体。熔点 65.6～67.2℃。水中溶解度（20℃）4.05 mg/L。密度（20℃）1.1929 g/L。分配系数 4.07±0.16。稳定性：在热贮条件下能够稳定。自燃温度：在室温至 600℃范围内未发生自燃。氧化性：没有明显的氧化/还原性。

毒性 大鼠急性经口 LD_{50}（mg/kg）：>5010（雄），>4300（雌）；大鼠急性经皮 LD_{50}（mg/kg）：>2150（雄、雌）。对兔眼为轻度至中度刺激性。对兔皮肤无刺激性。Ames、微核、染色体试验结果均为阴性。致敏试验为弱致敏物。

生态效应 鸟类急性经口毒性 LD_{50}>5000 mg/kg。对斑马鱼急性毒性 LC_{50}(96 h) 0.44 mg/L。对虹鳟鱼的急性毒性 LC_{50}(96 h)10.5 μg/L。蜜蜂急性经口毒性 LC_{50}（mg/L）：(24 h)>10000，(48 h)>10000。蜜蜂急性接触毒性 LD_{50}（μg/只）：(24 h)>500，(48 h)>500。对微生物的毒性为"低毒级"。

环境行为 唑胺菌酯在空气中、在水中和在土壤表面（吉林黑土）的挥发性均属于"Ⅳ级（难挥发）"。唑胺菌酯的吸附系数 K_{oc} 为 1000，其 lgK_{ow} 为 3.0。在吉林黑土、江西红土和太湖水稻土中移动性等级均属于"Ⅴ（不移动）"。吉林黑土、江西红土和太湖水稻土中的积水厌气土壤降解半衰期分别为 18.2 d、17.8 d 和 16.7 h。

制剂 20%悬浮剂。

作用机理与特点 真菌线粒体的呼吸抑制剂，其作用机理是通过与细胞色素 bc_1 复合体的结合，抑制线粒体的电子传递，从而破坏病菌能量合成，起到杀菌作用。唑胺菌酯具有广谱性，对担子菌、子囊菌、结合菌及半知菌引起的大多数植物病害具有很好的防治作用。对小麦白粉病具有很好的保护和治疗活性，且具有很好的内吸传导活性。

应用

（1）适用作物 黄瓜、小麦、玉米、苹果、葡萄、苦瓜、辣椒、番茄、甜瓜、草莓、四季豆及豇豆等。

（2）防治对象 如霜霉病、白粉病、锈病和疫病等。与腈菌唑、戊唑醇和苯醚甲环唑之间无交互抗性。

（3）使用方法 在白粉病、锈病发生初期、田间出现零星病株时开始喷药。20%唑胺菌酯悬浮剂的使用剂量（有效成分）为 80～100 mg/L，即对水 2000～2500 倍液喷雾，间隔 6～8 d，喷施 2～3 次；在田间普遍发病或局部病情严重、病情指数偏高的情况下，建议采用 20%唑胺菌酯悬浮剂 150 mg/L 的浓度进行重点防治。白粉病、锈病是高抗性的危险病原菌，施药应避免漏喷和短时间内重复、低剂量喷药。混合制剂 25%百菌清·唑胺菌酯悬浮剂可用于防治作物霜霉病、疫病、炭疽病，一般在发病初期田间出现零星病株时开始喷药。使用浓度（有效成分）400～500 mg/L，即 25%百菌清·唑胺菌酯悬浮剂对水 500～625 倍液进行叶面喷雾，一般喷施 3～4 次；当病害普遍发生时，应采用 625～830 mg/L 的有效成分浓度进行防治，即 25%百菌清·唑胺菌酯悬浮剂对水 300～400 倍液进行喷雾。

专利与登记

专利名称 Preparation of arylethers as fungicides and pesticides

专利号 WO 2006125370　　　　　专利申请日 2006-11-30

专利拥有者 沈阳化工研究院

在其他国家申请的化合物专利 CN 1869034、CN 100427481、CN 101119972、EP 1884511、JP 2008545664、JP 4859919、BR 2006009346、AT 541834、US 20080275070、US 7786045、KR 2007112291、KR 956277 等。

该产品在国内登记了 20% 悬浮剂和 95% 原药，主要用于防治黄瓜白粉病。

合成方法 经如下反应制得：

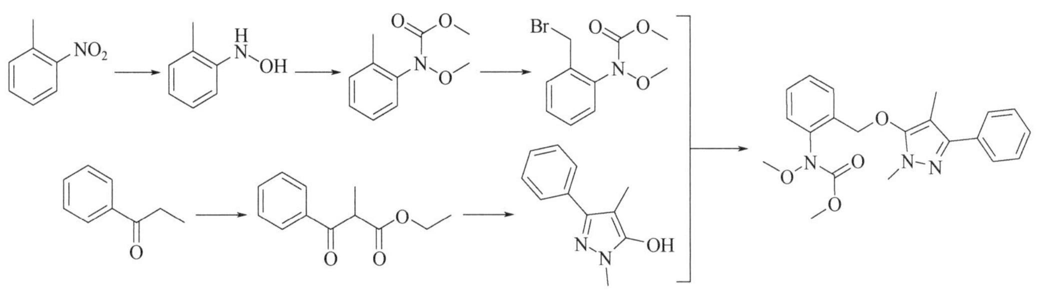

参考文献

[1] 曹秀凤, 刘君丽, 李志念, 等. 农药, 2010, 49(5): 323-343.

[2] 司乃国, 刘君丽, 李志念, 等. 新农业, 2011(4): 50-51.

唑菌酯（pyraoxystrobin）

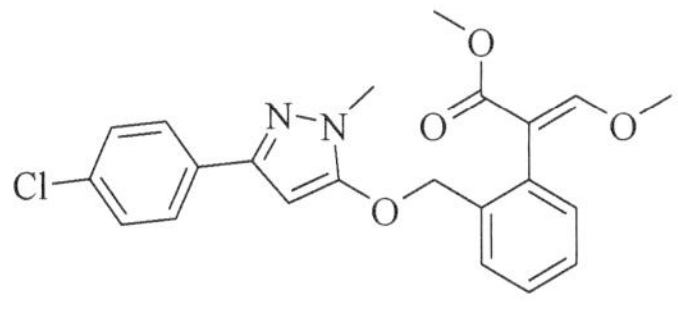

$C_{22}H_{21}ClN_2O_4$，412.9，862588-11-2

唑菌酯（试验代号：SYP-3343）是由沈阳化工研究院创制并开发的广谱杀菌剂。

化学名称 (*E*)-2-(2-((3-(4-氯苯基)-1-甲基-1*H*-吡唑-5-氧基)甲基)苯基)-3-甲氧基丙烯酸甲酯。IUPAC 名称：methyl (2*E*)-2-(2-{[3-(4-chlorophenyl)-1-methylpyrazol-5-yl]oxymethyl}phenyl)-3-methoxyacrylate。美国化学文摘（CA）系统名称：methyl (*αE*)-2-[[[3-(4-chlorophenyl)-1-methyl-1*H*-pyrazol-5-yl]oxy]methyl]-*α*-(methoxymethylene)benzeneacetate。CA 主题索引名称：benzeneacetic acid —, 2-[[[3-(4-chlorophenyl)-1-methyl-1*H*-pyrazol-5-yl]oxy]methyl]-*α*-(methoxymethylene)-methyl ester, (*αE*)-。

理化性质 白色结晶固体。极易溶于二甲基甲酰胺、丙酮、乙酸乙酯、甲醇，微溶于石油醚，不溶于水。在常温下贮存稳定。

毒性 急性经口 LD_{50}（mg/kg）：雌大鼠 1022、雄大鼠 1000、雌小鼠 2599、雄小鼠 2170。大鼠急性经皮 LD_{50}>2150 mg/kg（雄、雌）。对兔眼、兔皮肤单次刺激强度均为轻度刺激性。对豚鼠致敏性试验为弱致敏。Ames、微核、染色体试验结果均为阴性。

制剂 20%悬浮剂。

主要生产商 沈阳科创化学品有限公司。

作用机理与特点 该药为真菌线粒体的呼吸抑制剂，其作用机理是通过与细胞色素 bc_1 复合体的结合，抑制线粒体的电子传递，从而破坏病菌能量合成，起到杀菌作用。唑菌酯既能抑制菌丝生长又能抑制孢子萌发。对半知菌亚门、鞭毛菌亚门、子囊菌亚门的病原菌均有很好的抑制效果，对黄瓜白粉病、霜霉病具有明显的保护作用和治疗作用。黄瓜灰霉病菌中旁路氧化途径能对唑菌酯起到一定的增效作用。唑菌酯除了具有高效广谱的杀菌活性外，还具有抗病毒活性，同时对传毒媒介蚜虫等具有很好的防治效果，更有很好的促进植物生长调节的作用。

应用

（1）适用作物 黄瓜、水稻、番茄、西瓜、油菜、葡萄、棉花、苹果、小麦等。

（2）防治对象 唑菌酯具有广谱的杀菌活性，同时具有保护和治疗作用，对稻瘟病、纹枯病、稻曲病、小麦赤霉病、小麦白粉病、小麦锈病、玉米小斑病、玉米锈病、棉花枯萎病、黄萎病、油菜菌核病、黄瓜枯萎病、黄瓜黑星病、黄瓜炭疽病、黄瓜霜霉病、黄瓜白粉病、番茄灰霉病、番茄叶霉病、苹果树腐烂病、苹果轮纹病、苹果斑点落叶病等均有良好的防效，同时还具有很好的抗病毒活性、杀虫活性和显著促进植物生长调节的作用。

（3）使用方法 在霜霉病、疫病、白粉病、炭疽病发生初期、田间出现零星病株时开始喷药。20%唑菌酯悬浮剂的使用剂量（有效成分）为50～100 mg/L，即20%唑菌酯悬浮剂对水稀释进行叶面喷雾，喷施2～3次；当病害普遍发生时，应采用200 mg/L 的使用剂量（有效成分）进行防治，即20%唑菌酯悬浮剂对水 1000 倍液。为防治病菌抗药性产生，建议与不同作用机制杀菌剂交替使用，降低抗药性风险。

（4）注意事项 20%唑菌酯悬浮剂，100 g(a.i.)/hm^2 施用 3 次，最后一次施药距收获间隔期为 3 天，黄瓜上唑菌酯残留量为 0.07～0.16 mg/kg，均低于 0.5 mg/kg。

专利与登记

专利名称 Preparation of azoles as agrochemical insecticides and germicides

专利号 WO 2005080344　　　　　　专利申请日 2005-09-01

专利拥有者 沈阳化工研究院

在其他国家申请的化合物专利 CN 1657524、CN 1305858、EP 1717231、CN 1906171、CN 100503576、BR 2005007743、JP 2007523097、JP 4682315、AR 54853、US 20080108668、US 7795179 等。

目前在国内登记了95%原药、20%悬浮剂，以及混剂百达通（唑菌酯+氟吗啉）25%悬浮剂，主要用于防治黄瓜霜霉病。使用剂量100～200 g/hm^2。

合成方法 经如下反应制得唑菌酯：

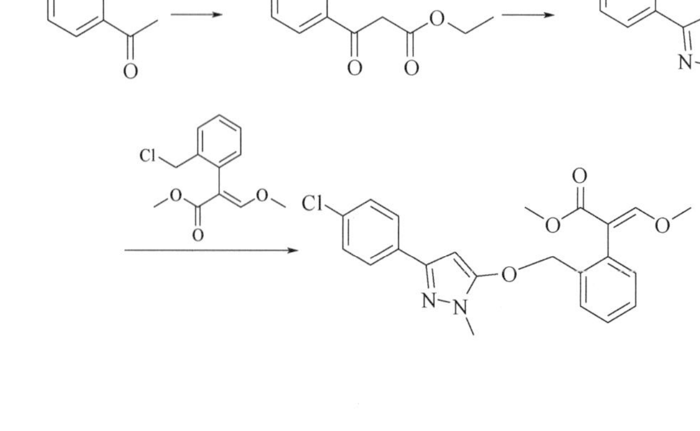

参考文献

[1] 李淼, 刘长令, 李志念, 等. 杀菌剂唑菌酯的创制经纬. 农药, 2011, 50(3): 173-174.

[2] The Pesticide Manual. 17 th edition: 951-953.

mandestrobin

$C_{19}H_{23}NO_3$、313.4、173662-97-0

mandestrobin（试验代号：S-2200）是由日本住友化学株式会社开发的新型 strobilurin 杀菌剂。

化学名称　2-[(2,5-二甲基苯氧基)甲基]-α-甲氧基-N-甲基苯乙酰胺。IUPAC 名称：(RS)-2-methoxy-N-methyl-2-[α-(2,5-xylyloxy)-o-tolyl]acetamide。美国化学文摘（CA）系统名称：2-[(2,5-dimethylphenoxy)methyl]-α-methoxy-N-methylbenzeneacetamide。CA 主题索引名称：benzeneacetamide —, 2-[(2,5-dimethylphenoxy)methyl]-α-methoxy-N-methyl-。

理化性质　mandestrobin 为 2 种异构体的混合物（R:S 为 50：50）。该剂有效成分为白色固体（质量比 100%，23℃）或微浅黄色无臭固体（质量比 93.4%，21.4℃），母药为白色固体（质量比 90.9%，19℃）。熔点 102℃，沸点 296℃（$1.01×10^5$ Pa），蒸气压：$3.36×10^{-8}$ Pa（20℃）、$9.15×10^{-8}$ Pa（25℃）；Henry 常数 K_H=$6.66×10^{-7}$ Pa·m³/mol（20℃）；水中溶解度（20～25℃，中性 pH）：15.8 mg/L，有机溶剂中溶解度（20～25℃，g/L）：丙酮 275、二氯甲烷 522、乙酸乙酯 158、正己烷 1.46、甲醇 169、正辛醇 31.8、甲苯 114；正辛醇/水分配系数 lgK_{ow}=3.51 [(25±1)℃，pH=5]。在酸性或碱性条件下均不会解离。

毒性　对大鼠急性经口毒性 LD_{50}>2000 mg/kg，急性经皮 LD_{50}>2000 mg/kg，急性吸入 LC_{50}>4.9 mg/L；对兔皮肤无刺激性，对兔眼睛有轻微刺激性，对皮肤无致敏性。

生态效应　该剂对虹鳟鱼（*Oncorhynchus mykiss*）LC_{50}(96 h)为 0.94 mg/L，对蓝鳃太阳鱼（*Lepomis macrochirus*）LC_{50} (96 h)为 2.3 mg/L，对呆鲦鱼（*Pimephales promelas*）LC_{50} (96 h) 为 1.0 mg/L，对杂色鳉（*Cyprinodon variegatus*）LC_{50}(96 h)>2.2 mg/L，对大型溞（*Daphnia magna*）EC_{50} (48 h)为 1.2 mg/L，对 *Americamysis bahia* LC_{50} (96 h) 为 0.43 mg/L，对牡蛎（*Crassostrea virginica*）EC_{50} (96 h) 为 2.0 mg/L；对摇蚊幼虫（*Chironomus riparius*）NOEC (28 d) 为 8.1 mg/L bw（每天），对端足虫（*Hyalella azteca*）NOEC (28 d) 5.0 mg/kg bw（每天），对片角类（*Leptocheirus plumulosus*）NOEC(28 d) 10.3 mg/kg；对膨胀浮萍（*Lemna gibba*）E_cC_{50} (7 d) 2.3 mg/L，E_rC_{50}(7 d) 2.3 mg/L。蜜蜂 LD_{50}（μg/只）：>110.71（经口），>100（接触）。蚯蚓 LC_{50}(14 d) 为 84 mg/kg 干土。

mandestrobin 对非靶标水生生物及陆生植物有一定风险。为减轻 mandestrobin 飘移可能带来的风险，应根据施用方法设置 0～15 m 缓冲区以保护敏感陆生和水生生物栖息地。

作用机理与特点　mandestrobin 为甲氧基丙烯酸酯类杀菌剂，具有预防和内吸特性，它通过干扰敏感真菌病原体线粒体内膜上的复合物Ⅲ（细胞色素 bc₁ 复合物）Qo 位点的功能来抑制线粒体呼吸作用而致效。

应用　预防或在病害发生早期应用效果最佳。该剂可用于叶面或种子处理，防治油菜和其他油料作物、玉米、葡萄、豆类蔬菜和其他矮生浆果及草坪的多种真菌病害。4% mandestrobin 悬浮剂的使用剂量为 439～986 mL/hm^2，如需重复施用，则要间隔 7～28 d；3.2% mandestrobin 悬浮种衣剂的使用剂量为 15.6～26 mL/100 kg 种子。

专利与登记

专利名称　Preparation of α-substituted phenylacetic acid derivatives as agricultural fungicides

专利号　WO 9527693　　　　专利申请日　1995-04-06

专利拥有者　Shionogi and Co., Ltd.

在其他国家申请的化合物专利　EP 0754672、US 5948819、PT 754672、KR 100362787、JP 3875263、GR 3035209、ES 2152396、DK 0754672、DE 69519087、CN 1145061、CN 1105703、CN 1394846、CN 1176918、BR 9507106、AU 2147395、AU 711211、AT 196896 等。

工艺专利　WO9607633、WO9730965、WO9829381、WO2002010101、JP2003026640、WO2010093059。

合成方法　可经如下反应得到：

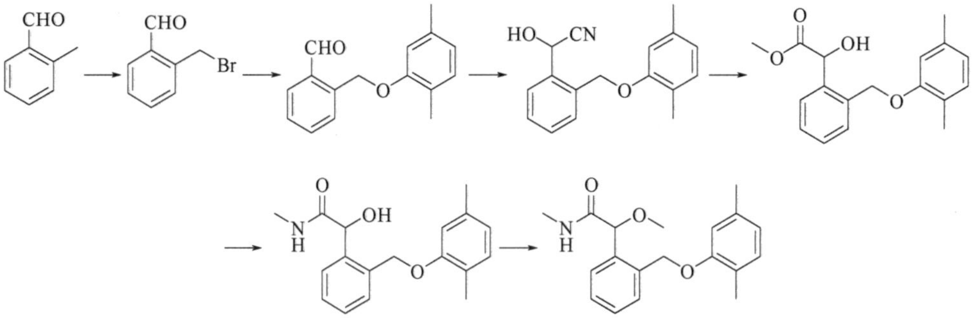

参考文献

[1] Nippon Noyaku Gakkaishi, 2002, 27(2): 118-126.

metyltetraprole

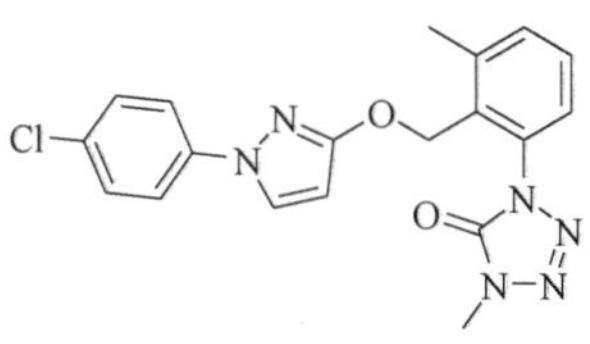

C$_{19}$H$_{17}$ClN$_6$O$_2$，396.8，1472649-01-6

metyltetraprole（开发代号：S-2367）是由日本住友化学株式会社开发的新型 strobilurin 杀菌剂。

化学名称　1-[2-[[[l-(4-氯苯基)-1H-吡唑-3-基]氧基]甲基]-3-甲基苯基]-1,4-二氢-4-甲基-5H-四唑-5-酮。IUPAC 名称：1-[2-[[[1-(4-chlorophenyl)-1H-pyrazol-3-yl]oxy]methyl]-3-methylphenyl]-1,4-dihydro-4-methyl-5H-tetrazol-5-one。美国化学文摘（CA）系统名称：1-[2-[[[1-(4-chlorophenyl)-1H-pyrazol-3-yl]oxy]methyl]-3-methylphenyl]-1,4-dihydro-4-methyl-5H-tetrazol-5-one。CA 主题索引名称：5H-tetrazol-5-one —，1-[2-[[[1-(4-chlorophenyl)-1H-pyrazol-3-yl]oxy]methyl]-3-

methylphenyl]-1,4-dihydro-4-methyl-。

作用机理与特点　是一种线粒体呼吸抑制剂（QoI），但可以防治对其他甲氧基丙烯酸酯类杀菌剂已经存在抗性的病害。

通过对 metyltetraprole 与细胞色素 bc_1 复合物的研究，发现 metyltetraprole 的骨架结构增加了分子的旋转性能，降低了结合位点的立体位阻。对小麦壳针孢的野生型和 G143A 突变体的 EC_{50} 值几乎相同。可以防治黑斑病、蛙眼叶斑病、网斑病、靶斑病、早枯病、苹果黑星病、黄瓜炭疽病、稻瘟病、日灼病、棉花腐烂病、大豆白粉病、瓜类白粉病、小麦叶锈病、大豆锈病、瓜类霜霉病、葡萄霜霉病和晚疫病。对吡唑醚菌酯及嘧菌酯已经产生抗性的 G143A 突变体的黑斑病、小麦颖枯病、褐斑病、柱隔孢叶斑病和炭疽病，metyltetraprole 具有较低的抗性水平。同样，metyltetraprole 对具有抗性 F129L 突变体的小麦黑斑病、大麦网斑病、褐斑病、早枯病和番茄叶霉病也具有较低的抗性水平。metyltetraprole 能够很好地渗透到叶片组织中，并在木质部缓慢移动，因此具有持效期长的优点。

专利与登记

专利名称　Tetrazolinone compounds as pesticides and their preparation

专利号　WO 2013162072　　　　　专利申请日　2013-10-31

专利拥有者　Sumitomo Chemical Co.

在其他国家申请的化合物专利　AU 2013253325、BR 112014026457、CA 2866815、CN 104245689、EP 2841429、IL 235265、JP 2014080415、JP 2016128511、JP 5943163、JP 6107377、KR 20150008863、MX 2014011349、MX 361178、RU 2014143025、TW 201402566、US 2015051171 等。

工艺专利　JP 2016113426、JP 2014221811、JP 2014221810、JP 2014221809。

合成方法　可经如下反应得到：

参考文献

[1] Phillips McDougall AgriFutura June 2019. Conference Report IUPAC 2019 Ghent Belgium.

[2] Matsuzaki Y, Yoshimoto Y, Arimori S, et al. Discovery of metyltetraprole: Identification of tetrazolinone pharmacophore to overcome QoI resistance. Bioorganic & Medicinal Chemistry, 2020,28(1): 115211.

[3] Matsuzaki Y, Kiguchi S, Suemoto H, et al. Antifungal activity of metyltetraprole against the existing QoI-resistant isolates of various plant pathogenic fungi. Pest Manag Sci, 2020, 76: 1743-1750.

pribencarb

$C_{18}H_{20}ClN_3O_3$，361.8，799247-52-2

pyribencarb（试验代号：KIF7767、KUF-1204，商品名称：Fatasisita）是日本组合化学公司和庵原化学公司共同开发的具有苄基氨基甲酸酯结构的新颖杀菌剂。

化学名称　{2-氯-5-[(E)-1-(6-甲基-2-吡啶基甲氧基亚氨基)乙基]苄基}氨基甲酸酯。IUPAC 名称：methyl {2-chloro-5-[(1E)-{1-(6-methyl-2-pyridyl)methoxy]imino}ethyl]benzyl} carbamate。美国化学文摘（CA）系统名称：methyl N-[[2-chloro-5-[(1E)-1-[[(6-methyl-2-pyridinyl)methoxy]imino]ethyl]phenyl]methyl]carbamate。CA 主题索引名称：carbamic acid —, N-[[2-chloro-5-[(1E)-1-[[(6-methyl-2-pyridinyl)methoxy]imino]ethyl]phenyl]methyl]-methyl ester。

理化性质　白色结晶固体。熔点95℃，蒸气压<$1.0×10^{-5}$Pa（20℃）。水中溶解度（20℃）：$6.76×10^3$μg/L（蒸馏水），$63.0×10^{-3}$μg/L（pH 4），$5.02×10^3$μg/L（pH 10）。正辛醇/水分配系数lgK_{ow}（25℃）：2.64（pH 4.0）、3.77（pH 6.9）、3.744（pH 8.9）。密度为1.221 g/cm³。水中溶解度62.5 mg/L（25℃）。

毒性　大鼠急性经口 LD_{50} 为300～2000 mg/kg（雌），大鼠急性经皮 LD_{50}>2000 mg/kg（雌、雄）；大鼠吸入 LC_{50}>4.90 mg/L（雌、雄）。本品对皮肤和眼睛有刺激性。无致癌、致畸、致突变作用。另外，其对桑蚕有一定影响。

制剂　40%水分散粒剂，25%水分散粒剂（双胍辛胺15%+pyribencarb 10%）。

作用机理与特点　pyribencarb 是一种新颖的 QoI 杀菌剂，通过抑制复合体Ⅲ的电子传递，从而抑制线粒体的呼吸作用。与甲氧基丙烯酸酯类作用机制类似，抑制细胞色素 bc_1 复合物醌外受体位点。该杀菌剂通过破坏病原菌细胞中微粒体的电子传递系统，阻碍病原菌孢子萌发及防止孢子发芽后对寄主的侵染而发挥作用。但是 pyribencarb 又不同于传统的 QoI 杀菌剂，和传统的 QoI 杀菌剂相比，pyribencarb 在和细胞色素 b 袋状蛋白质的结合上有轻微不同。对灰霉病和菌核病有特效，对多种作物安全。

应用　pyribencarb 可用于果树、蔬菜、茶叶和豆类等作物，防治灰霉病、黑星病、菌核病、炭疽病和轮斑病等 10 余种病害，杀菌谱广（表 2-48）。

表 2-48　40% pyribencarb 水分散粒剂的适用作物和防治对象

作物	适用病害	稀释倍数	使用时期和次数
苹果	黑星病、念珠病、褐斑病、斑点落叶病、煤点病 轮纹病	3000～4000 3000	收获前 1 d 止，3 次以内 收获前 1 d 止，3 次以内
樱桃	灰星病、幼果菌核病	3000	收获前 1 d 止，3 次以内
梨	黑星病 黑斑病、轮纹病	3000～4000 3000	收获前 1 d 止，3 次以内 收获前 1 d 止，3 次以内
葡萄	灰霉病 晚腐病	3000～4000 3000	收获前 14 d 止，3 次以内 收获前 14 d 止，3 次以内
桃	灰星病、黑星病	3000	收获前 1 d 止，3 次以内
柑橘	灰霉病 黑点病	3000～4000 2000	收获前 14 d 止，3 次以内 收获前 14 d 止，3 次以内
茶	炭疽病、轮斑病、新梢枯死病	3000	采摘前 7 d 止，1 次
豆类	菌核病	2000	收获前 7 d 止，3 次以内
大豆	菌核病、紫斑病	2000～4000	收获前 7 d 止，3 次以内
黄瓜	灰霉病、菌核病	2000～3000	收获前 1 d 止，3 次以内
番茄	灰霉病、菌核病、叶霉病	2000～3000	收获前 1 d 止，3 次以内
茄子	灰霉病、菌核病	2000～3000	收获前 1 d 止，3 次以内
草莓	灰霉病 炭疽病	2000～3000 2000	收获前 1 d 止，3 次以内 收获前 1 d 止，3 次以内
甘蓝	菌核病	2000～3000	收获前 14 d 止，3 次以内
莴苣	灰霉病、菌核病	2000～3000	收获前 3 d 止，3 次以内
玉葱	灰霉病	2000～4000	收获前 1 d 止，5 次以内

专利与登记

专利名称　Iminooxymethylpyridine compoundand agriculturalor horticultural bactericide

专利号　WO 2001010825　　　　专利申请日　2000-08-03

专利拥有者　组合化学工业株式会社和庵原化学株式会社

同时在其他国家申请的专利　JP 2001106666、JP 3472245、CA 2381001、AU 2000063185、AU 763888、BR 2000012969、EP 1201648、NZ 516857、HU 2002002165、HU 228270、TR 2002000302、RU 2228328、CN 1171863、IL 147958、AT 391120、PT 1201648、ES 2303816、SK 286881、PL 204714、CZ 302288、ZA 2002000833、US 6812229、MX 2002001314。

合成方法　以邻氯苄胺为原料经如下反应得到 pyribencarb。

参考文献

[1] 柴宝山, 田俊峰, 孙旭峰, 等. Pyribencarb 的合成与生物活性. 农药, 2011, 50(7): 489-491.

[2] 张亦冰. 新颖杀菌剂——pyribencarb. 世界农药, 2013, 35(1): 61-62.

[3] 叶萱. 杀菌剂 pyribencarb 的选择性和作用机制. 世界农药, 2010, 32(6): 27-30+35.

[4] The Pesticide Manual. 17th edition: 887-888.

第五节

三唑类杀菌剂（triazoles）

一、创制经纬

三唑类杀菌剂可能的创制经纬如下：

道化学科研人员在发现了杀菌剂 **A**（triarimol）之后，又进行了结构优化，发现通式 **B**（US 3321366：Dow Chemical Co., 1967 年）所示的化合物具有很好的杀菌活性，但没有更多或生物活性更优的化合物报道。拜耳公司的科研人员在化合物 **B** 的基础上，先发现了 clotrimazole（**B**：R^1=2-Cl，R^2=R^3=H，作为医药商品化），后发现了化合物 **C**（fluotrimazole，US 3682950）；并在 **C** 的基础上，结合咪唑类杀菌剂 **D**（抑霉唑，imazalil）的结构，开始对通式 **E** 所示的结构进行研究，最终发现了化合物 **F**，即第一个新型三唑类杀菌剂三唑酮。

三唑类其他杀菌剂如三唑醇、环唑醇、戊唑醇、粉唑醇、己唑醇等均是在三唑酮或化合物 **C** 的基础上，通过进一步优化得到的。

另一部分杀菌剂如双苯三唑醇、烯唑醇、多效唑等则是在杀菌剂三唑醇的基础上，通过进一步优化得到的。腈菌唑也是在杀菌剂三唑醇等基础上，用 CN 基团替换已有 OH 后，经优化得到。腈苯唑的研制则是建立在腈菌唑的基础上。

文献报道丙环唑等的发现是建立在医药 ketoconazole（**G**）的基础上，经结构简化得到先导结构 **H**，后经进一步优化得到：

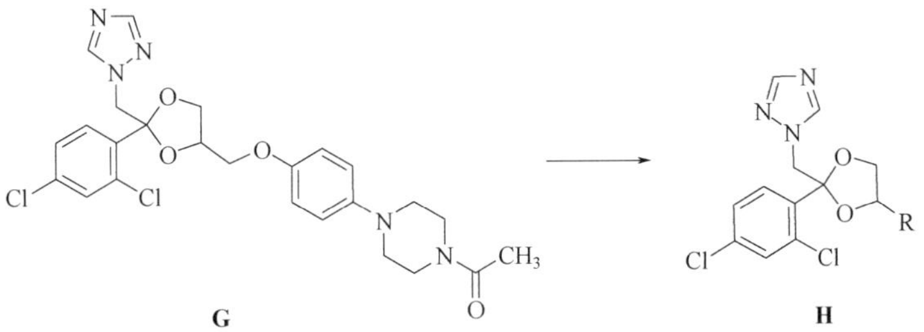

G　　**H**

糠菌唑的研制可能是建立在先导结构 **H** 的基础上，以 CH 替代 O，得到新的先导结构 **I**，后经优化得到。在糠菌唑的基础上又发现了杀菌剂呋菌唑（furconazole），但由于销售策略或其他原因，杀菌剂呋菌唑（furconazole）等未能商品化。

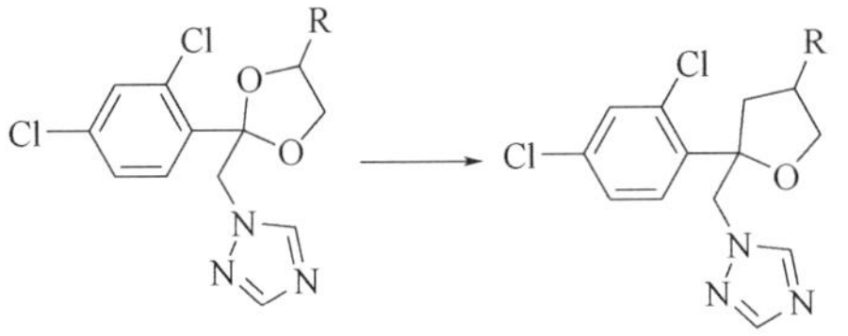

H　　**I**

亚胺唑（imibenconazole）估计是在杀菌剂 buthiobate 和三唑类杀菌剂的基础上发现的：

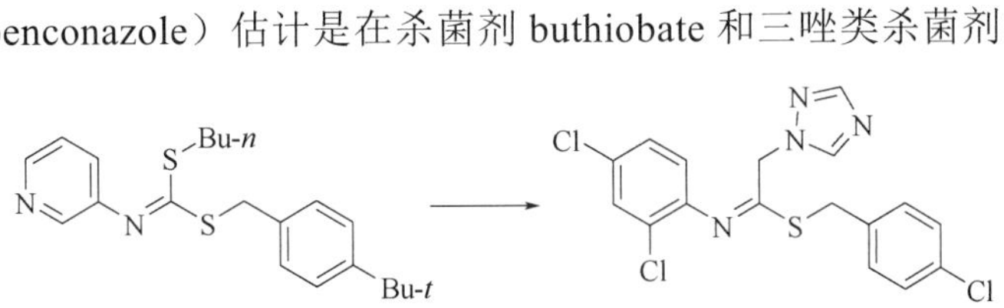

buthiobate　　imibenconazole

其他三唑类杀菌剂如氟硅唑、硅氟唑等也多是在已有三唑类杀菌剂结构的基础上，通过基团替换（用 Si 替代 C）和进一步优化得到的。

杀菌剂丙硫菌唑（prothioconazole）虽也是在已有三唑类杀菌剂结构的基础上，但稍有不同，将三唑环替换为三唑硫酮片段是其结构主要特点。具体见杀菌剂丙硫菌唑部分。

二、主要品种

triazole fungicides（三唑类杀菌剂）有 amisulbrom、bitertanol、fluotrimazole、triazbutil，还包括 **conazole fungicides**（康唑类杀菌剂，含三唑）：azaconazole、bromuconazole、cyproconazole、diclobutrazol、difenoconazole、diniconazole、diniconazole-M、epoxiconazole、etaconazole、fenbuconazole、fluquinconazole、flusilazole、flutriafol、furconazole、furconazole-*cis*、hexaconazole、huanjunzuo、imibenconazole、ipconazole、metconazole、myclobutanil、penconazole、propiconazole、prothioconazole、quinconazole、simeconazole、tebuconazole、tetraconazole、triadimefon、triadimenol、triticonazole、uniconazole、uniconazole-P。

其中 bitertanol、azaconazole、bromuconazole、cyproconazole、difenoconazole、diniconazole、diniconazole-M、epoxiconazole、fenbuconazole、fluquinconazole、flusilazole、flutriafol、hexa-conazole、imibenconazole、ipconazole、metconazole、myclobutanil、penconazole、propiconazole、prothioconazole、quinconazole、simeconazole、tebuconazole、tetraconazole、triadimefon、triadimenol、triticonazole、uniconazole、uniconazole-P 在本章节介绍；amisulbrom 在其他部分介绍；如下化合物因应用范围小或不再作为杀菌剂使用或没有商品化等原因，本书不予介绍，仅列出化学名称及 CAS 登录号供参考：

fluotrimazole：1-[3-(trifluoromethyl)trityl]-1*H*-1,2,4-triazole；31251-03-3。

triazbutil（叶锈特或丁三唑）：4-butyl-4*H*-1,2,4-triazole；16227-10-4。

diclobutrazol：(2*RS*,3*RS*)-1-(2,4-dichlorophenyl)-4,4-dimethyl-2-(1*H*-1,2,4-triazol-1-yl) pentan-3-ol；75736-33-3。

etaconazole（乙环唑）：1-{[(2*RS*,4*RS*;2*RS*,4*SR*)-2-(2,4-dichlorophenyl)-4-ethyl-1,3-dioxolan-2-yl]methyl}-1*H*-1,2,4-triazole；60207-93-4。

furconazole（呋菌唑）：(2*RS*,5*RS*;2*RS*,5*SR*)-5-(2,4-dichlorophenyl)tetrahydro-5-(1*H*-1,2,4-triazol-1-ylmethyl)-2-furyl 2,2,2-trifluoroethyl ether；112839-33-5。

furconazole-*cis*（呋醚唑）：(2*RS*,5*RS*)-5-(2,4-dichlorophenyl)tetrahydro-5-(1*H*-1,2,4-triazol-1-ylmethyl)-2-furyl 2,2,2-trifluoroethyl ether；112839-32-4。

huanjunzuo（环菌唑）：*cis*-1-(4-chlorophenyl)-2-(1*H*-1,2,4-triazol-1-yl)cycloheptanol；129586-32-9。

uniconazole-P：(*E*)-(*S*)-1-(4-chlorophenyl)-4,4-dimethyl-2-(1*H*-1,2,4-triazol-1-yl) pent-1-en-3-ol；83657-17-4。

三唑酮（triadimefon）

$C_{14}H_{16}ClN_3O_2$，293.8，43121-43-3

三唑酮（试验代号：BAY129128、BAY MEB6447，商品名称：Amiral、Bayleton、Tilitone、Rofon，其他名称：百里通、粉锈宁）是拜耳公司开发的三唑类杀菌剂。

化学名称　1-(4-氯苯氧基)-3,3-二甲基-1-(1*H*-1,2,4-三唑-1-基)丁-2-酮。IUPAC 名称：(*RS*)-1-(4-chlorophenoxy)-3,3-dimethyl-1-(1*H*-1,2,4-triazol-1-yl)butan-2-one。美国化学文摘（CA）系统名称：1-(4-chlorophenoxy)-3,3-dimethyl-1-(1*H*-1,2,4-triazol-1-yl)-2-butanone。CA 主题索引名称：2-butanone —, 1-(4-chlorophenoxy)-3,3-dimethyl-1-(1*H*-1,2,4-triazol-1-yl)-。

理化性质　纯品为无色结晶固体，有轻微的特殊气味。熔点 82.3℃。蒸气压 0.02 mPa（20℃），0.06 mPa（25℃）。分配系数 lgK_{ow}=3.11。Henry 常数 $9×10^{-5}$ Pa·m³/mol（20℃）。相对密度 1.283。水中溶解度（20~25℃）64 mg/L；有机溶剂中溶解度（g/L，20~25℃）：除脂肪族外，溶于大多数有机溶剂，二氯甲烷、甲苯>200，异丙醇 99，正己烷 6.3。稳定性：不易水解，DT_{50}（25℃）>30 d（pH 5、7 和 9）。

毒性　急性经口 LD_{50}（mg/kg）：大鼠和小鼠 1000，兔 250~500，狗>500。大鼠急性经皮 LD_{50}>5000 mg/kg。对兔皮肤和眼睛中等刺激性。大鼠急性吸入 LC_{50}（4 h，mg/L 空气）：3.27（粉尘），>0.46（悬浮粒子）。NOEL 数据（2 年，mg/kg 饲料）：大鼠 300，小鼠 50，狗 330。ADI 值 0.03 mg/kg。

生态效应　山齿鹑急性经口 LD_{50}>2000 mg/kg，饲喂毒性 LC_{50}（5 d，mg/kg 饲料）：野鸭>10000，山齿鹑>4640。鱼毒 LC_{50}（96 h，mg/L）：大翻车鱼 11，虹鳟鱼 4.08。水蚤 LC_{50}(48 h) 7.16 mg/L。水藻 E_rC_{50}2.01 mg/L。

环境行为　①动物。经口服，在 2~3 d 内，83%~96%以原药的形式通过尿和粪便排出。代谢主要发生在肝脏，大部分为三唑醇以及相应的葡萄糖醛酸共轭物。在血浆的半衰期为 2.5 h。②植物。植物内羰基还原成羟基形成三唑醇。③土壤/环境。羰基还原成羟基形成三唑醇。本品在沙壤土中 DT_{50} 为 18 d，壤土 6 d。K_{oc} 300。

制剂　15%、20%、25%可湿性粉剂，10%、12.5%、20%乳油，10%粒剂等。

主要生产商　Agrofina、Bayer CropScience、红太阳集团有限公司、湖北沙隆达股份有限公司、江苏七洲绿色化工股份有限公司、江苏省激素研究所股份有限公司、泰达集团及盐城利民农化有限公司等。

作用机理与特点　通过强烈抑制麦角甾醇的生物合成,改变孢子的形态和细胞膜的结构,致使孢子细胞变形,菌丝膨大,分枝畸形,导致直接影响细胞的渗透性,从而使病菌死亡或受抑制。其具有很强的内吸性,被植物各部分吸收后,能在植物体内传导,药剂被根系吸收后向顶部传导能力很强,对病害具有预防、铲除和治疗作用。除卵菌纲真菌外,对子囊菌亚门、担子菌亚门、半知菌亚门的病原菌等均具有很强的生物活性。

应用

（1）适宜作物　玉米、麦类、高粱、瓜类、烟草、花卉、果树、豆类、水稻等。

（2）防治对象　用于防治麦类（大、小麦）条锈病、白粉病、全蚀病、白秆病、纹枯病、叶枯病、根腐病、散黑穗病、坚黑穗病、丝黑穗病、光腥黑穗病等；玉米圆斑病、纹枯病；水稻纹枯病、叶黑粉病、云形病、粉黑粉病、叶尖枯病、紫秆病等；大豆、梨、苹果、葡萄、山楂、黄瓜等的白粉病；韭菜灰霉病,甘薯黑斑病,大蒜锈病,杜鹃瘿瘤病,向日葵锈病等。

（3）使用方法

①　种子处理　a.小麦、大麦病害的防治用有效成分 30 g 拌 100 kg 种子,可防治散黑穗病、光腥黑穗病、黑穗病、白秆病、锈病、根腐病、叶枯病和全蚀病等。b.玉米病害的防治用有效成分 80 g 拌 100 kg 种子,可防治玉米丝黑穗病等。c. 高粱病害的防治用有效成分 40~60 g 拌 100 kg 种子,可防治高粱丝黑穗病、散黑穗病和坚黑穗病等。

②　喷雾　a.麦类病害的防治以有效成分 131.25 g/hm²,对水均匀喷施,可防治小麦、大

麦、燕麦和稞麦的锈病、白粉病、云纹病和叶枯病等。b.水稻病害的防治用 $105\sim135$ g(a.i.)/hm^2，对水均匀喷施，可防治稻瘟病、叶黑粉病、叶尖枯病等。c.瓜类病害的防治用 50 g(a.i.)/hm^2，对水均匀喷施，可防治白粉病。d.蔬菜病害的防治用有效浓度 125 mg/L 的药液，均匀喷施，可防治菜豆、蚕豆等白粉病。e.果树病害的防治用 $5000\sim10000$ mg/L 药液喷雾，可防治苹果、梨、山楂和白粉病等。f.花卉病害的防治在发病初期，用 50 mg/L 有效浓度的药液喷施，可有效地防治白粉病、锈病等。g.烟草病害的防治在病害盛发期，用 $18.75\sim37.5$ g(a.i.)/hm^2，对水均匀喷雾，可防治白粉病。

专利与登记　专利 DE 2201063 早已过专利期，不存在专利权问题。

国内登记情况　15%、25%、30%、33%、40%、60%可湿性粉剂，20%悬浮剂，20%乳油，95%原药；登记作物分别为小麦、水稻、玉米，防治对象赤霉病、白粉病、稻瘟病、纹枯病、锈病、丝黑穗病等。美国默赛技术公司在中国登记情况见表 2-49。

表 2-49　美国默赛技术公司在中国登记情况

登记名称	登记证号	含量	剂型	登记作物	防治对象	用药量/(g/hm^2)	施用方法
三唑酮	PD20070439	25%	可湿性粉剂	小麦	白粉病 锈病	$112.5\sim131.25$	喷雾
三唑酮	PD20070459	95%	原药				

合成方法　具体合成方法如下：

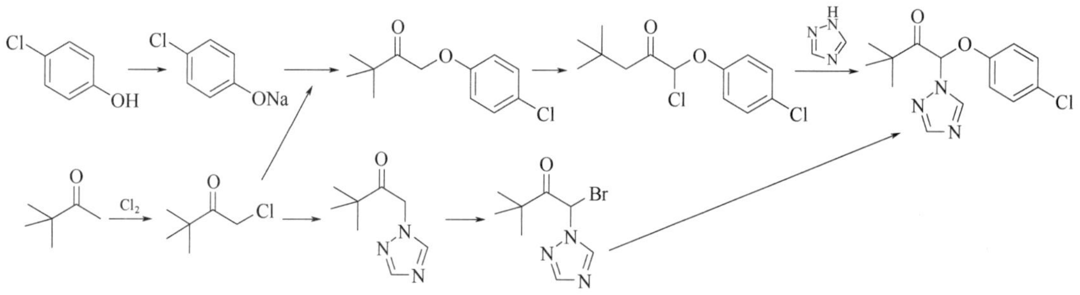

参考文献

[1] The Pesticide Manual. 17th edition: 1127-1128.

联苯三唑醇（bitertanol）

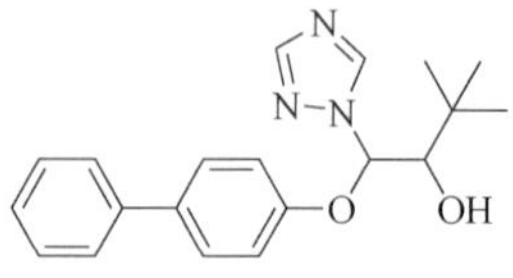

C$_{20}$H$_{23}$N$_3$O$_2$，337.4，55179-31-2

联苯三唑醇（试验代号：BAY KWG 0599，商品名称：Baycor、Baycoral、Proclaim、Zeus，其他名称：Argiletum、Baymat、Titanol、双苯三唑醇、百柯）是由拜耳公司开发的三唑类杀菌剂。

化学名称　1-(双苯-4-基氧)-3,3-二甲基-1-(1*H*-1,2,4-三唑-1-基)丁基-2-醇。IUPAC 名称：(1*RS*,2*RS*;1*RS*,2*SR*)-1-(biphenyl-4-yloxy)-3,3-dimethyl-1-(1*H*-1,2,4-triazol-1-yl)butan-2-ol (20:80 ratio of (1*RS*,2*RS*)- and (1*RS*,2*SR*)-isomers)。美国化学文摘（CA）系统名称：β-([1,1′-biphenyl]-4-yloxy)-α-(1,1-dimethylethyl)-1*H*-1,2,4-triazole-1-ethanol。CA 主题索引名称：1*H*-1,2,4-triazole-1-ethanol —, β-([1,1′-biphenyl]-4-yloxy)-α-(1,1-dimethylethyl)-。

理化性质　联苯三唑醇是由两种非对映异够体组成的混合物：对映体 A 为(1*R*,2*S*)+(1*S*,2*R*)；对映体 B 为(1*R*,2*R*)+(1*S*,2*S*)；A∶B=8∶2。联苯三唑醇原药为带有气味的白色至棕褐色结晶，纯品外观为白色粉末。熔点：A 138.6℃，B 147.1℃，A 与 B 共晶为 118℃。蒸气压：A $2.2×10^{-7}$ mPa，B $2.5×10^{-6}$ mPa（均在 20℃）。分配系数 lgK_{ow}：4.1（A），4.15（B）（均在 20℃）。Henry 常数：$2×10^{-8}$ Pa·m^3/mol（A），$5×10^{-7}$ Pa·m^3/mol（B）（均在 20℃）。相对密度 1.16（20℃）。水中溶解度（mg/L，20℃，不受 pH 影响）：2.7（A），1.1（B），3.8（混晶）。有机溶剂中溶解度（g/L，20～25℃）：二氯甲烷>250，异丙醇 67，二甲苯 18，正辛醇 53（取决于 A 和 B 的相对数量）。稳定性：在中性、酸性和碱性介质中稳定；25℃时半衰期>1 年（pH 4、7 和 9）。

毒性　急性经口 LD_{50}（mg/kg）：大鼠>5000，小鼠 4300，狗>5000。大鼠急性经皮 LD_{50}>5000 mg/kg。对兔皮肤无刺激，对兔眼睛有轻微刺激作用。对皮肤无致敏性。大鼠吸入 LC_{50}（4 h，mg/L 空气）：>0.55（浮质），>1.2（尘埃）。NOEL（mg/kg 饲料）：（2 年）大小鼠 100，（12/20 个月）狗 25。ADI：(JMPR) 0.01 mg/kg(1998)；(EPA) 0.002 mg/kg。

生态效应　鸟类急性经口 LD_{50}（mg/kg）：山齿鹑>776，野鸭>2000。LC_{50}（5 d，mg/L）：野鸭>5000，山齿鹑 808。鱼毒 LC_{50}（96 h，mg/L）：虹鳟鱼 2.14，大翻车鱼 3.54。水蚤 LC_{50}(48 h)>1.8～7 mg/L。月牙藻 E_rC_{50} 6.52 mg/L。蜜蜂 LD_{50}（μg/只）：经口>104.4，接触>200。蚯蚓 LC_{50}(14 d)>1000 mg/kg 干土。

环境行为　①动物。母体化合物的排泄和生物转化主要通过粪便迅速排出体外。联苯三唑醇在体内无潜在的积累。②植物。植物组织中的联苯三唑醇的浓度可以忽略。在处理过的植物果实和叶子的表面可以检测到活性成分。③土壤/环境。联苯三唑醇在水中少量光解。在水环境 DT_{50} 是 1 个月到 1 年。土壤降解迅速，二氧化碳是主要代谢产物。在土壤中流动性低。

制剂　25%可湿性粉剂。

主要生产商　Bayer CropScience、Saeryung 及江苏剑牌农化股份有限公司等。

作用机理与特点　联苯三唑醇是类甾醇类去甲基化抑制剂。是具保护和治疗活性的叶面杀菌剂。通过抑制麦角固醇的生物合成，从而抑制孢子萌发、菌丝体生长和孢子形成。

应用

（1）**适宜作物与安全性**　水果、观赏植物、蔬菜、花生、谷物、大豆和茶等。水中直接光解，土壤中降解，对环境安全。

（2）**防治对象**　白粉病、叶斑病、黑斑病以及锈病等。

（3）**使用方法**　防治水果的疤和黑斑病，用药量 156～938 g(a.i.)/hm²。防治观赏植物锈病和白粉病，用药量 125～500 g(a.i.)/hm²。防治玫瑰叶斑病用药量 125～750 g(a.i.)/hm²。防治香蕉病害用药量 105～195 g(a.i.)/hm²。作为种子处理剂用于控制小麦和黑麦的黑穗病等病害；还可与其他杀菌剂混合防制萌发期种子白粉病。

专利与登记　专利 US 3952002 早已过专利期，不存在专利权问题。

国内登记情况　97%原药，25%可湿性粉剂。登记作物为花生，防治对象为叶斑病。

合成方法　以取代硝基苯和频哪酮为原料，经如下反应制得目的物：

三唑醇（triadimenol）

$C_{14}H_{18}ClN_3O_2$，295.8，55219-65-3(1RS,2RS；1RS,2SR)，
89482-17-7(1RS,2RS)，82200-72-4(1RS,2RS)

三唑醇（试验代号：BAY KWG 0519，商品名称：Bayfidan、Baytan、Euro、Noidio、Shavit、Triadim、Vydan，其他名称：Atrizan、Back、Baytan 30、Baytan、Garbinol、irade Süper、Merit、Prodimenol、Ruste、Superol、Tarot）是由拜耳公司开发的三唑类杀菌剂。

化学名称　(1RS,2RS;1RS,2SR)-1-(4-氯苯氧基)-3,3-二甲基-1-(1H-1,2,4-三唑-1-基)丁-2-醇。IUPAC 名称：(1RS,2RS;1RS,2SR)-1-(4-chlorophenoxy)-3,3-dimethyl-1-(1H-1,2,4-triazol-1-yl)butan-2-ol。美国化学文摘（CA）系统名称：β-(4-chlorophenoxy)-α-(1,1-dimethylethyl)-1H-1,2,4-triazole-1-ethanol。CA 主题索引名称：1H-1,2,4-triazole-1-ethanol —, β-(4-chlorophenoxy)-α-(1,1-dimethylethyl)-。

理化性质　三唑醇是非对映异构体 A、B 的混合物，A 代表（1RS,2SR），B 代表（1RS,2RS），A∶B=7∶3。纯品为无色结晶状固体且带有轻微特殊气味。熔点：A 138.2℃，B 133.5℃，A+B 共晶 110℃（原药 103～120℃）。蒸气压：A 6×10^{-4} mPa，B 4×10^{-4} mPa（20℃）。相对密度：A 1.237，B 1.299。分配系数 lgK_{ow}：A 3.08，B 3.28（25℃）。Henry 常数（Pa・m^3/mol，20℃）：A 3×10^{-6}，B 4×10^{-6}。水中溶解度（mg/L，20℃）：A 62，B 33。有机溶剂中溶解度（g/L，20℃）：二氯甲烷 200～500，异丙基乙醇 50～100，正己烷 0.1～1.0，甲苯 20～50。两个非对映异构体对水解稳定；半衰期 DT$_{50}$（20℃）>1 年（pH 4、7 或 9）。

毒性　急性经口 LD$_{50}$（mg/kg）：大鼠 700，小鼠 1300。大鼠急性经皮 LD$_{50}$>5000 mg/kg。对兔皮肤和眼睛无刺激作用。大鼠急性吸入 LC$_{50}$(4 h)>0.95 mg/L 空气。NOEL（mg/kg 饲喂，2 年）：大鼠和小鼠 125［5 mg/(kg・d)］，狗 600［15 mg/(kg・d)］，雄小鼠 80［11 mg/(kg・d)］，雌小鼠 400［91 mg/(kg・d)］。ADI（mg/kg）：(JMPR) 0.03(2004, 2007)，(EC)0.05(2008)。无致畸、致突变作用。

生态效应　山齿鹑急性经口 LD$_{50}$>2000 mg/kg。鱼毒 LC$_{50}$（96 h，mg/L）：虹鳟鱼 21.3，大翻车鱼 17.4。水蚤 LC$_{50}$(48 h) 51 mg/L。月牙藻 E$_r$C$_{50}$ 3.738 mg/L，绿门藻 E$_b$C$_{50}$ 9.6 mg/L。

对蜜蜂无毒。蚯蚓 LC_{50} 781 mg/kg 干土。

环境行为　①动物。大鼠体内三唑醇的代谢主要是通过叔丁基部分氧化成相应的醇，然后形成羧酸。这些化合物中的一小部分是共轭的。羟基氧化成相应的酮（三唑酮）随后叔丁基部分发生氧化。②植物。在种子处理和喷洒处理之后，植物体内发生的最重要的分解为各种糖类化合物的共轭（尤其是己糖）和叔丁基氧化。所产生的伯醇同样也部分共轭。种子处理后，1,2,4-三唑进入土壤中水解，被植物的根带入体内或与多种内源物质共轭最终进入植物体内。③土壤/环境。在土壤中，三唑醇是三唑酮的降解产物，其降解速度取决于微生物活性。首先是叔丁基氧化，然后叔丁基部分快速降解和三唑环断裂；之后经水解、裂解最终形成 4-氯酚。三唑醇的对映体以不同的速率代谢。DT_{50}（实验室）沙壤土 57 d，粉壤土 178 d。

制剂　10%、15%、25%干拌种剂，17%、25%湿拌种剂，25%胶悬拌种剂等。

主要生产商　Bayer CropScience、Makhteshim-Agan、Sharda、山东滨农科技有限公司、江苏七洲绿色化工股份有限公司、黄龙生物科技（辽宁）有限公司、江苏剑牌农化股份有限公司等。

作用机理与特点　抑制赤霉素和麦角固醇的生物合成进而影响细胞分裂速率。具传导性、保护、治疗和铲除活性的内吸杀菌剂。可通过茎、叶吸收，在新生组织中稳定运输，但在老化、木本组织中运输不稳定。

应用

（1）适宜作物　禾谷类作物如春大麦、冬大麦、冬小麦、春燕麦、冬黑麦、玉米、高粱，蔬菜，观赏园艺，咖啡，水果，烟草，甘蔗和其他作物。特别适用于处理秋、春播谷类作物。

（2）防治对象　白粉病、锈病、网斑病、条纹病、叶斑病、黑穗病、根腐病、雪腐病等。

（3）应用技术　三唑醇单剂防治麦类根腐病是有效的，若添加麦穗宁所得复配试剂防治病害效果更加显著，特别在春播作物上，三唑醇对于白粉病的防治效果尤为卓越。在发病率较高的情况下，条播后 12～16 周间，低剂量的处理区药效相对逊色，但对大麦白粉病的防效大多数是比较理想的。秋季播种的谷物，在播后 30～35 周，经过了冬季和早春，直到 5～6 月仍有持续药效。在各种试验中，三唑醇对锈病均显示活性，对春大麦的锈病最为有效，偶尔发生的黄锈病也可得到有效控制。然而，褐锈病的防治较为困难。若在早期发现白粉病，而处理小区间未受干扰的情况下，用 37.5 g 三唑醇的剂量处理 100 kg 麦种，可以使产量增加 18.5%。

（4）使用方法　三唑醇是一类广谱、内吸，可在植物体内传导的杀菌剂，可作为种子处理剂，对危害麦类主要的种传播病和茎叶病害都具有良好的防治效果。对麦类白粉病和叶斑病的防效期很长，但对那些生长期长达 10 个月的秋播作物，为防治晚期侵染的病害和特殊的锈病，尚需酌情增加 1 次茎叶喷洒。作为喷雾剂使用时，香蕉和禾谷类作物平均用药量为 100～150 g(a.i.)/hm²，咖啡保护用量为 125～250 g(a.i.)/hm²，治疗用量为 250～500 g(a.i.)/hm²，葡萄、梨果、核果和蔬菜用量为 25～125 g(a.i.)/hm²。作为种子处理剂使用时，用药量为 20～60 g(a.i.)/100 kg 禾谷类作物种子，30～60 g(a.i.)/100 kg 棉花种子。具体应用如下：

防治麦类锈病和白粉病，每 100 kg 种子用 10%的干拌种剂 300～375 g 拌种。

麦类黑穗病的防治，每 100 kg 种子用 25%的干拌种剂 120～150 g 拌种。

玉米丝黑穗病的防治，每 100 kg 种子用 10%干拌种剂 600～750 g 拌种。

高粱丝黑穗病的防治，每 100 kg 种子用 25%的干拌种剂 60～90 g 拌种。

专利与登记　专利 DE 2324010，早已过专利期，不存在专利权问题。

国内登记情况：15%、25%可湿性粉剂，25%干拌剂，25%乳油，95%、97%原药等。登记作物为小麦，防治对象为白粉病、纹枯病等。

合成方法　以频哪酮为原料，制得三唑酮，后经还原得到三唑醇，反应式如下：

参考文献

[1] 江燕敏. 农药译丛, 1982, 6: 46-50.

[2] 李煜昶. 农药, 1993, 1: 20.

氧环唑（azaconazole）

$C_{12}H_{11}Cl_2N_3O_2$，300.1，60207-31-0

氧环唑（试验代号：R028644，商品名称：Nectec，其他名称：戊环唑）是比利时 Janssen 公司开发的三唑类杀菌剂。

化学名称　1-[[2-(2,4-二氯苯基)-1,3-二氧环戊-2-基]甲基]-1*H*-1,2,4-三唑。IUPAC 名称：1-[[2-(2,4-dichlorophenyl)-1,3-dioxolan-2-yl]methyl]-1*H*-1,2,4-triazole。美国化学文摘（CA）系统名称：1-[[2-(2,4-dichlorophenyl)-1,3-dioxolan-2-yl]methyl]-1*H*-1,2,4-triazole。CA 主题索引名称：1*H*-1,2,4-triazole —, 1-[[2-(2,4-dichlorophenyl)-1,3-dioxolan-2-yl]methyl]-。

理化性质　纯品为棕色粉状固体。熔点 112.6℃。蒸气压 8.6×10^{-3} mPa（20℃）。分配系数 $\lg K_{ow}$=2.17（pH 6.4，23℃±1℃）。Henry 常数 8.60×10^{-6} Pa·m³/mol（计算）。相对密度 1.511（23℃）。水中溶解度（20℃）300 mg/L，有机溶剂中溶解度（g/L，20℃）：丙酮 160，己烷 0.8，甲醇 150，甲苯 79。稳定性：≤220℃稳定；正常贮存条件下对光稳定，但溶于丙酮的溶液不稳定。在 pH 4～9 情况下无显著性水解。

毒性　急性经口 LD_{50}（mg/kg）：大鼠 308，小鼠 1123，狗 114～136。大鼠急性经皮 LD_{50}>2560 mg/kg。大鼠急性吸入 LC_{50}(4 h) >0.64 mg/L 空气（5%和1%剂型）。对兔皮肤和眼睛有轻微刺激作用。大鼠 NOEL 值 2.5 mg/(kg·d)。

生态效应　鸟类环颈鹦鹉急性吸入 LC_{50}(5 d)>5000 mg/kg。虹鳟鱼 LC_{50}(96 h) 为 42 mg/L，水蚤 LC_{50} (96 h) 86 mg/L。

作用机理与特点　类固醇脱甲基化（麦角甾醇生物合成）抑制剂。内吸性杀菌剂，能迅速被植物有生长力的部分吸收并主要向顶部转移。

应用　氧环唑主要用于木材防腐，也可用作蘑菇消毒剂和果树或蔬菜贮存时杀灭有害病菌。使用剂量为 1.0～25 g(a.i.)/L。

专利与登记　专利早已过专利期，不存在专利权问题。

合成方法　以 2,4-二氯苯乙酮为原料，经如下反应即可制的目的物：

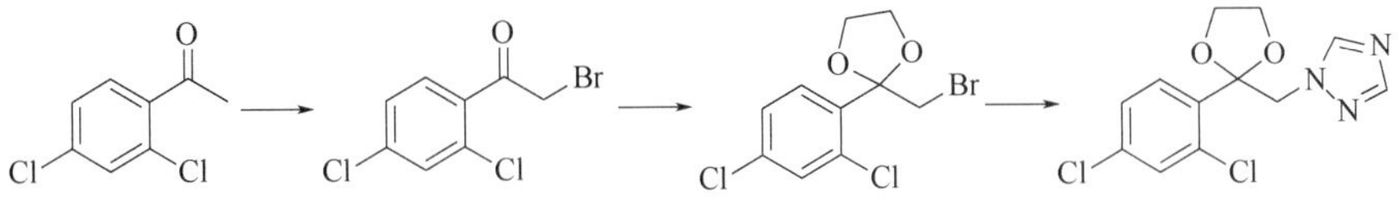

参考文献

[1]　The Pesticide Manual.17 th edition:56-57.

丙环唑（propiconazole）

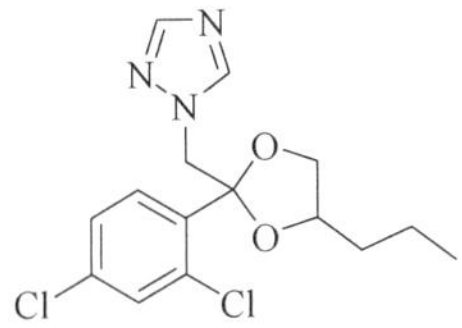

$C_{15}H_{17}Cl_2N_3O_2$，342.2，60207-90-1

丙环唑（试验代号：CGA 64 250，商品名称：Bumper、Propensity、Propicosun、Propivap、Tilt，其他名称：Achat、Alamo、Albu、Archer、Banner、Bolt、Boom、Desmel、Dhan、Grip、Juno、Mantis、Novel、Orbit、Pearl、Practis、PropiMax、Sanazole、Stilt、Throttle、Tonik）是最初由 Janssen Pharmaceutica 报道，后由汽巴-嘉基（现先正达）公司开发的三唑类杀菌剂。

化学名称　(±)-1-[2-(2,4-二氯苯基)-4-丙基-1,3-二氧戊环-2-基甲基]-1*H*-1,2,4-三唑或 *cis-trans*-1-[2-(2,4-二氯苯基)-4-丙基-1,3-二氧戊环-2-基甲基]-1*H*-1,2,4-三唑。IUPAC 名称：(2*RS*,4*RS*;2*RS*,4*SR*)-1-[2-(2,4-dichlorophenyl)-4-propyl-1,3-dioxolan-2-ylmethyl]-1*H*-1,2,4-triazole。美国化学文摘（CA）系统名称：1-[[2-(2,4-dichlorophenyl)-4-propyl-1,3-dioxolan-2-yl]methyl]-1*H*-1,2,4-triazole。CA 主题索引名称：1*H*-1,2,4-triazole —, 1-[[2-(2,4-dichlorophenyl)-4-propyl-1,3-dioxolan-2-yl]methyl]-。

理化性质　纯品为淡黄色无味黏稠液体。沸点 120℃（1.9 Pa）；>250℃（101 kPa）。蒸气压 $2.7×10^{-2}$ mPa（20℃）、$5.6×10^{-2}$ mPa（25℃）。相对密度 1.29（20℃）。分配系数 $\lg K_{ow}$=3.72（pH 6.6，25℃），Henry 常数 $9.2×10^{-5}$ Pa·m^3/mol（20℃）。溶解度：水 100 mg/L（20～25℃），正己烷 47 g/L（20～25℃），与丙酮、乙醇、甲苯和正丁醇互溶。稳定性：320℃以下稳定，水解不明显。pK_a=1.09，弱碱性。

毒性　急性经口 LD$_{50}$（mg/kg）：大鼠 1517，小鼠 1490。大鼠急性经皮 LD$_{50}$> 4000 mg/kg。对兔皮肤和眼睛无刺激作用，对豚鼠无致敏现象。大鼠吸入 LC$_{50}$(4 h)>5800 mg/m^3。NOEL（2 年）[mg/(kg·d)]：雄大鼠 18.1，雄小鼠 10，狗>8.4。ADI：(JMPR) 0.07 mg/kg(2004, 2007)；(EC) 0.04 mg/kg(2003)；(EPA) aRfD 0.3mg/kg，cRfD 0.1 mg/kg(2006)。无致畸、致突变性，对人安全。

生态效应　鸟急性经口 LD$_{50}$（mg/kg）：日本鹌鹑 2223，山齿鹑 2825，野鸭>2510，北京鸭>6000。饲喂 LC$_{50}$（5 d，mg/kg）：日本鹌鹑>1000，山齿鹑>5620，野鸭>5620，北京鸭>10000。

鱼毒 LC_{50}（96 h，mg/L）：鲤鱼 6.8，虹鳟鱼 4.3，金色圆腹雅罗鱼 5.1，叉尾石首鱼 2.6。水蚤 EC_{50}(48 h) 10.2 mg/L，羊角月牙藻 EC_{50}（3 d，25%乳油）2.05 mg/L。其他水生生物 EC_{50}（mg/L）：东部牡蛎（美洲牡蛎）（48 h）1.7，糠虾（96 h）0.51，浮萍（14 d）5.3。蜜蜂 LD_{50}（接触和经口）>100 μg/只。蚯蚓 LC_{50}(14 d) 686 mg/kg 干土。其他有益生物：在大田条件下对土壤微生物或非靶标节肢动物不会有负面影响。

环境行为 ①动物。大鼠口服后，丙环唑被迅速吸收，并几乎完全通过尿液和粪便排出体外。体内残留很少，没有证据表明丙环唑及其代谢产物的积累或保留。主要的代谢方式为酶对丙基侧链的作用、二氧戊环的断裂，以及酶与 2,4-二氯苯和 1,2,4-三唑环的作用。在小鼠体内主要的代谢方式为二氧戊烷环的断裂。②植物。降解主要是通过 *n*-丙基侧链的羟基化和二氧戊环的开环。主要代谢物是三唑、三唑丙氨酸的断裂形成的产物。在小麦、水稻以及果类作物中的代谢详细可参见 IUPAC 7th Int. Congr. (Pestic. Chem., 1990, 2: 160)。③土壤/环境。土壤（有氧，20～25℃，实验室）29～128 d，（田间）5～148 d；在土壤中无流动性，正常情况 $K_{oc(ads)}$ 950 mL/g。水 DT_{50} 5.5～6.4 d，吸附到沉积物，沉积物 DT_{50} 485～636 d。在水中一般不会水解，在无菌天然水中光解 DT_{50} 18 d（纬度 30～50° N）。主要降解途径是丙基侧链的羟基化以及二氧戊环的断裂，最终形成 1,2,4-三唑。

制剂 25%乳油。

主要生产商 Bharat、Dow AgroSciences、Milenia、Nagarjuna Agrichem、Nortox、Sega、Sharda、Sundat、Tagros、艾农国际贸易有限公司、安徽丰乐农化有限责任公司、安徽华星化工股份有限公司、安徽省池州新赛德化工有限公司、江苏丰登作物保护股份有限公司、江苏七洲绿色化工股份有限公司、江苏瑞东农药有限公司、江苏省激素研究所股份有限公司、利民化工股份有限公司、宁波保税区汇力化工有限公司、山东亿嘉农化有限公司、上海生农生化制品有限公司、泰达集团、先正达、浙江禾本科技有限公司、浙江华兴化学农药有限公司、中化江苏有限公司及中化宁波（集团）有限公司等。

作用机理与特点 丙环唑是一种具有保护和治疗作用的广谱内吸性叶面杀菌剂，可被根、茎、叶部吸收，并能很快地在植株体内向上传导，是甾醇脱甲基化抑制剂。丙环唑残效期在 1 个月左右。

应用

（1）适宜作物与安全性 禾谷类作物（如大麦、小麦）、香蕉、咖啡、花生和葡萄等。

（2）防治对象 子囊菌、担子菌和半知菌所引起的病害，特别是香蕉叶斑病，小麦根腐病、白粉病、颖枯病、纹枯病、锈病、叶枯病，大麦网斑病，葡萄白粉病，水稻恶苗病等。

（3）使用方法 茎叶喷雾，使用剂量通常为 100～150 g(a.i.)/hm²。

防治香蕉叶斑病 在发病初期用 25%丙环唑 1000～1500 倍液或每 100 L 水加 25%丙环唑 66.7～100 mL 喷雾效果最好，间隔 21～28 d。根据病情的发展，可考虑连续喷施第 2 次。

防治小麦纹枯病 每亩用 25%丙环唑乳油 20～30 mL，初发病时用 20 mL，发病中期用 30 mL 进行喷雾。每亩喷水量人工不少于 60 L，拖拉机 10 L，飞机 1～2 L。在小麦茎基节间均匀喷药。

防治小麦白粉病、锈病、根腐病、叶枯病 在发病初期每亩用 25%丙环唑乳油 30～35 mL，对水 60～75 L 喷雾。

防治小麦颖枯病 在小麦孕穗期，每亩用 25%丙环唑乳油 33.2 mL，对水 60～75 L 喷雾。

防治葡萄白粉病、炭疽病 如果在发病前初期用于保护性防治可每 100 L 水加 25%丙环唑乳油 10 mL 喷雾，如果用于治疗性防治（发病中期）每 100 L 水加 25%丙环唑乳油 14 mL

喷雾，间隔期可达 30 d。

防治小麦叶锈病、网斑病，燕麦冠锈病等 每亩用 25%丙环唑乳油 33.2 mL，在发病初期喷雾。

防治花生叶斑病 每亩用 25%丙环唑乳油 26～40 mL，发病初期进行喷雾，间隔 14 d 连续喷药 2～3 次。

专利与登记 专利 US 4079062 早已过专利期，不存在专利权问题。

国内登记有 50%乳油、25%水乳剂、40%悬浮剂、55%微乳剂等单剂品种，登记作物及防治病害为香蕉叶斑病、苹果树褐斑病、水稻纹枯病、小麦锈病、小麦纹枯病、茭白胡麻斑病等。还有诸多混剂品种，如苯甲·丙环唑 50%水乳剂，用于防治水稻纹枯病；丙环·咪鲜胺 30%水乳剂，用于防治水稻稻曲病、水稻稻瘟病、水稻纹枯病；丙唑·多菌灵 35%悬乳剂，用于防治苹果树腐烂病、苹果树轮纹病。

国外公司在国内的登记情况见表 2-50～表 2-53。

表 2-50 美国陶氏益农公司在中国登记情况

登记名称	登记证号	含量	剂型	登记作物	防治对象	用药量	施用方法
丙环唑	PD20060184	250 g/L	乳油	香蕉	叶斑病	500～700 倍液	喷雾
				小麦	锈病	124.5～150 g/hm^2	
丙环唑	PD20070204	93%	原药				

表 2-51 瑞士先正达作物保护有限公司在中国登记情况

登记名称	登记证号	含量	剂型	登记作物	防治对象	用药量	施用方法
苯甲·丙环唑	PD20070088	300 g/L	乳油	大豆	锈病	90～135 g/hm^2	喷雾
				小麦	纹枯病	90～135 g/hm^2	
				花生	叶斑病	90～135 g/hm^2	
				水稻	纹枯病	67.5～90 g/hm^2	
丙环唑	PD297-99	88%	原药				
丙环唑	PD28-87	250 g/L	乳油	香蕉	叶斑病	500～1000 倍液	喷雾
				小麦	白粉病	33 mL/亩	喷雾
				小麦	根腐病	33 mL/亩	喷雾
				小麦	纹枯病	30～40 mL/亩	喷雾
				小麦	锈病	33 mL/亩	喷雾
丙环·嘧菌酯	PD20141777	18.70%	悬乳剂	香蕉	叶斑病	750～1250 倍液	喷雾
				玉米	大斑病	50～70 mL/亩	喷雾
				玉米	小斑病	50～70 mL/亩	喷雾
丙环唑	PD20093358	156 g/L	乳油	草坪	褐斑病	133～400 mL/亩	喷雾

表 2-52 新加坡利农私人有限公司在中国登记情况

登记名称	登记证号	含量	剂型	登记作物	防治对象	用药量	施用方法
丙环唑	PD20030014	90%	原药				
丙环唑	PD20030013	250 g/L	乳油	香蕉	叶斑病	500～1000 倍液	喷雾
				小麦	白粉病	33～40 mL/亩	喷雾

表 2-53　美国杜邦公司在中国登记情况

登记名称	登记证号	含量	剂型	登记作物	防治对象	用药量	施用方法
啶氧·丙环唑	PD20171666	19%	悬浮剂	花生	褐斑病	70～88 mL/亩	喷雾
				花生	锈病	70～88 mL/亩	喷雾
				水稻	稻曲病	53～70 mL/亩	喷雾
				水稻	纹枯病	53～70 mL/亩	喷雾
				小麦	锈病	53～70 mL/亩	喷雾

合成方法　以间二氯苯为原料，首先进行酰化反应制得 α-氯代苯乙酮或者通过苯乙酮溴化得到 α-溴代苯乙酮，然后经一系列反应，即制得丙环唑。反应式如下：

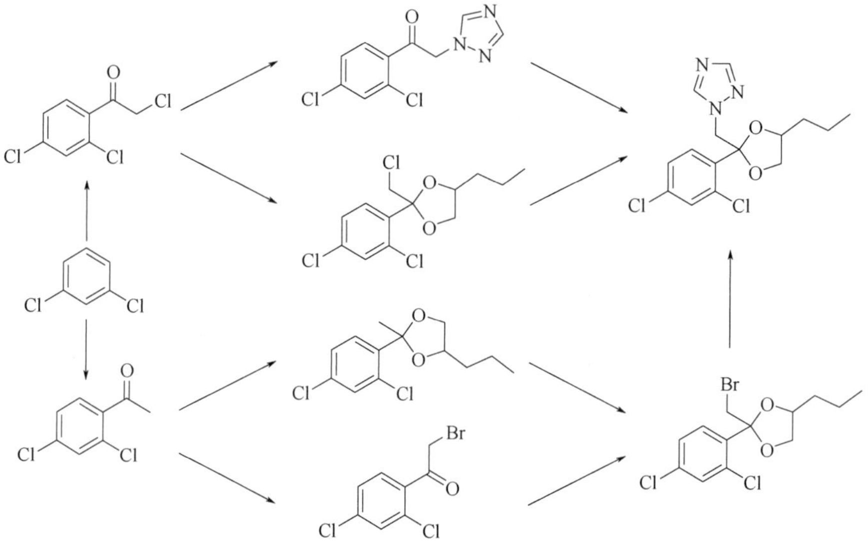

参考文献

[1] Proc.Br.Crop Prot.Conf. —Pests Dis.. 1979, 508-515.

[2] Proc.Br.Crop Prot.Conf. —Pests Dis.. 1981, 291-296.

[3] Proc.Br.Crop Prot.Conf. —Pests Dis.. 1988, 675-680.

[4] Pestic.Sci., 1980, 11(1): 95-99.

[5] Pestic.Sci, 1987, 19(3): 229-234.

戊菌唑（penconazole）

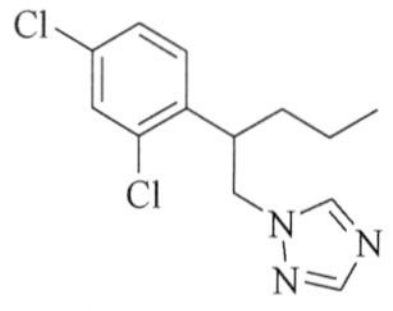

$C_{13}H_{15}Cl_2N_3$，284.2，66246-88-6

戊菌唑（试验代号：CGA 71818，商品名称：Dallas、Pentos、Topas，其他名称：Blin Pen、Donna、Douro、Noidio Gold、Ofir、Omnex、Radar、Relax、Topagro、Topaz、Topaze、Trapez）

是由汽巴-嘉基（现先正达）公司开发的三唑类杀菌剂。

化学名称 1-(2,4-二氯-β-丙基苯乙基)-1H-1,2,4-三唑。IUPAC 名称：(RS)-1-[2-(2,4-dichlorophenyl)pentyl]-1H-1,2,4-triazole。美国化学文摘（CA）系统名称：1-[2-(2,4-dichlorophenyl)pentyl]-1H-1,2,4-triazole。CA 主题索引名称：1H-1,2,4-triazole —, 1-[2-(2,4-dichlorophenyl)pentyl]-。

理化性质 纯品为白色粉状固体，熔点 60.3～61.0℃。沸点>360℃，99.2℃（1.9 Pa）。蒸气压：0.17 mPa（20℃），0.37 mPa（25℃）。相对密度 1.30。分配系数 lgK_{ow}=3.72（pH 5.7，20℃）。Henry 常数 6.6×10^{-4} Pa·m^3/mol（计算）。水中溶解度为 73 mg/L（20～25℃）。其他溶剂中溶解度（g/L，20～25℃）：乙醇 730，丙酮 770，正辛醇 400，甲苯 610，正己烷 24。pH 1～13 水解稳定；温度加热到 350℃稳定。

毒性 急性经口 LD$_{50}$(mg/kg)：大鼠 2125，小鼠为 2444。大鼠急性经皮 LD$_{50}$>3000 mg/kg。对兔皮肤和眼睛无刺激作用，对豚鼠皮肤无致敏性。大鼠吸入 LC$_{50}$(4 h) >4000 mg/m^3。NOEL 数据［mg/(kg·d)］：大鼠 7.3（2 年），小鼠 0.71（2 年），狗 3.0（1 年）。ADI：(JMPR)0.03 mg/(kg·d)(1992)，(EFSA) 0.03 mg/(kg·d)(2008)。无"三致"。

生态效应 山齿鹑和野鸭急性经口 LD$_{50}$>1590 mg/kg；山齿鹑和野鸭饲喂 LC$_{50}$(5 d)>5620 mg/kg 饲料。鱼毒 LC$_{50}$（96 h，mg/L）：虹鳟鱼 1.3，鲤鱼 3.8。水蚤 EC$_{50}$(48 h) 6.7 mg/L。月牙藻 EC$_{50}$(3 d)1.7 mg/L。蜜蜂 LD$_{50}$（经口和局部接触）>200 μg/只。蚯蚓 LC$_{50}$(14 d) >1000 mg/kg。

环境行为 ①动物。口服后，戊菌唑几乎全部通过尿液和粪便排出体外。体内残留不明显，也没有证据证明其在体内积累。②植物。代谢的途径为丙基侧链的羟基化，形成共轭的葡萄糖苷，或代谢为三唑胺和三唑丙氨酸。③土壤/环境。土壤 DT$_{50}$（有氧，20～25℃，实验室）61～188 d，（田间）67～107 d；在土壤中无流动性，正常情况 $K_{oc(ads)}$ 786～4120 mL/g。在水体生物系统中，水中 DT$_{50}$ 2～3 d，吸附到沉积物，沉积物 DT$_{50}$ 505～706 d。在水中无明显水解和光解。主要降解途径是氧化脂肪侧链及两个环系统之间的桥链的断裂，从而形成 1,2,4-三唑。

主要生产商 Syngenta、江苏七洲绿色化工股份有限公司、宁波保税区汇力化工有限公司、浙江禾本科技有限公司、上海美林康精细化工有限公司、苏州恒泰集团有限公司、泰达集团及中化江苏有限公司等。

作用机理与特点 主要作用机理是甾醇脱甲基化抑制剂，破坏和阻止病菌的细胞膜重要组成成分麦角甾醇的生物合成，导致细胞膜不能形成，使病菌死亡。由于具有很好的内吸性，因此可迅速地被植物吸收，并在内部传导，具有很好的保护和治疗活性。

应用

（1）适宜作物与安全性 果树如苹果、葡萄、梨、香蕉，蔬菜和观赏植物等。在推荐剂量下使用，对环境、作物安全。

（2）防治对象 能有效地防治子囊菌、担子菌和半知菌所致病害尤其对白粉病、黑星病等具有优异的防效。

（3）使用方法 茎叶喷雾，使用剂量通常为 25～75 g(a.i.)/hm^2。

专利与登记 专利 GB 1589852 早已过专利期，不存在专利权问题。

国内登记情况 10%、20%、25%水乳剂，10%乳油，30%悬浮剂，25%微乳剂，95%、97%原药；登记作物及防治对象为葡萄白腐病、葡萄白粉病、草莓白粉病、西瓜白粉病等。

意大利艾格汶生命科学有限公司在中国登记情况见表 2-54。

表 2-54　意大利艾格汶生命科学有限公司在中国登记情况

登记名称	登记证号	含量	剂型	登记作物	防治对象	用药量	施用方法
戊菌唑	PD20140263	10%	乳油	葡萄	白腐病	2500～5000 倍液	喷雾
戊菌唑	PD20140136	95%	原药				

合成方法　以 2,4-二氯甲苯为原料，经如下反应即可制得目的物：

参考文献

[1]　The Pesticide Manual.17 th edition: 845-846.

[2]　Pestic Sci, 1991, 31(2): 185.

<h1 style="text-align:center">粉唑醇（flutriafol）</h1>

$C_{16}H_{13}F_2N_3O$，301.3，76674-21-0

粉唑醇（试验代号：PP450，商品名称：Impact、Vincit，其他名称：Atou、Consul、Hercules、Pointer、Takt、Topguard）是由先正达公司开发的三唑类杀菌剂。

化学名称　(RS)-2,4′-二氟-α-(1H-1,2,4-三唑-1-基甲基)二苯基甲醇。IUPAC 名称：(RS)-2,4′-difluoro-α-(1H-1,2,4-triazol-1-ylmethyl)benzhydryl alcohol。美国化学文摘（CA）系统名称：α-(2-fluorophenyl)-α-(4-fluorophenyl)-1H-1,2,4-triazole-1-ethanol。CA 主题索引名称：1H-1,2,4-triazole-1-ethanol —, α-(2-fluorophenyl)-α-(4-fluorophenyl)-。

理化性质　纯品为白色结晶固体。熔点 130℃，蒸气压 $7.1×10^{-6}$ mPa（20℃），分配系数 $\lg K_{ow}$=2.3（20℃），Henry 常数 $1.65×10^{-8}$ Pa·m³/mol。相对密度 1.17（20℃）。水中溶解度 130 mg/L（pH 7，20℃）；有机溶剂中溶解度（g/L，20℃）：丙酮 190，二氯甲烷 150，甲醇 69，二甲苯 12，己烷 0.3。

毒性　大鼠急性经口 LD_{50}（mg/kg）：雄 1140，雌 1480。急性经皮 LD_{50}（mg/kg）：大鼠>1000，兔>2000。对兔眼睛有严重刺激，对兔皮肤无刺激。大鼠吸入 LC_{50}(4 h)>3.5 mg/L。喂养无作

用剂量（mg/kg，90 d）：大鼠 2，狗 5。对大鼠和兔无致畸性，体内研究无细胞遗传毒性，Ames 试验阴性，无致突变性。

生态效应　雌性野鸭急性经口 LD_{50}>5000 mg/kg。饲喂 LC_{50}（5 d，mg/kg）：野鸭 3940，日本鹌鹑 6350。鱼毒 LC_{50}（96 h，mg/L）：虹鳟 61，鲤鱼 77。水蚤 LC_{50}(48 h) 78 mg/L。对蜜蜂低毒，急性口服 LD_{50}>5 μg/只。蚯蚓 LC_{50}(14 d)>1000 mg/kg 干土。

环境行为　粉唑醇对微生物种群以及土壤中的碳氮转换均没有影响。

制剂　12.5%乳油。

主要生产商　Cheminova、江苏丰登作物保护股份有限公司、江苏七洲绿色化工股份有限公司、江苏省激素研究所股份有限公司、宁波保税区汇力化工有限公司、台湾兴农有限公司、泰达集团、盐城利民农化有限公司及浙江华兴化学农药有限公司等。

作用机理与特点　抑制麦角甾醇的生物合成，能引起真菌细胞壁破裂和菌丝的生长。粉唑醇也是具有铲除、保护、触杀和内吸活性的杀菌剂。对担子菌和子囊菌引起的许多病害具有良好的保护和治疗作用，并兼有一定的熏蒸作用，但对卵菌和细菌无活性。该药有较好的内吸作用，通过植物的根、茎、叶吸收，再由维管束向上转移。根部的内吸能力大于茎、叶，但不能在韧皮部作横向或向基输导。粉唑醇不论在植物体内或体外都能抑制真菌的生长。粉唑醇对麦类白粉病的孢子堆具有铲除作用，施药后 5～10 d，原来形成的病斑可消失。

应用

（1）适宜作物与安全性　禾谷类作物如小麦、大麦、黑麦、玉米等，在推荐剂量下对作物安全。

（2）防治对象　粉唑醇具有广谱的杀菌活性，可防治禾谷类作物茎叶、穗病害，还可防治禾谷类作物土传和种传病害。如白粉病、锈病、云纹病、叶斑病、网斑病、黑穗病等。也可防治主要的禾谷类作物的土壤和种传病害。对谷物白粉病有特效。

（3）使用方法　粉唑醇既可茎叶处理，也可种子处理。茎叶处理使用剂量通常为 125 g(a.i.)/hm²，种子处理使用剂量通常为 75～300 mg(a.i.)/kg 种子。防治土传病害用量 75 mg/kg 种子，种传病害用量 200～300 mg/kg 种子。具体应用如下：

① 防治麦类白粉病　用药适期在茎叶零星发病至病害上升期，或上部三叶发病率达 30%～50%时开始喷药，每亩用 12.5%乳油 17 mL（有效成分 2.13 g），对水常量喷雾。

② 防治麦类黑穗病　每 100 kg 种子用 12.5%粉唑醇乳油 200～300 mL（有效成分 25～37.5 g）拌种。先将拌种所需的药量加水调成药浆，调成药浆的量为种子重量的 1.5%，拌种均匀后再播种。

③ 防治麦类锈病　用药适期在麦类锈病盛发前，每亩用 12.5%乳油 33.3～50 mL（有效成分 4.16～6.25 g），对水常量喷雾或低容量喷雾。

④ 防治玉米丝黑穗病　每 100 kg 玉米种子用 12.5%乳油 320～480 mL（有效成分 40～60 g）拌种。先将拌种所需的药量加水调成药浆，调成药浆的量为种子重量的 1.5%，拌种均匀后再播种。

专利与登记　专利 EP 0015756、EP 0047594、EP 0123160、EP 0131684 等均早已过专利期，不存在专利权问题。

国内登记情况　125 g/L、250 g/L、2.5%、25%悬浮剂，95%原药。登记作物为小麦和草莓，防治对象为白粉病和锈病。

合成方法　以氟苯和邻氟苯甲酰氯或邻溴氟苯为原料，通过如下反应制得目的物。

参考文献

[1] The Pesticide Manual.17 th edition: 548-549.

[2] Proc.Int.Congr.Plant Prot. 10th., 1983, 1: 368.

[3] Proc.Int.Congr.Plant Prot. 10th., 1983, 3: 930.

烯效唑（uniconazole）

$C_{15}H_{18}ClN_3O$，291.8，83657-22-1，83657-17-4[(E)-(S)-(+)-]，
83657-16-3[(E)-(R)-(−)-]，76714-83-5[(E)-]。

烯效唑（试验代号：S-07、S-327、XE-1019）商品名称：Unik。烯效唑-P（uniconazole-P），试验代号：S-3307 D，商品名称：Lomica、Prunit、Sumagic、Sumiseven、Sunny。烯效唑是由日本住友化学工业公司和 Valent 开发的植物生长调节剂。

化学名称　(E)-(RS)-1-(4-氯苯基)-4,4-二甲基-2-(1H-1,2,4-三唑-1-基)戊-1-烯-3-醇。IUPAC 名称：(E)-(RS)-1-(4-chlorophenyl)-4,4-dimethyl-2-(1H-1,2,4-triazol-1-yl)pent-1-en-3-ol。美国化学文摘（CA）系统名称：(βE)-β-[(4-chlorophenyl)methylene]-α-(1,1-dimethylethyl)-1H-1,2,4-triazole-1-ethanol。CA 主题索引名称：1H-1,2,4-triazole-1-ethanol —，β-[(4-chlorophenyl)methylene]-α-(1,1-dimethylethyl)-(βE)-。

理化性质　烯效唑　纯品为白色结晶，熔点 147～164℃。蒸气压 8.9 mPa（20℃）。lgK_{ow}=3.67（25℃）。相对密度 1.28（20～25℃）。水中溶解度 8.41 mg/L（20～25℃），有机溶剂中溶解度（g/kg，20～25℃）：己烷 0.3，甲醇 88，二甲苯 7，易溶于丙酮、乙酸乙酯、氯仿和二甲基甲酰胺。在正常贮存条件下稳定。

烯效唑-P　纯品为白色结晶，熔点 152.1～155.0℃。蒸气压 5.3 mPa（20℃），相对密度 1.28（20～25℃）。水中溶解度 8.41 mg/L（20～25℃），有机溶剂中溶解度（g/kg，20～25℃）：己烷 0.2，甲醇 72。在正常贮存条件下稳定。闪点 195℃。

毒性　烯效唑　狗 NOEL（1 年）2 mg/kg，ADI 值 0.2 mg/kg。烯效唑-P　急性经口 LD$_{50}$（mg/kg）：雄大鼠 2020，雌大鼠 1790。大鼠急性经皮 LD$_{50}$>2000 mg/kg，大鼠吸入 LC$_{50}$(4 h)>2750 mg/m³。对兔皮肤无刺激性，对兔眼睛有轻微刺激性。

生态效应　烯效唑-P，鱼毒 LC_{50}（96 h，mg/L）：虹鳟鱼 14.8，鲤鱼 7.64。蜜蜂急性接触 LD_{50}>20 µg/只。

制剂　5%乳油，5%可湿性粉剂。

主要生产商　江苏七洲绿色化工股份有限公司、泰达集团、盐城利民农化有限公司及住友化学株式会社等。

作用机理与特点　三唑类广谱植物生长调节剂，是赤霉素合成抑制剂。对草本或木本单子叶或双子叶植物均有强烈的抑制生长作用。主要抑制节间细胞的伸长，延缓植物生长。药液被植物的根吸收，在植物体内进行传导。茎叶喷雾时，可向上内吸传导，但没有向下传导的作用。此外，还是麦角甾醇生物合成抑制剂，它有四种立体异构体。现已证实，E 型异构体活性最高，它的结构与多效唑类似，只是烯效唑有碳双链，而多效唑没有，这是烯效唑比多效唑持效期短的一个原因。同时烯效唑 E 型结构的活性是多效唑的 10 倍以上。若烯效唑的四种异构体混合在一起，则活性大大降低。

应用　烯效唑适用于大田作物、蔬菜、观赏植物、果树和草坪等，可喷雾和土壤处理，具有矮化植株作用，通常不会产生畸形。此外，还用于观赏植物降低植株高度，促进花芽形成，增加开花。用于树和灌木，减少营养生长。用于水稻，降低植株高度和抗倒伏。

观赏植物以 10～200 mg/L 喷雾，以 0.1～0.2 mg/盆浇灌，或于种植前以 10～100 mg/L 浸根（球茎、鳞茎）数小时。水稻以 10～100 mg/L 喷雾，以 10～50 mg/L 进行土壤处理。小麦、大麦以 10～100 mg/L 溶液喷雾。草坪以 0.1～1.0 kg/hm² 进行喷雾或浇灌。施药方法有根施、喷施及种芽浸渍等。具体应用如下：

（1）水稻　经烯效唑处理的水稻具有控长促蘖效应和增穗增产效果。早稻浸种浓度以 500～1000 倍液为宜；晚稻的常规粳稻、糯稻等杂交稻浸种以 833～1000 倍液为宜，种子量和药液量比为(1∶1)～(1∶1.2)。浸种 36～48 h，杂交稻为 24 h，或间歇浸种，整个浸种过程中要搅拌两次，以便使种子受药均匀。

（2）小麦　烯效唑拌（闷）种，可使分蘖提早，年前分蘖增多（单株增蘖 0.5～1 个），成穗率高。一般按每公顷播种量 150 kg 计算，用 5%烯效唑可湿性粉剂 4.5 g，加水 22.5L，用喷雾器喷施到麦粒上，边喷雾边搅拌，手感潮湿而无水流，经稍摊晾后直接播种或置于容器内堆闷 3 h 后播种，如播种前遇雨，未能及时播种，即摊晾伺机播种，无不良影响，但不能耽误过久。播种后注意浅覆土。也可在小麦拔节前 10～15 d，或抽穗前 10～15 d，每公顷用 5%烯效唑可湿性粉剂 400～600 g，加水 400～600 L，均匀喷雾。

（3）大豆　于大豆始花期喷雾，每公顷用 5%可湿性粉剂 450～750 g，加水 450～750 L 均匀喷雾，对降低大豆花期株高、增加结荚数、提高产量有一定效果。

专利与登记　专利 US 4203995、GB 2004276、US 4435203 均早已过专利期，不存在专利权问题。国内登记情况：5%烯效唑乳油，5%烯效唑可湿性粉剂，2%甲戊·烯效唑乳油，0.75%芸苔·烯效唑水剂，90%烯效唑原药；登记作物为水稻、草坪、烟草、油菜、花生、小麦。

合成方法　烯效唑制备方法较多，最佳方法：以频哪酮为起始原料，经氯化或溴化，制得一氯（溴）频哪酮，然后在碱存在下，与 1,2,4-三唑反应，生成 α-三唑基频哪酮，再与对氯苯甲醛缩合，得到 E- 和 Z-酮混合物；Z-酮通过胺催化剂异构化成 E-异构体（E-酮），然后用硼氢化钠还原，即得烯效唑。反应式如下：

参考文献

[1] 日本农药学会志, 1987, 12(4): 627-634.
[2] 日本农药学会志, 1991, 16(2): 211-221.

己唑醇（hexaconazole）

$C_{14}H_{17}Cl_2N_3O$，314.2，79983-71-4

己唑醇（试验代号：PP523、ICIA0523，商品名称：Anvil、Canvil、Conazole、Contaf、Estense、Force、Planete、Silicon，其他名称：Blin exa、Conquer、Elexa、Hexar、Hexol、Hilzole、Huivil、Krizole、Nodul、Proseed、Roshan、Samarth、Sitara、Trigger、Vapcovil、Xantho）是由先正达公司开发的三唑类杀菌剂。

化学名称 (RS)-2-(2,4-二氯苯基)-1-(1H-1,2,4-三唑-1-基)-己-2-醇。IUPAC 名称：(RS)-2-(2,4-dichlorophenyl)-1-(1H-1,2,4-triazol-1-yl)hexan-2-ol。美国化学文摘（CA）系统名称：α-butyl-α-(2,4-dichlorophenyl)-1H-1,2,4-triazole-1-ethanol。CA 主题索引名称：1H-1,2,4-triazole-1-ethanol —, α-butyl-α-(2,4-dichlorophenyl)-。

理化性质 原药纯度>85%。其纯品为无色晶体，熔点 110～112℃，蒸气压 0.018 mPa（20℃），相对密度 1.29。分配系数 $\lg K_{ow}=3.9$（20℃）。Henry 常数 3.33×10^{-4} Pa·m³/mol（计算）。水中溶解度为 17 mg/L（20～25℃）。其他溶剂中溶解度（g/L，20～25℃）：二氯甲烷 336，甲醇 246，丙酮 164，乙酸乙酯 120，甲苯 59，己烷 0.8。稳定性：室温放置 6 年稳定；水溶液对光稳定，且不分解；制剂在 50℃以下至少 6 个月内不分解，室温 2 年不分解。在土壤中快速降解。

毒性 急性经口 LD_{50}（mg/kg）：雄大鼠 2189，雌大鼠为 6071。大鼠急性经皮 LD_{50}>2000 mg/kg。对兔皮肤无刺激作用，但对眼睛有中度刺激作用。大鼠吸入 LC_{50}(4 h)>5.9 mg/L。NOEL 数据［2 年，mg/(kg·d)］：大鼠 10，小鼠 40。ADI 值 0.005 mg/kg。

生态效应 山齿鹑急性经口 LD_{50}>4000 mg/kg。虹鳟鱼 LC_{50}(96 h) 3.4 mg/L。水蚤 LC_{50}(48 h) 2.9 mg/L。蜜蜂 LD_{50}(48 h) >0.1 mg/只（经口和接触）。蚯蚓 LC_{50}(14 d) 414 mg/kg。

环境行为 ①动物。在哺乳动物体内非常容易通过排泄代谢到体外，在器官和组织中无明显残留。②植物。己唑醇对谷物的代谢细节见 Br. Crop Prot. Conf. —Pests Dis. (1990, 3: 1035-1040)。③土壤/环境。实验室试验表明其可以在土壤中迅速降解。

制剂 5%、10%、11%、25%、27%、30%、33%、40%悬浮剂，5%、10%微乳剂，40%、50%水分散粒剂。

主要生产商 Astec、Bharat、Devidayal、Dongbu Fine、Hui Kwang、Punjab、Rallis、Sharda、Sudarshan、Syngenta、安徽华星化工股份有限公司、江苏丰登作物保护股份有限公司、连云港立本农药化工有限公司、利民化工股份有限公司、宁波保税区汇力化工有限公司、江苏七洲绿色化工股份有限公司、上海生农生化制品有限公司、泰达集团及盐城利民农化有限公司等。

作用机理与特点 甾醇脱甲基化抑制剂，破坏和阻止病菌的细胞膜重要组成成分麦角甾醇的生物合成，导致细胞膜不能形成，使病菌死亡。具有内吸性、保护和治疗活性。

应用

（1）适宜作物与安全性 果树如苹果、葡萄、香蕉，蔬菜（瓜果、辣椒等），花生，咖啡，禾谷类作物和观赏植物等。尽管在推荐剂量下使用，对环境、作物安全；但有时对某些苹果品种有药害。

（2）防治对象 能有效地防治子囊菌、担子菌和半知菌所致病害尤其是对担子菌亚门和子囊菌亚门引起的病害如白粉病、锈病、黑星病、褐斑病、炭疽病等有优异的保护和铲除作用。

（3）使用方法 茎叶喷雾，使用剂量通常为 $15 \sim 250$ g(a.i.)/hm^2。以 $10 \sim 20$ mg/L 喷雾，能有效地防治苹果白粉病、苹果黑星病、葡萄白粉病；以 $20 \sim 50$ mg/L 喷雾，可有效防治咖啡锈病或以 30 g(a.i.)/hm^2 防治咖啡锈病，效果优于三唑酮［250 g(a.i.)/hm^2］；以 $20 \sim 50$ g(a.i.)/hm^2 可防治花生褐斑病；以 $15 \sim 20$ mg/L 可防治葡萄白粉病和黑腐病。

专利与登记 专利 GB 2064520 早已过专利期，不存在专利权问题。在国内登记情况：5%、10%、11%、25%、27%、30%、33%、40%悬浮剂，5%、10%微乳剂，40%、50%水分散粒剂，95%原药。登记作物为葡萄、水稻、苹果树等，防治对象为白粉病、斑点落叶病和稻曲病等。

合成方法 以间二氯苯为原料，先经酰化反应制得 2,4-二氯苯基丁基酮；再与(CH$_3$)$_3$SO$^+$I$^-$ 反应，得到 2-丁基-2-(2,4-二氯苯基)环氧乙烷；最后在碱存在下，与三唑反应，即制得己唑醇。反应式如下：

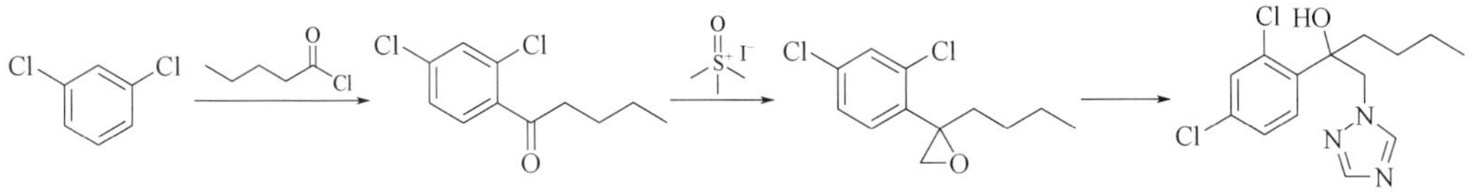

参考文献

[1] Proc.Crop Prot.Conf. —Pests and Dis., 1986, 363～370.

[2] The Pesticide Manual.17 th edition: 599-600.

烯唑醇（diniconazole）

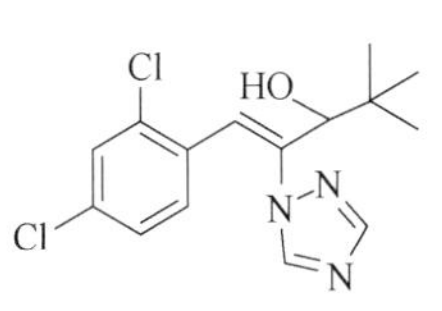

C$_{15}$H$_{17}$Cl$_2$N$_3$O，326.2，83657-24-3

烯唑醇（试验代号：S-3308 L、XE-779，商品名称：Spotless、Sumi-8，其他名称：Alyans、Dinizol、Embassador、Kalinomix、Kopa、Mastil、Nemesis、Shilituo、速保利）是日本住友化学工业株式会社开发生产的三唑类广谱内吸性杀菌剂。

化学名称　(*E*)-(*RS*)-1-(2,4-二氯苯基)-4,4-二甲基-2-(1*H*-1,2,4-三唑-1-基)戊-1-烯-3-醇。IUPAC 名称：(*E*)-(*RS*)-1-(2,4-dichlorophenyl)-4,4-dimethyl-2-(1*H*-1,2,4-triazol-1-yl) pent-1-en-3-ol。美国化学文摘（CA）系统名称：(*βE*)-*β*-[(2,4-dichlorophenyl)methylene]-*α*-(1,1-dimethylethyl)-1*H*-1,2,4-triazole-1-ethanol。CA 主题索引名称：1*H*-1,2,4-triazole-1-ethanol —, *β*-[(2,4-dichlorophenyl)methylene]-*α*-(1,1-dimethylethyl)-(*βE*)-。

理化性质　原药为白色结晶状固体，熔点 134～156℃，蒸气压 2.93 mPa（20℃）；4.9 mPa（25℃）。分配系数 $\lg K_{ow}$=4.3（25℃），相对密度 1.32（20～25℃）。溶解度：水中溶解度 4 mg/L（20～25℃）；有机溶剂中溶解度（g/kg，20～25℃）：丙酮 95，甲醇 95，二甲苯 14，正己烷 0.7。在光、热和潮湿条件下稳定。

毒性　大鼠急性经口 LD_{50}（mg/kg）：雄大鼠 639，雌大鼠 474。大鼠急性经皮 LD_{50}>5000 mg/kg。对兔眼睛有轻微刺激性；对兔皮肤无刺激作用。对豚鼠无皮肤致敏性。大鼠吸入 LC_{50}(4 h)>2770 mg/L。ADI 值 0.007 mg/kg。

生态效应　鸟类急性经口 LD_{50}（mg/kg）：山齿鹑 1490，野鸭>2000。野鸭饲喂 LC_{50}(8 d) 5075 mg/kg。鱼毒 LC_{50}（96 h，g/L）：虹鳟鱼 1.58，日本鳉鱼 6.84，鲤鱼 4.0。蜜蜂急性接触 LD_{50}>20 μg/只。

环境行为　①动物。烯唑醇被大鼠口服后在体内可迅速通过甲基叔丁基的羟基化代谢。7 天之内，52%～87%的烯唑醇以粪便的形式排出体外，13%～46%以尿液的形式排泄掉。②植物。在谷类作物中的半衰期为几周。

制剂　2%、2.5%、5%、12.5%可湿性粉剂，5%乳油，5%拌种剂。

主要生产商　江苏七洲绿色化工股份有限公司、上海艾农国际贸易有限公司、沈阳丰收农药有限公司、泰达集团、盐城利民农化有限公司及住友化学株式会社等。

作用机理与特点　烯唑醇属三唑类杀菌剂，在真菌的麦角甾醇生物合成中抑制 14*α*-脱甲基化作用，引起麦角甾醇缺乏，导致真菌细胞膜不正常，最终真菌死亡，持效期长久。对人畜、有益昆虫、环境安全。烯唑醇是具有保护、治疗、铲除作用的广谱性杀菌剂；对子囊菌、担子菌引起的多种植物病害如白粉病、锈病、黑粉病、黑星病等有特效。另外，还对尾孢霉、球腔菌、核盘菌、菌核菌、丝核菌引起的病害有良效。

应用

（1）适宜作物与安全性　玉米、小麦、花生、苹果、梨、黑穗醋栗、咖啡、蔬菜、花卉等。推荐剂量下对作物安全。本品不可与碱性农药混用。

（2）防治对象　可防治子囊菌、担子菌和半知菌引起的许多真菌病害。对子囊菌和担子菌有特效，适用于防治麦类散黑穗病、腥黑穗病、坚黑穗病、白粉病、条锈病、叶锈病、秆锈病、云纹病、叶枯病，玉米、高粱丝黑穗病，花生褐斑病、黑斑病，苹果白粉病、锈病，梨黑星病，黑穗醋栗白粉病以及咖啡、蔬菜等的白粉病、锈病等病害。

（3）使用方法　烯唑醇具有保护、治疗、铲除和内吸向顶传导作用，常作为种子处理剂防治种传病害。具体使用如下：

①防治小麦黑穗病　每 100 kg 小麦种子用 12.5%烯唑醇可湿性粉剂 240～640 g 拌种，可按各地习惯，湿拌或干拌均可。

②防治小麦白粉病、条锈病　每 100 kg 种子用 12.5%烯唑醇可湿性粉剂 120～160 g 拌种。

③ 防治小麦白粉病、条锈病、叶锈病、秆锈病、云纹病、叶枯病 感病前或发病初期每亩 12.5%烯唑醇可湿性粉剂 12～32 g，对水喷雾。

④ 防治黑穗醋栗白粉病 感病初期用 12.5%烯唑醇可湿性粉剂 2500～4000 倍液喷雾。

⑤ 防治苹果白粉病、锈病 感病初期用 12.5%烯唑醇可湿性粉剂 3125～6250 倍液喷雾。

⑥ 防治梨黑星病 感病初期用 12.5%烯唑醇可湿性粉剂 3125～6250 倍液喷雾。

⑦ 防治花生褐斑病、黑斑病 感病初期每亩用 12.5%烯唑醇可湿性粉剂 16～48 g，对水喷雾。

专利与登记 专利 DE 2838847、EP 262589、DE 3010560 等均已过专利期，不存在专利权问题。国内登记情况：12%、12.5%、17.5%、18%、30%可湿性粉剂，10%、15%、25%乳油，80%、85%、95%、96%原药等，登记作物花生、小麦、梨树等，防治对象叶斑病、白粉病、黑星病等。

合成方法 以甲基叔丁基甲酮、2,4-二氯苯甲醛为原料，经如下反应即可制得烯唑醇：

参考文献

[1] The Pesticide Manual. 17 th edition: 372-374.

[2] 毕强. 高效农用杀菌剂——烯唑醇的合成. 上海化工, 1997(4): 7-10.

[3] 夏红英, 段先志, 涂远明, 等. 烯唑醇合成工艺研究. 农药, 2001(12): 12-14.

[4] 傅定一. 烯唑醇的合成研究. 农药, 2002(2): 10-12.

[5] 傅定一. 烯唑醇合成工艺述评. 农药, 2002(9): 6-9.

高效烯唑醇（diniconazole-M）

$C_{15}H_{17}Cl_2N_3O$，326.2，83657-18-5

高效烯唑醇是日本住友化学工业株式会社开发的三唑类广谱内吸性杀菌剂。为烯唑醇的单一光活性有效体。

化学名称 (E)-(R)-1-(2,4-二氯苯基)-4,4-二甲基-2-(1H-1,2,4-三唑-1-基)戊-1-烯-3-醇。IUPAC 名称：(E)-(R)-1-(2,4-dichlorophenyl)-4,4-dimethyl-2-(1H-1,2,4-triazol-1-yl) pent-1-en-3-ol。美国化学文摘（CA）系统名称：(αR,βE)-β-[(2,4-dichlorophenyl)methylene]-α-(1,1-dimethylethyl)-1H-1,2,4-triazole-1-ethanol。CA 主题索引名称：1H-1,2,4-triazole-1-ethanol —, β-[(2,4-dichlorophenyl)methylene]-α-(1,1-dimethylethyl)-(βE)-diniconazole -(αR,βE)-。

理化性质 原药为无色结晶状固体，熔点 169～170℃。

主要生产商 江苏七洲绿色化工股份有限公司、上海艾农国际贸易有限公司、沈阳丰收农药有限公司、泰达集团、盐城利民农化有限公司及住友化学株式会社等。

作用机理与特点　与烯唑醇一样为麦角甾醇生物合成抑制剂。

应用　与烯唑醇一样，但活性高于烯唑醇。

专利与登记　专利 US 4435203 已过专利期，不存在专利权问题。

国内登记情况　12.5%、27%、47%可湿性粉剂，74.5%原药，登记作物梨树，防治对象黑星病。

合成方法　主要有如下两种。

（1）以烯唑醇为原料，经如下反应制得：

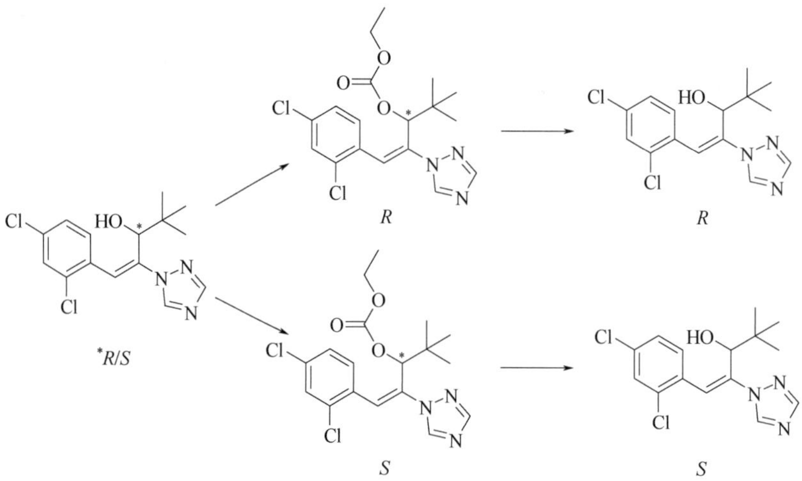

（2）以烯唑醇中间体酮为原料，在手性试剂如(+)-2-*N*,*N*-dimethylamino-1-phenylethanol、(+)-*N*-methylephedrine、(+)-2-*N*-benzyl-*N*-methylamino-1-phenylethanol 存在下，经不对称还原反应后即可制得高收率如 98%的高效烯唑醇：

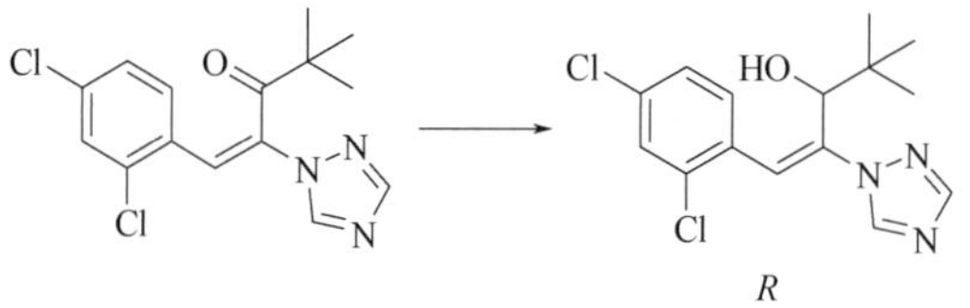

参考文献

[1]　The Pesticide Manual.17th edition: 372-374.

氟硅唑（flusilazole）

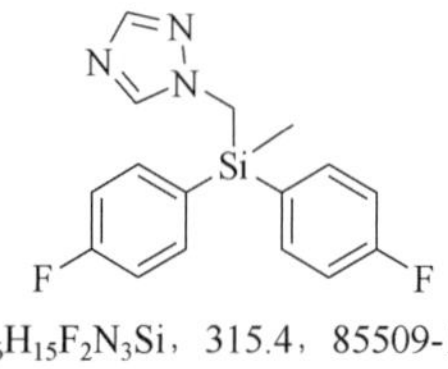

C$_{16}$H$_{15}$F$_2$N$_3$Si，315.4，85509-19-9

氟硅唑（试验代号：M&B 36892，商品名称：Capitan、Nustar、Olymp、Punch、Sanction、Snatch，其他名称：Alert S、Benocap、Charisma、Colstar、Contrast、Genie 25、Escudo、Falcon、

Fusion、Initial、Lyric、Pluton、Punch C、Vitipec Duplo Azul、福星）是美国杜邦公司开发的含硅新型三唑类杀菌剂。

化学名称 双(4-氟苯基)(甲基)(1H-1,2,4-三唑-1-基甲基)硅烷或 1-{[双(4-氟苯基)(甲基)硅基]甲基}-1H-1,2,4-三唑。IUPAC 名称：bis(4-fluorophenyl)(methyl)(1H-1,2,4-triazol -1-ylmethyl) silane 或 1-[[bis(4-fluorophenyl)(methyl)silyl]methyl]-1H-1,2,4-triazole。美国化学文摘（CA）系统名称：1-[[bis(4-fluorophenyl)methylsilyl]methyl]-1H-1,2,4-triazole。CA 主题索引名称：1H-1,2,4-triazole —, 1-[[bis(4-fluorophenyl)methylsilyl]methyl]-。

理化性质 纯品为白色无味晶体，含量为 92.5%。熔点 53～55℃，蒸气压 3.9×10^{-2} mPa（25℃），分配系数 lgK_{ow}=3.74（pH 7，25℃），Henry 常数 2.7×10^{-4} Pa·m^3/mol（pH 8，25℃）。相对密度 1.30。水中溶解度（mg/L，20～25℃）：45（pH 7.8）、54（pH 7.2）、900（pH 1.1）；易溶于许多有机溶剂中，溶解度>2 kg/L。稳定性：正常贮存条件下稳定保存 2 年以上。对光稳定，在 310℃以下稳定。弱碱性，pK_a 2.5。

毒性 急性经口 LD$_{50}$（mg/kg）：雄大鼠 1100，雌大鼠 674。兔急性经皮 LD$_{50}$>2000 mg/kg。对兔皮肤和眼睛有轻微刺激，但无皮肤过敏现象。无致突变性。大鼠急性吸入 LC$_{50}$（mg/L 空气）：雄大鼠 27，雌大鼠 3.7。NOEL 喂养试验无作用剂量（mg/kg）：大鼠 10（2 年），狗 5（1 年），小鼠 25（1.5 年）。ADI 值为 0.007 mg/kg。

生态效应 野鸭急性经口 LD$_{50}$>1590 mg/kg，鱼毒 LC$_{50}$（96 h，mg/L）：虹鳟鱼 1.2，大翻车鱼 1.7。水蚤 LC$_{50}$(48 h)3.4 mg/L。对蜜蜂无毒，LD$_{50}$>150 μg/只。

环境行为 不同种类土壤试验结果表明平均 DT$_{50}$为 95 d。

制剂 40%乳油，10%、25%水乳剂，8%、15%、25%微乳剂，20%可湿性粉剂。

主要生产商 杜邦、山东亿嘉农化有限公司、安徽华星化工股份有限公司及天津久日化学股份有限公司等。

作用机理与特点 主要作用机理是甾醇脱甲基化抑制剂，破坏和阻止病菌的细胞膜重要组成成分麦角甾醇的生物合成，导致细胞膜不能形成，使病菌死亡。具有内吸性、保护和治疗活性。

应用

（1）适宜作物与安全性 苹果、梨、黄瓜、番茄和禾谷类等。梨肉的最大残留限量为 0.05 μg/g，梨皮为 0.5 μg/g，安全间隔期为 18 d。为了避免病菌对氟硅唑产生抗性，一个生长季内使用次数不宜超过 4 次，应与其他保护性药剂交替使用。

（2）防治对象 可用于防治子囊菌亚门、担子菌亚门和半知菌亚门真菌引起的多种病害如苹果黑星菌、白粉病，麦类核腔菌、壳针孢属菌、葡萄钩丝壳菌、葡萄球座菌引起的病害如眼点病、锈病、白粉病、颖枯病、叶斑病等，以及甜菜上的多种病害。对梨、黄瓜黑星病，花生叶斑病，番茄叶霉病亦有效。持效期约 7 d。

（3）使用方法 氟硅唑对许多经济上重要作物的多种病害具有优良的防效。在多变的气候条件和防治病害有效剂量下，没有药害。对主要的禾谷类病害，包括斑点病、颖枯病、白粉病、锈病和叶斑病，施药 1～2 次；对叶、穗病害施药两次，一般能获得较好的防治效果。防治斑点病的剂量为 60～200 g/hm^2，而对其他病害，160 g/hm^2 或较低剂量下即能得到满意的效果。根据作物及不同病害，其使用剂量通常为 60～200 g/hm^2。

① 梨黑星病 在梨黑星病发生初期开始每隔 7～10 d 喷雾 1 次 40%氟硅唑乳油 8000～10000 倍液，连喷 3～4 次，能有效防治梨黑星病，并可兼治梨赤星病。发病高峰期或雨水大的季节，喷药间隔期可适当缩短。

② 苹果黑星病和白粉病　在低剂量下，可应用多种喷洒方法，间隔期 14 d，可有效地防治叶片和果实黑星病和白粉病。该药剂不仅有保护活性，并在侵染后长达 120 h 还具有治疗活性。对如基腐病这样的夏季腐烂病和霉污病无效。对叶片或果座的大小或形状都没明显药害。

③ 葡萄白粉病　在很低剂量下就可防治葡萄白粉病，也可兼治黑腐病。

④ 甜菜病害　用 80 g/hm² 剂量可有效地防治甜菜上的多种病害如叶斑病，施药间隔期为 14 d。

⑤ 黄瓜黑星病、番茄叶霉病　在发病初期用 40%氟硅唑乳油 7000～8000 倍液喷雾，以后间隔 7～10 d 再喷 1 次。

⑥ 花生病害　以 70～100 g/hm² 剂量可有效地防治花生晚叶斑病和早叶斑病。

⑦ 禾谷类病害　以 80～160 g/hm² 剂量可有效地防治禾谷类叶和穗病害如叶锈病、颖枯病、叶斑病和白粉病等。

专利与登记　专利 EP 0068813 早已过专利期，不存在专利权问题

国内登记情况　40%、400 g/L 乳油，10%、25%水乳剂，8%、15%、25%微乳剂，20%可湿性粉剂，93%、95%原药，登记作物葡萄、梨、番茄、黄瓜、苹果等，防治对象黑痘病、黑星病、叶霉病、白粉病、轮纹病等。

合成方法　氯代甲基二氯甲硅烷在低温下与氟苯、丁基锂或对应的格氏试剂反应，制得双(4-氟苯基)甲基氯代甲基硅烷，再在极性溶剂中与 1,2,4-三唑钠盐反应，即制得产品。

参考文献

[1] 李德良，段先志，吴赣章. 氟硅唑杀菌剂合成方法改进. 江西化工，2009(2): 91-94.

[2] 孙晓泉，陆涛. 高效有机硅杀菌剂氟硅唑的工艺改进. 山西化工，2008(3): 5-7.

[3] 马清海，毛向群. 杀菌剂氟硅唑的合成. 河北化工，2006(1): 32.

[4] Proc. Br. Crop Prot. Conf. —Pests and Dis., 1984, 413.

亚胺唑（imibenconazole）

$C_{17}H_{13}Cl_3N_4S$，411.7，86598-92-7

亚胺唑（试验代号：HF-6305、HF-8505，商品名称：Manage、Manage-Trebon，其他名称：Hwaksiran）是由日本北兴化学工业公司开发的三唑类杀菌剂。

化学名称　4-氯苄基 N-2,4-二氯苯基-2-(1H-1,2,4-三唑-1-基)硫代乙酰胺酯。IUPAC 名称：

4-chlorobenzyl *N*-(2,4-dichlorophenyl)-2-(1*H*-1,2,4-triazol-1-yl)thioacetamidate。美国化学文摘（CA）系统名称：(4-chlorophenyl)methyl *N*-(2,4-dichlorophenyl)-1*H*-1,2,4-triazole-1-ethanimidothioate。CA 主题索引名称：1*H*-1,2,4-triazole-1-ethanimidothioic acid —, *N*-(2,4-dichlorophenyl)-(4-chlorophenyl)methyl ester。

理化性质　纯品为浅黄色晶体，熔点 89.5～90℃，蒸气压 8.5×10^{-5}mPa（25℃）。分配系数 lgK_{ow}=4.94。水中溶解度 1.7 mg/L（20℃），有机溶剂中溶解度（25℃，g/L）：丙酮 1063，甲醇 120，二甲苯 250，苯 580。在弱碱性介质中稳定，酸性和强碱性介质中不稳定；25℃时，DT$_{50}$<1 d（pH 1），14.5 d（pH 5），186 d（pH 7），62.1 d（pH 9），<1 d（pH 13）。

毒性　急性经口 LD$_{50}$（mg/kg）：雄大鼠为 2800，雌大鼠 3000，雄、雌小鼠>5000。雄、雌大鼠急性经皮>2000 mg/kg。对兔眼睛有轻微刺激作用，对皮肤无刺激作用。对豚鼠皮肤有轻微过敏现象。大鼠急性吸入 LC$_{50}$(4 h)>1020 mg/L。大鼠两年定量喂养试验无作用剂量为 100 mg/kg。无致突变作用。

生态效应　山齿鹑和野鸭急性经口 LD$_{50}$>2250 mg/kg。鱼 LC$_{50}$（96 h，mg/L）：大翻车鱼 1.0，虹鳟鱼 0.67，鲤鱼 0.84。水蚤 LC$_{50}$ (96 h) >100 mg/L。蜜蜂 LD$_{50}$（μg/只）：>125（经口），>200（接触）。蚯蚓 LC$_{50}$ (14 h) >1000 mg/kg 土壤。

环境行为　①动物。大鼠口服能够迅速代谢和消除。主要代谢产物是 2′,4′-二氯-(1*H*-1,2,4-三唑基-1)乙酰苯胺。②植物。主要应用于葡萄和苹果，其代谢、降解都很快，主要代谢产物是 2′,4′-二氯-(1*H*-1,2,4-三唑基-1)乙酰苯胺。③土壤/环境。可以快速降解：DT$_{50}$（实验室）4～20 d，（田间）1～28 d。K_{oc} 2813～23391。

制剂　5%、15%可湿性粉剂。

主要生产商　Hokko。

作用机理与特点　主要作用机理是破坏和阻止病菌的细胞膜重要组成成分麦角甾醇的生物合成，从而破坏细胞膜的形成，导致病菌死亡。亚胺唑是广谱新型杀菌剂，具有保护和治疗作用。喷到作物上后能快速渗透到植物体内，耐雨水冲刷。

应用

（1）适宜作物与安全性　水果、蔬菜、果树、禾谷类作物和观赏植物等。在推荐剂量下使用，对环境、作物安全。

（2）防治对象　能有效地防治子囊菌、担子菌和半知菌所致病害如桃、日本杏、柑橘树疮痂病，梨黑星病、锈病，苹果黑星病、锈病、白粉病、轮斑病，葡萄黑痘病，西瓜、甜瓜、烟草、玫瑰、日本卫茅、紫薇白粉病，花生褐斑病，茶炭疽病，玫瑰黑斑病，菊、草坪锈病等。尤其对柑橘疮痂病、葡萄黑痘病、梨黑星病具有显著的防治效果。对藻类真菌无效。

（3）应用技术　亚胺唑属唑类广谱杀菌剂是叶面内吸性杀菌剂，土壤施药不能被根吸收。田间试验表明，以 25～75 g(a.i.)/m³ 能有效防治苹果黑星病；75 g(a.i.)/m³ 能有效防治葡萄白粉病；以 15 g(a.i.)/100 kg 处理小麦处子，能防治小麦网腥黑粉菌；在 120 g/100 kg 种子剂量下对作物仍无药害。每亩喷药液量一般为 100～300 L，可视作物大小而定，以喷至作物叶片湿透为止。

（4）使用方法　亚胺唑推荐使用剂量为 60～150 g(a.i.)/hm²。具体使用方法如下：

① 防治柑橘疮痂病　用 5%亚胺唑 600～900 倍液或每 100 L 水加 5%亚胺唑 111～167 g，第一次喷药宜在春芽刚开始萌发时进行；第二次在花落 2/3 时进行，以后每隔 10 d 喷药 1 次，共喷 3～4 次（5～6 月份多雨和气温不很高的年份要适当增加喷药次数）。

② 防治葡萄黑痘病　用 5%亚胺唑 800～1000 倍液或每 100 L 水加 5%亚胺唑 100～125 g，于春季新梢生长达 10 cm 时喷第 1 次药（发病严重地区可适当提早喷药），以后每隔 10～15 d 喷药 1 次，共喷 4～5 次。遇雨水较多时，要适当缩短喷药间隔期和增加喷药次数。

③ 防治梨黑星病　用 5%亚胺唑 1000～1200 倍液或每 100 L 水加 5%亚胺唑 83～100g，于发病初期开始喷药，每隔 7～10 d 喷药 1 次，连续喷 5～6 次，不超过 6 次。

专利与登记　专利 DE 32238306 早已过专利期，不存在专利权问题。

国内登记情况　5%、15%可湿性粉剂，登记作物为梨树和苹果树等，防治对象为黑星病、黑痘病等。日本北兴化学工业株式会社在中国登记情况见表 2-55。

表 2-55　日本北兴化学工业株式会社在中国登记情况

登记名称	登记证号	含量	剂型	登记作物	防治对象	用药量/(mg/kg)	施用方法
亚胺唑	PD276-99	15%	可湿性粉剂	梨树	黑星病	43～50	喷雾
亚胺唑	PD283-99	5%	可湿性粉剂	苹果树	斑点落叶病	71.4～83.3	喷雾
				柑橘树	疮痂病	55.6～83.3	
				葡萄	黑痘病	62.5～83.3	
				青梅	黑星病	62.5～83.3	
				梨树	黑星病	43～50	

合成方法　以 2,4-二氯苯胺为原料，经酰胺化等四步反应制得亚胺唑。反应式如下：

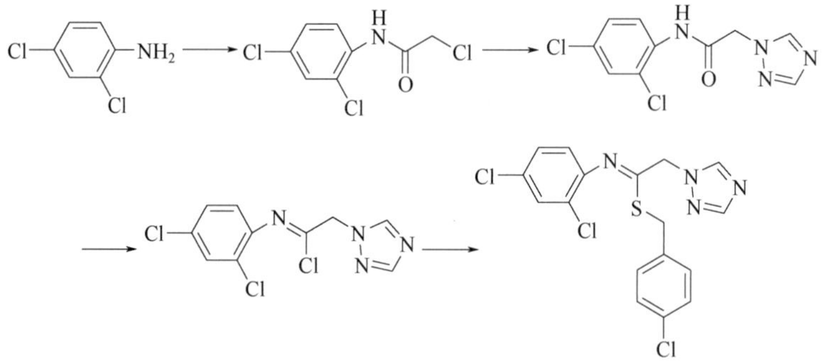

参考文献

[1]　The Pesticide Manual.17 th edition: 626-627.

[2]　Proc. Brighton Crop Prot. Conf. —Pests Dis., 1988, 519.

腈菌唑（myclobutanil）

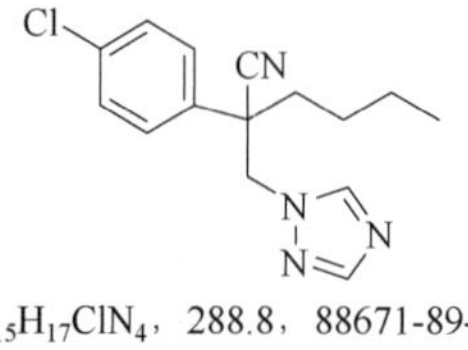

$C_{15}H_{17}ClN_4$，288.8，88671-89-0

腈菌唑（试验代号：RH-3866，商品名称：Laredo、Mytonil、Nova、Pudong、Rally、Sun-Ally、Systhane，其他名称：Aristocrat、Boon、Duokar、Eagle、Ganzo、Latino、Makuro、Masalon、

Mycloss、Mycloss Fort、Nu-Flow、Pilarsys、Secret、Spera、Thiocur）是由 Rohm&Haas（现为道农业科学）公司开发的三唑类杀菌剂。

化学名称　2-对氯苯基-2-(1*H*-1,2,4-三唑-1-基甲基)己腈或 2-(4-氯苯基)-2-(1*H*-1,2,4-三唑-1-基甲基)己腈。IUPAC 名称：2-*p*-chlorophenyl-2-(1*H*-1,2,4-triazol-1-ylmethyl)hexanenitrile or 2-(4-chlorophenyl)-2-(1*H*-1,2,4-triazol-1-ylmethyl)hexanenitrile。美国化学文摘（CA）系统名称：*α*-butyl-*α*-(4-chlorophenyl)-1*H*-1,2,4-triazole-1-propanenitrile。CA 主题索引名称：1*H*-1,2,4-triazole-1-propanenitrile —, *α*-butyl-*α*-(4-chlorophenyl)-。

理化性质　原药为淡黄色固体，熔点 70.9℃。沸点 390.8℃（97.6 kPa）。蒸气压 0.213 mPa（25℃）。分配系数 $\lg K_{ow}$=2.94（pH7～8，25℃），Henry 常数 $4.33×10^{-4}$ Pa・m^3/mol。水中溶解度（mg/L，20～25℃）：124（pH 3），132（pH 7），115（pH 9～11）；可溶于一般的有机溶剂（g/L，20～25℃）：丙酮、乙酸乙酯、甲醇、1,2-二氯乙烷> 250，二甲苯 270，正庚烷 1.02。在水中，在 25℃下稳定性（pH 4～9），对光稳定。

毒性　大鼠急性经口 LD_{50}(mg/kg)：雄性 1600，雌性 1800。兔急性经皮 LD_{50} >5000 mg/kg。对兔和大鼠皮肤无刺激作用但对其眼睛有严重刺激作用；对豚鼠皮肤无致敏。大鼠吸入 LC_{50} 5.1 mg/L。NOEL［mg/(kg・d)］：狗饲喂（90 d）56，大鼠繁殖毒性 16，大鼠基于慢性喂养、致癌和生殖研究 NOAEL 2.5。ADI：(JMPR) 0.03 mg/kg(1992)，(EC) 0.025 mg/kg，(EPA) cRfD 0.025 mg/kg(1995)。对大鼠、兔无致畸、致突变作用。Ames 试验为阴性。

生态效应　山齿鹑急性经口 LD_{50} 510 mg/kg，山齿鹑和野鸭饲喂 LC_{50}(8 d) >5000 mg/kg。鱼毒 LC_{50}（mg/L，96 h）：大翻车鱼 4.4，虹鳟鱼 2.0。黑头呆鱼 ELS NOEC 1.0 mg/L。水蚤 LC_{50} (48 h) 17 mg/L。淡水藻 EC_{50} (96 h) 0.91 mg/L，沉积物栖息生物 NOEC（摇蚊幼虫）5.0 mg/L。对蜜蜂无毒，经口 LD_{50} >33.9 μg(a.i.)/只，接触>39.6 μg(a.i.)/只。蚯蚓：急性 LC_{50} 99 mg/kg；繁殖 NOEC >10.3 mg/kg。其他有益生物：实验室研究表明对蚜茧蜂、豹蛛属和七星瓢虫无害。

环境行为　①动物。在牛和母鸡体内腈菌唑通过氧化途径代谢，侧链进行非芳族羟基化形成醇，进一步氧化成酮、羧酸，环化为内酯或形成共轭硫酸盐。②植物。腈菌唑在葡萄、苹果、甜菜中通过两种途径代谢：侧链非芳族羟基化形成醇，与糖共轭并降解；三环唑取代形成噻唑丙氨酸。③土壤/环境。DT_{50}（实验室，有氧，20℃）192～574 d（平均 354 d），形成小分子代谢产物。野外条件下（德国，初夏）DT_{50} 9～33 d（平均 23 d），DT_{90} >1 年。积累研究表明，残留物不积累。土壤吸附 K_{oc} 224～920 mL/g（平均 517 mL/g）。水解、光解稳定，在河流与池塘水系统中迅速消散，从水中到沉积物中 DT_{50} 4～20 d（实验室，20℃）。腈菌唑具有非常低的蒸气压，在风洞研究中证实，空气中不会大量存在。大气 DT_{50} 7.6 h（光化学氧化降解建模研究）。

制剂　25%乳油。

主要生产商　Dow AgroSciences、Nagarjuna Agrichem、Sharda、安徽省池州新赛德化工有限公司、惠光股份有限公司、上海中西药业有限公司、沈阳科创化学品有限公司、泰达集团及一帆生物科技集团有限公司等。

作用机理与特点　腈菌唑是一类具保护和治疗活性的内吸性三唑类杀菌剂。主要对病原菌的麦角甾醇的生物合成起抑制作用，对子囊菌、担子菌均具有较好的防治效果。该药剂持效期长，对作物安全，有一定刺激生长作用。

应用

（1）适宜作物与安全性　苹果、梨、核果、葡萄、葫芦、园艺观赏作物，小麦、大麦、燕麦、棉花和水稻等。对作物安全。

（2）防治对象　白粉病、黑星病、腐烂病、锈病等。

（3）使用方法　可用于叶面喷洒和种子处理。使用剂量通常为 30～60 g(a.i.)/hm²。

防治小麦白粉病，每亩每次用 25%乳油 8～16 g，一般加水 75～100 kg，相当于 6000～9000 倍液，混合均匀后喷雾。于小麦基部第一片叶开始发病即发病初期开始喷雾，共施药两次，两次间隔 10～15 d，持效期可达 20 d，还可用拌种方法防治小麦黑穗病、网腥黑穗病等土壤传播的病害，100 kg 种子拌药 25%乳油 25～40 mL。

防治梨树、苹果树黑星病、白粉病、褐斑病、灰斑病，可用 25%乳油 6000～10000 倍液均匀喷雾，喷液量视树势大小而定。

专利与登记　专利 EP 0145294 早已过专利期，不存在专利权问题。

国内登记情况　12.5%微乳剂，45%可湿性粉剂，94%、95%原药等。登记作物荔枝树、梨树、黄瓜、苹果树及葡萄等。防治对象炭疽病、黑星病及白粉病等。美国陶氏益农公司在中国登记情况见表 2-56。

表 2-56　美国陶氏益农公司在中国登记情况

登记名称	登记证号	含量	剂型	登记作物	防治对象	用药量	施用方法
腈菌唑	PD20070199	40%	可湿性粉剂	荔枝树	炭疽病	66.7～100 mg/kg	喷雾
				梨树	黑星病	8000～10000 倍液	
				黄瓜	白粉病	45～60 g/hm²	
				苹果树	白粉病	6000～8000 倍液	
				葡萄	炭疽病	66.7～100 mg/kg	
腈菌唑	PD20070200	94%	原药				

合成方法　可通过如下反应制得：

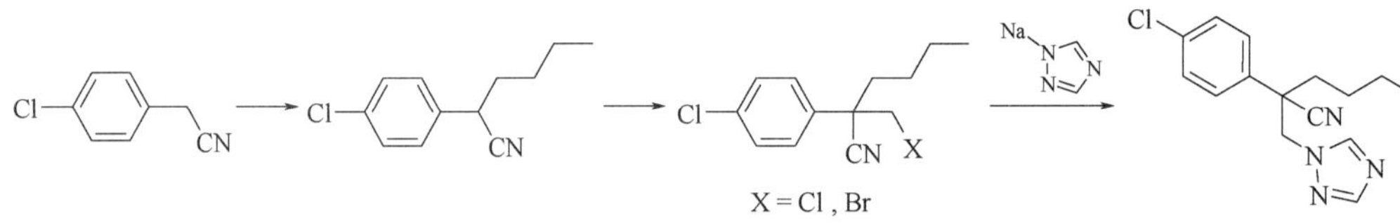

或

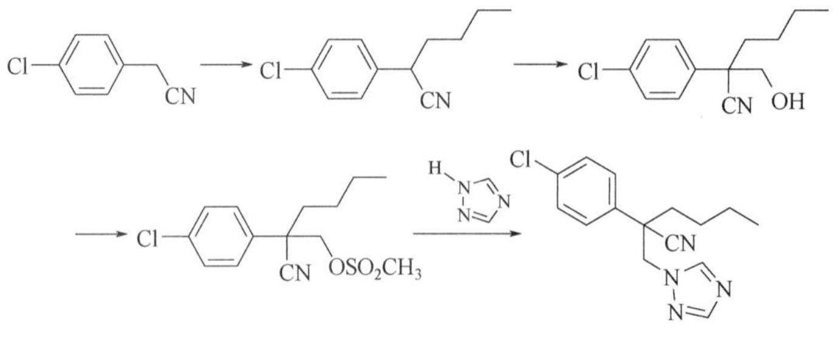

或

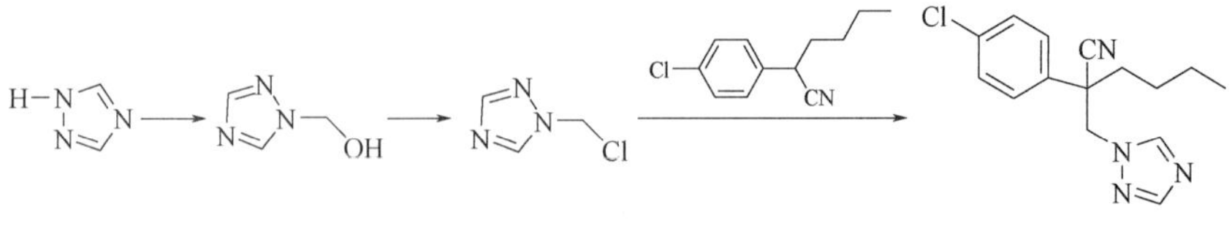

参考文献

[1] 李翔. 农药, 2001, 3: 11.

[2] The Pesticide Manual.17 th edition: 781-783.

环丙唑醇（cyproconazole）

$C_{15}H_{18}ClN_3O$，291.8，94361-06-5

环丙唑醇（试验代号：SAN 619F，商品名称：Akenaton、Alto、Caddy，其他名称：Approach Prima、Atemi、Bialor、Caddy Arbo、Cipren、Fort、Menara、Mohawk、Paindor、Sphere、Shandon、Solima、Synchro、Vitocap、环唑醇）是由瑞士山道士公司（现为先正达公司）开发的三唑类杀菌剂。

化学名称 (2RS,3RS;2RS,3SR)-2-(4-氯苯基)-3-环丙基-1-(1H-1,2,4-三唑-1-基)丁-2-醇。IUPAC 名称：(2RS,3RS;2RS,3SR)-2-(4-chlorophenyl)-3-cyclopropyl-1-(1H-1,2,4-triazol-1-yl)butan-2-ol。美国化学文摘（CA）系统名称：α-(4-chlorophenyl)-α-(1-cyclopropylethyl)-1H-1,2,4-triazole-1-ethanol。CA 主题索引名称：1H-1,2,4-triazole-1-ethanol —, α-(4-chlorophenyl)-α-(1-cyclopropylethyl)-。

理化性质 环丙唑醇为外消旋混合物，纯品为无色晶体。熔点 106.2～106.9℃，沸点>250℃。蒸气压 $2.6×10^{-2}$ mPa（25℃）。分配系数 $\lg K_{ow}$=3.1。Henry 常数 $5.0×10^{-5}$ Pa·m³/mol。相对密度 1.25。水中溶解度 93 mg/L（20～25℃）。有机溶剂中溶解度（g/L，20～25℃）：丙酮 360，乙醇 230，甲醇 410，二甲基亚砜 180，二甲苯 120，甲苯 100，二氯甲烷 430，乙酸乙酯 240，正己烷 1.3，正辛醇 100。稳定性：115℃开始氧化分解，300℃开始热分解。在 50℃，pH 4～9 条件下稳定存在 5 d。

毒性 急性经口 LD_{50}（mg/kg）：雄大鼠 350，雌大鼠 1333，雄小鼠 200，雌小鼠 218。大鼠和兔子急性经皮 LD_{50}>2000 mg/kg。大鼠吸入 LC_{50}(4 h)>5.65 mg/L 空气。对兔皮肤和眼睛无刺激作用，对豚鼠无皮肤过敏现象。NOEL 数据［mg/(kg·d)］：大鼠 2（2 年），狗 3.2（1 年）。ADI 值 0.01 mg/kg。在 Ames 试验中无致突变性。

生态效应 山齿鹑急性经口 LD_{50} 131 mg/kg。鸟饲喂 LC_{50}（5 d，mg/kg）：山齿鹑 856，野鸭 851。鱼类 LC_{50}（96 h，mg/L）：鲤鱼 20，虹鳟鱼 19，大翻车鱼 21。水蚤 LC_{50}(48 h)>26 mg/L。栅藻 EC_{50} 0.077 mg/L。蜜蜂 LD_{50}（mg/只，24 h）：>0.1（接触），>1（经口）。蚯蚓 LC_{50}(14 d) 335 mg/kg 干土。

环境行为 ①动物。哺乳类动物口服本品后在体内迅速被吸收，新陈代谢排出体外，DT_{50} 约 30 h。无生物积累。②植物。本品在大多数作物中的代谢途径相似。主要残留物是环丙唑醇本身。③土壤/环境。在土壤里本品降解速度适中，无积累和潜在浸析性，水解和光解稳定。土壤 K_{oc} 364 mL/g，水中 DT_{50} 为 5.6 d。

主要生产商 Fertiagro、Syngenta 及苏州恒泰（集团）有限公司等。

作用机理与特点 类固醇脱甲基化（麦角甾醇生物合成）抑制剂。由于具有很好的内吸性，因此可迅速地被植物有生长力的部分吸收，并在内部传导；具有很好的保护和治疗活性。持效期 6 周。

应用

（1）适宜作物　小麦、大麦、燕麦、黑麦、玉米、高粱、甜菜、苹果、梨、咖啡、草坪等。

（2）防治对象　可以防治白粉菌属、柄锈菌属、喙孢属、核腔菌属和壳针孢属菌引起的病害如小麦白粉病、小麦散黑穗病、小麦纹枯病、小麦雪腐病、小麦全蚀病、小麦腥黑穗病、大麦云纹病、大麦散黑穗病、大麦纹枯病、玉米丝黑穗病、高粱丝黑穗病、甜菜菌核病、咖啡锈病、苹果斑点落叶病、梨黑星病等。

（3）使用方法　具有预防、治疗、内吸作用，主要用作茎叶处理。使用剂量通常为 60～100 g(a.i.)/hm²。防治禾谷类作物病害用量为 80 g(a.i.)/hm²，防治咖啡病害用量为 20～50 g(a.i.)/hm²，防治甜菜病害用量为 40～60 g(a.i.)/hm²，防治果树和葡萄病害用量为 10 g(a.i.)/hm²。如以 40～100 g(a.i.)/hm² 可有效地防治禾谷类和咖啡锈病，禾谷类、果树和葡萄白粉病，花生、甜菜叶斑病，苹果黑星病和花生白腐病。防治麦类锈病持效期为 4～6 周，防治白粉病为 3～4 周。

专利与登记　专利 US 4664696 早已过专利期，不存在专利权问题。国内仅登记了 95%、98%原药。

合成方法　环丙唑醇的主要合成方法如下：

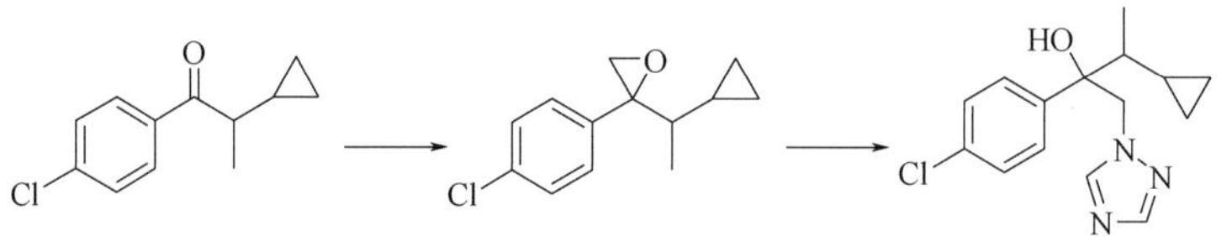

原料可通过如下方法制备：

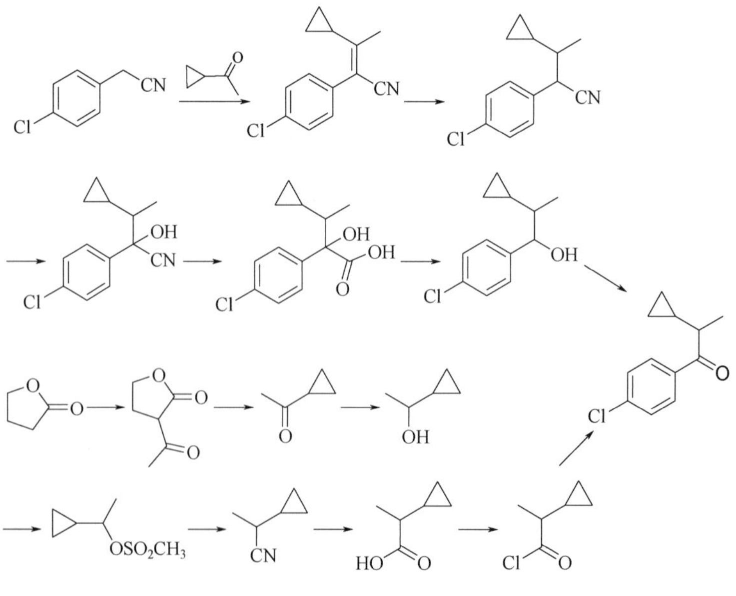

参考文献

[1]　Proc. Crop Prot. Conf. —Pests and Dis., 1986, 33.

[2]　Proc. Crop Prot. Conf. —Pests and Dis., 1986, 857.

[3]　The Pesticide Manual.17 th edition: 277-278.

氟环唑（epoxiconazole）

C$_{17}$H$_{13}$ClFN$_3$O，329.8，106325-08-0

氟环唑（试验代号：BAS 480F，商品名称：Opal、Opus、Rubric、Soprano，其他名称：Allegro、Champion、Opus Team、Swing Gold、Tracker、Venture、Seguris、Envoy、Abacus、Adexar、环氧菌唑、欧霸）是由巴斯夫公司开发的三唑类杀菌剂。

化学名称　(2RS,3RS)-1-[3-(2-氯苯基)-2,3-环氧-2-(4-氟苯基)丙基]-1H-1,2,4-三唑。IUPAC 名称：(2RS,3SR)-1-[3-(2-chlorophenyl)-2,3-epoxy-2-(4-fluorophenyl)propyl]-1H-1,2,4-triazole。美国化学文摘（CA）系统名称：rel-1-[[(2R,3S)-3-(2-chlorophenyl)-2-(4-fluorophenyl)-2-oxiranyl]methyl]-1H-1,2,4-triazole。CA 主题索引名称：1H-1,2,4-triazole —, 1-[[(2R,3S)-3-(2-chlorophenyl)-2-(4-fluorophenyl)-2-oxiranyl]methyl]-rel-。

理化性质　纯品为无色结晶状固体，熔点 136.2～137℃。相对密度 1.384（20～25℃），蒸气压<1.0×10^{-5} Pa（20℃）。分配系数 lgK_{ow}=3.33（pH 7）。Henry 常数<4.71×10^{-4} Pa・m^3/mol（计算）。溶解度（20～25℃，mg/L）：水 6.63，丙酮 14.4，二氯甲烷 29.1。在 pH 7 和 pH 9 条件下 12 d 之内不水解。

毒性　大鼠急性经口 LD$_{50}$>5000 mg/kg；大鼠急性经皮 LD$_{50}$>2000 mg/kg。大鼠吸入 LC$_{50}$（4 h）>5.3 mg/L 空气；本品对兔眼睛和皮肤无刺激。NOEL 数据：小鼠 0.81 mg/kg。ADI 值：(EC) 0.008 mg/kg，(EPA) aRfD 0.05mg/kg，cRfD 0.02 mg/kg(2006)。

生态效应　鹌鹑急性经口 LD$_{50}$>2000 mg/kg，鹌鹑饲喂 LC$_{50}$ 5000 mg/kg。鱼毒 LC$_{50}$（96 h，mg/L）：虹鳟鱼 2.2～4.6，大翻车鱼 4.6～6.8。水蚤 LC$_{50}$(48 h) 8.7 mg/L。绿藻 EC$_{50}$(72 h) 2.3 mg/L。蜜蜂 LD$_{50}$>100 μg/只，蚯蚓 EC$_{50}$(14 d)>1000 mg/kg 土壤。

环境行为　①动物。本品可通过粪便迅速排出体外。无主要代谢物，但检测到大量的副代谢产物。最重要的代谢反应是环氧乙烷环的分裂以及苯环的羟基化和共轭化。②植物。本品在植物体内可广泛降解。③土壤/环境。在土壤中的降解依靠微生物的分解。DT$_{50}$ 2～3 个月。K_{oc} 957～2647。

制剂　125g/L 悬浮剂，75 g/L 乳油。

主要生产商　Astec、BASF、Cheminova、Fertiagro、江苏飞翔集团、江苏辉丰农化股份有限公司、江苏中旗作物保护股份有限公司、上海生农生化制品有限公司及中化集团等。

作用机理与特点　甾醇生物合成中 C-14 脱甲基化酶抑制剂，兼具保护和治疗作用。

应用

（1）适宜作物　禾谷类作物（如水稻）、糖用甜菜、花生、油菜、草坪、咖啡及果树等。

（2）对作物安全性　推荐剂量下对作物安全、无药害。

（3）防治对象　立枯病、白粉病、眼纹病等十多种病害。

（4）使用方法　广谱杀菌剂。田间试验结果显示其对一系列禾谷类作物病害如立枯病、白粉病、眼纹病等十多种病害有很好的防治作用，并能防治糖用甜菜、花生、油菜、草坪、咖啡及果树等的病害。其不仅具有很好的保护、治疗和铲除活性，而且具有内吸和较佳的残留活性，使用剂量通常为 $75\sim125$ g(a.i.)/hm^2，喷雾处理。

专利与登记 专利 US 4464381、EP 427061、EP 431450、EP 515876 等均早已过专利期，不存在专利权问题。

国内登记情况 12.5%、18%、30%、50%、125g/L 悬浮剂，50%、70%水分散粒剂，95%、96%、97%原药，登记作物小麦、香蕉树、苹果树、葡萄，防治对象锈病、叶斑病、斑点落叶病、白粉病。巴斯夫欧洲公司在中国登记情况见表 2-57。

表 2-57　巴斯夫欧洲公司在中国登记情况

登记名称	登记证号	含量	剂型	登记作物	防治对象	用药量	施用方法
氟环唑	PD20070365	125g/L	悬浮剂	水稻	纹枯病	$75\sim93.75$ g/hm^2	喷雾
				水稻	稻曲病	$75\sim93.75$ g/hm^2	
				小麦	锈病	$90\sim112.5$ g/hm^2	
氟环唑	PD20095337	75 g/L	乳油	香蕉	叶斑病	$100\sim187.5$ mg/kg	喷雾
					黑星病	$100\sim150$ mg/kg	
氟环唑	PD20070364	92%	原药				
唑醚·氟环唑	PD20172652	17%	悬乳剂	水稻	稻瘟病	$40\sim50$ mL/亩	喷雾
				水稻	纹枯病	$30\sim50$ mL/亩	喷雾
氟菌·氟环唑	PD20160349	12%	乳油	水稻	纹枯病	$40\sim60$ mL/亩	喷雾
				香蕉	叶斑病	$500\sim1000$ 倍液	喷雾
醚菌·氟环唑	PD20152375	23%	悬浮剂	水稻	稻瘟病	$40\sim50$ mL/亩	喷雾
				水稻	纹枯病	$30\sim50$ mL/亩	喷雾

合成方法 氟环唑的合成方法很多，主要有以下几种。

方法 1：以邻氯苯甲醛、4-氟苯乙醛为起始原料，经如下反应制得目的物：

方法 2：以邻氯甲苯、氟苯为起始原料，经格氏试剂反应制得目的物，反应式如下：

方法 3：以邻氯甲苯、氟苯为起始原料，经硫叶立德试剂反应制得目的物，反应式如下：

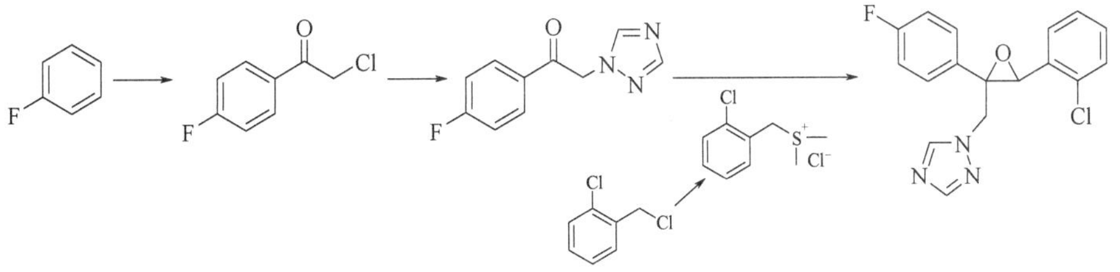

方法 4：以邻氯甲苯、氟苯为起始原料，经磷叶立德试剂反应制得目的物，反应式如下：

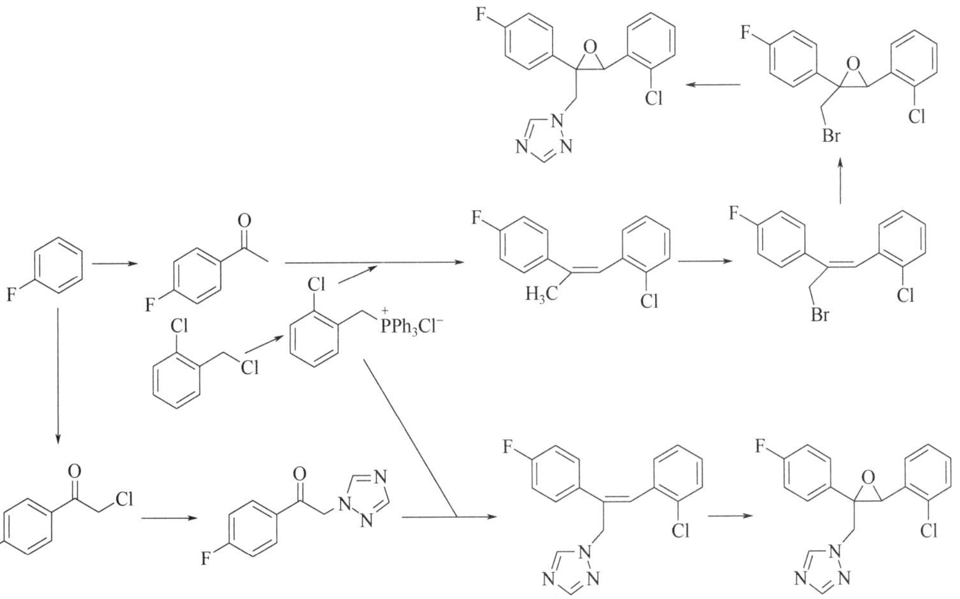

参考文献

[1] The Pesticide Manual. 17th edition: 409-410.

[2] 刘丽秀, 张鲁新, 张亚敏. 氟环唑的合成工艺研究进展. 山东化工, 2009, 38(4): 28-30.

[3] Proc. Br. Crop Prot. Conf. —Pests Dis., 1990, 1: 407.

[4] 闫立单, 顾松山, 余强. 中国农药, 2012, 12: 14-16.

[5] 江才鑫. 氟环唑的合成综述. 农化新世纪, 2007(4): 31.

戊唑醇（tebuconazole）

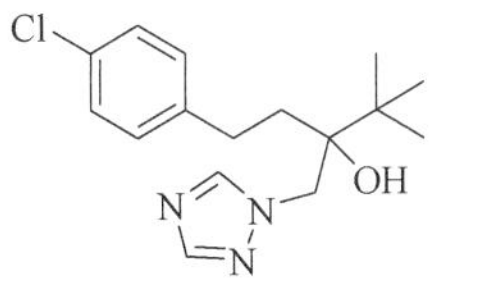

$C_{16}H_{22}ClN_3O$，307.8；107534-96-3

戊唑醇（试验代号：HWG 1608，商品名称：Elite、Eraliscur、Folicur、Horizon、Metacil、Orius、Raxil、Riza、Sparta、Tomcat，其他名称：ethyltrianol、fenetrazole、terbuconazole、terbutrazole）是由拜耳公司开发研制的具内吸、保护、治疗和铲除活性的三唑类杀菌剂。

化学名称 (*RS*)-1-对-氯苯基-4,4-二甲基-3-(1*H*-1,2,4-三唑-1-基甲基)戊-3-醇。IUPAC 名称：(*RS*)-1-*p*-chlorophenyl-4,4-dimethyl-3-(1*H*-1,2,4-triazol-1-ylmethyl)pentan-3-ol。美国化学文摘（CA）系统名称：α-[2-(4-chlorophenyl)ethyl]-α-(1,1-dimethylethyl)-1*H*-1,2,4-triazole-1-ethanol。CA 主题索引名称：1*H*-1,2,4-triazole-1-ethanol —, α-[2-(4-chlorophenyl)ethyl]-α-(1,1-dimethylethyl)-。

理化性质 外消旋混合物，纯品为无色晶体（原药为浅褐色粉末）。熔点 105℃。蒸气压 1.7×10^{-3} mPa（20℃）。分配系数 lgK_{ow}=3.7（20℃），Henry 常数 1×10^{-5} Pa·m³/mol（20℃）。相对密度 1.25。水中溶解度 36 mg/L（pH 5～9，20～25℃），有机溶剂中溶解度（g/L，20～25℃）：二氯甲烷>200，异丙醇、甲苯 50～100，己烷<0.1。水解半衰期 DT$_{50}$>1 年（pH 4～9，22℃）。

毒性 急性经口 LD$_{50}$（mg/kg）：雄大鼠 4000，雌大鼠 1700，小鼠 3000。大鼠急性经皮 LD$_{50}$>5000 mg/kg。对兔皮肤无刺激性，对眼睛有中度刺激。大鼠吸入 LC$_{50}$(4 h)0.37 mg/L 空气，>5.1 mg/L（灰尘）。NOEL（2 年，mg/kg 饲料）：大鼠 300，狗 100，小鼠 20。ADI：(JMPR) 0.03 mg/kg(1994)，(EC) 0.03 mg/kg(2008)，(EPA) 0.03 mg/kg(1999)。

生态效应 鸟急性经口 LD$_{50}$(mg/kg)：雄日本鹌鹑 4438，雌日本鹌鹑 2912，山齿鹑 1988。饲喂 LC$_{50}$（mg/kg 饲料，5 d）：野鸭>4816，山齿鹑>5000。鱼毒 LC$_{50}$（mg/L，96 h）：虹鳟鱼 4.4，大翻车鱼 5.7。水蚤 LC$_{50}$(48 h) 4.2 mg/L。月牙藻 E$_r$C$_{50}$（72 h，静止）3.80 mg/L。摇蚊虫 EC$_{50}$(28 d) 2.51 mg/L。蜜蜂 LD$_{50}$（48 h，μg/只）：>83（经口），>200（接触）。蚯蚓急性 LC$_{50}$(14 d) 1381 mg/kg 干土。在高达 375 g/hm² 剂量下施用时对其他有益昆虫均无不利影响，如地面甲虫（成虫和幼虫）、瓢虫（七星瓢虫）。

环境行为 ①动物。在大鼠服药三天后，戊唑醇>99%通过粪便和尿液排出体外。在哺乳期的山羊、产蛋期的鸡，戊唑醇主要是通过羟基化和共轭代谢。②植物。代谢研究表明，戊唑醇作为最主要的代谢物残留在葡萄、花生和谷物秸秆中。在谷物中，三唑丙氨酸是主要的代谢产物。研究数据表明，在植物体内的 DT$_{50}$ 7～12 d（谷物）。③土壤/环境。研究表明戊唑醇在土壤中降解速度比较缓慢，在大田条件下，降解速度大大加快，而且长期（3～5 年）的研究表明不会在土壤中累积。因为土壤深层检测无残留，且吸附/脱附研究表明其在土壤中为低流动性，所以其不会造成地下水的污染。在自然水域，发生水解和间接光解；在池塘研究中，化合物在水中消散 DT$_{50}$ 4～6 周，低蒸气压力和强大的吸附导致在空气中挥发度较低。

制剂 2%干拌剂、2%湿拌剂、6%胶悬剂、25%水乳剂、43%悬浮剂。

主要生产商 Agrofina、Astec、Cheminova、Dongbu Fine、EastSun、Fertiagro、Hui Kwang、Milenia、Nagarjuna Agrichem、Nortox、Punjab、Sundat、Tagros、安徽华星化工股份有限公司、拜耳、江苏丰登作物保护股份有限公司、江苏省激素研究所股份有限公司、江苏七洲绿色化工股份有限公司、龙灯集团、宁波保税区汇力化工有限公司、宁波中化化学品有限公司、沙隆达郑州农药有限公司、山东华阳农药化工集团有限公司、上海艾农国际贸易有限公司、上海生农生化制品有限公司、沈阳科创化学品有限公司、苏州恒泰集团有限公司、泰达集团、盐城利民农化有限公司及中化江苏有限公司等。

作用机理与特点 麦角甾醇生物合成抑制剂。能迅速被植物有生长力的部分吸收并主要向顶部转移。不仅具有杀菌活性，还可促进作物生长，使之根系发达、叶色浓绿、植株健壮、有效分蘖增加，从而提高产量。

应用

（1）适宜作物 小麦、大麦、燕麦、黑麦、玉米、高粱、花生、香蕉、葡萄、茶、果树等。

（2）防治对象 可以防治白粉菌属、柄锈菌属、喙孢属、核腔菌属和壳针孢属菌引起的病害如小麦白粉病、小麦散黑穗病、小麦纹枯病、小麦雪腐病、小麦全蚀病、小麦腥黑穗病、大麦云纹病、大麦散黑穗病、大麦纹枯病、玉米丝黑穗病、高粱丝黑穗病、大豆锈病、油菜菌核病、香蕉叶斑病、茶饼病、苹果斑点落叶病、梨黑星病和葡萄灰霉病等。

（3）使用方法 戊唑醇主要用于重要经济作物的种子处理或叶面喷雾。以 250～375 g(a.i.)/hm² 进行叶面喷雾可用于防治禾谷类作物锈病、白粉病、网斑病、根腐病及麦类赤霉病等，若以 20～30 g/t 进行种子处理，可防治腥黑粉菌属和黑粉菌属菌引起的病害如可彻底防治大麦散黑穗病、燕麦散黑穗病、小麦网腥黑穗病、光腥黑穗病及种传的轮斑病等。用 125 g(a.i.)/hm² 喷雾，可防治花生褐斑病和轮斑病，用 100～250 g(a.i.)/hm² 喷雾，可防治葡萄灰霉病、白粉病以及香蕉叶斑病和茶树茶饼病。

混用 戊唑醇可以与其他一些杀菌剂如抑霉唑、福美双等制成杀菌剂混剂使用，也可以与一些杀虫剂如克百威、甲基异柳磷、辛硫磷等混用，制成包衣剂拌种用以同时防治地上、地下害虫和土传、种传病害。任何与杀虫剂的混剂在进入大规模商业化应用前，必须进行严格的混用试验，以确认其安全性与防治效果。

2%戊唑醇（立克秀）湿拌种剂的应用：主要用于防治小麦散黑穗病、小麦纹枯病、小麦全蚀病、小麦腥黑穗病、玉米丝黑穗病、高粱丝黑穗病、大麦散黑穗病、大麦纹枯病等。

使用剂量 一般发病情况下，每 10 kg 小麦种子用药 10 g，病害大发生情况下或土传病害严重的地区，每 10 kg 小麦种子用药 15 g；每 10 kg 玉米或高粱种子用药 30 g。病害大发生情况下或土传病害严重的地区，每 10 kg 玉米或高粱种子用药 60 g。

拌种方法 ①人工拌种使用。2%戊唑醇湿拌种剂拌种时，先按推荐剂量称量出种子所需戊唑醇的量，再按 10 kg 种子用水 0.15～0.2 L 的比例，称出所需的水量，并将所称的药剂用所称的水混成糊状，最后将所需的种子倒入并充分搅拌，务必使每粒种子都均匀地沾上药剂，拌好的种子放在阴凉处晾干后即可播种。②机械化拌种。防治小麦黑穗病时 1 kg 拌种剂加 15.5 L 水，处理 1000 kg 种子；防治小麦纹枯病、全蚀病时 1.5 kg 拌种剂加 15.25 L 水，处理 1000 kg 种子；防治玉米丝黑穗病时 4 kg 拌种剂加 14 L 水，处理 1000 kg 种子，或 6 kg 拌种剂加 13 L 水，处理 1000 kg 种子。在特制的或含有搅拌装置的预混桶内，加入所需量的水，再将所需量的戊唑醇慢慢倒入水中，静置 3 min，待戊唑醇被水浸湿后，再开动搅拌装置使之成匀浆状液，在供药包衣期间，必须保持戊唑醇浆液的搅动状态。用戊唑醇包衣或拌种处理的种子，在播种时要求将土地耙平，播种深度一般以 3～5 cm 为宜。出苗可能稍迟，但不影响生长并很快即能恢复正常。

6%戊唑醇（立克秀）种子处理胶悬剂的应用：6%戊唑醇种子处理胶悬剂只用于机械化拌种。用于防治小麦散黑穗病、小麦纹枯病、小麦全蚀病、小麦腥黑穗病、玉米丝黑穗病、高粱丝黑穗病、大麦散黑穗病、大麦纹枯病等。

用药量与具体操作 使用剂量为 33.33～50 mL/100 kg 小麦种子，133.33～200 mL/100 kg 玉米或高粱种子。在特制的或含有搅拌装置的预混桶内，加入所需量的水，再将所需量的药剂慢慢倒入水中，静置 3 min，待药剂被水浸湿后，开动搅拌装置使之成匀浆状液。在供药包衣期间，必须保持戊唑醇浆液的搅动状态。

播种用戊唑醇包衣或拌种处理的种子，在播种时要求将土地耙平，播种深度一般以 3～5 cm 为宜，出苗可能稍迟，但不影响生长并很快即能恢复正常。

43%戊唑醇（菌力克）悬浮剂的应用：主要用于防治苹果斑点落叶病和梨黑星病，通常在发病初期开始喷药。防治苹果斑点落叶病时，每隔 10 d 喷药 1 次，春季共喷药 3 次，或秋季喷药 2 次，用 43%戊唑醇悬浮剂 5000～8000 倍液或每 100 L 水加 43%戊唑醇 12.5～20 mL

喷雾。防治梨黑星病时，每隔 15 d 喷药 1 次，共喷药 4～7 次，用 43%戊唑醇悬浮剂 3000～5000 倍液或每 100 L 水加 43%戊唑醇 20～33.3 mL 喷雾。

25%戊唑醇（富力库）水乳剂的应用：主要用于防治香蕉叶斑病。通常在香蕉叶斑病叶片发病初期开始喷药，每隔 10 d 喷药 1 次，共喷药 4 次，用 25%戊唑醇水乳剂 1000～1500 倍液或每 100 L 水加 25%戊唑醇 67～100 mL 喷雾。

专利与登记 专利 DE 3018866 早已过专利期，不存在专利权问题。国内登记情况：2%湿拌种剂，25%可湿性粉剂，12.5%水乳剂，95%原药等。登记作物为香蕉、花生、梨树、苹果树等。防治对象为斑点落叶病、黑星病、叶斑病、丝黑穗病等。国外公司在中国登记情况见表 2-58～表 2-60。

表 2-58 德国拜耳作物公司在中国登记情况

登记名称	登记证号	含量	剂型	登记作物	防治对象	用药量	施用方法
戊唑醇	PD20050014	60 g/L	种子处理悬浮剂	小麦	散黑穗病	1.8～2.7 g/100 kg 种子	种子包衣
				小麦	纹枯病	3～4 g/100 kg 种子	
				玉米	丝黑穗病	6～12 g/100 kg 种子	
				高粱	丝黑穗病	6～9 g/100 kg 种子	
戊唑醇	PD20050216	430 g/L	悬浮剂	水稻	稻曲病	64.6～96.75 g/hm²	喷雾
				苹果树	斑点落叶病	61.4～86 mg/kg	
				苹果树	轮纹病	3000～4000 倍液	
				梨树	黑星病	108.5～143.3 mg/kg	
				大白菜	黑斑病	125～150 g/hm²	
				黄瓜	白粉病	64.6～96.75 g/hm²	
戊唑醇	PD20081918	250 g/L	水乳剂	香蕉树	叶斑病	167～250 mg/kg	喷雾
肟菌·戊唑醇	PD20102160	75%	水分散粒剂	黄瓜	白粉病	112.5～168.75 g/hm²	喷雾
				黄瓜	炭疽病	112.5～168.75 g/hm²	
				番茄	早疫病	112.5～168.75 g/hm²	
				苹果树	褐斑病	125～187.5 mg/kg	
				西瓜	炭疽病	112.5～168.75 g/hm²	
				香蕉	黑星病	166.75～300 mg/kg	
				辣椒	炭疽病	112.5～168.75 g/hm²	
				马铃薯	早疫病	112.5～168.75 g/hm²	
				水稻	稻曲病	112.5～168.75 g/hm²	
				水稻	纹枯病	112.5～168.75 g/hm²	
				水稻	稻瘟病	168.75～225 g/hm²	
				柑橘树	疮痂病	125～187.5 mg/kg	
				苹果树	斑点落叶病	125～187.5 mg/kg	
				柑橘树	炭疽病	125～187.5 mg/kg	
				香蕉	叶斑病	166.75～300 mg/kg	
戊唑醇	PD366-2001	95%	原药				
肟菌·戊唑醇	PD20184323	30%	悬浮剂	水稻	稻曲病	36～45 mL/亩	喷雾
				水稻	稻瘟病	36～45 mL/亩	喷雾
				水稻	纹枯病	27～45 mL/亩	喷雾
				小麦	白粉病	36～45 mL/亩	喷雾
				小麦	赤霉病	36～45 mL/亩	喷雾

登记名称	登记证号	含量	剂型	登记作物	防治对象	用药量	施用方法
肟菌·戊唑醇	PD20184323	30%	悬浮剂	小麦	纹枯病	36～45 mL/亩	喷雾
				小麦	锈病	36～45 mL/亩	喷雾
				玉米	大斑病	36～45 mL/亩	喷雾
				玉米	灰斑病	36～45 mL/亩	喷雾
				玉米	小斑病	36～45 mL/亩	喷雾
氟菌·戊唑醇	PD20172927	35%	悬浮剂	番茄	叶霉病	30～40 mL/亩	喷雾
				番茄	早疫病	25～30 mL/亩	喷雾
				柑橘树	黑斑病	2000～4000 倍液	喷雾
				柑橘树	树脂病	2000～4000 倍液	喷雾
				黄瓜	靶斑病	20～25 mL/亩	喷雾
				黄瓜	白粉病	5～10 mL/亩	喷雾
				黄瓜	炭疽病	25～30 mL/亩	喷雾
				梨树	褐腐病	2000～3000 倍液	喷雾
				梨树	黑斑病	2000～3000 倍液	喷雾
				苹果树	斑点落叶病	2000～4000 倍液	喷雾
				苹果树	褐斑病	2000～4000 倍液	喷雾
				西瓜	蔓枯病	25～30 mL/亩	喷雾
				香蕉	黑星病	2000～3200 倍液	喷雾
				香蕉	叶斑病	2000～3200 倍液	喷雾

表 2-59 以色列马克西姆化学公司在中国登记情况

登记名称	登记证号	含量	剂型	登记作物	防治对象	用药量	施用方法
戊唑醇	PD20080205	97.5%	原药				
戊唑醇	PD20091184	250 g/L	水乳剂	小麦	锈病	75～125 g/hm²	喷雾
				葡萄	白腐病	100～125 mg/kg	
				苹果树	斑点落叶病	100～125 mg/kg	
				梨树	黑星病	100～125 mg/kg	
				香蕉	叶斑病	167～250 mg/kg	
				花生	叶斑病	100～125 mg/kg	
戊唑·咪酰胺	PD20094928	400 g/L	水乳剂	小麦	小麦赤霉病	120～150 g/hm²	喷雾
				香蕉	黑星病	266.7～400 mg/kg	
戊唑醇	PD20096584	6%	悬浮种衣剂	玉米	丝黑穗病	6～12g/100 kg 种子	种子包衣
				小麦	散黑穗病	1.8～2.7g/100 kg 种子	
戊唑醇	PD20098352	430 g/L	悬浮剂	梨树	黑星病	72～108 mg/kg	喷雾
				苹果树	斑点落叶病	72～108 mg/kg	
戊唑·嘧菌酯	PD20181341	29%	悬浮剂	番茄	早疫病	30～40 mL/亩	喷雾
克菌·戊唑醇	PD20120820	400 g/L	悬浮剂	番茄	叶霉病	40～60 mL/亩	喷雾
				苹果树	轮纹病	1000～1500 倍液	喷雾
				葡萄	白腐病	1000～1500 倍液	喷雾
				葡萄	霜霉病	1000～1500 倍液	喷雾
				葡萄	炭疽病	1000～1500 倍液	喷雾
				小麦	纹枯病	30～40 mL/100 kg 种子	拌种

表 2-60　美国科聚亚公司在中国登记情况

登记名称	登记证号	含量	剂型	登记作物	防治对象	用药量	施用方法
戊唑醇	PD20092477	80 g/L	悬浮种衣剂	玉米	丝黑穗病	8～12 g/100 kg 种子	种子包衣
				小麦	散黑穗病	2.0～2.8 g/100 kg 种子	

合成方法　以对氯苯甲醛和频哪酮为起始原料，经加成、还原加氢等四步反应即制得戊唑醇。反应式如下：

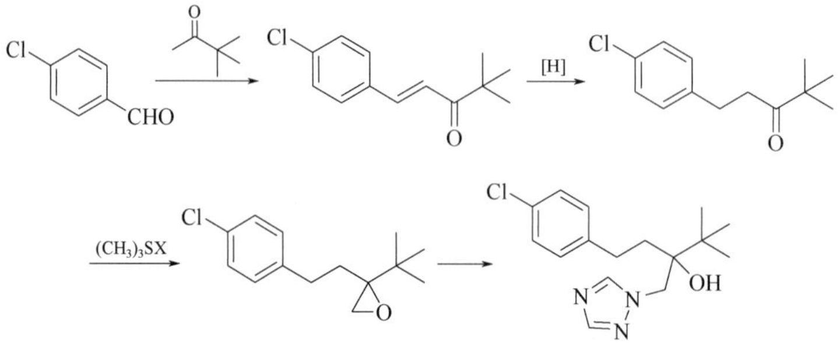

参考文献

[1]　Proc.Br.Crop Prot.Conf. —Pests and Dis., 1986, 41-46.

[2]　郭胜，王小勇. 高效三唑类杀菌剂——戊唑醇.精细与专用化学品, 2001(6): 19-20.

四氟醚唑（tetraconazole）

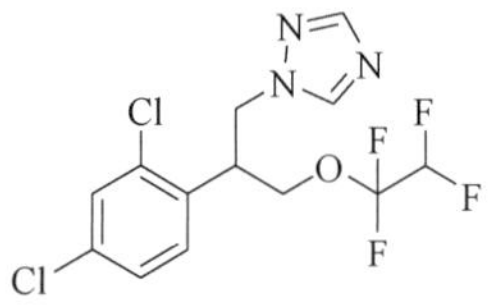

$C_{13}H_{11}Cl_2F_4N_3O$，372.1，112281-77-3

四氟醚唑（试验代号：M 14360、TM 415，商品名称：Arpège、Buonjiorno、Concorde、Defender、Domark、Emerald、Eminent、Gréman、Hokuguard、Juggler、Lospel、Soltiz、Thor、Timbal，其他名称：Concorde、Defender、Eminente、Greman、Mogran、Salvatore、Timbal、氟醚唑）是由 Montedision S.p.A（现为 Isagro S.p.A）公司开发的三唑类杀菌剂。

化学名称　(±)-2-(2,4-二氯苯基)-3-(1H-1,2,4-三唑-1-基)丙基　1,1,2,2-四氟乙基醚。IUPAC 名称：(RS)-2-(2,4-dichlorophenyl)-3-(1H-1,2,4-triazol-1-yl)propyl 1,1,2,2-tetrafluoroethyl ether。美国化学文摘（CA）系统名称：1-[2-(2,4-dichlorophenyl)-3-(1,1,2,2-tetrafluoroethoxy)propyl]-1H-1,2,4-triazole。CA 主题索引名称：1H-1,2,4-triazole —, 1-[2-(2,4-dichlorophenyl)-3-(1,1,2,2-tetrafluoroethoxy)propyl]-。

理化性质　原药为黄色或棕黄色液体。纯品为无色黏稠油状物，熔点 6℃，沸点 240℃（分解，但没有沸腾）。相对密度 1.432（20～25℃）。蒸气压 0.018 mPa（20℃）。分配系数 $\lg K_{ow}$=3.56（20℃）。Henry 常数 $3.6×10^{-4}$ Pa·m³/mol（计算）。水中溶解度（20～25℃，pH 7.0）为 183.8 mg/L，可快速溶解于丙酮、二氯甲烷、甲醇中。稳定性：水溶液对日光稳定，在 pH 4～9 下不会发生水解。

毒性 急性经口 LD_{50}（mg/kg）：雄大鼠 1248，雌大鼠 1031。大鼠急性经皮 LD_{50}> 2000 mg/kg。对兔眼睛有轻微刺激性，对兔皮肤无刺激性，对豚鼠皮肤无刺激性。大鼠吸入 LC_{50}(4 h)>3.66 mg/L。NOEL 数据［mg/(kg·d)］：大鼠 LOAEL 3.9（2 年），NOAEL 0.5（2 年）；公狗 2.95（1 年），母狗 3.33（1 年），NOAEL 0.7（1 年）。ADI：(EC) 0.004 mg/kg(2008)；（EPA）最低 aRfD 0.225mg/kg，cRfD 0.0073 mg/kg（2005）。无"三致"。

生态效应 鸟急性经口 LD_{50}（mg/kg）：山齿鹑 132，野鸭>63；饲喂 LC_{50}（5 d，mg/kg）：山齿鹑 650，野鸭 422。鱼毒 LC_{50}（96 h，mg/L）：大翻车鱼 5.8，虹鳟鱼 5.1。水蚤 LC_{50}(48 h) 3.0 mg/L。其他水生生物 EC_{50}（96 h，mg/L）：东部牡蛎 1.1，糠虾 0.42。浮萍 E_rC_{50} 0.56 mg/L，E_bC_{50} 0.88 mg/L。蜜蜂 LD_{50}(48 h) >130 µg/只（经口）。蚯蚓 LC_{50} (14 d) 71 mg/kg 土壤。

环境行为 ①动物。动物口服后，四氟醚唑很容易被吸收，在体内无明显的代谢和排泄过程。大鼠尿液的主要代谢产物为 1,2,4-三唑。②植物。在植物体内代谢物比较多。已确定的代谢产物是四氟醚唑酸、四氟醚唑醇、三唑胺和三唑乙酸。③土壤/环境。在土壤中没有积累，在土壤中无浸出现象，K_{oc} 531～1922（4 种土壤类型）。

主要生产商 Isagro。

作用机理与特点 甾醇脱甲基化抑制剂。由于具有很好的内吸性，因此可迅速地被植物吸收，并在内部传导，具有很好的保护和治疗活性。持效期 6 周。

应用

（1）适宜作物 禾谷类作物如小麦、大麦、燕麦、黑麦等，果树如香蕉、葡萄、梨、苹果等，蔬菜如瓜类、甜菜，观赏植物等。

（2）防治对象 可以防治白粉菌属、柄锈菌属、喙孢属、核腔菌属和壳针孢属菌引起的病害如小麦白粉病、小麦散黑穗病、小麦锈病、小麦腥黑穗病、小麦颖枯病、大麦云纹病、大麦散黑穗病、大麦纹枯病、玉米丝黑穗病、高粱丝黑穗病、瓜果白粉病、香蕉叶斑病、苹果斑点落叶病、梨黑星病和葡萄白粉病等。

（3）使用方法 既可茎叶处理，也可作种子处理使用。

茎叶喷雾：用于防治禾谷类作物和甜菜病害，使用剂量为 100～125 g(a.i.)/hm²；用于防治葡萄、观赏植物、仁果、核果病害，使用剂量为 20～50 g(a.i.)/hm²；用于防治蔬菜病害，使用剂量为 40～60 g(a.i.)/hm²；用于防治甜菜病害，使用剂量为 60～100 g(a.i.)/hm²。

作种子处理：通常使用剂量为 10～30 g/100 kg 种子。

专利与登记 专利 JP 62169773 早已过专利期，不存在专利权问题。

国内登记情况 4%水乳剂、95%原药，登记作物为草莓，防治对象为白粉病。意大利意赛格公司在中国登记情况见表 2-61。

表 2-61 意大利意赛格公司在中国登记情况

登记名称	登记证号	含量	剂型	登记作物	防治对象	用药量	施用方法
四氟醚唑	PD20070129	94%	原药				
四氟醚唑	PD20070130	4%	水乳剂	草莓	白粉病	30～50 g/hm²	喷雾
四氟醚唑	PD20150447	12.5%	水乳剂	草莓	白粉病	15～25 mL/亩	喷雾
四氟·嘧菌酯	PD20181474	17%	悬浮剂	水稻	纹枯病	35～43 mL/亩	喷雾

合成方法 以 2,4-二氯苯乙酸乙酯为原料，经多步反应制得目的物，反应式如下：

参考文献

[1] Proc.Brighton Crop Prot. Conf. —Pests Dis., 1988, 49.

[2] Journal of Agricultural and Food Chemistry, 2000, 48(6): 2547-2555.

腈苯唑（fenbuconazole）

$C_{19}H_{17}ClN_4$，336.8，114369-43-6

腈苯唑（试验代号：RH-7592、RH-57592，商品名称：Enable、Impala、Indar，其他名称：Kruga、Karamat、Nordika、Simitar、应得、唑菌腈）是由 Rohm & Haas 公司（现为 Dow AgroSciences）开发的三唑类杀菌剂。

化学名称　4-(4-氯苯基)-2-苯基-2-(1H-1,2,4-三唑-1-基甲基)丁腈。IUPAC 名称：4-(4-chlorophenyl)-2-phenyl-2-(1H-1,2,4-triazol-1-ylmethyl)butyronitrile。美国化学文摘（CA）系统名称：α-[2-(4-chlorophenyl)ethyl]-α-phenyl-1H-1,2,4-triazole-1-propanenitrile。CA 主题索引名称：1H-1,2,4-triazole-1-propanenitrile—, α-[2-(4-chlorophenyl)ethyl]-α-phenyl-。

理化性质　纯品为白色固体，熔点 126.5～127℃。蒸气压 $3.4×10^{-1}$ mPa（25℃，蒸气压力平衡），分配系数 $\lg K_{ow}$=3.23（25℃）。相对密度 1.27（20～25℃）。水中溶解度（20～25℃）：3.77 mg/L。有机溶剂中溶解度（g/L，20～25℃）：丙酮、1,2-二氯乙烷>250，乙酸乙酯 132，甲醇 60.9，正辛醇 8.43，二甲苯 26.0，正庚烷 0.0677。稳定性：在无菌条件下稳定存在 30 d（pH 7，25℃）。在模拟日照无菌条件下稳定存在 30 d（pH 7 和 9，25℃）。300℃以下稳定。

毒性　大鼠急性经口 LD_{50}>2000 mg/kg，大鼠急性经皮 LD_{50}>5000 mg/kg。原药对兔眼睛和皮肤无刺激作用，制剂（乳油）对兔皮肤和眼睛有严重的刺激作用。大鼠急性吸入 LC_{50}(4 h)>2.1 mg/L 空气。繁殖毒性 NOEL 6.4 mg/(kg·d)，生育毒性 NOEL 30 mg/(kg·d)。对后代无致畸影响。NOAEL 基于慢性喂养和致癌试验的数据为 3 mg/(kg·d)。ADI：（JMPR）0.03 mg/kg(1997)；(EC) 0.006 mg/kg(推荐)(2005)；(EPA) 0.03 mg/kg(1993)。在各种试验中无诱变性。

生态效应　鸟饲喂 LC_{50}（mg/kg 饲料）：山齿鹑（8 d）4050，2150（21 d）；野鸭（8 d）2110。鱼毒 LC_{50}（96 h，mg/L）：大翻车鱼 0.68，虹鳟鱼 1.5，羊头鱼 1.8。虹鳟鱼慢性 NOEC

（21 d）0.32 mg/L。黑头呆鱼 ELS NOEC 0.082 mg/L，FLC NOEC 0.023 mg/L。水蚤急性 EC_{50} 2.3 mg/L，慢性 NOEC 值为 0.078 mg/L。藻类：月牙藻 EC_{50}(5 d)0.51 mg/L，淡水藻 E_bC_{50}（72 h）0.13 mg/L。其他水生生物：摇蚊属慢性 NOEC 值 1.73 mg/L。蜜蜂 LC_{50}（96 h，空气接触）>0.29 mg/只。蚯蚓 LC_{50}(14 d)>1000 mg/kg 土壤。其他有益品种：实验室条件下对蚜茧蜂属、中华通草蛉、七星瓢虫和盲走螨属无害。

环境行为　①动物。在山羊和母鸡体内，腈苯唑主要通过以下三种途径代谢：a. 苄基碳的氧化导致硫酸或葡糖苷酸共轭形成内酯；b. 氯苯基环的氧化；c. 三唑环的取代形成三唑丙氨酸。②植物。在花生、小麦和桃子中，腈苯唑主要通过以下三种途径代谢：a. 苄基碳的氧化形成酮和内酯等氧化降解产物；b. 邻着三唑环的碳原子被取代形成三唑丙氨酸和三唑乙酸乙酯；c. 氯苯基环上 3 位的共轭化和羟基化。③土壤/环境。DT_{50}（实验室条件下，有氧，20℃）33～306 d，形成 1,2,4-三唑和二氧化碳。大田试验条件下，双相 DT_{90}>1 年。累积试验表明：在重复应用过程中残余物未出现累积现象。土壤吸附 K_{oc} 2185～9043 mL/g，对水和光稳定。但是在河流和供水体系中可迅速消散，DT_{50} 为 3～5 d（实验室条件下，20℃）。腈苯唑具有极低的蒸气压力，风洞研究证实其不会大量存在于空气当中。空气中 DT_{50} 为 13 h。

制剂　24%悬浮剂。

主要生产商　Dow AgroSciences 及 Fertiagro 等。

作用机理与特点　甾醇脱甲基化抑制剂。内吸传导型杀菌剂，能抑制病原菌菌丝的伸长，阻止已发芽的病菌孢子侵入作物组织。在病菌潜伏期使用，能阻止病菌的发育，在发病后使用，能使下一代孢子变形，失去继续传染能力，对病害既有预防作用又有治疗作用。

应用

（1）适宜作物与安全性　禾谷类作物（如水稻）、甜菜、葡萄、香蕉、果树（如桃、苹果）等。

（2）防治对象　腈苯唑对禾谷类作物的壳针孢属、柄锈菌属和黑麦喙孢，甜菜上的甜菜生尾孢，葡萄上的葡萄孢属、葡萄球座菌和葡萄钩丝壳，核果上的丛梗孢属，果树如苹果黑星菌等，以及对大田作物、水稻、香蕉、蔬菜和园艺作物的许多病害均有效；还有香蕉叶斑病等。

（3）使用方法　腈苯唑既可作叶面喷施，也可作种子处理剂。防治禾谷类作物病害使用剂量为 75～125 g(a.i.)/hm²，防治油菜病害使用剂量为 60～75 g(a.i.)/hm²，防治甜菜病害使用剂量为 65～280 g(a.i.)/hm²，防治花生病害使用剂量为 75～150 g(a.i.)/hm²，防治水稻病害使用剂量为 50～150 g(a.i.)/hm²，防治葡萄病害使用剂量为 30～45 g(a.i.)/hm²，防治果树病害使用剂量为 50～75 g(a.i.)/hm²，防治蔬菜病害使用剂量为 50～100 g(a.i.)/hm²，防治草坪病害使用剂量为 75～250 g(a.i.)/hm²。具体应用如下：

① 防治香蕉叶斑病。在香蕉下部叶片出现叶斑之前或刚出现叶斑时，用 24%乳油 400 倍液，每隔 7～14 d 喷雾 1 次，连续使用多次（但不要超过 4 次），对香蕉叶面有良好的保护作用。在台风雨季来临或叶斑出现时，用 24%乳油 1000 倍液或每 100 L 水加 24%乳油 100 mL，每隔 7～14 d 喷雾 1 次，连续用 2～3 次对香蕉叶斑病有良好的治疗作用。

② 防治桃树褐腐病。在桃树发病前或发病始期喷药，用 24%乳油 2500～3000 倍液或每 100 L 水加 24%乳油 33.3～40 mL 喷雾。

专利与登记　专利 DE 3721786 早已过专利期，不存在专利权问题。

国内登记情况　24%悬浮剂，登记作物桃树、香蕉，防治对象桃褐腐病、叶斑病。美国陶氏益农公司在中国登记情况见表 2-62。

表 2-62　美国陶氏益农公司在中国登记情况

登记名称	登记证号	含量	剂型	登记作物	防治对象	用药量	施用方法
腈苯唑	PD240-98	24%	悬浮剂	香蕉	叶斑病	200～350 mg/kg	喷雾
				桃树	桃褐腐病	75～96 mg/kg	喷雾
				水稻	稻曲病	54～72 g/hm^2	喷雾
腈苯唑	PD20160973	原药	96.50%				

合成方法　腈苯唑的合成方法主要有以下两种。反应式如下：

中间体制备方法如下：

参考文献

[1] Proc. Brighton Crop Prot. Cont. —Pests & Diseases, 1988, 33.

[2] The Pesticide Manual. 17 th edition: 446-448.

糠菌唑（bromuconazole）

C$_{13}$H$_{12}$BrCl$_2$N$_3$O，277.1，116255-48-2

　　糠菌唑（试验代号：LS 860263、LS 850646、LS 850647，商品名称：Granit、Vectra，其他名称：Fongral、Soleil）是拜耳公司开发的三唑类杀菌剂。

　　化学名称　有两个异构体，分别为 LS 850646 和 LS 850647，(2RS,4RS)：(2RS,4SR)比例为 54∶46，1-[(2RS,4RS; 2RS,4SR)-4-溴-2-(2,4-二氯苯基)四氢呋喃-2-基甲基]-1H-1,2,4-三唑。IUPAC 名称：1-[(2RS,4RS; 2RS,4SR)-4-bromo-2-(2,4-dichlorophenyl)tetrahydro-2-furfuryl methyl]-1H-1,2,4-triazole。美国化学文摘（CA）系统名称：1-[[4-bromo-2-(2,4-dichlorophenyl)tetrahydro-2-furanyl]methyl]-1H-1,2,4-triazole。CA 主题索引名称：1H-1,2,4-triazole ——, 1-[[4-bromo-2-(2,4-dichlorophenyl)tetrahydro-2-furanyl]methyl]-。

理化性质　原药纯度≥96%。纯品为白色粉状固体，熔点 84℃。蒸气压：LS 850646 0.3×10^{-2} mPa，LS 850647 0.1×10^{-2} mPa（25℃）。分配系数 $\lg K_{ow}$ 3.24（20℃）。Henry 常数 LS 850646 1.05×10^{-5} Pa·m³/mol，LS 850647 1.57×10^{-5} Pa·m³/mol（25℃）。相对密度 1.72。在 pH 5～9 范围内水溶性与 pH 无关。稳定性：DT_{50} 18 d（pH 为 4 的缓冲溶液，模拟日照的条件下）。

毒性　急性经口 LD_{50}（mg/kg）：大鼠 365，小鼠 1151。大鼠急性经皮 $LD_{50}>2000$ mg/kg。大鼠急性吸入 LC_{50}(4 h) >5 mg/L 空气。对兔皮肤和眼睛无刺激作用。对豚鼠无皮肤过敏现象，无致突变作用。

生态效应　山齿鹑和野鸭急性经口 $LD_{50}>2150$ mg/kg。山齿鹑和野鸭饲喂 LC_{50} (8 d)> 5000 mg/L。鱼毒 LC_{50}（96 h，mg/L）：虹鳟鱼 1.7，大翻车鱼 3.1。水蚤急性经口 LD_{50}（48 h，流动通过）>8.9 mg/L。月牙藻 EC_{50}（96 h）2.1 mg/L。在 100 μg/只和 500 μg/只（经口和直接接触）剂量下对蜜蜂安全。对蚯蚓无害。其他有益品种：对非靶标的节肢动物无害，如寄生蜂、肉食性和植物性捕食者等。

环境行为　①动物。在动物（大鼠、奶牛、母鸡）体内代谢产物广泛。在大鼠体内检测到将近 60 种不同的代谢产物。其中 57%的结构已被证实。无证据显示这些化合物在以上物种器官和组织中累积。②植物。在谷类作物中的代谢特征是极性代谢产物残留物的形成和共轭化。萃取得到的母体化合物已被证实为其主要成分。在粮食作物中，无个别代谢特例> 0.01 mg/kg。在苹果中检测到大约 23 种不同代谢产物，含量最多的仅为 0.04 mg/kg。③土壤/环境。在实验室和田间试验条件下，糠菌唑在土壤中显示出极低流动度。大田损耗研究显示本品在土壤中的降解速度比实验室的预期结果更迅速。

主要生产商　Sumitomo Europe。

作用机理与特点　类固醇脱甲基化（麦角甾醇生物合成）抑制剂。内吸性杀菌剂，能迅速被植物有生长力的部分吸收并主要向顶部转移。

应用

（1）适宜作物　小麦、大麦、燕麦、黑麦、玉米、葡萄、蔬菜、果树、草坪、观赏植物等。

（2）防治对象　可以防治由子囊菌亚门、担子菌亚门和半知菌亚门病原菌引起的大多数病害尤其是对由链格孢属或交链孢属、镰刀菌属、假尾孢属、尾孢属和球腔菌属引起的病害如白粉病、黑星病等有特效。

（3）使用方法　具有预防、治疗、内吸作用，主要用作茎叶处理。使用剂量通常为 20～300 g(a.i.)/hm²。

专利与登记　专利 EP 258161 早已过专利期，不存在专利权问题。

合成方法　以间二氯苯为原料，经如下反应即可制的目的物：

参考文献

[1] The Pesticide Manual. 17th edition: 138-139.

苯醚甲环唑（difenoconazole）

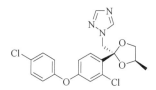

C$_{19}$H$_{17}$Cl$_2$N$_3$O$_3$，406.3，119446-68-3

苯醚甲环唑（试验代号：CGA169374，商品名称：Dividend、Gardner、Score、Sun-Dif，其他名称：Aletol、Atilla、Bardos、Bogard、Vibrance、恶醚唑、敌萎丹、世高）是由先正达公司开发的三唑类杀菌剂。

化学名称 （顺，反)-3-氯-4-[4-甲基–2-(1*H*-1,2,4-三唑-1-基甲基)-1,3-二氧戊烷-2-基]苯基4-氯苯基醚。IUPAC 名称：3-chloro-4-[(2*RS*,4*RS*;2*RS*,4*SR*)-4-methyl-2-(1*H*-1,2,4-triazol-1-ylmethyl)-1,3-dioxolan-2-yl]phenyl 4-chlorophenyl ether。美国化学文摘（CA）系统名称：1-[[2-[2-chloro-4-(4-chlorophenoxy)phenyl]-4-methyl-1,3-dioxolan-2-yl]methyl]-1*H*-1,2,4-triazole。CA 主题索引名称：1*H*-1,2,4-triazole —，1-[[2-[2-chloro-4-(4-chlorophenoxy)phenyl]-4-methyl-1,3-dioxolan-2-yl]methyl]-。

理化性质 纯品为白色至米色结晶状固体，顺、反异构体比例为 0.7～1.5 之间。熔点 82.0～83.0℃，沸点 100.8℃（3.7 mPa）。蒸气压 3.3×10^{-5} mPa（25℃）。分配系数 lgK_{ow}=4.4（25℃），Henry 常数 8.94×10^{-7} Pa·m^3/mol（25℃，计算）。相对密度 1.40（20～25℃）。水中溶解度 15 mg/L（20～25℃）。有机溶剂中溶解度（g/L，20～25℃）：丙酮、二氯甲烷、甲苯、甲醇、乙酸乙酯>500，正己烷 3，正辛醇 110。稳定性：150℃以下稳定，水解稳定。pK_a 1.1。

毒性 急性经口 LD$_{50}$（mg/kg）：大鼠 1453、小鼠>2000。兔急性经皮 LD$_{50}$>2010 mg/kg。对兔皮肤和眼睛无刺激作用，对豚鼠无皮肤致敏现象。大鼠急性吸入 LC$_{50}$(4 h)≥3.3 mg/L 空气。大鼠 3 年喂养试验无作用剂量为 1.0 mg/(kg·d)，小鼠 1.5 年喂养试验无作用剂量为 4.7 mg/(kg·d)，狗 1 年喂养试验无作用剂量为 3.4 mg/(kg·d)。无致畸、致突变性。

生态效应 鸟急性经口 LD$_{50}$（9～11 d，mg/kg）：野鸭>2150，日本鹌鹑>2000。鸟饲喂 LC$_{50}$（5 d，mg/L）：山齿鹑 4760，野鸭>5000。鱼毒 LC$_{50}$（96 h，mg/L）：虹鳟鱼 1.1，大翻车鱼 1.3，羊头鱼 1.1。水蚤 EC$_{50}$(48 h) 0.77 mg/L。栅藻 EC$_{50}$(72 h) 0.03 mg/L。小虾米 LC$_{50}$(96 h) 0.15 mg/L。EC$_{50}$（mg/L）：东部牡蛎（96 h）0.3，浮萍（7 d）1.9。对蜜蜂无毒，LD$_{50}$（经口）>187 μg/只，LC$_{50}$（接触）>100 μg/只。蚯蚓 LC$_{50}$>610 mg/kg 干土。在大田试验条件下对非靶标节肢动物未见不良影响。

环境行为 ①动物。口服后，苯醚甲环唑迅速以尿液和粪便的形式代谢掉。组织内的残留量不显著，未见累积现象。②植物。两条代谢路径：一条为三唑路线变成三唑丙氨酸和三唑乙酸；另一条路线是苯环的羟基化和共轭化。③土壤/环境。在土壤中较为稳定，土壤颗粒对本品有较强的吸附性。土壤耗散速率缓慢，对施用量有依赖性。DT$_{50}$ 1～3 d，但在整个体系中降解缓慢。

制剂　3%悬浮种衣剂、10%水分散粒剂。

主要生产商　Agrofina、Astec、Dongbu Fine、安徽池州新赛德化工有限公司、安徽华星化工股份有限公司、惠光公司、江苏丰登作物保护股份有限公司、江苏七洲绿色化工股份有限公司、江苏瑞东农药有限公司、江苏省激素研究所股份有限公司、利民化工股份有限公司、宁波保税区汇力化工有限公司、山东亿嘉农化有限公司、上海丰荣精细化工有限公司、上海美林康精细化工有限公司、上海生农生化制品有限公司、泰达集团、先正达、一帆生物科技集团有限公司、浙江禾本科技有限公司、浙江华兴化学农药有限公司、浙江世佳科技有限公司、中化江苏有限公司及中化宁波（集团）有限公司。

作用机理与特点　苯醚甲环唑具有保护、治疗和内吸活性，是甾醇脱甲基化抑制剂，抑制细胞壁甾醇的生物合成，阻止真菌的生长。杀菌谱广，叶面处理或种子处理可提高作物的产量和保证品质。

应用

（1）适宜作物与安全性　甜菜、香蕉、禾谷类作物、大豆、园艺作物及各种蔬菜（如番茄）等。对小麦、大麦进行茎叶（小麦株高 24～42 cm）处理时，有时叶片会出现变色现象，但不会影响产量。

（2）防治对象　对子囊菌亚门，担子菌亚门和包括链格孢属、壳二孢属、尾孢霉属、刺盘孢属、球座菌属、茎点霉属、柱隔孢属、壳针孢属、黑星菌属在内的半知菌，白粉菌科，锈菌目和某些种传病原菌有持久的保护和治疗活性，同时对甜菜褐斑病，小麦颖枯病、叶枯病、锈病和由几种致病菌引起的霉病，苹果黑星病、白粉病，葡萄白粉病，马铃薯早疫病、花生叶斑病、网斑病等均有较好的治疗效果。

（3）应用技术　①苯醚甲环唑不宜与铜制剂混用。因为铜制剂能降低它的杀菌能力，如果确实需要与铜制剂混用，则要加大苯醚甲环唑 10%以上的用药量。苯醚甲环唑虽有内吸性，可以通过输导组织传送到植物全身，但为了确保防治效果，在喷雾时用水量一定要充足，要求果树全株均匀喷药。②西瓜、草莓、辣椒喷液量为每亩人工 50 L。果树可根据果树大小确定喷液量，大果树喷液量高，小果树喷液量低。施药应选早晚气温低、无风时进行。晴天空气相对湿度低于 65%、气温高于 28℃、风速大于 5 m/s 时应停止施药。③苯醚甲环唑虽有保护和治疗双重效果，但为了尽量减轻病害造成的损失，应充分发挥其保护作用，因此施药时间宜早不宜迟，应在发病初期进行喷药效果最佳。

（4）使用方法　主要用作叶面处理剂和种子处理剂。其中 10%苯醚甲环唑水分散粒剂主要用于茎叶处理，使用剂量为 30～125 g(a.i.)/hm²；3%悬浮种衣剂主要用于种子处理，使用剂量为 3～24 g(a.i.)/kg 种子。

10%苯醚甲环唑水分散粒剂：主要用于防治梨黑星病、苹果斑点落叶病、番茄早疫病、西瓜蔓枯病、辣椒炭疽病、草莓白粉病、葡萄炭疽病、葡萄黑豆病、柑橘疮痂病等。

① 梨黑星病　在发病初期用 10%苯醚甲环唑水分散粒剂 6000～7000 倍液，或每 100 L 水加 14.3～16.6 g。发病严重时可提高浓度，建议用 3000～5000 倍液或每 100 L 水加 20～33 g（有效浓度 20～33 mg/L），间隔 7～14 d 连续喷药 2～3 次。

② 苹果斑点落叶病　发病初期用 2500～3000 倍液或每 100 L 水加 33～40g，发病严重时用 1500～2000 倍液或每 100L 水加 50～66.7 g，间隔 7～14 d，连续喷药 2～3 次。

③ 葡萄炭疽病、黑痘病　用 1500～2000 倍液或每 100 L 水加 50～66.7 g。

④ 柑橘疮痂病　用 2000～2500 倍液或每 100 L 水加 40～50 g 喷雾。

⑤ 西瓜蔓枯病　每亩用 50～80 g。

⑥ 草莓白粉病　每亩用 20～40 g。

⑦ 番茄早疫病　发病初期用 800～1200 倍液或每 100 L 水加 83～125 g，或每亩用 40～60 g。

⑧ 辣椒炭疽病　发病初期用 800～1200 倍液或每 100 L 水加 83～125 g，或每亩用 40～60 g。

3%苯醚甲环唑悬浮种衣剂：主要用于防治小麦矮腥黑穗、腥黑穗、散黑穗、颖枯病、根腐病、纹枯病、全蚀病、早期锈病、白粉病，大麦坚黑穗病、散黑穗病、条纹病、网斑病、全蚀病，大豆、棉花立枯病、根腐病。农户拌种：用塑料袋或桶盛好要处理的种子，将 3% 苯醚甲环唑悬浮种衣剂用水稀释（一般稀释到 1～1.6 L/100 kg 种子）；充分混匀后倒入种子上，快速搅拌或摇晃，直至药液均匀分布每粒种子上（根据颜色判断）。机械拌种：根据所采用的包衣机性能及作物种子使用剂量，按不同加水比例将 3%苯醚甲环唑悬浮种衣剂稀释成浆状，即可开机。

① 防治小麦散黑穗病　每 100 kg 小麦种子用 3%苯醚甲环唑悬浮种衣剂 200～400 mL（有效成分 6～12 g）。

② 防治小麦腥黑穗病　每 100 kg 种子用 67～100 mL（有效成分 2～3 g）。

③ 防治小麦矮腥黑穗病　每 100 kg 种子用 3%苯醚甲环唑悬浮种衣剂 133～400 mL（有效成分 4～12 g）。

④ 防治小麦根腐病、纹枯病、颖枯病　每 100 kg 种子用 3%苯醚甲环唑悬浮种衣剂 200 mL（有效成分 6 g）。

⑤ 防治小麦全蚀病、白粉病　每 100 kg 种子用 3%苯醚甲环唑悬浮种衣剂 1000 mL（有效成分 30 g）。

⑥ 防治大麦病害　每 100 kg 种子用 3%苯醚甲环唑悬浮种衣剂 100～200 mL（有效成分 3～6 g）。

⑦ 防治棉花立枯病　每 100 kg 种子用 3%苯醚甲环唑悬浮种衣剂 800 mL（有效成分 24 g）。

⑧ 防治大豆根腐病　每 100 kg 种子用 3%苯醚甲环唑悬浮种衣剂 200～400 mL（有效成分 6～12 g）。

专利与登记　专利 GB 2098607 早已过专利期，不存在专利权问题。

国内登记情况　8%、10%、12%、16%、25%、30%、50%、55%可湿性粉剂，10%、37%水分散粒剂，92%、95%原药等，登记作物水稻、西瓜、梨树、苹果树等，防治对象纹枯病、稻曲病、炭疽病、黑星病、斑点落叶病等。瑞士先正达作物保护有限公司在中国登记情况见表 2-63。

表 2-63　瑞士先正达作物保护有限公司在中国登记情况

登记名称	登记证号	含量	剂型	登记作物	防治对象	用药量	施用方法
苯甲·嘧菌酯	PD20110357	苯醚甲环唑 125 g/L、嘧菌酯 200 g/L	悬浮剂	西瓜	蔓枯病	146.25～243.75 g/hm²	喷雾
				西瓜	炭疽病		
				水稻	纹枯病	162.25～217 g/hm²	
苯甲·丙环唑	PD20070088	300 g/L	乳油	小麦	纹枯病	90～135 g/hm²	喷雾
				花生	叶斑病	90～135 g/hm²	
				大豆	锈病	90～135 g/hm²	
				水稻	纹枯病	67.5～90 g/hm²	喷雾

续表

登记名称	登记证号	含量	剂型	登记作物	防治对象	用药量	施用方法
苯醚甲环唑	PD20080730	250 g/L	乳油	香蕉	黑星病	83.3～125 mg/kg	喷雾
					叶斑病		
苯醚甲环唑	PD20070054	30 g/L	悬浮种衣剂	小麦	全蚀病	(1∶167)～(1∶200)（药种比）	种子包衣
					散黑穗病	6～9 g/100 kg 种子	
					纹枯病		
苯醚甲环唑	PD20070053	92%	原药				
苯醚甲环唑	PD20095214	92%	原药				

合成方法　以间二氯苯为原料，经多步反应制得，反应式如下：

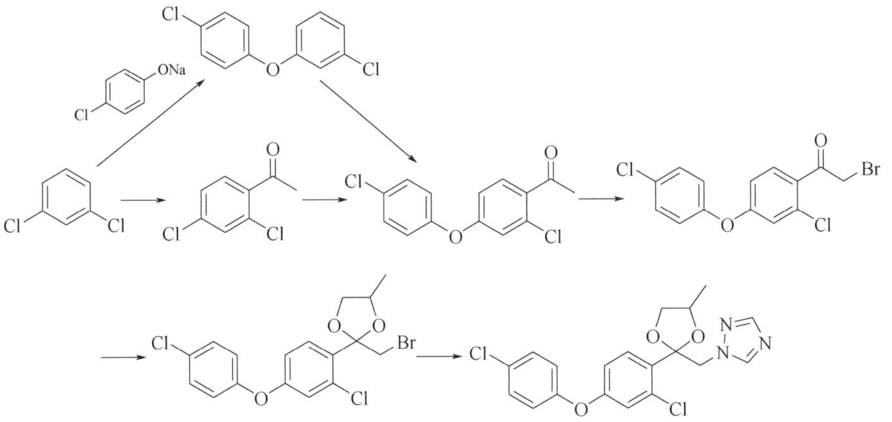

参考文献

[1]　The Pesticide Manual. 17th edition: 341-343.

[2]　Proc.Brighton Crop Prot.Conf. —Pest Dis.. 1998, 8: 543.

[3]　华乃震. 世界农药, 2013, 6: 7-12.

叶菌唑（metconazole）

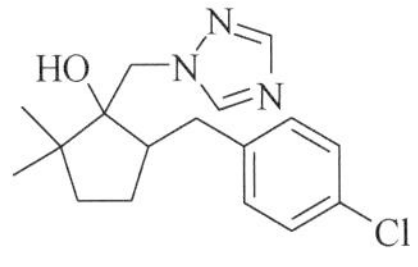

$C_{17}H_{22}ClN_3O$，319.8，125116-23-6

　　叶菌唑（试验代号：AC 189635、AC 900768、KNF-S-474、WL136184、WL 147281，商品名称：Caramba，其他名称：Cinch、Cinch Pro、Juventus 90、Quash、Shibabijin、Sirocco、Sunorg、Sunorg Pro、Tourney、Work Up）是由日本吴羽化学工业公司研制，并与美国氰胺（现为 BASF）公司共同开发的广谱的三唑类杀菌剂。

化学名称　(1*RS*,5*RS*;1*RS*,5*SR*)-5-(4-氯苄基)-2,2-二甲基-1-(1*H*-1,2,4-三唑-1-基甲基)环戊醇。IUPAC 名称：(1*RS*,5*RS*;1*RS*,5*SR*)-5-(4-chlorobenzyl)-2,2-dimethyl-1-(1*H*-1,2,4-triazol-1-ylmethyl)cyclopentanol。美国化学文摘（CA）系统名称：5-[(4-chlorophenyl)methyl] -2,2-dimethyl-1-(1*H*-1,2,4-triazol-1-ylmethyl)cyclopentanol。CA 主题索引名称：cyclopentanol —, 5-[(4-chlorophenyl)methyl]-2,2-dimethyl -1-(1*H*-1,2,4-triazol-1-ylmethyl)-。

理化性质　纯品（*cis*-和 *trans*-混合物）为白色、无味结晶状固体，*cis*-活性高。熔点 110～113℃，沸点大约 285℃。相对密度 1.307（20℃），蒸气压 $1.23×10^{-5}$ Pa（20℃）。分配系数 lgK_{ow}=3.85（25℃）。溶解度（20～25℃）：水 15 mg/L，甲醇 235 g/L，丙酮 238.9 g/L。有很好的热稳定性和水解稳定性。

毒性　大鼠急性经口 LD_{50} 660 mg/kg，大鼠急性经皮 LD_{50}>2000 mg/kg。大鼠吸入 LC_{50}(4 h)>5.6 mg/L。本品对兔皮肤无刺激，对兔眼睛有轻微刺激，无皮肤过敏现象。喂养试验无作用剂量［mg/(kg•d)］：大鼠 4.8（104 周），狗 11.1（52 周），小鼠 5.5（90 d），大鼠 6.8（90 d），狗 2.5（90 d）。Ames 试验呈阴性。

生态效应　山齿鹑急性经口 LD_{50} 790 mg/kg。野鸭 LC_{50} >5200 mg/kg。鱼 LC_{50}（96 h，mg/L）：虹鳟鱼 2.2～4.0，普通鲤鱼 3.99。水蚤 LC_{50}(48 h) 3.6～4.2 mg/L。对蜜蜂几乎无毒，经口 LD_{50}(24 h) 90 μg/只。对蚯蚓无毒。

环境行为　①动物。大鼠 14 d 连续口服给药，在最后一次给药的 4 d 内，15%～30%通过尿液排出，65%～82%通过粪便排出。主要代谢产物是单羟基和多羟基代谢产物，邻羟基苯基和羧基代谢产物，以及混合官能团的代谢产物。②植物。主要成分为母体化合物、三唑丙氨酸和三唑乙酸。③土壤/环境。K_{oc} 值在 726～1718（5 种土壤类型）。pH 对其无影响。

制剂　60g/L 水乳剂。

主要生产商　Kureha。

作用机理与特点　叶菌唑是一种广谱内吸性杀菌剂。为麦角甾醇生物合成中 C-14 脱甲基化酶抑制剂。虽然作用机理与其他三唑类杀菌剂一样，但活性谱则差别较大。两种异构体都有杀菌活性，但顺式活性高于反式。叶菌唑杀真菌谱非常广泛，且活性极佳。叶菌唑田间施用对谷类作物壳针孢、镰孢霉和柄锈菌致病菌有卓越效果。叶菌唑同传统杀菌剂相比，剂量极低而防治谷类植病范围却很广。

应用

（1）适宜作物　小麦、大麦、燕麦、黑麦、小黑麦等作物。

（2）防治对象　主要用于防治小麦壳针孢、穗镰刀菌、叶锈病、黄锈病、白粉病、颖枯病；大麦矮形锈病、白粉病、喙孢属；黑麦喙孢属、叶锈病；燕麦冠锈病；小黑麦（小麦与黑麦杂交）叶锈病、壳针孢。对壳针孢属和锈病活性优异。兼具优良的保护及治疗作用。对小麦的颖枯病特别有效，预防、治疗效果俱佳。

（3）使用方法　既可茎叶处理又可种子处理。茎叶处理：30～90 g(a.i.)/hm²，持效期 5～6 周。种子处理，使用剂量为 2.5～7.5 g(a.i.)/100 kg 种子。

专利与登记　专利 US 4938792 早已过专利期，不存在专利权问题。已在欧洲如法、英、德等多国登记。

合成方法　叶菌唑的合成方法主要有以下两种：

方法 1：以异丙腈为起始原料，经如下反应制的目的物：

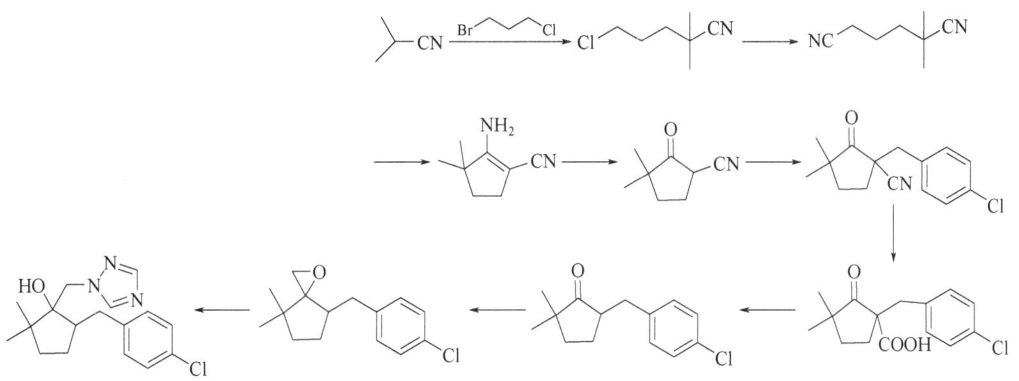

方法 2：以二甲基环戊酮为起始原料，与碳酸二甲酯反应，经烷基化、脱羧，再与碘代三甲基亚砜（由碘甲烷与二甲基亚砜制得）生成取代的环氧丙烷，最后与三唑反应，处理即得叶菌唑。反应式如下：

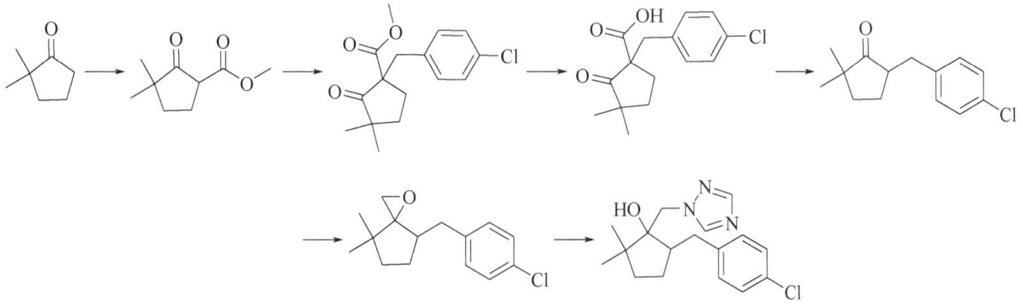

参考文献

[1] The Pesticide Manual. 17th edition: 735-736.

[2] Proc. Br. Crop Prot. Conf.－Pests Dis.. 1992, 1: 419.

[3] 邬柏春, 冯化成. 三唑类杀菌剂种菌唑和叶菌唑. 世界农药, 2001(3): 52-53.

种菌唑（ipconazole）

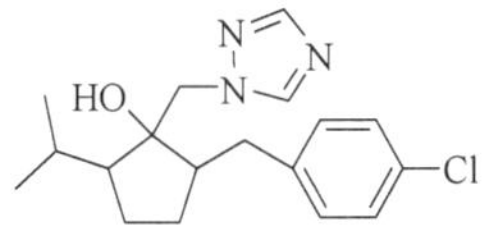

$C_{18}H_{24}ClN_3O$，333.9，125225-28-7

种菌唑（试验代号：KNF-317，商品名称：Befran-Seed、Rancona Crest、Rancona、Techlead、Techlead-C，其他名称：Rancona、Rancona Apex、Vortex）是由日本吴羽化学公司开发的杀菌剂。

化学名称　（1RS,2SR,5RS;1RS,2SR,5SR)-2-(4-氯苄基)-5-异丙基-1-(1H-1,2,4-三唑-1-基甲基)环戊醇。IUPAC 名称：(1RS,2SR,5RS;1RS,2SR,5SR)-2-(4-chlorobenzyl)-5-isopropyl-1-(1H-1,2,4-triazol-1-ylmethyl)cyclopentanol。美国化学文摘（CA）系统名称：2-[(4-chlorophenyl)methyl]-5-(1-methylethyl)-1-(1H-1,2,4-triazol-1-ylmethyl)cyclopentanol。CA 主题索引名称：

cyclopentanol —, 2-[(4-chlorophenyl)methyl]-5-(1-methylethyl) -1-(1*H*-1,2,4-triazol-1-ylmethyl)-。

理化性质 由异构体（Ⅰ）（1*RS*,2*SR*,5*RS*）和异构体（Ⅱ）（1*RS*,2*SR*,5*SR*）组成，纯品为无色晶体，熔点 85.5～88℃。蒸气压<5.05×10^{-2} mPa（20～30℃）。分配系数 lgK_{ow}=4.21（25℃）。Henry 常数 1.8×10^{-3} Pa·m^3/mol（20℃）。水中溶解度（mg/L，20～25℃）：6.93，异构体（Ⅰ）9.34，异构体（Ⅱ）4.97。其他溶剂溶解度（g/L）：丙酮 570，1,2-二氯乙烷 420，二氯甲烷 580，乙酸乙酯 430，庚烷 1.9，甲醇 680，正辛烷 230，甲苯 160，二甲苯 150。稳定性：较好的热稳定性和水解稳定性。

毒性 急性经口 LD$_{50}$（mg/kg）：雌大鼠 888，雄大鼠 468，雄小鼠 537。大鼠急性经皮 LD$_{50}$>2000 mg/kg。对兔皮肤无刺激性，对眼睛有轻微刺激性。无皮肤过敏现象。鲤鱼 LC$_{50}$(48 h)2.5 mg/L。

生态效应 鹌鹑 LD$_{50}$ 962 mg/kg。鱼 LC$_{50}$（mg/L，96 h）：大翻车鱼 1.5，虹鳟鱼 1.3。水蚤 EC$_{50}$(48 h)1.7 mg/L。藻类 E$_b$C$_{50}$(72 h)0.62 mg/L。蜜蜂 LD$_{50}$（48 h，口服和接触）>100 μg/只。蚯蚓在土壤中 LC$_{50}$(14 d)597 mg/kg。

环境行为 ①动物。在大鼠体内的代谢产物为 2-(4-氯苄基)-5-(1-羟基-1-甲基乙基)-1-(1*H*-1,2,4-三唑-1-甲基)环戊醇、2-(4-氯苄基)-5-(2-羟基-1-甲基乙基)-1-(1*H*-1,2,4-三唑-1-甲基)环戊醇和 1,2,4-三唑。②植物。水稻的代谢产物为 2-(4-氯苄基)-5-(1-羟基-1-甲基乙基)-1-(1*H*-1,2,4-三唑-1-甲基)环戊醇、2-(4-氯苄基)-5-(2-羟基-1-甲基乙基)-1-(1*H*-1,2,4-三唑-1-甲基)环戊醇和 2-[1-(4-氯苯基)羟基甲基]-5-异丙基-1-(1*H*-1,2,4-三唑-1-甲基)环戊醇。③土壤/环境。代谢率取决于温度和土壤水分以及有机质含量。试验表明，在日本水田土壤中 DT$_{50}$ 为 76～80 d，在山地土壤中为 45～54 d。在土壤中可轻微移动。

制剂 乳油、悬浮剂等。

主要生产商 Kureha。

作用机理与特点 麦角甾醇生物合成抑制剂。异构体（Ⅰ）（1*RS*,2*SR*,5*RS*）和异构体（Ⅱ）（1*RS*,2*SR*,5*SR*）均有活性。

应用

（1）适宜作物 水稻和其他作物。

（2）防治对象 主要用于防治水稻和其他作物的种传病害。如用于防治水稻恶苗病、水稻胡麻斑病、水稻稻瘟病等。

（3）使用方法 主要用于种子处理。剂量为 3～6 g(a.i.)/100 kg 种子。

专利与登记 专利 US 4938792、EP 0329397 等均已过专利期，不存在专利权问题。

在国内登记情况 4.23%微乳剂，登记作物为棉花和玉米，防治对象为立枯病、茎基腐病和丝黑穗病等。美国科聚亚公司在中国登记情况见表 2-64。

表 2-64 美国科聚亚公司在中国登记情况

登记名称	登记证号	含量	剂型	登记作物	防治对象	用药量	施用方法
种菌唑	PD20120230	97%	原药				
甲霜·种菌唑	PD20120231	4.23%	微乳剂	棉花	立枯病	13.5～18 g/kg 种子	拌种
				玉米	茎基腐病	3.375～5.4 g/100 kg 种子	种子包衣
				玉米	丝黑穗病	9～18 g/100 kg 种子	种子包衣
甲·萎·种菌唑	PD20181701	14%	悬浮种衣剂	玉米	苗期茎基腐病	300～400 mL/100 kg 种子	种子包衣

合成方法　以 3-甲基丁腈等为起始原料，经如下多步反应，处理即得目的物。反应式如下：

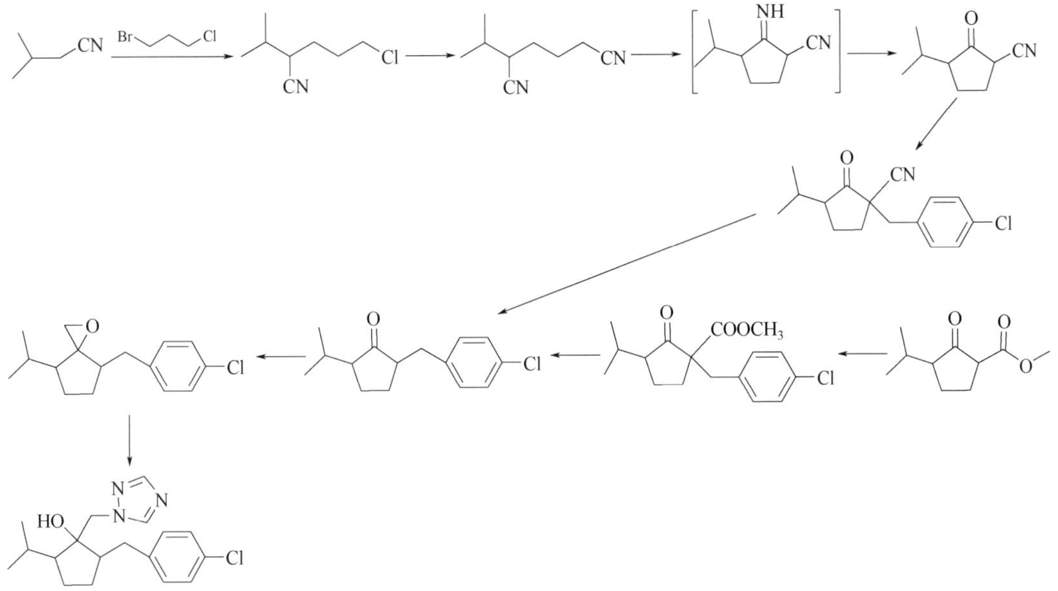

参考文献

[1]　The Pesticide Manual.17 th edition: 647-648.

[2]　日本农药学会志, 1997, 22(2): 119.

灭菌唑（triticonazole）

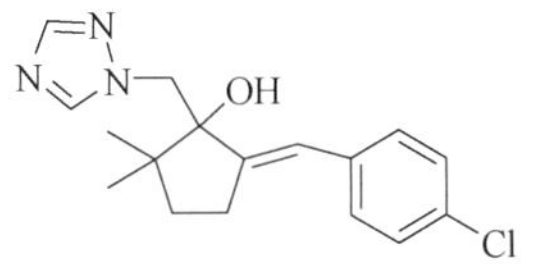

$C_{17}H_{20}ClN_3O$，317.8，131983-72-7

灭菌唑（试验代号：FR 2641277，商品名称：Charter F2、Real、Rubin TT，其他名称：Alios、Charter、Premis、Premis 25）是由罗纳-普朗克公司（现拜耳公司）研制和开发的三唑类杀菌剂，目前授权 BASF 公司在欧洲等地销售。

化学名称　(RS)-(E)-5-(4-氯亚苄基)-2,2-二甲基-1-(1H-1,2,4-三唑-1-基甲基)环戊醇。IUPAC 名称：(RS)-(E)-5-(4-chlorobenzylidene)-2,2-dimethyl-1-(1H-1,2,4-triazol-1-ylmethyl)cyclo-pean-tanol。美国化学文摘（CA）系统名称：(5E)-5-[(4-chlorophenyl)methylene]-2,2-dimethyl-1-(1H-1,2,4-triazol-1-ylmethyl)cyclopentanol。CA 主题索引名称：cyclopentanol —, 5-[(4-chloro-phenyl)methylene]-2,2-dimethyl-1-(1H-1,2,4-triazol-1-ylmethyl)-(5E)-。

理化性质　原药纯度为95%。纯品（cis-和 trans-混合物）为无味、白色粉状固体，熔点137～141℃。相对密度 1.21（20～25℃），蒸气压<1×10⁻⁵ mPa（50℃）。分配系数 $\lg K_{ow}$=3.29（20℃）。Henry 常数<3×10⁻⁵ Pa·m³/mol（计算）。水中溶解度 9.3 mg/L（20～25℃），pH 对其影响不大。当温度达到 180℃开始分解。

毒性　大鼠急性经口 LD$_{50}$ >2000 mg/kg。大鼠急性经皮 LD$_{50}$ >2000 mg/kg，对兔皮肤和

眼无刺激。大鼠吸入 $LC_{50}>5.6$ mg/L 空气。NOEL 值 [mg/(kg·d)]：雄性大鼠慢性 29.4，雌性大鼠慢性 38，狗 2.5。ADI(EC) 0.025 mg/kg(2006)。

生态效应　山齿鹑急性经口 $LD_{50}>2000$ mg/kg，饲喂山齿鹑和野鸭 $LC_{50}>5200$ mg/(kg·d)。对虹鳟鱼毒性很低，$LC_{50}>3.6$ mg/L；水蚤 $LC_{50}(48\ h)>9$ mg/L。羊角月牙藻 $EC_{50}(96\ h)>1.0$ mg/L。蜜蜂 LD_{50}（经口和接触）>100 μg/只。蚯蚓 $LC_{50}(14\ d)>1000$ mg/kg。对非靶标节肢动物无严重副作用。

环境行为　①动物。在大鼠体内 7 d 内，90%可通过粪便排出体外。②植物。代谢产物为二羟基代谢物和其他。③土壤/环境。土壤中的代谢主要是羟基化，土壤 pH 不会影响降解速度和途径，DT_{50} 151～429 d（实验室，22～25℃）；DT_{50} 96～267 d（田地）。

制剂　25g/L 悬浮种衣剂等。

主要生产商　BASF。

作用机理与特点　甾醇生物合成中 C-14 脱甲基化酶抑制剂。主要用作种子处理剂。

应用

（1）适宜作物　禾谷类作物（如玉米）、豆科作物、果树（如苹果）等。

（2）对作物安全性　推荐剂量下对作物安全、无药害。

（3）防治对象　镰孢（酶）属、柄锈菌属、麦类核腔菌属、黑粉菌属、腥黑粉菌属、白粉菌属、圆核腔菌、壳针孢属、柱隔孢属等引起的病害如白粉病、锈病、黑腥病、网斑病等。

（4）使用方法　主要用于防治禾谷类作物（如玉米）、豆科作物、果树病害，对种传病害有特效。可种子处理也可茎叶喷雾，持效期长达 4～6 周。种子处理时通常用量为 2.5 g(a.i.)/100 kg 小麦种子或 20 g(a.i.)/100 kg 玉米种子；茎叶喷雾时用量为 60 g(a.i.)/hm²。

专利与登记　专利 EP 378953 早已过专利期，不存在专利权问题。

国内登记情况　25g/L 悬浮种衣剂，登记作物为小麦，防治对象为腥黑穗病、散黑穗病。巴斯夫欧洲公司在中国登记情况见表 2-65。

表 2-65 巴斯夫欧洲公司在中国登记情况

登记名称	登记证号	含量	剂型	登记作物	防治对象	用药量	施用方法
灭菌唑	PD20070367	95%	原药				
灭菌唑	PD20070366	25g/L	悬浮种衣剂	小麦	腥黑穗病、散黑穗病	2.5～5 g/100 kg 种子	拌种
灭菌唑	PD20130400	28%	悬浮种衣剂	玉米	丝黑穗病	(1∶500)～(1∶1000)（药种比）	种子包衣
唑醚·灭菌唑	PD20181700	11%	种子处理悬浮剂	小麦	散黑穗病	65～75 mL/100 kg 种子	拌种

合成方法　以二甲基环戊酮为起始原料，与对氯苯甲醛缩合；再与碘代三甲基亚砜（由碘甲烷与二甲基亚砜制得）生成取代的环氧丙烷；最后与三唑反应，处理即得灭菌唑。反应式如下：

氟喹唑（fluquinconazole）

C$_{16}$H$_8$Cl$_2$FN$_5$O，376.2，136426-54-5

氟喹唑（试验代号：AE C597265、SN 597265，商品名称：Flamenco、Galmano、Jockey、Jockey F、Jockey Flexi、Sahara，其他名称：Flamenco Plus、Galmano Plus、Jockey Plus）是拜耳公司开发三唑类杀菌剂。

化学名称　3-(2,4-二氯苯基)-6-氟-2-(1*H*-1,2,4-三唑-1-基)喹唑啉-4(3*H*)-酮。IUPAC 名称：3-(2,4-dichlorophenyl)-6-fluoro-2-(1*H*-1,2,4-triazol-1-yl)quinazolin-4(3*H*)-one。美国化学文摘（CA）系统名称：3-(2,4-dichlorophenyl)-6-fluoro-2-(1*H*-1,2,4-triazol-1-yl)-4(3*H*)-quinazolinone。CA 主题索引名称：4(3*H*)-quinazolinone —, 3-(2,4-dichlorophenyl)-6-fluoro-2-(1*H*-1,2,4-triazol-1-yl)-。

理化性质　原药纯度≥95.5%。纯品为白色结晶状固体，略带气味儿。熔点 191.9～193℃。蒸气压 $6.4×10^{-9}$ Pa（20℃）。分配系数 lgK_{ow}=3.24（pH 5.6，20℃）。Henry 常数 $2.09×10^{-6}$ Pa·m^3/mol（20℃）。相对密度 1.58（20～25℃）。溶解度（20～25℃，g/L）：水 0.0015（pH 6.6），丙酮 38～50，二甲苯 9.88，乙醇 3.48，DMSO 150～200，二氯甲烷 120～150。稳定性：在水中 DT$_{50}$（25℃，pH 7）21.8 d。在水介质中对光稳定。表面张力 70.91 mN/m（20℃）。

毒性　急性经口 LD$_{50}$（mg/kg）：雄大鼠和雌大鼠 112，雌小鼠 180。急性经皮 LD$_{50}$（mg/kg）：雄大鼠 2679，雌大鼠 625。对兔眼睛和皮肤无刺激作用，对豚鼠无皮肤过敏现象。大鼠吸入 LC$_{50}$(4 h)0.754 mg/L。NOEL 数据 [1 年，mg/(kg·d)]：大鼠 0.31，小鼠 1.1，狗 0.5。ADI 值 0.005 mg/kg。在 Ames 试验和其他诱变试验中，无胚胎毒性或诱变作用。

生态效应　山齿鹑和野鸭急性经口 LD$_{50}$>2000 mg/kg。鱼毒 LC$_{50}$（96 h，mg/L）：虹鳟鱼 1.90，大翻车鱼 1.34。水蚤 LC$_{50}$(48 h) >5.0 mg/L。月牙藻 E$_r$C$_{50}$ 46 μg/L，E$_b$C$_{50}$ 14 μg/L。浮萍 NOEC 值为 0.625 mg/L。蚯蚓 LC$_{50}$(14 d)>1000 mg/kg 土壤。本品对蚜茧蜂属、盲走螨属、七星瓢虫和中华通草蛉等无害。

环境行为　①动物。氟喹唑在大鼠、小鼠和狗体内主要通过粪便形式代谢。在这三种物种体内，未改变的氟喹唑是主要的代谢产物，伴随少量的二酮和其他微量副产物。②植物。在植物表面稳定存在，检测到二酮部分水解。氟喹唑和二酮几乎不被水果吸收。试验表明植物叶表面的残余物不会迁移到水果内部。在小麦中，仅有一小部分的氟喹唑裂解和进一步代谢。③土壤/环境。在有氧和无氧条件下在土壤中降解，主要通过水解过程消散。进一步的降解和矿化涉及微生物的作用。最终的代谢产物为和土壤有关的残余物和二氧化碳。降解率和温度、土壤湿度、土壤 pH 等条件有关。一般大田 DT$_{50}$ 50～300 d。

主要生产商　Bayer CropScience。

作用机理与特点　主要作用机理是甾醇脱甲基化抑制剂，破坏和阻止病菌的细胞膜重要组成成分麦角甾醇的生物合成，导致细胞膜不能形成，使病菌死亡。具有内吸性、保护和治疗活性。

应用

（1）适宜作物　小麦、大麦、水稻、甜菜、油菜、豆科作物、蔬菜、葡萄和苹果等。

（2）对作物安全性　推荐剂量下对作物安全、无药害。

（3）防治对象　防治由担子菌亚门、半知菌亚门和子囊菌亚门真菌引起的多种病害如可有效防治苹果上的主要病害如苹果黑星病和苹果白粉病，对以下病原菌如白粉病菌、链核盘菌、尾孢霉属、茎点霉属、壳针孢属、柄锈菌属、驼孢锈菌属和核盘菌属等真菌引起的病害均有良好的防治效果。

（4）使用方法　氟喹唑具有保护、治疗及内吸活性。主要用于茎叶喷雾，使用剂量为125～375 g(a.i.)/hm²（蔬菜），125～190 g(a.i.)/hm²（禾谷类等大田作物），4～8 g(a.i.)/hm²（果树）。

专利与登记　专利 US 4731106 早已过专利期，不存在专利权问题。本产品已在欧洲、亚洲、南美等数十个地区登记销售。

合成方法　合成方法主要有如下两种。

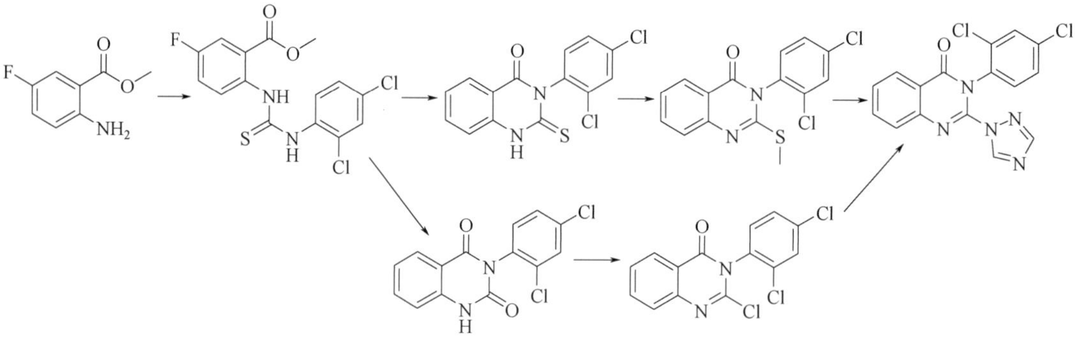

参考文献

[1] Proc. Br. Crop Prot. Conf－Pests Dis.. 1992, 1: 411.

[2] The Pesticide Manual.17 th edition: 530-532.

硅氟唑（simeconazole）

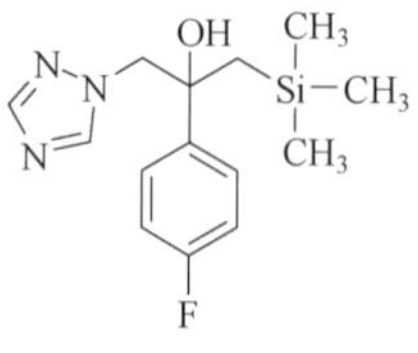

$C_{14}H_{20}FN_3OSi$，293.4，149508-90-7

硅氟唑（试验代号：F-155、SF-9607、SF-9701，商品名称：Mongari、Patchikoron、Sanlit，其他名称：sipconazole）是日本三共化学开发的新型含硅和氟三唑类杀菌剂。

化学名称　(RS)-2-(4-氟苯基)-1-(1H-1,2,4-三唑-1-基)-3-(三甲基硅)丙-2-醇。IUPAC 名称：(RS)-2-(4-fluorophenyl)-1-(1H-1,2,4-triazol-1-yl)-3-(trimethylsilyl)propan-2-ol。美国化学文摘（CA）系统名称：α-(4-fluorophenyl)-α-[(trimethylsilyl)methyl]-1H-1,2,4-triazole-1-ethanol。CA 主题索引名称：1H-1,2,4-triazole-1-ethanol —, α-(4-fluorophenyl)-α-[(trimethylsilyl) methyl]-。

理化性质　纯品为白色结晶状固体。熔点 118.5～120.5℃。蒸气压 5.4×10⁻² mPa（25℃），

$\lg K_{ow}$=3.2。水中溶解度为 57.5 mg/L（20～25℃）。溶于大多数有机溶剂。

毒性　急性经口 LD_{50}（mg/kg）：雄大鼠 611，雌大鼠 682，雄小鼠 1178，雌小鼠 1018。雄性和雌性大鼠急性经皮 LD_{50}>5000 mg/kg。对兔皮肤和眼睛无刺激。大鼠急性吸入 LC_{50}>5.17 mg/L。ADI 值 0.0085 mg/kg。Ames 均为阴性。对大鼠、兔无致畸性。

环境行为　在大米中的代谢主要通过硅甲基的羟基化、硅醇氧化物的代谢以及硅甲基的脱去。羟甲基代谢主要是形成糖苷。

作用机理与特点　主要作用机理是甾醇脱甲基化抑制剂，破坏和阻止病菌的细胞膜重要组成成分麦角甾醇的生物合成，导致细胞膜不能形成，使病菌死亡。由于具有很好的内吸性，因此可迅速地被植物吸收，并在内部传导；具有很好的保护和治疗活性。明显提高作物产量。

应用

（1）适宜作物与安全性　水稻、小麦、苹果、梨、桃、茶、蔬菜、草坪等。在推荐剂量下使用，对环境、作物安全。

（2）防治对象　能有效地防治众多子囊菌、担子菌和半知菌所致病害尤其对各类白粉病、黑星病、锈病、立枯病、纹枯病等具有优异的防效。

（3）使用方法　种子处理，以 4～10 g(a.i.)/100 kg 处理小麦种子，可有效地防治散黑穗病；以 50～100 g(a.i.)/100 kg 种子进行处理，可防治大多数土传或气传病害如白粉病、立枯病、纹枯病和网斑病；使用剂量通常为 25～75 g(a.i.)/hm²。茎叶喷雾，使用剂量通常为 50～100 g(a.i.)/hm²。

专利与登记　专利 EP 537957 早已过专利期，不存在专利权问题。本产品已于 2001 年在日本草坪、水稻和果树登记。

合成方法　以氟苯为原料，经如下反应即可制得目的物：

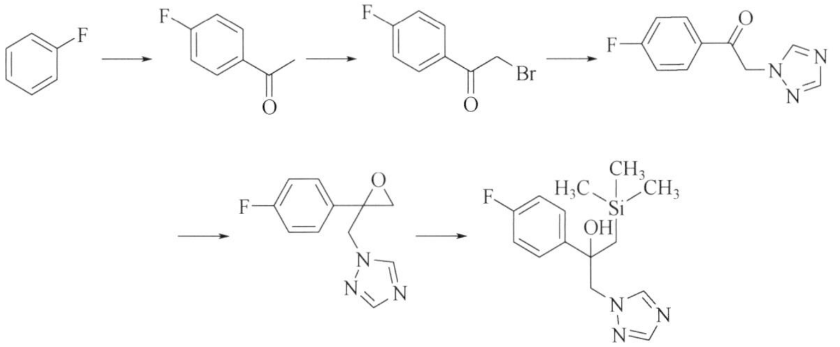

参考文献

[1] Proceedings of the BCPC Conference—Pest & Diseases. 2000, 557.

[2] Chemical & Pharmaceutical Bulletin，2000, 48(8): 1148-1153.

[3] Chemical & Pharmaceutical Bulletin，2003, 51(9): 1113-1116.

[4] Bioorganic & Medicinal Chemistry，2002, 10(12): 4029-4034.

丙硫菌唑（prothioconazole）

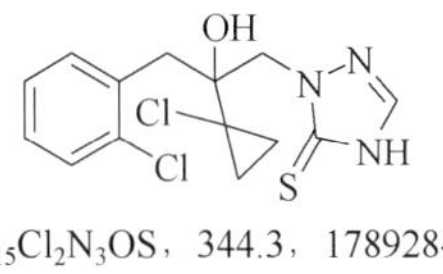

$C_{14}H_{15}Cl_2N_3OS$，344.3，178928-70-6

丙硫菌唑（试验代号：AMS 21619、BAY JAU 6476、JAU 6476，商品名称：Proline、Redigo，其他名称：Rudis）是由拜耳公司研制的新型广谱三唑硫酮类杀菌剂，2004 年上市。

化学名称 (RS)-2-[2-(1-氯环丙基)-3-(2-氯苯基)-2-羟基丙基]-2,4-二氢-1,2,4-三唑-3-硫酮。IUPAC 名称：(RS)-2-[2-(1-chlorocyclopropyl)-3-(2-chlorophenyl)-2-hydroxypropyl]-2,4-dihydro-1,2,4-triazole-3-thione。美国化学文摘（CA）系统名称：2-[2-(1-chlorocyclopropyl)-3-(2-chlorophenyl)-2-hydroxypropyl]-2,4-dihydro-3H-1,2,4-triazole-3-thione。CA 主题索引名称：3H-1,2,4-triazole-3-thione —, 2-[2-(1-chlorocyclopropyl)-3-(2-chlorophenyl)-2-hydroxypropyl]-2,4-dihydro-。

理化性质 纯品为白色至浅褐色结晶粉末，熔点为 139.1～144.5℃。沸点（487±50）℃，蒸气压（20℃）$<4×10^{-4}$ mPa，分配系数 $\lg K_{ow}$=4.05（无缓冲，20℃），4.16（pH 4），3.82（pH 7），2.00（pH 9）。Henry 常数$<3×10^{-5}$ Pa·m^3/mol，相对密度 1.36（20～25℃）。溶解度（g/L，20～25℃）：水中 0.005（pH 4）、0.3（pH 8）、2.0（pH 9）；正庚烷<0.1，二甲苯 8，正辛醇 58，异丙醇 87，乙腈 69，DMSO 126，二氯甲烷 88，乙酸乙酯、聚乙二醇和丙酮均>250。稳定性：在环境温度下稳定，pH 4～9 水解稳定，水中快速光解脱硫。pK_a 6.9。

毒性 大鼠急性经口 LD$_{50}$>6200 mg/kg。大鼠急性经皮 LD$_{50}$>2000 mg/kg。对皮肤和眼睛无刺激，对皮肤无致敏现象。大鼠急性吸入 LD$_{50}$>4990 mg/m^3 空气。NOAEL［mg/(kg·d)］：狗短期经口（13 周）25，大鼠慢性饲喂（2 年）5；丙硫菌唑脱硫产物[2-(1-氯环丙基)-1-(2-氯苯基)-3-(1,2,4-三唑-1-基)-丙-2-醇]：狗短期饲喂 1.6，大鼠慢性 1.1。ADI（mg/kg）：丙硫菌唑（EC）0.05，脱硫代谢产物 0.01(2007)；丙硫菌唑（EPA）RfD 尚未确定，脱硫代谢产物 aRfD 0.002、cRfD 0.001(2007)。无遗传毒性、无繁殖毒性或致畸毒性。

生态效应 鹌鹑急性经口 LD$_{50}$>2000 mg/kg。鹌鹑饲喂 LC$_{50}$(5 d) >5000 mg/kg。虹鳟鱼 LC$_{50}$(96 h) 1.83 mg/L。水蚤急性 LC$_{50}$(48 h) 1.30 mg/L。月牙藻亚慢性 E$_b$C$_{50}$ 1.10 mg/L，E$_r$C$_{50}$ 2.18 mg/L。对蜜蜂无害，LD$_{50}$（μg/只）：经口>71，接触>200。蚯蚓 LC$_{50}$(14 d) >1000 mg/kg 干土。对非靶标节肢动物或土壤生物无影响。

环境行为 ①动物。丙硫菌唑在动物体内被迅速吸收和广泛代谢，并主要是通过粪便排出体外。在体内不存在潜在的积累。丙硫菌唑的主要代谢反应是与葡糖醛酸共轭和苯基部分脱硫羟基化。②植物。丙硫菌唑的代谢过程主要通过氧化裂解反应，主要代谢产物是脱硫丙硫菌唑和三唑胺、三唑羟基丙酸及三唑乙酸。在植物中没有检测出游离的 1,2,4-三唑。③土壤/环境。丙硫菌唑迅速降解为脱硫丙硫菌唑和 S-甲基丙硫菌唑。母体化合物和代谢物的浸出或积累可能性很低。丙硫菌唑、脱硫丙硫菌唑和 S-甲基丙硫菌唑在土壤 DT$_{50}$（实验室，20℃）分别为 0.07～1.3 d、7～34 d 和 6～46 d。K_{oc}（mL/g）分别为 1765、523～625 和 1974～2995。丙硫菌唑在水/沉积物有氧条件下迅速降解（DT$_{50}$ 2～3 d）；主要代谢产物是脱硫丙硫菌唑和 1,2,4-三唑（在水层中检测到）和 S-甲基丙硫菌唑（在沉积物中）。

制剂 乳油或悬浮剂。

主要生产商 Bayer CropScience。

作用机理与特点 丙硫菌唑的作用机理是抑制真菌中甾醇的前体——羊毛甾醇或 24-亚甲基二氢羊毛甾醇 14 位上的脱甲基化作用，即脱甲基化抑制剂（DMIs）。不仅具有很好的内吸活性，优异的保护、治疗和铲除活性，且持效期长。通过大量的田间药效试验，结果表明丙硫菌唑对作物不仅具有良好的安全性，防病治病效果好，而且增产明显。同三唑类杀菌剂相比，丙硫菌唑具有更广谱的杀菌活性。其(-)-S-对映体活性高于消旋体。

应用 丙硫菌唑主要用于防治禾谷类作物（如小麦、大麦、水稻）、油菜、花生和豆类作物等的众多病害。几乎对所有麦类病害都有很好的防治效果，如小麦和大麦的白粉病、纹枯病、枯萎病、叶斑病、锈病、菌核病、网斑病、云纹病等。除了对谷物病害有很好的效果外，还能防治油菜和花生的土传病害，如菌核病以及主要叶面病害，如灰霉病、黑斑病、褐斑病、黑胫病、菌核病和锈病等。使用剂量通常为 200 g(a.i.)/hm^2，在此剂量下，活性优于或等于常规杀菌剂如氟环唑、戊唑醇、嘧菌环胺等。为了预防抗性的发生，适应特殊的作物与防治不同的病害需要，拜耳公司目前正在开发并登记丙硫菌唑单剂以及与不同作用机理药剂的混合制剂，除可与杀菌剂氟嘧菌酯混配外，还可与戊唑醇、肟菌酯、螺环菌胺等进行复配。

专利与登记

专利名称　Microbicidal triazolyl derivatives

专利号　WO 9616048　　　　　专利申请日　1995-11-08

专利拥有者　Bayer AG (DE)

在其他国家申请的专利　AU 3982595、AU 4000997、AU 697137、BG 101430、BG 101970、BR 9509805、CN 1058712、CZ 9701455、DE 19528046、EP 0793657、ES 2146779T、FI 972130、HU 77333、IL 116045、JP 10508863T、KR 244525、NO 972215、NZ 296107、PL 320215、PT 793657、SK 137798、SK 63897、TR 960484、US 5789430 等。

2004 年以来，已在多个国家登记注册。2007 年在美国、加拿大登记用于小麦、花生、蔬菜等多种病害防治。

国内目前有山东海利尔化工有限公司、江苏溧阳中南化工有限公司、安徽久易农业股份有限公司登记原药、可分散油悬浮剂或与多菌灵、戊唑醇的悬浮剂，用于防治小麦赤霉病。

合成方法　合成方法如下：

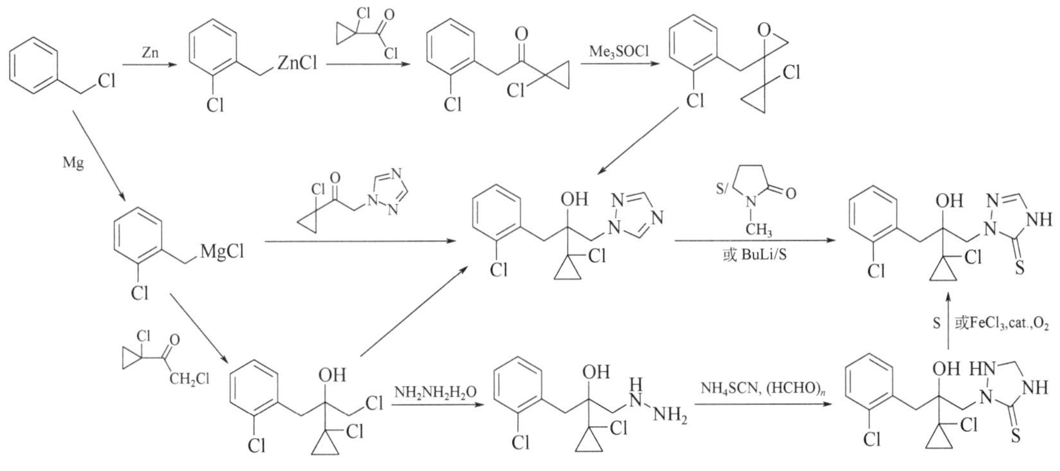

参考文献

[1] Proc. Br. Crop Prot.Conf. —Pests Dis.. 2002, 389.

[2] 关爱莹, 李林, 刘长令. 新型三唑硫酮类杀菌剂丙硫菌唑. 农药, 2003(9): 42-43+41.

[3] 王美娟, 廖道华, 曾仲武, 等. 丙硫菌唑的合成. 农药, 2009, 48(3): 172-173+201.

[4] 张爱萍, 李勇. 新型三唑硫酮类杀菌剂丙硫菌唑的研究进展. 今日农药, 2011(6): 27-28.

[5] 张茂九. 防治小麦赤霉病新分之丙硫菌唑综述. 农药市场信息, 2019(7): 6-9+31.

[6] 丁亚伟, 杨丙连, 陆成梁. 丙硫菌唑合成新工艺. 农药, 2019, 58(9): 635-637.

ipfentrifluconazole

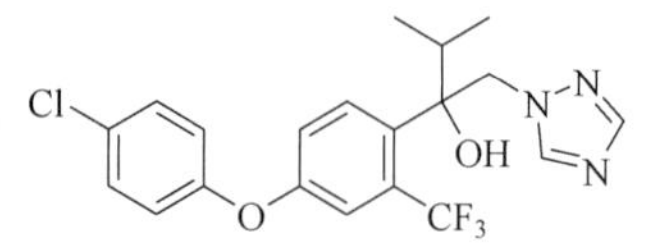

C$_{20}$H$_{19}$ClF$_3$N$_3$O$_2$，425.8，1417782-08-1

ipfentrifluconazole 是由巴斯夫开发的新的三唑类杀菌剂。

化学名称 (2*RS*)-2-[4-(4-氯苯氧基)-α,α,α-三氟-邻-甲苯]-3-甲基-1-(1*H*-1,2,4-三唑-1-基)丁-2-醇。IUPAC 名称：(2*RS*)-2-[4-(4-chlorophenoxy)-α,α,α-trifluoro-*o*-tolyl]-3-methyl-1-(1*H*-1,2,4-triazol-1-yl)butn-2-ol。美国化学文摘（CA）系统名称：α-[4-(4-chlorophenoxy)-2-(trifluoromethyl)phenyl]-α-(1-methylethyl)-1*H*-1,2,4-triazole-1-ethanol。CA 主题索引名称：1*H*-1,2,4-triazole-1-ethanol —, α-[4-(4-chlorophenoxy)-2-(trifluoromethyl)phenyl] -α-(1-methylethyl)-。

应用 用作杀菌剂。

专利与登记

专利名称 Preparation of halogenalkylphenoxyphenyltriazolylethanol derivatives for use as fungicides

专利号 WO 2013007767 　　　　　**专利申请日** 2012-07-12

专利拥有者 德国巴斯夫

在其他国家申请的化合物专利 AR 87194、AU 2012282501、CA 2840286、CN 103649057、CN 105152899、CR 20130673、EP 2731935、IL 230031、IN 2013CN10351、JP 2014520832、JP 5789340、KR 2014022483、MX 2014000366、NZ 619937、US 20140155262、ZA 2014001034 等。

工艺专利 WO 2014108286 等。

合成方法 通过如下反应制得目的物：

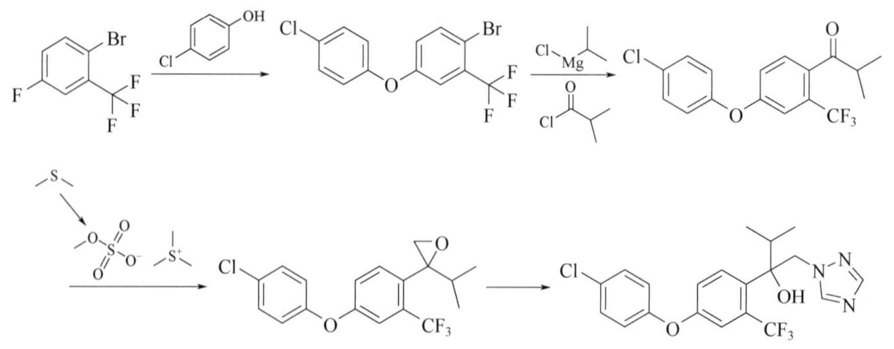

氯氟醚菌唑（mefentrifluconazole）

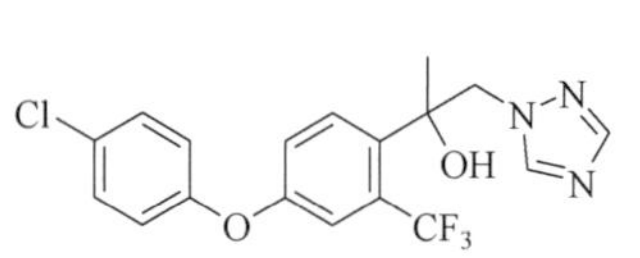

C$_{18}$H$_{15}$ClF$_3$N$_3$O$_2$，397.8，1417782-03-6

氯氟醚菌唑（商品名为 Revysol）是由巴斯夫开发的新三唑类杀菌剂，其对一系列较难防治的病害具有显著的生物活性，是巴斯夫具有划时代意义的新产品。

化学名称　(2*RS*)-2-[4-(4-氯苯氧基)-α,α,α-三氟-邻-甲苯]-1-(1*H*-1,2,4-三唑-1-基)丙-2-醇。IUPAC 名称：(2*RS*)-2-[4-(4-chlorophenoxy)-α,α,α-trifluoro-*o*-tolyl]-1-(1*H*-1,2,4-triazol-1-yl)propan-2-ol。美国化学文摘（CA）系统名称：α-[4-(4-chlorophenoxy)-2-(trifluoromethyl)phenyl]-α-methyl-1*H*-1,2,4-triazole-1-ethanol。CA 主题索引名称：1*H*-1,2,4-triazole-1-ethanol —, α-[4-(4- chlorophenoxy)-2-(trifluoromethyl)phenyl]-α-methyl-。

作用机理与特点　为三唑类杀菌剂，其作用机理为阻止麦角甾醇的生物合成，抑制细胞生长，最终导致细胞膜破裂。氯氟醚菌唑分子中独特的异丙醇基团，使其能够非常灵活地从游离态自由旋转与靶标结合成为络合态，很好地抑制壳针孢菌的转移，减少病菌突变，延缓抗性的产生和发展。灵活多变的空间形态使得氯氟醚菌唑对多种抗性菌株始终保持高效，是一款非常优秀的抗性管理工具。抗药性试验结果表明，Revysol 至今仍对壳针孢属分离菌具有较好的防效。

氯氟醚菌唑可与琥珀酸脱氢酶抑制剂（SDHI）类杀菌剂复配，用来防治小麦上的难治病害，如壳针孢菌引起的病害和黄锈病等。

应用　氯氟醚菌唑广谱、高效，具有选择性和内吸传导性，兼具保护、治疗、铲除作用，速效、持效。可有效防治许多难以防治的真菌病害，如锈病及壳针孢菌（*Septoria* spp.）引起的病害等；适用于许多大田作物、经济作物和特种作物等世界范围内的 60 多种作物，如谷物（如玉米、水稻）、大豆、马铃薯等大田作物，果树、蔬菜、油菜、青椒、葡萄、咖啡等经济作物，并用于草坪、观赏植物等。该产品可帮助全球种植户提升作物活力，提高作物产量和品质。氯氟醚菌唑既可叶面喷雾，也用于种子处理。

氯氟醚菌唑对谷物上的许多病害高效，如小麦叶斑病（*Septoria tritici*）、锈病以及大麦上由柱隔孢菌（*Ramularia* spp.）引起的病害等。水稻是亚洲重要的粮食作物，氯氟醚菌唑对水稻纹枯病和穗腐病（dirty panicle 或脏穗病）展现了出色的保护作用，这是困扰亚洲农民的两种常见病害。

其登记用于谷物、豆类、甜菜、马铃薯、油菜籽、核果、仁果、柑橘类水果和木本坚果；玉米、谷物和大豆等（种子处理）；草坪和观赏植物。此外，巴斯夫申请了登记氯氟醚菌唑的复配产品（氯氟醚菌唑+吡唑醚菌酯，商品名 F500）和三元复配产品（氯氟醚菌唑+吡唑醚菌酯＋氟苯吡菌胺），用于玉米、豆类、马铃薯、甜菜、油菜籽、花生和柑橘类水果。

专利与登记

专利名称　Preparation of halogenalkylphenoxyphenyltriazolylethanol derivatives for use as fungicides

专利号　WO 2013007767　　　　　**专利申请日**　2012-07-12

专利拥有者　德国巴斯夫

在其他国家申请的化合物专利　AR 87194、AU 2012282501、CA 2840286、CN 103649057、CN 105152899、CR 20130673、EP 2731935、IL 230031、IN 2013CN10351、JP 2014520832、JP 5789340、KR 2014022483、MX 2014000366、NZ 619937、US 20140155262、ZA 2014001034 等。

工艺专利　WO2014108286 等。

合成方法　通过如下反应制得目的物：

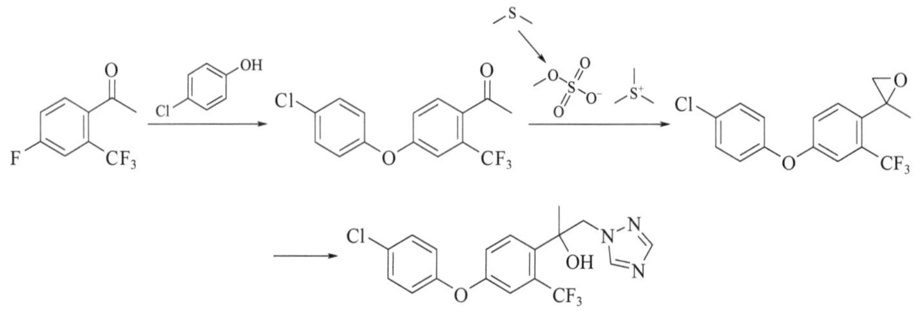

参考文献

[1] Phillips McDougall AgriFutura June 2019. Conference Report IUPAC 2019 Ghent Belgium.
[2] http://www.jsppa.com.cn/news/yanfa/1415.html.

第六节 (苯并)咪唑类杀菌剂（imidazoles）

一、创制经纬

（苯并）咪唑类杀菌剂如抑霉唑（imazalil）和噻菌灵（thiabendazole）等主要来自医药和随机筛选；氟菌唑（triflumizole）的开发估计与杀菌剂 buthiobate 有关。

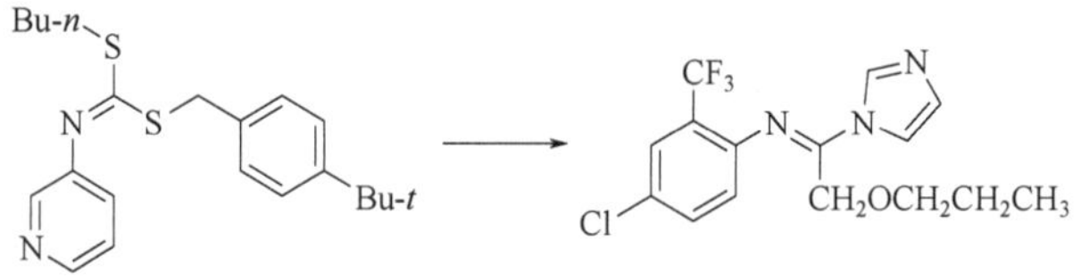

buthiobate　　　　氟菌唑(triflumizole)

苯并咪唑类杀菌剂大多是在噻菌灵、苯菌灵基础上进行结构优化而来的，多菌灵是制备苯菌灵的中间体，也具有出色的杀菌活性，因此后来也被开发为杀菌剂品种（多菌灵开发时间晚于苯菌灵）。著名农药专家、沈阳院原总工程师张少铭，是我国农药科研奠基人之一，开创了中国农药创制及产业化先河，创制了“多菌灵”等一批优良广谱杀菌剂，为中国农药事业发展建立了卓越功勋。在同一时期，BASF 及拜耳等公司也对多菌灵进行了开发。甲基硫菌灵（thiophanate-methyl）等杀菌剂，可在生物体内转化为苯并咪唑，因此与苯并咪唑类杀菌剂具有相同作用机制。

新近开发的品种如噁咪唑（oxpoconazole）等多是建立在已有化合物的基础上，经进一步优化得到。噁咪唑（oxpoconazole）的创制经纬：噁咪唑的主要部分 1-咪唑基-甲酰胺（1-imidazoly-carboxamide）来自咪鲜胺（prochloraz）和稻瘟酯（pefurazoate）中的活性部分。该化合物是在以咪鲜胺为先导化合物发现稻瘟酯的基础上，通过进一步结构活性关系（SAR）研究优化得到的。

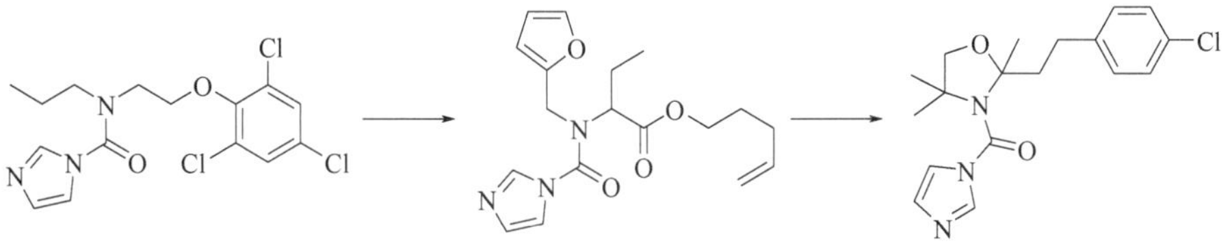

prochloraz　　　　　　　　pefurazoate　　　　　　　　oxpoconazole

二、主要品种

咪唑类杀菌剂包括苯并咪唑类、苯并咪唑前体类、咪唑杀菌剂和康唑杀菌剂中含咪唑的杀菌剂，共有 28 个品种：

Benzimidazole fungicides（苯并咪唑类杀菌剂）：albendazole、benomyl、carbendazim、chlorfenazole、cypendazole、debacarb、dimefluazole、fuberidazole、mecarbinzid、rabenzazole、thiabendazole。

Benzimidazole precursor fungicides（苯并咪唑前体类杀菌剂）：furophanate、thiophanate、thiophanate-methyl。

Imidazole fungicides（咪唑类杀菌剂）：cyazofamid、fenamidone、fenapanil、glyodin、iprodione、isovaledione、pefurazoate、triazoxide。

Conazole fungicides（康唑杀菌剂中含咪唑的杀菌剂）：climbazole、clotrimazole、imazalil、oxpoconazole、prochloraz、triflumizole。

此处介绍 benomyl、carbendazim、fuberidazole、thiabendazole、thiophanate-methyl、imazalil、imazalil-S、oxpoconazole、prochloraz、triflumizole、cyazofamid、fenamidone、pefurazoate，这 13 个品种。

iprodione 将在本书其他部分介绍。

如下品种由于没有商品化或不再作为杀菌剂继续使用或应用范围小等原因而不作介绍，仅列出化学名称和 CA 登录号或分子式供参考：

albendazole（阿苯达唑或丙硫多菌灵，三者均非 ISO 通用名）：methyl [5-(propylthio)-1H-benzimidazol-2-yl]carbamate，54965-21-8。

chlorfenazole：2-(2-chlorophenyl)benzimidazole，3574-96-7。

cypendazole：methyl 1-(5-cyanopentylcarbamoyl)benzimidazol-2-ylcarbamate，28559-00-4。

debacarb：2-(2-ethoxyethoxy)ethyl benzimidazol-2-ylcarbamate，62732-91-6。

dimefluazole：4-bromo-2-cyano-N,N-dimethyl-6-(trifluoromethyl)-1H-benzimidazole-1-sulfonamide，113170-74-4。在酰胺类杀菌剂中已经提及。

mecarbinzid：methyl 1-(2-methylthioethylcarbamoyl)benzimidazol-2-ylcarbamate，27386-64-7。

rabenzazole：2-(3,5-dimethylpyrazol-1-yl)benzimidazole，40341-04-6。

furophanate：methyl 4-(2-furfurylideneaminophenyl)-3-thioallophanate，53878-17-4。

thiophanate：diethyl 4,4′-(o-phenylene)bis(3-thioallophanate)，23564-06-9。

climbazole：(RS)-1-(4-chlorophenoxy)-1-imidazol-1-yl-3,3-dimethylbutan-2-one，38083-17-9。

clotrimazole：1-[(2-chlorophenyl)diphenylmethyl]-1H-imidazole，23593-75-1。

fenapanil：(RS)-2-(imidazol-1-ylmethyl)-2-phenylhexanenitrile，61019-78-1。

glyodin：2-heptadecyl-2-imidazoline acetate 或 acetic acid-2-heptadecyl-2-imidazoline (1∶1)，556-22-9。

isovaledione：3-(3,5-dichlorophenyl)-1-isovalerylhydantoin，$C_{14}H_{14}Cl_2N_2O_3$。

triazoxide：7-chloro-3-imidazol-1-yl-1,2,4-benzotriazine 1-oxide，72459-58-6。

噻菌灵（thiabendazole）

$C_{10}H_7N_3S$，201.3，148-79-8

噻菌灵（试验代号：MK-360，商品名称：Hykeep、Mertect、Tecto、Thiabensun，其他名称：Apl-Lustr、Chem-Tek、Deccosalt、Storite、Xédazole）是先正达公司开发的一种苯并咪唑类内吸性杀菌剂。

化学名称　2-(噻唑-4-基)苯并咪唑或 2-(1,3-噻唑-4-基)苯并咪唑。IUPAC 名称：2-(thiazol-4-yl)-1H-benzimidazole。美国化学文摘（CA）系统名称：2-(4-thiazolyl)-1H-benzimidazole。CA 主题索引名称：1H-benzimidazole —，2-(4-thiazolyl)-。

理化性质　纯品为白色无味粉末，熔点 297～298℃，蒸气压 $5.3×10^{-4}$ mPa（25℃）。$\lg K_{ow}$=2.39（pH 7），Henry 常数 $3.7×10^{-8}$ Pa·m^3/mol。相对密度 1.3989。溶解度（g/L，20～25℃）：水 0.16（pH 4）、0.03（pH 7）、0.03（pH 10），丙酮 2.43，1,2-二氯乙烷 0.81，正庚烷<0.01，甲醇 8.28，1,2-二氯乙烷 0.81，丙酮 2.43，乙酸乙酯 1.49，正辛醇 3.91。稳定性：在酸、碱、水溶液中稳定。DT_{50} 29 h（pH 5）。pK_{a1} 4.73，pK_{a2} 12.00。

毒性　急性经口 LD_{50}（mg/kg）：小鼠 3600，大鼠 3100，兔≥3800。兔急性经皮 LD_{50}>2000 mg/kg，对兔眼睛和皮肤无刺激，对豚鼠皮肤无刺激，大鼠吸入 LC_{50}>0.5 mg/kg，大鼠 NOAEL（2 年）10 mg/(kg·d)，ADI：(JECFA，JMPR，EC) 0.1 mg/kg(1997，2001，2002，2006)，(EPA) aRfD 0.1mg/kg，cRfD 0.1 mg/kg(2002)。

生态效应　山齿鹑急性经口 LD_{50}>2250 mg/kg，山齿鹑和野鸭饲喂 LC_{50}(5 d) >5620 mg/kg 饲料。鱼毒 LC_{50}（mg/L，96 h）：大翻车鱼 19，虹鳟鱼 0.55。水蚤 EC_{50}(48 h) 0.81 mg/L。月牙藻 EC_{50}(96 h) 9 mg/L，NOEC 3.2 mg/L。其他水生生物 LC_{50}（96 h，mg/L）：糠虾 0.34，牡蛎>0.26。对蜜蜂无害。蚯蚓 LC_{50}>1000 mg/kg 土。对隐翅甲、盲走螨、草蛉无害，对烟蚜茧有轻微害处。

环境行为　①动物。口服给药时，噻菌灵被迅速吸收，24 h 内大于 90%通过粪便（25%）和尿液（65%）消除掉。而且可以迅速分布于身体各个部分，尤其是心、肺、脾、肾和肝中分布最多。该产品在体内最多 7 d 就可完全清除。噻菌灵的代谢主要是 5 位的羟基化以及与葡萄糖和硫酸盐的键合共轭作用。②植物。所有作物的残留物在作物收获前后均为母体噻菌灵。③土壤/环境。土壤 DT_{50}>1 年（1 mg/kg，恶劣的条件下），33 d［20℃，40% MWC（最大水分含量），0.1 mg/kg 土］，120 d（20℃，40% MWC，1 mg/kg 土）。水的光解 DT_{50} 29 h（pH 5）。

制剂　40%、60%、90%可湿性粉剂，45%悬浮剂。

主要生产商　Hikal、Laboratorios Agrochem、Syngenta、Sundat、江苏省激素研究所股份有限公司及山东侨倡化学有限公司等。

作用机理与特点　噻菌灵作用机制是抑制真菌线粒体的呼吸作用和细胞繁殖，与苯菌灵等苯并咪唑药剂有正交互抗药性。具有内吸传导作用，根施时能向顶传导，但不能向基传导。抗菌活性限于子囊菌、担子菌、半知菌，而对卵菌和接合菌无活性。

应用

（1）适宜作物　各种蔬菜和水果如柑橘、香蕉、葡萄、芒果、苹果、梨、草莓、甘蓝、芹菜、甜菜、芦笋、荷兰豆、马铃薯等。

（2）防治对象　柑橘青霉病、绿霉病、蒂腐病、花腐病，草莓白粉病、灰霉病，甘蓝灰霉病，芹菜斑枯病、菌核病，芒果炭疽病，苹果青霉病、炭疽病、灰霉病、黑星病、白粉病等。

（3）使用方法　可茎叶处理也可作种子处理和茎部注射。

① 柑橘贮藏防腐　柑橘采收后用 500～5000 mg/L 药液浸果 3～5 min，晾干装筐，低温保存，可以控制青霉病、绿霉病、蒂腐病、花腐病的危害。

② 香蕉贮运防腐　香蕉采收后，用 750～1000 mg/L 的药液浸果，1～3 min 后捞出晾干装箱，可以控制贮运期间烂果。

③ 防治葡萄灰霉病　收获前用 900～1350 mg/L 药液喷雾。

④ 防治芒果炭疽病　收获后用 1000～2500 mg/L 药液浸果。

⑤ 防治苹果和梨的青霉病、炭疽病、灰霉病、黑星病、白粉病　收获前每亩用有效成分 30～60 g，对水喷雾。

⑥ 防治草莓白粉病、灰霉病　收获前每亩用有效成分 30～60 g，对水喷雾。

⑦ 防治甘蓝灰霉病　收获后用 675 mg/L 药液浸沾。

⑧ 防治芹菜斑枯病、菌核病　收获前每亩用有效成分 18～40 g，对水喷雾。

⑨ 防治甜菜、花生叶斑病　每亩用有效成分 13～27 g，对水喷雾。

⑩ 防治马铃薯贮藏期坏腐病、干腐病、皮斑病和银皮病　将 45%噻菌灵悬浮剂 90 mL 稀释至 1～2 L，然后对马铃薯进行喷雾。

专利与登记　化合物专利 US 3017415，早已过专利期，不存在专利权。国内登记情况：45%、15%、450g/L 悬浮剂，98.5%原药等。登记作物为柑橘、香蕉、蘑菇、葡萄、苹果树等，防治对象为绿霉病、黑痘病、轮纹病、青霉病、冠腐病、褐腐病等。瑞士先正达作物保护有限公司在中国登记情况见表 2-66。

表 2-66　瑞士先正达作物保护有限公司在中国登记情况

登记名称	登记证号	含量	剂型	登记作物	防治对象	用药量/(mg/kg)	施用方法
噻菌灵	PD20070316	500 g/L	悬浮剂	柑橘	绿霉病	833～1250	浸果 1 min
				柑橘	青霉病	833～1250	
				香蕉	冠腐病	500～750	
				蘑菇	褐腐病	(1∶1250)～(1∶2500)（药料比）；0.5～0.75 g/m²	拌样；喷雾
噻灵·咯·精甲	PD20182017	18%	种子处理悬浮剂	玉米	茎基腐病	100～200 mL/100 kg 种子	拌种

合成方法　以邻苯二胺、氯代丙酮酸乙酯为起始原料，经如下反应即得目的物。

参考文献

[1] The Pesticide Manual.17th edition: 1088-1090.

麦穗宁（fuberidazole）

C$_{11}$H$_8$N$_2$O，184.2，3878-19-1

麦穗宁（试验代号：Bayer 33172、W Ⅶ/117，商品名称：Baytan Combi、Baytan Secur、Baytan Spezial、Baytan Universa，其他名称：furidazol、furidazole）是拜耳公司开发的一种苯并咪唑类内吸性杀菌剂。

化学名称 2-(2-呋喃基)苯并咪唑。IUPAC 名称：2-(2-furyl)-1H-benzimidazole。美国化学文摘（CA）系统名称：2-(2-furanyl)-1H-benzimidazole。CA 主题索引名称：1H-benzimidazole —, 2-(2-furanyl)-。

理化性质 纯品为浅棕色无味结晶状固体，熔点 292℃（分解）。蒸气压 9×10^{-4} mPa（20℃），2×10^{-3} mPa（25℃）。lgK_{ow} 2.67（22℃），Henry 常数 2×10^{-6} Pa•m^3/mol（20℃）。溶解度（g/L，20℃）：水 0.22（pH 4）、0.07（pH 7），1,2-二氯乙烷 6.6，甲苯 0.35，异丙醇 31。土壤中可快速降解，DT$_{50}$ 5.8～14.7 d。

毒性 急性经口 LD$_{50}$（mg/kg）：雄大鼠约 336，小鼠约 650。大鼠急性经皮 LD$_{50}$>2000 mg/kg。对兔眼睛和皮肤无刺激，对豚鼠皮肤无刺激，大鼠急性吸入 LC$_{50}$(4 h)>0.3 mg/L 空气。NOEL（2 年，mg/kg 饲料）：雄大鼠 80，雌大鼠 400，狗 20，小鼠 100。ADI：(BfR) 0.0036 mg/kg (2006)；(EC) 0.0072 mg/kg(2008)。

生态效应 日本鹌鹑 LD$_{50}$ 750 mg/kg，日本鹌鹑饲喂 LC$_{50}$(5 d)>5000 mg/kg 饲料。鱼毒 LC$_{50}$（mg/L，96 h）：大翻车鱼 4.3，虹鳟鱼 0.91。水蚤 EC$_{50}$ 4.7 mg/L。月牙藻 E$_r$C$_{50}$ 12.1 mg/L。蜜蜂 LD$_{50}$（μg/只）：>187.2（经口），>200（接触）。蚯蚓 LC$_{50}$>1000 mg/kg 土壤。26 g/hm^2 剂量施药条件下对烟蚜茧和山楂叶螨无影响。

环境行为 ①动物。在大鼠体内中，麦穗宁分布广泛，在 72 h 内通过尿液和粪便完全排出体外。新陈代谢> 97%是通过羟基化，然后通过键合或呋喃环开环或氧化。②植物。利用蒸渗仪处理春小麦种子的平行试验表明植物幼苗吸收了约 10%，然而，随着幼苗的生长吸收率下降到 1%～2%。③土壤/环境。在不同的土壤环境中的迁移率较低。降解迅速 DT$_{50}$ 5.8～14.7 d，DT$_{90}$ 19.3～49 d。水中直接光解有助于麦穗宁在环境中消除，DT$_{50}$<1 d。在植物中未能发现挥发到空气中的母体化合物或降解产物。

主要生产商 Bayer CropScience。

作用机理与特点 通过与 β-微管蛋白结合抑制有丝分裂。具有内吸传导作用。

应用 内吸性杀菌剂。主要作种子处理剂，用于防治镰刀菌属病害如小麦黑穗病、大麦条纹病等。使用剂量为 4.5 g(a.i.)/100 kg 种子。

专利与登记 化合物专利 DE 1209799，早已过专利期，不存在专利权。

合成方法 以邻苯二胺和呋喃甲酰氯为起始原料，经如下反应即得目的物。

参考文献

[1] The Pesticide Manual.17th edition: 566-567.

多菌灵（carbendazim）

C$_9$H$_9$N$_3$O$_2$，191.2，10605-21-7

多菌灵（试验代号：BAS346F、Hoe017411、DPX-E965，商品名称：Addstem、Aimcozim、Arrest、Bavistin、Bencarb、Carbate、Carezim、Cekudazim、Derosal、Dhanustin、Fungy、Hinge、Kolfugo Super、Occidor、Sabendazim、Volzim、Zen，其他名称：BMC、MBC、保卫田、棉萎丹、棉萎灵）是 BASF AG、Hoeschst AG 和杜邦公司开发的杀菌剂。

化学名称　苯并咪唑-2-基氨基甲酸甲酯。IUPAC 名称：methyl 1H-benzimidazol-2-ylcarbamate。美国化学文摘（CA）系统名称：methyl N-1H-benzimidazol -2-ylcarbamate。CA 主题索引名称：carbamic acid —, N-1H-benzimidazol-2-yl-methyl ester。

理化性质　纯品为无色结晶粉末，熔点 302～307℃（分解）。蒸气压 0.09 mPa（20℃）、0.15 mPa（25℃）、1.3 mPa（50℃）、独立研究＜0.0001 mPa（20℃）。分配系数 lgK_{ow}=1.38（pH 5）、1.51（pH 7）、1.49（pH 9）。Henry 常数 $3.6×10^{-3}$ Pa·m^3/mol（pH 7 计算）。相对密度 1.45（20～25℃）。水中溶解度（24℃，mg/L）：29（pH 4），8（pH 7），7（pH 8）；有机溶剂中溶解度（g/L，24℃）：二甲基甲酰胺 5，丙酮 0.3，乙醇 0.3，氯仿 0.1，乙酸乙酯 0.135，二氯甲烷 0.068，苯 0.036，环己烷＜0.01，乙醚＜0.01，正己烷 0.0005。稳定性：熔点以下不分解，50℃以下贮存稳定 2 年。在 20000 lx 光线下稳定 7 d，在碱性溶液中缓慢分解（22℃），DT$_{50}$＞350 d（pH 5 和 pH 7），124 d（pH 9）；在酸性介质中稳定，可形成水溶性盐。pK_a 4.2，弱碱性。

毒性　急性经口 LD$_{50}$（mg/kg）：大鼠＞6400，狗＞2500。急性经皮 LD$_{50}$（mg/kg）：兔＞10000，大鼠＞2000。对兔皮肤和眼睛无刺激性，对豚鼠皮肤无致敏性。10 g/L 悬浮液对大鼠、兔、豚鼠或猫无影响。NOEL 数据（2 年）：狗 300 mg/kg 饲料（6～7 mg/kg）。ADI 值（mg/kg）：(JMPR) 0.03(1995，2005)，(EC) 0.02(2006)，(EPA) 0.08(1997)。其他大鼠腹腔注射急性毒性 LD$_{50}$（mg/kg）：雄性 7320，雌性 15000。

生态效应　鹌鹑急性经口 LD$_{50}$ 5826～15595 mg/kg。鱼毒 LC$_{50}$（96 h，mg/L）：虹鳟鱼 0.83，鲤鱼 0.61，大翻车鱼＞17.25，古比鱼＞8。水蚤 LC$_{50}$ (48 h) 0.13～0.22 mg/L，蜜蜂 LD$_{50}$（接触）＞50 μg/只。蚯蚓 LC$_{50}$（4 周）6 mg/kg 土。

环境行为　EHC 149 表明，尽管对水生生物具有很高的毒性，但由于其在地表水活性很低所以其毒性不可能在田间发生。①动物。雄鼠单一口服量 3 mg/kg，66%的量在 6 h 之内通过尿排出。②植物。易被植物吸收。一种降解产物为 2-氨基苯并咪唑。③土壤/环境。2-氨基苯并咪唑是植物体内的一种小代谢物。室外条件下在土壤中 DT$_{50}$ 8～32 d。本品在不同环境中的分解，DT$_{50}$：贫瘠土壤中 6～12 个月，人造草坪 3～6 个月，有氧无氧的水中 2～25 个月。主要是微生物分解。K_{oc} 200～250。

制剂　36%、40%、50%悬浮剂，25%、40%、50%、60%、80%可湿性粉剂，50%、80%

粒剂等。

主要生产商 Agrochem、Agro-Chemie、AncomGharda、BASF、Bayer CropScience、Gujarat、Hermania、High Kite、Inquinosa、Pilarquim、Sharda、Sundat、安徽广信农化股份有限公司、安徽华星化工股份有限公司、海利贵溪化工农药有限公司、湖北沙隆达股份有限公司、江苏安邦电化有限公司、江苏蓝丰生物化工股份有限公司、江苏龙灯化学有限公司、江苏永联集团公司、江阴凯江农化有限公司、连云港市金囤农化有限公司、宁夏三喜科技有限公司、沙隆达郑州农药有限公司、山东华阳化工集团有限公司、上海泰禾集团股份有限公司、台湾兴农股份有限公司及新沂中凯农用化工有限公司等。

作用机理与特点 广谱内吸性杀菌剂。主要干扰细胞的有丝分裂过程，对子囊菌亚门的某些病原菌和半知菌类中的大多数病原真菌有效。

应用

（1）适宜作物 棉花、花生、小麦、燕麦、谷类、苹果、葡萄、桃、烟草、番茄、甜菜、水稻等。

（2）防治对象 用于防治由立枯丝核菌引起的棉花苗期立枯病、黑根霉引起的棉花烂铃病，花生黑斑病，小麦网腥黑粉病，小麦散黑粉病，燕麦散黑粉病，小麦颖枯病，谷类茎腐病，麦类白粉病，苹果、梨、葡萄、桃的白粉病，烟草炭疽病，番茄褐斑病、灰霉病，葡萄灰霉病，甘蔗凤梨病，甜菜褐斑病，水稻稻瘟病、纹枯病和胡麻斑病等。

（3）使用方法

① 麦类 在始花期，用 40%多菌灵可湿性粉剂 1825 g/hm²，加水 750 kg，均匀喷雾，或以 100 g(a.i.)，加水 4 kg，搅拌均匀后，喷洒在 100 kg 麦种上，再堆闷 6 h 后播种。或用 150 g(a.i.)，加水 156 kg，浸麦种 100 kg（36～48 h），然后捞出播种，可防治麦类赤霉病等病害。

② 水稻 用 40%多菌灵可湿性粉剂 1875 g/hm²，对水 1050 kg 均匀喷雾，在发病中心或出现急性病斑时喷药 1 次，间隔 7 d，再喷药 1 次，可防治叶瘟；在破口期和齐穗期各喷药 1 次，可防治穗瘟。在病害发生初期或幼穗形成期至孕穗期喷药，间隔 7 d 再喷药 1 次，可防治纹枯病。

③ 棉花 以 250 g(a.i.)对水 250 kg，浸 100 kg 棉花种子 24 h，可防治立枯、炭疽病等。

④ 油菜 用 40%多菌灵可湿性粉剂 2812～4250 g/hm²，在盛花期和终花期对水喷雾各 1 次，可防治油菜菌核病。

⑤ 花生 以 250～500 g(a.i.)，对水浸 100 kg 种子，可防治花生立枯病、茎腐病、根腐病等。

⑥ 甘薯 用 50 mg/L 有效浓度的药液浸种 10 min，或用 30 mg/L 药液浸苗基部，可防治甘薯黑斑病。

⑦ 蔬菜 用 469.5～562.5 g(a.i.)/hm²，对水均匀喷雾，可防治番茄早疫病和节瓜炭疽病等。

⑧ 果树 以 500～1000 mg/L 有效浓度药液均匀喷雾，可防治梨黑星病，桃痂病，苹果褐斑病和葡萄白腐病、黑痘病、炭疽病等。

⑨ 花卉 用 1000 mg/L 有效浓度药液喷雾，可防治大丽花花腐病，月季褐斑病，君子兰叶斑病，海棠灰斑病，兰花炭疽病、叶斑病，花卉白粉病等。

专利与登记 专利 US 2933502 早已过专利期，不存在专利权问题。国内登记情况：25%、30%、40%、45%、53%、55%、60%可湿性粉剂，20%、25%、30%、42%、45%悬浮剂，15%悬浮种衣剂，95%原药，登记作物为苹果树、水稻、梨树、小麦，防治对象炭疽病、纹枯病、轮纹病、黑星病、白粉病、赤霉病等。

合成方法　具体合成方法如下：

参考文献

[1]　The Pesticide Manual. 17th edition: 159-161.

苯菌灵（benomyl）

$C_{14}H_{18}N_4O_3$，290.3，17804-35-2

苯菌灵（试验代号：T1991，商品名称：Benofit、Fundazol、Iperlate、Pilarben、Romyl、Sunomyl、Viben，其他名称：Benag、Benex、Benhur、Benosüper、Benovap、Cekumilo、Comply、Hector、Kriben、Pilben）是杜邦公司开发的杀菌剂。苯菌灵目前尽管已在美国等停止销售，但仍在多个国家使用。苯菌灵除了具有杀菌活性外，还具有杀螨、杀线虫活性。

化学名称　1-(丁氨基甲酰基)苯并咪唑-2-基氨基甲酸甲酯。IUPAC 名称：methyl [1-(butyl-carbamoyl)-1H-benzimidazol-2-yl]carbamate。美国化学文摘（CA）系统名称：methyl N-[1-[(buty-lamino)carbonyl]-1H-benzimidazol-2-yl]carbamate。CA 主题索引名称：carbamic acid —, N-[1-[(butylamino)carbonyl]-1H-benzimidazol-2-yl]-methyl ester。

理化性质　纯品为无色结晶，熔点 140℃（分解）。蒸气压<$5.0×10^{-3}$ mPa（25℃）。分配系数 $\lg K_{ow}$=1.37。Henry 常数（Pa·m³/mol）：<$4.0×10^{-4}$（pH 5），<$5.0×10^{-4}$（pH 7），<$7.7×10^{-4}$（pH 9）。相对密度 0.38。水中溶解度（mg/L，室温）：3.6（pH 5），2.9（pH 7），1.9（pH 9）；有机溶剂中溶解度（g/kg，20～25℃）：氯仿 94，二甲基甲酰胺 53，丙酮 18，二甲苯 10，乙醇 4，庚烷 0.4。水解 DT_{50}：3.5 h（pH 5），1.5 h（pH 7），<1 h（pH 9）。在某些溶剂中离解形成多菌灵和异氰酸酯。在水中溶解，并在各种 pH 下稳定，对光稳定，遇水及在潮湿土壤中分解。

毒性　大鼠急性经口 LD_{50}>5000 mg(a.i.)/kg。兔急性经皮 LD_{50}>5000 mg/kg，对兔皮肤轻微刺激，对兔眼睛暂时刺激。大鼠急性吸入 LC_{50}(4 h)>2 mg/L 空气。NOEL 数据（2 年，mg/kg 饲料）：大鼠>2500(最大试验剂量)，没有证据表明其体内组织病变，狗 500。ADI 值 0.1 mg/kg 。残留物的 ADI 值和环境评价与多菌灵一样。(EPA) cRfD 0.05 mg/kg。

生态效应　野鸭和山齿鹑饲喂 LC_{50}(8 d)>10000 mg/kg 饲料（50%可湿性粉剂）。鱼毒 LC_{50}（96 h，mg/L）：虹鳟鱼 0.27，金鱼 4.2。古比鱼 LC_{50}(48 h)3.4 mg/L。水蚤 LC_{50}(48)640 μg/L，藻 E_bC_{50}（mg/L）：2.0（72 h），3.1（120 h）。对蜜蜂无毒，LD_{50}（接触）>50 μg/只。蚯蚓 LC_{50}

(14 d)10.5 mg/kg。

环境行为 尽管苯菌灵对水生生物高毒，但由于其在沉积物上附着残留较少，所以其对水生生物其实影响不大。田间施药后，蚯蚓种群可能需要 2 年才能恢复。①动物。脱去正丁氨基甲酰基团变成相对稳定的多菌灵，随后降解为无毒的 2-氨基苯并咪唑。也发生羟基化反应，主要代谢物 5-羟基苯并咪唑氨基甲酸酯转化成 O-和 N-偶合物，其他可能的代谢物包括 4-羟基-2 苯并咪唑甲基氨基甲酸酯。本品和它的代谢物在几天内通过尿和粪便排出，在动物组织中没有积累。②植物。正丁氨基甲酰基团脱去转变成相对稳定的多菌灵，随后降解为无毒的 2-氨基苯并咪唑。进一步的降解包括苯并咪唑的裂解。本品在香蕉皮表面稳定。③土壤/环境。在水和土壤中本品能迅速转换成多菌灵，DT_{50} 分别为 2 h 和 9 h。研究数据表明本品和多菌灵在评价环境影响方面是相关的。K_{oc} 1900。

制剂 50%可湿性粉剂、50%干油悬剂等。

主要生产商 Agrochem、Cheminova、Fertiagro、安徽丰乐农化有限责任公司、安徽华星化工股份有限公司、大连瑞泽农药股份有限公司、杜邦、江苏快达农化股份有限公司、江苏瑞邦农药厂有限公司、江苏瑞东农药有限公司、江苏扬农化工集团有限公司、捷马化工股份有限公司、龙灯集团、山东华阳农药化工集团有限公司、沈阳科创化学品有限公司及郑州沙隆达农业科技有限公司等。

作用机理与特点 高效、广谱、内吸性杀菌剂，具有保护、治疗和铲除等作用，对子囊菌亚门、半知菌亚门及某些担子菌亚门的真菌引起的病害有防效。

应用

（1）适宜作物 柑橘、苹果、梨、葡萄、大豆、花生、瓜类、茄子、番茄、葱类、芹菜、小麦、水稻等。

（2）防治对象 用于防治苹果、梨、葡萄白粉病，苹果、梨黑星病，小麦赤霉病，水稻稻瘟病，瓜类疮痂病、炭疽病，茄子灰霉病，番茄叶霉病，葱类灰色腐败病，芹菜灰斑病，柑橘疮痂病、灰霉病，大豆菌核病，花生褐斑病，红薯黑斑病和腐烂病等。苯菌灵除了具有杀菌活性外，还具有杀螨、杀线虫活性。

（3）使用方法 可用于喷洒、拌种和土壤处理。防治大田作物和蔬菜病害时，使用剂量为 140～150 g(a.i.)/hm²；防治果树病害时，使用剂量为 550～1100 g(a.i.)/hm²；防治收获后作物病害时，使用剂量为 25～200 g(a.i.)/hm²。

① 防治柑橘疮痂病、灰霉病 用 50%可湿性粉剂 33～50 g，配成 2000～3000 倍药液，喷雾，小树每亩喷 150～400 kg，大树每亩喷 500 kg。

② 防治苹果黑星病、黑点病，梨黑星病，葡萄褐斑病、白粉病等 用 50%可湿性粉剂 33～50g，配成 2000～3000 倍药液，喷雾，小树每亩喷 150～400 kg，大树每亩喷 500 kg。

③ 防治瓜类灰霉病、炭疽病、茄子灰霉病，番茄叶霉病，葱类灰色腐败病，芹菜灰斑病等 用 50%可湿性粉剂 33～50 g，配成 2000～3000 倍药液，每亩喷 60～75 kg 药液。

④ 防治大豆菌核病 在病害初发时或发病前，用50%可湿性粉剂66～100 g,配成1000～1500 倍药液，每亩每次喷 50～75 kg 药液。

⑤ 防治花生褐斑病等 在病害初发时或发病前，用 50%可湿性粉剂 33～100 g，配成 2000～3000 倍药液，每亩每次喷 50～60 kg 药液。

专利与登记 专利 DE 1956157 早已过专利期，不存在专利权问题。国内登记情况：95%原药，50%可湿性粉剂，登记作物分别为柑橘树、梨树、香蕉、苹果树和芦笋，防治对象疮痂病、茎枯病、黑星病、叶斑病等。

合成方法　具体合成方法如下：

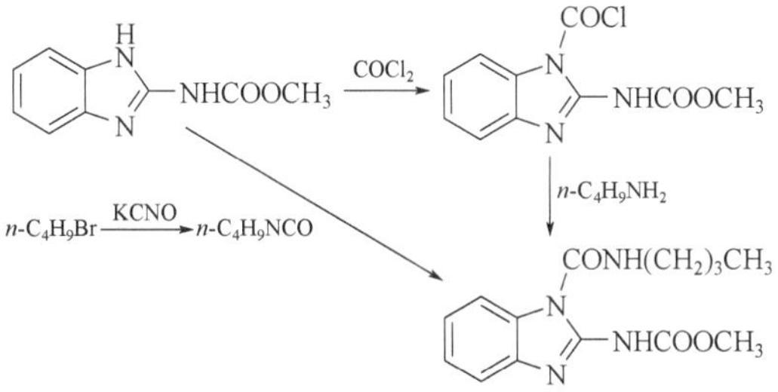

参考文献

[1]　The Pesticide Manual. 17th edition: 79-80.

甲基硫菌灵（thiophanate-methyl）

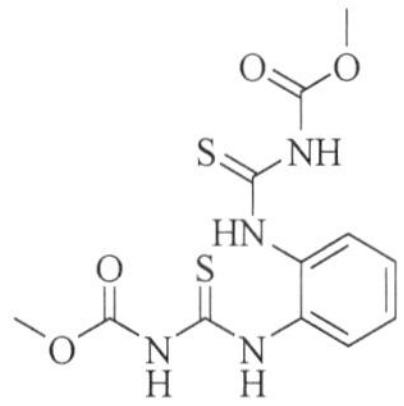

$C_{12}H_{14}N_4O_4S_2$，342.4，23564-05-8

甲基硫菌灵（试验代号：NF44，商品名称：Alert、Capital、Cercobin、Cycosin、Hilnate、Maxim、Mildothane、Roko、Thyafeta、Tiposi、Topsin M、Vapcotop、Vithi-M、Certeza，其他名称：3336、Cekufanato、Control、Cover、Enovit M、Enovit Metil、Fungitox、Neotopsin、OHP 6672、Pilartop-M、Pro-pak、Salvator、Scope、Support、Tee-Off'、T-Methyl E-Ag、T-Methyl E-Pro、Topsin、TSM、托布津M、甲基流扑净、甲基托布津、桑菲钠）是日本曹达公司开发的杀菌剂。

化学名称　4,4′-(邻-苯二基)双(3-硫代脲基甲酸二甲酯)。IUPAC 名称：dimethyl 4,4′-(o-phenylene)bis(3-thioallophanate)。美国化学文摘（CA）系统名称：dimethyl N,N'-[1,2-pheny-lenebis(iminocarbonothioyl)]bis[carbamate]。CA 主题索引名称：carbamic acid—, N,N'-[1,2-phenylenebis(iminocarbonothioyl)]bis-dimethyl ester。

理化性质　纯品为无色结晶固体，熔点 172℃（分解）。蒸气压 0.0095 mPa（25℃）。分配系数 $\lg K_{ow}$=1.50。水中溶解度（20～25℃，g/L）：0.0224（pH 4），0.0221（pH 5），0.0207（pH 6），0.0185（pH 7），0.0168（pH 7.5）。有机溶剂中溶解度（g/kg，23℃）：丙酮58.1，环己酮43，甲醇29.2，氯仿26.2，乙腈24.4，乙酸乙酯11.9，微溶于正己烷。稳定性：室温下，在中性溶液中稳定，在空气和光下稳定。在酸性溶液中相当稳定，在碱性溶液中不稳定，DT_{50} 24.5 h（pH 9，22℃）。制剂在低于 50℃时稳定 2 年以上。pK_a 7.28。

毒性　雄、雌大鼠急性经口 LD_{50}>5000 mg/kg。雄、雌性大鼠急性经皮 LD_{50}>2000 mg/kg；对皮肤和眼睛无刺激。大鼠吸入 LC_{50}(4 h)1.7 mg/L 空气。NOEL（2 年，mg/kg）：大鼠8，小鼠 28.7，狗8。ADI：(EC) 0.08 mg/kg(2005)；(JMPR) 0.08 mg/kg(1998, 2006)；（EPA）最低 aRfD 0.2mg/kg，cRfD 0.08 mg/kg(1995, 2004)。

生态效应 日本鹌鹑和野鸭急性经口 LD_{50}>4640 mg/kg。鱼毒 LC_{50}（96 h，mg/L）：虹鳟鱼 11，鲤鱼＞62.9。水蚤 LC_{50}(48 h)5.4 mg/L，近头状伪蹄形藻 EC_{50}(72 h)＞25.4 mg/L。对蜜蜂无害，LD_{50}（局部）>100 μg/只。

环境行为 ①动物。大鼠最后一次给药口服后，90 min 内 61%通过尿排出，35%通过粪便排出。在鼠体内主要的代谢物是 5-羟基苯并咪唑-2-氨基甲酸甲酯。②植物。在植物体内，环化形成多菌灵。③土壤/环境。在土壤中可留存 3～4 周。在土壤中及水溶液中，在紫外线的影响下，可环化形成多菌灵。然后降解成 2-氨基苯并咪唑和 5-羟基-2-氨基苯并咪唑。土壤吸收 K_d 1.2。

制剂 50%、70%可湿性粉剂，36%、50%悬浮剂，30%粉剂，3%糊剂等。

主要生产商 Aimco、Dongbu Fine、Nippon Soda、Iharabras、Rallis、Sharda、United Phosphorus、海利贵溪化工农药有限公司、江苏永联集团公司、江阴凯江农化有限公司、江苏蓝丰生物化工股份有限公司及泰达集团等。

作用机理与特点 为多菌灵前体化合物，广谱、内吸性苯并咪唑类杀菌剂。具有预防和治疗等作用。它在植物体内先转化为多菌灵，再干扰菌的有丝分裂中纺锤体的形成，进而影响细胞分裂。

应用

（1）适宜作物 水稻、麦类、油菜、棉花、甘薯、蔬菜、花卉、苹果、梨、葡萄、桃和柑橘等。

（2）防治对象 用于防治水稻稻瘟病、纹枯病，麦类赤霉病，小麦锈病、白粉病，油菜菌核病，瓜类白粉病，番茄叶霉病，果树和花卉黑星病、白粉病、炭疽病，葡萄白粉病，玉米大、小斑病，高粱炭疽病、散黑穗病等。

（3）使用方法

① 果树 在病害发生初期，用 70%甲基硫菌灵可湿性粉剂 1000～1500 倍液，均匀喷雾，间隔 10～15 d，共喷 5～8 次，可防治苹果和梨黑星病、白粉病、炭疽病和轮纹病等。

② 蔬菜 在病害发生初期，用 70%甲基硫菌灵可湿性粉剂 385 g(a.i.)/hm²，对水均匀喷雾，间隔 7～10 d，再喷药 1 次，可防治油菜菌核病；用 70%甲基硫菌灵可湿性粉剂 482～723 g/hm²，对水均匀喷雾，间隔 7～10 d 喷药 1 次，共喷 2～3 次，可防治瓜类白粉病；用 70%甲基硫菌灵可湿性粉剂 536～804 g(a.i.)/hm²，对水均匀喷雾，间隔 7～10 d 喷药 1 次，连喷药 3～4 次，可防治番茄叶霉病；用 36%甲基硫菌灵悬浮剂 692 g(a.i.)/hm²，对水均匀喷雾，间隔 7～10 d 喷药 1 次，连喷药 3～5 次，可防治甜菜褐斑病等病害。

③ 棉花 播种前，用 70%甲基硫菌灵可湿性粉剂 714 g，拌 100 kg 种子，可防治棉花苗期病害。

④ 麦类 播种前，用 70%甲基硫菌灵可湿性粉剂 143 g，对水 4 kg，拌种 100 kg 种子，或用有效成分 156 g，加水 156 kg，浸 100 kg 麦种，也可每次用甲基硫菌灵 562.5～750 g(a.i.)/hm² 喷雾，喷两次，可防治黑穗病等。

⑤ 水稻 于发病初期或幼穗形成期至孕穗期，用 70%甲基硫菌灵 1500～2143 g/hm²，对水喷雾，可防治稻瘟病、纹枯病等。

⑥ 花卉 在发病初期，用 50%甲基硫菌灵 1200～1875 g/hm²，对水喷雾，可防治大丽花花腐病，月季褐斑病，海棠灰斑病，君子兰叶斑病及各种炭疽病、白粉病和茎腐病等。

⑦ 葡萄 用 70%甲基硫菌灵可湿性粉剂 1000～1500 倍液喷雾，可防治葡萄白粉病、黑痘病、褐斑病、炭疽病和灰霉病等。

⑧ 柑橘　用 70%甲基硫菌灵可湿性粉剂 1000～1500 倍液喷雾，可防治疮痂病。

⑨ 甘薯　用 500～1000 mg/L 药液浸种 10 min，或用 200 mg/L 药液浸薯苗基部 10 min，可控制苗床和大田黑斑病等。

⑩ 油菜　在盛花期，用 70%甲基硫菌灵可湿性粉剂 1065～1335 g/hm^2，对水均匀喷雾，间隔 7～10 d 再喷药 1 次，可防治油菜菌核病。

⑪ 甜菜　在病害盛发前，用 70%甲基硫菌灵可湿性粉剂 804～1335 g/hm^2，对水均匀喷雾，间隔 10～14 d，再喷药 1 次，可防治甜菜褐斑病。

⑫ 大豆　在大豆结荚期，用 70%甲基硫菌灵可湿性粉剂 855～1065 g/hm^2，对水均匀喷雾，间隔 10 d 后，再喷药 1 次，可防治大豆灰斑病。

专利与登记　专利 DE 1806123 早已过专利期，不存在专利权问题。国内登记情况：25%、35%、50%悬浮剂，50%、60%、70%可湿性粉剂，95%原药；登记作物分别为小麦、水稻、梨树、苹果树，防治对象白粉病、稻瘟病、纹枯病、黑星病、轮纹病等。国外公司在中国登记情况见表 2-67～表 2-70。

表 2-67　日本曹达株式会社在中国登记情况

登记名称	登记证号	含量	剂型	登记作物	防治对象	用药量	施用方法
甲基硫菌灵	PD139-91	500 g/L	悬浮剂	水稻	稻瘟病	750～1125 g/hm^2	喷雾
				水稻	纹枯病		
				小麦	赤霉病		
甲基硫菌灵	PD162-92	3%	糊剂	苹果	腐烂病		涂抹病斑
甲基硫菌灵	PD326-2000	90%	原药				
甲基硫菌灵	PD61-88	70%	可湿性粉剂	苹果树	轮纹病	700～875 mg/kg	喷雾
				芦笋	茎枯病	630～787.5 g/hm^2	
				水稻	纹枯病	1050～1500 g/hm^2	
				小麦	赤霉病	750～1050 g/hm^2	

表 2-68　新加坡利农私人有限公司在中国登记情况

登记名称	登记证号	含量	剂型	登记作物	防治对象	用药量	施用方法
甲基硫菌灵	PD20030012	95%	原药				
甲基硫菌灵	PD20030016	70%	可湿性粉剂	水稻	纹枯病	1050～1500 g/hm^2	喷雾

表 2-69　日本化学株式会社在中国登记情况

登记名称	登记证号	含量	剂型	登记作物	防治对象	用药量	施用方法
甲基·乙霉威	PD20070064	65%	可湿性粉剂	番茄	灰霉病	454.5～682.5 g/hm^2	喷雾

表 2-70　美国默赛技术公司在中国登记情况

登记名称	登记证号	含量	剂型	登记作物	防治对象	用药量	施用方法
甲基硫菌灵	PD20080381	97%	原药				
甲基硫菌灵	PD20084737	70%	可湿性粉剂	小麦	纹枯病	1050～1500 g/hm^2	喷雾

合成方法　具体合成方法如下：

ClCOOCH$_3$ $\xrightarrow{\text{KSCN}}$ SCNCOOCH$_3$ $\longrightarrow$ 结构式

参考文献

[1] The Pesticide Manual. 17th edition: 1106-1108.

抑霉唑（imazalil）

C$_{14}$H$_{14}$Cl$_2$N$_2$O，297.2，35554-44-0

抑霉唑（试验代号：R023979，商品名称：Deccozil、Flo-Pro、Florasan、Freshgard、Fungaflor、Fungazil，其他名称：Citrosol 500、Florasan、Sphinx、Scomrid Aerosol）是由日本 Janssen Pharmaceutica 公司开发的三唑类杀菌剂。

化学名称 (RS)-1-(β-烯丙氧基-2,4-二氯苯乙基)咪唑或(RS)-烯丙基 1-(2,4-二氯苯基)-2-咪唑-1-基乙基醚。IUPAC 名称：(RS)-1-(β-allyloxy-2,4-dichlorophenylethyl)imidazole 或 allyl (RS)-1-(2,4-dichlorophenyl)-2-imidazol-1-ylethyl ether。美国化学文摘（CA）系统名称：1-[2-(2,4-dichlorophenyl)-2-(2-propen-1-yloxy)ethyl]-1H-imidazole。CA 主题索引名称：1H-imidazole —, 1-[2-(2,4-dichlorophenyl)-2-(2-propen-1-yloxy)ethyl]-。

理化性质 纯品为浅黄色结晶固体，熔点 52.7℃，沸点>340℃。蒸气压 0.158 mPa（20℃），lgK_{ow}=3.82（pH 9.2 的缓冲液）。Henry 常数 2.61×10^{-4} Pa·m^3/mol（calc.），相对密度 1.348。溶解度（g/L，20～25℃）：水 0.18（pH 7.6），丙酮、二氯甲烷、甲醇、乙醇、异丙醇、苯、二甲苯、甲苯>500，己烷 19。稳定性：在 285℃以下稳定。在室温及避光条件下，对稀酸及碱非常稳定，在正常贮存条件下对光稳定。弱碱性，pK_a 6.53，闪点 192℃。

毒性 急性经口 LD$_{50}$（mg/kg）：大鼠 227～343，狗> 640。大鼠急性经皮 LD$_{50}$ 4200～4880 mg/kg，对兔皮肤无刺激，对兔眼有严重刺激。大鼠急性吸入 LC$_{50}$(4 h) 2.43 mg/L。NOEL：大鼠 2.5 mg/(kg·d)（2 年），狗 2.5 mg/kg（1 年）。ADI：(JMPR) 0.03 mg/kg(2000，2001，2005)；(EC) 0.025 mg/kg(1997)；(EPA) aRfD 0.5 mg/kg，cRfD 0.025 mg/kg(2002)。

生态效应 鸟 LD$_{50}$（mg/kg）：环颈雉鸟 2000，鹌鹑 510。野鸭饲喂 LC$_{50}$(8 d)>2510 mg/kg。鱼毒 LC$_{50}$（mg/L，96 h）：虹鳟鱼 1.5，大翻车鱼 4.04。水蚤 LC$_{50}$(48 h) 3.5 mg/L。藻类 EC$_{50}$ 0.87 mg/L。正常使用下对蜜蜂无毒，LD$_{50}$（经口）40 μg/只。蚯蚓 LC$_{50}$ 541 mg/kg。1 mg/kg 土壤剂量下对土壤微生物没有影响。

环境行为 ①动物。大鼠口服给药后，抑霉唑在大鼠体内广泛吸收，24 h 内几乎 85%完全代谢。②植物。在植物中，抑霉唑转化成 α-(2,4-二氯苯基)-1H-咪唑-1-乙醇。③土壤/环境。9%抑霉唑使用 100 d 后土壤矿化，K_{oc}/K_{om} 2080～8150 mg/L。

制剂 25%、50%乳油，0.1%水乳剂。

主要生产商 Janssen、Laboratorios Agrochem、泰达集团及一帆生物科技集团有限公司等。

作用机理与特点 抑霉唑是一种内吸性广谱杀菌剂，作用机理是影响细胞膜的渗透性、生理功能和脂类合成代谢，从而破坏霉菌的细胞膜，同时抑制霉菌孢子的形成，对侵染水果、蔬菜和观赏植物的许多真菌病害都有防效。由于它对长蠕孢属、镰孢属和壳针孢属真菌具有高活性，推荐用作种子处理剂，防治谷物病害。对柑橘、香蕉和其他水果喷施或浸渍（在水或蜡状乳剂中）能防治收获后水果的腐烂。抑霉唑对抗多菌灵的青霉菌品系有高的防效。

应用

（1）适用作物　苹果、柑橘、香蕉、芒果、瓜类、大麦、小麦等。

（2）防治对象　镰刀菌属病害、长蠕孢属病害，以及瓜类、观赏植物白粉病，柑橘青霉病及绿霉病，香蕉轴腐病、炭疽病。

（3）使用方法　茎叶处理推荐使用剂量为 50～300 g(a.i.)/m³，种子处理 4～5 g(a.i.)/100 kg 种子，仓储水果防腐、防病推荐使用剂量为 2～4 g(a.i.)/t 水果。具体使用方法如下：

① 0.1%抑霉唑浓水乳剂（仙亮）　a.原液涂抹：用清水清洗并擦干或晾干，用原液（用毛巾海绵蘸）涂抹，晾干。注意施药尽量薄，避免涂层过厚。b.机械喷施：用于柑橘等水果处理系统的上蜡部分，药液不稀释。0.1%抑霉唑浓水乳剂 1 L 药液可以处理 1～1.5 t 水果。

② 25%抑霉唑乳油（戴唑霉）　a.原液涂抹：用清水清洗并擦干或晾干，用原液（用毛巾或海绵蘸）涂抹，晾干。注意施药尽量薄，避免涂层过厚。b.机械喷施：用于柑橘等水果处理系统的上蜡部分，1 份 25%抑霉唑乳油加 250～500 份 0.1%抑霉唑浓水乳剂，制得 500～1000 mg/L 溶液，进行机械喷涂。c.溶液浸果：挑选当天采收无伤口和无病斑的柑橘，并用清水洗去果面的灰尘和药迹，然后配制 25%抑霉唑乳油 2500 倍液。将果放入药液中浸泡 1～2 min，然后捞起晾干，即可贮藏或运输。在通风条件下室温贮藏，可有效抑制青霉菌、绿霉菌危害，延长贮存时间，如能单果包装效果更佳。

③ 50%抑霉唑乳油（万利得）　柑橘采收后防腐处理方法，挑选当天采收无伤口和无药斑的柑橘，并用清水洗去果面上的灰尘和药迹，然后配制药液。长途运输的柑橘用 50%抑霉唑 2000～3000 倍液或每 100L 水加 50%抑霉唑 33～50 mL（有效浓度 167～250 mg/L），短期贮藏的柑橘用 50%抑霉唑 1500～2000 倍液或每 100L 水加 50%抑霉唑 50～67 mL（有效浓度 250～333 mg/L）。贮藏 3 个月以上的柑橘用 50%抑霉唑 1000～1500 倍液或每 100 L 水加 50%抑霉唑 67～100 mL（有效浓度 333～500 mg/L）。将果放入药液中浸泡 1～2 min，然后捞起晾干，即可贮藏或运输。在通风条件室温贮藏，可有效抑制青霉病、绿霉菌危害，延长贮存时间，如能单果包装效果更佳。

专利与登记　化合物专利早已过专利期，不存在专利权问题。国内登记情况：98%原药，10%水乳剂，0.1%涂抹剂，22.2%、500 g/L 乳油等。登记作物为柑橘，防治对象为绿霉病、青霉病。国外公司在中国登记情况见表 2-71。

表 2-71　国外公司在中国登记情况

公司名称	登记名称	登记证号	含量	剂型	登记作物	防治对象	用药量	施用方法
比利时杨森制药公司	抑霉唑	PD20050128	95%	原药				
以色列马克西姆化学公司	抑霉唑	PD20095905	500 g/L	乳油	柑橘	绿霉病、青霉病	250～500 mg/kg	浸果
	抑霉唑	PD20080924	98%	原药				
美国仙农有限公司	抑霉唑	PD300-99	22.2%	乳油	柑橘	绿霉病、青霉病	250～500 mg/kg	浸果
	抑霉唑	PD20080981	0.1%	涂抹剂	柑橘	绿霉病、青霉病	2～3 L/t	涂果

合成方法 以间二氯苯为起始原料，经酰基化并与咪唑反应，后经还原、醚化，处理即得目的物。反应式如下：

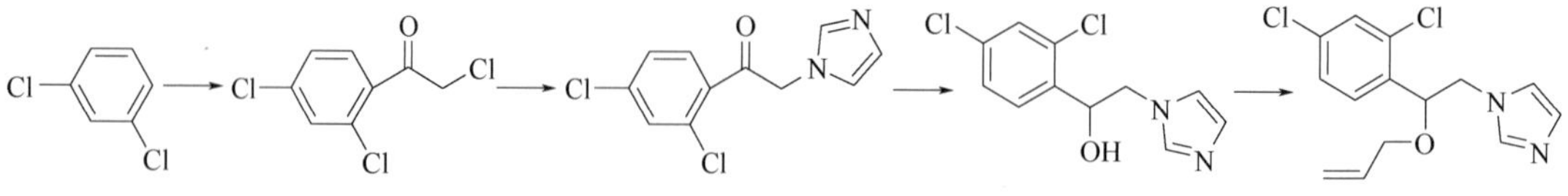

参考文献

[1] The Pesticide Manual.17th edition: 612-614.

高效抑霉唑 (imazalil-S)

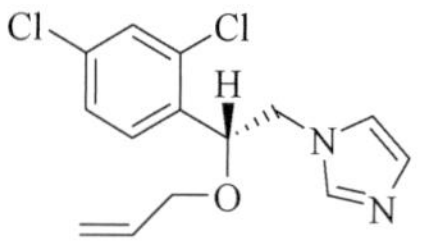

$C_{14}H_{14}Cl_2N_2O$，297.2，166734-82-3

高效抑霉唑是 Celgro 公司发现的咪唑类杀菌剂，为抑霉唑的高效体，是单一异构体。

化学名称 (S)-1-(β-烯丙氧基-2,4-二氯苯基乙基)咪唑或(S)-烯丙氧基 1-(2,4-二氯苯基)-2-咪唑-1-基乙醚。IUPAC 名称：(S)-1-(β-allyloxy-2,4-dichlorophenylethyl)imidazole 或 allyl (S)-1-(2,4-dichlorophenyl)-2-imidazol-1-ylethyl ether。

应用 内吸广谱杀菌剂，具有很好的保护、治疗活性。主要用于果树如苹果、柑橘、香蕉、芒果，禾谷类作物如大麦、小麦，马铃薯，蔬菜，观赏植物及其他大田作物等。不仅可作茎叶处理，又可作种子处理，还可防治贮藏病害。高效抑霉唑的活性不仅明显优于 R-体或抑霉唑，而且在活性谱方面也优于抑霉唑；除了具有抑霉唑的特点外，还对锈病、灰霉病、稻瘟病有很好的活性。

专利与登记

专利名称　Chiral imidazole fungicidal compositions and methods for their use

专利号　US 6207695　　　　专利申请日　1999-12-23

专利拥有者　Celgene Corp (US)

合成方法

以 2-氯-1-(2,4-二氯苯)乙酮为起始原料，经如下反应即得目的物：

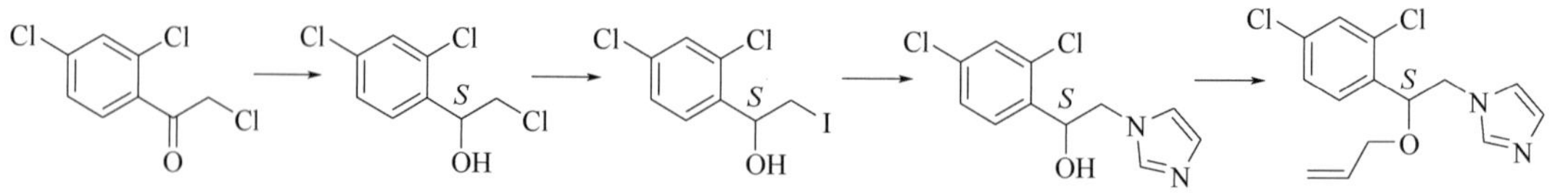

咪鲜胺 (prochloraz)

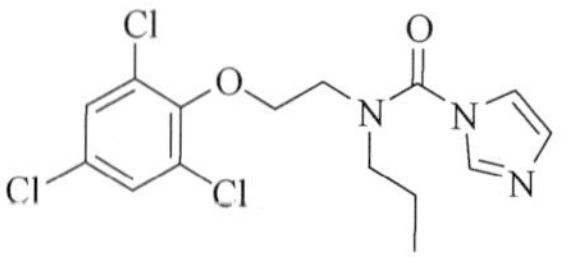

$C_{15}H_{16}Cl_3N_3O_2$，376.7，67747-09-5

咪鲜胺（试验代号：BTS40542，商品名称：Eyetak 40、Gladio、Master、Mirage、Sportak、Sunchloraz，其他名称：Abavit、Ascurit、Atak、Charge、Dogma、Fugran、Octave、Panache、Pilarsport、Piper、Poraz、Prelude）是由 Boots Co.Ltd 公司研制，艾格福公司（现为拜耳公司）开发的咪唑类杀菌剂。

化学名称　N-丙基-N-[2-(2,4,6-三氯苯氧基)乙基]咪唑-1-甲酰胺或 1-N-丙基-{N-[2-(2,4,6-三氯苯氧基)乙基]}氨基甲酰基咪唑。IUPAC 名称：N-propyl-N-[2-(2,4,6-trichloro-phenoxy)ethyl]imidazole-1-carboxamide。美国化学文摘（CA）系统名称：N-propyl-N-[2-(2,4,6-trichlorophenoxy)ethyl]-1H-imidazole-1-carboxamide。CA 主题索引名称：1H-imidazole-1-carboxa-mide —, N-propyl-N-[2-(2,4,6-trichlorophenoxy)ethyl]-。

理化性质　纯品为无色、无味结晶固体，熔点 46.3～50.3℃（纯度>99%），沸点 208～210℃（26.6 Pa）（分解）。蒸气压 0.15 mPa（25℃），0.09 mPa（20℃）。$\lg K_{ow}$=3.53，Henry 常数 $1.64×10^{-3}$ Pa·m³/mol（calc.）。相对密度 1.42。水中溶解度 34.4 mg/L（20～25℃），其他溶剂中溶解度（20～25℃，kg/L）：丙酮 3.5，正己烷 $7.5×10^{-3}$，氯仿、乙醚、甲苯、二甲苯 2.5。稳定性：在 pH 7 和 20℃条件下的水中稳定，遇强酸、强碱或长期处于高温（200℃）条件下不稳定。闪点 160℃。本品为碱性，pK_a 3.8。

毒性　急性经口 LD_{50}（mg/kg）：大鼠 1023，小鼠 1600～2400。大鼠急性经皮 LD_{50}>2100 mg/kg，对兔眼和皮肤轻微刺激。大鼠吸入 LC_{50}(4 h)>2.16 mg/L 空气。狗 NOEL 4 mg/(kg·d)（2 年），AOEL(EU) 0.02 mg/(kg·d)。ADI：(JMPR) 0.01 mg/kg(1983，2001，2004)；(EPA) cRfD 0.009 mg/kg(1989)，(EU) 0.01 mg/(kg·d)(2011)。

生态效应　鸟急性经口 LD_{50}(mg/kg)：山齿鹑 662，野鸭>1954。鹌鹑和野鸭饲喂 LC_{50}(5 d)>5200 mg/kg。鱼 LC_{50}（96 h，mg/L）：虹鳟鱼 1.5，大翻车鱼 2.2。水蚤 LC_{50}(48 h)4.3 mg/L。月牙藻 E_bC_{50}(72 h) 0.1 mg/L，E_rC_{50} 1.54 mg/L。其他水生生物 EC_{50}（96 h，mg/L）：东部牡蛎 0.95，糠虾 0.77。对蜜蜂 LD_{50}（48 h，μg/只）：接触 141，经口>101。蚯蚓 LC_{50} 1000 mg/kg。对有益节肢动物低毒。

环境行为　①动物。在所有研究的物种中，口服给药后，咪鲜胺通过咪唑环的裂解迅速代谢排出体外。接触皮肤后吸收量低，血浆和组织中的残留物被迅速排出体外。②植物。植物主要代谢产物为咪唑环裂解形成的 N-甲酰基-N'-1-丙基-N-(2-(2,4,6-三氯苯氧基)乙基)脲。或发生共轭反应，降解成 N-丙基-N-(2-(2,4,6-三氯苯氧基)乙基)脲。其他代谢产物包括 2-(2,4,6-三氯苯氧基)乙醇、2-(2,4,6-三氯苯氧基)乙酸、2,4,6-三氯酚以及上述的结合物。只有少部分没有代谢的咪鲜胺存在。③土壤/环境。在土壤中降解为易挥发代谢产物（不依赖于 pH）。咪鲜胺吸附在土壤颗粒中，不容易浸出，K_d：152（沙质壤土），256（粉沙质黏壤土）。在进一步的研究中，平均 K_{oc} 1463。对土壤微生物低毒，但对土壤真菌有抑制作用。野外条件下 DT_{50} 5～37 d。

制剂　25%乳油、45%水乳剂。

主要生产商　Fertiagro、Sundat、杭州庆丰农化有限公司、红太阳集团有限公司、江苏辉丰农化股份有限公司、南通江山农药化工股份有限公司、上海中西制药有限公司及沈阳科创化学品有限公司等。

作用机理与特点　咪唑类广谱杀菌剂，通过抑制甾醇的生物合成而起作用。尽管其不具有内吸作用，但具有一定的传导性能，对水稻恶苗病、芒果炭疽病、柑橘青霉病、炭疽病和蒂腐病、香蕉炭疽病及冠腐病等有较好的防治效果，还可以用于水果采后处理，防治贮藏期病害。另外通过种子处理，对禾谷类许多种传和土传真菌病害有较好活性。单用时，对斑点病、霉腐病、立枯病、叶枯病、条斑病、胡麻叶斑病和颖枯病有良好的防治效果，与萎莠灵或多菌灵混用，对腥黑穗病和黑粉病有极佳防治效果。在土壤中主要降解为易挥发的代谢产物，易被土壤颗粒吸附，不易被雨水冲刷。对土壤中的生物低毒，但对某些土壤中的真菌有抑制作用。

应用

（1）适用作物　水稻、麦类、油菜、大豆、向日葵、甜菜、柑橘、芒果、香蕉、葡萄和多种蔬菜、花卉等。

（2）防治对象　水稻恶苗病、稻瘟病、胡麻叶斑病；小麦赤霉病；大豆炭疽病、褐斑病；向日葵炭疽病；甜菜褐斑病；柑橘炭疽病、蒂腐病、青霉病、绿霉病；黄瓜炭疽病、灰霉病、白粉病；荔枝黑腐病；香蕉叶斑病、炭疽病、冠腐病；芒果黑腐病、轴腐病、炭疽病等病害。

（3）应用技术与使用方法

① 防治水稻恶苗病　在不同地区用法不同。长江流域及长江以南地区，用 25%咪鲜胺乳油 2000～3000 倍液或每 100 L 水加 25%咪鲜胺 33.2～50 mL（有效浓度 83.3～125 mg/L），调好药液浸种 1～2 d，然后取出稻种用清水进行催芽。黄河流域及黄河以北地区，用 25%咪鲜胺乳油 3000～4000 倍液或每 100 L 水加 25%咪鲜胺 25～33.2 mL（有效浓度 62.5～83.3 mg/L），调好药液浸种 3～5 d，然后取出稻种用清水进行催芽。在东北地区，用 25%咪鲜胺乳油 3000～5000 倍液或每 100L 水加 25%咪鲜胺 20～33.2 mL（有效浓度 50～83.3 mg/L），调好药液浸种 5～7 d，浸种时间长短根据温度而定，低温时间长、温度高时间短，在黑龙江用咪鲜胺药液浸种的时间和播种催芽前用水浸泡种子的时间一致，即 5～7 d，然后将浸过的种子催芽。

② 防治水稻稻瘟病　在黑龙江省，7 月下旬至 8 月上旬，水稻"破肚"出穗前和扬花前后，每亩用 25%咪鲜胺乳油 40～60 mL（有效成分 10～15 g），加水 20 L，用人工喷雾器喷洒 1～2 次，防治穗颈稻瘟病。病轻时喷 1 次即可，发病重的年份在第 1 次喷药后间隔 7 d 再喷 1 次。结合喷施叶面肥磷酸二氢钾、增产菌一起喷洒效果更好，防病效果可达 78%～88.5%，可使水稻增加千粒重，减少秕粒率，增加产量。除防治稻瘟病外，也可兼防水稻胡麻斑病等其他病害。

③ 防治柑橘病　用 25%咪鲜胺乳油 500～1000 倍液或每 100 L 水加 25%咪鲜胺 100～200 mL（有效浓度 250～500 mg/L），在采果后防腐保鲜处理。常温药液浸果 1 min 后捞起晾干，可以防治柑橘炭疽病、蒂腐病、青霉病、绿霉病。

④ 防治芒果炭疽病　用 25%咪鲜胺乳油 500～1000 倍液或每 100 L 水加 25%咪鲜胺 100～200 mL（有效浓度 250～500 mg/L），采收前在芒果花蕾期至收获期喷洒 5 次。

⑤ 芒果保鲜　用 25%咪鲜胺乳油 250～500 倍液或每 100L 水加 25%咪鲜胺 200～400 mL（有效浓度 500～1000 mg/L），当天采收的果实，当天用药处理完毕，常温药液浸果 1 min 后捞起晾干。

⑥ 防治小麦赤霉病　在黑龙江省，6 月下旬至 7 月上旬，小麦抽穗扬花期，每亩用 25%咪鲜胺乳油 53～66.7 mL（有效成分 13.25～16.7 g），喷雾，拖拉机悬挂喷雾器喷雾（播种时留出链轨道）每亩喷药液量 10～13 L；飞机喷洒，每亩喷洒药液量 1～3 L。防治小麦赤霉病同时也可兼治穗部和叶部根腐病及叶部多种叶枯性病害，可以结合叶面追肥一起进行喷洒，经济效益十分显著。

⑦ 防治甜菜褐斑病　在 7 月下旬甜菜叶上出现第一批褐斑时，每亩用 25%咪鲜胺乳油 80 mL（有效成分 20 g），加水 25 L 喷 1 次，隔 10 d 再喷 1 次，共喷 2～3 次。

播种前 800～1000 倍液浸种。在块根膨大期每亩用 25%咪鲜胺乳油 150 mL（有效成分 37.5 g）喷洒 1 次，可增产增收，经济效益十分显著。

45%咪鲜胺水乳剂主要用于防治香蕉炭疽病、冠腐病。香蕉防腐保鲜处理：常温药液浸果 1 min，捞起晾干，再行包装。香蕉八成熟效果更佳。

⑧ 咪鲜胺锰络合物使用方法（50%咪鲜胺可湿性粉剂）

a. 防治褐腐病和褐斑病　第一种方法：第 1 次施药在覆土前，每平方米用 50%咪鲜胺可湿性粉剂 0.8～1.2 g，对水 1 L，均匀拌土。第 2 次施药在每二潮菇转批后，每平方米菇用 50%咪鲜胺可湿性粉剂 0.8～1.2 g，对水 1 L，均匀喷施于菇床上。第二种方法：第 1 次施药在覆土后 5～9 d，每平方米菇床用 50%咪鲜胺可湿性粉剂 0.8～1.2 g，对水 1 L，均匀喷施在菇床上。第 2 次施药在第二潮菇转批后，每平方米菇床用 50%咪鲜胺可湿性粉剂 0.8～1.2 g，对水 1 L，均匀喷施在菇床上。

b. 柑橘采收后防腐处理　挑选当天采收无伤口和无病斑的柑橘，并用清水洗去果面上的灰尘和药迹，然后放入咪鲜胺 1000～2000 倍（有效浓度 250～500 mg/L）药液中浸 1～2 min，捞起晾干，在通风条件室温贮藏，可防治柑橘青霉病、绿霉病、炭疽病、蒂腐病，延长贮藏时间。如能单果包装，效果更佳。

c. 防治芒果炭疽病　芒果花蕾期和始花期各喷药 1 次，以后每隔 7 d 喷 1 次，采果前 10 d 再喷 1 次，从花蕾期至收获期喷药 5～6 次。咪鲜胺喷洒浓度为 1000～2000 倍（有效浓度 250～500 mg/L），可有效地防治炭疽病。

d. 芒果采收后浸果处理防炭疽病　挑选当天采收无伤口和无病斑的芒果，并用清水洗去果面上的灰尘和药迹，然后放入咪鲜胺 500～1000 倍（有效浓度 500～1000 mg/L）药液中浸 1～2 min，捞起晾干，在通风条件室温贮藏，可以抑制炭疽病的危害，延长贮藏时间。如能单果包装，效果更佳。

e. 防治黄瓜炭疽病　每亩用 50%咪鲜胺可湿性粉剂 25～50 g（有效成分 12.5～25 g），加水 30～50 L，叶面喷施。发病初期开始施药，以后每隔 7～10 d 施药 1 次。

专利与登记　专利 AU 491880 早已过专利期，不存在专利权问题。

合成方法　以三氯苯酚为起始原料，经醚化、胺化，再与光气反应，后与咪唑反应处理即得目的物。或以三氯苯酚为起始原料，经醚化、胺化，再与碳酰二咪唑反应，即得咪鲜胺。反应式如下：

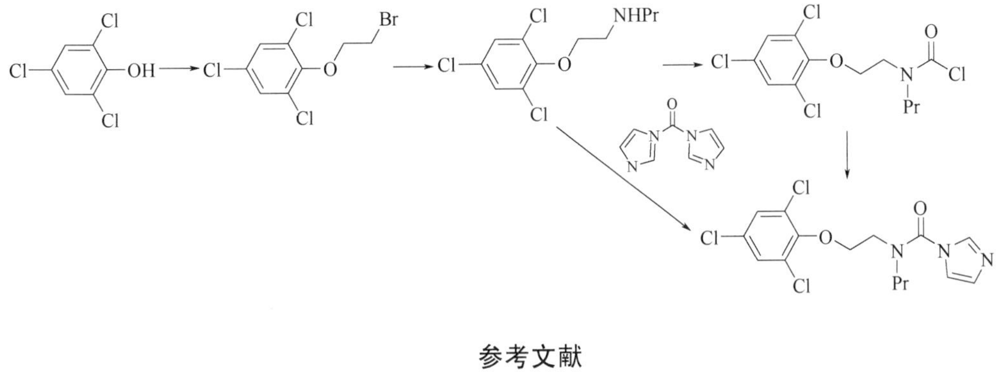

参考文献

[1] Br. Crop Prot. Conf. —Pests Dis.. 1977(2): 593.

氟菌唑（triflumizole）

C$_{15}$H$_{15}$ClF$_3$N$_3$O，345.7，99387-89-0

氟菌唑（试验代号：NF114，商品名称：Trifmine、Procure、Pancho TF，其他名称：特富灵、Condor、Rocket、Terraguard）是由日本曹达公司开发的咪唑类杀菌剂。

化学名称 (E)-4-氯-α,α,α-三氟-N-(1-咪唑-1-基-2-丙氧亚乙基)-邻甲苯胺。IUPAC 名称：(E)-4-chloro-α,α,α-trifluoro-N-(1-imidazol-1-yl-2-propoxyethylidene)-o-toluidine。美国化学文摘（CA）系统名称：[N(E)]-4-chloro-N-[1-(1H-imidazol-1-yl)-2-propoxyethylidene]-2-(trifluoromethyl)benzenamine（原为 1-[(1E)-1-[[4-chloro-2-(trifluoromethyl)phenyl]imino]-2-propoxyethyl]-1H-imidazole)。CA 主题索引名称：1H-imidazole —, 1-[(1E)-1-[[4-chloro-2-(trifluoromethyl)phenyl]imino]-2-propoxyethyl]-。

理化性质 纯品为无色结晶，熔点 63.5℃。蒸气压 0.191 mPa（25℃）。分配系数 lgK_{ow}：5.06（pH 6.5），5.10（pH 6.9），5.12（pH 7.9）。Henry 常数（25℃）6.29×10^{-3} Pa·m^3/mol（pH 7.9）。溶解度（g/L，20～25℃）：水 0.0102（pH 7），氯仿 2220，己烷 17.6，二甲苯 639，丙酮 1440，甲醇 496。稳定性：在强碱性和酸性介质中不稳定，水溶液遇日光降解，半衰期为 29 h。微碱性，pK_a 3.7（25℃）。

毒性 大鼠急性经口 LD$_{50}$（mg/kg）：雄 715、雌 695。大鼠急性经皮 LD$_{50}$>5000 mg/kg，大鼠急性吸入 LC$_{50}$(4 h)>3.2 mg/L 空气。对眼睛有轻微刺激性，对皮肤无刺激作用。大鼠 NOEL（2 年）3.7 mg/kg 饲料。ADI 值 0.00085 mg/kg。

生态效应 日本鹌鹑急性经口 LD$_{50}$（mg/kg）：雄 2467，雌 4308。鲤鱼 LC$_{50}$(96 h) 0.869 mg/L，水蚤 LC$_{50}$(48 h)1.71 mg/L，海藻 E$_r$C$_{50}$(72 h) 1.91 mg/L。蜜蜂 LD$_{50}$ 0.14 mg/只。

环境行为 ①动物。大鼠体内的代谢情况详见 IUPAC 7th Int.（Congr. Pestic. Chem., 1990, 2: 177）。②植物。主要的残留物是氟菌唑，主要代谢途径是咪唑的裂解和光解。光解导致代谢。咪唑环裂解产生(E)-N'-(4-氯-2-三氟甲基苯基)-2-n-丙氧基亚氨逐乙酸胺。③土壤/环境。黏性土壤中半衰期 DT$_{50}$ 14 d。K_{oc} 1083～1663。

制剂 30%可湿性粉剂、15%乳油、10%烟剂等。

主要生产商 Nippon Soda 及上海生农生化制品有限公司等。

作用机理与特点 氟菌唑为甾醇脱甲基化（麦角固醇的生物合成）抑制剂，具有保护、治疗和铲除作用。防治仁果上的胶锈菌属和黑星菌属菌，果实和蔬菜上的白粉菌科、镰孢霉属、褐孢属和链核盘菌属菌；蔬菜上的使用量为 180～300 g/hm^2，果园中使用量为 700～1000 g/hm^2。还可用作种子处理剂，可有效地防治禾谷类上的水稻胡麻斑病菌、腥黑粉菌属和黑粉菌属菌。如按种子量的 0.5%拌麦类种子可防治黑穗病、白粉病和条纹病。

应用

（1）适宜作物与安全性 麦类、各种蔬菜、果树及其他作物。对作物安全。日本推荐最大残留限量（MRL）蔬菜为 1 mg/kg，果树为 2 mg/kg，番茄为 2 mg/kg，小麦为 1 mg/kg，茶为 15 mg/kg。

（2）防治对象　白粉病、锈病、茶树炭疽病、茶饼病、桃褐腐病等。

（3）应用技术　喷液量人工每亩 40～50 L，拖拉机 7～13 L，飞机 1～2 L。施药选早晚气温低、无风时进行。晴天上午 9 时至下午 4 时应停止施药。温度超过 28℃、空气相对湿度低于 65%、风速超过 4 m/s 应停止施药。

（4）使用方法　通常用作茎叶喷雾，也可作种子处理。蔬菜用量为 180～300 g(a.i.)/hm²，果树用量为 700～1000 g(a.i.)/hm²。具体应用如下：①防治黄瓜白粉病，在黄瓜白粉病发病初期喷第 1 次药，间隔 10 d 后再喷第 2 次，每次每亩用 30%氟菌唑可湿性粉剂 33.3～40 g（有效成分 10～12 g）对水喷雾，共喷两次。②防治麦类白粉病，在发病初期，每亩用 30%氟菌唑可湿性粉剂 13.3～20 g（有效成分 4～6 g）对水喷雾，每次间隔 7～10 d，共喷 2～3 次，最后 1 次喷药要在收割前 14 d。

专利与登记　专利 US 4208411 早已过专利期。国内登记情况：35%或 30%可湿性粉剂，登记作物为黄瓜，防治对象为白粉病。日本曹达在中国登记情况见表 2-72。

表 2-72　日本曹达在中国登记情况

登记名称	登记号	含量	剂型	登记作物	防治对象	用药量/(g/hm²)	施用方法
氟菌唑	PD142-91	30%	可湿性粉剂	黄瓜 梨树	白粉病 黑星病	60～90 75～100	喷雾
氟菌唑	PD20081026	97%	原药				

合成方法　2-三氟甲基-4-氯苯胺与 α-正丙氧基乙酸等摩尔混合物在五氯化磷存在下反应，生成的酰胺化合物在三乙胺存在下，通入光气，进行亚氨基氯化，最后与咪唑反应即制得氟菌唑。反应式如下：

参考文献

[1] 崔长辉. 广谱内吸杀菌剂——氟菌唑(特富灵). 吉林蔬菜, 2004(6): 16.

[2] 谭成侠, 徐瑶, 曾仲武, 等. 杀菌剂氟菌唑的合成及表征. 农药, 2008(7): 497-499.

稻瘟酯（pefurazoate）

C₁₈H₂₃N₃O₄，345.4，101903-30-4

稻瘟酯（试验代号：UR0003、UHF8615，商品名称：Healthied，其他名称：净种灵、Healthied T、Momiguard C）是由日本北兴化学工业公司和日本宇部兴产工业公司共同开发的咪唑类杀菌剂，现在由 SDS 生物技术公司开发。

化学名称 N-(呋喃-2-基)甲基-N-咪唑-1-基羰基-DL-高丙氨酸(戊-4-烯)酯。IUPAC 名称：pent-4-enyl (2RS)-2-[furfuryl(imidazol-1-ylcarbonyl)amino]butyrate 或 pent-4-enyl N-furfuryl-N-(imidazol-1-ylcarbonyl)-DL-homoalaninate。美国化学文摘（CA）系统名称：4-pentenyl 2-[(2-furanylmethyl)(1H-imidazol-1-ylcarbonyl)amino]butanoate。CA 主题索引名称：butanoic acid —, 2-[(2-furanylmethyl)(1H-imidazol-1-ylcarbonyl)amino]-4-pentenyl ester。

理化性质 纯品为淡棕色液体，沸点 235℃（分解）。蒸气压 0.648 mPa（23℃）。分配系数 lgK_{ow} 3。Henry 常数 $5.0×10^{-4}$ Pa·m³/mol。相对密度 1.152（20～25℃）。溶解度（20～25℃，g/L）：水 0.443，正己烷 12.0，环己烷 36.9，二甲亚砜、乙醇、丙酮、乙腈、氯仿、乙酸乙酯、甲苯>1000。稳定性：40℃放置 90 d 后分解 1%，在酸性介质中稳定，在碱性和阳光下稍不稳定。

毒性 急性经口 LD_{50}（mg/kg）：雄性大鼠 981，雌性大鼠 1051，雄性小鼠 1299，雌性小鼠 946。大鼠急性经皮 LD_{50}>2000 mg/kg。大鼠急性吸入 LC_{50}(4 h)>3450 mg/m³。对兔皮肤和眼睛无刺激作用，对豚鼠皮肤无过敏性。大鼠 NOEL 数据（90 d）50 mg/kg 饲料。对鼠和兔子无致畸变毒性。

生态效应 急性经口 LD_{50}（mg/kg）：日本鹌鹑 2380，鸡 4220。鱼 LC_{50}（48 h，mg/L）：鲤鱼 16.9，大翻车鱼 12.0，鲫鱼 12.0，金鱼 20.0，虹鳟鱼 4.0，泥鳅 15.0。水蚤 LC_{50}(6 h)>100 mg/L。蜜蜂（局部施药）LD_{50}>100 μg/只。

环境行为 ①动物。大鼠口服给药后代谢迅速，大部分代谢物在 24 h 通过尿液和粪便的形式排出。口服给药 1 h 后，在任何器官、组织和代谢物都检测不到稻瘟酯。②植物。种子处理后，在谷粒和稻叶中检测不到稻瘟酯。在水稻秧苗种子中能很快吸收并代谢，在根部和芽中不能监测到稻瘟酯。③土壤/环境。对土壤浸水，并保温 28℃，DT_{50} 7～16 d。在大田水稻土壤中，稻瘟酯水解更快，DT_{50}<2 d。

制剂 20%可湿性粉剂。

主要生产商 SDS Biotech K.K.。

作用机理与特点 稻瘟酯是咪唑类杀菌剂，甾醇脱甲基抑制剂。抑制发芽管和菌丝的生长。其作用机理是破坏和阻止病菌和细胞膜重要组织成分麦角甾醇的生物合成，影响病菌的繁殖和赤霉素的合成。在 100 μg/mL 的浓度下，尽管该化合物几乎不能抑制这些致病菌孢子的萌发，但用浓度 10 μg/mL 处理后，孢子即出现萌发管逐渐膨胀、异常分枝和矮化现象。藤仓赤霉的许多菌株由日本各地区收集得来的感染种子分离而得，它们对稻瘟酯具有敏感性。稻瘟酯的最低抑制浓度（MIC）从 0.78～12.5 mg/L 各不相同，未发现对稻瘟酯不敏感的菌株。

应用 作为种子处理剂，抑制水稻种传病害，比如使用量为 0.8～1.0 g/kg 时，防治水稻恶苗病、褐斑病、稻瘟病。还可以控制苗圃和温床中由于土传病菌引起的水稻立枯病。还可以防治谷类的条纹病和雪霉病，使用剂量为 0.8 mg/kg。

稻瘟酯对众多的植物病原真菌具有较高的活性，其中包括子囊菌亚门、担子菌亚门和半知菌亚门，但对藻状菌纲稍逊一筹。对种传的病原真菌，特别是由串珠镰孢引起的水稻恶苗病、由稻梨孢引起的稻瘟病和宫部旋孢腔菌引起的水稻胡麻叶斑病有卓效。

20%可湿性粉剂防治上述病害的使用方法如下：①浸种稀释 20 倍，浸 10 min；稀释 200 倍，浸 24 h；②种子包衣剂量为种子干重的 0.5%；③喷洒以 7.5 倍的稀释药液喷雾，用量 30 mL/kg 干种。

专利概况 专利 JP 60260572、JP 0262863 等均早已过专利期，不存在专利权问题。

合成方法 以 2-呋喃甲胺为原料制得 *N*-1-(1-戊-4-烯氧基羰基丙基)-*N*-糠基氨基甲酰氯再与咪唑反应，处理得产品。反应式如下：

参考文献

[1] Japan Pesticide Information, 1990, 57: 33.

氰霜唑（cyazofamid）

$C_{13}H_{13}ClN_4O_2S$，324.8，120116-88-3

氰霜唑（试验代号：IKF-916、BAS 545F，商品名称：Docious、Mildicut、Ranman，其他名称：氰唑磺菌胺、cyamidazosulfamid、Milicut、Greenwork）是由日本石原产业公司研制，与 BASF 公司共同开发的咪唑类杀菌剂。

化学名称 4-氯-2-氰基-*N*,*N*-二甲基-5-对甲苯基咪唑-1-磺酰胺。IUPAC 名称：4-chloro-2-cyano-*N*,*N*-dimethyl-5-*p*-tolylimidazole-1-sulfonamide。美国化学文摘（CA）系统名称：4-chloro-2-cyano-*N*,*N*-dimethyl-5-(4-methylphenyl)-1*H*-imidazole-1-sulfonamide。CA 主题索引名称：1*H*-imidazole-1-sulfonamide —, 4-chloro-2-cyano-*N*,*N*-dimethyl-5-(4-methylphenyl)-。

理化性质 纯品乳白色无味粉状，工业品含量≥93.5%。熔点为 152.7℃。相对密度 1.446（20～25℃）。蒸气压 $1.33×10^{-2}$ mPa（25℃）。分配系数 $\lg K_{ow}$=3.2（25℃），Henry 常数<$4.03×10^{-2}$ Pa·m³/mol（20℃，计算）。水中溶解度（mg/L，20～25℃）：0.121（pH 5），0.107（pH 7），0.109（pH 9）。有机溶剂中溶解度（g/L，20～25℃）：丙酮 41.9，甲苯 5.3，二氯甲烷 101.8，正己烷 0.03，乙醇 1.54，乙酸乙酯 15.63，辛醇 0.25，乙腈 29.4，异丙醇 0.39。水中 DT_{50}（20℃）：24.6 d（pH 4），27.2 d（pH 5），24.8 d（pH 7）。

毒性 大、小鼠急性经口 LD_{50}>5000 mg/kg。大鼠急性经皮 LD_{50}>2000 mg/kg。本品对兔眼睛和皮肤无刺激。对豚鼠皮肤无致敏性。大鼠吸入 LC_{50}>5.5 g/L。雄性大鼠 NOAEL 17 mg/(kg·d)。ADI：(EC) 0.17 mg/kg(2003)；(EPA) aRfD 1.0 mg/kg，cRfD 0.95 mg/kg(2004)；

(FSC) 0.17 mg/kg(2004)。Ames 试验、REC 试验、染色体畸变以及微核试验结果呈阴性。

生态效应 鹌鹑和野鸭急性经口 LD_{50}>2000 mg/kg。鹌鹑和鸭饲喂 LC_{50}>5000 mg/L。鱼毒 LC_{50}（96 h，mg/L）：鲤鱼>0.14，虹鳟鱼>0.51。水蚤 EC_{50}(48 h)>0.14 mg/L（在水中可以达到很高的浓度）。半角月牙藻 E_bC_{50}(72 h) 0.025 mg/L。蜜蜂 LD_{50}（μg/只）：>151.7（经口），>100（接触）。蚯蚓急性 LC_{50}(14 d)>1000 mg/kg。对蚜茧蜂属、盲走螨属、中华通草蛉、豆天蛾无害。

环境行为 ①动物。口服后会被迅速吸收，90%氰霜唑在 24 h 内通过粪便和尿液排出体内。排泄物主要是未变化的氰霜唑和 4-(4-氯-2-氰基咪唑-5-基)苯甲酸。②植物。氰霜唑很难被从土壤中吸收，用于叶片时吸收也不好（番茄）。主要的残留成分是未改变的母体化合物。③土壤/环境。在土壤中快速降解，半衰期为 3～5 d。主要的最终代谢为 4-氯-5-对甲苯基咪唑-2-羧酸。在含氧水环境中的半衰期为 10～18 d，主要的代谢物为 4-氯-5-对甲苯基咪唑-2-腈。土壤中的 K_{oc} 为 736～2172。

制剂 10%悬浮剂、40%颗粒剂。

主要生产商 Ishihara Sangyo。

作用机理与特点 线粒体呼吸抑制剂。氰霜唑和 strobilurin 类杀菌剂均是线粒体呼吸链中复合体Ⅲ（泛醌细胞色素 c 还原剂）。但是氰霜唑抑制细胞色素 bc_1 上的 Qi(泛醌还原位点)，strobilurin 类杀菌剂抑制细胞色素 bc_1 上的 Qo（泛醌氧化位点）。对生化酶的敏感性的不同产生选择性。可用于叶和土壤的保护性杀菌剂，有残留放射性和耐阴性，具有一定的传导作用和治疗作用，对卵菌所有生长阶段均有作用，对甲霜灵产生抗性或敏感的病菌均有活性。

应用

（1）适宜作物及对作物的安全性 葡萄、蔬菜（番茄、黄瓜、马铃薯、白菜、洋葱、莴苣）、草坪。对作物、人类、环境安全。

（2）防治对象 霜霉病、疫病如黄瓜霜霉病、葡萄霜霉病、番茄晚疫病、马铃薯晚疫病等。

（3）使用方法 氰霜唑具有很好的保护活性，持效期长，且耐雨水冲刷。也具有一定的内吸和治疗活性。本品既可用于茎叶处理，也可用于土壤处理（防治草坪和白菜病害）。使用剂量为 60～100g(a.i.)/hm²。

专利与登记 专利 BR 8801098、EP 705823 等早已过专利期，不存在专利权问题。

国内登记情况 100 g/L 的悬浮剂，登记作物马铃薯、葡萄、西瓜、黄瓜、荔枝树等，防治对象霜霉病、晚疫病等。日本石原株式会社在中国登记情况见表 2-73。

表 2-73　日本石原株式会社在中国登记情况

登记名称	登记号	含量	剂型	登记作物	防治对象	用药量	施用方法
氰霜唑	PD20050191	100 g/L	悬浮剂	西瓜	疫病	80～100 g/hm²	喷雾
				荔枝树	霜疫霉病	40～50 mg/kg	
				番茄	晚疫病	80～100 g/hm²	
				黄瓜	霜霉病	80～100 g/hm²	
				马铃薯	晚疫病	48～60 g/hm²	
				葡萄	霜霉病	40～50 mg/kg	
氰霜唑	PD20050203	93.5%	原药				

合成方法 以对甲基苯乙酮为起始原料，经氯化，再与羟胺缩合，与乙二醛合环制得中

间体取代的咪唑；然后经氯化脱水制得中间体取代的氰基咪唑，最后与二甲氨基磺酰氯反应即得目的物。反应式为：

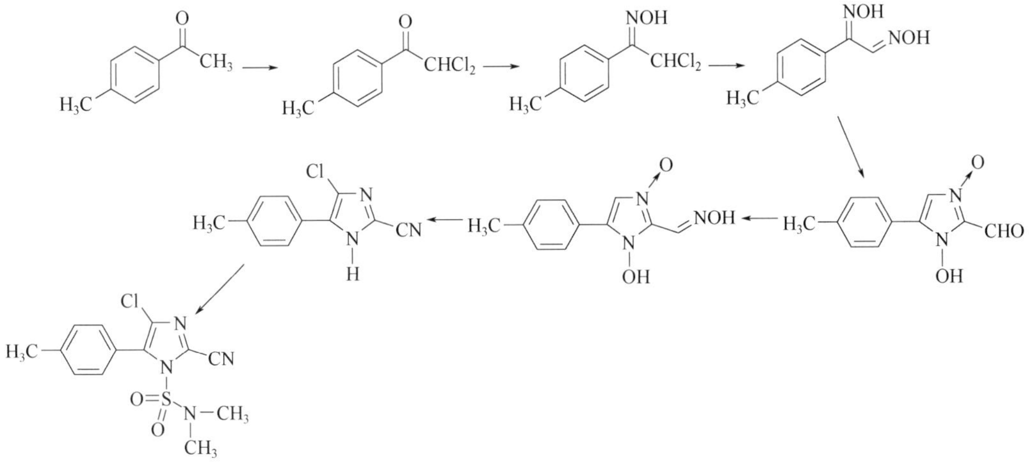

参考文献

[1] Proc. Brighton Crop Prot. Conf. —Pests & Diseases. 1998, 351.

[2] 李志念, 王柯. 防治卵菌纲植物病害的新型杀菌剂氰霜唑(cyazofamid). 农药, 2002(3): 46-47.

[3] 程志明. 杀菌剂氰霜唑的开发. 世界农药, 2005(3): 1-4+12.

[4] 许诚, 丁秀丽, 李宗英, 等. 杀菌剂氰霜唑的合成进展. 农药科学与管理, 2009, 30(10): 40-41+29.

咪唑菌酮（fenamidone）

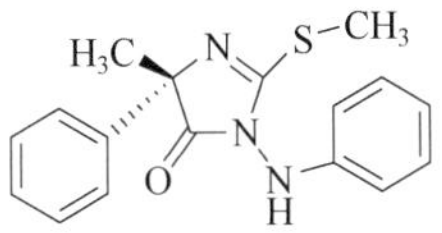

$C_{17}H_{17}N_3OS$，311.4，161326-34-7

咪唑菌酮（试验代号：RPA-407213、RPA 405803、RYF 319，商品名称：Consento、Reason、Sereno、Verita，其他名称：Censor）是由安万特公司（现为拜耳公司）开发的新颖咪唑啉酮类杀菌剂。

化学名称　(S)-1-苯氨基-4-甲基-2-甲硫基-4-苯基咪唑啉-5-酮或(S)-5-甲基-2-甲硫基-5-苯基-3-苯氨基-3,5-二氢咪唑-4-酮。IUPAC 名称：(S)-1-anilino-4-methyl-2-(methylthio)-4-phenyli-imidazolin-5-one。CA 主题索引名称：(5S)-3,5-dihydro-5-methyl-2-(methylthio)-5-phenyl-3-(phenylamino)-4H-imidazol-4-one。美国化学文摘（CA）系统名称：4H-imidazol-4-one —，3,5-dihydro-5-methyl-2-(methylthio)-5-phenyl-3-(phenylamino)-(5S)-。

理化性质　纯品为白色羊毛状粉末，无典型的气味。工业品纯度≥97.5%。熔点 137℃，相对密度 1.288。蒸气压 3.4×10^{-4} mPa（25℃），分配系数 lgK_{ow}=2.8（20℃），Henry 常数：0.5×10^{-5} Pa·m³/mol（20℃）。水中溶解度 7.8 mg/L（20～25℃）。在有机溶剂中的溶解度（g/L，20～25℃）：丙酮 250，乙腈 86.1，二氯甲烷 330，甲醇 43，正辛醇 9.7。水解 DT$_{50}$（25℃，无菌）：41.7 d（pH 4），411 d（pH 7），27.6 d（pH 9）。光解 DT$_{50}$ 25.7 h（相当于 5 d，夏日

太阳光）。表面张力 72.9 mN/m（20℃）。

毒性　大鼠急性经口 LD_{50}（mg/kg）：雄>5000，雌 2028。大鼠急性经皮 LD_{50}>2000 mg/kg，对兔皮肤和眼睛无刺激，对豚鼠皮肤无刺激。大鼠吸入 $LC_{50}(4 h)$ 2.1 mg/L。大鼠 NOEL 数据 [2 年，mg/(kg·d)]：雌性 3.6，雄性 7.1。ADI 0.03 mg/kg。Ames 和微核试验测试为阴性，对大鼠和兔无致畸性。无生殖、发育、致癌效应。

生态效应　山齿鹑急性经口 LD_{50}>2000 mg/kg，山齿鹑和野鸭饲喂 $LC_{50}(8 d)$>5200 mg/kg，虹鳟鱼和大翻车鱼 $LC_{50}(96 h)$ 0.74 mg/L。水蚤 $EC_{50}(48 h)$ 0.05 mg/L，NOEC(21 d) 0.0125 mg/L。栅藻 E_bC_{50} 为 3.84 mg/L；$E_rC_{50}(72 h)$ 12.29 mg/L。摇蚊 NOEC 0.05 mg/L。蜜蜂 LD_{50}（96 h，μg/只）：经口>159.8，接触 74.8。蚯蚓 $LC_{50}(14 d)$ 25 mg/kg。对盲走螨属、中华通草蛉无害。对蚜茧蜂属有害。

环境行为　①动物。对于哺乳动物，低剂量（3 mg/kg）时，雌性和雄性对咪唑菌酮吸收较好，代谢步骤为：第一步，氧化、还原和水解；第二步，共轭。大部分剂量会通过胆汁途径快速排泄。高剂量时，吸收率低，50%～60%的母体化合物存在于粪便中。②植物。植物中的代谢途径在所有作物中相似；大部分残留物是咪唑菌酮，唯一重要的代谢物是 RPA 405862，是由侧链甲硫基的水解形成。③土壤/环境。水解遵循一级反应动力学，通过放射性研究发现，共产生三种水解产物，均超过 10%。水溶液中，咪唑菌酮容易光解。DT_{50}（实验室，有氧，4 种土壤）5.9 d，代谢物的 DT_{50} 可以达到 160 d。大田平均 DT_{50} 8.5 d；代谢物的 DT_{50} 可以达到 97 d。平均 K_{oc} 388。活性物质被认为不容易降解，不易挥发，因此在空气中不能检测到。

制剂　50%悬浮剂。

主要生产商　Bayer CropScience。

作用机理与特点　咪唑菌酮和噁唑菌酮以及甲氧基丙烯酸酯类杀菌剂的作用机理是相似的，通过在氢化辅酶 Q-细胞色素 c 氧化还原酶水平上抑制电子转移来抑制线粒体呼吸，咪唑菌酮即(S)-对映体活性比(R)-对映体高得多。为保护和治疗性杀菌剂，具有一定的内吸传导活性。

应用　叶面杀菌剂，治疗卵菌纲引起的病害，例如葡萄、蔬菜白粉病，包括霜霉属、单轴霉属、假霜霉属以及致病疫霉属引起的病害（75～150 g/hm²）。还可以作为种子处理剂和土壤浇灌剂，控制病害。还可用于抑制其他病害，包括链格孢属引起的病害，以及叶斑病、白粉病和锈病。

（1）适用作物　小麦、棉花、葡萄、烟草、草坪、向日葵、玫瑰、马铃薯、番茄等各种蔬菜。

（2）防治对象　各种霜霉病、晚疫病、疫霉病、猝倒病、黑斑病、斑腐病等。

（3）应用技术　咪唑菌酮主要用于叶面处理，使用剂量为 75～150 g(a.i.)/hm²。同三乙膦酸铝等一起使用具有增效作用。咪唑菌酮在温室内对卵菌纲病原菌防治效果见表 2-74。

咪唑菌酮对马铃薯和番茄晚疫病生活周期的各阶段均有活性，因而在保护剂用量减少的混剂喷雾 7 d 防治马铃薯和番茄晚疫病时表现出很高的防效，且效果不受环境影响。

其他田间试验结果表明咪唑菌酮单剂或与三乙膦酸铝等混合使用防治卵菌类病害效果优异。此外对一些非藻菌类病原菌也有很好的效果。

专利与登记　专利 EP 0629616 已过专利期，不存在专利权问题。

表 2-74 温室内咪唑菌酮防治系列卵菌纲病原菌的类型、应用和活性水平

病原菌	寄主植物	应用类型	LC$_{90}$
葡萄霜霉病	葡萄	叶面保护剂	3.6 mg(a.i.)/L
		24 h 治疗	50～80 mg(a.i.)/L
		穿叠片内吸	15 mg(a.i.)/L
		叶面抗孢子剂	150 mg(a.i.)/L
疫霉病	马铃薯/番茄	叶面保护剂	25～200 mg(a.i.)/L
莴苣盘梗霉	莴苣	叶面保护剂	12 mg(a.i.)/L
烟草霜霉	烟草	叶面保护剂	37 mg(a.i.)/L
古巴假霜霉	黄瓜	幼苗淋沥到叶面保护	0.2 mg(a.i.)/株
单轴霉	向日葵	幼苗淋沥到叶面保护	0.25～0.5 mg(a.i.)/株
蚕豆霜霉	豌豆	幼苗淋沥到叶面保护	0.2～0.4 mg(a.i.)/L
腐霉	水稻	种苗箱淋沥（200 箱/hm^2）	200 mg(a.i.)/箱
腐霉	玉米	种子处理	12～25 g(a.i.)/100 kg
瓜果腐霉	棉花	种子处理	50～100 g(a.i.)/100 kg

合成方法 以苯乙酮为起始原料，经与氰化钠反应、水解得中间体氨基酸，再与二硫化碳反应后甲基化，然后与苯肼反应，合环即得目的物。反应式为：

参考文献

[1] Proc. Br. Crop Prot. Conf. —Pests Dis.. 1998, 2: 2319.

噁咪唑 （oxpoconazole）

C$_{19}$H$_{24}$ClN$_3$O$_2$，361.9，134074-64-9　　C$_{42}$H$_{52}$Cl$_2$N$_6$O$_8$，839.8，174212-12-5

　　噁咪唑，试验代号：UBF-910、UR-50302；富马酸噁咪唑（oxpoconazle fumarate），商品名称：Alshine、Penkoshine，其他名称：噁咪唑富马酸盐。噁咪唑是日本宇部兴产化学公司和日本大塚工业株式会社联合开发的新型噁唑啉类杀菌剂。

　　化学名称 （*RS*）-2-[3-(4-氯苯基)丙基]-2,4,4-三甲基-1,3-噁唑烷-3-基-咪唑-1-基酮。IUPAC 名称：（*RS*）-2-[3-(4-chlorophenyl)propyl]-2,4,4-trimethyl-1,3-oxazolidin-3-yl-imidazol-1-yl ketone。美国化学文摘（CA）系统名称：2-[3-(4-chlorophenyl)propyl]-3-(1*H*-imidazol-1-ylcarbonyl)-2,4,4-trimethyloxazolidine。CA 主题索引名称：oxazolidine —, 2-[3-(4-chlorophenyl)propyl]-3-(1*H*-imidazol-1-ylcarbonyl)-2,4,4-trimethyl-。

理化性质　富马酸噁咪唑为无色结晶状固体，熔点 123.6～124.5℃，相对密度 1.328（20～25℃）。蒸气压 5.42×10^{-3} mPa（25℃），分配系数 lgK_{ow}=3.69（pH 7.5，25℃），水中溶解度 0.0895 g/L（pH 4，25℃），噁咪唑在水中的溶解度为 0.0373 g/L（pH 7，25℃）。在碱性和中性介质中稳定。在酸性介质有一些不稳定。光解 DT$_{50}$（阳光，薄层）为 10.6 h。pK_a 4.08。

毒性　富马酸噁咪唑　急性经口 LD$_{50}$（mg/kg）：雄性大鼠 1424，雌性大鼠 1035，雄性小鼠 1073，雌性小鼠 702。雄性和雌性大鼠急性经皮 LD$_{50}$>2000 mg/kg。对兔眼睛有轻微刺激，对兔皮肤无刺激。对豚鼠皮肤无过敏现象。雄性和雌性大鼠吸入 LC$_{50}$>4398 mg/m^3。

生态效应　富马酸噁咪唑　急性经口 LD$_{50}$（mg/kg）：雄性山齿鹑 1125.6，雌性山齿鹑 1791.3。鱼 LC$_{50}$（mg/L）：鲤鱼 7.2（96 h），虹鳟鱼 15.8（48 h）。月牙藻 E$_b$C$_{50}$ 为 0.81 mg/L。

环境行为　土壤/环境：大田 DT$_{50}$ 23～34 d。需氧代谢 DT$_{50}$ 64～75 d。K_{oc} 1250～33300。

制剂　20%可湿性粉剂。

作用机理与特点　麦角固醇生物合成抑制剂。抑制发芽管和菌丝的生长。具有残留放射性的治疗性杀菌剂。抑制葡萄孢菌生长的整个阶段，但不能抑制孢子萌发。由灰葡萄孢属真菌（*Botrytis cinerea*）引起的灰霉病是蔬菜和水果上的主要病害之一。该病原菌最初侵染作物花器部位，进而危害果实，直接影响作物的经济产量。同其他甾醇生物合成抑制剂如咪唑和三唑类杀菌剂一样，富马酸噁咪唑的作用靶标之一是抑制真菌的麦角甾醇生物合成中 C-14 脱甲基作用，他还可能对病原菌的几丁质生物合成具有抑制作用。此外，不同于大多数其他唑类杀菌剂，富马酸噁咪唑对灰霉病菌有很好的活性。对蔬菜和水果上的二羧酰亚胺类和苯并咪唑类杀菌剂抗性株系和敏感株系均有很好的效果。

应用　用于控制植物病原体，例如黑星菌属、链格孢属、葡萄孢属、核盘霉属以及链核盘菌属。

1. 杀菌特性

（1）采用生长速率法测定出富马酸噁咪唑对子囊菌亚门中的褐腐病（*Monilinia fructicola*）和黑星病的 EC$_{50}$ 值分别为 0.002 mg/L 和 0.019 mg/L，半知菌亚门中的灰葡萄孢属和青霉属真菌的 EC$_{50}$ 值分别为 0.058 mg/L 和 0.114 mg/L，对其他被测原菌的抑菌活性一般。富马酸噁咪唑对灰葡萄属真菌的抑菌活性优于唑类杀菌剂（氟菌唑和噁醚唑的 EC$_{50}$ 值分别为 6.61 mg/L 和 1.37 mg/L）。

（2）除了抑制孢子萌发外，富马酸噁咪唑对灰葡萄孢属真菌生活史的各个生长阶段均具有抑制作用，包括芽管伸长和附着器的形成、菌丝的侵入和生长、病害扩展、孢子形成。

（3）富马酸噁咪唑具有较好的治疗活性和中等持效性。

（4）所有分离到的灰霉病菌株对富马酸噁咪唑均非常敏感，其中一些菌株对现有的杀菌剂如苯并咪唑类、二羧酰亚胺类和 *N*-苯基氨基甲酸酯类的敏感性较低。这表明富马酸噁咪唑同现有的杀菌剂不存在交互抗性问题，结果见表 2-75。

表 2-75　富马酸噁咪唑对灰霉病菌的多种株系的抑菌活性

病原菌类型			富马酸噁咪唑	苯菌灵
Ben	Dic	乙霉威	EC$_{50}$/(mg/L)	EC$_{50}$/(mg/L)
S	S	HR	0.13	0.14
HR	S	S	0.13	>100
HR	MR	S	0.12	>100
HR	MR	WR	0.14	>100

注：Ben 为苯并咪唑类；Dic 为二羧酰亚胺类；S 为敏感性；WR 为弱抗性；MR 为中抗性；HR 为高抗性。

2. 富马酸噁咪唑可防治的病害及 20%可湿性粉剂的应用情况

苹果：黑星病、锈病，稀释 3000～4000 倍；花腐病、斑点落叶病、黑斑病，稀释 2000～3000 倍；煤点病，稀释 3000 倍。该药剂用于苹果树的喷液量为 2000～7000 kg/hm^2，使用 5 次，收获前安全间隔期为 7 d。

樱桃：褐腐病，稀释 3000 倍，喷液量为 2000～7000 kg/hm^2，使用 5 次，收获前安全间隔期为 7 d。

梨：黑星病、锈病，稀释 3000～4000 倍；黑斑病，稀释 2000 倍。该药剂用于梨树的喷液量为 2000～7000 kg/hm^2，使用 5 次，收获前安全间隔期为 7 d。

桃子：褐腐病、疮痂病，稀释 2000～3000 倍；褐纹病，稀释 1000～2000 倍。该药剂用于桃树的喷液量为 2000～5000 kg/hm^2，使用 3 次，收获前安全间隔期为 1 d。

葡萄：白粉病、炭疽病，稀释 2000～3000 倍；灰霉病，稀释 2000 倍。该药剂用于葡萄的喷液量为 2000～5000 kg/hm^2，使用 3 次，收获前安全间隔期为 7 d。

柑橘：疮痂病、灰霉病、绿霉病、青霉病，稀释 2000 倍，喷液量为 2000～7000 kg/hm^2，使用 5 次，收获前安全间隔期为 1 d。

田间应用富马酸噁咪唑对葡萄白粉病具有极好的防治作用，同氟菌唑的防治效果相当，对葡萄灰霉病防治效果明显高于对照药剂异菌脲（扑海因），对柑橘疮痂病的防治效果同二噻农相当，对柑橘灰霉病防治效果同异菌脲相当，明显优于酰胺唑与代森锰锌混剂的防效。另外，富马酸噁咪唑对葡萄炭疽病也具有防治作用。

专利与登记　专利 EP 0412681 已过专利期，不存在专利权问题。

合成方法　合成方法如下：

参考文献

[1]　Agrochemical Japan, 2001, 79: 10.

第七节

噁唑类杀菌剂（oxazoles）

一、创制经纬

1. 噁霉灵（hymexazol）的创制经纬

某些蘑菇也含杀菌活性物质，如从高等真菌中分离出杀菌化合物 ibotenic acid，以此为先导成功地开发出杀菌剂噁霉灵（hymexazol）。噁霉灵主要用于防治土传病害，同时具有植物生长调节活性。

ibotenic acid　　　　hymexazol

2. 噁唑菌酮（famoxadone）的创制经纬

推测是在二酰亚胺类化合物结构基础上，经进一步优化得到：

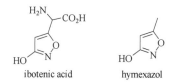

二、主要品种

噁唑类杀菌剂（oxazole fungicides）主要品种共有 12 个：chlozolinate、dichlozoline、drazoxolon、famoxadone、fluoxapiprolin、hymexazol、metazoxolon、myclozolin、oxadixyl、vinclozolin、oxathiapiprolin、pyrisoxazole。

此处介绍 famoxadone、pyrisoxazole、hymexazol，化合物 fluoxapiprolin、oxathiapiprolin、chlozolinate、dichlozoline、vinclozolin、oxadixyl 等在本书其他部分介绍；如下 4 个化合物因应用范围小或不再作为杀菌剂使用或没有商品化等原因，本书不予介绍，仅列出化学名称及 CAS 登录号供参考：

dichlozoline：3-(3,5-dichlorophenyl)-5,5-dimethyl-1,3-oxazolidine-2,4-dione, 24201-58-9。

drazoxolon：4-(2-chlorophenylhydrazono)-3-methyl-1,2-oxazol-5(4*H*)-one, 5707-69-7。

metazoxolon：4-(3-chlorophenylhydrazono)-3-methyl-1,2-oxazol-5(4*H*)-one, 5707-73-3。

myclozolin：(*RS*)-3-(3,5-dichlorophenyl)-5-methoxymethyl-5-methyl-1,3-oxazolidine-2,4-dione，54864-61-8。

噁唑菌酮（famoxadone）

$C_{22}H_{18}N_2O_4$，374.4，131807-57-3

噁唑菌酮（试验代号：DPX-JE874、JE874、IN-JE874，商品名称：Equation Contact、Equation Pro、Famoxate）是由杜邦公司开发的噁唑烷二酮杀菌剂。

化学名称　3-苯氨基-5-甲基-5-(4-苯氧基苯基)-1,3-噁唑啉-2,4-二酮。IUPAC 名称：(*RS*)-3-anilino-5-methyl-5-(4-phenoxyphenyl)oxazolidine-2,4-dione。美国化学文摘（CA）系统名称：5-methyl-5-(4-phenoxyphenyl)-3-(phenylamino)-2,4-oxazolidinedione。CA 主题索引名称：2,4-oxazolidinedione —, 5-methyl-5-(4-phenoxyphenyl)-3-(phenylamino)-。

理化性质　浅灰黄色粉末；外消旋工业品纯度≥96%。熔点 141.3～142.3℃，蒸气压 6.4×10^{-4} mPa（20℃），分配系数 lgK_{ow} 4.65（pH 7），Henry 常数为 4.61×10^{-3} Pa・m^3/mol（计算，20℃）。相对密度 1.31（22℃）。在水中溶解度（μg/L，20～25℃）：52（非缓冲体系，pH 7.8～8.9），243（pH 5），111（pH 7），38（pH 9）。在有机溶剂中溶解度（g/L，20～25℃）：丙酮 274，甲苯 13.3，二氯甲烷 239，己烷 0.048，甲醇 10，乙酸乙酯 125.0，正辛醇 1.78，乙腈 125。在 25℃或 54℃，黑暗条件下，可以稳定存在 14 d。无光水中 DT_{50}（25℃）：41 d（pH 5），2 d（pH 7），0.0646 d（pH 9）。有光水中 DT_{50} 为 4.6 d（pH 5，25℃）。

毒性　大鼠急性经口 LD_{50}>5000 mg/kg，大鼠急性经皮 LD_{50}>2000 mg/kg。对兔眼睛和皮肤轻微刺激，7 d 皮肤过敏症状消失，72 h 眼睛过敏症状消失。对豚鼠皮肤无致敏性。大鼠吸入 LC_{50}(4 h)>5.3 mg/L。NOEL 数据［mg/(kg・d)］：雄大鼠 1.62，雌大鼠 2.15，雄小鼠 95.6，雌小鼠 130，雌雄狗 1.2。ADI（mg/kg）：(JMPR) 0.006(2003)，(EC) 0.012(2002)，(EPA) cRfD 0.0014(2003)。无生殖、发育毒性，无急性、亚急性神经毒性，无致癌毒性，也没有遗传毒性。

生态效应　山齿鹑急性经口 LD_{50}>2250 mg/kg。山齿鹑和野鸭饲喂 LC_{50}(5 d)>5260 mg/kg。鱼 LC_{50}（96 h，mg/L）：虹鳟鱼 0.011，杂色鳉 0.049，鲤鱼 0.17。水蚤 EC_{50}(48 h)0.012 mg/L。半角月牙藻 E_bC_{50}(72 h) 0.022 mg/L，糠虾 LC_{50}(96 h) 0.039 mg/L。牡蛎 EC_{50}（96 h，贝壳沉淀物）0.0014 mg/L。蜜蜂 LD_{50}>25 μg/只，LC_{50}(48 h)>1000 mg/L。蚯蚓 LC_{50}(14 d) 470 mg/kg 土壤。在 150～300 g/hm^2 剂量下对盲走螨属有毒。

环境行为　①动物。大鼠口服后，快速代谢，粪便中的主要成分为未代谢的噁唑菌酮。4′-苯氧基苯基上单羟基化以及 4-苯氨基上的双羟基化的产物是主要的代谢物。在尿液中可以监测到杂环裂解的产物。在山羊和母鸡体内，组织内残留物很少，在粪便中主要成分为未代谢的噁唑菌酮（60%）。新陈代谢比较复杂，包括噁唑二酮和苯氨基连接处的断裂、羟基化，苯氧基苯基醚键的断裂，噁唑二酮环的开环等。②植物。在葡萄、番茄、马铃薯中，噁唑菌酮是主要的残留物，在马铃薯块茎中没有发现残留物。在小麦中，噁唑菌酮代谢广泛，主要通过羟基化反应，随后是共轭。③土壤/环境。在实验室土壤中，DT_{50} 6 d（有氧，20℃，40%～50%比重瓶法，pH 5.3～8.0，1.1%～2.9% o.m.）（o.m.表示土壤有机质）、28 d（有氧，20℃，1.4% o.m.）。降解途径包括羟基化（4′-苯氧基苯基位置）和开环（形成乙醇酸衍生物），主要由微生物降解，光照可以加速分解。平均 K_{oc} 3632（4 种土壤），平均 K_d 70（4 种土壤）。

制剂　乳油，水分散粒剂。

主要生产商　DuPont。

作用机理与特点　能量抑制剂即线粒体电子传递抑制剂，对复合体Ⅲ中细胞色素 c 氧化还原酶有抑制作用。具有保护、治疗、铲除、渗透、内吸活性，与苯基酰胺类杀菌剂无交互抗性。大量文献报道噁唑菌酮同甲氧基丙烯酸酯类杀菌剂有交互抗性。保护性杀菌剂，主要抑制孢子萌发。对植物病原菌具有广谱活性，特别是葡萄霜霉病、马铃薯和番茄晚疫病和早疫病、葫芦的霜霉病、小麦颖斑枯病、大麦网斑病。

应用

（1）适宜作物　小麦、大麦、豌豆、甜菜、油菜、葡萄、马铃薯、瓜类、辣椒、番茄等。

（2）防除对象　主要用于防治子囊菌亚门、担子菌亚门，以及鞭毛菌亚门卵菌纲中的重要病害如白粉病、锈病、颖枯病、网斑病、霜霉病、晚疫病等。

（3）使用方法　通常推荐使用剂量为 50～280 g(a.i.)/hm²。禾谷类作物最大用量为 280 g(a.i.)/hm²。防治葡萄霜霉病施用剂量为 50～100 g(a.i.)/hm²；防治马铃薯、番茄晚疫病施用剂量为 100～200 g(a.i.)/hm²；防治小麦颖枯病、网斑病、白粉病、锈病施用剂量为 150～200 g(a.i.)/hm²，此时与氟硅唑混用效果更好。对瓜类霜霉病、辣椒疫病等也有优良的活性。

专利与登记　专利 US 4957933 早已过专利期，不存在专利权问题。国内主要登记为混剂，206.7 g/L噁酮·氟硅唑乳油、68.75%噁酮·锰锌水分散粒剂以及 52.5%噁酮·霜脲氰水分散粒剂；登记作物为黄瓜、番茄、白菜、柑橘、西瓜、葡萄、苹果等，防治病害为霜霉病、早疫病、黑斑病、疮痂病、炭疽病、斑点落叶病及轮斑病等。美国杜邦公司在中国登记情况见表 2-76。

表 2-76　美国杜邦公司在中国登记情况

登记名称	登记号	含量	剂型	登记作物	防治对象	用药量	施用方法
噁酮·氟噻唑	PD20183620	31%	悬浮剂	番茄	晚疫病	27～33 mL/亩	喷雾
				番茄	早疫病	27～33 mL/亩	
				黄瓜	霜霉病	27～33 mL/亩	
				辣椒	疫病	33～44 mL/亩	
				马铃薯	晚疫病	27～33 mL/亩	
				马铃薯	早疫病	27～33 mL/亩	
				葡萄	霜霉病	1500～2000 倍液	
噁酮·霜脲氰	PD20060008	52.5%	水分散粒剂	番茄	晚疫病	157.5～315 g/hm²	喷雾
				番茄	早疫病	236～315 g/hm²	
				马铃薯	晚疫病	157.5～315 g/hm²	
				马铃薯	早疫病	236～315 g/hm²	
				辣椒	疫病	256～341 g/hm²	
				黄瓜	霜霉病	183.5～275.6 g/hm²	
噁酮·锰锌	PD20090685	68.75%	水分散粒剂	番茄	早疫病	773.4～966.8 g/hm²	喷雾
				柑橘	疮痂病	458.3～687.5 mg/kg	
				苹果树	斑点落叶病	1000～1500 倍液	
				苹果树	轮纹病		
				葡萄	霜霉病	800～1200 倍液	
				白菜	黑斑病	464～773.4 g/hm²	
				西瓜	炭疽病	464.06～580 g/hm²	
噁唑菌酮	PD20060006	98%	原药				
噁唑菌酮	PD20060007	78.5%	母药				

合成方法 以苯酚和对溴苯乙酮为起始原料制得中间体羟基羧酸，再经闭环，最后与苯肼反应制得目的物。反应式为：

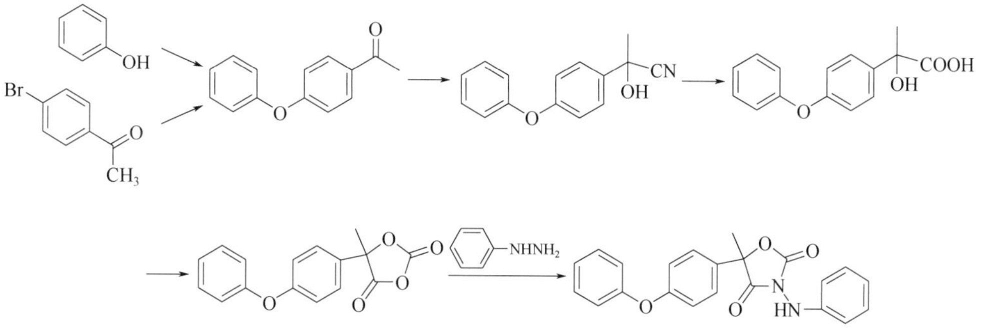

参考文献

[1] Proc. Br. Crop Prot. Conf. —Pests Dis. 1996, 1: 21.

[2] 亦冰. 世界农药, 2001, 5: 47-48.

啶菌噁唑（pyrisoxazole）

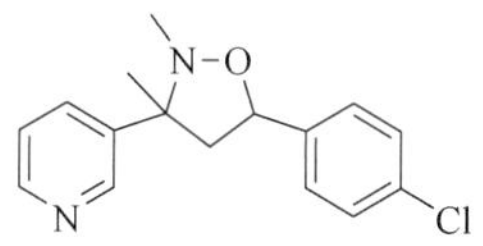

$C_{16}H_{17}ClN_2O$，288.8，291771-99-8(3R,5R)，291771-83-0(3R,5S)

啶菌噁唑（试验代号：SYP-Z048）是沈阳化工研究院与美国罗门哈斯公司（后并入陶氏益农，现美国科迪华公司）共同开发的一种新型噁唑类杀菌剂。

化学名称 5-(4-氯苯基)-3-(吡啶-3-基)-2,3-二甲基-异噁唑烷 或 3-((5-(4-氯苯基)-2,3-二甲基)-3-异噁唑烷基)吡啶。IUPAC 名称：3-[(3R,5RS)-5-(4-chlorophenyl)-2,3-dimethylisoxazolidin-3-yl]pyridine。美国化学文摘（CA）系统名称：3-[(3R)-5-(4-chlorophenyl)-2,3-dimethyl-3-isoxazolidinyl]pyridine。CA 主题索引名称：pyridine —, 3-[(3R)-5-(4-chlorophenyl)-2,3-dimethyl-3-isoxazolidinyl]-。

理化性质 纯品为浅黄色黏稠油状物，易溶于丙酮、乙酸乙酯、氯仿、乙醚，微溶于石油醚，不溶于水。

毒性 大鼠急性经口 LD_{50}（mg/kg）：雄 2000、雌 1710。对大鼠急性经皮 LD_{50}>2000 mg/kg（雄，雌）。兔子急性经皮 LD_{50}>2000 mg/kg，对兔皮肤、眼睛刺激均无刺激。Ames 试验结果为阴性。

剂型 25%乳油。

主要生产商 沈阳科创化学品有限公司。

应用 在离体情况下，对植物病原菌有极强的抑菌活性。通过叶片接种防治黄瓜灰霉病，在 125～500 mg/L 的浓度下防治效果在 90.67%～100%之间。本品乳油对小麦、黄瓜白粉病也有很好的防治作用，在 125～500 mg/L 的浓度下对黄瓜白粉病的防治效果在 95%以上，对白粉病的杀菌活性与腈菌唑基本相似，高于粉锈宁。田间试验结果表明在 200～400 g(a.i.)/hm² 的剂量下对众多类型的灰霉病均具有很好的防效。

专利与登记

国内专利名称　用作杀菌剂的杂环取代的异噁唑啉类化合物

专利号　CN 1280767　　　　　　专利申请日　1999-07-14

专利拥有者　沈阳化工研究院

该杀菌剂同时在国外申请的专利属于美国陶氏益农公司：EP 1035122、AU 770077、ES 2189726、TW 287013、US 6313147、MX 2000002415、JP 2000281678、BR 2000001022 等。

国内登记情况　90%原药，25%乳油，40%啶菌噁唑与福美双的悬乳剂，登记作物为番茄，防治对象为灰霉病。

合成方法　以烟酸、硝基甲烷、4-氯苯乙酮为原料，经如下反应即可制的目的物：

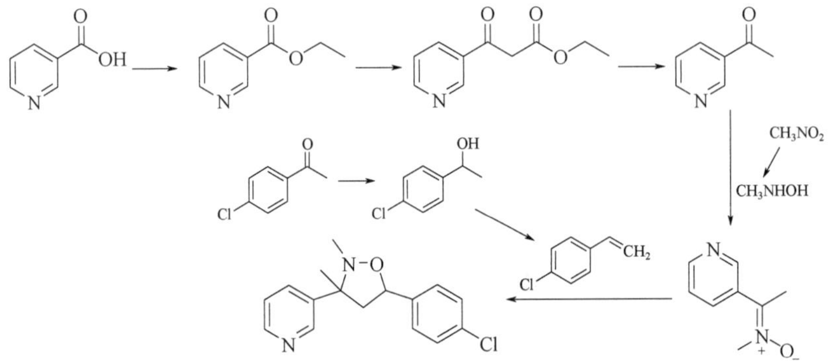

参考文献

[1] 司乃国, 刘君丽, 郎兆光, 等. 新农业, 2010, 4: 46-47.

噁霉灵（hymexazol）

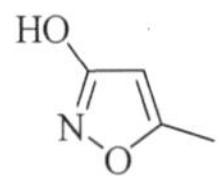

C₄H₅NO₂，99.1，10004-44-1

噁霉灵（试验代号：F-319、SF6505，商品名称：Hymexate、Tachigaren、Tachigazole，其他名称：A-One、Tennis、Tachigare-Ace、土菌消）是 1970 年由三共公司开发的一种内吸性杀菌剂，同时具有植物生长调节作用。

化学名称　5-甲基-1,2-噁唑-3-醇。IUPAC 名称：5-methylisoxazol-3-ol。美国化学文摘（CA）系统名称：5-methyl-3(2H)-isoxazolone。CA 主题索引名称：3(2H)-isoxazolone —, 5-methyl-。

理化性质　纯品为无色晶体，熔点 86～87℃，沸点(202±2)℃，蒸气压 182 mPa（25℃）。分配系数 $\lg K_{ow}$=0.480。Henry 常数为 $2.77×10^{-4}$ Pa·m³/mol（20℃）。相对密度 0.551。水中溶解度（g/L，20～25℃）：65.1（纯水）、58.2（pH 3）、67.8（pH 9），其他溶剂中溶解度（g/L，20～25℃）：丙酮 730，二氯甲烷 602，乙酸乙酯 437，正己烷 12.2，甲醇 968，甲苯 176。稳定性：对光、热稳定，在碱性条件下稳定，在酸性条件下相对稳定。弱酸性 pK_a 5.92（20℃），闪点(205±2) ℃。

毒性　急性经口 LD_{50}（mg/kg）：雄大鼠 4678、雌大鼠 3909，雄小鼠 2148、雌小鼠 1968。雄性和雌性大鼠急性经皮 LD_{50}>10000 mg/kg。雄性和雌性兔急性经皮 LD_{50}>2000 mg/kg，对

兔眼及黏膜有刺激，对兔皮肤无刺激，大鼠吸入 $LC_{50}(4\ h×14\ d)>2.47\ mg/L$。NOEL［2 年，$mg/(kg \cdot d)$］：雄大鼠 19，雌大鼠 20，狗 15。ADI(BfR)0.17 mg/kg(2004)，无致畸、致癌作用。

生态效应 鸟急性经口 LD_{50}（mg/kg）：日本鹌鹑 1085，野鸭>2000。鱼毒 LC_{50}（96 h，mg/L）：虹鳟 460，鲤鱼 165。水蚤 $EC_{50}(48\ h)28\ mg/L$。藻类：NOEL 29 mg/L。对蜜蜂无害，LD_{50}（48 h，经口与接触）>100 μg/只，蚯蚓 $LC_{50}(14\ d)>15.7\ mg/L$。

环境行为 ①动物。噁霉灵在哺乳动物体内代谢为葡萄糖苷酸。②植物。噁霉灵在植物体内代谢为 O-葡萄糖和 N-葡萄糖。③土壤/环境。噁霉灵在土壤中降解为 5-甲基-2-(3H)-噁唑酮，DT_{50} 2～25 d。

制剂 30%水剂，70%可湿性粉剂。

主要生产商 Dongbu Fine、Fertiagro、上海泰禾集团股份有限公司、山东京博控股股份有限公司及浙江禾本科技有限公司等。

作用机理与特点 作为土壤消毒剂，噁霉灵与土壤中的铁、铝离子结合，抑制孢子的萌发。噁霉灵能被植物的根吸收及在根系内移动，在植株内代谢产生两种糖苷，对作物有提高生理活性的效果，从而能促进植株的生长、根的分蘖、根毛的增加和根的活性提高。对水稻生理病害亦有好的药效。

应用

（1）适用作物与安全性 水稻、甜菜、饲料甜菜、蔬菜、葫芦、观赏作物、康乃馨以及苗圃等。因噁霉灵对土壤中病原菌以外的细菌、放线菌的影响很小，所以对土壤中微生物的生态不产生影响，在土壤中能分解成毒性很低的化合物，对环境安全。

（2）防治对象 噁霉灵是一种内吸性杀菌剂，同时又是一种土壤消毒剂，对腐霉病、镰刀菌等引起的土传病害如猝倒病、立枯病、枯萎病、菌核病等有较好的预防效果。

（3）使用方法 主要用于拌种、拌土或随水灌溉，拌种用量为 5～90 g(a.i.)/kg 种子，拌土用量为 300～600 g(a.i.)/m³ 土。噁霉灵与福美双混配，用于种子消毒和土壤处理效果更佳。具体方法如下：

① 防治水稻苗期立枯病 苗床或育秧箱的处理方法，每次每平方米用 30%噁霉灵 3～6 mL（有效成分 0.9～1.8 g），对水喷于苗床或育秧箱上，然后再播种。移栽前以相同药量再喷 1 次。

② 防治甜菜立枯病 主要采用拌种处理：a. 干拌方法 每 100 kg 甜菜种子，用 70%噁霉灵可湿性粉剂 400～700 g（有效成分 280～490 g）与 50%福美双可湿性粉剂 400～800 g（有效成分 200～400 g）混合均匀后再拌种。b. 湿拌方法 每 100 kg 甜菜种子，先用种子重量的 30%水把种子拌湿，然后用 70%噁霉灵可湿性粉剂 400～700 g（有效成分 280～490 g）与50%福美双可湿性粉剂 400～800 g（有效成分 200～400 g）混合均匀后再拌种。

专利与登记 专利 JP 518249、JP 532202 早已过专利期，不存在专利权问题。国内登记情况：15%、30%等水剂，70%可湿性粉剂，99%原药等，登记作物为水稻、西瓜、甜菜、水稻苗床等，防治对象立枯病、枯萎病等。日本三井化学 AGRO 株式会社登记情况见表 2-77。

表 2-77 日本三井化学 AGRO 株式会社登记情况

登记名称	登记证号	含量	剂型	登记作物	防治对象	用药量	施用方法
噁霉灵	PD103-89	70%	可湿性粉剂	甜菜	立枯病	[(噁霉灵 400～700 g)+(福美双 400～800 g)]/100 kg 种子	拌种
噁霉灵	PD104-89	30%	水剂	水稻苗床	立枯病	2～6 mL/m²	浇灌
				水稻育秧箱	立枯病	3 mL/m²	浇灌

合成方法 以双乙烯酮或乙酰乙酸乙酯为原料，在一定的酸碱度条件下与羟胺反应，即可制得噁霉灵：

参考文献

[1] The Pesticide Manual. 17 th edition: 611-612.
[2] 刘登才，司宗兴. 恶霉灵合成.农药, 1999(9): 5-6.
[3] 宋宝安，黄剑. 恶霉灵合成进展.农药, 2001(4): 13-14.
[4] 邹小民，吴春江. 杀菌剂恶霉灵的合成方法述评. 浙江化工, 1998(2): 15-16.

第八节

噻唑类杀菌剂（thiazoles）

一、创制经纬

噻唑类杀菌剂多是在已有的农药品种的基础上，经过组合、优化得到的。

二、主要品种

噻唑类杀菌剂主要包括苯并噻唑类杀菌剂（benzothiazole fungicides）、噻唑类杀菌剂（thiazole fungicides）、噻唑啉酮类杀菌剂（thiazolidine fungicides）三部分，共有 16 个品种：bentaluron、benthiavalicarb-isopropyl、benthiazole（TCMTB）、chlobenthiazone、dichlobentiazox、probenazole、etridiazole、fluoxapiprolin、isotianil、metsulfovax、octhilinone、thiabendazole、oxathiapiprolin、thifluzamide、flutianil、thiadifluor。

此处介绍 benthiazole（TCMTB）、etridiazole。benthiavalicarb-isopropyl、thiabendazole、dichlobentiazox、probenazole、fluoxapiprolin、isotianil、octhilinone、oxathiapiprolin、thifluzamide、flutianil 等在本书的其他部分介绍。如下 4 个化合物因应用范围小或不再作为杀菌剂使用或没有商品化等原因，本书不予介绍，仅列出化学名称及 CAS 登录号或分子式供参考：

bentaluron：1-(1,3-benzothiazol-2-yl)-3-isopropylurea，28956-64-1。

chlobenthiazone：4-chloro-3-methyl-1,3-benzothiazol-2(3H)-one，63755-05-5。

metsulfovax：2,4-dimethyl-1,3-thiazole-5-carboxanilide，21452-18-6。在酰胺类杀菌剂已经提及。

thiadifluor：3-(4-chlorophenyl)-N^2-methyl-N^4,N^5-bis(trifluoromethyl)-1,3-thiazolidine-2,4,5-triylidenetriamine，$C_{12}H_7F_6N_4S$。

土菌灵（etridiazole）

C_5H_5Cl_3N_2OS，247.5，2593-15-9

$C_5H_5Cl_3N_2OS$，247.5，2593-15-9

土菌灵（试验代号：OM2424，商品名称：Terrazole，其他名称：Aaterra、Dwell、Koban、Pansoil、Terraguard、Terraclor Super X、Terra-Coat L-205N、Terramaster、Truban）是由有利来路化学公司（Uniroyal Chemical Co.）开发的噻二唑类杀菌剂。

化学名称　5-乙氧基-3-三氯甲基-1,2,4-噻二唑。IUPAC 名称：ethyl 3-(trichloromethyl)-1,2,4-thiadiazol-5-yl ether。美国化学文摘（CA）系统名称：5-ethoxy-3-(trichloromethyl)-1,2,4-thiadiazole。CA 主题索引名称：1,2,4-thiadiazole —, 5-ethoxy-3-(trichloromethyl)-。

理化性质　纯品呈淡黄色液体，具有微弱的持续性臭味，原药为暗红色液体。熔点 22℃，沸点 113℃（0.5 kPa），蒸气压 1430 mPa（25℃），相对密度 1.497（20～25℃）。$\lg K_{ow}$=3.37，Henry 常数为 3.03 Pa·m³/mol，水中溶解度（mg/L，20～25℃）：117，溶于乙醇、甲醇、芳香族碳氢化合物、乙腈、正己烷、二甲苯。稳定性：在 55℃下稳定 14 d，在日光、20℃下，连续暴露 7 d，分解 5.5%～7.5%。水解 DT_{50}：12 d（pH 6，45℃），103 d（pH 6，25℃）。pK_a 2.77，弱碱，闪点 110℃。

毒性　急性经口 LD_{50}（mg/kg）：雄性大鼠 1141，雌性大鼠 945，兔 799。兔急性经皮 LD_{50}>5000 mg/kg，对兔皮肤无刺激，对兔眼有轻微刺激。大鼠急性吸入（4 h）LC_{50}>5 mg/kg。NOEL [mg/(kg·d)]：大鼠（2 年）4，雄性狗 3.1（1 年），雌性狗 4.3。ADI：aRfD 0.15 mg/kg，cRfD 0.016 mg/kg(2000)。

生态效应　鸟急性经口 LD_{50}（mg/kg）：山齿鹑 560，野鸭 1640。饲喂 LC_{50}（8 d，mg/kg）：山齿鹑>5000，野鸭 1650。鱼毒 LC_{50}（96 h，mg/L）：虹鳟鱼 2.4，大翻车鱼 3.27。水蚤 LC_{50}(48 h) 3.1 mg/L。藻类 E_bC_{50}（mg/L）：月牙藻 0.3（72 h），鱼腥藻 0.42（120 h），舟状藻 0.43，骨条藻 0.38。其他水生物 LC_{50}（96 h，mg/L）：小虾米 2.5，牡蛎 3.0。蜜蜂 LD_{50}>100μg/只。蚯蚓 LC_{50}(14 d) 247 mg/kg 干土。对大多数节肢动物无害。

环境行为　①动物。对哺乳动物施用的药物，其代谢物是 3-羰基-5-乙氧基-1,2,4-噻二唑，可溶于水中。在大鼠的尿液中，其主要代谢物为 3-羰基-5-乙氧基-1,2,4-噻二唑，次要代谢物是 N-乙酰基-S-(5-乙氧基-1,2,4-噻二唑-3-基甲基)-L-半胱氨酸。②植物。三氯甲基部分被迅速地转化为酸或者醇，乙氧基水解形成羟乙基。一些植物可将土菌灵转化为自然产物。③土壤/环境。土壤 DT_{50} 在实验室粉沙土壤中 25℃（有氧）9.5 d，（无氧）3 d。土壤消耗，在沙土中，DT_{50} 1 周，土壤吸收 K_f 8.2（沙土）、5.06（粉沙土壤）。K_{oc} 349（沙土）、323（粉沙土壤）。

制剂　30%、35%可湿性粉剂，25%、40%、44%乳油，4%粉剂。

主要生产商　Chemtura。

作用机理与特点　具有保护和治疗作用的触杀性杀菌剂。

应用

（1）适宜作物　棉花、果树、花生、观赏植物、草坪。

（2）防治对象　镰孢属、疫霉属、腐霉属和丝核菌属真菌引起的病害。

（3）使用方法　主要用作种子处理，使用剂量为 18～36 g(a.i.)/100 kg 种子；也可土壤处理，使用剂量为 168～445 g(a.i.)/hm²。若与五氯硝基苯混用可扩大杀菌谱。

专利与登记 化合物专利 US 3260588、US 3260725 早已过专利期，不存在专利权问题。国内仅登记了 96%原药。

合成方法 以甲硫醇、乙腈为原料，经如下反应，即可制得目的物：

参考文献

[1] The Pesticide Manual.17 th edition: 437-438.

苯噻硫氰（benthiazole）

C₉H₆N₂S₃，281.5，21564-17-0

苯噻硫氰（试验代号：BL-1280，商品名称：Busan，其他名称：TCMT、倍生、苯噻清、苯噻氰）是由美国贝克曼公司（Buckman Laboratories Inc.）研制的苯并噻唑类杀菌剂。

化学名称 2-(硫氰基甲基硫代)苯并噻唑。IUPAC 名称：(1,3-benzothiazol-2-ylthio)methyl thiocyanate or 2-[(thiocyanatomethyl)thio]-1,3-benzothiazole。美国化学文摘（CA）系统名称：(2-benzothiazolylthio)methyl thiocyanate。CA 主题索引名称：thiocyanic acid, esters (2-benzothiazolylthio)methyl ester。

理化性质 原油为棕红色液体，有效成分含量为 80%，相对密度 1.38，130℃以上会分解，闪点不低于 120.7℃，蒸气压小于 1.33 Pa。在碱性条件下会分解，贮存有效期在 1 年以上。

毒性 大鼠急性经口 LD_{50} 为 2664 mg/kg，兔急性经皮 LD_{50} 为 2000 mg/kg，对兔眼睛、皮肤有刺激性。狗亚急性经口无作用剂量为 333 mg/L，大鼠亚急性经口无作用剂量为 500 mg/L。在试验剂量下，未见对动物有致畸、致突变、致癌作用。30%乳油大鼠急性经口 LD_{50} 为 873 mg/kg，兔急性经皮 LD_{50} 为 1080 mg/kg，大鼠急性吸入 LC_{50}> 0.17 mg/L。

生态效应 虹鳟鱼 LC_{50}（96 h）为 0.029 mg/L，野鸭经口 LD_{50} 为 10000 mg/kg。

制剂 30%乳油。

作用机理与特点 苯噻硫氰是一种广谱性种子保护剂，可以预防及治疗经由土壤及种子传播的真菌或细菌性病害。也可用作防止木材变色和保护皮革的化学试剂。

应用

（1）适宜作物 水稻、小麦、瓜类、甜菜、棉花等。

（2）防治对象 瓜类猝倒病、蔓割病、立枯病等；水稻稻瘟病、苗期叶瘟病、胡麻叶斑病、白叶枯病、纹枯病等；甘蔗凤梨病；蔬菜炭疽病、立枯病；柑橘溃疡病等。

（3）使用方法 既可用于茎叶喷雾、种子处理，还可用于土壤处理如根部灌根等。

① 拌种 每 100 kg 谷种，用 30%乳油 50 mL（有效成分 15 g）拌种。

② 浸种 用 30%乳油配成 1000 倍药液（有效浓度 300 mg/L）浸种 6 h。浸种时常搅拌，捞出再浸种催芽、播种，药液可连续使用两次，可防治水稻苗期叶瘟病、徒长病、胡麻叶斑

病、白叶枯病等。

③ 叶面喷雾　发病初期开始喷雾，每次每亩用 30%乳油 50 mL（有效成分 15 g），每隔 7～14 d 1 次，可防治水稻稻瘟病、胡麻叶斑病、白叶枯病、纹枯病，甘蔗凤梨病，蔬菜炭疽病、立枯病，柑橘溃疡病等。

④ 根部灌溉　用 30%乳油 200～375 mg/L 药液灌根，可以防治瓜类猝倒病、蔓割病、立枯病等。

专利与登记　化合物专利 GB 1129575 早已过专利期，不存在专利权问题。

合成方法　以 2-巯基苯并噻唑和二卤甲烷如二溴甲烷为原料，经如下反应即可制得目的物：

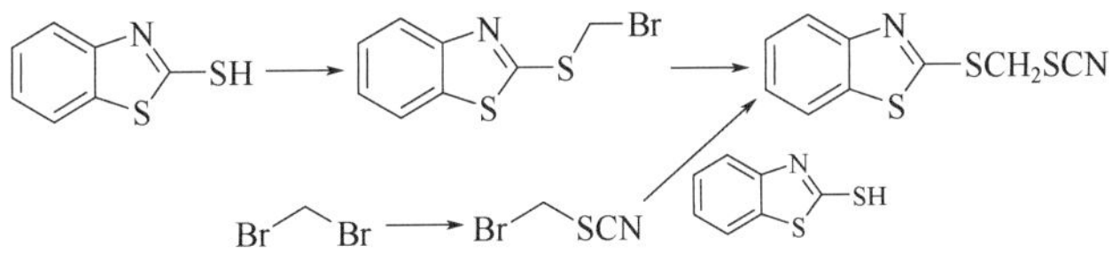

参考文献

[1] 农业部农药检定所主编. 新编农药手册. 1989, 353.

第九节
叔胺类杀菌剂（tertiary amines）

含有吗啉、哌啶等叔胺结构片段的杀菌剂有十二环吗啉（dodemorph）、丁苯吗啉（fenpropimorph）、十三吗啉（tridemorph）、苯锈啶（fenpropidin）、螺环菌胺（spiroxamine），这些品种均为麦角甾醇生物合成抑制剂。aldimorph 与粉病灵（piperalin）本书仅在附表中有所提及。

十二环吗啉（dodemorph）

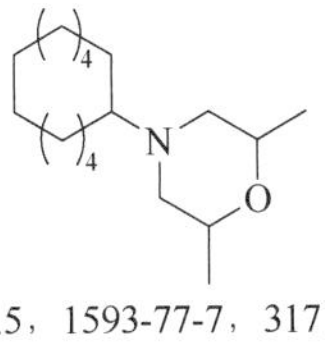

$C_{18}H_{35}NO$，281.5，1593-77-7，31717-87-0(乙酸盐)

十二环吗啉（试验代号：BAS 238F，商品名称：Meltatox、Meltaumittel、Milban）是 BASF 公司开发的吗啉类杀菌剂。

化学名称　4-环十二烷基-2,6-二甲基吗啉。IUPAC 名称：4-cyclododecyl-2,6-dimethylmorpholine。美国化学文摘（CA）系统名称：4-cyclododecyl-2,6-dimethylmorpholine。CA 主题索引名称：morpholine —, 4-cyclododecyl-2,6-dimethyl-。

理化性质　十二环吗啉　含有顺式-2,6-二甲基吗啉的异构体约 60%，反式-2,6-二甲基吗啉的异构体约 40%。反式异构体为无色油状物，以顺式为主的产品为带有特殊气味的无色固体。熔点 71℃，沸点 190℃（133 Pa）。蒸气压：顺式 0.48 mPa（20℃），$\lg K_{ow}$=4.14（pH 7）。

Henry 常数 1.35×10^{-3} Pa·m³/mol（20℃，计算）。顺式水中溶解度（20~25℃）<100 mg/kg，顺式其他溶剂中溶解度（20~25℃，g/L）：氯仿>1000，乙醇 50，丙酮 57，乙酸乙酯 185。稳定性：对热、光、水稳定。pK_a 8.08。十二环吗啉乙酸盐　无色固体，熔点 63~64℃，沸点 315℃（101.3 kPa）。蒸气压 12 mPa（20℃），$\lg K_{ow}$：2.52（pH 5）、4.23（pH 9），Henry 常数 0.008 Pa·m³/mol。相对密度 0.93。水中溶解度（20~25℃，mg/L）：763（pH 5），520（pH 7），2.29（pH 9）；其他溶剂中溶解度（20℃，g/kg）：苯、氯仿>1000，环己烷 846，乙酸乙酯 205，乙醇 66，丙酮 22。稳定性：在密闭容器中稳定期 1 年以上，在 50℃稳定 2 年以上，在中性、中等强度碱或酸中稳定。在高温下分解易燃。

毒性　十二环吗啉乙酸盐　大鼠急性经口 LD_{50}（mg/kg）：雄 3944，雌 2465。大鼠急性经皮 LD_{50}>4000 mg/kg（42.6%乳油）。对兔皮肤与眼睛有很强的刺激性。大鼠急性吸入 LC_{50}(4 h) 5 mg/L 空气（乳油）。ADI (EC) 0.082 mg/kg(2008)。

生态效应　十二环吗啉乙酸盐　鱼 LC_{50}（96 h，mg/L）：虹鳟鱼 2.2，古比鱼 40。水蚤 LC_{50}(48 h) 1.8 mg/L。月牙藻 E_rC_{50}(72 h)1.1 mg/L。对蜜蜂无害，LD_{50}（μg/只）：经口>138.8，接触>100。蚯蚓 LC_{50}(14 d)>1000 mg/kg。

环境行为　土壤中，100 d 后仍有 23%未代谢的残留，没有发现相关的代谢产物。DT_{50} 26~73 d。K_{oc} 4200~48000。

制剂　40%乳油。

主要生产商　BASF 及江苏飞翔集团等。

作用机理与特点　麦角固醇生物合成抑制剂，抑制甾醇的还原和异构化反应。十二环吗啉乙酸盐为具有保护和治疗活性的内吸性杀菌剂，通过叶和根以传导的方式被吸收。

应用　主要用于玫瑰及其他观赏植物，黄瓜以及其他作物等的白粉病。它对瓜叶菊和秋海棠有药害。

专利概况　化合物专利 DE 1198125 已过专利期，不存在专利权问题。

合成方法　十二环吗啉及其醋酸盐的制备方法如下：

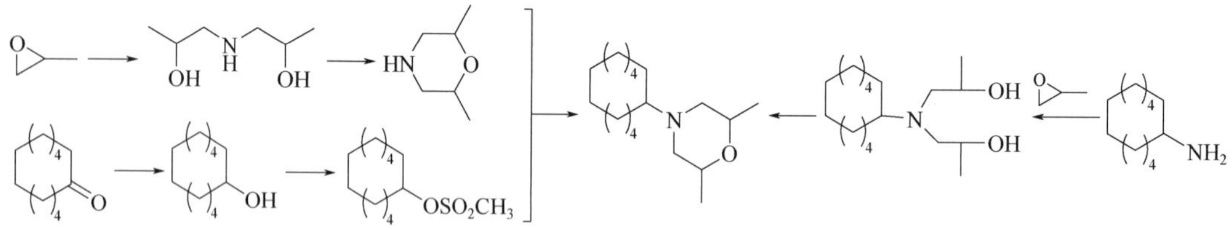

参考文献

[1] The Pesticide Manual. 17 th edition: 394-395.

[2] Angew. chem., 1965, 77: 327.

丁苯吗啉（fenpropimorph）

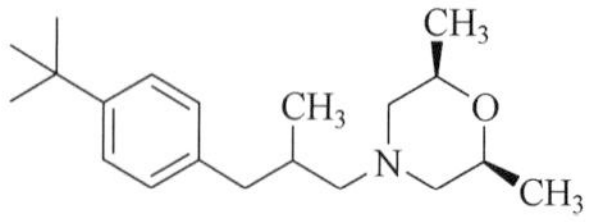

$C_{20}H_{33}NO$，303.5，67564-91-4

丁苯吗啉（试验代号：Ro14-3169、ACR-3320、BAS421F、CGA101031，商品名称：Corbel、olley、Forbel）是由 BASF 和先正达开发的吗啉类杀菌剂。

化学名称 (*RS*)-*cis*-4-[3-(4-叔丁基苯基)-2-甲基丙基]-2,6-二甲基吗啉。IUPAC 名称：*cis*-4-[(*RS*)-3-(4-*tert*-butylphenyl)-2-methylpropyl]-2,6-dimethylmorpholine。美国化学文摘（CA）系统名称：(2*R*,6*S*)-*rel*-4-[3-[4-(1,1-dimethylethyl)phenyl]-2-methylpropyl] -2,6-dimethylmorpholine。CA 主题索引名称：morpholine —, 4-[3-[4-(1,1-dimethylethyl)phenyl]-2-methylpropyl]-2,6-dimethyl-(2*R*,6*S*)-*rel*-。

理化性质 纯品为无色无味油状液体，原药为淡黄色、具芳香味的油状液体。熔点−47～−41℃。沸点>300℃（101.3 kPa），蒸气压 3.5 mPa（20℃）。$\lg K_{ow}$（22℃）=2.6（pH 5）、4.1（pH 7）、4.4（pH 9）。Henry 常数 0.3 Pa·m^3/mol（计算），相对密度 0.933（20～25℃）。溶解度（20～25℃）：水 4.3 mg/kg（pH 7），丙酮、氯仿、乙酸乙酯、环己烷、甲苯、乙醇、乙醚>1 kg/kg。稳定性：在室温下、密闭容器中可稳定 3 年以上，对光稳定。50℃时，在 pH 3、7、9 条件下不水解。碱性，pK_a 6.98（20℃）。闪点：105℃（Pensky-Martens）；157℃（CIPAC MT12）。

毒性 大鼠急性经口 LD$_{50}$>2230 mg/kg，大鼠急性经皮 LD$_{50}$>4000 mg/kg。对兔皮肤有刺激作用，对兔眼睛无刺激性，对豚鼠皮肤无致敏性。大鼠急性吸入 LC$_{50}$(4 h)>2.9 mg/L，对兔呼吸器官有中等程度刺激性。饲喂 NOAEL [mg/(kg·d)]：雄大鼠 0.768（90 d），狗 3.2（1 年）。ADI：(JMPR) 0.003 mg/kg(2004, 2001, 1994)；(EC) 0.003 mg/kg(2008)；(EPA) aRfD 0.15 mg/kg，cRfD 0.032 mg/kg(2006)。对人类无致突变、致畸、致癌作用。

生态效应 急性经口 LD$_{50}$（mg/kg）：野鸭>5000，山齿鹑>2000。鱼毒 LC$_{50}$（96 h, mg/L）：虹鳟鱼 2.4～4.7，大翻车鱼 1.74～3.05。水蚤 LC$_{50}$(48 h)2.24 mg/L。月牙藻 EC$_{50}$(96 h)>1.0 mg/L。假单胞杆菌 EC$_{10}$(17 h) >1874 mg/L。蜜蜂急性接触 LD$_{50}$>100 μg/只。蚯蚓 LD$_{50}$(14 d)≥1000 mg/kg 土壤。对各种益虫没有危害。

环境行为 ①动物。大鼠口服丁苯吗啉后，能很快吸收并几乎完全通过尿和粪便代谢掉。通常在组织残留量很低。②植物。在植物体内，由于吗啉环的断裂和氧化作用导致极性代谢物的形成。③土壤/环境。在土壤中的代谢方式主要有叔丁基的氧化作用，其次还有其他氧化作用和二甲基吗啉的开环作用。土壤中 DT$_{50}$ 14～90 d（20℃，有氧条件）。能强烈吸附到土壤上，K_{oc} 2772～8778。

制剂 75%乳油。

主要生产商 BASF。

作用机理与特点 本品为麦角固醇生物合成抑制剂，抑制甾醇的还原和异构化反应。具有保护和治疗作用，并可向顶传导，对新生叶的保护达 3～4 周。

应用

（1）适宜作物与安全性 禾谷类作物、豆科、甜菜、棉花和向日葵等。对大麦、小麦、棉花等作物安全。

（2）防治对象 白粉病、叶锈病、条锈病、黑穗病、立枯病等。

（3）使用方法 可茎叶喷雾，也可作种子处理。以 750 g(a.i.)/hm^2 喷雾，可防治禾谷类作物、豆科和甜菜上白粉病、锈病，每吨种子用 0.5～1.25 kg 处理，可防治大、小麦白粉病、叶锈病、条锈病和禾谷类黑穗病，对棉花立枯病也有效。

专利与登记 专利 DE 2752135、DE 2656747、GB 1584290、US 4241058 等均已过专利期，不存在专利权问题。

合成方法　以叔丁基苯为原料，经多步反应制得丁苯吗啉。反应式如下：

参考文献

[1] The Pesticide Manual.17 th edition: 466-467.

十三吗啉（tridemorph）

$n = 10,11,12(60\% \sim 70\%)$或13

$C_{19}H_{39}NO$(大约)，297.5(大约)，81412-43-3，24602-86-6(4-tridecyl)

十三吗啉（试验代号：BASF220F，商品名称：Calixin、Calixin 86、Vanish，其他名称：克啉菌）是由德国巴斯夫公司开发的广谱性内吸杀菌剂。

化学名称　2,6-二甲基-4-十三烷基吗啉。IUPAC 名称：2,6-dimethyl-4-tridecylmorpholine（主要成分，60%～70%）。美国化学文摘（CA）系统名称：tridemorph。CA 主题索引名称：morpholine —, 2,6-dimethyl-4-tridecyl-。

理化性质　虽命名为 2,6-二甲基-4-十三烷基吗啉，但现已发现本品主要为 4-C_{11}～C_{14}烷基-2,6-二甲基吗啉同系物所组成，其中 4-十三烷基异构体含量为 60%～70%，另外 C_9 和 C_{15} 同系物含量为 0.2%，2,5-二甲基异构体含量为 5%。纯品为黄色油状液体，具有轻微氨味，沸点 134℃（53.2 Pa）（原药）。蒸气压 12 mPa（20℃），$\lg K_{ow}$=4.20（pH 7，22℃）。Henry 常数为 3.2 Pa·m^3/mol（计算）。相对密度 0.86。溶解度：水 1.1 mg/L（pH 7，20～25℃），能与乙醇、丙酮、乙酸乙酯、环己烷、乙醚、氯仿、橄榄油、苯互溶。稳定性：50℃以下稳定，紫外灯照射 20 mg/kg 的水溶液，16.5 h 水解 50%，pK_a 6.50（20℃），闪点 142℃。

毒性　大鼠急性经口 LD_{50} 480 mg/kg，大鼠急性经皮 LD_{50} >4000 mg/kg，对兔眼睛和皮肤无刺激，大鼠急性吸入 LC_{50}(4 h)4.5 mg/L，NOEL（2 年，mg/kg）：雌性大鼠 2，雄性大鼠 4.5，狗 1.6。ADI：(EPA) aRfD 0.02mg/kg，cRfD 0.01 mg/kg(2005)。

生态效应　鸟急性经口 LD_{50}（mg/kg）：山齿鹑 1388，野鸭>2000。虹鳟鱼 LC_{50}(96) 3.4 mg/L，水蚤 LC_{50}(48 h) 1.3 mg/L。藻类 EC_{50}(96 h)0.28 mg/L。蜜蜂 LD_{50}(24 h)>200 μg/只，蚯蚓 LC_{50}(14 d) 880 mg/kg。

环境行为　①动物。大鼠口服十三吗啉后，能很快吸收，并在两天内几乎完全通过尿和粪便代谢掉。②植物。收获时谷物中的残留量<0.05 mg/kg。代谢过程主要是 4-烷基链的氧化

和吗啉的开环。③土壤/环境。土壤中 DT_{50}（室内）13～130 d（20℃），DT_{50}（田间）11～34 d（20℃）；K_{oc} 2500～10000。

制剂　75%乳油，860g/L、86%油剂。

主要生产商　BASF、Fertiagro、Hermania、龙灯集团、江苏飞翔集团、上海美林康精细化工有限公司、上海生农生化制品有限公司及浙江世佳科技有限公司等。

作用机理与特点　十三吗啉主要为麦角固醇生物合成抑制剂，抑制甾醇的还原和异构化反应，是一种具有保护和治疗作用的广谱性内吸杀菌剂，能被植物的根、茎、叶吸收，对担子菌、子囊菌和半知菌引起的多种植物病害有效。

应用

（1）适用作物　小麦、大麦、黄瓜、马铃薯、豌豆、香蕉、茶树、橡胶树。

（2）防治对象　小麦和大麦白粉病、叶锈病和条锈病，黄瓜、马铃薯、豌豆白粉病，橡胶树白粉病，香蕉叶斑病。

（3）使用方法　推荐使用剂量为 200～750 g(a.i.)/hm^2。

防治小麦白粉病　在发病初期施药，每亩用 75%十三吗啉 33 mL（有效成分 24.8 g）喷雾，喷液量人工每亩 20～30 L，拖拉机每亩 10 L，飞机 1～2 L。

防治香蕉叶斑病　在发病初期施药，每亩用 75%十三吗啉 40 mL（有效成分 30 g），加水 50～80 L 喷雾。

防治茶树茶饼病　在发病初期施药，每亩用 75%十三吗啉 13～33 mL（有效成分 9.75～24.8 g），加水 58～80 L 喷雾。

防治橡胶树红根病和白根病　在病树基部四周挖一条 15～20 cm 深的环形沟，每一病株用 75%十三吗啉乳油 20～30 mL 对水 2000 mL，先用 1000 mL 药液均匀地淋灌在环形沟内，覆土后将剩下的 1000 mL 药液均匀地淋灌在环形沟内。按以上方法，每 6 个月施药 1 次，共 4 次。

专利与登记　化合物专利 DE 1164152 已过专利期，不存在专利权问题。国内登记情况：750 g/L 乳油，860 g/L、86%油剂，登记作物橡胶树，防治对象红根病。巴斯夫欧洲公司在中国登记为 750 g/L 乳油，登记作物橡胶树，防治对象红根病，施用方法灌淋，用药量 15～22.5 g/株。

合成方法　十三吗啉可通过如下反应制得：

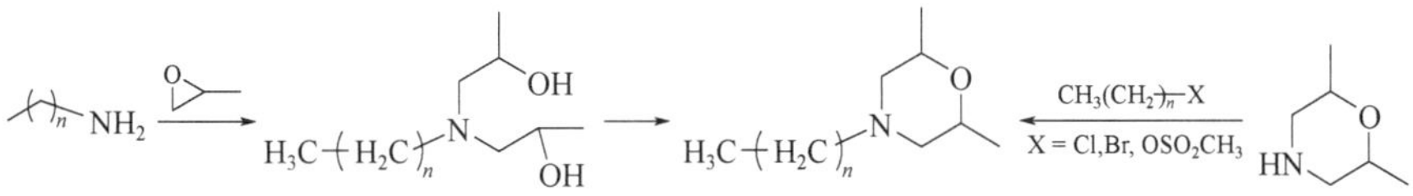

参考文献

[1]　The Pesticide Manual. 17 th edition: 1147-1148.

苯锈啶（fenpropidin）

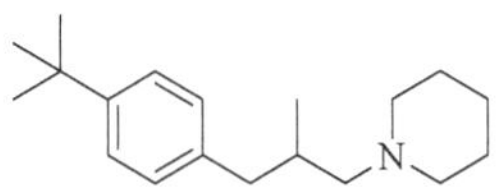

$C_{19}H_{31}N$，273.5，67306-00-7

苯锈啶（试验代号：Ro 123049/000、CGA114900，商品名：Instinct、Gladio、Tern，其他名称：Gardian、Mallard）是由先正达公司开发的哌啶类杀菌剂。

化学名称　(RS)-1-[3-(4-叔丁基苯基)-2-甲基丙基]哌啶。IUPAC 名称：1-[(RS)-3-(4-*tert*-butylphenyl)-2-methylpropyl]piperidine。美国化学文摘（CA）系统名称：1-[3-[4-(1,1-dimethy-lethyl)phenyl]-2-methylpropyl]piperidine。CA 主题索引名称：piperidine —, 1-[3-[4-(1,1-dimethy-lethyl)phenyl]-2-methylpropyl]-。

理化性质　纯品为淡黄色、黏稠、无味液体。沸点：>250℃，70.2℃（1.1 Pa）。蒸气压 17 mPa（25℃），分配系数 $\lg K_{ow}$（25℃，pH 7）=2.9，Henry 常数 10.7 Pa·m^3/mol（25℃，计算）。相对密度 0.91（20~25℃）。水中溶解度（g/m^3，20~25℃）：530（pH 7），6.2（pH 9）；易溶于丙酮、乙醇、甲苯、正辛醇、正己烷等有机溶剂。在室温下密闭容器中稳定至少 3 年，其水溶液对紫外线稳定，且不水解。强碱，pK_a 10.1，闪点 156℃。

毒性　大鼠急性经口 LD_{50}>1452 mg/kg，大鼠急性经皮 LD_{50}>4000 mg/kg。对兔皮肤和眼睛有刺激性，对豚鼠皮肤有致敏性。大鼠吸入 LC_{50}(4 h)1220 mg/m^3 空气。NOEL 值[mg/(kg·d)]：大鼠（2 年）0.5，小鼠（1.5 年）4.5，狗（1 年）2。ADI(EC) 0.02 mg/kg(2008)，大鼠急性腹腔 LD_{50} 346 mg/kg。无致畸、致癌、致突变作用，对繁殖无影响。

生态效应　鸟类急性经口 LD_{50}（mg/kg）：野鸭 1900，野鸡 370。野鸭饲喂 LC_{50} 3760 mg/kg 饲料。鱼毒 LC_{50}（96 h，mg/L）：虹鳟鱼 2.6，鲤鱼 3.6，大翻车鱼 1.9。水蚤 LC_{50}(48 h)0.5 mg/L。藻类 E_bC_{50}（96 h）：铜绿微囊藻 4.4，绿藻 0.0002，舟形藻 0.0025。对蜜蜂无害，LD_{50}（48 h，mg/只）：>0.01（经口），0.046（接触）。蚯蚓 LC_{50}(14 d)>1000 mg/kg 土壤。对食肉的智利小植绥螨幼虫中等毒性。

环境行为　①动物。大鼠口服后，苯锈啶会被广泛地吸收、分解，最终通过尿液和粪便排出体外，在大翻车鱼体内清除时间 DT_{50}<1 d，体内不会有潜在的生物累积。②植物。相对快速广泛地降解，在小麦田中，主要的代谢途径包括羟基化哌啶环和氧化叔丁基。在小麦和大麦田中 DT_{50} 为 4~11 d。③土壤/环境。迅速被吸收，K_d 17.4（沙土，pH 6.6，有机碳 0.52%）~117.1（沙质黏壤土，pH 7.3，有机碳 2.2%）；在 40%湿度、75%FC（FC 是指土壤中多余水分下渗，土壤中残留的体积含水量）。3.3×10^4 Pa、(20±2)℃下在土壤中被广泛地降解，DT_{50} 58（肥土，pH 7.5，有机碳 3.2%）~95 d（沙壤土，pH 7.4，有机碳 2.8%），在土壤中，苯锈啶和其代谢物不会被滤出，苯锈啶在土壤表层不会光解。

制剂　50%乳油。

主要生产商　Cheminova 及 Syngenta 等。

作用机理与特点　麦角甾醇生物合成抑制剂，在还原和异构化阶段起抑制作用。具有保护、治疗和铲除活性的内吸性杀菌剂，在木质部还具有传导作用。

应用　主要用于防治禾谷类作物的白粉病、锈病。防治大麦白粉病、锈病使用剂量为 375~750 g(a.i.)/hm^2，持效期约 28 d。

专利与登记　化合物专利 GB 1584290、DE 2752135、US 4241058 均已过期，不存在专利权问题。

合成方法　以叔丁基苯为原料，首先进行酰化反应等三步反应，制得 4-叔丁基苯基异丁醛，然后再与哌啶在甲苯中反应，并用甲酸处理，反应的同时除去水，加热反应后，即制得苯锈啶。反应式如下：

参考文献

[1] The pesticide Manual. 17 th edition: 464-465.

螺环菌胺（spiroxamine）

$C_{18}H_{35}NO_2$，297.5，118134-30-8

螺环菌胺（试验代号：KWG 4168，商品名称 Impulse、Prosper、Falcon 460，其他名称：Accrue、Aquarelle、Hoggar、Neon、Torch、Zenon）是由拜耳公司开发成功的取代胺类杀菌剂。于 1997 年开始上市销售。

化学名称　8-叔丁基-1,4-二氧螺[4,5]癸烷-2-基甲基（乙基）（丙基）胺。IUPAC 名称：(RS)-N-[(8-tert-butyl-1,4-dioxaspiro[4,5]decane-2-yl)methyl]-N-ethylpropylamine。美国化学文摘（CA）系统名称：8-(1,1-dimethylethyl)-N-ethyl-N-propyl-1,4-dioxaspiro[4,5]decane-2-methanamine。CA 主题索引名称：1,4-dioxaspiro[4,5]decane-2-methanamine —, 8-(1,1-dimethylethyl)-N-ethyl-N-propyl-。

理化性质　组成螺环菌胺是两个异构体 A（cis，49%～56%）和 B（trans，44%～51%）组成的混合物。原药为棕色液体，纯品为淡黄色液体，熔点＜-170℃（异构体 A 和异构体 B），沸点 120℃（分解）。蒸气压（mPa，20℃）：A 4，B 5.7。lgK_{ow}：1.28（pH 3），2.79（pH 7），4.88（pH 9）（20℃）（A）；1.41（pH 3），2.98（pH 7），5.08（pH 9）（20℃）（B）。Henry（Pa•m^3/mol，pH 7，20℃，计算）：A $2.5×10^{-3}$，B $5.0×10^{-3}$。A 和 B 相对密度 0.930（20～25℃）。水中溶解度（mg/L，20～25℃）：A、B 混合物>$200×10^3$（pH 3）；A：470（pH 7），14（pH 9）；B：340（pH 7），10（pH 9）。A、B 混合物在正己烷、甲苯、二氯甲烷、异丙醇、正辛醇、聚乙二醇、丙酮和 DMF 溶解度均>200 g/L（20～25℃）。对水解和光解均稳定，临时光解 DT_{50} 50.5 d（25℃），pK_a 6.9，闪点 147℃。

毒性　大鼠急性经口 LD_{50}（mg/kg）：雄性约 595，雌性 550～560。大鼠急性经皮 LD_{50}（mg/kg）：雄性>1600，雌性约 1068。对兔眼睛无刺激，对兔皮肤有严重的刺激。在刺激浓度下对皮肤亦有致敏性。大鼠吸入 LC_{50}（4 h，mg/m^3）：雄性大约 2772，雌性大约 1982。NOEL 值（mg/kg 饲料）：大鼠（2 年）70，小鼠（2 年）160，狗（1 年）75。AOEL (EU) 0.015 mg/(kg•d)，ADI 值 0.025 mg/kg。无致畸作用，对遗传无影响。

生态效应　山齿鹑 LD_{50} 565 mg/kg，山齿鹑和野鸭饲喂 LC_{50}>5000 mg/kg。鱼毒 LC_{50}（96 h，mg/L，静态）：虹鳟鱼 18.5，大翻车鱼 7.13。水蚤 EC_{50}（48 h，mg/L）：（静态）6.1，（动态）3.0。淡水藻 E_rC_{50}(72 h) 0.012 mg/L，E_bC_{50}(72 h) 0.0032 mg/L；月牙藻 E_rC_{50}(120 h) 0.01943 mg/L，E_bC_{50} 0.00542 mg/L。蜜蜂 LD_{50}（48 h，μg/只）：>100（经口），4.2（接触）。蚯蚓 LC_{50}(14 d)>1000 μg/kg 干土。扩展试验表明在 $2×750$ g/hm^2 对星豹蛛、锥须步甲属以及瓢虫等昆虫无害，盲走螨和蚜茧蜂是最敏感群体，田间对葡萄的研究表明对盲走螨无害。

环境行为 ①动物。大鼠生物运动学和新陈代谢研究表明：对带有放射性标记物的螺环菌胺有一个明显的高度吸收（超过 70%），随后就是在体内快速消除（>97%，口服 48 h）。这些放射标记物从血浆到周围细胞快速分散。在所有剂量下，主要的代谢是氧化叔丁基成相应的羧酸。在山羊和母鸡中，具有放射标记物的螺环菌胺残留在组织、器官和奶中都相对较少，这主要是因为快速分解，新陈代谢的途径也主要是氧化叔丁基成相应的酸，或者氨基的脱烷基化，最终的结果是脱乙基和脱丙基的螺环菌胺衍生物，通过动物组织研究表明，羧酸作为代谢产物出现。②植物。在春小麦、葡萄和香蕉中可进行广泛的新陈代谢，氧化位置主要是叔胺，但也有少部分的氧化位置是叔丁基。一些代谢物会通过脱烷基化的形式出现，或者以分裂缩酮的方法形成。对植物的新陈代谢研究表明，结构未发生改变的螺环菌胺是残留物的主要成分。③土壤/环境。在土壤中迅速降解，最终生成 CO_2；代谢的主要途径是叔丁基的氧化以及氨基的去烷基化作用，脱烷基化合物或进一步氧化成相应的酸或者降解成对应的酮。土壤 DT_{50}（实验室和田地）35～64 d。这些留在土壤和空气中的残渣是相应的母体化合物。在 pH 9 的条件下对水解作用相对稳定，在水中直接的光解并不是明显的降解途径。K_{oc} 659～6417 mL/g。水/沉淀物研究表明：螺环菌胺不会直接沉积，在上层水中 DT_{50} 12～13 h。螺环菌胺会在水/沉淀物的系统中彻底分解，最终生成 CO_2。水中的残余物的除了母体化合物就是其 N-氧化物。

制剂 25%、50%、80%乳油。

主要生产商 Bayer CropScience。

作用机理与特点 甾醇生物合成抑制剂，主要抑制 C-14 脱甲基化酶的合成。螺环菌胺是一种新型、内吸性的叶面杀菌剂，对白粉病特别有效。作用速度快且持效期长，兼具保护和治疗作用。

应用

（1）适宜作物与安全性 小麦和大麦；推荐剂量下对作物安全、无药害。

（2）防治对象 小麦白粉病和各种锈病，大麦云纹病和条纹病。

（3）使用方法 既可以单独使用，又可以和其他杀菌剂混配以扩大杀菌谱。使用剂量为 375～750 g(a.i.)/hm^2。防治谷类白粉病使用剂量为 500～750 g/hm^2，防治葡萄白粉病使用剂量为 400 g/hm^2，防治香蕉叶斑病和褐缘灰斑病使用剂量为 320 g/hm^2。

专利与登记 专利 DE 3735555 早已过专利期，不存在专利权问题。

合成方法 以对叔丁基苯酚为起始原料，加氢还原后与氯甲基乙二醇或丙三醇反应，再经氯化（或与磺酰氯反应），最后胺化制得目的物。反应式如下：

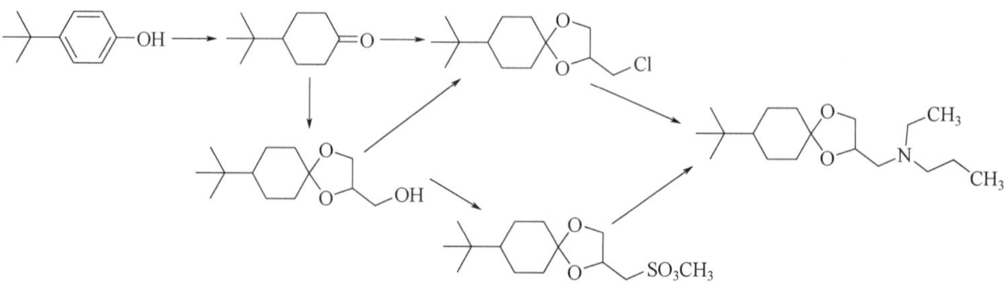

参考文献

[1] The Pesticide Manual. 17th edition: 1034-1036.

[2] Proc. Br. Crop Prot. Conf.－Pests Dis.. 1996, 1: 47.

第十节
吡咯类杀菌剂（pyrroles）

一、创制经纬

Arima 等于 1964 年首次报道 pyrrolnitrin 具有生物活性，并于 1965 年报道了 pyrrolnitrin 的化学结构。Fujisawa 和 Ciba-Geigy 公司（现先正达公司）的化学家们不约而同地合成了该化合物。尽管 pyrrolnitrin 在离体温室条件下对灰霉病菌和稻瘟病菌具有很好的活性，但在田间未能显示活性，原因是见光分解。Ciba-Geigy 公司的化学家们对其化学结构进行了修饰，用氰基替换吡咯 3-位的氯，可大大加强光稳定性，如化合物拌种咯（fenpiclonil）光分解半衰期为 48 h，而 pyrrolnitrin 仅为 30min。通过进一步结构优化包括结构活性关系的研究（见表 A～C），最终发现两个化合物即拌种咯和咯菌腈（fludioxonil），二者主要用作种子处理，防治种传病害。

pyrrolnitrin　　　　　fenpiclonil　　　　　fludioxonil

从表 A 可以看出吡咯 3 位为氰基时，活性最好。

表 A　吡咯 3-位结构与活性关系（温室，灰霉病）

R	EC$_{80}$/(mg/L)
—NO$_2$，—CO$_2$CH$_3$，—COCH$_3$，—CONH$_2$，—SO$_2$CH$_3$，—CON(CH$_3$)$_2$，—SO$_2$N(CH$_3$)$_2$，—P(O)(OCH$_3$)$_2$	>200
—CSNH$_2$	20～200
—CN	<20

从表 B 可以看出苯环上取代基为吸电子基团时，活性高；且以 2,3-Cl$_2$ 和 2,3-(—OCF$_2$O—)的活性最好。

表 B　苯环上取代基的变化与活性关系（温室，灰霉病）

X	EC$_{80}$/(mg/L)
—CN，—N(CH$_3$)$_2$，—OCH$_3$，—C≡CH，—OCHF$_2$，—SO$_2$CH$_3$，—Si(CH$_3$)$_3$	>200
—H，—F，CH$_3$，—SCH$_3$，—OCF$_3$	20～200
—Cl，—Br，CF$_3$，—OCF$_2$O—	<20

X	温室，EC_{80}/(mg/L)	大田［75 mg(a.i.)/L］防效/%
2-Cl	10	47
3-Cl	10	49
4-Cl	60	—
2,3-Cl_2	6	91
3,4-Cl_2	>200	—
2,5-Cl_2	>200	—
2,3(—O—CF_2—O—)	0.6	>95

从表 C 可以看出 N-取代的吡咯衍生物与生物活性的关系，在所有化合物中，只有那些容易水解至母体化合物（R=H）的，才具有高的活性；若不易水解，即稳定的衍生物，不是活性很低就是没有活性。

表 C　N-取代的吡咯衍生物水解稳定性和生物活性关系（温室，灰霉病）

R	水解半衰期[①]	生物活性
H	—	高活性
$COCH_3$	2.8 h	高活性
$CH(CCl_3)$—$OCOCH_3$	72 h	高活性
$CH(CCl_3)$—$OCN(CH_3)_2$	>7 d	无活性
CH_3	稳定	无活性

① pH 7.50，乙腈：水=3：7。

二、主要品种

吡咯类杀菌剂主要品种有四个：fenpiclonil、fludioxonil、fluoroimide、dimetachlone，前两个在此介绍，fluoroimide、dimetachlone 在本书其他部分介绍。

拌种咯（fenpiclonil）

$C_{11}H_6Cl_2N_2$，237.1，74738-17-3

拌种咯（试验代号：CGA 142705，商品名称：Beret、Electer、Galbas、Gambit）是由 Ciba-Geigy AG 公司（现先正达公司）开发的吡咯类杀菌剂。

化学名称　4-(2,3-二氯苯基)吡咯-3-腈。IUPAC 名称：4-(2,3-dichlorophenyl)pyrrole-

3-carbonitrile。美国化学文摘（CA）系统名称：4-(2,3-dichlorophenyl)-1H-pyrrole-3-carbonitrile。CA 主题索引名称：1H-pyrrole-3-carbonitrile—，4-(2,3-dichlorophenyl)-。

理化性质　纯品为无色晶体，熔点 144.9～151.1℃。蒸气压 $1.1×10^{-2}$ mPa（25℃），分配系数 $\lg K_{ow}$=3.86（25℃），Henry 常数 $5.4×10^{-4}$ Pa·m³/mol（计算）。相对密度 1.53（20～25℃）。溶解度（20～25℃）：水 4.8 mg/L，其他溶剂（20～25℃，g/L）：乙醇 73，丙酮 360，甲苯 7.2，正己烷 0.026，正辛醇 41。稳定性：250℃ 以下稳定，100℃，pH 3～9，6 h 不水解。

毒性　大鼠、小鼠和兔的急性经口 LD_{50}>5000 mg/kg，大鼠急性经皮 LD_{50}>2000 mg/kg，对兔眼睛和皮肤均无刺激作用。大鼠急性吸入 LC_{50}（4 h）1.5 mg/L 空气。无作用剂量 NOEL〔mg/(kg·d)〕：大鼠 1.25，小鼠 20，狗 100。无致畸、无突变、无胚胎毒性。ADI(BfR) 0.0125 mg/kg。

生态效应　山齿鹑急性经口 LD_{50}>2510 mg/kg，鸟 LC_{50}(mg/L)：野鸭>5620，山齿鹑 3976。鱼毒 LC_{50}（96 h，mg/L）：虹鳟鱼 0.8，鲤鱼 1.2，大翻车鱼 0.76，鲶鱼 1.3。水蚤 LC_{50}(48 h) 1.3 mg/L。淡水藻 LC_{50}(5 d) 0.22 mg/L。对蜜蜂无毒，LD_{50}（经口、接触）>5 μg/只。蚯蚓 LC_{50}(14 d) 67 mg/kg 干土。

环境行为　①动物。在动物体内经胃肠道快速吸收进入体循环。大部分经粪便能快速排出体外。拌种咯代谢途径主要是吡咯环的氧化，小部分是苯环的羟基化。所有的代谢物主要以葡糖苷酸的形式代谢排出。②植物。在植物体内主要的分解过程是，先是氰基的水解，后是吡咯环的氧化，接着是吡咯环开环，苯环的羟基化。③土壤/环境。在土壤中相对稳定，在浸出和吸附/解吸试验中，拌种咯是固定在土壤中的，RMF 0.3。在水中光解 DT_{50} 为 70 min。

制剂　5%、40%悬浮种衣剂，20%、40%湿拌种剂。

作用机理与特点　具有持久活性的触杀内吸性杀菌剂。主要抑制渗透信号转导中促分裂原活化蛋白激酶，并抑制真菌菌丝体的生长，最终导致病菌死亡。因作用机理独特，故与现有杀菌剂无交互抗性。有效成分在土壤中不移动，因而在种子周围形成一个稳定而持久的保护圈。持效期可长达 4 个月以上。

应用　拌种咯属保护性杀菌剂，主要用于防治小麦、大麦、玉米、棉花、大豆、花生、水稻、油菜、马铃薯等中许多病害。种子处理对禾谷类作物种传病原菌有特效，尤其是雪腐镰孢菌（包括对多菌灵等杀菌剂产生抗性的雪腐镰孢菌）和小麦网腥黑粉菌。对非禾谷类作物的种传和土传病菌（链格孢属、壳二孢属、曲霉属、镰孢霉属、长蠕孢属、丝核菌属和青霉属菌）亦有良好的防治效果。禾谷类作物和豌豆种子处理剂量为 20 g(a.i.)/100 kg 种子，马铃薯用 10～50 g(a.i.)/1000 kg。

专利与登记　专利 EP 0130149、EP 236272、GB 2024824 等均已过专利期，不存在专利权问题。

合成方法　拌种咯的合成方法主要有以下两种：

方法 1：以取代的苯甲醛为起始原料，经缩合、闭环即得目的物。反应式如下：

方法 2：以取代的苯胺为起始原料，经重氮化与丙烯腈反应，再闭环即得目的物。反应式如下：

参考文献

[1] The Pesticide Manual.17 th edition: 395.

[2] Pesticide Science, 1995, 44: 167.

[3] Proc. Br. Crop Prot. Conf.－Pests Dis.. 1988, 1: 65.

[4] Proc. Br. Crop Prot. Conf.－Pests Dis.. 1992, 1: 657.

咯菌腈（fludioxonil）

$C_{12}H_6F_2N_2O_2$，248.2，131341-86-1

咯菌腈（试验代号：CGA173506，商品名称：Atlas、Cannonball、Celest、Géoxe、Graduate、Maxim、Medallion、Saphire、Savior、Scholar，其他名称：氟咯菌腈）是由 Ciba-Geigy AG 公司（现先正达公司）开发的吡咯类杀菌剂。

化学名称 4-(2,2-二氟-1,3-苯并二氧-4-基)吡咯-3-腈。IUPAC 名称：4-(2,2-difluoro-1,3-benzodioxol-4-yl)-1H-pyrrole-3-carbonitrile。美国化学文摘（CA）系统名称：4-(2,2-difluoro-1,3-benzodioxol-4-yl)-1H-pyrrole-3-carbonitrile。CA 主题索引名称：1H-pyrrole-3-carbonitrile ——，4-(2,2-difluoro-1,3-benzodioxol-4-yl)-。

理化性质 纯品为淡黄色结晶状固体，熔点 199.8℃。相对密度 1.54（20～25℃）；蒸气压 $3.9×10^{-4}$ mPa（20℃）。分配系数 $lgK_{ow}=4.12$（25℃），Henry 常数 $5.4×10^{-5}$ Pa·m³/mol（计算）。水中溶解度 1.8 mg/L（20～25℃），其他溶剂溶解度（g/L，20～25℃）：丙酮 190，甲醇 44，甲苯 2.7，正辛醇 20，己烷 0.01。25℃，pH 5～9 条件下不发生水解。离解常数：$pK_{a1}<0$，pK_{a2} 大约为 14.1。

毒性 大、小鼠急性经口 $LD_{50}>5000$ mg/kg。大鼠急性经皮 $LD_{50}>2000$ mg/kg。本品对兔眼睛和皮肤无刺激。大鼠急性吸入 LC_{50}(4 h)>2600 mg/m³ 空气。NOEL 数据［mg/(kg·d)］：大鼠 40（2 年），小鼠 112（1.5 年），狗 3.3（1 年）。ADI：0.4 mg/(kg·d)(2004, 2006)；(EC)0.37 mg/kg(2007)；(EPA)0.03 mg/kg(1995)。无致畸性、无致突变性、无致癌性。

生态效应 山齿鹑和野鸭的急性经口 $LD_{50}>2000$ mg/kg，山齿鹑和野鸭饲喂 $LC_{50}>5200$ mg/L。鱼毒 LC_{50}（96 h，mg/L）：大翻车鱼 0.74，鲶鱼 0.63，鲤鱼 1.5，虹鳟鱼 0.23。水蚤 LC_{50}（48 h）0.4 mg/L。淡水藻 EC_{50}(72 h) 0.93 mg/L，月牙藻 E_bC_{50} 0.025 mg/L。蜜蜂 LD_{50}（48 h，经口和接触）：>100 μg/只。蚯蚓 LC_{50} (14 d) >1000 mg/kg 干土。对有益节肢动物低风险。

环境行为 ①动物。在动物体内经胃肠道快速吸收进入体循环。大部分经粪便能快速排出体外。咯菌腈主要代谢途径是 2-位吡咯环的氧化，小部分是苯环的羟基化。所有的代谢物主要以葡糖苷酸的形式代谢排出。②植物。在植物体内主要的分解过程是吡咯环的氧化、吡咯环开环、吡咯烷羧酸的形成。通常，咯菌腈代谢的组分多于 10～15 个。③土壤/环境。在土壤中消散的主要方式是土壤与残余物的结合。经叶和种子处理使用后，DT_{50} 约 14 d 和 26～54 d。在浸出和吸附/解吸试验中，证明咯菌腈是固定在土壤中的。在水中光解 DT_{50} 为 9～10 d（自然全光照）。

制剂　50%水分散粒剂，10%粉剂，50%可湿性粉剂等。

主要生产商　Syngenta。

作用机理与特点　咯菌腈的作用机理与拌种咯相同，在渗透信号转导中抑制促蛋白激酶。非内吸性杀菌剂，植物体吸收后疗效有限。主要抑制分生孢子的萌发，在较小程度上，抑制萌发管和菌丝的生长。作为种子处理剂，用于谷物和非谷物作物上，在 2.5～10 g/100 kg 时，能有效地控制镰刀菌、丝核菌、腥黑粉菌属、核腔菌属、壳针孢属等病害。作为叶面杀菌剂，能用于葡萄、核果类、蔬菜、观赏性植物，在 250～500 g/hm^2 下，有效控制葡萄孢属、链核盘菌属、菌核病、链格孢属等病害。通过抑制葡萄糖磷酰化有关的转移，并抑制真菌菌丝体的生长，最终导致病菌死亡。作用机理独特，与现有杀菌剂无交互抗性。非内吸性、广谱杀菌剂。

应用

（1）适宜作物　小麦、大麦、玉米、豌豆、油菜、水稻、观赏作物、水果、草坪等。

（2）作物安全性　推荐剂量下对作物安全、无药害。

（3）防治对象　作为叶面杀菌剂用于防治雪腐镰孢菌、小麦网腥黑腐菌、立枯病菌等，对灰霉病有特效；作为种子处理剂主要用于谷物和非谷物类作物中防治种传和土传病菌如链格孢属、壳二孢属、曲霉属、镰孢菌属、长蠕孢属、丝核菌属及青霉属菌等。具体病害如下：小麦腥黑穗病、雪腐病、雪霉病、纹枯病、根腐病、全蚀病、颖枯病、秆黑粉病；大麦条纹病、网斑病、坚黑穗病、雪腐病；玉米青枯病、茎基腐病、猝倒病；棉花立枯病、红腐病、炭疽病、黑根病、种子腐烂病；大豆立枯病、根腐病（镰刀菌引起）；花生立枯病、茎腐病；水稻恶苗病、胡麻叶斑病、早期叶瘟病、立枯病；油菜黑斑病、黑胫病；马铃薯立枯病、疮痂病；蔬菜枯萎病、炭疽病、褐斑病、蔓枯病。

（4）使用方法　主要用作种子处理，使用剂量为 2.5～10 g/100 kg 种子；也可用于茎叶处理，防治苹果树、蔬菜、大田作物和观赏作物病害，使用剂量为 250～500 g(a.i.)/hm^2；防治草坪病害使用剂量为 400～800 g(a.i.)/hm^2；防治收获后水果病害使用剂量为 30～60 g(a.i.)/hm^2。种子处理操作及具体使用方法如下：

① 手工拌种　准备好桶或塑料袋，将咯菌腈用水稀释（一般稀释到 1～2 L/100 kg 种子，大豆 0.6～0.9 L/100 kg 种子），充分混匀后倒入种子上，快速搅拌或摇晃，直至药液均匀分布到每粒种子上（根据颜色判断）。若地下害虫严重可加常用拌种剂混匀后拌种。

② 机械拌种　根据所采用的拌种机械性能及作物种子，按不同的比例把咯菌腈加水稀释好即可拌种。例如国产拌种机一般药种比为 1∶60，可将咯菌腈加水稀释至 1660 mL/100 kg（大豆 1 mL/100 kg 种子以内）；若采用进口拌种机，一般药种比为(1∶80)～(1∶120)，将咯菌腈加水调配至 800～1250 mL/100 kg 种子的程度即可开机拌种。

大麦、小麦、玉米、花生、马铃薯　每 100 kg 种子用 2.5%咯菌腈 100～200 mL 或 10%咯菌腈 25～50 mL（有效成分 2.5～5 g）；

棉花　每 100 kg 种子用 2.5%咯菌腈 100～400 mL，或 10%咯菌腈 25～100 mL（有效成

分 2.5～10 g）；

　　大豆　每 100 kg 种子用 2.5%咯菌腈 200～400 mL，或 10%咯菌腈 50～100 mL（有效成分 5～10 g）；

　　水稻　每 100 kg 种子用 2.5%咯菌腈 200～800 mL，或 10%咯菌腈 50～200 mL（有效成分 5～20 g）；

　　油菜　每 100 kg 种子用 2.5%咯菌腈 600 mL 或 10%咯菌腈 150 mL（有效成分 15 g）；

　　蔬菜　每 100 kg 种子用 2.5%咯菌腈 400～800 mL 或 10%咯菌腈 100～200 mL（有效成分 10～20 g）。

　　专利与登记　专利 EP 206999、EP 333661、EP 386681 等均早已过专利期，不存在专利权问题等。国内登记情况：63%水分散粒剂，登记作物为芒果树，防治对象为炭疽病。瑞士先正达作物保护有限公司在中国登记情况见表 2-78。

表 2-78　瑞士先正达作物保护有限公司在中国登记情况

登记名称	登记证号	含量	剂型	登记作物	防治对象	用药量	施用方法
噻灵·咯·精甲	PD20182017	18%	种子处理悬浮剂	玉米	茎基腐病	100～200 mL/100 kg 种子	拌种
氟环·咯·精甲	PD20180500	11%	种子处理悬浮剂	水稻	恶苗病	300～400 mL/100 kg 种子	拌种
				水稻	烂秧病	100～300 mL/100 kg 种子	拌种
				水稻	立枯病	200～300 mL/100 kg 种子	拌种
氟环·咯菌腈	PD20172174	8%	种子处理悬浮剂	马铃薯	黑痣病	30～70 mL/100 kg 种薯	种薯拌种
氟环·咯·苯甲	PD20161619	9%	种子处理悬浮剂	小麦	散黑穗病	100～200 mL/100 kg 种子	拌种
苯醚·咯·噻虫	PD20151131	27%	悬浮种衣剂	小麦	金针虫	200～600 mL/100 kg 种子	种子包衣
				小麦	散黑穗病	200～600 mL/100 kg 种子	种子包衣
噻虫·咯·霜灵	PD20150729	25%	悬浮种衣剂	花生	根腐病	300～700 mL/100 kg 种子	种子包衣
				花生	蛴螬	300～700 mL/100 kg 种子	种子包衣
				棉花	立枯病	600～1200 mL/100 kg 种子	种子包衣
				棉花	蚜虫	600～1200 mL/100 kg 种子	种子包衣
				棉花	猝倒病	600～1200 mL/100 kg 种子	种子包衣
				人参	金针虫	880～1360 mL/100 kg 种子	种子包衣
				人参	立枯病	880～1360 mL/100 kg 种子	种子包衣
				人参	锈腐病	880～1360 mL/100 kg 种子	种子包衣
				人参	疫病	880～1360 mL/100 kg 种子	种子包衣

续表

登记名称	登记证号	含量	剂型	登记作物	防治对象	用药量	施用方法
噻虫·咯·霜灵	PD20150430	29%	悬浮种衣剂	玉米	灰飞虱	300～450 mL/100 kg 种子	种子包衣
				玉米	茎基腐病	300～450 mL/100 kg 种子	种子包衣
苯醚·咯菌腈	PD20120807	4.80%	悬浮种衣剂	小麦	散黑穗病	(1∶320)～(1∶960)（药种比）	种子包衣
精甲·咯·嘧菌	PD20120464	11%	悬浮种衣剂	棉花	立枯病	220～440 mL/100 kg 种子	种子包衣
				棉花	猝倒病	220～440 mL/100 kg 种子	种子包衣
				玉米	茎基腐病	100～300 mL/100 kg 种子	种子包衣
嘧环·咯菌腈	PD20120252	62%	水分散粒剂	观赏百合	灰霉病	20～60g/亩	/喷雾
精甲·咯菌腈	PD20096644	62.5 g/L	悬浮种衣剂	大豆	根腐病	(1∶250)～(1∶333)（药种比）	种子包衣
				水稻	恶苗病	(1∶250)～(1∶333)（药种比）	种子包衣
咯菌腈	PD20095400	50%	可湿性粉剂	观赏菊花	灰霉病	4000～6000 倍液	喷雾
咯菌·精甲霜	PD20070345	35 g/L	悬浮种衣剂	玉米	茎基腐病	(1∶667)～(1∶1000)（药种比）	种子包衣
咯菌腈	PD20050196	25 g/L	悬浮种衣剂	大豆	根腐病	600～800 mL/100 kg 种子	种子包衣
				花生	根腐病	600～800 mL/100 kg 种子	种子包衣
				马铃薯	黑痣病	100～200 mL/100 kg 种子	种子包衣
				棉花	立枯病	600～800 mL/100 kg 种子	种子包衣
				人参	立枯病	200～400 mL/100 kg 种子	种子包衣
				水稻	恶苗病	①400～600 mL/100 kg 种子，②200～300 mL/100 kg 种子	①种子包衣，②浸种
				西瓜	枯萎病	400～600 mL/100 kg 种子	种子包衣
				向日葵	菌核病	600～800 mL/100 kg 种子	种子包衣
				小麦	根腐病	150～200 mL/100 kg 种子	种子包衣
				小麦	腥黑穗病	100～200 mL/100 kg 种子	种子包衣
				玉米	茎基腐病	100～200 mL/100 kg 种子	种子包衣
咯菌腈	PD20050195	95%	原药				

合成方法　咯菌腈的合成方法主要有以下两种：

方法 1：以取代的苯甲醛为起始原料，经缩合、闭环即得目的物。反应式如下：

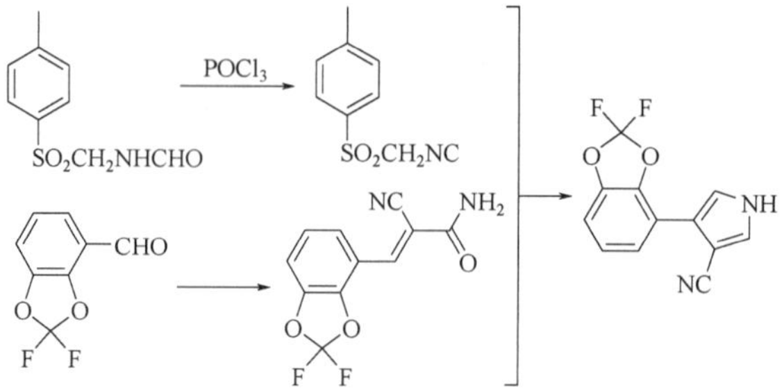

方法 2：以硝基苯酚为起始原料，经醚化、氟化、还原制得中间体取代的苯胺，再经重氮化与丙烯腈反应，最后闭环即得目的物。反应式如下：

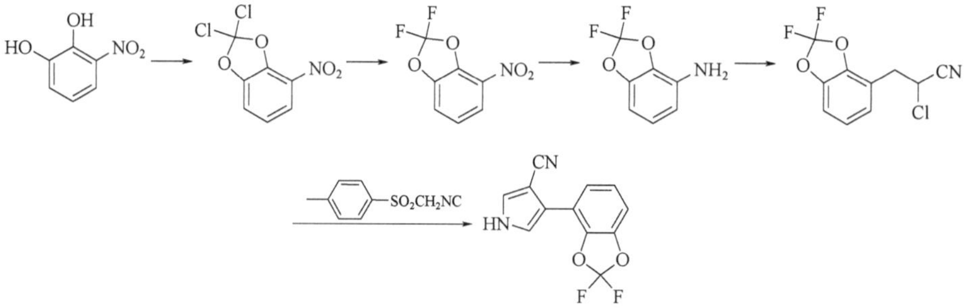

参考文献

[1] Proc. Br. Crop Prot. Conf.—Pests Dis.. 1990, 399.
[2] The Pesticide Manual.17 th edition: 502-503.

第十一节 吡啶类杀菌剂（pyridines）

一、创制经纬

fenpicoxamid 及 florylpicoxamid 的创制经纬 UK-2A 是从链霉菌属放线菌 517-02 发酵液分离出来的天然产物，经过衍生化、构效关系研究优化得到了 fenpicoxamid。florylpicoxamid 是在前者的基础上替换大环内酯片段，简化结构优化而来的。

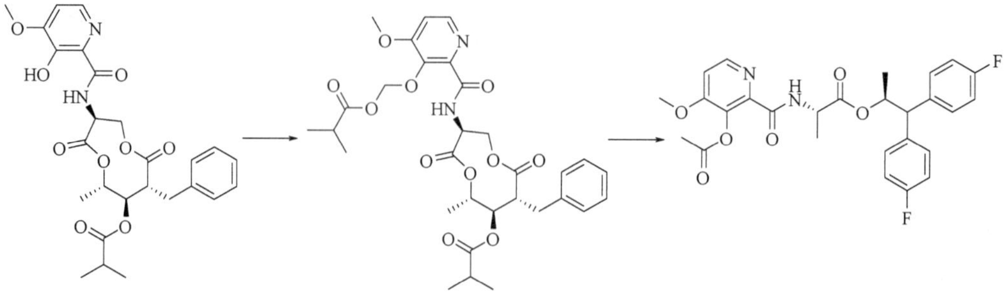

UK-2A　　fenpicoxamid　　florylpicoxamid

二、主要品种

氟啶胺（fluazinam）

$C_{13}H_4Cl_2F_6N_4O_4$，465.1，79622-59-6

氟啶胺（试验代号：B1216、IKF1216、ICIA0912，商品名：Allegro 500 F、Certeza、Frowncide、Omega、Shirlan、Tizca，其他名称：Allegro、Altima、Legacy、Mapro、Nando、Nifran、Ohayo、Sagiterre、Sekoya、Shogun、Winner、Zignal）是由日本石原产业研制，由 ICI Agrochemicals（现为先正达公司）开发的吡啶胺类杀菌剂。

化学名称　3-氯-N-(3-氯-5-三氟甲基-2-吡啶基)-α,α,α-三氟-2,6-二硝基-对-甲苯胺。IUPAC 名称：3-chloro-N-[3-chloro-5-(trifluoromethyl)-2-pyridyl]-α,α,α-trifluoro-2,6-dinitro-p-toluidine。美国化学文摘（CA）系统名称：3-chloro-N-[3-chloro-2,6-dinitro-4-(trifluoromethyl) phenyl]-5-(trifluoromethyl)-2-pyridinamine。CA 主题索引名称：2-pyridinamine —, 3-chloro-N-[3-chloro-2,6-dinitro-4-(trifluoromethyl)phenyl]-5-(trifluoromethyl)-。

理化性质　纯品为黄色结晶粉末。熔点：117℃（纯度 99.8%），119℃（纯度 96.6%）。蒸气压 7.5 mPa（20℃）。相对密度 1.81（20~25℃）。$\lg K_{ow}$=4.03，Henry 常数 $6.71×10^{-1}$ Pa·m^3/mol。溶解度（g/L，20~25℃）：正己烷 8，丙酮 853，甲苯 451，二氯甲烷 675，乙醚 722，甲醇 192。对热、酸、碱稳定。水溶液中光解 DT_{50} 2.5 d（pH 5）。水解 DT_{50} 42 d（pH 7），6 d（pH 9），pH 5 时稳定。pK_a 7.34（20℃）。

毒性　大鼠急性经口 LD_{50}（mg/kg）：雄性 4500，雌性 4100。大鼠急性经皮 LD_{50}>2000 mg/kg。对兔眼有刺激作用，对皮肤有轻微刺激。对豚鼠皮肤敏感，纯物质无刺激。大鼠急性吸入 LC_{50} 0.463 mg/L。慢性 NOAEL [mg/(kg·d)]：狗 1.0，雄大鼠 1.9，对雄小鼠致癌剂量 1.1。ADI：(EC) 0.01 mg/kg(2008)；(EPA) aRfD 0.5 mg/kg，cRfD 0.011 mg/kg(2001)。

生态效应　急性经口 LD_{50}（mg/kg）：山齿鹑 1782，野鸭≥4190。虹鳟鱼 LC_{50}(96 h) 0.036 mg/L。水蚤 LC_{50}(48 h) 0.22 mg/L。月牙藻 EC_{50}(96 h)0.16 mg/L。牡蛎 EC_{50} 0.0047 mg/L，糠虾 0.039 mg/L。蜜蜂 LD_{50}（μg/只）：>100（经口），>200（接触）。蚯蚓 LC_{50}(28 d) >1000 mg/kg 土壤。

环境行为　①动物。大鼠饲喂仅 33%~40%被吸收，>89%出现在粪便中，大多是不变的母体化合物。②土壤/环境。氟啶胺在有氧土壤中降解率低，在有氧或无氧水介质中降解速度较快。降解产物在许多条件下相对稳定。土壤 DT_{50} 26.5 d(平均)，土壤光解 DT_{50} 22 d，K_d 143~820，吸附 K_{oc} 1705~2316。

制剂　50%悬浮剂、0.5%可湿性粉剂。

主要生产商　Agrofina、Cheminova、Ishihara Sangyo 及山东绿霸化工股份有限公司等。

作用机理与特点　线粒体氧化磷酸化解偶联剂。通过抑制孢子萌发、菌丝突破、生长和孢子形成而抑制所有阶段的感染过程。氟啶胺的杀菌谱很广，其效果优于常规保护性杀菌剂。

例如对交链孢属、葡萄孢属、疫霉属、单轴霉属、核盘菌属和黑星菌属菌非常有效，对抗苯并咪唑类和二羧酰亚胺类杀菌剂的灰葡萄孢也有良好效果，耐雨水冲刷，持效期长，兼有优良的控制食植性螨类的作用，对十字花科植物根肿病也有卓越的防效，对由根霉菌引起的水稻猝倒病也有很好防效。

应用

（1）适宜作物　葡萄、苹果、梨、柑橘、小麦、大豆、马铃薯、番茄、黄瓜、水稻、茶、草皮等。

（2）防治对象　氟啶胺有广谱的杀菌活性，对疫霉病、腐菌核病、黑斑病、黑星病和其他的病原体病害有良好的防治效果。除了杀菌活性外，氟啶胺还显示出对红蜘蛛等的杀螨活性。具体病害如黄瓜灰霉病、黄瓜腐烂病、黄瓜霜霉病、黄瓜炭疽病、黄瓜白粉病、黄瓜茎部腐烂病、番茄晚疫病、苹果黑星病、苹果叶斑病、梨黑斑病、梨锈病、水稻稻瘟病、水稻纹枯病、燕麦冠锈病、葡萄灰霉病、葡萄霜霉病、柑橘疮痂病、柑橘灰霉病、马铃薯晚疫病、草皮斑点病，具体螨类如柑橘红蜘蛛、石竹锈螨、神泽叶螨等。

（3）使用方法　可防治由灰葡萄孢引起的病害。防治根肿病的施用剂量为 125～250 g(a.i.)/hm^2，防治根霉病的施用剂量为 12.5～20 mg(a.i.)/5 L 土壤。芜菁对氟啶胺的耐药性很好，耐药量为 500 g(a.i.)/hm^2。病菌侵害前施药。氟啶胺具体使用方法见表 2-79。

表 2-79　氟啶胺 50%悬浮剂的防治对象与施用方法

作物	防治病害与螨类	稀释倍数	采收前间隔期/d	使用次数	施用方法
柠檬	疮痂病，灰霉病	2000～2500	30	1	叶面施用
	黑变病，红蜘蛛，叶螨，侧多食跗线螨	2000			
苹果树	斑点病，疮痂病，黑斑病，梨污点病，白斑病	2000～2500	45		
	环腐病，花枯病	2000			
日本欧楂	白、紫根霉病	500～1000	休眠期	2（叶面1，渗透1）	土壤渗透
	白根霉病				
	灰色叶斑病	2000	花前		叶面施用
梨树	黑斑病，斑点病，环腐病	2000～2500	30		
	白根霉病	500～1000	休眠期		土壤渗透
葡萄树	熟腐病，炭疽病，茎瘤病，霜霉病，灰霉病	2000	花期		叶面施用
桃树	褐霉病	2000	7	1	叶面施用
日本李树	疮痂病，灰霉病		60		
猕猴桃	灰霉病，软腐病		30		
柿树	叶斑病，炭疽病，灰霉病		45		
茶树	炭疽病，灰纹病，泡纹病，侧多食跗线螨，网状泡纹病，灰霉病		14		

氟啶胺防治白、紫根霉病采用一种土壤喷射器，将兑好的药液放入其中，然后在树的周围进行喷洒。此法的关键是土壤喷射器。该方法为杀菌剂氟啶胺提供了一条高效、便捷的推广应用之路。在大田，氟啶胺对白根霉病、紫根霉病、根腐病有很高的活性。

专利与登记　专利 US 4331670 早已过专利期，不存在专利权问题。在国内登记情况：

500 g/L 悬浮剂，登记作物为辣椒、马铃薯、大白菜等，防治对象为疫病、晚疫病、根肿病等。日本石原产业株式会社在中国登记情况见表 2-80。

表 2-80 日本石原产业株式会社在中国登记情况

登记名称	登记证号	含量	剂型	登记作物	防治对象	用药量/(g/hm²)	施用方法
氟啶胺	PD20080180	500 g/L	悬浮剂	辣椒	疫病	187.5～250	喷雾
				马铃薯	晚疫病	200～250	喷雾
				大白菜	根肿病	2000～2500	土壤喷雾
	PD20080181	94.5%	原药				

合成方法 以 2,4-二氯三氟甲苯和 2-氨基-3-氯-5-三氟甲基吡啶为原料，通过如下反应得到产品。

参考文献

[1] The Pesticide Manual. 17 th edition: 494-495.

[2] 晓岚. 新杀菌剂氟啶胺的生物活性. 农药译丛, 1996(1): 43-48.

啶斑肟（pyrifenox）

C₁₄H₁₂Cl₂N₂O，295.2，888283-41-4

啶斑肟（试验代号：Ro 15-1297、ACR 3651 A、CGA179945、NRK-297，商品名：Corado、Corona、Curado、Dorado、Podigrol、Furado、Rondo）是由 Dr.R Maag Ltd（现为先正达公司）开发的吡啶肟类杀菌剂。

化学名称 2′,4′-二氯-2-(3-吡啶基)苯乙酮-*O*-甲基肟。IUPAC 名称：2′,4′-dichloro-2-(3-pyridyl)acetophenone (*EZ*)-*O*-methyloxime。美国化学文摘（CA）系统名称：1-(2,4-dichlorophenyl)-2-(3-pyridinyl)ethanone *O*-methyloxime。CA 主题索引名称：ethanone —, 1-(2,4-dichlorophenyl)-2-(3-pyridinyl)-*O*-methyloxime。

理化性质 啶斑肟为（*E*）、（*Z*）异构体混合物，纯品为略带芳香气味的褐色液体，闪点 106℃（1.013×10⁵ Pa），蒸气压 1.7 mPa（25℃）。分配系数 lgK_{ow}（25℃）：3.4（pH 5.0），3.7（pH 7.0），3.7（pH 9.0）。相对密度 1.28（20～25℃），水中溶解度（20～25℃，mg/L）：300（pH 5.0），150（pH 6.7），130（pH 9.0）；有机溶剂中溶解度（20～25℃）：正己烷 210g/L，易溶于乙醇、丙酮、甲苯、正辛醇。稳定性：室温下在密闭容器中稳定 3 年以上，对紫外线稳定，在 pH 3、7、9 条件下于 50℃水解，pK_a 4.61，弱碱性。

毒性 急性经口 LD₅₀（mg/kg）：大鼠 2912，小鼠>2000。大鼠急性经皮 LD₅₀>5000 mg/kg，

大鼠急性吸入 LC_{50}(4 h)2048 mg/m³ 空气，对人皮肤有轻微刺激，对兔眼睛无刺激，对豚鼠皮肤无刺激性。NOEL 数据〔mg/(kg·d)〕：大鼠（2 年）15，小鼠（1.5 年）45，狗（1 年）10。ADI 值 0.09 mg/(kg·d)。

生态效应 野鸭、山齿鹑急性经口 LD_{50}(14 d) >2000 mg/kg，鱼类 LC_{50}（96 h，mg/L）：虹鳟鱼 7.1，大翻车鱼 6.6，鲤鱼 12.2。水蚤 EC_{50}(48 h) 3.6 mg/L。淡水藻 EC_{50}(96 h) 0.095 mg/L。蜜蜂 LD_{50}（48 h，μg/只）：59（经口），70（接触）。蚯蚓 LC_{50}(14 d)733 mg/kg 土壤。

环境行为 ①动物。大鼠口服后啶斑肟迅速吸收，通过尿液和粪便排泄。没有迹象表明在组织与器官中有保留。②植物。在植物中迅速降解，DT_{50}：花生叶片 4 d，苹果叶片 3 d，苹果 9 d。主要是通过水解和消除降解。③土壤/环境。土壤中中等流速，不会蓄积，在环境中不能长存，在植物、土壤、水和动物中较快消散。土壤 DT_{50} 50～120 d，K_{oc} 980 mL/g。

制剂 乳油、水分散粒剂、可湿性粉剂。

作用机理与特点 麦角甾醇生物合成抑制剂。可被植物茎叶或根吸收，并向顶转移。兼具保护和治疗作用。

应用 本品属肟类杀菌剂，是具有保护和治疗作用的内吸杀菌剂，可有效地防治香蕉、葡萄、花生、观赏植物、仁果、核果和蔬菜上或果实上的病原菌（尾孢属菌、丛梗孢属菌和黑星菌属菌）。推荐使用剂量通常为 40～150 g(a.i.)/hm²，如以 50 mg(a.i.)/L 能有效防治苹果黑星病和白粉病，以 37.5～50 g(a.i.)/hm² 可防治葡萄白粉病，以 70～140 g(a.i.)/hm² 可防治花生早期叶斑病和晚期叶斑病。

专利与登记 专利 EP 49854 早已过专利期，不存在专利权问题。

合成方法 以 3-甲基吡啶或者 3-吡啶乙酸乙酯为原料经如下反应得到产品：

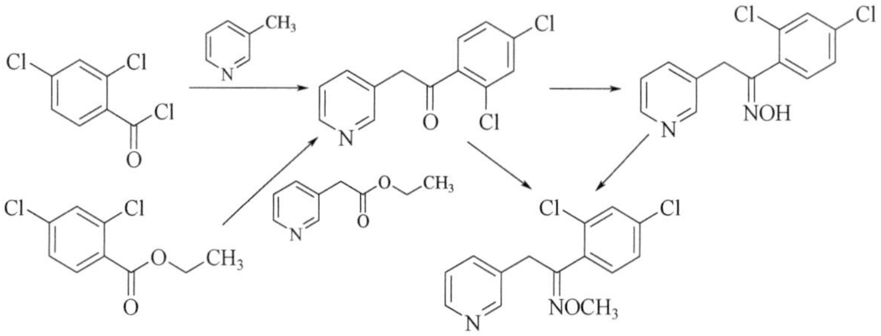

fenpicoxamid

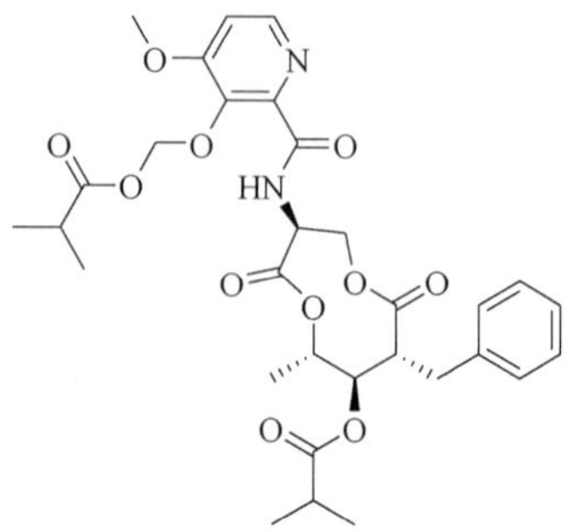

$C_{31}H_{38}N_2O_{11}$，614.6，517875-34-2

fenpicoxamid（开发代号：XDE-777、XR-777、X772777，商品名为 Inatreq）是由陶氏杜邦农业事业部（科迪华农业科技公司）开发的吡啶酰胺类杀菌剂。

化学名称 (3*S*,6*S*,7*R*,8*R*)-8-苄基-3-{3-[(异丁酰基氧)甲氧基]-4-甲氧基吡啶-2-甲酰氨基}-6-甲基-4,9-二氧代-1,5-二氧壬环-7-基异丁酸酯。IUPAC 名称：(3*S*,6*S*,7*R*,8*R*)-8-benzyl 3-{3-[(isobutyryloxy)methoxy]-4-methoxypyridine-2-carboxamido}-6-methyl-4,9-dioxo-1,5-dioxonan-7-yl isobutyrate。美国化学文摘（CA）系统名称：[[4-methoxy-2-[[[(3*S*,7*R*,8*R*,9*S*)-9-methyl-8-(2-methyl-1-oxopropoxy)-2,6-dioxo-7-(phenylmethyl)-1,5-dioxonan-3-yl]amino]carbonyl]-3-pyridinyl]oxy]methyl 2-methylpropanoate。CA 主题索引名称：propanoic acid—, 2-methyl-[[4-methoxy-2-[[[(3*S*,7*R*,8*R*,9*S*)-9-methyl-8-(2-methyl-1-oxopropoxy)-2,6-dioxo-7-(phenylmethyl)-1,5-dioxonan-3-yl]amino]carbonyl]-3-pyridinyl]oxy]methyl ester。

理化性质 原药纯度≥750 g/kg，原药（98.7%）为白色粉末（22.2℃），具有独特气味；熔点为158.3℃，沸腾前分解；分解温度为246.32℃；蒸气压为2.0×10^{-7} Pa（25℃），1.2×10^{-7} Pa（20℃）。在水中易水解（原药98.7%，20℃），不稳定，所以不能准确地测定其在水中的溶解度。极微溶于水，溶解度：0.031 mg/L（pH 5）、0.041 mg/L（pH 7）和0.029 mg/L（pH 9），水溶性受 pH 影响非常小。有机溶剂中溶解度（原药85.4%，*w/w*，20℃，g/L）：正庚烷0.019，正辛醇0.09，甲醇3.7（fenpicoxamid 在甲醇中不稳定，故测定结果不可靠），二甲苯18，乙酸乙酯130，1,2-二氯甲烷>250，丙酮180。正辛醇-水分配系数（原药98.7%，20℃）lgK_{ow}=4.2（pH 5），4.4（pH 7），4.3（pH 9）。Henry 常数（原药98.7%）：pK_a=2.4（20℃）。

毒性 大鼠急性经口 LD_{50}>2000 mg/kg bw，大鼠急性经皮 LD_{50}>5000 mg/kg bw，大鼠急性吸入毒性 LC_{50}：>0.53 mg/L 空气/4 h；对皮肤无刺激性，对眼睛无刺激性，对皮肤无致敏性；无基因毒性，不致癌，无致突变性，无内分泌干扰活性，无神经毒性，无生殖、发育毒性。

生态效应 山齿鹑急性毒性 LD_{50}：>2000 mg/kg，低毒；对虹鳟急性毒性（96 h）LC_{50}：0.0022 mg/L，对鱼［黑头呆鱼（*Pimephales promelas*）］慢性 NOEC（21 d）：0.00037 mg/L，对水生脊椎动物（大型水蚤）的急性毒性（48 h）EC_{50}：0.00093 mg/L，故对水生生物高毒；对水藻（*Pseudokirchneriella subcapitata*）急性毒性（生长，72 h）EC_{50}：0.522 mg/L，中等毒性；对蜜蜂（意大利蜜蜂）的触杀急性毒性 LD_{50}（48 h）：>202.4 μg/只，急性经口毒性 LD_{50}（48 h）：>303 μg/只，对蜜蜂低毒。对蚯蚓的慢性毒性 NOEC（繁殖，14 d）：19.85 mg/kg，中等毒性。

作用机理与特点 fenpicoxamid 是从天然化合物 UK-2A 衍生而来的，拥有良好的毒理学特性。作为新型吡啶酰胺类（picolinamides）谷物用杀菌剂中的第一个成员，fenpicoxamid 通过抑制真菌复合体Ⅲ Qi 泛醌（即辅酶 Q）键合位点上的线粒体呼吸作用来发挥杀菌活性。这是一个新的靶标位点，与甲氧基丙烯酸酯类杀菌剂作用于线粒体 Qo 位点不同，其作用于 Qi 位点，抑制线粒体电子传递链细胞色素 bc_1 复合体的活性。因此，fenpicoxamid 与现有任何谷物用杀菌剂无交互抗性，包括三唑类、甲氧基丙烯酸酯类和琥珀酸脱氢酶抑制剂类（SDHIs）杀菌剂。

应用 田间试验表明，在推荐剂量下，fenpicoxamid 能有效防治谷物上的所有重要病害，对子囊菌亚门多种病原菌有很好的活性，如叶枯病和锈病等，持效期长。除谷物外，陶氏益农还计划将该产品登记用于其他作物，如用于香蕉、小麦和黑麦等。防治由 *Zymoseptoria tritici* 引起的小麦叶枯病和斐济球腔菌（*Mycosphaerella fijiensis*）引起的香蕉黑条叶斑病。

专利与登记

专利名称　Derivatives of UK-2A

专利号　WO 2003035617　　　　专利申请日　2002-10-23

专利拥有者　Dow AgroSciences LLC

在其他国家申请的化合物专利　AR 037328、AU 2002363005、CA 2458974、DK 1438306、DK 2527342、EP 1438306、ES 2456323、JP 2005507921、US 2004192924 等。

工艺专利　WO 2003035617、20170096414。

合成方法　通过如下反应制得目的物：

UK-2A 是从链霉菌属放线菌 517-02 发酵液分离出来的。

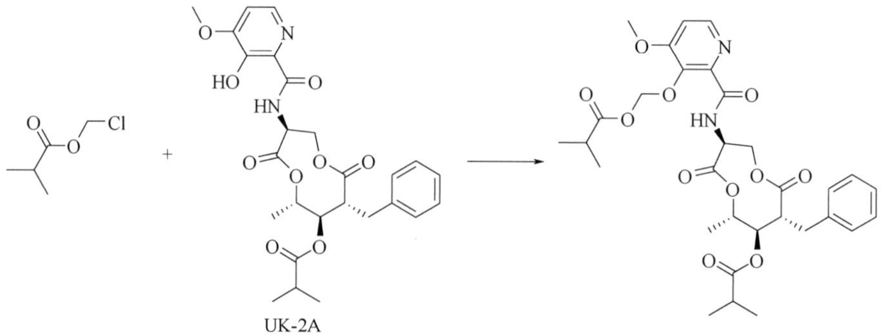

UK-2A

参考文献

[1] 张佳琦. 可用于抗性治理杀菌剂 Fenpicoxamid. 世界农药, 2018, 40(5): 63-64.

[2] Phillips McDougall AgriFutura June 2019. Conference Report IUPAC 2019 Ghent Belgium.

florylpicoxamid

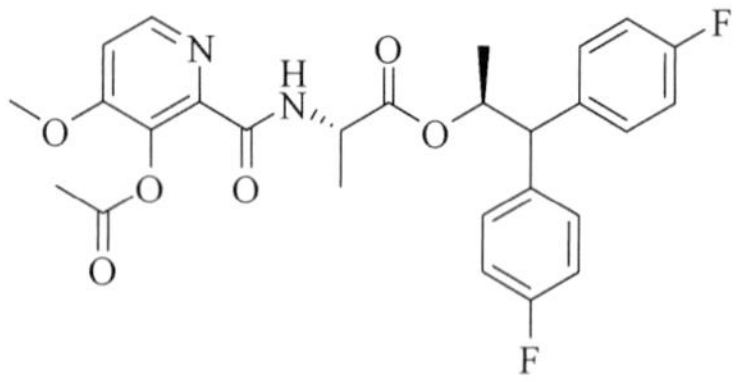

$C_{27}H_{26}F_2N_2O_6$，512.5，1961312-55-9

florylpicoxamid（开发代号：X12485659 和 XR-659，商品名：Adavelt）是由陶氏杜邦农业事业部（科迪华农业科技公司）开发的第 2 代吡啶酰胺类杀菌剂，预计 2023 年在亚太地区首先登记。

化学名称　(1S)-2,2-双(4-氟苯基)-1-甲基乙基 N-[[3-(乙酰氧基)-4-甲氧基-2-吡啶基]羰基]-L-丙氨酸酯。IUPAC 名称：(1S)-2,2-bis(4-fluorophenyl)-1-methylethyl N-[(3-acetoxy-4-methoxy-2-pyridyl)carbonyl]-L-alaninate。美国化学文摘（CA）系统名称：(1S)-2,2-bis(4-fluorophenyl)-1-methylethyl N-[[3-(acetyloxy)-4-methoxy-2-pyridinyl]carbonyl]-L-alaninate。CA 主题索引名称：L-alanine—, N-[[3-(acetyloxy)-4-methoxy-2-pyridinyl]carbonyl]-(1S)-2,2-bis(4-fluorophenyl)-1-

methylethyl ester。

作用机理与特点　florylpicoxamid 为第二代吡啶酰胺类（picolinamide）杀菌剂，与第一代品种 fenpicoxamid（商品名：Inatreq）作用机理相同。作用于真菌复合体Ⅲ Qi 泛醌（即辅酶 Q）键合位点，通过抑制线粒体呼吸作用而致效。

应用　该剂可用于谷物、果树、坚果、蔬菜等防治壳针孢属、葡萄孢属、链核盘菌属、链格孢属真菌引起的病害以及白粉病、炭疽病、斑点病等。对蔬菜和水果的早疫病、甜菜叶斑病、炭疽果腐病、葡萄白粉病，以及谷物的稻瘟病、大麦云纹病、大麦斑枯病、褐锈病具有优异的防效。florylpicoxamid 在作物多个生长阶段均可施用，并能提高作物产量和品质。

专利与登记

专利名称　Use of picolinamide compounds as fungicides

专利号　WO 2016109257　　　　专利申请日　2016-07-07

专利拥有者　Dow AgroSciences LLC

在其他国家申请的化合物专利　AU 2015374427、AU 2018206798、AU 2019201931、CA 2972401、CN 107205405、EP 3240424、JP 2018502103、KR 20170102260、MX 2017008422、RU 2017123622、TW 201627274、US 10182568、WO 2016122802 等。

工艺专利　WO 2016109257、WO 2016122802、WO 2018009621、WO 2018009618。

合成方法　通过如下反应制得目的物：

中间体 **A** 的合成方法如下：

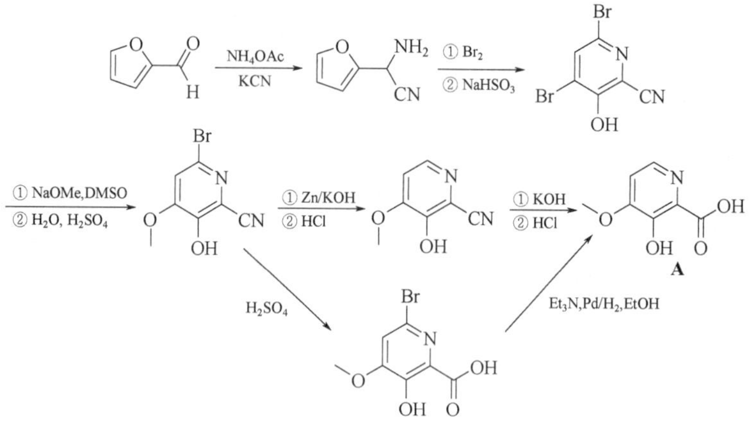

pyriofenone

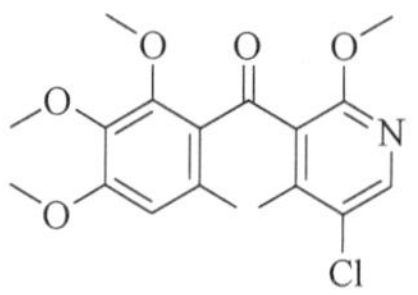

$C_{18}H_{20}ClNO_5$，365.8，688046-61-9

pyriofenone（试验代号：IKF-309）是由石原产业株式会社（Ishihara Sangyo Kaisha, Ltd.）开发的杀菌剂。

化学名称　5-氯-2-甲氧基-4-甲基吡啶-3-基-2,3,4-三甲氧基-6-甲基苯基酮。IUPAC 名称：5-chloro-2-methoxy-4-methyl-3-pyridyl-2,3,4-trimethoxy-6-methylphenyl ketone 或 5-chloro-2-methoxy-4-methyl-3-pyridyl-4,5,6-trimethoxy-*o*-tolyl ketone。美国化学文摘（CA）系统名称：(5-chloro-2-methoxy-4-methyl-3-pyridinyl)(2,3,4-trimethoxy-6-methylphenyl)methanone。CA 主题索引名称：methanone —, (5-chloro-2-methoxy-4-methyl-3-pyridinyl)(2,3,4-trimethoxy-6-methylphenyl)-。

理化性质　纯品为无色晶体，含量≥96.5%，熔点 93～95℃。蒸气压 $1.9×10^{-6}$ Pa（25℃）。$\lg K_{ow}=3.2$，Henry 常数 $1.9×10^{-4}$ Pa·m³/mol，相对密度 1.33（20～25℃）。水中溶解度：水 1.56 mg/L（pH 6.6，20℃），其他溶剂中溶解度（g/L，20～25℃）：丙酮>250，二甲苯>250，二氯乙烷>250，乙酸乙酯>250，甲醇 22.3，正己烷 8.8，正辛醇 16.0。对热稳定，pH 4～9，50℃可水解。

毒性　雌性大鼠急性经口 LD_{50}>2000 mg/kg，大鼠急性经皮（雄性和雌性）LD_{50}>2000 mg/kg，对兔眼睛和皮肤无刺激。小鼠 LLNA 测试为阴性。大鼠吸入 LC_{50}>3.25 mg/L。大鼠 NOEL（2 年）7.25 mg/(kg·d)，ADI 0.07 mg/(kg·d)。无基因毒性，无致癌性，对生殖无特别影响，对发育没有毒性，没有致畸性，无神经毒性。

生态效应　山齿鹑急性经口 LD_{50}>2000 mg/kg，饲喂 LC_{50}>5000 mg/L，鲤鱼 LC_{50}(96 h)>1.36 mg/L，水蚤 EC_{50}(48 h)>2.0 mg/L，羊角月芽藻 NOEC(72 d) 0.240 mg/L，蜜蜂 LD_{50}（48 h，经口和接触）>100 μg/只。

环境行为　①动物。在山羊体内，pyriofenone 会很快代谢清除掉，在牛奶和组织中无积累。②植物。pyriofenone 会广泛代谢形成大量极性代谢物。③土壤/环境。土壤 DT_{50}（有氧）50～75 d（20℃），水中 DT_{50}：159 h（天然水，pH 6.8～6.9，持续光照），261 h（纯净水，pH 6.5～7.0，持续光照）。

制剂　悬浮剂。

主要生产商　Ishihara Sangyo。

作用机理与特点　属于 U8 类，具体作用机制不明。预防性应用，可抑制病原菌附着孢的形成及随后菌丝体渗入植物细胞；病害出现后应用可抑制病原菌次生菌丝、菌丝体和孢子的形成。

应用

（1）适用作物　谷物、柿子椒、茄子、葡萄、柿、甜瓜、梨、西瓜等。

（2）防治对象　白粉病等。

专利与登记

专利名称　Preparation of benzoylpyridine derivatives and their use as agri-/horticultural fungicides

专利号　WO 2002002527　　　　　专利申请日　2002-1-22

专利拥有者　Ishihara Sangyo Kaisha, Ltd.

在其他国家申请的化合物专利　JP 2002356474、JP 4608140、TW 286548、EG 22882、CA 2412282、AU 2001069456、EP 1296952、BR 2001012199、CN 1440389、CN 100336807、AP 1286、HU 2004000527、RU 2255088、AU 2001269456、CN 1907969、AT 372984、US 20030216444、US 20060194849、AU 2012216657 等。

合成方法　经如下反应制得 pyriofenone：

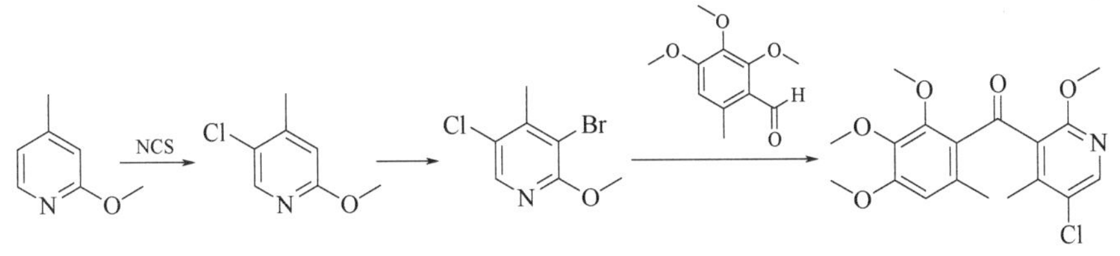

或

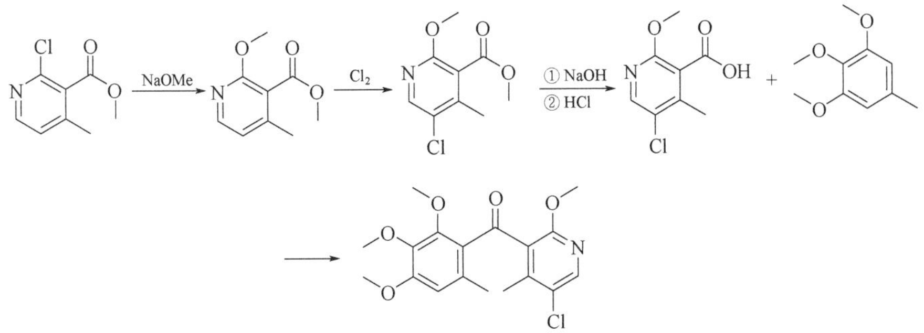

参考文献

[1] 张佳琦. 世界农药, 2018, 40(6): 62-64.

[2] Bioorganic & Medicinal Chemistry, 2016, 25(3): 317-341.

[3] https://sitem.herts.ac.uk/aeru/ppdb/en/Reports/3073.htm#trans.

aminopyrifen

$C_{20}H_{18}N_2O_3$，334.4，1531626-08-0

aminopyrifen（开发代号：AKD-5195）是日本 Agro-Kanesho 公司开发的吡啶类杀菌剂。

化学名称　4-苯氧苄基-2-氨基-6-甲基烟酸酯。IUPAC 名称：4-phenoxybenzyl 2-amino-6-methylnicotinate。美国化学文摘（CA）系统名称：(4-phenoxyphenyl)methyl 2-amino-6-methyl-3-pyridinecarboxylate。CA 主题索引名称：3-pyridinecarboxylic acid —，2-amino-6-methyl-(4-phenoxyphenyl)methyl ester。

作用机理与特点　暂时定为 GWT1 抑制剂，GWT1 能催化内质网膜上糖基磷脂酰肌醇的肌醇酰化。aminopyrifen 能抑制胚芽管的伸长。

应用　离体测试中，aminopyrifen 能够抑制灰霉病、甜菜褐斑病、草莓黑斑病、番茄镰刀菌、灰霉病、苦腐病、小麦全蚀病、镰刀菌斑病、苹果黑星病和黄萎病。

活体测试中，aminopyrifen 能够抑制小麦白粉病、黄瓜炭疽病、乌头霉、黄瓜白粉病、小麦赤霉病、稻瘟病等，对叶斑病和晚疫病的防治效果较差。灰霉病和白粉病的施用量在 $300 \sim 600$ g/hm² 之间。

田间试验中，使用悬浮剂型对葡萄灰霉病和白粉病、甜瓜白粉病、桃褐腐病、草莓灰霉病进行了测试。在黄瓜灰霉病防治试验中，发现其具有良好的预防、残留和转氨酶活性，疗效良好。此外，对现有杀菌剂没有交叉抗性。

专利与登记

专利名称　2-aminonicotinic acid ester derivative and bactericide containing same as active ingredient

专利号　WO 2014006945　　　　　专利申请日　2013-04-02

专利拥有者　Agro-Kanesho 公司

在其他国家申请的化合物专利　AU 2013284775、BR 112014032873、CA 2877235、CL 2014003643、CN 104520273、CO 7240428、EP 2871180、ES 2665561、HUE 037765、IN 10806 dEN 2014、JP 6114958、KR 101629767、KR 20150042781、MA 20150409、MA 37825、PL 2871180、PT 2871180、RU 2015103515、RU 2599725、UA 111542、US 2015175551、US 9096528、WO 2014006945、ZA 201500742 等。

工艺专利　WO 2015060378、WO 2015097850、WO 2017126197。

合成方法　通过如下反应制得目的物：

参考文献

[1] WO 2014006945.

[2] Phillips McDougall AgriFutura June 2019. Conference Report IUPAC 2019 Ghent Belgium.

第十二节
嘧啶类杀菌剂（pyrimidines）

嘧菌环胺（cyprodinil）

$C_{14}H_{15}N_3$，225.3，121552-61-2

嘧菌环胺（试验代号：CGA219417，商品名称：Chorus、Koara、Radius、Stereo、Switch、Unix，其他名称：环丙嘧菌胺）是由汽巴-嘉基公司（现先正达公司）开发的嘧啶胺类杀菌剂。

化学名称　4-环丙基-6-甲基-N-苯基嘧啶-2-胺。IUPAC 名称：4-cyclopropyl-6-methyl-N-phenylpyrimidin-2-amine。美国化学文摘（CA）系统名称：4-cyclopropyl-6-methyl-N-phenyl-2-pyrimidinamine。CA 主题索引名称：2-pyrimidinamine —, 4-cyclopropyl-6-methyl-N-phenyl-。

理化性质　纯品为粉状固体，有轻微气味，熔点 75.9℃。相对密度 1.21（20～25℃）。蒸气压（25℃）：5.1×10^{-4} Pa（结晶状固体 A），4.7×10^{-4} Pa（结晶状固体 B）。分配系数（25℃）$\lg K_{ow}$：3.9（pH 5），4.0（pH 7），4.0（pH 9）。溶解度（g/L，20～25℃）：水中 0.020（pH 5）、0.013（pH 7）、0.015（pH 9），乙醇 160，丙酮 610，甲苯 440，正己烷 26，正辛醇 140。离解常数 pK_a=4.44。稳定性：$DT_{50} > 1$ 年（pH 4～9，25℃），水中光解 DT_{50} 21 d（蒸馏水），13 d（pH7.3）。

毒性　大鼠急性经口 $LD_{50} > 2000$ mg/kg，大鼠急性经皮 $LD_{50} > 2000$ mg/kg。大鼠急性吸入 $LC_{50}(4\ h) > 1200$ mg/m³ 空气。本品对兔眼睛和皮肤无刺激。NOEL 数据［mg/(kg·d)］：大鼠（2 年）3，小鼠（1.5 年）196，狗（1 年）65。ADI 值 0.03 mg/kg。Ames 试验呈阴性，微核及细胞体外试验呈阴性，无"三致"。

生态效应　野鸭和山齿鹑急性经口 $LD_{50} > 2000$ mg/kg，野鸭和山齿鹑饲喂 $LC_{50} > 5200$ mg/L。鱼毒 LC_{50}（mg/L，96 h）：虹鳟 2.41，鲤鱼 1.17，大翻车鱼 2.17。水蚤 $LC_{50}(48\ h)$ 0.033 mg/L。蜜蜂 LD_{50}（48 h，经口和接触）>100 μg/只。蚯蚓 $LC_{50}(14\ d) > 192$ mg/kg 土壤。

环境行为　①动物。动物口服后，嘧菌环胺快速被吸收，几乎完全消除在尿液和粪便中。

新陈代谢主要是苯环的 4-羟基化和嘧啶环 5-羟基化，然后结合。组织残留量通常很低，没有证据显示嘧菌环胺或其代谢产物有残留或积累。②植物。新陈代谢主要是嘧啶环 6-甲基处的羟基化，以及苯环和嘧啶环的羟基化进行，其次是糖的结合。③土壤/环境。在正常土壤湿度和温度下，复合消散的 DT_{50} 20～60 d，这是残留物的主要消耗途径。浸出和吸附/解吸试验表明，该化合物是土壤中无流动性。水中光解 DT_{50} 13.5 d。

主要生产商 Syngenta。

作用机理与特点 蛋氨酸生物合成和真菌水解酶分泌抑制剂。同三唑类、咪唑类、吗啉类、二羧酰亚胺类、苯基吡咯等类杀菌剂无交互抗性。内吸性杀菌剂，经叶面喷洒后吸收到植物体内，通过组织运输并在木质部向顶传导。抑制内外叶面的渗透和菌丝的生长。

应用

（1）适宜作物 小麦、大麦、葡萄、草莓、蔬菜、观赏植物等。

（2）作物安全性 对作物安全、无药害。

（3）防治对象 灰霉病、白粉病、黑星病、网斑病、颖枯病以及小麦眼纹病等。

（4）使用方法 嘧菌环胺具有保护、治疗、叶片穿透及根部内吸活性。叶面喷雾或种子处理，也可作大麦种衣剂用药。叶面喷雾剂量为 150～750 g(a.i.)/hm^2，种子处理剂量为 5 g(a.i.)/100 kg 种子。

专利与登记 专利 EP 310550 早已过专利期，不存在专利权问题。

国内登记情况 98%原药，50%、62%水分散粒剂，50%可湿性粉剂。登记作物：芒果树、苹果树和葡萄。防治对象：炭疽病、斑点落叶病和灰霉病。瑞士先正达公司及安道麦马克西姆有限公司在中国登记情况见表 2-81、表 2-82。

表 2-81 瑞士先正达公司在中国登记情况

登记名称	登记证号	含量	剂型	登记作物	防治对象	用药量	施用方法
嘧环·咯菌腈	PD20120252	62%	水分散粒剂	观赏百合	灰霉病	186～558 g/hm^2	喷雾
嘧菌环胺	PD20120245	98%	原药				

表 2-82 安道麦马克西姆有限公司在中国登记情况

登记名称	登记证号	含量	剂型	登记作物	防治对象	用药量	施用方法
嘧环·戊唑醇	PD20184144	30%	乳油	番茄	灰霉病	40～60 mL/亩	喷雾

合成方法 嘧菌环胺的合成方法与嘧霉胺的相似，此处仅举一例，以苯胺、氰氨、环丙酰氯为起始原料，经如下反应即得目的物：

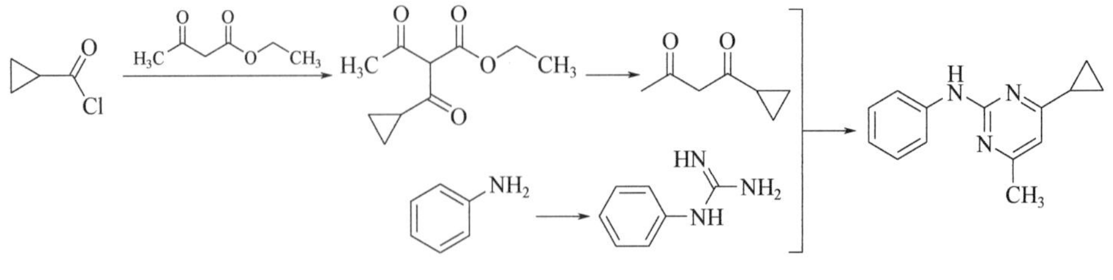

参考文献

[1] Proc. Br. Crop Prot. Conf. —Pests Dis.. 1994, 2: 501.

[2] The Pesticide Manual.17 th edition: 278-280.
[3] Pesticide Sci, 1994, 42: 163.
[4] 柴宝山, 刘长令, 李志念. 嘧菌环胺的合成与杀菌活性. 农药, 2007(6): 377-378.
[5] 何永梅, 贾世宏. 灰霉病杀菌剂嘧菌环胺(和瑞)及其应用. 农药市场信息, 2010(14): 43.

氟嘧菌胺（diflumetorim）

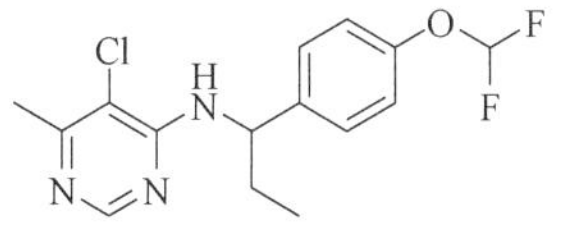

$C_{15}H_{16}ClF_2N_3O$，327.8，130339-07-0

氟嘧菌胺（试验代号：UBF-002，商品名称：Pyricut）是由日本宇部兴产公司发现，并和日本日产化学公司共同开发的嘧啶胺类杀菌剂，于 1997 年 4 月在日本获准登记。

化学名称 (*RS*)-5-氯-*N*-[1-(4-二氟甲氧基苯基)丙基]-6-甲基嘧啶-4-胺。IUPAC 名称：(*RS*)-5-chloro-*N*-{1-[4-(difluoromethoxy)phenyl]propyl}-6-methylpyrimidin-4-ylamine。美国化学文摘（CA）系统名称：5-chloro-*N*-[1-[4-(difluoromethoxy)phenyl]propyl]-6-methyl-4-pyrimidinamine。CA 主题索引名称：4-pyrimidinamine —, 5-chloro-*N*-[1-[4-(difluoromethoxy) phenyl] propyl]-6-methyl-。

理化性质 纯品为淡黄色结晶状固体，熔点 46.9～48.7℃，相对密度 0.490（20～25℃），蒸气压 3.21×10^{-1} mPa（25℃），$\lg K_{ow}$=4.17（pH 6.86）。Henry 常数为 3.19×10^{-3} Pa • m^3/mol（计算）。水中溶解度为 33 mg/L（20～25℃），易溶于大部分有机溶剂。稳定性：在 pH 4～9 范围内水解，离解常数 pK_a 4.5，闪点 201.3℃。

毒性 急性经口 LD_{50}（mg/kg）：雄大鼠 448，雌大鼠 534，雄小鼠 468，雌小鼠 387。大鼠急性经皮 LD_{50}>2000 mg/kg（雄、雌）。大鼠急性吸入 LC_{50}(4 h)0.61 mg/L（雄、雌）。本品对兔眼睛和皮肤有轻微刺激，对豚鼠皮肤有轻微刺激。Ames 试验、微核及细胞体外试验呈阴性。

生态效应 鸟急性经口 LD_{50}（mg/kg）：日本鹌鹑 881，野鸭 1979。鱼毒 LC_{50}（48 h，g/L）：虹鳟 0.025，鲤鱼 0.098。水蚤 LC_{50}(3 h) 0.96 mg/L。蜜蜂 LD_{50}（μg/只）：（经口）>10，（接触）29。

环境行为 土壤/环境：土壤中，土壤耗散 DT_{50}（牧场，日本）60～100 d，有氧代谢 DT_{50} 4.5 月；在任何时候，超过 10%的主要代谢产物是嘧啶 2 位的羟基化反应产物；K_{oc} 572～1710。光解 DT_{50}（河水）168 h。

制剂 10%乳油。

主要生产商 SDS Biotech K.K.。

作用机理与特点 氟嘧菌胺从分生孢子萌发至分生孢子梗形成任何真菌生长期，都能立即抑制生长。实验室试验，以 10 mg/L 浓度药剂，处理皮氏培养器上 5 种不同生长期麦类白粉病，结果表明，在每种生长期都能抑制真菌生长。这与已进入观赏植物杀菌剂市场的 SBI 作用方式有很大不同。分生孢子萌发前用药抑制率 100%；播种 10 h，分生孢子萌发后用药抑制率 76%；接种 24 h 附着胞形成后用药抑制率 55.6%；接种 48 h，菌丝体茂盛生长后用药抑制率 35.2%；接种 96 h，分生孢子梗形成后用药抑制率 11.2%。更具体的作用机理在研究中。其化学结构有别于现有的杀菌剂，同三唑类、二硫代氨基甲酸酯类、苯并咪唑类及其他类包括抗生素等无交互抗性，因此其对敏感或抗性病原菌均有优异的活性。

应用

（1）适宜作物　禾谷类作物、观赏植物（如玫瑰、菊花）等。对 51 种玫瑰、17 种菊花安全，无药害。

（2）防治对象　白粉病和锈病等。

（3）使用方法　氟嘧菌胺具有良好的保护活性和一些治疗作用，但防治白锈病，以染病前或染病开始施药（喷雾处理）为好。多年验证对小麦白粉病、小麦锈病、玫瑰白粉病、菊花锈病等具有优异的保护活性，使用浓度为 50～100 mg/L，防治玫瑰白粉病推荐浓度 50 mg/L，防治菊花锈病推荐浓度 100 mg/L。

专利与登记　专利 EP 0370704 早已过专利期，不存在专利权问题。

合成方法　以乙酰乙酸乙酯和苯酚为起始原料经如下反应，即得目的物氟嘧菌胺。反应式为：

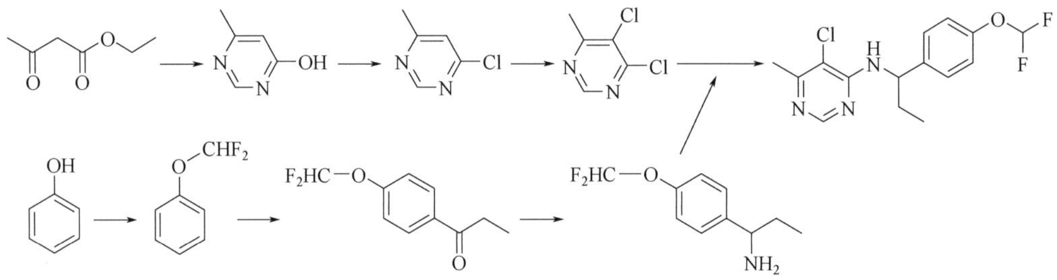

参考文献

[1] Agrochemical Japan, 1997, 72: 14.

[2] The Pesticide Manual.17 th edition: 352-353.

[3] 杨帆, 王立增, 张金波, 等. 氟嘧菌胺的合成与生物活性. 农药, 2013, 52(12): 868-870.

嘧菌腙（ferimzone）

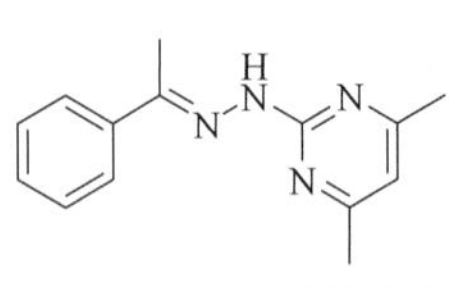

$C_{15}H_{18}N_4$，254.3，89269-64-7

嘧菌腙（试验代号：TF 164，商品名：Blasin）是由日本武田药品工业公司开发的嘧啶腙类杀菌剂。

化学名称　(Z)-2'-甲基乙酰苯 4,6-二甲基嘧啶-2-基腙。IUPAC 名称：(Z)-2'-methylacetophenone (4,6-dimethylpyrimidin-2-yl)hydrazone。美国化学文摘（CA）系统名称：4,6-dimethyl-2(1H)-pyrimidinone (2Z)-[1-(2-methylphenyl)ethylidene]hydrazone。CA 主题索引名称：2(1H)-pyrimidinone —, 4,6-dimethyl-(2Z)-[1-(2-methylphenyl)ethylidene]hydrazone。

理化性质　纯品为无色晶体，熔点 175～176℃，蒸气压 $4.11×10^{-3}$ mPa（20℃），相对密度 1.185。$\lg K_{ow}$=2.89（25℃），Henry 常数 $6.45×10^{-6}$ Pa·m³/mol（计算）。溶解度：水 162 mg/L（30℃），溶于乙腈、氯仿、乙醇、乙酸乙酯、二甲苯。稳定性：对日光稳定，在中性和碱性

溶液中稳定。

毒性　急性经口 LD$_{50}$（mg/kg）：雄大鼠 725，雌大鼠 642；雄小鼠 590，雌小鼠 542。大鼠急性经皮 LD$_{50}$>2000 mg/kg，大鼠急性吸入 LC$_{50}$(4 h)3.8 mg/L。

生态效应　鸟急性经口 LD$_{50}$（mg/kg）：山齿鹑>2250，野鸭>292。山齿鹑和野鸭饲喂 LC$_{50}$>5620 mg/L。鲤鱼 LC$_{50}$(96 h) 20 mg/L。水蚤 EC$_{50}$(48 h) 6.2 mg/L，月牙藻 E$_b$C$_{50}$(72 h) 4.4 mg/L。多刺裸腹溞 LC$_{50}$(24 h)>40 mg/L。蜜蜂 LD$_{50}$（经口）>140 μg/只。

环境行为　土壤中，DT$_{50}$ 3～14 d（取决于土壤类型）。

制剂　30%可湿性粉剂。

主要生产商　Dongbu Fine 及 Sumitomo Chemical 等。

应用　主要用于防治水稻上的稻尾孢、稻长蠕孢和稻梨孢等病原菌引起的病害如稻瘟病。使用剂量为 600～800 g(a.i.)/hm^2（干悬浮剂）或 125 g(a.i.)/hm^2（悬浮剂），茎叶喷雾。

专利与登记　专利 EP 19450 早已过专利期，不存在专利权问题。

合成方法　以乙酰丙酮为原料，制得 4,6-二甲基-2-肼基嘧啶，再与 2-甲基苯基甲基酮缩合，处理即得目的物。反应式如下：

参考文献

[1]　The Pesticide Manual.17 th edition: 478-479.

[2]　日本农药学会志, 1990,15(1): 13-22.

嘧菌胺（mepanipyrim）

C$_{14}$H$_{13}$N$_3$，223.3，110235-47-7

嘧菌胺（试验代号：KUF-6201、KIF-3535，商品名称：Cockpit、Frupica、Japica，其他名称：Broadone）是由日本组合化学株式会社和庵原化学工业公司共同开发的嘧啶类杀菌剂。

化学名称　N-(4-甲基-6-丙-1-炔基嘧啶-2-基)苯胺。IUPAC 名称：N-[4-methyl-6-(prop-1-ynyl)pyrimidin-2-yl]aniline。美国化学文摘（CA）系统名称：4-methyl-N-phenyl-6-(1-propynyl)-2-pyrimidinamine。CA 主题索引名称：2-pyrimidinamine —, 4-methyl- N-phenyl-6-(1-propynyl)-。

理化性质　原药纯度为>96%。纯品为无色结晶状固体或粉状固体，熔点 132.8℃。相对密度 1.205（20～25℃），蒸气压 2.32×10^{-2} mPa（25℃）。lgK_{ow}=3.28（20℃）。Henry 常数为 1.67×10^{-3} Pa・m^3/mol（calc.）。水中溶解度为 3.1 mg/L（20～25℃）。有机溶剂溶解度（g/L，

20～25℃）：丙酮 139，甲醇 15.4，正己烷 2.06。在 pH 4～9 范围内，水溶液 DT_{50}>1 年。

毒性　大鼠、小鼠急性经口 LD_{50}>5000 mg/kg。大鼠急性经皮 LD_{50}>2000 mg/kg，对兔皮肤和眼睛无刺激作用，对豚鼠皮肤无过敏性。Ames 试验无诱变。大鼠急性吸入 LC_{50}(4 h)>0.59 mg/L。NOEL 数据［2 年，mg/(kg·d)］：雄大鼠 2.45，雌大鼠 3.07，雄小鼠 56，雌小鼠 68。ADI 值 0.02 mg/kg。对大鼠、兔无致诱变、致畸性。

生态效应　山齿鹑和野鸭急性经口 LD_{50}>2250 mg/kg，山齿鹑和野鸭饲喂 LC_{50}(5 d)>5620 mg/kg 饲料。鱼毒 LC_{50}（96 h，mg/L）：虹鳟鱼 0.74，大翻车鱼 3.8，鲤鱼 4.68。水蚤 EC_{50}(48 h) 0.63 mg/L。羊角月牙藻 EC_{50}(72 h) 1.2 mg/L，蜜蜂 LC_{50}：>1000 mg/L（经口），>100 μg/只（接触）。蚯蚓 LC_{50}(14 d)>1000 mg/kg 土壤。家蚕 EC_{50}>800 mg/L，NOEL：南方小花蝽 400 mg/L，普通草蛉 6000 g/hm^2，长毛捕植螨 800 g/hm^2。

主要生产商　Kumiai。

作用机理与特点　嘧菌胺具有独特的作用机理即抑制病原菌蛋白质分泌，包括降低一些水解酶水平，据推测这些酶与病原菌进入寄主植物并引起寄主组织的坏死有关。嘧菌胺同三唑类、二硫代氨基甲酸酯类、苯并咪唑类及乙霉威等无交互抗性，因此其对敏感或抗性病原菌均有优异的活性。

应用

（1）适宜作物　观赏植物、蔬菜、果树（如葡萄）等。

（2）作物安全性　对作物安全、无药害。

（3）防治对象　黑腥病、白粉病及各种灰霉病。

（4）使用方法　无内吸活性。茎叶喷雾。防治苹果和梨上的黑星病，黄瓜、葡萄、草莓和番茄灰霉病，桃、梨等褐腐病等，使用剂量为 200～750 g(a.i.)/hm²；防治黄瓜、玫瑰、草莓白粉病，使用剂量为 140～600 g(a.i.)/hm²。

专利与登记　专利 EP 224339 早已过专利期，不存在专利权问题。

合成方法　嘧菌胺的合成方法是以苯胍为原料经一系列反应制得目的物，反应式如下：

参考文献

[1] Proc. Br. Crop Prot. Conf.－Pests Dis.. 1990, 415.

[2] The Pesticide Manual.17 th edition: 713-714.

[3] 林学圃. 杀菌剂嘧菌胺(mepanipyrim)的开发. 农药译丛, 1998(1): 30-36.

[4] 夏振华, 程若家. 新的杀菌剂——嘧菌胺进展. 安徽化工, 1998(5): 31-32.

[5] 朱丽华. 抗葡孢剂嘧菌胺(KIF-3535)的合成和构效关系研究. 世界农药, 2004(5): 18-24.

嘧霉胺（pyrimethanil）

$C_{12}H_{13}N_3$，199.3，53112-28-0

嘧霉胺（试验代号：SN-100309、ZK100309，商品名称：Assors、Mythos、Scala、Philabuster，其他名称：Cezar、Penbotec、Pyrus、Siganex、施佳乐、甲基嘧菌胺）是由德国艾格福公司（现拜耳公司）开发的嘧啶胺类杀菌剂。

化学名称　N-(4,6-二甲基嘧啶-2-基)苯胺。IUPAC 名称：N-(4,6-dimethylpyrimidin-2-yl)aniline。美国化学文摘（CA）系统名称：4,6-dimethyl-N-phenyl-2-pyrimidinamine。CA 主题索引名称：2-pyrimidinamine —, 4,6-dimethyl-N-phenyl-。

理化性质　纯品为无色结晶状固体，熔点 96.3℃，相对密度 1.15（20～25℃），蒸气压 $2.2×10^{-3}$ Pa（25℃）。分配系数 $\lg K_{ow}$=2.84（pH 6.1，25℃），Henry 常数为 $3.6×10^{-3}$ Pa·m³/mol（计算）。水中溶解度 0.121g/L（pH 6.1，20～25℃），有机溶剂中溶解度（g/L，20～25℃）：丙酮 389，乙酸乙酯 617，甲醇 176，二氯甲烷 1000，正己烷 23.7，甲苯 412。离解常数 pK_a 3.52，弱碱性（20℃）。在一定 pH 范围内在水中稳定，54℃下 14 d 不分解。

毒性　急性经口 LD_{50}（mg/kg）：大鼠 4150～5971，小鼠 4665～5359。大鼠急性经皮 LD_{50}>5000 mg/kg，大鼠急性吸入 LC_{50}(4 h)>1.98 mg/L。本品对兔眼睛和皮肤无刺激性，对豚鼠皮肤无刺激性。大鼠 NOEL［mg/(kg·d)］：5.4(90 d)，17（2 年）。ADI:（JMPR）0.2 mg/kg(2007)；(EC) 0.17 mg/kg(2006)；(EPA) 0.2 mg/kg(1995)。对大鼠和兔子无致诱变和致畸作用。

生态效应　野鸭和山齿鹑急性经口 LD_{50}>2000 mg/kg。野鸭和山齿鹑饲喂 LC_{50}(5 d)>5200 mg/kg 饲料。鱼毒 LC_{50}（96 h，mg/L）：虹鳟鱼 10.6，鲤鱼 35.4。水蚤 LC_{50}(48 h) 2.9 mg/L。蚯蚓 LC_{50}(14 d) 625 mg/kg 干土。在田间良好的农药实施条件下，对非靶标节肢动物的种群数量无影响。

环境行为　①动物。在检查的所有物种中能快速吸收、代谢和排出，甚至在重复剂量时，没有发现药物积累。通过酚醛衍生物的氧化推进新陈代谢，以葡萄糖苷酸或硫酸盐配合物为排泄物排出。②植物。少量代谢发生在水果中，残留的成熟度只由不变的母体化合物决定。由于这个原因，提出了直接测定嘧霉胺本身作为测定作物残留的监控方法。③土壤/环境。在实验室研究的 DT_{50} 27～82 d，田间研究表明，在土壤中能迅速降解，DT_{50} 7～54 d；2-氨基-(4,6-二甲基)嘧啶为主要的土壤代谢产物。K_{oc} 265～751。地下水浸出，表现出低电位，现场研究表明，轻微的运动可使嘧霉胺进入更深层次的土壤。随着进一步降解，嘧霉胺迅速从表层水消失，适度地吸附到沉积物上。

制剂　40%悬浮剂（每升含有效成分 400 g）。

主要生产商　Agriphar、BASF、Bayer CropScience、安徽池州新赛德化工有限公司、利民化工股份有限公司、连云港市金囤农化有限公司、江苏丰登作物保护股份有限公司、江苏快达农化股份有限公司、山东京博控股股份有限公司及山东亿嘉农化有限公司等。

作用机理与特点　嘧霉胺是一种苯氨基嘧啶类杀菌剂。其作用机理独特，即抑制病原菌蛋白质分泌，包括降低一些水解酶水平，据推测这些酶与病原菌进入寄主植物并引起寄主组织的坏死有关。嘧霉胺同三唑类、二硫代氨基甲酸酯类、苯并咪唑类及乙霉威等无交互抗性，因此其对敏感或抗性病原菌均有优异的活性。由于其作用机理与其他杀菌剂不同，因此，嘧霉胺尤其对常用的非苯氨基嘧啶类杀菌剂已产生抗药性的灰霉病菌有效。嘧霉胺同时具有内吸传导和熏蒸作用，施药后迅速达到植株的花、幼果等喷药无法达到的部位杀死病菌，药效更快、更稳定。嘧霉胺的药效对温度不敏感，在相对较低的温度下施用，其效果没有变化。

应用

（1）适宜作物　番茄、黄瓜、韭菜等蔬菜以及苹果、梨、葡萄、草莓和豆类作物。

（2）防治对象　对灰霉病有特效。可防治黄瓜灰霉病、番茄灰霉病、葡萄灰霉病、草莓灰霉病、豌豆灰霉病、韭菜灰霉病等。还可用于防治梨黑星病、苹果黑星病和斑点落叶病。

（3）使用方法　嘧霉胺具有保护、叶片穿透及根部内吸活性，治疗活性较差，因此通常在发病前或发病初期施药。用药量通常为 $600 \sim 1000$ g(a.i.)/hm²。在我国防治黄瓜、番茄病害或灰霉病时，每亩用 40%嘧霉胺悬浮剂 $25 \sim 95$ mL。喷液量一般人工每亩 $30 \sim 75$L，黄瓜、番茄植株大用高药量和高水量，反之植株小用低药量和低水量。每隔 $7 \sim 10$ d 用药 1 次，共施 $2 \sim 3$ 次。一个生长季节防治灰霉病需施药 4 次以上时，应与其他杀菌剂轮换使用，避免产生抗性。露地黄瓜、番茄施药一般应选早晚风小、气温低时进行。晴天上午 8 时至下午 5 时、空气相对湿度低于 65%、气温高于 28℃时应停止施药。

专利与登记　虽然该产品化合物没有专利权问题，但制剂特别是混剂多有专利权。国内登记情况：26%、40%、70%、80%水分散粒剂，20%、25%、30%、40%、50%、80%可湿性粉剂，20%、25%、30%、37%、40%、400g/L 悬浮剂，95%、96%、98%原药，25%乳油。登记作物为黄瓜、番茄、葡萄。防治对象为灰霉病。德国拜耳公司在中国登记情况见表 2-83。

表 2-83　德国拜耳公司在中国登记情况

登记名称	登记证号	含量	剂型	登记作物	防治对象	用药量	施用方法
嘧霉胺	PD20060014	400g/L	悬浮剂	番茄	灰霉病	$375 \sim 562.5$ g/hm²	喷雾
				黄瓜	灰霉病	$375 \sim 562.5$ g/hm²	
				葡萄	灰疫病	$1000 \sim 1500$ 倍液	
嘧霉胺	PD20060013	98%	原药				

合成方法　嘧霉胺的合成方法主要有如下四种：

方法 1：以脲、乙酰丙酮为起始原料，经两步反应即得目的物。反应式为：

方法 2：以硫脲为起始原料，经甲基化、氧化、闭环、取代、水解制得目的物。反应式为：

方法 3：以硫脲为起始原料，经甲基化、取代、合环即得目的物。反应式为：

方法 4：以苯胺和单氰胺为起始原料，经加成、合环即得目的物。反应式为：

参考文献

[1] Proc. Br. Crop Prot. Conf. —Pests Dis.. 1992, 1: 395.

[2] The Pesticide Manual. 17 th edition: 978-979.

[3] 周艳丽, 薛超. 杀菌剂嘧霉胺的合成研究. 山东农药信息, 2005(12):23.

[4] Pesticide Sci, 1994, 42: 163.

乙嘧酚磺酸酯（bupirimate）

$C_{13}H_{24}N_4O_3S$，316.4，41483-43-6

乙嘧酚磺酸酯（试验代号：PP588，商品名称：Nimrod）是由英国 ICI Plant Protection Division（现先正达公司）开发的，后卖给了以色列马克西姆公司（现 ADAMA）。

化学名称　5-丁基-2-乙氨基-6-甲基嘧啶-4-基二甲氨基磺酸酯。IUPAC 名称：5-butyl-2-(ethylamino)-6-methylpyrimidin-4-yldimethylsulfamate。美国化学文摘（CA）系统名称：5-butyl-2-(ethylamino)-6-methyl-4-pyrimidinyl dimethylsulfamate。CA 主题索引名称：sulfamic acid —, dimethyl-5-butyl-2-(ethylamino)-6-methyl-4-pyrimidinyl ester。

理化性质　原药纯度为 90%, 浅棕色蜡状固体。熔点 50～51℃。沸点 232℃。蒸气压 0.1 mPa（25℃）。分配系数 $\lg K_{ow}=3.9$。Henry 常数 $1.4×10^{-3}$ Pa·m³/mol（计算）。相对密度 1.2（20～25℃）。水中溶解度 13.06 mg/L（pH 7，20～25℃），可溶解于大多数有机溶剂中（石蜡除外）。在弱碱条件下稳定存在，但在弱酸条件下容易分解，在水溶液中紫外线照射下快速分解。在超过 37℃的储存条件下变质。pK_a 4.4。闪点>50℃。

毒性　大鼠、小鼠、兔和豚鼠急性经口 LD_{50} > 4000 mg/kg。大鼠急性经皮 LD_{50} 4800 mg/kg。对兔皮肤和兔眼睛无刺激性，对豚鼠皮肤有中度致敏性。大鼠急性吸入 LC_{50}(4 h)>0.035 mg/L。NOEL 数据［mg/(kg·d)］：大鼠 100（2 年），大鼠 1000（90 d），狗 15（90 d）。ADI 值 0.05 mg/kg。

生态效应　急性经口 LD_{50}（mg/kg）：鹌鹑>5200，鸽子>2700。山齿鹑和野鸭饲喂 LC_{50}(5 d)>10000 mg/kg。虹鳟鱼 LC_{50}(96 h) 1.4 mg/L。水蚤 LC_{50}(48 h) 7.3 mg/L。蜜蜂 NOEL 值（mg/只）：0.05（接触）、0.2（经口）。

环境行为　①动物。经口服后，在 24 h 内 68%的本品通过尿排出体外，在 10 d 内 77%的本品通过尿排出体外，21%的本品以粪便排出体外。②土壤/环境。在土壤中，主要代谢产物是乙菌定。土壤 DT_{50} 35～90 d。

制剂 乳油、可湿性粉剂等。

主要生产商 Makhteshim-Agan。

作用机理与特点 腺嘌呤核苷脱氨酶抑制剂。内吸性杀菌剂，具有保护和治疗作用。可被植物根、茎、叶迅速吸收，并在植物体内运转到各个部位，并耐雨水冲刷。施药后持效期10～14 d。

应用

（1）适宜作物 果树、蔬菜、花卉等观赏植物、大田作物。

（2）安全性 对某些草莓、苹果、玫瑰等品种有药害。

（3）防治对象 各种白粉病，如苹果、葡萄、黄瓜、草莓、玫瑰、甜菜白粉病。

（4）使用方法 茎叶处理，使用剂量为150～375 g(a.i.)/hm²。

专利与登记 专利 GB 1400710 早已过专利期，不存在专利权问题。国内登记情况：25%微乳剂，97%原药，登记作物为黄瓜，用于防治白粉病。

合成方法 以硫脲或单氨胺为原料，经如下反应即可制得目的物：

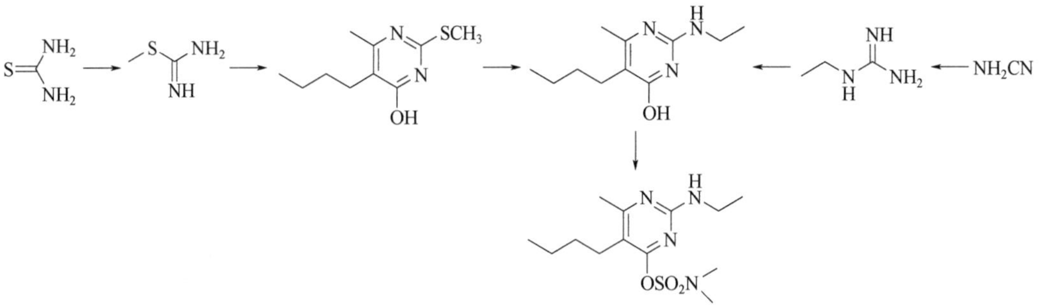

参考文献

[1] The Pesticide Manual.17 th edition: 141-142.

二甲嘧酚（dimethirimol）

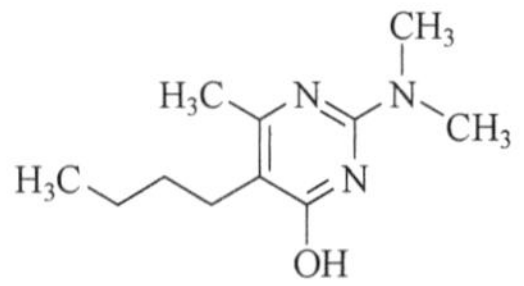

$C_{11}H_{19}N_3O$，209.3，5221-53-4

二甲嘧酚（试验代号：PP675，商品名称：Milcurb）是由先正达公司开发的嘧啶类杀菌剂。

化学名称 5-丁基-2-二甲氨基-6-甲基嘧啶-4-酚。IUPAC 名称：5-butyl-2-(dimethylamino)-6-methylpyrimidin-4-ol。美国化学文摘（CA）系统名称：5-butyl-2-(dimethylamino)-6-methyl-4(1H)-pyrimidinone。CA 主题索引名称：4(1H)-pyrimidinone —, 5-butyl-2-(dimethylamino)-6-methyl-。

理化性质 纯品无色针状结晶状固体，熔点102℃。蒸气压1.46 mPa（30℃）。分配系数lgK_{ow}=1.9。Henry 常数<2.55×10⁻⁴ Pa·m³/mol（25℃，计算）。水中溶解度1.2 g/L（20～25℃）。易溶于强酸溶液。有机溶剂中溶解度（g/L，20～25℃）：氯仿1200，二甲苯360，乙醇65，

丙酮 45。在酸性和碱性条件下稳定，在光照和水溶液的条件下分解。DT_{50} 约为 7 d。溶于强酸溶液中形成水溶性盐。

毒性　急性经口 LD_{50}（mg/kg）：大鼠 2350，小鼠 800～1600，豚鼠 500。大鼠急性经皮 LD_{50}>400 mg/kg。对兔皮肤和兔眼睛无刺激性。NOEL 数据（2 年，mg/kg 饲料）：大鼠 300，狗 25。

生态效应　母鸡急性经口 LD_{50} 4000 mg/kg。虹鳟鱼 LC_{50}（2 mg/L）：42（24 h），33（48 h），28（96 h）。对蜜蜂无毒。

环境行为　①植物。在植物体内，主要通过二甲氨基部分的脱甲基化进行新陈代谢。②土壤/环境。土壤 DT_{50} 约为 120 d。

作用机理与特点　腺嘌呤核苷脱氨酶抑制剂。内吸性杀菌剂，具有保护和治疗作用。可被植物根、茎、叶迅速吸收，并在植物体内运转到各个部位。

应用

（1）适用作物　烟草、瓜类、蔬菜、甜菜、麦类、番茄和观赏植物。

（2）防治对象　白粉病。

（3）使用方法　茎叶处理，使用剂量为 50～100 g(a.i.)/hm²。土壤处理，使用剂量为 0.5～2 kg/hm²。可用 0.25%含量土壤施药，药效 6 周以上，对禾本科植物效果次之，喷雾含量为 0.001%～0.1%，当年 6～8 月施药，防治效果达 90%以上。如黄瓜白粉病用 0.01%含量喷雾，柞树白粉病用 0.1%含量喷雾，防治效果 95%。

专利与登记　专利 GB 1182584 早已过专利期，不存在专利权问题。

合成方法　以硫脲或氰氨为原料，经如下反应即可制得目的物：

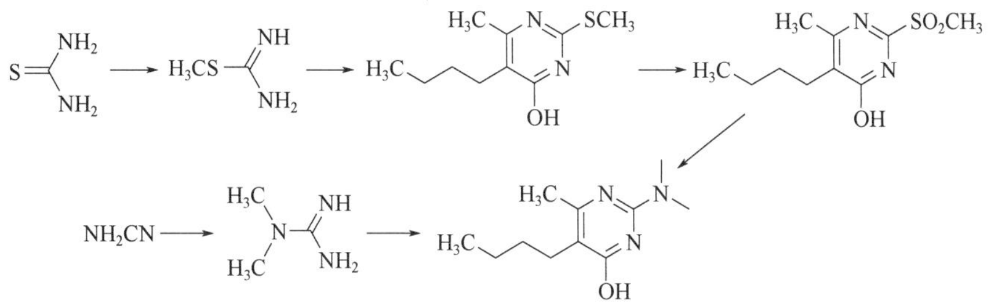

参考文献

[1] The Pesticide Manual.17 th edition: 1196.

乙嘧酚（ethirimol）

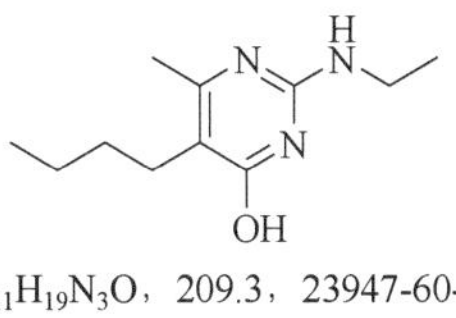

$C_{11}H_{19}N_3O$，209.3，23947-60-6

乙嘧酚（试验代号：PP149，商品名称：Milcurb Super、Milgo、Milstem）是由先正达公司开发的嘧啶类杀菌剂。

化学名称　5-丁基-2-乙氨基-6-甲基嘧啶-4-酚。IUPAC 名称：5-butyl-2-(ethylamino)-6-

methylpyrimidin-4-ol。美国化学文摘（CA）系统名称：5-butyl-2-(ethylamino)-6-methyl-4(1*H*)-pyrimidinone。CA 主题索引名称：4(1*H*)-pyrimidinone —, 5-butyl-2-(ethylamino)-6-methyl-。

理化性质 原药纯度为 97%。纯品无色结晶状固体，熔点 159～160℃（大约 140℃ 软化）。蒸气压 0.267 mPa（25℃）。分配系数 $\lg K_{ow}$=2.3（pH 7，20℃）。Henry 常数（Pa·m³/mol，20℃）：$\leqslant 2 \times 10^{-4}$（pH 5.2），$4 \times 10^{-4}$（pH 7.3），$4 \times 10^{-4}$（pH 9.3）。水中溶解度（20～25℃，mg/L）：253（pH 5.2），150（pH 7.3），153（pH 9.3）。有机溶剂中溶解度（g/kg，20～25℃）：氯仿 150，乙醇 24，丙酮 5。在暗处对高温、酸性和碱性稳定。水溶液暴露于光照和空气中 DT_{50} 约为 21 d。pK_a 5。

毒性 急性经口 LD_{50}（mg/kg）：雌大鼠 6340，小鼠 4000，雌豚鼠 500～1000，雄兔 1000～2000。大鼠急性经皮 LD_{50}>2000 mg/kg。对兔皮肤无刺激性，对兔眼睛中度刺激性，对豚鼠皮肤无致敏性。大鼠急性吸入 LC_{50}(4 h)>4.92 mg/L。NOEL 数据［2 年，mg/(kg·d)］：大鼠 200，狗 30。无致癌或致畸。ADI 值（mg/kg）：(BfR) 0.1(1989)；(EPA) 0.05。

生态效应 母鸡急性经口 LD_{50} 4000 mg/kg。鱼类 LC_{50}（96 h，mg/L）：成年褐鳟鱼 20，虹鳟鱼 66。水蚤 LC_{50}(48 h) 53 mg/L。蜜蜂经口 LD_{50} 1.6 mg/只。

环境行为 ①动物。本品经大鼠口服后，代谢途径主要通过丁基的羟基化，以尿液的形式排出体外。②植物。在植物体内，乙嘧酚可快速降解为 2-氨基-5-丁基-6-羟基-4-甲基嘧啶，DT_{50} 约为 3 d。③土壤/环境。土壤中 DT_{50} 14～140 d（o.m. 1.0%～10.1%，pH 7.8～8.1）。

制剂 乳油、悬浮剂。

作用机理与特点 腺嘌呤核苷脱氨酶抑制剂。内吸性杀菌剂，具有保护和治疗作用。可被植物根、茎、叶迅速吸收，并在植物体内运转到各个部位。

应用 主要用于防治禾谷类作物白粉病。茎叶处理，使用剂量为 250～350 g(a.i.)/hm²。种子处理，使用剂量为 4 g(a.i.)/kg 种子。也可用于防治葫芦的白粉病。

专利与登记 专利 GB 1182584、GB 1337389、DE 2109880、DE 2308858 等均已过专利期，不存在专利权问题。

合成方法 以硫脲或氰氨为原料，经如下反应即可制得目的物：

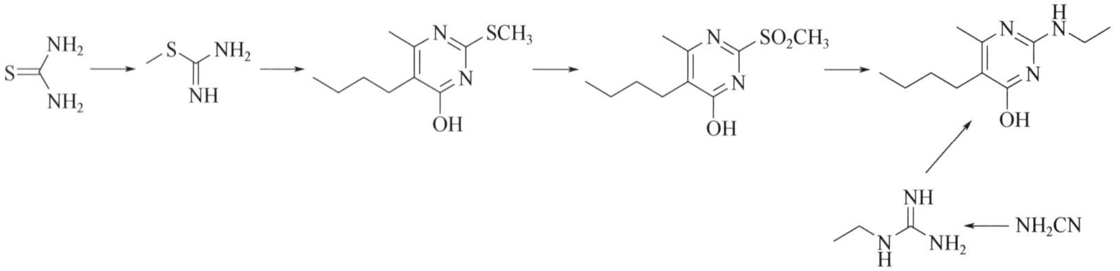

参考文献

[1] The Pesticide Manual. 17 th edition: 1199.

氯苯嘧啶醇（fenarimol）

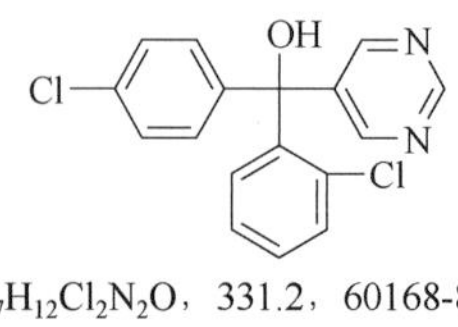

C₁₇H₁₂Cl₂N₂O，331.2，60168-88-9

氯苯嘧啶醇（试验代号：EL-222，商品名称：Rimidin、Rubigan、Vintage，其他名称：Genius、Rubimol、Takamol、乐比耕）是由美国陶氏益农公司开发的具有保护、铲除、治疗和内吸活性的嘧啶类杀菌剂。

化学名称　(RS)-2,4′-二氯-α-(嘧啶-5-基)苯基苄醇。IUPAC 名称：(RS)-2,4′-dichloro-α-(pyrimidin-5-yl)benzhydryl alcohol。美国化学文摘（CA）系统名称：α-(2-chlorophenyl)-α-(4-chlorophenyl)-5-pyrimidinemethanol。CA 主题索引名称：5-pyrimidinemethanol —, α-(2-chlorophenyl)-α-(4-chlorophenyl)-。

理化性质　原药纯度为98%。纯品为白色结晶状固体，熔点117～119℃。蒸气压 0.065 mPa（25℃），分配系数 lgK_{ow}=3.69（pH 7，25℃），Henry 常数 1.57×10^{-3} Pa・m^3/mol（calc.）。相对密度 1.40。水中溶解度 13.7 mg/L（pH 7,20～25℃）；有机溶剂中溶解度（g/L，20～25℃）：丙酮 151，甲醇 98.0，二甲苯 33.3，易溶于大多数有机溶剂中，但仅微溶于己烷。阳光下迅速分解，水溶液中 DT$_{50}$ 12 h。≥52℃（pH 3～9）时水解稳定。

毒性　急性经口 LD$_{50}$（mg/kg）：大鼠 2500，小鼠 4500，狗>200。兔急性经皮 LD$_{50}$>2000 mg/kg，对兔皮肤无刺激，对眼睛中度刺激。对豚鼠皮肤无致敏性。大鼠在 2.04 mg/L 空气中待 1 h 无不利的影响。大鼠和小鼠 2 年喂养无作用剂量分别为 25 mg/kg 饲料和 600 mg/kg 饲料。ADI：(JMPR) 0.01 mg/kg(1995)，(EC) 0.01 mg/kg(2006)；(EPA) 0.065 mg/kg(1987)。

生态效应　山齿鹑急性经口 LD$_{50}$>2000 mg/kg。鱼毒 LC$_{50}$（96 h，mg/L）：大翻车鱼 5.7，虹鳟 4.1。水蚤 EC$_{50}$(48 h)0.82 mg/L，NOEC 0.30 mg/L。淡水藻 E$_r$C$_{50}$ 5.1 mg/L，NOEC 0.59 mg/L，羊角月牙藻 E$_r$C$_{50}$ 1.5 mg/L，NOEC 0.59 mg/L。蜜蜂 LD$_{50}$（48 h，μg/只）：>10（口服），>100（接触）。对蚯蚓、梨盲走螨、蚜茧蜂、食性步甲和普通草蛉无害。

环境行为　①动物。哺乳动物中，氯苯嘧啶醇经口服后迅速被排出。②植物。光解形成众多代谢物。③土壤/环境。在有氧条件下的实验室土壤中 DT$_{50}$>365 d（28%沙土，14.7%泥土，57.3%淤泥，2.3% o.m.，pH 6.1）。田间 DT$_{50}$ 14～130（平均 79）d，K_{oc} 500～992（平均为 734）L/kg，K_d 1.5～11.9（平均 6.7）L/kg，取决于土壤类型。水解作用稳定，但是光照下，水解迅速，DT$_{50}$ 4～12 h。

制剂　6%可湿性粉剂。

主要生产商　上海谷研实业有限公司。

作用机理与特点　麦角甾醇生物合成抑制剂，即通过干扰病原菌甾醇及麦角甾醇的形成，从而影响正常生长发育。不能抑制病原菌孢子的萌发，但是能抑制病原菌菌丝的生长、发育，致使不能侵染植物组织。氯苯嘧啶醇是一种用于叶面喷洒的具有保护、铲除和治疗活性的内吸性杀菌剂。可以与一些杀菌剂、杀虫剂、生长调节剂混合使用。

应用

（1）适用作物与安全性　果树如石榴、核果、栗、梨、苹果、梅、芒果、葡萄、草莓等，葫芦，茄子，胡椒，番茄，甜菜，花生，玫瑰和其他园艺作物等；正确使用无毒害作用，过量会引起叶子生长不正常和暗绿色。

（2）防治对象　白粉病、黑星病、炭疽病、黑斑病、褐斑病、锈病、轮纹病等多种病害。

（3）应用技术与使用方法　主要用于防治苹果白粉病、梨黑星病、葡萄和蔷薇的白粉病等多种病害，并可以与一些杀菌剂、杀虫剂、生长调节剂混合使用。使用间隔期为 10～14 d。可与多种杀菌剂桶混。

① 防治苹果黑星病、炭疽病　在发病初期以 30～40 mg/L 进行叶面喷雾，喷药液量要使果树达到最佳的覆盖效果，间隔 10～14 d，施药 3～4 次。氯苯嘧啶醇也可防治苹果白粉病，

以浓度 15～30 mg/L 进行叶面喷雾。

② 防治梨黑星病、锈病　在发病初期，以 30～40 mg/L 进行叶面喷雾，喷药液量要使果树达到最佳覆盖效果。间隔 10～14 d，施药 3～4 次。

③ 防治葫芦科白粉病　在病害发生初期开始喷药，每次每亩用 6%可湿性粉剂 15～30 g 对水喷雾，间隔期 10～15 d，共施药 3～4 次。

④ 防治花生黑斑病、褐斑病、锈病　在病害发生初期开始喷药，每次每亩用 6%可湿性粉剂 30～50 g 对水喷雾，间隔期 10～15 d，共喷药 3～4 次。

⑤ 防治梨轮纹病　落花后或幼果初形成前开始施药，以后每隔 10 d 施药 1 次，用 6%可湿性粉剂 4000 倍液均匀喷雾。开花期请勿施药；果实形成期间如干旱无雨则无须施药；采收前 5 d 停止施药。

⑥ 防治苹果白粉病　发病初期开始施药，每隔 10～14 d 施药 1 次，连续 3～4 次。用 6%可湿性粉剂 8000 倍液均匀喷雾。采收前 5 d 停止使用。

⑦ 防治瓜类白粉病　发病初期开始施药，以后每隔 10 d 施药 1 次。每亩用 6%可湿性粉剂 5 g（有效成分 0.3 g），对水 40～50 L 均匀喷雾。采收前 5 d 停止使用。

⑧ 防治葡萄白粉病　发病初期开始施药，每隔 10 d 施药 1 次，共 4 次。用 6%可湿性粉剂 8000 倍液均匀喷雾。采收前 9 d 停止使用。

⑨ 防治芒果白粉病　发病初期开始施药，以后每隔 10 d 施药 1 次，到幼果形成初期为止，共施 2～4 次。用 6%可湿性粉剂 4000 倍液均匀喷雾。采收前 6 d 停止使用。

⑩ 防治梅白粉病　开花前开始施药，每隔 20 d 施药 1 次，共施 5 次。用 6%可湿性粉剂 4000 倍液均匀喷雾。梅树开花盛期请勿使用；采收前 6 d 停止使用。

专利与登记　最早专利为 GB 1218623，早已过专利期，不存在专利权问题。

合成方法　氯苯嘧啶醇的合成方法是以氯苯和邻氯苯甲酰氯为原料，经多步反应即得目的物。反应式如下：

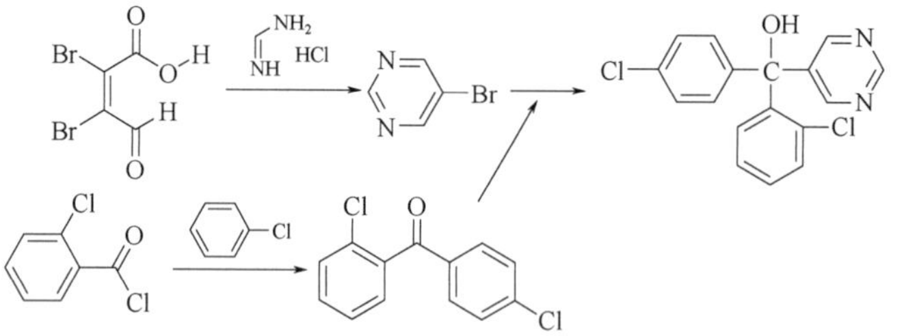

参考文献

[1] The Pesticide Manual.17 th edition: 444-445.

氟苯嘧啶醇（nuarimol）

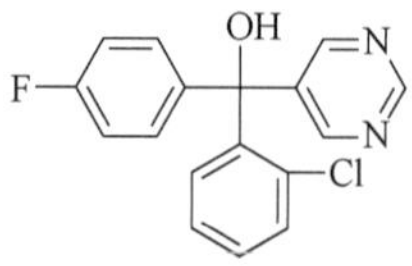

$C_{17}H_{12}ClFN_2O$，314.7，63284-71-9

氟苯嘧啶醇（试验代号：EL-228，商品名称：Cidorel、Gandural、Gauntlet、Tridal、Trimidal、Triminol）是由美国陶氏益农公司开发的具有内吸活性的嘧啶类杀菌剂。

化学名称 (±)-2-氯-4′-氟-α-(嘧啶-5-基)苯基苄醇。IUPAC 名称：(RS)-2-chloro-4′-fluoro-α-(pyrimidin-5-yl)benzhydryl alcohol。美国化学文摘（CA）系统名称：α-(2-chlorophenyl)-α-(4-fluorophenyl)-5-pyrimidinemethanol。CA 主题索引名称：5-pyrimidinemethanol —, α-(2-chlorophenyl)-α-(4-fluorophenyl)-。

理化性质 纯品为无色结晶状固体，熔点 126～127℃。蒸气压<0.0027 mPa（25℃），分配系数 $\lg K_{ow}$=3.18（pH 7），Henry 常数 6.73×10^{-8} Pa•m^3/mol。相对密度 0.6～0.8（堆积密度）。水中溶解度 26 mg/L（pH 7，20～25℃）。有机溶剂溶解度（g/L，20～25℃）：丙酮 170，甲醇 55，二甲苯 20。极易溶解在乙腈、苯和氯仿中，微溶于己烷。紫外线下迅速分解，52℃稳定。

毒性 急性经口 LD_{50}（mg/kg）：雄大鼠 1250，雌大鼠 2500，雄小鼠 2500，雌小鼠 3000，比格犬 500。兔急性经皮 LD_{50}>2000 mg/kg，对兔皮肤无刺激，对眼睛有轻度刺激。对豚鼠皮肤无过敏现象。大鼠吸入 0.37 mg/L 空气 1 h 无严重的影响。大鼠和小鼠 2 年喂养无作用剂量为 50 mg/kg 饲料。

生态效应 山齿鹑急性经口 LD_{50} 200 mg/kg。大翻车鱼 LC_{50}（96 h）约为 12.1 mg/L。水蚤 LC_{50}(48 h)>25 mg/L。羊角月牙藻 EC_{50}(96 h)2.5 mg/L。对蜜蜂无毒性，LC_{50}（接触）>11 μg/L。蚯蚓 NOEC(14 d) 100 g/kg 土壤。

环境行为 ①动物。在大鼠试验中，口服给药后，迅速被排出体外。②植物。形成众多光解产物。③土壤/环境。光能加速微生物降解，实验室中 DT_{50} 344 d，田间 DT_{50} 约 150 d。K_{oc} 2～6（取决于土壤类型）。

作用机理与特点 麦角甾醇生物合成抑制剂，通过抑制担孢子分裂的完成而起作用。具有保护、治疗和内吸活性。为甾醇脱甲基化（麦角甾醇生物合成）抑制剂。内吸的叶面杀真菌剂，具有治疗和保护活性。

应用 可控制较多的病原真菌，如假尾孢属、壳针孢属、黑粉菌属、白粉病、叶斑病等。在谷类作物上应用时，既可叶面喷洒也可用于种子处理。控制仁果、核果、葡萄树、啤酒花、黄瓜和其他作物上的白粉病及苹果黑星病等。以 40 g(a.i.)/hm^2 剂量，进行茎叶喷雾可防治大麦和小麦白粉病；也可以用 100～200 mg/kg 种子对大麦和小麦进行拌种，防治白粉病，还可用来防治果树上由白粉菌和黑星菌引起的病害。

专利与登记 专利 GB 1218623 早已过专利期，不存在专利问题。

合成方法 邻氯苯甲酰氯与氟苯缩合，所得生成物与由糠溴酸制得的 5-溴代嘧啶、丁基锂（或镁）在四氢呋喃中反应，即制得氟苯嘧啶醇。反应式如下：

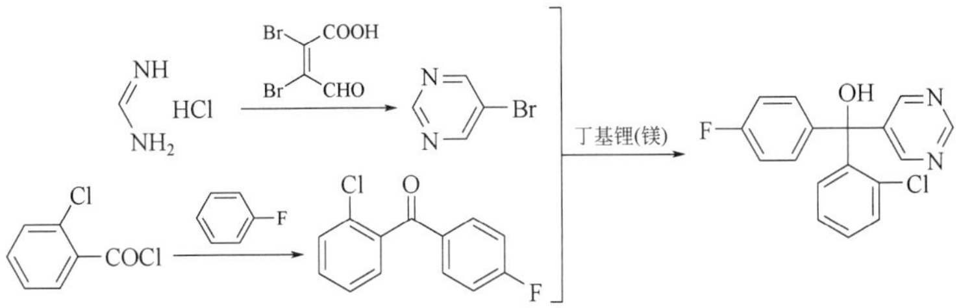

参考文献

[1] The Pesticide Manual. 17 th edition: 1209.

唑嘧菌胺（ametoctradin）

C$_{15}$H$_{25}$N$_5$，275.4，865318-97-4

唑嘧菌胺（试验代号：BAS 650 F，商品名称：Enervin、Initium、Resplend，其他名称：Orvego、Zampro、Decabane、辛唑嘧菌胺、苯唑嘧菌胺）是由巴斯夫公司开发的杀菌剂。

化学名称　5-乙基-6-辛基[1,2,4]三唑并[1,5-*a*]嘧啶-7-胺。IUPAC 名称：5-ethyl-6-octyl[1,2,4]triazolo[1,5-*a*]pyrimidin-7-amine。美国化学文摘（CA）系统名称：5-ethyl-6-octyl[1,2,4]triazolo[1,5-*a*]pyrimidin-7-amine。CA 主题索引名称：[1,2,4]triazolo[1,5-*a*]pyrimidin-7-amine —，5-ethyl-6-octyl-。

理化性质　纯品为无色晶体，含量>98%。熔点 197.7～198.7℃。沸点之前会分解（234℃）。蒸气压 2.1×10^{-7} mPa（20℃）。lgK_{ow}=4.40（中性水，20℃），Henry 常数 4.13×10^{-7} Pa•m^3/mol，相对密度 1.12（20～25℃），水中溶解度 0.15 mg/L（20～25℃），其他溶剂中溶解度（g/L，20～25℃）：丙酮 1.9，乙腈 0.5，二氯甲烷 3.0，乙酸乙酯 0.8，正己烷<0.01，甲醇 7.2，甲苯 0.1，二甲基亚砜 10.7。在无菌 50℃的 pH 4～9 缓冲溶液黑暗中至少 7 d 稳定不会水解。光解 DT$_{50}$ 38.4 d（无菌水，pH 7），pK_a 2.78。

毒性　大鼠急性经口 LD$_{50}$>2000 mg/kg，大鼠急性经皮 LD$_{50}$>2000 mg/kg；对兔眼睛和皮肤无刺激。吸入 LC$_{50}$(4 h)>5.5 mg/L，ADI 10 mg/kg。无遗传毒性。

生态效应　山齿鹑和野鸭急性经口 LD$_{50}$>2000 mg/kg，山齿鹑和野鸭饲喂 LC$_{50}$>5000 mg/kg，山齿鹑繁殖 NOEC>1400 mg/kg 饲料。鱼类 LC$_{50}$（96 h，mg/L）：虹鳟鱼>0.0646，大翻车鱼>0.129。水蚤 EC$_{50}$(48 h)>0.59 mg/L，羊角月牙藻 E$_r$C$_{50}$ 和 E$_b$C$_{50}$(96 h)>0.118 mg/L，摇蚊虫 NOEC(28 d)221.6 mg/kg 干沉积物。蜜蜂 LD$_{50}$（经口和接触）>100 μg/只。蚯蚓 NOEC>1000 mg/kg 干土。

环境行为　①动物。辛基侧链末端的烃基氧化成相应的酸，随后是羧酸链的降解。另外各自的氧化侧链与牛磺酸、葡萄糖醛酸发生键合。②植物。在植物中降解很慢，母体化合物是其唯一的残留。③土壤/环境。在土壤和水表层通过辛基侧链末端的氧化以及随后的开环能快速降解。最后导致矿化和渗入到腐殖质土壤/沉积物结构中。DT$_{50}$（欧洲、美国土壤）1～17 d，DT$_{50}$（水）1～4 d，DT$_{50}$（整个水/沉积体系）1～6 d。

制剂　悬浮剂、水分散粒剂。

主要生产商　BASF。

作用机理与特点　复Ⅲ型线粒体呼吸抑制剂。使线粒体不能产生和提供细胞正常代谢所需能量，最终导致细胞死亡。它能控制子囊菌亚门、担子菌亚门、半知菌亚门、鞭毛菌亚门卵菌纲等大多数病害。对孢子萌发及叶内菌丝体的生长有很强的抑制作用，具有保护和治疗活性。具有渗透性及局部内吸活性，持效期长，耐雨水冲刷。适合于预防性防治。

应用

（1）适用作物　瓜类（如黄瓜）、土豆、观赏植物、阔叶树、针叶树种、甘蓝叶菜类蔬菜、鳞茎类蔬菜、葫芦科蔬菜（如西葫芦）、果类蔬菜、葡萄、啤酒花、叶菜类蔬菜（如生菜）、块根蔬菜、球茎蔬菜、番茄等。

（2）防治对象 主要为真菌。例如葡萄霜霉病，马铃薯晚疫病菌，葫芦科、十字花科蔬菜、洋葱和生菜的晚期枯萎病。

（3）使用方法 Zampro（200 g/L ametoctradin+烯酰吗啉 226 g/L 悬浮剂）用于控制晚疫病每公顷使用 0.8～1 L，每次施药间隔 7～14 d，每季最多使用 4 次。Resplend（300 g/L ametoctradin+烯酰吗啉 225 g/L 悬浮剂）每公顷使用 0.8 L。

专利与登记

专利名称 Preparation of 7-aminotriazolopyrimidines as agrochemical fungicides

专利号 WO 2005087773 专利申请日 2005-09-22

专利拥有者 BASF

2010 年在欧盟及南美取得登记，后美国 EPA 已经批准了 BAS65000F（200 g/L 悬浮剂）、Zampro 和 Orvego（200 g/L ametoctradin+烯酰吗啉 226 g/L 悬浮剂）的登记，其中 BAS65000F 用于果树、蔬菜和蛇麻，Zampro 用于果树、蔬菜、葡萄和马铃薯，Orvego 用于观赏作物。目前唑嘧菌胺产品可在 50 多个国家用于超过 30 种特殊作物，包括葡萄、马铃薯、番茄、生菜及其他蔬菜等。

合成方法 经如下反应制得唑嘧菌胺：

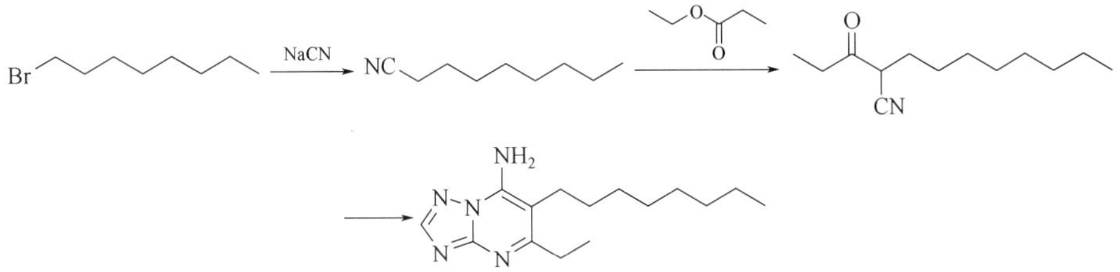

参考文献

[1] The Pesticide Manual.17 th edition: 33-34.

[2] 柴宝山, 付晓辰, 孙旭峰, 等. 辛唑嘧菌胺的合成与生物活性. 农药, 2012, 51(9): 645-646+674.

── 第十三节 ──

喹（唑/喔）啉（酮）类杀菌剂（quinazolinones、quinolines、quinones、quinoxalines）

灭螨猛（chinomethionat）

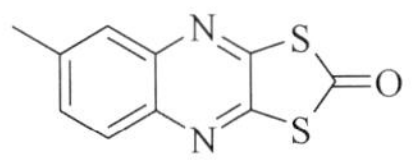

$C_{10}H_6N_2OS_2$，234.3，2439-01-2

灭螨猛（试验代号：Bayer 36 205、Bayer SAS 2074，商品名称：Morestan、Morestan VP）是由拜耳公司开发的杀菌、杀螨剂。

化学名称　6-甲基-1,3-二硫戊环并[4,5-*b*]喹喔啉-2-酮或 *S,S*-(6-甲基喹喔啉-2,3-二基)二硫代碳酸酯。IUPAC 名称：6-methyl-1,3-dithiolo[4,5-*b*]quinoxalin-2-one 或 *S,S*-(6-methylquinoxaline-2,3-diyl) dithiocarbonate。美国化学文摘（CA）系统名称：6-methyl-1,3-dithiolo[4,5-*b*]quinoxalin-2-one。CA 主题索引名称：1,3-dithiolo[4,5-*b*]quinoxalin- 2-one —, 6-methyl-。

理化性质　纯品为淡黄色结晶状固体，熔点170℃。蒸气压0.026 mPa（20℃）。分配系数 lgK_{ow}=3.78（20℃），Henry常数 $6.09×10^{-3}$ Pa·m³/mol（计算值）。相对密度1.556（20～25℃）。水中溶解度1 mg/L（20～25℃）。有机溶剂溶解度（g/L，20～25℃）：甲苯25，二氯甲烷40，己烷1.8，异丙醇0.9，环己酮18，DMF 10，石油醚4，溶于热的甲苯和二氧六环。在常温下相对稳定，在碱性介质中分解，DT_{50}（22℃）：10 d（pH 4），80 h（pH 7），225 min（pH 9）。

毒性　急性经口 LD_{50}（mg/kg）：雄大鼠2541，雌大鼠1095。大鼠急性经皮 LD_{50}>5000 mg/kg，对兔皮肤有轻度刺激，对兔眼睛有强烈刺激。大鼠吸入 LC_{50}（4 h，mg/L 空气）：雄>4.7，雌>2.2。NOEL 数据（mg/kg 饲料）：大鼠40（2 年），雄小鼠270（2 年），雌小鼠<90（2 年），狗25（1 年）。ADI 值0.006 mg/kg。

生态效应　山齿鹑急性经口 LD_{50} 196 mg/kg。山齿鹑和野鸭饲喂 LC_{50}（5 d）分别为2409 mg/kg 饲料和>5000 mg/kg 饲料。鱼类 LC_{50}（96 h，mg/L）：虹鳟鱼0.131，大翻车鱼0.0334，金色圆腹雅罗鱼0.24。对蜜蜂无毒，LD_{50}>100 μg/只。蚯蚓 LC_{50}（14 d）>1320 mg/kg。

环境行为　①动物。在大鼠试验中，口服给药后，灭螨猛迅速代谢，约90%在3 d之内随粪便和尿液排出。主要代谢物是灭螨猛磺酸（二甲基巯基喹喔啉-6-羧酸），及其共轭化合物。②植物。在水果上应用后，果肉中无渗透的原药和代谢产物。唯一检测到的代谢物是二羟基甲基喹喔啉二巯基化物。③土壤/环境。K_{oc} 45～90（从沙壤土到高有机质土壤的3种土壤类型），标准土壤 DT_{50} 1～3 d。

作用机理与特点　选择性非内吸性触杀型杀菌剂，具有保护和铲除活性。

应用　用于控制水果（包括柑橘类）、观赏植物、葫芦、棉花、咖啡、茶、烟草、核桃、蔬菜和温室作物的白粉病和螨，及蜡栗和黑醋栗的白粉病。对某些品种的苹果、梨、黑醋栗、玫瑰及观赏植物有药害。

专利与登记　专利 DE 1100372、BE 580478 早已过专利期，不存在专利权问题。

合成方法　以对甲苯胺为原料，经如下反应即制得目的物：

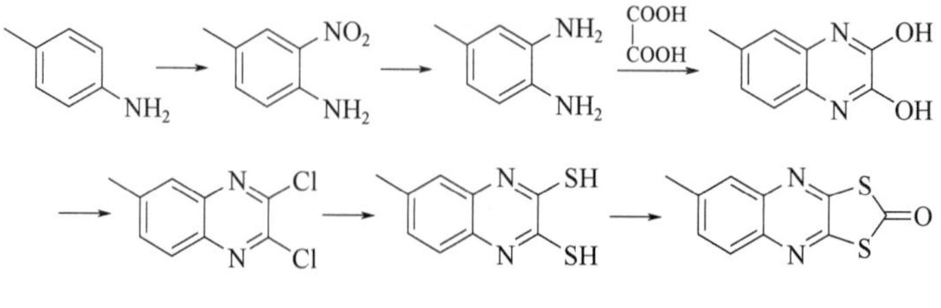

参考文献

[1] The Pesticide Manual.15 th edition: 173-174.

二氰蒽醌（dithianon）

$C_{14}H_4N_2O_2S_2$，296.3，3347-22-6

二氰蒽醌（试验代号：BAS 216F、CL37114、CME107、IT-931、MV 119A、SAG 107，商品名称：Agrition、Delan、Ditho、Dock、Fado、Kuki、Minosse、Zot，其他名称：二噻农）是由 BASF 公司开发的杀菌剂。

化学名称 2,3-二氰基-1,4-二硫代蒽醌。IUPAC 名称：5,10-dihydro-5,10-dioxonaphtho[2,3-*b*]-1,4-dithiin-2,3-dicarbonitrile。美国化学文摘（CA）系统名称：5,10-dihydro-5,10-dioxonaphtho[2,3-*b*]-1,4-dithiin-2,3-dicarbonitrile。CA 主题索引名称：naphtho[2,3-*b*]-1,4-dithiin-2,3-dicarbonitrile —, 5,10-dihydro-5,10-dioxo-。

理化性质 纯品为深棕色结晶状固体，具有铜的光泽（工业品浅棕色），熔点 215～216℃。蒸气压 $2.7×10^{-6}$ mPa。分配系数 $lgK_{ow}=3.2$，Henry 常数 $5.71×10^{-6}$ Pa·m³/mol（计算值）。相对密度 1.576（20～25℃）。水中溶解度（pH 7，20～25℃）：0.14 mg/L。有机溶剂溶解度（g/L，20～25℃）：甲苯 8，氯仿 12，丙酮 10，微溶于甲醇和二氯甲烷。浓酸、碱性介质中及长时间加热会分解，DT_{50} 12.2 h（pH 7，25℃）。稳定存在至 80℃。水溶液（0.1 mg/L）暴露于人造光下时 DT_{50} 19 h。闪点>300℃。

毒性 大鼠急性经口 LD_{50}>300 mg/kg，大鼠急性经皮 LD_{50}>2000 mg/kg。对皮肤无刺激，对眼严重刺激。雄性大鼠吸入 LC_{50}(4 h) 0.28 mg/L 空气。NOEL［2 年，mg/(kg·d)］：大鼠（2 年）1，狗（1 年）1.6，小鼠（1.5 年）2.8。ADI 0.01 mg/kg。无遗传毒性。制剂毒性：轻度急性经口毒性，无生殖、发育毒性，无致癌性。

生态效应 鸟类急性经口 LD_{50}［mg/(kg·d)］：鹌鹑 309，鸭子 2000。短期饲喂毒性 LC_{50}（mg/kg 饲料）：鹌鹑>5200，鸭子>5000。虹鳟鱼 LC_{50}(96 h) 44 μg/L。水蚤 EC_{50}(48 h) 260 μg/L，羊角月牙藻 EC_{50}(72 h) 90 μg/L。摇蚊 NOEC(28 d)125 μg/L。蜜蜂接触 LD_{50}>0.1 mg/只，蚯蚓 LC_{50}(14 d) 578.4 mg/kg 土壤。其他有益生物：对非靶标节肢动物无风险或不可接受的影响。

环境行为 ①动物。在组织和/或排泄物中仅检测到痕量的二氰蒽醌。在一系列的降解过程中，二氰蒽醌迅速、深入地代谢，推测主要的降解步骤是氧化/还原反应及和亲核试剂的反应，通过这些反应生成了众多的代谢物。由于所有代谢物的量都很少，代谢物没有被鉴定出来。②植物。在植物中，母体化合物被代谢为数量众多的微量的未知成分。③土壤/环境。土壤中 DT_{50}（实验室，20℃，41%～45% MWHC）2.6～37.6 d，DT_{90}（实验室，20℃）8.5～125 d，水中 DT_{50}（pH 7，20℃）0.6 d；K_{oc} 1167～6004 mL/g，空气中 DT_{50}<6.3 h。

主要生产商 BASF、Punjab、Sundat 及浙江禾益农化有限公司等。

作用机理与特点 具有多作用机理。通过与含硫基团反应和干扰细胞呼吸而抑制一系列真菌酶，最后导致病害死亡。具很好的保护活性的同时，也有一定的治疗活性。

应用

（1）**适宜作物**　果树包括仁果和核果如苹果、梨、桃、杏、樱桃、柑橘、咖啡、葡萄、草莓、啤酒花等。

（2）**安全性**　在推荐剂量下尽管对大多数果树安全，但对某些苹果树有药害。

（3）**防治对象**　除了对白粉病无效外，几乎可以防止所有果树病害如黑星病、霉点病、叶斑病、锈病、炭疽病、疮痂病、霜霉病、褐腐病等。

（4）**使用方法**　主要是茎叶处理。防治苹果、梨黑星病，苹果轮纹病，樱桃叶斑病、锈病、炭疽病和穿孔病，桃、杏缩叶病、褐腐病、锈病，柑橘疮痂病、锈病，草莓叶斑病等，使用剂量为 525 g(a.i.)/hm^2；防治啤酒花霜霉病使用剂量为 1400 g(a.i.)/hm^2；防治葡萄霜霉病使用剂量为 560 g(a.i.)/hm^2。不可与石油、碱性物质和含硫化合物混用。

专利与登记　专利 GB 857383 等早已过期，不存在专利权问题。

合成方法　以萘为原料，经如下反应即制得目的物：

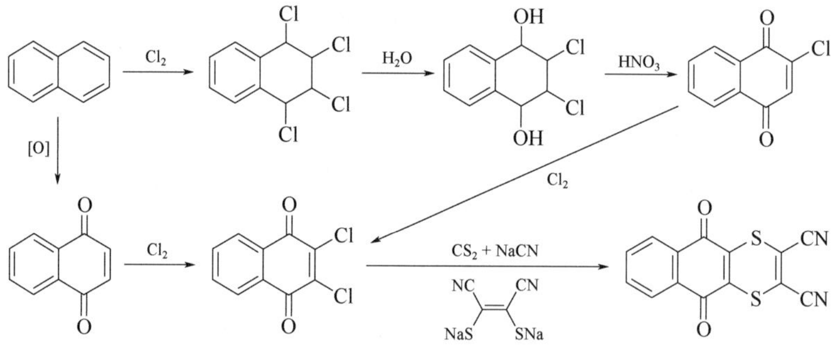

参考文献

[1] The Pesticide Manual.17 th edition: 388-389.

乙氧喹啉（ethoxyquin）

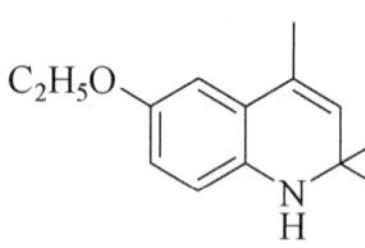

C$_{14}$H$_{19}$NO，217.3，91-53-2

乙氧喹啉（商品名称：Deccoquin、Escalfred、Pear Wrap Ⅰ、Pear Wrap Ⅲ、Santoquin、Sin-Scald、Escalfred Forte，其他名称：éthoxyquine、polyethoxyquinoline）是由孟山都公司开发的杀菌剂，现由 Indukern 公司生产。

化学名称　1,2-二氢-2,2,4-三甲基喹啉-6-基乙醚。IUPAC 名称：1,2-dihydro-2,2,4-trimethyl-6-quinolyl ethyl ether。美国化学文摘（CA）系统名称：6-ethoxy-1,2-dihydro-2,2,4-trimethyl-quinoline。CA 主题索引名称：quinoline—, 6-ethoxy-1,2-dihydro-2,2,4-trimethyl-。

理化性质　纯品为黏稠状黄色液体，沸点 123～125℃（266 Pa）。相对密度 1.029～1.031（20～25℃）。在空气中颜色变深，但不影响生物活性。

毒性　急性经口 LD$_{50}$（mg/kg）：大鼠 1920，小鼠 1730。会使兔和豚鼠皮肤起红斑，但只是短暂的。NOEL 数据 [mg/(kg·d)]：大鼠 6.25，狗 7.5。ADI 值: (JMPR) 0.005 mg/kg(1998,

2005)，(BfR) 0.01 mg/kg(2006)，(EPA) aRfD 0.03 mg/kg，cRfD 0.02 mg/kg(2004)。

生态效应 以 900 mg/L 乙氧基喹啉饲喂鲑鱼两个月没有不良的影响。在鲑鱼中 DT$_{50}$ 4～6 d，第 9 d 后无残留。该产品不直接接触作物，因此对蜜蜂无风险。

制剂 乳油、悬浮剂、喷雾剂。

主要生产商 Indukern。

作用机理与特点 植物抗氧化生长调节剂。抑制 α-法尼烯（α-farnesene）的氧化，据推测 α-法尼烯（α-farnesene）氧化后的产物可以导致细胞组织的坏死。

应用 主要用于防治贮藏病害，如苹果和梨的灼伤病。对于某些品种的苹果，使用该药剂后会留下"印记"即斑点。金冠苹果不宜使用。如果用在晚熟苹果上，可能会有苦味。制剂会引起梨的圆斑病，这种病由一种助剂引起。除特定的杀菌剂外，不宜与其他的化合物混用。

专利与登记 专利 US 2661277 等早已过期，不存在专利权问题。

合成方法 以丙酮和对乙氧基苯胺为原料，经如下反应制得目的物：

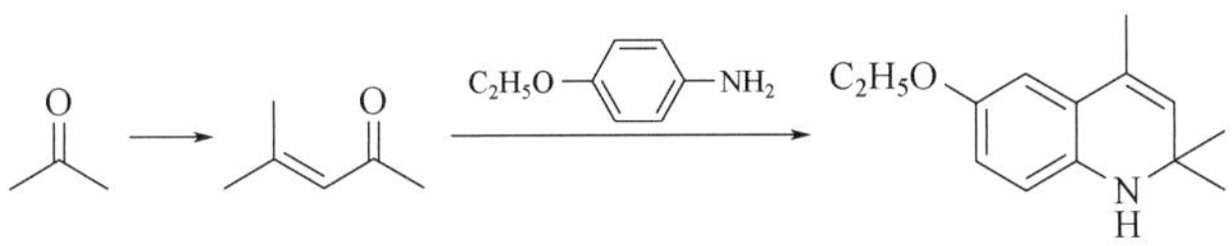

参考文献

[1] The Pesticide Manual.17 th edition: 428-429.

丙氧喹啉（proquinazid）

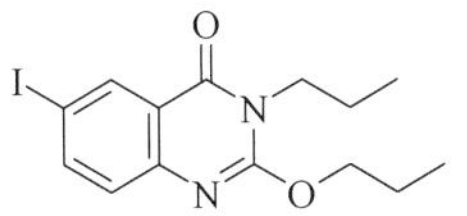

C$_{14}$H$_{17}$IN$_2$O$_2$，372.2，189278-12-4

丙氧喹啉（试验代号：DPX-KQ926、IN-KQ926，商品名：Talendo、Talius）是由杜邦公司研制的杀菌剂。

化学名称 6-碘-2-丙氧基-3-丙基喹唑啉-4(3H)-酮。IUPAC 名称：6-iodo-2-propoxy-3-propylquinazolin-4(3H)-one。美国化学文摘（CA）系统名称：6-iodo-2-propoxy-3-propyl-4(3H)-quinazolinone。CA 主题索引名称：4(3H)-quinazolinone —, 6-iodo-2-propoxy-3-propyl-。

理化性质 工业品含量>95%，纯品为白色结晶状固体，熔点 61.5～62℃，蒸气压 9×10^{-2} mPa（25℃），lgK_{ow}=5.5，Henry 常数 3×10^{-2} Pa·m^3/mol，相对密度 1.57（20～25℃）。水中溶解度 0.93 mg/L（pH 7，20～25℃）。有机溶剂中溶解度：丙酮、二氯甲烷、DMF、乙酸乙酯、正己烷、正辛醇、邻二甲苯中均>250（g/kg，20～25℃）；乙腈中 154、甲醇中 136（g/L，20～25℃）。稳定性：pH 为 4、7 和 9，水解稳定（20℃）。pH 2.4～11.6 之间不分解。

毒性 雄大鼠急性经口 LD$_{50}$>5000 mg/kg。大鼠急性经皮 LD$_{50}$>5000 mg/kg，对兔皮肤和眼睛无刺激。对豚鼠皮肤无致敏性。大鼠吸入 LC$_{50}$(4 h)>5.2 mg/L。大鼠 NOAEL（2 年）1.2 mg/kg。ADI(BfR) 0.01 mg/kg。

生态效应 山齿鹑急性经口 LD$_{50}$>2250 mg/kg，山齿鹑和野鸭饲喂 LC$_{50}$(5 d)>5620 mg/L。鱼类 LC$_{50}$（96 h，mg/L）：虹鳟鱼 0.349，大翻车鱼 0.454，鲈鱼>0.58。水蚤 EC$_{50}$(48 h) 0.287 mg/L。

羊角月牙藻 $EC_{50}(72\ h)>0.615\ mg/L$。其他水生生物 LC_{50}（96 h，mg/L）：东部牡蛎 0.219、糠虾 0.11。浮萍 $E_bC_{50}(14\ d)>0.2\ mg/L$。蜜蜂 LD_{50}（72 h，μg/只）：经口 125，接触 197。蚯蚓 $LC_{50}(14\ d)>1000\ mg/kg$ 土壤。

环境行为 ①动物。动物体内通过单羟基化和二羟基化作用并进一步氧化为羧酸而迅速代谢，这些反应主要发生在丙基和丙氧基侧链上。其他代谢模式包括 *O-* 和 *N-*脱烷基化和共轭（硫酸盐和葡萄糖醛酸）反应。在大鼠中，大多数（>90%）的给药剂量在 48 h 内排出体外。②植物。在小麦中，它是通过烷基侧链代谢的氧化和共轭进行代谢。丙氧喹啉是葡萄浆果的主要成分（35%～39%），以及脱卤化和 *O-*脱烷基化反应产生的少量代谢产物。丙氧喹啉被广泛地代谢并融入天然植物（葡萄和小麦）中。③土壤/环境。土壤 DT_{50} 40～345 d（4 种土壤，20℃），DT_{90} 131～1150 d（20℃）。在无菌的缓冲溶液中，pH 为 4、7、9 时稳定。在天然的水-沉积物系统中，DT_{50} 0.2 d，DT_{90} 2 d（pH 均为 7.2～7.5，20℃）。通过脱碘化和 2-丙氧基脱丙基化进行代谢，两种情况下，进一步代谢均生成脱碘喹唑啉酮。土壤光解 DT_{50} 16 d。K_{oc} 9091～160769 mL/g（平均 120870 mL/g）。

主要生产商 DuPont。

作用机理与特点 丙氧喹啉的作用位点影响感染过程的附着胞诱导阶段的信号传递通道。

应用 主要用于防治谷类和葡萄白粉病等病害，用量 50～75 g/hm²。

专利与登记

专利名称 Fungicidal fused bicyclic pyrimidinones

专利号 WO 9426722　　　　专利申请日 1994-05-10

专利拥有者 E. I. Du Pont de Nemours & Co., USA

合成方法 以 2-氨基-5-碘苯甲酸乙酯为原料，首先与丙基硫代异氰酸酯反应，后合环，再氯化，最后与丙醇钠反应即制得目的物。反应式如下：

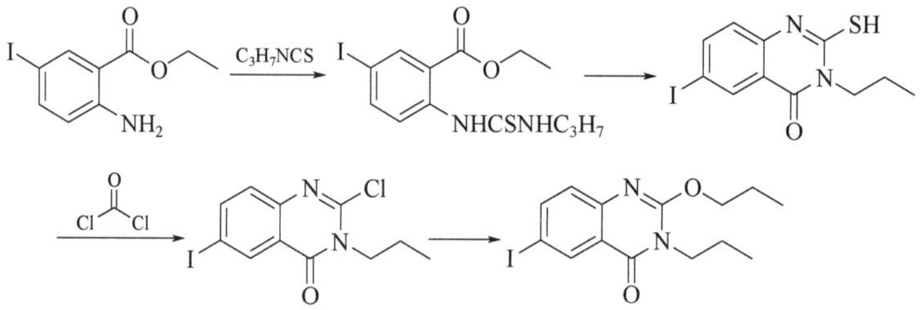

参考文献

[1] The Pesticide Manual.17 th edition: 940-941.

苯氧喹啉（quinoxyfen）

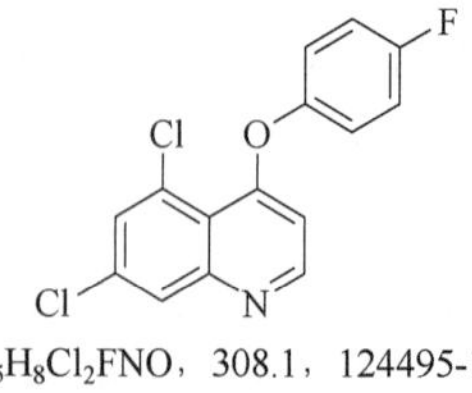

$C_{15}H_8Cl_2FNO$，308.1，124495-18-7

苯氧喹啉（试验代号：DE-795、LY 214352，商品名称：Legend，其他名称：灭藻醌）是由道农业科学（陶氏益农）公司开发的杀菌杀螨剂。

化学名称　5,7-二氯-4-喹啉 4-氟苯基醚或 5,7-二氯-4-(对-氟苯氧基)喹啉。IUPAC 名称：5,7-dichloro-4-quinolyl 4-fluorophenyl ether。美国化学文摘（CA）系统名称：5,7-dichloro-4-(4-fluorophenoxy)quinoline。CA 主题索引名称：quinoline —, 5,7-dichloro-4-(4-fluorophenoxy)-。

理化性质　原药纯度为 $\geq97\%$。纯品为灰白色固体，熔点 $106\sim107.5℃$。蒸气压：1.2×10^{-2} mPa（20℃），2.0×10^{-2} mPa（25℃）。分配系数 $\lg K_{ow}$ 4.66（pH 约 6.6，20℃）。Henry 常数 3.19×10^{-2} Pa·m³/mol。相对密度 1.56。水中溶解度（mg/L，20～25℃）：0.128（pH 5），0.116（pH 6.45），0.047（pH 7），0.036（pH 9）。有机溶剂中溶解度（g/L，20～25℃）：二氯甲烷 589，甲苯 272，二甲苯 200，丙酮 116，正辛醇 37.9，己烷 9.64，乙酸乙酯 179，甲醇 21.5。黑暗条件下 25℃时，pH 7 和 9 的水溶液中稳定，水解 DT_{50} 75 d（pH 4）。遇光分解。pK_a 3.56，呈弱碱性。闪点>100℃。

毒性　大鼠急性经口 $LD_{50}>5000$ mg/kg，兔急性经皮 $LD_{50}>2000$ mg/kg，大鼠急性吸入 LC_{50}(4 h)3.38 mg/L。对兔眼睛有中度刺激，对兔皮肤无刺激。对豚鼠皮肤是否致敏取决于试验情况。狗饲喂 52 周、大鼠致癌饲喂 2 年、大鼠繁殖无作用剂量均为 20 mg/(kg·d)。ADI（mg/kg）：(JMPR) 0.2(2006)，(EC) 0.2(2004)。无致突变、致畸或致癌性。

生态效应　山齿鹑急性经口 $LD_{50}>2250$ mg/kg。山齿鹑和野鸭饲喂 LC_{50}(8 d)>5620 mg/kg 饲料。鱼毒 LC_{50}(96 h，mg/L)：虹鳟鱼 0.27，大翻车鱼>0.28，鲤鱼 0.41。水蚤 EC_{50}(48 h) 0.08 mg/L。羊角月牙藻 E_bC_{50}(72 h) 0.058 mg/L。摇蚊 NOEC(28 d) 0.128 mg/L（水溶液）。蜜蜂 LD_{50}(48 h)>100 μg/只（经口和接触）。蚯蚓 LC_{50}(14 d)>923 mg/kg 土壤。其他有益生物：在试验条件和农田研究条件下，对大部分非目标物和有益节肢动物低毒。

环境行为　苯氧喹啉在植物、动物、土壤中的降解很慢。然而在酸性条件下的水解、水溶液中的光解以及在土壤/沉积物上的强烈吸附是主要的降解途径。苯氧喹啉及其代谢物不会渗到地下影响地下水。①动物。苯氧喹啉在大鼠体内不能全被吸收（最高 70%），但能够迅速地排出体外。主要的代谢途径为碳氧键的断裂，产物为 4-氟苯酚和 5,7-二氯-4-羟基喹啉。代谢物在山羊、奶牛和鸡体内也被研究过。②植物。苯氧喹啉在小麦植株体内只有轻微的代谢，并且麦粒上无残留。苯氧喹啉在小麦叶片表面上的主要代谢途径为光降解，生成多种极性不同的产物。温室葡萄和黄瓜上的主要残留为未被代谢的苯氧喹啉。③土壤/环境。在土壤中，DT_{50}（农田）11～454 d，DT_{90}（农田）>1 年，在试验条件下无累积。DT_{50}（试验条件，有氧）106～508 d（7 种土壤中的平均值，20～25℃），DT_{50}（试验条件，无氧）289 d（20℃）。在土壤中几乎不发生光解[光解半衰期 DT_{50}（农田）>1 年]。主要代谢物（2-氧喹啉，3-羟基喹啉）是通过喹啉环的氧化得到的，次要代谢产物（5,7-二氯-4-羟基喹啉，DCHQ）是醚键的断裂生成的，特别是在酸性土壤中，醚键的断裂更易发生。在土壤中的吸附系数 $K_{oc}=150415\sim750900$。苯氧喹啉及其残留物无渗透的风险，在水中，黑暗条件下可稳定存在。在水溶液中光解是苯氧喹啉降解的主要方式，光解半衰期 DT_{50} 1.7 h（7月），22.8 h（12月）。在避光的水/沉积物系统中，苯氧喹啉能够迅速地从水层迁移到沉积物层（消散半衰期 DT_{50} 3～7 d），降解的速率不是很快，试验条件下的降解半衰期 DT_{50} 35～150 d，降解产物为 2-氧喹啉。在空气中，使用后几乎不挥发，在大气中有少量的光解产物存在，光解半衰期 DT_{50} 1.88 d。

制剂　悬浮剂。

主要生产商　Dow AgroSciences。

作用机理与特点　不是甾醇生物合成抑制剂，也不是线粒体呼吸抑制剂。作用机理独特，为信号传递抑制剂，但具体作用机理未知。

应用

（1）适宜作物　禾谷类作物、葡萄、蔬菜、甜菜等。

（2）作物安全性　对作物安全、无药害，对环境亦安全，是理想的综合防治药剂。

（3）防治对象　白粉病等。

（4）使用方法　内吸性杀菌剂，对谷物类白粉病的防治有特效，叶面施药后，药剂可迅速地渗入到植株组织中，并向顶转移，持效期长达 70 d。同目前市场上已有的杀菌剂包括三唑类、甲氧基丙烯酸酯类等无交互抗性。防治麦类白粉病使用剂量为 $100 \sim 250$ g(a.i.)/hm^2；防治葡萄白粉病使用剂量为 $50 \sim 75$ g(a.i.)/hm^2。

专利与登记　专利 EP 326330、EP 569021 等均已过专利期，不存在专利权问题。

合成方法　以 3,5-二氯苯胺和对氟苯酚为原料，经如下反应即得目的物苯氧喹啉：

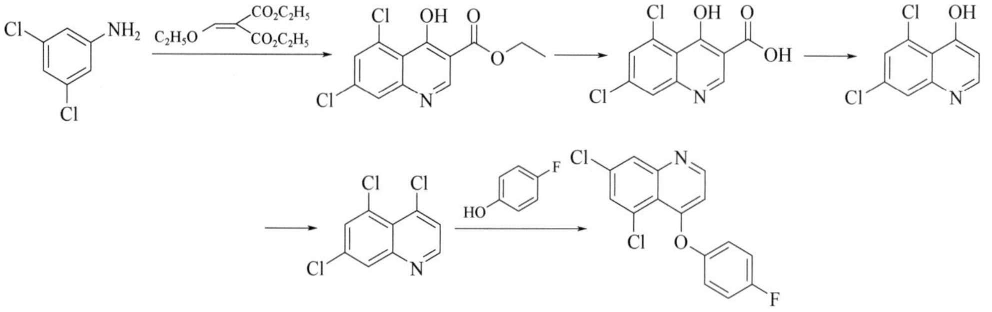

参考文献

[1] The Pesticide Manual.17 th edition: 995-997.

[2] Proc. Br. Crop Prot. Conf.－Pests Dis., 1996, 3: 1169.

[3] Proc. Br. Crop Prot. Conf.－Pests Dis., 1996, 1: 27.

quinofumelin

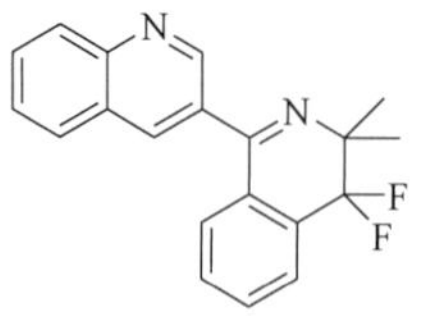

$C_{20}H_{16}F_2N_2$，322.4，861647-84-9

quinofumelin（试验代号 ARK-3010）由三井化学开发的喹啉类杀菌剂。

化学名称　3-(4,4-二氟-3,4-二氢-3,3-二甲基异喹啉-1-基)喹啉。IUPAC 名称：3-(4,4-difluoro-3,4-dihydro-3,3-dimethyl-1-isoquinolyl)quinoline。美国化学文摘（CA）系统名称：3-(4,4-difluoro-3,4-dihydro-3,3-dimethyl-1-isoquinolinyl)quinoline。CA 主题索引名称：quinoline —, 3-(4,4-difluoro-3,4-dihydro-3,3-dimethyl-1-isoquinolinyl)-。

作用机理与特点　具有全新作用机制和广谱杀菌活性。

应用　用作杀菌剂，对灰霉病和稻瘟病具有很好的防治效果。quinofumelin 的预期用途包括防治果树、叶菜类、果菜类、油籽作物和水稻等的病害。首个登记申请已于 2020 年在日本进行，之后在全球各国陆续展开。

专利与登记

专利名称　Preparation of quinoline compounds as agricultural fungicides

专利号　WO 2005070917　　　　专利申请日　2005-06-21

专利拥有者　日本三共公司

在其他国家申请的化合物专利　AU 2005206437、CA 2554187、CN 100556904、CN 1910172、EP 1736471、ES 2449741、JP 4939057、KR 1126773、KR 2006127154、PT 1736471、TW I351921、US 20080275242、US 7632783 等。

合成方法　通过如下反应制得目的物：

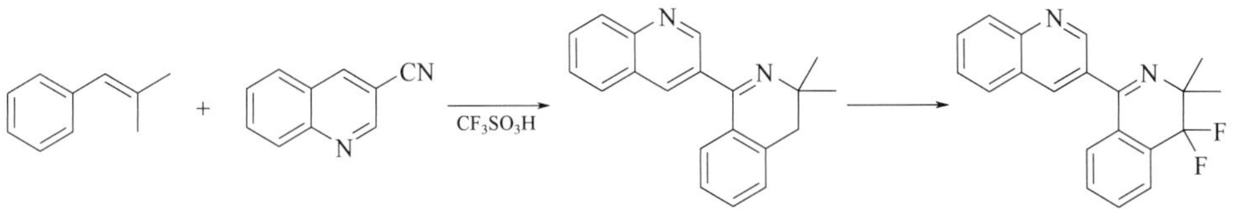

参考文献

[1]　徐利保, 杨吉春, 杨浩, 等. 2016 年公开的新农药品种. 农药, 2016, 55(11):838-839.

tebufloquin

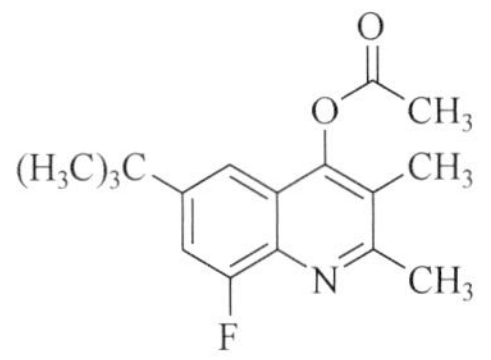

$C_{17}H_{20}FNO_2$，289.3，376645-78-2

tebufloquin（试验代号：AF-02、SN4524）是由明治制药株式会社（Meiji Seika Kaisha）开发的喹啉类杀菌剂，2013 年由 Kumiai 公司开发上市。

化学名称　6-叔丁基-8-氟-2,3-二甲基-4-喹啉基乙酸酯。IUPAC 名称：6-*tert*-butyl-8-fluoro-2,3-dimethyl-4-quinolyl acetate。美国化学文摘（CA）系统名称：6-(1,1-dimethylethyl)-8-fluoro-2,3-dimethyl-4-quinolinyl。CA 主题索引名称：4-quinolinol —, 6-(1,1-dimethylethyl)-8-fluoro-2,3-dimethyl-acetate。

理化性质　纯品为白色固体。相对密度 1.122（20～25℃）。lgK_{ow}=5.12（25℃）。沸点 379.56℃。闪点 183℃。

应用　用于防治水稻稻瘟病。Kumiai 公司 2017 年登记了 Try K Flowable (ethiprole+tebufloquin)。

专利与登记

专利名称　Bactericidal mixed composition for agriculture and horticulture

专利号　JP 2007112760　　　　专利申请日　2007-5-10

专利拥有者　明治制药株式会社

在其他国家申请的化合物专利　AU 4881885、AU 586194、BG 60408、BR 8505181、

CA 1242455、CY 1548、DE 2726684、DK 144891、DK 164854、DK 476585、DK 160870、DK 266990、EP 0179022、ES 8609221、GB 2165846、GB 2195635、GB 2195336、IL 76708、JP 3047159、JP 59059617、KR 900006761、LV 10769、NL 930085、TR 22452、US 5107017、US 4980506、US 4798837 等。

合成方法　经如下反应制得 tebufloquin：

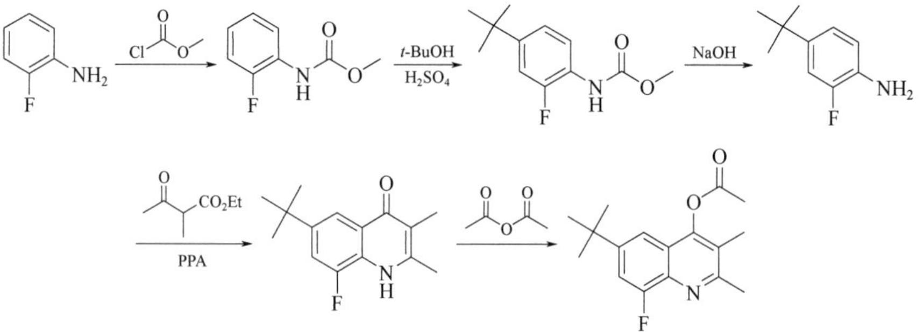

参考文献

[1]　The Pesticide Manual.17 th edition: 1060.

[2]　郝树林，田俊峰，徐英，等. Tebufloquin 的合成与生物活性. 农药, 2012, 51(6): 410-412.

ipflufenoquin

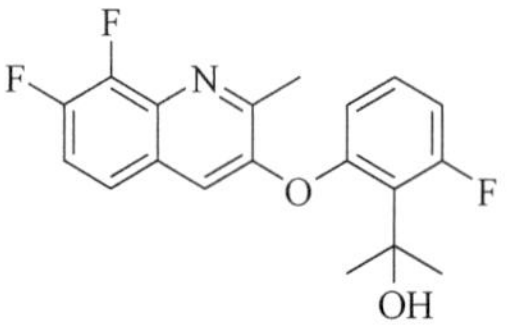

$C_{19}H_{16}F_3NO_2$，347.3，1314008-27-9

ipflufenoquin（开发代号 NF-180）是日本曹达公司开发的喹啉类杀菌剂。

化学名称　2-[(7,8-二氟-2-甲基-3-喹啉基)氧基]- 6-氟-a,a-二甲基苯甲醇。IUPAC 名称：2-{2-[(7,8-difluoro-2-methyl-3-quinolyl)oxy]-6-fluorophenyl}propan-2-ol。美国化学文摘（CA）系统名称：2-[(7,8-difluoro-2-methyl-3-quinolinyl)oxy]-6-fluoro-α,α-dimethylbenzenemethanol。CA 主题索引名称：benzenemethanol —, 2-[(7,8-difluoro-2-methyl-3-quinolinyl)oxy]-6-fluoro-α,α-dimethyl-。

作用机理与特点　ipflufenoquin 具有新颖作用机制，可用于防治对现有药剂产生抗性的病原菌。该剂为广谱杀菌剂，对多种病害有效。

应用　应用于仁果类水果、蔬菜、葡萄、油菜、水稻、草坪等。防治谱很广，可用于防治黑星病、灰霉病、菌核病、瘟病、炭疽病等。

专利与登记

专利名称　Nitrogen-containing heterocyclic compound and agricultural/horticultural germicide

专利号　WO 2011081174　　　专利申请日　2010-01-04

专利拥有者　日本曹达（Nippon-Soda）

在其他国家申请的化合物专利　AU 2010339323、BR 112012016111、CA 2786089 (A1)

CA 2786089、CN 102844304、CN 104170824、EP 2522658、IL 220692、KR 20140081897、TW 201249339、US 2012289702。

工艺专利　WO 2014065122、WO 2012161071、WO 2011081174。

合成方法　以 2,3-二氟苯胺为原料，经如下反应即制得目的物：

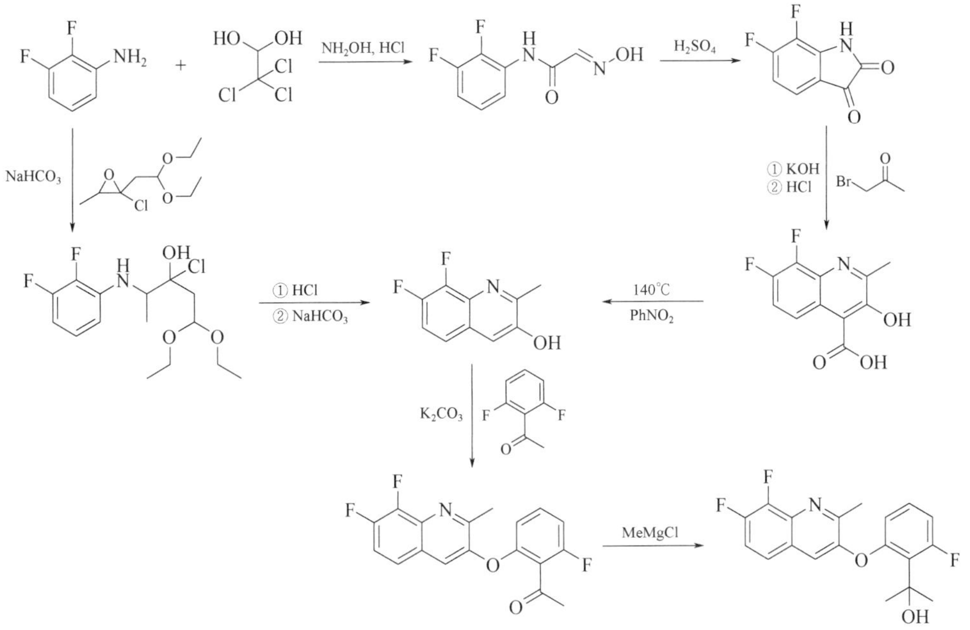

参考文献

[1] 柏亚罗. 烯丙苯噻唑——全球最大的抗病激活剂，日本第一大稻瘟病防治剂. http://www.agroinfo.com.cn/other_detail_4879.html [2018-01-04].

申嗪霉素（phenazine-1-carboxylic acid）

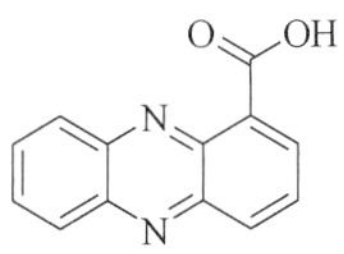

$C_{13}H_8N_2O_2$，224.2，2538-68-3

申嗪霉素是由上海交通大学和上海农乐生物制品股份有限公司研发的一种新型微生物源农药。1930 年 Fritz 等从芽孢杆菌细菌代谢物中得到吩嗪-1-羧酸，1975 年 Aizenman 等发现该化合物在有效剂量下，对各种真菌均有抑制效果，后续国外又有对其杀菌活性的报道。中国最早由欧进国等，于 1982 年报道了其合成方法。1997 年，上海交通大学从上海郊区甜瓜根际周围的土壤中，分离得到一株对多种植物病原菌具有强大抑菌作用的荧光假单胞菌株 M18。科研人员经过多年研究，从荧光假单胞菌株 M18 的发酵液中提取纯化并鉴定了主要的抗菌活性物质，其化学结构为已知具有生物活性的化合物吩嗪-1-羧酸。后经进一步研究实现了产业化，对水稻纹枯病病害有较好的防效。

化学名称　吩嗪-1-羧酸，phenazine-1-carboxylic acid。

理化性质 熔点 241～242℃。溶于醇、醚、氯仿、苯，微溶于水，在偏酸性及中性条件下稳定。

毒性 大鼠急性经口 LD$_{50}$>5000 mg/kg，大鼠急性经皮 LD$_{50}$>5000 mg/kg。

制剂 1%悬浮剂。

主要生产商 上海农乐生物制品股份有限公司。

作用机理与特点 申嗪霉素属于芳香杂环族吩嗪类化合物，该类化合物具有抗菌、抗肿瘤和抗寄生虫活性。其抗菌活性至少有两方面的机理：一是此类化合物在病原菌细胞内被还原的过程中会产生有毒的超氧离子和过氧化氢，能够氧化谷胱甘肽和转铁蛋白，产生高细胞毒性的羟自由基；二是由于吩嗪类化合物能够被 NADH 还原，成为电子传递的中间体，扰乱了细胞内正常的氧化还原稳态（NADH/NAD$^+$比率等），影响能量的产生，从而抑制微生物的生长。目前有关申嗪霉素更深入的抗菌作用机理尚不明确。其主要作用方式为喷雾施药，保护植株，防止病菌侵入，药剂无内吸性，并能促进植物生长，杀菌谱较广。

应用

（1）适用作物 黄瓜、水稻、辣椒、小麦、西瓜等。

（2）防治对象 有效防治水稻、小麦、蔬菜等作物上的枯萎病、蔓枯病、疫病、纹枯病、稻曲病、稻瘟病、霜霉病、条锈病、菌核病、赤霉病、炭疽病、灰霉病、黑星病、叶斑病、青枯病、溃疡病、姜瘟及土传病害。

（3）使用方法 ①防治枯萎病、蔓枯病、立枯病、猝倒病、根腐病：每亩用一瓶（45 mL）申嗪霉素 1000 倍稀释，灌根处理。②防治疫病、白粉病、霜霉病：每亩用一瓶（45 mL）申嗪霉素 1000 倍稀释，喷雾施用。

专利与登记

专利名称 吩嗪-1-羧酸生产菌培养基及吩嗪-1-羧酸制备方法

专利号 CN 1369566　　　　　专利申请日 2002-02-08

专利拥有者 上海交通大学，上海农乐生物制品股份有限公司

目前在国内登记了原药及 1%悬浮剂，主要用于防治黄瓜灰霉病（15～18 g/hm^2），辣椒疫病 [50～120 mL/亩或 7.5～18 g(a.i.)/hm^2]，水稻稻曲病（9～13.5 g/hm^2），水稻稻瘟病（9～13.5 g/hm^2），水稻纹枯病 [50～70 mL/亩或 7.5～10.5 g(a.i.)/hm^2]，西瓜枯萎病（500～1000 倍液，灌根），小麦全蚀病（1～2 g/100 kg 种子，拌种），小麦赤霉病（15～18 g/hm^2）。

参考文献

[1] 刘刚. 申嗪霉素登记应用新进展. 农药市场信息, 2019(17): 59-60.

第十四节

氨基甲酸酯类杀菌剂（carbamates）

一、创制经纬

氨基甲酸酯类杀菌剂大多来自随机筛选，或建立在已有化合物的基础上，经优化得到。

1. 乙霉威（diethofencarb）的创制经纬

由于苯并咪唑类杀菌剂长期使用，抗性发生已经相当严重。住友化学的科研人员在研究除草剂燕麦灵（Ⅰ）时发现，它与苯并咪唑类杀菌剂有负交互抗性，因此引起科研人员对氨基甲酸酯类化合物的关注，首先合成的化合物为Ⅱ，生测结果表明：化合物Ⅱ杀草活性较低，但具有很好的杀菌活性；在此基础上，进行进一步优化，发现多个具有 3,4,5-三取代的化合物活性是很高的，远高于 3,4-二取代的化合物，但毒性试验表明 3,4,5-三取代化合物的 Ames 试验为阳性，3,4-二取代化合物的 Ames 试验为阴性，最终选出乙霉威。

2. 胺苯吡菌酮（fenpyrazamine）的创制经纬

fenpyrazamine 的发现经历了漫长的过程，住友化学株式会社的研究团队对外来数据库中具有独特结构的化合物的生物活性进行评估，发现了 1 个化合物对小麦白粉病具有活性。以其为先导物展开了一系列合成和生物活性评估的筛选。研究团队在筛选苯环取代物的活性时，发现在苯环的邻位引入 1 个氯原子后得到的化合物（化合物 A）对灰葡萄孢表现出活性［EC$_{50}$：0.41 mg(a.i.)/L］，因此研究人员决定以化合物 A 为先导物来开发防治灰霉病的杀菌剂。此后研究团队又通过了大量的合成和生物活性评估发现了具有更高抑菌活性的化合物 B 和化合物 C，但是介于化合物 C 在土壤中降解缓慢，因此经过继续对化合物 C 进行修饰后发现得到的化合物不仅对灰葡萄具有良好的抑菌活性，且在土壤中能够快速降解，该物质即是 fenpyrazamine（胺苯吡菌酮）。

A EC$_{50}$：0.41mg(a.i.)/L　　B EC$_{50}$：0.17mg(a.i.)/L　　C EC$_{50}$：0.016mg(a.i.)/L　　EC$_{50}$：0.030mg(a.i.)/L

二、主要品种

霜霉威（propamocarb）

C$_9$H$_{21}$ClN$_2$O$_2$，224.7，24579-73-5

霜霉威（试验代号：AE B066752、SN 66 752、Zk66752，商品名称：Banol、Previcur N、

Previcur、Proplant、Promo、Tattoo，其他名称：丙酰胺）是 Schering AG（现为拜耳公司）开发的氨基甲酸酯类杀菌剂。

化学名称 （非盐酸盐)3-(二甲基氨基)丙基氨基甲酸丙酯。IUPAC 名称：propyl [3-(dimethylamino)propyl]carbamate。美国化学文摘（CA）系统名称：propyl N-[3-(dimethylamino)propyl]carbamate。CA 主题索引名称：carbamic acid —, N-[3-(dimethylamino)propyl]-propyl ester。

理化性质（盐酸盐）霜霉威的饱和水溶液浓度为 780 g/L，为无色带有淡淡芳香味的吸湿性晶体。熔点 64.2℃，蒸气压 $3.8×10^{-2}$ mPa（20℃），分配系数 $lgK_{ow}=-1.21$（pH 7）。Henry 常数 $1.7×10^{-8}$ Pa·m³/mol（20℃）。相对密度 1.085。水中溶解度>500 g/L（pH 1.6～9.6，20～25℃）。有机溶剂中溶解度（g/L，20～25℃）：正己烷<0.01，甲醇 656，二氯甲烷>626，甲苯 0.14，丙酮 560.3，乙酸乙酯 4.34。稳定性：不易水解和光解且能耐 400℃高温。pK_a 9.3（20℃）。闪点 400℃。表面张力 71.98 mN/m（20℃）。

毒性（盐酸盐）急性经口 LD_{50}（mg/kg）：大鼠 2000～2900，小鼠 2650～2800，狗 1450。大鼠和小鼠急性经皮 LD_{50}>3000 mg/kg。对兔皮肤和眼睛无刺激作用。对豚鼠皮肤无致敏性。大鼠急性吸入 LC_{50}(4 h)>5.54 mg/L 空气。NOEL 数据：2 年喂养试验无作用剂量大鼠为 1000 mg/kg，狗为 3000 mg/kg。无致突变作用。ADI 值：(JMPR) 0.4 mg/kg(2005，2006)，(EC) 0.29 mg/kg(2007)，(EPA) cRfD 0.11 mg/kg(1995)。

生态效应（盐酸盐）山齿鹑和野鸭急性经口 LD_{50}>1842 mg/kg。山齿鹑和野鸭饲喂 LC_{50}>962 mg/kg。鱼毒 LC_{50}（96 h，mg/L）：大翻车鱼>92，虹鳟鱼>99。水蚤 LC_{50}(48 h)106 mg/L。羊角月牙藻 E_rC_{50}(72 h) >85 mg/L。其他水生生物：亚洲牡蛎 EC_{50}(96 h) 43.9 mg/L，糠虾 LC_{50}(96 h) 105 mg/L。蜜蜂 LD_{50}（μg/只）：（经口）>84，（接触）>100。蚯蚓 LC_{50}(14 d)>660 mg/kg 土壤。其他有益生物：对缢管蚜茧蜂、捕食性螨、四叶草、七星瓢虫、豆天蛾和捕植性螨无害。

环境行为 ①动物。霜霉威经动物口服后能够迅速被吸收，并且能够很快通过尿液排出体外（在 24 h 内，排出量>90%）。主要降解途径为氧化和水解。②植物。在植物体内几乎不降解。③土壤/环境。在土壤中经过一个短暂的滞后期，会迅速地通过微生物降解，DT_{50}<30 d，DT_{90}<70 d。霜霉威主要残留于土壤上层（4～20 cm），并且几乎不会向下渗透。在水溶液中可以稳定存在，但是有水生微生物存在时会迅速降解。霜霉威可被吸附，但很难被解吸。

制剂 66.5%、72.2%霜霉威（盐酸盐）水剂。

主要生产商 Agria、Agriphar、Bayer CropScience、Synthesia、重庆双丰化工有限公司、大连瑞泽农药股份有限公司、江苏宝灵化工股份有限公司、江苏蓝丰生物化工股份有限公司、上海中西制药有限公司、一帆生物科技集团有限公司及浙江禾本科技有限公司等。

作用机理与特点 主要抑制病菌细胞膜成分磷脂和脂肪酸的生物合成，抑制菌丝生长、孢子囊的形成和萌发。霜霉威属内吸传导性杀菌剂，当用于土壤处理时，能很快被根吸收并向上输送到整个植株。当用于茎叶处理时，能很快被叶片吸收并分布在叶片中，在 30 min 内就能起到保护作用。该药还可用于无土栽培、浸泡块茎和球茎、制作种衣剂等。因其作用机理与其他杀菌剂不同，与其他药剂无交互抗性，尤其对常用杀菌剂已产生抗药性的病菌有效。

应用

（1）适宜作物与安全性 适用于黄瓜、番茄、甜椒、莴苣、马铃薯等以及烟草、草莓、草坪、花卉等。霜霉威在黄瓜等蔬菜作物上的安全间隔期为 3 d。在推荐剂量下，不论使用方法如何，在作物的任何生长期都十分安全，并且对作物根、茎、叶的生长有明显的促进作用。

（2）防治对象 对卵菌纲真菌有特效，可有效防治多种作物的种子、幼苗、根、茎、叶部卵菌纲引起的病害如霜霉病、猝倒病、疫病、晚疫病、黑胫病等。霜霉威不推荐用于防治葡萄霜霉病。

（3）使用方法

① 防治苗期猝倒病和疫病　播种前或播种后、移栽前或移栽后均可施用，每平方米用72.2%水剂 5～7.5 mL 加 2～3 L 水稀释灌根。

② 防治霜霉病、疫病等　在发病前或初期，每亩用 72.2%水剂 60～100 mL 加 30～50 L 水喷雾，每隔 7～10 d 喷药 1 次。为预防和治理抗药性，推荐每个生长季节使用霜霉威 2～3 次，与其他不同类型的药剂轮换使用。

专利与登记　专利 DE 1567169、DE 1643040 早已过专利期，不存在专利权问题。国内登记情况：90%、95%、96%原药，722g/L、35%水剂，登记作物为黄瓜、甜椒、烟草等，防治对象为黑胫病、霜霉病、猝倒病等。国外公司在国内登记情况见表 2-84、表 2-85。

表 2-84　德国拜耳股份公司在中国的登记情况

登记名称	登记证号	含量	剂型	登记作物	防治对象	用药量	施用方法
霜霉威盐酸盐	PD20070231	霜霉威盐酸盐 69%	原药				
氟菌·霜霉威	PD20090012	霜霉威盐酸盐 625 g/L、氟吡菌胺 62.5 g/L	悬浮剂	番茄	晚疫病	618.8～773.4 g/hm²	喷雾
				黄瓜	霜霉病		
霜霉威盐酸盐	PD225-97	霜霉威盐酸盐 722 g/L	水剂	甜椒	疫病	775.5～1164 g/hm²	喷雾
				黄瓜	猝倒病	3.6～5.4 g/m²	苗床浇灌
				黄瓜	疫病	3.6～5.4 g/m²	苗床浇灌
				黄瓜	霜霉病	649.8～1083 g/hm²	喷雾

表 2-85　爱利思达生物化学品比利时公司在中国的登记情况

登记名称	登记证号	含量	剂型	登记作物	防治对象	用药量/(g/hm²)	施用方法
霜霉威盐酸盐原药	PD20070010	97%	原药				
霜霉威盐酸盐	PD20070009	722 g/L	水剂	黄瓜	霜霉病	649.8～1083	喷雾
				甜椒	疫病	775.5～1164	

合成方法　以丙烯腈为原料，通过如下反应制得目的物：

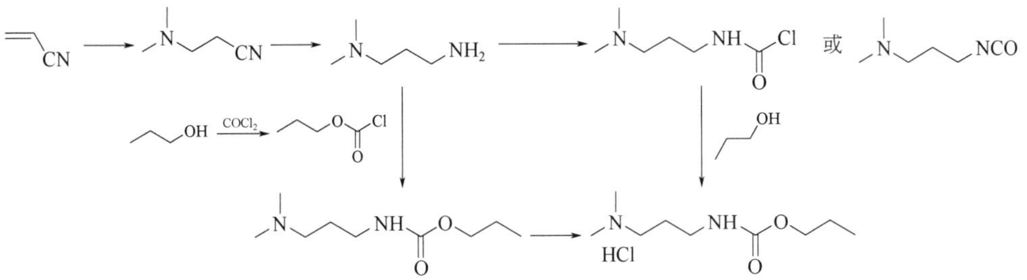

参考文献

[1]　The Pesticide Manual.17 th edition: 919-920.

磺菌威（methasulfocarb）

C₉H₁₁NO₄S₂，261.3，66952-49-6

磺菌威（试验代号：NK 191，商品名称：Kayabest）是由日本化药公司开发的氨基甲酸酯类杀菌剂，并具有植物生长调节活性。

化学名称　甲基硫代氨基甲酸-S-(4-甲基磺酰氧苯基)酯。IUPAC 名称：S-[4-(mesyloxy)phenyl] methyl(thiocarbamate)。美国化学文摘（CA）系统名称：4-[[hydroxy(methylimino)methyl]thio] phenyl 1-methanesulfonate。CA 主题索引名称：phenol—, 4-[[hydroxy(methylimino)methyl]thio]- 1-methanesulfonate。

理化性质　纯品为无色晶体，熔点 137.5～138.5℃。水中溶解度 480 mg/L，易溶于苯、乙醇和丙酮。对日光稳定。

毒性　大鼠急性经口 LD_{50}（mg/kg）：雄 119，雌 112。小鼠急性经口 LD_{50}（mg/kg）：雄 342，雌 262。大鼠急性吸入 LC_{50}(4 h) >0.44 mg/L 空气。大、小鼠急性经皮 LD_{50}>5000 mg/kg。Ames 试验、染色体畸变和微核试验均为阴性。对小鼠无诱变性，对大鼠无致畸作用。

生态效应　鲤鱼 LC_{50}(48 h) 1.95 mg/L，水蚤 LC_{50}(3 h) 24 mg/L。

制剂　10%粉剂。

主要生产商　Nippon Kayaku。

应用　磺菌威是育苗箱使用的广谱土壤杀菌剂，主要用于防治根腐菌属、镰刀菌属、腐霉属、木霉属、伏革菌属、毛霉属、丝核菌属和极毛杆菌属等病原菌引起的水稻枯萎病。磺菌威还能很有效地控制稻苗急性萎蔫症病害的发生。磺菌威能促进稻苗根系生长和控制植株徒长，因而可以提供高质量的壮苗。用磺菌威处理秧苗的根系生长好，移植后还可以增加新生根的长度，保证稻苗在水田早期阶段继续健康地生长和发育。磺菌威在播种前只需施用 1 次，即把药剂和育苗土壤混合就行。残效期较长，不仅在幼苗期，在中期阶段也有作用。具体使用方法为将 10%粉剂混入土内，剂量为每 5 L 育苗土 6～10 g，在播种前 7 d 之内或临近播种时使用。

专利与登记　专利 DE 2745229 早已过专利期，不存在专利权问题。

合成方法　磺菌威的合成方法主要有如下三种。

方法 1：以对羟基苯磺酸为原料，先与甲基磺酰氯反应，再与三氯氧磷制得 4-甲磺酸基苯磺酰氯，然后还原得到 4-甲磺酸基苯硫酚，最后与甲基异氰酸酯反应或与光气反应后再与甲胺反应，处理得目的物磺菌威。反应式如下：

方法 2：以苯酚为原料，先与硫氰酸胺或二氯二硫反应后经还原制得对巯基苯酚，然后与甲基异氰酸酯反应，最后与甲基磺酰氯反应即得目的物。反应式如下：

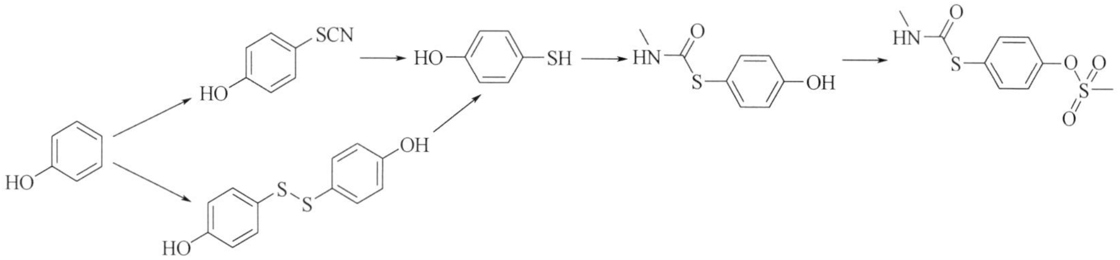

方法 3：以对氯硝基苯为原料，先与硫化钠反应，再经重氮化制得对巯基苯酚，以后的操作同方法 2。反应式如下：

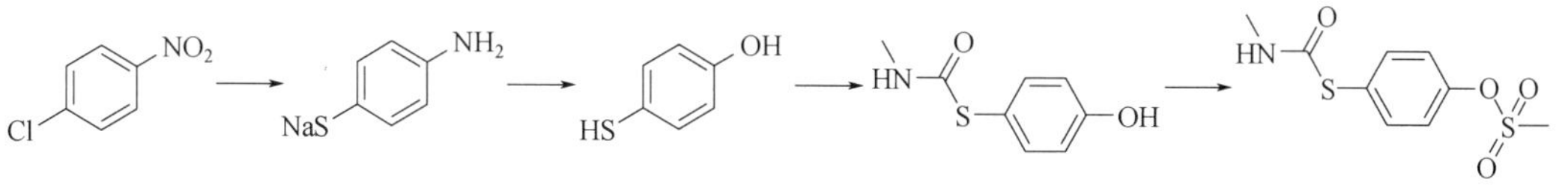

参考文献

[1] The Pesticide Manual.17 th edition: 1202.

[2] Japan pesticide Information. 1985,46: 17.

[3] 柳庆先. 杀菌剂磺菌威的合成方法. 农药, 1992(6): 22-23.

乙霉威（diethofencarb）

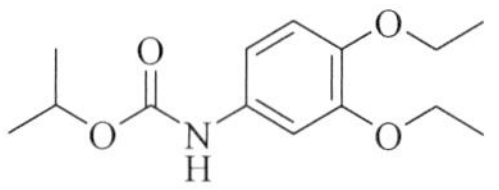

$C_{14}H_{21}NO_4$，267.3，87130-20-9

乙霉威（试验代号：S-165，商品名称：Sumico，其他名称：Frugico、Powmil、Powmyl）由日本住友化学公司开发的氨基甲酸酯类杀菌剂。

化学名称　3,4-二乙氧基苯基氨基甲酸异丙酯。IUPAC 名称：isopropyl 3,4-diethoxycarbanilate。美国化学文摘（CA）系统名称：1-methylethyl N-(3,4-diethoxyphenyl) carbamate。CA 主题索引名称：carbamic acid —, N-(3,4-diethoxyphenyl)-1-methylethyl ester。

理化性质　原药为无色至浅褐色固体。纯品为白色结晶，熔点 100.3℃。蒸气压 9.44× 10^{-3} mPa（20℃）。分配系数 $\lg K_{ow}$=3.02（25℃），Henry 常数 $9.17×10^{-5}$ Pa·m^3/mol（计算值，25℃）。相对密度 1.19。水中溶解度 27.64 mg/L（20～25℃）。有机溶剂中的溶解度（20～25℃，g/kg）：己烷 1.3，甲醇 101，二甲苯 30。闪点 140℃。

毒性　大鼠急性经口 LD$_{50}$>5000 mg/kg，大鼠急性经皮 LD$_{50}$>5000 mg/kg。大鼠急性吸入 LC$_{50}$(4 h)>1.05 mg/L。ADI 值(BfR) 0.43 mg/kg(2002)。Ames 试验无诱变作用。

生态效应　山齿鹑和野鸭急性经口 LD$_{50}$>2250 mg/kg。虹鳟鱼 LC$_{50}$(96 h)>18 mg/L，水蚤 LC$_{50}$(3 h)>10 mg/L，蜜蜂接触 LC$_{50}$ 20 μg/只。

环境行为　①动物。大鼠口服 ^{14}C 标记的乙霉威后，在 7 d 之内有 98.5%～100%的 ^{14}C 排出体外。在大鼠体内的主要代谢途径为 4-乙氧基的脱乙基化反应、氨基甲酸酯键的断裂、乙酰化以及葡糖醛酸与硫酸盐的络合。②植物。在植物体内很容易降解。③土壤/环境。在土壤中很容易降解，有氧条件下降解半衰期 $DT_{50}<1\sim6\ d$，在无氧条件下降解很慢。

制剂 25%可湿性粉剂。

主要生产商 江苏蓝丰生物化工股份有限公司、山东亿嘉农化有限公司及住友化学株式会社等。

作用机理与特点 通过叶和根吸收，并通过在胚芽管中抑制细胞的分裂而使灰霉病得到抑制。具有保护和治疗作用。

应用

（1）适宜作物 蔬菜如黄瓜、番茄、洋葱、莴苣，草莓，甜菜，葡萄等。

（2）防治对象 能有效地防治对多菌灵产生抗性的灰葡萄孢病菌引起的葡萄和蔬菜灰霉病。

（3）使用方法 茎叶喷雾，使用剂量通常为 $250\sim500\ g(a.i.)/hm^2$ 或 $250\sim500\ mg(a.i.)/L$。具体使用方法如下：12.5 mg/L 喷雾，防治黄瓜灰霉病、茎腐病；50 mg/L 喷雾，防治甜菜叶斑病，其防效均为100%；25%可湿性粉剂，以 125 mg/L 防治番茄灰霉病。用于水果保鲜防治苹果青霉病时，加入 500 mg/L 硫酸链霉素和展着剂浸泡 1 min，用量为 $500\sim1000\ mg/L$，防效为95%。

专利与登记 专利 US 4608385 早已过专利期，不存在专利权问题。国内登记情况：95%原药，25%、50%、65%可湿性粉剂，26%、66%水分散粒剂。登记作物：番茄、黄瓜。日本住友化学株式会社在中国的登记情况见表 2-86。

表 2-86　日本住友化学株式会社在中国的登记情况

登记名称	登记证号	含量	剂型	登记作物	防治对象	用药量/(g/hm²)	施用方法
乙霉威	PD20070063	95%乙霉威	原药				
甲硫·乙霉威	PD20070064	52.5%甲基硫菌灵、12.5%乙霉威	可湿性粉剂	番茄	灰霉病	454.5～682.5	喷雾

合成方法 以邻苯二酚为原料，经醚化、硝化、还原制得二乙氧基苯胺，再与氯甲酸异丙酯缩合，即得目的物。反应式如下：

参考文献

[1] The Pesticide Manual.17 th edition: 339-340.

[2] Japan Pesticide Information, 1990, 57: 7.

[3] Japan Pesticide Information, 1991, 59: 19.

[4] 宋宝安, 胡德禹. 杀菌剂乙霉威合成方法的研究. 农药, 1990(5): 11-12.

异丙菌胺（iprovalicarb）

$C_{18}H_{28}N_2O_3$，320.4，140923-17-7

异丙菌胺（试验代号：SZX 0722、SZX 722，商品名称：Melody、Positon、Invento）是拜耳公司开发的氨基酸类杀菌剂。

化学名称 2-甲基-1-[(1-对-甲基苯基乙基)氨基甲酰基]-(S)-丙基氨基甲酸异丙酯。IUPAC 名称：isopropyl [(1S)-2-methyl-1-{[(1RS)-1-p-tolylethyl]carbamoyl}propyl]carbamate。美国化学文摘（CA）系统名称：1-methylethyl N-[(1S)-2-methyl-1-[[[1-(4-methylphenyl)ethyl]amino]carbonyl]propyl]carbamate。CA 主题索引名称：carbamic acid —,N-[(1S)-2-methyl-1-[[[1-(4-methylphenyl)ethyl]amino]carbonyl]propyl]-1-methylethyl ester。

理化性质 由两个异构体（SS 和 SR）按 1:1 组成的混合物。原药淡黄色粉状固体。纯品为白色固体。熔点：163～165℃（混合物），183℃（SR），199℃（SS）。蒸气压（mPa，20℃）：$7.7×10^{-5}$（混合物），$4.4×10^{-5}$（SR），$3.5×10^{-5}$（SS）。分配系数 $\lg K_{ow}$=3.18（SR），3.20（SS）。Henry 常数（Pa·m³/mol，计算值，20℃）：$1.3×10^{-6}$（SR），$1.6×10^{-6}$（SS）。相对密度 1.11（20～25℃）。水中溶解度（mg/L，20～25℃）：11（SR），6.8（SS）。有机溶剂溶解度（g/L，20～25℃）：二氯甲烷 97（SR）、35（SS），甲苯 2.9（SR）、2.4（SS），丙酮 22（SR）、19（SS），正己烷 0.06（SR）、0.04（SS），异丙醇 15（SR）、13（SS）。稳定性：在 pH 5～9（25℃）水溶液中可以稳定存在。比旋光度：$[\alpha]^2_D$(SR)- +49.52°（c=10.32 g/L，甲醇），(SS)- −94.40°（c=11.05 g/L，甲醇）。

毒性 大鼠急性经口 LD_{50}>5000 mg/kg。大鼠急性经皮 LD_{50}>5000 mg/kg。对兔眼睛和皮肤无刺激。对豚鼠皮肤无致敏性。大鼠急性吸入 LC_{50}(4 h) 4977 mg/m³ 空气。NOEL 数据［2 年，mg/(kg·d)］：雄大鼠 500，雌大鼠 500，雄小鼠 1400，雌小鼠 7000，狗<80（1 年）。ADI 值 0.015 mg/kg。无"三致"。

生态效应 山齿鹑急性经口 LD_{50} >2000 mg/kg。山齿鹑和野鸭饲喂 LC_{50}(5 d)>5000 mg/kg 饲料。鱼毒 LC_{50}（96 h，mg/L）：虹鳟鱼>22.7，大翻车鱼>20.7。水蚤 EC_{50}(48 h)>19.8 mg/L。羊角月牙藻 $E_{b/r}C_{50}$(72 h)>10.0 mg/L。蜜蜂 LD_{50}（48 h，μg/只）：>199（经口），>200（接触）。蚯蚓 LC_{50}(14 d) >1000 mg/kg 土壤。其他有益生物：在 461 g/hm² 剂量下对捕食性螨无害，在 2×461 g/hm² 剂量下对捕食性步甲无害，在 550 g/hm² 剂量下对七星瓢虫无害，在 450 g/hm² 剂量下对缢管蚜茧蜂无害。在低于 4.95 kg/hm² 的浓度下对土壤有机层无副作用。

环境行为 ①动物。大鼠和哺乳期的山羊口服放射性同位素标记的异丙菌胺后，很容易通过粪便和尿液排出体外。异丙菌胺在动物体内广泛地被代谢，在体内的主要残留为甲基环氧化生成的羧酸衍生物和原药。②植物。通过对葡萄、番茄和马铃薯地上部分的检测，发现残留物主要集中于植株表面。异丙菌胺在植物上的降解非常慢，残留物主要是异丙菌胺。③土壤/环境。异丙菌胺在有氧条件下在土壤中可以完全降解，最终生成二氧化碳。降解半衰期 DT_{50}（实验室条件）2～30 d，DT_{50}（自然条件）1～17 d。在土壤中的吸附系数 K_{oc}（5 个土壤样品）106 mL/g。异丙菌胺在土壤中的流动性不高。

主要生产商 Bayer CropScience。

作用机理与特点 具体的作用机理尚不清楚，研究表明其影响氨基酸的代谢，且与已知杀菌剂作用机理不同。与甲霜灵、霜脲氰等无交互抗性。它是通过抑制孢子囊胚芽管的生长、菌丝体的生长和芽孢形成而发挥对作物的保护、治疗作用。

应用

（1）适宜作物及安全性 葡萄、马铃薯、番茄、黄瓜、柑橘、烟草等。对作物、人类、环境安全。

（2）防治对象 霜霉病、疫病等如葡萄霜霉病、马铃薯晚疫病、番茄晚疫病、黄瓜霜霉病、烟草黑胫病等。

（3）使用方法 既可用于茎叶处理，也可用于土壤处理（防治土传病害）。防治葡萄霜霉病使用剂量为 $120\sim150$ g(a.i.)/hm^2；防治马铃薯晚疫病、番茄晚疫病、黄瓜霜霉病、烟草黑胫病使用剂量为 $180\sim220$ g(a.i.)/hm^2。为避免抗性发生，建议与其他保护性杀菌剂混用。

专利与登记 专利 DE 4026966、DE 19631270 等均早已过专利期，不存在专利权问题。

合成方法 以取代的 L-氨基酸为起始原料，首先与氯甲酸异丙酯反应，再与取代的苄胺缩合即得目的物。反应式为：

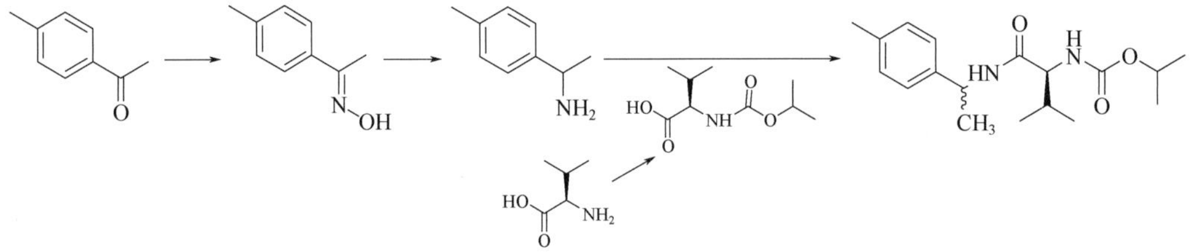

参考文献

[1] Proc. Brighton Crop Prot. Conf. —Pests &Diseases. 1998, 367.

[2] The Pesticide Manual. 17 th edition: 652-653.

苯噻菌胺（benthiavalicarb-isopropyl）

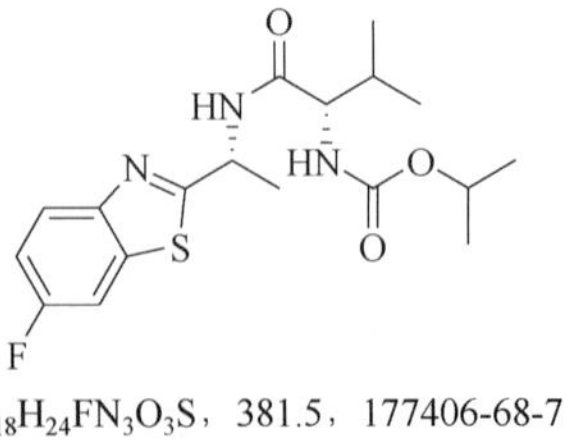

C$_{18}$H$_{24}$FN$_3$O$_3$S，381.5，177406-68-7

苯噻菌胺（试验代号：KIF-230，商品名称：Betofighter、Valbon、Vincare，其他名称：Completto、Ekinine、Propose）是日本组合化学株式会社和庵原化学工业株式会社共同开发的氨基酸酰胺类杀菌剂。

化学名称 [(S)-1-[(R)-1-(6-氟苯并噻唑-2-基)乙基氨基甲酰基]-2-甲基丙基]氨基甲酸异丙酯。IUPAC 名称：[(1S)-1-{[(1R)-1-(6-fluoro-1,3-benzothiazol-2-yl)ethyl]carbamoyl}-2-methylpropyl] carbamate。美国化学文摘（CA）系统名称：N-[(1S)-1-[[[(1R)-1-(6-fluoro-2-benzothiazolyl)ethyl] amino]carbonyl]-2-methylpropyl]carbamate。CA 主题索引名称：carbamic acid —, *N*-[(1*S*)-1-[[[(1*R*)-1-(6-fluoro-2-benzothiazolyl)ethyl]amino]carbonyl] -2-methylpropyl]-benthiavalicarb 1-methylethyl ester。

理化性质 原药含量≥91%。纯品白色粉状固体，熔点 153.1℃，169.5℃（多晶）。在 240℃时分解。蒸气压<0.3 mPa（25℃）。相对密度 1.25（20~25℃）。分配系数 lgK_{ow}=2.3~2.9（pH 5~9，20~25℃）。Henry 常数 8.72×10^{-3} Pa·m^3/mol（计算）。水中溶解度（mg/L，20~25℃）：13.14（非缓冲溶液），10.96（pH 5），12.76（pH 9）。在有机溶剂中的溶解度（g/L，20℃）：甲醇 41.7，辛烷 2.15×10^{-2}，二甲苯 0.501，丙酮 25.4，二氯甲烷 11.5，乙酸乙酯 19.4。稳定性：水解稳定，水解半衰期 DT$_{50}$>1 年（pH 4、7 和 9，25℃）。在天然水中的光解半衰期 DT$_{50}$ 301 d，蒸馏水中光解半衰期 DT$_{50}$ 131 d（24.8℃，400 W/m^2，300~800 nm）。pK_a 值：在 pH 1.12~12.81，20℃时不电离。

毒性 急性经口 LD$_{50}$（mg/kg）：大鼠>5000，小鼠>5000。大鼠急性经皮 LD$_{50}$>2000 mg/kg。大鼠吸入毒性 LC$_{50}$(4 h)>4.6 mg/L。对兔眼有轻微刺激，对兔皮肤无刺激作用，对豚鼠皮肤致敏，诱发性 Ames 试验为阴性，对大鼠和兔无致畸性，无致癌性。NOEL 数据［2 年，mg/(kg·d)］：雄大鼠 9.9，雌大鼠 12.5。ADI 值：(EC) 0.1 mg/kg(2007)，(EPA) cRfD 0.099 mg/kg(2006)，(FSC) 0.069 mg/kg(2007)。

生态效应 山齿鹑和野鸭急性经口 LD$_{50}$>2000 mg/kg，山齿鹑和野鸭饲喂 LC$_{50}$>5000 mg/kg。鱼毒 LC$_{50}$（96 h，mg/L）：虹鳟鱼>10，大翻车鱼>10，鲤鱼>10。水蚤 LC$_{50}$(96 h)>10 mg/L。羊角月牙藻 E$_r$C$_{50}$>10 mg/L。蜜蜂 LD$_{50}$(48 h)>100 μg/只（经口和接触）。蚯蚓 LC$_{50}$(14 d)>1000 mg/kg 土壤。其他有益生物：家蚕 NOEL 150 mg/L，小黑花椿象、智利捕植螨、四叶草的 LC$_{50}$(48 h)>150 mg/L。

环境行为 ①动物。苯噻菌胺经大鼠口服后在 168 h 内能够完全排出体外，主要通过胆汁排出。苯噻菌胺在动物体内的代谢非常复杂，其主要代谢途径为与谷胱甘肽结合以及苯噻菌胺的羟化反应。②植物。苯噻菌胺在植物体内的代谢非常慢，主要代谢物与动物的相似。主要残留为苯噻菌胺。③土壤/环境。试验条件下，苯噻菌胺在土壤中很容易降解，降解半衰期 DT$_{50}$ 11~19 d（20℃，有氧），40 d（20℃，无氧）。在土壤中的吸附系数 K_{oc} 121~258。

主要生产商 Kumiai。

作用机理与特点 推测可能是细胞壁合成抑制剂。对疫霉病具有很好的杀菌活性，对其孢子囊的形成、孢子囊的萌发，在低浓度下有很好的抑制作用，但对游动孢子的释放和游动孢子的移动没有作用。苯噻菌胺不影响核酸和蛋白质的氧化、合成，对疫霉病菌原浆膜的功能没有影响，其生物化学作用机理正在研究中。试验结果表明：苯噻菌胺对苯酰胺杀菌剂有抗性的马铃薯晚疫病菌以及对甲氧基丙烯酸酯类有抗性的瓜类霜霉病都有杀菌活性，推测苯噻菌胺与这些杀菌剂的作用机理不同。

应用 苯噻菌胺具有很强的预防、治疗、渗透活性，而且有很好的持效性和耐雨水冲刷性。田间试验中，以较低的剂量［25~75 g(a.i.)/hm^2］能够有效地控制马铃薯和番茄的晚疫病、葡萄和其他作物的霜霉病；以 25~35 g(a.i.)/hm^2 的剂量与其他杀菌剂配成混剂，也能对这些病菌有非常好的药效。苯噻菌胺以 25~75 g(a.i.)/hm^2 剂量单独施用，或者与其他农药配成混剂后进行田间试验，按每 7 d 施药 1 次，苯噻菌胺单独施用剂量为 35~75 g(a.i.)/hm^2，或者与代森锰锌配成混剂对马铃薯的晚疫病有非常好的药效。苯噻菌胺的杀菌活性不低于对照杀菌剂代森锰锌、氟啶胺。每隔 10 d 施药 1 次，苯噻菌胺单独以 35~75 g(a.i.)/hm^2 剂量或与灭菌丹（folpet）配成混剂施药在叶子和枝干上，对葡萄霜霉病有非常好的药效。试验表明苯噻菌胺在单独施用含量为 25～75 mg/L 或配成混剂后，按每隔 7 d 施药 1 次，对黄瓜霜霉病有很高的药效，其活性超过对照杀菌剂的活性。

专利与登记

专利名称　Preparation of amino acid amide derivatives as agrohorticultural fungicides

专利号　WO 9604252　　　　专利申请日　1995-05-23

专利拥有者　Kumiai Chemical Industry Co. Ltd., Ihara Chemical Industry Co. Ltd

合成方法　以对氟苯胺或 2,4-二氟硝基苯和取代的 L-氨基酸为起始原料，经如下多步反应即得目的物：

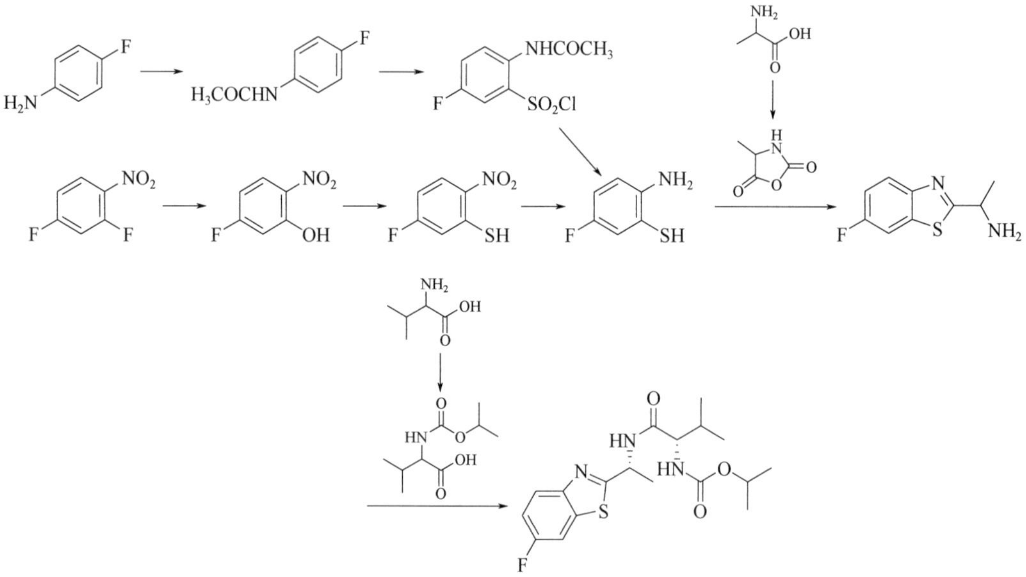

参考文献

[1]　The Pesticide Manual. 17 th edition: 89-90.

[2]　冯化成. 新颖杀菌剂苯噻菌胺(benthiavalicarb-isopropyl). 世界农药, 2008, 30(3): 51.

[3]　刘允萍, 杨吉春, 柴宝山, 等. 新型杀菌剂苯噻菌胺. 农药, 2011, 50(10): 756-758.

[4]　杨芳, 廖道华, 师文娟, 等. 苯噻菌胺的合成. 农药, 2010, 49(3): 174-175+178.

霜霉灭（valifenalate）

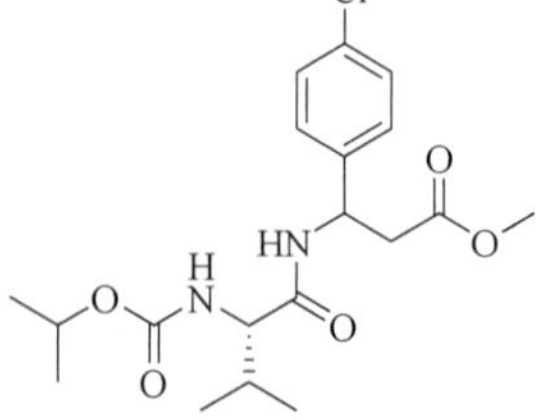

$C_{19}H_{27}ClN_2O_5$，398.9，283159-90-0

　　霜霉灭（试验代号：IR-5885，商品名称：Emendo、Java、Valis、Yaba，其他名称：Estocade、Emendo F、Emendo M）由意大利意赛格开发的杀菌剂。

化学名称　*N*-(异丙氧羰基)-L-异戊氨酰-(3*RS*)-3-(4-氯苯基)-*β*-丙氨酸甲酯。IUPAC 名称：methyl *N*-(isopropoxycarbonyl)-L-valyl-(3*RS*)-3-(4-chlorophenyl)-*β*-alaninate。美国化学文摘（CA）系统名称：methyl 3-(4-chlorophenyl)-*N*-[[(1-methylethoxy)carbonyl]-L-valyl]-*β*-alaninate。CA 主题索引名称：*β*-alanine —, 3-(4-chlorophenyl)-*N*-[[(1-methylethoxy)carbonyl]-L-valyl]-methyl ester。

理化性质　工业品含量98%。无味白色粉末。熔点 147℃，沸点（101.83～102.16 kPa）:(367±0.5)℃。蒸气压 $9.6×10^{-5}$ mPa（20℃），$2.3×10^{-4}$ mPa（25℃）。$\lg K_{ow}$=3.0～3.1（pH 4～9）。Henry 常数 $1.6×10^{-6}$ Pa·m^3/mol。相对密度（21℃±0.5℃）1.25。溶解度（g/L，20℃±0.5℃）:水 $2.41×10^{-2}$（pH 4.9～5.9）、水 $4.55×10^{-2}$（pH 9.5～9.8）；正己烷 $2.55×10^{-2}$，二甲苯 2.31，丙酮 29.3，乙酸乙酯 25.4，1,2-二氯乙烷 14.4，甲醇 28.8。稳定性：在空气中迅速分解，大气中 DT_{50} 7.5 h；在水溶液中稳定（pH 4），DT_{50} 7.62 d（pH 7，50℃），4.15 d（pH 9，25℃），并且对太阳光稳定。

毒性　大鼠急性经口 LD_{50}>5000 mg/kg。大鼠急性经皮 LD_{50}>2000 mg/kg。对兔的眼睛和皮肤无刺激性。大鼠吸入 LD_{50}>3.118 mg/L。大鼠 NOAEL[mg/(kg·d)]：雄性 150，雌性 1000。ADI 0.168 mg/kg。没有致癌、致突变、致畸形毒性。

生态效应　山齿鹑、野鸭：LD_{50}(14 d)>2250 mg/kg，LC_{50}(5 d)>5620 mg/L[野鸭 2649 mg/(kg·d)，鹌鹑 1513 mg/(kg·d)]。虹鳟鱼和斑马鱼 LC_{50}(96 h)>100 mg/L。水蚤 LC_{50}(48 h)>100 mg/L。蜜蜂 LD_{50}（48 h，μg/只）：>100（接触），>106.6（经口）。蚯蚓 LC_{50}(14 d)>1000 mg/kg。

环境行为　①动物。大鼠口服后 72 h 可代谢干净，主要以粪便的形式。②植物。在植物体内代谢较慢。③土壤/环境。在土壤中 DT_{50} 1.88～12.00 h（实验室，20℃，有氧），DT_{90} 6.26～39.87 h（实验室，20℃，有氧）。K_{oc} 375～1686（5 种土壤类型）。地表水 DT_{50}：4.87 d（池塘），5.04 d（河流）；地表水 DT_{90}：16.19 d（池塘），16.75 d（河流）；整个水系统 DT_{50}：5.30 d（池塘），5.19 d（河流）；整个水系统 DT_{90}：17.61 d（池塘），17.24 d（河流）。

作用机理与特点　通过抑制磷脂的生物合成，进而抑制细胞壁的合成。在病原体整个生长阶段，都可以抑制细胞壁的合成，在植物体外，抑制孢子的萌发，在植物体内抑制菌丝的生长。大部分通过植物叶片进入植物组织，也可以通过植物根部进入，然后通过木质部向上传导，最终扩散到整个植物组织。产生长久、均衡的防效，在新生组织中也有防效。

应用　用来控制卵菌纲真菌，比如霜霉病、疫病等。也可用于防治单轴霉属病害。对番茄、马铃薯晚疫病，葡萄霜霉病，生菜、洋葱、烟草上病害有特效。对很多花卉上病害效果也很好。常与其他杀菌剂混配。使用量 120～150 g/hm^2。

专利与登记

专利名称　Preparation of highly microbicidal dipeptides and their use for field crops

专利号　JP 2000198797　　　　　　　专利申请日　1999-11-30

专利拥有者　Isagro Ricerca S.r.l.

在其他国家申请的化合物专利　JP 4498511、IT 98MI2583、IT 1303800、AU 9960628、AU 756519、EP 1028125、AT 258557、PT 1028125、ES 2213979、NZ 501346、BR 9905751、US 6448228 等。

合成方法　以对氯苯甲醛及缬氨酸为原料，经如下路线合成目的物：

参考文献

[1] The Pesticide Manual. 17th edition: 1170-1171.

tolprocarb

$C_{16}H_{21}F_3N_2O_3$，346.3，911499-62-2

tolprocarb（试验代号：MTF-0301）是日本三井化学公司开发的氨基甲酸酯类杀菌剂。

化学名称 N-[(1S)-2-甲基-1-[[(4-甲基苯甲酰基)氨基]甲基]丙烷基]氨基甲酸 2,2,2-三氟乙氧基酯。IUPAC 名称：2,2,2-trifluoroethyl (S)-[2-methyl-1-(p-toluoylaminomethyl)propyl]carbamate。美国化学文摘（CA）系统名称：2,2,2-trifluoroethyl N-{(1S)-2-methyl-1- [[(4-methylbenzoyl) amino]methyl]propyl}carbamate。CA 主题索引名称：carbamic acid ──, N-[(1S)-2-methyl-1-[[(4-methylbenzoyl)amino]methyl]propyl]- 2,2,2-trifluoroethyl estertolprocarb。

理化性质 纯品为白色无臭粉末（22℃），蒸气压：1.8×10^{-6} Pa（25℃），密度：1.3 g/cm^3（20℃），熔点：133.7～135.0℃，沸点：259℃时分解，无法测定。辛醇/水分配系数 lgK_{ow}=3.28（25℃），土壤吸附系数(K_{oc})=58～200（25℃），水中溶解度：41.2 mg/L（20～25℃）。

毒性 大鼠 24 h 急性经口 LD$_{50}$>2000 mg/kg（雌），大鼠急性经皮 LD$_{50}$>2000 mg/kg（雌、雄），急性吸入>5.12 mg/L（雌、雄）；对兔眼睛和兔皮肤有轻微刺激性，对豚鼠皮肤无致敏性。该杀菌剂无致癌性、致畸性，也无生殖毒性和遗传毒性。

生态效应 原药对鲤鱼急性毒性 LC$_{50}$(96 h)>18000 μg/L，水蚤急性毒性 EC$_{50}$（游动）(48 h)> 22600 μg/L；对月牙藻 E$_r$C$_{50}$(72 h)> 17900 μg/L。

作用机理与特点 稻瘟病的侵入与病原菌附着胞黑色素的形成有关，即黑色素促进了附着胞膨胀压的产生，有利于病原菌侵入植物体内。tolprocarb 是具有内吸活性的新颖杀菌剂，其可使稻瘟病菌的菌丝体褪色，这种褪色可通过加入 scytalone 或 1,3,6,8-四羟基萘（1,3,6,8-THN）逆转，即说明 tolprocarb 的作用位点为黑色素生物合成中调控聚酮化合物合成和酮内酯（pentaketide）环化的多聚酮合酶（PKS）。此外，研究者获得了 1 株携带稻瘟病菌 PKS 基因的转基因米曲霉（*Aspergillus oryzae*），并利用转基因米曲霉的膜片段进行 PKS 离体试验。研究结果表明，与一些传统的黑色素生物合成抑制剂（cMBIs）相比，tolprocarb 只能在离体条件下抑制 PKS 活性；tolprocarb 作用于稻瘟病菌的靶蛋白为 PKS，此即是该杀菌剂不同于其他黑色素生物合成抑制剂之处。

应用　对水稻稻瘟病有非常好的防治效果。tolprocarb 对水稻稻瘟病有良好的防治效果，可在水稻出穗前 5～30 d 于稻田撒施 1 次 3%颗粒剂，使用剂量为 3～4 kg/10 hm²，用药总次数不宜超过 2 次（移栽前施用≤1 次，大田施用≤1 次）。也可在水稻移栽前 3 d 至移栽当天，于育苗箱（30 cm×60 cm×3 cm，使用土壤约 5 L）顶部均匀撒施 12% tolprocarb+2%呋虫胺颗粒剂 1 次，每箱施用 50 g。此混剂不仅可以防治稻瘟病，还可兼治水稻负泥虫（*Oulema oryzae*）、稻水象甲、稻飞虱和黑尾叶蝉等稻田常见害虫，用药总次数同样不宜超过 2 次（移栽前施用≤1 次，大田施用≤1 次）。

专利与登记

专利名称　Compositions containing diamines and other pesticides for controlling plant diseases and pests

专利号　JP 4627546　　　　　**专利申请日**　2006-03-30

专利拥有者　Mitsui Chemicals, Inc.

在其他国家申请的化合物专利　BR 2006008657、CN 101160052、EP 1872658、IN 2007 dN07832、KR 974695、TW 364258、US 20090023667、WO 2006106811。

工艺专利　WO 2007111024、WO 2012039132。

合成方法　经如下路线合成目的物：

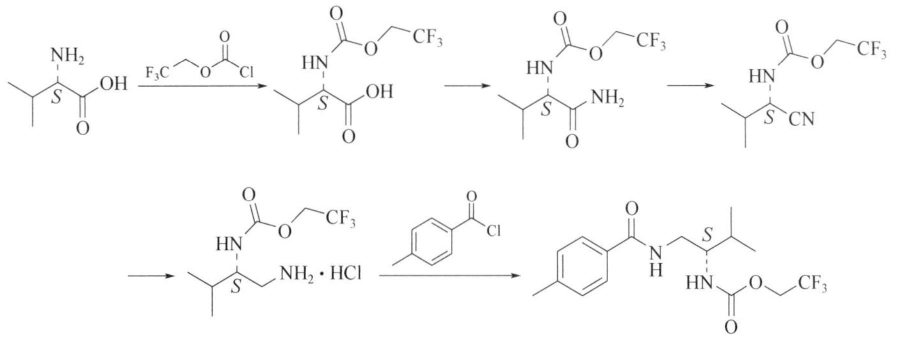

参考文献

[1] The Pesticide Manual. 17th edition: 1116-1117.

[2] 叶萱. 新颖杀菌剂 tolprocarb 的开发. 世界农药, 2019, 41(5): 26-29.

四唑吡氨酯（picarbutrazox）

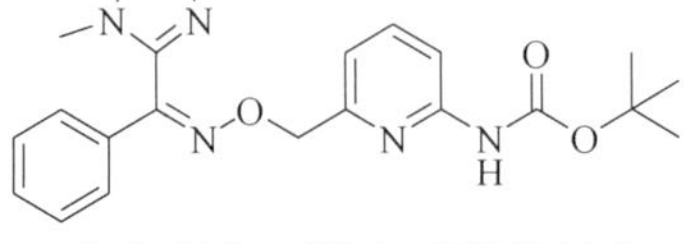

$C_{20}H_{23}N_7O_3$，409.4，500207-04-5

四唑吡氨酯（试验代号：NF-171），是由大日本油墨公司发明（该公司于2004年4月转卖给日本曹达公司）、日本曹达公司开发的四唑肟类、氨基甲酸酯类杀菌剂。

化学名称　1,1-二甲基乙基 *N*-[6-[[[(*Z*)-[(1-甲基-1*H*-四唑)-5-苯基]亚氨基]氧]甲基]-2-吡啶基]氨基甲酸酯。IUPAC 名称：*tert*-butyl {6-[({(*Z*)-[(1-methyl-1*H*-tetrazol-5-yl)(phenyl)methylene]amino}oxy)methyl]-2-pyridyl}carbamate。美国化学文摘（CA）系统名称：1,1-dimethylethyl *N*-[6-[[[(*Z*)-[(1-methyl-1*H*-tetrazol-5-yl)phenylmethylene]amino]oxy]methyl]-2-pyridinyl]carbamate。CA 主题索引名称：carbamic acid —, *N*-[6-[[[(*Z*)-[(1-methyl-1*H*-tetrazol-5-yl)phenyl-methylene]amino]oxy]methyl]-2-pyridinyl]-1,1-dimethylethyl ester。

理化性质　密度(1.27±0.1) g/cm^3（20～25℃）；lg*P*=1.996±0.610（25℃）。该物质为白色结晶粉末，无臭味。熔点：136.6～138.7℃。沸点：在 150℃分解故测量不到。蒸气压<1.2×10^{-7} Pa（50℃），土壤吸附系数：K_{oc}=1300～6000（25℃），辛醇-水分配系数 lgK_{ow}=4.16（25℃），生物浓缩性 BCFss=63～220。水中溶解度：3.10×10^2 μg/L（10℃），3.33×10^2 μg/L（20℃），4.61×10^2 μg/L（30℃）。

毒性　对大鼠急性经口 LD$_{50}$>2000 mg/kg 体重（雌、雄），大鼠急性经皮>2000 mg/kg 体重（雌、雄），大鼠急性吸入 LC$_{50}$>5.2 mg/L（雌、雄）。无神经毒性，对兔的眼睛有轻微的刺激性，但处理 48 h 后刺激性消失，对兔的皮肤没有刺激作用。对 Hartley 豚鼠的皮肤刺激作用为阴性。对繁殖没有被认可的影响，没有致畸性，无遗传毒性。对鲤鱼 LC$_{50}$(96 h)>363 μg/L，蓝鳃太阳鱼 LC$_{50}$(96 h)>700 μg/L，水蚤 EC$_{50}$(48 h)>342 μg/L，绿藻>737 μg/L。

作用机理与特点　本剂属于杀菌剂作用机制分类表（FRAC 编码表）中作用机制不明的 U17 类别，但认为其不抑制呼吸链电子传递系统复合体Ⅰ或复合体Ⅲ。与 QoI 和苯酰胺类杀菌剂没有交互抗性。用四唑吡氨酯处理瓜果腐霉菌（*Pythium aphanidermatum*），菌丝变粗，分支多。由此推测此物质与现有杀菌剂具有不同的作用机制。抑制腐霉真菌孢子萌发、菌丝延长、游动孢子形成，抑制卵孢子萌发，抑制番茄疫霉病菌孢子的萌发和菌丝的生长，是该类杀菌剂中唯一的化合物，其结构独特，作用机制新颖，具有渗透活性，与羧酸酰胺类、苯基酰胺类、QoI 类杀菌剂无交互抗性。该剂对盘梗霜霉属、腐霉属、霜霉属、假霜霉属和疫霉属病原菌有效，可用于叶面喷施防治黄瓜、甜瓜、西瓜、小番茄、莴苣属作物、西兰花、甘蓝、大白菜、洋葱、日本萝卜、水稻、菠菜、马铃薯、番茄、葫芦、绿叶作物、草坪病害，也可用于玉米和大豆种子处理。它对人畜安全，对环境友好，对处理作物无药害，是很有发展前景的产品。

专利与登记

专利名称　Preparation of tetrazolylphenylmethanone oxime derivatives as plant disease control agents

专利号　JP 2003137875　　　　　专利申请日　2002-07-26

专利拥有者　Dainippon Ink and Chemicals, Inc.

在其他国家申请的化合物专利　WO 2003016303、CA 2457061、AU 2002328627、TW 577883、EP 1426371、BR 2002012034、HU 2004001103、HU 226907、CN 1553907、NZ 531160、AT 416172、PT 1426371、ES 2315392、PL 204568、IL 160439、US 20050070439、ZA 2004001272、IN 2004KN00215、KR 855652、MX 2004001507、US 20070105926 等。

工艺专利　JP 2010248273、WO 2011111831 等。

合成方法　通过如下反应制得目的物：

参考文献

[1] Food Safety Commission of Japan. Food Safety, 2016, 4 (2): 56-60.

[2] Ryuta Ohno. Japanese Journal of Pesticide Science, 2014, 39(1): 69-77.

胺苯吡菌酮（fenpyrazamine）

C$_{17}$H$_{21}$N$_3$O$_2$S，331.4，473798-59-3

胺苯吡菌酮（开发号：S-2188）是日本住友化学株式会社研究开发的基于吡唑的杂环类杀真菌剂。基于胺苯吡菌酮的制剂产品 PROLECTUS® 和 PIXIO®DF 已经分别于 2012 年和 2014 年在意大利和日本登记上市。

化学名称　5-氨基-2,3-二氢-2-异丙基-3-氧-4-邻甲苯基吡唑基-1-硫代甲酸-S-烯丙酯。IUPAC 名称：S-allyl 5-amino-2,3-dihydro-2-isopropyl-3-oxo-4-(o-tolyl)-1H-pyrazole-1-carbothioate。美国化学文摘（CA）系统名称：S-2-propen-1-yl 5-amino-2,3-dihydro-2-(1-methylethyl)-4-(2-methylphenyl)-3-oxo-1H-pyrazole-1-carbothioate。CA 主题索引名称：1H-pyrazole-1-carbothioic acid —, 5-amino-2,3-dihydro-2-(1-methylethyl)-4-(2-methylphenyl) -3-oxo-S-2-propen-1-yl ester。

理化性质　原药为白色结晶体细粉，密度 1.262g/mL（20~25℃），熔点 116.4℃，沸点 240℃，蒸气压 2.89×10^{-8}Pa（25℃），正辛醇水分配系数 lgK_{ow} 3.52，溶解度（20~25℃）：水 20.4 mg/L、正己烷 902 mg/L、甲苯 113 g/L、乙酸乙酯 250 g/L、丙酮 250g/L、甲醇 250g/L。

毒性　大鼠急性经口毒性 LD$_{50}$>2000 mg/kg，大鼠急性经皮毒性 LD$_{50}$>2000 mg/kg，大鼠急性吸入毒性 LC$_{50}$>4840 mg/m³。对家兔眼睛具有轻度刺激性，对皮肤没有刺激性，对豚鼠皮肤具有轻度致敏性。无致癌性、致畸性、免疫毒性、特定神经毒性，Ames、基因突变试验、体外染色体畸变试验、骨髓细胞微核试验均为阴性。在哺乳动物体内能够快速地吸收、代谢（主要在尿液中排出）。

生态效应　对鸟类、蜜蜂、蚕等环境生物低毒，在正常使用情况下对鱼类、藻类、溞类等水生生物不会造成显著的影响。

制剂 水分散粒剂。

作用机理与特点 与环酰菌胺（fenhexamid）具有相同的作用方式。其对孢子的萌发没有抑制作用，主要抑制真菌的芽管和菌丝的生长。抑制麦角甾醇生物合成过程中的 3-酮还原酶（3-keto reductase）的活性。

应用 胺苯吡菌酮对灰葡萄孢属真菌、核盘菌属真菌、链核盘菌属真菌具有良好的活性，可以用于柑橘、葡萄、草莓、黄瓜、番茄（樱桃番茄）、茄子等作物灰霉病、菌核病的防控。除了对灰霉病和核盘菌有高活性外，胺苯吡菌酮还具有突出的预防作用，极佳的跨层传导能力，能够在病害发生初期就能阻止病害的发展，且持效期长，耐雨水冲刷能力好，安全间隔期短。在柑橘、葡萄、草莓、黄瓜、番茄（樱桃番茄）、茄子等作物上使用，防除灰霉病或菌核病采收间隔期仅 1 天。

专利与登记

专利名称 Microbicide compositions containing pyrazolinones for plant disease control

专利号 JP 2002316902　　　　　　**专利申请日** 2002-10-31

专利拥有者 住友化学株式会社（Sumitomo Chemical CO.）

合成方法 通过如下反应制得目的物：

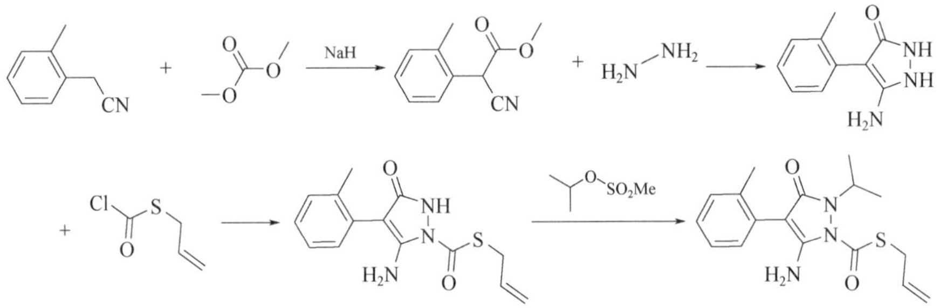

参考文献

[1] Norio Kimura. Journal of Pesticide Science, 2017, 42(3): 137-143.

第十五节

有机磷类杀菌剂（organophosphorus）

敌瘟磷（edifenphos）

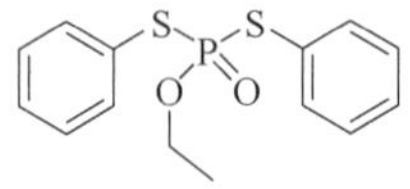

$C_{14}H_{15}O_2PS_2$，310.4，17109-49-8

敌瘟磷（试验代号：Bayer 78 418、SRA 7847，商品名称：Hinosan、Hinorabcide、Hinosuncide，其他名称：稻瘟光、克瘟散）是德国拜耳公司开发的有机磷酸酯类杀菌剂。

化学名称　*O*-乙基 *S,S*-二苯基二硫代磷酸酯。IUPAC 名称、美国化学文摘（CA）系统名称：*O*-ethyl *S,S*-diphenyl phosphorodithioate。CA 主题索引名称：phosphorodithioic acid, esters *O*-ethyl *S,S*-diphenyl ester。

理化性质　纯品为黄色接近浅褐色液体，带有特殊的臭味。熔点$-25℃$，沸点 $154℃$（1 Pa）。蒸气压 $3.2×10^{-2}$ mPa（$20℃$）。分配系数 $lgK_{ow}=3.83$（$20℃$），Henry 常数 $2×10^{-4}$ Pa·m³/mol（$20℃$），相对密度 1.251（$20\sim25℃$）。水中溶解度 56 mg/L（$20\sim25℃$），有机溶剂中溶解度（g/L，$20\sim25℃$）：正己烷 $20\sim50$，二氯甲烷、异丙醇和甲苯 200，易溶于甲醇、丙酮、苯、二甲苯、四氯化碳和二氧六环，在庚烷中溶解度较小。在中性介质中稳定存在，强酸强碱中易水解。$25℃$时 DT_{50}：19 d（pH 7），2 d（pH 9）。易光解。凝固点 $115℃$。

毒性　急性经口 LD_{50}（mg/kg）：大鼠 $100\sim260$，小鼠 $220\sim670$，豚鼠和兔 $350\sim1000$。大鼠急性经皮 LD_{50} $700\sim800$ mg/kg。对兔皮肤和眼睛无刺激作用。大鼠急性吸入 LC_{50}(4 h) $0.32\sim0.36$ mg/L 空气。NOEL（2 年，mg/kg 饲料）：雄性大鼠 5，雌性大鼠 15，狗 20，小鼠 2（18 个月）。ADI 0.003 mg/kg。

生态效应　鸟急性经口 LD_{50}（mg/kg）：山齿鹑 290，野鸭 2700。鱼 LC_{50}［96 h，mg(a.i.)/L］：虹鳟鱼 0.43，大翻车鱼 0.49，鲤鱼 2.5。水蚤 LC_{50}（48 h）0.032 μg/L。推荐剂量下对蜜蜂无毒。

环境行为　①动物。敌瘟磷经大鼠和小鼠口服后在 72 h 内能够快速全部被吸收，在这期间只有少量的敌瘟磷进入内脏组织。敌瘟磷在动物体内的主要代谢为苯、硫酚、乙基脱除生成有机磷酸，最终的代谢物为磷酸和硫酸。另外在代谢的后期还有氧化和甲基化反应，生成共轭的代谢物。②植物。^{14}C 标记的敌瘟磷在水稻中的代谢主要是苯、硫酚、乙基脱除生成有机磷酸，最终产物为苯磺酸和磷酸。③土壤/环境。敌瘟磷在土壤层中的渗透力很弱，在土壤中的吸附与在土壤中的含量呈负相关，这意味着施药后，敌瘟磷在土壤中几乎不流动。在土壤中的流动半期时 DT_{50} 从数天到数周不等。敌瘟磷在无菌水溶液中也能降解，降解半衰期 DT_{50} 从数分钟到数天不等，具体时间取决于 pH。在自然水中的降解半衰期为几个小时。在水与土壤中的降解途径均为苯、硫酚、乙基脱除生成有机磷酸。

制剂　30%乳油。

主要生产商　Bayer CropScience 及 DooYang 等。

作用机理与特点　抑制病菌的几丁质合成和脂质代谢。一是影响细胞壁的形成，二是破坏细胞的结构。其中以后者为主，前者是间接的。对稻瘟病有良好的预防和治疗作用。

应用

（1）适宜作物与安全性　水稻、谷子、玉米及麦类等。在使用敌稗后 10 d 内，不得使用敌瘟磷，也不可与碱性药剂混用。敌瘟磷乳油最好不与沙蚕毒素类沙虫剂混用。

（2）防治对象　水稻稻瘟病，水稻纹枯病、胡麻斑病、小球菌核病，粟瘟病，玉米大斑病、小斑病，及麦类赤霉病等。

（3）应用技术与使用方法　①防治水稻苗瘟用 30%敌瘟磷乳油 1000 倍液浸种 1 h 后播种，可有效地防治苗床苗瘟的发生。对苗叶瘟重点是加强中、晚稻秧苗期的防治。②防治稻叶瘟应注意保护易感病的分蘖盛期，在叶瘟发病初期喷药，每亩用 30%敌瘟磷乳油 $100\sim133$ mL ［$30\sim40$ g(a.i.)］，对水喷雾。如果病情较重，可 1 周后再喷药 1 次。③防治水稻穗瘟瘟的防治适期在破口期和齐穗期，每亩用 30%敌瘟磷乳油 $100\sim133$ mL ［$30\sim40$ g(a.i.)］，对水喷雾。发病严重时，可 1 周后再喷药 1 次。④防治小麦赤霉病在小麦始花期（扬花率 10%$\sim$20%）施药效果最好。每亩用 30%敌瘟磷乳油 $67\sim100$ mL ［$20\sim30$ g(a.i.)］，对水喷雾。

专利与登记　专利 BE 686048 和 DE 1493736 均已过专利期，不存在专利权问题。国内登记情况：30%乳油，94%原药，登记作物水稻，防治对象稻瘟病。

合成方法 以三氯氧磷、乙醇、苯硫酚为起始原料，反应式如下：

参考文献

[1] The Pesticide Manual.17 th edition: 397-398.

异稻瘟净（iprobenfos）

C$_{13}$H$_{21}$O$_3$PS，288.3，26087-47-8

异稻瘟净（商品名称：Kitazin P，其他名称：异丙稻瘟净）是组合化学公司开发的中等毒性有机磷杀菌剂。

化学名称 *S*-苄基 *O,O*-二异丙基硫赶磷酸酯。IUPAC 名称：*S*-benzyl *O,O*-diisopropyl phos-phorothioate。美国化学文摘（CA）系统名称：*O,O*-bis(1-methylethyl) *S*-(phenylmethyl) phosphorothioate。CA 主题索引名称：phosphorothioic acid, esters *O,O*-bis(1-methylethyl) *S*-(phenylmethyl) ester。

理化性质 原药为淡黄色油状液体，含量为92%。纯品为无色透明油状液体，熔点 22.5～23.8℃，沸点 187.6℃（1862 Pa）。蒸气压 12.2 mPa（25℃），分配系数 lgK_{ow}=3.37（pH 7.1，20℃），Henry 常数 1.66×10^{-4} Pa·m^3/mol。相对密度 1.100（20～25℃）。水中溶解度 0.54 g/L（20～25℃）；丙酮、乙腈、甲醇、二甲苯中溶解度>500 g/L（20～25℃）。稳定性：不高于 150℃时稳定，水中 DT$_{50}$ 6267 h（pH 4），6616 h（pH 7），6081 h（pH 9）（25℃）。在水中的光解半衰期 DT$_{50}$：6.9 d（天然水），11.6 d（蒸馏水）（25℃，400 W/m^2，300～800 nm）。

毒性 急性经口 LD$_{50}$（mg/kg）：雄大鼠 790，雌大鼠 680，雄小鼠 1710，雌小鼠 1950。小鼠急性经皮 LD$_{50}$ 4000 mg/kg。大鼠急性内吸 LC$_{50}$(4 h) >5.15 mg/L 空气。对豚鼠皮肤过敏。NOEL［2 年，mg/(kg·d)］：雄大鼠 3.54，雌大鼠 4.53。ADI 值 0.035 mg/kg。

生态效应 公鸡急性经口 LD$_{50}$ 705 mg/kg。山齿鹑饲喂 LC$_{50}$（14 d）709 mg/kg 饲料。鲤鱼 LC$_{50}$（96 h）18.2 mg/L。水蚤 EC$_{50}$（48 h）0.815 mg/L。羊角月牙藻 E$_b$C$_{50}$（72 h）6.05 mg/L。其他水生生物 LC$_{50}$（96 h，mg/L）：斑节对虾 10.9，日本沼虾 12.2。蜜蜂 LD$_{50}$（48 h）37.34 μg/只。其他有益生物：吸浆虫幼虫 LC$_{50}$（48 h）1.45 mg/L。

环境行为 ①动物。在大鼠的粪便和尿液中检测到了 3 种代谢物。②植物。在植物中的代谢参考 H. Yamamoto (Agric. Biol. Chem., 1973, 37: 1553)。③土壤/环境。降解半衰期 DT$_{50}$ 15 d（2 种土壤）。吸附系数 K_{oc} 247～580。

制剂 40%、50%乳油，20%粉剂，17%颗粒剂。

主要生产商 Dooyang、Kumiai、Saeryung、泰达集团及浙江兰溪巨化氟化学有限公司等。

作用机理与特点 属有机磷杀菌剂，具有内吸传导作用。为磷酸酯（phospholipid）合成抑制剂。主要干扰细胞膜透性，阻止某些亲脂几丁质前体通过细胞质膜，使几丁质的合成受阻。细胞壁不能生长，抑制菌体的正常发育。

应用

（1）适宜作物与安全性　水稻、玉米、棉花等作物。在稻田使用时，如喷雾不匀，浓度过高，药量过多，稻苗也会产生褐色药害斑。对大豆、豌豆等有药害。

（2）防治对象　稻瘟病，除了防治稻瘟病外，对水稻纹枯病、小球菌核病、玉米小斑病、玉米大斑病等也有防效，并兼治稻叶蝉、稻飞虱等害虫。

（3）应用技术　禁止与碱性农药、高毒有机磷杀虫剂及五氯酚钠混用。安全间隔期不少于 20 d，距收获期过近施药或施药量过大会使稻米有臭味。本品易燃，不能接近火源，以免引起火灾。

（4）使用方法

① 防治水稻叶瘟病　应用适期为田间始见稻瘟病急性型病斑时，每亩用 40%异稻瘟净乳油 150 mL，对水 75 kg，常量喷雾或对水 15～20 kg 低容量喷雾。若病情继续发展，可在第 1 次喷药后 7 d 再喷 1 次。

② 防治水稻穗瘟病　在水稻破口期和齐穗期各喷药 1 次，每次每亩用 40%异稻瘟净乳油 150～200 mL，对水 60～75 kg，常量喷雾，或对水 15～20 kg 低容量喷雾。对前期叶瘟发生较重后期肥料过多、稻苗生长嫩绿、抽穗不整齐、易感病品种的田块，同时在水稻抽穗期多雨露的情况下，可在第二次喷药后 7 d 再喷 1 次，以减轻枝梗瘟的发生。

专利与登记　专利早已过专利期，不存在专利权问题。国内登记情况：95%原药，40%、50%乳油，登记作物均为水稻，防治对象为稻瘟病。

合成方法　通过如下反应，即可制得目的物：

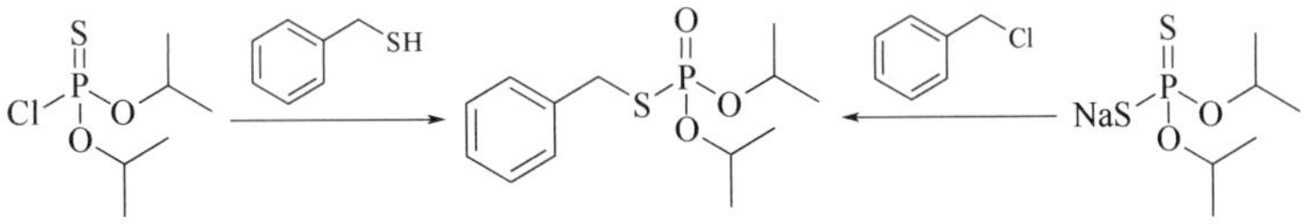

参考文献

[1] The Pesticide Manual.15 th edition: 664-665.

吡菌磷（pyrazophos）

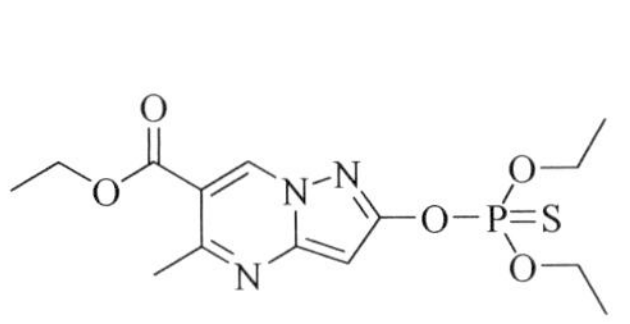

$C_{14}H_{20}N_3O_5PS$，373.4，13457-18-6

吡菌磷（试验代号：Hoe 02873，商品名称：Afugan，其他名称：吡嘧磷、克菌磷、完菌磷、定菌磷）是由 F. M. Smit 报道其活性，由 Hoechst AG（现属 Bayer CropScience）开发的有机磷类杀虫剂。

化学名称　2-二乙氧基硫化磷酰氧基-5-甲基吡唑并[1,5-*a*]嘧啶-6-羧酸乙酯或 *O*-6-乙氧羰基-5-甲基吡唑并[1,5-*a*]嘧啶-2-基 *O,O*-二乙氧基硫代磷酸酯。IUPAC 名称：ethyl 2-[(diethoxyphosphinothioyl)oxy]-5-methylpyrazolo[1,5-*a*]pyrimidine-6-carboxylate 或 *O*-[6-(ethoxycarbonyl)-5-methylpyrazolo[1,5-*a*]pyrimidin-2-yl] *O,O*-diethyl phosphorothioate。美国化学文摘（CA）系统名称：ethyl 2-[(diethoxyphosphinothioyl)oxy]-5-methylpyrazolo [1,5-*a*]pyrimidine-6-carboxylate。CA 主题索引名称：pyrazolo[1,5-*a*]pyrimidine-6-carboxylic acid —, 2-[(diethoxyphosphinothioyl) oxy]-5-methyl-ethyl ester。

理化性质 工业品纯度为 94%。纯品为无色结晶状固体，熔点 51~52℃，闪点(34±2)℃，沸点 160℃（分解），蒸气压 0.22 mPa（50℃）。相对密度 1.348（20~25℃）。$\lg K_{ow}$=3.8。Henry 常数 $2.578×10^{-4}$ Pa·m^3/mol（计算）。水中溶解度（20~25℃）4.2 mg/L，易溶于大多数有机溶剂如二甲苯、苯、四氯化碳、二氯甲烷、三氯乙烯（20~25℃），在丙酮、甲苯、乙酸乙酯中溶解度> 400 g/L（20~25℃），正己烷 16.6 g/L（20~25℃）。稳定性在酸碱性介质中易水解，在稀释状态下不稳定。

毒性 大鼠急性经口 LD_{50} 151~778 mg/kg（取决于性别和载体），大鼠急性经皮 LD_{50}> 2000 mg/kg，对兔皮肤无刺激作用，对兔眼睛有轻微刺激作用。大鼠吸入 LC_{50}（4 h）1220 mg/m^3 空气。大鼠 NOEL 值（2 年）5 mg/kg 饲料。以 50 mg/kg 饲料的浓度喂养大鼠进行的三代试验，没有发现异常。ADI 值（JMPR）0.004 mg/kg。

生态效应 鹌鹑急性经口 LD_{50} 118~480 mg/kg（工业品）（取决于性别和载体）。饲喂 LC_{50}（14 d，mg/kg）：野鸭约 340，山齿鹑约 300。鱼 LC_{50}（96 h，mg/L）：鲤鱼 2.8~6.1，虹鳟鱼 0.48~1.14，大翻车鱼 0.28。水蚤 LC_{50}（48 h，μg/L）：0.36（软水），0.63（硬水）。NOEL 0.18 μg/L（在硬水与软水中均如此）。羊角月牙藻 LC_{50}(72 h) 65.5 mg/L。蜜蜂 LD_{50}（24 h，接触）0.25 μg/只。蚯蚓 LC_{50}（14 d）> 1000 mg/kg 土壤。

环境行为 在大鼠体内被快速吸收和分解，DT_{50} 为 4~5 h。主要代谢物为乙基 2-羟基-5-甲基-6-吡唑[1,5-*a*]嘧啶碳酸盐，部分为硫酸盐螯合物，主要通过尿液排出。小麦叶 DT_{50} 约 19 d，随后水解为具有磷酸键、含 *β*-葡糖苷的吡唑并吡啶化合物。在土壤中通过磷酸基团的裂解、碳酸盐的皂化进一步降解为杂环，最后为 CO_2，此过程会使土壤退化。退化比率随着土壤类型和特性不同而变化，但是和土壤性质没有直接的关联。DT_{50} 10~21 d，DT_{90} 111~235 d（野外）。能被土壤强烈吸收，K_{oc} 1332~2670（计算）。专题研究和浸出模型表明吡菌磷不会浸出。

制剂 30%乳油、30%可湿性粉剂。

作用机理与特点 抑制黑色素生物合成。具有治疗和保护作用的内吸性杀菌剂。通过叶、茎吸收并在植物体内传导。

应用

（1）适宜作物与安全性 禾谷类作物，蔬菜如黄瓜、番茄、草莓等，果树如苹果、核桃、葡萄等。推荐量下对作物安全（除了某些葡萄品种外）。

（2）防治对象 主要用于防治谷类、蔬菜、果树等中各种作物的白粉病，并兼有杀蚜、螨、潜叶蝇、线虫的作用。

（3）使用方法 防治苹果、桃子白粉病，用 0.05%含量隔 7 d 喷 1 次；防治瓜类白粉病，用 0.03%~0.05%含量，7~10 d 喷 1 次；防治小麦、大麦白粉病，在发病初期，用 30%乳油 15~20 mL/100 m^2 对水喷雾；防治黄椰菜、包心菜白粉病，每一百平方米用 30%乳油 4~10 mL。

专利与登记 专利 DE 1545790、GB 1145306 均早已过专利期，不存在专利权问题。

合成方法 经如下反应制得吡菌磷：

甲基立枯磷（tolclofos-methyl）

C$_9$H$_{11}$Cl$_2$O$_3$PS，301.1，57018-04-9

甲基立枯磷（试验代号：S-3349，商品名称：Rizolex，其他名称：灭菌磷、利克菌）是由日本住友化学公司开发的有机磷类杀菌剂。

化学名称 *O*-2,6-二氯-间-甲苯基 *O,O*-二甲基硫代磷酸酯。IUPAC 名称：*O*-(2,6-dichloro-4-methylphenyl) *O,O*-dimethyl phosphorothioate 或 *O*-(2,6-dichloro-*p*-tolyl) *O,O*-dimethyl phosphorothioate。美国化学文摘（CA）系统名称：*O*-(2,6-dichloro-4-methylphenyl) *O,O*-dimethyl phosphorothioate。CA 主题索引名称：phosphorothioic acid, esters *O*-(2,6-dichloro-4-methyl-phenyl) *O,O*-dimethyl ester。

理化性质 原药为浅褐色晶体。纯品为无色晶体，熔点 78～80℃，蒸气压 57 mPa（20℃），分配系数 lgK_{ow}=4.56（25℃）。水溶解度 1.10 mg/L（25℃），有机溶剂中溶解度：正己烷 3.8%，二甲苯 36.0%，甲醇 5.9%。对光、热和潮湿稳定。在酸碱介质中分解。闪点 210℃。

毒性 大鼠急性经口 LD$_{50}$ 5000 mg/kg，大鼠急性经皮 LD$_{50}$>5000 mg/kg，对兔皮肤和眼睛无刺激作用。大鼠急性吸入 LC$_{50}$(4 h)>3320 mg/m^3。狗 NOEL 数据（6 个月）600 mg/L（50 mg/kg）。ADI 值（mg/kg）：（EC）0.064（2006），（JMPR）0.07（1994），（EPA）0.05（1992）。

生态效应 野鸭和山齿鹑急性经口 LD$_{50}$>5000 mg/kg，大翻车鱼 LC$_{50}$(96 h)>720 μg/L。

环境行为 ①动物。甲基立枯磷在哺乳动物体内可被迅速降解，主要降解途径为氧化脱硫（P=S 双键变为 P=O 双键），4-甲基的氧化，P—O—Ar、P—O—CH$_3$ 的断裂。甲基立枯磷可迅速排出体外，在几天之内即可完全排出。②土壤/环境。甲基立枯磷在土壤中的滞留时间取决于快速的生物降解和高稳定性之间的平衡。光解半衰期（每天太阳光光照 8 h）DT$_{50}$：44 d（水中），15～28 d（湖水与河水），<2 d（土壤表层，包含蒸发的部分）。主要降解途径为去甲基化和水解，降解产物为 2,6-二氯苯甲醇。

制剂 50%可湿性粉剂，5%、10%、20%粉剂，20%乳油和 25%悬浮剂。

主要生产商 Sumitomo Chemical。

作用机理与特点 通过抑制磷酸的生物合成，从而抑制孢子萌发和菌丝生长。具保护和治疗性的非内吸性杀菌剂。在叶片处理时由于其蒸发作用，可发现有很弱的内吸性。吸附作用强，不易流失，在土壤中也有一定残效期。

应用

（1）适宜作物与安全性 马铃薯、甜菜、棉花、花生、蔬菜、谷类、观赏植物、球茎花和草坪等。避免与碱性药剂混用。按规定剂量施药，本剂对多数作物无药害。但有时因过量用药，有抑制发芽和抽穗的作用。本土壤杀菌剂可以高剂量直接使用于土壤消毒，而对环境影响甚微。本剂比五氯硝基苯效果好，且像对哺乳动物一样，对鱼和鸟类均低毒。并具有迅速生物降解和较高的物化特性，在土壤深处，又有适宜的持效性。

（2）防治对象 对半知菌类、担子菌类和子囊菌类等各种病菌均有很强的杀菌活性。可有效地防治由丝核菌属、小菌核属和雪腐病菌引起的各种土壤病害如马铃薯黑痣病和茎溃病，棉苗绵腐病，甜菜根腐病、冠腐病和立枯病，花生茎腐病，观赏植物的灰色菌核腐烂病以及草地或草坪的褐芽病等。甲基立枯磷除预防外还有治疗作用，对"菌核"和"菌丝"亦有杀菌活性；对五氯硝基苯产生抗性的苗立枯病菌也有效。

（3）使用方法 甲基立枯磷可作为种子、块茎或球茎处理剂，也可通过毒土、土壤洒施、拌种、浸渍、叶面喷雾和喷洒种子等方法施用。

① 防治马铃薯茎腐病和黑斑病 5～10 kg（a.i.）/hm² 拌土处理或拌种 100～200 kg（a.i.）/1000 kg。

② 防治棉花苗期立枯病、炭疽病根腐、猝倒病 20% 乳油按种子重量的 1% 拌种。

③ 防治棉花黄枯萎、瓜类枯萎、茄子黄萎、棉花角斑病等 可用 20% 乳油 200～300 倍液发病初期喷施，7～10 d 后再补喷 1 次或者用 20% 乳油 300～400 倍液灌根，每株灌药液 200～300 mL。

专利与登记 专利 GB 1467561、US 4039635 均已过专利期，不存在专利权问题。

合成方法 通过如下反应即可制的目的物：

参考文献

[1] The Pesticide Manual.17 th edition: 1114-1115.

[2] Soji O, Akira F, 恒存阳(译). 新杀菌剂—Rizolex® (tolclofos-methyl). 农药译丛, 1983(5): 57-60.

[3] Japan Pesticide Information, 1982, 41: 21.

稻瘟净（EBP）

$C_{11}H_{17}O_3PS$, 260.3, 13266-32-3

稻瘟净（商品名称：Kitazin）是日本组合化学工业公司开发的杀菌和杀虫剂。

化学名称 *S*-苄基-*O,O*-二乙基硫代磷酸酯。IUPAC 名称：*S*-benzyl *O,O*-diethyl phosphorothioate。美国化学文摘（CA）系统名称：*O,O*-diethyl *S*-(phenylmethyl) phosphorothioate。CA 主题索引名称：phosphorothioic acid, esters *O,O*-diethyl *S*-(phenylmethyl) ester。

理化性质 纯品为无色透明液体，原药为淡黄色液体，略带有特殊臭味。沸点 120～130℃（13.3～20 Pa）。蒸气压 0.0099 mPa（20℃）。相对密度 1.5258。难溶于水，易溶于乙醇、乙醚、二甲苯、环己酮等有机溶剂。对光照稳定，温度过高或在高温情况下时间过长时引起分解，对酸稳定，但对碱不稳定。

毒性 大鼠急性经口 LD_{50}（mg/kg）：237.7（原药），791（乳油），>12000（粉剂）。大鼠急性经皮 LD_{50} 570 mg/kg。对温血动物毒性较低，对人畜的急性胃毒毒性属中等。对鱼、贝类毒性较低，对兔眼及皮肤无刺激性。大鼠喂养 90 d 无作用剂量 5 mg/kg。

制剂 1.5%、2.3%粉剂，40%、48%乳油。

作用机理与特点 通过内吸渗透传导作用，抑制稻瘟病菌乙酰氨基葡萄糖的聚合，使组成细胞壁的壳层无法形成，达到阻止菌丝生长和形成孢子的目的，对水稻各生育期的稻病均具有预防和治疗作用。

应用

（1）防治对象 水稻稻瘟病、小粒菌核病、纹枯病、枯穗病等。并能兼治稻叶蝉、稻飞虱、黑色叶蝉等。

（2）使用方法 ①用 40%稻瘟净乳油 0.3～0.4 kg（a.i.）/hm² 对水喷雾，在始穗期、齐穗期各喷 1 次，可防治稻苗瘟和叶瘟。②用 10%稻瘟净 750 g 与 40%乐果乳油 750 g 或马拉硫磷乳油 750 g 混合，对水喷雾，可防治水稻叶蝉。③用 40%稻瘟净乳油 600 倍液喷雾，于圆秆拔节至抽穗期施药，可防治水稻小粒菌核病、纹枯病。

合成方法 具体合成方法如下

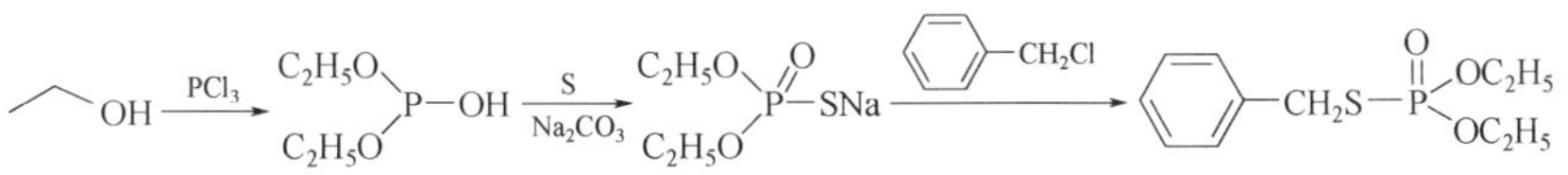

参考文献

[1] The Pesticide Manual. 17th edition: 1198.

第十六节
其他杀菌剂品种

氰烯菌酯（phenamacril）

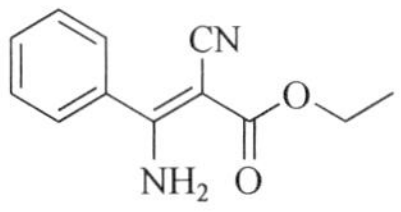

$C_{12}H_{12}N_2O_2$，216.1，3336-69-4，39491-78-6(Z)

氰烯菌酯（试验代号：JS 399-19）是由江苏农药研究所于 1998 年创制开发的一种氰基丙烯酸酯类杀菌剂。

化学名称　2-氰基-3-苯基-3-氨基丙烯酸乙酯。IUPAC 名称：ethyl (2*EZ*)-3-amino-2-cyano-3-phenylprop-2-enoate 或 ethyl (2*EZ*)-3-amino-2-cyano-3-phenylacrylate。美国化学文摘（CA）系统名称：ethyl 3-amino-2-cyano-3-phenyl-2-propenoate。CA 主题索引名称：2-propenoic acid ——, 3-amino-2-cyano-3-phenyl-ethyl ester。

理化性质　纯品为白色或淡黄色固体，原药含量≥95%，熔点（纯品）117～119℃，蒸气压 4.5×10^{-5} Pa。难溶于甲苯、石油醚等非极性溶剂；易溶于氯仿、丙酮、二甲亚砜、二甲基甲酰胺等极性溶剂。

毒性　原药大鼠（雌、雄）急性经口 LD_{50} >5000 mg/kg，大鼠（雌、雄）急性经皮 LD_{50} >2150 mg/kg，对兔眼、兔皮肤无刺激性。对豚鼠致敏性试验为弱致敏。Ames、微核、染色体试验结果均为阴性。大鼠 13 周饲喂无作用剂量：（44.10±3.04）mg/（kg•d）（雄性），（47.01±3.07）mg/（kg•d）（雌性）。

25%悬浮剂大鼠（雌、雄）急性经口 LD_{50} >5000 mg/kg，大鼠（雌、雄）急性经皮 LD_{50} >2000 mg/kg，对家兔皮肤无刺激性，对兔眼轻度至中度刺激性。对豚鼠致敏性试验为弱致敏。斑马鱼 LC_{50}（96 h）>12.4 mg/L，蜜蜂 LC_{50}（48 h）>5000 mg/L，鹌鹑 LD_{50}（7 d）>450 mg/kg，家蚕 LC_{50}（2 龄）>5000 mg/kg 桑叶。

生态效应　斑马鱼 LC_{50}（96 h）7.70 mg/L，蜜蜂 LC_{50}（48 h）436 mg/L，鹌鹑 LD_{50}（7 d）321 mg/kg 体重，家蚕 LC_{50}（二龄）536 mg/kg 桑叶。

环境行为　氰烯菌酯在江西红壤中的降解半衰期在 6～12 月间，在太湖水稻土和东北黑土中的降解半衰期在 3～6 月间。在 25℃时 pH 5、pH 7、pH 9 条件下，水解半衰期均大于 3 个月，具有较强的化学稳定性，较难水解。在 1000W 氙灯光源下，氰烯菌酯在水中及土壤中难光解。氰烯菌酯在江西红壤、太湖水稻土与东北黑土中的属较难吸附性。在江西红壤、太湖水稻土、东北黑土中的移动分配系数 R_f 值分别为 0.39、0.27、0.27，在江西红壤具有中等移动性，在太湖水稻土与东北黑土中具不易移动性。氰烯菌酯在玻璃表面（空气）、水相和土壤表面的挥发率均小于 1%，属难挥发性。氰烯菌酯在鱼体中的 BCF（生物富集系数）小于 10，为弱生物富集性农药。氰烯菌酯 25%悬浮剂按推荐剂量 3 kg/hm^2（有效成分 0.75 kg/hm^2）和高剂量（推荐量的 2 倍）使用，间隔期 21 d，小麦籽粒残留量为未检出（<0.003～0.012 mg/kg）；间隔期 28 d，小麦籽粒残留量为未检出。间隔 21 d，土壤残留量为 0.233～0.486 mg/kg；间隔 28 d，土壤残留量为 0.085～0.311 mg/kg。氰烯菌酯在小麦上使用后 21～28 d，收获的小麦籽粒未检出药剂残留。

制剂　25%悬浮剂。

主要生产商　江苏省农药研究所股份有限公司。

作用机理与特点　作用机制独特，初步推测，氰烯菌酯作用于禾谷镰孢菌肌球蛋白-5。氰烯菌酯具有优异的保护和治疗作用。能强烈抑制引起麦类赤霉病的禾谷镰孢菌（*Fusarium graminearum*）和引起水稻恶苗病的串珠镰孢菌（*Fusarium moniliforme*）的菌丝生长和发育。研究表明，氰烯菌酯在离体条件下对禾谷镰孢菌抗多菌灵菌株及野生敏感菌株的菌丝生长均有很高的抑制活性，平均 EC_{50} 值分别为（0.117±0.036）μg/mL 和（0.107±0.020）μg/mL。氰烯菌酯可降低禾谷镰孢菌敏感菌株分生孢子的萌发速率，影响其萌发方式，使芽管从分生孢子基部和中间细胞萌发的比率增加；同时氰烯菌酯使敏感菌株分生孢子膨大、畸形，并使其芽管肿胀、扭曲，明显抑制其芽管的伸长生长。但氰烯菌酯对抗性菌株分生孢子芽管伸长的抑制作用很小，致畸作用不明显。

氰烯菌酯具有内吸及向顶传导活性，可以被植物根部、叶片吸收，在植物导管或木质部以短距离运输方式向上输导。灌根处理发现，氰烯菌酯可以通过小麦根部吸收，并向上输导，但输导速度较慢，分布比较均匀。叶面处理试验表明，氰烯菌酯可被叶片吸收、滞留，并具有向叶片顶端的输导性，但向叶片基部的输导能力较差，在叶片间的跨层输导性也较差。研究人员测定，氰烯菌酯能在防病的同时大幅降低小麦穗粒中的毒素含量；而多菌灵则在防病的同时刺激小麦穗粒产生超量的赤霉毒素。并且，氰烯菌酯还通过大幅减少超氧自由基、降低过氧化产物 MDA（丙二醛）、提高抗氧化酶活性、延缓作物衰老、增加叶绿素等，来增强作物的抗逆性，提高作物产量。大田试验表明，氰烯菌酯可提升小麦产量13%以上。经研究推断，氰烯菌酯以质外体运转体系在小麦植株上分布，而禾谷镰孢菌主要危害小麦的穗部，造成穗腐，因此用该药剂进行小麦赤霉病的防治时应该重视适期施药，并尽可能使药剂喷洒到穗部。氰烯菌酯具有很好的保护作用，在遇到穗期高温时，小麦边抽穗及边扬花的情况下，可以把用药时间提前到齐穗期。同时氰烯菌酯的治疗作用优异，因此若遇到发病重的年份，即便麦穗已经发病，也可以通过增加施药次数，控制病情发展。

应用

（1）适用作物　小麦、棉花、水稻、西瓜、香蕉等。

（2）防治对象　用于防治镰刀菌引起的小麦赤霉病、棉花枯萎病、香蕉巴拿马病、水稻恶苗病、西瓜枯萎病及各类作物的枯萎病、根腐病、立枯病等根茎部病害。

（3）使用方法　25%氰烯菌酯悬浮剂登记用于防治小麦赤霉病和水稻恶苗病，喷雾防治小麦赤霉病的有效成分用量为 $375\sim750$ g/hm^2；浸种防治水稻恶苗病的有效成分用量为 $83.3\sim125$ mg/kg。

氰烯菌酯防治小麦赤霉病时主要采用叶面喷雾的方法。而小麦穗部结构决定了药剂雾滴难在穗上沉积和扩散，因此在田间进行施药防治时，推荐采用弥雾喷洒或细雾喷洒。建议一般年份在齐穗期开始用药，重病年份始花期开始喷药。施药次数为 $1\sim2$ 次，赤霉病中等偏重发生时，可施药 2 次，用药间隔期为 $7\sim10$ d；重发年份也可以用 3 次药。手动喷液量为 750 kg/hm^2；弥雾喷液量为 600 kg/hm^2。氰烯菌酯对小麦安全。

使用氰烯菌酯浸种对水稻整个生长期不会产生不良影响，对水稻恶苗病兼具保护和治疗作用。25%氰烯菌酯悬浮剂浸种处理对水稻恶苗病的防治效果较好，在晚稻苗期、分蘖末期与穗期均表现出高于对照药剂的防效，在穗期差异更为明显。生产上，以相同浓度浸种，对水稻恶苗病的防效与咪鲜胺相当。25%氰烯菌酯悬浮剂浸种处理比例为（1∶3000）～（1∶4000），当浸种温度为 $15\sim20$℃时，浸种时间以 $48\sim72$ h 为宜。

专利与登记

专利名称　2-氰基-3-取代苯基丙烯酸酯类化合物、组合物及其制备方法以及在农作物杀菌剂上的应用

专利号　CN 1317483　　　　　专利申请日　2001-05-08

专利拥有者　江苏省农药研究所

另外还申请其他组合专利以及工艺专利　ZL 200410014097.8（CN 1279817C，申请于 2004 年 2 月 18 日），含有化合物 2-氰基-3-氨基-3-苯基丙烯酸乙酯的杀菌组合物；ZL 200410065145.6（CN 100393211C，申请于 2004 年 10 月 27 日），防治水稻恶苗病的农药组合物；ZL 200610125921.6（CN 100435635C，申请于 2004 年 2 月 18 日），2-氰基-3-氨基-3-苯基丙烯酸乙酯防治农作物病害的应用；ZL 200710020277.0（CN 101019536B，申请于 2007 年 3 月 16 日），含 2-氰基-3-氨基-3-苯基丙烯酸乙酯与丙环唑的杀菌组合物及其用途；ZL 200810235717.9

（CN 101417962B，2008 年 12 月 4 日申请），2-氰基-3-氨基丙烯酸酯衍生物的制备方法。

江苏省农药研究所股份有限公司登记了 25%氰烯菌酯悬浮剂，用于防治小麦赤霉病和水稻恶苗病，喷雾防治小麦赤霉病的有效成分用量为 375～750 g/hm²；浸种防治水稻恶苗病的有效成分用量为 83.3～125 mg/kg。另外也登记了 48%氰烯·戊唑醇悬浮剂，喷雾防治小麦赤霉病的有效成分用量为 288～432 g/hm²。该产品还可用于防治小麦白粉病、小麦纹枯病等麦类病害，对小麦生长具有部分调节增产作用。另外，陕西上格之路生物科学有限公司还登记了 20%氰烯·己唑醇悬浮剂，喷雾防治小麦白粉病的有效成分用量为 240～420 g/hm²，喷雾防治小麦赤霉病的有效成分用量为 240～330 g/hm²。

江苏省绿盾植保农药实验有限公司登记了 20%氰烯·杀螟丹可湿性粉剂（10%杀螟丹+10%氰烯菌酯），通过浸种，可以防治水稻恶苗病和干尖线虫病，施用剂量 125～250 mg/kg。

合成方法　以苯甲醛或苯腈为起始原料经如下反应制得氰烯菌酯：

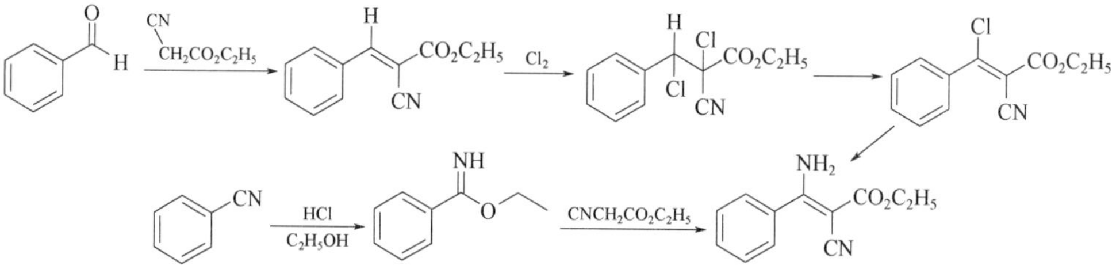

参考文献

[1] 柏亚罗. 南农大植保学院全基因组测序技术揭示氰烯菌酯抗性机理. 农药市场信息, 2015(12): 53.

[2] 刁亚梅, 倪珏萍, 马亚芳, 等. 创制杀菌剂氰烯菌酯的应用研究. 植物保护, 2007(4): 121-123.

[3] 曹庆亮, 周健, 马海军. 氰烯菌酯的合成方法改进. 现代农药, 2014, 13(6): 11-12+17.

[4] 郎玉成, 倪珏萍. 新型杀菌剂——氰烯菌酯(JS399-19). 世界农药, 2007(5): 52-53.

五氯硝基苯（quintozene）

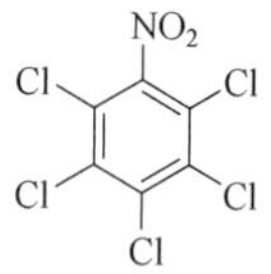

$C_6Cl_5NO_2$，295.3，82-68-8

五氯硝基苯（商品名称：Blocker、Terraclor，其他名称：Agromin、Brassicol、Control、Par-Flo、Seedcole、TerraCoat LT-2N、Tritisan、Turfcide、Win-Flo）是由 I. G. Farbenindustrie AG（现拜耳公司）开发的杀菌剂。

化学名称　五氯硝基苯。IUPAC 名称：pentachloronitrobenzene。美国化学文摘（CA）系统名称：1,2,3,4,5-pentachloro-6-nitrobenzene。CA 主题索引名称：benzene —, 1,2,3,4,5-penta-chloro-6-nitro-。

理化性质　纯品为无色针状结晶（原药为灰黄色结晶状固体，纯度 99%）。熔点 143～144℃（原药 142～145℃），沸点 328℃（少量分解）。蒸气压 12.7 mPa（25℃）。分配系数 lgK_{ow}=5.1。相对密度 1.907（21℃）。水中溶解度（20～25℃）0.1 mg/L；有机溶剂中溶解度（g/L，20～25℃）：甲苯 1140，甲醇 20，庚烷 30。稳定性：对热和酸介质稳定，在碱性介质中分解。暴露空气 10 h 以后，表面颜色发生变化。

毒性 大鼠急性经口 LD$_{50}$>5000 mg/kg。兔急性经皮 LD$_{50}$>5000 mg/kg。对兔皮肤无刺激性，对兔眼睛有轻微刺激性。大鼠吸入 LC$_{50}$（4 h）>1.7 mg/L。NOEL 数据［mg/(kg·d)］：大鼠（2 年，致癌试验）1，狗（1 年，饲喂）3.75。ADI 值 0.01 mg/kg（含有<0.1%六氯硝基苯的五氯硝基苯）。

生态效应 野鸭 LD$_{50}$ 2000 mg/kg，野鸭和山齿鹑饲喂 LC$_{50}$（8 d）>5000 mg/L。鱼毒 LC$_{50}$（96 h，mg/L）：虹鳟鱼 0.55，大翻车鱼 0.1。水蚤 LC$_{50}$（48 h）0.77 mg/L。其他水生生物 LC$_{50}$（96 h，mg/L）：小虾米 0.012，牡蛎 0.029。蜜蜂 LD$_{50}$（接触）>100 μg/只。

环境行为 ①动物。在哺乳动物体内，主要代谢途径为母体化合物通过尿液或粪便排出体外。大鼠、绵羊和猴子的主要代谢产物是五氯苯胺（通过硝基还原得到），其他代谢物包括五氯苯酚、五氯甲硫基苯、五氯苯、二甲基四氯苯、甲基五氯苯基硫醚和 N-乙酰基-S-五氯苯基半胱氨酸。②植物。五氯硝基苯在植物体内可转变成五氯苯胺、五氯甲硫基苯和各种氯代苯基甲砜基和亚砜基。③土壤/环境。在土壤中残留，DT$_{50}$ 4～10 月，部分通过挥发从土壤中消失，生物降解主要是成为五氯苯胺和五氯甲硫基苯。吸附 K_{oc} 6030（沙壤土），2966（沙土）；解吸附 K_{oc} 9584（沙壤土），3285（沙土）。

制剂 75%可湿性粉剂，24%乳油等。

主要生产商 Amvac。

作用机理与特点 五氯硝基苯属有机氯保护性杀菌剂。主要用于土壤和种子处理。对多种蔬菜的苗期病害及土壤传染的病害有较好的防治效果。

应用

（1）适宜作物 棉花、小麦、高粱、马铃薯、甘蓝、莴苣、胡萝卜、黄瓜、菜豆、大蒜、葡萄、桃、梨、水稻等。

（2）防治对象 用于防治小麦腥黑穗病、秆黑粉病；高粱腥黑穗病，马铃薯疮痂病、菌核病，棉花立枯病、猝倒病、炭疽病、褐腐病、红腐病，甘蓝根肿病，莴苣灰霉病、菌核病、基腐病、褐腐病以及胡萝卜、糖萝卜和黄瓜立枯病，菜豆猝倒病、丝菌核病，大蒜白腐病，番茄及胡椒的南方疫病，葡萄黑豆病，桃、梨褐腐病等。如喷雾对水稻纹枯病也有极好的防治效果。

（3）使用方法 防治以上病害，既可茎叶处理，又可拌种，也可用于土壤处理。茎叶处理使用剂量为 1～1.5 kg(a.i.)/hm^2；种子处理使用剂量为 1～1.5 kg(a.i.)/100 kg 种子；土壤处理使用剂量为 1～1.5 kg(a.i.)/100m^2。

专利与登记 专利 DE 682048 早已过专利期，不存在专利权问题。国内登记情况：20%、40%、45%粉剂，15%、20%、25%悬浮种衣剂，40%可湿性粉剂，40%种子处理干粉剂，95%原药等，登记作物棉花、茄子、西瓜等，防治对象红腐病、苗期立枯病、猝倒病、炭疽病、枯萎病等。

合成方法 具体合成方法如下：

或

469

参考文献

[1] 庄友加. 五氯硝基苯新工艺路线的研究. 天津化工, 1989(3): 5-8+13.
[2] 王秀琪. 国外五氯硝基苯合成工艺的进展. 农药工业, 1979(2): 43-47.

硫黄（sulfur）

S

S_x, 32.1, 7704-34-9

硫黄（试验代号：BAS17501F、SAN7116，商品名称：Mastercop、Sulfacob、Triangle Brand，其他名称：AgriTec、Basic、Bioram、Calda Bordalesa、Comac、Copper-Z、Earthtec、Göztaşi、Kay Tee、King、Komeen、Phyton-27、Rice-Cop、Rifle 4-24 R、Siaram、Tennessee Brand）是由巴斯夫和先正达公司开发的杀菌、杀螨剂。

化学名称 硫。IUPAC 名称、美国化学文摘（CA）系统名称：sulfur。CA 主题索引名称：sulfur。

理化性质 纯品为黄色粉末，有几种同素异形体。熔点 114℃（斜方晶体 112.8℃，单斜晶体 119℃）。沸点 444.6℃。蒸气压：0.527 mPa（30.4℃）（斜方晶体），8.6 mPa（59.4℃）。相对密度 2.07（斜方晶体）。难溶于水，结晶状物溶于二硫化碳中，无定形物则不溶于二硫化碳中，不溶于乙醚和石油醚中，溶于热苯和丙酮中。

毒性 大鼠急性经口 LD_{50}>5000 mg/kg。大鼠急性经皮>2000 mg/kg。对皮肤和眼睛有刺激性。大鼠吸入 LD_{50}>5430 mg/m³。对人和畜几乎无毒。

生态效应 日本鹌鹑（8 d）急性经口 LD_{50}>5000 mg/L。对鱼无毒。水蚤 LC_{50}（48 h）>665 mg/L。海藻 EC/LC_{50}>232 mg/L。对蜜蜂无毒。蚯蚓 LC_{50}（14 d）>1600 mg/L。

环境行为 ①植物。主要通过微生物还原代谢。②土壤/环境。土壤环境中不溶于水，不污染地下水。当氧化为硫酸，在土壤和水中从农药中产生的硫酸根离子相比较于自然产生的硫酸盐是微不足道的。

制剂 91%粉剂，50%悬浮剂，80%水分散粒剂。

主要生产商 Agrochem、BASF、Cerexagri、Crystal、Drexel、Excel Crop Care、FMC、Gujarat Pesticides、Punjab、Sharda、Sulphur Mills、Syngenta 及浙江中山化工集团股份有限公司等。

作用机理与特点 呼吸抑制剂，作用于病菌氧化还原体系细胞色素 b 和 c 之间电子传递过程，夺取电子，干扰正常"氧化-还原"。具有保护和治疗作用。

应用

（1）适宜作物 小麦、甜菜、蔬菜（如黄瓜、茄子）等，果树如苹果、李、桃、葡萄、柑橘、枸杞等。

（2）防治对象 用于防治小麦白粉病、锈病、黑穗病、赤霉病，瓜类白粉病，柑橘锈病，苹果、李、桃黑星病，葡萄白粉病等，除了具有杀菌活性外，硫黄还具有杀螨作用，如用于防治柑橘锈螨等。

（3）使用方法 防治果树病害等推荐用量为 1.75～6.25 kg（a.i.）/hm²，防治葡萄病害等推荐用量为 1.75～4 kg（a.i.）/hm²，防治麦类病害等推荐用量为 6 kg（a.i.）/hm²，防治甜菜病害等推荐用量为 1.5 kg（a.i.）/hm²，防治柑橘病害等推荐用量为 6 kg（a.i.）/hm²，防治果树、蔬菜等病害推荐用量为 1.2 kg（a.i.）/hm²。具体如下：

① 防治小麦白粉病　每亩每次用有效成分 125～250 g，对水均匀喷雾，间隔 10 d 左右喷药 1 次，共喷药 2 次。

② 防治瓜类白粉病　每次用有效成分 1875～3750 g/hm²，对水均匀喷雾，喷 3 次。

③ 防治柑橘锈病　用 1667～3333 mg/L 有效浓度药液喷雾，共喷 2～3 次。

④ 防治枸杞锈螨　每次用 1500 mg/L 浓度药液喷药，喷 4～6 次。

专利与登记　国内登记情况：99.5%原药，91%粉剂，50%悬浮剂，80%水分散粒剂等。登记作物为黄瓜、柑橘树、苹果树、桃树、西瓜等。防治对象为白粉病、疮痂病、褐斑病等。国外公司在国内登记情况见表 2-87。

表 2-87　国外公司在中国登记情况

公司名称	登记名称	登记证号	含量	剂型	登记作物	防治对象	用药量	施用方法
德国斯杜宁公司	硫黄	PD20110108	80%	水分散粒剂	柑橘树	疮痂病	300～500 倍液	喷雾
美国仙农有限公司	硫黄	PD20110108	80%	水分散粒剂	黄瓜	白粉病	2200～2600 g/hm²	喷雾
巴斯夫欧洲公司	硫黄	PD20070492	99%	原药				
	硫黄	PD20110108	80%	水分散粒剂	黄瓜	白粉病	2400～2800 g/hm²	喷雾
					柑橘树	疮痂病	300～500 倍液	
					苹果树	白粉病	500～1000 倍液	
					桃树	褐斑病	800～1600 mg/kg	
					西瓜	白粉病	2800～3200 g/hm²	

福美双（thiram）

C₆H₁₂N₂S₄，240.4，137-26-8

福美双（试验代号：ENT987，商品名称：Deepest、Flowsan、Gustafson 42S、Hermosan Pomarsol、Pomarsol、Royalflo 42S、Thianosan、Thiraflo、Thiram Granuflo、Thyram Plus、Tiurante，其他名称：Anchor、Gaucho M、Gaucho T、Vitaflo 280、Vitavax 200FF、Zaprawa Funaben T、秋兰姆、阿锐生、赛欧散）是由杜邦公司和拜耳公司开发的杀菌剂。

化学名称　四甲基秋兰姆二硫化物。IUPAC 名称：tetramethylthiuram disulfide 或 bis（dime-thylthiocarbamoyl）disulfide。美国化学文摘（CA）系统名称：tetramethylthioperoxydicarbonic diamide（[[(CH₃)₂N]C(S)]₂S₂）。CA 主题索引名称：thioperoxydicarbonic diamide ([[(H₂N)C(S)]₂S₂) —，tetramethyl-。

理化性质　纯品为白色粉末，熔点 144～146℃。蒸气压 2×10⁻² mPa（25℃）。分配系数 lgK_{ow}=2.1。相对密度 1.36（20～25℃）。Henry 常数 1.53×10⁻⁴ Pa·m³/mol。水中溶解度 16.5 mg/L（20～25℃）；有机溶剂中溶解度（g/L，20～25℃）：正己烷 0.093，二甲苯 8.3，甲醇 1.91，二氯甲烷 164，丙酮 21.0，乙酸乙酯 8.53。稳定性：在中性或碱性介质中迅速分解，DT₅₀（25℃）：68.5 d（pH 5），3.5 d（pH 7），小于 1 d（pH 9）。pK_a 为 8.19。

毒性　大鼠急性经口 LD₅₀（mg/kg）：雄大鼠 3700，雌大鼠 1800，小鼠 1500～2000，兔

210。大鼠急性经皮 LD_{50}>2000 mg/kg，兔急性经皮 LD_{50}>2000 mg/kg；对兔眼睛有中等刺激性，对皮肤无刺激性。在经皮毒性测试中，本品干粉在 9%浓度下对人类皮肤会造成轻度红疹。对豚鼠皮肤无致敏性。大鼠吸入 LC_{50}（4 h，mg/L 空气）：雄性 5.04，雌性 3.46。NOEL 数据［mg/(kg·d)］：大鼠（2 年）1.5，狗（1 年）0.75。ADI: (JMPR, EC) 0.01 mg/kg(1992, 2003, 2004)；(EPA) aRfD 0.0167 mg/kg，cRfD 0.015 mg/kg(2004)。

生态效应　鸟类急性经口 LD_{50}（mg/kg）：雄性圆颈野鸡 673，野鸭>2800，欧椋鸟>100，白眉歌鸫>100。饲喂 LC_{50}（5 d，mg/L）：圆颈野鸡>5000，野鸭>5000，山齿鹑>3950，日本鹌鹑>5000。鱼毒 LC_{50}（96 h，mg/L）：大翻车鱼 0.13，虹鳟鱼 0.046。水蚤 LC_{50}（48 h）0.011 mg/L。月牙藻 EC_{50}（72 h）0.065 mg/L。蜜蜂 LD_{50}（经口和接触）>100 μg/只。蠕虫 LC_{50}（14 d）540 mg/kg 土。

环境行为　①动物。代谢迅速，产物广泛。代谢产物可排出体外或与天然成分融为一体。②植物。叶面施肥的结果主要是检测到未改变的福美双，另外还有与葡萄糖苷的共轭，以及进一步的降解和合并。作为种子处理剂的应用结果代谢产物广泛，残留物融入天然组分当中。③土壤/环境。DT_{50}（有氧）4.8 d（20℃，四种土壤）。

制剂　30%、40%、45%、50%、60%、70%可湿性粉剂，7.2%、16%、20%悬浮种衣剂，69%水分散粒剂等。

主要生产商　India Pesticides、Sharda、Taminco 及江苏宝灵化工股份有限公司等。

作用机理与特点　具有保护作用的杀菌剂。主要用于种子处理和土壤处理。

应用

（1）适宜作物　水稻、大麦、小麦、玉米、豌豆、花椰菜、甘蓝、莴苣、黄瓜、葱、番茄、瓜类、油菜、葡萄等。

（2）防治对象　用于防治多种作物霜霉病、疫病、炭疽病、禾谷类黑穗病、苗期黄枯病、立枯病等。也可用于喷洒，防治一些果树、蔬菜病害。

（3）使用方法

① 种子处理　a.用 50%可湿性粉剂 0.5 kg 拌 100 kg 种子，可防治稻瘟病，稻胡麻叶斑病，稻秧苗立枯病，大、小麦黑穗病，玉米黑穗病。b.用 50%可湿性粉剂 0.8 kg 拌 100 kg 种子，可防治豌豆褐斑病、立枯病。c.用 50%可湿性粉剂 0.25 kg 拌 100 kg 种子，可防治花椰菜、甘蓝、莴苣等立枯病。d.用 50%可湿性粉剂 0.3～0.8 kg 拌 100 kg 种子，可防治黄瓜和葱立枯病。e.用 50%可湿性粉剂 0.5 kg 拌 100 kg 种子，可防治松黄立枯病。f.用 50%可湿性粉剂 300 g 拌棉籽 100 kg，加适量水充分摇匀并立即播种，防治棉花苗期病。

② 土壤处理　a.每平方米苗床用 50%可湿性粉剂 4～5 g 加 70%五氯硝基苯 4 g，再加细土 15 kg 混匀施用，可防治番茄、瓜类幼苗猝倒病、立枯病及烟草和甜菜根腐病。b.用 50%可湿性粉剂 100 g，处理土壤 500 kg，做温室苗床处理，防治烟草和甜菜根根腐病，番茄、甘蓝黑肿病，瓜类猝倒病、黄枯病。

③ 喷雾　a.用 50%可湿性粉剂 500～800 倍液喷雾，喷药液量为 750～1500 kg/hm²，可防治油菜、黄瓜霜霉病。b.用 50%可湿性粉剂 500～750 倍液喷雾，可防治葡萄白腐病、炭疽病。c.用 50%可湿性粉剂 500 g，对水 250～400 kg，均匀喷雾，防治苹果黑点病、梨黑腥病。

专利与登记　专利 US 1972961、DE 642532 均已过专利期，不存在专利权问题。国内登记情况：30%、40%、45%、50%、60%、70%可湿性粉剂，7.2%、16%、20%悬浮种衣剂，69%水分散粒剂，95%、96%原药等，登记作物黄瓜、梨树、小麦、苹果树、葡萄等，防治对象黑星病、霜霉病、赤霉病、白粉病、炭疽病等。美国科聚亚公司在国内登记见表 2-88。

表 2-88　美国科聚亚公司在国内登记情况

登记名称	登记证号	含量	剂型	登记作物	防治对象及作用	用药量	施用方法
萎锈·福美双	PD111-89	75%	可湿性粉剂	小麦	散黑穗病	187.5～210 g/100 kg 种子	拌种
				水稻	恶苗病	①150～187.5 g/100 kg 种子，②0.75～1.125 g/L 水/kg 种子	①拌种，②浸种
				水稻	苗期立枯病	150～187.5 g/100 kg 种子	拌种
萎锈·福美双	PD112-89	400 g/L	悬浮剂	小麦	散黑穗病	108.8～131.2 g/100 kg 种子	拌种
					调节生长	120 g/100 kg 种子	
				大麦	调节生长	100～120 g/100 kg 种子	
					黑穗病	0.2～0.3 L/100 kg 种子	
					条纹病	80～120 g/100 kg 种子	
				水稻	立枯病	160～200 g/100 kg 种子	
					恶苗病	120～160 g/100 kg 种子	
				棉花	立枯病	500 倍液	
				大豆	根腐病	500 倍液	
				玉米	调节生长	500 g/500 kg 温床土	
					苗期茎基腐病	80～120 g/100 kg 种子	
					丝黑穗病	160～200 g/100 kg 种子	

合成方法　具体合成方法如下：

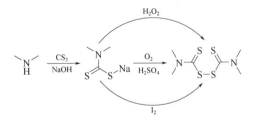

参考文献

[1] The Pesticide Manual.17 th edition: 1110-1111.

[2] 周艺峰, 聂王焰, 沙鸿飞. 福美双的新合成工艺. 农药, 1995(9): 8-10.

福美锌（ziram）

$$C_6H_{12}N_2S_4Zn，305.8，137-30-4$$

福美锌，商品名称：Crittam、Mezene、Miram、Thionic、Ziram Granuflo。

化学名称　双-(二甲基硫代氨基甲酸)锌。IUPAC 名称：zinc bis(dimethyldithiocarbamate)。美国化学文摘（CA）系统名称：(T-4)-bis(dimethylcarbamodithioato-κS, $\kappa S'$)zinc。CA 主题索引名称：zinc —, bis(dimethylcarbamodithioato-κS, $\kappa S'$)-(T-4)-。

理化性质　纯品为无色粉末，熔点 246℃（工业品为 240～244℃）。蒸气压 1.8×10^{-2} mPa（99%，25℃）。$\lg K_{ow}$=1.65（20℃）。相对密度 1.66（20～25℃）。水中溶解度（20～25℃）0.97～

18.3 mg/L；其他溶剂中溶解度（g/L，20～25℃）：丙酮 2.3，甲醇 0.11，甲苯 2.33，正己烷 0.77。在酸性介质中很快降解，水解 DT_{50}：<1 h（pH 5），18 h（pH 7）。

毒性 大鼠急性经口 LD_{50} 2068 mg/kg，兔急性经皮 LD_{50}> 2000 mg/kg。对黏膜有刺激，对眼睛有强烈刺激，对皮肤无刺激。大鼠吸入 LC_{50}（4 h）0.07 mg/L 空气。NOEL：狗 NOAEL（52 周）6 mg/kg；大鼠（1 年）5 mg（a.i.）/（kg·d）；幼鼠（30 d）100 mg/kg 饲料；狗（13 周）100 mg/L 饲料。ADI：（JMPR）0.03 mg/kg（2005）；（EC）0.006 mg/kg（2004）；（EPA）aRfD 0.005 mg/kg，cRfD 0.0012 mg/kg（2001）。急性腹腔注射 LD_{50}（mg/kg）：大鼠、豚鼠和兔子 5～73，小鼠 17。

生态效应 山齿鹑急性经口 LD_{50} 97 mg/kg，虹鳟鱼 LC_{50}（96 h）> 1.9 mg/L，水蚤 EC_{50}(48 h) 0.048 mg/L，水藻 EC_{50} 0.066 mg/L。对蜜蜂无毒，LD_{50}> 100 μg/只。蚯蚓 LC_{50}(7 d) 190 mg/kg 土壤。福美锌对不同鸟类的毒性为无毒至中等毒性。对欧洲八哥及红翼山鸟的 LD_{50} 为 100 mg/kg。2 年的研究表明福美锌对鹌鹑的饮食 LC_{50} 为 3346 mg/L。对于鸡雏，有毒剂量为 56 mg/kg。福美锌能够使母鸡不能产蛋。在非特定条件下，福美锌能够给鸡雏的体重以及睾丸的发育带来负面影响。对唯一的被试物种——金鱼的研究表明，福美锌对鱼类为中等毒性。其对金鱼的 LC_{50}（5 h）为 5～10 mg/L。由于福美锌在水中的溶解度低，所以它具有较低生物浓缩能力。

环境行为 ①动物。大鼠经口后 1～2 d 内几乎全部降解，7 d 后有 1%～2% 的福美锌残留在大鼠的尸体内。②植物。在植物体内代谢的主要产物为二甲基氨基二硫代羧酸的二甲胺盐；此外还有四甲基硫脲、二硫化碳和硫。二甲基氨基二硫代羧酸能够以其酸的形式存在，以及代谢产物二甲基氨基二硫代羧-β-配糖体、二甲基氨基二硫代羧-α-氨基丁酸和二甲基氨基二硫代羧-α-丙氨酸。③土壤/环境。在土壤中 DT_{50}（有氧）42 h。

制剂 20%、50%、65%、72%、76% 可湿性粉剂，7%、10%、15% 粉剂。

主要生产商 Cerexagri、FMC、India Pesticides、Sharda 及 Taminco 等。

作用机理与特点 主要为接触活性，具有保护作用的杀菌剂。能够驱除鸟类及啮齿目动物。

应用 作为野生动物驱避剂。更多地用于防治水果及蔬菜等作物的斑点病、桃缩叶病、叶片穿孔病、锈病、黑腐病和炭疽病。

专利与登记 专利 US 2229562 早已过专利期，不存在专利权问题。国内登记情况：90%、95% 原药，72% 可湿性粉剂等，登记作物为苹果树等，防治对象炭疽病等。

合成方法 通过如下反应制得目的物：

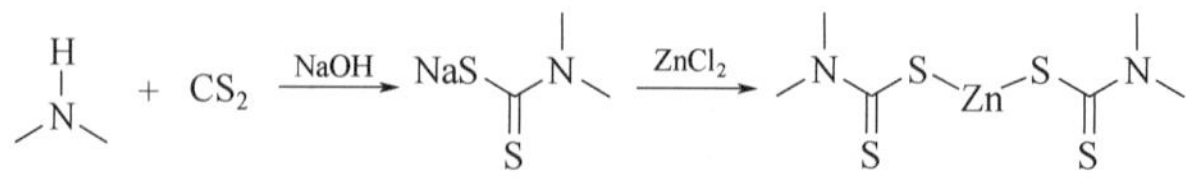

参考文献

[1] The Pesticide Manual.17 th edition: 1177-1178.

代森锰锌（mancozeb）

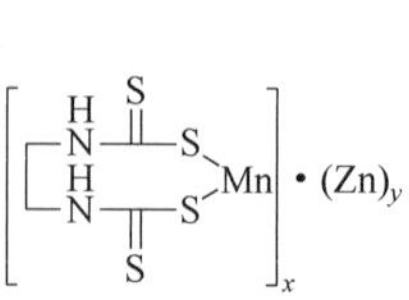

$x : y = 1 : 0.091$

$[C_4H_6MnN_2S_4]_xZn_y$，330.7，8018-01-7

代森锰锌（商品名称：Aimcozeb、Caiman、Defend M 45、Devidayal M-45、Dithane、Dithane M-45、Fl-80、Fuerte、Fore、Hermozeb、Hilthane、Indofil M-45、Ivory、Kifung、Kilazeb、Manco、Mancosol、Mancothane、Mandy、Manex Ⅱ、Manzate、Micene、Suncozeb、Uthane、Vimancoz、Zeb，其他名称：Cuprosate 45、Cuprosate Gold、Curtine-Ⅴ、Duett M、Electis、Equation Contact、Fantic M、Gavel、Melody Med、Micexanil、Mike、Milor、Pergado MZ、Ridomil Gold MZ、Sereno、Sun Dim、Tairel、Trecatol M、Valbon、Decabane、大丰、大生、大生富、喷克、速克净、新万生）是由 Rohm & Haas（现为 Dow AgroScience Co）和 E. I. Du Pont de Nemours and Co.（杜邦）开发的杀菌剂。

化学名称　亚乙基双二硫代氨基甲酸锰和锌盐的多元配位化合物。IUPAC 名称：manganese ethylenebis(dithiocarbamate) (polymeric) complex with zinc salt. 美国化学文摘（CA）系统名称：[[2-[(dithiocarboxy)amino]ethyl]carbamodithioato(2−)-$\kappa S,\kappa S'$]manganese mixture with [[2-[(dithiocarboxy)amino]ethyl]carbamodithioato(2−)-$\kappa S,\kappa S'$]zinc. CA 主题索引名称：zinc —, [[2-[(dithiocarboxy)amino]ethyl]carbamodithioato(2−)-$\kappa S,\kappa S'$]-mixture with [[2-(dithiocarboxy)amino]ethyl]carbamodithioato(2−)-$\kappa S,\kappa S'$]manganese。

理化性质　ISO 确定的代森锰锌组成是代森锰与锌组成的配位化合物，其中含有 20%锰和 2.2%锌，并申明有盐的存在（如氯化代森锰锌）。原药为灰黄色流动粉末，具有轻微的硫化氢气味。熔点 172℃以上分解。蒸气压<1.33×10^{-2}mPa（20℃）。分配系数 lgK_{ow}=0.26。Henry 常数<5.9×10^{-4} Pa·m³/mol（计算）。相对密度 1.92（20～25℃）。水中溶解度（pH 7.5，25℃）6.2 mg/L，不溶于大多数有机溶剂。可溶于强螯合剂溶液中，但不能回收。稳定性：在正常、干燥条件下贮存稳定，遇热或潮湿缓慢分解。水解 DT$_{50}$：20 d（pH 5），21 h（pH 7），27 h（pH 9）（25℃）。代森锰锌有效成分不稳定，原药不经分离直接生产各种制剂。

毒性　大鼠急性经口 LD$_{50}$>5000 mg/kg。急性经皮 LD$_{50}$（mg/kg）：大鼠>10000，兔>5000；对兔眼睛具有严重刺激性，对兔皮肤无刺激性。大鼠吸入 LC$_{50}$(4 h)>5.14 mg/L。NOEL［mg/(kg·d)］：大鼠慢性 NOAEL（2 年）4.8，大鼠 NOAEL（2 年）0.37（亚乙基硫脲）。未发现对繁殖、双亲、新生儿生存、增长或发展有危害。ADI 值（mg/kg）：0.03（代森锰、代森联和代森锌）；亚乙基硫脲 0.004（1993）；（EC）0.05(2005)；（EPA）aRfD 1.3，cRfD 0.05（2005）；亚乙基硫脲 aRfD 0.005，cRfD 0.0002（1992）。很高的母体毒性，动物测试会造成出生缺陷；亚乙基硫脲以及代森锰锌其他分解产物在实验室动物试验中已经发现会引起甲状腺肿瘤和出生缺陷。

生态效应　鸟类急性经口 LD$_{50}$（10 d，mg/kg）：野鸭>5500，日本鹌鹑 5500，家麻雀>1290，欧椋鸟>2400。急性饲喂山齿鹑和野鸭 LC$_{50}$(8 d) >5200 mg/kg。慢性繁殖 NOEL 数据（mg/kg 饲料）：野鸭 125，山齿鹑 300。鱼毒 LC$_{50}$（96 h，mg/L）：虹鳟鱼 1.0，大翻车鱼>3.6。虹鳟鱼 NOEC(14 d)0.66 mg/L。水蚤 EC$_{50}$（48 h，流动）3.8 mg/L。月牙藻 EC$_{50}$（120 h，细胞密度）：0.044 mg/L。轮虫 EC$_{50}$(24 h)0.11 mg/L。LC$_{50}$（48 h，mg/L）：蜗牛>113，端足类甲壳动物 3.0，等脚类动物 4.4。蜜蜂 LD$_{50}$（μg/只）：经口 209，接触>400。蚯蚓 LC$_{50}$(14 d)1000 mg/kg 土壤，（56 d）繁殖 NOEC 20 mg/kg 土壤。代森锰锌对大多数非靶标和有益的节肢动物低毒；LR$_{50}$（实验室，g/hm²）：烟蚜、普通草蛉、土鳖虫>2400，捕食螨 26.67。LR$_{50}$（扩展实验室，g/hm²）：烟蚜、普通草蛉>7690，捕食螨 104.4，豹蛛属>3200。对尖狭下盾螨 LC$_{50}$>4.3 mg/kg 土壤。对某些捕食性植绥螨（螨）在实验室条件下有中毒现象，但在同样水平或程度的田间试验中观察不到。

环境行为　代森锰锌在土壤、沉淀物和水中迅速代谢，最终代谢产物是天然产物和矿化产生的二氧化碳。无生物累积性。①动物。本品在动物体内不易吸收，代谢迅速产物广泛。②植物。在植物体内代谢产物广泛，形成乙烯硫脲、磺酸等短暂中间体。最终代谢产物是天然产物。特别是甘氨酸的衍生物。③土壤/环境。在环境中通过水解、氧化、光解和代谢迅速降解。土壤 $DT_{50}<1$ d（20℃），K_{oc} 998 mL/g（4 种土壤）。

制剂　60%粉剂，48%干拌种剂，30%、42%、43%、45.5%悬浮剂，50%、60%、70%、80%可湿性粉剂，80%湿拌种剂等。

主要生产商　A&Fine、Agria、Agrochem、Cerexagri、Crystal、Dow AgroSciences、DuPont、GujaratPesticides、Hindustan、Indofil、Sabero、United Phosphorus、艾农国际贸易有限公司、湖北沙隆达股份有限公司、江苏宝灵化工股份有限公司、利民化工股份有限公司、南通江山农药化工股份有限公司、深圳市宝城化工实业有限公司、深圳市易普乐生物科技有限公司、沈阳丰农农业有限公司及泰禾集团等。

作用机理与特点　二硫代氨基甲酸盐类的杀菌机制是多方面的，但其主要为抑制菌体内丙酮酸的氧化和参与丙酮酸氧化过程的二硫辛酸脱氢酶中的巯基（SH）结合，代森类化合物先转化为异硫氰酯，其后再与巯基结合，主要的是异硫氢甲酯和二硫化亚甲基双胺硫代甲酰基，这些产物的最重要毒性反应也是蛋白质体（主要是酶）上的巯基，反应最快、最明显的辅酶 A 分子上的巯基与复合物中的金属键结合。属保护性杀菌剂。

应用

（1）适宜作物　甜菜、白菜、甘蓝、芹菜、辣椒、蚕豆、菜豆、番茄、茄子、马铃薯、瓜类（如西瓜）等、棉花、花生、麦类、玉米、水稻、啤酒花、茶、橡胶、柑橘、葡萄、芒果、香蕉、苹果、荔枝、梨、柿、桃树、玫瑰花、月季花、烟草等。

（2）防治对象　用于防治藻菌纲的疫霉属，半知菌类的尾孢属、壳二孢属等引起的多种病害。对果树、蔬菜上的炭疽病、早疫病等多种病害有效如香蕉叶斑病，苹果斑点落叶病、轮纹病、炭疽病，梨黑星病，葡萄霜霉病，荔枝霜疫病，瓜类的炭疽病、霜霉病、轮斑病和褐斑病等，辣椒疫病，番茄、茄子、马铃薯的疫病、灰斑病、炭疽病、斑点病等，甜菜、白菜、甘蓝、芹菜的褐斑病、斑点病、白斑病和霜霉病等；麦类、玉米的网斑病、条斑病、叶斑枯病和大斑病；棉花、花生的立枯病、苗斑病、铃疫病、茎枯病、云纹斑病、黑斑病、锈病等；葡萄、啤酒花的灰霉病、霜霉病、炭疽病、黑痘病等；烟草赤星病等；玫瑰花、月季花的黑星病等。同时它常与内吸性杀菌剂混配，用于扩大杀菌谱，增强防治效果，延缓抗性的产生。

（3）应用技术　果树一般喷液量每亩人工 200～300 L。大田作物、蔬菜每亩人工 40～50 L，拖拉机 7～10 L，飞机 1～2 L。

（4）使用方法

① 防治苹果斑点落叶病、轮纹病、炭疽病　用 80%代森锰锌 800 倍液或每 100 L 水加 80%代森锰锌 125 g 喷雾。春梢期苹果落花后 7 d 左右开始施药，间隔 10 d 施药 1 次，连续用药 3 次，可有效地控制这三种病害，既保叶又保果。代森锰锌可与杀虫剂、杀螨剂混用。秋梢期可与其他杀菌剂交替使用 2～3 次。成熟着色期喷 2 次，既防病又促进果实着色。用药间隔期为高温多雨天 10 d，干旱无雨可适当延长。

② 防治梨黑星病　梨落花后到果实采收前均可施药。用 80%代森锰锌 800 倍液或每 100L 水加 80%代森锰锌 125 g 喷雾，雨季到来前每 10～15 d 喷药 1 次，连喷 3～4 次；进入雨季后每隔 10 d 喷药 1 次，连喷 4～5 次。黑星病发病初期，可先用内吸治疗性杀菌剂 62.25%锰锌·腈菌唑（仙生）600 倍液喷雾 1～2 次，再换用代森锰锌进行预防。

③ 防治葡萄霜霉病　在发病前或发病初期开始用药，用 80%代森锰锌 600～800 倍液或

每 100 L 水加 80%代森锰锌 125～167 g 喷雾。每间隔 7～10 d 喷药 1 次，连续使用 4～6 次。

④ 防治葡萄黑痘病　萌芽后，每隔 2 周施药，连续阴雨可缩短施药间隔。用 80%代森锰锌 600 倍液，即每 100 L 水加药 166.7 g 均匀喷雾。

⑤ 防治荔枝霜疫病　荔枝霜疫病随雨水传播侵染果实，花蕾期、盛花期、幼果期及近成熟的果实易感病，因此，花蕾期开始喷施。用 80%代森锰锌 400～600 倍液或每 100 L 水加 80%代森锰锌 167～250 g，喷雾间隔期为 7～10 d，连续使用 6 次以上。

⑥ 防治香蕉叶斑病　雨季每月施药 2 次，旱季每月施药 1 次。用 80%代森锰锌 400 倍，即 100 L 水加药 250 g 均匀喷雾。或于发病前或发病初期喷药，用 43%代森锰锌 400 倍液，即每 100 L 水加 43%代森锰锌（大生富）250 g 均匀喷雾。

⑦ 防治柑橘黑星病　落花后一星期到 8 月中旬施药，用 80%代森锰锌 500 倍，即每 100 L 水加药 200 g 均匀喷雾。

⑧ 防治芒果炭疽病　于开花盛期起每隔 7 d 施药 2 次，连续 4 次。用 80%代森锰锌 400 倍液，即每 100 L 水加药 250 g 均匀喷雾。

⑨ 防治黄瓜霜霉病、西瓜炭疽病、辣椒疫病、番茄早疫病　移栽前苗床期可喷药 1～2 次，以减少病原，移栽后发病前或发病初期开始喷药，间隔 7～10 d，连续使用 4～6 次。用 80%代森锰锌 400～600 倍液或每 100 L 水加 80%代森锰锌 167～250 g。

⑩ 防治番茄、马铃薯早疫病、叶霉病、晚疫病　于发病初期或低温多湿时预防发病，每 5～7 d 施药 1 次。每亩用 80%代森锰锌 150～188 g，对水 20～50 L 喷施。

⑪ 防治西瓜炭疽病　发病初期开始，每隔 10 d 施药 2 次，连续 3 次。每亩用 80%代森锰锌 100～130 g，对水 40～50 L 均匀喷雾。

⑫ 防治花生褐斑病、黑斑病、灰斑病　于病害发生时开始施药，每隔 10 d 施药 1 次，连续施 2～3 次。每亩用 80%代森锰锌 200 g，对水 20～50 L 喷施。

⑬ 防治大豆锈病　于大豆初花期施药，每隔 7～10 d 施用 1 次，连续 4 次。每亩用 80%代森锰锌 200 g，对水 20～50 L 喷施。

⑭ 防治菜豆锈病　于锈病发生初期施药，每隔 10 d 施 1 次，共 4 次。每亩用 80%代森锰锌 100～130 g，对水 20～50 L 均匀喷雾。

⑮ 防治水稻稻瘟病　当防治叶瘟时，施药期在发病初期，田间见急型病斑时；防治稻瘟，于孕穗末期至抽穗期进行施药。每亩用 80%代森锰锌 130～160 g，对水 20～50 L 均匀喷雾。

⑯ 防治烟草赤星病　移栽前苗床期喷药 1～2 次，以减少病原。移栽后发病前或发病初期开始喷药，间隔 7～10 d，连喷 3 次以上。用 80%代森锰锌 600 倍液或每 100 L 水加 80%代森锰锌 167 g 均匀喷雾。

专利与登记　专利 GB 996264、US 3379610、US 2974156 均已过专利期，不存在专利权问题。国内登记情况：40%、46%、50%、55%、60%、64%、70%、80%可湿性粉剂，69%水分散粒剂，85%、88%、90%、96%原药等，登记作物西瓜、梨树、苹果树、番茄、葡萄等，防治对象炭疽病、黑星病、黑痘病、霜霉病等。美国杜邦公司在中国登记情况见表 2-89。

表 2-89　美国杜邦公司在中国登记情况

登记名称	登记证号	含量	剂型	登记作物	防治对象	用药量	施用方法
霜脲·锰锌	PD20060023	72%	可湿性粉剂	黄瓜	霜霉病	1440～1800 g/hm²	喷雾
				荔枝树	霜疫霉病	1030～1440 mg/kg	
				番茄	晚疫病	1404～1944 g/hm²	

合成方法　具体合成方法如下

参考文献

[1]　The Pesticide Manual.17 th edition: 689-691.

丙森锌（propineb）

$(C_5H_8N_2S_4Zn)_x$，289.8(单体)，9016-72-2，12071-83-9(单体)

丙森锌（试验代号：Bayer 46131、LH30/Z，商品名称：Cyconeb、Invento、Melody Duo、Positron Duo、Trivia，其他名称：Positron、Antracol、Enercol、Sporneb、Superpon、安泰生）是由 Bayer AG 开发的二硫代氨基甲酸酯类杀菌剂。

化学名称　多亚丙基双(二硫代氨基甲酸)锌。IUPAC 名称：polymeric zinc propylenebis (dithiocarbamate)。美国化学文摘（CA）系统名称：[[2-[(dithiocarboxy)amino]-1-methylethyl] carbamodithioato(2−)-$\kappa S,\kappa S'$]zinc。CA 主题索引名称：zinc —, [[2-[(dithiocarboxy)amino]-1-methylethyl]carbamodithioato(2−)-$\kappa S,\kappa S'$]-。

理化性质　原药仅以稳定的混合物形式存在，纯品为略带特殊气味的白色粉末。熔点：150℃以上分解。蒸气压＜$1.6×10^{-7}$ mPa（20℃）。相对密度 1.831（23℃）。分配系数 lgK_{ow}=−0.26（20℃）。Henry 常数 $8×10^{-8}$ Pa·m³/mol。水中溶解度（20~25℃）＜0.01 g/L；有机溶剂中溶解度（g/L）：甲苯、正己烷、二氯甲烷均＜0.1，N,N-二甲基甲酰胺、二甲基亚砜＞200。稳定性：干燥条件下稳定，在潮湿、酸、碱性条件下分解，DT$_{50}$（22℃）：1 d（pH 4 或 7），2~5 d（pH 9）。

毒性　大鼠急性经口 LD$_{50}$>5000 mg/kg，兔急性经口 LD$_{50}$>2500 mg/kg。大鼠急性经皮 LD$_{50}$>5000 mg/kg，对兔眼睛与皮肤无刺激性。大鼠吸入 LC$_{50}$(4 h)2420 mg/L 空气。NOEL 值[2 年，mg/(kg·d)]：大鼠 2.5，小鼠 106，狗 25。ADI:（JMPR) 0.007 mg/kg，甲代亚乙基硫脲 0.0003 mg/kg;（EC) 0.007 mg/kg(2003)。

生态效应　日本鹌鹑急性经口 LD$_{50}$>5000 mg/kg。鱼 LC$_{50}$（96 h，mg/L）：虹鳟鱼 0.4，金色圆腹雅罗鱼 133。水蚤 LC$_{50}$(48 h) 4.7 mg/L。藻类 E$_r$C$_{50}$(96 h) 2.7 mg/L。对蜜蜂无害，蜜蜂 LD$_{50}$（μg/只）：（接触）>164，（经口）>70（70%可湿性粉剂，70%水分散粒剂）。蚯蚓 LD$_{50}$(14 d)>700 μg/kg 干土（70%可湿性粉剂，70%水分散粒剂）。其他有益品种：田间试验表明即使对于靶标作物，有益品种仍然可以生存，并在 4 周之内完全恢复。

环境行为　①动物。丙森锌的代谢很迅速，48 h 之内约 91%会以尿液和粪便的形式排出体外，7%以呼吸的形式排出。②植物。本品的残留物包括它的代谢物 PTU 主要存在于植物表面，只有一小部分的代谢物丙烯脲和 4-甲基咪唑啉被植物体吸收。考虑到 PTU 的毒性，将其定位为本品的相关残留物。③土壤/环境。本品在土壤中降解很迅速。DT$_{50}$（有氧，20℃）

为 3 h，PTU 2.1 d，丙烯脲 6.6 d。

制剂　65%～75%可湿性粉剂，各种含量的粉剂等。

主要生产商　Bayer CropScience 及利民化工股份有限公司等。

作用机理与特点　丙森锌是一种速效、长残留、广谱的保护性杀菌剂。其杀菌机制不固定，作用部位多，主要抑制病原菌体内丙酮酸的氧化。

应用

（1）适宜作物　苹果、马铃薯、水稻、番茄、白菜、黄瓜、葡萄、芒果、梨、茶、啤酒花和烟草等。在推荐剂量下对作物安全。

（2）防治对象　丙森锌对蔬菜、葡萄、烟草和啤酒花等作物的霜霉病以及番茄和马铃薯的早、晚疫病均有优良的保护性作用，并且对白粉病、锈病和葡萄孢属的病害也有一定的抑制作用。如苹果斑点落叶病、白菜霜霉病、黄瓜霜霉病、葡萄霜霉病、番茄早疫病和晚疫病、马铃薯早疫病和晚疫病、芒果炭疽病、烟草赤星病。

（3）应用技术　因丙森锌是保护性杀菌剂，故必须在病害发生前或始发期喷药。不可与铜制剂和碱性药剂混用。若喷了铜制剂或碱性药剂，需 1 周后再使用丙森锌。

（4）使用方法　主要用作茎叶处理。

① 防治黄瓜霜霉病　在露地黄瓜定植后，平均气温上升到 15℃，相对湿度 80%以上，早晚大量结雾时准备喷药，特别在雨天要喷药 1 次，发现病叶后要立即摘除并喷药，以后每隔 5～7 d 喷药 1 次，共需喷药 3 次。每亩用 70%可湿性粉剂 150～215 g 或 500～700 倍液（每 100 L 水加 70%丙森锌 142～200 g）加水喷雾。

② 防治大白菜霜霉病　在发病初期或发现中心病株时喷药保护，特别在北方大白菜霜霉病流行阶段的两个高峰前，即 9 月中旬和 10 月上旬必须喷药防治。每亩用 70%可湿性粉剂 150～215 g 或 2250～3225 g/hm² 加水喷雾。每间隔 5～7 d 喷药 1 次，连喷 3 次。

③ 防治番茄早疫病　因为番茄早疫病多在结果初期开始发生，所以在发病前施药预防最为重要。每亩用 70%可湿性粉剂 125～187.5 g 或 400～600 倍液（每 100 L 水加 70%丙森锌 166.7～250 g），对水喷雾，每隔 5～7 d 喷药 1 次，连喷 3 次。

④ 防治番茄晚疫病　在发现中心病株时应立即普遍防治。喷药前先摘除病株，每亩用 70%可湿性粉剂 150～215 g，或 500～700 倍液（每 100 L 水加 70%丙森锌 142～200 g）喷雾，每隔 5～7 d 喷药 1 次，连喷 3 次。

⑤ 防治葡萄霜霉病　发病初期喷药防治，用 70%丙森锌可湿性粉剂 500～700 倍液喷雾，间隔 7 d 喷药 1 次，连喷 3 次。

⑥ 防治芒果炭疽病　在芒果开花期，雨水较多易发病时施药（如果果实生长期雨水多，则可在收果前 1 个月再喷药 1～2 次）。用 70%丙森锌可湿性粉剂 500 倍液或每 100 L 水加 70%丙森锌 200 g 喷雾。间隔 10 d 喷药 1 次，共喷药 4 次，不仅可以提高坐果率及产量，还可有效抑制芒果炭疽病的发生，提高果品品质。

⑦ 防治苹果斑点落叶病　由于苹果斑点落叶病容易侵染苹果嫩叶，因此在苹果春梢或秋梢始发病时，用 70%丙森锌可湿性粉剂 600～700 倍液或每 100 L 水加 70%丙森锌可湿性粉剂 143～166.7 g 喷雾，之后每隔 7～8 d 喷药 1 次，连喷 3～4 次（秋季喷 2 次）。

⑧ 防治烟草赤星病　在发病初期用药，每亩用 70%丙森锌可湿性粉剂 91～130 g 或用 500～700 倍液喷雾，间隔 10 d 喷药 1 次，连喷 3 次。

专利与登记　专利 BE 611960、GB 00935981 均已过专利期，不存在专利权问题。

国内登记情况　30%、50%、70%、80%可湿性粉剂，70%水分散粒剂，80%原药等，登记作物黄瓜、番茄、苹果等，用于防治霜霉病、早疫病、晚疫病、斑点落叶病等。拜耳作物科学有限公司在中国登记情况见表 2-90。

表 2-90　拜耳作物科学有限公司在中国登记情况

登记名称	登记证号	含量	剂型	登记作物	防治对象	用药量	施用方法
丙森·缬霉威	PD20050200	70%	可湿性粉剂	黄瓜	霜霉病	1002～1336 g/hm²	喷雾
				葡萄	霜霉病	668～954 mg/kg	
丙森锌	PD20050193	80%	母粉				
丙森锌	PD20050192	70%	可湿性粉剂	柑橘树	炭疽病	875～1167 mg/kg	喷雾
				番茄	晚疫病	1575～2250 g/hm²	
				番茄	早疫病	1312.5～1968.75 g/hm²	
				黄瓜	霜霉病	1575～2250 g/hm²	
				大白菜	霜霉病	1575～2250 g/hm²	
				葡萄	霜霉病	400～600 倍液	
				苹果树	斑点落叶病	1000～1167 mg/kg	
				马铃薯	早疫病	1575～2100 g/hm²	
				西瓜	疫病	1575～2100 g/hm²	

合成方法　由 1,2-丙基二胺与二硫化碳在 NaOH 存在下反应，生成物再加硝酸锌即制得丙森锌。

参考文献

[1] The Pesticide Manual.17 th edition: 932-933.

[2] 薛超，周艳丽，李少博，等. 广谱杀菌剂丙森锌的合成研究. 安徽化工，2004(2): 43-44.

波尔多液（bordeaux mixture）

$$3Ca(OH)_2 \cdot 4CuSO_4 \cdot nH_2O \quad (n=1\sim6)$$

$Ca_3Cu_4H_6O_{19}S_4$（干燥成分），$860.7+18n$（$n=1\sim6$），8011-63-0

波尔多液（商品名称：Bordeaux Caffaro、Bordocop、Caldo Bordelés、Caldo Lainco、Poltiglia Bordelese Comac、Poltiglia Manica、Z-Bordeaux，其他名称：Basic Copper 53、Blue Bordeaux、Bordagro、Bordelesa、Bordo 20、Bordomix、Bordovit、Bouillie Bordelaise Vallés、Cuprofix、Eqal、Flo-Bordo、Fytosan、Idrorame、KOP 300、Novofix、Poltiglia Disperss、Polvere tipo Bordolese、Q Bordeles、Sulcox Bordeaux、Wetcol、Bordo mixture）是一种无机杀菌剂。

化学名称　硫酸铜-石灰混合液。IUPAC 名称：traditional mixture of copper sulfate and hydrated lime in variable proportions。美国化学文摘（CA）系统名称：Bordeaux mixture。CA 主题索引名称：calcium hydroxide Bordeaux mixture（component）。

理化性质　外观为亮绿色细小的不能自由流动的混合物。熔点 110～190℃，相对密度 3.12（20～25℃）。水中溶解度 2.20×10^{-3} g/L（pH 6.8，20～25℃）；其他溶剂中溶解度（mg/L）：甲苯<9.6，二氯甲烷<8.8，正己烷<9.8，乙酸乙酯<8.4，甲醇<9.0，丙酮<8.8。稳定性 Cu^{2+} 作为一个单独的原子，不能转移到溶液中。相关的代谢产物不同于传统有机农药传统代谢方式。

毒性　大鼠急性经口 LD_{50} >2302 mg/kg。大鼠急性经皮 LD_{50}>2000 mg/kg。对皮肤无刺激性。大鼠吸入 LC_{50}（4 h，mg/L）：雄性 3.98，雌性 4.88。NOEL 16～17 mg(Cu)/(kg·d)。ADI：(JECFA 评价) 0.5 mg/kg(1982)，(WHO) 0.5 mg/kg(1998)，(EC) 0.15 mg(Cu)/kg(2007)。

生态效应　山齿鹑急性经口 LD_{50} 616 mg(Cu)/kg，山齿鹑饲喂 LC_{50}(8 d)>1369 mg(Cu)/kg 饲料。虹鳟鱼 LC_{50}(96 h)>21.39 mg(Cu)/L。水蚤 EC_{50}(48 h)1.87 mg(Cu)/(kg·d)。藻 E_bC_{50} 0.011 mg(Cu)/(kg·d)，E_rC_{50} 0.041 mg(Cu)/(kg·d)。蜜蜂 LD_{50}［μg(Cu)/只］：经口 23.3，接触 25.2。蚯蚓 LC_{50}(14 d)>195.5 mg(Cu)/kg 土壤。

环境行为　①动物。铜是一个必不可少的元素，在哺乳动物中稳定存在。②植物。铜是必需的元素，并在植物中稳定存在。③土壤/环境。铜是一种化学元素，因此不能被降解或转化为相关的代谢物。在土壤中，因其与土壤强烈吸附而广泛存在，因此也就限制了土壤溶液中的游离铜离子的量，从而限制了生物利用度。游离铜离子的量主要是由 pH 和溶解的有机碳在土壤中的量控制。在酸性土壤中，铜离子比在中性或碱性 pH 会有更大的浓度。铜一般不会在渗透区析出。在水中，铜不会发生水解和光解，而是迅速与矿物颗粒结合，形成不溶的无机盐或有机结合物的沉淀。在空气中铜是不存在的，因为铜在环境温度下是没有挥发性的。

制剂　悬浮剂、可湿性粉剂。

主要生产商　Cerexagri、IQV、Isagro、Manica、Nufarm SAS、Sulcosa 及 Tomono 等。

作用机理与特点　经喷洒后以微粒状附着作物表面和病菌表面，经空气、水分、二氧化碳及作物、病菌分泌物等因素的作用，逐渐释放出铜离子，被萌发的孢子吸收，当达到一定浓度时，就可以杀死孢子细胞，从而起到杀菌作用，但此作用仅限于阻止孢子萌发，也即仅有保护作用。

应用

（1）适宜作物　马铃薯、蔬菜、小麦、葡萄、苹果、梨、棉花、辣椒、油菜、豌豆、水稻等。

（2）防治对象　用于防治大豆霜霉病、炭疽病、黑痘病，柑橘疮痂病、溃疡病、黑点病和炭疽病，水稻稻瘟病、稻胡麻叶斑病、稻纹枯病、稻白叶枯病、稻条叶枯病，小麦雪腐病，苹果黑点病、褐斑病、赤星病，梨黑斑病、黑星病和赤星病，瓜类炭疽病、霜霉病、黑星病和蔓枯病，番茄褐纹病、炭疽病和绵疫病，番茄疫病、轮纹病、斑点病，葡萄晚疫病、黑痘病、霜霉病和褐斑病，柿炭疽病、黑星病、角斑落叶病和圆星落叶病，萝卜霜霉病、黑腐病、炭疽病、黑斑病，甘蓝霜霉病，葱、洋葱霜霉病和锈病，菜豆角斑病、炭疽病、锈病，蚕豆轮纹病、赤色斑点病，茶树白星病、赤叶枯病、茶饼病和炭疽病，核桃树白霜叶枯病、炭疽病，烟草低头黑、炭疽病，杉赤枯病、灰霉病，唐松灰霉病，椴松灰霉病等。

（3）使用方法　一般在大田作物上用水 50 kg，果树上用水 80 kg，蔬菜上用水 120 kg。

① 防治棉花角斑病、茎枯病、炭疽病、轮斑病、疫病，茄褐纹病，辣椒炭疽病，柑橘溃疡病，可喷 0.5%等量式波尔多液。

② 防治苹果炭疽病、轮纹病、早期落叶病、梨黑星病等，用 0.5%等量式波尔多液喷雾。

③ 防治油菜、豌豆等霜霉病，喷 0.5%倍量式波尔多液。

④ 防治花生叶斑病，甜菜褐斑病，喷 1%等量式波尔多液。

⑤ 防治葡萄黑痘病、炭疽病，瓜类炭疽病，用 0.5%半量式波尔多液喷雾。

⑥ 防治马铃薯晚疫病，用 5%等量式或 1%半量式波尔多液喷雾。

专利与登记　国内登记情况：78%、85%可湿性粉剂。登记作物为番茄、黄瓜、柑橘、葡萄、苹果树等，防治对象为炭疽病、溃疡病、霜霉病、轮纹病等。国外公司在国内的登记情况见表 2-91、表 2-92。

表 2-91　井上石灰工业株式会社在中国登记情况

登记名称	登记证号	含量	剂型	登记作物	防治对象	用药量	施用方法
波尔多液	PD20150862	28%	悬浮剂	柑橘树	溃疡病	100～150 倍液	喷雾
				葡萄	霜霉病	100～150 倍液	喷雾

表 2-92　美国仙农有限公司在中国登记情况

登记名称	登记证号	含量	剂型	登记作物	防治对象	用药量	施用方法
波尔多液	PD20081044	80%	可湿性粉剂	辣椒	炭疽病	1600～2667 mg/kg	喷雾
				柑橘树	溃疡病	1333～2000 mg/kg	
				葡萄	霜霉病	2000～2667 mg/kg	
				苹果树	轮纹病	1600～2667 mg/kg	
波尔·锰锌	PD20086361	78%	可湿性粉剂	番茄	早疫病	1638～1989 g/hm^2	喷雾
				黄瓜	霜霉病	1989～2698 g/hm^2	
				柑橘	溃疡病	1560～1950 mg/kg	
				葡萄	白腐病	1300～1560 mg/kg	
				葡萄	霜霉病	1300～1560 mg/kg	
				苹果树	斑点落叶病	1300～1950 mg/kg	
				苹果树	轮纹病	1300～1560 mg/kg	

合成方法　可通过如下反应表示的方法制得目的物

$$4\,CuSO_4 \cdot 5\,H_2O + 3\,Ca(OH)_2 \longrightarrow [Cu(OH)_2]_3 \cdot CuSO_4 + 3\,CaSO_4 + 20\,H_2O$$

硫酸铜（copper sulfate）

$$CuSO_4 \cdot 5H_2O$$

$CuH_{10}O_9S$，249.7，7758-99-8，7758-98-7（无水）

硫酸铜（商品名称：Mastercop、Sulfacob、Triangle Brand、Vikipi，其他名称：AgriTec、Basic、Bioram、blue vitriol、blue stone、blue copperas、Calda Bordalesa、Comac、copper sulphate、Copper-Z、cupric sulphate、Earthtec、Göztaşi、Kay Tee、King、Komeen、Phyton-27、Rice-Cop、Rifle 4-24 R、SeClear、Siaram、Tennessee Brand）是一种无机盐类杀菌剂。

化学名称　硫酸铜。IUPAC 名称：copper(Ⅱ) sulfate 或 copper($^{2+}$) sulfate 或 cupric sulfate。美国化学文摘（CA）系统名称：sulfuric acid copper($^{2+}$) salt (1:1)。

理化性质　蓝色结晶，熔点 147℃（脱水），沸点 653℃（分解）。无挥发性，相对密度（15.6℃）2.286。水中溶解度（g/kg）：148（0℃），230.5（25℃），335（50℃），736（100℃）。有机溶剂中溶解度：甲醇 156 g/L（18℃），不溶于大多数有机溶剂，溶于甘油中成为翡翠绿颜色。稳定性：暴露在空气中缓慢风化，在 30℃下失去 2 分子结晶水，250℃下成为无水硫酸铜，与碱性溶液作用能产生不同颜色的沉淀。

毒性　因经口摄入时会引起呕吐，故其急性经口 LD_{50} 无法测定。对皮肤有严重刺激，大鼠吸入 LC_{50} 1.48 mg/kg。对人、畜毒性低，可作催吐剂，对皮肤刺激严重。大鼠吸入 LC_{50} 1.48 mg/L 空气。在饲喂试验中，大鼠喂饲剂量 500 mg/kg 饲料时体重会减轻，1000 mg/kg 饲料剂量时，表现出损害肝脏、肾脏和其他器官。ADI 铜化合物 0.5 mg/kg。

生态效应　对鸟比对其他动物毒性低，半数致死量 LD_{50}（mg/kg）：鸽子 1000，鸭子 600。对鱼毒性低。水蚤 EC_{50}(14 d) 2.3 mg/L，NOEC 0.10 mg/L。对蜜蜂无毒。

主要生产商　Freeport-McMoRan、Ingeniería Industrial 及 Sulcosa 等。

作用机理与特点　铜离子被萌发的孢子吸收，当达到一定浓度时，就可以杀死孢子细胞，从而起到杀菌作用；但此作用仅限于阻止孢子萌发，也即仅有保护作用。

应用

（1）适宜作物　麦类、果树、水稻、马铃薯、经济作物等。

（2）防治对象　马铃薯疫病、夏疫病，番茄疫病、鳞纹病，水稻纹枯病，小麦褐色雪腐病，柑橘黑点病、白粉病、疮痂病、溃疡病，瓜类霜霉病、炭疽病等。

（3）使用方法

① 用 500～1000 倍液浸种，可防治水稻烂秧病和绵腐病。

② 用硫酸铜、肥皂和水（按 1∶4∶800）制成药液喷雾，可防治黄瓜霜霉病。

③ 用 250～500 倍液喷雾，可防治大麦褐斑病、坚黑穗病，小麦腥黑穗病等。

④ 用 500～1000 倍液喷雾，可防治马铃薯晚疫病。

氧氯化铜（copper oxychloride）

$$3Cu(OH)_2 \cdot CuCl_2$$

$$Cl_2Cu_4H_6O_6，427.1，1332-40-7$$

氧氯化铜（商品名称：Beni Dou、Blitox、Cobox、Cobre Lainco、Copper Force、Coprantol、Coptox、Cupravit、Cuprex、Cuprocaffaro、Cuprokylt、Cuprozin、Curenox、Deutsh Bordeaux A、Devicopper、Dhanucop、Flowbrix、Hilcopper、Miedzian、Nucop、Ossiclor、Recop、Sulcox、Sun-Co，其他名称：copper chloride hydroxide、Afrocobre、Agrinose、Agro-Bakir、Aviocaffaro、Blue Diamond、Borzol Combi、Cekucobre、Champ、Cobreluq、COC、COPAC、Copperag、Coppertol、Copter、Coupradin、Cubre Corte、Cupagrex、Cuprenox、Cuprital、Cuproflow、Cuprosan、Cuprossina、Cuprox、Cuprox-Blue、Cuproxina、Dong oxyclorua、Drycop、Faecu、Festline Bakir、Funguran、Gypso、Iperion、Kopernico、KOP-OXY、Neoram、Ossirame、Oxicob、Oxycure、Oxydul、Pasta Caffaro、Ramin、Top Gun、Trucop、Trust、Ugecupric、Viricuivre、Yucca、Zetaram 20）是一种无机类杀菌剂。

化学名称　氧氯化铜。IUPAC 名称：dicopper(Ⅱ)chloride trihydroxide。美国化学文摘（CA）系统名称：copper chloride oxide hydrate。CA 主题索引名称：copper chloride oxide hydrate。

理化性质　蓝绿色粉末，含 Cu^{2+} 57%。熔点 240℃（分解）。蒸气压（20℃）忽略不计。相对密度 3.64（20～25℃），水中溶解度 1.19×10^{-3} g/L（pH 6.6）；其他溶剂中溶解度（mg/L）：甲苯<11，二氯甲烷<10，正己烷<9.8，乙酸乙酯<11，甲醇<8.2，丙酮<8.4。稳定性 Cu^{2+} 作为一个单独的原子，不能转移到溶液中，相关的代谢产物不同于传统有机农药传统代谢方式。从某种意义上来说，铜离子不会发生水解和光解，在碱性介质中受热分解形成氧化铜，放出

少量氯化氢。

毒性 大鼠急性经口 LD$_{50}$ 950～1862 mg/kg。大鼠急性经皮 LD$_{50}$>2000 mg/kg。大鼠吸入 LC$_{50}$(4 h)>2.83 mg/L。NOEL 16～17 mg(Cu)/(kg·d)。ADI：（JECFA 评价）0.5 mg/kg(1982)，(WHO) 0.5 mg/kg(1998)，(EC) 0.15 mg(Cu)/kg(2007)。

生态效应 山齿鹑饲喂 LC$_{50}$(8 d) 167.3 mg(Cu)/(kg·d)。虹鳟鱼 LC$_{50}$(96 h) 0.217 mg(Cu)/L。水蚤 LC$_{50}$(48 h) 0.29 mg(Cu)/L。藻类 E$_b$C$_{50}$ 56.3 mg(Cu)/L，E$_r$C$_{50}$>187.5 mg(Cu)/L。蜜蜂 LD$_{50}$〔μg(Cu)/只〕：经口 18.1，接触 109.9。蚯蚓 LC$_{50}$(14 d)>489.6 mg/kg 土壤。

环境行为 ①动物。铜是一个必不可少的元素，并在哺乳动物的稳态控制下。②植物。铜是必需的元素，并处于植物的稳态控制下。③土壤/环境。铜是一种化学元素，因此不能进一步被降解或转化成相关的代谢物。在土壤中，铜主要被土壤强烈吸附，从而限制了土壤溶液中的游离铜离子的数量和它的生物利用性。游离铜离子的量主要是由 pH 和土壤中溶解的有机碳的量控制。在酸性土壤中，铜离子浓度比在中性或碱性土壤中大。铜不会渗透进入已饱和的区域。在水中无水解性或光解性。铜迅速与矿物颗粒结合，形成一种不溶性无机盐或有机质结合的沉淀。因为铜在自然环境温度下无挥发性，所以不会出现在空气中。

制剂 30%悬浮剂，10%、25%粉剂，50%可湿性粉剂。

主要生产商 Agria、Agri-Estrella、Atar do Brasil、Erachem Comilog、Hindustan、Hokko、Ingeniería Industrial、IQV、Isagro、Manica、Montanwerke、Rallis、Sharda、Spiess-Urania、Sulcosa、Tagros 及浙江禾益农化有限公司等。

作用机理与特点 当药剂喷在植物表面后，形成一层保护膜，在一定湿度条件下，释放出铜离子，铜离子被萌发的孢子吸收，当达到一定浓度时，就可以杀死孢子细胞，从而起到杀菌作用；但此作用仅限于阻止孢子萌发，也仅有保护作用。

应用

（1）适宜作物 麦类、瓜类、水稻、马铃薯、番茄、苹果、柑橘等。

（2）防治对象 用于防治马铃薯疫病、夏疫病，番茄疫病、鳞纹病，水稻纹枯病、白叶枯病，小麦褐色雪腐病，柑橘黑点病、白粉病、疮痂病、溃疡病，瓜类霜霉病、炭疽病等。

（3）使用方法 同波尔多液，还可撒粉。使用剂量 2.24～5.60 kg(a.i.)/hm^2。

氧化亚铜（cuprous oxide）

Cu$_2$O

Cu$_2$O，143.1，1317-39-1

氧化亚铜（商品名称：Copper Nordox、Cupra-50、Cúprox，其他名称：brown copper oxide、red copper oxide、AG Copp 75、Chem Copp 50、Cuproluq、Oxicor、Oxirex）是一种无机类杀菌剂。

化学名称 氧化亚铜。英文化学名称：copper(Ⅰ)oxide 或 dicopper oxide。

理化性质 含有 86% Cu$^+$。红棕色粉末，熔点 1235℃，沸点 1800℃。蒸气压可忽略不计。难溶于水和有机溶剂，溶于稀无机酸、氨水和氨盐的水溶液。稳定性：暴露在潮湿空气中，氧化亚铜易氧化，转化为碳酸铜。

毒性 大鼠急性经口 LD$_{50}$1500 mg/kg。大鼠急性经皮 LD$_{50}$>2000 mg/kg，对皮肤中等刺激性。大鼠吸入（4 h）5.0 mg/L 空气。狗 NOEL（1 年）15 mg(Cu)/（kg·d），ADI：（JECFA

评价）0.5 mg/kg(1982)，(EC) 0.15 mg(Cu)/kg(2007)。羊和牛均对铜类物质敏感，故牲畜不能食用新喷药的田间食物。

生态效应　对鸟无伤害。鱼毒 LC_{50}（48 h，mg/L）：小金鱼 60，金鱼 150，小孔雀鱼 50。水蚤 LC_{50}(48 h)18.9 μg/L。蜜蜂 LD_{50}>25 μg/只。正常条件下使用和培养室内研究表明，对蚯蚓无害。

环境行为　①动物。铜是一个必不可少的元素，在哺乳动物的稳态控制下。②植物。植物抵抗铜积累和转移到茎、叶或种子。与生长在土壤含量高达 1000 mg/L 铜的植物相比，正常土壤中在铜含量上只有轻微提高。③土壤/环境。铜强烈吸附到表面的矿物质和有机质上，因此土壤迁移率很低。在水中，铜离子具有强烈的倾向形成复合物或被吸附，其次是沉淀。在沉积物中，铜与有机物或硫化物反应，这些反应降低生物利用度。

制剂　50%、86.2%可湿性粉剂，50%粒剂。

主要生产商　Chemet、Ingeniería Industrial、Nordox 及 Sulcosa 等。

作用机理与特点　氧化亚铜是保护性杀菌剂，它的杀菌作用主要靠铜离子，铜离子被萌发的孢子吸收，当达到一定浓度时，就可以杀死孢子细胞，从而起到杀菌作用；但此作用仅限于阻止孢子萌发，也即仅有保护作用。

应用

（1）适宜作物　菠菜、甜菜、番茄、胡椒、豌豆、南瓜、菜豆和甜瓜等。

（2）防治对象　用于防治菠菜、甜菜、番茄、果树、胡椒、豌豆、南瓜、菜豆和甜瓜的白粉病、叶斑病、枯萎病、疫病、疮痂病及瘤烂病，黄瓜、葡萄霜霉病，番茄早疫病等病害。

（3）使用方法

① 防治柑橘溃疡病　在春梢和秋梢发病前，用 86.2%可湿性粉剂 800～1200 倍液，均匀喷雾，间隔 7～10 d 喷药 1 次，连喷药 3～4 次。

② 防治黄瓜霜霉病、辣椒疫病　在发病前或发病初期，用 86.2%可湿性粉剂 2100～2775 g/hm²，对水均匀喷雾，间隔 7～10 d 喷药 1 次，连喷药 3～4 次。

③ 防治番茄早疫病　在发病前或发病初期，用 86.2%可湿性粉剂 1140～1455 g/hm²，对水均匀喷雾，间隔 7～10 d 喷药 1 次，连喷药 3～4 次。

④ 防治葡萄霜霉病　在发病前或发病初期，用 86.2%可湿性粉剂 800～1200 倍液，均匀喷雾，间隔 10 d 左右喷药 1 次，共喷 3～4 次。

合成方法　铜盐溶液在还原剂存在下的加碱沉淀或金属铜的电解氧化。

氢氧化铜（copper hydroxide）

$$Cu(OH)_2$$

CuH_2O_2，97.6，20427-59-2

氢氧化铜（商品名称：Champ、Coprodate、Coproxide、Funguran OH、Hidrocob、Kentan、Kocide、Nu-Cop、Rame Azzurro、Spin Out、Sulcox OH、Vitra，其他名称：Blue Shield、Champion、Copperflow、Copstar、CungFu、Cupravit Blue、CuPRO、Cuproflo、Cupsil、Danis、Ekoram、GX-569、Gypsy、Hidrocobre、Hidroflow、Hidroxiluq、Hydro、Hydroflow、Iram、Kados、KOP Hydroxide、K-Pool、K-Tea、Parasol、Patrol、Zetaram 2000）是美国固信公司开发生产

的以保护作用为主，兼有治疗活性的一种无机铜杀菌剂。

化学名称 氢氧化铜。英文化学名称为 copper（Ⅱ）hydroxide。

理化性质 纯品为蓝绿固体，纯度至少 573 g/kg。分解无熔点，$\lg K_{ow}$=0.44，相对密度 3.717（20～25℃），水中溶解度 5.06×10^{-4} g/L（pH 6.5, 20～25℃），其他溶剂中溶解度（μg/L）：正庚烷 7010，对二甲苯 15.7，1,2-二氯乙烷 61.0，异丙醇 1640，丙酮 5000，乙酸乙酯 2570。稳定性 Cu^{2+} 作为一个单独的原子，不能转移到溶液中，相关的代谢产物不同于传统有机农药传统代谢方式。50℃ 以上脱水，140℃ 分解。

毒性 大鼠急性经口 LD_{50} 489～1280 mg/kg（原药）。兔急性经皮 LD_{50}>3160 mg/kg，对兔眼睛刺激严重，对皮肤中等刺激。大鼠吸入 LC_{50}(4 h)>0.56 mg/L。NOEL 16～17 mg(Cu)/(kg·d)，ADI：（JECFA 评价）0.5 mg/kg（1982），（WHO）0.5 mg/kg（1998），（EC）0.15 mg(Cu)/kg（2007）。

生态效应 野鸭急性经口 LD_{50} 223 mg(Cu)/kg。野鸭饲喂 LC_{50}（8 d）219.7 mg(Cu)/(kg·d)。虹鳟鱼 LC_{50}(96 h)10 mg(Cu)/L。水蚤 EC_{50}(48 h) 0.0422 mg(Cu)/L。藻类 EC_{50} 22.5 mg(Cu)/L。蜜蜂 LD_{50}［μg(Cu)/只］：经口 49.0，接触 42.8。蚯蚓 LC_{50}（14 d）>677.3 mg/kg 土壤。

环境行为 铜是一种化学元素，因此不能被降解或转化为相关的代谢物。在土壤中主要是被强烈吸附，形成多种土壤物质，从而限制了土壤中游离铜离子的数量和它的生物可利用度。游离铜离子的量主要与 pH 和土壤中溶解的有机碳量有关。在酸性土壤中，铜离子比在中性或碱性土壤会有更大的浓度。铜一般不会渗透进入饱和区。在水中无水解性和光解性。铜迅速与矿物颗粒结合，形成一种不溶性的无机盐或与有机质结合。因为铜在自然环境温度下无挥发性，所以不会出现在空气中。

制剂 77%可湿性粉剂，53.8%、61.4%干悬浮剂。

主要生产商 Agri-Estrella、DuPont、Erachem Comilog、IQV、Isagro、Nufarm SAS、Spiess-Urania、Sulcosa 及浙江禾本科技有限公司等。

作用机理与特点 它的杀菌作用主要靠铜离子，铜离子被萌发的孢子吸收，当达到一定浓度时，就可以杀死孢子细胞，从而起到杀菌作用；但此作用仅限于阻止孢子萌发，也即仅有保护作用。

应用

（1）适宜作物 柑橘、水稻、花生、十字花科蔬菜、胡萝卜、番茄、马铃薯、芹菜、葱类、辣椒、茶树、菜豆、黄瓜、茄子、葡萄、西瓜、香瓜等。

（2）防治对象 用于防治柑橘疮痂病、树脂病、溃疡病、脚腐病，水稻白叶枯病、细菌性条斑病、稻瘟病、纹枯病，马铃薯早疫病、晚疫病，十字花科蔬菜黑斑病、黑腐病，胡萝卜叶斑病，芹菜细菌性斑点病、早疫病、斑枯病，茄子早疫病、炭疽病、褐斑病，菜豆细菌性疫病，葱类紫斑病、霜霉病，辣椒细菌性斑点病，黄瓜细菌性角斑病，香瓜霜霉病、网纹病，葡萄黑痘病、白粉病、霜霉病，花生叶斑病茶树炭疽病、网纹病等。

（3）使用方法

① 防治葡萄霜霉病、黑痘病、穗轴褐枯病等 用 53.8%干悬浮剂 800～1000 倍液，在 75%落花后进行第 1 次用药，间隔 10～15 d 用药 1 次，雨季到来时或果实进入膨大期，间隔 7～10 d 用药 1 次，连续用药 3～4 次。

② 防治柑橘溃疡病、疮痂病等 在发病前或发病初期，用 53.8%干悬浮剂 800～1000 倍液，间隔 10 d 用药 1 次，连续施药 3～4 次。

③ 防治水稻细菌性条斑病、白叶枯病、稻瘟病、纹枯病和稻曲病等　在发病前或发病初期，用 53.8%干悬浮剂 900～1100 倍液，连续用药 2 次。

④ 防治番茄溃疡病、早疫病、晚疫病等　在发病前或发病初期，用 53.8%干悬浮剂 800～1000 倍液，间隔 7 d 再用药 1 次。

⑤ 防治人参锈腐病、根病等　在人参出土前，用 53.8%干悬浮剂 900～1100 倍液，全床喷雾，间隔 7 d，早春施药 2～3 次，夏季雨多时用药 3～4 次。

⑥ 防治香蕉叶斑病　在发病前或发病初期，用 53.8%干悬浮剂 800～1000 倍液，间隔 7～10 d 用药 1 次，共用药 3～4 次。

⑦ 防治西瓜、甜瓜炭疽病　在秧苗嫁接成活后，用 53.8%干悬浮剂 1000 倍液。

⑧ 防治荔枝霜疫病　在发病前或发病初期，用 53.8%干悬浮剂 900～1000 倍液，间隔 10 d，用药 3～4 次。

⑨ 防治白菜软腐病、白斑病等　在大白菜莲座期，用 53.8%干悬浮剂 800～1000 倍液进行喷雾或淋灌，间隔 7 d，连续用药 2～3 次。

络氨铜（cupric-amminiumcomplexion）

$$Cu(NH_3)_4 \cdot SO_4$$

$Cu(NH_3)_4 \cdot SO_4$，227.7，20427-59-2

络氨铜是由辽宁省辽阳市宏伟化工厂生产的一种广谱杀菌剂。

化学名称　四氨络合硫酸铜。

理化性质　络氨铜易溶于水和氨水，其制剂为深蓝色液体。

毒性　大鼠急性经口 LD_{50} 4300 mg/kg（23%络氨铜）；小鼠急性经口 LD_{50} 3690 mg/kg（23%络氨铜，雌性），LD_{50} 2330 mg/kg（23%络氨铜，雌性）。兔急性经皮 LD_{50}>1000 mg/kg，对兔眼睛结膜和皮肤中等刺激（23%络氨铜）。50%原液（原液即 23%络氨铜）对皮肤和眼结膜呈轻度刺激，20% 和 2% 原液对皮肤无刺激，2%原液对眼结膜无刺激。蓄积系数大于 5，弱蓄积性。无"三致"效应。

生态效应　对鲤鱼低毒。

制剂　15%、25%水剂。

主要生产商　河北擎云化工科技有限公司、广西桂林瑞合农药有限公司、四川百事东旺生物科技有限公司及山东海利莱化工科技有限公司等。

作用机理与特点　络氨铜对真菌、细菌病害均有较好的防效，同时促进作物生长，提高作物产量。其作用机理为通过铜离子与病原菌细胞膜表面上的 K^+、H^+ 等阳离子交换，病原菌细胞膜上的蛋白质凝固，同时有部分铜离子渗入病原菌细胞内与某些酶结合，影响其活性。

应用　用于防治西瓜枯萎病、棉花立枯病、棉花炭疽病、水稻纹枯病、水稻稻曲病、西瓜枯萎病、柑橘树溃疡病等。使用方法有：灌溉根部（西瓜枯萎病）、拌种（棉花病害）、喷雾（水稻病害、柑橘树溃疡病）。

参考文献

[1] 孙天佑,谭佩娇,刘志艳, 等. 络氨铜农药的毒性研究. 卫生毒理学杂志, 1993(2): 98-100.

三苯锡（fentin）

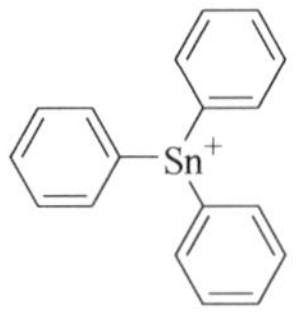

$C_{18}H_{15}Sn$，350.0，668-34-8，900-95-8(fentin acetate)，76-87-9(fentin hydroxide)

三苯锡，试验代号：ENT 25208V、Hoe 02824、P1940、OMS1020。

化学名称 三苯基锡。IUPAC 名称：triphenyltin（Ⅳ）。美国化学文摘（CA）系统名称：triphenylstannylium。CA 主题索引名称：stannylium—, triphenyl-。

另外三苯基锡还形成盐：

三苯基乙酸锡（fentin acetate），试验代号：AE F002782、HOE 002782。其他名称：TPTA。化学名称为三苯基锡乙酸盐。IUPAC 名称：triphenyltin acetate。美国化学文摘（CA）系统名称：（acetyloxy）triphenylstannane。CA 主题索引名称：stannylium—, triphenyl-acetate。

三苯基氢氧化锡（fentin hydroxide），试验代号：AE F029664、HOE 029664。商品名称：Super-Tin、Agri-Tin、Duter'、Mertin、SuperTin。其他名称：TPTH。化学名称：羟基三苯锡。IUPAC 名称：triphenyltin hydroxide。美国化学文摘（CA）系统名称：hydroxytri- phenylstannane。CA 主题索引名称：stannylium—, triphenyl-fentin hydroxide（1:1）。

理化性质 三苯基乙酸锡 工业品含量不低于 94%。无色结晶体，熔点 121～123℃（工业品为 118～125℃），蒸气压 1.9 mPa（50℃）。$\lg K_{ow}=3.54$。Henry 常数 $2.96×10^{-4}$ Pa·m^3/mol（20℃）。相对密度 1.5（20～25℃）。水中溶解度（pH 5，20～25℃）9 mg/L；其他溶剂中溶解度（g/L，20～25℃）：乙醇 22，乙酸乙酯 82，己烷 5，二氯甲烷 460，甲苯 89。干燥时稳定。有水时转化为羟基三苯锡。对酸碱不稳定（22℃），$DT_{50}<3$ h（pH 5、7 或 9）。在日光或氧气作用下分解。闪点(185±5)℃（敞口杯）。三苯基氢氧化锡 工业品含量不低于 95%。无色结晶体，熔点 123℃，蒸气压 $3.8×10^{-6}$ mPa（20℃）。$\lg K_{ow}=3.54$。Henry 常数 $6.28×10^{-7}$ Pa·m^3/mol（20℃）。相对密度 1.54（20～25℃）。水中溶解度（pH 7，20～25℃）1 mg/L，随 pH 减小溶解度增大；其他溶剂中溶解度（g/L，20～25℃）：乙醇 32，异丙醇 48，丙酮 46，聚乙烯乙二醇 41。室温下黑暗处稳定。超过 45℃开始分子间脱水，生成二三苯锡基醚，二三苯锡基醚在低于 250℃稳定。在光照条件下缓慢分解为无机锡及一或二苯基锡的化合物，在紫外线照射下分解速度加快。闪点 174℃（敞口杯）。

毒性 三苯锡 每日允许摄入量（JMPR）0.0005 mg/kg。三苯基乙酸锡 大鼠急性经口 LD_{50} 140～298 mg/kg，兔急性经皮 LD_{50} 127 mg/kg；对皮肤及黏膜有刺激。大鼠吸入 LC_{50}（4 h，mg/L 空气）：雄 0.044，雌 0.069。狗 NOEL（2 年）4 mg/kg 饲料。ADI(ECCO) 0.0004 mg/kg。三苯基氢氧化锡 大鼠急性经口 LD_{50} 150～165 mg/kg。兔急性经皮 LD_{50}127 mg/kg，对皮肤及黏膜有刺激。大鼠吸入 LC_{50}(4 h)0.06 mg/L 空气。大鼠 NOEL（2 年）4 mg/kg 饲料。ADI:(ECCO) 0.0004 mg/kg(2001)；(EPA) aRfD 0.003 mg/kg，cRfD 0.0003 mg/kg(1999)。

生态效应 ①三苯基乙酸锡。鹌鹑 LD_{50}77.4 mg/kg。呆鲦鱼 LC_{50}(48 h)0.071 mg/L。水蚤 LC_{50}(48 h) 10 μg/L。水藻 LC_{50}(72 h) 32 μg/L。制剂对蜜蜂无毒。蚯蚓 LD_{50}(14 d)128 mg/kg。

②三苯基氢氧化锡。山齿鹑 LC_{50}(8 d)38.5 mg/kg 饲料。呆鲹鱼 LC_{50}(48 h)0.071 mg/L。水蚤 LC_{50}(48 h)10 μg/L。水藻 LC_{50}(72 h) 32 μg/L。对蜜蜂无毒。蚯蚓 LD_{50}(14 d)128 mg/kg。

环境行为　土壤/环境：在土壤中乙酸三苯锡和羟基三苯锡分解为无机锡及一或二苯基锡的化合物。DT_{50} 20 d（实验室）。

制剂　三苯基乙酸锡：可湿性粉剂。三苯基氢氧化锡：悬浮剂、可湿性粉剂。

作用机理　三苯基乙酸锡：多靶点抑制剂，能够阻止孢子成长，抑制真菌的代谢。三苯基氢氧化锡：非内吸性具有保护治疗作用的杀菌剂。

应用　本品可以作拒食剂，也可作杀菌剂。防治马铃薯早、晚疫病（200～300 g/hm^2），甜菜叶斑病（200～300 g/hm^2）以及大豆炭疽病（200 g/hm^2）。

专利与登记　专利 US 3499086、DE 950970 均早已过专利期，不存在专利权问题。

合成方法　通过如下反应制得目的物：

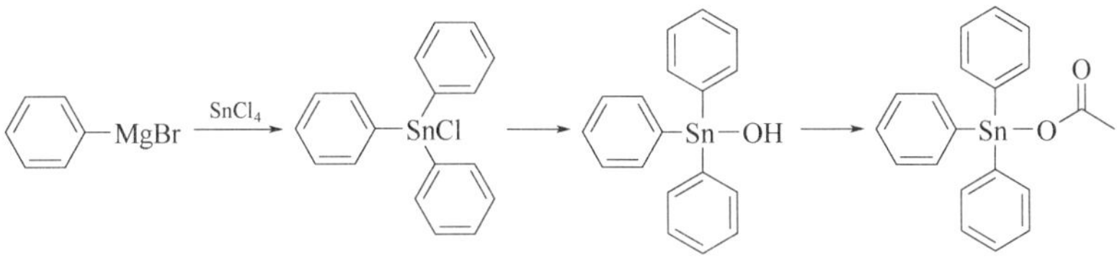

三环唑（tricyclazole）

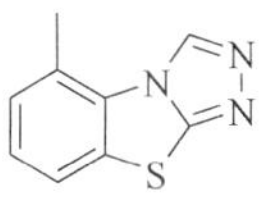

$C_9H_7N_3S$，189.2，41814-78-2

三环唑（试验代号：EL-291，商品名称：Agni、Beam、Bim、Mask、Tizole，其他名称：比艳、三赛唑、克瘟灵、克瘟唑、Baan、Blaster、Blastin、Oryzae、Pilarblas、Samar、Tric、Trikaal、Venda）是 Eli Lilly & Co.（现美国陶氏益农公司）开发的三唑类内吸保护性杀菌剂。

化学名称　5-甲基-1,2,4-三唑并[3,4-b][1,3]苯并噻唑。IUPAC 名称：5-methyl-1,2,4-triazolo[3,4-b]benzothiazole。美国化学文摘（CA）系统名称：5-methyl-1,2,4-triazolo[3,4-b]benzothiazole。CA 主题索引名称：1,2,4-triazolo[3,4-b]- benzothiazole —, 5-methyl-。

理化性质　纯品为结晶固体，熔点 184.6～187.2℃，沸点 275℃。蒸气压 5.86×10⁻⁴ mPa（20℃），分配系数 lgK_{ow}=1.42，Henry 常数（20℃）1.86×10⁻⁷ Pa·m³/mol。相对密度 1.4（20～25℃）。水中溶解度 0.596 g/L（20～25℃）；有机溶剂中溶解度（g/L，20～25℃）：丙酮 13.8，甲醇 26.5，二甲苯 4.9。52℃（试验最高贮存温度）稳定存在。对紫外线照射相对稳定。

毒性　急性经口 LD_{50}（mg/kg）：大鼠 314，小鼠 245，狗>50。对兔急性经皮 LD_{50}>2000 mg/kg。对兔眼睛有轻度刺激，对兔皮肤无刺激现象。大鼠急性吸入 LC_{50}(1 h)0.146 mg/L 空气。NOEL（mg/kg）：大鼠 9.6，小鼠 6.7（2 年），狗 5（1 年）。ADI 0.03 mg/kg。

生态效应　野鸭和山齿鹑急性经口 LD_{50}>100 mg/kg。鱼 LC_{50}（mg/L，96 h）：大翻车鱼 16.0，虹鳟鱼 7.3，小金鱼 13.5，鲤鱼 21。水蚤 LC_{50}(48 h)>20 mg/L，NOEC(21 d) 0.96 mg/L。藻类 EC_{50}(96 h) 9.3 mg/L，NOEC(96 h) 4.0 mg/L。

环境行为　①动物。迅速而广泛地代谢。②植物。在植物中主要的分解途径是生成羟甲基类似物。③土壤/环境。K_d 4（沙土壤，pH 6.5，有机物 1.5%），45（沃土，pH 5.7，有机物 3.1%），21（黏壤土，pH 7.4，有机物 1.9%），22（粉沙质黏壤土，pH 5.7，有机物 4.1%）。

制剂　75%可湿性粉剂，30%悬浮剂，1%、4%粉剂，20%溶胶剂。

主要生产商　Dow AgroSciences、Nagarjuna Agrichem、Ihara、Sudarshan、Tagros、安徽华星化工股份有限公司、湖北沙隆达股份有限公司、江苏丰登作物保护股份有限公司、江苏长青农化股份有限公司、江苏瑞东农药有限公司及浙江禾益农化有限公司等。

作用机理与特点　黑色素生物合成抑制剂，通过抑制从 scytalone 到 1,3,8-三羟基萘和从 vermelone 到 1,8-二羟基萘的脱氢反应，从而抑制黑色素的形成。抑制孢子萌发和附着胞形成，从而有效地阻止病菌侵入和减少稻瘟病菌孢子的产生。三环唑是一种具有较强内吸性的保护性三唑类杀菌剂，能迅速被水稻根、茎、叶吸收，并输送到植株各部位。持效期长，药效稳定。三环唑抗雨水冲刷力强，喷药 1 h 后遇雨不需补喷药。

应用

（1）适宜作物　水稻。

（2）防治对象　稻瘟病。

（3）使用方法　①叶瘟应力求在稻瘟病初发阶段普遍蔓延之前施药，一般地块如发病点较多，有急性型病斑出现，或进入田间检查时比较容易见到病斑，则应全田施药。对生育过旺、土地过肥、排水不良以及品种为高度易感病型的地块，在症状初发时（有病斑出现）应立即全田施药。每亩用 75%可湿性粉剂 22g，对水 20～50 L，全田喷施。②穗瘟防治应着重保护抽穗期。在水稻拔节末期至抽穗初期（抽穗率 5%以下）时，凡叶瘟有一定程度发生，在地里容易看到叶瘟病斑的田块，不论品种和天气情况如何都应施药。叶瘟发生重的地块可分别在孕穗末期和齐穗期各施可湿性粉剂 1 次。每亩用 75%可湿性粉剂 26 g，对水 20～50 L 进行全田施药；采用人工机动喷雾器，每亩用 75%三环唑 26 g，对水 3～5 L，全田施药。航空施药，于水稻抽穗初期至水稻孕穗末期，结合追肥（磷酸二氢钾等），每亩用 75%可湿性粉剂 26 g，对水 1 L 进行喷雾。施药应选早晚风小、气温低时进行。晴天上午 8 时至下午 5 时、空气相对湿度低于 65%、气温高于 28℃、风速超过 4m/s 时应停止施药。田间叶面喷药应在采收前 25 d 停止。

专利与登记　专利 GB 1419121 已过期，不存在专利权问题。国内登记情况：75%、50%、45%、20%可湿性粉剂，45%、40%、20%悬浮剂，95%、96%、97%原药。登记作物水稻，防治对象稻瘟病。

合成方法　通过如下反应制得三环唑：

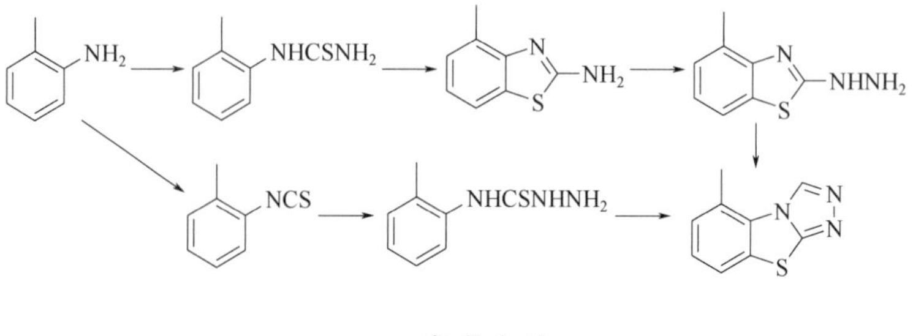

参考文献

[1]　The Pesticide Manual. 17 th edition: 1146-1147.

苯菌酮（metrafenone）

$C_{19}H_{21}BrO_5$，409.3，220899-03-6

苯菌酮（试验代号：AC 375839、BAS 560 F，商品名称：Flexity、Vivando）是德国巴斯夫公司开发的二苯酮类杀菌剂。

化学名称　3′-溴-2,3,4,6′-四甲氧基-2′,6-二甲基二苯酮。IUPAC 名称：3′-bromo--2,3,4,6′-tetramethoxy-2′,6-dimethylbenzophenone。美国化学文摘（CA）系统名称：(3-bromo-6-methoxy-2-methylphenyl)(2,3,4-trimethoxy-6-methylphenyl)methanone。CA 主题索引名称：methanone —, (3-bromo-6-methoxy-2-methylphenyl)(2,3,4-trimethoxy-6-methylphenyl)-。

理化性质　原药纯度为99.5%。纯品为白色晶体，熔点99.2～100.8℃。蒸气压 $1.53×10^{-1}$ mPa（20℃）。相对密度 1.45（20～25℃，99.4%）。$\lg K_{ow}$=4.3（pH 4.0，25℃）。Henry 常数 0.132 Pa·m³/mol。水中溶解度（mg/L，20～25℃）：0.552（pH 5），0.492（pH 7），0.457（pH 9）；其他溶剂中溶解度（g/L，20～25℃）：乙腈 165，丙酮 403，二氯甲烷 1950，乙酸乙酯 261，正己烷 4.8，甲醇 26.1，甲苯 363。在 pH 为4、7、9 的缓冲体系中在黑暗状态下可以稳定存在 7 d（50℃）。而在模拟阳光的照射下 15 d，pH 为7，温度为22℃，苯菌酮大量分解。DT_{50} 3.1 d。

毒性　大鼠急性经口 LD_{50}>5000 mg/kg，大鼠急性经皮 LD_{50}>5000 mg/kg。对眼睛和皮肤无刺激性。大鼠吸入 LC_{50}>5.0 mg/L。大鼠 NOAEL［mg/(kg·d)］：43（13 周），25（2 年）。ADI：(EC) 0.25 mg/kg(2006)，(EPA) cRfD 0.25 mg/kg(2006)。

生态效应　山齿鹑急性经口 LD_{50}>2025 mg/kg。美洲鹑饲喂 NOEC 5314 mg/L［>948.4 mg/(kg·d)］。虹鳟鱼 LC_{50}(96 h) 0.82 mg/L，水蚤 EC_{50}(48 h)>0.92 mg/L，羊角月牙藻 E_bC_{50}(72 h) 0.71 mg/L。蜜蜂 LD_{50}（μg/只）：>114（经口），>100（接触）。蚯蚓 LC_{50}>1000 mg/kg。

环境行为　①动物。广泛地在动物体内代谢，大部分吸收剂量的葡萄糖醛酸结合物经尿和胆汁排泄。代谢的主要途径是脱烷基化、脂肪氧化、脱溴、环羟基化和共轭。②植物。小麦和葡萄里代谢的主要成分是苯菌酮。代谢数据表明，残留物中仅含有苯菌酮。③土壤/环境。土壤环境的退化是双相一阶，DT_{50} 为32～124 d。对苯菌酮在谷物和葡萄中的最大剂量反复施用表明，其产生的累积残留量预计不会对陆地生物造成任何不可接受的影响。5 d 后降解的结果>10%。在水中沉积物的研究：在水中的 DT_{50} 为3.2～4.6 d，整个体系的 DT_{50} 为9.0～9.6 d。

制剂　2%、5%颗粒剂，50%可湿性粉剂，500 g/L 悬浮剂。

主要生产商　BASF。

作用机理与特点　苯菌酮的作用机制为影响菌丝形态发育，菌丝极性生长，建立和维持白粉病的细胞极性。苯菌酮可能干扰极性肌动蛋白组织的建立和维持这个重要的过程。苯菌酮对大麦、小麦白粉病有着良好的预防活性。

应用　主要用于防治禾谷类作物白粉病，以及葡萄树的葡萄白粉病。田间试验结果表明对豌豆白粉病防效为83.9%～95.8%，对草莓白粉病防效为87.4%～96.3%，对苦瓜白粉病防效为67.4%～98.6%，对供试作物安全。适宜在发病前或初期均匀喷雾，间隔7～10 d，施药2～3 次，推荐有效成分用量135～180 g/hm²，每亩制剂用量18～24 mL。

专利与登记 专利 EP 897904（申请日 1998-08-18，拥有者 American Cyanamid Company）。

合成方法 以 2-羟基-6-甲基苯甲酸酯为原料，经如下反应即可制得目的物：

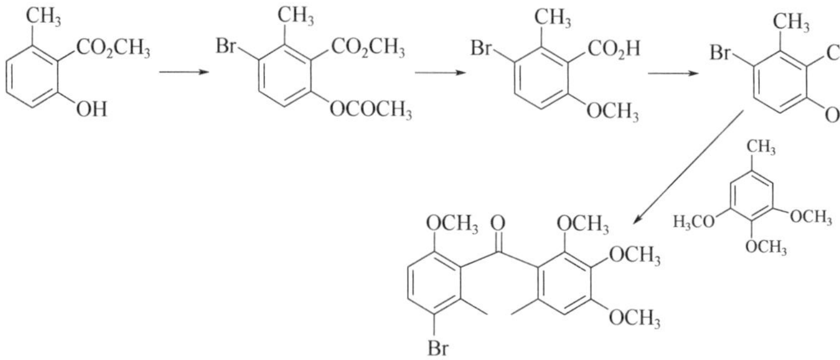

参考文献

[1] The Pesticide Manual.17th edition: 767-768.

[2] 芦昕婷. 苯菌酮: 一种新型谷类白粉病杀菌剂的作用机制研究. 世界农药, 2010, 32(6): 21-26.

[3] 陈一芬, 万欢, 臧佳良, 等. 苯菌酮的合成. 合成化学, 2009, 17(3): 390-391+396.

苯丙烯菌酮（isobavachalcone）

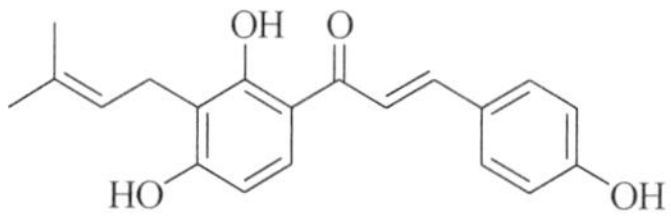

$C_{20}H_{20}O_4$，324.4，20784-50-3

苯丙烯菌酮是由沈阳化工大学从补骨脂种子提取物中筛选得到的一种有效抑菌成分，沈阳同祥生物农药有限公司对该产品进行了登记。

1968 年，Bhalla 等从补骨脂中分离了 5 种新的黄酮类化合物，其中就包括该化合物。1979 年，朱大元等对补骨脂的化学成分进行了分析鉴定得到该化合物。

化学名称 (2E)-1-[2,4-羟基-3-(3-甲基-2-丁烯基)苯基]-3-(4-羟基苯基)-2-丙烯-1-酮。IUPAC 名称：(2E)-1-[2,4-dihydroxy-3-(3-methyl-2-butenyl)phenyl]-3-(4-hydroxyphenyl)-2-propen-1-one，美国化学文摘（CA）系统名称：(2E)-1-[2,4-dihydroxy-3-(3-methyl-2-butenyl)phenyl]-3-(4-hydroxyphenyl)-2-propen-1-one，CA 主题索引名称：2-propen-1-one，1-[2,4-dihydroxy-3-(3-methyl-2-buten-1-yl)phenyl]-3-(4-hydroxyphenyl)-，(2E)-。

理化性质 纯品外观为黄色粉末；熔点 158～160℃；沸点(549.0±50.0)℃；闪点(299.9±26.6)℃；溶解度（20～25℃）：二甲基亚砜 47 mg/mL，溶于大多数有机溶剂，不溶于水。

补骨脂种子提取物（母药）中，苯丙烯菌酮质量分数为 1.5%；外观为深棕色无刺激性气味黏稠状膏状物；沸点 105.7℃；爆炸性：不具有爆炸性危险；燃烧性：不是高度可燃物；氧化还原性：与水、磷酸二氢铵、铁粉、锌粉、高锰酸钾和煤油均未发生反应，不具有氧化还原化学相容性；腐蚀性：对其包装材料（聚乙烯塑料瓶）无腐蚀性；比旋光度：18.047 mL/(dm·g)。

0.2%补骨脂种子提取物微乳剂中，苯丙烯菌酮质量分数为 0.2%；外观：深棕色无刺激性气味的流动液体；黏度：在 20℃和 40℃时的黏度分别为 58.763 mm²/s 和 26.461 mm²/s；密度：1.0502 g/m³；闪点：>93℃；爆炸性：不具有爆炸性危险；腐蚀性：对其包材（聚乙烯塑料瓶）无腐蚀性；pH：6～9；持久起泡性：≤25 mL；产品乳液稳定性（稀释 200 倍）：冷、热贮存和常温 2 年贮存均稳定。

毒性　补骨脂种子提取物母药：大鼠急性经口毒性 LD_{50} 雌雄均＞5000 mg/kg，大鼠急性经皮毒性 LD_{50} 雌雄均＞2000 mg/kg，大鼠急性吸入毒性 LD_{50} 雌雄均＞(2003±38) mg/m³。根据中国农药毒性分级标准，本品属于低毒农药。白兔眼睛刺激性为中度刺激性，白兔皮肤刺激性为轻度刺激性。对豚鼠为弱致敏物。大鼠亚慢性毒性经口无作用剂量，雄：(39.7±4.5) mg/(kg·d)，雌：(43.1±3.4) mg/(kg·d)。

0.2%补骨脂种子提取物：大鼠急性经口毒性 LD_{50}，雄：3 690 mg/kg，雌：3 160 mg/kg；大鼠急性经皮毒性 LD_{50}，雌雄均＞2000 mg/kg，大鼠急性吸入毒性 LD_{50} 雌雄均＞(2105±77) mg/m³。白兔眼睛刺激性为中度刺激性，白兔皮肤刺激性为中等刺激性。对豚鼠为弱致敏物。

生态效应　补骨脂种子提取物母药：鸟类急性经口毒性试验 LD_{50}（24 h/48 h/72 h/7 d）：＞10000 mg/kg，低毒。蜜蜂急性接触毒性试验 LD_{50}（48 h）：＞674.8 μg，低毒。蜜蜂急性经口毒性试验 LD_{50}（48 h）：＞122.7 μg，低毒。家蚕急性毒性试验 LC_{50}（96 h）：＞1000 mg/L，低毒。溞类急性活动抑制试验（大型溞）EC_{50}（48 h）：196.6～254.9 mg/L，低毒。鱼类急性毒性试验（斑马鱼）LC_{50}（96 h）：16.9～23.2 mg/L，低毒。藻类生长抑制试验（斜生栅藻）E_yC_{50}（72 h）：307.5～326.3 mg/L，E_rC_{50}（72 h）：559.4～685.8 mg/L，低毒。对捕食天敌、寄生天敌低毒或无影响。

环境行为　苯丙烯菌酮母药好氧土壤降解：①黑土降解半衰期 18.3 d，降解等级为易降解。②红土降解半衰期 10.8 d，降解等级为易降解。③水稻土降解半衰期 20.2 d，降解等级为易降解。苯丙烯菌酮母药厌氧土壤降解：①黑土降解半衰期 135.9 d，降解等级为较难降解。②红土降解半衰期 15.2 d，降解等级为易降解。③水稻土降解半衰期 81.5 d，降解等级为中等降解。④水稻田厌氧土降解半衰期 51.3 d，降解等级为中等降解。

25℃，pH：4.0、7.0、9.0，半衰期（$t_{0.5}$）分别为 346.5 d、161.2 d、8.36 d，分别属于难降解、较难降解和易降解农药。

制剂　0.2%微乳剂。

主要生产商　沈阳同祥生物农药有限公司。

作用机理与特点　通过破坏病原菌细胞的细胞壁、细胞膜、线粒体膜、核膜等壁膜系统，干扰细胞代谢过程而达到杀菌的目的。

补骨脂种子提取物是一种广谱性植物源杀菌剂，具有广谱杀菌、免疫诱抗、促进生长的特点，契合绿色防控要求，对环境安全无残留隐患。尤其对水稻稻瘟病、苹果腐烂病、早晚疫病、炭疽病等重要植物病害防治效果显著。

应用　首个登记为水稻稻瘟病，经室内活性试验和田间药效试验，结果表明 0.2%补骨脂种子提取物对水稻稻瘟病具有较好的防治效果，用药浓度：2～8 mg/kg（折成 0.2%补骨脂种子提取物商品稀释 250～1000 倍液），在用药剂量范围内对作物安全，未见药害发生。

专利与登记　PD 20190058 补骨脂种子提取物（母药）（1.5%）；PD 20190020 补骨脂种子提取物微乳剂（0.2%）。专利 ZL 200810010224.5，申请日为 2008-01-25，拥有者为沈阳同祥农化有限公司。

参考文献

[1] 芦志成, 张鹏飞, 李慧超, 等.中国农药创制概述与展望. 农药学学报, 2019, 21(Z1): 551-579.

[2] 苯丙烯菌酮. 农药科学与管理, 2019, 40(5): 58-59, 62.

戊菌隆（pencycuron）

$C_{19}H_{21}ClN_2O$，328.8，66063-05-6

戊菌隆（试验代号：NTN 19 701，商品名称：Gaucho M、Monceren、Monceren G、Monceren IM、Prestige、Vicuron，其他商品名称：Cerenturf、Curon、Cycuron、Pency、Trotis）是由日本农药公司研制的，与拜耳公司共同开发的脲类杀菌剂。

化学名称　1-(4-氯苄基)-1-环戊烷基-3-苯基脲。IUPAC 名称：1-(4-chlorobenzyl)-1-cyclopentyl-3-phenylurea。美国化学文摘（CA）系统名称：N-[(4-chlorophenyl)methyl]-N-cyclopentyl-N'-phenylurea。CA 主题索引名称：urea —, N-[(4-chlorophenyl)methyl]-N-cyclopentyl-N'-phenyl-。

理化性质　纯品为无色无味结晶状固体，纯度>98%，熔点：128℃（异构体 A），132℃（异构体 B）。蒸气压 $5×10^{-7}$ mPa（20℃），分配系数 $\lg K_{ow}$=4.7（20℃），Henry 常数 $5×10^{-7}$ Pa·m^3/mol（20℃）。相对密度 1.22（20～25℃）。水中溶解度 0.3 mg/L（20～25℃），有机溶剂溶解度（20～25℃，g/L）：二氯甲烷 250，正辛醇 16.7，正庚烷 0.23。水解 DT_{50} 64～302 d（25℃）。在水中和土表光解。

毒性　大鼠急性经口 LD_{50}>5000 mg/kg。大鼠和小鼠急性经皮 LD_{50}(24 h) >2000 mg/kg。大鼠吸入 LC_{50}（4 h，mg/m^3 空气）：>268（气雾），>5130（灰尘）。对兔皮肤和眼睛无刺激性，无皮肤过敏现象。大鼠 NOAEL（2 年）1.8 mg/kg，ADI 0.018 mg/kg。无致畸、致突变、致癌作用。

生态效应　山齿鹑 LD_{50} >2000 mg/kg。鱼毒 LC_{50}（96 h，mg/L）：虹鳟鱼>690（11℃），大翻车鱼 127（19℃）。水蚤 EC_{50}(48 h)0.27 mg/L。淡水藻 E_rC_{50}(72 h) 1.0 mg/L。对蜜蜂安全，LD_{50}（μg/只）：经口>98.5，接触>100。蚯蚓 LC_{50}(14 d)>1000 mg/kg 干土。25 kg/hm^2 下对步行虫甲虫无毒，在实际情况下，对土壤微生物组织无消极影响。

环境行为　①动物。大鼠在口服后，超过74%都会在 3 d 内通过尿液和粪便排出，排泄物为戊菌隆或其代谢产物。11 种代谢产物已经被确定［I. Ueyama J.Agric.Food Chem., 1982, 30(6): 1061-1067］。主要代谢途径包括苯基羟基化成不同二醇和三醇化合物，随后形成硫酸盐和葡萄糖醛酸结合物。②植物。在植物体内降解程度较低。其主要的代谢途径可能是羟基化代谢（部分是键合作用）。③土壤/环境。化合物在土壤中的行为特点为浸出和吸附运动均较轻微。实验室内研究表明在土壤中可有效降解。根据测定的 DT_{50}，该化合物在稳定程度上为中等稳定。主要代谢物为对氯苄胺和对氯苄基甲酰胺的衍生物。

制剂　25%可湿性粉剂，1.5%粉剂和12.5%干拌种剂。

主要生产商　Bayer CropScience、江苏飞翔集团及浙江禾益农化有限公司等。

作用机理与特点　戊菌隆是一种非内吸的保护性杀菌剂，持效期长，对立枯丝核菌属有特效，尤其对水稻纹枯病有卓效，同时还能有效地防治马铃薯立枯病和观赏作物的立枯丝核病。该药剂对其他土壤真菌如腐霉菌属和镰刀菌属引起的病害效果不佳，为同时兼治土传病害，应与能防治土传病害的相应杀菌剂混用。按规定剂量使用，本剂显示了良好的植物耐药性。

应用　戊菌隆虽无内吸性，但对立枯丝核菌引起的病害有特效，且使用极方便：茎叶处理、种子处理、灌浇土壤或混土处理均可。不同作物拌种用量如下：马铃薯 15～25 g/100 kg，水稻 15～25 g/100 kg，棉花 15～25 g/100 kg，甜菜 15～25 g/100 kg。

防治水稻纹枯病，茎叶处理使用剂量为 150～250 g(a.i.)/hm^2。或在纹枯病初发生时喷第 1 次药，20 d 后再喷第 2 次。每次每亩用 25%可湿性粉剂 50～66.8 g（有效成分 12.5～16.7 g）对水 100 kg 喷雾。用 1.5%无漂移粉剂以 500 g/100 kg 处理马铃薯，可有效防治马铃薯黑胫病。

专利与登记　专利 DE 2732257 早已过专利期，不存在专利权问题。

合成方法　戊菌隆的合成方法主要有以下两种：

方法 1：4-氯苄基环戊基胺，与苯基异氰酸酯反应，处理即得目的物。反应式如下：

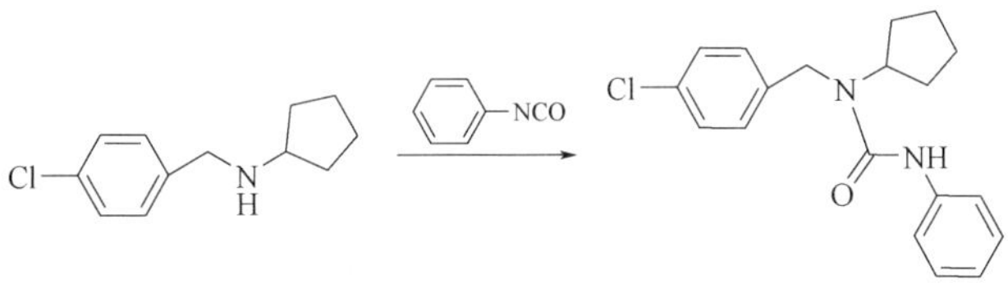

方法 2：以 4-氯苄基环戊基胺为起始原料，与光气反应或先于甲酸反应后经氯化制得取代的氨基甲酰氯，最后与苯胺缩合处理即得目的物。反应式如下：

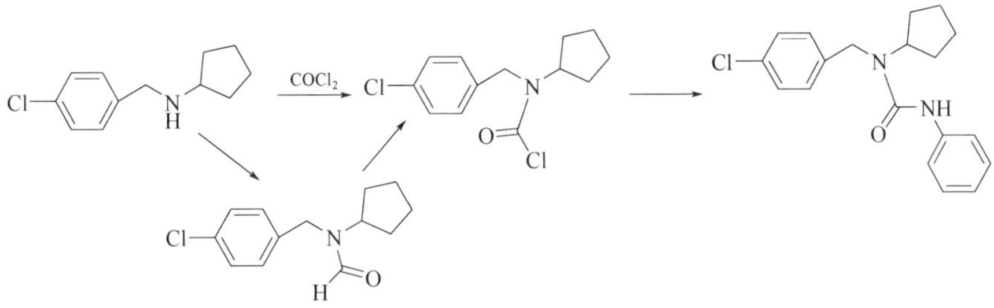

起始原料 4-氯苄基环戊基胺可通过如下反应制得：

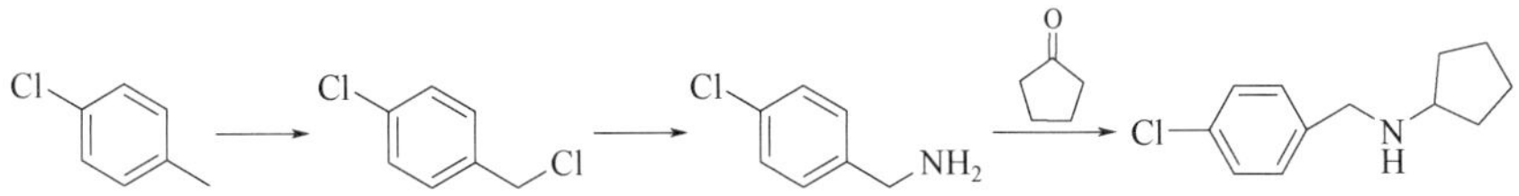

参考文献

[1] The Pesticide Manual. 17 th edition: 847-848.

[2] Japan Pesticide Information, 1986, 48: 16.

[3] 张振明, 贾永刚, 汪灿明, 等. 脲类杀菌剂戊菌隆的合成. 农药, 2003(11): 19-20.

哒菌酮（diclomezine）

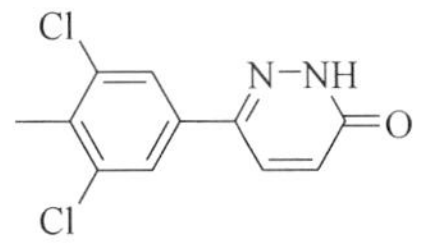

$C_{11}H_8Cl_2N_2O$，255.1，62865-36-5

哒菌酮（试验代号：F-850、SF-7531，商品名：Monguard）是由日本三共公司研制开发的一种哒嗪酮类杀菌剂。

化学名称　6-(3,5-二氯-对-甲基苯基)哒嗪-3(2H)-酮。IUPAC 名称：6-(3,5-dichloro-4-methylphenyl)pyridazin-3(2H)-one[1979 Rules: 6-(3,5-dichloro-p-tolyl) pyridazin-3(2H)-one]。美国化学文摘（CA）系统名称：6-(3,5-dichloro-4-methylphenyl)-3(2H)-pyridazinone。CA 主题索引名称：3(2H)-pyridazinone—, 6-(3,5-dichloro-4-methylphenyl)-。

理化性质　纯品为无色结晶状固体。熔点 $250.5\sim253.5℃$。蒸气压 $<1.3\times10^{-2}$ mPa（60℃）。水中溶解度 0.74 mg/L（20～25℃），其他溶剂中溶解度（g/L，20～25℃）：甲醇 2.0，丙酮 3.4。在光照下缓慢分解。在酸、碱和中性环境下稳定。

毒性　大鼠急性经口 $LD_{50}>12000$ mg/kg，大鼠急性经皮 $LD_{50}>5000$ mg/kg。对皮肤无刺激作用。大鼠吸入 $LC_{50}(4\ h)0.82$ mg/L。大鼠 NOEL［2 年，mg/(kg·d)］：雄性 98.9，雌性 99.5。

生态效应　山齿鹑和野鸭饲喂 $LC_{50}(8\ d)>7000$ mg/L。山齿鹑饲喂 $LD_{50}>3000$ mg/kg。鲤鱼 $LC_{50}(48\ h)>300$ mg/L。水蚤 $LC_{50}(5\ h)>300$ mg/L。蜜蜂 LD_{50}（口服和接触）>100 μg/只。

环境行为　易吸附于土壤颗粒。

制剂　1.2%粉剂，20%悬浮剂，20%可湿性粉剂。

作用机理与特点　哒菌酮是一种具有治疗和保护作用的杀菌剂。通过抑制隔膜形成和菌丝生长，从而达到杀菌目的。尽管哒菌酮的主要作用方式尚不清楚，但在含有 1 mg/L 哒菌酮的马铃薯葡萄糖琼脂培养基上，立枯丝核菌、稻小核菌和灰色小核菌分枝菌丝的隔膜形成会受到抑制，并引起细胞内容物泄漏。此现象甚至在培养开始后 2～3 h 便可发现。如此迅速的作用是哒菌酮特有的，其他水稻纹枯病防治药剂如戊菌隆和氟酰胺等均没有这么快。

应用

（1）适宜作物与安全性　水稻、花生、草坪等，在推荐剂量下对作物安全。

（2）防治对象　水稻纹枯病和各种菌核病，花生的白霉病和菌核病，草坪纹枯病等。

（3）使用方法　茎叶喷雾，使用剂量为 360～480 g(a.i.)/hm²。

专利与登记　专利 DE 2640806 早已过专利期，不存在专利权问题。

合成方法　以甲苯、丁二酸酐、水合肼为起始原料，经如下反应即可制得哒菌酮：

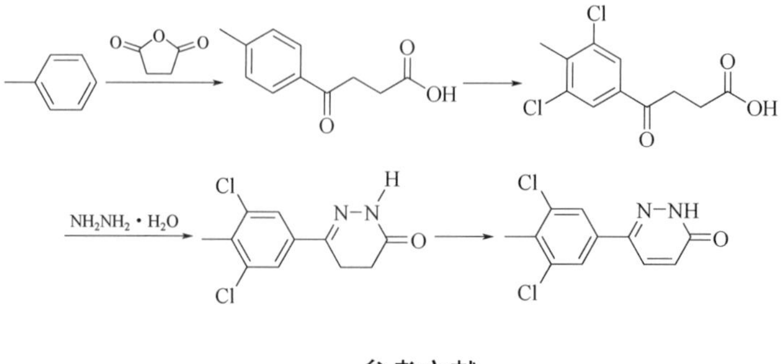

参考文献

[1] The Pesticide Manual. 15 th edition: 344.

[2] Japan Pesticide Information, 1988, 52: 31.

pyridachlometyl

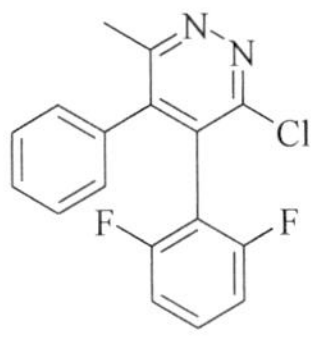

$C_{17}H_{11}ClF_2N_2$，316.7，1358061-55-8

pyridachlometyl（开发代号 S-2190）是日本住友化学株式会社开发的哒嗪类杀菌剂。

化学名称　3-氯-4-(2,6-二氟苯基)-6-甲基-5-苯基哒嗪。IUPAC 名称：3-chloro-4-(2,6-difluorophenyl)-6-methyl-5-phenylpyridazine。美国化学文摘（CA）系统名称：3-chloro-4-(2,6-difluorophenyl)-6-methyl-5-phenylpyridazine。CA 主题索引名称：pyridazine —, 3-chloro-4-(2,6-difluorophenyl)-6-methyl-5-phenyl-。

应用　可防治小麦叶枯病，用于预防红色雪腐病的小麦种子处理剂。

专利与登记

专利名称　Plant disease control composition and application for same

专利号　WO 2012020774　　　　　专利申请日　2012-02-06

专利拥有者　住友化学株式会社

在其他国家申请的化合物专利　BR 112013003147、CA 2807627、CN 103068238、EP 2604116、JP 2012056941、US 2013137683 等。

合成方法　通过如下反应制得目的物：

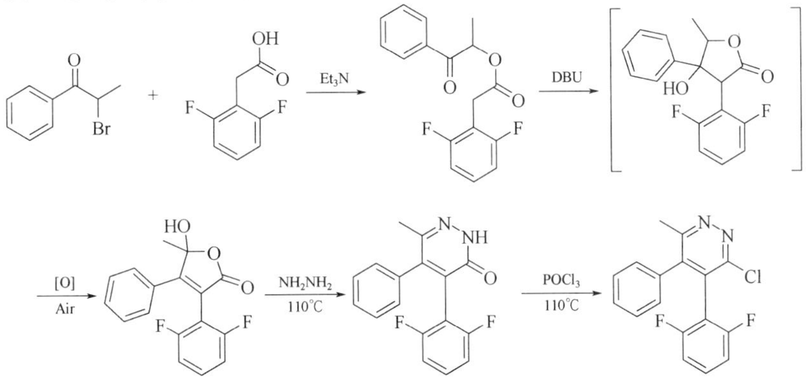

参考文献

[1] WO 2012020774.

四氯苯酞（phthalide）

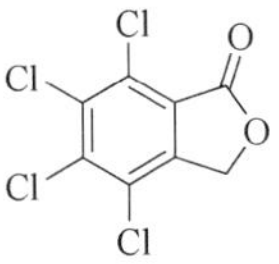

$C_8H_2Cl_4O_2$，271.9，27355-22-2

四氯苯酞（试验代号：KF-32、Bayer 96610，商品名称：Blasin、Hinorabcide、Rabcide，其他名称：热必斯）由日本吴羽化学株式会社开发的杀菌剂。

化学名称 4,5,6,7-四氯苯酞。IUPAC 名称：4,5,6,7-tetrachlorophthalide。美国化学文摘（CA）系统名称：4,5,6,7-tetrachloro-1(3*H*)-isobenzofuranone。CA 主题索引名称：1(3*H*)-isobenzofuranone —, 4,5,6,7-tetrachloro-。

理化性质 纯品为无色结晶固体，熔点 212.0～212.6℃。蒸气压 $3×10^{-3}$ mPa（23℃）。分配系数 $\lg K_{ow}$=3.17。Henry 常数 $3.3×10^{-4}$ Pa·m³/mol（计算），水中溶解度 0.46 mg/L（20～25℃），有机溶剂中溶解度（20～25℃，g/L）：四氢呋喃 19.3，苯 16.8，二氧六环 14.1，丙酮 0.61，乙醇 1.1。稳定性：在 pH 2（2.5 mg/L 水溶液）稳定 12 h，弱碱中 DT_{50} 约 10 d（pH 6.8，5～10℃，2.0 mg/L 水溶液），12 h 有 15%开环（pH 10，25℃，2.5 mg/L 水溶液），对热和光稳定。

毒性 大鼠和小鼠急性经口 LD_{50}>10000 mg/kg。大鼠和小鼠急性经皮 LD_{50}>10000 mg/kg。对兔眼及皮肤无刺激性。大鼠急性吸入 LC_{50}（4 h）>4.1 g/m³。NOEL（2 年，mg/kg 饲料）：大鼠 2000，小鼠 100。急性腹腔 LD_{50}（mg/kg）：雄鼠 9780，雌鼠 15000，小鼠 10000。

生态效应 对母鸡无作用剂量（mg/kg）：1.5（7 d），15（3 d）。小鲤鱼 LC_{50}（48 h）>320 mg(a.i.)（原药），135 mg(a.i.)（50%可湿性粉剂）。水蚤 LC_{50}（3 h）>40 mg/L。羊角月牙藻 EC_{50}（96 h）>1000 mg/L。对蜜蜂无害，LD_{50}（接触）>0.4 mg/只。蚯蚓 LC_{50}（14 d）>2000 mg/kg 干土。

环境行为 ①动物。在大鼠体内主要的代谢物是 2-羟甲基-3,4,5,6-四氯苯甲酸和它的氧化产物。②植物。在水稻田中可形成 4,7-二氯苯酞和 4,6,7-三氯苯酞。③土壤/环境。在土壤中主要的代谢产物是 2-羟甲基-3,4,5,6-四氯苯甲酸及其氧化产物。

制剂 30%、50%可湿性粉剂，25%粉剂，20%悬浮剂。

主要生产商 Sumitomo Chemical 及江苏扬农化工股份有限公司等。

作用机理与特点 保护性杀菌剂。在稻株表面能有效地抑制附着孢子形成，阻止菌丝入侵，具有良好的预防作用，但在稻株体内，对菌丝的生长没有抑制作用，但能抑制病菌的再侵染。

应用 主要用于防治水稻叶枯病和稻瘟病。使用剂量为 200～400 g(a.i.)/hm²。50%可湿性粉剂 64～100 g 对水 40～50 kg 喷雾可防治叶枯病。抽穗前 3～5 d 每亩用 50%可湿性粉剂 75～100 g 对水 75 kg 喷雾可防治穗茎瘟。

专利与登记 化合物专利 JP 575584、DE 1643347 已过专利保护期，不存在专利权问题。

合成方法 以苯酐或邻二甲苯为原料，经如下反应即可制的目的物：

参考文献

[1] The Pesticide Manual. 17 th edition: 881-882.

[2] Jpn. Pestic. Inf., 1977, 16: 73.

咯喹酮（pyroquilon）

$C_{11}H_{11}NO$，173.2，57369-32-1

咯喹酮（试验代号：CGA49104，商品名称：Coratop、Fongarene，其他名称：Coratop Jumbo、

Degital Coratop、4-lilolidone）是由辉瑞制药公司发现，并由汽巴-嘉基（现先正达）公司开发的内吸杀菌剂，于 1987 年上市。

化学名称 1,2,5,6-四氢吡咯[3,2,1-*ij*]喹啉-4-酮。IUPAC 名称：1,2,5,6-tetrahydropyrrolo[3,2,1-*ij*]quinolin-4-one。美国化学文摘（CA）系统名称：1,2,5,6-tetrahydro-4 *H*-pyrrolo[3,2,1-*ij*]quinolin-4-one。CA 主题索引名称：4 *H*-pyrrolo[3,2,1-*ij*]quinolin-4-one—, 1,2,5,6-tetrahydro-。

理化性质 纯品为白色结晶状固体。熔点 112℃，蒸气压 5 mPa（25℃），分配系数 $\lg K_{ow}=1.6$，Henry 常数 1.9×10^{-4} Pa·m³/mol。相对密度 1.29（20～25℃）。溶解度（g/L，20～25℃）：水 4，丙酮 125，苯 200，二氯甲烷 580，异丙醇 85，甲醇 240。不易水解，320℃高温也能稳定存在。

毒性 急性经口 LD_{50}（mg/kg）：大鼠 321，小鼠 581。大鼠急性经皮 $LD_{50}>3100$ mg/kg。对兔皮肤无刺激作用，对眼睛有轻微刺激作用。对豚鼠皮肤致敏。大鼠吸入 LC_{50}(4 h)>5100 mg/m³。NOEL [mg/(kg·d)]：大鼠 22.5，小鼠 1.5（2 年），狗 60.5（1 年）。ADI 0.015 mg/kg。无致突变、致畸和致癌作用，对繁殖无影响。

生态效应 鸟急性经口 LD_{50}（8 d，mg/kg）：日本鹌鹑 794，小鸡 431。鱼毒 LC_{50}（96 h，mg/L）：鲶鱼 21，虹鳟鱼 13，河鲈 20，古比鱼 30。水蚤 LC_{50}(48 h) 60 mg/L。对栅藻无影响。对蜜蜂无毒害作用，LD_{50}（μg/只）：>20（口服），>1000（接触）。

环境行为 ①动物。动物口服后，咯喹酮会被广泛代谢，并通过尿液和粪便的形式排出。残留在组织里的药物含量非常低，而且没有证据表明咯喹酮和其代谢物会在动物体内累积。②植物。在稻田中主要的代谢物是 3,4-二氢-4-羟基-2-氧代喹啉-8-乙酸和两个醋酸衍生物。③土壤/环境。DT_{50}：（粉沙土）2 周，（沙壤土）18 周。K_d 1.3～42 μg/g 土壤，土壤中具有轻微流动性，在水中光解 DT_{50} 10 d。

制剂 2%、5%颗粒剂，50%可湿性粉剂。

主要生产商 Syngenta。

作用机理与特点 黑色素生物合成抑制剂，内吸性杀菌剂。咯喹酮由稻株根部迅速吸收，向顶输导至叶和稻穗花序组织。以毒土、种子处理和水中撒施方式施用后，药剂很快被稻根吸收。叶面施用后，咯喹酮被叶面迅速吸收，并在叶内向顶输导。咯喹酮在活体上防治病害的活性大大高于其在离体上对稻瘟病病原的菌丝体生长的抑制效果。产生这一作用主要是基于对稻瘟病菌附着胞中黑色素生物合成的抑制作用，这样就防止了附着胞穿透寄主表皮细胞。病斑产生的分生孢子也大为减少。作用方式：内吸性杀真菌剂。用量：秧苗时 1.2 kg/hm²，在田地中广泛的应用量为 1.5～2 kg/hm²。

应用 主要用于水稻，按推荐剂量使用，未观察到严重的或持久的不良影响。防治对象与使用方法见表 2-93。

表 2-93 咯喹酮的防治对象与使用方法

商品名	剂型和有效成分/%	适用作物	防治病害	施用说明		
				方法	剂量	施药时间
Coratop 5G	颗粒剂，5	稻	稻瘟病（叶瘟、穗颈瘟）	撒施水中	1.5～2.0 kg(a.i.)/hm²	（叶瘟）首次出现叶瘟前 0～10 d；（稻颈瘟）抽穗前 5～30 d
Coratop 2G	颗粒剂，2	稻	稻瘟病（叶瘟）	育苗箱撒施	0.1～0.2 kg(a.i.)/1800 cm² 育苗箱	（叶瘟）移植前 0～2 d
				育苗箱毒土		（叶瘟）播种前
Fongorene 50WP	可湿性粉剂，50	直播稻		种子处理	4g(a.i.)/kg 种子	播种前

专利与登记　专利 GB 1394373 已过专利期，不存在专利权问题。

合成方法　通过如下反应即可制得目的物：

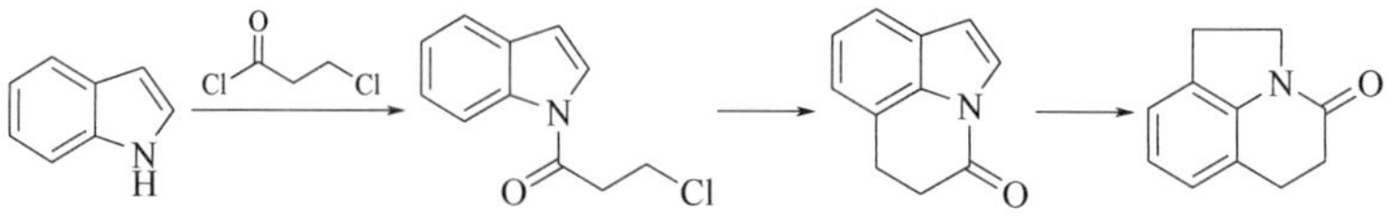

参考文献

[1] The Pesticide Manual. 17 th edition: 987-988.

[2] Japan Pesticide Information, 1986, 46: 27.

嗪胺灵（triforine）

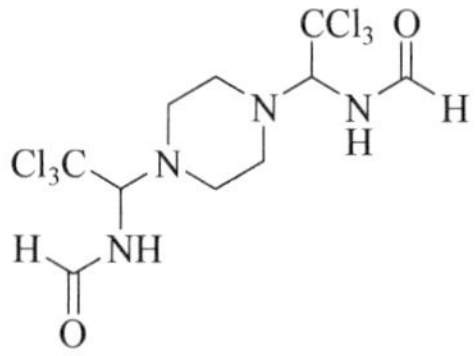

$C_{10}H_{14}Cl_6N_4O_2$，435.0，26644-46-2

嗪胺灵（试验代号：AC902194、SC-581211，商品名称：Saprol，其他名称：Denarin、Funginex、嗪氨灵）是由巴斯夫公司开发的哌嗪类杀菌剂。在 2005 年将其出售给了住友化学株式会社。

化学名称　N,N'-{哌嗪-1,4-二双[(三氯甲基)亚甲基]}二甲酰胺或 1,1'-哌嗪-1,4-二双-[N-(2,2,2-三氯乙基)甲酰胺]。IUPAC 名称：N,N'-{piperazine-1,4-diylbis(2,2,2-trichloroethylidene)} diformamide 或 1,4-bis(2,2,2-trichloro-1-formamidoethyl)piperazine。美国化学文摘（CA）系统名称：N,N'-[1,4-piperazinediylbis(2,2,2-trichloroethylidene)]bis[formamide]。CA 主题索引名称：formamide—, N,N'-[1,4-piperazinediylbis(2,2,2-trichloroethylidene)]bis-。

理化性质　纯品为白色至浅棕色结晶固体,纯度>97%。熔点 155℃（分解）。蒸气压 80 mPa（25℃），lgK_{ow}=2.2（20℃），Henry 常数 2.8 Pa·m³/mol，相对密度 1554（20～25℃）。水中溶解度 12.5 mg/L（20～25℃，pH7～9）；有机溶剂中溶解度（g/L，20～25℃）：DMF 330，DMSO 476，N-甲基吡咯烷酮 476，丙酮 33，甲醇 47，二氯甲烷 24；在四氢呋喃中可溶，在二氧六环和环己酮中微溶，不溶于苯、石油醚和环己烷。稳定性：在 148.6℃以下稳定，在 151℃分解。在水中暴露在紫外线或日光下会分解。DT$_{50}$（pH 5～9）2.6～3.1 d，pK_a 10.6（强碱）。

毒性　急性经口 LD$_{50}$（mg/kg）：大鼠>16000，小鼠>6000，狗>2000。兔和大鼠急性经皮 LD$_{50}$>10000 mg/kg。大鼠吸入 LC$_{50}$(4 h)>4.5 mg/L。NOEL（2 年，mg/kg 饲料）：大鼠 200，狗 100。ADI/RfD 0.02 mg/kg(1997)，确认没有饲喂危害。大鼠急性腹腔 LD$_{50}$>4000 mg/kg。

生态效应　山齿鹑急性经口 LD$_{50}$>5000 mg/kg，野鸭饲喂 LC$_{50}$(5 d)>4640 mg/kg。虹鳟鱼、大翻车鱼 LC$_{50}$(96 h)>1000 mg/L。水蚤 LC$_{50}$(48 h)117 mg/L。栅藻 EC$_{50}$ 380 mg/L。在 600 g(a.i.)/m³ 剂量下对蜜蜂不会有危害。对蚯蚓低毒，LD$_{50}$>1000 mg/kg。对有益的节肢动物、膜翅目昆虫、捕食性螨、甲虫、红螯蛛、普通草蛉、蠼螋等无害，对弯角瓢虫成虫有轻微伤害。

环境行为　①动物。在动物体内嗪胺灵会被迅速和彻底吸收，并通过肾脏排毒，嗪氨灵和其代谢物不会在动物体内累积。②植物。在大麦、豆类和番茄中，通过叶子的作用，嗪氨灵会随着叶子的飘落从落叶转移到新植物中。在植物中嗪氨灵会被分解成一批极性代谢产物。③土壤/环境。在土壤中 DT_{50} 23.9 d，DT_{90} 79.3 d（20℃，pH 7.7），在沙壤土中土壤吸附常数 K_d 0.861，在环境中不会累积。

主要生产商　Sumitomo Corp。

作用机理与特点　麦角甾醇抑制剂。具有保护、治疗、铲除、内吸作用。能迅速被根、茎、叶吸收，并输送到植株各部位。

应用　主要用于防治禾谷类作物、蔬菜、果树、草坪、花卉等白粉病、锈病、黑星病等。

专利与登记　专利 US 5141940、CA 1318246 均已过专利期，不存在专利权问题。

合成方法　以甲醛和三氯乙醛为原料，经如下反应即制得目的物：

参考文献

[1]　The Pesticide Manual. 17 th edition: 1161-1162.

霜脲氰（cymoxanil）

$C_7H_{10}N_4O_3$，198.2，57966-95-7

霜脲氰（试验代号：DPX-T3217，商品名称：Aktuan、Asco、Aviso、Betofighter、Cuprosate 45、Cuprosate Gold、Cuprosate Super、Curtine-V、Curzate、Cymopur、Duett Combi、Duett M、Equation Pro、Fobeci、Harpon、Micexanil、Quadris、Sunmoxanil、Tanos、Texas，其他名称：Bioxan、Bloper、Cimoxpron、Ramesse、Shelter、Sipcam C50、Vironex 30、Vitene）是由杜邦公司开发的一种脲类杀菌剂。

化学名称　1-(2-氰基-2-甲氧基亚氨基乙酰基)-3-乙基脲。IUPAC 名称：1-[(EZ)-2-cyano-2-(methoxyimino)acetyl]-3-ethylurea。美国化学文摘（CA）系统名称：2-cyano-N-[(ethylamino)carbonyl]-2-(methoxyimino)acetamide。CA 主题索引名称：acetamide —, 2-cyano-N-[(ethylamino)carbonyl]-2-(methoxyimino)-。

理化性质　纯品为无色无味结晶固体，纯度>97%，熔点 160~161℃（纯品 159~160℃）。蒸气压 0.15 mPa（20℃）。分配系数 $\lg K_{ow}$：0.59（pH 5），0.67（pH 7）。Henry 常数 $3.8×10^{-5}$ Pa·m^3/mol（pH 7），$3.3×10^{-5}$ Pa·m^3/mol（pH 5）。相对密度 1.32（20~25℃）。水中溶解度 890 mg/L（pH 5，20~25℃）；有机溶剂中溶解度（g/L，20~25℃）：正己烷 0.037，甲苯 5.29，乙腈 57，乙酸乙酯 28，正辛醇 1.43，甲醇 22.9，丙酮 62.4，二氯甲烷 133.0。水解半衰期 DT_{50}：148 d（pH 5），34 h（pH 7），31min（pH 9）。水中光解 DT_{50} 1.8 d（pH 5）。pK_a

9.7（分解）。

毒性 大鼠急性经口 LD_{50}（mg/kg）：雄性 760，雌性 1200。兔急性经皮 LD_{50}>2000 mg/kg。对兔眼睛无刺激作用，对皮肤有轻度刺激作用。对豚鼠无皮肤过敏现象。雄、雌大鼠吸入 LC_{50} (4 h)>5.06 mg/L。NOEL［2 年，mg/(kg·d)］：雄性大鼠 4.1，雌性大鼠 5.4，雄性小鼠 4.2，雌性小鼠 5.8，雌、雄狗 3.0。ADI：(EC) 0.013 mg/kg(2008)；(BfR) 0.03 mg/kg(2006)；(EPA) RfD 0.013 mg/kg(1998)。

生态效应 山齿鹑和野鸭急性经口 LD_{50}>2250 mg/kg，山齿鹑和野鸭饲喂 LC_{50}(8 d)> 5620 mg/kg。鱼 LC_{50}（96 h，mg/L）：虹鳟鱼 61，大翻车鱼 29，普通鲤鱼 91，小羊头鱼>47.5。水蚤 LC_{50}(48 h)27 mg/L。月牙藻 EC_{50}(5 d)1.21 mg/L，东方牡蛎 LC_{50}(96 h)>46.9 mg/L。草虾 LC_{50}(96 h)>44.4 mg/L。对蜜蜂无毒，LD_{50}（48 h，接触）>25 μg/只，LC_{50}（48 h，经口）> 1000 mg/L。蚯蚓 LC_{50}(14 d) >2208 mg/kg 土壤。

环境行为 ①动物。在大鼠体内，霜脲氰通过肠子很容易被吸收，大部分的药物会通过尿液的形式排出，代谢途径是霜脲氰水解并逐步降解成甘氨酸。②植物。先降解成谷氨酸然后再合成天然产物（蛋白质和淀粉）。③土壤/环境。在实验室土壤中，DT_{50} 0.75～1.6 d（5 种土壤，pH 5.7～7.8，有机物 0.8%～3.5%）；在田野中，DT_{50}（裸地）0.9～9 d，水中研究表明 DT_{50}<1 d，K_{oc} 38～237，霜脲氰在土壤中具有流动性，在四种土壤类型中吸附常数 K_d 0.29～2.86。

主要生产商 Agria、DuPont、Oxon、Sharda、河北凯迪农药化工企业集团、利民化工股份有限公司、上海中西制药有限公司及苏州恒泰集团有限公司等。

作用机理与特点 霜脲氰是具有保护性的杀菌剂。主要是阻止病原菌孢子萌发，对侵入寄主内病菌也有杀伤作用。具有保护、治疗和内吸作用，对霜霉病和疫病有效。单独使用霜脲氰药效期短，与保护性杀菌剂混配，可以延长持效期。

应用

（1）适宜作物 黄瓜、葡萄、辣椒、马铃薯、番茄等。

（2）防治对象 霜霉病和疫病等。

（3）使用方法 单独使用推荐剂量为 200～250g(a.i.)/hm²。防治黄瓜霜霉病：在黄瓜霜霉病发生之前或发病初期开始喷药，每隔 7 d 喷药 1 次，连续喷药 3～4 次。根据黄瓜苗的大小，掌握好喷液量，使上、下叶面均匀沾附药液为好。通常与其他杀菌剂混用。

专利与登记 专利 US 3957847 已过专利期，不存在专利权问题。国内登记情况：25%、36%、40%、42%、50%、60%、72%、85%可湿性粉剂，18%、36%悬浮剂，52.5%、70%水分散粒剂，22%烟剂，94%、96%、97%、98%原药。登记作物为黄瓜、辣椒。防治对象为霜霉病、疫病。

合成方法 以乙胺、氰乙酸为原料，经如下反应即可制得霜脲氰：

参考文献

[1] The Pesticide Manual. 17 th edition: 272-273.

多果定（dodine）

$$\text{H}_3\text{C(H}_2\text{C)}_{11}\text{HN}-\overset{\overset{+}{\text{NH}_2}}{\underset{\text{NH}_2}{|}}\quad \text{CH}_3\text{COO}^-$$

$C_{15}H_{33}N_3O_2$，287.4，2439-10-3，112-65-2

多果定（试验代号：BAS 365 F、CL 7521、AC 5223，商品名称：Cyprex、Dodene、Dodifun、Efuzin、Guanidol、Melprex、Sulgen、Venturol，其他名称：Carpene、Comet、Dodex、Dodylon、Noor、Superprex、Syllit、Venturex）是由氰胺公司（现巴斯夫公司）开发的胍类杀菌剂。

化学名称　1-十二烷基胍乙酸盐。IUPAC 名称：dodecylguanidine monoacetate。美国化学文摘（CA）系统名称：dodecylguanidine monoacetate。CA 主题索引名称：guanidine —, dodecyl-acetate（1∶1）。

理化性质　纯品为无色结晶固体，熔点 136℃。蒸气压<1×10^{-2} mPa（20℃）。分配系数 $\lg K_{ow}$=1.65。水中溶解度 630 mg/L（20～25℃）；可直接溶于醇、热水、无机酸中，在 1,4-丁二醇、正丁醇、环己醇、N-甲基吡咯酮、正丙醇及四氢糠醇中>250 g/L，在大多数有机溶剂中不溶。稳定性：在中性和中等强度的酸碱的条件下稳定，不过在强碱的条件下会分解。

毒性　雌雄大鼠急性经口 LD_{50}>1000 mg/kg。急性经皮 LD_{50}（mg/kg）：兔>1500，大鼠>6000，对皮肤有刺激。大鼠吸入 LC_{50} 1.05 mg/kg。在 2 年喂养试验中大鼠接受的剂量是 800 mg/kg 饲料，结果表明，大鼠出现了发育迟缓的现象，但并未对繁殖和哺乳造成影响。ADI：(JMPR) 0.2 mg/kg(2003)，BfR 0.1 mg/kg(2004)，(EPA) cRfD 0.02 mg/kg(1990)。

生态效应　鸟急性经口 LD_{50}（mg/kg）：日本鹌鹑 788，野鸭 1142。蓝三角鱼 LC_{50}（mg/L）：(48 h) 0.53，(96 h) 0.6。水蚤 EC_{50} (48 h) 0.13 mg/L。羊角月牙藻 EC_{50} 5.1 μg/L。蜜蜂 LD_{50}>0.2 mg/只。

环境行为　①动物。在大鼠体内 95%的药物在 8 d 内以尿液和粪便的形式排出，约有 74%的母体结构，代谢物中主要包括肌氨酸和胍类的衍生物。②植物。在植物中，多果定主要通过甲基转移酶和氧化裂解十二烷基的方式生成肌氨酸。③土壤/环境。在需氧土壤中代谢 DT_{50} 17.5～22.3 d，在厌氧条件下能保持稳定，根据土壤分配系数，多果定可能会稳定地存在于土壤中。

制剂　悬浮剂，可溶液剂，可湿性粉剂。

主要生产商　Agriphar、Agrokémia、Chemia、Hermania、Sharda、江苏飞翔化工集团及上海生农生化制品有限公司等。

作用机理与特点　茎叶处理用保护性杀菌剂，也有一定的治疗活性。

应用　主要用于防治果树（如苹果、梨、桃、橄榄等）、蔬菜、观赏植物等黑星病、叶斑病、软腐病等多种病害。使用剂量为 250～1500 g(a.i.)/hm²。

专利概况　专利 US 2867526 已过专利期，不存在专利权问题。

参考文献

[1] The Pesticide Manual. 17 th edition: 395-397.

双胍辛盐（guazatine）

$$R-\underset{H}{N}-(CH_2)_8-\underset{|}{\overset{R}{N}}-\Big[(CH_2)_8-\underset{|}{\overset{R}{N}}\Big]_n H$$

$$n = 0,1,2 \text{等}$$

$$R = H(17\% \sim 23\%) \text{或} C = NHNH_2(77\% \sim 83\%)$$

双胍辛盐（通用名称：guazatine，其他名称：谷种定），双胍辛乙酸盐（试验代号：EM 379、MC 25，通用名称：guazatine acetate，商品名称：Kenopel、Panoctine，其他名称：谷种定醋酸盐）是由安万特公司（现拜耳公司）开发的胍类杀菌剂。

化学名称　双胍辛盐来自聚合胺反应的混合物，主要是 octamethylenediamine 和 iminodi(octamethylene)diamine、octamethylenebis(iminooctamethylene)diamine 以及 carbamonitrile 反应制得的化合物，没有固定的组成，但均有活性。实际应用的是双胍辛乙酸盐。其中双胍辛盐 CAS 登录号为[108173-90-6]，双胍辛乙酸盐 CAS 登录号为[105044-19-4]。CA 主题索引名称为 guazatine。

理化性质　（双胍辛乙酸盐）该混合物为褐色固体，熔点 60℃（大约），蒸气压$<1\times10^{-2}$mPa（50℃）。分配系数 $\lg K_{ow}=-1.2$（pH3），-0.9（pH10）。相对密度 1.09。水中溶解度>3 kg/L（室温），有机溶剂中溶解度（g/L，20～25℃）：甲醇 510，N-甲基吡咯 1000，二甲亚砜、N,N-二甲基甲酰胺 500，乙醇 200。在二甲苯和其他的烃类溶剂中溶解度很小。25℃，pH 5，7 和 9 条件下 1 个月后无明显的水解现象发生。pK_a 为碱性。在中性和酸性介质中稳定，在强碱中极易分解。本品对光亦稳定。

毒性　大鼠急性经口 LD_{50} 360 mg/kg。大鼠急性经皮 $LD_{50}>1000$ mg/kg，兔急性经皮 LD_{50} 1176 mg/kg。对兔眼睛可能有刺激作用。大鼠急性吸入 LC_{50}(4 h) 225 mg/L。大鼠两年喂养试验无作用剂量为 17.5 mg/(kg·d)。狗 1 年喂养试验无作用剂量为 0.9 mg/(kg·d)。对大鼠无致畸和致癌作用。鸽子 LD_{50} 82 mg/kg 且有催吐效应。虹鳟鱼 LC_{50}(96 h)1.41 mg/L，水蚤 LC_{50}(48 h) 0.15 mg/L。推荐剂量下对蜜蜂无毒，$LD_{50}>200$μg/只（接触）。蚯蚓 LC_{50}(14 d)>1000 mg/kg 干土。

制剂　种子处理干粉剂，种子处理液剂，可溶液剂如 25%液剂，3%涂抹剂等。

作用机理与特点　双胍辛乙酸盐是一类兼具预防和治疗作用的内吸杀菌剂，能抑制病菌孢子萌发和附着器的形成，同时可抑制侵入菌丝的伸长。

应用

（1）适宜作物　小麦、大麦、黑麦、玉米、水稻、花生、大豆、菠萝、甘蔗、马铃薯等。

（2）防治对象　小麦颖枯病、小麦叶枯病、小麦黑穗病、黑麦网斑病、稻苗立枯病、稻瘟病、花生和大豆圆斑病，也可用于防治收获后马铃薯、水果常发病害。还可作鸟类驱避剂、木材防腐剂等。

（3）使用方法　主要用于种子处理，使用剂量为 600～800g(a.i.)/100 kg 种子。

专利与登记

专利名称　Mixtures having antimicrobial or pesticidal effect

专利号　US 4092432　　　　　　专利公开日　1978-05-30

专利申请日　19761022　　　　专利拥有者　Kema Nord AB

在其他国家申请的专利为 AR 216638、AU 1855076、AU 505423、BR 7606992、CA 1072008、CH 625208、DD 128387、DE 2647915、DK 152081B、DK 152081C、DK 473376、FR 2328399、GB 1570517、HU 176545、IL 50649、IN 143379、IT 1121707、JP 1119495C、JP 52051021、JP 57007605B、MX 4511E、NL 175816B、NL 175816C、NL 7611508、PL 106751B、SE 417569、SE 7511852、SU 852169、ZA 7606127 等。

合成方法　以 1,8-辛二胺和 1,8-二溴辛烷为原料，经如下反应制得目的物：

$$H_2N-(CH_2)_8-NH-(CH_2)_8-NH_2$$

$$RNH-(CH_2)_8-\overset{R}{N}-[(CH_2)_8-\overset{R}{N}]_nH$$

参考文献

[1] The Pesticide Manual. 12th ed. 2000, 493.

[2] US 4092432.

[3] 李玉成. 双胍辛醋酸盐及其中间体的合成研究. 青岛：青岛科技大学，2011.

双胍辛胺（iminoctadine）

iminoctadine

iminoctadine triacetate

iminoctadine tris(albensilate)

$$A = H_{2n+1}C_n- \!\!\!\!\bigcirc\!\!\!\! -SO_3H \qquad n = 10\sim13，平均为12$$

双胍辛胺：$C_{18}H_{41}N_7$，355.6，13516-27-3；

双胍辛胺三乙酸盐：$C_{24}H_{53}N_7O_6$，535.7，39202-40-9；

双胍辛胺三苯磺酸盐：$C_{72}H_{131}N_7O_9S_3$（平均），1335（平均），99257-43-9。

双胍辛胺（通用名称：iminoctadine）；双胍辛胺三乙酸盐[试验代号：DF-125，通用名称：iminoctadine triacetate，单剂商品名称：Befran、Panoctine，混剂商品名称：Befran-Seed（双胍辛胺三乙酸盐+种菌唑），其他名称：培福朗、派克定、谷种定]；双胍辛胺三苯磺酸盐[试验代号：DF-250、TM 417，通用名称：iminoctadine tris(albensilate)，商品名称：Bellkute，其他名称：百可得]，是由大日本油墨公司开发的新型胍类杀菌剂。

化学名称　双胍辛胺　1,1′-亚氨基二(辛基亚甲基)双胍或双(8-胍基-辛基)胺。IUPAC 名称：1,1′- iminodi(octamethylene)diguanidine 或 bis(8-guanidino-octyl)amine。美国化学文摘（CA）系统名称：N,N'''-(iminodi-8,1-octanediyl)bis[guanidine]。CA 主题索引名称为 guanidine —, N,N'''-(iminodi-8,1-octanediyl)bis-。

双胍辛胺三乙酸盐　1,1′-亚氨基二(辛基亚甲基)双胍三乙酸盐。IUPAC 名称：1,1′-(iminodioctamethylene)diguanidine—acetic acid (1/3)或 bis(8-guanidinooctyl)amine—acetic acid (1/3)。美国化学文摘（CA）系统名称：N,N'''-(iminodi-8,1-octanediyl)bis[guanidine] triacetate。CA 主题索引名称：guanidine —, N,N'''-(iminodi-8,1-octanediyl)bis- —, N,N'''-(iminodi-8,1-octanediyl)bis-iminoctadine triacetate。

双胍辛胺三苯磺酸盐 1,1′-亚氨基二(辛基亚甲基)双胍三(烷基苯磺酸盐)。IUPAC 名称：1,1′-(iminodioctamethylene)diguanidine—alkylbenzenesulfonic acid (1/3)或 bis(8-guanidinooctyl)amine—alkylbenzenesulfonic acid (1/3)。美国化学文摘（CA）系统名称：N,N'''-(iminodi-8,1-octanediyl)bis[guanidine] compound with 4-dodecylbenzenesulfonic acid (1∶3)。CA 主题索引名称：guanidine —, N,N'''-(iminodi-8,1-octanediyl)bis-compound with 4-dodecylbenzenesulfonic acid (1∶3)。

理化性质 双胍辛胺 在 1970～1972 年间命名为 guanoctine，直到 1986 年更名为 guazatine（双胍辛盐）；但是这个名字后来指的是一种混合物（参见产品双胍辛盐）。

双胍辛胺三乙酸盐 无色晶体，熔点 143.0～144.2℃，蒸气压<0.4mPa（23℃），分配系数 lgK_{ow}=-2.33（pH 7）。溶解度：水中 764g/L，乙醇中 117g/L，甲醇中 777g/L（均在 20～25℃）。

双胍辛胺三苯磺酸盐 为浅褐色蜡质固体，熔点 92～96℃。蒸气压<1.6×10^{-1}mPa（60℃）。分配系数 lgK_{ow}=2.05（pH 7）。水中溶解度 6 mg/L（20～25℃）；有机溶剂中溶解度（g/L）：甲醇 5660，乙醇 3280，苯 0.22，异丙醇 1800，丙酮 0.55，不溶于乙腈、二氯甲烷、正己烷、二甲苯、二硫化碳和乙酸乙酯（20℃）。室温于酸性及碱性介质中均稳定。在旱地土壤中半衰期 80～140 d，在水中半衰期 2～8 d。

毒性 双胍辛胺三乙酸盐 急性经口 LD$_{50}$（mg/kg）：大鼠 300，小鼠 400。大鼠急性经皮 LD$_{50}$1500 mg/kg。对兔眼睛和皮肤有严重刺激作用，但无皮肤过敏现象。大鼠吸入 LC$_{50}$(4 h) 0.073 mg/L 空气（25%液体药剂）。大鼠喂养无作用剂量每天 0.356 mg/kg。8 mg/kg 浓度对胚胎无毒。Ames 试验无致突变作用。野鸭急性经口 LD$_{50}$ 985 mg/kg。鱼毒 LC$_{50}$（96 h，mg/L）：鲤鱼 200，虹鳟 36。水蚤 LC$_{50}$(48 h) 2.1 mg/L，蜜蜂 LD$_{50}$>0.1 mg/只（口服和接触）。

双胍辛胺三苯磺酸盐 雄、雌大鼠急性经口 LD$_{50}$ 1400 mg/kg，雄性小鼠急性经口 LD$_{50}$ 4300 mg/kg，雌性小鼠急性经口 LD$_{50}$ 3200 mg/kg。雄、雌大鼠急性经皮 LD$_{50}$ >2000 mg/kg。对兔眼睛和皮肤有轻微刺激作用，对豚鼠无致敏作用。大鼠吸入 LC$_{50}$(4 h) 1.0 mg/L。日本鹌鹑急性经口 LD$_{50}$1827 mg/kg。鱼毒 LC$_{50}$（96 h，mg/L）：虹鳟 4.5，鲤鱼 14.4。水蚤 LC$_{50}$(3 h) >100 mg/L。蚯蚓 LC$_{50}$(14 d) >1000 mg/L。对豚鼠无致畸作用，试验条件下无致畸、致癌和致突变作用。

制剂 双胍辛胺三苯磺酸盐 40%可湿性粉剂，双胍辛胺三苯磺酸盐 90%原药，双胍•吡唑酯 24%可湿性粉剂，42%双胍•咪鲜胺可湿性粉剂，45%双胍•己唑醇可湿性粉剂。

主要生产商 Nippon Soda。

作用机理与特点 主要对真菌的类脂化合物的生物合成和细胞膜机能起作用，抑制孢子萌发、芽管伸长、附着孢和菌丝的形成。是触杀和预防性杀菌剂。

应用

（1）适宜作物与安全性 番茄、茄子、芦苇、黄瓜、草莓、西瓜、生菜、菜豆、洋葱等蔬菜类作物以及苹果、柑橘、梨、桃、葡萄、柿子、猕猴桃等果树。在苹果落花后 20 d 内喷雾会造成"锈果"；对芦笋嫩茎会造成轻微弯曲，但对母茎生长无影响。避免药剂接触玫瑰花（蔷薇）等花卉。对蚕有毒性，喷雾时要注意不要喷到桑树上。不能与强酸或强碱性农药，如波尔多液等混配。

（2）防治对象　双胍辛胺是一种广谱性杀真菌剂，具有触杀和预防作用。对大多数由子囊菌和半知菌引起的真菌病害有很好的效果。可有效防治灰霉病、白粉病、菌核病、茎枯病、蔓枯病、炭疽病、轮纹病、黑星病、叶斑病、斑点落叶病、果实软腐病、青霉病、绿霉病。还能十分有效地防治苹果花腐病和苹果腐烂病以及小麦雪腐病等。此外，还被推荐作为野兔、鼠类和鸟类的驱避剂。同目前市场上的杀菌剂无交互抗性。

（3）应用技术　喷液量果树每亩人工 200～300 L，根据果树大小来定，小果树用量低，大果树用量高。蔬菜每亩人工 30～50 L，拖拉机 7～10 L，飞机 1～2 L。施药选早晚气温低、风小时进行，晴天上午 9 时至下午 5 时应停止施药；气温高于 28℃、空气相对湿度低于 65%、风速大于 5m/s 时停止施药。

双胍辛胺三苯磺酸盐的使用方法　马铃薯等推荐使用剂量为 200g(a.i.)/hm²，果树、瓜类推荐使用剂量为 200～400g(a.i.)/hm²。用 40%双胍辛胺三苯磺酸盐 1500～2500 倍液（有效浓度 160～267400 mg/L）喷雾，可防治葡萄灰霉病，黄瓜白粉病、灰霉病等。用 40%双胍辛胺三苯磺酸盐 1000～1500 倍液（有效浓度 267～400 mg/L）喷雾，可防治葡萄炭疽病、柿子炭疽病、白粉病、灰霉病、落叶病、梨黑星病、黑斑病、轮纹病、桃黑星病、灰星病等。用 40%双胍辛胺三苯磺酸盐 1000 倍液（有效浓度 400 mg/L）喷雾，可防治西瓜蔓枯病、白粉病、炭疽病、菌核病，草莓炭疽病、白粉病，生菜灰霉病、菌核病，猕猴桃果实软腐病，洋葱灰霉病等。具体使用方法如下：

① 防治番茄灰霉病　在发病初期或开花初期喷药，每隔 7～10 d 喷 1 次，连续喷 3～4 次，每次每亩用 40%双胍辛胺三苯磺酸盐 30～50g。

② 防治苹果斑点落叶病　在早期苹果春梢初见病斑时开始喷药，每隔 10～15 d 喷 1 次，连续喷 5～6 次。每次用 40%双胍辛胺三苯磺酸盐 800～1000 倍（有效浓度 400～500 mg/L）。

③ 防治柑橘贮藏病害　挑选当日采摘无伤口和无病斑柑橘，用 40%双胍辛胺三苯磺酸盐 1000～2000 倍药液（有效浓度 200～400 mg/L）浸果 1 min，捞出后晾干，单果包装贮藏于室温保存。能有效地防治柑橘青霉病和绿霉病的危害。

④ 防治芦笋茎枯病　采笋结束后，留母茎笋田的嫩芽或新种植笋田的嫩芽长至 5～10 cm 时，每 100L 水加 40%双胍辛胺三苯磺酸盐 100～125g，配制 800～1000 倍液（有效浓度 400～500 mg/L）喷雾或涂茎。开始阶段由于母茎伸出地面的速度比较快，所以需 2～3 d 施药 1 次。至芦笋嫩枝伸展和拟叶长成期，每 100 L 加 40%双胍辛胺三苯磺酸盐 100g，配制 1000 倍液（有效浓度 400 mg/L）喷雾，每隔 7 d 喷 1 次。

双胍辛胺三乙酸盐使用方法　3%糊剂主要用于治疗树干腐烂病疤。每年早春将病疤彻底刮除，然后用 3%糊剂直接涂于刮干净的患处，效果要比 25%水剂 100 倍药液涂病疤好。二者使用方法相似。

① 苹果树腐烂病　用 25%双胍辛胺三乙酸盐水剂 250～1000 倍液（有效浓度 1000～250 mg/L）在苹果树休眠期，约 3 月下旬全树喷雾 1 次，使树干和树枝都沾布药液。7 月上旬进行第二次施药，用大毛刷蘸取 25%双胍辛胺三乙酸盐水剂 100 倍药液，均匀涂抹苹果树干及侧枝，尤其是病疤处，反复涂抹几次，以确保病疤处药液附着周密。

② 苹果斑点落叶病　用 25%双胍辛胺三乙酸盐水剂 1000 倍液（有效浓度 250 mg/L）。自病害始发期开始喷药，每隔 10 d 喷 1 次，共喷 6 次，可有效地控制苹果斑点落叶病危害。

③ 芦笋茎枯病　用 25%双胍辛胺三乙酸盐水剂 800 倍液（有效浓度 310 mg/L），自病害始发期施药，每 10～15 d 喷 1 次，共喷 8 次，可有效地控制芦笋茎枯病危害。

④ 小麦腥黑穗病　播种前一天用 25%双胍辛胺三乙酸盐水剂拌种。拌种药量为 200～300 mg/100 kg 种子（有效成分 50～75g）。

⑤ 高粱黑穗病　用 25%双胍辛胺三乙酸盐水剂拌种，拌种药量为 200～300 mL/100 kg 种子（有效成分 50～75g）。

专利与登记

专利名称　Agricultural and horticultural guanidine-type fungicide and process for production thereof

专利号　US 4659739　　　　专利申请日　1985-02-25

专利公开日　1987-04-21　　　专利拥有者　Dainippon Ink & Chemicals (JP)

在其他国家申请的专利　AU 3895685、AU 579611、BR 8500826、CA 1235061、DE 3577509 d、DK 172691B、DK 83785、EP 0155509、ES 8607221、JP 1584183C、JP 2007564B、JP 60178801、KR 8901810、ZA 8501322 等。

国内登记情况　双胍辛胺三苯磺酸盐登记作物有番茄、芦笋、苹果、柑橘等，具体见表 2-94。

国外登记情况　在多个国家登记，作物有苹果、梨、桃、柑橘、柿子、猕猴桃、西瓜、茶、芦笋、洋葱、黄瓜、番茄、生菜、小麦、菜豆、马铃薯、甜菜等。

表 2-94　日本曹达株式会社在中国登记情况

登记名称	登记证号	含量/%	剂型	登记作物	防治对象	用药量	施用方法
双胍三辛烷基苯磺酸盐	PD373-2001	90	原药				
双胍三辛烷基苯磺酸盐	PD374-2001	40	可湿性粉剂	番茄	灰霉病	30～50 g/亩	喷雾
				柑橘	贮藏期病害	1000～2000 倍液	浸果
				黄瓜	白粉病	1000～2000 倍液	喷雾
				芦笋	茎枯病	800～1000 倍液	喷雾
				苹果树	斑点落叶病	800～1000 倍液	喷雾
				葡萄	灰霉病	30～50g/亩	喷雾
				西瓜	蔓枯病	800～1000 倍液	喷雾

合成方法　以癸二酸为原料降解制备辛二胺再经氧化缩合等步骤制备双胍辛胺及其盐。

$$\text{HO}_2\text{C}-(\text{CH}_2)_8-\text{CO}_2\text{H} \xrightarrow[\text{NaOH}]{\text{NaN}_3,\ \text{H}_2\text{SO}_4} \text{H}_2\text{N}-(\text{CH}_2)_8-\text{NH}_2 \xrightarrow[\text{或HNO}_3]{\text{PdO}} \text{H}_2\text{N}-(\text{CH}_2)_8-\overset{\text{H}}{\text{N}}-(\text{CH}_2)_8-\text{NH}_2$$

$$A = \text{H}_{2n+1}\text{C}_n\text{—}\bigcirc\text{—SO}_3\text{H} \qquad n = 10\sim13，平均为12$$

参考文献

[1] The Pesticide Manual. 12th ed. 2000. 539.

[2] 农药译丛, 1987, 3: 59-61.

[3] Jpn. Pestic.Inf., 1986, 49: 7.

[4] US 4659739.

[5] Agrochemicals Japan, 1995, 66: 18.

[6] 邹曲辉, 于世涛, 刘福胜, 等. 双胍辛醋酸盐杀菌剂及其两种中间体的合成与生物活性. 化学研究与应用, 2003(6): 865-867.

甲苯磺菌胺（tolylfluanid）

$$H_3C-\!\!\!\!\bigcirc\!\!\!\!-N\begin{smallmatrix}SO_2N(CH_3)_2\\SCCl_2F\end{smallmatrix}$$

$C_{10}H_{13}Cl_2FN_2O_2S_2$，347.3，731-27-1

甲苯磺菌胺（试验代号：BAY 49854、KUE 13183B，商品名称：Elvaron M、Euparen M、Euparen Multi，其他名称：Elvaron Multi、Jinete、Methyleuparene）是拜耳公司开发的磺酰胺类杀菌剂、杀螨剂。

化学名称 N-二氯氟甲硫基-N',N'-二甲基-N-对甲苯基（氨基）磺酰胺。IUPAC 名称：N-dichlorofluoromethylthio-N',N'-dimethyl-N-p-tolylsulfamide。美国化学文摘（CA）系统名称：1,1-dichloro-N-[(dimethylamino)sulfonyl]-1-fluoro-N-(4-methylphenyl)methanesulfenamide。CA 主题索引名称：methanesulfenamide —，1,1-dichloro-N-[(dimethylamino)sulfonyl]-1-fluoro-N-(4-methylphenyl)-。

理化性质 纯品无色无味结晶状固体，熔点 93℃。在 200℃以上分解，蒸气压 0.2 mPa（20℃）。相对密度 1.52（20～25℃）。分配系数 $\lg K_{ow}$=3.9（20℃）。Henry 常数 7.7×10^{-2} Pa·m³/mol（20℃，计算）。水中溶解度 0.9 mg/L（20～25℃）；在有机溶剂中的溶解度（g/L，20～25℃）：正庚烷 54，二甲苯 190，异丙醇 22，正辛醇 16，聚乙二醇 56，二氯甲烷、丙酮、乙腈、DMSO、乙酸乙酯>250。稳定性：DT_{50} 11.7 d（pH 4，22℃，推测），29.1 h（pH 7，22℃，推测），<10 min（pH 9，20℃）。

毒性 大鼠急性经口 LD_{50}>5000 mg/kg。大鼠急性经皮 LD_{50}>5000 mg/kg。对兔皮肤和眼有刺激性，对豚鼠有致敏性。大鼠 NOEL［mg/(kg·d)］：（两代研究）12（EU，2004）；（两代研究）7.9（美国，1995）；3.6（JMPR，2 年研究）。ADI：(JMPR) 0.08 mg/kg(安全系数 50)(2002, 2003)，(EC) 0.1 mg/kg(安全系数 100)(2006)，(EPA) cRfD 0.026 mg/kg(2002)。其他：无诱变性，无致畸性，无致癌性，对繁殖无不良影响。

生态效应 山齿鹑急性经口 LD_{50}>5000 mg/kg。山齿鹑饲喂 LC_{50}(5 d)>5000 mg/kg。虹鳟鱼 LC_{50}(96 h) 0.045 mg/L。水蚤 LC_{50}（48 h，mg/L）：（静态水）0.69，（流动水）0.19。淡水藻 E_rC_{50}(72 h) >1.0 mg/L。蜜蜂 LD_{50}（μg/只）：经口>197，接触>196。蚯蚓 LC_{50}>1000 mg/kg 干土。

环境行为 ①动物。在动物体内 ^{14}C-甲苯磺菌胺可被迅速吸收，放射标记的物质也会迅速排出，在动物的器官和组织中不会累积。甲苯磺菌胺会水解成 DMST（dimethylamino sulfotoluidide），随后转变成主要的代谢物 4-(二甲基氨基磺酰胺)苯甲酸，然后会与甘氨酸共轭生成 4-(二甲基氨基硫化氨基)马尿酸。②植物。在植物中，甲苯磺菌胺会被迅速水解成 DMST，随后会进一步水解和共轭。③土壤/环境。在土壤中甲苯磺菌胺会被迅速水解成 DMST，DT_{50} 2～11 d，然后分解成进一步的产物，最终生成 CO_2，由于水解迅速，所以在深层的土壤中出现甲苯磺菌胺的可能性很小。

作用机理与特点 非特定的硫醇反应物，抑制呼吸作用。保护性杀菌剂。

应用 主要用于防治葡萄、苹果、草莓、棉花、蔬菜、豆棵作物及观赏植物等各种白粉病、锈病、软腐病、褐斑病、灰霉病、黑星病等病害。防治果树病害，使用剂量为 2500 g(a.i.)/hm²；防治蔬菜病害，使用剂量为 600～1500 g(a.i.)/hm²。对某些螨类也有一定的活性，对益螨安全。

专利与登记 化合物专利 DE 1193498 早已过专利期，不存在专利权问题。

参考文献

[1] The Pesticide Manual. 17th edition: 1118-1119.

苯磺菌胺（dichlofluanid）

$C_9H_{11}Cl_2FN_2O_2S_2$，333.2，1085-98-9

苯磺菌胺（试验代号：Bayer 47531、KUE 13032c，商品名称：Euparen，其他名称：Delicia Deltox-Combi、Euparen Ramato）是拜耳公司开发的磺酰胺类杀菌剂。

化学名称 N-二氯氟甲硫基-N′,N′-二甲基-N-苯基（氨基）磺酰胺。IUPAC 名称：N-[(dichlorofluoromethyl)thio]-N′,N′-dimethyl-N-phenylsulfamide。美国化学文摘（CA）系统名称：1,1-dichloro-N-[(dimethylamino)sulfonyl]-1-fluoro-N-phenylmethanesulfenamide。CA 主题索引名称：methanesulfenamide —, 1,1-dichloro-N-[(dimethylamino) sulfonyl]-1-fluoro-N-phenyl-。

理化性质 纯品无色无味结晶状固体，熔点 106℃。蒸气压 0.014 mPa（20℃）。分配系数 lgK_{ow}=3.7(21℃)。Henry 常数 3.6×10^{-3} Pa·m³/mol（计算）。水中溶解度 1.3 mg/L（20～25℃）；有机溶剂中溶解度（g/L，20～25℃）：二氯甲烷>200，甲苯 145，异丙醇 10.8，已烷 2.6。对碱不稳定。DT_{50}（22℃）>15 d（pH 4），>18 h（pH 7），<10 min（pH 9），具有光敏性。

毒性 大鼠急性经口 LD_{50} >5000 mg/kg。大鼠急性经皮 LD_{50} >5000 mg/kg。对兔眼睛有中度刺激，对兔皮肤有轻微刺激。对皮肤有致敏性。大鼠吸入 LC_{50}（4 h，mg/L 空气）：1.2（灰尘），>0.3（悬浮微粒）。NOEL：大鼠（2 年）<180 mg/kg 饲料，小鼠（2 年）<200 mg/L，狗（1 年）1.25 mg/kg。ADI：0.0125 mg/kg(1995)，(JMPR) 0.3 mg/kg(1983)。

生态效应 日本鹌鹑急性经口 LD_{50}>5000 mg/kg。鱼毒 LC_{50}（96 h，mg/L）：虹鳟鱼 0.01，大翻车鱼 0.03，金鱼 0.12。水蚤 LC_{50}(48 h)>1.8 mg/L。淡水藻 E_rC_{50} 16 mL/L，对蜜蜂无毒。蚯蚓 LC_{50}(14 d) 890 mg/kg 干土。

环境行为 ①动物。大鼠口服后，苯磺菌胺会很快被吸收并主要以尿液的形式排出。在动物的器官和组织中没有累积，苯磺菌胺会被代谢成二甲基苯磺酰胺，随后会羟基化或者脱甲基化。②植物。在植物体内苯磺菌胺代谢成二甲基苯磺酰胺，随后会发生去甲基化或者羟基化以及键合作用。③土壤/环境。由于在土壤中的不稳定性，苯磺菌胺不会存在于深层次的土壤中，主要的代谢产物二甲基苯磺酰胺，根据其结构和性质的研究表明也不可能出现在深层次的土壤中，另外发现其在水和土壤中的代谢物是 N,N-二甲基磺酰胺。

作用机理与特点 非特定的硫醇反应物，抑制呼吸作用。保护性杀菌剂。应用：控制结痂、棕色腐烂，以及苹果、梨的储藏病害，如葡萄孢属、链格孢属、桑污叶病菌属。危害植物的毒性：一些储藏水果和观赏性的植物会有轻微的伤害。

应用　主要用于防治果树如葡萄、柑橘，蔬菜如番茄、黄瓜等，啤酒花，观赏植物及大田作物的各种灰霉病、黑斑病、腐烂病、黑星病、苗枯病、霜霉病以及仓储病害等众多病害。对某些螨类也有一定的活性，对益螨安全。

专利与登记　化合物专利 DE 1193498 早已过专利期，不存在专利权问题。

参考文献

[1] The Pesticide Manual. 17 th edition: 317-318.

吲唑磺菌胺（amisulbrom）

$C_{13}H_{13}BrFN_5O_4S_2$，466.3，348635-87-0

吲唑磺菌胺（试验代号：NC-224，商品名称：Leimay、Oracle、Vortex，其他名称：Canvas、Potato-use Oracle WG、Wang Chun Fong SC、Shaktis WG、Sanvino）是由日本日产化学公司创制的三唑磺酰胺类杀菌剂。

化学名称　3-(3-溴-6-氟-2-甲基吲哚-1-磺酰基)-N,N-二甲基-1H-1,2,4-三唑-1-磺酰胺。IUPAC 名称：3-[(3-bromo-6-fluoro-2-methyl-1H-indol-1-yl)sulfonyl]-N,N-dimethyl-1H-1,2,4-triazole-1-sulfonamide。美国化学文摘（CA）系统名称：3-[(3-bromo-6-fluoro-2-methyl-1H-indol-1-yl)sulfonyl]-N,N-dimethyl-1H-1,2,4-triazole-1-sulfonamide。CA 主题索引名称：1H-1,2,4-triazole-1-sulfonamide—, 3-[(3-bromo-6-fluoro-2-methyl-1H-indol-1-yl)sulfonyl]-N,N-dimethyl-。

理化性质　工业品纯度为 99%。纯品为无色无味粉末，熔点 128.6～130.0℃。蒸气压 $1.8×10^{-5}$ mPa（25℃）。lgK_{ow}=4.4。Henry 常数为 $2.8×10^{-5}$ Pa·m³/mol。相对密度为 1.61（20～25℃）。水中溶解度 0.11 mg/L（20～25℃，pH 6.9）。水溶液稳定性：DT_{50}（pH 9，25℃）5 d。

毒性　大鼠急性经口 LD_{50}>5000 mg/kg，大鼠急性经皮 LD_{50}>5000 mg/kg，大鼠吸入 LD_{50}>2.85 mg/L。对兔皮肤无刺激性，对兔眼睛有中等程度刺激。对豚鼠无致敏性。对水生生物剧毒。

生态效应　山齿鹑 LD_{50}>2000 mg/kg，饲喂 LD_{50}(5 d)>5000 mg/kg。鲤鱼 LC_{50}（96 h，流动水相）22.9 μg/L。水蚤 EC_{50}（48 h，静止）36.8 μg/L，羊角月牙藻 E_bC_{50}(96 h) 22.5 μg/L，摇蚊虫 EC_{50}>111.4 μg/L。蜜蜂 LD_{50}（经口和接触）>100 μg/只，蚯蚓 LC_{50}(14 d)>1000 mg/L，蚜茧蜂 LR_{50}(48 h) >1000 g/hm²。

环境行为　施用后，残留药品很快在土壤和水中降解，在土壤中不会积累。迅速被土壤吸收。①动物。体内残留物中仅包括母体化合物吲唑磺菌胺。②植物。植物体内残留物中仅包括母体化合物吲唑磺菌胺。③土壤/环境。田间 DT_{50} 3～13 d，DT_{90} 9～42 d。对鸟类安全。对蚕（人工饲养，4 龄）用原药加入桑叶中以 100 mg/50 g 剂量饲喂无不良影响。

制剂　17.7%可湿性粉剂，200 g/L、18%、20%悬浮剂，50%水分散粒剂等。

主要生产商　Nissan。

作用机理与特点　复合体Ⅲ抑制剂，影响真菌线粒体的呼吸作用，作用于 Qi（乌比醌类还原酶）位点。可抑制真菌呼吸及孢子萌发。

应用 吲唑磺菌胺登记的作物主要为黄瓜、葡萄、马铃薯和大豆，用于防治如黄瓜霜霉病和马铃薯晚疫病等病害。吲唑磺菌胺的使用方式较为多样灵活，既可以作叶面喷雾处理，也可土壤处理和种子处理。市面上的吲唑磺菌胺产品多数作为叶面喷雾处理，如 Leimay；而作为土壤处理使用的 Oracle，最早于 2010 年在日本上市；作为种子处理使用的 Vortex，主要登记用于豆类作物。

吲唑磺菌胺（17.7%可湿性粉剂）的使用方法见表 2-95。

表 2-95 吲唑磺菌胺（17.7%可湿性粉剂）的使用方法

作物	施用病害	稀释倍数	使用时期	使用次数	使用方法
马铃薯	疫病	2000～3000	获前 7 d	4 次以内	喷洒
大豆	霜霉病	2000	获前 7 d	3 次以内	
番茄	疫病	2000～4000	获前 1 d	4 次以内	
黄瓜	霜霉病	2000～4000	获前 1 d	4 次以内	
甜瓜	霜霉病	2000	获前 1 d	4 次以内	
葡萄	霜霉病	3000～4000	获前 14 d	4 次以内	

吲唑磺菌胺 200 g/L 悬浮剂对黄瓜霜霉病、马铃薯晚疫病有较好防治效果，防效为 80%～90%。防治黄瓜霜霉病适宜在发病初期喷雾，间隔 7～10 d，施药 2～3 次；防治马铃薯晚疫病在发病前或始见病斑时叶面喷雾，间隔 7～10 d，施药 2～3 次。推荐有效成分用量 40～80 g/hm²，每亩制剂用量 13.3～26.7 mL。

吲唑磺菌胺 50%水分散粒剂对水稻立枯病有较好防效，防效为 90%～100%。适宜在播种覆土前，均匀浇灌苗床，药液量以苗床土均匀浇透为宜。推荐有效成分用量 0.25～0.75 g/m²。

专利与登记

专利名称 Sulfamoyl compounds and agricultural or horticultural bactericide

专利号 WO 9921851   专利申请日 1998-10-23

专利拥有者 日产化学工业株式会社

在其他国家申请的化合物专利 EP 1031571、US 2002103243、US 6620812、US 2004143116、US 7067656、US 6350748、PT 1031571、PL 340074、PL 198030、KR 20010031410、JP 4438919、HU 0100610、ES 2362500、EA 002820、CN 1550499、CN 1279679、CN 1158278、CA 2309051、BR 9815211、AU 9647098、AU 755846、AT 499365 等。

2007 年，日产化学在英国登记了吲唑磺菌胺和代森锰锌的复配制剂 Shinkon，用于防治马铃薯晚疫病，这是吲唑磺菌胺在全球范围内的首次登记。2008 年，日产化学在日本登记和上市了吲唑磺菌胺，商品名为 Leimay，同年，以商品名 Myungjak 在韩国登记。2014 年，吲唑磺菌胺正式获得欧盟登记批准。截至目前，吲唑磺菌胺已获得日本、韩国、奥地利、比利时、爱沙尼亚、芬兰、德国、意大利、拉脱维亚、立陶宛、卢森堡、荷兰、西班牙、瑞士、瑞典、英国和越南等国登记批准。2016 年在中国取得临时登记，登记了97%原药、18%悬浮剂、50%水分散粒剂，用于防治黄瓜霜霉病，施用剂量 60～80 g/hm²，施用方法为喷雾；用于防治水稻苗期立枯病，施用剂量为 0.25～0.5 g/m²，施用方法为苗床浇灌；用于防治烟草黑胫病，施用剂量为 2000 mg/kg 和 75～105 g/m²，施用方法分别为苗期喷淋和喷雾。但目前国内已无登记品种。

合成方法 经如下反应制得吲唑磺菌胺：

参考文献

[1] 董文凯, 齐晓雪, 吕秀亭. 2016 年～2020 年专利到期的农药品种之吲唑磺菌胺. 今日农药, 2016(4): 36-39.

环己磺菌胺（chesulfamid）

$C_{13}H_{13}ClF_3NO_3S$，355.8，925234-67-9

环己磺菌胺（chesulfamide，暂未获得 ISO 通用名，开发代号：CAUWL-2004-L-13）是由中国农业大学于 2004 年发现的新颖杀菌剂，其结构特征是以环己酮为母体，携带一个磺酰胺侧链。

化学名称 *N*-(2-三氟甲基-4-氯苯基)-2-氧代环己基磺酰胺。英文化学名称为 *N*-(2-trifluoromethyl-4-chlorophenyl)-2-oxocyclohexylsulfonamide。

理化性质 白色至浅黄色粉末，熔点 119～120℃，易溶于丙酮、乙酸乙酯，微溶于甲苯、水、甲醇。

毒性 大鼠急性经口 LD$_{50}$（mg/kg）：1470（雌性），2150（雄性）。大鼠急性经皮 LD$_{50}$>2000 mg/kg，对眼睛、皮肤无刺激性。

制剂 50%水分散粒剂。

作用机理与特点 环己磺菌胺作用于菌丝细胞膜。通过测定它对灰霉菌中生物大分子（DNA 蛋白质多糖和脂类）的影响以及环己磺菌胺与 DNA 的相互作用，发现环己磺菌胺使菌丝中 DNA 和多糖含量降低，而且和 DNA 具有一定的结合作用。通过对环己磺菌胺作用下番茄植株中水杨酸含量及苯丙氨酸解氨酶（PAL）和过氧化物酶（POD）活性变化的研究表明，环己磺菌胺能诱导植株产生系统抗病性，进一步解释了环己磺菌胺的田间药效高于室内生测的结果。环己磺菌胺对于某些抗性菌株（例如抗多菌灵、异菌脲、乙霉威和嘧霉胺的灰霉病）仍表现出良好的活性，说明环己磺菌胺的作用机制有别于这些常用市售杀菌剂。

应用

（1）适用作物 黄瓜、番茄、油菜等。

（2）防治对象 环己磺菌胺具有广谱的杀菌活性，用于防治番茄灰霉病及油菜菌核病、黄瓜褐斑病、黑星病等。

（3）使用方法 环己磺菌胺具有较强的预防、治疗和渗透活性，具有较好的持效性。田间试验结果表明对番茄灰霉病防治效果较好，试验剂量下防效为 70%～80%，对番茄安全。适宜在发病初期叶面均匀喷雾，推荐有效成分用量 250～500 mg/kg，制剂稀释 1000～2000 倍。

专利与登记

专利名称　2-氧代环烷基磺酰胺及其制备方法和作为杀菌剂的用途

专利号　CN 100486961　　　　　　专利申请日　2005-07-20

专利拥有者　中国农业大学

合成方法　经如下反应制得环己磺菌胺：

参考文献

[1] 张海滨, 张建军, 闫晓静, 等. 创制杀菌剂——环己磺菌胺. 农药, 2012, 51(4): 287-288.

稻瘟灵（isoprothiolane）

$C_{12}H_{18}O_4S_2$，290.4，50512-35-1

稻瘟灵（试验代号：SS11946，NNF-109，商品名称：Fuji-one，其他名称：Fuchiwang、Rhyzo、Vifusi）是日本农药公司开发的杀菌剂。

化学名称　1,3-二硫戊环-2-亚基-丙二酸二异丙酯。IUPAC 名称：diisopropyl 1,3-dithiolan-2-ylidenemalonate。美国化学文摘（CA）系统名称：bis(1-methylethyl) 2-(1,3-dithiolan-2-ylidene)propanedioate。CA 主题索引名称：propanedioic acid —, 2-(1,3-dithiolan-2-ylidene)-1,3-bis(1-methylethyl) ester。

理化性质　原药含量≥96%，纯品为无色、无味结晶固体（原药为略带刺激性气味的黄色固体）。熔点 54.6～55.2℃（原药 50～51℃），沸点 175～177℃（0.4 kPa）。蒸气压 0.493 mPa（25℃）。分配系数 $\lg K_{ow}$=2.8（40℃）。Henry 常数 $2.95×10^{-3}$ Pa·m³/mol（计算）。相对密度 1.252（20～25℃）。水中溶解度（20～25℃）48.5 mg/L；有机溶剂中溶解度（g/L，20～25℃）：甲醇 1512，乙醇 761，丙酮 4061，氯仿 4126，苯 2765，正己烷 10，乙腈 3932。稳定性：对酸和碱（pH 5～9）、光和热稳定。

毒性　急性经口 LD_{50}(mg/kg)：雄性大鼠 1190，雌性大鼠 1340，雄性小鼠 1350，雌性小鼠 1520。雄、雌性大鼠急性经皮 LD_{50}>10250 mg/kg；对兔眼睛有轻微刺激性，对兔皮肤无刺激性，对豚鼠皮肤无致敏性。大鼠吸入 LC_{50}(4 h)>2.77 mg/L 空气。NOEL 数据〔2 年，mg/(kg·d)〕：雄性大鼠 10.9，雌性大鼠 12.6。ADI 值：(FSC) 0.1 mg/kg，(EFSA) 0.1 mg/kg。在 Ames 试验，无致突变作用。对大鼠繁殖无影响。

生态效应　鸟急性经口 LD_{50}（mg/kg）：雄性日本鹌鹑 4710，雌性日本鹌鹑 4180。鱼毒 LC_{50}（mg/L）：虹鳟鱼（48 h）6.8，鲤鱼（96 h）11.4。水蚤 EC_{50}(48 h) 19.0 mg/L。伪蹄形藻 E_bC_{50}(72 h) 4.58 mg/L。蜜蜂 LD_{50}（48 h，经口和接触）>100 μg/只。蚯蚓 LC_{50}(14 d) 440 mg/kg 干土。

环境行为　稻瘟灵在土壤中的降解半衰期 DT_{50}（稻谷田）326 d，DT_{50}（有氧条件）82 d。

制剂　12%颗粒剂，40%乳油，40%可湿性粉剂。

主要生产商　Dongbu Fine、Nihon Nohyaku、Saeryung 及浙江菱化集团有限公司等。

作用机理与特点　通过抑制纤维素酶的形成，而阻止菌丝的进一步生长。通过根和叶吸收，向上、下传导，具有保护和治疗作用。

应用　主要用于防治水稻稻瘟病，并对水稻上的叶蝉有活性。茎叶处理使用剂量通常为 $400\sim600$ g(a.i.)/hm^2，水田撒施 $3.6\sim6$ kg(a.i.)/hm^2。防治水稻叶瘟病在叶瘟发病前或发病初期，用 40%可湿性粉剂 $998\sim1500$ g/hm^2，对水 1050 kg，均匀喷雾。防治水稻穗瘟病用 40%可湿性粉剂 $998\sim1500$ g/hm^2，对水 1050 kg，均匀喷雾，在抽穗期和齐穗期各喷药 1 次。

专利与登记　专利 JP 47034126 已过期，不存在专利权问题。

国内登记情况　40%可湿性粉剂，30%、40%乳油，18%微乳剂，95%、98%原药，登记作物为水稻，防治对象为稻瘟病。国外公司在国内登记情况见表 2-96、表 2-97。

表 2-96　澳大利亚 Newfarm 有限公司在中国的登记情况

登记名称	含量	剂型	登记作物	防治对象	用药量/(g/hm²)	施用方法
稻瘟灵	40%	乳油	水稻	稻瘟病	$420\sim600$	喷雾

表 2-97　日本农药株式会社在中国的登记情况

登记名称	含量	剂型	登记作物	防治对象	用药量/(g/hm²)	施用方法
稻瘟灵	95%	原药				
稻瘟灵	40%	可湿性粉剂	水稻	稻瘟病	$399\sim600$	喷雾
稻瘟灵	40%	乳油				

合成方法　具体合成方法如下：

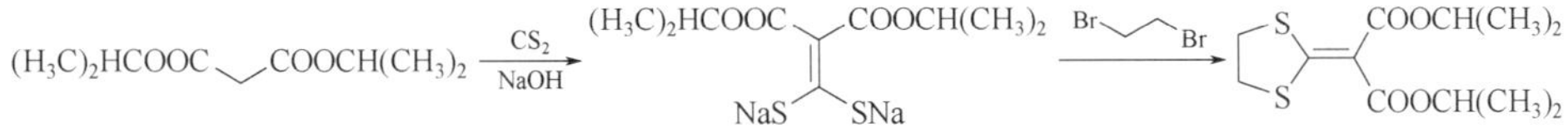

参考文献

[1] The Pesticide Manual. 17th edition: 657-658.

dipymetitrone

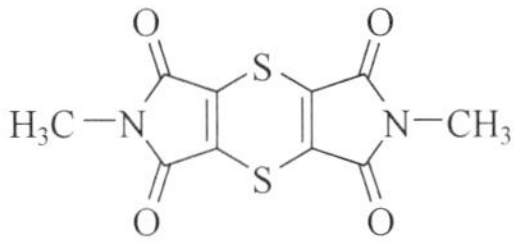

$C_{10}H_6N_2O_4S_2$，282.3，16114-35-5

dipymetitrone（试验代号：BCS-BB98685）是拜耳作物科学公司开发的新型杀菌剂。

化学名称　2,6-二甲基-1H,5H-[1,4]二硫杂[2,3-c：5,6-c']二吡咯-1,3,5,7(2H,6H)-四酮。

IUPAC 名称、美国化学文摘（CA）系统名称：2,6-dimethyl-1H,5H-[1,4]dithiino[2,3-c:5,6-c']

dipyrrole-1,3,5,7(2*H*,6*H*)-tetrone。CA 主题索引名称：1*H*,5*H*-[1,4]dithiino[2,3-*c*:5,6-*c′*]dipyrrole-1,3,5,7(2*H*,6*H*)-tetrone —，2,6-dimethyl-。

专利与登记 该化合物曾在 *Chemische Berichte* (1967)[100(5): 1559-1570]中报道过，后由拜耳公司报道了其作为杀菌剂的应用。

专利名称 Use of dithiine tetracarboximides for protection of crops from phytopathogenic fungi

专利号 WO 2010043319 专利申请日 2009-10-06

专利拥有者 Bayer CropScience Aktiengesellschaft, Germany

在其他国家申请的化合物专利 AU 2009304310、CA 2740297、EP 2271219、KR 2011069833、CN 102186352、EP 2386203、AT 534294、PT 2271219、ES 2375832、JP 2012505845、NZ 592226、IL 211666、AP 2674、PT 2386203、ES 2445540、EA 19491、AR 75092、US 20100120884、TW I441598、MX 2011003093、CR 20110163、ZA 2011002799、US 20110319462、US 8865759、JP 2014144975、US 20150065551 等。

工艺专利 WO 2011144550、WO 2011138281、WO 2011128264、WO 2011128263 等。

合成方法 通过如下反应制得目的物：

参考文献

[1] WO 2010043319.

bethoxazin

C₁₁H₉NO₂S₂，251.3，163269-30-5

$C_{11}H_9NO_2S_2$，251.3，163269-30-5

bethoxazin 由 Uniroyal 化学公司（现为康普敦公司）研制的杀菌剂和杀藻剂。

化学名称 3-苯并[*b*]噻吩-2-基-5,6-二氢-1,4,2-噁噻嗪 4-氧。IUPAC 名称：3-benzo[*b*]thien-2-yl-5,6-dihydro-1,4,2-oxathiazine 4-oxide。美国化学文摘（CA）系统名称：3-benzo[*b*]thien-2-yl-5,6-dihydro-1,4,2-oxathiazine 4-oxide。CA 主题索引名称：1,4,2-oxathiazine —，3-benzo[*b*]thien-2-yl-5,6-dihydro- 4-oxide。

应用 杀菌剂和杀藻剂。

专利与登记

专利名称 Preparation of oxathiazines as wood preservatives

专利号 WO 9506043 专利公开日 1995-03-02

专利申请日 1994-08-24 优先权日 1993-08-24

专利拥有者 Uniroyal Chemical Co., Inc., USA; Uniroyal Chemical Ltd

在其他国家还申请了专利　AT 154017、AU 9476401A1、AU 688371B2、BR 9407561、CA 2169654、CN 1133039A、CN 1059440B、CZ 291537、EP 715625、ES 2102878、FI 9600829、HU 74480A2、HU 215235B、JP 08509986T2、JP 2761441B2、NO 9600696、PL 180262、RU 2127266、ZA 9406450 等。

参考文献

[1] WO 9506043.

flutianil

$C_{19}H_{14}F_4N_2OS_2$，426.5，304900-25-2，958647-10-4[(Z)- isomer]

flutianil（试验代号：OK-5203，商品名称：Gatten）是由日本大塚化学株式会社开发的杀菌剂。

化学名称　(Z)-[3-(2-甲氧基苯基)-1,3-二氢噻唑-2-基](α,α,α,4-四氟间甲苯硫基)乙腈。IUPAC 名称：(Z)-[3-(2-methoxyphenyl)thiazolidin-2-ylidene][(α,α,α,4-tetrafluoro-m-tolyl)thio]aceto-nitrile。美国化学文摘（CA）系统名称：(2Z)-2-[[2-fluoro-5-(trifluoromethyl)phenyl]thio]-2-[3-(2-methoxyphenyl)-2-thiazolidinylidene]acetonitrile。CA 主题索引名称：acetonitrile ——，2-[[2-fluoro-5-(trifluoromethyl)phenyl]thio]-2-[3-(2-methoxyphenyl)-2-thiazolidinylidene]-(2Z)-。

理化性质　无味，白色结晶粉末。熔点 178～179℃。沸点 299.1℃（2.53 kPa）。蒸气压（25℃）<$1.3×10^{-2}$ mPa。$\lg K_{ow}$ 2.9。相对密度(30℃)1.45。水中溶解度 0.0079 mg/L（20～25℃）。加热至 280℃稳定。在 50℃，pH 4、7、9 时不发生水解。水溶液光分解 DT$_{50}$ 3～4 d。

毒性　大鼠急性经口 LD$_{50}$>2000 mg/kg，大鼠急性经皮 LD$_{50}$>2000 mg/kg。对兔子皮肤无刺激，对眼睛轻微刺激，对皮肤无致敏性。大鼠吸入 LC$_{50}$(4 h)>5.17 mg/L 空气。大鼠 NOEL（2 年）6000 mg/kg 饲料，ADI 2.49 mg/kg。

生态效应　鹌鹑急性经口 LD$_{50}$>2250 mg/kg。饲喂野鸭 LC$_{50}$(5 d)>5620 mg/kg。鱼 LC$_{50}$（96 h，mg/L）：鲤鱼>0.80，虹鳟鱼>0.83。水蚤 EC$_{50}$(48 h)>0.91 mg/L。藻类 E$_r$C$_{50}$(72 h)>0.085 mg/L。蜜蜂 LD$_{50}$（经口或接触）>100 μg/只。蚯蚓 LC$_{50}$>1000 mg/kg 土壤。

制剂　乳油，悬浮剂。

作用机理与特点　flutianil 和其他现有杀菌剂不存在交互抗性。形态学表明其不抑制大麦白粉病菌的早期侵染，即分生孢子的释放、初生芽管和附着胞芽管的萌发、附着胞的发育和钩状体的形成，但抑制吸器的形成和真菌的进一步的发育。flutianil 抑制吸器吸收营养和随后的次级菌丝的延长。flutianil 与除环氟菌胺（cyflufenamid）之外的杀菌剂对白粉病菌的抑制作用明显不同。flutianil 和环氟菌胺不同之处是 cyflufenamid 不抑制吸器吸收营养和随后的次级菌丝的延长。这些发现表明 flutianil 可能具有新颖的作用机制。

应用　无内吸性。用于防治乔木类果树、浆果类、蔬菜、观赏性植物上白粉病，使用量 0.02～0.06 kg/hm^2。在非常低的浓度（10 mg/L）对黄瓜白粉病也具有治疗作用。

专利与登记

专利名称　Cyanomethylene compounds, process for producing the same, and agricultural or horticultural bactericide

专利号　WO 0147902　　　　　　专利申请日　1999-12-24

专利拥有者　　　　　　Otsuka Chemical Co Ltd

在其他国家申请的化合物专利　JP 2000319270、EP 1243584、ZA 200204979、US 6710062、TW 568909、IL 150293、HK 1055300、ES 2332171、CN 1413200、CN 1235889、CA 2394720、BR 0017034、AU 6870100、AU 783913、AT 444291 等。

合成方法　通过如下反应制得目的物：

参考文献

[1] 张一宾. 新颖抗病激活剂类杀菌剂 flutianil. 世界农药, 2017, 39(3): 63-64.

[2] Flutianil 对白粉病的生物学特性. 世界农药, 2021, 43(1): 38.

百菌清（chlorothalonil）

$C_8Cl_4N_2$，265.9，1897-45-6

百菌清（试验代号：DS-2787，商品名称：Bombardier、Bravo、Clortocaffaro、Clortosip、Daconil、Equus、Fungiless、Gilonil、Mycoguard、Repulse、Teren、Visclor，其他名称：Arbitre、大克灵、达科宁）是由 Diamond Alkali Co.（后为 ISK Biosciences Corp 公司）研制的，在 1997 年售给捷利康公司（现为先正达公司），后来分别被美国 Sipcam Agro 公司和意大利 Oxon 公司登记。

化学名称　四氯间苯二腈（四氯-1,3-苯二甲腈）。IUPAC 名称：tetrachloroisophthalonitrile。美国化学文摘（CA）系统名称：2,4,5,6-tetrachloro-1,3-benzenedicarbonitrile。CA 主题索引名称：1,3-benzenedicarbonitrile —, 2,4,5,6-tetrachloro-。

理化性质　纯品为无色、无味结晶固体（原药略带刺激臭味，纯度为 97%）。熔点 252.1℃，沸点 350℃（$1.01×10^5$Pa）。蒸气压 0.076 mPa（25℃）。分配系数 $\lg K_{ow}$=2.92（25℃）。Henry 常数 $2.50×10^{-2}$ Pa·m³/mol（25℃）。相对密度 1.732（20～25℃）。水中溶解度（20～25℃）0.81 mg/L；有机溶剂中溶解度（g/kg，20～25℃）：丙酮 20.9，1,2-二氯乙烷 22.4，乙酸乙酯

13.8，正庚烷 0.2，二甲苯 77.4，环己酮、二甲基甲酰胺 30，二甲基亚砜 20，煤油＜10。稳定性：室温贮存稳定，弱碱性和酸性水溶液对紫外线的照射均稳定。pH>9 缓慢水解。

毒性　大鼠急性经口 LD_{50}>5000 mg/kg。兔和大鼠急性经皮 LD_{50}>5000 mg/kg；对兔眼睛具有严重刺激性，对兔皮肤中等刺激性。有证据表明人皮肤长期暴露在其中会对皮肤有致敏性。大鼠吸入 LC_{50}（mg/L 空气）：（1 h）0.52，（4 h）0.10。NOEL（mg/kg）：大鼠 2，小鼠 1.6，狗≥3。对大鼠和雄性小鼠给以高剂量百菌清饲喂，可导致慢性肾增生和肾上皮肿瘤。通过对大鼠和狗等啮齿动物的研究发现肿瘤发生的机制：肿瘤不是遗传而是后天形成的，百菌清在肠道和肝脏与谷胱甘肽结合后可代谢分解为硫醇和硫醚，在排泄过程中这些代谢物会刺激肾上皮组织，从而产生肿瘤。慢性肿瘤细胞的新陈代谢会贯穿于其整个生命周期，这样会导致肾上皮组织中的肿瘤性病变和肿瘤的形成。百菌清对肾细胞的毒性和致癌剂量之间的关系为曲线。ADI 值：(EC)0.015 mg/kg(2005)，(JMPR) 0.03 mg/kg(1994)，(EPA)0.02 mg/kg(RED 1998)。

生态效应　山齿鹑急性经口 LD_{50}>2000 mg/kg，野鸭和山齿鹑饲喂 LC_{50}(8 d)>10000 mg/kg 饲料。鱼毒 LC_{50}（96 h，静态水，μg/L）：黑头呆鱼 23，大翻车鱼 59，虹鳟鱼 39。水蚤 LC_{50}（48 h，静态水）70 μg/L，藻类 EC_{50}（μg/L）：羊角月牙藻（120 h）210，舟型藻（72 h）5.1。其他有益生物 EC_{50}（μg/L）：浮萍（14 d）510，片脚类动物（48 h）64，摇蚊虫 110，双翼二翅蜉 600，萼花臂尾轮虫（24 h）24。蜜蜂 LD_{50}（72 h，μg/只）：>63（经口），>101（接触）。蚯蚓 LC_{50}(14 d)>404 mg/kg 土壤。其他有益生物 LR_{50}（kg/hm²）：捕食螨（7 d）>18.75，烟蚜茧蜂（48 h）>18.75。

环境行为　①动物。百菌清经口服后不易被吸收。百菌清可在肠道或胃中与谷胱甘肽反应，或者直接进入体内形成谷胱甘肽的一、二或三络合物。这些代谢物可以通过粪便排出体外，也可以进一步代谢为硫醇或硫醚氨酸衍生物通过尿液排出体外，这种代谢途径在大鼠体内更为突出（与狗和灵长类动物相比）。在反刍动物中，没有发现百菌清类似物，主要的代谢产物是 4-羟基衍生物。②植物。主要残留物为百菌清类似物。③土壤/环境。土壤吸收率 K_{oc} 850～7000 mL/g，流动性很差。百菌清在有氧和无氧土壤中的降解半衰期分别为 0.3～21 d（pH 2，20～24℃）和 10 d。在 pH 5～7 条件下可稳定存在，水解半衰期 DT_{50} 38 d（pH 9，22℃）。百菌清在含水生态系统中的降解速率更大，比较典型的例子有氧条件下 DT_{50}≤2.5 d。百菌清在土壤中可降解为各种物质，这些物质还可以进一步降解。

制剂　40%悬浮剂，50%、70%、75%可湿性粉剂，2.5%、5%、10%、20%、30%、45%烟剂，10%油剂，5%粉尘剂，2.5%、5%颗粒剂等。

主要生产商　Ancom、Caffaro、GB Biosciences、Gilmore、SDS Biotech K.K.、Sundat、湖北沙隆达、江苏龙灯化学有限公司、江苏苏利精细化工股份有限公司、江苏新河农用化工有限公司、利民化工股份有限公司、山东大成农化有限公司、台湾兴农股份有限公司及泰禾集团等。

作用机理与特点　百菌清是一种非内吸性广谱杀菌剂，对多种作物真菌病害具有预防作用。能与真菌细胞中的 3-磷酸甘油醛脱氢酶发生作用，与该酶体中含有半胱氨酸的蛋白质结合，破坏酶的活力，使真菌细胞的代谢受到破坏而丧失生命力。百菌清的主要作用是防止植物受到真菌的侵害。在植物已受到病菌侵害，病菌进入植物体内后，杀菌作用很小。百菌清没有内吸传导作用，不会从喷药部位及植物的根系被吸收。百菌清在植物表面有良好的黏着性，不易受雨水等冲刷，因此具有较长的药效期，在常规用量下，一般药效期 7～10 d。通过烟剂或粉尘剂烟雾或超微细粉尘细小颗粒沉降附着在植株表面，发挥药效作用，适用于保护地。

应用

（1）适宜作物　番茄、瓜类（黄瓜、西瓜等）、甘蓝、花椰菜、扁豆、菜豆、芹菜、甜菜、洋葱、莴苣、胡萝卜、辣椒、蘑菇、草莓、花生、马铃薯、小麦、水稻、玉米、棉花、香蕉、苹果、茶树、柑橘、桃、烟草、草坪、橡胶树等。对某些苹果、葡萄品种有药害。

（2）防治对象　用于防治各种真菌性病害如甘蓝黑斑病、霜霉病，菜豆锈病、灰霉病及炭疽病，芹菜叶斑病，马铃薯晚疫病、早疫病及灰霉病，番茄早疫病、晚疫病、叶霉病、斑枯病、炭疽病，茄、甜椒炭疽病、早疫病等，各种瓜类上的炭疽病、霜霉病，草莓灰霉病、叶枯病、叶焦病及白粉病，玉米大斑病，花生锈病、褐斑病、黑斑病，葡萄炭疽病、白粉病、霜霉病、黑痘病、果腐病，苹果白粉病、黑星病、早期落叶病、炭疽病、轮纹病，梨黑星病，桃褐腐病、疮痂病、缩叶病、穿孔病，柑橘疮痂病、沙皮病等。

（3）使用方法　通常使用剂量为 $1\sim1.2$ kg(a.i.)/hm^2。主要用作茎叶处理，也可作种子处理如用 70%可湿性粉剂或烟剂，按干棉籽 0.8%～1.0%量拌种，可防治棉苗根病。具体应用如下：

① 防治玉米大斑病　用药通常在玉米大斑病发生初期，气候条件有利于病害发生时，每次每亩用 75%可湿性粉剂 110～140 g 或 1650～2100 g/hm^2，对水 40～50 L 或 600～750 kg 喷雾，以后每隔 5～7 d 喷药 1 次。

② 防治花生锈病、褐斑病、黑斑病　通常在发病初期开始喷药，每亩用 75%可湿性粉剂 100～126.7 g，加水 60～75 L 喷雾；或用 75%可湿性粉剂 800 倍液或每 100 L 水加 75%可湿性粉剂 125 g 喷雾，每次每亩喷药液量为 75 L，每隔 10～14 d 喷药 1 次。当病害发生严重时，每亩用 75%可湿性粉剂 120～150 g，第 1 次喷药后隔 10 d 喷第 2 次，以后再隔 10～14 d 喷 1 次。

③ 防治甘蓝黑斑病、霜霉病　通常在病害发生初期，气候条件又有利于病害发生时开始喷药，每次每亩用 75%可湿性粉剂 113.3 g，对水 50～75 L 喷雾，以后每隔 7～10 d 喷 1 次。

④ 防治菜豆锈病、灰霉病及炭疽病　用药通常在病害开始发生时，每次每亩用 75%可湿性粉剂 113.3～206.7 g，加水 50～60 L 喷雾，以后每隔 7 d 喷 1 次。

⑤ 防治芹菜叶斑病　用药通常在芹菜移栽后病害开始发生时，每次每亩用 75%可湿性粉剂 80～120 g，加水 40～60 L 喷雾。以后视病情发展情况而定，一般 7 d 喷药 1 次。

⑥ 防治马铃薯晚疫病、早疫病及灰霉病　用药通常在马铃薯封行前病害开始发生时，每次每亩用 75%可湿性粉剂 80～110 g，对水 40～60 L 喷雾。以后根据病情而定，一般隔 7～10 d 喷药 1 次。

⑦ 防治番茄早疫病、晚疫病、叶霉病、斑枯病、炭疽病　通常在病害初发生时开始喷药，每次每亩用 75%可湿性粉剂 135～150 g，对水 60～75 L 喷雾，每隔 7～10 d 喷药 1 次。

⑧ 防治茄、甜椒炭疽病、早疫病等　通常在病害初发生时开始喷药，每亩用 75%可湿性粉剂 110～135 g，加水 50～60 L 喷雾，每隔 7～10 d 喷药 1 次。

⑨ 防治瓜类病害工　a.各种瓜类上的炭疽病、霜霉病通常在病害初发时开始喷药，每次每亩用 75%可湿性粉剂 110～150 g，对水 50～75 L 喷雾，每隔 7 d 左右喷药 1 次。b.各种瓜类白粉病、蔓枯病、叶枯病及疮痂病等通常在病害发生初期开始喷药，每次每亩用 75%可湿性粉剂 150～225 g，加水 50～75 L 喷雾，以后视病情而定，一般每隔 7 d 喷药 1 次，直到病害停止发展为止。

⑩ 防治葡萄炭疽病、白粉病、果腐病　通常在叶片发病初期或开花后 2 周开始喷药，用 75%可湿性粉剂 600～750 倍液或每 100 L 水加 75%可湿性粉剂 133～167 g 喷雾，以后视病情而定，一般每隔 7～10 d 喷 1 次。

⑪ 防治桃褐腐病、疮痂病　用药通常在孕蕾阶段和落花时，用 75%可湿性粉剂 800～1200 倍液或每 100 L 水加 75%可湿性粉剂 83～125 g 各喷雾 1 次，以后视病情而定，一般每隔 14 d 喷 1 次。

⑫ 防治桃穿孔病　通常在落花时用 75%可湿性粉剂 650 倍液或每 100 L 水加 75%可湿性粉剂 154 g 喷第 1 次，以后每隔 14 d 喷 1 次。

⑬ 防治柑橘疮痂病、沙皮病　用药通常在花瓣脱落时，开始用 75%可湿性粉剂 900～1200 倍液或每 100 L 水加 75%可湿性粉剂 83～111 g 喷雾，以后每隔 14 d 喷药 1 次，一般最多喷药 3 次。

⑭ 防治草莓灰霉病、叶枯病、叶焦病及白粉病　通常在开花初期、中期及末期各喷药 1 次，每次每亩用 75%可湿性粉剂 100 g，对水 50～60 L 喷雾。

专利与登记　专利 US 3290353、US 3331735 均已过专利期，不存在专利权问题。

在国内登记情况　75%可湿性粉剂，90%、95%、98%、96%、98.5%原药，40%、54%悬浮剂，2.5%、10%、20%、28%、35%、40%、45%烟剂，75%、83%水分散粒剂，5%粉剂，10%油剂。登记作物为橡胶树、豆类、果菜类蔬菜、菜叶类蔬菜、葡萄、瓜类、柑橘树、苹果树、梨树、茶树、花生、水稻、小麦、林木、番茄、黄瓜，防治对象早疫病、霜霉病、叶斑病等。

国外公司在国内登记情况见表 2-98～表 2-101。

表 2-98　日本史迪士生物科学株式会社在中国的登记情况

登记名称	登记证号	含量	剂型	登记作物	防治对象	用药量/(g/hm²)	施用方法
百菌清	PD20060060	98%	原药				
百菌清	PD106-89	75%	可湿性粉剂	番茄	早疫病	1650～3000	喷雾
				黄瓜	霜霉病	1650～3000	
				花生	叶斑病	1249.5～1500	
百菌清	PD345-2000	40%	悬浮剂	番茄	早疫病	900～1050	喷雾
				黄瓜	霜霉病	900～1050	
				花生	叶斑病	600～900	

表 2-99　新加坡利农私人有限公司在中国的登记情况

登记名称	登记证号	含量	剂型	登记作物	防治对象	用药量/(g/hm²)	施用方法
百菌清	PD20040021	75%	可湿性粉剂	花生	叶斑病	1249.5～1500	喷雾
百菌清	PD20040023	96%	原药				

表 2-100　瑞士先正达作物保护有限公司在中国的登记情况

登记名称	登记证号	含量	剂型	登记作物	防治对象	用药量/(g/hm²)	施用方法
百菌清	PD20083920	98%	原药				
嘧菌·百菌清	PD20102063	500g/L嘧菌酯、60 g/L 百菌清	悬浮剂	番茄	早疫病	630～1008	喷雾
				辣椒	炭疽病	672～1008	
				西瓜	蔓枯病	630～1008	

续表

登记名称	登记证号	含量	剂型	登记作物	防治对象	用药量/(g/hm²)	施用方法
精甲·百菌清	PD20110690	400g/L 精甲霜灵、40 g/L 百菌清	悬浮剂	黄瓜	霜霉病	594～990	喷雾
双炔·百菌清	PD20120438	400g/L 双炔酰菌胺、40 g/L 百菌清	悬浮剂	黄瓜	霜霉病	660～990	喷雾

表 2-101 美国世科姆公司在中国的登记情况

登记名称	登记证号	含量	剂型	登记作物	防治对象	用药量/(g/hm²)	施用方法
百菌清	PD20121090	75%	水分散粒剂	番茄	晚疫病	1125～1406	喷雾

合成方法 通过如下反应可制得百菌清：

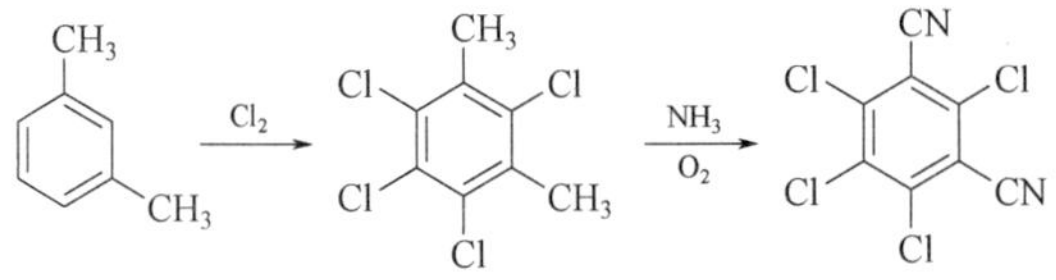

或

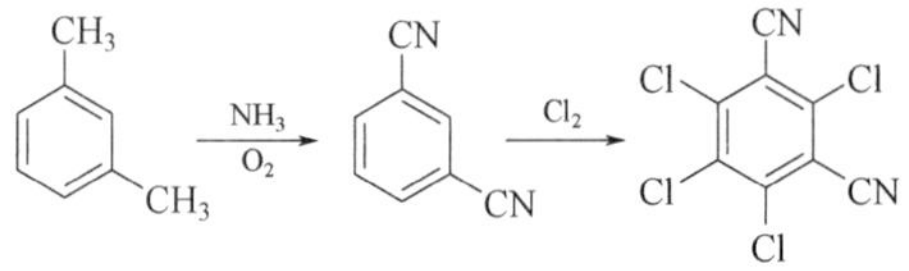

或

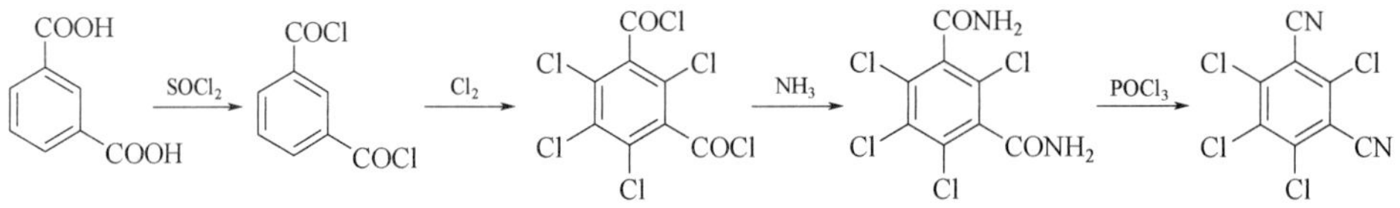

参考文献

[1] The Pesticide Manual. 17th edition: 196-198.

[2] 邓欢, 王玉军. 杀菌剂百菌清的研究进展. 轻工科技, 2012, 28(4): 26-27.

氯硝胺（dicloran）

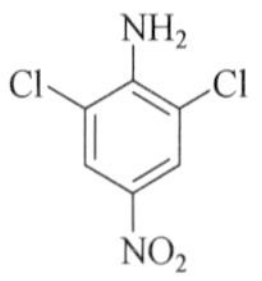

$C_6H_4Cl_2N_2O_2$，207.0，99-30-9

　　氯硝胺（试验代号：RD 6584、U-2069、SN 107682，通用名称：dicloran，商品名称：Allisan、Botran、Dicloroc，其他名称：DCNA、ditranil）是 Boots 研制、拜耳公司开发的苯胺类杀菌剂。现在由 Kuo Ching 和 Luosen 等公司生产。

　　化学名称　2,6-二氯-4-硝基苯胺。IUPAC 名称：2,6-dichloro-4-nitroaniline。美国化学文摘（CA）系统名称：2,6-dichloro-4-nitrobenzenamine。CA 主题索引名称：benzenamine —, 2,6-dichloro-4-nitro-。

　　理化性质　纯品黄色结晶固体，熔点 195℃。蒸气压：0.16mPa（20℃），0.26mPa（25℃）。分配系数 lgK_{ow}=2.8（25℃）。Henry 常数 8.4×10^{-3} Pa·m^3/mol（计算）。相对密度 0.28（堆积）。水中溶解度 6.3 mg/L（20～25℃）；有机溶剂中溶解度（g/L，20～25℃）：丙酮 34，二氧六环 40，氯仿 12，乙酸乙酯 19，苯 4.6，二甲苯 3.6，环己烷 0.06。

　　毒性　急性经口 LD$_{50}$（mg/kg）：大鼠 4040，小鼠 1500～2500。急性经皮 LD$_{50}$（mg/kg）：兔>2000 mg/kg，小鼠>5000 mg/kg。大鼠急性吸入 LC$_{50}$(1 h) >21.6 mg/L。2 年喂养试验无作用剂量 [mg/(kg·d)]：大鼠 1000，小鼠 175，狗 100。急性经口 LD$_{50}$（mg/kg）：山齿鹑 900，野鸭>2000。饲喂 LC$_{50}$（5 d，mg/kg）：山齿鹑 1435，野鸭 5960。鱼毒 LC$_{50}$（96 h，mg/L）：虹鳟鱼 1.6，蓝鳃太阳鱼 37，金鱼 32。水蚤 LC$_{50}$(48 h) 2.07 mg/L。蜜蜂 LC$_{50}$(48 h) 0.18 mg/只（接触）。蚯蚓 LC$_{50}$(14 d) 885 mg/kg 土壤。

　　制剂　粉剂、悬浮剂、可湿性粉剂。

　　作用机理与特点　脂质过氧化剂。

　　应用　主要用于防治果树、蔬菜、观赏植物及大田作物的各种灰霉病、软腐病、菌核病等。使用剂量为 0.8～3.0 kg(a.i.)/hm^2。

　　专利与登记　化合物不存在专利权。

参考文献

[1] The Pesticide Manual. 13th ed. 2003, 296.

硝苯菌酯（meptyldinocap）

C$_{18}$H$_{24}$N$_2$O$_6$，364.4，131-72-6

　　硝苯菌酯（试验代号：DE-126、RH-23163，商品名：Karathane Star、Karamat M、Gunner SC，其他名称：dinocap Ⅱ）由道化学开发的二硝基苯基巴豆酸酯类杀菌剂，是敌螨普（dinocap）的一个异构体。

　　化学名称　2-(1-甲基庚基)-4,6-二硝基苯基巴豆酸酯。IUPAC 名称：75%～100% (*RS*)-2-(1-methylheptyl)-4,6-dinitrophenyl crotonate 与 0～25% (*RS*)-2-(1-methylheptyl)-4,6-dinitrophenyl isocrotonate 混合物。美国化学文摘（CA）系统名称：2-(1-methylheptyl)-4,6-dinitrophenyl (2*E*)-

2-butenoate。CA 主题索引名称：2-butenoic acid 2-(1-methylheptyl)-4,6-dinitrophenyl ester, (2E)-。

理化性质 异构体比为 22：1 到 25：1 （*trans:cis*）。黄棕色液体，熔点−22.5℃。蒸气压 $7.92×10^{-3}$ mPa （25℃）。$\lg K_{ow}$=6.55（pH 7，20℃）。相对密度 1.11（20～25℃）。水中溶解度 （mg/L，20～25℃）：0.151（pH 5），0.248（pH 7），有机溶剂中溶解度（g/L）：丙酮>252，1,2-二氯乙烷>252，乙酸乙酯>256，正庚烷>251，甲醇>253，二甲苯>256。在甲醇水溶液中水解 DT_{50}：229 d（pH 5），56 h（pH 7），17 h（pH 9）（25℃）。pH 4 时在水溶液中稳定，水解 DT_{50}：31 d（pH 7），9 d（pH 9）。DT_{50}（黑暗）4～7 d（平均 6 d）。

毒性 大鼠和小鼠的急性经口 LD_{50}>2000 mg/kg。兔急性经皮 LD_{50}>2000 mg/kg。对兔的皮肤和眼睛有轻微刺激。对豚鼠皮肤有致敏性。无致突变、致畸性、致癌性。

生态效应 实验室研究下，对鱼和无脊椎动物高毒，对藻类中毒。但是 meptyldinocap 被土壤紧紧吸附，任何进入水系统的 meptyldinocap 迅速被微生物降解、光解、被沉淀物吸附。鱼类 LC_{50}（96 h，mg/L）：虹鳟鱼 0.071，大翻车鱼 0.062。水蚤 EC_{50}(48 h)0.0041 mg/L。月牙藻 E_bC_{50}(72 h)4.6 mg/L。蜜蜂 LD_{50}（72 h，μg/只）：经口 90.0，接触 84.8。蚯蚓 LC_{50}(14 d)302 mg/kg 土壤。对其他有益生物：实验室数据，食蚜瘿蚊 LR_{50} 40.7g/hm²，在 840 g/hm² 对缢管蚜茧蜂死亡率为 16.7%；大田条件下对几种有益螨虫无害或轻微毒害。

环境行为 土壤中易通过水解和微生物降解作用而分解，DT_{50}（有氧）4～24 d（平均 12 d，20℃）；DT_{50}（无氧）8 d。大田 DT_{50} 15 d。在土壤中具有很强的吸附性；K_{oc} 2889～310220 （平均 58245）mL/g。空气中 DT_{50}（计算值）1.9 h。

主要生产商 Dow AgroSciences。

作用机理与特点 接触型杀菌剂，作为氧化磷酸化的解偶联剂，meptyldinocap 抑制真菌孢子萌发、真菌呼吸作用，引起真菌代谢紊乱。

应用 meptyldinocap 是保护性和治疗性杀菌剂，用于防治白粉病。应用于作物葡萄、草莓、葫芦。

专利与登记

专利名称 Isomeric mixtures of dinitro-octylphenyl esters and synergistic fungicidal mixtures therefrom

专利号 US 20080255233　　　　　专利申请日 2008-10-16

专利拥有者 Dow AgroSciences LLC

在其他国家申请的化合物专利 AU 4881885、AU 586194、BG 60408、BR 8505181、CA 1242455、CY 1548、DE 2726684、DK 144891、EP 0179022、ES 8609221、GB 2165846、GB 2195635、GB 2195336、IL 76708、JP 3047159、JP 59059617、KR 900006761、LV 10769、NL 930085、TR 22452、US 5107017、US 4980506、US 4798837 等。

合成方法 通过如下反应制得目的物：

消螨通（dinobuton）

$C_{14}H_{18}N_2O_7$，326.3，973-21-7

消螨通（试验代号：ENT 27 244、MC 1053、OMS 1056，商品名称：Acarelte）由 Murphy Chemical Ltd 推广，随后由 KenoGard AB（现为 Bayer CropScience）生产，是二硝基苯酚类杀螨剂、杀菌剂。

化学名称　2-仲-丁基-4,6-二硝基苯基异丙基碳酸酯。IUPAC 名称：isopropyl 2-[(1*RS*)-1-methylpropyl]-4,6-dinitrophenyl carbonate 或(*RS*)-2-*sec*-butyl-4,6-dinitrophenyl isopropyl carbonate。美国化学文摘（CA）系统名称：1-methylethyl 2-(1-methylpropyl)-4,6-dinitrophenyl carbonate。CA 主题索引名称：carbonic acid, esters 1-methylethyl 2-(1-methylpropyl)-4,6-dinitrophenyl ester。

理化性质　原药含量97%。本品为淡黄色结晶，熔点为61～62℃（原药58～60℃），蒸气压<1 mPa（20℃）。$\lg K_{ow}$=3.038。Henry 系数<3 Pa•m³/mol（20℃，计算）。相对密度 0.9（20～25℃）。水中溶解度（20～25℃）0.1 mg/L，溶于脂肪烃、乙醇和脂肪油，极易溶于低碳脂肪酮类和芳香烃。中性和酸性环境中稳定存在，碱性环境中水解。600℃以下稳定存在，不易燃。

毒性　急性经口 LD$_{50}$（mg/kg）：小鼠 2540，大鼠 140。急性经皮 LD$_{50}$（mg/kg）：大鼠>5000，兔> 3200。NOEL 值［mg/(kg•d)］：狗 4.5，大鼠 3～6。作为代谢刺激剂而起作用，高剂量能引起体重的减轻。

生态效应　母鸡急性经口 LD$_{50}$ 150 mg/kg。

环境行为　土壤中残留时间短。

制剂　50%可湿性粉剂，30%乳剂，浓气雾剂。

作用机理与特点　对螨作用迅速，接触性杀螨剂、杀菌剂。

应用

（1）适用作物　苹果、梨、核果、葡萄、棉花、蔬菜（温室和外地的使用）、观赏植物、草莓等作物。

（2）防治对象　消螨通为非内吸性杀螨剂，也是防治白粉病的杀真菌剂。推荐用于温室和大田，防治红蜘蛛和白粉病（0.5%有效成分），但在此浓度，对温室的番茄、某些品种的蔷薇和菊花有药害。可防治柑橘、落叶果树、棉花、胡瓜、蔬菜等植食性螨类；还可防治棉花、苹果和蔬菜的白粉病。

（3）使用方法　用药量为 0.05%（有效成分）。防治柑橘红蜘蛛和锈壁虱，使用 50%可湿性粉剂 1500～2000 倍液喷雾，使用 50%水悬浮剂 1000～1500 倍液喷雾；防治落叶果树、棉花、胡瓜的红蜘蛛，使用 50%粉剂 1000～1500 倍液喷雾；防治棉花、苹果和蔬菜的白粉病，使用 50%粉剂或水剂 1500～2000 倍液喷雾。

专利与登记　专利 GB 941709 早已过专利期，不存在专利权问题。

合成方法　通过如下反应制的目的物：

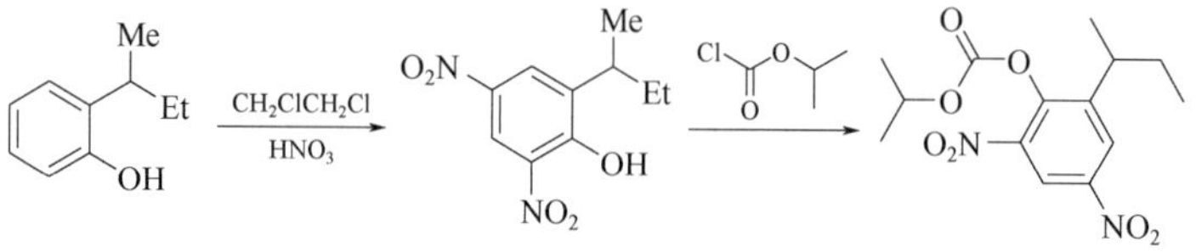

二硝巴豆酚酯（dinocap）

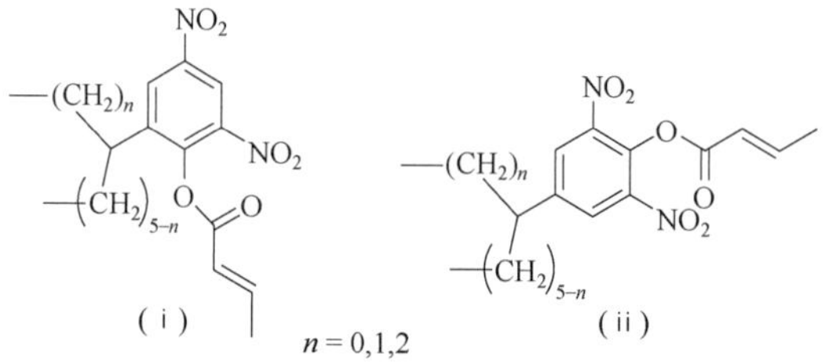

（ⅰ）　　　　　　　　　　　　（ⅱ）

n = 0, 1, 2

$C_{18}H_{24}N_2O_6(n=0)$，364.4(n=0)，39300-45-3

二硝巴豆酚酯（试验代号：CR-1693、ENT 24 727，商品名称：Arcotan、Dular、Korthane、Sialite，其他名称：DPC）由 Rohm & Haas Co.（现属 Dow AgroSciences）推广，是二硝基苯酚类杀螨剂，具有一定的杀菌作用。

化学名称　2,6-二硝基-4-辛基苯基巴豆酸酯和 2,4-二硝基-6-辛基苯基巴豆酸酯，其中辛基是 1-甲基庚基、1-乙基己基和 1-丙基戊基的混合物。IUPAC 名称：2,6-dinitro-4-octylphenyl crotonates 和 2,4-dinitro-6-octylphenyl crotonates 混合物。美国化学文摘（CA）系统名称：2(or 4)-isooctyl-4,6(or 2,6)-dinitrophenyl (2E)-2-butenoate 混合物。CA 主题索引名称：2-butenoic acid 2(or 4)-isooctyl-4,6(or 2,6)-dinitrophenyl ester, (2E)-。

组成　最初认为二硝巴豆酚酯结构是 2-(1-甲基庚基)-4,6-二硝基苯基巴豆酸酯（ⅰ, n=0），现在确定商品化产品是 6-辛基异构体与 4-辛基异构体的比例为(2∶1)～(2.5∶1)。

理化性质　有刺激性气味的暗红色的黏稠液体，熔点-22.5℃，沸点 138～140℃(6.65 Pa)，常压下超过 200℃时会分解。蒸气压 $3.33×10^{-3}$ mPa（25℃），lgK_{ow}=4.54（20℃）。Henry 常数 $1.36×10^{-3}$ Pa·m³/mol（计算）。相对密度 1.10（20～25℃）。水中溶解度 0.151 mg/L；其他溶剂中溶解度：2,4-异构体在丙酮、1,2-二氯乙烷、乙酸乙酯、正庚烷、甲醇和二甲苯中> 250 g/L；2,6-异构体在丙酮、1,2-二氯乙烷、乙酸乙酯和二甲苯中> 250 g/L，在正庚烷中 8.5～10.2 g/L、在甲醇中 20.4～25.3 g/L。见光迅速分解，32℃以上就分解，对酸稳定，在碱性环境中酯基水解。闪点 67℃。

经研究证明，式（ⅰ）所代表的异构体杀螨活性较强，式（ⅱ）所代表的异构体杀菌活性较强。

毒性　急性经口 LD$_{50}$(mg/kg)：雄大鼠 990，雌大鼠 1212。兔急性经皮 LD$_{50}$≥2000 mg/kg，对兔皮肤有刺激性，对豚鼠皮肤致敏。大鼠吸入 LC$_{50}$(4 h)≥3 mg/L 空气。NOEL 值 [mg/(kg·d)]：（18 个月）雌小鼠 2.7，雄小鼠 14.6；（2 年）大鼠 6～8，狗 0.4。在啮齿类动物中无致癌作用。小鼠第三代出现致畸作用，相应的 NOAEL 值为 0.4 mg/(kg·d)。ADI：(JMPR) 0.008 mg/kg(2000)；(EC) 0.004 mg/kg(2006)；(EPA) aRfD 0.04 mg/kg，cRfD 0.0038 mg/kg(2003)。

生态效应　山齿鹑急性经口 LD$_{50}$> 2150 mg/kg，饲喂 LC$_{50}$（8 d，mg/L）：野鸭 2204，山

齿鹑 2298。对鱼有毒 LC_{50}（μg/L）：虹鳟鱼 13，大翻车鱼 5.3，鲤鱼 14，黑头呆鱼 20。水蚤 LC_{50}(48 h) 4.2 μg/L。藻类 EC_{50}(72 h) > 105 mg/L。对摇蚊属昆虫 LC_{50}390 μg/L。对蜜蜂低毒，LC_{50}（μg/只）：29（接触），6.5（经口）。蚯蚓 LC_{50}(14 d) 120 mg/kg 土壤。在实验室条件下二硝巴豆酚酯对蚜茧蜂和梨盲走螨有害，然而，在大田中由于快速分解而使得影响减小。二硝巴豆酚酯对捕食螨没有不利影响。

环境行为 二硝巴豆酚酯在作物、动物和环境中容易分解成 2,4-和 2,6-二硝基苯酚（DNOP）。二硝巴豆酚酯和其残留物没有明显的浸出潜力并且对地下水没有危害。①动物。大鼠经口后几乎完全排泄到尿和粪便中。奶牛经口后二硝巴豆酚酯和其代谢物几乎完全排泄到粪便中，尿液中量很少。硝基经酶催化还原成氨基，还发生了酯水解生成 DNOP。②植物。与动物代谢路径相同。③土壤/环境。土壤 DT_{50}（实验室，厌氧，20℃）4~24 d；DT_{90} 13.5~113 d。DT_{50}（实验室，厌氧，20℃）8 d。主要的代谢产物是 DNOP，由酯水解形成，随后被微生物降解成 CO_2。K_{oc} 2889~310200，依据土壤的类型不同而不同。二硝巴豆酚酯和其残留物没有浸出潜力。水：DT_{50}（无菌，暗处，20℃）>1 年（pH 4），16~30 d（pH 7），3.6~9 d（pH 9）。水中光解更迅速：DT_{50}<1 d（25℃，pH4）。在黑水/沉积物体系中，迅速从水消散到沉积物中。DT_{50}（实验室）<7 d，容易分解。在水生系统中，主要代谢产物是 DNOP。空气：使用中没有明显的挥发损失，出现在空气中的少量样品是按空气中 DT_{50} 1.9 h 来降解的。

制剂 可湿性粉剂［250 g(a.i.)/kg、500 g(a.i.)/kg 或 800 g(a.i.)/kg］。与其他杀菌剂混配用于种子处理。与多种其他杀菌剂，特别是内吸性杀菌剂混配以扩大杀菌谱，拓宽活性范围。

主要生产商 Dow AgroSciences。

作用机理与特点 非内吸性杀螨剂，具有一定的杀菌作用。

应用

（1）适用作物 苹果、柑橘、梨、葡萄、黄瓜、甜瓜、西瓜、南瓜、草莓、蔷薇和观赏植物等作物。酸性黏土或有机磺酸。

（2）防治对象 红蜘蛛和白粉病；对桑树白粉病和茄子红蜘蛛都有良好的防治效果。还有杀螨卵的作用，还可用作种子处理剂。

（3）使用方法 用药量为 70~1120 g(a.i.)/hm²。防治柑橘红蜘蛛，使用 19.5%可湿性粉剂 1000 倍液喷雾。防治葡萄、黄瓜、甜瓜、西瓜、南瓜、草莓等作物的白粉病或红蜘蛛，使用 19.5%可湿性粉剂 2000 倍液喷雾。防治苹果、梨的红蜘蛛，使用 37%乳油 1500~2000 倍液喷雾。防治花卉和桑树的白粉病或红蜘蛛，使用 37%乳油 3000~4000 倍液喷雾。

专利与登记 专利 US 2526660 早已过专利期，不存在专利权问题。

合成方法 在硅钨酸和二氧化硅的催化下，苯酚和 1-辛烯反应生成 2-(1-甲基庚基)苯酚，然后再进行硝化，最后和巴豆酰氯反应得到甲基二硝巴豆酚酯。

参考文献

[1] Pestic. Sci., 1975, 6: 97.

※ 参考文献 ※

[1] 刘长令. 新农药研究开发文集. 北京: 化学工业出版社, 2002.

[2] 刘长令. 国外农药开发现状与中间体需求(1). 农药, 1996, 35(10): 32.

[3] 刘长令. 国外农药开发现状与中间体需求(2). 农药, 1996, 35(11): 26.

[4] Tomlin C D S. The Pesticide Manual. 17th. 2015.

[5] 刘长令. 中国化工报, 1998-5-4.

[6] 李宗成. 国外农药研究动向. 农药, 1998, 37(1): 1.

[7] Bryant R, et al. Ag Chem New Compound Review, 1999-2003.

[8] 刘长令. 防治灰霉病用杀菌剂的开发. 农药, 2000, 39(3): 1.

[9] 刘长令. 化工管理, 2001, 8: 17.

[10] 刘长令. 2002 年英国 Brighton 植保会议公开的新农药品种. 农药, 2003, 42(1): 48.

[11] 刘长令, 李正名. Strobin 类杀菌剂的创制经纬. 农药, 2003, 42(3): 43.

[12] 刘长令, 李正名. 以天然产物为先导化合物开发的农药品种(Ⅰ)——杀菌剂. 农药, 2003, 42(11): 1.

[13] 刘长令. 2003 年 BCPC 国际会议公开的农药新品种. 农药, 2003, 42(12): 43.

[14] 刘长令. 2004 年公开的农药新品种. 农药, 2005, 44(1): 45.

[15] 曹瑞臣. 爱尔兰马铃薯大饥荒的警示. 世界环境, 2012, (4): 60-61.

[16] 徐汉虹. 植物化学保护学. 5 版. 北京: 中国农业出版社, 2018.

[17] 吴永刚, 黄诚, 施媛媛, 等. 农用杀菌剂的作用方式与分类. 世界农药, 2009, 31(4): 1-6, 22.

[18] 柏亚罗. 先正达氟唑菌酰羟胺在中国首登, 防治小麦赤霉病等. 农药资讯网. http://www.jsppa.com.cn/news/yanfa/1835.html [2019-12-05].

[19] 叶萱. 新颖杀菌剂 tolprocarb 的开发. 世界农药, 2019, 41(5): 26-29.

[20] Matsuzaki Y, Yoshimoto Y, Arimori S, et al. Discovery of metyltetraprole: Identification of tetrazolinone pharmacophore to overcome QoI resistance. Bioorganic & Medicinal Chemistry, 2019, 115211.

[21] 柏亚罗. 巴斯夫创新实力大幅提升, 新型杀菌剂氯氟醚菌唑在全球迅速登记. 农药资讯网. http: //www. jsppa. com. cn/news/yanfa/1415. html [2019-09-12].

[22] 徐利保, 杨吉春, 杨浩, 等. 2016 年公开的新农药品种. 农药, 2016, 55(11): 838-839.

[23] 郝树林, 田俊峰, 徐英, 等. Tebufloquin 的合成与生物活性. 农药, 2012, 51(6): 410-412.

[24] 柏亚罗. 烯丙苯噻唑——全球最大的抗病激活剂, 日本第一大稻瘟病防治剂. http://www.agroinfo.com.cn/other_detail_4879. html [2018-01-04].

[25] 陈启辉. 新型杀菌剂苯噻菌胺. 农药, 2004(11): 515-517.

[26] Ryuta O. Agrochemical compounds disclosed in recent years. Japanese Journal of Pesticide Science, 2014, 39(1): 69-77.

[27] 叶萱. 新颖杀菌剂 picarbutrazox. 世界农药, 2018, 40(2): 63-64.

[28] Norio K. Development of a novel fungicide, fenpyrazamine. Japanese Journal of Pesticide Science, 2017, 42(3): 137-143.

[29] 陈晨. 科迪华 florylpicoxamid 将于 2023 年在亚太地区首登. 现代农药, 2018, 17(6): 31.

[30] 张佳琦. 可用于抗性治理杀菌剂 fenpicoxamid. 世界农药, 2018, 40(6): 62-64.

[31] 邓金保. 道农科将杀菌剂 meptyldinocap 转让给美国 Gowan 公司. 农药研究与应用, 2012, 16(2): 38.

[32] Hanai R. , Kaneko I. , Kogure A.. 1, 2-Benzisothiazole derivative, and agricultural or horticultural plant disease-controlling agent. WO 2007129454. 2007-04-20.

[33] Seitz T, Wachendorfe N U, Benting J, et al. Use of dithiin tetracarbroximides for treating phytopathogenic fungi. WO 2010043319. 2009-10-06.

[34] 张一宾. 新颖抗病激活剂类杀菌剂 flutianil. 世界农药, 2017, 39(3): 63-64.

[35] Matsuzaki Y. Use of dithiin tetracarboximides for treating phytopathogenic fugi. WO 2012020774. 2011-08-09.

[36] 车传亮, 杨冬燕, 万川, 等. 分子插件法及其在农药分子设计中的应用. 农药学学报, 2017, 19(5): 533-542.

[37] 刘冬青, 司马利锋, 石恒, 等. 新型烟酰胺类杀菌剂——啶酰菌胺. 农药, 2008, 47(2): 132-135.

[38] 张宝俊, 郭崇友(编译). 新型杀菌剂 pyraziflumid 的合成及生物活性. 世界农药. 2018, 40(1): 30-35.

[39] 杨华铮, 邹小毛, 朱有全, 等. 现代农药化学. 北京: 化学工业出版社, 2013.

[40] 唐剑峰, 刘杰. SDHI 类杀菌剂"氟醚菌酰胺"的创制与市场开发. http://www. agroinfo. com. cn/other_detail_5231.html. [2018-04-16].

第三章

植物活化剂

　　植物活化剂（又称植物激活剂）是指本身或其代谢产物没有直接的杀菌或抗病毒活性，或活性很低，但本身或其代谢产物能刺激植物的免疫防御系统，进而促使植物自身产生对病原物的系统获得抗病性的物质。

　　植物激活剂分为生物源和非生物源两大类。常见的生物源植物激活剂包括：①植物激活蛋白，如 Harpin 蛋白、激活蛋白 Peat1、激活蛋白 Hrip1、寡糖链蛋白；②寡聚糖，如壳聚糖、海带多糖、几丁寡糖等；③不饱和脂肪酸，如花生四烯酸、亚油酸、油酸等；④糖蛋白。微生物残体及植物源天然产物（如虎杖的提取物等）也具有促进植物免疫调控的活性。非生物源植物激活剂又可分为内源和外源两种。已报道的内源植物激活剂有水杨酸、茉莉酸、乙烯、一氧化氮；此外，植物自身产生的植保素也是重要的植物激活剂。外源化学小分子植物激活剂商品化的有 2,6-二氯异烟酸、N-氰甲基-2-氯异烟酰胺、活化酯、毒氟磷、噻酰菌胺、甲噻诱胺、氟唑活化酯、异噻菌胺、烯丙异噻唑等。

　　病毒由一个核酸长链和蛋白质外壳构成。病毒离开了宿主细胞，就成了没有任何生命活动也不能独立自我繁殖的化学物质。依靠微伤、昆虫、嫁接、种苗等媒介和途径侵染植物之后，病毒的核酸分子侵入寄主细胞，利用细胞的营养物质不断复制自己，进而扰乱寄主细胞的新陈代谢，使被侵害的植物表现出黄化、皱缩、畸形、坏死等异常表现。在农业生产中病毒病是仅次于真菌的第二大类植物病害，世界各地的绝大部分作物都不同程度受其危害。尽管如此，文献报道90%病毒病多由"昆虫"传播，故控虫是关键。

　　病毒对植物产生危害的过程可以分为侵染寄主、体内复制和症状表达 3 个阶段，对其中任何阶段的抑制均可减轻植物病害。病毒在寄主活体细胞内生活，其生命周期过程需要寄主细胞的能量和酶系统的参与。因此，理想的抗病毒制剂不仅要能选择抑制并阻断病毒在寄主细胞内的复制，还要无害于寄主细胞的增殖及其代谢过程。目前所筛选的抗植物病毒药剂，对病毒有高度选择性而对寄主无毒或低毒的制剂还很少。常见的防治植物病毒病的药剂会通过诱导寄主对病毒产生抗性减轻病害，因此称其为抗病毒剂或植物抗病毒诱导剂更为合适。

　　受植物病毒学研究方法的制约，一直未建立起统一的简便实用的药剂筛选和药效评定体系；同时由于抗植物病毒剂研究起步相对较晚，人们对植物病毒的本质认识不深，尤其是对植物病毒和药剂间的相互作用关系研究不透彻。因此相对于杀真菌剂，植物杀病毒剂研究较少。虽然有大量天然物和人工合成化合物的抗病毒活性的筛选及相关研究，但所报道抗植物病毒剂不少品种的研究是在离体条件下进行的，大部分品种距生产应用仍还有一段距离，同时还有很多品种属于保护性药剂，但农民往往在发病后才使用药剂，因此没有取得良好防治效果。鉴于病毒病防治主要在于控虫，所以国外农药公司很少开发防治病毒的药剂，也正因为如此，高效、低毒的抗病毒治疗剂总体上还是较为匮乏。

一、创制经纬

1. 氟唑活化酯（FBT）、甲噻诱胺（methiadinil）的创制经纬

活化酯是先正达公司开发的苯并噻二唑羧酸酯类植物活化剂。从结构上可以看出氟唑活化酯（FBT）是在活化酯基础上创制的，用同样易于代谢的三氟乙氧基代替了甲硫基。甲噻诱胺结合了活化酯及噻酰菌胺的异噻二唑环，并将噻酰菌胺中的苯环替换为噻唑环。

氟唑活化酯　　　活化酯　　　甲噻诱胺　　　噻酰菌胺
（FBT）　　　（acibenzolar）　　（methiadinil）　　（tiadinil）

2. dichlobentiazox 的创制经纬

dichlobentiazox 结合了烯丙苯噻唑（probenazole）和异噻菌胺（isotianil）两个化合物中的片段，以烯丙苯噻唑的苯并噻唑为主体，将烯丙氧基替换为二氯异噻唑苄氧基。

烯丙苯噻唑　　　dichlobentiazox　　　异噻菌胺
（probenazole）　　　　　　　　　　（isotianil）

3. 噻酰菌胺（tiadinil）的创制经纬

噻酰菌胺可能是在杀菌剂灭锈胺（mepronil）的基础上，经进一步优化得到的。

灭锈胺　　　　先导化合物　　　　噻酰菌胺
（mepronil）　　　　　　　　　　（tiadinil）

二、主要品种

活化酯（acibenzolar）

$C_8H_6N_2OS_2$，210.3，135158-54-2

活化酯（试验代号：CGA 245704，商品名称：Actigard、Bion、Boost，其他名称：acibenzolar-*S*-methyl、Blockade、Bion M、Bion MX、Daconil Action）是由先正达公司开发的苯并噻二唑羧酸酯类植物活化剂。

化学名称　苯并[1,2,3]噻二唑-7-硫代羧酸甲酯。英文化学名称为 S-methyl benzo[1,2,3]thiadiazole-7-carbothioate。IUPAC 名称：benzo[1,2,3]thiadiazole-7-carbothioic S-acid。美国化学文摘（CA）系统名称：1,2,3-benzothiadiazole-7-carbothioic acid。CA 主题索引名称：1,2,3-benzothiadiazole-7-carbothioic acid acibenzolar。

理化性质　原药纯度为 97%。纯品为白色至米色粉状固体，且具有烧焦似的气味，熔点 132.9℃，沸点大约 267℃。蒸气压 $4.6×10^{-1}$ mPa（25℃），分配系数 lgK_{ow}=3.1（25℃），Henry 常数 $1.3×10^{-2}$ Pa·m³/mol（计算）。相对密度 1.54（20～25℃）。溶解度（20～25℃，g/L）：水 $7.7×10^{-3}$，甲醇 4.2，乙酸乙酯 25，正己烷 1.3，甲苯 36，正辛醇 5.4，丙酮 28，二氯甲烷 160。水解 DT_{50}（20℃）：3.8 年（pH 5），23 周（pH 7），19.4 h（pH 9）。

毒性　大鼠急性经口 LD_{50}>2000 mg/kg，大鼠急性经皮 LD_{50}>2000 mg/kg。对兔眼睛和皮肤无刺激性，对豚鼠皮肤有刺激性。大鼠吸入 LC_{50}(4 h)>5000 mg/L 空气。NOEL 值 [mg/(kg·d)]：大鼠（2 年）8.5，小鼠（1.5 年）11，狗（1 年）5。ADI 值 0.05 mg/kg，无致畸、致突变、致癌作用。

生态效应　野鸭和山齿鹑 LD_{50}(14 d)>2000 mg/kg，野鸭和山齿鹑饲喂 LC_{50}(8 d)>5200 mg/kg。鱼毒 LC_{50}（96 h，mg/L）：虹鳟鱼 0.4，大翻车鱼 2.8。水蚤 LC_{50}(48 h) 2.4 mg/L。蜜蜂 LD_{50}（μg/只）：128.3（经口），100（接触）。蚯蚓 LC_{50}(14 d)>1000 mg/kg 土壤。

环境行为　①动物。口服后，活化酯被迅速吸收，几乎完全通过尿液和粪便排出。代谢途径（第一阶段反应）是一样的。②植物。没有任何证据表明活化酯或其代谢产物在体内积累。植物代谢的产物是通过羧酸与糖结合生成的硫代酸酯，或者氧化多聚糖的苯环。③土壤/环境。土壤 DT_{50} 20 d，代谢产物完全降解。对土壤具有强吸附和低流动性，K_{oc} 1394 mL/g，在水中 DT_{50}<1 d。

制剂　50%、63%可湿性粉剂。

主要生产商　Syngenta。

作用机理与特点　可激活植物自身的防卫反应即"系统活化抗性"，从而使植物对多种真菌和细菌产生自我保护作用。植物抗病活化剂，几乎没有杀菌活性。

应用

（1）适宜作物与安全性　水稻、小麦、蔬菜、香蕉、烟草等。推荐剂量下对作物安全、无药害。

（2）防治对象　白粉病、锈病、霜霉病等。

（3）应用技术与使用方法　活化酯可在水稻、小麦、蔬菜、香蕉、烟草等中作为保护剂使用。如在禾谷类作物上，用 30 g(a.i.)/hm² 进行茎叶喷雾 1 次，可有效地预防白粉病，残效期可持续 10 周之久，且能兼防叶枯病和锈病。用 12 g(a.i.)/hm² 每隔 14 d 使用 1 次，可有效地预防烟草霜霉病。同其他常规药剂如甲霜灵、代森锰锌、烯酰吗啉等混用，不仅可提高活化酯的防治效果，而且还能扩大其防病范围。

专利与登记　专利 EP 313512、EP 780372、US 5770758 等均早已过专利期，不存在专利权问题。

合成方法　主要有五种合成方法：

方法 1：以邻氯间硝基苯甲酸为起始原料，经酯化、醚化、重氮化闭环等一系列反应制得目的物。反应式如下：

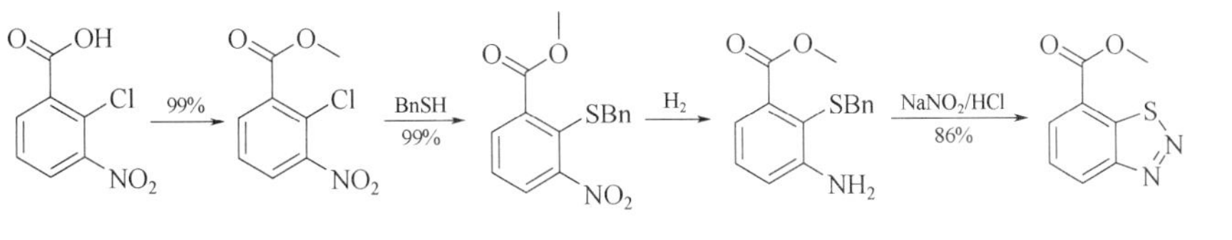

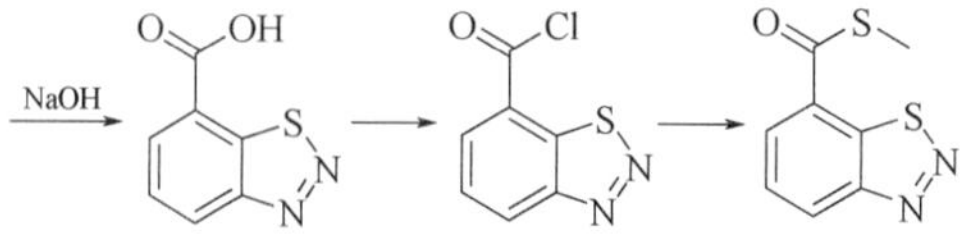

方法 2：以 2-氯-3,5-二硝基苯甲酸为起始原料，经醚化、甲基化、还原得取代苯胺，总收率为 77%；取代苯胺经重氮化合环等一系列反应制得目的物。反应式如下：

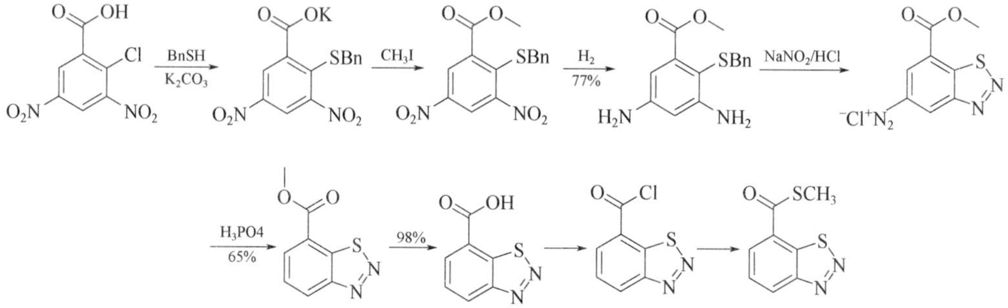

方法 3：以 2,3-二氯硝基苯为起始原料，经醚化、还原得取代苯胺，然后经氰基化、重氮化合环等一系列反应制得目的物。反应式如下：

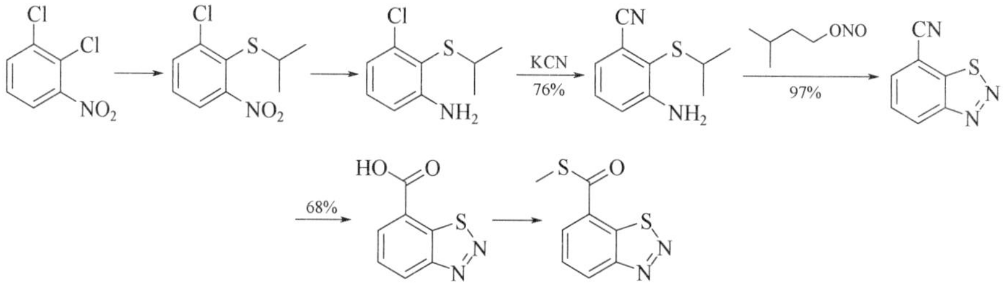

方法 4：以间甲氧基苯甲酸为起始原料，经脱甲基、还原得环己烯酮酸，收率为 98%；所得中间体与对甲苯磺酰肼缩合，然后与氯化亚砜合环等反应制得目的物。反应式如下：

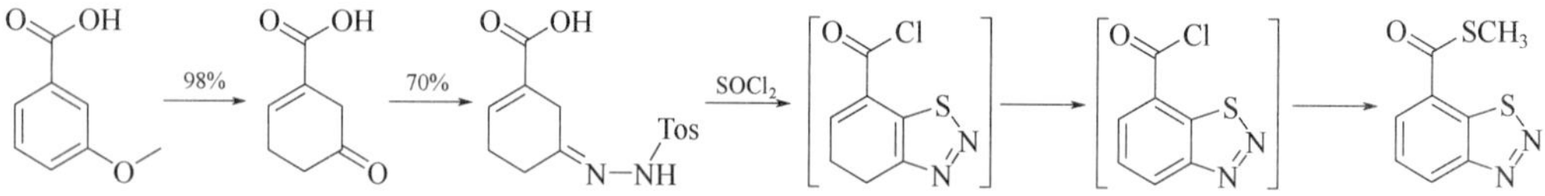

方法 5：以间氨基苯甲酸甲酯为起始原料，与硫氰酸盐反应生成硫脲，在溴存在下闭环，然后在氢氧化钾作用下开环，再重氮化得到苯并噻二唑羧酸，最后经酰氯化、酯化得目的物。反应式如下：

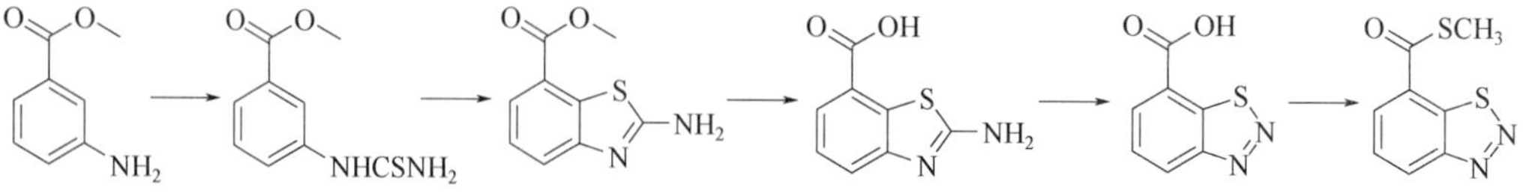

参考文献

[1] The Pesticide Manual. 17 th edition: 13-14.

[2] Proc. Br. Crop Prot. Conf. —Pests Dis.. 1996, 1: 53.

[3] Pestic. Sci., 1997, 50(4): 275.

氟唑活化酯（FBT）

$C_9H_5F_3N_2O_2S$，262.2，864237-81-0

氟唑活化酯（其他名称 B2-a）由华东理工大学和江苏南通泰禾化工有限公司合作开发的植物诱抗剂，于 2015 年获得创制农药类临时登记证。

化学名称 苯并-[1,2,3]-噻二唑-7-甲酸三氟乙酯。英文化学名称为 2,2,2-trifluoroethyl benzo[d][1,2,3]thiadiazole-7-carboxylate。

理化性质 无气味，浅棕色粉末。熔点 94.5～95.5℃。松密度 0.60g/mL，堆密度 0.84 g/mL。易溶于丙酮、乙酸乙酯、二氯甲烷、甲苯等有机溶剂，正己烷 8.5 g/L，水 0.03 g/L。比旋光度 0 mL/(dm·g)，正辛醇-水分配系数（20℃）2.90，饱和蒸气压（25℃）$3.31×10^{-4}$ Pa。在室温下稳定，不具有燃烧性，在 50～500℃内放热效应小于 500 J/g，不具有爆炸危险性，对包装材料无腐蚀性。与水、磷酸二氢铵、铁粉和煤油相混未发现明显反应，不存在氧化-还原/化学不相容性；在 0.1 mol/L KMnO$_4$ 溶液中颜色发生变化，存在氧化-还原/化学不相容性。5%氟唑活化酯乳油芳香族化合物气味，黄褐色透明液体，密度 0.93 g/mL，闪点 55.0℃，无爆炸性和腐蚀性。

毒性 ①原药。大鼠（雌、雄）急性经口 LD_{50} 1080 mg/kg，大鼠（雌、雄）急性经皮 LD_{50}>5000 mg/kg，大鼠（雌、雄）急性吸入 LC_{50}>2000 mg/m^3。对兔眼、兔皮肤无刺激性，对豚鼠致敏性试验为弱致敏。Ames、微核、染色体试验结果均为阴性。

② 5%乳油。大鼠（雌、雄）急性经口 LD_{50} 3160 mg/kg，大鼠（雌、雄）急性经皮 LD_{50}>2000 mg/kg，鼠（雌、雄）急性吸入 LC_{50}>2000 mg/m^3。对家兔皮肤中度刺激性，对兔眼中度刺激性。对豚鼠致敏性试验为弱致敏。95%原药喂食大白鼠 90 d，最大无作用剂量为 54 mg/kg，NOAEL：(5.17±1.00) mg/(kg·d)（雄性），(4.44±1.36) mg/(kg·d)（雌性）。每日允许摄入量 ADI 为 0.44 mg/(kg·d)。

生态效应 日本鹌鹑 LD_{50}(7 d)>1000 mg/kg，LC_{50}(8 d)>2000 mg/kg 饲料，斑马鱼 LC_{50}(96 h)>7.19 mg/L，蜜蜂 LC_{50}(48 h) 1711 mg/L，家蚕 LC_{50}(96 h)>2003 mg/L，大型溞 LC_{50}(48 h)>102 mg/L，小球藻 LC_{50}(72 h) 61.4 mg/L，赤子爱胜蚯蚓 LC_{50}(14 d)>100 mg/kg 干土。土壤微生物土壤 CO$_2$ 累积释放量抑制率（0～15 d，10 倍推荐剂量下）<50%（杭州土和无锡土）。对玉米赤眼蜂（成虫）安全系数>10，非洲爪蟾（蝌蚪）LC_{50}(48 h) 5.39 mg/L。

环境行为 黑土中等吸附，K_d 46.164；红壤较难吸附，K_d 46.164；稻田土难吸附，K_d 3.4668。在黑土、红壤、稻田土中均不移动，R_f 0.083。土壤降解 $t_{0.5}$：52.9 h（红壤），37.7 h（稻田土），18.3 h（黑土）（好氧）；17.9 h（红壤），5.8 h（稻田土），3.7 h（黑土）（厌氧）。水解 $t_{0.5}$：2.5 d（50℃，pH 4），5.0 h（50℃，pH 7），0.25 h（50℃，pH 9）；9.4 d（25℃，pH 4），4.0 d（25℃，pH 7），1.3 h（25℃，pH 9）。纯水中光解 $t_{0.5}$ 63 min。土壤表明光解率<25%（黑土、红壤、稻田土，7 d）。好氧条件下水-沉积物降解试验 $t_{0.5}$：18.6 h（池塘水-对照组），18.3 h（池塘体系），18.8 h（湖泊水-处理组）；17.5 h（池塘水-处理组），23.2 h（湖泊体系），10.7 h（湖泊水-对照组）。厌氧条件下水-沉积物降解试验 $t_{0.5}$：17.7 h（池塘体系），22.3 h（湖泊水-处理组），16.6 h（湖泊水-对照组）；20.8 h（湖泊体系），18.6 h（池塘水-处理组），

18.3 h（池塘体系）。

制剂　5%乳油。

主要生产商　江苏南通泰禾化工有限公司。

作用机理与特点　①基因水平：能够诱导一系列与抗病性有关的基因表达，从而诱导植物自身抗病性的产生。②蛋白水平：促使各种与抗病有关的蛋白生成并显著提高一系列与抗病有关酶（β-1,3-葡聚糖酶、几丁质酶等）的活性，而且还能相应提高与植物抗逆相关的各种过氧化物酶（PAL、SOD、PPO、POD等）的活性。③次生代谢物：诱导并增强植物多种途径的次生代谢，有效提高植物细胞酚类化合物、绿原酸、木质素、鞣质等一系列次生代谢物含量水平。④细胞结构：能够诱导植物细胞壁在真菌侵入的部位积累起较厚的胼胝质防护层，从而在细胞结构上阻止真菌的入侵。

应用　氟唑活化酯（FBT）兼具抗病、抗虫特性，特别是通过简单的叶面喷洒，可以有效防治各类土传病害。FBT对土豆土传病害防治效果尤佳。氟唑活化酯施药浓度在10～20 mg/L，在定植期开始施药，每7 d施药一次，连续施药4次可较好地防治黄瓜霜霉病和白粉病且不会产生药害。

专利与登记

专利名称　苯并噻二唑类化合物及其在植物细胞中的应用

专利号　CN 1450057　　　　专利申请日　2003-05-16

专利拥有者　华东理工大学，大连理工大学

目前江苏省南通泰禾化工有限公司的98%原药及5%乳油在2015年取得临时登记，用于防治黄瓜白粉病，使用剂量为10～20 mg/kg。

合成方法　经如下反应制得氟唑活化酯：

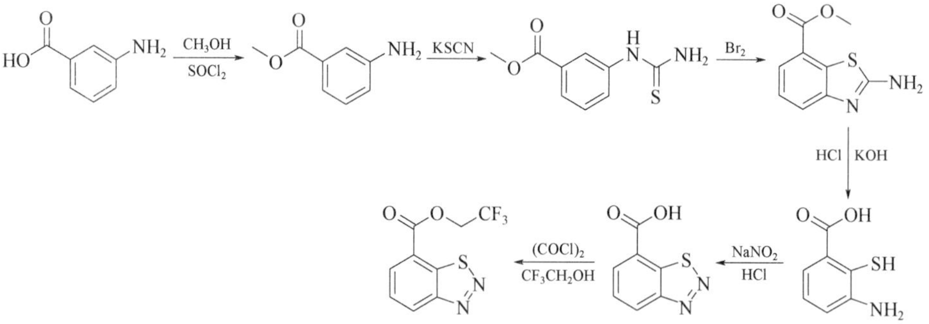

参考文献

[1] 陈仕红，纪明山. 氟唑活化酯诱导抗病机理的研究. 中国化工学会农药专业委员会第十七届年会论文集. 中国化工学会农药专业委员会，2016, 6.

噻酰菌胺（tiadinil）

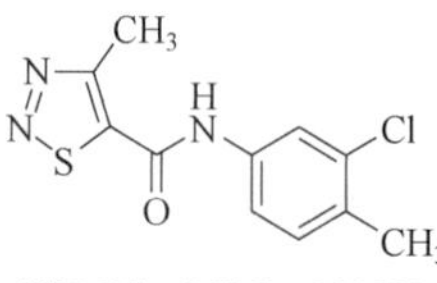

$C_{11}H_{10}ClN_3OS$，267.7，223580-51-6

噻酰菌胺（试验代号：R-4601、NNF-9850，商品名：Apply、V-Get）是日本农药株式会社开发的噻二唑酰胺类杀菌剂。

化学名称　3′-氯-4,4′-二甲基-1,2,3-噻二唑-5-甲酰苯胺。IUPAC 名称：3′-chloro-4,4′-dimethyl-1,2,3-thiadiazole-5-carboxanilide。美国化学文摘（CA）系统名称：*N*-(3-chloro-4-methylphenyl)-4-methyl-1,2,3-thiadiazole-5-carboxamide。CA 主题索引名称：1,2,3-thiadiazole-5-carboxamide —, *N*-(3-chloro-4-methylphenyl)-4-methyl-。

理化性质　原药含量≥95%，淡黄色晶体。熔点112.2℃。蒸气压 $1.03×10^{-3}$ mPa（25℃）。$\lg K_{ow}$=3.68（25℃）。相对密度 1.47（20～25℃）。水中溶解度 13.2 mg/L（20～25℃），其他溶剂中溶解度（g/L，20～25℃）：甲醇 124，丙酮 434，甲苯 11.8，二氯甲烷 156，乙酸乙酯 198。在酸性和碱性条件下（pH 4～9）稳定存在。

毒性　大鼠急性经口 LD_{50} >6147 mg/kg，大鼠急性经皮 LD_{50} >2000 mg/kg。对兔皮肤和眼睛无刺激性。对豚鼠皮肤无致敏性。大鼠吸入 LC_{50}(4 h)>2.48 mg/L。NOEL 值（mg/kg）：雄大鼠（2 年）19.0，雌大鼠（2 年）23.2；雄小鼠（78 周）196，雌小鼠（78 周）267；雌雄狗（1 年）4。ADI 值 0.04 mg/kg。

生态效应　急性经口 LD_{50}（mg/kg）：雄性山齿鹑 7.4，雌性山齿鹑 10.1，雄性和雌性野鸭>25。山齿鹑饲喂 LC_{50}(8 d)212.4 mg/L。鱼类 LC_{50}（96 h，mg/L）：鲤鱼 7.1，虹鳟鱼 3.4。水蚤 LC_{50}(48 h) 1.6 mg/L。月牙藻 E_bC_{50}(72 h) 1.18 mg/L。蚯蚓 LC_{50}(14 d)>1000 mg/kg 土壤。

环境行为　土壤 DT_{50}（稻田条件下）3～5 d。K_{oc} 998～1264。

制剂　6%颗粒剂。

主要生产商　Nihon Nohyaku。

作用机理与特点　该药剂本身对病菌的抑制活性较差，其作用机理主要是阻止病菌菌丝侵入邻近的健康细胞，并能诱导产生抗病基因。叶鞘鉴定法计算稻瘟病对水稻叶鞘细胞侵入菌丝的伸展度和观察叶鞘细胞试验可以观察到该药剂对已经侵入的细胞的病菌的抑制作用并不明显，但病菌的菌丝很难侵入邻近的健康细胞，说明该药剂本身对稻瘟病病菌的抑制活性较弱，但可以有效阻止病菌菌丝对邻近的健康细胞侵害，阻止病斑的形成。进一步的研究表明，水面施药 7 d 时，可以发现噻酰菌胺对 PBZ1、RPR1 和 PAL-ZB8 等基因有明显的诱导作用，说明噻酰菌胺可以提高水稻本身的抗病能力。

应用

（1）适宜作物　水稻等。

（2）防治对象　主要用于稻田防治稻瘟病。对其他病害如褐斑病、白叶枯病、纹枯病以及芝麻叶枯病等也有较好的防治效果。此外，对白粉病、锈病、晚疫病或疫病、霜霉病等也有一定的效果。

（3）应用技术　该药剂有很好的内吸性，可以通过根部吸收，并迅速传导到其他部位，适于水面使用，持效期长，对叶稻瘟病和穗稻瘟病都有较好的防治效果。在稻瘟病发病初期使用，使用时间越早效果越明显。在移植当日处理对叶稻瘟病的防除率都在 90%以上，移植 100 d 后，防除率仍可维持在原水平。此外，该药剂受环境因素影响较小，如移植深度、水深、气温、水温、土壤、光照、施肥和漏水条件等。用药期较长，在发病前 7～20 d 均可。

（4）使用方法　在温室条件下，以 10 g(a.i.)/hm² 施药一周后，用稻梨孢的孢子悬浮液喷雾接种，对稻瘟病有 90% 的防治效果；在 100 g(a.i.)/hm² 剂量下，其防效可达到 98%。在 20 mg/kg 剂量下，对黄瓜霜霉病的防效为 65%，200 mg/kg 剂量下的防效为 96%。小区试验中，在 400 mg/kg 剂量下，对小麦白粉病有 100% 的防效。考虑到对稻瘟病以外的病害的防治和环境条件等影响因素，该药剂在大田条件下推荐的使用剂量为 1800 g(a.i.)/hm²。

专利与登记

专利名称　Controller for agricultural and horticultural disease damage and its use

专利号　JP 8325110　　　　专利申请日　1996-03-31

专利拥有者　Nippon Nohyaku Co Ltd

在其他国家申请的化合物专利　AU 4322297、AU 725138、CN 1232458、EP 0930305、US 6194444、WO 9814437 等。

工艺专利　JP 11140064、WO9923084 等。

合成方法　噻酰菌胺可通过如下两种方法合成。

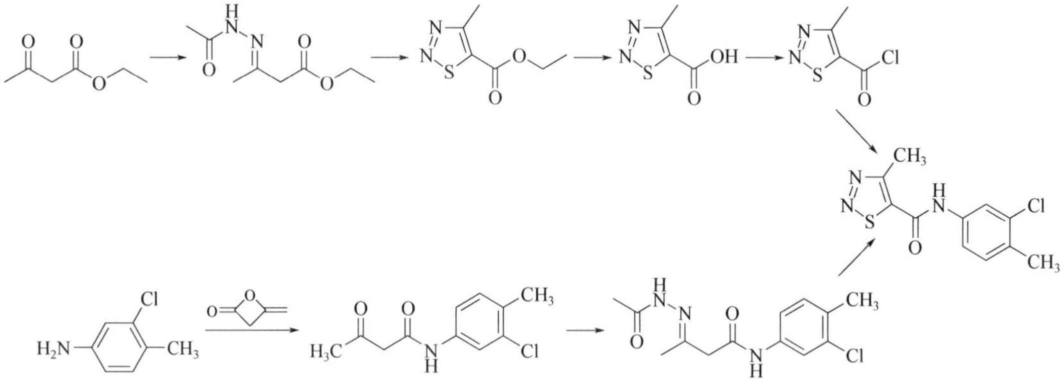

参考文献

[1] The Pesticide Manual.17 th edition: 1112-1113.

甲噻诱胺（methiadinil）

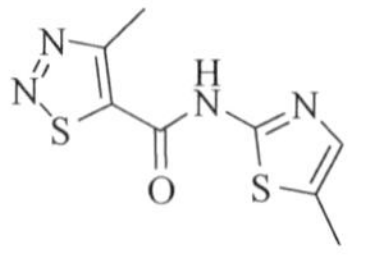

C₈H₈N₄OS₂，240.0，908298-37-3

甲噻诱胺（试验代号：SZG-7）是南开大学 2005 年自主开发创制的高活性的植物激活剂。

化学名称　N-(5-甲基-1,3-噻唑-2-基)-4-甲基-1,2,3-噻二唑-5-甲酰胺。英文化学名称为 N-(5-methyl-1,3-thiazol-2-yl)-4-methyl-1,2,3-thiadiazole-5-carboxamide。

理化性质　纯品白色结晶状粉末，工业品为黄色粉末状固体，无味。水中溶解度 18.01 mg/L，微溶于乙腈、氯仿、二氯甲烷。熔点 232.5℃，不易燃，无热爆炸性。

毒性　大鼠急性经口 LD₅₀>5000 mg/kg，大鼠急性经皮 LD₅₀>2000 mg/kg，对家兔眼睛为轻度刺激，对家兔皮肤无刺激，对豚鼠皮肤为弱致敏性。25% 甲噻诱胺悬浮剂分别用于鱼类、蜜蜂、鸟类、赤眼蜂、藻类等进行测定，评价其环境毒性和安全性，结果表明药剂属于低毒和对环境安全产品。

环境行为　中国农业科学院对 25%甲噻诱胺悬浮剂在烟草烟叶和土壤的最终残留试验结果：以推荐高剂量（250 mg/kg）和 1.5 倍推荐高剂量（375 mg/kg）于烟草移栽还苗后施药 4 次、5 次，于末次施药后 30 d、45 d、60 d 采集烟叶样品，山东、湖南 2 年 2 地试验结果表明，末次试验 60 d 后 2 年 2 地甲噻诱胺的最终残留量为 3.9～12.9 mg/kg；以推荐高剂量（250 mg/kg）和 1.5 倍推荐高剂量（375 mg/kg）于烟草移栽还苗后施药 4 次、5 次，于末次施药后 30 d、45 d、60 d 采集土壤样品，山东、湖南 2 年 2 地试验结果表明，分别以 250 mg/kg、375 mg/kg 施药 4 次、5 次，末次试验 60 d 后 2 年 2 地甲噻诱胺的最终残留量为 0～0.12 mg/kg。

制剂　24%、25%悬浮剂。

主要生产商　利尔化学股份有限公司。

作用机理与特点　不仅可以抑制病原真菌菌丝的生长，也可使菌丝畸变，而且还能抑制真菌孢子的萌发，或使孢子产生球状膨大物。50 μg/mL 甲噻诱胺对水稻稻瘟病菌的菌丝生长有微弱的抑制作用但能显著抑制水稻稻瘟病菌的产孢量，使菌丝严重扭曲。TMV-GFP 试验结果表明，甲噻诱胺具有较好的诱导抗病性，100 μg/mL 可以有效地抑制 TMV 的侵染，与对照药 BTH 和 TDL 效果相当，试验结果还表明其对 TMV 的抑制具有时效性，持效期为 3～4 周。

应用

（1）适用作物　黄瓜、水稻、烟草等。

（2）防治对象　甲噻诱胺具有很好的诱导活性，对烟草病毒病和水稻稻瘟病、黄瓜霜霉病、黄瓜细菌性角斑病等病害防效分别为 40%～70%、30%～40%、30%～70%、30%～40%。一般在作物苗期或未发病之前使用，持效期可达 10～15 d。

（3）使用方法　25%甲噻诱胺悬浮剂田间试验，用 166.7 mL/kg、208.3 mL/kg 和 250 mL/kg 3 个处理剂量，在第 4 次药后 7 d，防效分别为 69.03%、70.69%和 73.28%。对烟草病毒病的防治具有较好的效果，与对照药剂 8%宁南霉素水剂用量 80 mL/kg 的防效（71.57%）相当。

专利与登记

专利名称　新型[1,2,3]噻二唑衍生物及其合成方法和用途

专利号　CN 1810808　　　　专利申请日　2006-02-20

专利拥有者　南开大学

目前在国内登记了原药、单剂，以及混剂（甲诱•吗啉胍）24%悬浮剂，主要用于防治烟草病毒病，使用剂量 500～700 mg/kg。

合成方法　经如下反应制得甲噻诱胺：

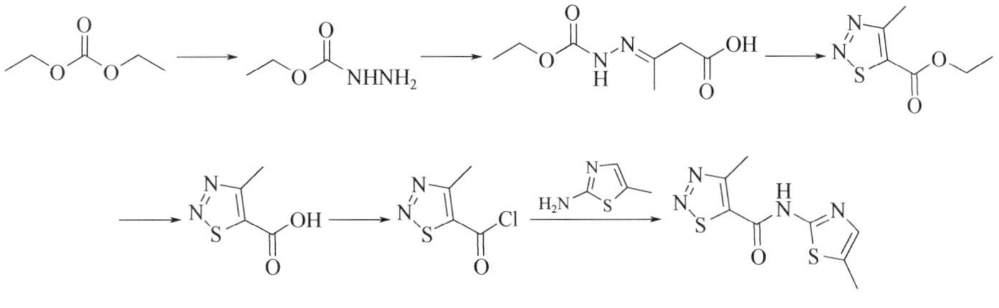

参考文献

[1] 范志金. 甲噻诱胺的作用机制及其先导优化. 天津: 南开大学, 2013.

烯丙苯噻唑（probenazole）

$C_{10}H_9NO_3S$，223.2，27605-76-1

烯丙苯噻唑（商品名称：Oryzemate，其他名称：烯丙异噻唑）是日本明治制果公司开发的异噻唑类杀细菌和杀真菌剂。

化学名称 3-烯丙氧基-1,2-苯并异噻唑-1,1-二氧化物。IUPAC 名称：3-(allyloxy)-1,2-benzisothiazole 1,1-dioxide 或 3-(allyloxy)-1,2-benz[d]isothiazole 1,1-dioxide。美国化学文摘（CA）系统名称：3-(2-propen-1-yloxy)-1,2-benzisothiazole 1,1-dioxide。CA 主题索引名称：1,2-benzisothiazole —, 3-(2-propen-1-yloxy)-1,1-dioxide。

理化性质 纯品为无色结晶固体，熔点 138～139℃。溶解度：微溶于水中（150 mg/L），易溶于丙酮、二甲基甲酰胺和氯仿，微溶于甲醇、乙醇、乙醚和苯中，难溶于正己烷和石油醚。

毒性 急性经口 LD_{50}（mg/kg）：大鼠 2030，小鼠 2750～3000。大鼠急性经皮 LD_{50}＞5000 mg/kg。大鼠慢性毒性研究 NOEL 110 mg/kg。对大鼠无致突变作用，无致畸作用（600 mg/kg 饲料）。

生态效应 鱼 LC_{50}（48 h，mg/L）：鲤鱼 6.3，日本鳉鱼＞6.0。

环境行为 在土壤中 DT_{50}＜24 h（沉积土和火山土）。

制剂 0.3%～0.4%粒剂。

主要生产商 Meiji Seika 及 Saeryung 等。

作用机理与特点 水杨酸免疫系统促进剂。在离体试验中，稍有抗微生物活性，处理水稻，促进根系的吸收，保护作物不受稻瘟病病菌和稻白叶枯病病菌的侵染。

应用

（1）适宜作物 水稻。

（2）防治对象 稻瘟病、白叶病。

（3）使用方法 通常在移植前以粒剂 [2.4～3.2 kg(a.i.)/hm²] 施于水稻或者 1.6～2.4 g/育苗箱（30 cm×60 cm×3 cm）。如以 750 g(a.i.)/hm² 防治水稻稻瘟病，其防效可达 97%。

专利与登记 专利早已过专利期，不存在专利权问题。在国内登记了 95%原药及 8%颗粒剂。日本明治制果药业株式会社登记情况见表 3-1。

表 3-1 日本明治制果药业株式会社登记情况

登记名称	登记证号	含量	剂型	登记作物	防治对象	用药量/(g/hm²)	施用方法
烯丙苯噻唑	PD20090005	95%	原药				
烯丙苯噻唑	PD20090006	8%	颗粒剂	水稻	稻瘟病	2000～4000	撒施

合成方法　以糖精为原料，经氯化、醚化即可制得目的物：

参考文献

[1] The Pesticide Manual. 17 th edition: 903-904.

[2] 张一宾，徐进. 作物抗病激活剂烯丙苯噻唑的合成. 现代农药, 2012, 11(1): 13-14+21.

异噻菌胺（isotianil）

$C_{11}H_5Cl_2N_3OS$，298.2，224049-04-1

异噻菌胺（试验代号：BYF 1047、S 2310，商品名称：Kumiai Routine Ryuzai、Routine 18 SC、Routine Sangja、Twin-tarbo Fertera Box Ryuzai、Routine Bariard Box、Routine Quattro Box Granule、Stout Dantotsu Box Ryuzai，其他名称：Kumiai Routine Admire Box Ryuzai、Twin-tarbo Box Ryuzai 08、Routine Admire BGR、Routine AD SpinoBox GR、Shario）是由德国拜耳作物科学有限公司开发的异噻唑类杀菌剂。

化学名称　3,4-二氯-N-(2-氰基苯基)-1,2-噻唑-5-甲酰胺。IUPAC 名称：4-dichloro-N-(2-cyanophenyl)-1,2-thiazole-5-carboxamide。美国化学文摘（CA）系统名称：3,4-dichloro-N-(2-cyanophenyl)-5-isothiazolecarboxamide。CA 主题索引名称：5-isothiazolecarboxamide —, 3,4-dichloro-N-(2-cyanophenyl)-。

理化性质　纯品为白色粉末。熔点 193.7～195.1℃，蒸气压 $2.36×10^{-4}$ mPa（25℃，计算），lgK_{ow}=2.96（25℃），相对密度 1.110，水中溶解度 0.5 mg/L（20～25℃），其他有机溶剂中溶解度（g/L，20～25℃）：正己烷 0.0594，甲苯 6.87，二氯甲烷 16.6，丙酮 4.96，甲醇 0.775，乙酸乙酯 3.62。pK_a -8.92（20℃±1℃）。

毒性　雌性大鼠急性经口 LD_{50}>2000 mg/kg，大鼠（雌、雄）急性经皮 LD_{50}>2000 mg/kg。对兔皮肤无致敏性。大鼠（雌、雄）LC_{50}(4 h) >4.75 mg/L。NOEL［mg/(kg·d)］：（1 年，慢性）雄大鼠 2.8，雌大鼠 3.7；（2 年，肿瘤）雄性大鼠 79，雌性大鼠 105；（1 年）公狗 5.2，雌大鼠 5.3。对大、小鼠无致癌性。ADI 0.028 mg/(kg·d)。

生态效应　鸟急性经口 LD_{50}（mg/kg）：山齿鹑>2250，日本鹌鹑>2000；饲喂 LC_{50}（5 d，mg/kg）：山齿鹑>5000，野鸭>5620。鱼 LC_{50}（mg/L）：鲤鱼（96 h，流动）>1，虹鳟鱼（96 h，半静态）>1。水蚤 EC_{50}(48 h)>1.0 mg/kg，近头状伪蹄形藻 E_rC_{50}(72 h)>1.0 mg/L，蜜蜂 LD_{50}（经口，接触）>100 μg/只。其他有益生物 LR_{50}（玻璃缸，g/hm²）：蚜茧蜂>160，梨盲走螨>160。

环境行为　①动物。异噻菌胺可以被快速吸收，并通过粪便和尿液排出体外。大鼠口服以后，超过 90%的剂量会在 48 h 内通过粪便排出体外。代谢方式主要为环的羟基化、酰胺的键的水解和键合作用（葡萄苷酸化和硫酸盐化作用）。②植物。主要对苗圃和稻田里面的水稻进行了代谢研究。异噻菌胺在植物体内主要发生酰胺键的断裂，变成羧酸和胺，羧酸最终变成二氧化碳，进而形成淀粉和纤维素。③土壤/环境。在土壤中能很快降解［DT_{50}≤1 d，DT_{90} 3~13 d（20℃）］，最大持水量55%，pH在氯化钙中5.4~7.2。通过吸附试验表明在土壤中无流动性（K_{oc}≥1000 mL/g）。异噻菌胺在水中pH 4时可以稳定存在。水中DT_{50}：约为66 d（25℃，pH 7），54年（pH 9，黑暗中）。

制剂　颗粒剂。

主要生产商　Bayer CropScience。

作用机理与特点　激活作物的防御机制。异噻菌胺是水稻稻瘟病的杀菌剂，也是激活剂，具有诱导活性，同时具有杀菌活性，还具有一定的杀虫活性。异噻菌胺在植物中具有强的植物诱导活性，预防性施用或者在发病早期使用，多种生物因子和非生物因子可激活植物自身的防卫性抗性反应即系统诱导抗性，并影响病原菌生活史的多个环节，从而使植物对多种真菌、细菌、昆虫和病毒产生广谱的自我保护作用，其具体机理尚未见报道，从化学结构看，其可能与活化酯和tiadilin一样，于水杨酸和NPR1蛋白之间活化全株获得抗性。并且异噻菌胺能提供长期残留药效和更小的施用有效成分的剂量，适于引发植物防御性使其不受植物病害真菌、细菌和病毒及昆虫的侵害，能够用来保护植物不受上述有害生物体的侵害，提供保护的时期一般在处理植物后延续1~10 d，优选1~7 d。异噻菌胺还具有强的杀微生物活性，用于直接防治不期望微生物，包括下面的真菌：根肿菌、卵孢真菌、壶菌、接合菌、子囊菌、担子菌和半知菌，例如腐霉属、疫霉属、单轴霉属、霜霉属、白粉菌属、黑星菌属、柄球菌属、核腔菌属等。异噻菌胺特别成功地用于防治谷物病害，例如抗白粉菌属种类、稻瘟病种类，或者防治葡萄栽培和水果和蔬菜生长中的病害。

应用　异噻菌胺适用的主要作物是水稻，登记为防治水稻稻瘟病和水稻白叶枯病的杀菌剂，用750 g/hm² 喷雾幼小稻植物，5 d后防效达90%。异噻菌胺活性良好，但是当用量低时，有时效果不令人满意。而异噻菌胺与其他杀菌剂或杀虫剂等活性物质构成的新型活性化合物结合物具有优良的杀菌或杀虫活性。另外，与已知的杀真菌剂、杀细菌剂、杀螨剂、杀线虫剂或杀昆虫剂混合使用时，在很多情况下实现了增效作用，即混合物的活性超过了各个组分的活性。异噻菌胺作为水稻杀菌剂被发明出来以后，很多文献报道了其与其他农药复配。

专利与登记

专利名称　Preparation of isothiazolecarboxamides as plant protectants

专利号　WO 9924413　　　　　专利申请日　1998-11-05

专利拥有者　Bayer Aktiengesellschaft

在其他国家申请的化合物专利　DE 19750012、AU 9914881、BR 9814636、EP 1049683、JP 2001522840、JP 4088036、EP 1260140、CN 1122028、RU 2214403、ES 2196630、PL 193573、EP 2132988、EP 2145539、EP 2145540、IN 1998 dE 03306、IN 1998 dE 03307、IN 234311、ZA 9810299、TW 434233、US 6277791等。

2011年在日本和韩国首次登记用于水稻杀菌剂，2012年在中国台湾登记上市。国内登记有异噻菌胺96%原药及肟菌·异噻胺24.1%种子处理悬浮剂。拜耳公司在中国登记情况见表3-2。

表3-2　拜耳公司在中国登记情况

登记名称	登记证号	含量	剂型	登记作物	防治对象	用药量	施用方法
肟菌·异噻胺	PD20181595	24.1%	种子处理悬浮剂	水稻	稻瘟病	15~25 mL/kg 种子	拌种
					恶苗病		
异噻菌胺	PD20181596	96%	原药				

合成方法 以二硫化碳和邻氨基苯腈或邻氨基苯甲酰胺为原料经如下反应得到异噻唑菌胺。

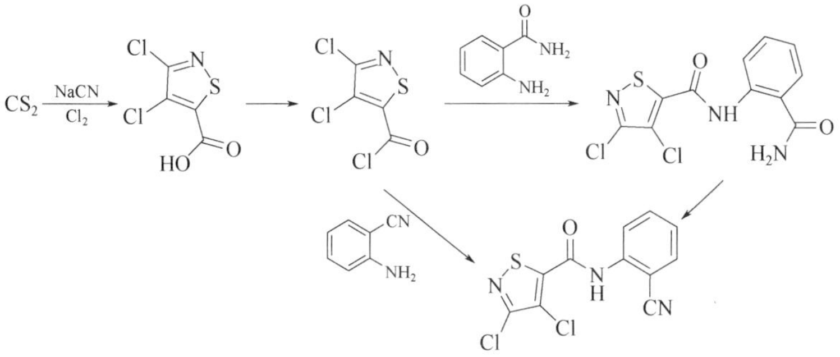

参考文献

[1] 陈晓燕, 王盾, 黄杰, 等. 中国农药, 2012(1): 31-34.
[2] The Pesticide Manual. 17th edition: 662-663.

dichlobentiazox

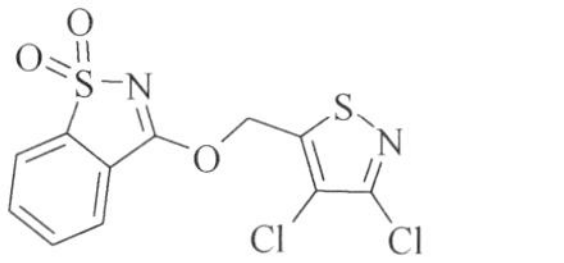

$C_{11}H_6Cl_2N_2O_3S_2$，349.2，957144-77-3

dichlobentiazox 是日本组合化学株式会社开发的苯并噻唑类杀菌剂，开发代号为KIF-1629。能够防治稻瘟病及黄瓜炭疽病。

化学名称 3-((3,4-二氯异噻唑-5-基)甲氧基)苯并[d]异噻唑-1,1-二氧化物。IUPAC 名称、美国化学文摘（CA）系统名称：3-[(3,4-dichloro-5-isothiazolyl)methoxy]-1,2-benzisothiazole 1,1-dioxide。CA 主题索引名称：1,2-benzisothiazole —, 3-[(3,4-dichloro-5-isothiazolyl)methoxy] - 1,1-dioxide。

毒性 该化合物无致癌性、生殖毒性、致畸性和遗传毒性。在一项为期两年的大鼠慢性毒性/致癌性研究中，所有研究中获得的无可见不良作用水平（NOAEL）为每天 5.03 mg/kg 体重。

专利与登记

专利名称 1,2-benzisothiazole derivative, and agricultural or horticultural plant disease-controlling agent

专利号 WO 2007129454　　　　专利申请日 2007-04-20

专利拥有者 日本组合化学株式会社

在其他国家申请的化合物专利 CN 101437806、EP 2017268、JP 5089581、KR 101319063、TW I369355、US 7714140。

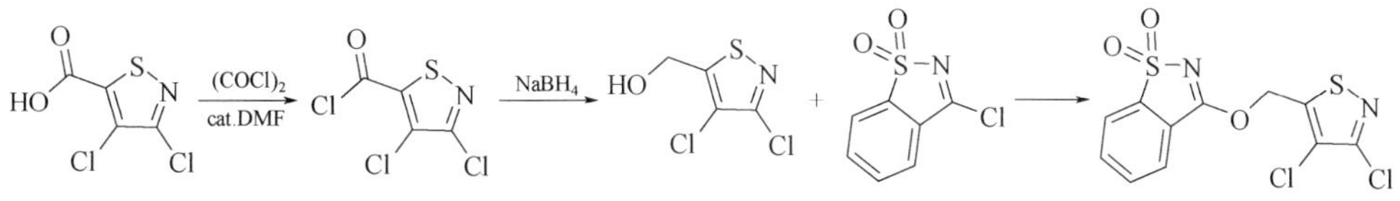

参考文献

[1] WO 2007129454.

[2] Food Safety Commission of Japan. Dichlobentiazox (Pesticides). 2020, 8(1): 6-7.

三乙膦酸铝（fosetyl-aluminium）

$$\left(C_2H_5O-\overset{\overset{\displaystyle O}{\|}}{\underset{H}{P}}-O\right)_3 Al$$

$C_6H_{18}AlO_9P_3$，354.1，39148-24-8

三乙膦酸铝（试验代号：LS74783，RP32545，商品名称：Alitte、Fitonette、Fosim、Fostar、Manaus、Valete、Vialphos、Mikal、Profiler、Verita，其他名称：Alfil、Alfosetil、efosite、Alliagro、Avi、Chipco Signature、Contender、Epal、Etylit、Fesil、Flanker、Fosbel、Fosetal、Kelly、Linebacker、Pilarfarm、Plant Care、疫霉灵、疫霜灵、乙磷铝、藻菌磷）是由罗纳-普朗克公司（现拜耳公司）开发的杀菌剂。

化学名称 三-(乙基膦酸)铝。IUPAC 名称：aluminium tris(ethyl phosphonate)。美国化学文摘（CA）系统名称：aluminum tris[ethyl phosphonate]。CA 主题索引名称：phosphonic acid ethyl ester, aluminum salt（3：1）。

理化性质 原药纯度≥96%，纯品白色粉末（原药为白色略黄色粉末）。熔点 215℃。分配系数 lgK_{ow}（23℃）=−2.7～−2.1。相对密度（20～25℃）：1.529（99.1%），1.54（97.6%）。水中溶解度（20～25℃，pH 6）111.3g/L；有机溶剂中溶解度（mg/L，20～25℃）：甲醇 807，丙酮 6，乙酸乙酯<1。稳定性：遇强酸、碱分解，DT_{50} 为 5 d（pH 3），13.4 d（pH 13）。276℃以上分解。耐光性 DT_{50} 为 23 h。pK_a 4.7（20℃）。

毒性 大鼠急性经口 LD_{50}>7080 mg/kg。大鼠、兔急性经皮 LD_{50}>2000 mg/kg；对皮肤无刺激性。大鼠吸入 LC_{50}(4 h)>5.11 mg/L 空气。狗 NOAEL（2 年）300 mg/(kg·d)。ADI 值：3 mg/kg (EC 2006)；2.5 mg/kg(EPA 2003)。无致畸、致突变、致癌作用。

生态效应 山齿鹑急性经口 LD_{50}>8000 mg/kg。山齿鹑和野鸭饲喂 LC_{50}(5 d)>20000 mg/L 饲料。鱼类 LC_{50}（96 h，mg/L）：虹鳟鱼>122，大翻车鱼>60，水蚤 LC_{50}(48 h)>100 mg/L。绿藻 EC_{50}(90 h) 21.9 mg/L。摇蚊 NOEC(21 d) 100.2 mg/L。蜜蜂 LD_{50}(96 h,μg/只)：经口>461.8，接触>1000。蚯蚓 LC_{50}(14 d)>1000 mg/kg。

环境行为 ①动物。三乙膦酸铝在动物体内几乎可被全部吸收，经过一系列新陈代谢的转化，最终代谢产物为 CO_2 和磷酸，分别以呼吸和尿液的形式排出体外。②植物。三乙膦酸铝在植物体内的代谢过程通过醋酸乙酯的水解来实现。磷酸为主要的代谢产物。③土壤/环境。在土壤中，三乙膦酸铝在需氧和厌氧的条件下都具有极短的半衰期，可迅速损耗代谢掉。DT_{50}（有氧）20～90 min。在微生物富集的水相或沉淀物体系中，三乙膦酸铝可迅速被降解；DT_{50} 14～40 h。

主要生产商 Cheminova、Isochem、江苏诺恩作物科学股份有限公司、浙江嘉华化工有限公司、上海沪联生物药业（夏邑）股份有限公司及马鞍山叶释木生物科技有限公司等。

应用

（1）适宜作物 黄瓜、白菜、胡椒、洋葱、椰菜、莴苣、啤酒花、烟草、棉花、橡胶、观赏植物、苹果、菠萝、柑橘、葡萄等。

（2）防治对象 用于防治莴苣霜霉病，葡萄霜霉病，菠萝心腐病，柑橘根腐病、茎溃疡和流胶病，鳄梨根腐病和茎腐病、杨梅根茎腐病、红髓病，以及胡椒、观赏植物、苹果、洋葱、黄瓜、椰菜等由霜霉菌或疫霉菌引起的病害。

（3）使用方法

① 防治白菜霜霉病　在病害初发时，每次用40%可湿性粉剂8.25～11.25 kg/hm²，对水均匀喷雾，间隔期为10 d，喷2～3次。

② 防治黄瓜霜霉病　在病害初发时，每次用40%可湿性粉剂2.8 kg/hm²，对水均匀喷雾，间隔期为10 d，喷4次。

③ 防治烟草黑胫病　在病害初发时，每次用40%可湿性粉剂11.25 kg/hm²，对水均匀喷雾，间隔期为7～10 d，喷2～3次，或每株以有效成分0.8g，加水灌根。

④ 防治棉花疫病　在病害初发时，每次用40%可湿性粉剂2.8～5.6 kg/hm²，对水均匀喷雾，间隔期为7～10 d，喷2～3次。

⑤ 防治橡割面胶溃疡病等　用40%可湿性粉剂加水配成4 g/L有效浓度的药液，涂抹切口。

专利与登记　专利FR 2254276已过期，不存在专利权问题。拜耳公司在中国登记情况见表3-3。

表3-3　拜耳公司在中国登记情况

登记名称	登记证号	含量	剂型	登记作物	防治对象	用药量	施用方法
乙铝·氟吡胺	PD20183596	71%	水分散粒剂	葡萄	霜霉病	400～500倍液	喷雾
				葡萄	霜霉病	400～500倍液	喷雾
三乙膦酸铝	PD20094981	96%	原药				

合成方法　经如下方法制得三乙膦酸铝：

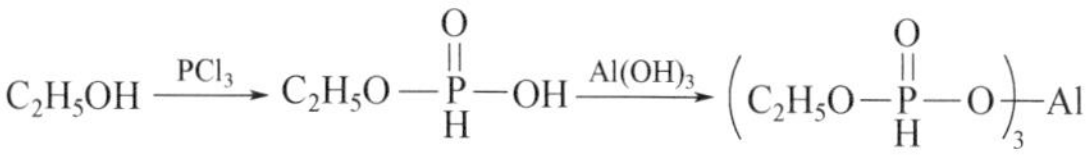

或

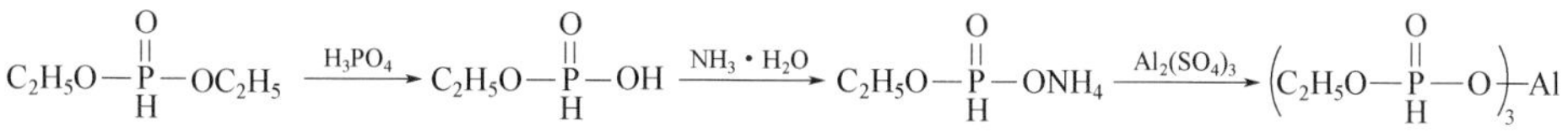

参考文献

[1] The Pesticide Manual. 17 th edition: 563-564.

[2] 李朝波, 卓江涛, 梁化萍. 乙磷铝工艺技术改进的应用. 山东化工, 2012, 41(12): 89-91.

毒氟磷（dufulin）

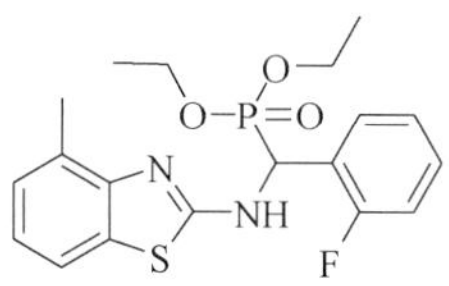

$C_{19}H_{22}FN_2O_3PS$，408.4，882182-49-2

毒氟磷是由教育部绿色农药与农业生物工程重点实验室（贵州大学）、贵州大学精细化工研究开发中心等研制与开发的含氟氨基磷酸酯类新型抗植物病毒剂。

化学名称 *N*-[2-(4-甲基苯并噻唑基)]-2-氨基-2-氟代苯基-*O*, *O*-二乙基磷酸酯。英文化学名称：diethyl ((2-fluorophenyl)((4-methylbenzo[*d*]thiazol-2-yl)amino)methyl)phosphonate。IUPAC名称：diethyl (*αRS*)-{2-fluoro-*α*-[(4-methyl-1,3-benzothiazol-2-yl)amino]benzyl}phosphonate。美国化学文摘（CA）系统名称：diethyl *P*-[(2-fluorophenyl) [(4-methyl-2-benzothiazolyl)amino]methyl]phosphonate。CA 主题索引名称：phosphonic acid —, *P*-[(2-fluorophenyl) [(4-methyl-2-benzothiazolyl)amino]methyl]-diethyl ester。

理化性质 无色结晶固体。熔点 143～145℃。易溶于丙酮、四氢呋喃、二甲基亚砜等有机溶剂，22℃在水、丙酮、环己烷、环己酮和二甲苯中的溶解度分别为 0.04 g/L、147.8 g/L、17.28 g/L、329.0 g/L、73.30 g/L。毒氟磷对光、热和潮湿均较稳定。遇酸和碱时逐渐分解。

毒性 原药大鼠（雌、雄）急性经口 LD_{50}>5000 mg/kg，大鼠（雌、雄）急性经皮 LD_{50}>2150 mg/kg，对兔眼、兔皮肤无刺激性。对豚鼠致敏性试验为弱致敏。Ames、微核、染色体试验结果均为阴性。30%可湿性粉剂大鼠（雌、雄）急性经口 LD_{50}>5000 mg/kg，大鼠（雌、雄）急性经皮 LD_{50}>2000 mg/kg，对家兔皮肤无刺激性，对兔眼轻度至中度刺激性。对豚鼠致敏性试验为弱致敏。

生态效应 30%可湿性粉剂斑马鱼 LC_{50}(96 h) >12.4 mg/L，蜜蜂 LC_{50}(48 h) >5000 mg/L，鹌鹑 LD_{50}(7 d) >450 mg/kg，家蚕 LC_{50}（2 龄）> 5000 mg/kg 桑叶。

环境行为 毒氟磷光解半衰期为 1980 min，大于 24 h。毒氟磷性质较稳定。毒氟磷在黑土中的吸附常数为 45.8，按照 GB/T 31270.4—2014《化学农药环境安全评价试验准则》对农药土壤吸附性等级划分标准，毒性在黑土中为"Ⅲ级〈中等土壤吸附〉"。30%毒氟磷可湿性粉剂按推荐有效成分剂量 300～500 g/hm²，设置两个有效成分施药浓度 500 g/hm² 和 1000 g/hm² 施药，在烟草上的残留试验表明在烟叶中消解较快，半衰期为 4.1～5.4 d；在土壤中半衰期为 10.0～10.8 d，收获期 30%毒氟磷可湿性粉剂在土壤中最终残留小于 0.23 mg/kg，在烟叶中残留量小于 0.46 mg/kg。

制剂 30%可湿性粉剂。

主要生产商 广西田园生化股份有限公司。

作用机理与特点 毒氟磷抗烟草病毒病的作用靶点尚不完全清楚，但毒氟磷可通过激活烟草水杨酸信号传导通路，提高信号分子水杨酸的含量，从而促进下游病程相关蛋白的表达；通过诱导烟草 PAL、POD、SOD 防御酶活性而获得抗病毒能力；通过聚集 TMV 粒子减少病毒对寄主的入侵。毒氟磷具有较强的内吸作用，通过作物叶片的吸收可迅速传导至植株的各个部位，破坏病毒外壳，使病毒固定而无法继续增殖，有效阻止病害的进一步蔓延。毒氟磷可通过调节植物内源生长因子，促进根部生长，恢复叶部功能，降低产量损失。与其他杀菌剂无交互抗性。

应用

（1）适用作物 水稻、烟草、玉米、香蕉、番茄、辣椒、木瓜、黄瓜、西瓜、苦瓜等。

（2）防治对象 水稻黑条矮缩病、水稻条纹叶枯病、烟草花叶病、束顶病、花叶心腐病、木瓜花叶病，以及玉米、香蕉、豆科作物、茄科蔬菜、葫芦科蔬菜等的病毒病。

（3）使用方法 ①防治水稻黑条矮缩病：水稻露白后，使用毒氟磷 1 包拌种 1.5～2 kg（以干种子计）；另外，抓住移栽前 5～7 d、移栽后 10～15 d、水稻封行这三个重要时期，各使用毒氟磷 1 包兑 15 kg 水均匀喷雾，同时应重点结合白背飞虱的防治。②防治水稻条纹叶枯病：基本同水稻矮缩病，麦稻轮作区域，在小麦收割时，尤其应注意水稻秧田条纹叶枯病的防治，除采用毒氟磷 1 包兑水 15 kg 均匀喷雾防治外，也应结合灰飞虱的防治。③防治烟草花叶病：移栽前 3～5 d 以及移栽后，使用毒氟磷稀释 1000 倍均匀喷雾，随后视发病情况用药 2～3 次，用药间隔 10～15 d。④防治玉米病毒病：3～5 叶期时采用 15 g 毒氟磷兑水 15 kg 均匀喷雾，整个生育期间如发现病株，用量加倍。⑤防治香蕉病毒病、束顶病、花叶心腐病：蕉苗移栽后 7～15 d，在配合蚜虫防治的同时，采用毒氟磷稀释 1000 倍均匀喷雾，连续防治 2～3 次。发现发病严重蕉苗，除应先防治病株上的蚜虫之外，还应采用毒氟磷稀释 500～1000 倍对准病株均匀喷雾，随后再将病株拔除，以防病毒扩散。⑥防治木瓜花叶病：预防性用药，采用毒氟磷稀释 500～1000 倍均匀喷雾使用。⑦防治豆科作物病毒病（花生、大豆）：苗期预防，使用毒氟磷 1 包兑水 15 kg 均匀喷雾；田间发现病株用量加倍。⑧防治茄科蔬菜病毒病（番茄、辣椒等）：定植后现蕾前预防性用药，每隔 10～15 d 使用毒氟磷稀释 1000 倍均匀喷雾，如发现病株，用量加倍。⑨防治葫芦科蔬菜病毒病（西瓜、苦瓜等）：发病初期，使用毒氟磷稀释 500 倍均匀喷雾，10 d 左右 1 次，连续防治 2～3 次。

在使用毒氟磷防治病毒病的过程中，配合飞虱、蚜虫与粉虱等传毒介体的防治，可有效切断病毒传播途径，提高防治效果。

专利与登记

专利名称　N-取代苯并噻唑基-1-取代苯基-O,O-二烷基-α-氨基膦酸酯类衍生物及制备方法和用途

专利号　CN 1687088　　　　专利申请日　2005-04-04

专利拥有者　贵州大学

目前广西田园生化股份有限公司在国内登记了原药及其 30%可湿性粉剂，可用于防治番茄病毒病（400～500 g/hm^2）以及水稻黑条矮缩病（200～340 g/hm^2）。

合成方法　经如下反应制得毒氟磷：

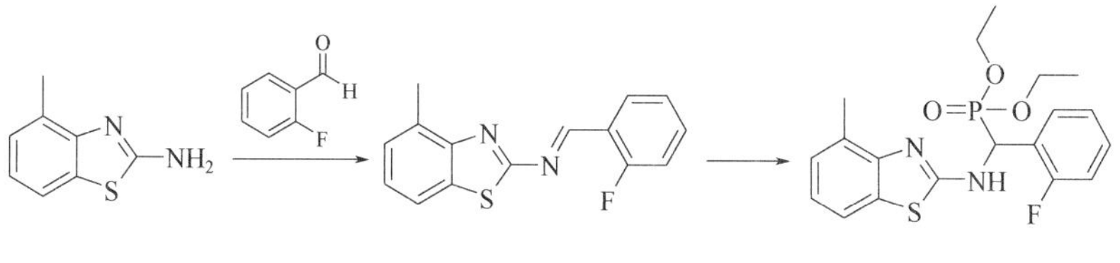

参考文献

[1] 陈卓, 杨松. 自主创制抗植物病毒新农药: 毒氟磷. 世界农药, 2009, 31(2): 52-53.

氯吲哚酰肼（chloroinconazide）

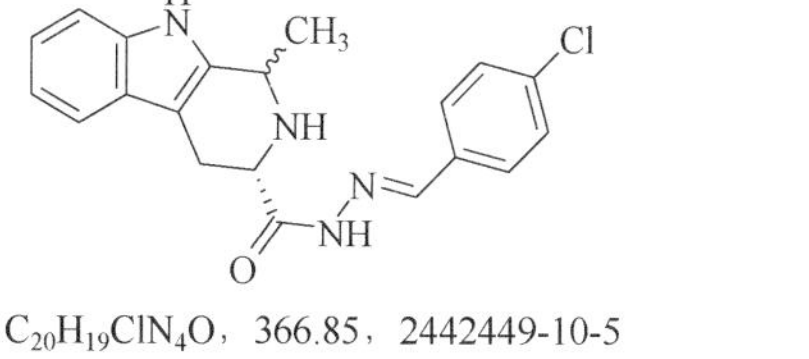

C$_{20}$H$_{19}$ClN$_4$O，366.85，2442449-10-5

氯吲哚酰肼是由南开大学研制、山东京博农化科技有限公司开发的新型抗植物病毒剂。

化学名称　(1RS,3S)-N-(4-氯苯基亚甲基)-1-甲基-2,3,4,9-四氢吡啶并［3,4-b］吲哚-3-甲酰肼。IUPAC 名称：(1RS,3S)-N'-[(E)-(4-chlorobenzylidene)]-2,3,4,9-tetrahydro-1-methyl-1H-pyrido

[3,4-*b*]indole-3-carbohydrazide。美国化学文摘（CA）系统名称：(3*S*)-2,3,4,9-tetrahydro-1-methyl-1*H*-pyrido[3,4-*b*]indole-3-carboxylic acid (2*E*)-2-[(4-chlorophenyl)methylene]hydrazide。CA 主题索引名称：1*H*-pyrido[3,4-*b*]indole-3-carboxylic acid —, 2,3,4,9-tetrahydro-1-methyl-(2*E*)-2-[(4-chlorophenyl)methylene]hydrazide, (3*S*)-。

理化性质 黄色固体。(1*S*, 3*S*) 异构体的熔点为 140～145℃。

作用机理与特点 作用靶点尚不清楚。此类药剂不仅对植物病毒病（尤其是烟草花叶病毒）具有一定的控制作用，对苹果纶纹病、小麦纹枯病、油菜菌核病、辣椒疫病等真菌性病害具有较好的生物活性，还对黏虫、棉铃虫、玉米螟和蚊幼虫等具有一定杀虫效果。

专利与登记

专利名称 *β*-咔啉，二氢-*β*-咔啉和四氢-*β*-咔啉生物碱衍生物及其制备方法和在防治植物病毒、杀菌、杀虫方面的应用

专利号 CN 104744460　　　　专利申请日 2013-12-30

专利拥有者 南开大学

合成方法 经如下反应制得氯吲哚酰肼：

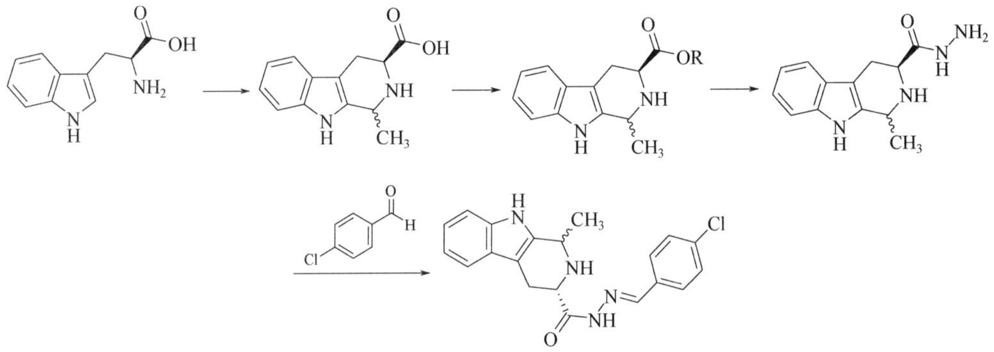

参考文献

[1] 宋红健. 天然产物骆驼蓬碱和去氢骆驼蓬碱及其衍生物的合成、生物活性和构效关系研究. 天津: 南开大学, 2014.

※ 参考文献 ※

[1] 张越, 杨冬燕, 张乃楼, 等. 植物抗病激活剂研究进展.中国科学基金, 2020, 34(4): 519-528.

[2] 吕印谱, 丁征宇, 宋宝安, 等. 抗植物病毒剂作用机制研究进展.中国植保导刊, 2007(10): 14-16.

[3] 陈齐斌, 沈嘉祥. 抗植物病毒剂研究进展和面临的挑战与机遇. 云南农业大学学报, 2005(4): 505-512.

[4] 金林红, 宋宝安, 杨松, 等. 天然产物抗植物病毒剂国内外研究进展. 农药, 2003(4): 10-12.

[5] 刘学端, 张碧峰. 抗植物病毒剂的研究和应用. 国外农学-植物保护, 1994(Z1): 8-11.

[6] 江山. 抗植物病毒剂的发展现状及应用前景. 世界农业, 1992(1): 41-42.

第四章

杀细菌剂

防治细菌性病害常用杀菌剂有：无机铜类杀菌剂、有机铜（锌、锰）类杀菌剂、抗生素类杀菌剂及其他一些杀细菌剂等。常见的无机铜类杀菌剂包括：氢氧化铜、氧化亚铜、碱式硫酸铜（波尔多液等）、氧氯化铜（王铜等）、络氨铜。常见的有机铜类杀菌剂包括：喹啉铜、噻菌铜、噻森铜、松脂酸铜、琥珀酸铜、壬菌铜等。常用的抗生素类杀细菌剂包括：农用硫酸链霉素、中生菌素、水合霉素（又称盐酸土霉素）、宁南霉素、井冈霉素、春雷霉素、金核霉素、新植霉素、多抗霉素、农抗 120 等。其他一些杀细菌剂包括：叶枯唑、敌磺钠等。

前述无机铜类杀菌剂参见本书其他章节。下文主要介绍有机铜类杀菌剂、锌类杀菌剂、抗生素类杀菌剂和其他类型的杀菌剂。

杀细菌剂包括 amicarthiazol、bismerthiazol、bronopol、cellocidin、chloramphenicol、copper hydroxide、cresol、dichlorophen、dipyrithione、dodicin、ethylicin、fenaminosulf、fluopimomide、formaldehyde、hexachlorophene、hydrargaphen、8-hydroxyquinoline sulfate、kasugamycin、ningnanmycin、nitrapyrin、octhilinone、oxolinic acid、oxytetracycline、phenazine oxide、probenazole、saijunmao、saisentong、streptomycin、tecloftalam、thiodiazole-copper、thiomersal、xinjunan、zinc thiazole。

本章节主要介绍如下品种 amicarthiazol、bismerthiazol、bronopol、ethylicin、fenaminosulf、8-hydroxyquinoline sulfate、kasugamycin、ningnanmycin、octhilinone、oxolinic acid、saisentong、streptomycin、thiodiazole-copper、xinjunan、zinc thiazole。

拌种灵（amicarthiazol）、乙蒜素（ethylicin）、辛菌胺（xinjunan）只在国内有登记。

copper hydroxide、fluopimomide、probenazole、tecloftalam 将在本书其他部分进行介绍。

如下化合物因应用范围小或不再作为杀菌剂使用或没有商品化等原因，本书不予介绍，仅列出化学名称及 CAS 登录号供参考：

叶枯炔（cellocidin，非 ISO 通用名）：but-2-ynediamide；543-21-5。

氯霉素（chloramphenicol）：2,2-dichloro-N-[(1R,2R)-2-hydroxy-1-(hydroxymethyl)-2-(4-nitro-phenyl)ethyl]acetamide；56-75-7。

愈创木酚（cresol）：mixture of 2-methylphenol, 3-methylphenol and 4-methylphenol；1319-77-3。

双氯酚（dichlorophen）：4,4′-dichloro-2,2′-methylenediphenol；97-23-4。

双吡硫翁（dipyrithione）：2,2′-dithiodi(pyridin-1-ium-1-olate)；3696-28-4。

多地辛（dodicin）：*N*-(2-{[2-(dodecylamino)ethyl]amino}ethyl)glycine；6843-97-6。

甲醛（formaldehyde）：50-00-0。

六氯酚（hexachlorophene）：2,2′-methylenebis(3,4,6-trichlorophenol)；70-30-4。

汞加芬（hydrargaphen）：μ-(2,2′-binaphthalene-3-sulfonyloxy)bis(phenylmercury)；14235-86-0。

三氯甲基吡啶（nitrapyrin）：2-chloro-6-(trichloromethyl)pyridine；1929-82-4。

土霉素（oxytetracycline）：(4*S*,4a*R*,5*S*,5a*R*,6*S*,12a*S*)-4-(dimethylamino)-1,4,4a,5,5a,6,11,12a-octahydro-3,5,6,10,12,12a-hexahydroxy-6-methyl-1,11-dioxonaphthacene-2-carboxamide；79-57-2。

叶枯净（phenazine oxide）：phenazin-5-ium-5-olate；304-81-4。

噻菌茂（saijunmao）：*N*′-(1,3-dithiolan-2-ylidene)benzohydrazide；62303-19-9。

硫柳汞（thiomersal）：sodium salt of (2-carboxyphenylthio)ethylmercury；54-64-8。

截至 2020 年 9 月公开的 13 个抗生素类杀菌剂（包括商品化、在开发中或从来没有商品化的化合物）详细分类与通用名称如下：

Antibiotic fungicides（抗生素类杀菌剂）：aureofungin、blasticidin-S、cycloheximide、fenpicoxamid、griseofulvin、kasugamycin、moroxydine、natamycin、ningnanmycin、polyoxins（polyoxorim）、streptomycin、validamycin。

其中 blasticidin-S、kasugamycin、ningnanmycin、polyoxins（polyoxorim）、streptomycin、validamycin 在本章节进行介绍。fenpicoxamid 将在本书其他部分进行介绍。如下化合物因应用范围小或不再作为杀菌剂使用或没有商品化等原因，本书不予介绍，仅列出化学名称及 CAS 登录号供参考：

金色制霉素（aureofungin）：aureofungin A (33-[(3-amino-3,6-dideoxy-D-mannopyranosyl)oxy]-1,3,5,7,9,11,13,15,37-nonahydroxy-17-{4-hydroxy-1-methyl-6-[4-(methylamino)phenyl]-6-oxohexyl}-18-methyl-15-oxo-16,39-dioxabicyclo[33.3.1]nonatriaconta-19,21,23,25,27,29,31-heptaene-36-carboxylic acid) 与 aureofungin B (33-[(3-amino-3,6-dideoxy-D-mannopyranosyl)oxy]-1,3,5,7,9,11,13,15,37-nonahydroxy-17-(4-hydroxy-1-methyl-6-oxoundeca-7,9-dienyl)-18-methyl-15-oxo-16,39-dioxabicyclo[33.3.1]nonatriaconta-19,21,23,25,27,29,31-heptaene-36-carboxylic acid) 混合物；8065-41-6。

cycloheximide：4-{(2*R*)-2-[(1*S*,3*S*,5*S*)-3,5-dimethyl-2-oxocyclohexyl]-2-hydroxyethyl} piperidine-2,6-dione 或 3-{(2*R*)-2-[(1*S*,3*S*,5*S*)-3,5-dimethyl-2-oxocyclohexyl]-2-hydroxyethyl} glutarimide；66-81-9。

griseofulvin：(1′*S-trans*)-7-chloro-2′,4,6-trimethoxy-6′- methylspiro[benzofuran-2(3*H*), 1′-cyclohex-2′-ene]-3,4′-dione 或 7-chloro-4,6-dimethoxycoumaran-3-one-2-spiro-1′-(2′-methoxy-6′-methylcyclohex-2′-en-4′-one)；126-07-8。

吗啉胍（moroxydine）：*N*-carbamimidoylmorpholine-4-carboximidamide 或 4-morpholinecarboximidoylguanidine；3731-59-7。

那他霉素（natamycin）：(8*E*,14*E*,16*E*,18*E*,20*E*)-(1*R*,3*S*,5*R*,7*R*,12*R*,22*R*,24*S*,25*R*,26*S*)-22-(3-amino-3,6-dideoxy-*β*-D-mannopyranosyloxy)-1,3,26-trihydroxy-12-methyl-10-oxo-6,11,28-trioxatricyclo[22.3.1.05,7]octacosa-8,14,16,18,20-pentaene-25-carboxylic acid；7681-93-8。

喹啉铜（oxine-copper, oxine-Cu）

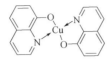

C₁₈H₁₂CuN₂O₂，351.0，10380-28-6

喹啉铜（商品名称：Quinolate、Dokirin、Oxin-doh、Quinondo、Seed Guard 等，其他名称：copper 8-quinolinolate、oxine-Cu）最早由 D. Powell 报道（Phytopathology, 1946, 36: 572）。

化学名称　8-羟基喹啉铜。IUPAC 名称：bis(quinolin-8-olato-*O,N*)copper（Ⅱ）或 cupric quinoline 8-oxide。美国化学文摘（CA）系统名称：bis(8-quinolinolato-$\kappa N^1, \kappa O^8$)copper。CA 主题索引名称：copper —, bis(8-quinolinolato-$\kappa N^1, \kappa O^8$)-。

理化性质　工业品纯度纯品≥95%，橄榄绿粉末状固体，>270℃分解。蒸气压 4.6×10⁻⁵ mPa（25℃）。水中溶解度 1.04 mg/L（20～25℃）；有机溶剂中溶解度（mg/L，20℃）正己烷 0.17，甲苯 45.9，二氯甲烷 410，丙酮 27.6，乙醇 150，乙酸乙酯 28.6。在酸性或碱性介质中稳定（pH=5～9）。pK_a 4.29（24.5℃）。lgK_{ow}=2.46（蒸馏水，25℃）。Henry 1.56×10⁻⁵ Pa·m³/mol 相对密度 1.687（20℃）。

毒性　急性经口 LD₅₀（mg/kg）：雄性大鼠 585，雌性大鼠 550，雄性小鼠 1491，雌性小鼠 2724。大鼠皮肤和眼睛急性经皮 LD₅₀>5000 mg/kg。对皮肤无刺激性；对眼睛（兔子）有刺激性。大鼠吸入 LC₅₀（4 h）>0.94 mg/L。NOEL：（2 年）雄性大鼠 9.7 mg/kg，雌性大鼠 12.5 mg/kg；（1 年）雄性和雌性狗 1 mg/(kg·d)体重；（78 周）雄性小鼠 50.3 mg/(kg·d)体重，雌性小鼠 10.2 mg/(kg·d)体重。ADI 0.01 mg/kg。无致癌、无致畸、无致突变。

生态效应　鸟类 LD₅₀（8 d, mg/kg）：公鹌鹑 1249，母鹌鹑 809，绿头鸭>2000。鱼类：蓝鳃太阳鱼 21.6，虹鳟 8.94，鲤鱼 19.3 µg/L。水蚤 LC₅₀(48 h)240 µg/L。藻类 E$_b$C₅₀(0～72 h)94.2 µg/L。对蜜蜂无毒。蚯蚓 LC₅₀（14 d）：500～1000 mg/kg 土壤。

环境行为　①动物。在大鼠体内，72 h 内约 73%排泄在尿液中，约 26%在粪便中排出，代谢物主要为原药和 8-羟基喹啉以及少量的葡萄糖醛酸和硫酸盐结合物。②植物。在莴苣和苹果上使用一周后，产品无渗透，也不在叶面上转移。表面冲洗过程中未观察到代谢物。③土壤/环境。DT₅₀ 2 d（20℃，63%MWC）。无淋溶趋势（90%残留在 0～6 cm 表层土壤中）。

主要生产商　Syngenta, Agro-Kanesho,Sinon 等。

作用机理与特点　非选择性多位点内吸性杀真菌和杀细菌剂。

应用

（1）适用作物　谷物、蔬菜和水果等。

（2）防治对象　种子处理：小麦颖斑病、网腥黑穗病和雪霉病；甜菜的褐斑病菌、孢子虫和腐霉；亚麻中的链孢菌和葡萄孢菌；油菜中的链格孢菌；向日葵中的菌核病；豆类和豌豆上的叶斑病（施用量为 20～100g/100 kg 种子）。芹菜叶斑病、仁果类水果结痂病和溃疡病。也用于密封伤口和修剪树木的切口，以及水果和马铃薯处理设备的处理。还有报道可用于水稻细菌性条斑病、稻曲病、葡萄霜霉病、黄瓜细菌性角斑病、西瓜细菌性叶斑病、西瓜蔓枯病、桃树细菌性穿孔病、番茄晚疫病、辣椒疫病等。

专利与登记　工艺专利有 JP 2008127363、Pol 195288、CN 101899002、CN 104230800 等。

合成方法　以 8-羟基喹啉和铜盐为原料，经如下反应即制得目的物：

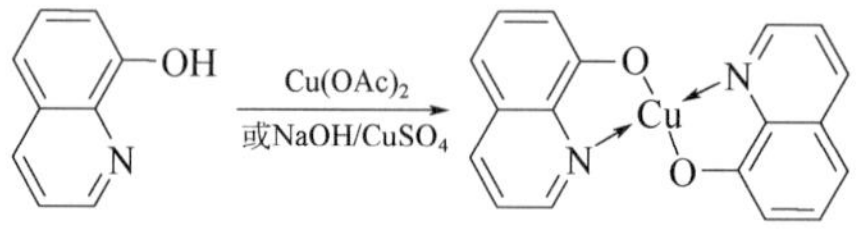

也可由苯胺、甘油、铜盐、氧化剂等制备：

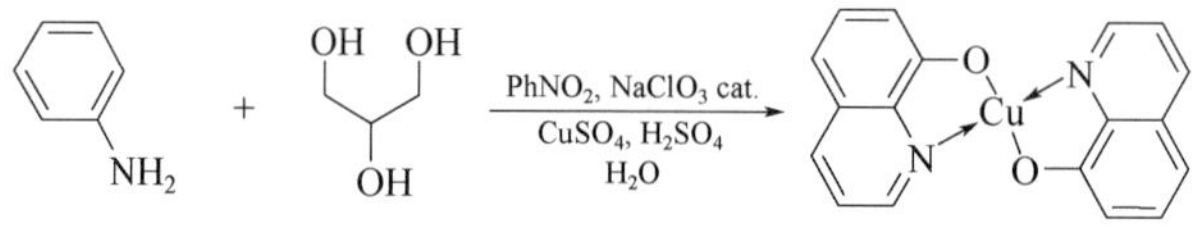

参考文献

[1] The Pesticide Manual.17 th edition: 650.

噻菌铜（thiodiazole-copper）

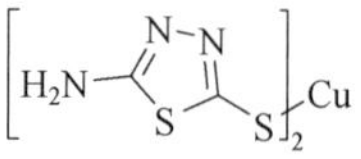

$C_4H_4CuN_6S_4$，327.9，3234-61-5

噻菌铜又称噻唑铜，是浙江龙湾化工有限公司自行创制发明具有自主知识产权的噻唑类新型杀菌剂，于 1998 年发现，2013 年获农业部农药临时登记。

化学名称　2-氨基-5-巯基-1,3,4-噻二唑铜。美国化学文摘（CA）系统名称：5-amino-1,3,4-thiadiazole-2-thiol copper(2+) salt (2∶1)。CA 主题索引名称：1,3,4-thiadiazole-2-thiol —, 5-amino-copper(2+) salt (2∶1)。

毒性　20%悬浮剂大鼠（雌、雄）急性经口 LD_{50}>5050 mg/kg，大鼠（雌、雄）急性经皮 LD_{50}>2150 mg/kg。对豚鼠为无致敏性。大鼠亚慢（急）性毒性最大无作用剂量为 20.16 mg/(kg·d)（雌）和 2.5 mg/(kg·d)（雄）。Ames、微核、染色体试验结果均为阴性。

生态效应　20%悬浮剂对斑马鱼的毒性较低，在田间喷雾使用的喷雾浓度为 400 mg/L，对鱼类安全，对蜜蜂的胃杀毒性 LD_{50}>2000 mg/L，触杀毒性 LD_{50}>3250 mg/L，鹌鹑 LD_{50}>2000 mg/kg，家蚕 LD_{50}（3 龄）> 3250 mg/L。

制剂　20%悬浮剂。

主要生产商　浙江龙湾化工有限公司。

作用机理与特点　噻菌铜的结构由两个基团组成。一是噻唑基团，在植物体外对细菌抑制力差，但在植物体内却是高效的治疗剂。药剂在植株的孔纹导管中，细菌受到严重损害，其细胞壁变薄，继而瓦解，导致细菌的死亡。在植株中的其他两种导管（螺纹导管和环导管）中的部分细菌受到药剂的影响，细胞并不分裂，病情暂被抑制住，但细菌实未死亡，10 天左右，药剂的残效期过去后，细菌又重新繁殖，病情又重新开始发展。二是铜离子，具有既杀细菌又杀真菌的作用。药剂中的铜离子与病原菌细胞膜表面上的阳离子（H^+、K^+等）交换，导致病菌细胞膜上的蛋白质凝固杀死病菌；部分铜离子渗透进入病原菌细胞内，与某些酶结合，影响其活性，导致机能失调，病菌因而衰竭死亡。总之，在两个基团的共同作用下，杀菌更彻底，防治效果更好，防治对象更广泛。

应用

（1）适用作物 水稻、瓜类、蔬菜、果树等。

（2）防治对象 番茄溃疡病、番茄青枯病、茄子褐纹病、茄子黄萎病、豇豆枯萎病、大葱软腐病、大蒜紫斑病、白菜类软腐病、大白菜细菌性角斑病、大白菜细菌性叶斑病、甘蓝类细菌性黑斑病、冬瓜疫病、冬瓜枯萎病、南瓜白粉病、南瓜斑点病、黄瓜立枯病、黄瓜猝倒病、黄瓜霜霉病、黄瓜叶枯病、黄瓜黑星病、黄瓜细菌性角斑病、黄瓜细菌性叶枯病、甜瓜黑星病、甜瓜叶枯病、苦瓜枯萎病、西瓜细菌性角斑病、西瓜枯萎病、西瓜蔓枯病、细菌性基腐病、苹果斑点落叶病、桃树流胶病等。

（3）使用方法 防治西瓜枯萎病：每亩用 20%噻菌铜悬浮剂 75～100 g 喷雾。防治大白菜软腐病：每亩用 20%噻菌铜悬浮剂 75～100 g 喷雾。防治水稻白叶枯病：每亩用 20%噻菌铜悬浮剂 100～130 g 喷雾，安全间隔期为 3 d，每季使用不超过 3 次。防治水稻细菌性条斑病：每亩用 20%噻菌铜悬浮剂 125～160 g 喷雾，安全间隔期为 3 d，每季使用不超过 3 次。防治黄瓜角斑病：每亩用 20%噻菌铜悬浮剂 83～166 g 喷雾，安全间隔期为 3 d，每季使用不超过 3 次。

专利与登记

专利名称 主克白叶枯病的杀菌剂

专利号 CN 1227224　　　　专利申请日 1999-01-11

专利拥有者 浙江龙湾化工有限公司

目前浙江龙湾化工有限公司在国内登记了原药及其 20%悬浮剂，可用于防治白菜软腐病（225～300 g/hm^2）、番茄叶斑病（270～450 g/hm^2）、柑橘疮痂病（300～500 g/hm^2）、柑橘溃疡病（300～700 g/hm^2）、黄瓜角斑病（250～500 g/hm^2）、兰花软腐病（400～666.7 g/hm^2）、棉花苗期立枯病（200～300 g/100 kg 种子）、水稻白叶枯病（300～390 g/hm^2）、水稻细菌性条斑病（375～480 g/hm^2）、西瓜枯萎病（225～300 g/hm^2）、烟草青枯病（300～700 g/hm^2）、烟草野火病（300～390 g/hm^2）。

合成方法 经如下反应制得噻菌铜：

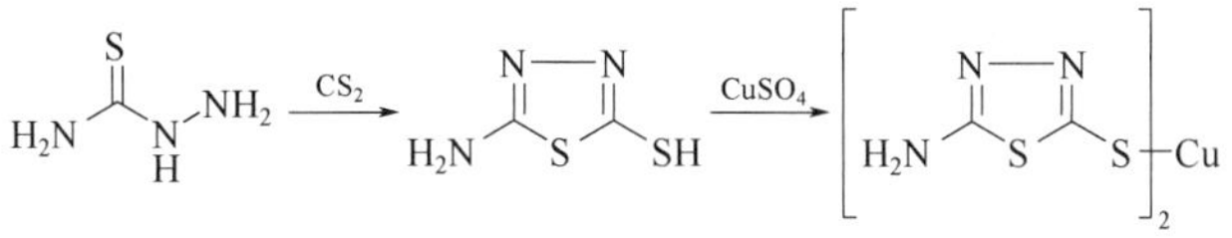

参考文献

[1] 陈勇兵, 王一风, 方勇军. 创制新杀菌剂——龙克菌(噻菌铜). 第七届全国新农药创制学术交流会. 2007, 13-15.

噻唑锌（zinc thiazole）

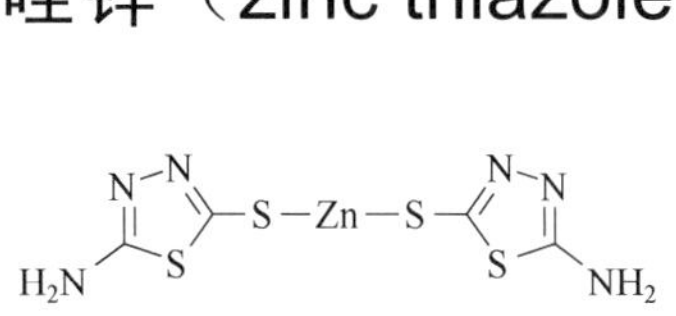

$C_4H_4N_6S_4Zn$，329.7，3234-62-6

噻唑锌是浙江新农化工公司 1999 年开始自主研发并取得中国专利的噻二唑类有机锌的新农药。

化学名称 双[(5-氨基-1,3,4-噻二唑-2-基)硫]锌。IUPAC 名称：zinc 5-amino-1,3,4-thiadiazole-2-thiolate。美国化学文摘（CA）系统名称：5-amino-1,3,4-thiadiazole-2-thiol zinc salt (2∶1)。CA 主题索引名称：1,3,4-thiadiazole-2-thiol—, 5-amino- zinc salt (2:1)。

理化性质 原药为灰白色粉末，纯品为白色结晶，熔点＞300℃，不溶于水和有机溶剂。稳定性：遇碱分解，在中性、弱碱性条件下稳定；在高温下能燃烧。

毒性 大鼠急性经口 LD_{50}＞5000 mg/kg，对大鼠急性经皮 LD_{50}＞2000 mg/kg，对家兔眼和皮肤无刺激性，对皮肤无致敏作用。

制剂 20%、30%悬浮剂。

主要生产商 浙江新农化工公司。

作用机理与特点 噻唑锌由两个活性基团组成：一是噻唑基团，虽然在植物体外对细菌无抑制力，但在植物体内却有高效的治疗作用，该药剂在植株的孔纹导管中，使细菌的细胞壁变薄，继而瓦解，致细菌死亡。二是锌离子，具有既杀真菌，又杀细菌的作用；药剂中的锌离子与病原菌细胞膜表面上的阳离子（H^+、K^+等）交换，导致病菌细胞膜上的蛋白质凝固，起到杀死病菌的作用；部分锌离子渗透进入病原菌细胞内，与某些酶结合，也会影响其活性，导致机能失调，病菌因而衰竭死亡。在这两个活性基团的共同作用下，杀灭病菌更彻底，防治效果更好，防治对象更广泛。

应用 噻唑锌是一种完全区别于铜制剂的有机锌的化合物，对水稻、果树、蔬菜等 50 多种作物的细菌性病害有较好的防治效果，是防治农作物细菌性病害的新一代高效、低毒、安全的农用杀菌剂。对水稻、果树、蔬菜作物上的细菌性病害防治效果优，对部分真菌病害预防、保护和控制效果也比较理想，持效期达 14～15 d。

目前在浙江、广东、云南、山东等地广泛应用于蔬菜、水稻和部分果树类作物上，显示出优异的防治效果。试验表明，20%噻唑锌悬浮剂对黄瓜角斑病的防效为 80.11%～90.40%（对比药剂防效为 77.54%），施药后病情指数相比空白对照的 32.45 已降低至 3.12～6.45。对白菜软腐病的收获前防效为 73.6%～79.3%（对比药剂防效为 67.4%）。对烟草野火病的防效为 61.78%～67.20%（对比药剂防效为 60.20%）。

40%春雷霉素•噻唑锌悬浮剂（商品名：碧锐），其中添加生物溶菌酶而成为"双专利"的新型杀菌剂，对作物细菌性病害和稻瘟病等真菌性病害有特效；具备多重作用机制和多个作用位点、内吸双向传导和正反渗透层移活性，可全方位、高效力、彻底杀灭各类细菌，全面、持久保护作物。试验结果表明，用 40%春雷霉素•噻唑锌悬浮剂在水稻上，用量 40～50g/亩对稻瘟病防效达到 90%以上，效果好于 40%稻瘟灵药剂。用在柑橘、桃树和番茄等作物，表现出对病害有较好防治效果；叶片浓绿、减少日灼果、果实表面光滑、着色均匀、果型大小一致，显著提高果实外观品质。

噻唑锌对水稻细菌性病害有较好的防治效果。两次药后 14 d 调查结果表明，对水稻白叶枯病，20%噻唑锌悬浮剂 225～375 g/hm² 防治效果均极显著高于 20%叶枯唑可湿性粉剂 300 g/hm² 的防治效果；对水稻细菌性条斑病，20%噻唑锌悬浮剂 300～375 g/hm² 防治效果极显著高于 20%叶枯唑可湿性粉剂 300 g/hm² 的防治效果，225 g/hm² 防治效果与 20%叶枯唑可湿性粉剂 300 g/hm² 的防治效果相当。

专利与登记

专利名称 噻二唑类金属络合物及其制备方法和用途

专利号 CN 1308070　　　　　专利申请日 2000-12-15

专利拥有者 浙江新农化工有限公司

目前国内主要是浙江新农化工有限公司登记了 20%、30%悬浮剂：防治柑橘溃疡病 400～600 mg/kg，防治黄瓜细菌性角斑病 375～450 g/hm^2，防治水稻细菌性条斑病 300～450 g/hm^2，防治烟草野火病 360～510 g/hm^2。40%戊唑·噻唑锌悬浮剂 360～420 g/hm^2 可用于防治水稻纹枯病，50%嘧酯·噻唑锌悬浮剂 300～450 g/hm^2 用于防治黄瓜霜霉病。40%春雷·噻唑锌悬浮剂 240～300 g/hm^2 防治水稻稻瘟病。

合成方法 经如下反应制得噻唑锌：

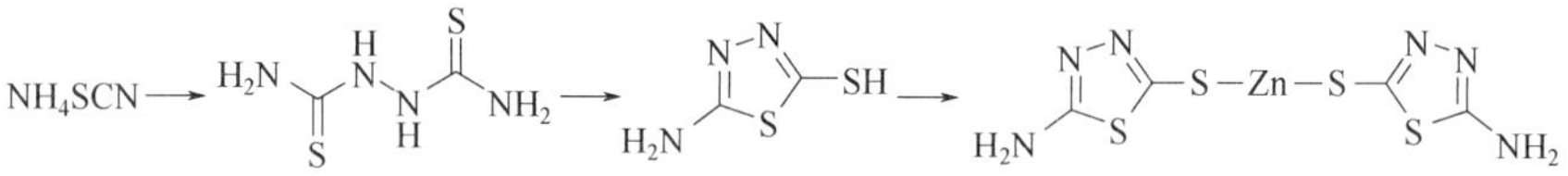

参考文献

[1] 魏方林，戴金贵，朱国念，等. 创制杀菌剂——噻唑锌. 世界农药，2008(2)：47-48.

噻森铜（saisentong）

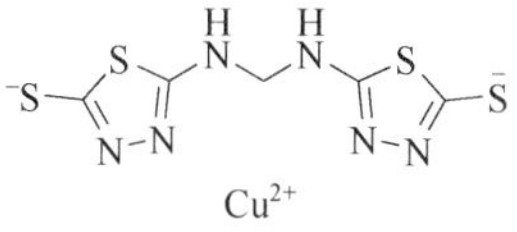

$C_5H_4CuN_6S_4$，339.9

噻森铜是浙江东风化工有限公司开发的防治植物真菌和细菌性病害的新颖杀菌剂。

化学名称 N,N'-亚甲基-双(2-氨基-5-巯基-1,3,4-噻二唑)铜。IUPAC 名称：copper 5,5′-(methylenediimino)bis(1,3,4-thiadiazole-2-thiolate)。美国化学文摘（CA）系统名称：5,5′-(methylenediimino)bis[1,3,4-thiadiazole-2(3H)-thione] copper salt (1:1)。

理化性质 纯品为蓝绿色粉状固体，熔点 30℃。20℃时不溶于水，微溶于吡啶、二甲基甲酰胺。遇强碱易分解。可燃。

毒性 对雄、雌大鼠的急性经口 LD_{50} 均大于 5000 mg/kg，对雄、雌大鼠急性经皮 LD_{50} 均大于 2000 mg/kg，对家兔眼睛和皮肤均无刺激。经豚鼠试验为弱致敏性。亚慢性经口毒性试验最大无作用剂量为 10 mg/kg。Ames 试验、生殖细胞畸变试验为阴性，且无诱发骨髓多染红细胞微核增加的作用。

制剂 20%悬浮剂。

主要生产商 浙江东风化工有限公司。

作用机理与特点 噻唑基团部分的前体是叶枯唑,具有诱导受体植物产生抗病性的作用，同时具有治疗作用。其通过孔纹导管对细菌产生严重损害，导致细菌的细胞壁变薄，继而破裂至细菌死亡。铜离子具有既杀细菌又杀真菌的作用。药剂中的铜离子与病原菌细胞膜表面上的阳离子（H^+、K^+等）交换，导致病菌细胞膜上的蛋白质凝固杀死病菌；部分铜离子渗透进入病原菌细胞内，与某些酶结合，影响其活性，导致机能失调，病菌因而衰竭死亡。在两个基团的共同作用下，杀菌更彻底，防治效果更好，防治对象更广泛。

应用

（1）水稻：白叶枯病、细菌性条斑病、茎基腐病、烂秧病、细菌性褐斑病等。

（2）柑橘：溃疡病、疮痂病、炭疽病、沙皮病等。

（3）热带水果：香蕉叶斑病、炭疽病，龙眼叶斑病，菠萝茎腐病、心腐病，荔枝炭疽病，芒果炭疽病、疮痂病等。

（4）十字花科蔬菜：软腐病、细菌性黑腐病、细菌性疫病等。

（5）黄瓜：细菌性角斑病、枯萎病、细菌性疫病等。

（6）菜豆：细菌性疫病、细菌性角斑病等。

（7）花生：青枯病、叶斑病、根腐病等。

（8）芋科植物：软腐病、姜瘟病（腐败病、腐烂病）。

（9）葱、姜类：葱细菌性软腐病，姜瘟病（腐败病、腐烂病）。

（10）棉花：枯萎病、细菌性角斑病、炭疽病等。

（11）烟草：青枯病、野火病、软腐病（空茎病）等。

（12）大豆：细菌性叶烧病、斑点病。

（13）药材、花卉、苗木：溃疡病、根腐病、基腐病、叶斑病。

使用方法　可以采用喷雾、蘸根、浸种、灌根、粗浇、粗喷等方法。一般作物以 500～600 倍稀释液使用，叶面喷洒为宜。根部病害以 600～800 倍稀释液粗喷或浇于基部（每株 250 mL）。施药时期以预防为主，在发病初期施用。如发病较重，可每隔 7～10 d 防治一次，连续 3～4 次。

专利与登记　ZL 00132657.0。浙江东风化工有限公司。

国内主要登记有 95%原药、30%噻呋·噻森铜悬浮剂、30%戊唑·噻森铜悬浮剂、30%噻森铜悬浮剂、20%噻森铜悬浮剂。

合成方法　具体合成方法如下：

$$NH_2NH_2 \longrightarrow (NH_2NH_2)_2H_2SO_4 \longrightarrow NH_2NH_2CSNH_2 \longrightarrow$$

参考文献

[1] 张纯标, 梁帝允, 王体祥, 等. 新颖杀菌剂——噻森铜. 世界农药, 2007(2): 53-54.

松脂酸铜（resin acid copper salt）

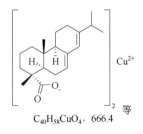

$C_{40}H_{58}CuO_4$，666.4

　　松脂酸铜（商品名为绿菌灵、绿乳铜、铜帅）由广西柑橘研究所研发。松脂酸铜以天然植物提取树脂酸为原料制得。合成松脂酸铜的原料松香主要来源于马尾松、云南松、思茅松、油松以及湿地松等松科植物树脂，松脂蒸馏处理后得到松香，同时副产松节油。松香中松脂酸的成分因松树种类而异。

　　松香中松脂酸结构（已确定结构的）：

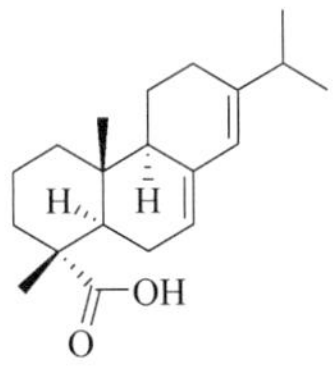

枞酸 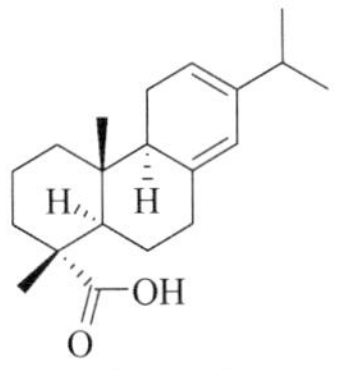　　　左旋海松酸 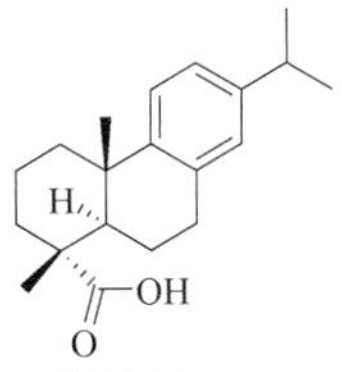　　　脱氢枞酸 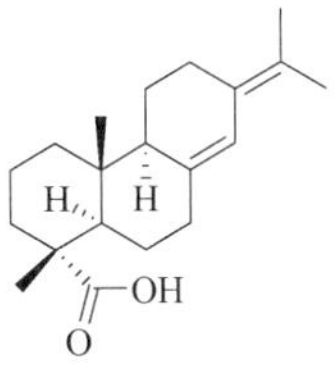　　　新枞酸 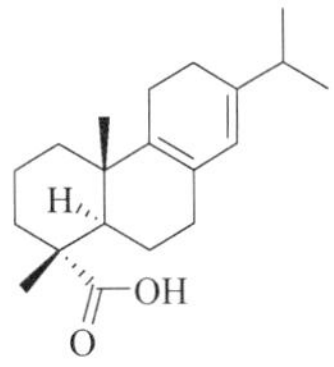　　　长叶松酸

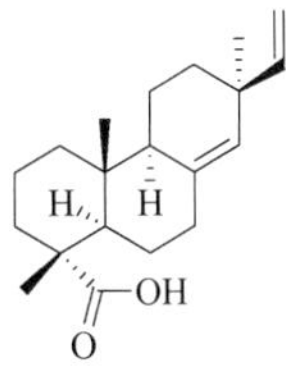

海松酸 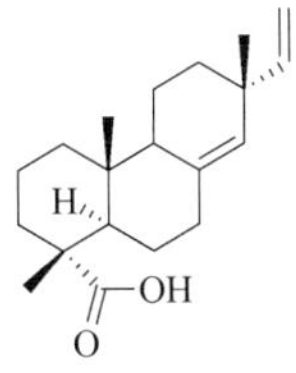　　　异海松酸 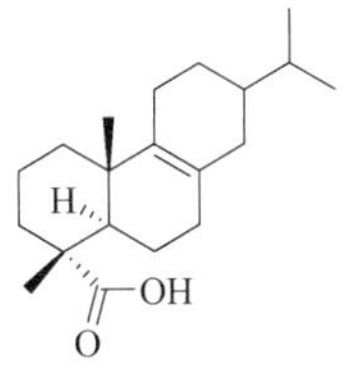　　　二氢枞酸 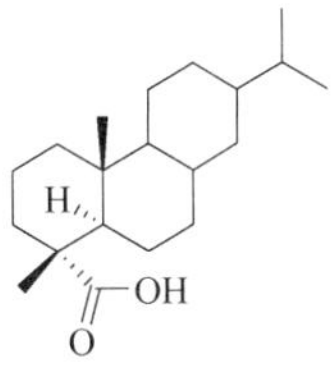　　　四氢枞酸

　　化学名称　松脂酸铜。

　　理化性质　松脂酸铜不宜与强酸、强碱性农药等物质混用。

　　制剂　12%、15%、18%、23%、30%乳油，20%水乳剂，12%悬浮剂，20%可湿性粉剂。

　　主要生产商　广西利民药业股份有限公司、广东植物龙生物技术股份有限公司、郑州先利达化工有限公司、陕西亿田丰作物科技有限公司等。

　　作用机理与特点　药液喷在植物表面形成一层黏着性能好的"药膜"，膜上铜离子能有效毒杀落在药膜表面的病菌孢子，防止病原菌侵染为害植物体。由于药膜具有优良黏着性、展着性、渗透性，能耐雨水冲刷，可大大延长药效期。具有一定的杀螨作用。本药剂有机化合物分子量大，药液在农作物表面缓释铜离子，不易产生药害。

　　应用　防治的细菌性病害有黄瓜细菌性角斑病、柑橘树溃疡病和烟草野火病。真菌病害有黄瓜霜霉病、柑橘树炭疽病、葡萄霜霉病。

　　专利与登记　国内主要登记有 12%、15%、18%、23%、30%乳油，20%水乳剂，12%悬浮剂，20%可湿性粉剂。混剂品种有 15%松铜·吡唑酯乳油防治黄瓜霜霉病、18%松铜·咪鲜胺乳油防治水稻稻瘟病。

　　合成方法　具体合成方法如下：

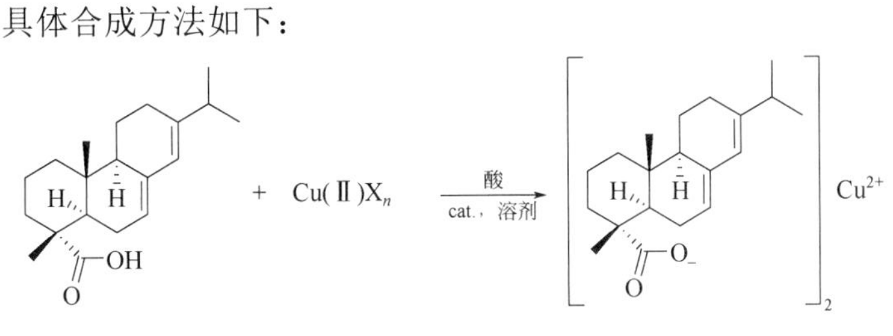

参考文献

[1] 马慧颖, 王金兰, 王丹, 等. 松脂酸铜的合成. 齐齐哈尔大学学报(自然科学版), 2019, 35(3): 68-70.

[2] 蓝宏彦, 和立莲, 谭仁景, 等. 一种松脂酸铜原药、制备方法及应用: 中国, 201410633264.0.2015-04-01.

壬菌铜（cuppric nonyl phenolsulfonate）

$C_{30}H_{46}O_8S_2Cu$，662.4

30%壬菌铜微乳剂（原中文商品名优能芬）是 20 世纪 70 年代日本米泽化学工业株式会社研究、开发的新型有机铜杀菌剂。

化学名称　壬基酚苯磺酸铜、对-壬基酚苯磺酸铜。

理化性质　92%壬菌铜原药，深褐色均相黏稠液体。

毒性　在进行大鼠 90 d 亚慢性毒性试验前，进行了大鼠急性经口毒性试验和大鼠急性经皮试验，结果大鼠急性经口 LD_{50} 值为 1703.23 mg/kg，95%可信区间为 1479.64～1965.58 mg/kg；大鼠急性经皮试验 LD_{50} 值为 2505.94 mg/kg，95%可信区间为 2076.68～3023.92 mg/kg。按照我国农药急性毒性分级标准，壬菌铜原药属低毒。本试验用 92%壬菌铜原药给大鼠连续饲喂染毒 90 d，结果仅高剂量组个别动物有轻微病理性改变，各剂量组动物血细胞、血生化、尿液各项指标、脏体系数与阴性对照组相比均无显著性差异。

壬菌铜原药的 90 d 大鼠亚慢性毒性试验的无作用剂量为 2.5 mg/kg，计算推荐 ADI 值（每日允许摄入量）时用安全系数 1000，则其 ADI 为 0.0025 mg/kg。

制剂　30%微乳剂等。

主要生产商　西安近代科技实业有限公司、潍坊万胜生物农药有限公司、陕西上格之路生物科学有限公司、四川利尔作物科学有限公司、陕西美邦药业集团股份有限公司。

作用机理与特点　因其大分子聚合结构，避免了铜离子在使用过程中的药害问题，药效期达到 40 天，缓释作用明显，且能与大多数杀虫剂、杀螨剂、杀菌剂现混现用，使用方便，省时省力。

应用　该产品属广谱农用杀菌剂，该产品对蔬菜、瓜类、果树、花卉等农作物的霜霉病、炭疽病、白粉病、软腐病、细菌性角斑病、疫病等均具有出色的防治效果。同时，该产品对植物病毒也有一定的抑制作用。

专利与登记　国内主要登记有 90%原药，30%微乳剂，混剂品种有 20%己唑·壬菌铜微乳剂用于防治冬瓜白粉病、观赏玫瑰白粉病；30%春雷·壬菌铜微乳剂用于防治观赏菊花细菌性角斑病、黄瓜细菌性角斑病；24%唑醚·壬菌铜微乳剂用于防治苹果树轮纹病、苹果树炭疽病、葡萄霜霉病；25%溴菌·壬菌铜微乳剂用于防治烟草青枯病。

合成方法　具体合成方法如下：

参考文献

[1] 周艳丽, 张少锋, 杨萌, 等. 壬菌铜原药亚慢性毒性试验. 农药, 2014, 53(3): 203-205.
[2] 杨萌. 新型杀菌剂 30% 壬菌铜微乳剂的开发与研究. 杨凌: 西北农林科技大学, 2006.

灭瘟素（blasticidin-S）

$C_{17}H_{26}N_8O_5$，422.4，2079-00-7

灭瘟素（试验代号：BAB、BABS、BcS-3，商品名称：Bla-S，其他名称：勃拉益斯、稻瘟散、杀稻瘟菌素、保米霉素）是由 Kaken Chemical Co., Ltd、Kumiai Chemical Industry Co., Ltd 和 Nihon Nohyaku Co.,Ltd 开发的核苷酸类杀菌剂。

化学名称　1-(4-氨基-1,2-二氢-2-氧代嘧啶-1-基)-4-[(S)-3-氨基-5-(1-甲基胍基)戊酰氨基]-1,2,3,4-四脱氧-β-D-别呋喃糖醛酸。IUPAC 名称：1-(4-amino-1,2-dihydro-2-oxopyrimidin -1-yl) 4-[(S)-3-amino-5-(1-methylguanidino)valeramido]-1,2,3,4-tetradeoxy-β-D-erythro-hex-2-enopyranuronic acid. 美国化学文摘（CA）系统名称：(S)-4-[[3-amino-5-[(aminoiminomethyl) methylamino]-1-oxopentyl]amino]-1-(4-amino-2-oxo-1(2H)-pyrimidinyl)-1,2,3,4-tetradeoxy-β-D-erythro-hex-2-enopyranuronic acid. CA 主题索引名称：β-D-erythro-hex-2-enopyranuronic acid —, 4-[[3-amino-5-[(aminoiminomethyl)methylamino]-1-oxopentyl]amino]-1-(4-amino-2-oxo-1(2H)-pyrimidinyl)-1,2,3,4-tetradeoxy-(S)-。

理化性质　纯品为无色、无定形粉末（工业品为浅棕色固体），熔点 235~236℃（分解）。溶解度（g/L，20~25℃）：水>30，乙酸>30；不溶于丙酮、苯、四氯化碳、氯仿、环己烷、二氧六环、乙醚、乙酸乙酯、甲醇、吡啶和二甲苯。在 pH 5~7 时稳定，在 pH <4 和碱性条件下不稳定，在光照的条件下稳定。旋光率$[\alpha]_D^{11}$+108.4° (c=1.0，水中)，pK_{a1} 2.4，pK_{a2} 4.6，pK_{a3} 8.0，pK_{a4}>12.5。

毒性　急性经口 LD_{50}（mg/kg）：雄性大鼠 56.8，雌性大鼠 55.9，雄性小鼠 51.9，雌性小鼠 60.1。大鼠急性经皮 LD_{50}>500 mg/kg。对兔眼睛有重度刺激。大鼠 NOEL（2 年）1 mg/kg 饲料。无致突变性。

生态效应　鲤鱼 LC_{50}(96 h) >40 mg/L，水蚤 LC_{50}(3 h) >40 mg/L。

环境行为　①动物。在大鼠体内几乎所有的灭瘟素会在 24 h 内通过尿液和粪便的形式排出。②植物。胞霉素是主要的代谢物。③土壤/环境。在土壤中 DT_{50}<2 d。

制剂　0.0008% 可湿性粉剂，1%、2% 乳油。

作用机理与特点　蛋白质合成抑制剂，具有保护、治疗及内吸活性。对细菌、酵母以及植物真菌均有活性，尤其是对水稻稻瘟病菌和啤酒酵母（孢子萌发、菌丝生长和孢子形成）均有抑制氨基酸进入蛋白质的作用，施用于水稻等作物后，经内吸传导到植物体内，显著地抑制稻瘟病蛋白质的合成乃至菌丝生长，使肽键拉长，转移肽转移酶的活性。由于药物是从病原菌的侵入口和伤口渗透的，附着在水稻植株上的灭瘟素容易被日光分解，而土壤和稻田中的各种微生物又都能使灭瘟素活性消失，因为落到水田中的药剂则被土壤表面吸附，故不必担心地下水受其污染。被土壤表面吸附的药剂，容易被微生物分解，更不必担心对环境的污染和残留毒性，因此，其治疗效果优于预防效果。对一些病毒（如烟草花叶病毒、水稻条纹病毒等）也有效，可以破坏病毒体核酸的形成。

应用

（1）适宜作物　水稻。

（2）防治对象　对细菌、真菌都有效，尤其是对抗真菌选择毒力特别强。主要用于防治水稻稻瘟病、叶瘟、稻头瘟、谷瘟等，防治效果一般达到80%以上，还能降低水稻条纹病毒的感染率，对水稻胡麻叶斑病、小粒菌核病及烟草花叶病有一定的防治效果。

（3）使用方法　在秧苗发病之前至初见病斑时，施药1～2次，每次间隔7 d左右。主要用于茎叶喷雾，使用剂量500～1000倍液。

参考文献

[1] The Pesticide Manual.17 th edition: 1188.

春雷霉素（kasugamycin）

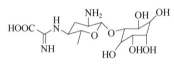

$C_{14}H_{25}N_3O_9$，379.4，6980-18-3

春雷霉素（商品名称：Kasugamin、Kasumin，其他名称：加收米）是北兴化学工业公司开发的抗菌素类杀细菌和杀真菌剂。

化学名称　1L-1,3,4/2,5,6-1-脱氧-2,3,4,5,6-五羟基环己基-2-氨基-2,3,4,6-四脱氧-4-(α-亚氨基甘氨酸基)-α-D-阿拉伯糖己吡喃糖苷或[5-氨基-2-甲基-6-(2,3,4,5,6-五羟基环己基氧基)四氢吡喃-3-基]氨基-α-亚氨基乙酸。IUPAC 名称：1L-1,3,4/2,5,6-1-deoxy-2,3,4,5,6-pentahydroxy-cyclohexyl-2-amino-2,3,4,6-tetradeoxy-4-(α-iminoglycino)-α-D-arabino-hexopyranoside 或 [5-amino-2-methyl-6-(2,3,4,5,6-pentahydroxycyclohexyloxy)tetrahydropyran-3-yl] amino-α-iminoacetic acid。美国化学文摘（CA）系统名称：3-O-[2-amino-4-[(carboxyiminomethyl)amino]-2,3,4,6-tetradeoxy-α-D-arabino-hexopyranosyl]-D-*chiro*-inositol。CA 主题索引名称：D-*chiro*-inositol —, 3-O-[2-amino-4-[(carboxyiminomethyl)amino]-2,3,4,6-tetradeoxy-α-D-arabino-hexopyranosyl]-。

理化性质　纯品为无色结晶固体，熔点202～204℃（分解）。相对密度0.43（20～25℃），蒸气压<1.3×10^{-8} Pa（25℃）。分配系数lgK_{ow}<1.96（pH 5，23℃），Henry 常数<2.9×10^{-8} Pa·m³/mol（计算）。水中溶解度（g/L，20～25℃）：207（pH 5），228（pH 7），438（pH 9），其他溶剂中溶解度（mg/kg，20～25℃）：甲醇 2.76，丙酮、二甲苯<1。室温条件下非常稳定，在弱酸条件下稳定，但在强酸和碱条件下不稳定。DT$_{50}$（50℃）：47 d（pH 5），14 d（pH 9）。旋光度$[α]_D^{25}$ +120°（c=1.6，H₂O）。pK_{a1} 3.23，pK_{a2} 7.73，pK_{a3} 11.0。

毒性　春雷霉素盐酸盐一水合物　大鼠急性经口 LD$_{50}$ >5000 mg/kg，兔急性经皮 LD$_{50}$>2000 mg/kg。本品对兔皮肤和眼睛无刺激，对皮肤无致敏性。大鼠吸入 LC$_{50}$(4 h)>2.4 mg/L。大鼠 NOEL（2 年）300 mg/L（11.3 mg/kg），ADI(EPA) cRfD 0.113 mg/kg(2005)。对大鼠无致畸和致癌作用，不影响繁殖。

生态效应　春雷霉素盐酸盐一水合物　日本鹌鹑急性经口 LD_{50}>4000 mg/kg。鲤鱼、金鱼 LC_{50}(48 h)>40 mg/L。水蚤 LC_{50}(6 h)>40 mg/L，蜜蜂（接触）LD_{50}>40 μg/只。

环境行为　①动物。兔子口服春雷霉素盐酸盐一水合物后，会在 24 h 内经尿液排出。静脉注射狗后，春雷霉素会在 8 h 内排出。大鼠口服后，在其十一个脏器和血液中未发现残余物。96%的剂量会在口服 1 h 内停留在消化道内。②植物。春雷霉素会分解成相应的酸，最终会分解成氨类、草酸、CO_2 和水。③土壤/环境。分解方式类似植物。

制剂　2%液剂，0.4%粉剂，2%水剂，2%、4%、6%可湿性粉剂。

主要生产商　Hokko。

作用机理与特点　干扰氨基酸代谢的酯酶系统，从而影响蛋白质的合成，抑制菌丝伸长和造成细胞颗粒化，但对孢子萌发无影响。具有保护、治疗及较强的内吸活性，其治疗效果更为显著，是防治蔬菜、瓜果和水稻等作物的多种细菌和真菌性病害的理想药剂。渗透性强并能在植物体内移动，喷药后见效快，耐雨水冲刷，持效期长，且能使施药后的瓜类叶色浓绿并能延长收获期。

应用

（1）适宜作物与安全性　水稻、马铃薯、黄瓜、芹菜、番茄、大白菜、高粱、辣椒、菜豆、柑橘、苹果、桃树等。

（2）防治对象　水稻稻瘟病，马铃薯环腐病，黄瓜细菌性叶斑病、枯萎病，芹菜疫病，番茄叶霉病、灰霉病，大白菜软腐病，高粱炭疽病，辣椒疮痂病，菜豆晕枯病，柑橘、桃树、柠檬细菌性穿孔病以及流胶病，苹果腐烂病等。

（3）使用方法

① 防治水稻稻瘟病　防治叶瘟，在发病初期每亩用 2%液剂 80 mL，对水 65～80 L，喷药 1 次，7 d 后，可视病情发展情况酌情再喷 1 次；防治穗颈瘟，在水稻破口期和齐穗期，每亩用 2%液剂 100 mL，对水 80～100 L 各喷药 1 次。

② 防治芹菜早疫病　于发病初期，每亩用 2%液剂 100～120 mL，对水 65～80 L，喷药。

③ 防治番茄叶霉病、黄瓜细菌性角斑病　在发病初期每亩用 2%液剂 140～170 mL，对水 60～80 L，喷药 1 次，以后每隔 7 d 喷药 1 次，连续喷药 3 次。

④ 防治菜豆晕枯病　于发病初期，每亩用 2%液剂 100～130 mL，对水 65～80L，喷药。

⑤ 防治辣椒细菌性疮痂病　在发病初期每亩用 2%液剂 100～130 mL，对水 60～80 L，喷药 1 次，以后每隔 7 d 喷药 1 次，连续喷药 2～3 次。

⑥ 防治高粱炭疽病　在发病初期每亩用 2%液剂 80 mL，对水 65～80 L，喷药。

专利与登记　专利 JP 42006818、BE 657659、GB 1094566 均已过专利期，不存在专利权问题。

国内登记情况　2%、4%、6%可湿性粉剂，2%、4%、6%水剂，登记作物及防治对象有水稻稻瘟病、烟草野火病、大白菜黑腐病等。还有诸多混剂品种，如春雷·霜霉威 34%水剂、春雷·寡糖素 4%水剂、春雷霉素·稻瘟酰胺 16%悬浮剂等。日本北兴化学工业株式会社在国内登记情况见表 4-1。

表 4-1　日本北兴化学工业株式会社在中国登记情况

登记名称	登记证号	含量	剂型	登记作物	防治对象	用药量/(g/hm²)	施用方法
春雷霉素	PD54-87	2%	液剂	番茄	叶霉病	42～52.5	喷雾
				黄瓜	角斑病	42～52.5	
				水稻	稻瘟病	24～30	
春雷霉素	PD316-99	70%	原药				

参考文献

[1] The Pesticide Manual. 17 th edition: 671-672.

多抗霉素（polyoxins）

polyoxin B：R = CH$_2$OH，C$_{17}$H$_{25}$N$_5$O$_{12}$，507.4，19396-06-6
polyoxorim：R = CO$_2$H，C$_{17}$H$_{23}$N$_5$O$_{14}$，521.4，22976-86-9，146659-78-1(锌盐)，11113-80-7

多抗霉素 [商品名称：Greenwork（polyoxins）；Polyoxin AL、Polybelin（polyoxin B）；Endorse、Polyoxin Z、Endorse（polyoxorim，多氧霉素）] 是 Hokko Chemical Industry Co., Ltd、Kaken Pharmaceutical Co., Ltd、Kumiai Chemical Industry Co., Ltd 和 Nihon nohyaku Co., Ltd 开发的杀菌剂。

化学名称 多抗霉素 B 5-(2-氨基-5-O-氨基甲酰基-2-脱氧-L-木质酰氨基)-1,5-二脱氧-1-(1,2,3,4-四氢-5-羟基甲基-2,4-二氧代嘧啶-1-基-)-β-D-别吡喃糖醛酸。英文化学名称为 5-(2-amino-5-O-carbamoyl-2-deoxy-L-xylonamido)-1,5-dideoxy-1-(1,2,3,4-tetrahydro-5-hydroxy methyl-2,4-dioxopyrimidin-1-yl)-β-D-allofuranuronic acid。

多氧霉素 5-(2-氨基-5-O-氨基甲酰基-2-脱氧-L-木质酰氨基)-1-(5-羧基-1,2,3,4-四氢-2,4-二氧代嘧啶-1-基)-1,5-二脱氧-β-D-别吡喃糖醛酸。IUPAC 名称：5-[(2-amino-5-O-carbamoyl-2-deoxy-L-xylonoyl)amino]-1-(5-carboxy-1,2,3,4-tetrahydro-2,4-dioxopyrimidin-1-yl)-1,5-dideoxy-β-D-allofuranuronic acid。美国化学文摘（CA）系统名称：5-[[2-amino-5-O-(aminocarbonyl)-2-deoxy-L-xylonoyl]amino]-1-(5-carboxy-3,4-dihydro-2,4-dioxo-1(2H)-pyrimidinyl)-1,5-dideoxy-β-D-allofuranuronic acid。CA 主题索引名称：β-D-allofuranuronic acid —, 5-[[2-amino-5-O-(aminocarbonyl)-2-deoxy-L-xylonoyl]amino]-1-(5-carboxy-3,4-dihydro-2,4-dioxo-1(2H)-pyrimidinyl)-1,5-dideoxy-。

理化性质 多抗霉素 B 纯品为白色粉末，熔点>188℃（分解）。蒸气压<1.33×10^5 mPa（20℃，30℃，40℃），分配系数 lgK_{ow}=−1.21，相对密度 0.536（23℃）。水中溶解度为 1 kg/L（20～25℃），其他溶剂中溶解度（mg/L，20～25℃）：丙酮 13.5，甲醇 2250，甲苯、二氯甲烷、乙酸乙酯均小于 0.65。在 pH 1～8 下稳定，应贮存在干燥、密闭的容器中。旋光度[α]$_D^{20}$+34（c=1，水），pK_a: pK_{a1}（羧基）2.65，pK_{a2}（氨基）7.25，pK_{a3}（尿嘧啶）9.52。

多氧霉素 无色晶体，熔点>180℃（分解），蒸气压<1.33×10^5 mPa（20℃，30℃，40℃），分配系数 lgK_{ow}=−1.45，Henry 常数约为 2 Pa·m^3/mol（30℃，计算），相对密度 0.838（23℃），水中溶解度 35.4 g/L（pH 3.5，30℃），其他溶剂中溶解度（g/L，20～25℃）：丙酮 0.011，甲

醇 0.175，甲苯和二氯甲烷<0.0011。应贮存在干燥、密闭的容器中，旋光度$[\alpha]_D^{20}$ +30°（c=1，水）。pK_a：pK_{a1}（羧基）2.66，pK_{a2}（羧基）3.69，pK_{a3}（氨基）7.89，pK_{a4}（尿嘧啶）10.20。

毒性　多抗霉素　急性经口 LD_{50}（mg/kg）：雄性大鼠 21000，雌性大鼠 21200，雄性小鼠 27300，雌性小鼠 22500。大鼠急性经皮 LD_{50}>2000 mg/kg。对兔黏膜组织和皮肤无刺激。大鼠吸入 LC_{50}(6 h) 10 mg/L 空气。多抗霉素 B　大鼠吸入 LC_{50}（mg/L 空气）：雄性 2.44，雌性 2.17。多氧霉素大鼠（雄、雌）急性经口 LD_{50}>9600 mg/kg，大鼠急性经皮 LD_{50}>750 mg/kg，大鼠吸入 LC_{50}（mg/L 空气）：雄性 2.44，雌性 2.17。NOEL 50 mg/(kg·d)。

生态效应　①多抗霉素。野鸭急性经口 LD_{50}>2000 mg/kg，鲤鱼 LC_{50}(96 h)>100 mg/L，100 mg/L 剂量下 72 h 对青鱼无影响。水蚤 LC_{50}(48 h) 0.257 mg/L，羊角月牙藻 E_bC_{50}(72 h)>100 mg/L，多刺裸腹溞 LC_{50}(3 h) >40 mg/L，蜜蜂 LD_{50}（48 h，经口）>149.543 μg/只，家蚕 LC_{50}>500 mg/L。②多氧霉素。野鸭 LD_{50}>2150 mg/kg，鱼 LC_{50}（96 h，mg/L）：鲤鱼>100，虹鳟鱼 5.06。水蚤 LC_{50}(48 h) 4.08 mg/L，羊角月牙藻 E_bC_{50}(72 h)>100 mg/L，多刺裸腹溞 LC_{50}(3 h)>40 mg/L。蜜蜂 LD_{50}（48 h，经口）>28.774 μg/只。试验表明该药不会对陆上的昆虫有潜在危害。

环境行为　①多抗霉素 B。土壤/环境：在高地的条件下 DT_{50}<2 d（25℃，两种土壤，含有机碳 6.2%，pH 6.3，湿度 23.3%；含有机碳 1.1%，pH 6.8，湿度 63.6%），在水中 DT_{50} 15 d（pH 7.0，20℃），4.2 d（pH 9.0，35℃）。②多氧霉素。土壤/环境：在湿地的条件下 DT_{50}<10 d（25℃），在高地的条件下 DT_{50}<7 d（25℃），在水中 DT_{50} 15.4 d（pH 7，25℃），4.2 d（pH 9.0，30℃）。

制剂　3%水剂，10%乳油，1.5%、2%、3%、5%、10%可湿性粉剂。

主要生产商　Kaken。

作用机理与特点　干扰病菌细胞壁几丁质的生物合成。牙管和菌丝接触药剂后，局部膨大、破裂、溢出细胞内含物，而不能正常发育，导致死亡。还有抑制病菌产孢和病斑扩大的作用。

应用

（1）适宜作物与安全性　小麦、烟草、人参、黄瓜、水稻、苹果、草莓、葡萄、蔬菜等，在推荐剂量下对作物安全、无药害。

（2）防治对象　防治小麦白粉病，番茄花腐病，烟草赤黑星，黄瓜霜霉病，人参、西洋参和三七的黑斑病，瓜类枯萎病，水稻纹枯病，苹果斑点落叶病、火疫病，茶树茶饼病，梨黑星病、黑斑病，草莓及葡萄灰霉病等多种真菌病害。

多氧霉素主要用于防治水稻纹枯病，使用剂量为 200 g(a.i.)/hm²。也可用于防治苹果、梨腐烂病，对草坪中多种病害也有效。

（3）使用方法

① 番茄、草莓灰霉病　在发病前或发病初期，每亩用 10%可湿性粉剂 100～150 g，对水 50～75 L 喷雾，施药间隔 7 d，共喷 3～4 次。

② 苹果斑点落叶病　在苹果春梢和秋梢初发病时，各喷 10%可湿性粉剂 1000～1500 倍液 1～2 次，施药间隔期 7～10 d。

③ 蔬菜病害　在灰霉病、疫病等病害发病初期，用 10%可湿性粉剂 80～120 倍液喷雾，施药间隔期 7 d，共喷 3～4 次。

④ 黄瓜枯萎病　用 60 倍液浸种 2～4 h 后播种，移栽时用 80～120 倍液蘸根或灌根，盛花期再喷 1～2 次。

⑤ 烟草赤星病　在发病前或发病初期，用 10%可湿性粉剂 150～200 倍液喷雾，施药间

隔期 7 d，共喷 3～4 次。

⑥ 水稻、甜菜立枯病，小麦根腐病　用 60 倍液浸种或拌种 12 h 后播种。

⑦ 人参、西洋参、三七黑病斑　用 200 倍液浸种 1 h，或用 100 倍液浸苗 5 min，或田间用 100 倍液喷雾。从出苗展叶到枯萎期，每个生长季节喷药 10 次左右。

专利与登记　专利早已过专利期，不存在专利权问题。

在中国登记情况：10%、46%可湿性粉剂，0.3%、1%水剂，登记作物苹果，防治对象斑点落叶病。日本科研制药株式会社在中国登记情况见表 4-2。

表 4-2　日本科研制药株式会社在中国登记情况

登记名称	登记证号	含量	剂型	登记作物	防治对象	用药量	施用方法
多抗霉素	PD138-91	10%	可湿性粉剂	烟草	赤星病	105～135 g/hm^2	喷雾
				番茄	叶霉病	150～210 g/hm^2	
				黄瓜	灰霉病	150～210 g/hm^2	
				苹果树	轮斑病	67～100 mg/kg	
				苹果树	斑点病	67～100 mg/kg	
多抗霉素	PD259-98	31%～34%	原药				

参考文献

[1]　The Pesticide Manual.17 th edition: 897-899.

有效霉素（validamycin）

C$_{20}$H$_{35}$NO$_{13}$，497.5，37248-47-8，38665-10-0(井冈羟胺A)

有效霉素（商品名称：Mycin、Rhizocin、Validacin、Vivadamy，其他名称：Amunda、Sheathmar、Solacol、Valida、Valimun）是由日本武田制药公司（现为住友化学公司）开发的水溶性抗生素——葡萄糖苷类杀菌剂。

化学名称　1L-(1,3,4/2,6)-2,3-二羟基-6-羟甲基-4[(1S,4R,5S,6S)-4,5,6-三羟基-3-羟甲基环己基-2-烯基氨基]环己基 β-D-吡喃（型）葡萄糖。IUPAC 名称：(1R,2R,3S,4S,6R)-2,3-dihydroxy-6-(hydroxymethyl)-4-{[(1S,4R,5S,6S)-4,5,6-trihydroxy-3-(hydroxymethyl)cyclohex-2-en-1-yl]amino}cyclohexyl β-D-glucopyranoside。美国化学文摘（CA）系统名称：1,5,6-trideoxy-4-O-β-D-glucopyranosyl-5-(hydroxymethyl)-1-[[(1S,4R,5S,6S)-4,5,6-trihydroxy-3-(hydroxymethyl)-2-cyclo-hexen-1-yl]amino]-D-*chiro*-inositol。

理化性质　纯品为无色、无味、易吸湿性固体,熔点 125.9℃。蒸气压<2.6×10^{-3} mPa(25℃)。分配系数 lgK_{ow}=-4.21（计算），相对密度 1.402（20～25℃）。水中溶解度>6.1×10^5 mg/L（20～25℃）。有机溶剂溶解度（g/L，20～25℃）：己烷、甲苯、二氯甲烷、乙酸乙酯<0.01，丙酮 0.0266，甲醇 62.3。在 pH 5、7、9 下，水解稳定。旋光度：[α]$_D^{24}$+110°（水中）；[α]$_D^{24}$+49°

（盐酸盐，$c=1$），pK_a 6.14（20℃）。

毒性　大鼠、小鼠急性经口 LD$_{50}$>20000 mg/kg。大鼠急性经皮 LD$_{50}$>5000 mg/kg，对兔皮肤无刺激性，对豚鼠皮肤无致敏性。大鼠急性吸入 LC$_{50}$(4 h)>5 mg/L 空气。NOEL（90 d，mg/kg 饲料）：大鼠 1000，小鼠 2000。大鼠 NOEL（2 年）40.4 mg/(kg·d)。无诱变、无致畸作用。

生态效应　鸡和山齿鹑经口 12.5 g/kg 无影响。鲤鱼 LC$_{50}$(72 h)>40 mg/L。水蚤 LC$_{50}$(24 h)>40 mg/L。

环境行为　①动物。老鼠经口后，分解为葡萄糖和井冈羟胺 A。②植物。植物和动物一样。③土壤/环境。在太阳光下稳定，在土壤中微生物降解，形成井冈羟胺 A，DT$_{50}$≤5 h。

制剂　水剂。

主要生产商　Sharda、住友化学株式会社及浙江省桐庐汇丰生物科技有限公司等。

作用机理与特点　具有很强的内吸杀菌作用，主要干扰和抑制菌体细胞正常生长，并导致死亡，是防治水稻纹枯病的特效药。

应用

（1）适宜作物　水稻、麦类、蔬菜、玉米、豆类、棉花和人参等。

（2）防治对象　用于防治水稻纹枯病和稻曲病；麦类纹枯病；棉花、人参、豆类和瓜类立枯病；玉米大斑病、小斑病。

（3）使用方法　可茎叶处理，也可作种子处理，还可土壤处理。根据剂型和防治病害的不同，使用剂量也有差别，通常为 1.0～12 g(a.i.)/hm^2。

合成方法　经过如下方法，可得到目的物：

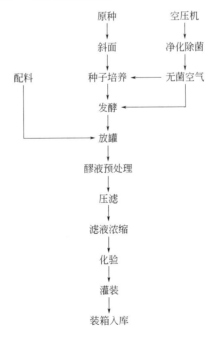

参考文献

[1] The Pesticide Manual.17 th edition:1169-1170.

井冈霉素（jinggangmycin）

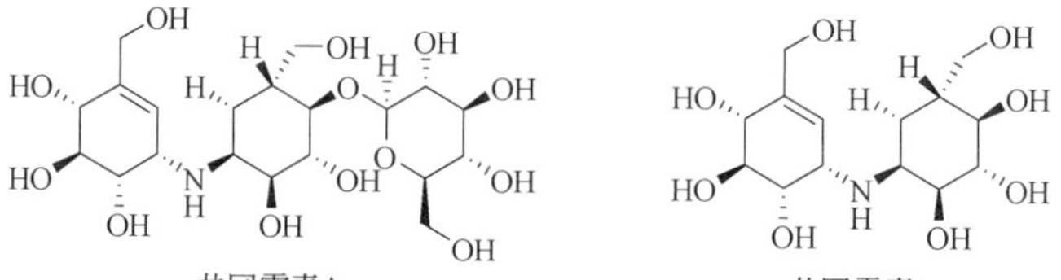

井冈霉素A   井冈霉素B

井冈霉素A：$C_{20}H_{35}NO_{13}$，497.5，37248-47-8
井冈霉素B：$C_{14}H_{25}NO_8$，335.4，38665-10-0(井冈羟胺A)

井冈霉素是由我国上海农药所研制开发的水溶性抗生素——葡萄糖苷类杀菌剂。

组成　井冈霉素的化学结构与有效霉素（validamycin）基本一致，有效霉素有效成分仅一种；而井冈霉素为多组分抗生素，共有 A、B、C、D、E 等 5 个组分，其中，A 和 B 的比例较大，产品的主要活性物质为井冈霉素 A 和井冈霉素 B。

理化性质　纯品为无色、无味，易吸湿性固体，熔点 130～135℃（分解）。蒸气压：室温下可忽略不计。溶解度：易溶于水，溶于甲醇、二甲基甲酰胺和二甲基亚砜，微溶于乙醇和丙酮，难溶于乙醚和乙酸乙酯。在 pH 4～5 时较稳定，在 0.2 mol/L 硫酸中 105℃，10 h 分解，能被多种微生物分解失活。

毒性　大小鼠急性经口 LD_{50} 均大于 2000 mg/kg，皮下注射 LD_{50} 均大于 1500 mg/kg。5000 mg/kg 涂抹大鼠皮肤无中毒反应。对鱼类低毒，鲤鱼 $LC_{50}(96\ h)>40$ mg/L。

制剂　3%、5%水剂，2%、3%、4%、5%、12%、15%、17%可溶粉剂，0.33%粉剂，2%可湿性粉剂。

主要生产商　福建绿安生物农药有限公司、四川金珠生态农业科技有限公司、浙江省桐庐汇丰生物科技有限公司、武汉科诺生物科技股份有限公司、浙江钱江生物化学股份有限公司。

作用机理与特点　具有很强的内吸杀菌作用，主要干扰和抑制菌体细胞正常生长，并导致死亡。是防治水稻纹枯病的特效药，50 mg/L 浓度的防效可达 90%以上，特效期可达 20 d 左右。在水稻任何生育期使用都不会引起药害。

应用

（1）适宜作物　水稻、麦类、蔬菜、人参、玉米、豆类、棉花和瓜类等。

（2）防治对象　用于防治水稻纹枯病和稻曲病；麦类纹枯病；棉花、人参、豆类和瓜类立枯病；玉米大斑病、小斑病。

（3）使用方法

① 水稻　在水稻孕穗到始穗期，以 50 mg/L 有效浓度对稻株中、下部着重喷雾，间隔 10～15 d 喷药 1 次，共喷二次，可防治水稻纹枯病。一般喷药后 4 h 遇雨，基本不影响药效。

② 棉花、蔬菜、人参等　用 5%井冈霉素水剂 500～1000 倍液浇灌，可防治棉花、蔬菜、人参等的立枯病。

③ 玉米　以 50 mg/L 有效浓度均匀喷雾，可防治玉米大斑病、小斑病。

④ 麦类　采用拌种法。取 5%水剂 600～800 mL，对少量的水，用喷雾器均匀喷在 100 kg 麦种上，边喷边搅拌，拌完堆闷数小时后播种，可防治麦类纹枯病。

（4）注意事项

① 可与除碱以外的多种农药混用。

② 属抗菌素类农药，应存放在阴凉干燥处，并注意防腐、防霉、防热。

③ 粉剂在晴朗天气可早、晚两头趁露水未干时喷施，夜间喷施效果尤佳，阴雨天可全天喷施，风力大于 3 级时不宜喷粉。

④ 存放于阴凉、干燥的仓库中，并注意防霉、防热、防冻。

⑤ 保质期 2 年，保质期内粉剂如有吸潮结块现象，溶解后不影响药效。

登记情况　国内登记了 60%、64%原药；2.4%、4%、5%、8%、10%、16%、20%、28%、60%可溶粉剂，4%、8%、24%水剂。登记作物及防治病害有：辣椒立枯病、葡萄斑点病、葡萄灰霉病、水稻稻曲病、水稻纹枯病、小麦纹枯病、玉米大斑病、玉米纹枯病、玉米小斑病、茭白纹枯病等。以及诸多混剂，如井冈•戊唑醇 15%悬浮剂、井冈•三环唑 6%颗粒剂、井冈•嘧菌酯 12%可湿性粉剂、井冈•噻呋 24%可湿性粉剂、井冈•低聚糖 13%悬浮剂、春雷•井冈 7%水剂、井冈•枯芽菌可湿性粉剂等。

参考文献

[1] 汤少云, 陈天松, 朱盛兰, 等. 井冈霉素防治水稻纹枯病、稻曲病试验. 湖北植保, 2010(4): 47-48.

[2] 林志楷, 刘黎卿, 陈菲. 井冈霉素研究概况. 亚热带植物科学, 2013, 42(3): 279-282.

[3] 徐慧. 井冈霉素的生物合成及途径改造. 上海: 上海交通大学, 2009.

链霉素（streptomycin）

$C_{21}H_{39}N_7O_{12}$，581.6，57-92-1，3810-74-0(硫酸链霉素)

链霉素（商品名称：Aastrepto，其他名称：Blamycin、Cuprimicin17、Paushamycin、Streptrol）是 Novartis 开发的水溶性抗生素——葡萄糖苷类杀菌剂。

硫酸链霉素（商品名称：Agrept、AS-50、Bac-Master、Agrimycin 17，其他名称：Agri-Mycin、Firewall、Krosin、Plantomycin）是 Novartis 开发的水溶性抗生素——葡萄糖苷类杀菌剂。

化学名称　链霉素　O-2-脱氧-2-甲基氨基-α-L-吡喃葡萄糖基-(1→2)-O-5-脱氧-3-C-甲酰基-α-L-来苏呋喃糖苷-(1→4)-N^1,N^3-双(氨基亚氨基甲基)-D-链霉胺或 1,1′-[1-L-(1,3,5/2,4,6)-4-[5-脱氧-2-O-(2-脱氧-2-甲基氨基-α-L-吡喃葡萄糖基)-3-C-甲酰基-α-L-来苏呋喃糖苷氧基]-2,5,6-三羟基环己基-1,3-基烯] 双胍。IUPAC 名称：O-2-deoxy-2-methylamino-α-L-glucopyranosyl-(1→2)-O-5-deoxy-3-C-formyl-α-L-lyxofuranosyl-(1→4)-N^1,N^3-diamidino-D-streptamine 或 1,1′-[1-L-(1,3,5/2,4,6)-4-[5-deoxy-2-O-(2-deoxy- 2-methylamino-α-L-glucopyranosyl)-3-C-formyl-α-L-lyxofuranosyloxy]-2,5,6-trihydroxycyclohex-1,3-ylene]diguanidine。美国化学文摘（CA）系统名称：N,N^3-[(1R,2R,3S,4R,5R,6S)-4-[[5-deoxy-2-O-[2-deoxy-2-(methylamino)-α-L-glucopyranosyl]-3-C-formyl-α-L-lyxofuranosyl]oxy]-2,5,6-trihydroxy-1,3-cyclohexanediyl]bis [guanidine]，原名称为：*O*-2-deoxy-2-(methylamino)-*α*-L-glucopyranosyl-(1→2)-*O*-5-deoxy-3-*C*-formyl-*α*-L-lyxofuranosyl-(1→4)-*N*,*N*′-bis(aminoiminomethyl)-D-streptamine。CA 主题索引名称：guanidine —, *N*,*N*³-[(1*R*,2*R*,3*S*,4*R*,5*R*,6*S*)-4-[[5-deoxy-2-*O*-[2-deoxy-2-(methylamino)-*α*-L-glucopyranosyl]-3-*C*-formyl-*α*-L-lyxofuranosyl]oxy]-2,5,6-trihydroxy-1,3-cyclohexanediyl]bis-。

理化性质 链霉素 稳定性：在2≤pH≤9下稳定，对强酸和强碱不稳定。硫酸链霉素 浅灰色易潮湿的粉末。溶解度（g/L）：水＞20（pH 7，28℃），乙醇 0.9，甲醇＞20，石油醚 0.02。旋光度$[\alpha]_D^{25}$ −84。

毒性 链霉素 小鼠急性经口 LD_{50}>10000 mg/kg。急性经皮 LD_{50}（mg/kg）：雄小鼠 400，雌小鼠 325，可引起过敏性皮肤反应。大鼠 NOEL（2 年）5 mg/kg。ADI（mg/kg）：0.05（JECFA，1997），0.05（cRfD，2006）。腹腔注射急性毒性 LD_{50}（mg/kg）：雄鼠 340，雌鼠 305。硫酸链霉素 急性经口 LD_{50}（mg/kg）：大鼠 9000，小鼠 9000，仓鼠 400。

生态效应 对鸟类无毒，对鱼有轻微的毒性，对蜜蜂无毒。

环境行为 动物：很难吸收，不被代谢，大部分以本品形式经尿和粪便排出。

制剂 15%～20%可湿性粉剂，0.1%～8.5%粉剂。

主要生产商 河北省石家庄曙光制药厂。

作用机理与特点 链霉素对许多革兰氏染色阴性或阳性细菌有效，可有效地防治植物的细菌性病害。

应用

（1）适宜作物 苹果、梨、烟草、蔬菜等。

（2）防治对象 用于防治苹果、梨火疫病，烟草野火病、霜霉病，白菜软腐病，番茄细菌性斑腐病、晚疫病，马铃薯种薯腐烂病、黑胫病，黄瓜角斑病、霜霉病，菜豆霜霉病、细菌性疫病，芹菜细菌性疫病，芝麻细菌性叶斑病等。

（3）使用方法 在病害发生初期，用 4000～5000 倍液均匀喷雾，间隔 7 d 喷药 1 次，共喷 2～3 次，可有效地防治黄瓜角斑病、菜豆细菌性疫病、白菜软腐病等。用 1000～1500 倍液，可防治马铃薯疫病；用 1000～1500 倍液，可防治柑橘溃疡病。

专利与登记 国内登记了72%可溶粉剂，登记作物为大白菜、柑橘树和水稻，防治对象软腐病、溃疡病、白叶枯病等。

合成方法 从 *Streptomyces griseus*, *Streptomyces bikiensis* 或 *Streptomyces mashuensis* 的培养基分离出来，制成三盐酸盐或三硫酸盐。

参考文献

[1] The Pesticide Manual.17 th edition: 1037-1038.

宁南霉素（ningnanmycin）

$C_{16}H_{23}N_7O_8$，441.4，156410-09-2

宁南霉素是中国科学院成都生物研究所经历"七五"国家科技攻关、"八五"国家科技攻关、"九五"国家科技攻关并研制成功的专利技术产品，这种菌是在四川省宁南县土壤中分离得到的，为首次发现的胞嘧啶核苷肽型新抗生素，故将其命名为宁南霉素。于1993年发现，2014年获农业部农药正式登记。

化学名称　1-(4-肌氨酰胺-L-丝氨酰胺-4-脱氧-β-D-吡喃葡萄糖醛酰胺)胞嘧啶。IUPAC名称：(2S,3S,4S,5R,6R)-6-[4-amino-2-oxopyrimidin-1(2H)-yl]tetrahydro-4,5-dihydroxy-3-{[(2S)-3-hydroxy-2-{[(methylamino)acetyl]amino}propanoyl]amino}-2H-pyran-2-carboxamide。美国化学文摘（CA）系统名称：1-(4-amino-2-oxo-1(2H)-pyrimidinyl)-1,4-dideoxy-4-[(N-methylglycyl-L-seryl)amino]-β-D-glucopyranuronamide。CA主题索引名称：β-D-glucopyranuronamide —, 1-(4-amino-2-oxo-1(2H)-pyrimidinyl)-1,4-dideoxy-4-[(N-methylglycyl-L-seryl)amino]-。

理化性质　白色粉末（游离碱）易溶于水，可溶于甲醇，难溶于苯、丙酮等。酸性条件下稳定，碱性条件下易分解失活。

毒性　对大小鼠急性经口 LD_{50} 5492～6845 mg/kg，小鼠急性经皮 LD_{50}>1000 mg/kg，无致癌、致畸、致突变作用，无蓄积作用。

制剂　2%、4%、8%水剂，10%可溶粉剂，29%可湿性粉剂，25%、30%悬浮剂。

主要生产商　德强生物股份有限公司、四川金珠生态农业科技有限公司、黑龙江省佳木斯兴宇生物技术开发有限公司。

应用

（1）适用作物　水稻、烟草、苹果、黄瓜等。

（2）防治对象　可应用于防治烟草、番茄、辣椒病毒病，黄瓜白粉病，条纹叶枯病，苹果斑点落叶病，大豆根腐病。

（3）使用方法　宁南霉素主要用于喷雾，也可拌种。喷雾时从发病前或发病初期开始用药，每亩药液量50 kg，喷药应均匀、周到，按照间隔期，可使用2～3次，用于防治水稻条纹叶枯病时，每亩使用2%水剂200～330 g；用于防治烟草病毒病时，每亩使用8%水剂42～62.5 g；用于防治番茄病毒病时，每亩使用8%水剂75～100 g；用于防治辣椒病毒病时，每亩使用8%水剂75～104 g；用于防治水稻黑条矮缩病时，每亩使用8%水剂45～60 g；用于防治黄瓜白粉病时，每亩使用10%可溶粉剂50～75 g；用于防治苹果斑点落叶病时，用8%水剂2000～3000倍液喷雾；用于防治大豆根腐病时，每亩使用2%水剂60～80 g拌种。

专利与登记

专利名称　一种抗生素新农药——宁南霉素

专利号　CN 1093869　　　　　　专利申请日　1993-04-23

专利拥有者　中国科学院成都生物研究所；国家医药管理局四川抗菌素工业研究所

目前德强生物股份有限公司在国内登记了原药及其10%悬浮剂，可用于防治黄瓜白粉病（75～112.5 g/hm²）；4%的宁南·氟菌唑可湿性粉剂用于防治黄瓜白粉病（63～87 g/hm²）；5%的宁南·嘧菌酯悬浮剂用于防治草坪褐斑病（225～300 g/hm²）和黄瓜霜霉病（112.5～150.5 g/hm²）；2%的宁南·戊唑醇可湿性粉剂用于防治香蕉叶斑病（150～250 g/hm²）；2%的宁南霉素水剂用于防治大豆根腐病（18～24 g/hm²）和水稻条纹叶枯病（60～100 g/hm²）；8%的宁南霉素水剂用于防治番茄病毒病（90～120 g/hm²）、辣椒病毒病（90～125 g/hm²）、苹果斑点落叶病（26.7～40 g/hm²）、水稻黑条矮缩病（54～72 g/hm²）、烟草病毒病（50～75 g/hm²）。

参考文献

[1] 胡厚芝, 陈家任. 精细与专用化学品, 2003, 11(1): 20-21.

中生菌素（zhongshengmycin）

F($n=1$), $C_{19}H_{34}N_8O_8$, 502.5, 3808-42-2;
E($n=2$), $C_{25}H_{46}N_{10}O_9$, 630.7, 3776-38-3;
D($n=3$), $C_{31}H_{58}N_{12}O_{10}$, 758.9, 3776-37-2;
C($n=4$), $C_{37}H_{70}N_{14}O_{11}$, 887.1, 3776-36-1;
B($n=5$), $C_{43}H_{82}N_{16}O_{12}$, 1015.3, 3484-68-2;
A($n=6$), $C_{49}H_{94}N_{18}O_{13}$, 1143.5, 3484-67-1;
F($n=1$), E($n=2$), D($n=3$), C($n=4$), B($n=5$), A($n=6$), X($n=7$)

中生菌素（试验代号：农抗 751，商品名称：克菌康）是由中国农科院生防所研制成功的一种农用抗生素。20 世纪 80 年代，中国医学科学院医药生物技术研究所从海南土壤中分离得到一株抗菌活性放线菌，定名为淡紫灰链霉菌海南变种，后由中国农业科学院生物防治研究所将其开发成为农用抗生素。中生菌素已于 2011 年获准正式登记。

中生菌素有效成分为链丝菌素（streptothricins），是由 Waksman 等于 1942 年从 *Streptomyces lavendulae* 中分离到的一类广谱抗生素，包括 streptothricin A~F 和 X 共 7 个组分，其中前 6 个组分为主要组分，X 组分的天然丰度较低。各组分的结构中均包含一分子古洛糖胺、一分子链里定内酰胺和数量不等的 β-赖氨酸。链丝菌素对多种细菌和真菌具有强烈的抑制效果，属蛋白质合成抑制剂，其抑菌活性与结构中所含赖氨酸的数目呈正相关，即赖氨酸数量越多，抑菌活性越强。

化学名称 streptothricin F($n=1$): 4*H*-imidazo[4,5-*c*]pyridin-4-one, 2-[[4-*O*-(aminocarbonyl)-2-deoxy-2-[[(3*S*)-3,6-diamino-1-oxohexyl]amino]-β-D-gulopyranosyl]amino]-1,3*a*,5,6,7,7*a*-hexahydro-7-hydroxy-, (3*aS*,7*R*,7*aS*)-; streptothricin E($n=2$): 4 *H*-imidazo[4,5-*c*]pyridin-4-one,2-[[4-*O*-(aminocarbonyl)-2-[[(3*S*)-3-amino-6-[[(3*S*)-3,6-diamino-1-oxohexyl]amino]-1-oxohexyl]amino]-2-deoxy-β-D-gulopyranosyl]amino]-1,3*a*,5,6,7,7*a*-hexahydro-7-hydroxy-, (3*aS*,7*R*,7*aS*)-; streptothricin D($n=3$): 4*H*-imidazo[4,5-*c*]pyridin-4-one, 2-[[2-[[(3*S*)-3-amino-6-[[(3*S*)-3-amino-6-[[(3*S*)-3,6-diamino-1-oxohexyl]amino]-1-oxohexyl]amino]-1-oxohexyl]amino]-4-*O*-(aminocarbonyl)-2-deoxy-β-D-gulopyranosyl]amino]-1,3*a*,5,6,7,7*a*-hexahydro-7-hydroxy-, (3*aS*,7*R*,7*aS*)-; streptothricin C($n=4$): 4*H*-imidazo[4,5-*c*]pyridin-4-one, 2-[[2-[[(3*S*)-3-amino-6-[[(3*S*)-3-amino-6-[[(3*S*)-3-amino-6-[[(3*S*)-3,6-diamino-1-oxohexyl]amino]-1-oxohexyl]amino]-1-oxohexyl]amino]-1-oxohexyl]amino]-4-*O*-(aminocarbonyl)-2-deoxy-β-D-gulopyranosyl]amino]-1,3*a*,5,6,7,7*a*-hexahydro-7-hydroxy-, (3*aS*,7*R*,7*aS*)-; streptothricin B($n=5$): 4*H*-imidazo[4,5-*c*]pyridin-4-one, 2-[[4-*O*-(aminocarbonyl)-2-deoxy-2-[[(3*S*,10*S*,17*S*,24*S*,31*S*)-3,10,17,24,31,34-hexaamino-1,8,15,22,29-pentaoxo-7,14,21,28-tetraazatetratriacont-1-yl]amino]-β-D-gulopyranosyl]amino]-3,3*a*,5,6,7,7*a*-hexahydro-7-hydroxy-, (3*aS*,7*R*, 7*aS*)-；streptothricin A(*n*=6): 4*H*-imidazo[4,5-*c*]pyridin-4-one, 2-[[4-*O*-(aminocarbonyl)-2-deoxy-2-[[(3*S*,10*S*,17*S*,24*S*,31*S*,38*S*)-3,10,17,24,31,38,41-heptaamino-1,8,15,22,29,36-hexaoxo-7,14,21, 28,35-pentaazahentetracont-1-yl]amino]-β-D-gulopyranosyl]amino]-3,3*a*,5,6,7,7*a*-hexahydro-7-hydroxy-, (3*aS*,7*R*,7*aS*)-。

理化性质　碱性、乳黄色粉末。熔点为 210～214℃。比旋度测定均为左旋化合物。在酸性和中性 100℃两小时不破坏。紫外光谱末端吸收。红外线光谱在 3400 cm^{-1}、1720 cm^{-1}、1660 cm^{-1}、1560 cm^{-1}、1340 cm^{-1} 和 1050 cm^{-1}，有特征吸收。

毒性　大白鼠口服，工业品 LD$_{50}$=10000 mg/kg，纯品 LD$_{50}$ 雄性为 316 mg/kg，雌性为 237 mg/kg。大白鼠经皮，工业品 LD$_{50}$> 10000 mg/kg，中生菌素 70%精品经口 LD$_{50}$=316 mg/kg（小白鼠），40%精品经口 LD$_{50}$=800 mg/kg（大白鼠），40%精品经皮 LD$_{50}$=2000 mg/kg（大白鼠）；精品属于中等毒性。1% 制剂经口和经皮的 LD$_{50}$≥10000 mg/kg（大白鼠），对眼睛和皮肤无刺激性；3%制剂经口经皮 LD$_{50}$≥5000 mg/kg（大白鼠），无吸入毒性，对皮肤无刺激性，对眼睛轻微刺激。70%中生菌素精品属于低蓄积，无致畸和致突变作用。

环境行为　用药后 8 天在植物和土壤中不能检出残留。

制剂　3%可湿性粉剂、2%可溶液剂、0.5%颗粒剂、3%水剂等。

主要生产商　福建凯立生物制品有限公司、海利尔药业集团股份有限公司、福建新农大正生物工程有限公司、山东汤普乐作物科学有限公司等。

作用机理与特点　对细菌是抑制菌体蛋白质的合成，导致菌体死亡；对真菌是使丝状菌丝变形，抑制孢子萌发并能直接杀死孢子。该菌的加工剂型是一种杀菌谱较广的保护性杀菌剂，具有触杀、渗透作用。中生菌素对农作物的细菌性病害及部分真菌性病害具有很高的活性，同时具有一定的增产作用。

应用

（1）适宜作物　水稻、果树和蔬菜。

（2）防治对象　对细菌、真菌都有效，特别是细菌性病害。主要用于防治苹果轮纹病、炭疽病、霉心病和斑点落叶病，大白菜软腐病，水稻白叶枯病，柑橘溃疡病，黄瓜细菌性角斑病，番茄青枯病，马铃薯青枯病，水稻细菌性条斑病，水稻恶苗病，西瓜果腐病，瓜类枯萎病，麦类赤霉病，白菜黑腐病，姜瘟。

（3）使用方法　苹果轮纹病、炭疽病、霉心病和斑点落叶病：盛花期开始喷第 1 次（30～40 μg/mL），以后每隔 15～20 天喷 1 次，后期与波尔多液交替喷施，中生菌素共喷 4～5 次。大白菜软腐病：拌种（60 μg/mL）+幼苗期至莲座期 2 次（30～40 μg/mL）。水稻白叶枯病：温水（55℃）自然降温浸种（60 μg/mL）36～48 h，5 叶幼苗期喷雾（30～40 μg/mL）1 次，移栽前 5 天喷 1 次，在严重发病年份，发病前在大田中再喷 1 次。柑橘溃疡病：从嫩芽开始每隔 10 天喷雾（30～40 μg/mL）1 次，共喷 6～8 次。黄瓜细菌性角斑病、番茄青枯病、马铃薯青枯病、水稻细菌性条斑病、水稻恶苗病、西瓜果腐病、瓜类枯萎病、麦类赤霉病、白菜黑腐病：喷雾处理（30～40 μg/mL）。姜瘟：浸种（75～100 μg/mL），每隔一个月灌根（30～40 μg/mL）1 次。

专利与登记　在中国登记情况：12%母药、3%可湿性粉剂、2%可溶液剂、0.5%颗粒剂、3%水剂等，以及中生·乙酸铜 21%可湿性粉剂、春雷·中生混剂 5%可湿性粉剂等多种混剂。登记作物和对象为黄瓜细菌性角斑病、苹果树轮纹病、烟草青枯病、柑橘树溃疡病等。

参考文献

[1] 朱昌雄, 蒋细良, 赵立平, 等. 新农用抗生素中生菌素的创制与规模应用. 中国腐植酸工业协会.第二届全国绿色环保农药新技术、新产品交流会论文集. 2003, 9.

[2] 乔港, 魏少鹏, 姬志勤. 中生菌素原药有效成分高效液相色谱-串联质谱分析方法的建立. 农药学学报, 2012, 14(4): 440-444.

[3] 朱昌雄, 蒋细良, 孙东园, 等. 新农用抗生素——中生菌素.精细与专用化学品, 2002(16): 14-17.

[4] 谢德龄, 倪楚芳, 朱昌雄, 等.中生菌素(农抗 751)防治白菜软腐病的效果试验初报. 生物防治通报, 1990(2): 74-77.

溴硝醇（bronopol）

$$\text{HO}-\overset{\overset{\displaystyle Br}{|}}{\underset{\underset{\displaystyle NO_2}{|}}{C}}-\text{OH}$$

$C_3H_6BrNO_4$，200.0，52-51-7

溴硝醇（商品名称：Bronotak，其他名称：Bactrinashak）是由 Boots 公司（现拜耳公司）开发的杀细菌剂。

化学名称　2-溴-2-硝基丙-1,3-二醇。IUPAC 名称：2-bromo-2-nitropropane-1,3-diol。美国化学文摘（CA）系统名称: 2-bromo-2-nitro-1,3-propanediol。CA 主题索引名称：1,3-propanediol —, 2-bromo-2-nitro-。

理化性质　纯品为无色至浅黄棕色固体，熔点 130℃。蒸气压 1.68 mPa（20℃）。Henry 常数 $1.34×10^{-6}$ Pa・m³/mol（计算）。水中溶解度（22℃）为 250 g/L。有机溶剂中溶解度（23～24℃，g/L）：乙醇 500，异丙醇 250，丙二醇 143，甘油 10，液态石蜡<5；与丙酮、乙酸乙酯互溶，微溶于二氯甲烷、苯、乙醚中，不溶于正己烷和石油醚。稳定性：具有轻微的吸湿性，在正常的储藏条件下稳定，但在铝制的容器中不稳定。

毒性　急性经口 LD_{50}（mg/kg）：大鼠 180～400，小鼠 250～500，狗 250。大鼠急性经皮 LD_{50}>1600 mg/kg。大鼠急性吸入 LC_{50}(6 h)>5 mg/L。对兔眼睛和兔皮肤有中度刺激。大鼠吸入(4 h)>3.33 mg/L。大鼠 NOEL(72 d) 1000 mg/(kg・d)，ADI/RfD (EMEA) 0.02 mg/kg(2001)；(EPA) cRfD 0.1 mg/kg(1995)。

生态效应　野鸭急性经口 LD_{50} 510 mg/kg。虹鳟鱼 LC_{50}(96 h) 20 mg/L。水蚤 LC_{50}(48 h) 1.4 mg/L。

环境行为　①动物。经动物口服以后，溴硝醇会被迅速地吸收分解掉，主要通过尿液的形式排出，主要的分解产物经鉴定为 2-硝基丙烷-1,3-二醇。②植物。在马铃薯田中，以 12 g/t 的剂量喷药，在 6 个月后残余量<0.1 mg/kg。在块茎处进行生物化学降解，生成 2-硝基丙烷-1,3-二醇。

主要生产商　DooYang 及丹东明珠科技有限公司等。

作用机理与特点　氧化细菌酶中巯基，抑制脱氢酶的活性从而导致细胞膜不可逆转的损害。

应用　作种子处理，主要用于防治多种植物病原细菌引起的病害；可用于防治水稻恶苗病、棉花黑臂病和细菌性凋枯病。

专利与登记　专利 GB 1193954 已过专利期，不存在专利权问题。国内登记情况：95% 原药，20%可湿性粉剂。登记作物为水稻。防治对象为恶苗病。

参考文献

[1] The Pesticide Manual. 17 th edition: 140.

敌磺钠（fenaminosulf）

C₈H₁₀N₃NaO₃S，251.2，140-56-7

敌磺钠（试验代号：Bayer22555、Bayer5072，商品名称：Lesan、Dexon，其他名称：敌克松）是由德国拜耳公司开发的杀菌剂。

化学名称　4-二甲基氨基苯重氮磺酸钠。IUPAC 名称：sodium (*EZ*)-4-(dimethylamino)benzenediazosulfonate。美国化学文摘（CA）系统名称：sodium 2-[4-(dimethylamino)phenyl]-1-diazenesulfonate。CA 主题索引名称：1-diazenesulfonic acid —, 2-[4-(dimethylamino)phenyl]-sodium salt。

理化性质　黄棕色无味粉末，200℃以上分解。20℃时在水中的溶解度为 40 g/kg，溶于二甲基甲酰胺、乙醇，不溶于乙醚、苯、石油醚。其水溶液遇光分解，加亚硫酸钠可使之稳定，在碱性介质中稳定。

毒性　急性经口 LD₅₀（mg/kg）：大鼠 60，豚鼠 150；大鼠急性经皮 LD₅₀>100 mg/kg。

制剂　75%、95%可溶粉剂，55%膏剂，70%可湿性粉剂，5%颗粒剂，2.5%粉剂。

主要生产商　丹东明珠科技有限公司等。

作用机理与特点　一种优良的种子和土壤处理剂，具有一定的内吸渗透作用。对腐霉菌和丝囊菌引起的病害有特效，对一些真菌病害亦有效，属保护性药剂。对作物兼有生长刺激作用。

应用

（1）适宜作物与安全性　蔬菜、甜菜、麦类、菠萝、水稻、烟草、棉花等。

（2）防治对象　甜菜、蔬菜、菠萝、果树等的稻瘟病、恶苗病、锈病、猝倒病、白粉病、疫病、黑斑病、炭疽病、霜霉病、立枯病、根腐病和茎腐病，以及粮食作物的小麦网腥病、腥黑穗病。

（3）使用方法　①蔬菜病害用 95%可溶粉剂 2.75～5.5 kg/hm²，对水喷雾或者泼浇，可防治大白菜软腐病、番茄绵疫病、炭疽病、黄瓜、冬瓜、西瓜等的枯萎病、猝倒病和炭疽病等。②水稻苗期立枯病、黑根病、烂秧病用 95%可溶粉剂 14 kg/hm²，对水泼浇或者喷雾。③棉花苗期病害用 95%可溶粉剂 500 g 拌 100 kg 种子，可防治苗期病害。④甜菜立枯病、根腐病用 95%可溶粉剂 500～800 g 拌 100 kg 种子，可防治病害。⑤松杉苗木立枯病、根腐病用 95%可溶粉剂 147.4～368.4 g 拌 100 kg 种子，可防治病害。⑥烟草黑胫病用 95%可溶粉剂 5.25 kg/hm² 与 225～300 kg 细土拌匀，在移栽时和起培土前，将药土撒在烟苗基部周围，并立即覆土。也可用 95%可溶粉剂 500 倍稀释液喷洒在烟苗茎基部及周围土面，用药液 1500 kg/hm²，每隔 15 d 喷药 1 次，共喷三次。⑦小麦、马铃薯病害用 95%可溶粉剂 220 g 拌种 100 kg，可防治小麦腥黑穗病、粟粒黑粉病、马铃薯环腐病等。⑧西瓜、黄瓜立枯病、枯萎病用 95%可溶粉

剂 $3000 \sim 4000$ g/hm^2，对水喷雾或泼浇，可防治西瓜、黄瓜立枯病、枯萎病。

专利与登记 化合物专利 DE 1028828 已过专利期，不存在专利权问题。

8-羟基喹啉（8-hydroxyquinoline sulfate）

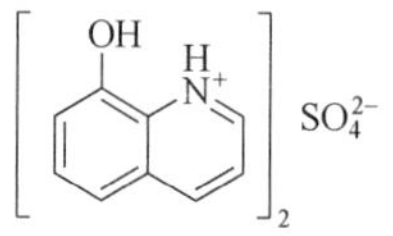

$C_{18}H_{16}N_2O_6S$，388.4，134-31-6，12557-04-9(硫酸钾盐)，14534-95-3(曾用)

8-羟基喹啉［商品名称：Beltanol，Cryptonol Liquide（硫酸钾盐），其他名称：quinosol、Bacseal、喹诺苏］是由先正达公司开发的杀菌剂。目前由 Probelte 公司生产。

化学名称 双(8-羟基喹啉)硫酸盐。IUPAC 名称： bis(8-hydroxyquinolinium) sulfate。美国化学文摘（CA）系统名称：8-quinolinol sulfate (2∶1)（盐）。CA 主题索引名称：8-quinolinol sulfate (2∶1)（盐）。

理化性质 纯品为淡黄色晶状固体，熔点 $175 \sim 178$℃。蒸气压几乎为 0。水中溶解度 300 g/L（$20 \sim 25$℃）。稍溶于甘油，难溶于醇，几乎不溶于乙醚。游离碱微溶于水，易溶于热乙醇、丙酮、氯仿和苯。盐和碱非常稳定，能与许多金属离子形成微溶的盐。

羟基喹啉硫酸钾盐组成：英国药典委员会（BPC）认为羟基喹啉硫酸钾盐为 8-羟基喹啉一水硫酸盐［$(C_9H_7NO)_2 \cdot H_2SO_4 \cdot H_2O$］（$50.6\% \sim 52.6\%$）和硫酸钾（$K_2SO_4$）（$29.5\% \sim 32.5\%$）的等物质的量混合物，计算参考无水原料。但是请注意，化学文摘（CA）用羟基喹啉硫酸钾盐代表 8-羟基喹啉硫酸氢盐（酯）（[14534-95-3])的钾盐。状态为黄白色固体，熔点 $172 \sim 184$℃。溶解性：易溶于水；热的乙醇将 8-羟基喹啉硫酸盐溶解，但是留下硫酸钾；不溶于乙醚。稳定性：碱能使 8-羟基喹啉游离出来，而游离的 8-羟基喹啉能使重金属沉淀。

毒性 急性经口 LD_{50}（mg/kg）：大鼠 1250，小鼠 500。大鼠急性经皮 LD_{50}>4000 mg/kg（67%水溶性粉剂）。ADI 0.15 mg/kg。

生态效应 对鸟、鱼无毒。按指示使用对蜜蜂无毒。

环境行为 在哺乳动物体内代谢涉及与葡萄糖醛酸的共轭。口服给药后，约95%在 $24 \sim 36$ h 内被排出体外，主要以代谢物存在于尿液中。

作用机理与特点 内吸性杀真菌和杀细菌剂。

应用 控制嫁接葡萄的灰霉病（*Botrytis cinerea*）。也可控制土传病害（如立枯病），用于蔬菜和观赏植物种子床的土壤消毒，还可作为园艺上的一般消毒剂。

合成方法 以邻氨基苯酚为原料，经如下反应即制得目的物：

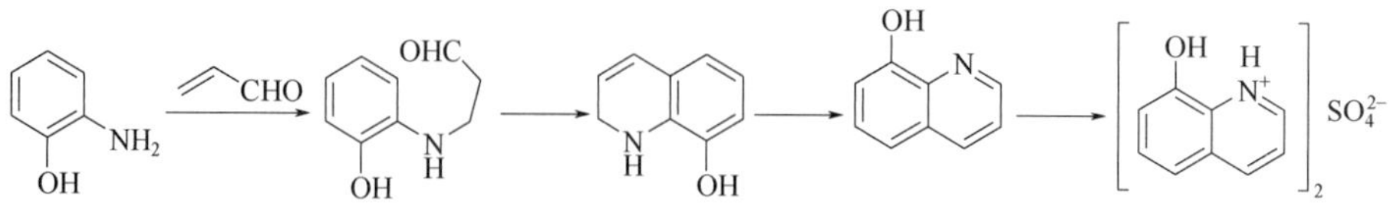

参考文献

[1] The Pesticide Manual.17 th edition: 609-610.

喹菌酮（oxolinic acid）

$C_{13}H_{11}NO_5$，261.2，14698-29-4

喹菌酮（试验代号：S-0208，商品名称：Starner，其他名称：恶喹酸）是由日本住友化学株式会社开发的用作种子处理的杀菌剂。

化学名称 5-乙基-5,8-二氢-8-氧化[1,3]二氧戊环并[4,5-g]喹啉-7-羧酸。IUPAC 名称：5-ethyl-5,8-dihydro-8-oxo[1,3]dioxolo[4,5-g]quinoline-7-carboxylic acid。美国化学文摘（CA）系统名称：5-ethyl-5,8-dihydro-8-oxo-1,3-dioxolo[4,5-g]quinoline-7-carboxylic acid。CA 主题索引名称：1,3-dioxolo[4,5-g]quinoline-7-carboxylic acid —, 5-ethyl-5,8-dihydro-8-oxo-。

理化性质 工业品为浅棕色结晶固体。纯品为无色结晶固体，熔点>250℃。相对密度1.5～1.6（23℃），蒸气压<0.147 mPa（100℃）。溶解度：在水中为 3.2 mg/L（20～25℃），在正己烷、二甲苯、甲醇中<10 g/kg（20℃）。

毒性 急性经口 LD_{50}（mg/kg）：雄性大鼠 630，雌性大鼠 570。雄性和雌性大鼠急性经皮 LD_{50}>2000 mg/kg，本品对兔皮肤和眼睛无刺激。急性吸入 LC_{50}（4 h，mg/L）：雄性大鼠 2.45，雌性大鼠 1.70。

生态效应 鲤鱼 LC_{50}(48 h) >10 mg/L。

制剂 1%超微粉剂、20%可湿性粉剂。

主要生产商 Sumitomo Chemical。

作用机理与特点 一种喹啉类杀菌剂，抑制细菌分裂时必不可少的 DNA 复制而发挥其抗菌活性，具有保护和治疗作用。

应用

（1）适宜作物与安全性 水稻、白菜和苹果等。

（2）防治对象 用于水稻种子处理，防治极毛杆菌和欧氏植病杆菌，如水稻颖枯细菌病菌、内颖褐变病菌、叶鞘褐条病菌、软腐病菌、苗立枯细菌病菌，马铃薯黑胫病、软腐病、火疫病，苹果和梨的火疫病、软腐病，白菜软腐病。

（3）使用方法 以 1000 mg/L 浸种 24 h，或以 10000 mg/L 浸种 10 min，或20%可湿性粉剂以种子重量的 0.5%进行种子包衣，防效均在 97%以上。与各种杀菌剂桶混时，在稀释后10 d 内均有足够的防效。以 300～600 g(a.i.)/hm² 进行叶面喷雾，可有效防治苹果和梨的火疫病和软腐病。在抽穗期以 300～600 g(a.i.)/hm² 进行叶面喷雾，可有效地防治水稻粒腐病。对大白菜软腐病也有很好的保护和治疗作用。

参考文献

[1] The Pesticide Manual. 17th edition: 830-831.

辛噻酮（octhilinone）

$C_{11}H_{19}NOS$，213.3，26530-20-1

辛噻酮（试验代号：RH893，商品名称：Pancil-T）是由 Rohm & Haas 公司（现为 Dow AgroScience）开发的杀细菌、真菌剂，多用作木材、涂料等防腐剂。

化学名称 2-辛基噻唑-3(2H)-酮。IUPAC 名称：2-octylisothiazol-3(2H)-one。美国化学文摘（CA）系统名称：2-octyl-3(2H)-isothiazolone。CA 主题索引名称：3(2H)-isothiazolone —，2-octyl-。

理化性质 纯品为淡金黄色透明液体，具有弱的刺激气味。沸点 120℃（1.33Pa），蒸气压 4.9 mPa（25℃）。lgK_{ow}=2.45（24℃）。Henry 常数 2.09×10^{-3} Pa·m^3/mol。蒸馏水中溶解度（20～25℃）：0.05%，其他溶剂中溶解度（g/L）：甲醇和甲苯中>800，乙酸乙酯>900，己烷64。对光稳定。

毒性 大鼠急性经口 LD$_{50}$ 1470 mg/kg，兔急性经皮 LD$_{50}$ 4.22 mL/kg。对大鼠、兔皮肤和眼睛无刺激性。大鼠急性吸入（4 h）LC$_{50}$ 0.58 mg/L。NOEL 18 个月饲喂研究，在 887 mg/L [150 mg/(kg·d)] 下对大鼠无致癌性。

生态效应 鸟急性经口 LD$_{50}$（mg/kg）：山齿鹑 346，野鸭>887。山齿和野鸭饲喂 LC$_{50}$（8 d）：>5620 mg/L。鱼毒 LC$_{50}$（96 h，mg/L）：大翻车鱼 0.196，小鱼 0.140，虹鳟鱼 0.065，鲶鱼 0.177。水蚤 LC$_{50}$(48 h) 0.180 mg/L。

环境行为 土壤/环境：河流试验测定显示在有限剂量为每公顷 1 mg/L 时一个月内 40%～100%的细菌被灭绝。药物被黏土和土壤吸收。在鱼体内没有累积，活性污泥试验表明最初有限剂量仅有 1%在淤泥中发现。

制剂 1%糊剂（Pancil-T）。

主要生产商 Dow AgroSciences。

应用 本品主要用作杀真菌剂、杀细菌剂和伤口保护剂。如用于苹果、梨及柑橘类树木作伤口涂擦剂，可防治各种疫霉、黑斑等真菌及细菌的侵染。目前主要用于木材、涂料防腐等。

参考文献

[1] The Pesticide Manual.17 th edition: 808-809.

叶枯唑（bismerthiazol）

$C_5H_6N_6S_4$，278.4，79319-85-0

叶枯唑（试验代号：川化-018，商品名称：叶青双、噻枯唑、叶枯宁）1984 年由浙江省温州市工科所和温州市农科所等合作研究成功。

化学名称 *N,N'*-双(5-巯基-[1,3,4]-噻二唑-2-基)甲基二胺或 *N,N'*-亚甲基-双(2-氨基-5-巯基-1,3,4-噻二唑)。*N,N'*-bis(5-mercapto-[1,3,4]thiadiazol-2-yl)methanediamine。IUPAC 名称：5,5'-(methylenediimino)bis(1,3,4-thiadiazole-2-thiol)。美国化学文摘（CA）系统名称：5,5'-(methylenediimino)bis[1,3,4-thiadiazole-2(3*H*)-thione]。CA 主题索引名称：1,3,4-thiadiazole-2(3*H*)-thione —, 5,5'-(methylenediimino)bis-。

理化性质 纯品为白色长方柱状结晶或浅黄色疏松细粉，原药为浅褐色粉末。熔点(190±1)℃。溶于二甲基甲酰胺、二甲基亚砜、吡啶、乙醇和甲醇等有机溶剂，微溶于水。化学性质稳定。

毒性 急性经口 LD_{50}（原药，mg/kg）：大鼠 3160～8250，小鼠 3480～6200。无致畸、致突变和致癌性，对人、畜未发现过敏、皮炎等现象。大鼠 1 年饲养无作用剂量为 0.25 mg/kg。

制剂 20%、25%可湿性粉剂。

作用机理与特点 一种内吸性低毒杀菌剂。主要用于防治植物细菌性病害，是防治水稻白叶枯病、水稻细菌性条斑病、柑橘溃疡病的优良药剂。具有预防和治疗效果，内吸性强、持效期长、药效稳定，对作物无药害。噻枯唑具有诱导受体植物水稻产生抗病性的作用，能使水稻体内脂质过氧化程度加强，刺激水稻体内产生 O_2^-，阻止白叶枯病菌侵入。O_2^-清除剂（甘露醇、抗坏血酸）处理水稻能显著降低噻枯唑的保护作用。噻枯唑也能直接作用于水稻白叶枯病菌，抑制菌体生长，表现出治疗作用。

应用 一种细菌性病害防治专用药剂，对水稻白叶枯病、水稻细菌性条斑病、大白菜软腐病、番茄青枯病、马铃薯青枯病、番茄溃疡病、柑橘溃疡病、核果类果树（桃、杏、李、梅等）细菌性穿孔病等细菌性病害均具有很好的防治效果。主要用于防治水稻白叶枯病、细菌性条斑病、柑橘溃疡病。

使用方法 噻枯唑主要通过喷雾防治病害，有时也可用于灌根。

防治水稻白叶枯病、水稻细菌性条斑病：在发病初期和开始穗期，秧田在 4～5 叶期，每亩用 20%可湿性粉剂 125 g，对水 75～100 kg，叶面喷雾，施药两次（间隔 7～10 d）为宜；或者 25%可湿性粉剂 100～150 g，对水 40～50 kg，叶面喷施。

防治柑橘溃疡病：一般是喷 25%可湿性粉剂 500～800 倍液。苗木和幼树，在夏、秋梢长 1.5～3 cm、叶片刚转绿时（新芽萌发后 20～30 d）各喷药 1 次；成年结果树在谢花后 10 d、30 d、50 d 各喷药 1 次；若遇台风天气，应在风雨过后及时喷药保护嫩梢和幼树。一般采用常量的叶面喷雾，使用东方红弥雾机防治效果更佳，不适宜拌毒土施药。

防治小麦黑颖病：每亩用 25%可湿性粉剂 100～150 g，对水 50～70 kg，于发病初期开始喷药，过 7～10 d 再喷 1 次。

防治姜瘟：在挖取老姜后，用 25%可湿性粉剂 1500 倍液淋蔸。

防治番茄及马铃薯青枯病：需要灌根防治病害，在病害发生前或发生初期开始灌药，一般使用 15%可湿性粉剂 300～400 倍液，或 20%可湿性粉剂 400～500 倍液，或 25%可湿性粉剂 500～600 倍液，每株浇灌药液 150～250 mL，顺茎基部浇灌。

专利与登记 专利早已过专利期，不存在专利权问题。国内主要登记了 20%可湿性粉剂，可用于防治水稻白叶枯病（300～375 g/hm^2），大白菜软腐病（300～450 g/hm^2）。

合成方法 具体合成方法如下：

$$NH_2NH_2 \longrightarrow (NH_2NH_2)_2H_2SO_4 \longrightarrow NH_2NH_2CSNH_2 \longrightarrow$$

参考文献

[1] 沈光斌. 农药学学报, 2001, 3: 35-39.

拌种灵（amicarthiazol）

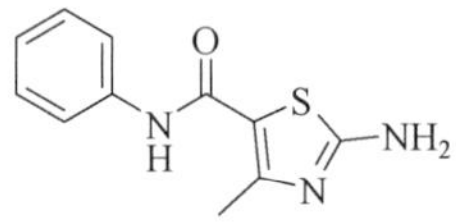

C₁₁H₁₁N₃OS，233.3，21452-14-2

拌种灵（试验代号：F-849）最早是由加拿大 Uniroyal 化学公司研制的，命名 Seediavax，但未进行工业化生产。1972 年上海农药所开始研制时，曾以 F-849 和杀疽灵的名字在国内进行药效推广试验。

化学名称 2-氨基-4-甲基噻唑-5-甲酰苯胺。IUPAC 名称：2-amino-4-methylthiazole-5-carboxanilide。美国化学文摘（CA）系统名称：2-amino-4-methyl-*N*-phenyl-5-thiazolecarboxamide。CA 主题索引名称：5-thiazolecarboxamide —, 2-amino-4-methyl-*N*-phenyl-。

理化性质 纯品为白色粉末状，无不良气味。工业品为米黄色或淡红色固体，含量≥92%。熔点 222~224℃（275~285℃时分解）。不溶于水，可溶于甲醇、乙醇，易溶于二甲基甲酰胺。对碱不稳定。密度稍大于水。

毒性 急性经口 LD₅₀（mg/kg）：大鼠 640~1250；急性经皮 LD₅₀（mg/kg）：大鼠>3200。在 125 mg/kg 剂量下（大鼠）、100 mg/kg 剂量下（小鼠）不致畸，蓄积系数>5；亚急性无作用剂量为 200 mg/kg。

制剂 40%可湿性粉剂，10%、15%、40%福美·拌种灵悬浮种衣剂，20%锰锌·拌种灵可湿性粉剂，18.6%拌·福·乙酰甲悬浮种衣剂等。

主要生产商 江苏省南通江山农药化工股份有限公司、安徽丰乐农化有限责任公司、合肥星宇化学有限责任公司、新疆绿洲兴源农业科技有限责任公司、江苏省南通南沈植保科技开发有限公司。

作用机理与特点 内吸性低毒杀菌剂，主要用于防治种子表面带菌引起的细菌性病害。兼有保护和治疗作用，内吸性较强，持效期较长，能够进入种皮或种胚，杀死种子表面及潜伏在种子内部的病原菌；同时也可在种子发芽后进入幼芽和幼根，从而保护幼苗免受土壤病原菌的侵染，对棉花、花生、玉米等苗期病害及锈病、黑穗病等均有较好防效。

应用 可防治高粱散黑穗病、高粱坚黑穗病、谷子粒黑穗病、红麻炭疽病、花生锈病、棉花苗期病害、小麦黑穗病、玉米黑穗病等。

使用方法 拌种灵主要通过种子处理防治病害，也可叶面喷施使用。

专利与登记 专利 ZA 6706681 早已过专利期，不存在专利权问题。登记剂型包括 40%可湿性粉剂，10%、15%、40%福美·拌种灵悬浮种衣剂，20%锰锌·拌种灵可湿性粉剂，18.6%拌·福·乙酰甲悬浮种衣剂等。

合成方法 具体合成方法如下：

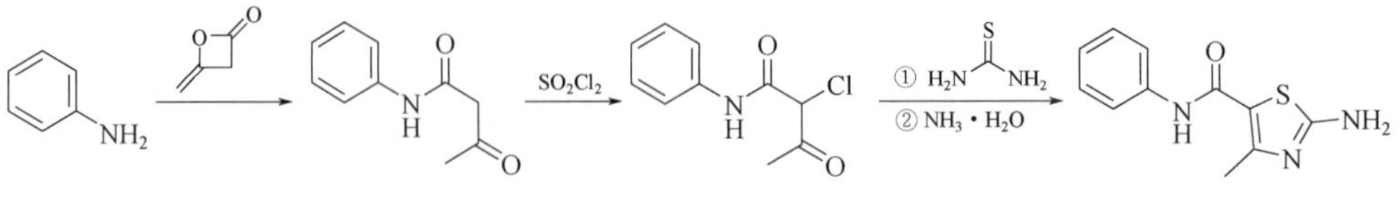

参考文献

[1] 许宝如. 新型内吸杀菌剂拌种灵. 农药, 1985(6): 23.
[2] 王知惠. 新内吸杀菌剂——拌种灵. 农业科技通讯, 1980(9): 30.

乙蒜素（ethylicin）

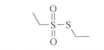

C₄H₁₀O₂S₂，154.2，682-91-7

乙蒜素，试验代号：抗菌剂 402。商品名康稼、断菌和群科等。中科院上海有机化学研究所梅斌夫先生根据大蒜素优异的生物活性，选用廉价、低毒的乙醇作为原料，研发了乙蒜素（抗菌剂 401 和抗菌剂 402 的有效成分），于 1964 年正式投产。

抗菌剂 401 是含 10%乙基硫代磺酸乙酯的醋酸溶液，抗菌剂 402 是含 80%的乙基硫代磺酸乙酯的乳油（含乳化剂烷基苯磺酸 7%，无水乙醇 13%）。

化学名称 S-乙磺酸乙酯、乙基硫代磺酸乙酯。IUPAC 名称：S-ethyl ethanesulfonothioate。美国化学文摘（CA）系统名称：S-ethyl ethanesulfonothioate。CA 主题索引名称：ethanesulfo-nothioic acid S-ethyl ester。

理化性质 纯品为无色或微黄色油状液体，工业品为淡黄色透时油状液，具有大蒜臭味，有挥发性。沸点 56℃（26.6 Pa）、80～81℃（66.7 Pa）、102℃（266.7 Pa），相对密度 1.1987（20～25℃），折射率 n_D^{20} 1.4981。易溶于乙醇、乙醚、氯仿、乙酸等有机溶剂；稍溶于水（1.2%）。加热（130～140℃）或遇铁、锌、铝等金属及碱性物质易分解，有强腐蚀性，可燃。

毒性 乙基硫代磺酸乙酯经口 LD_{50}：小鼠为 80 mg/kg，大鼠为 140 mg/kg，属中等急性毒性物质。蓄积毒性较低，24 h 从小便排出 50%。该药剂对皮肤有腐蚀性，万一接触皮肤，应立即用清水冲洗，并用肥皂或硫代硫酸钠水溶液洗涤。切忌误食，万一误食应立即送医院急救治疗。

抗菌剂 402 对小白鼠的急性毒性，一次经口 LD_{50} 为 84.2 mg/kg，腹腔注射为(26.4±4.6) mg/kg，肌肉注射为(72.4±6.2) mg/kg。0.1%溶液灌胃 50 mg/kg，每天一次，连续 10 天，对大白鼠血细胞及肝功能均无明显影响。刺激性口服对胃肠黏膜、注射时对局部组织，均有刺激作用，可引起急性炎症反应。低浓度（0.05%）的抗菌剂 402 溶液点眼，可刺激家兔结膜引起炎症；高浓度时可致角膜溃疡。

制剂 20%、30%、41%、80%乳油，15%可湿性粉剂。

主要生产商 海南正业中农高科股份有限公司、南阳神圣农化科技有限公司、开封大地农化生物科技有限公司。

作用机理与特点 是我国特有的有机硫杀菌剂，除广谱、高效外，兼有对植物生长刺激作用。环境里药剂挥发的气体达一定浓度或接触这种药剂以后，能杀死多种真菌或对真菌的孢子萌发、菌丝的生长有强烈的抑制作用。其杀菌机制是其分子结构中的—SO₂—S—基团与菌体分子中含—SH 基的物质反应，从而抑制菌体正常代谢。其作用方式以保护作用为主，并具有一定的内吸性，对多种病原菌的孢子萌发和菌丝生长有较强的抑制作用。对病毒病没有防治作用。

应用 可防治甘薯黑斑病和由它引起的鲜薯霉烂；防治水稻烂秧、稻瘟病、恶苗病，小麦腥黑穗病，大麦条纹病，棉枯萎病、炭疽病、立枯病、茎枯病、红腐病，油菜霜霉病，大豆紫斑病，苹果叶斑病，黄瓜苗期绵疫病和蔓割病等；防治家蚕白僵病也极为有效。

使用方法 处理种子、喷洒叶面或灌根。使用方法以浸种为主，浓度一般稀释至2000～5000倍，也可用于喷洒，一般浓度为1000～3000倍，稀释灌浇植株根部，也用于蚕室、蚕具消毒等。

专利与登记 不存在专利权问题。

工艺专利 CN 110759839、CN 105523980、CN 103058903、CN 102807517、RU 2302407。

国内主要登记 90%、95%原药，20%、30%、41%、80%乳油，15%可湿性粉剂。还有混剂品种 32%唑酮·乙蒜素乳油、35%咪鲜·乙蒜素可溶液剂、20%噁霉·乙蒜素可湿性粉剂、25%寡糖·乙蒜素微乳剂、16%唑酮·乙蒜素可湿性粉剂、17%杀螟·乙蒜素可湿性粉剂。用于防治黄瓜霜霉病、水稻烂秧病、水稻稻瘟病、辣椒炭疽病、棉花枯萎病、水稻恶苗病、水稻干尖线虫病、黄瓜枯萎病、苹果树轮纹病等。

合成方法 具体合成方法如下：

$$Na_2S + S \longrightarrow Na_2S_2 \xrightarrow{Et_2Cl} \diagup S-S\diagdown \xrightarrow{HNO_3} \diagup \underset{\underset{O}{\|}}{\overset{\overset{O}{\|}}{S}}-S\diagdown$$

参考文献

[1] 古崇. 乙蒜素. 湖南农业, 2011(1): 25.

[2] 上海农药厂. 抗菌剂401和抗菌剂402的初步报告. 有机化学, 1977(Z1): 1-2.

[3] 王筠默. 抗菌剂402的毒性及药理研究(摘要). 陕西新医药, 1979(10): 51.

[4] 成城. 我国特有的杀菌剂——抗菌剂80% 402乳油.中国棉花, 1982(5): 40.

[5] 夏耀. 防治僵病的良药——抗菌剂402. 陕西蚕业, 1982(3): 27.

[6] 高淑敏, 强中发, 陈占全. 402抗菌剂的特性与应用技术. 青海农林科技, 1998(1): 3-5.

辛菌胺（xinjunan）

$$C_8H_{17}\underset{H}{N}\diagdown\diagup\underset{H}{N}\diagdown\diagup\underset{H}{N}C_8H_{17}$$

辛菌胺：$C_{20}H_{45}N_3$，327.6，57413-95-3
辛菌胺乙酸盐(1∶1)：$C_{22}H_{49}N_3O_2$，387.7，93839-40-8
辛菌胺盐酸盐(1∶1)：$C_{20}H_{46}ClN_3$，364.1，暂无CAS号

辛菌胺原登记名称为菌毒清。该化合物最早由 Schmitz、Adolf 在专利 DE 845941（1952年申请）中报道，后被开发为杀菌剂。

化学名称 辛菌胺：N,N'-二正辛基二乙烯三胺。IUPAC 名称：N^1-octyl-N^2-[2-(octylamino)ethyl]ethylenediamine。美国化学文摘（CA）系统名称：N^1-octyl-N^2-[2-(octylamino)ethyl]-1,2-ethanediamine。CA 主题索引名称：1,2-ethanediamine—, N^1-octyl-N^2-[2-(octylamino)ethyl]-。

辛菌胺乙酸盐（1∶1）：N,N'-二正辛基二乙烯三胺一乙酸盐。IUPAC 名称：N-octyl-N'-[2-(octylamino)ethyl]ethylenediamine acetate。美国化学文摘（CA）系统名称：N^1-octyl-N^2-[2-(octylamino)ethyl]-1,2-ethanediamine acetate (1∶1) (salt)，1,2-ethanediamine—, N^1-octyl-N^2-[2-(octylamino)ethyl]-acetate (1∶1) (salt)。

辛菌胺乙酸盐（1∶1）：*N,N*'-二正辛基二乙烯三胺一盐酸盐。IUPAC 名称：*N*-octyl-*N*'-[2-(octylamino)ethyl]ethylenediamine hydrochloride。美国化学文摘（CA）系统名称：N^1-octyl-N^2-[2-(octylamino)ethyl]-1,2-ethanediamine hydrochloride (1∶1)，1,2-ethanediamine—, N^1-octyl-N^2-[2-(octylamino)ethyl]- hydrochloride (1∶1)。

理化性质 纯品熔点 210～220℃（532 Pa）。

制剂 3%可湿性粉剂，2%、5%、8%、10%、20%辛菌胺醋酸盐水剂等。

主要生产商 山东胜邦绿野化学有限公司、陕西省西安嘉科农化有限公司。

作用机理与特点 在水溶液中能够电离，其亲水基部分含有强的正电性，吸附通常呈负电的各类细菌、病毒从而抑制细菌、病毒的繁殖，使病菌蛋白质凝固，使病菌酶系统变性，加上聚合物形成的薄膜堵塞了这部分微生物的离子通道，使其立即窒息死亡，从而达到最佳的杀菌效果。通过破坏病原体的细胞膜、凝固蛋白、阻止呼吸和酵素活动等方式起到杀菌、杀病毒作用。该药有一定的内吸和渗透作用，对引发农作物病害的多种真菌、细菌和病毒均有显著的杀灭和抑制作用。施用后药物能在植物茎、叶和果面形成保护膜，防止病菌侵入。

辛菌胺具有良好的水溶性、内吸性，同时具有向上、向下双向传导作用，兼具保护、治疗、铲除和调养四大功能，长期使用不易产生抗性。

应用 单剂主要登记用于防治水稻细菌性条斑病和白叶枯病、苹果树腐烂病、棉花枯萎病、辣椒和番茄病毒病；混配剂霜霉·辛菌胺登记用于防治黄瓜霜霉病，辛菌胺·吗啉胍、辛菌·三十烷醇登记用于防治番茄病毒病。

使用方法 主要通过喷雾防治病害，用于苹果树腐烂病时也可以涂病疤。

专利与登记 不存在专利权问题。

工艺专利 CN 108997131、CN 104311431、CN 101161630。

国内主要登记了30%、40%辛菌胺母药，3%辛菌胺醋酸盐可湿性粉剂，2%、5%、8%、10%、20%辛菌胺醋酸盐水剂等。还有如下混剂产品 2%辛菌·四霉素水剂、5.90%辛菌·吗啉胍水剂、4.30%辛菌·吗啉胍水剂、16.80%霜霉·辛菌胺水剂。可用于防治黄瓜炭疽病、水稻黑条矮缩病、番茄病毒病、黄瓜霜霉病、苹果树腐烂病、苹果树果锈病等。

合成方法 具体合成方法如下：

$$C_8H_{17}OH + HBr \xrightarrow{H_2SO_4} C_8H_{17}Br \longrightarrow C_8H_{17}NH-CH_2CH_2-NH-CH_2CH_2-NH-C_8H_{17}$$

参考文献

[1] 李雪生，徐军，潘灿平，等. 辛菌胺有效成分结构鉴定、母药组成与产品定量分析方法的建立. 农药科学与管理，2009，30(4): 8-13.

[2] 谭立云. 辛菌胺能防治多种农作物病害. 农药市场信息，2011(22): 39.

[3] 徐梁，王永星，李勇，等. 辛菌胺在土传病害防控领域的创新性技术开发及应用. 世界农药，2020，42(2): 42-44.

第五章

杀线虫剂

杀线虫剂研究开发的新进展与发展趋势

植物寄生线虫是一类重要的植物病原物，广泛寄生在各种植物上，引起植物发生各种线虫病害。线虫病害具有隐蔽性强、诊断困难、防治药剂少等特点，已经成为我国农业生产的重要威胁之一，我国每年因线虫为害造成减产达 12%以上。

我国地处温带和亚热带，线虫种类繁多，对植物经济以及植物生态环境危害较大的主要有：根结线虫、胞囊线虫、短体线虫、穿孔线虫、伞滑刃线虫等，其中尤以根结线虫危害最重。

根结线虫可以广泛寄生在蔬菜（黄瓜、番茄等 20 多种）、水稻、花生、柑橘、烟草、花卉等农作物上，对蔬菜的危害已成为生产上的突出问题，其发生呈上升趋势，产量损失达 30%～50%，严重的在 70%以上，在南方几乎所有的蔬菜作物都会受线虫危害。胞囊线虫病是我国小麦等粮食作物生产上的重大问题，该病已扩散蔓延至河南、河北、山东等我国小麦主产区，小麦受害后一般引起产量损失 10%～30%，严重时达 50%以上，目前发生面积逐年扩大，危害逐年加剧。

我国已登记的杀线虫剂产品有效成分主要是阿维菌素和噻唑膦，有效成分相对单一，长期使用单一杀线虫剂导致我国局部地区出现不同程度的抗性问题。低毒杀线虫剂登记总量所占比重较低，高毒、剧毒杀线虫剂仍有大量登记。

氟吡菌酰胺及氟唑菌酰羟胺都是 SDHI 类杀菌剂，二者还具有杀线虫活性。

下述几个是新近研发的品种，但国内目前尚未登记。

氟噻虫砜（氟烯线砜，fluensulfone）是 Makhteshim Chemical Works（ADAMA）在 1993～1994 年发现，2014 年在美国取得登记的非熏蒸性杀线虫剂。属于氟代烯烃类硫醚化合物，对多种植物寄生线虫有防治作用，毒性低，如对有益和非靶标生物低毒，是许多氨基甲酸酯和有机磷类杀线虫剂等的"绿色"替代品，在防治线虫方面有很好的发展前景。

阿维菌素 B_2 是河北兴柏农业科技有限公司开发的生物杀线虫剂。其是阿维菌素发酵产生的活性成分，其主要活性成分为阿维菌素 B_{2a}，多年多方向的试验表明，阿维菌素 B_2 对根结线虫、茎线虫等多种线虫、寄生虫有特别高的杀灭活性，受到较多企业的关注，具有良好的市场期待。

三氟杀线酯是山东中农联合生物科技股份有限公司成功研发的新型杀线虫剂，与主流杀线虫剂相比较，具有低毒、安全性高、持效期长且与噻唑膦无交互抗性的优点，具有良好的应用开发前景。

tioxazafen 为孟山都公司最新研发的一种内吸性种子处理的广谱杀线虫剂，其作用机理新颖，对胞囊线虫、根结线虫和肾形线虫等表现出卓越防效，可以长时间滞留在作物根部，提供长达 75 天的持效作用，防治 2 代线虫，具有广阔的市场前景。

除上述化学农药外，先正达推出的生物杀线虫剂 ClarivaPN（活性成分：巴斯德杆菌 PN1）可用于大豆种子处理，防治大豆胞囊线虫。

第二节
杀线虫剂已有品种

主要包括如下结构类型及品种：

阿维菌素类（avermectin nematicides）：abamectin；

植物性杀线虫剂（botanical nematicides）：carvacrol；

氨基甲酸酯杀线虫剂（carbamate nematicides）benomyl、carbofuran、carbosulfan、cloethocarb以及含有肟醚结构的氨基甲酸酯类杀线虫剂（oxime carbamate nematicides）：alanycarb、aldicarb、aldoxycarb、oxamyl、tirpate；

熏蒸杀线虫剂（fumigant nematicides）：carbon disulfide、cyanogen、1,2-dichloropropane、1,3-dichloropropene、dimethyl disulfide、methyl bromide、methyl iodide、sodium tetrathiocarbonate；

有机磷类杀线虫剂（organophosphorus nematicides）中的有机磷酸酯类杀线虫剂（organophosphate nematicides）：diamidafos、fenamiphos、fosthietan、phosphamidon；

硫代有机磷酸酯类杀线虫剂（organothiophosphate nematicides）：chlorpyrifos、dichlofenthion、dimethoate、ethoprophos、fensulfothion、fosthiazate、heterophos、isamidofos、isazofos、phorate、phosphocarb、terbufos、thionazin、triazophos；

磷酰亚胺类杀线虫剂（phosphonothioate nematicides）：imicyafos、mecarphon；

未分类的杀线虫剂（unclassified nematicides）：acetoprole、benclothiaz、chloropicrin、cyclobutrifluram、dazomet、DBCP、DCIP、fluazaindolizine、fluensulfone、furfural、metam、methyl isothiocyanate、tioxazafen、xylenols。

本章节主要介绍如下品种 oxamyl、fosthiazate、cyclobutrifluram、dazomet、fluazaindolizine、fluensulfone、metam、methyl isothiocyanate、tioxazafen。

香芹酚（carvacrol）在国内有登记用于防治茶树茶小绿叶蝉、番茄灰霉病、马铃薯晚疫病、烟草白粉病、烟草赤星病等，暂无杀线虫产品登记。

阿维菌素（abamectin）、毒死蜱（chlorpyrifos）参见杀虫剂卷；除下面提及的化合物外，苯菌灵（benomyl）、氟吡菌酰胺（fluopyram）和氟唑菌酰羟胺（pydiflumetofen）也具有杀线虫活性，参见本书其他章节。

如下化合物因应用范围小或不再作为杀线虫剂使用或没有商品化或被禁止使用等原因，本书不予介绍，仅列出化学名称及 CAS 登录号供参考：

克百威（carbofuran）：2,3-dihydro-2,2-dimethylbenzofuran-7-yl methylcarbamate；1563-66-2。

丁硫克百威（carbosulfan）：2,3-dihydro-2,2-dimethylbenzofuran-7-yl[(dibutylamino)thio] methylcarbamate；55285-14-8。

除线威（cloethocarb）：2-[(RS)-2-chloro-1-methoxyethoxy]phenyl methylcarbamate；51487-69-5。

棉铃威（alanycarb）：ethyl (Z)-N-benzyl-N-({methyl [(([1-(methylthio)ethylidene]amino} oxy)carbonyl]amino}thio)-β-alaninate；83130-01-2。

涕灭威（aldicarb）：(EZ)-2-methyl-2-(methylthio)propanal O-(methylcarbamoyl)oxime；116-06-3。

涕灭砜威（aldoxycarb）：(EZ)-2-methyl-2-(methylsulfonyl)propanal O-(methylcarbamoyl) oxime；1646-88-4。

环线威（tirpate）：(2RS,4RS;2RS,4SR)-2,4-dimethyl-1,3-dithiolane-2-carboxaldehyde O-methylcarbamoyloxime；26419-73-8。

CS_2：carbon disulfide；75-15-0。

C_2N_2（cyanogen）：ethanedinitrile；460-19-5。

1,2-二氯丙烷（1,2-dichloropropane）：78-87-5。

1,3-二氯丙烯（1,3-dichloropropene）：542-75-6。

二甲基二硫醚（dimethyl disulfide）：624-92-0。

溴甲烷（methyl bromide）：74-83-9。

碘甲烷（methyl iodide）：iodomethane；74-88-4。

Na_2CS_4（sodium tetrathiocarbonate）：sodium tetrathio(peroxycarbonate)；7345-69-9。

diamidafos：phenyl N,N'-dimethylphosphorodiamidate；1754-58-1。

苯线磷（fenamiphos）：ethyl 3-methyl-4-(methylthio)phenyl (RS)-isopropylphosphoramidate；22224-92-6。

丁硫环磷（fosthietan）：diethyl 1,3-dithietan-2-ylidenephosphoramidate；21548-32-3。

磷胺（phosphamidon）：(EZ)-2-chloro-2-(diethylcarbamoyl)-1-methylvinyl dimethyl phosphate；13171-21-6。

除线磷（dichlofenthion）：O-(2,4-dichlorophenyl) O,O-diethyl phosphorothioate；97-17-6。

乐果（dimethoate）：O,O-dimethyl S-[(methylcarbamoyl)methyl] phosphorodithioate；60-51-5。

灭线磷（ethoprophos）：O-ethyl S,S-dipropyl phosphorodithioate；13194-48-4。

丰索磷（fensulfothion）：O,O-diethyl O-[4-(methylsulfinyl)phenyl] phosphorothioate；115-90-2。

速杀硫磷（heterophos）：(RS)-(O-ethyl O-phenyl S-propyl phosphorothioate)；40626-35-5。

isamidofos：(RS)-[O-ethyl S-[(N-methylcarbaniloyl)methyl] N-isopropylphosphoramidothioate]；66602-87-7。

氯唑磷（isazofos）：O-(5-chloro-1-isopropyl-1H-1,2,4-triazol-3-yl) O,O-diethyl phosphorothioate；42509-80-8。

甲拌磷（phorate）：O,O-diethyl S-[(ethylthio)methyl] phosphorodithioate；298-02-2。

phosphocarb：(RS)-{O-ethyl O-{2-[(methylcarbamoyl)oxy]phenyl} S-propyl phosphorothioate}；

126069-54-3。

特丁硫磷（terbufos）：*S*-[(tert-butylthio)methyl] *O,O*-diethyl phosphorodithioate；13071-79-9。

虫线磷（thionazin）：*O,O*-diethyl *O*-pyrazin-2-yl phosphorothioate；297-97-2。

三唑磷（triazophos）：*O,O*-diethyl *O*-(1-phenyl-1*H*-1,2,4-triazol-3-yl) phosphorothioate；24017-47-8。

四甲磷（mecarphon）：methyl (*RS*)-({[methoxy(methyl)phosphinothioyl]thio} acetyl)methyl-carbamate；29173-31-7。

acetoprole：1-[5-amino-1-[2,6-dichloro-4-(trifluoromethyl)phenyl]-4-(methylsulfinyl)-1*H*-pyrazol-3-yl]ethanone；209861-58-5。

benclothiaz：7-chloro-1,2-benzisothiazole；89583-90-4。

氯化苦（chloropicrin）：trichloro(nitro)methane；76-06-2。

二溴氯丙烷（DBCP）：1,2-dibromo-3-chloropropane；96-12-8。

二氯异丙醚（DCIP）：bis(2-chloro-1-methylethyl) ether；108-60-1。

糠醛（furfural）：2-furancarboxaldehyde；98-01-1。

xylenols：dimethylphenol；1300-71-6。

威百亩（metam）

$$CH_3NHCS_2H$$

$C_2H_5NS_2$，107.2，144-54-7，39680-90-5（铵盐），137-41-7（钾盐），137-42-8（钠盐），6734-80-1（二水合物）

威百亩，试验代号：N-869。威百亩铵盐（metam-ammonium），商品名称：Ipam。威百亩钾盐（metam-potassium），商品名称：Busan 1180、K-Pam、Tamifume、Greensan、Sectagon K54。威百亩钠盐（metam-sodium），其他名称：SMDC，商品名称：Arapam、BUSAN 1020、Busan 1236、Discovery、Nemasol、Unifume、Vapam。威百亩是由 Stauffer Chemical Co.（现属先正达公司）和杜邦公司开发的杀线虫、杀真菌和除草剂。

化学名称　甲基二硫代氨基甲酸。IUPAC 名称：methyldithiocarbamic acid。美国化学文摘（CA）系统名称：*N*-methylcarbamodithioic acid。CA 主题索引名称：carbamodithioic acid —, *N*-methyl-。

理化性质　威百亩钠盐　本品的二水合物为白色结晶，熔点以下就分解。无蒸气压。分配系数 $\lg K_{ow} < 1$（25℃）。相对密度 1.44（20～25℃），水中溶解度 722 g/L（20～25℃），有机溶剂中溶解度：丙酮、乙醇、石油醚、二甲苯<5 g/L，难溶于大多数有机溶剂。浓溶液稳定，稀释后不稳定，遇酸和重金属分解，其溶液暴露于光线下 DT_{50} 1.6 h（pH 7，25℃）。水解 DT_{50}（25℃）：23.8 h（pH 5），180 h（pH 7），45.6 h（pH 9）。

毒性　（钠盐）急性经口 LD_{50}（mg/kg）：大鼠 896，小鼠 285。在土壤中形成的异硫氰酸甲酯对大鼠急性经口 LD_{50} 97 mg/kg。兔急性经皮 LD_{50} 1300 mg/kg，对兔眼睛中等刺激性，对兔皮肤有损伤，皮肤或器官与其接触应按烧伤处理。大鼠吸入 LC_{50}(4 h)>2.5 mg/L 空气，大鼠暴露 65 d 无危害，NOEL 0.045 mg/L 空气。NOEL（mg/kg）：狗（90 d）1，小鼠（2 年）1.6。ADI：(BfR) 0.001 mg/kg(2006)，(EPA) 0.01 mg/kg(1994)。无繁殖毒性、致癌性。

生态效应　山齿鹑急性经口 LD_{50} 500 mg/kg。野鸭和日本鹌鹑饲喂 LC_{50}(5 d)>5000 mg/kg 饲料。鱼类 LC_{50}（96 h，mg/L）：古比鱼 4.2，大翻车鱼 0.39，虹鳟鱼 35.2。水蚤 EC_{50}(48 h) 2.3 mg/L，水藻 EC_{50}(72 h) 0.56 mg/L。直接作用对蜜蜂无毒。

环境行为　在土壤中分解为硫代异氰酸甲酯，DT_{50} 23 min～4 d。

制剂　35%水溶液。

主要生产商　Amvac、Lainco、Taminco、Tessenderlo Kerley 及利民化学有限责任公司等。

作用机理与特点　其活性是由于本品分解成异硫氰酸甲酯而产生，具有熏蒸作用。

应用　主要用于蔬菜田防治土壤病害、土壤线虫、杂草。

专利与登记　专利 US 2766554、US 2791605、GB 789690 均早已过期，不存在专利权问题。国内登记情况：35%、42%水剂等，登记作物为番茄和黄瓜等，防治对象根结线虫等。

合成方法　可通过如下反应表示的方法制得目的物：

$$CH_3NH_2 + CS_2 \xrightarrow{\text{NaOH}} CH_3NHCS_2H$$

敌线酯（methyl isothiocyanate）

$$CH_3NCS$$

$$C_2H_3NS，73.1，556-61-6$$

敌线酯（商品名称：Trapex、Trapexide，其他名称：MIT、MITC）是由 Schering AG（现拜耳公司）开发的杀菌、杀虫、除草剂。

化学名称　硫代异氰酸甲酯。IUPAC 名称：methyl isothiocyanate。美国化学文摘（CA）系统名称：isothiocyanatomethane。CA 主题索引名称：methane —, isothiocyanato-。

理化性质　工业品纯度≥94.5%，具有类似辣根刺激性气味的无色固体，熔点 35～36℃（原药 25.3～27.6℃），沸点 118～119℃。相对密度（37℃）1.069［原药 1.0537（40℃）］。蒸气压 2.13 kPa（25℃）。分配系数 $\lg K_{ow}$=1.37（计算）。水中溶解度（20～25℃）8.2 g/L；易溶于大多数有机溶剂，如乙醇、甲醇、丙酮、二甲苯、石油醚和矿物油。稳定性：可被碱迅速水解，而在酸、中性溶液中水解很慢。DT_{50}（25℃）：85 h（pH 5），490 h（pH 7），110 h（pH 9）。对光、氧敏感。200℃以下稳定，pK_a 12.3，闪点 26.9℃。

毒性　急性经口 LD_{50}（mg/kg）：大鼠 72～220，小鼠 90～104。急性经皮 LD_{50}（mg/kg）：大鼠 2780，雄小鼠 1870，兔 263。对兔皮肤和眼睛刺激严重。大鼠吸入 LC_{50}（1 h）1.9 mg/L空气。NOEL［mg/(kg·d)］：大鼠（2 年）0.37～0.56（10 mg/L 饮用水）；小鼠（2 年）3.48（20 mg/L 饮用水）；狗（1 年）0.4。ADI(BfR) 0.004 mg/kg(2005)。

生态效应　野鸭急性经口 LD_{50} 136 mg/kg，饲喂 LC_{50}（5 d，mg/kg 饲料）：野鸭 10936，野鸡>5000。鱼类 LC_{50}（96 h，mg/L）：虹鳟鱼 0.09，小鲤鱼 0.37～0.57，大翻车鱼 0.14。水蚤 LC_{50}(48 h) 0.055 mg/L。羊角月牙藻 EC_{50}(96 h)0.248 mg/L，NOEC(96 h) 0.125 mg/L。直接接触对蜜蜂无伤害。

环境行为　在潮湿的土壤中降解和蒸发时间：3 周（18～20℃），4 周（6～12℃），8 周（0～6℃）。在低温下主要是依赖于土壤中水分浸出，由于浸出较少，且可以快速降解，故对地下水污染较小。

制剂　17.5%乳油。

作用机理与特点　对土壤真菌、昆虫和线虫有防效，也可作抑制杂草种子的土壤熏蒸剂。

应用

（1）适宜作物　甜菜、甘蔗、马铃薯等。

（2）防治对象　对甜菜茎线虫、甘蔗异皮线虫和马铃薯线虫都很有效，也可防治菌腐病和马铃薯丝核菌病，并能除滨藜、鹤金梅、狗舌草、冰草和稷等，也可杀土壤中鳞翅目幼虫、叩头虫和金龟子幼虫等。

（3）使用方法　以 5 mg/L 有效浓度施药，可 100%杀土壤枯叶线虫，以 30 mg/L 有效浓度施药，可杀土壤中根瘤线虫。

专利与登记　专利 US 3113908 早已过专利期，不存在专利权问题。

合成方法　由 N-甲基-硫代氨基甲酸钠与氯甲酸乙酯反应制得。反应式如下：

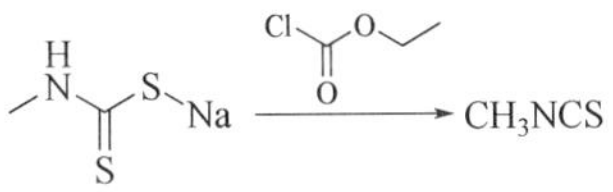

香芹酚（carvacrol）

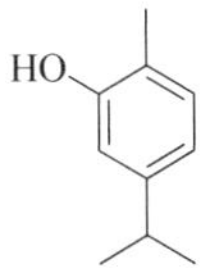

$C_{10}H_4O$，150.2，499-75-2

香芹酚是一种芳香酚单萜类化合物，普遍存在于百里香、牛至等芳香植物挥发油中。

化学名称　5-异丙基-2 甲基苯酚。IUPAC 名称：5-isopropyl-2-methylphenol。美国化学文摘（CA）系统名称：2-methyl-5-(1-methylethyl)phenol。CA 主题索引名称：phenol —, 2-methyl-5-(1-methylethyl)-。

理化性质　国内登记的母药含量为 10%、16%，提纯自天然植物牛至草。

毒性　香芹酚灌胃对大鼠 LD_{50} 为 810 mg/kg，小鼠腹腔注射香芹酚 LD_{50} 为 80 mg/kg。高浓度的香芹酚具有毒性作用，但另外，低剂量的香芹酚还具有抗遗传毒性的作用。

制剂　0.5%、1%、5%水剂及 5%可溶液剂。

主要生产商　内蒙古清源保生物科技有限公司、成都新朝阳作物科学股份有限公司。

作用机理与特点　香芹酚抗真菌的作用机制是通过 Ca^{2+} 应激和抑制 TOR（target of rapamycin）信号通路所致。

应用　香芹酚具有广泛的应用价值，常用于消毒剂、杀菌剂、香料及化妆品的配方中。目前国内登记的农用杀菌产品有 10%、16%母药，0.5%、1%、5%水剂及 5%可溶液剂。主要用于防治茶树茶小绿叶蝉、番茄灰霉病、马铃薯晚疫病、苹果树红蜘蛛、烟草病毒病、烟草白粉病、烟草赤星病。暂时无杀线虫产品登记。

参考文献

[1] 李博萍, 胡文春. 香芹酚的生物学活性概述. 陇东学院学报, 2017, 28(1): 48-52.

棉隆（dazomet）

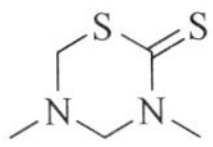

$C_5H_{10}N_2S_2$，162.3，533-74-4

棉隆（试验代号：BAS00201N、Crag Fungicide 974、N-521，商品名称：Basamid、Dacorn、

Dazom、Fongosan、Temozad，其他名称：必速灭）是由 Union Carbide 公司开发的杀菌、杀虫、杀线虫和除草剂。

化学名称 3,5-二甲基-1,3,5-噻二唑烷-2-硫酮或四氢-3,5-二甲基-1,3,5-噻二唑-2-硫酮。IUPAC 名称：3,5-dimethyl-1,3,5-thiadiazinane-2-thione 或 tetrahydro-3,5-dimethyl-1,3,5-thiadiazine-2-thione。美国化学文摘（CA）系统名称：tetrahydro-3,5-dimethyl-2H-1,3,5-thiadiazine-2-thione。CA 主题索引名称：2H-1,3,5-thiadiazine-2-thione —, tetrahydro-3,5-dimethyl-。

理化性质 纯品为无色结晶（工业品为接近白色到黄色的固体，带有硫黄的臭味），原药纯度≥94%，熔点 104～105℃（分解，工业品）。蒸气压：0.58 mPa（20℃），1.3 mPa（25℃）。分配系数 lgK_{ow}=0.63（pH 7），Henry 常数 2.69×10^{-5} Pa·m^3/mol。相对密度 1.36。水中溶解度（20～25℃）3.5 g/L；其他溶剂中溶解度（g/kg，20～25℃）：环己烷 400，氯仿 391，丙酮 173，苯 51，乙醇 15，乙醚 6。35℃以下稳定，50℃以上稳定性与温度和湿度有关。水解作用（25℃）DT$_{50}$：6～10 h（pH 5），2～3.9 h（pH 7），0.8～1 h（pH 9）。

毒性 大鼠急性经口 LD$_{50}$ 519 mg/kg。大鼠急性经皮 LD$_{50}$> 2000 mg/kg，粉剂对兔皮肤和眼睛有刺激性，对豚鼠无致敏性。大鼠吸入 LC$_{50}$（4 h）8.4 mg/L 空气。NOEL［mg/(kg·d)］：大鼠（90 d）1.5，狗（1 年）1，大鼠（2 年）0.9。ADI：(BfR) 0.015 mg/kg，(EPA) 0.0035 mg/kg。无致畸、致癌、致突变性。

生态效应 山齿鹑急性经口 LD$_{50}$ 415 mg/kg，鸟 LC$_{50}$（mg/kg 饲料）：山齿鹑 1850，野鸭>5000。虹鳟 LC$_{50}$(96 h) 0.16 mg/L。水蚤 EC$_{50}$(48 h) 0.3 mg/L。羊角月牙藻 EC$_{50}$(96 h) 1.0 mg/L。恶臭假单胞菌 EC$_{10}$(17 h) 1.8 mg/L。直接接触对蜜蜂无毒，LD$_{50}$（μg/只）：> 10（经口），> 50（接触）。对蚯蚓有害（用作土壤杀菌剂）。

环境行为 ①植物。在草莓上的使用没有残留。其降解物异氰酸甲酯、二甲基或单甲基硫脲。②土壤/环境。土壤中 DT$_{50}$<1 d，水中 DT$_{50}$<10 h（pH > 5）。在土壤潮湿的条件下，降解为异氰酸甲酯、甲醛、硫化氢和甲胺。

制剂 微粒剂。

主要生产商 Kanesho Soil Treatment（toll manufacture by BASF）及广东广康生化科技股份有限公司、顺毅南通化工有限公司、浙江大鹏药业股份有限公司、江苏省南通施壮化工有限公司等。

作用机理与特点 利用降解产品来非选择性地抑制酶，分解成异氰酸甲酯而起作用，作为播前土壤熏蒸剂使用。广谱熏蒸性杀线剂，兼治土壤真菌、地下害虫及杂草。易在土壤及基质中扩散，不会在植物体内残留，杀线虫作用全面而持久。

应用

（1）适宜作物 花生、蔬菜、草莓、烟草、茶、果树、林木等。

（2）防治对象 用于温室、苗床、育种室、混合肥料、盆栽植物基质及大田等土壤处理，能有效地防治作物的短体、纽带、肾形、矮化、针、剑、垫刃、根结、胞囊、茎等属的线虫。此外对土壤昆虫、真菌和杂草亦有防治效果。

（3）应用技术 棉隆可用于温室、苗床、育种室、混合肥料、盆栽植物基质及大田等土壤处理。施药前先将土壤翻松。花生、蔬菜、草莓、烟草等用98%～100%棉隆药量视泥土深度而定，如混土 20 cm 深，所需药量一般每亩 7000～10000g（10.5～15 g/m²）。花卉每平方米需 30～40g。棉隆施后必须充分与土壤混拌，大面积可沟施，施后覆土或撒施，用耕耘机混土使药入土 15～20 cm，间隔 4～5 d 用耕耘机充分翻动土壤，松土通气，1～2 d 后播种。苗床、温室先将土壤翻松，每平方米加 3L 水使药剂稀释喷洒，然后翻搅土壤 7～10 cm，使药剂与土壤充分混合，以洒水封闭或覆盖塑料薄膜，过一段时间松土通气，然后播种。棉隆施入土壤后，受湿度、温度及土壤结构影响甚大，为了保证获得良好的药效和避免产生药害，土壤温度应保持在 6℃以上，以 12～18℃最适宜，土壤含水量保持在 40%以上。

（4）使用方法　①花生、蔬菜田。使用剂量：沙质土 73.5～88.2 kg(a.i.)/hm²，黏质土 88.2～103.2 kg(a.i.)/hm²。撒施或沟施，深度 20 cm，施药后立即覆土，过一段时间后松土通气，然后播种，可有效地防治金针虫和其他土壤害虫，并抑制许多种杂草生长。②花卉。每平方米用 98%颗粒剂 30～40g 进行土壤处理，将药剂混入 20 cm 深的土壤中，施药后立即覆土，可防治花卉线虫。

专利与登记　该产品专利早已过期。国内登记情况：98%原药，98%颗粒剂等，登记作物为番茄、草莓、花卉等，防治对象线虫等。

合成方法　可通过如下反应表示的方法制得目的物：

$$CH_3NH_2 + HCHO + CS_2 \longrightarrow$$

噻唑膦（fosthiazate）

$$C_9H_{18}NO_3PS_2，283.3，98886-44-3$$

噻唑膦（试验代号：IKI 1145，其他名称：线螨磷，商品名称：Cierto、Eclahra、Eclesis、Nemathorin、Shinnema）是由日本石原产业公司研制，现由日本石原和先正达公司共同开发的硫代磷酸酯类杀虫、杀线虫剂。

化学名称　(RS)-S-仲-丁基 O-乙基 2-氧代-1,3-噻唑啉-3-基硫代磷酸酯或(RS)-3-[仲-丁硫基(乙氧基)硫代磷酰基]-1,3-噻唑啉-2-酮。IUPAC 名称：O-ethyl S-[(1RS)-1-methylpropyl] (RS)-(2-oxothiazolidin-3-yl)phosphonothioate 或 S-(RS)-sec-butyl O-ethyl (RS)-(2-oxothiazolidin-3-yl) phosphonothioate。美国化学文摘（CA）系统名称：O-ethyl S-(1-methylpropyl) (2-oxo-3-thiazolidinyl)phosphonothioate。CA 主题索引名称：phosphonothioic acid —, (2-oxo-3-thiazoli-dinyl)-O-ethyl S-(1-methylpropyl) ester。

理化性质　工业品纯度≥93.0%，纯品为澄清无色液体（工业上为浅金色液体），沸点 198℃（66.5 Pa）。蒸气压 $5.6×10^{-1}$ mPa（25℃）。分配系数 $\lg K_{ow}=1.68$。Henry 常数 $1.76×10^{-5}$ Pa·m³/mol。相对密度（20～25℃）1.234。水中溶解度（20～25℃）9.85 g/L；其他溶剂中溶解度：正己烷 15.14 g/L（20～25℃），与二甲苯、N-甲基吡咯烷酮和异丙醇互溶。水中 DT_{50} 3 d（pH 9，25℃）。闪点 127.0℃。

毒性　急性经口 LD_{50}（mg/kg）：雄大鼠 73，雌大鼠 57。急性经皮 LD_{50}（mg/kg）：雄大鼠 2372，雌大鼠 853。对兔眼睛和皮肤无刺激性，对豚鼠皮肤有致敏性。大鼠吸入 LC_{50}（4 h，mg/L）：雄大鼠 0.832，雌大鼠 0.558。NOEL［mg/(kg·d)］：狗（90 d 和 1 年）0.5，大鼠（2 年）0.42（10.7 mg/L）（EU），大鼠（2 年）0.05（EPA）。ADI：(EC) 0.004 mg/kg, (EPA) aRfD 0.0004，cRfD 0.00017 mg/kg。

生态效应　鸟急性经口 LD_{50}（mg/kg）：野鸭 20，鹌鹑 16.38。饲喂 LC_{50}（mg/L）：野鸭 339，

鹌鹑 139。鱼类 LC_{50}（96 h，mg/L）：虹鳟鱼 114，大翻车鱼 171。水蚤 EC_{50}(48 h)0.282 mg/L。羊角月牙藻 NOEC(5 d) > 4.51 mg/L。其他水生生物 EC_{50}（mg/L）：东方牡蛎 14.1，糠虾 0.429。蜜蜂 LD_{50}（48 h，μg/只）：0.61（经口），0.256（接触）。蚯蚓 LC_{50}(14 d) 209 mg/kg 干土。

环境行为 ①动物。迅速并大部分被吸收，90%以上被排泄，48 h 内主要通过尿液和空气排泄。大部分通过噻唑啉酮开环、水解及氧化过程等代谢。②土壤/环境。陆地田间逸散 DT_{50} 10～17 d。有氧土壤中 DT_{50} 45 d，厌氧降解水-沉积物 DT_{50} 37 d，平均值 K_{foc} 59。

制剂 乳油，细粒剂等。

主要生产商 Ishihara Sangyo。

作用机理与特点 胆碱酯酶抑制剂，具有优异的杀线虫活性和显著的内吸杀虫活性，对传统的杀虫剂具有抗药性的各种害虫也具有强的杀灭能力。

应用

（1）适宜作物 蔬菜、马铃薯、香蕉和棉花等。

（2）防治对象 用于防治各种线虫、蚜虫、螨、牧草虫等，对家蝇也具有活性。

（3）使用方法 通过土壤浸润处理。使用剂量为 2.0～5.0 kg(a.i.)/hm²。

专利与登记 专利 US 4590182 早已过专利期，不存在专利权问题。国内登记情况：75% 乳油，20%水乳剂，93%、96%、98%原药，10%悬浮剂等，登记作物为黄瓜或番茄，防治对象根结线虫。

合成方法 可通过如下反应表示的方法制得目的物：

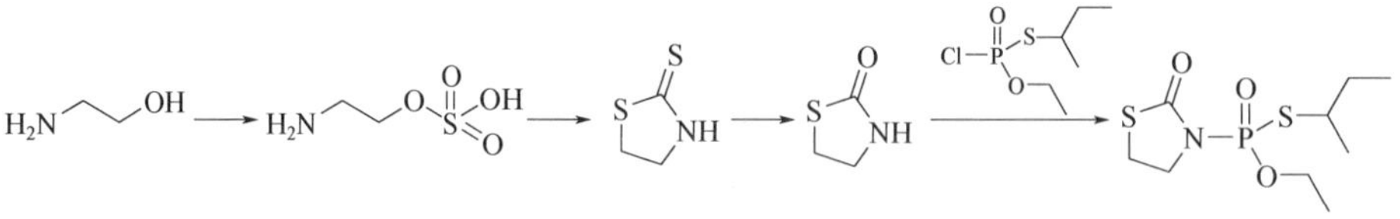

杀线威（oxamyl）

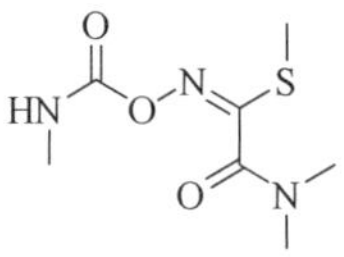

$C_7H_{13}N_3O_3S$，219.3，23135-22-0

杀线威（试验代号：DPX-D1410，商品名称：Fertiamyl、Oxamate、Sunxamyl、Vacillate、Vydate、Vydagro，其他名称：thioxamyl）是由杜邦公司开发的杀虫、杀螨、杀线虫剂。

化学名称 N,N-二甲基-2-甲基氨基甲酰氧基亚氨基-2-(甲硫基)乙酰胺。IUPAC 名称：S-methyl (EZ)-2-(dimethylamino)-N-[(methylcarbamoyl)oxy]-2-oxothioacetimidate 或(EZ)-N,N-dimethyl-2-{[(methylcarbamoyl)oxy]imino}-2-(methylthio)acetamide 或 2-(dimethylamino)-1-(methylthio) glyoxal O-(methylcarbamoyl)monoxime 或 methyl N',N'-dimethyl-N-[(methylcarbamoyl)oxy]-1-thio-oxamimidate。美国化学文摘（CA）系统名称：methyl 2-(dimethylamino)-N-[[(methyla-mino)carbonyl]oxy]-2-oxoethanimidothioate。CA 主题索引名称：ethanimidothioic acid —, 2-(dimethylamino)-N-[[(methylamino)carbonyl]oxy] -2-oxo-methyl ester。

理化性质 纯品为略带硫臭味的无色结晶，熔点 100～102℃，变为双晶型熔点为 108～110℃。相对密度（20～25℃）0.97。蒸气压 0.051 mPa（25℃）。$\lg K_{ow}=-0.44$（pH 5）。Henry

常数 $3.9×10^{-8}$ Pa·m^3/mol。水中溶解度 280 g/L（20～25℃），有机溶剂中溶解度（g/kg，20～25℃）：甲醇 1440，乙醇 330，丙酮 670，甲苯 10。固态和制剂稳定，水溶液分解缓慢。在通风、阳光及在碱性介质和升高温度条件下，可加速其分解速度。土壤中 DT_{50}：>31 d（pH 5），8 d（pH 7），3 h（pH 9）。

毒性　急性经口 LD_{50}（mg/kg）：雄大鼠 3.1，雌大鼠 2.5。急性经皮 LD_{50}（mg/kg）：雄兔 5027，雌兔> 2000。对兔皮肤无刺激性，对豚鼠皮肤无致敏性。大鼠吸入 LC_{50}(4 h) 0.056 mg/L 空气。NOEL 值（2 年，mg/kg 饲料）：大鼠 50［2.5 mg/(kg·d)］，狗 50。ADI/RfD：(JMPR) 0.009 mg/kg，(EC) 0.001 mg/kg，(EPA) aRfD 0.001 mg/kg。无致突变、致癌性，亦无繁殖和发育毒性。

生态效应　鸟急性经口 LD_{50}（mg/kg）：雄野鸭 3.83，雌野鸭 3.16，山齿鹑 9.5。鸟饲喂 LC_{50}（8 d，mg/L）：山齿鹑 340，野鸭 766。鱼毒 LC_{50}（96 h，mg/L）：虹鳟鱼 4.2，大翻车鱼 5.6。水蚤 LC_{50}(48 h) 0.319 mg/L。羊角月牙藻 EC_{50}(72 h) 3.3 mg/L。对蜜蜂有毒，LD_{50}（μg/只）：经口 0.078～0.11，接触 0.27～0.36。蚯蚓 LC_{50}(14 d) 112 mg/L。残留对蚜茧蜂、梨盲走螨、小花蝽无害，在土壤中浓度≤3 mg/L 对隐翅虫、椿象、豹蛛有不到 30%的危害。

环境行为　①动物。在大鼠体内，水解为肟的代谢物（methyl *N*-hydroxy-*N*′,*N*′-dimethyl-1-thiooxamimidate）或经 *N*,*N*-二甲基-1-氰基甲酰胺代谢为 *N*,*N*-二甲基草酸乙酯，其中 70%的代谢物以尿液和粪便的形式排除。②植物。在植物体内，本品水解为相应的肟类代谢物，接着和葡萄糖结合，最终分解为天然产品。③土壤/环境。在土壤中快速降解，DT_{50} 约为 7 d，在地下水 DT_{50}（实验室研究条件）：20 d（厌氧条件），20～400 d（需氧条件）。K_{oc} 25。

制剂　24%可溶液剂，10%颗粒剂。

主要生产商　EastSun、Fertiagro、杜邦、秦禾集团、宁波保税区汇力化工有限公司及宁波中化化学品有限公司等。

作用机理与特点　通过根部或叶部吸收，在作物叶面喷药可向下疏导至根部，其杀虫作用是抑制昆虫体内的乙酰胆碱酯酶。

应用

（1）适宜作物　马铃薯、柑橘、大豆、蔬菜、花生、烟草、棉花、甜菜、草莓、苹果及观赏植物等。

（2）防治对象　蚜科、叶甲科、叶蝉科、鳞翅目、斑潜蝇属、叶螨科、缨翅目、根疣线虫属等害虫。

（3）使用方法　叶面喷雾，使用剂量为 0.28～1.12 kg(a.i.)/hm^2。土壤处理，使用剂量为 3.0～6.0 kg(a.i.)/hm^2。

专利与登记　专利 US 3530220、US 3658870 均早已过专利期，不存在专利权问题。

合成方法　可通过如下反应表示的方法制得目的物：

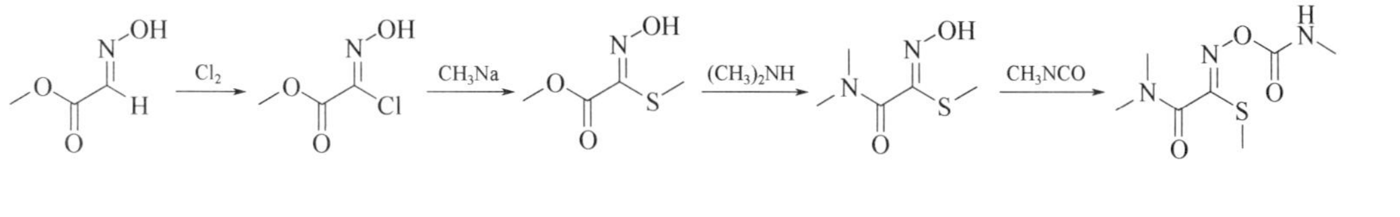

参考文献

[1] 郭胜, 刘福军, 赵贵民, 等. 杀线威的合成方法. 农药, 2003(1): 11.

[2] 刘志立, 刘智凌, 王艾琳, 等. 杀线威的合成研究. 精细化工中间体, 2003(3): 48-49+65.

硫酰氟（sulfuryl fluoride）

F₂O₂S，102.1，2699-79-8

F_2O_2S，102.1，2699-79-8

硫酰氟（商品名称：ProFume、Vikane）是由陶氏益农公司开发的熏蒸剂和杀线虫剂。

化学名称　硫酰氟。IUPAC 名称、美国化学文摘（CA）系统名称、CA 主题索引名称：sulfuryl fluoride。

理化性质　纯品为无色无味气体，熔点-136.7℃，沸点-55.2℃（1.01×10⁵ Pa）。相对密度 1.36（20～25℃）。蒸气压 $1.7×10^3$ kPa（21.1℃）。lgK_{ow}=0.14（20℃），水中溶解度 750 mg/kg（25℃，$1.01×10^5$ Pa）；有机溶剂中溶解度（L/L，20～25℃）：乙醇 0.24～0.27，甲苯 2.0～2.2，四氯化碳 1.36～1.38。对光稳定，在干燥条件下、在 500℃下均稳定，在碱性水溶液中可迅速水解，但在水中不易水解。

毒性　大鼠急性经口 LD$_{50}$ 100 mg/kg。对兔皮肤和眼睛无刺激性。大鼠吸入 LC$_{50}$（4 h，mg/L）：雄大鼠 1122，雌大鼠 991。兔吸入 NOAEL(90 d) 8.5 mg/kg。ADI：(JMPR) 0.01 mg/kg(2005)，(EPA) cRfD 0.003 mg/kg(2004)。

生态效应　虹鳟鱼 LC$_{50}$(96 h)0.89 mg/L，水蚤 EC$_{50}$(48 h) 0.62 mg/L，羊角月牙藻 EC$_{50}$(72 h) 0.58 mg/L，对蜜蜂和蚯蚓均有毒。

环境行为　土壤/环境：不会对臭氧层进行破坏。在水中可以迅速水解，形成氟代硫酸盐和氟离子，DT$_{50}$：3 d（pH 5.9），18 min（pH 8.1），1.8 min（pH 9.2）。

主要生产商　Dow AgroSciences。

应用　主要用作木材、建筑物、运载工具和木制品的熏蒸。可防治众多种类的害虫。

专利与登记　专利 US 2875127、US 3092458 均早已过期，不存在专利权问题。国内仅登记了 99%、99.8%原药等。

imicyafos

C₁₁H₂₁N₄O₂PS，304.4，140163-89-9

$C_{11}H_{21}N_4O_2PS$，304.4，140163-89-9

imicyafos（试验代号：AKD-3088，商品名称：Nemakick）是由 N. Osaki 等报道其活性，由 Agro-Kanesho Co. Ltd 开发的硫代磷酸酯类杀线虫剂。

化学名称　*O*-乙基-*S*-丙基 (2*E*)-[2-(氰基亚氨基)-3-乙基-1-咪唑烷基]硫代磷酸酯。IUPAC 名称：(*RS*)-{*O*-ethyl *S*-propyl (*E*)-[2-(cyanoimino)-3-ethylimidazolidin-1-yl] phosphonothioate}。美国化学文摘（CA）系统名称：*O*-ethyl *S*-propyl-[(2*E*)-2-(cyanoimino)-3-ethyl-1-imidazolidinyl] phosphonothioate。CA 主题索引名称：phosphonothioic acid —, [(2*E*)-2-(cyanoimino)-3-ethyl-1-imidazolidinyl]-*O*-ethyl *S*-propyl ester。

理化性质　纯品为澄清液体，熔点$-53.3\sim-50.5℃$。蒸气压 1.9×10^{-4} mPa（25℃）。相对密度 1.198（20～25℃）。$\lg K_{ow}=1.64$（25℃），水中溶解度（pH 4.5，20～25℃）77.63 g/L；其他溶剂中溶解度（20～25℃，g/L）：正己烷 77.63，1,2-二氯乙烷、甲醇、丙酮、间二甲苯、乙酸乙酯中>1000。水溶液光解 DT_{50}（25℃）：179 d（pH 4），178 d（pH 7），8.0 d（pH 9）。

毒性　急性经口 LD_{50}（mg/kg）：雄、雌大鼠 81.3，雄、雌小鼠 92.3。雄、雌大鼠急性经皮 $LD_{50}>2000$ mg/kg。大鼠吸入 LC_{50}（mg/L）：雄 1.83，雌 2.16。

生态效应　山齿鹑 LD_{50} 4.47 mg/kg，LC_{50} 57.3 mg/L。虹鳟鱼 LC_{50}(96 h)>100 mg/L，水蚤 EC_{50}(48 h) 0.52 mg/L，羊角月牙藻 E_rC_{50}(72 h) >100 mg/L。直接喷施蜜蜂时对蜜蜂无害，LD_{50}（μg/只）：（经口，48 h）1.23，（接触，96 h）4.18。对蚯蚓无害。

环境行为　①动物。本品进入大鼠体内被迅速吸收，并主要通过尿液排出（代谢 $t_{50}<7$ h）。大多代谢主要通过 N-脱烷作用、磷酸酯的脱去、羟基化作用和环的裂解。②土壤/环境。DT_{50} 18～36 d（有氧），38～48 d（无氧），K_{oc} 14～188。田地降解 DT_{50} 3～6 d。

制剂　颗粒剂。

主要生产商　Agro-Kanesho。

作用机理与特点　Imicyafos 由不对称有机磷与烟碱类杀虫剂的氰基亚咪唑烷组合而成，具有高触杀活性和土壤中快速扩散作用。

应用　主要用于蔬菜和马铃薯防治根结线虫、根腐线虫和胞囊线虫。

专利与登记　专利 EP 464830 早已过专利期，不存在专利权问题。日本 Agro-Kanesho 农药公司已于 2010 年在日本登记其杀线虫剂 imicyafos，登记用于萝卜、胡萝卜、草莓、茄子、番茄、黄瓜、甜瓜、西瓜、甘薯、马铃薯。

合成方法　通过如下反应制得目的物：

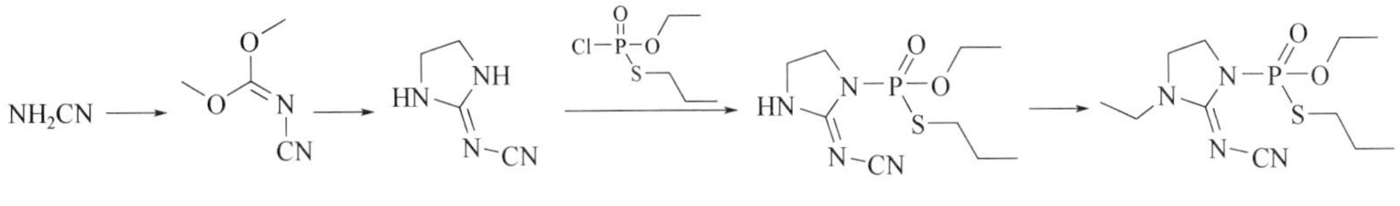

参考文献

[1] 田志高, 刘安昌, 杜长峰. 新型烟碱类杀虫剂 Imicyafos 的合成. 农药, 2013, 52(10): 726-727.

tioxazafen

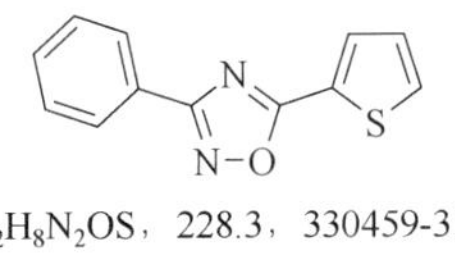

$C_{12}H_8N_2OS$，228.3，330459-31-9

tioxazafen 常用商品名有：MON 102133 SC、NemaStrike、Acceleron N-364、Acceleron NemaStrike ST、Acceleron NemaStrike ST Soybean 等。为孟山都公司开发的主要用于土壤处理的杀线虫剂。

化学名称　3-苯基-5-(2-噻吩基)-1,2,4-噁二唑。IUPAC 名称：3-phenyl-5-(2-thienyl)-1,2,4-

oxadiazole。美国化学文摘（CA）系统名称：3-phenyl-5-(2-thienyl)-1,2,4-oxadiazole。CA 主题索引名称：1,2,4-oxadiazole —, 3-phenyl-5-(2-thienyl)-。

理化性质　纯品为浅灰色固体，有芳香气味，熔点为 109℃，沸点为(390.8±34.0)℃，蒸气压 7.76×10^{-5} Pa（25℃）。溶解度：tioxazafen 在水中的溶解度为 1.24 mg/L，在正己烷中为 6.64 g/L，在甲醇中为 11.1g/L，在正辛醇中为 13.3 g/L，在丙酮中为 100 g/L，在乙酸乙酯中为 106 g/L，在甲苯中为 121 g/L，在二氯甲烷中为 284 g/L（20～25℃）。

毒性　低毒，大鼠急性经口、经皮 LD$_{50}$ 值均大于 5000 mg/kg，繁殖 NOEL 值 60 mg/kg，急性吸入 LC$_{50}$ 值≥5.06 mg/mL。

生态效应　山齿鹑急性经口 LD$_{50}$ 值为 4500 mg/kg。金丝雀急性经口 LD$_{50}$ 值 315 mg/kg。蜜蜂：急性经口 LC$_{50}$ 值(48 h)＞0.41 μg/蜂，急性接触 LC$_{50}$ 值(48 h)＞100 μg/蜂。鱼类：虹鳟急性 LC$_{50}$ 值（96 h）0.0911 mg/L；羊头鱼（*Cyprinodon variegates*）急性 LC$_{50}$ 值（96 h）＞0.084 mg/L。水生无脊椎动物：大型溞（*Daphnia magna*）EC$_{50}$ 值（48 h，急性）＞1.2 mg/L；NOEC 值（21 d，慢性）为 0.0059 mg/L。藻类：月牙藻（*Pseudokirchneriella subcapitata*）E$_b$C$_{50}$ 值 0.7114 mg/L。其他水生生物：膨胀浮萍（*Lemna gibba*）IC$_{50}$ 值（7 d）＞0.954 mg/L。赤子爱胜蚯蚓（*Eisenia andrei*）慢性 NOEC 值为 1000 mg/kg。

环境行为　在土壤中的 DT$_{50}$ 值为 48～303 d（有氧条件）、28～505 d（厌氧条件）。K$_{oc}$ 值为 2996～10318 mL/g。土壤中光解 DT$_{50}$ 值为 26.9～220 d。在水中，DT$_{50}$ 值为 4.4～5.9 d（有氧环境）、4.4～6.0 d（厌氧环境）。水中水解 DT$_{50}$ 值为 985～2289 d，水中光解 DT$_{50}$ 值为 0.19 d。

tioxazafen 挥发性较低，在土壤中通过径流作用流入地下水中，还可以通过径流淋溶、吸附方式残留在地表水中。tioxazafen 主要降解物有亚氨基酰胺、苯甲脒和噻吩酸等，其中部分降解产物对水生植物毒性大于 tioxazafen。

作用机理与特点　新型、广谱、内吸性种子处理非熏蒸性杀线虫剂，拥有全新的作用机理，通过干扰线虫核糖体的活性，引起靶标线虫体内基因突变，进而发挥药效。tioxazafen 只影响寄生线虫，对非靶标线虫无影响。不仅拥有全新作用机理，能够有效防治线虫侵害，提供长达 75 d 的持效作用，防治 2 代线虫，而且能够增强作物根系活力，显著增加作物产量。

应用

（1）适宜作物　主要用于大豆、玉米和棉花三大作物。

（2）防治对象　tioxazafen 具有高效、广谱的杀线虫活性，对大豆上的大豆胞囊线虫、根结线虫和肾形线虫等，玉米根腐线虫、根结线虫和针线虫等，棉花肾形线虫和根结线虫等都具有卓越的防效。

（3）使用方法　tioxazafen 作为种子处理剂在大豆、玉米、棉花种子上的有效成分用量分别为 0.25～0.5 mg、0.5～1.0 mg 和 0.5～1.0 mg，登记的最大有效成分使用量分别为 0.998 kg/hm^2、0.314 kg/hm^2 和 0.213 kg/hm^2。

专利与登记

专利名称　Compositions and methods for controlling nematodes

专利号　WO 2009023721　　　专利申请日　20080813

专利拥有者　Divergence Inc; Monsanto Technology LLC

目前已公开或授权的专利　US 2013296166、US 2009048311、US 8435999、TW 200926985、

MX 2010001659、KR 20100069650、JP 2010536774、GT 201000029、EP 2184989、EA 201300162、EA 201070279、EA 018784、CR 11311、CO 6260017、CN 101820761、CL 23822008、CA 2699980、AU 2008286879、AR 068193 等。

合成方法 可经如下反应制得 tioxazafen。

参考文献

[1] 陈晨. 杀线虫剂 Tioxazafen 应用研究与开发进展. 现代农药, 2018, 17(1): 46-49.

[2] 刘安昌, 冯佳丽, 贺晓露, 等. 新型杀线虫剂 Tioxazafen 的合成. 农药, 2014, 53(8): 561-563.

fluensulfone

$C_7H_5ClF_3NO_2S_2$，291.7，318290-98-1

fluensulfone 是 Makhteshim Chemical Works 公司开发的杀线虫剂。

化学名称   5-氯-1,3-噻唑-2-基 3,4,4-三氟丁-3-烯-1-基砜。IUPAC 名称：5-chlorothiazol-2-yl 3,4,4-trifluorobut-3-enyl sulfone 或 5-chloro-2-[(3,4,4-trifluorobut-3-enyl)sulfonyl]thiazole。美国化学文摘（CA）系统名称：5-chloro-2-[(3,4,4-trifluoro-3-buten-1-yl)sulfonyl]thiazole。CA 主题索引名称：thiazole —, 5-chloro-2-[(3,4,4-trifluoro-3-buten-1-yl)sulfonyl]-。

理化性质 外观为淡黄色液体或晶体；熔点 34℃；沸点>280℃；蒸气压 2.22 mPa（20℃）。

毒性 大鼠急性经口 LD_{50}>671 mg/kg；大鼠急性经皮 LD_{50}>2000 mg/kg。大鼠急性吸入 LC_{50}>6.0 mg/L；对兔皮肤和眼睛温和至中等刺激性；对非靶标生物基本无害或低毒，对蜜蜂和蚯蚓无毒；毒性比现存的很多杀线虫剂都要低；使用过程中无迁移现象。在土壤中的半衰期 DT_{50}11～22 d。

作用机理与特点 通过多种生理作用，作用于虫体，控制虫体活性，具体作用机理尚不明确，可能是一种全新的作用机理。麻痹线虫运动，暴露 1 h 后中止进食，控制线虫大规模出现，阻碍和减少虫卵孵化，幼虫无法成活，减少虫卵数量，通过接触直接杀死线虫，而非暂时控制线虫的活性。它不是一款熏蒸剂，简单施用即可被土壤吸收。该产品成分安全，施用时谨慎处理即可。其他杀线虫剂进入土壤的时间大约为 5 天，而此款产品仅需 12 h。

应用 可以防除蔬菜和水果上的根结线虫。

专利与登记

专利名称   Nematocidal trifluorobutene

专利号   JP 2001019685   专利申请日   1999-07-06

专利拥有者　Nippon Bayer Agrochem Co. Ltd

目前公开的或授权的专利　AT 263157、BR 2000012243、CA 2378148、CN 1159304、EP 1200418、ES 2215671、HK 1046403、JP 2003503485、TR 2002000068、US 6734198、WO 2001002378、ZA 2001009995 等。

合成方法　经如下反应制得 fluensulfone。

参考文献

[1] 刘钦胜，马新刚，申宝玉. 新颖杀线虫剂——Fluensulfone. 今日农药, 2014(4): 54-55.

[2] The Pesticide Manual. 17 th edition: 504.

fluazaindolizine

$C_{16}H_{10}Cl_2F_3N_3O_4S$，468.2，1254304-22-7

fluazaindolizine（试验代号：DPX-Q8U80）是由杜邦开发的新型杀线虫剂。

化学名称　8-氯-N-[(2-氯-5-甲氧苯基)磺酰基]-6-三氟甲基咪唑[1,2-a]吡啶-2-酰胺。 IUPAC 名称、美国化学文摘（CA）系统名称：8-chloro-N-[(2-chloro-5-methoxyphenyl)sulfonyl]-6-(trifluoromethyl)imidazo[1,2-a]pyridine-2-carboxamide。CA 主题索引名称：imidazo[1,2-a] pyridine-2-carboxamide —, 8-chloro-N-[(2-chloro-5-methoxyphenyl)sulfonyl]-6-(trifluoromethyl)-。

应用　杀线虫剂。

专利与登记

专利名称　Preparation of sulfonamides as nematocides useful for controlling parasitic nematodes

专利号　WO 2010129500　　　　　　专利申请日　2010-05-04

专利拥有者　美国杜邦

在其他国家申请的化合物专利　AR 76838、AU 2010246105、BR 2010007622、CA 2757075、CN 102413693、EP 2427058、ES 2530268、IL 215105、IN 2011 dN07327、JP 2012526125、JP 5634504、KR 2012034635、MX 2011011485、MY 152267、NZ 595152、PT 2427058、RU 2531317、TWI 482771、US 20120114624、US 20140088309、US 20140221203、US 8623890、US 8735588、US 9018228、ZA 2011006729 等。

工艺专利　WO2014109933 等。

合成方法　通过如下反应制得目的物。

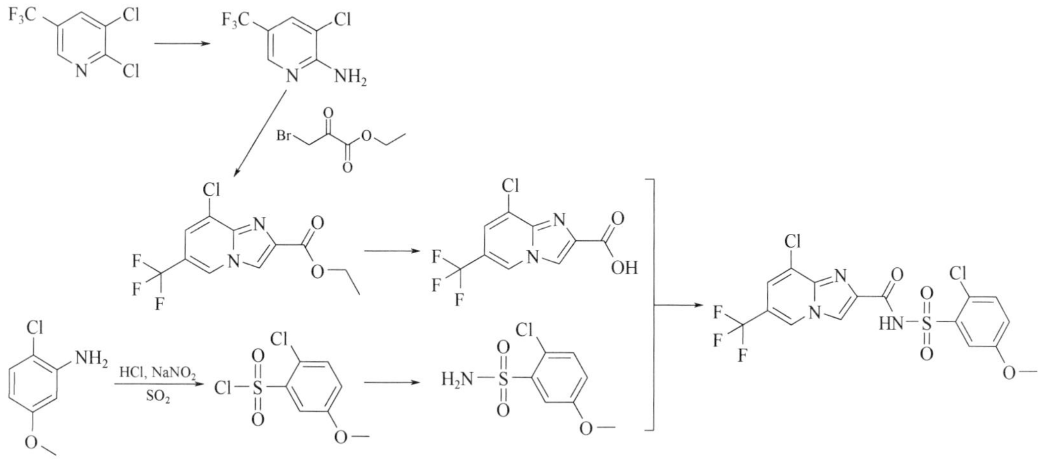

三氟杀线酯（trifluenfuronate）

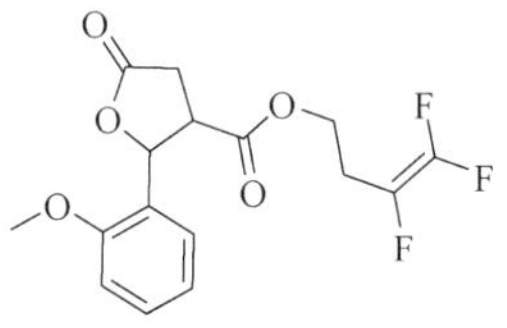

$C_{16}H_{15}F_3O_5$，344.1，2074661-82-6

三氟杀线酯是山东中农联合生物科技股份有限公司开发的新型杀线虫剂。

化学名称　[2-(2-甲氧基苯基)-5-氧代四氢呋喃-3-基]-甲酸[4-(1,1,2-三氟-1-丁烯)基]酯。英文化学名称为 3,4,4-trifluorobut-3-en-1-yl 2-(2-methoxyphenyl)-5-oxotetrahydrofuran-3-carboxylate。

理化性质　95%原药为棕黄色至棕红色油状液体，有淡淡的芳香气味，不溶于水，易溶于甲醇、二氯甲烷、乙腈、丙酮等有机溶剂。

毒性　大鼠急性经口毒性 LD_{50}（mg/kg）：雌性大鼠 583.1 mg/kg bw（431.6～787.8 mg/kg bw），雄性大鼠 792.7 mg/kg bw（586.7～1071.0 mg/kg bw）。大鼠急性经皮 LD_{50}（mg/kg）：雌性大鼠大于 2000 mg/kg bw，雄性大鼠大于 2000 mg/kg bw。大鼠急性吸入 LC_{50}：雌性大鼠大于 2000 mg/m^3，雄性大鼠大于 2000 mg/m^3。豚鼠急性皮肤无刺激，兔急性眼无刺激，弱致敏物，回复突变试验中无致突变作用（鼠伤寒沙门氏菌）。

应用　杀线虫剂。室内毒力测试结果表明，三氟杀线酯对南方根结线虫卵毒力平均值 LC_{50} 值为 8.92 mg/L，对 J2 毒力平均值 LC_{50} 值为 16.91 mg/L，与噻唑膦相当；大田试验平均防效约为 67%，优于阿维菌素和氟吡菌酰胺，与噻唑膦相当。

专利与登记

专利名称　Nematicide containing lactone ring and preparation method and use thereof

专利号　WO 2017054523　　　　专利申请日　2017-04-06

专利拥有者　山东中农联合生物科技股份有限公司

在其他国家申请的化合物专利　CN 106554334B、AU 2016333198 B2、EP 3279189 B1、BR 112017025877 A2、IN 2017-27038629 A、US 20180146667 A1、US 10111428 B2 等。

工艺专利　CN 108484538 等。

合成方法　通过如下反应制得目的物。

参考文献

[1] 潘光民, 唐剑峰, 吴建挺, 等. 新型杀线虫剂三氟杀线酯的合成及其应用. 农药, 2018, 57(5): 329-330.

[2] WO 2017054523.

cyclobutrifluram

$C_{17}H_{13}Cl_2F_3N_2O$，389.2，2374800-44-7；1644251-74-0 (1S, 2S)；1460292-16-3 (1R, 2R)

cyclobutrifluram（商品名：TYMIRIUM）是先正达公司开发的新型杀线虫剂。

化学名称　　N-[2-(2,4-二氯苯基)环丁基]-2-三氟甲基-烟酰胺。IUPAC 名称：N-[2-(2,4-dich-lorophenyl)cyclobutyl]-2-(trifluoromethyl)nicotinamide 或 N-[2-(2,4-dichlorophenyl)cyclobutyl]-2-(trifluoromethyl)pyridine-3-carboxamide［为 80%～100% (1S,2S)-对映异构体及 0～20% (1R,2R)-对映异构体混合物］。美国化学文摘（CA）系统名称：rel-N-[(1R,2R)-2-(2,4-dichlorophenyl)cyclobutyl]-2-(trifluoromethyl)-3-pyridinecarboxamide。CA 主题索引名称：3-pyridinecarboxa-mide —, N-[(1R,2R)-2-(2,4-dichlorophenyl)cyclobutyl]-2-(trifluoromethyl)-rel-。

作用机理与特点　　可能为琥珀酸脱氢酶抑制剂（SDHI），扰乱复合体 II 在呼吸作用中电子传递功能。

应用　　可长效防治所有主要农作物和各地形中的各类线虫病虫害。对线虫和土传病害，尤其是镰刀菌具有优异的防治效果。

专利与登记

专利名称　　Preparation of N-cyclylamides as nematicides

专利号　　WO 2013143811　　　　专利申请日　　2013-10-03

专利拥有者　　Syngenta Participations AG

在其他国家申请的化合物专利　　AR 090488 (A1)、AU 2013242350 (B2)、CA 2866227 (A1) CL 2014002533 (A1)、CN 104203916 (B)、CN 106748814 (B)、CO 7091186 (A2)、DK 2831046 (T3) EA 025551 (B1)、EA 201401054 (A1)、EP 2644595 (A1)、EP 2831046 (B1)、ES 2590504 (T3) HUE 028914 (T2)、JP 2015514077 (A)、JP 6153597 (B2)、KR 101952701 (B1)、LT 2831046 (T) MX 2014010551 (A)、MX 343829 (B)、PH 12014502169 (B1)、PL 2831046 (T3)、PT 2831046 (T) TW 201400441 (A)、TWI 592389 (B)、UA 113643 (C2)、US 2015045213 (A1)、US 9414589 (B2) ZA 201406525 (B)等。

工艺专利　　WO 2019158476、WO 2019096860、WO 2015003951 等。

合成方法　　以 2,4-二氯苯甲醛或 2,4-二氯甲苯为原料经如下反应得到 cyclobutrifluram。

相应的胺也可由如下方法制备：

参考文献

[1] 世界农化网. http://www.agroinfo.com.cn/other_detail_7798.html. [2020-05-13].

[2] Hone J, Jones I. Novel crystalline forms: WO 2019158476, 2019-08-22.

[3] Dumeunier R, Godineau E, Gopalsamuthiram V, et al. Process for the preparation of enantiomerically and diastereomerically enriched cyclobutane amines and amides: WO 2019096860, 2019-05-23.

[4] Dumeunier R, Godineau E, Jeanguenat A, et al. 4-Membered ring carboxamides used as nematicides: WO 2015003951, 2015-01-15.

※ 参考文献 ※

[1] 杀线虫农药产品的登记情况和展望. http://www.agroinfo.com.cn/other_detail_6299.html. (2019-02-13)[2020-02-18].

[2] 张楠. 我国杀线虫剂登记现状及问题分析. 农药科学与管理, 2017, 38(7): 23-30.

附　录

附录 1　不常用的杀菌剂

序号	结构/名称/CAS	序号	结构/名称/CAS
1	aldimorph，91315-15-0	7	azithiram，PP447，5834-94-6
2	furophanate，RH-3928，53878-17-4	8	furmecyclox，BAS 389F，60568-05-0
3	hexylthiofos，NTN 3318，41495-67-4	9	ICIA0858，SC-0858，112860-04-5
4	isovaledione，70017-93-5	10	mecarbinzid，BAS 3201F，27386-64-7
5	metazoxolon，PP395，5707-73-3	11	methasulfocard，NK-191，66952-49-6
6	2-methoxyethylmercury，151-38-2	12	milneb，3773-49-7

序号	结构/名称/CAS	序号	结构/名称/CAS
13	myxothiazol，76706-55-3	20	nickel bis(dimethyldithiocarbamate)，M-1、DDC-Ni、15521-65-0
14	4-(2-nitroprop-1-enyl)phenyl thiocyanate，950-00-5	21	P 368，34407-87-9
15	phenylmercury dimethyldithiocarbamat，32407-99-1	22	prosulfalin，51528-03-1
16	quinconazole，SN 539 865，103970-75-8	23	RH-2512，4137-12-6
17	SSF-109，129586-32-9	24	tecoram，5836-23-7
18	thiadifluor，SLJ 4027a，80228-93-9	25	triazbutil，RH-124，16227-10-4
19	UBF-307，149601-03-6	26	XRD-563，124426-49-9

序号	结构/名称/CAS	序号	结构/名称/CAS
27	zopfiellin	34	苯柳酸铜，5328-04-1
28	比锈灵(pyracarbolid)，Hoe 13 764，24691-76-7	35	吡氯灵(pyroxychlor)，Dowco 269，7159-34-4
29	吡咪唑(rabenzazole)，40341-04-6	36	苄氯三唑醇(diclobutrazol)，75736-33-3、66345-62-8
30	敌菌灵(anilazine)，101-05-3	37	二苯胺(diphenylamine)，122-39-4
31	二甲呋酰胺(furcarbanil)，BAS 319F，28562-70-1	38	二氯萘醌(dichlone)，117-80-6
32	放线菌酮(cycloheximide)，66-81-9	39	粉病灵(piperalin)，3478-94-2
33	呋菌唑(furconazole)，112839-33-5，112839-32-4	40	肤菌胺(methfuroxam)，H719，28730-17-8

序号	结构/名称/CAS	序号	结构/名称/CAS
41	福美铁(ferbam)，14484-64-1	59	福美铜氯(cuprobam)，7076-63-3
42	咪菌酮(climbazole)，38083-17-9	50	癸磷锡(decafentin)，15652-38-7
43	环菌胺(cyclafuramid)，34849-42-8	51	磺胺喹噁啉(sulfaquinoxaline)，59-40-5
44	甲基胂酸(methylarsonic acid)，124-58-3	52	甲菌利(myclozolin)，BAS 436F，54864-61-8
45	HCHO 甲醛(formaldehyde)，50-00-0	53	2-甲氧基乙基氯化汞 (2-methoxyethylmercury chloride)，123-88-6
46	菌核利(dichlozoline)，24201-58-9	54	喹啉铜(oxine-copper)，10380-28-6
47	醌菌腙(quinazamid)，RD 8684，61566-21-0	55	邻苯基苯酚(2-phenylphenol)，90-43-7
48	磷酸(phosphonic acid)，13598-36-2	56	硫菌灵(thiophanate)，NF 35，23564-06-9

序号	结构/名称/CAS	序号	结构/名称/CAS
57	硫菌威(prothiocarb)，SN 41 703，19622-08-3	66	硫氯苯亚胺(thiochlorfenphim)，19378-58-6
58	硫氰苯甲酰胺(tioxymid)，SAF-787，70751-94-9	67	2-(硫氰基甲硫基)苯并噻唑 [2-(thiocyanatomethylthio)benzothiazole]，21564-17-0
59	硫杂灵(cufraneb)，11096-18-7	68	氯苯甲醚(chloroneb)，2675-77-6
60	氯苯咯菌胺(metomeclan)，81949-88-4	69	氯吡呋醚(pyroxyfur)，Dowco 444，70166-48-2
61	氯化苯汞(phenylmercury chloride)，100-56-1	70	HgCl₂ 氯化汞(mercuric chloride)，7487-94-7
62	氯瘟磷(phosdiphen)，MTO-460，36519-00-3	71	咪菌威(debacarb)，62732-91-6
63	咪唑嗪(triazoxide)，72459-58-6	72	灭菌磷(ditalimfos)，5131-24-8
64	CuSO₄·(N₂H₅)₂SO₄ 灭菌铜(cupric hydrazinium sulfate)，33271-65-7	73	氰菌胺(zarilamid)，ICIA0001，84527-51-5
65	噻菌胺(metsulfovax)，G696，21452-18-6	74	噻菌腈(thicyofen)，PH 51-07，DU 510 311，116170-30-0

序号	结构/名称/CAS	序号	结构/名称/CAS
75	三氟苯唑(fluotrimazole)，BAY BUE 0620，31251-03-3	83	三氯甲基吡啶(nitrapyrin)，Dowco 163，1929-82-4
76	双硫氧吡啶(dipyrithione)，OSY-20，3696-28-4	84	水杨菌胺(trichlamide)，NK-483，70193-21-4
77	酞菌酯(nitrothal-isopropyl)，10552-74-6	85	铜锌铬酸盐(copper zinc chromate)，1336-14-7
78	脱氢乙酸(dehydroacetic acid)，520-45-6	86	戊苯砜(sultropen)，963-22-4
79	戊氰威(nitrilacarb)，AC 82 258，29672-19-3	87	烯丙基二硫醚(diallyl sulfides)，2179-57-9
80	硝酸苯汞(phenylmercury nitrate)，8003-05-2	88	香芹酮(carvone)，99-49-0
81	氧四环素(oxytetracycline)，79-57-2	89	乙酸苯汞(phenylmercury acetate)，62-38-4
82	游霉素(natamycin)，7681-93-8	90	酯菌胺(cyprofuram)，69581-33-5

序号	结构/名称/CAS	序号	结构/名称/CAS
91	trimorphamide，60029-23-4 (trimorfamid或trimorphamide均非ISO通用名)	93	抑霉胺(vangar)，67932-85-8
92	吡氟菌酯(ZJ2211)，bifujunzhi(非ISO通用名)， 927422-36-4	94	甲香菌酯(jiaxiangjunzhi，非ISO通用名)，850881-30-0

附录 2   重要病害拉英汉名称对照表

拉丁名	英文名	中文名	作物	分类
Alternaria spp.	dark leaf spot blight damping off pod spot	黑斑病 疫病 猝倒病 荚果斑病	various	deuteromycete
Alternaria alternata	leaf spot sooty mould stem canker	叶斑病 烟灰霉病 茎溃病	various	deuteromycete
Alternaria brassicae	grey leaf spot dark leaf spot	灰斑病 黑斑病	brassicas	deuteromycete
Alternaria dauci	leaf blight	叶枯病、叶疫病	carrots	deuteromycete
Alternaria mali	leaf spot leaf blotch core rot	叶斑病 叶枯病 苹果斑点落叶病	apples	deuteromycete
Alternaria solani	early blight	早疫病	potatoes,tomatoes	deuteromycete
Aphanomyces cochlioides	black leg	黑胫病、甜菜蛇眼病	beets	oomycete
Ascochyta spp.	anthracnose leaf & pod spot	炭疽病 叶、荚斑病	legumes	deuteromycete
Ascochyta pinodes	foot rot anthracnose	根腐病 炭疽病	peas	deuteromycete
Ascochyta pisi	foot rot leaf, pod & stem spot	根腐病 叶、荚、茎斑病	peas	deuteromycete
Blumeriella spp.	leaf spot	叶斑病	cherries	ascomycete

续表

拉丁名	英文名	中文名	作物	分类
Botrytis spp.	grey mould rot	灰霉病 腐烂病	various	deuteromycete
Botrytis cinerea	grey mould fruit rot	灰霉病 果实腐烂病	various	deuteromycete
Botrytis squamosa	small sclerotial neck rot	小核颈腐烂	onions	deuteromycete
Bremia lactucae	downy mildew	霜霉病	lettuces	oomycete
Cercospora spp.	leaf spot	叶斑病	various	deuteromycete
Cercospora arachidicola	early leaf spot	花生褐斑病	peanuts	deuteromycete
Cercospora beticola	leaf spot	叶斑病	beets	deuteromycete
Cercospora musae (*Mycosphaerella musicola*)	leaf spot yellow sigatoka	叶斑病 黄叶斑病	bananas	deuteromycete
Cercospora oryzae	narrow brown leaf spot	条叶枯病	rice	deuteromycete
Cladosporium spp.	scab black mould sooty mould	苹果黑星病、疮痂病 黑曲霉病 烟灰霉病	fruit cereals	deuteromycete
Cladosporium carpophilum (*Stigmina carpophila*)	shot hole scab	穿孔病 黑星病、疮痂病	peaches, prunus	deuteromycete
Cladosporium caryigenum	scab	黑星病、疮痂病	peaches, nuts	deuteromycete
Cladosporium spp.	sooty, black mould		wheat, barley	hyphales
Cochliobolus miyabeanus	brown spot seedling blight	褐斑病 苗立枯病	rice	ascomycete
Cochliobolus sativus	damping off foot & root rot leaf spot	猝倒病 根腐病 叶斑病	cereals, grasses	ascomycete
Colletotrichum spp.	anthracnose root rot	炭疽病 根腐病	various	deuteromycete
Colletotrichum atramentarium (*Colletotrichum coccodes*)	black dot	炭疽病	potatoes	deuteromycete
Colletotrichum coccodes (*Colletotrichum atramentarium*)	black dot	炭疽病	potatoes	deuteromycete
Colletotrichum graminicola	anthracnose	炭疽病	turf	deuteromycete
Corticium spp.	red thread	红线病	turf	basidiomycete
Corticum rolfsii	white mould red thread	白腐病 红线病	peanuts turf	basidiomycete
Corticium sasakii (*Pellicularia sasakii*)	sheath blight	纹枯病	rice	basidiomycete
Coryneum beijerinckii	shot hole	穿孔病	almonds, peaches	deuteromycete
Cylindrocladium spathiphylli	root rot petiole rot	根腐病 叶柄腐病	spathiphyllum	deuteromycete

拉丁名	英文名	中文名	作物	分类
Cylindrosporium spp.	leaf spot	叶斑病	top fruit	ascomycete
Diaporthe spp.	stem canker	茎溃病	various	ascomycete
Diaporthe citri	phomopsis stem-end rot melanose	柑橘褐色蒂腐病	citrus	ascomycete
Didymella bryoniae	gummy stem blight	蔓枯病	cucurbits	ascomycete
Diplocarpon maculata	black spot	黑斑病	pears	ascomycete
Diplocarpon mali	leaf blotch	叶枯病、叶疱病	apples	ascomycete
Diplocarpon rosae	black spot	黑斑病	roses	ascomycete
Drechslera avenae	leaf blotch	叶枯病、叶疱病	oats	deuteromycete
Drechslera graminea	leaf stripe	叶条纹病	barley	deuteromycete
Drechslera poae	leaf spot melting out	叶斑病 溶出病	grasses, turf	deuteromycete
Drechslera teres	net blotch	网斑病	barley	deuteromycete
Elsinoe spp.	anthracnose scab	炭疽性结痂	fruit	ascomycete
Elsinoe ampelina	anthracnose scab	炭疽性结痂	fruit	ascomycete
Elsinoe australis	scab	黑星病、疮痂病	citrus	ascomycete
Elsinoe fawcetti	common scab	疮痂病	citrus	ascomycete
Entyloma oryzae	leaf smut	叶黑粉病	rice	ascomycete
Erysiphaceae	powdery mildew	白粉病	various	ascomycete
Erysiphe spp.	powdery mildew	白粉病	various	ascomycete
Erysiphe betae	powdery mildew	白粉病	beets	ascomycete
Erysiphe cichoracearum	powdery mildew	白粉病	cucurbits, vegetables	ascomycete
Erisyphe graminis f. sp. *hordei*	powdery mildew	白粉病	barley, grasses	ascomycete
Erisyphe graminis f. sp. *tritici*	powdery mildew	白粉病	wheat, grasses	ascomycete
Exobasidium vexans	white blister blight	白疱病	tea	basidiomycete
Fomes annosus (*Heterobasidion annosum*)	root fomes butt rot	白根腐病 根腐病	pine, spruce	basidiomycete
Fulvia spp.	leaf mould	叶霉病	various	deuteromycete
Fusarium spp.	wilt dry rot root rot scab seedling blight	枯萎病 干腐病 根腐病 黑星病、疮痂病 苗立枯病	various	deuteromycete
Fusarium avenaceum	brown foot rot	茎基褐腐病	cereals	deuteromycete
Fusarium culmorum	pre- & post- emergence blight ear blight leaf & glume blotch root rot	枯萎病 颖枯病	cereals	deuteromycete

拉丁名	英文名	中文名	作物	分类
Fusarium graminearum	pre- & post- emergence blight ear blight leaf & glume blotch root rot scab	枯萎病 颖枯病	cereals	deuteromycete
Fusarium moniliforme (*Gibberella fujikuroi*)	bakanae disease stalk rot	恶苗病	rice maize	deuteromycete
Fusarium nivale (*Gerlachia nivalis*)	pink snow mould wilt	粉红雪霉病	cereals, grasses	deuteromycete
Fusarium oxysporum	wilt	枯萎病	flowers	deuteromycete
Fusarium roseum	fruit rot ear blight scab	果实腐烂病 枯萎病 黑星病、疮痂病	apples wheat	deuteromycete
Fusarium solani	dry rot	干腐病	potatoes	deuteromycete
Fusarium sulfureum	dry rot	干腐病	potatoes	deuteromycete
Gaeumannomyces graminis	take-all	全枯病	cereals	ascomycete
Geotrichum candidum	rubbery rot sour rot	胶腐烂 酸腐病	potatoes citrus	deuteromycete
Gerlachia nivalis (*Fusarium nivale*)	pink snow mould wilt	粉红雪霉病	cereals, grasses	deuteromycete
Gibberella fujikuroi (*Fusarium moniliforme*)	bakanae disease stalk rot	恶苗病	rice maize	ascomycete
Glomerella cingulata	anthracnose leaf spot pod spot	炭疽病 叶斑病 荚果斑病	various	ascomycete
Guignardia bidwellii	black rot	黑腐病	vines	ascomycete
Gymnosorangium spp.	rust	锈病	various	basidiomycete
Gymnosporangium asiaticum	rust	锈病	Japanese pears	basidiomycete
Gymnosporangium yamadae	rust	锈病	Japanese pears, apples	basidiomycete
Helminthosporium spp.	melting out leaf blotch leaf spot	溶出病 叶疱斑病 叶斑病	cereals, turf	deuteromycete
Helminthosporium avenae	leaf blotch leaf stripe	叶疱斑病 叶条纹病	oats	deuteromycete
Helminthosporium gramineum	leaf stripe	叶条纹病	barley	deuteromycete
Helminthosporium oryzae	brown spot	褐斑病	rice	deuteromycete
Helminthosporium solani	silver scurf	银腐病	potatoes	deuteromycete
Helminthosporium teres	net blotch	网斑病	barley	deuteromycete
Hemileia vastatrix	rust	锈病	coffee	basidiomycete
Heterobasidion annosum (*Fomes annosus*)	root fomes butt rot	白根腐病 根腐病	pine, spruce	basidiomycete

拉丁名	英文名	中文名	作物	分类
Isariopsis griseola	angular leaf spot	叶角斑病	beans	ascomycete
Laetisaria fuciformis	red thread	红线病	turf	basidiomycete
Leptosphaeria nodorum (*Phaeosphaeria nodorum*, *Septoria nodorum*)	glume blotch	颖枯病	wheat leaf spot	ascomycete
Leveillula taurica	powdery mildew	白粉病	various	ascomycete
Magnaporthe grisea (*Pyricularia oryzae*)	blast	稻瘟病	rice	deuteromycete
Magnaporthe poae	summer patch	夏季斑枯病	turf	deuteromycete
Monilinia spp.	brown rot blossom blight	褐腐病 花腐病	nuts, stone fruit	ascomycete
Monilinia fructicola	brown rot	褐腐病	stone fruit	ascomycete
Monilinia fructigena	brown rot blossom blight	褐腐病 花腐病	pome fruit, stone fruit	ascomycete
Monilinia laxa	brown rot blossom blight	褐腐病 花腐病	stone fruit	ascomycete
Mucor piriformis	fruit rot	果实腐烂病	soft fruit	zygomycete
Mycosphaera spp.	powdery mildew	白粉病	various	ascomycete
Mycosphaerella spp.	leaf spot	叶斑病	various	ascomycete
Mycosphaerella arachidis (*M arachidicola*)	brown spot black spot early leaf spot	褐斑病 黑斑病 早斑病	peanuts	ascomycete
Mycosphaerella berkeleyi	late leaf spot	晚斑病	peanuts	ascomycete
Mycosphaerella fijiensis	leaf spot leaf streak	叶斑病 叶条纹病	bananas	ascomycete
Mycosphaerella musicola (*Cercospora musae*)	yellow sigatoka	黄叶斑病	bananas	ascomycete
Oidium spp.	powdery mildew	白粉病	various	deuteromycete
Oidium betae	mildew	霉病	beets	deuteromycete
Oidium heveae	secondary leaf fall powdery mildew	白粉病	rubber	deuteromycete
Oidium lini	mildew	霉病	linseed	deuteromycete
Pellicularia sasakii	sheath blight	纹枯病	rice	basidiomycete
Penicillium spp.	penicillium rot	青霉腐烂病	various	deuteromycete
Penicillium digitatum	green mould	绿霉病	citrus	deuteromycete
Penicillium expansum	blue mould	青霉病	apples	deuteromycete
Penicillium italicum	blue mould	青霉病	citrus	deuteromycete
Peronospora spp.	downy mildew	霜霉病	various	oomycete
Phaeosphaeria nodorum (*Leptosphaeria nodorum*[1], *Septoria nodorum*[2])	glume blotch seedling blight	颖枯病 苗立枯病	cereals	ascomycete

拉丁名	英文名	中文名	作物	分类
Phoma spp.	canker gangrene leaf & stem spot root rot stem blight	溃疡病 坏疽病 叶斑病 茎枯病	various	deuteromycete
Phoma arachidicola	phoma crown rot	冠腐病	peanuts	deuteromycete
Phoma asparagi	stem canker blight	茎溃病、茎枯病	asparagus	deuteromycete
Phoma exigua	gangrene	坏疽病	potatoes	deuteromycete
Phoma lingam	dry rot black leg canker	干腐病 黑胫病 坏疽病	brassicas	deuteromycete
Phomopsis spp.	stem blight canker	茎枯病 溃疡病	trees	deuteromycete
Phomopsis viticola	dead arm leaf spot	枯枝病 叶斑病	vines	deuteromycete
Phytophthora spp.	blight damping off foot rot	枯萎病 猝倒病 根腐病	various	oomycete
Phytophthora citrophthora	foot rot gummosis	根腐病 流胶病	citrus	oomycete
Phytophthora infestans	blight	枯萎病	potatoes, tomatoes	oomycete
Plasmodiophora brassicae	clubroot	根肿病	brassicas	myxomycete
Plasmopora spp.	downy mildew	霜霉病	various	oomycete
Plasmopara viticola	downy mildew	霜霉病	vines	oomycete
Podosphaera leucotricha	downy mildew	霜霉病	apples	ascomycete
Polyscytalum pustulans	skin spot		potatoes	deuteromycete
Pseudocercosporella herpotrichoides	eye spot	眼斑病	cereals	deuteromycete
Pseudoperonospora spp.	downy mildew	霜霉病	various	oomycete
Pseudoperonospora cubensis	downy mildew	霜霉病	cucurbits	oomycete
Pseudopeziza tracheiphila	redfire red rot rotbrenner	红腐病	vines	ascomycete
Puccinia spp.	rust	锈病	various	basidiomycete
Puccinia arachidis	leaf rust	叶锈病	peanuts	basidiomycete
Puccinia asparagi	rust	锈病	asparagus	basidiomycete
Puccinia hordei	brown rust leaf rust	褐锈病 叶锈病	barley	basidiomycete
Puccinia horiana	white rust	白锈病	chrysanthemums	basidiomycete
Puccinia recondita f. sp. *hordei*	brown rust	褐锈病	barley	basidiomycete

拉丁名	英文名	中文名	作物	分类
Puccinia recondita f. sp. *recondita*	brown rust	褐锈病	rye	basidiomycete
Puccinia recondita f. sp. *tritici*	brown rust	褐锈病	wheat	basidiomycete
Puccinia striiformis	stripe rust yellow rust	条锈病 黄锈病	wheat	basidiomycete
Pyrenopeziza spp.	light leaf spot	轻叶斑病	brassicas	ascomycete
Pyrenophora spp.	tan spot		wheat	ascomycete
Pyrenophora graminea	leaf stripe	叶条纹病	barley	ascomycete
Pyrenophora teres	net blotch	网斑病	barley	ascomycete
Pyrenophora tritici repentistan	spot		wheat	ascomycete
Pyricularia oryzae (=*Magnaporthe grisea*)	rice blast	稻瘟病	rice	deuteromycete
Pythium spp.	damping off rot	猝倒病 腐烂病、枯病	various	oomycete
Pythium aphanidermatum	damping off rot blight	猝倒病 腐烂病、枯病 枯萎病	various	oomycete
Pythium ultimum	damping off oak root fungus root necrosis	猝倒病	various	oomycete
Ramularia spp.	leaf spot	叶斑病	various	deuteromycete
Ramularia beticola	leaf spot	叶斑病	beets	deuteromycete
Rhizoctonia spp.	damping off foot & root rot	猝倒病 根腐病	various	basidiomycete
Rhizoctonia cerealis	sharp eyespot damping off root rot	重眼斑病 猝倒病 根腐病	various	basidiomycete
Rhizoctonia solani (=*Thanatephoris cucumeris*)	damping off sheath blight black scurf stem canker root rot	猝倒病 纹枯病 黑痣病 茎溃病 根腐病	various	basidiomycete
Rhizopus nigricans	rhizopus rot	根霉腐烂病	fruit, carrots	zygomycete
Rhynchosporium spp.	leaf blotch	叶枯病	cereals, grasses	deuteromycete
Rhynchosporium oryzae	leaf scald	叶烫伤病	rice	deuteromycete
Rhynchosporium secalis	leaf blotch leaf scald	叶枯病 叶烫伤病	barley	deuteromycete
Sclerotinia spp.	sclerotinia rot	菌核病	various	ascomycete
Sclerotinia homeocarpa	dollar spot	圆斑病	turf	ascomycete
Sclerotinia minor	stem rot collar rot	茎霉病 疫病	lettuces chicory	ascomycete

续表

拉丁名	英文名	中文名	作物	分类
Sclerotinia sclerotiorum	white mould rot	白腐病 腐烂病	various	ascomycete
Sclerotium rolfsii	damping off crown blight bulb & tuber rot root & crown rot stem & fruit rot	猝倒病 根腐病	various	basidiomycete
Septoria spp.	glume blotch leaf spot leaf blotch	颖枯病 叶斑病 叶枯病	various	deuteromycete
Septoria nodorum (*Leptosphaeria nodorum*, *Stagonospora nodorum*, *Phaeosphaeria nodorum*)	glume blotch seedling blight	颖枯病 苗立枯病	cereals	deuteromycete
Septoria tritici	leaf blotch	叶枯病	wheat	deuteromycete
Sphacelotheca reiliana	head smut	黑穗病	maize	basidiomycete
Sphaerotheca spp.	powdery mildew	白粉病	various	ascomycete
Sphaerotheca fuliginea	powdery mildew	白粉病	cucurbits, tomatoes	ascomycete
Sphaerotheca macularis	powdery mildew	白粉病	strawberries	ascomycete
Sphaerotheca pannosa	powdery mildew	白粉病	roses, stone fruit	ascomycete
Spongospora subterranea	powdery scab	粉痂病	potatoes	myxomycete
Stagonospora nodorum (*Leptosphaeria nodorum*, *Septoria nodorum*, *Phaeosphaeria nodorum*)	glume blotch seedling blight	颖枯病 苗立枯病	cereals	deuteromycete
Stigmina carpophila (=*Cladosporium carpophilum*)	shot hole scab	穿孔病 黑星病、疮痂病	prunus, peaches	deuteromycete
Thanatephorus cucumeris (=*Rhizoctonia solani*)	damping off black scurf root rot sheath blight stem canker	猝倒病 黑痣病 根腐病 纹枯病 茎溃病	various	basidiomycete
Tilletia spp.	smut bunt	黑粉病、黑穗病 腥黑粉病	cereals	basidiomycete
Tilletia caries	bunt stinking smut	腥黑粉病 臭黑穗病	cereals	basidiomycete
Tilletia contraversa	dwarf bunt	矮腥黑粉病	cereals	basidiomycete
Tilletia pancicii	bunt	腥黑粉病	wheat	basidiomycete
Trichoderma viride	seedling blight	苗立枯病	rice	deuteromycete
Typhula spp.	blight mould	枯萎病 霉病	turf, grasses	basidiomycete
Typhula incarnata	grey snow mould	灰雪霉病	cereals, grasses	basidiomycete

拉丁名	英文名	中文名	作物	分类
Uncinula necator	powdery mildew	白粉病	vines	ascomycete
Urocystis occulta	flag smut stalk & stripe smut	茎叶黑粉病	rye	basidiomycete
Uromyces spp.	rust	锈病	vegetables	basidiomycete
Uromyces appendiculatus	rust	锈病	beans	basidiomycete
Uromyces betae	rust	锈病	beets	basidiomycete
Uromyces phaseolus	rust	锈病	beans	basidiomycete
Uromyces transversalis	rust	锈病	gladiolus	basidiomycete
Ustilago spp.	smut	黑穗病	cereals	basidiomycete
Ustilago avenae	loose smut	散黑穗病	oats	basidiomycete
Ustilago hordei	covered smut	坚黑穗（粉）病	barley	basidiomycete
Ustilago nuda	loose smut	散黑穗病	wheat, barley	basidiomycete
Ustilago tritici	loose smut	散黑穗病	wheat	basidiomycete
Venturia spp.	scab	黑星病、疮痂病	fruit	ascomycete
Venturia carpophila	scab	黑星病、疮痂病	apples, peaches	ascomycete
Venturia inaequalis	scab	黑星病、疮痂病	fruit, hops	ascomycete
Venturia nashicola	scab	黑星病、疮痂病	Japanese pears	ascomycete
Venturia pirina	scab	黑星病、疮痂病	pears	ascomycete
Verticillium dahliae	wilt	枯萎病	tomatoes	deuteromycete

细菌病害

拉丁名	英文名	中文名	作物
Actinomyces scabies	common scab	疮痂病	potatoes
Clavibacter michiganense (*Corynebacterium michiganense*)	canker	溃疡病	tomatoes
Corynebacterium michiganense (*Clavibacter michiganense*)	canker	溃疡病	tomatoes
Pseudomonas solanacearum	brown rot	青枯病	potatoes
Streptomyces scabies	common scab	疮痂病	potatoes
Xanthomonas campestris	spot, rot, wilt	黑腐病	various

附录3　重要病害英拉汉名称

英文名	拉丁名	中文名
angular leaf spot	*Isariopsis griseola*	叶角斑病
anthracnose	*Elsinoe* spp.	炭疽病
	Elsinoe ampelina	葡萄黑痘病
	Colletotrichum atramentarium (*Colletotrichum coccodes*)	马铃薯炭疽病

续表

英文名	拉丁名	中文名
	Colletotrichum graminicola	小麦炭疽病
	Colletotrichum spp.	蕹菜炭疽病
	Glomerella cingulata	苹果炭疽病
ascochyta foot rot	*Ascochyta pisi*	豌豆斑纹病
bakanae disease	*Fusarium moniliforme* (*Gibberella fujikuroi*)	稻恶苗病
black leg	*Phoma lingam*	十字花科黑胫病
black mould	*Cladosporium* spp.	黑曲霉病
black rot	*Guignardia bidwellii*	葡萄炭疽病
black scurf	*Rhizoctonia solani* (*Thanatephoris cucumeris*)	水稻（或大豆）纹枯病、黑痣病
black spot	*Diplocarpon maculata*	黑斑病
	Diplocarpon rosae	蔷薇黑斑病
	Mycosphaerella arachidis (*M. arachidicola*)	花生褐斑病
blast	*Magnaporthe grisea* (*Pyricularia oryzae*)	稻瘟病
blight	*Phoma asparagi*	芦笋茎枯病
	Phytophthora infestans	马铃薯晚疫病
	Pythium aphanidermatum	瓜果腐霉病
blossom blight	*Monilinia* spp.	褐腐病
	Monilinia fructigena	褐腐病
	Monilinia fructicola	褐腐病
	Monilinia laxa	褐腐病
	Monilia polystroma	褐腐病
blue mould	*Penicillium expansum*	梨、苹果青霉病
	Penicillium italicum	柑橘青霉病
brown foot rot	*Fusarium avenaceum*	马铃薯枯萎病、茎基褐腐病
brown rot	*Monilinia* spp.	褐腐病
	Monilinia fructicola	褐腐病
	Monilinia fructigena	褐腐病
	Monilinia laxa	褐腐病
brown rust	*Puccinia hordei*	大麦叶锈病
	Puccinia recondita f. sp. *hordei*	褐锈病
	Puccinia recondita f. sp. *recondite*	褐锈病
	Puccinia recondita f. sp. *tritici*	褐锈病
brown spot	*Cochliobolus miyabeanus*	水稻胡麻斑病
	Helminthosporium oryzae	水稻胡麻斑病
	Mycosphaerella arachidis (*M. arachidicola*)	花生褐斑病
bunt	*Tilletia* spp.	腥黑穗病
	Tilletia caries	小麦网腥黑粉菌
	Tilletia pancicii	大麦腥黑粉病
butt rot	*Fomes annosus* (*Heterobasidion annosum*)	茎/基干/根 腐病

英文名	拉丁名	中文名
canker	*Phoma lingam*	十字花科黑胫病
	Phomopsis spp.	溃疡病
clubroot	*Plasmodiophora brassicae*	根肿病
collar rot	*Sclerotinia minor*	疫病
common scab	*Elsinoe fawcetti*	疮痂病
core rot	*Alternaria mali*	苹果斑点落叶病
covered smut	*Ustilago hordei*	大麦坚黑穗（粉）病
crown rot	*Sclerotium rolfsii*	茎腐病
damping off	*Cochliobolus sativus*	小麦根腐病
	Alternaria spp.	猝倒病、根腐病
	Phytophthora spp.	猝倒病、根腐病
	Pythium aphanidermatum	猝倒病、根腐病
	Pythium ultimum	猝倒病、根腐病
	Pythium spp.	猝倒病、根腐病
	Rhizoctonia spp.	猝倒病、根腐病
	Rhizoctonia cerealis	猝倒病、根腐病
	Rhizoctonia solani (*Thanatephoris cucumeris*)	猝倒病、根腐病
	Sclerotium rolfsii	猝倒病、根腐病
	Thanatephorus cucumeris (*Rhizoctonia solani*)	猝倒病、根腐病

附录 4　作用机制分类

作用机制	作用位点及代码	化学结构类型	化学或生物类别	ISO 通用名	FRAC 代码
A：核酸合成	A1 RNA 聚合酶 I	苯基酰胺类杀菌剂（PA）	酰基丙氨酸类	(精)苯霜灵、呋霜灵 (精)甲霜灵	4
			噁唑啉酮	噁霜灵	
			丁内酯	甲呋酰胺	
	A2 腺苷脱氨酶	羟基-(2-氨基) 嘧啶	羟基-(2-氨基) 嘧啶	乙嘧酚磺酸酯 二甲嘧酚 乙嘧酚	8
	A3 DNA/RNA 合成（建议）	杂芳烃	异噁唑	土菌消	32
			异噻唑啉酮	辛噻酮	
	A4 DNA 局部异构酶 II 型（促旋酶）	羧酸类	羧酸类	喹菌酮	31
B：细胞有丝分裂	B1 微管蛋白组有丝分裂	甲基苯并咪唑氨基甲酸酯（MBC）	苯并咪唑	苯菌灵 多菌灵 麦穗宁 噻菌灵	1
			托布津类	硫菌灵 甲基硫菌灵	

作用机制	作用位点及代码	化学结构类型	化学或生物类别	ISO 通用名	FRAC 代码
B：细胞有丝分裂	B2 微管蛋白组有丝分裂	N-苯基氨基甲酸酯	N-苯基氨基甲酸酯	乙霉威	10
	B3 微管蛋白组有丝分裂	苯甲酰胺	甲酰苯胺	苯酰菌胺	22
		噻唑甲酰胺	甲酰噻唑乙胺	噻唑菌胺	
	B4 细胞分裂（未知位点）	苯脲	苯基脲	戊菌隆	20
	B5 膜收缩类蛋白不定位作用	苯甲酰胺	苯甲酰吡啶甲基胺	氟吡菌胺	43
				氟醚菌酰胺	
	B6 肌动蛋白/肌球蛋白/菌毛 功能	氰基丙烯酸酯	氨基氰基丙烯酸酯	氰烯菌酯	47
		芳基苯基酮	二苯甲酮	苯菌酮	50
			苯甲酰吡啶	pyriofenone	
C：呼吸作用	C1 复合体Ⅰ烟酰胺腺嘌呤二核苷酸氧化还原酶	嘧啶胺	嘧啶胺	diflumetorim（氟嘧菌胺，非 ISO 中文正式名称）	39
		吡唑-MET1	吡唑-5-酰胺	唑虫酰胺	
		喹唑啉	喹唑啉	喹螨醚	
	C2 复合体Ⅱ琥珀酸脱氢酶	琥珀酸脱氢酶抑制剂（SDHI）	苯甲酰苯胺	麦锈灵 氟酰胺 灭锈胺	7
			噻吩酰苯乙酮基胺	isofetamid	
			苯甲酰吡啶乙胺	氟吡菌酰胺	
			呋喃酰胺	甲呋酰胺	
			氧硫杂环己酰胺	萎锈灵 氧化萎锈灵	
			噻唑酰胺	噻呋酰胺	
			吡唑-5-酰胺	苯并烯氟菌唑 bixafen fluindapyr 氟苯吡菌胺 福拉比 inpyrfluxam 吡唑萘菌胺 氟唑菌苯胺 penthiopyrad 氟唑环菌胺	
			N-环丙基-N苄基-吡唑酰胺	isoflucypram	
			N-甲氧基-(苯乙基)-吡唑酰胺	氟唑菌酰羟胺	
			吡啶酰胺	啶酰菌胺	
			吡嗪酰胺	pyraziflumid	
	C3 复合体Ⅲ细胞色素 bc₁ Qo 位点泛醌醇氧化酶（细胞色素 b 基因）	醌外抑制剂（QoI）	甲氧基丙烯酸酯	嘧菌酯 丁香菌酯 氟菌螨酯 啶氧菌酯 唑菌酯	11
			甲氧基乙酰胺	mandestrobin	
			甲氧基氨基甲酸酯	吡唑醚菌酯 唑胺菌酯 氯啶菌酯	

作用机制	作用位点及代码	化学结构类型	化学或生物类别	ISO 通用名	FRAC 代码
C：呼吸作用	C3　复合体Ⅲ细胞色素 bc_1 Qo 位点泛醌醇氧化酶（细胞色素 b 基因）	醌外抑制剂（QoI）	肟醚乙酸酯	醚菌酯 肟菌酯	11
			肟醚乙酰胺	dimoxystrobin 烯肟菌胺 metominostrobin orysastrobin	
			噁唑啉二酮	噁唑菌酮	
			二氢二噁嗪	fluoxastrobin	
			咪唑啉酮	fenamidone	
			苄基氨基甲酸酯	pyribencarb	
	C4　复合体Ⅲ细胞色素 bc_1 Qi 位质体醌还原酶	醌内抑制剂 Qi I	氰基咪唑	氰霜唑	21
			磺胺基三唑	amisulbrom	
			吡啶酰胺	fenpicoxamid	
	C5　氧化磷酸化解偶联剂		二硝基苯酚巴豆酸酯衍生物	乐杀螨 meptyldinocap 消螨普	29
			2,6-二硝基苯胺	氟啶胺	
			嘧啶腙	嘧菌腙	
	C6　ATP 合成氧化磷酸化抑制剂	有机锡类	三苯基锡	三苯醋锡 三苯氯锡 三苯羟锡	30
	C7　ATP 生成（建议）	噻吩甲酰胺	噻吩甲酰胺	硅噻菌胺	38
	C8　复合体Ⅲ细胞色素 bc_1 Qo 位点泛醌还原酶，stigmatellin 结合亚位点	醌外抑制剂（Qosi，柱头结合型）	三唑并嘧啶胺	唑嘧菌胺	45
D：氨基酸、蛋白质合成	D1　甲硫氨酸生物合成（建议）（cgs 基因）	苯胺基嘧啶类（AP）	苯胺基嘧啶	嘧菌环胺 嘧菌胺 嘧霉胺	9
	D2　蛋白质合成（核糖体终止阶段）	烯化吡喃醋醛酸类抗生素	烯化吡喃醋醛酸类抗生素	灰瘟素	23
	D3　蛋白质合成（核糖体起始阶段）	己吡喃糖基抗生素类	己吡喃糖基抗生素类	春雷霉素	24
	D4　蛋白质合成（核糖体起始阶段）	吡喃葡萄糖苷抗生素	吡喃葡萄糖苷抗生素	链霉素	25
	D5　蛋白质合成（核糖体延长阶段）	四环素类抗生素	四环素类抗生素	土霉素	41
E：信号传导	E1　信号传导（未知机制）	氮杂萘	芳氧基喹啉	苯氧喹啉	13
			喹唑啉酮	丙氧喹啉	
	E2　渗透信号传导中的蛋白活化 1 激酶/组氨酸激酶（os-2，HOG1）	苯基吡咯（PP）	苯基吡咯	拌种咯 咯菌腈	12
	E3　渗透信号传导中的蛋白活化 1 激酶/组氨酸激酶（os-1，Daf1）	二甲酰亚胺	二甲酰亚胺	乙菌利 菌核净 异菌脲 腐霉利 乙烯菌核利	2
F：脂质和膜合成	F1			原二甲酰亚胺	
	F2　磷脂合成，甲基转移酶	硫代磷酸酯	硫代磷酸酯	敌瘟磷 异稻瘟净（IBP） 吡菌磷	6
		二硫杂环戊烷	二硫杂环戊烷	稻瘟灵	

作用机制	作用位点及代码	化学结构类型	化学或生物类别	ISO 通用名	FRAC 代码
F：脂质和膜合成	F3　细胞过氧化（建议）	苯香烃类（AH）（氯苯，硝基苯）	苯香烃类	联苯 氯苯甲醚 氯硝胺 五氯硝基苯（PCNB） 四氯硝基苯（TCNB） 甲基立枯磷	14
		杂环芳烃	1,2,4-噻二唑	土菌灵	
	F4　细胞膜渗透性，脂肪酸（建议）	氨基甲酸酯	氨基甲酸酯	iodocarb 霜霉威 硫菌威	28
	F5	原羧酸酰胺类杀菌剂（CAAs）			
	F6　病原体微生物的细胞膜破坏	原为解淀粉芽孢杆菌株（FRAC Code 44）；2020 年重新归类为 BM02 组			
	F7　细胞膜破裂	植物萃取物	萜烯烃、萜烯醇和萜烯酚	茶树提取物	46
				植物油（混合物）：丁香酚，香叶醇，百里香酚	
	F8　麦角甾醇结合	聚烯	纳他链霉菌属两性大环内酯类抗真菌抗生素	游霉素	48
	F9　脂质平衡转运与储藏	OSBPI氧甾醇结合蛋白同系物抑制剂	哌啶基噻唑异噁唑啉类化合物	氟噻唑吡乙酮fluoxapiprolin	49
G：膜中的甾醇生物合成抑制剂	G1　甾醇生物合成 C14-去甲基酶（erg11/cyp51）	去甲基作用抑制剂（DMIs）（SBI：Class Ⅰ）	哌嗪类	嗪氨灵	3
			吡啶类	啶斑肟 啶菌噁唑	
			嘧啶类	氯苯嘧啶醇 氟苯嘧啶醇	
			咪唑类	抑霉唑 噁咪唑 稻瘟酯 咪鲜胺 氟菌唑	
			三唑类	氧环唑 联苯三唑醇 糠菌唑 环丙唑醇 苯醚甲环唑 烯唑醇 氟环唑 乙环唑 腈苯唑 氟喹唑 氟硅唑 粉唑醇 己唑醇 亚胺唑 种菌唑 氯氟醚菌唑 叶菌唑 腈菌唑 戊菌唑 丙环唑	

续表

作用机制	作用位点及代码	化学结构类型	化学或生物类别	ISO 通用名	FRAC 代码
G：膜中的甾醇生物合成抑制剂	G1　甾醇生物合成 C14-去甲基酶（erg11/cyp51）	去甲基作用抑制剂（DMIs）（SBI：class Ⅰ）	三唑类	硅氟唑 戊唑醇 四氟醚唑 三唑酮 三唑醇 灭菌唑	3
			三唑啉硫酮	丙硫菌唑	
	G2　甾醇生物合成 Δ14 还原酶及 Δ8→Δ7 异构酶（erg24，crg2）	胺类（"吗啉"）（SBI：class Ⅱ）	吗啉类	aldimorph 十二环吗啉 丁苯吗啉 十三吗啉	5
			哌啶类	苯锈啶 哌丙灵	
			螺酮胺	螺环菌胺	
	G3　3-酮还原酶，C4-脱甲基化（erg27）	酮还原酶抑制剂（KRI）（SBI：class Ⅲ）	羟基苯酰胺	环酰菌胺	17
			氨基吡唑啉酮	胺苯吡菌酮	
	G4　甾醇生物合成角鲨烯-环氧酶（erg1）	（SBI：class Ⅳ）	硫代氨基甲酸酯	稗草丹	18
H：细胞壁生物合成抑制剂	H3	原吡喃葡萄糖基抗生素（井冈霉素）重新分类为 U18 组			26
	H4　几丁质合成	多抗霉素类	肽基嘧啶核苷	多抗霉素	19
	H5　纤维素合成酶	羧酸酰胺类（CAA）	肉桂酸酰胺	烯酰吗啉 氟吗啉 丁吡吗啉	40
			缬氨酰胺氨基甲酸酯	苯噻菌胺 缬霉威 霜霉灭	
			扁桃酸酰胺	双炔酰菌胺	
I：细胞壁中黑色素合成抑制剂	I1　黑色素生物合成还原酶	黑色素生物合成抑制-还原酶（MBI-R）	异苯并呋喃酮	四氯苯酞	16.1
			吡咯喹啉酮	咯喹酮	
			三唑并苯并噻唑	三环唑	
	I2　黑色素生物合成脱水酶	黑色素生物合成抑制剂-脱水酶（MBI-D）	环丙烷酰胺	环丙酰菌胺	16.2
			羧酰胺	双氯氰菌胺	
			丙酰胺	稻瘟酰胺	
	I3　黑素生物合成聚酮合成酶	黑素生物合成抑制剂-聚酮合成酶（MBI-P）	三氟乙基氨基甲酸酯	tolprocarb	16.3
P：诱导宿主植物防御	P1　水杨酸途径	苯并噻二唑（BTH）	苯并噻二唑（BTH）	活化酯	P 01
	P2　水杨酸途径	苯并异噻唑	苯并异噻唑	烯丙苯噻唑	P 02
	P3　水杨酸途径	噻二唑甲酰胺	噻二唑甲酰胺	噻酰菌胺 异噻菌胺	P 03
	P4　多糖诱导物	天然产物	多糖	海带多糖	P 04
	P5　蒽醌诱导物	植物提取物	复合物，乙醇提取物（蒽醌，白藜芦醇）	虎杖提取物	P 05

续表

作用机制	作用位点及代码	化学结构类型	化学或生物类别	ISO 通用名	FRAC 代码
P：诱导宿主植物防御	P6　微生物诱导物	微生物	细菌芽孢杆菌属	蕈状芽孢杆菌分离株 J	P 06
			真菌酵母菌属	LAS117 菌株酿酒酵母细胞壁	
	P7　磷酸衍生物	磷酸衍生物	乙基磷酸衍生物	乙磷铝	P 07（33）
				亚磷酸和盐	
U：未知作用机制	未知	氰乙酰胺肟	氰乙酰胺肟	霜脲氰	27
	原 磷酸衍生物（FRAC 代码 33），2018 年重新归类到 P 07				
	未知	邻苯二甲酸	邻苯二甲酸	teclofthalam（bactericide）	34
	未知	苯并三嗪	苯并三嗪	咪唑嗪	35
	未知	苯磺酰胺	苯磺酰胺	磺菌胺	36
	未知	哒嗪酮	哒嗪酮	哒菌酮	37
	原 甲硫磷威（FRAC 代码 42），于 2018 年重新归类为 M12				
	未知	苯乙酰胺	苯乙酰胺	环氟菌胺	U 06
	细胞膜破裂（建议）	胍类	胍类	多果定	U 12
	未知	噻唑烷	氰亚甲基硫唑烷	flutianil	U 13
	未知	嘧啶腙	嘧啶腙	嘧菌腙	U 14
	复合物Ⅲ：细胞色素 bc_1，未知结合位点（建议）	4-喹啉乙酸酯	4-喹啉乙酸酯	tebufloquin	U 16
	未知	四唑肟	四唑肟	picarbutrazox	U 17
	未知（海藻糖酶抑制）	吡喃葡萄糖基抗生素	吡喃葡萄糖基抗生素	井冈霉素	U 18
NC：未分类	未知	多种结构类型	多种结构类型	植物油，有机油，无机盐，生物原料	NC
M：多作用位点	多作用位点	无机物	无机物	铜制剂（各种盐）	M 01
		无机物	无机物	硫制剂	M 02
		二硫代氨基甲酸盐及衍生物	二硫代氨基甲酸酯及衍生物	福美铁 代森锰锌 代森锰 代森联 丙森锌 福美双 噻唑锌 代森锌 福美锌	M 03
		邻苯二甲酰亚胺	邻苯二甲酰亚胺	克菌丹 敌菌丹 灭菌丹	M 04
		氯腈（邻苯二甲腈）（不明机理）	氯腈（邻苯二甲腈）	百菌清	M 05
		磺胺类化合物	磺酰胺类	苯氟磺胺 甲苯氟磺胺	M 06
		双胍类（膜干扰剂，清洁剂）	双胍类	guazatine 双胍辛醋酸盐	M 07

作用机制	作用位点及代码	化学结构类型	化学或生物类别	ISO 通用名	FRAC 代码
M：多作用位点	多作用位点	三嗪（邻苯二甲腈）（不明机理）	三嗪	敌菌灵	M 08
		醌（蒽醌）	醌（蒽醌）	二氰蒽醌	M 09
		喹噁啉类	喹噁啉类	灭螨猛	M 10
		马来酰亚胺	马来酰亚胺	氟氯菌核利	M 11
		硫代氨基甲酸盐	硫代氨基甲酸盐	磺菌威	M 12
BM：具有多种作用方式的生物制剂	对细胞壁、离子膜转运蛋白具有多种作用方式；螯合作用	植物提取物	多肽（凝集素）	植株叶片提取物	BM 01
	影响真菌孢子和生殖管，诱导植物防御	植物提取物	酚，倍半萜，三萜，香豆素	菲律宾木橘提取物	
	多重效应：竞争，寄生菌，抗生，真菌脂肽所致膜破坏，裂解酶，诱导植物防御等	微生物（活微生物提取物，代谢物）	真菌木霉菌属	深绿木霉 I-1237 菌株	BM 02
				深绿木霉 LU132 菌株	
				深绿木霉 SC1 菌株	
				棘孢木霉 T34 菌株	
			真菌枝穗霉属	孢黏帚霉 J1446 菌株	
				粉红黏帚霉 CR-7 菌株	
			细菌芽孢杆菌	解淀粉芽孢杆菌 QST713 菌株 FZB24 菌株 MBI600 菌株 D747 菌株 F727 菌株 枯草芽孢杆菌 AFS032321 菌株	
			细菌假单胞菌	绿脓杆菌 AFS009 菌株	
			细菌链霉菌属	灰绿链霉菌 K61 菌株	
				利迪链霉菌 WYEC108 菌株	

索 引

一、农药中文通用名称索引

二、农药英文通用名称索引